"十三五"江苏省高等学校重点教材

有机化学

（上册）

苏州大学材料与化学化工学部 编
主 编 史达清 赵蓓
副主编 曾润生 葛健锋 孙宏枚

高等教育出版社·北京

内容提要

本书是一部较为系统的有机化学理论教材。按照官能团体系进行编排，全书分为三大模块：第一模块是烃类；第二模块是烃的衍生物；第三模块是专论，主要介绍分子重排反应、有机合成设计、天然高分子化合物。

本书加强了对立体化学、反应机理、有机合成和光谱分析等有机化学中重点和难点知识的讲述。书中部分题目来自于考研真题，对学生平时考试复习和准备参加研究生入学考试具有一定的指导作用。本书电子资源包括：化学家介绍、有趣的有机化学知识、较难的反应机理和思考题参考答案等。

本书可作为普通高等学校化学、应用化学、化工、材料、环境、药学、医学等专业的有机化学课程教材，也可供相关科研人员参考。

图书在版编目(CIP)数据

有机化学. 上册/苏州大学材料与化学化工学部编；史达清，赵蓓主编. --北京：高等教育出版社，2019.2（2023.11 重印）

ISBN 978-7-04-050483-5

Ⅰ. ①有… Ⅱ. ①苏… ②史… ③赵… Ⅲ. ①有机化学-高等学校-教材 Ⅳ. ①O62

中国版本图书馆 CIP 数据核字(2018)第 203324 号

策划编辑 殷 英 责任编辑 殷 英 封面设计 张 楠 版式设计 马敬茹
插图绘制 于 博 责任校对 窦丽娜 责任印制 田 甜

出版发行 高等教育出版社
社 址 北京市西城区德外大街 4 号
邮政编码 100120
印 刷 涿州市京南印刷厂
开 本 787mm×1092mm 1/16
印 张 27
字 数 660 千字
购书热线 010-58581118
咨询电话 400-810-0598

网 址 http://www.hep.edu.cn
http://www.hep.com.cn
网上订购 http://www.hepmall.com.cn
http://www.hepmall.com
http://www.hepmall.cn

版 次 2019 年 2 月第 1 版
印 次 2023 年 11 月第 5 次印刷
定 价 46.00 元

物 料 号 50483-00

前　言

本书按照官能团体系进行编排，主要运用分子轨道理论、价键理论、电子效应和共振论来阐明各类化合物的结构和性质，化合物的合成方法和反应历程则紧密结合在各类化合物的反应中讲授。全书共21章，其中14、17、20、21等章可根据各校具体情况少讲或不讲。

本书的章节编排有如下特点：

(1) 体现系统性　例如，把立体化学部分提前讲授，使学生一开始就树立有机化合物的空间概念，便于深入理解化合物的结构和反应历程；将传统教材中放在下册的周环反应分散到上册的二烯烃（电环化和环加成及周环反应机理）和下册的重排反应（迁移反应）中；将环烷烃合并到烷烃中，将炔烃与烯烃合并。命名参考了《有机化合物命名原则(2017)》。

(2) 突出重点　一些重要的内容单列出来，如1,3-二羰基化合物、分子重排反应和有机合成设计等，目的是便于教师因材施教。既可以加强对这些重要内容的教学，让学生掌握有机化学的精华内容；又可以针对教学对象灵活取舍。

(3) 重视知识难点的教学　在教材中加强对反应机理的阐述，尽可能多地提供反应机理，让学生去理解有机反应，而不是简单地死记硬背有机反应，教会学生使用电子推动法（电子转移）表示反应机理。

(4) 具有新颖性　结合现代有机化学研究的飞速发展，在教材中介绍一些现代新知识，如偶联反应、多组分反应、有机小分子手性催化剂、离子液体等，以及一些重要的新化合物，如联萘酚、壳聚糖等。

(5) 重视课后习题的选择　习题选择成功与否是一本教材成功与否的关键。题目是精心挑选的，有一定的梯度，易、中、难的比例掌握在4∶4∶2，部分题目来自于考研真题，对学生平时考试复习和准备参加研究生入学考试具有一定的指导作用。

(6) 结合现代信息技术　将一些化学家介绍、有趣的有机化学知识、较难的反应机理和思考题参考答案等制成数字资源，学生通过扫描二维码即可获得这些拓展知识，为其学习提供了方便。

本书由苏州大学材料与化学化工学部有机化学系教师共同编写。参加具体编写工作的有：史达清、赵蓓、曾润生、葛健锋、孙宏枚、袁丹、王兴旺、汪顺义、林韶晖和陆澄容等老师。全书最后由史达清、赵蓓统一整理、补充、修改和定稿。

本书初稿经天津大学张文勤教授审阅，张教授对书稿提出了详细的修改意见。本书编写过程中得到苏州大学材料与化学化工学部姚建林主任和姚英明副主任的热情鼓励与帮助。本书的出版得到苏州大学教材培育专项经费的支持，在此一并感谢。

由于我们水平有限，加上成稿时间仓促，书中疏漏和不妥之处在所难免，希望读者提出宝贵意见，批评指正。

编者

2018年5月

前　言

目　　录

第1章 绪论

§1.1 有机化学的研究对象

1.1.1 有机化合物和有机化学的起源

有机化合物(organic compounds)一般是指含碳原子的化合物。早期人们认为有机化合物与生命活动密切相关,且只能从动、植物等有机体中产生,因而这些化合物与从无生命的矿物中得到的“无机”物质不同,被认为是“有机”的。1828 年,德国化学家维勒(Wöhler F)在实验室里从公认是无机物的氰酸铵(NH_4OCN)制得了原来只能从人体排泄物——尿中取得的有机化合物尿素(NH_2CONH_2),使有机化合物的涵义发生了根本的变化。

$$NH_4OCN \xrightarrow{60℃} H_2N-\overset{\overset{\displaystyle O}{\|}}{C}-NH_2$$

绝大多数有机化合物都含有碳和氢这两种元素,故有机化合物可以看作是碳氢化合物和它们的衍生物(derivative)。这个提法,体现了有机化合物在结构上的相互联系。但是,含碳原子的化合物并不全被认为是有机化合物,如二氧化碳、碳酸盐、氢氰酸等,一般仍归入无机化合物一类。

人们在古代就已利用一些有机物质制造了许多在生产生活中有实际用途的产品,如糖、酒、染料、药品等,但对这些有机物质变化的化学知识的探索却是在近代才开始的。在利用、制造和生产有机物质的过程中,人们由开始的仅对天然有机物质进行加工,逐渐发展为制得一些比较纯的有机化合物,并对这些有机化合物的组成进行分析,最后发展成为有机化合物的人工合成。到了 19 世纪中叶,有机化学终于与无机化学分家,自此,以有机合成为标志的近代有机化学便真正建立起来了。20 世纪初,开始建立了以煤焦油为原料,生产合成染料、药物和炸药为主的有机化学工业;20 世纪 40 年代开始的基本有机合成,又迅速地发展了以石油为主要原料的有机化学工业,特别是以生产合成纤维、合成橡胶、合成树脂和塑料为主的有机合成材料工业,促进了现代工业和科学技术的迅速发展。

1.1.2 有机化合物的特性

有机化合物之所以区别于同样含碳原子的无机化合物，是由于其结构和性质有着很明显的特性所决定的，归纳起来，有机化合物有如下几个特点。

(1) 数目庞大　据统计从自然界得到的和用人工方法在实验室里合成的有机化合物已经达到两千多万种，而由一百余种元素所组成的无机化合物只有几十万种，两者差距相当悬殊。

有机化合物之所以有如此庞大的数目，首先是因为碳原子相互结合的能力很强。其形成的碳链可以是开链的，也可以是环状的，还能相互交联，更有支链和交叉链存在；碳原子又可以与其他原子如氢、氧、氮、硫、卤素、磷和多种金属成键，且原子间的组合键连方式多种多样。同分异构现象(isomerism)，即有相同分子式但结构不相同，不是同一个化合物的现象普遍存在。例如：分子式同为 C_3H_8O 的异构体有丙醇(ⅰ)、2-丙醇(ⅱ)和甲乙醚(ⅲ)。碳原子数目越大，同分异构现象越复杂。

$CH_3CH_2CH_2OH$　(i)

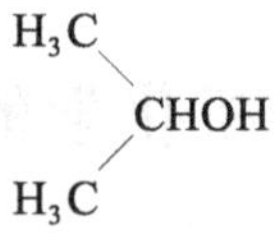

(ii)

$CH_3OCH_2CH_3$　(iii)

(2) 结构复杂　不少有机化合物的结构十分复杂。20世纪80年代从海洋生物中得到的一个海葵毒素(palytoxin)的分子式为 $C_{129}H_{223}N_3O_{54}$，即便知道了这400多个原子之间是以怎样的次序相连接，但仅仅由于原子在空间取向的不同就有可能形成 2^{71} 种立体异构体！而其中只有一个才是该化合物的真正结构。

海葵毒素

(3) 易燃烧　有机化合物含有碳、氢等可燃元素，因而相当多的有机化合物可以燃烧。而且有些有机化合物本身是气体，有些挥发性很大，闪点低，有些遇明火、摩擦和撞击等易爆，这些性质都要求我们在使用和处理有机化合物时要注意消防安全。

(4) 熔点、沸点低　由于有机分子的聚集状态主要由较弱的分子间引力来维持，这就使固态有机化合物熔化或液态有机化合物汽化所需要的能量较低；而无机分子间的排列是受强极性的离子间静电吸引作用，要破坏无机分子间的排列，所需能量就高得多。因此，有机化合物的熔点和沸点比无机化合物要低得多，熔点一般不超过300℃。

(5) 热稳定性差　一般有机化合物的热稳定性较差，受热易分解，许多有机化合物在200℃～300℃时即逐渐氧化、分解。

(6) 难溶于水　水是一种极性很强、介电常数很大的液体，而有机化合物的极性一般较弱甚至没有极性，有机化合物和水之间只有很弱的吸引力，因此，绝大多数的有机化合物难溶或者不溶于水。但一些极性较强的有机化合物，如低级醇、羧酸、磺酸等也易溶于水。不溶于水的有机化合物往往可溶于某些有机溶剂，如苯、乙醚、丙酮、石油醚等。

(7) 反应慢、副反应多　绝大多数有机化合物的反应速率较慢。有机反应涉及键的断裂和生成，除了某些反应(多数为放热的自由基型反应)的反应速率极快外，大多数有机反应需要一定时间才能完成。为了加速反应,往往需要以加热、加催化剂或光照等手段来增加分子动能、降低反应活化能或改变反应历程来缩短反应时间。即便如此,完全专一性地断键仍然较难控制,使得有机反应后得到的产物常常是混合物。一般把在某一特定反应条件下主要进行的一个反应称为主反应,其他的反应称为副反应。筛选最佳的反应条件以减少副反应的发生从而提高目标产物的收率也是有机化学家的一项重要研究任务。

有机化合物和有机反应的这些特点使得有机化学成为一门相对独立的学科,它既与人类生活的衣食住行密不可分,也是现代高新科技的不可或缺的重要基础之一。

1.1.3 有机化学的产生和发展

科学的产生和发展都是与当时社会生产力水平和科学水平密切相关的。18 世纪欧洲工业革命之后,由于社会的需要和科学技术的进步,分离提纯有机化合物的技术进展很快,人们先后分离出酒石酸(1769 年)、乳酸(1780 年)、奎宁(1820 年)等。随着分离技术的发展,测定出了不少有机化合物的组成,这对于认识有机化合物无疑是一个重要阶段。但由于当时合成手段和技术的相对落后,人们还未能用人工方法制造出有机化合物,因而当时盛行"生命力"论,认为有机化合物只能由有机体内的"生命力"制造出来。

1828 年 Wöhler 通过蒸发氰酸铵溶液得到了尿素。他的这一成果在有机化学发展史上具有里程碑的意义,它突破了无机化合物与有机化合物之间的绝对界限,动摇了"生命力"论的基础。但是,"生命力"论并没有就此迅速退出历史舞台。

此后,科学家们坚持不懈地在实验室中研究合成方法和技术,层出不穷的有机化合物在实验室诞生。1845 年,德国化学家柯尔伯(Kolbe A W H)首次实现了醋酸的合成。1854 年,法国化学家贝特洛(Berthelot P E M)成功地用甘油和脂肪酸合成了油脂。1861 年,俄国化学家布特列洛夫(Butlerov A M)用多聚甲醛与石灰水作用,第一次合成了属于糖类的物质。这些研究说明有机化合物是可以人工合成的。至此,"生命力"论被彻底摒弃。

醋酸的首次合成

伴随着一些有机化合物分子组成的确定,人们对化学现象规律性的认识也不断深入,于是一系列新问题便产生了。例如,分子中原子之间是靠什么结合在一起的?它们的结合方式怎样?彼此之间的相对位置如何?自 1827 年贝采里乌斯(Berzelius J J)提出"同分异构"的概念后,人们逐渐认识到,具有同一分子式的化合物之间结构上的差别必定表现为性质上的不同。因此,结构问题就成了有机化学理论的首要问题。

1858 年,凯库勒(Kekulé F A)提出了碳的四价学说。同年,苏格兰化学家库帕(Couper A S)独立于 Kekulé 也提出了同样的观点,他还采用虚线表示化合价。与 Kekulé 不同的是,他认为元素的化合价是可以变化的(Kekulé 则认为元素的化合价是常数),并且知道碳有两种化合价,一种是在一氧化碳中为"2",另一种是在二氧化碳中为"4"。Kekulé 和 Couper 的这些观点都已与现在使用的有机化合物结构式相当接近,为有机化学结构理论的建立奠定了基础。

自从化合价的概念建立后,许多化学家提出了各式各样的分子图解式,但这些只是为了表示元素的化合价,并没有从本质上考虑分子中原子相互连接的方式和次序,因此也就不能表示出分子的构造。1864 年,Butlerov 提出了有机化学结构学说,其要点是:组成化合物的原子在分子中以一定的排列顺序和结合方式连接;物质的性质和结构间有依赖关系,其化学性质取决于它的化学结构。因此,可以从分子的化学结构了解和推测物质的化学性质,也可以根据化学性质确定分子的化学结构。

虽然这几位杰出的化学家先后提出了新的有机结构理论和概念,使有机化学理论的发展达到了一个新的高度,但这些理论和概念还很不完备。1864 年,德国有机化学家肖莱马(Schorlemmer C)批判地继承了前人的见解并加以分析,用较纯的试样做了实验后,发表了以《论二甲基和氢化乙基的同一性》为题的论文,这篇在化学史上具有重要意义的著名论文中,通过缜密的实验设计,证明从不同来源中衍生的 C_2H_6 烃都是一样的。Schorlemmer 的这些卓越工作不仅证明了二甲基(CH_3CH_3)和氢化乙基(C_2H_5H)事实上同为一种物质(乙烷),排除了一个假想的烷烃系列,更有意义的是间接证明了碳原子的四个化合价是等同的。1865 年,英国化学家布朗(Brown A C)根据 Schorlemmer 的工作,写出了乙烷结构式:

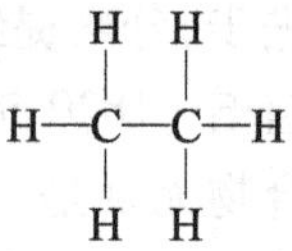

自 Schorlemmer 的突破性工作之后,当时已有的有机化合物结构理论在探讨脂肪族化合物的结构时已比较完美,但用于芳香族化合物时又遇到了新的问题。因为运用这些理论,无论如何也难以解释苯的高度不饱和性。早在 1825 年,英国物理学家和化学家法拉第(Faraday M)首先发现了苯,当时人们发现在贮存压缩煤气的桶中有油状凝聚物,Faraday 将这种物质加以蒸馏,分离出一种液体碳氢化合物,经分析确定其实验式为 CH。由于当时有机化学中的正确分子概念尚未建立,因此 Faraday 并没有得出其分子式。1834 年,德国化学家米希尔里希(Mitscherlich E)将安息香酸和石灰进行干馏也得到了该物质,并命名为苯,格哈特(Gerhardt C F)等依据已经建立的有机化学分子概念将其分子式写成 C_6H_6。1865 年,具有丰富想象力的化学家 Kekulé 提出了一个单、双键交替的六个碳原子的平面环状结构。这个环状结构既能满足碳原子四价,又能反映出苯的高度不饱和性,从而解决了苯的结构问题(虽然这个化学式还有欠缺)。

有机化学家面临的另一个重大课题是有机化合物的空间结构。这一问题是人们发现了有机化合物存在旋光性之后提出来的。为了解释发酵乳酸和肌肉乳酸等具有相同结构却表现出不同性质(后者有旋光性)的现象,德国有机化学家威利森努斯(Wislicenus J)在进行了一系列实验研究之后,于 1873 年得出结论:"如果分子在结构上可以是等同的,可是具有不同的性质,那么这种差别,就只能认为是由于原子在空间有不同的排布,才能加以解释"。

1874 年荷兰物理化学家范托夫(van't Hoff J H)和法国化学家勒贝尔(Le Bel J A)分别提出了碳的四面体构型学说。1874 年 9 月,正在攻读博士学位的研究生 van't Hoff 运用严谨的逻辑推理和丰富的想象力把化学分子结构由平面推向立体,使"躺"在纸面上的分子"站"起来了。同年 11 月,法国青年化学家 Le Bel 在巴黎出版的《化学会会刊》上发表题为《论有机化合物的化学式和它们的溶液的旋光力之间存在的关系》的论文,提出了相近的观点。他们二人的这一崭新学说不仅圆满解释了有机化合物的旋光异构现象,更重要的是开创了有机立体化学,使有机化合物的结构理论更加完善。

在 Kekulé 提出苯环结构之后,人们又相继发现了一些环状的有机化合物,由于其中多数是五元环和六元环,于是德国化学家贝耶尔(Baeyer A von)以 van't Hoff 的碳四面体结构为基础,在 1885 年提出了张力学说,认为有机成环化合物中,键角为 109. 5°时是最稳定的结合状态,如果所成键角偏离这个角度，就会产生张力，而且偏离越多，张力越大。根据这一学说得出的结果是五元环张力最小，因而最稳定，其他多于五元的大环和小于五元的小环都是不稳定的。然而实验事实却表明，具有六元环结构的环己烷是很稳定的化合物。这说明 Baeyer 的张力学说也有很大的局限性，原因在于当时认为碳环化合物的成环原子都在同一平面上。

1890 年，德国化学家萨赫斯（Sachse U)提出无张力环的概念。他指出，在成环分子中，成环碳原子如果不在同一平面上，就可保持正常键角 109.5°。按照这种观点，环己烷可形成两种无张力环：一种是椅式结构，另一种是船式结构。Sachse 的无张力环概念进一步发展了有机分子结构理论。1918 年，德国化学家莫尔(Mohr E)在利用 X 射线衍射法测定金刚石结构时，再一次提出无张力环学说，从而使无张力环学说逐步被人们所关注和接受。1943 年，挪威物理化学家哈塞尔(Hassel O)用电子衍射法研究环己烷的结构，结果表明其各个键角都非常接近 109.5°，从而在实验上证明了无张力环学说的正确性。

1874 年，van't Hoff 在另一篇论文中以马来酸（顺式丁烯二酸）和延胡索酸（反式丁烯二酸）为例探讨了另一类异构现象，现在称之为几何异构体（geometric isomers)。1926 年，英国化学家哈沃斯(Harworth W N)在关于糖类的经典著作《糖类的结构》中，首次提出“构象”(conformation)这一术语，即指具有一定空间构型的分子由于单键的旋转和扭曲产生不同的原子空间排列，用来描述吡喃糖环的椅式和船式结构。如果说 van't Hoff 和 Le Bel 的碳四面体结构使“躺”在纸面上的分子“站”起来了，那么 Harworth 的构象概念则是使“站”起来的分子“动”起来了。1943 年，挪威物理化学家 Hassel 提出环己烷的转环作用，进而形成了构象异构体的概念。

1950 年，英国物理化学家巴顿(Barton D H R)在 Hassel 等工作的基础上发表论文使构象理论进一步发展，引起了立体化学研究方向的巨大转变。他运用有关分子构象的物理化学研究成果，解释了分子的构象是如何决定其某些物理和化学性质的，从而开创了有机分子结构研究的新领域——构象分析。此后，构象分析的概念在有机化合物和生物化学的几乎所有分支学科中都被运用了。这使得过去难以解释的许多与有机化合物的构象有关的问题，如物理特征、反应取向和反应历程等都可以从构象分析中找到内在规律。由此可见，构象分析思想进一步发展完善了有机分子结构理论。毫不夸张地说，在立体化学领域，这一思想同 100 年前提出的碳四面体构型理论具有相同的重大现实意义和深远历史意义。Hassel 和 Barton 也因此共同荣获 1969 年诺贝尔化学奖。

1.1.4 有机化学的重要作用

有机化学就是研究有机化合物的结构、性质、合成和转变的化学，它与人们的生活、国民经济和国防建设等方面都息息相关。

有机化合物与人们的生活密切相关，人们的衣、食、住、行都离不开有机化合物。脂肪、蛋白质和糖类这三类重要的营养物质是有机化合物；木材、煤、天然气和石油是有机化合物；橡胶、纸张、棉花、羊毛和蚕丝也是有机化合物；尤其是现在的合成纤维、合成橡胶、塑料、各种药物、添加剂、染料、化妆品等几乎都是有机化合物。可以说，有机化合物是人们日常生活中一刻也离不开的必需品，几乎渗透到人类生活的各个角落。

有机化学是有机化学工业的理论基础，有机化学和有机化学工业愈发展，对人类文明的贡献也就愈大。除了研究天然有机化学之外，19 世纪后期至 20 世纪初的有机化学工业是以煤为基础的，应用炼焦副产品煤焦油中的芳烃来制造染料、合成药物和香料等，应用焦炭做成电石，生产乙炔，从而合成了许多有机化合物。第二次世界大战之后，石油成为有机化工原料的新来源，目前石油化工已占各国化学工业很大的比重。当今许多有机化学家进行复杂分子的合成，其目的就是寻找新的合成方法，提高合成技巧，获得新分子，如牛胰岛素、维生素 B_{12}、海葵毒素等都相继在实验室中成功合成。在合成过程中往往还能发现重要的规则，为我们的生活领域开辟合成新物质的途径。

科学和技术的发展决定了有机化学学科已成为现代科学技术的重要基础学科。有机化学与其他学科，尤其是材料科学、生命科学、环境科学、医学和药学、食品科学都有密不可分的关系，进入了相互渗透、相互交叉、相互融合的新阶段。例如，生物学领域已经发展到从分子水平上来研究许多生物现象，解决生物问题；研制药物、探究药理、探索生命的奥秘等等，都需要有坚实的有机化学知识。又如，在国防、环保、民生等领域日新月异的高科技材料的研制和开发也要以有机化学知识为重要基础。而且，不同学科在不同角度和层面上揭示物质结构的本质和物质运动的客观规律，也促进了新兴学科的诞生和发展，如生物有机化学、物理有机化学、海洋有机化学、材料有机化学、环境有机化学、食品有机化学等。这样，多学科多角度地研究自然，在提高了自然科学的研究水平的同时，也为人类探索自然、征服自然、改善生活环境、提高生活品质等发挥了重要作用。

进入21世纪，有机化学面临新的机遇和挑战。为了人类社会健康地可持续发展，有机化学家肩负的历史使命，就是要发现新的高度原子经济性的合成方法，实现绿色合成工艺，低碳节能减排，为创造一个友好的人类生存环境而努力。

§1.2　有机化合物的分子结构

1.2.1　化学结构与构造式的写法

分子中原子的连接次序和键合叫做构造，表示分子构造的化学式叫做构造式(constitution formula)。表示构造式的方法有四种：Lewis 结构式、蛛网式、结构简式和键线式。

用价电子(即共价结合的外层电子)表示的电子结构式称为 Lewis 结构式(Lewis structure formula)。在 Lewis 结构式中，用黑点表示电子，两个原子之间的一对共用电子表示共价单键，两个原子之间共用的两对或三对电子表示共价双键或共价三键。只属于一个原子的一对电子称为孤对电子。将 Lewis 结构式中一对共用电子改成一根短线，就得到蛛网式(cobweb formula)，因其形似蛛网而得名。为了简化构造式的书写，常常将碳与氢之间的键线省略，或者将碳氢单键和横向的碳碳单键的键线均省略，这两种表示式称为结构简式(skeleton symbol)。还有一种更为简单的表示方式：用键线来表示碳链，转折点和端点表示碳原子，两根单键之间或一根双键和一根单键之间的夹角为120°，一根三键和一根单键之间的夹角为180°，而分子中的碳氢键、碳原子及与碳原子相连的氢原子均省略，但杂原子及与杂原子相连的氢原子须保留。用这种方式表示的结构式称为键线式(bond-line formula)。在上述四种结构的表示式中，结构简式和键线式应用较广泛，键线式最为简便。例如，异丙醇的构造式的四种表示方法如图1-1所示：

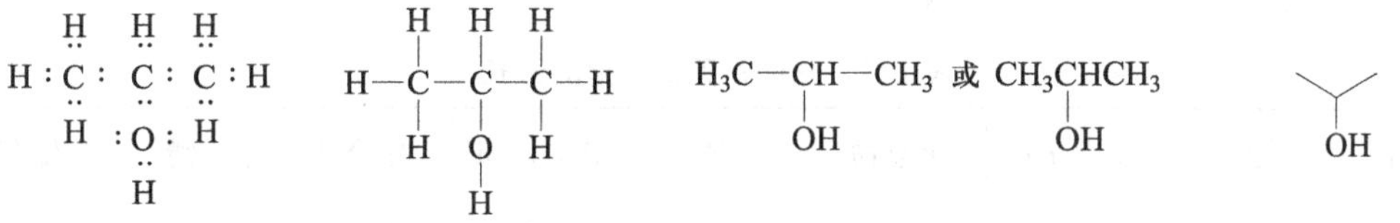

(i) Lewis结构式 (ii) 蛛网式 (iii) 结构简式 (iv) 键线式

图 1-1 异丙醇构造式的四种表示方法

1.2.2 价键理论

20 世纪初,在物理学一系列新发现的推动下,价键理论建立起来了。价键的形成可看作是原子轨道的重叠或电子配对的结果。分属同种或异种的 A、B 两个原子如果都有未成键的电子,并且自旋相反,就能配对,也就是原子轨道可重叠形成共价键,重叠的部分越大,所形成的共价键越牢固。若 A 和 B 均各有一个未成对电子,它们即可形成共价单键;若原子各有 2 个、3 个未成对电子,那么它们可以形成双键或三键。如果 A 有 2 个,而 B 只有一个未成对电子,则 A 可以和 2 个 B 结合,如 H_2O。当原子的未成对电子已经配对后,它就不能与其他原子的未成对电子再配对,也就是说,共价键具有饱和性。

两个原子轨道间应有最大的重叠,使电子对在原子核间出现的概率尽可能大,此时形成的共价键就强,所以共价键具有方向性。现以 H 和 O 为例,如图 1-2 所示方式:①H 的 1s 电子沿 x 轴向 O 的 2p 电子接近,重叠最大,结合稳定方式;②H 沿另一方向接近 O,重叠较少,结合不稳定方式;③H 沿 y 轴向 O 接近,则不能结合成键。

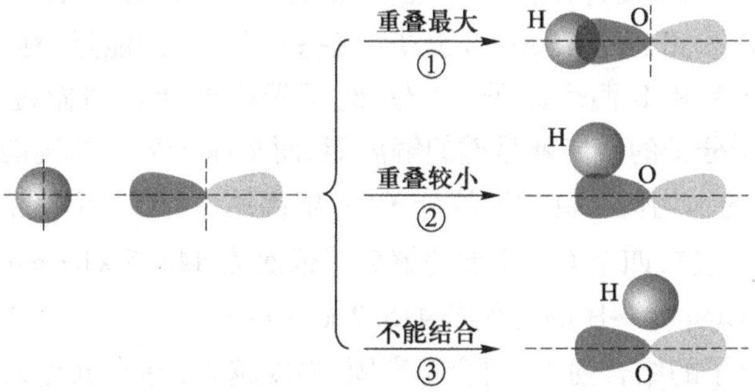

图 1-2 s 和 p 电子原子轨道的 3 种重叠情况

1.2.3 共价键的键参数

在有机化学中,经常用到的键参数有键长、键角、键能和键的极性(偶极矩),这些物理量可利用近代物理方法测定,用来表征共价键。

1.2.3.1 键长

形成共价键的两原子核间的平衡距离称为共价键的键长(length of covalent bond)。同核双原子分子的键长即是两原子的共价半径之和。不同的共价键具有不同的键长,表 1-1 列出了一些常见共价键的键长。

表1-1　一些常见共价键的键长

化合物	键	键长/nm	化合物	键	键长/nm	化合物	键	键长/nm
甲烷	C—H	0.109	烯烃	C═C	0.134	甲醛	C═O	0.121
乙烯	C—H	0.107	炔烃	C≡C	0.120	氟甲烷	C—F	0.142
乙炔	C—H	0.105	三甲胺	C—N	0.147	氯甲烷	C—Cl	0.177
苯	C—H	0.108	尿素	C—N	0.137	溴甲烷	C—Br	0.194
烷烃	C—C	0.154	甲醚	C—O	0.144	碘甲烷	C—I	0.213

表中数据表明，键型和成键的杂化轨道发生变化时，共价键的键长也会随之发生变化。

1.2.3.2　键角

同一原子上的两个键之间的夹角称为键角(bond angle)。键角的大小反映出分子的空间结构，其大小跟原子在分子中的配位数及所连接的基团大小有关。例如：

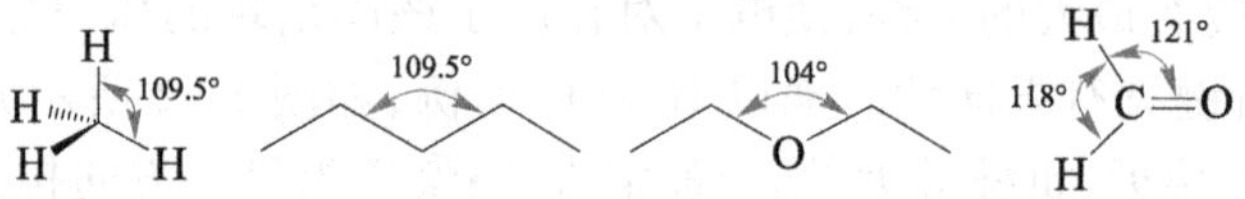

1.2.3.3　键能

共价键形成时，放出能量使体系热力学能降低；反之，共价键断裂时则必须从外界吸收能量。气态时原子A和原子B结合成A—B分子(气态)所放出的能量，称为键能(bond energy)；气态A—B分子解离为A和B两个原子(气态)时所吸收的能量叫做键的解离能(dissociation energy)。气态的双原子分子的键能就是键的解离能，而多原子分子的键能与解离能并不完全一致，是同类型键解离能的平均值。例如甲烷分子中，解离第一个C—H键的解离能(CH_3—H)为435.1 kJ·mol^{-1}，而第二、三、四个C—H键的解离能依次为443.5 kJ·mol^{-1}、443.5 kJ·mol^{-1}和338.9 kJ·mol^{-1}，那么C(sp^3)—H的键能是415.2 kJ·mol^{-1}。

键能反映出两个原子的结合强度，结合越牢固，强度越大，键能也越大。表1-2列出了一些常见共价键键能的数据。

1.2.3.4　键的极性(偶极矩)

对于两个相同原子形成的共价键来说(例如H—H、Cl—Cl)，成键电子云是对称分布于两个原子核之间的，这样的共价键没有极性。但当两个不同的原子结合成共价键时，由于这两个原子核对于价电子的引力不完全一样，导致正、负电荷中心并不重合，共价键产生极性(polarity)。原子核对成键价电子吸引能力的相对大小可以用电负性(electronegativity)来表示，吸引能力越大，电负性也越大。可以用箭头来表示这种极性键，也可以δ^-和δ^+来表示构成极性共价键的原子的相对电荷分布。例如：

$$H_3\overset{\delta^+}{C}—\overset{\delta^-}{F}$$

表 1-2 一些常见共价键键能

键型	键能/($kJ \cdot mol^{-1}$)	键型	键能/($kJ \cdot mol^{-1}$)	键型	键能/($kJ \cdot mol^{-1}$)
C—C	345.6	C═O（醛）	736.4	F—F	154.8
C—H	415.3	C═O（酮）	743.9	H—F	564.8
C—N	305.4	C≡N	944.7	Cl—Cl	242.2
C—O	359.8	N═N	418.4	H—Cl	431.0
C—F	485.3	H—H	436.0	Br—Br	188.3
C—Cl	338.9	H—O	464.4	H—Br	368.2
C—Br	284.5	H—N	390.8	I—I	150.6
C—I	217.6	H—S	347.3	H—I	298.7
C═C	610.0	N—N	389.1		
C≡C	835.1	N—O	200.8		

共价键的极性通常是静态下未受外来试剂或电场的作用时表现出来的一种属性。

某些分子其正、负电荷中心不相重合，这种在空间具有两个大小相等、符号相反的电荷在分子中就构成一个偶极，其大小为正、负电荷中心的电荷量(q)与正、负电荷中心之间的距离(d)的乘积，称为偶极矩μ(键矩)。

$$\mu = qd$$

偶极矩是用来衡量键极性的物理量，为一矢量，有方向性，通常规定其方向由正到负，用加竖线的箭头表示。例如：

$$\overset{+\!\!\longrightarrow}{\mathrm{H_3C{-}F}}$$

偶极矩的单位为 C·m(库仑·米)，非 SI 单位为 D[英文 Debye(德拜)的首字母]，$1D=3.333\,6\times10^{-30}$ C·m。表 1-3 列举了一些共价键的偶极矩。有机化合物中一些常见的共价键偶极矩在 $1.3\times10^{-30}\sim11.7\times10^{-30}$ C·m。

表 1-3 一些共价键的偶极矩

键	偶极矩/(10^{-30} C·m)	键	偶极矩/(10^{-30} C·m)	键	偶极矩/(10^{-30} C·m)
H—C	1.33	C═O	7.67	C—Br	4.60
H—N	4.33	C—N	0.73	C—I	3.97
H—O	5.00	C≡N	11.67		
C—O	2.47	C—Cl	4.87		

在双原子分子中，键的偶极矩即是分子的偶极矩。但多原子分子的偶极矩，则是整个分子

中各个共价键偶极矩的矢量和。例如：

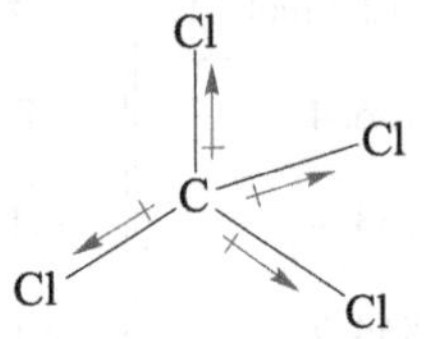

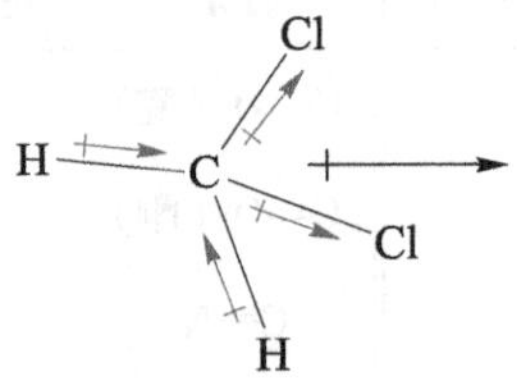

μ=0　　　$\mu=6.47\times10^{-30}$C·m

偶极矩为零的分子是非极性分子；反之，偶极矩不等于零的分子是极性分子。偶极矩越大，分子的极性越强。

1.2.3.5　键的可极化性

在外界电场的作用下，共价键（不论是极性的还是非极性的）中的电子概率密度会重新分布，从而使共价键的极性发生改变，这种变化能力称为共价键的可极化性（polarizability）。共价键的可极化性用共价键的可极化度来度量，它表示成键电子被成键原子核约束的相对程度。

可极化性与成键原子的性质密切相关，包括键连原子的体积、电负性和键的种类，还与外界电场强度有关。成键原子的体积越大，电负性越小，对成键电子的约束越小，在外电场作用下就会引起电子云较大程度的偏移，可极化度就越大。例如，碳卤键的可极化度大小为：C—I>C—Br>C—Cl。π 键比 σ 键易极化。外界电场越强，共价键的可极化度就越大。因为键的可极化性是在外电场存在下使键产生瞬时偶极矩，因此这是一种暂时性质，一旦外电场消失，可极化性也就不存在了，键恢复到原来的状态。共价键的可极化性只有在分子进行反应时才能表现出来，因此它在化学反应中对分子的反应性能起着重要作用。

1.2.4　化学键的断裂

共价键的断裂可能有两种方式。一种方式是成键的一对电子平均分配给两个原子或原子团，即

$$\mathrm{A{:}B} \longrightarrow \mathrm{A\cdot} + \mathrm{B\cdot}$$

这种断裂方式称为均裂。均裂生成的带单电子的原子或原子团称为自由基（游离基），如·CH_3 叫做甲基自由基。在表示自由基时，必须写上一点意味着一个孤立单电子。自由基性质非常活泼，可以继续引起一系列的反应（链反应）。有自由基参与的反应叫做自由基反应。

共价键断裂的另一种方式是不均匀裂解，也就是在键断裂时，两原子间的共用电子对完全转移到其中一个原子上，共价键的这种断裂方式叫做异裂。

$$\mathrm{A{:}B} \longrightarrow \mathrm{A^{+}} + \mathrm{{:}B^{-}}$$

异裂生成了正离子和负离子，这种经过异裂生成离子的反应称为离子型反应。有机化合物经由离子型反应生成的有机离子有碳正离子和碳负离子，如$\overset{+}{C}H_3$叫做甲基正离子，$\overset{-}{C}H_3$叫做甲基负离子。

自由基、碳正离子、碳负离子都是有机反应进程中生成的活性中间体，往往在生成的一瞬间就参加化学反应，但能测定或证明其存在。自由基反应一般在光和热的作用下进行，离子型反应一般在酸、碱或极性物质（包括极性溶剂）催化下进行。

1.2.5　分子轨道理论

分子轨道理论是在 1932 年提出来的,它从分子的整体出发去研究分子中每一个电子的运动状态,认为形成化学键的电子是在整个分子中运动的。通过量子化学的方法,可以求出描述分子中的电子运动状态的波函数 ψ。ψ 称为分子轨道。每一个分子轨道 ψ 有一个相应的能量 E,E 近似地表示在这个轨道上的电子的电离能。各分子轨道所对应的能量通常称为分子轨道的能级,分子的总能量为各电子占据着的分子轨道能量的总和。

近似地,把分子轨道看成是所属原子轨道的线性组合。分子轨道理论认为化学键是原子轨道重叠产生的,当任何数目的原子轨道重叠时就可以形成同样数目的分子轨道。定域键重叠的原子轨道是两个,结果组成两个分子轨道,其中一个分子轨道比原来的原子轨道的能量低,是由符号相同(也即波相相同)的两个原子轨道的波函数相加而形成,叫做成键轨道;另一个分子轨道叫做反键轨道,是由符号不同(也即波相不同)的两个原子轨道的波函数相减而形成,比原来的原子轨道的能量高。

$$\psi_1=\phi_1+\phi_2$$
$$\psi_2=\phi_1-\phi_2$$

前式表示在分子轨道中两个原子核之间的波函数增大,电子概率密度也增大,体系能量降低;后式表示在分子轨道中两个原子核之间波函数减少,电子概率密度也减小,体系能量升高。

每一个分子轨道只能容纳两个自旋相反的电子。电子总是首先进入能量低的分子轨道,当此轨道已占满后,电子再进入能量较高的轨道。例如,当两个氢原子形成氢分子时,两个电子均进入成键轨道,体系能量降低,即形成了共价键,如图 1-3 所示。

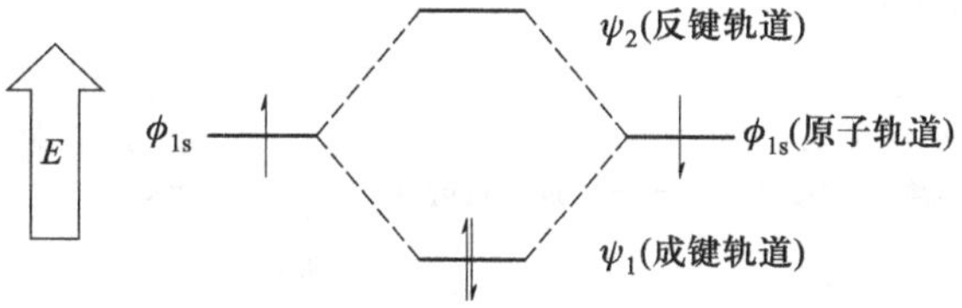

图 1-3　氢原子轨道结合成氢分子轨道

由原子轨道组成分子轨道时,必须符合 3 个条件。

(1) 对称匹配　组成分子轨道的原子轨道的符号(位相)必须相同,才能匹配组成分子轨道。否则,就不能组成分子轨道。例如,以 s 原子轨道和 p 原子轨道成键。s 原子轨道沿着 p 原子轨道的电子概率密度最大的方向才能得到最大的重叠而成键,如图 1-2①所示,这是轨道对称性匹配的情况;如果 s 原子轨道与 p 原子轨道的波函数符号相反,则重叠部分恰好抵消,就不会有效地组成分子轨道而成键,就是说不符合轨道对称性匹配的条件,如图 1-4 所示。所以,参加成键的各原子轨道是否对称匹配,将决定其线性组合成分子轨道能否成功。

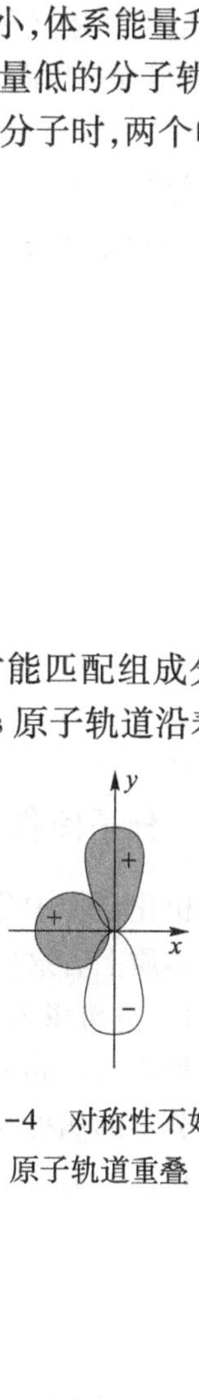

图 1-4　对称性不好的原子轨道重叠

(2) 原子轨道重叠的部分要最大　原子轨道重叠的部分最大时,才能使形成的键稳定。

（3）能量相近　成键的原子轨道的能量要相近，能量差越小越好，这样才能够最有效地组成分子轨道，才能解释不同原子轨道所形成的共价键的相对稳定性。

条件（2）和（3）是决定线性组合的多或少及组合效率的高或低的问题，所以，在这 3 个条件中，条件（1）起着决定性的作用。

根据分子轨道的对称性可将分子轨道分为 σ 轨道和 π 轨道。例如，氢原子形成氢分子时所形成的分子轨道称为 σ 轨道（见图 1-5）。s 轨道为球形对称，如以 x 轴为键轴，呈圆柱形对称，形成的分子轨道还保留着对 x 轴呈圆柱形对称的特性，即沿键轴旋转，它的形状和符号都不变。这种分子轨道称为 σ 轨道。由 1s-1s 形成的 σ 分子轨道用 σ_{1s} 表示；反键轨道用 σ^* 表示，如 σ_{1s}^*。由 1s 和 $2p_x$ 原子轨道线性组合成也可以得 σ 分子轨道，记录为 σ_{2p}。

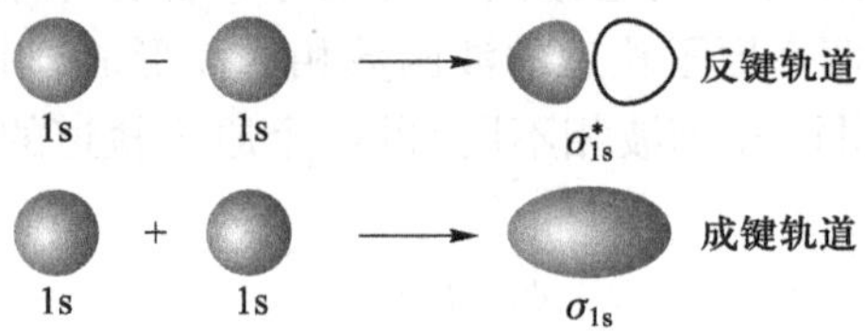

图 1-5　σ 轨道的示意图

当由两个相互平行的 p 轨道从侧面重叠形成分子轨道时，如图 1-6，p_x- p_x 所形成的分子轨道，还保留着对称面，这种分子轨道叫做 π 轨道。π 轨道的特点是，电子云集中在键轴的上面和下面，通过键轴的参考平面可把电子云分成两半。这种把原子轨道或分子轨道分割为符号相反的两半部的参考平面，称为节面。在节面上电子概率密度等于零。成键 π 轨道的符号为 $\pi_x 2p$，反键 π 轨道则用 $\pi_x^* 2p$ 表示。

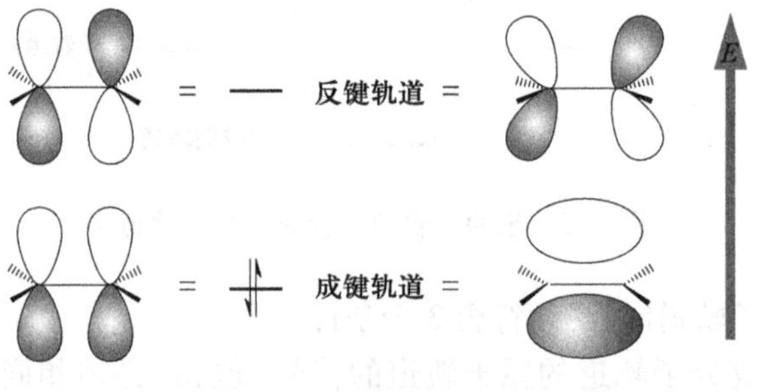

图 1-6　π 轨道的示意图

1.2.6　分子间作用力和氢键

有机化合物中分（原）子间还存在着比共价键弱得多的作用力，其强度只有每摩尔几十千焦。从本质上看这些作用力也是正、负电荷之间的一种静电引力。

1.2.6.1　范德华力

范德华力（van der Waals force）指由于偶极-偶极和偶极-诱导偶极的作用而产生的吸引力。在极性分子的偶极-偶极之间的相互作用是一个极性分子的正端对另一个极性分子的负端产生的吸引作用。另一方面，电子处在不断的运动状态之中，所以在任一瞬间它的电荷分配可能变化而形成一个小的瞬时偶极，这种瞬时的偶极会影响其附近的另一个分子，偶极的负端排斥电子，正端吸引电子，因此感应另一个分子产生方向相反的偶极。虽然瞬时偶极和感应偶极都不断在变化，但总的结果是在分子之间产生了作用。这种作用只有在分子比较接近时才会存在，其强弱与分子间接触表面的大小和分子本身极化率的大小有关。非极性分子和极性分子间均存在范德华力。

1.2.6.2　氢键

氢键（hydrogen bond）是一种特别强的偶极-偶极作用力，指电负性较大的原子以极性共价键结合的氢与另一个电负性大、半径小的原子所产生的第二根键，这实际上是一种强静电吸引力。常见的能与氢原子形成氢键的主要是氟、氧、氮三种原子，当氢原子与这些原子键连时，电子云严重偏离氢原子，使氢原子核可以被第二个电负性较大的原子上的非共用电子所吸引。因为氢原子很小，只能与两个电负性原子相结合，而且这两个电负性大的原子相互间距越远越好，故氢键有饱和性和方向性。氢键键长在形成氢键的两个原子的范德华半径之和和共价半径之和之间，键能也介于共价键能和范德华力之间，为 8～50 $kJ \cdot mol^{-1}$。有机化合物中带有—OH或—NH—基团的分子常有氢键的存在，分子内和分子间都可以形成氢键。

§ 1.3　有机化学中的电子效应

有机化合物的性能不仅与反应物的结构有关，还与分子中的电子云分布及它们所处的外部环境有关。影响电子云分布的因素称为电子效应，常见的有诱导效应、共轭效应和超共轭效应。

1.3.1　诱导效应

在多原子分子中，由于组成共价键的两个原子的电负性不同，以及原子杂化状态不同，而造成共用电子对（σ 电子对）偏向其中一个原子的极化现象叫做诱导效应（inductive effect）。例如，氯乙烷分子中 C—Cl 键中，由于 Cl 原子的电负性较大，C—Cl 键之间的一对电子偏向于氯原子，这种影响不仅限于 C—Cl 之间，而且可以影响到不直接相连的部分，整个分子中成键电子按取代基团的电负性所决定的方向而偏移（见图 1-7）。不过，这种效应在分子内随着距离的增大而迅速下降，经过三个原子影响就极弱了。这种基于原子本身性质而产生的极性（包括键的极性、分子极性）叫做永久极化，或称为静态极化。这种极性是在没有外力作用下产生的极化现象。

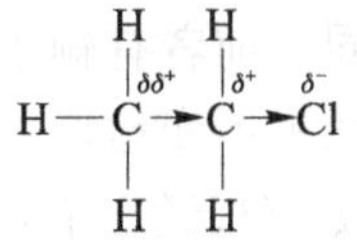

图 1-7　氯乙烷分子中的极化现象

另外，不论是极性分子还是非极性分子，当它们在有离子或极性分子存在的电场中（如在化学反应中），均可能会引起分子重新极化而产生极性。这种现象叫做瞬间极化或称为动态极化。此现象产生的难易取决于极化率 α 的大小。例如，C—I 键的极化率 α 非常大，因而在化学反应时会产生共用电子对明显向 I 原子偏移。

如在静态情况下含碳原子化合物中卤素吸电子效应以如下次序—F>—Cl>—Br>—I 排列，而在动态的情况下则为—I>—Br>—Cl>—F。

诱导效应常用 I 表示，在讨论其方向时以氢原子为标准，给电子的原子的诱导效应表现在其本身将带有微量正电荷，故用 $+I$ 表示。反之，吸电子的原子产生的诱导效应可以用 $-I$ 表示。

有机化合物中表现出 $-I$ 效应的常见基团有 X(卤素)，$—\overset{+}{N}R_3$，$—NO_2$，—CN，$—CO_2H(R)$，—CH(R)O，$—C_6H_5$，—NO，$—CH_2Ph$，$—CH{=}CH_2$，$—C{\equiv}CH$ 等，其中 $—\overset{+}{N}R_3$，$—NO_2$，—CN 和—F 的诱导效应较强。同一族中自上而下吸电子诱导效应减弱，同周期中自左到右则是增强的。

有机化合物中表现出 $+I$ 效应的基团是烷基和一些带负电荷的原子(团)，如 $—CO_2^-$，$—O^-$ 等，各种烷基的给电子诱导效应大小为 $R_3C— > R_2\underset{|}{C}H > R\underset{|}{C}H_2$。

1.3.2　共轭效应

一般含不饱和键化合物中，不饱和键上 p 电子的运动范围仅局限于带不饱和键的这两个原子之间，这称为定域的 π 电子，把 π 电子的运动称为定域的运动。

当不饱和键和单键在分子中交替出现，则 p 电子的运动范围不再局限于孤立的各个成键原子之间，而是扩展到所有的带不饱和键的原子之间，即产生了离域或称为共轭。共轭体系可以由若干双键通过单键连接起来，此为 π-π 共轭；或者双键和一个轨道通过单键连接起来，此为 p-π 共轭。形成共轭 π 键的条件是以 σ 键相连的三个或三个以上的原子都在同一个平面内，并且每个原子有一个 p 轨道，这些 p 轨道互相平行。这两个条件保证了所有的 p 轨道能够达到“肩并肩”最大程度的重叠。

在共轭体系中，当一端发生变化时，整个体系都会通过电子对的转移而传递这种变化，这一现象称为共轭效应(conjugative effect)。如 1,3-丁二烯与溴化氢加成时，除简单加成外，还有共轭加成产物。

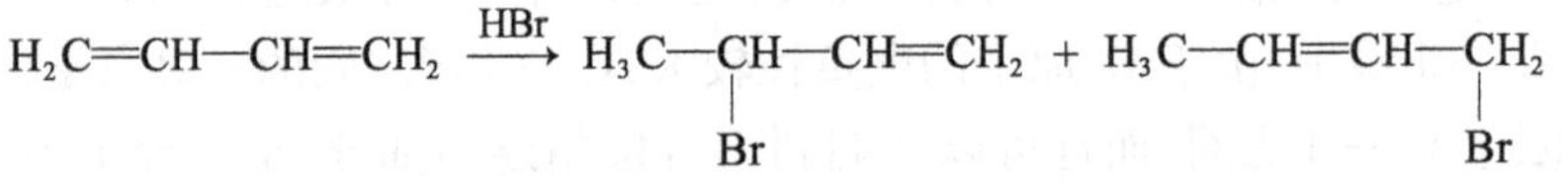

(简单加成)　　　　(共轭加成)

共轭体系中的键长和 π 电子的概率密度会产生平均化，体系能量降低，分子也更稳定，易于生成。共轭效应也有方向性。一些基团具有给电子共轭效应($+C$)，如 $—NH_2$，—F，—Cl，—Br，—OR 等。另一些基团则具有吸电子的共轭效应($-C$)，如 $—NO_2$，—CN，—COR，—CHO 等。

共轭效应和诱导效应产生的原因不同。前者有赖于共轭体系的存在，后者是由于原子(团)的电负性影响；前者是沿着共轭链传递，几乎不变地可以一直传达到共轭体系链的另一端，而后者是沿着 σ 键传导，每经过一个 σ 键递减 1/3，经三个 σ 键后诱导效应基本消失；共轭效应是交替传送的，而诱导效应中的正(负)电性在传送过程中不会改变(见图 1-8)。

图 1-8　诱导效应和共轭效应的不同特征

1.3.3 超共轭效应

烷基上的碳原子与氢原子结合时，其成键的 σ 轨道较易与邻近的 π 电子轨道作用，产生离域（共轭）现象，使体系稳定。此时，σ 键向 π 键提供电子，使体系得到稳定，这种类型的 $\sigma-\pi$ 共轭称为超共轭（hyperconjugation）。例如，丙烯 $H_2C{=}CH{-}CH_3$ 分子中，甲基$-CH_3$ 中的碳氢键 σ 轨道可与 $-C{=}C-$ 双键的 π 轨道重叠形成 $\sigma-\pi$ 共轭。这种共轭实质上是甲基$-CH_3$ 中的一个 sp^3 杂化轨道（其中容纳了氢原子）与形成 π 键的两个 p 轨道进行部分的、不完全平行的重叠，这种重叠当然是很少的，因此共轭程度较小。在丙烯分子中由于碳碳单键的转动，甲基中三个碳氢键的 σ 轨道都有可能与 $-C{=}C-$ 双键中的 π 轨道重叠，参与超共轭。

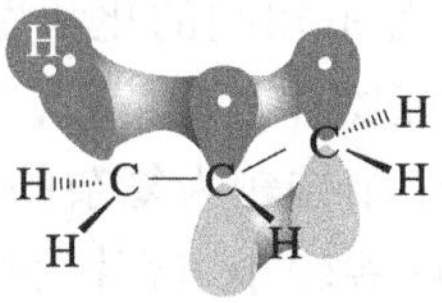

$\sigma-\pi$ 超共轭效应一般是给电子的。大小顺序依碳原子上相连的氢原子减少而降低，如 $-CH_3>-CH_2R>-CHR_2>-CR_3$，其影响要比共轭效应小得多。

§1.4 研究有机化合物的一般步骤

系统研究一个有机化合物，通常需要经历以下步骤：

1. 分离提纯

研究任何一个有机化合物，首先必须保证它是一个单一、纯净的化合物。但由于有机反应比较复杂，因此副产物和其他杂质较多。如何除去这些杂质、提纯产物是研究有机化合物，也是有机化工生产的一个重要任务。

目前一般采用的分离提纯方法有重结晶法、蒸馏法、升华法和色谱法等。尤其是近年发展起来的高压液相色谱法，是实验室中很有用的一种高效的分离提纯方法。

2. 物理常数测定

纯净的有机化合物一般具有固定的物理常数，如熔点、沸点、相对密度和折射率等，而且其熔程或沸程范围很小。如果化合物不纯，则熔程或沸程增大，甚至测不出固定的常数。因此，通过物理常数的测定，不但可以鉴定有机化合物，而且可以判断其纯度。

3. 元素分析和实验式确定

对经过分离提纯和物理常数测定后的单一、纯净的有机化合物，可以进一步进行元素定性分析，以确定该化合物是由哪些元素组成的。然后再进行元素定量分析，以确定各组成元素的含量，在此基础上，通过计算可以求得此化合物的实验式。但是实验式是反映组成化合物分子的各元素原子的种类和比例的化学式，并不能反映分子中各原子的确切数目，也写不出化合物的确切分子式。

4. 相对分子质量的测定和分子式的确定

有机化合物的分子式可以与实验式相同，也可以为实验式的整倍数。为了确定有机化合物的分子式，必须知道有机化合物的相对分子质量，这样才能在实验式的基础上写出分子式。

测定相对分子质量的方法很多，常用的有蒸气密度法、凝固点降低法、沸点升高法和渗透压法等。近年来质谱仪的应用可以最准确、最快速地测定有机化合物的相对分子质量。

5. 结构的确定

由于有机化合物结构的多样性和复杂性，仅仅确定了分子式还不能完全清楚分子中原子间的排列方式，必须进一步确定有机化合物的结构。确定一个有机化合物分子的结构是一项相当艰巨而有意义的工作，一般要通过化学方法和物理方法的综合分析，才能获得比较准确的结果。通常经过以下步骤：

① 官能团分析　各种官能团具有各不相同的化学性质，通过化学衍生的方法进行各种实验，可以揭示有机化合物分子中不同官能团存在的情况，借以判断其结构。

② 化学降解及合成　为了确定一个结构较为复杂的、新的有机化合物的结构，常常要用化学方法把分子拆开；打成“碎片”，测定这些较小“碎片”的结构，再由“碎片”拼凑起来确定分子的整体结构。这是人类用宏观的手段来窥测微观的分子世界。20世纪50年代前只用化学方法确定结构是较困难的。例如，麻醉药东莨菪碱，是从植物曼陀丹中分离出来的一种生物碱，早在1892年就分离得到，并且确定其分子式为 $C_{17}H_{21}NO_4$。但它的结构式直到1951年才确定下来。尽管现在看来其结构并不复杂。

③ 物理方法的应用　20世纪50年代之后，现代物理方法的不断发展为解析有机化合物结构提供了强有力的技术支持，极大地改进了分析鉴定的手段，这为确定有机化合物的结构提供了准确、迅速的新途径，大大简化了结构确定的过程。例如，质谱、红外光谱、紫外光谱、核磁共振谱和X射线衍射等，为快速确定有机化合物结构提供了准确可靠的数据。

在实际工作中，物理和化学方法常要结合起来，仅仅依靠物理方法确定一个有机化合物的结构不够严谨。例如，胆固醇是一种环戊烷多氢菲的衍生物，早在1784年人们已从胆石中发现了胆固醇，直到1938年，美国科学家布洛赫（Bloch K E）和德国科学家吕南（Lynen F）才历经千辛万苦发现胆固醇和脂肪酸的代谢，由此共同获得1964年诺贝尔生理学或医学奖。但即便是这么一项伟大的科研成就，当人们利用现代物理方法，再结合化学合成之后，发现当年获奖的胆固醇结构在多个手性中心的立体异构上还有错误，最终得到纠正，确定了胆固醇的真实结构。这个事例说明，为了最终确定复杂分子结构，有时要把已推断出来的结构当作目标分子，用已知结构的有机化合物为原料，通过特定的路线进行化学合成。两者结果一致时，才能最终写出化合物确切结构的构造式。

§1.5　有机化合物的分类

有机化合物数量庞大，而且新的有机化合物还在不断地被合成和发现。为了给学习和科学研究创造有利条件，对它们系统地研究，严格地、科学地分类是非常必要的。同时，结构理论的建立和分析仪器的发展也为科学地分类奠定了基础，提供了手段。有机化合物的结构与其性质密切相关，因此有机化合物按其分子结构通常采取两种分类方法，一种是按碳（骨）架分类，一种是按官能团分类。

1.5.1 按碳架分类

传统的有机化合物的分类方法是根据碳架的不同，把它们分成以下三大类。

1. 开链化合物

在开链化合物分子中，碳原子互相结合形成链状，而不形成环状。例如：

$CH_3CH_2CH_2CH_3$

丁烷

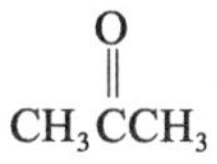

丙酮

2. 碳环化合物

它们又可分为脂环（族）化合物和芳香族化合物。

脂环化合物分子中的碳原子连接成环状，其性质与开链化合物相似，其中成环的两个相邻碳原子可以通过单键、双键或三键相连。例如：

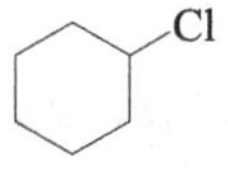

氯代环己烷

环戊二烯

芳香族化合物分子中一般含有苯环结构，其性质不同于脂环化合物，而具有“芳香性”。例如：

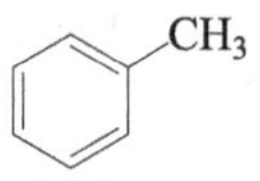

甲苯

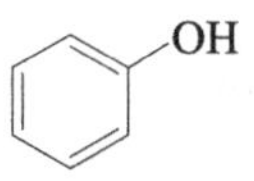

苯酚

3. 杂环化合物

杂环化合物也是环状化合物，不过，这种环是由碳原子和其他元素的原子如氧、硫、氮等共同组成的，故称为杂环。含有杂环的有机化合物称为杂环化合物。例如：

呋喃

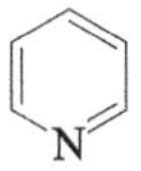

吡啶

以上的分类方法只是从有机化合物母体（或碳架）结构的形式，即链状和环状来分类的，并不反映其性质特性，实际上也不能反映出其结构的本质。

1.5.2 按官能团分类

实验证明，有机化合物的反应主要在官能团处发生。所谓官能团是指分子中比较活泼而容易发生反应的原子或基团，它常常决定有机化合物的主要性质，反映有机化合物的主要特征。一般来说，含有相同官能团的有机化合物具有相类似的性质，将它们归于一类。按官能团进行研究和学习是比较方便的。常见的重要官能团如表 1-4 所示。

表 1-4　一些常见的重要官能团及化合物分类

化合物类别	官能团	官能团名称	化合物举例
烯烃	C═C	碳碳双键	$CH_2{=}CH_2$
炔烃	C≡C	碳碳三键	$CH{\equiv}CH$
卤代烃	—X(F,Cl,Br,I)	卤原子	CH_3Cl
醇	—OH	羟基(与烃基相连)	C_2H_5OH
酚	—OH	羟基(与芳环相连)	C_6H_5OH
醚	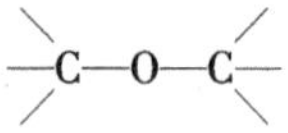	(烃)氧基	$(C_2H_5)_2O$
醛	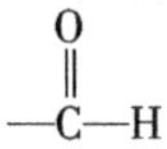	甲酰基	HCHO
酮	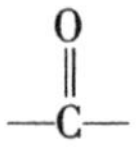	酮基或氧亚基	CH_3COCH_3
羧酸	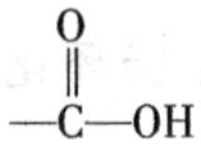	羧基或羟羰基	CH_3COOH
羧酸酯	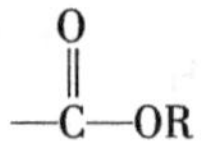	(烃)氧羰基或酯基	CH_3COOCH_3
酰胺	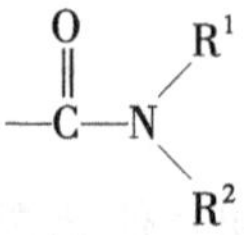	氨基羰基	$HCON(CH_3)_2$
酰卤	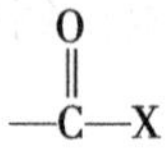	卤羰基	CH_3COCl
酸酐	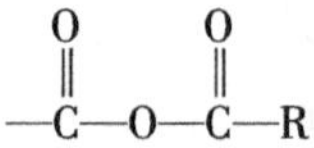	酰氧羰基	$(CH_3CO)_2O$
腈	—C≡N	氰基	CH_3CN
胺	$—NH_2$	氨基	$C_2H_5NH_2$
硝基化合物	$—NO_2$	硝基	CH_3NO_2
硫醇(酚)	—SH	巯基	C_2H_5SH
磺酸	$—SO_3H$	磺(酸)基	CH_3SO_3H

一般常先按碳架分类，再按官能团分类。本书按烃及其衍生物系统，即官能团体系讲授各

类有机化合物的结构、性质和制备合成方法。

// 习 题 //

1. 什么是有机化合物？有机化合物有些什么特点？

2. 有机化合物有哪几种主要的分类方法？

3. 简述共价键的键参数。

4. 简述共价键的几种断裂方式，分别说明其特点。

5. 写出下列分子的一个可能的 Lewis 结构式，若有孤对电子，请用黑点标明。

（1）CH_3CH_3 （2）NH_3 （3）CH_3OH （4）H_2NCH_2COOH （5）H_2SO_4

6. 下列分子中，哪些是离子分子？哪些是极性分子？哪些是非极性分子？

（1）KBr （2）I_2 （3）CH_4 （4）CH_3Br （5）CH_3OH

7. 将下列结构简式改写成键线式。

（1）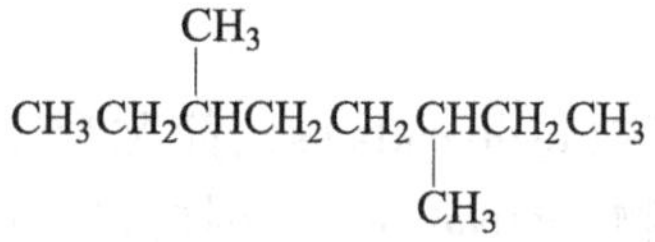

（2）$H_2C{=}CHCH_2CH_2CH_2C{\equiv}CCH_2OH$

（3）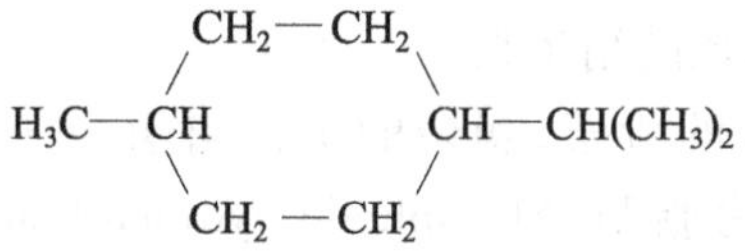

（4）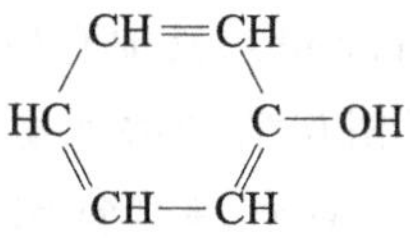

（5）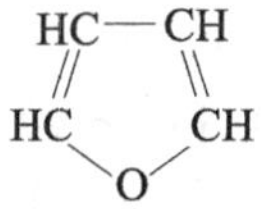

8. 下列有机化合物中，字母 a，b，c 所指的三个 C—H 键的键长是否相等？如果不相等，大小顺序如何？

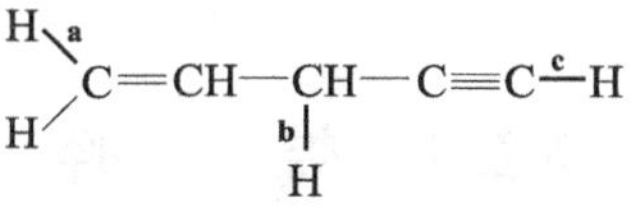

第 2 章 烷烃和环烷烃

仅由碳和氢两种元素组成的一类化合物称为碳氢化合物(hydrocarbons),简称为烃。烃分子中的氢原子可以被其他原子或基团取代生成一系列衍生物(derivatives)。因此,烃可以看作是其他有机化合物的母体(parent),其他有机化合物看作烃的衍生物。

烃分子中,碳原子可以相互结合形成链状或环状碳的骨架,剩余的价键与氢原子结合以满足碳原子的四价。链烃是具有链状骨架的烃,又称为脂肪烃(aliphatic hydrocarbons)。环烃则具有环状骨架,可分为脂环烃(alicyclic hydrocarbons)和芳香烃(aromatic hydrocarbons)两大类。当烃分子中的碳原子和碳原子都以单键相连接,而且与碳原子结合的氢原子数目已经达到最高限度,这种烃称为饱和烃(saturated hydrocarbons)。烷烃(alkanes)是饱和链烃。

§2.1 烷　　烃

2.1.1 烷烃的通式、同系列和构造异构

甲烷是最简单的烷烃,其分子式为 CH_4。乙烷、丙烷、丁烷,它们的分子式分别为 CH_3CH_3,$CH_3CH_2CH_3$ 和 $CH_3CH_2CH_2CH_3$。可以看出,当碳原子数为 n(n 为正整数)时,烷烃的分子组成可用通式 C_nH_{2n+2}来表示。

符合同一通式,在组成上相差 CH_2 或其整数倍,结构相似,化学性质也相似,物理性质随着碳原子数的增加或减少而呈现有规律的变化,这一系列化合物称为同系列(homologous series)。同系列中各化合物互称为同系物(homologs),CH_2 称为系差。

同分异构现象(isomerism)是有机化合物中普遍存在的现象。甲烷、乙烷和丙烷都只有一种分子结构。当碳原子数增加到 4 个,即分子式为 C_4H_{10}的丁烷就有两种不同的结构:

	正丁烷	异丁烷
沸点	-0.5℃	-10.2℃
熔点	-138.0~-138.2℃	-159.2~-159.5℃

它们的熔点、沸点和密度等都不同。化合物性质的不同是由其分子结构决定的。显然,这是两种不同的丁烷,正丁烷无支链而异丁烷有支链。像这种具有相同分子式,但分子中碳原子的排列方式不同的化合物称为同分异构体(isomer),这种现象称为同分异构现象。同分异构体有相同数目和相同种类的原子,但原子间连接的方式或空间位置不同,它们的分子结构是不同的,属于不同化合物,其物理性质和化学性质都不相同。

根据国际纯粹与应用化学联合会(international union of pure and applied chemistry,简称为IUPAC)的建议,把分子中原子互相连接的次序和方式称为构造(constitution)。分子式相同,构造不同的化合物称为构造异构体(constitutional isomers)。像正丁烷和异丁烷这样的同分异构体,它们之间的差别仅仅是分子中的碳链不同而造成的,互为构造异构体,是同分异构现象中的一种。这种构造异构(constitutional isomerism)是由于碳骨架不同引起的,故又称碳架异构(carbon skeleton isomerism)。烷烃的构造异构均属于碳架异构。随着烷烃碳原子数的增加,构造异构体的数目显著增多,如表 2-1 所示。异构现象是造成有机化合物数量庞大的原因之一。

表 2-1 烷烃的构造异构体的数目

碳原子数	异构体数	碳原子数	异构体数	碳原子数	异构体数
1~3	1	9	35	15	4 347
4	2	10	75	20	366 319
5	3	11	159	25	36 797 588
6	5	12	355	30	4 111 646 763
7	9	13	802		
8	18	14	1 858		

分子式为 C_5H_{12} 的烷烃有三种同分异构体,它们的构造式如下:

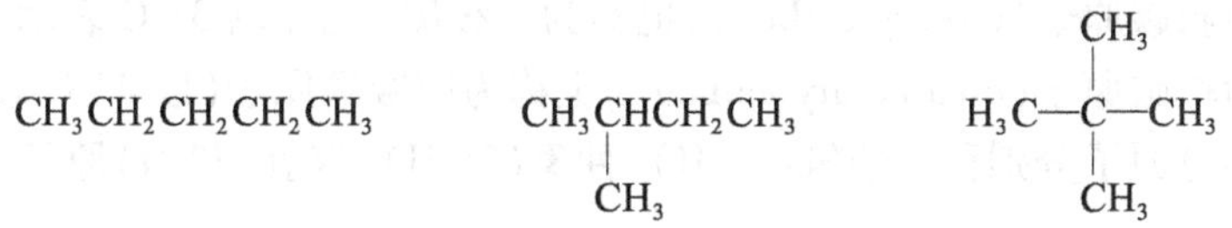

正戊烷　　异戊烷　　新戊烷

对一个已知分子式的烷烃,究竟可能有多少种构造不同的同分异构体呢?比较简单的烷烃,一般可以通过碳架的不同排列,而推导出它们可能的异构体数目,并写出其构造式。现以分子式为 C_6H_{14} 的饱和烃为例说明碳架异构体的写法。

首先,写出这个烷烃最长的直链式碳架为

C—C—C—C—C—C

(i)

其次,写出比最长碳链少一个碳原子的碳链作为主链,而把减掉的一个碳原子作为支链,即甲基—CH_3,依次排列在除端位之外的长链碳上,其可能的碳架为

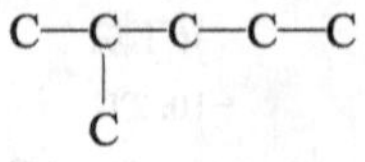
(ⅱ)

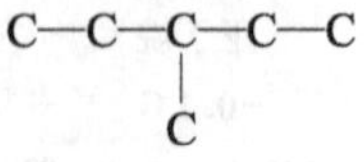
(ⅲ)

再次,取长链为少两个碳原子的碳链,而把减掉的两个碳原子作为两个支链(甲基—CH_3),或者是一个支链(乙基—CH_2CH_3),排列在除端位以外的碳上,其可能的碳架为

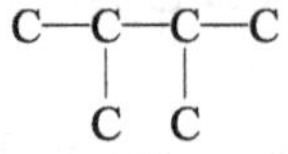
(ⅳ)

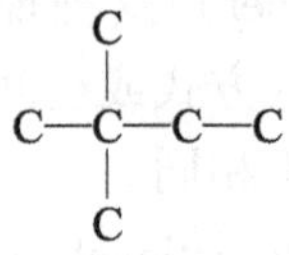
(ⅴ)

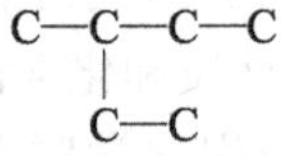
(ⅵ)

最后,检查并删除重复的碳架,如(ⅵ)与(ⅲ)相同。

因此,分子式为 C_6H_{14}的饱和烃只有上边写出的(ⅰ)~(ⅴ)五种不同的碳架异构体。

问题 2-1　写出分子式为 C_7H_{16}的烷烃的同分异构体的键线式。

2.1.2　烷烃的命名

人们对有机化合物的命名最初是根据其来源、性质和构造而定的。例如,甲烷最初是由池沼里动植物腐烂产生的气体中得到的,故也称沼气;乙醇是酒的主要成分,又称酒精。沼气,酒精都被称为俗名。随着有机化合物数量的不断增加,结构也愈加复杂,仅仅依靠俗名来命名已经远远不能满足学习、研究和交流的需要。为此,科学家们根据有机化合物的构造,制定和完善了一套标准的、严格的命名方法来区分或指定某个化合物,这一命名方法要科学、系统得多。因此,认真学会并掌握每一类化合物的命名方法是学习有机化学的一个重要的基本功。

2.1.2.1　烷基的概念

1. 碳、氢原子种类

在烷烃分子中,根据碳原子所连接的碳原子数目可以将它们分为4类。只与一个碳原子相连的碳原子称为伯碳原子(primary carbon),又称为一级碳原子(以1° C表示);与两个碳原子相连的碳原子称为仲碳原子(secondary carbon),也称为二级碳原子(以2° C表示);与三个碳原子相连的碳原子称为叔碳原子(tertiary carbon),也称为三级碳原子(以3° C表示);与四个碳原子相连的碳原子称为季碳原子(quarternary carbon),也称为四级碳原子(以4° C表示)。与伯、仲、叔碳原子相连接的氢原子分别称为伯氢(1° H)、仲氢(2° H)、叔氢(3° H)原子。例如:

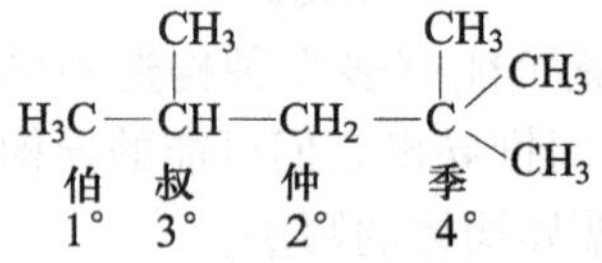

2. 烷基

烷烃分子中去掉一个氢原子后剩下的基团称为烷基(alkyl groups),通常用R—表示。烷基

的名称由相应的烷烃而来。甲烷和乙烷分子中只有一种氢，相应的烷基也只有一种，即甲基（CH_3—）和乙基（CH_3CH_2—），但从丙烷开始，相应的烷基就不止一种，表 2-2 为一些常见烷基的中、英文名称。表中正某基和仲某基是指直链烷基的游离价分别在伯碳原子和仲碳原子上的烷基。异某基和新某基表示碳链末端有（$(CH_3)_2CH$—和（$(CH_3)_3C$—碳架，且游离价在伯碳原子上的烷基。叔某基表示除去叔碳原子上的氢原子留下来的烷基。

表 2-2　一些常见烷基的中、英文名称

烷烃	烷基结构	中文名称	英文名称	英文缩写
甲烷 CH_4	CH_3—	甲基	methyl	Me-
乙烷 CH_3CH_3	CH_3CH_2—，C_2H_5—	乙基	ethyl	Et-
丙烷 $CH_3CH_2CH_3$	$CH_3CH_2CH_2$— $(CH_3)_2CH$—	丙基 异丙基	*n*-propyl *iso*-propyl	*n*-Pr- *i*-Pr-
丁烷 $CH_3(CH_2)_2CH_3$	$CH_3CH_2CH_2CH_2$— $CH_3CH_2\overset{}{C}HCH_3$（CH 下连游离价 |）	丁基 仲丁基	*n*-butyl *sec*-butyl	*n*-Bu- *s*-Bu-
异丁烷 $(CH_3)_2CHCH_3$	$(CH_3)_2CHCH_2$— $(CH_3)_3C$—	异丁基 叔丁基	*iso*-butyl *tert*-butyl	*i*-Bu- *t*-Bu-
新戊烷 $(CH_3)_4C$	$(CH_3)_3CCH_2$—	新戊基	*neo*-pentyl	

此外，结构式中常用斜体英文小写字母"*n*"，"*i*"，"*s*"和"*t*"分别表示该基团是正、异、仲或叔取代基。例如，正丁基、异丁基、仲丁基和叔丁基在结构式中一般可分别表示为 *n*-C_4H_9，*i*-C_4H_9，*s*-C_4H_9和 *t*-C_4H_9。但命名正构基时"*n*"常被略去不写。

2.1.2.2　烷烃的命名

烷烃常用的命名法有普通命名法和系统命名法两种。

1. 普通命名法

普通命名法适用于简单烷烃的命名。它是根据烷烃所含碳原子的数目来命名的。碳原子数在十以内的用天干（甲、乙、丙、丁、戊、己、庚、辛、壬、癸）表示（见表 2-3），十个碳原子以上的烷烃用中文数字表示，如 $C_{11}H_{24}$称为十一烷，$C_{31}H_{64}$称为三十一烷等。含十个碳原子以内的烷烃的天干名称也对应了其他同系列化合物前十个化合物的名称，例如，丙烷、丙烯、丙炔、丙醇、丙醛、丙酮、丙酸、丙胺等都含有三个碳原子，因此这十个天干名称要熟记。

但是，由于构造异构现象的存在，还必须有明确表示链异构的形容词来区别这些异构体，表示碳链异构的形容词有正、异、新 3 个字。"正"表示直链烷烃（正字通常可以省去）；"异"表示末端具有（$(CH_3)_2CH$—结构的异构体；"新"表示末端具有（$(CH_3)_3C$—结构的异构体。例如：

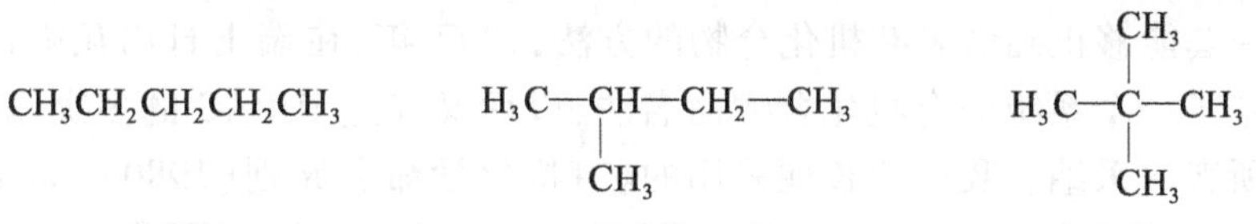

正戊烷　　异戊烷　　新戊烷

表 2-3　烷烃的中、英文名称和物理常数

化合物	英文名称	熔点/℃	沸点/℃(0.1 MPa)	相对密度(20℃)
甲　烷	methane	−182	−161	0.466(−164℃)
乙　烷	ethane	−183	−88	0.572(−100℃)
丙　烷	propane	−187	−42	0.585(−45℃)
丁　烷	butane	−138	0	0.579
戊　烷	pentane	−129	36	0.626
己　烷	hexane	−94	68	0.660
庚　烷	heptane	−90	98	0.684
辛　烷	octane	−56	125	0.703
壬　烷	nonane	−63	150	0.718
癸　烷	decane	−29	174	0.730
十一烷	undecane	−25	195	0.740
十二烷	dodecane	−9	216	0.749
异丁烷	*iso*-butane	−145	−12	0.549
异戊烷	*iso*-pentane	−160	28	0.621
新戊烷	*neo*-pentane	−17	9	0.614

显然，这样的命名方法对于比较低级(即碳原子数目不多)的烷烃是适用的，随着碳原子数目的增加，异构体数目剧增，单靠词首加一个字已不可能方便地区分它们，极易引起有机化合物辨识上的混淆。因此，需要建立一个系统的命名法。

2. 衍生物命名法

衍生物命名法是以甲烷作为母体命名的，把其他的烷烃都看作甲烷的衍生物。在命名时一般选择连接烷基最多的碳原子作为母体甲烷的碳原子，烷基则按英文名称首字母顺序排列。例如：

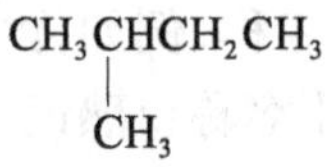

乙基二甲基甲烷

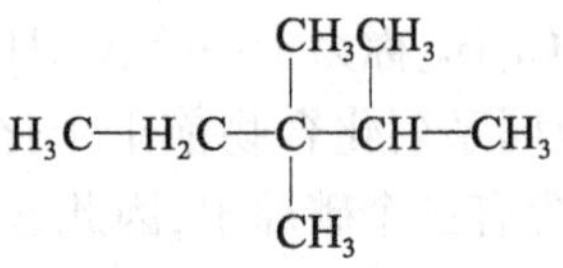

乙基异丙基二甲基甲烷

衍生物命名法虽能简明地反映出化合物的结构，但仍不能适用于结构复杂的烷烃。

3. 系统命名法

为了确立一套能够正确命名有机化合物的方法，1892 年，在瑞士日内瓦举行的一次国际会议上首次拟定了一个系统的有机化合物命名法，以后又经过 IUPAC 的多次修订和完善，其原则已为各国所普遍采纳。我国曾长期采用的《有机化学命名原则(1980)》是由中国化学会有机化学名词小组根据 IUPAC 1979 年公布的《有机化学命名法》，再结合汉字的结构特点于

1983 年予以审定和颁布实施的，也称为 CCS 命名法，该命名原则已经修改，并于 2017 年公布实施。

对于结构简单的直链烷烃，其系统命名法的规则和普通命名法一样，去掉“正”字，称为“某烷”。但对于支链烷烃，它们的命名较为复杂，主要是看作直链烷烃的烷基取代衍生物，其命名规则如下：

（1）选母体（主链）　选择最长的碳链为主链，将其作为母体，根据主链上的碳原子数目称为某烷，英文名以“ane”为词尾。

$$H_3C—CH_2—CH_2—CH_2—CH_2—CH_2—CH_3$$

普通命名法：　正庚烷（*n*-heptane）

系统命名法：　庚　烷（heptane）

如果有多条碳原子数目相同的碳链时，则选择取代基（支链）最多的碳链为主链，如下式选取虚线内的碳链为主链。

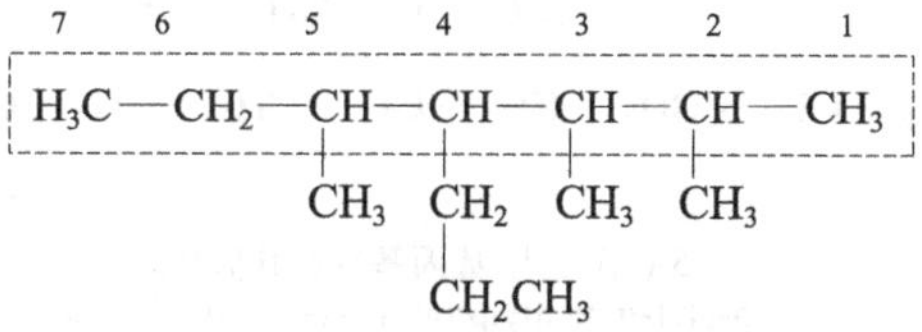

2,3,5-三甲基-4-丙基庚烷
(2,3,5-trimethyl-4-propylheptane)

（2）定编号　从距支链最近的一端开始编号，依次用阿拉伯数字标出。当主链以不同方向编号，得到两种或两种以上不同编号的系列时，则顺次逐项比较各系列中取代基的不同位次，最先遇到的位次最小者定为“最低系列”，也是应选取的主链编号。例如：

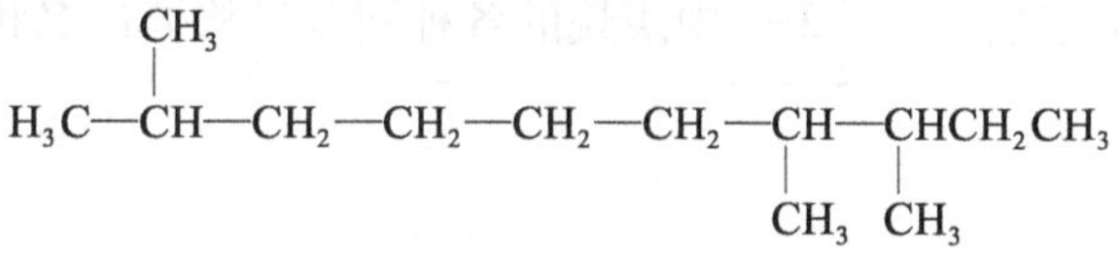

2,7,8-三甲基癸烷（不叫 3,4,9-三甲基癸烷）

（3）排位次　把支链作为取代基，将其位次（用阿拉伯数字表示）和名称写在母体名称的前面（阿拉伯数字与汉字之间加一短线“-”）；有多个相同取代基时，要先合并在一起，用汉字表示其数目，加字首二（di）、三（tri）或四（tetra），在表示取代基位置的阿拉伯数字之间应加逗号。例如：

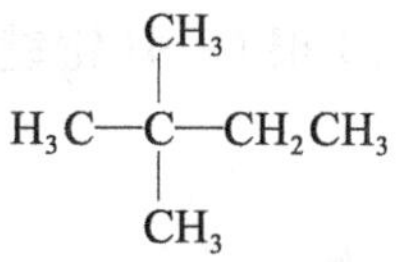

2,2-二甲基丁烷

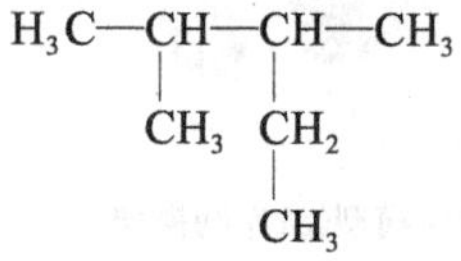

2,3-二甲基戊烷

如果有几个不同的取代基连在母体上，则根据烷基英文名称的首字母顺序排列，而表示取代基数目的字首“di”、“tri”和“tetra”等不参与排序。例如：

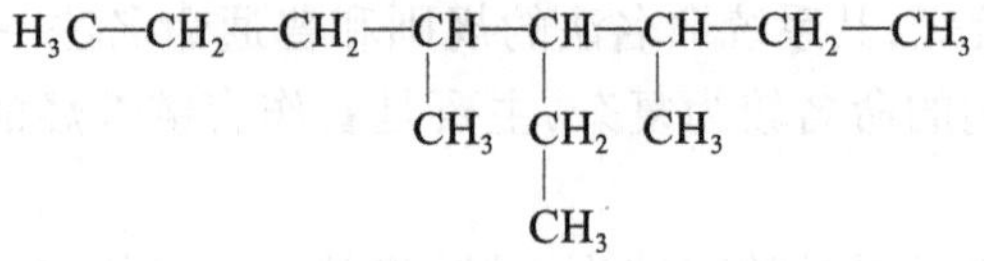

4-乙基-3,5-二甲基辛烷

4-ethyl-3,5-dimethyloctane

(4) 命名复杂取代基　支链上的取代基较复杂时，可作为一个化合物来处理，即另外给取代基编号，由与主链相连的碳原子起开始编号，为避免混乱，支链的全名放在括号中，比较取代基的完整名称进行排序。例如：

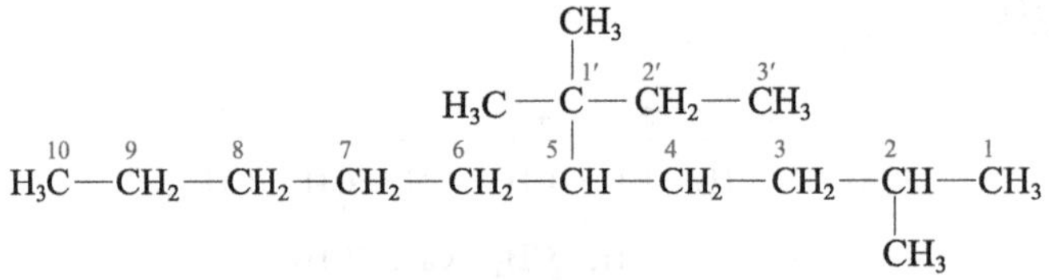

5-(1,1-二甲基丙基)-2-甲基癸烷

5-(1,1-dimethylpropyl)-2-methyl decane

系统命名法的优点是其确切性，即从构造式可以写出它的名称，从有机化合物的名称也可无误地写出构造式。只要遵从规则，无论分子的表现形式如何，其 IUPAC 命名是一样的。但是对于一些结构复杂的有机化合物也有名称太长、命名过于繁琐的缺点，故有些有机化合物仍常用习惯名或俗名，如2,2,4-三甲基戊烷常称为异辛烷。

问题 2-2　用系统命名法写出问题 2-1 中庚烷的各种同分异构体的名称。

2.1.3　烷烃的结构

烷烃分子中碳原子以单键和其他碳原子或氢原子相结合。最简单的烷烃是甲烷，其分子式为 CH_4。随着碳原子数的逐渐增加，碳原子与碳原子之间也开始有单键结合，而剩余的价键与氢原子结合。

2.1.3.1　甲烷的结构和碳原子轨道的 sp^3 杂化

X 射线衍射法证明甲烷分子为一正四面体结构，碳原子位于正四面体的中心，4 个氢原子分别位于正四面体的 4 个顶点（见图 2-1），4 根 C—H 键键长均为 0.109 nm，4 个 C—H 键之间的夹角相等，为 109.5°。

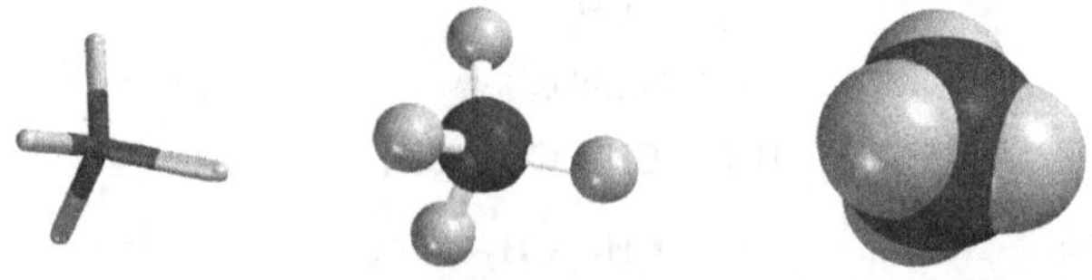

(i) 分子骨架模型　(ii) 球棒模型(凯库勒模型)　(iii) 比例模型(斯陶特模型)

图 2-1　甲烷分子模型

理论上，碳原子在基态的最外层电子排布是 $2s^22p_x^12p_y^1$，只有两个未成对电子，似乎应该是二价的，但实际上烷烃分子中碳原子是四价的。为此，美国科学家鲍林（Pauling L）在 20 世纪 30 年代提出了杂化轨道理论来加以解释。根据他的理论，碳原子在成键时，其配对的两个 2s 电子中有一个电子被激发到空的 $2p_z$ 轨道上，形成 $2s^12p_x^12p_y^12p_z^1$ 排布，此时处于激发态（即电子不处于最低能量状态）的碳原子有四个未成对电子，就有机会形成四个共价键，比基态情况下的成键多形成两个共价键，由此得到的成键能量足以补偿激发所需的能量而使体系稳定（见图 2-2）。但是，如果是以 2s 和 2p 电子参与成键，那么其形成的四个碳氢键在伸展方向和能量上都有差别，这与事实不符。用杂化轨道理论可以解决这一矛盾。

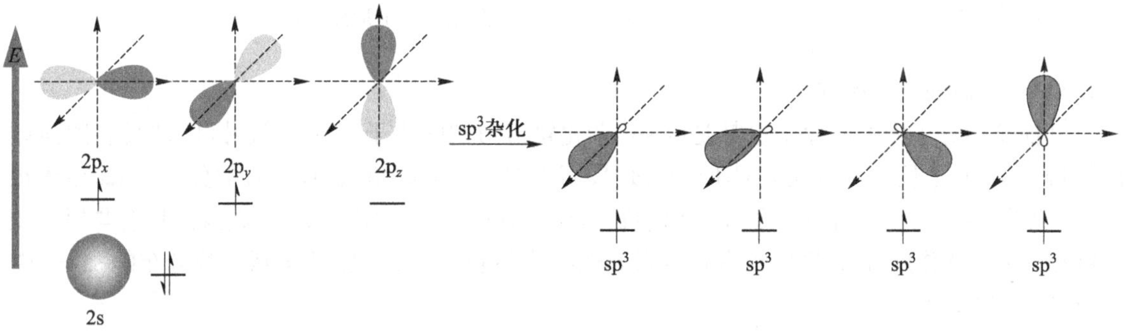

(a) 碳原子最外层电子排布　　(b) 碳原子sp^3杂化轨道

图 2-2　sp^3 杂化轨道的形成

杂化轨道理论认为，在成键时一个 2s 轨道和三个 2p 轨道都均分成四份，再混杂起来，形成四个能量相等的 sp^3 杂化轨道，这种不同原子轨道的重新组合称为杂化（hybridization），所得的新轨道称为杂化轨道。这样，碳原子在成键时可以以四个简并的 sp^3 杂化轨道去和其他原子结合。在 sp^3 杂化轨道中，每一个新轨道均含有 1/4 的 s 成分和 3/4 的 p 成分，但轨道不再绕核呈对称分布。有一瓣增大，另一瓣缩小，因此绝大部分电子云集中在一个方向，增加了它和另一个原子的电子云发生重叠的可能性并可形成更强、更为牢固的共价键，另一个相反方向的电子云较少（见图 2-2）。为了使各个杂化轨道之间的排斥达到最小并尽可能彼此远离，成键时四个 sp^3 杂化轨道将对称地分布在碳原子的周围，互成 109.5°的角度。这种 sp^3 杂化轨道的空间伸展方向恰好指向正四面体的四个顶点，碳原子处于正四面体的中心位置（见图 2-3）。这样，具有一定构造的分子中原子在空间的伸展方向就称为构型，这是分子的立体概念。

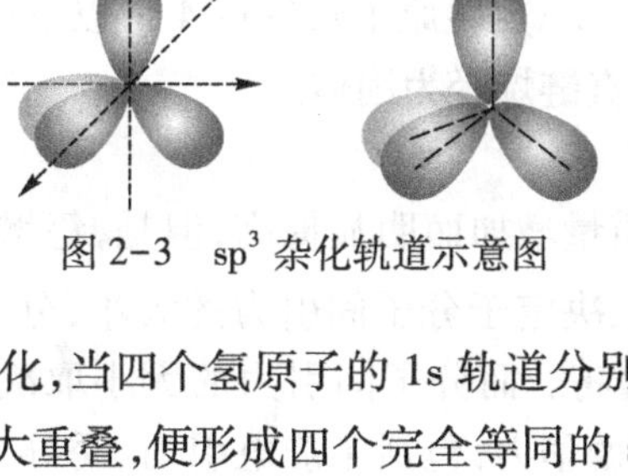

图 2-3　sp^3 杂化轨道示意图

甲烷分子中碳原子为 sp^3 杂化，当四个氢原子的 1s 轨道分别沿碳原子的 sp^3 杂化轨道对称轴的方向互相接近，轨道达到最大重叠，便形成四个完全等同的 sp^3-s 碳氢 σ 键，即得到甲烷分子(见图 2-4)。

甲烷分子的组成——电火花分解实验

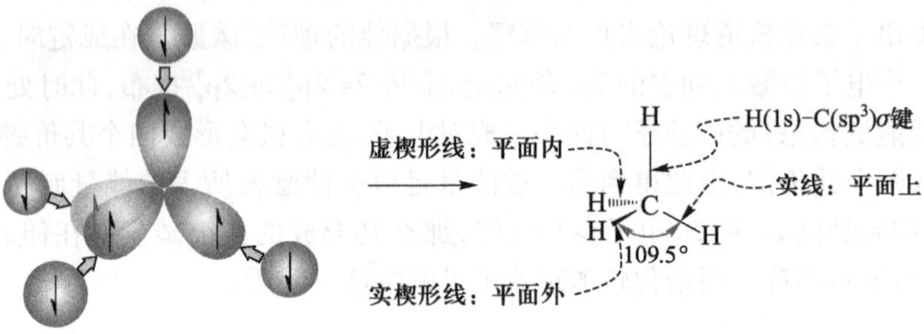

图 2-4 由 sp^3 杂化碳原子形成甲烷

2.1.3.2 其他烷烃的结构

其他烷烃分子中的碳原子也都是以 sp^3 杂化轨道与别的原子形成 σ 键,因此都具有四面体的结构。例如,乙烷的构造式为 CH_3CH_3,是最简单的具有碳碳单键(C—C)的分子,其碳原子也是 sp^3 杂化,两个碳原子各以一个 sp^3 杂化轨道重叠而成 sp^3-sp^3 碳碳 σ 键,碳氢键具有与甲烷碳氢键相同的电子作用方式,即电子沿着两原子核之间的键轴相互靠近,重叠成对称分布的 sp^3-s 碳氢 σ 键(见图 2-5)。

图 2-5 由 sp^3 杂化碳原子形成乙烷

烷烃分子中只有碳碳单键和碳氢键。碳碳单键为 sp^3-sp^3,碳氢键为 sp^3-s。由于 sp^3 杂化轨道的几何构型为正四面体,轨道对称轴夹角为 109.5°,这就决定了烷烃分子中碳原子的排列不是直线形的。实验证明,气态或液态的两个碳原子以上的烷烃,由于 σ 键自由旋转而形成多种曲折形式,但在结晶状态,烷烃的碳链排列整齐,且呈现锯齿形。

问题 2-3 为什么在结晶状态时,烷烃的碳链排列一般成锯齿形?

2.1.4 烷烃的物理性质

常温常压下(25℃和 101 325 Pa),碳原子数目在 4 个以下的烷烃均为气体,5 到 16 个碳原子的直链烷烃为液体,更高级的直链烷烃为固体。

2.1.4.1 沸点

正烷烃的沸点随相对分子质量增加而明显提高,但是,每增加一个系差 CH_2 所引起的增量是逐渐减小的。液体沸点的高低决定于分子间引力的大小,分子间引力越大,使之沸腾就必须提供更多的能量,所以沸点就越高。而分子间引力的大小取决于分子结构。对于烷烃分子而言,其分子间的作用力主要是范德华力,包括了静电引力、诱导力(德拜力)和色散力。然而,正烷烃的偶极矩都等于零，是非极性分子，是色散力所产生的作用。由于原子核和核外电子在不断运动过程中，产生一瞬间的相对位移，使分子的正、负电荷中心暂时不相重合，从而产生了瞬间偶极。当两个非极性分子充分靠近时，由于瞬间偶极的取向，产生了分子间的一种很弱的吸引力，这种吸引力就是色散力。色散力只有近距离内才能有效地产生作用，随着距离的增大而减弱。随着正烷烃中碳原子和氢原子数的增加，电子数增加，分子间引力也随之变大，色散力当然也越大，分子更易聚集，故正烷烃的沸点随相对分子质量的增加而明显升高。

在正烷烃的沸点随碳原子数逐渐递增的同时，其同碳原子数支链异构体的沸点也是递增的，但是始终低于同碳原子数正烷烃的沸点。虽然，支链异构体与同碳原子数的正烷烃拥有相同的电子数，但是支链的存在使得分子的形状趋向球体，表面积减小，使分子间不能再像直链分子那样相互靠近，分子间范德华力减弱，而导致沸点降低。而且同碳原子数的各种烷烃异构体中，直链异构体沸点最高，支链烷烃的沸点比直链的低，且支链越多，沸点越低。如正丁烷的沸点为 0℃，异丁烷为 −12℃，正戊烷的沸点为 36℃，异戊烷为 28℃，而有两个支链的新戊烷的沸点只有 9℃。

烷烃沸点变化规律图

2.1.4.2　熔点

烷烃同系列熔点的变化基本上也是随碳原子数的增加而提高的，不过含奇数碳原子和含偶数碳原子的烷烃分别构成两条熔点曲线，偶数的曲线在上面，奇数的在下面（见图 2-6），这可能是由于烷烃中的碳链在晶体中伸展为锯齿形，奇数碳原子碳链的锯齿形中两端甲基处在同一侧，而偶数碳原子的碳链中两端甲基处于相反的位置，因此偶数碳原子的碳链比奇数碳原子的碳链排列得更紧密，它们的范德华力也就更强，所以熔点也高。两条曲线随相对分子质量增加而渐趋于一致，这种现象在其他同系列化合物中也可以看到。这说明晶体中分子间的引力不只与分子的大小有关，还和它们在晶格中所处的状态有联系。一般带支链的烷烃熔点比同碳原子的碳原子数的直链烷烃低，如异丁烷、异戊烷的熔点分别为 −145℃ 和 −160℃，分别低于正丁烷（−138.0℃）和正戊烷（−129℃）；2-甲基戊烷和 2,2-二甲基丁烷的熔点分别为 −154℃ 和 −100℃，均低于己烷（−94℃）。这是因为支链的存在阻碍了分子在晶格中的紧密排列，使分子间引力减弱，熔点下降。但是，当支链继续增加，引起分子结构向球状过渡且带有高度对称性时，它们的熔点反而会升高，如甲烷的熔点（−182℃）和乙烷的熔点（−183℃）都比丙烷（−187℃）高，这是由于甲烷和乙烷分子都高度对称，致使它们在晶格中排列紧密，分子间的范德华力作用也强。

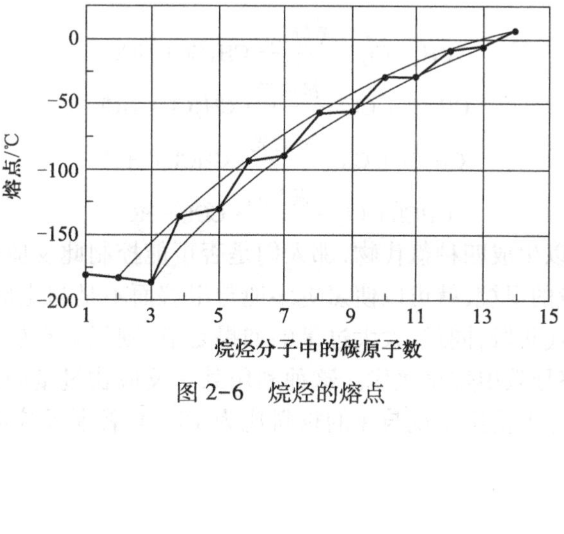

图 2-6　烷烃的熔点

问题 2-4　解释异戊烷的熔点低于正戊烷，而新戊烷的熔点是三种同分异构体中最高的。

2.1.4.3　相对密度

烷烃的相对密度也随相对分子质量的增加而增大，大多数小于 0.8，所有的烷烃都比水轻。这也与分子间引力有关。分子间引力增大，分子间的距离相应减小，所以相对密度就增大。

2.1.4.4　溶解度

溶解过程实际上是溶质分子和溶剂分子之间的相互吸引力代替了溶剂分子自身之间和溶质分子自身之间相互吸引的结果。当溶剂分子之间、溶质分子之间，以及溶剂分子与溶质分子之间的相互吸引力相近时，溶解容易进行。这就是所谓的“结构相似者相溶”的经验规律，即结构相似的化合物，分子之间的引力相近，彼此互溶。

烷烃是非极性分子，不溶于极性很大的水，也就是说烷烃有疏水性（hydrophobicity），而溶于非极性或弱极性的有机溶剂，尤其在烃类中易溶。

2.1.5　烷烃的化学性质

烷烃分子中，无论是碳碳键还是碳氢键都是结合得比较牢固的共价键，分子极性弱，可极化度也小，所以，烷烃在一般条件下不易受试剂进攻，遇强酸、强碱、强氧化剂和强还原剂都不起反应或反应极慢。因此，烷烃的化学性质比较稳定，常用作惰性溶剂和润滑剂。但是，烷烃的这种稳定性不是绝对的，如它们在高温、光照或催化剂存在下可以发生卤代、氧化等反应。因此，烷烃的反应活性低是相对的。

2.1.5.1　取代反应

1. 卤代反应

烷烃与卤素在室温和黑暗中不起反应。但是，如果在强光照射下，甲烷与氯会剧烈燃烧生成碳和氯化氢。

$$CH_4 + 2Cl_2 \xrightarrow{\text{强光}} C + 4HCl$$

如果是 250℃ 以上的高温或者光照，甲烷与氯发生取代反应生成氯化氢和氯甲烷（CH_3Cl），此反应又称氯代反应。反应后，氯原子取代了甲烷中的一个氢原子。氯甲烷本身也可以再发生取代反应，以相同的方式依次生成二氯甲烷（CH_2Cl_2）、三氯甲烷（$CHCl_3$）和四氯化碳（CCl_4）。例如：

$$CH_4 + Cl_2 \xrightarrow{\text{漫射光}} CH_3Cl + HCl$$

$$CH_3Cl + Cl_2 \xrightarrow{\text{漫射光}} CH_2Cl_2 + HCl$$

$$CH_2Cl_2 + Cl_2 \xrightarrow{\text{漫射光}} CHCl_3 + HCl$$

$$CHCl_3 + Cl_2 \xrightarrow{\text{漫射光}} CCl_4 + HCl$$

甲烷的氯代反应可以生成四种氯代物，那人们是否可能控制此反应停留在某一阶段呢？事实上，如果使用大大过量的甲烷，就可以使氯更多地与甲烷而不是与生成的氯甲烷反应，这样就有可能控制反应在单氯代阶段；同理，大大过量的如果是氯，则氯就有机会不断地与已经生成的不同氯代产物反应，最终导致甲烷全氯代。这种利用某一反应物过量而控制反应进程的方法在有机合成中很常用。工业上使用甲烷与氯的投料比为 10 : 1，控制反应温度为 400℃，得到的主要是一氯甲烷产物，但甲烷与氯的投料比改为 1∶4 时，则主要生成四氯化碳。各种氯甲烷共存时，由于沸点相近不易分离，但这种混合物可作溶剂使用。

除了氯代，甲烷也与溴发生溴代反应，但不如氯代反应容易进行。甲烷的碘代反应更难进行，而且是可逆的，因为碘代生成的另一个产物 HI 对碘代物有强烈的还原作用，所以表观上甲烷和碘不发生反应。另外，甲烷与氟的反应则相当剧烈，即使在黑暗中和室温的条件下也会产生爆炸现象，很难控制，所以甲烷氟代需要在较低压力下，用惰性气体稀释反应物的浓度。因此，卤素与甲烷的反应活性次序为：$F_2>Cl_2>Br_2>I_2$（不反应）。

这一次序对卤素与其他高级烷烃的反应都是适用的，通常所指的烷烃的卤代反应是指氯代和溴代。

2. 卤代反应机理

反应历程是指化学反应所经历的途径或过程，又称为反应机理（reaction mechanism）。由于有机化合物的反应比较复杂，由反应物到产物常常不是一步反应，也不是只有一种途径。所以，了解反应历程，可以使我们认清反应的本质，从而达到控制和利用反应的目的。故研究反应历程成为有机化学的重要任务之一。

每一种反应历程的提出都是基于对大量实验事实的合理推导，并且又可以用来预测和解释更多的实验现象和规律。实验事实越丰富，反应机理的可靠性也就越大。到目前为止，有些反应机理已被公认，有些机理还有分歧，有待论证和修改。

在研究甲烷的氯代反应时，研究人员发现除了各种氯代甲烷外还有约 20% 的乙烷和更高级烷烃的氯代物存在，即使使用高纯的甲烷，也不能避免乙烷等高级烷烃的氯代产物。因此，可以预见，这个反应的过程绝非如反应式所示那么简单。关于甲烷与氯反应的过程，主要有如下几个实验事实：

① 甲烷和氯在暗处不起反应，但当温度超过 250℃ 也能很快发生反应。

② 室温时紫外光照射下也易发生反应，但停止光照反应即停止。

③ 少量氧的存在会抑制反应的发生，但过一段时间后，反应又可正常进行，时间推迟的长短与氧气的量有关。

④ 有乙烷等烷烃的氯代发生。

甲烷氯代的自由基历程可以很好地说明上述实验事实。自由基反应通常以链的引发、传递和终止三个阶段来表示：

（1）链引发阶段（chain initiation） 光照或加热，为氯提供能量，致使氯发生均裂，生成两个活泼质点——氯原子。

$$Cl_2 \longrightarrow 2Cl\cdot \qquad \text{（式 2-1）}$$

（2）链传递（转移）阶段（chain propagation） 氯原子很活泼，它的最外层只有 7 个电子，倾向于构成 8 电子稳定结构，它从甲烷分子夺取一个氢原子，而生成氯化氢（HCl）和一个新的甲基自由基（$\cdot CH_3$）。甲基自由基非常活泼，它马上从氯分子（Cl_2）夺取一个氯原子，形成氯甲烷（CH_3Cl）和氯原子（$Cl\cdot$）。

$$CH_4 + Cl\cdot \longrightarrow \cdot CH_3 + HCl \qquad \text{（式 2-2）}$$

$$\cdot CH_3 + Cl_2 \longrightarrow CH_3Cl + Cl\cdot \qquad \text{（式 2-3）}$$

接下来，氯原子一方面可以不断地进行式 2-2 和式 2-3 的反应，大量生成氯甲烷，与此同时，体系中的氯甲烷也跟甲烷进行竞争反应，由氯原子夺取氯甲烷的氢原子而反应，从而得到二氯甲烷（CH_2Cl_2），如式2-4和式2-5所示：

$$CH_3Cl + Cl\cdot \longrightarrow \cdot CH_2Cl + HCl \qquad (式2-4)$$

$$\cdot CH_2Cl + Cl_2 \longrightarrow CH_2Cl_2 + Cl\cdot \qquad (式2-5)$$

…………

在前面五个式子中，每一步反应都消耗了一个活性自由基，又产生了另一个高活性自由基，使下一步反应能够进行，像一环接一环的锁链一样。这种反应叫链锁反应。因此，由一个氯自由基引发，可以产生许多氯代甲烷分子。

（3）链的终止阶段（chain termination）　自由基反应如何停止呢？当体系中发生如式2-6或式2-7、式2-8那样的反应时，所有的原料、自由基被消耗殆尽，并且不再光照或者加热引发产生新的氯自由基时，也就是活泼质点被消耗和不再产生，自由基反应即终止。

$$Cl\cdot + Cl\cdot \longrightarrow Cl_2 \qquad (式2-6)$$

$$\cdot CH_3 + Cl\cdot \longrightarrow CH_3Cl \qquad (式2-7)$$

$$\cdot CH_3 + CH_3\cdot \longrightarrow CH_3CH_3 \qquad (式2-8)$$

当甲烷大量存在时，氯原子主要与甲烷碰撞发生反应，当甲烷的量减少时，碰撞概率随之减少，同时氯原子之间的碰撞概率相应地增加，同样甲基自由基之间的碰撞就可以生成乙烷（式2-8）。此时，一旦乙烷与氯原子碰撞，就可能产生乙烷的氯代物。如果是甲基自由基和乙基自由基碰撞可以产生丙烷，丙烷与氯原子碰撞就产生丙烷氯代物。以此类推，就可能产生更多高级烷烃的氯代物。

上面所述的反应历程可以解释各项实验事实和各产物的生成。氧之所以减缓反应的发生，是因为它的活性很大，可以与甲基自由基反应生成一个新的自由基，但是这个新的自由基的活性却比甲基自由基差得多，很难继续反应下去，当所有的氧都与甲基自由基结合后，氯代反应就又可以开始了。

甲烷氯代反应中平均每个自由基型反应在终止反应之前可以重复5 000次以上。像氧那样能使反应减缓的物质，即使它的含量不多也能有所作用，这是自由基型反应的一大特点，也是我们判别反应是否为自由基型反应过程的一个重要线索。因此氧又称为抑制剂（inhibitor），反应被抑制进行的那段时期为抑制期，过了抑制期，自由基型反应常常又正常进行了。

问题2-5　甲烷和氯气的光照反应，为什么首先是氯气分子发生均裂，而不是甲烷的碳氢键发生均裂。

问题2-6　写出乙烷一氯代的反应机理。

---

3. 卤代反应的反应热和活化能

一个化学反应，除了要注意产物的生成外，对反应涉及的能量变化也必须给予充分重视，能量的变化不仅涉及反应的快慢，更可决定反应能否发生。例如，前述反应式2-2为何不是另一种方式呢，即

$$CH_4 + Cl\cdot \longrightarrow CH_3Cl + H\cdot \qquad (式2-9)$$

$$H\cdot + Cl_2 \longrightarrow HCl + Cl\cdot \qquad (式2-10)$$

从表面看来，这样的反应历程也能解释所有的实验事实。但是，比较一下反应式 2-2 和反应式 2-9 的反应热，可以发现发生反应式 2-9 时需断裂碳氢键形成碳氯键，这个过程吸收热量为 84 $kJ\cdot mol^{-1}$，而反应式 2-2 的反应热仅为 4.1 $kJ\cdot mol^{-1}$。所以，反应式 2-2 的发生概率比反应式 2-9 明显大得多，如在 275℃时两者竟然相差 250 万倍。因此，由于反应式 2-2 的发生使反应式 2-9 不可能有机会发生。在这两个可能的竞争反应中，分子实际上进行的总是一种能量上最有利、最容易发生的过程，这也是一个一般规律。

但是，就反应式 2-2 而言，如果仅仅提供给它 4.1 $kJ\cdot mol^{-1}$的能量，反应也不足以发生。那是因为反应中键的断裂和生成不总是同时发生的，一个键形成所释放的能量不是恰好被另一个键断裂时吸收。为了使反应式 2-2 发生，还必须额外地提供最少 18 $kJ\cdot mol^{-1}$的能量。这个使得反应发生所必须提供的最低限度的能量称为活化能。

根据甲烷氯代的方程式，CH_3—H 键和 Cl—Cl 键被打断，各消耗能量 435 $kJ\cdot mol^{-1}$和 243 $kJ\cdot mol^{-1}$。同时，有两个新的 CH_3—Cl 键和 H—Cl 键生成，各放出能量 351 $kJ\cdot mol^{-1}$和 431 $kJ\cdot mol^{-1}$，结果是每分子甲烷变成氯甲烷时，放出 104 $kJ\cdot mol^{-1}$的热，故该反应为放热反应。用类似的方法，可以算出氟代、溴代和碘代反应的反应热，分别是放热 422 $kJ\cdot mol^{-1}$，放热 37.7 $kJ\cdot mol^{-1}$和吸热 54.4 $kJ\cdot mol^{-1}$。所以，甲烷氟代过于剧烈不可控，溴代比较慢，而碘代不会发生。

可是，单纯用反应热来讨论反应活性并不完全正确，因为反应热仅仅表示反应物和产物之间的热力学能差，而决定反应速率的是活化能的大小。即使反应是放热的，它们仍需得到一定的活化能后才能发生反应，就像甲烷的氯代反应，需要光照或者加热至 250℃以上才能反应。所有的化学反应中，分子之间若有不止一种反应途径时就会产生竞争反应，而活化能低的反应总是优先发生。

4. 卤代反应的取向与自由基的稳定性

甲烷单卤代只有一个产物，乙烷也只生成一种单卤代物，丙烷、正丁烷和异丁烷单卤代各自能生成两种异构体，正戊烷和异戊烷则分别得到三种和四种单卤代异构体。之所以高级烷烃卤代可以生成多种异构体，是因为分子中有不同种类的氢原子发生取代，所以结果会变得较为复杂。例如，丙烷单氯代时得到的结果为

$$CH_3CH_2CH_3 \xrightarrow[25℃]{Cl_2,\text{光}} CH_3CH_2CH_2Cl + \underset{\displaystyle Cl}{CH_3\underset{|}{C}HCH_3}$$

1-氯丙烷 43%　　2-氯丙烷 57%

丙烷中有两种类型的氢原子，一氯代产物就有两种。可以看出，43%的 1-氯丙烷是氯原子夺取伯氢原子而生成的，而 57%的 2-氯丙烷是氯原子夺取了仲氢原子而成。但是丙烷分子中伯氢原子有六个，仲氢原子只有两个，理论上对应的产物比例应该是 3∶1。因此，产物比率告诉我们，不同种类氢原子的反应活性显然是不一样的，仲氢原子的活性比伯氢原子的活性大。从产物比率可以算出不同种类氢的相对活性：

$$\frac{\text{仲氢活性}}{\text{伯氢活性}}=\frac{57/2}{43/6}=4:1$$

仲氢与伯氢活性之比为 4∶1。另外，用同样的方法，分析异丁烷一氯代反应产物 1-氯-2-甲基丙烷和 2-氯-2-甲基丙烷的比例，可以推知叔氢与伯氢活性之比为 5∶1。所以，室温下氯代活性次序是叔氢∶仲氢∶伯氢为 5∶4∶1，氢原子的反应活性次序为：叔氢>仲氢>伯氢。只有在

高温(>450℃)时叔氢、仲氢和伯氢的反应活性才接近 1∶1∶1,可以简单通过不同种类氢的个数推测各种一卤代异构体的比例。

烷烃卤代反应中碳氢键发生均裂,卤素自由基与氢原子结合成卤化氢,同时生成烷基自由基,所以生成自由基的难易决定了反应的取向。生成各种烷基自由基时,碳氢键的解离能如下:

$$CH_3{-}H \longrightarrow H\cdot + \cdot CH_3 \qquad \Delta H = 435.1\ kJ\cdot mol^{-1}$$

$$CH_3{-}CH_3 \longrightarrow \cdot CH_2CH_3 + H\cdot \qquad \Delta H = 410\ kJ\cdot mol^{-1}$$

$$CH_3CH_2CH_3 \longrightarrow \cdot CH_2CH_2CH_3 + H\cdot \qquad \Delta H = 410\ kJ\cdot mol^{-1}$$

$$CH_3CH_2CH_3 \longrightarrow \cdot CH(CH_3)_2 + H\cdot \qquad \Delta H = 397.5\ kJ\cdot mol^{-1}$$

$$(CH_3)_3CH \longrightarrow (CH_3)_3C\cdot + H\cdot \qquad \Delta H = 380.7\ kJ\cdot mol^{-1}$$

从这些反应的 ΔH 数值中,可以看到形成各种烷基自由基所需能量按 $\cdot CH_3 > 1^\circ R\dot{C}H_2 > 2^\circ R_2\dot{C}H > 3^\circ R_3C\cdot$ 的次序递降。形成自由基所需能量越低,意味着这个自由基越易生成,其热力学能也越低,即越稳定。因此烷基自由基的稳定性次序是:$3^\circ R_3C\cdot > 2^\circ R_2\dot{C}H > 1^\circ R\dot{C}H_2 > \dot{C}H_3$。这个次序和伯、仲、叔氢原子被夺取的难易程度,即氢原子的活泼性是一致的($3^\circ H > 2^\circ H > 1^\circ H$)。

甲基自由基($\cdot CH_3$)是最简单的烷基自由基,一般认为碳原子为 sp^2 杂化,2p 轨道垂直于三个碳氢键构成的平面,单个电子在 2p 轨道上(见图 2-7)。甲基自由基的结构是平面的。

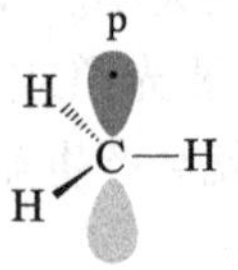

图 2-7　甲基自由基的结构

5. 反应活性与选择性

在整个有机化学学习过程中,我们应经常注意多种反应物的相对反应活性:

(1) 各种试剂对同一有机化合物的反应活性;

(2) 不同有机化合物对同一试剂的反应活性;

(3) 同一有机分子中不同位置的原子或基团对同一试剂的相对反应活性。

下面讨论各种卤素对甲烷的不同反应活性。

甲烷的卤代反应一般是指氯代和溴代。这简单地从不同碳卤键键能的差别是可以理解的,生成的碳卤键键能越大则成键时放出的能量越多,产物也越稳定。

	$CH_3{-}F$	$CH_3{-}Cl$	$CH_3{-}Br$	$CH_3{-}I$
键能/($kJ\cdot mol^{-1}$)	447.7	351.4	292.2	234.3

氯代反应中由于氯原子对三种氢原子的反应选择性并不太高,因此常常得到氯代异构体产物的混合物。它们的沸点相差不大,也不易分离,因此烷烃的氯代反应不适宜用来制备纯的氯代烷烃。当然,如甲烷、乙烷、新戊烷等和氯的反应制备氯代产物还是有实际意义的,因为氯代时只有一种氢,产物单一。

当烷烃分子中的叔、仲、伯三种氢原子发生溴代反应时,其相对活性之比为 1 600∶82∶1。由于活性差别如此之大,在同样的反应条件下,溴代反应的选择性就远远好于氯代反应,烷烃的溴代反应往往能得到更多的叔氢原子或者仲氢原子被取代的溴代物。

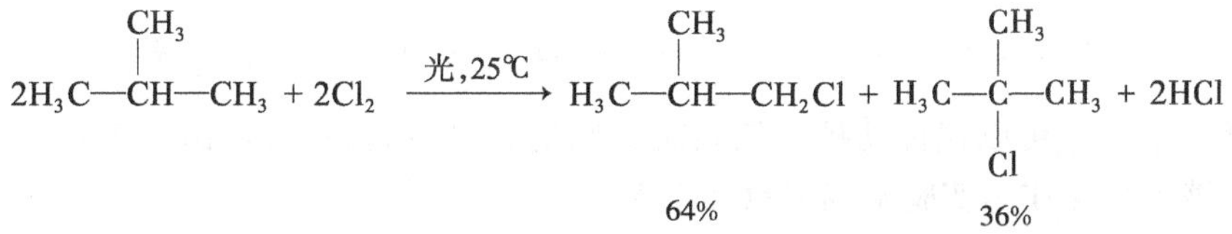

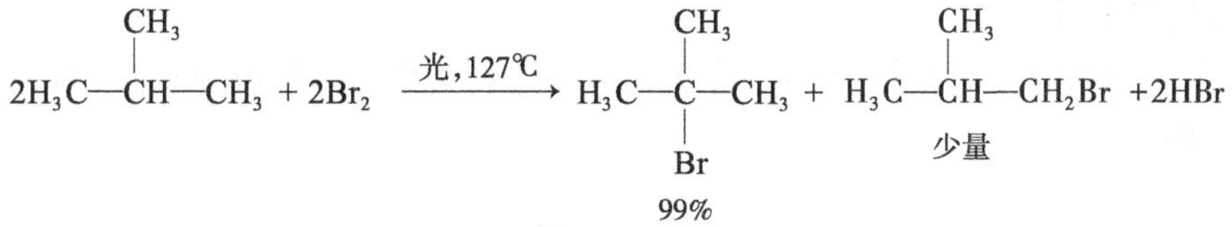

总体上，影响卤代产物异构体相对产率的主要包括三个因素：氢原子个数、氢原子反应活性、卤原子反应活性。

2.1.5.2 氧化反应

烷烃与其他碳氢化合物一样，均有可燃性，在空气充足、燃烧完全时，生成二氧化碳和水，同时放出大量的热。石油产品如汽油、煤油、柴油等用作燃料就是利用它们燃烧时放出的热量。

$$C_nH_{2n+2}+\frac{(3n+1)}{2}O_2 \longrightarrow nCO_2+(n+1)H_2O\ +热量$$

化合物完全燃烧后放出的热量称为燃烧热(heat of combustion)。碳氢化合物只有在高温下才会燃烧，火焰或火花均会提供这种高温条件，而一旦反应发生放出热量后，此热量就可以足够维持高温继续燃烧。燃烧热是很重要的热化学数据，可以精确测量，直链烷烃每增加一个 CH_2，燃烧热平均增加约 655 $kJ\cdot mol^{-1}$，具有相同碳原子数的烷烃异构体中，直链烷烃的燃烧热最大，支链数增加，燃烧热随之下降。燃烧热的大小能反映出这些异构体之间热力学能的高低。燃烧所放出的热量越少，化合物热力学能越低，分子也越稳定。

低级烷烃的蒸气与空气混合达到一定的比例时，遇火焰或火花即迅速燃烧，短时间放出大量的热，而不能迅速消散，同时产生的二氧化碳和水蒸气突然膨胀，从而产生剧烈的爆炸现象。例如，甲烷的爆炸极限是 5.3% ~ 14%(体积分数)，即空气中甲烷的含量在这范围之内，遇火即爆炸。矿井瓦斯爆炸即缘于此。

若控制氧的量，使烷烃的燃烧不彻底，会产生一氧化碳。汽油在汽缸中很难完全燃烧，故汽车排放的废气中含有相当多的一氧化碳，造成空气污染。甲烷不完全燃烧能生成可用于橡胶、塑料的填料和黑色油漆，以及印刷油墨等工业上极为有用的炭黑。

$$CH_4+O_2 \longrightarrow C+2H_2O$$

若高温下反应，甲烷与氧或水蒸气还可以生成乙炔及合成气(一氧化碳与氢的混合物)。

烷烃与氧在常温下不起反应，但工业上控制氧化和催化条件，烷烃经部分氧化可转换为醇、醛、酮、酸等一系列含氧化合物，这是工业上制备含氧有机化合物的一种重要方法。但由于氧化过程复杂，氧化的位置各异，产物往往是复杂的混合物。由于烷烃的来源丰富，利用烷烃作原料氧化制备一系列含氧化合物也具有实际意义。

例如，以石蜡(C_{10} ~ C_{20})等高级烷烃为原料，在高锰酸钾、二氧化锰等催化下，用空气或氧气氧化，可制得高级脂肪酸等：

$$RCH_3+O_2 \xrightarrow[120\sim160^\circ C]{MnO_2} RCH_2OH+RCHO+RCOOH$$

$$RCH_2CH_2R' + O_2 \xrightarrow[107\sim110℃]{MnO_2} RCOOH + R'COOH + \text{其他羧酸}$$

其中的脂肪酸 $C_{12} \sim C_{18}$可以代替动植物油脂制造肥皂、表面活性剂等。由于氧化所得混合物难于提纯,所以该氧化法作为实验室制法意义不大。

2.1.5.3　异构化反应

异构化反应是将烷烃从一种异构体转变成为另一种异构体的反应,可以将直链烷烃异构为支链烷烃。例如:

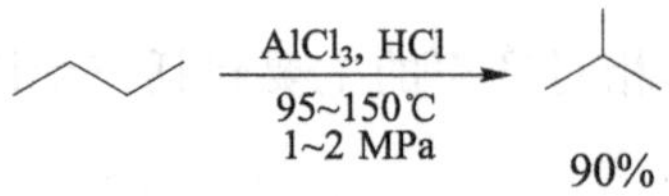

伴随着异构化,还常发生其他反应,如裂解和聚合,因此在异构化产物中还有许多副产物。

直链烷烃异构成带支链的烷烃,可以提高油品的辛烷值,改善油品的质量。

2.1.5.4　裂化、裂解、脱氢反应

辛烷值

烷烃的蒸气在隔绝空气下受热到 450℃以上时,分子中的部分 C—C 键和 C—H 键发生断裂,形成相对分子质量较小的碳氢化合物。这种在高温及没有氧气的条件下发生键断裂的反应称为热裂反应(cracking reaction)。烷烃的热裂化,碳链可以在任何一处断裂,加之反应过程中常伴有异构化、芳构化、环化、脱氢聚合等,因而产物是复杂的混合物。烷烃分子中所含的碳原子数越多,裂化产物也越复杂。反应条件不同,产物也不同,既含有较低级的烷烃,也含有烯烃和氢。例如,丙烷在一定条件下热裂,断裂生成丙烯或乙烯和甲烷。

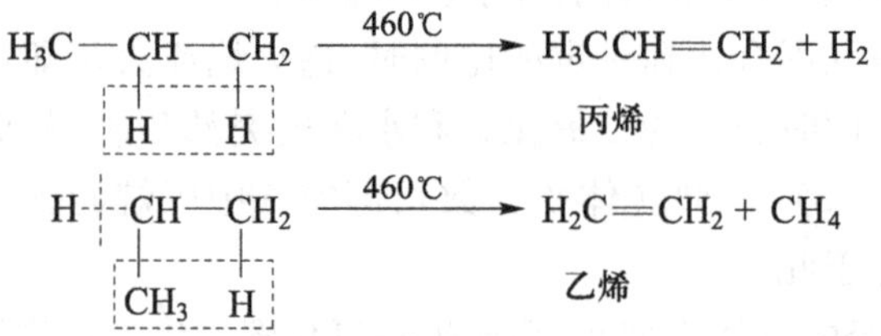

由于 C—C 键的键能(347 kJ · mol^{-1})小于 C—H 键的键能(414 kJ · mol^{-1}),一般 C—C 键比 C—H 键更容易断裂,因此,甲烷的裂化要求更高的温度。

利用裂化反应,可以提高汽油的产量和质量。一般由原油经分馏而得到的汽油只占原油的 10%~20%,且质量不好。炼油工业中利用加热的方法,使原油中含碳原子数较多的烷烃断裂成更需要的汽油组分($C_6 \sim C_9$)。通常在 5 MPa 及 600℃温度下进行的裂化反应称为热裂化反应,是石油炼制的一种成熟工艺,主要是为了裂化石油高沸点馏分以生产轻质油。热裂化可以大大增加汽油的产量,但并不能提高汽油的质量。

裂化反应也可在催化剂的作用下进行,称为催化裂化(catalytic cracking)。催化裂化要求温度较低,一般在 450~500℃,且在常压下即可进行,常用的催化剂是硅酸铝。通过催化裂化既可提高汽油的产量又改善了汽油的质量,这是因为在催化裂化反应中,碳链断裂的同时还伴有异构化、环化、脱氢等反应,此法在化工中主要用于生产乙烯、丙烯、丁烯。

为了得到更多的化学工业基本原料乙烯、丙烯、丁二烯等低级烯烃,化学工业上将石油馏分

在更高的温度(700℃)下进行深度裂化(deeper cracking),这种以得到更多低级烯烃为目的的裂化过程在石油化学工业中称为“裂解”。裂解和裂化从有机化学上来讲是同一种反应,但在石油化学工业上有其特殊的意义,裂解的主要目的是为了获得低级烯烃等化工原料,而不是简单地只为提高油品的质量和产量,这是其与裂化的不同之处。

2.1.6 烷烃的主要来源和制法

2.1.6.1 烷烃的来源——石油和天然气

烷烃化合物的主要来源是石油和天然气(见表 2-4)。石油是一种深色的黏稠状液体,是超过 150 多种烃的混合物。从油田中开采出来的原油须经加工处理,先将溶于其中的天然气分离,接着分馏出汽油、煤油、柴油等轻质油和润滑油、液体石蜡、凡士林等重油,以及固体石蜡、沥青等固态物质。实验室里常用的石油醚(petroleum ether)根据沸程的不同而分为几个等级,它们都是一些烷烃的混合物,作为低极性的有机溶剂和萃取剂使用。除了作直接用途外,石油产品还可变化为其他种类的化合物。如经裂解(cracking)将高级烷烃变成相对分子质量较小的烷烃和烯烃,经催化重组(catalytic reforming)将烷烃转变成芳香族化合物,经异构化(isomerization)将直链或支链少的烷烃异构化为支链多的烷烃。石油工业上的这些反应从本质上来看,无非是 C—C 键和 C—H 键的断裂分解后再重新结合的过程。化工基本原料如三烯(乙烯、丙烯、丁二烯)、三苯(苯、甲苯、二甲苯)、一炔(乙炔)、一萘(萘)基本上都是由石油在不同的反应条件下裂解或裂化生产的。

表 2-4 石油化工产品

馏分	蒸馏温度/℃	碳原子数	用途
气体	<20~40	C_1~C_4	燃料
石油醚	30~120	C_5~C_8	溶剂
汽油	70~200	C_7~C_{12}	汽车,飞机燃料
煤油	200~270	C_{12}~C_{16}	灯油
柴油	270~340	C_{16}~C_{20}	发动机燃料
润滑油、凡士林	>300	C_{18}~C_{22}	润滑剂、软膏
固体石蜡	不挥发	C_{25}~C_{34}	蜡制品
沥青	不挥发	C_{30}以上	公路及建筑

天然气是蕴藏在地层内的可燃性气体,它主要包含一些低相对分子质量的易挥发的烷烃,一般为 75% 的甲烷,15% 的乙烷和 5% 左右的丙烷,煤矿的坑道气中也含有 20%~30% 的甲烷,生物废料发酵产生的沼气也含有大量甲烷。甲烷除作为燃料使用外,还用作生产炭黑、一碳卤代物和合成气。但是甲烷也是造成地球温室效应的一个重要因素。近年来,人们还发现在深海 1 000 m左右存在着大量的结晶态天然气和水的混合物,人们称之为“可燃冰”,它将有望成为一种可以利用的新能源。

乙烷是生产乙烯和氯乙烯的重要原料。丙烷和乙烷一起用于乙烯的生产,也可用作溶剂和制冷剂,其另一个重要的用途是以液化石油气的形式用作燃料。丁烷和异丁烷都是轻汽油的成分。丁烷在工业上用于生产乙烯、丙烯、丁二烯和液化石油气,异丁烷可生产高辛烷值的 C_7、C_8

等支链烷烃。

随着世界上石油资源的不断减少，用蕴藏量极其丰富的煤炭和天然气为原料合成和替代石油正受到重视。所谓的碳一化学即是以煤炭、一氧化碳和二氧化碳等为原料制备较大相对分子质量有机化合物的化学。

问题 2-7　石油醚是什么？石蜡又是什么物质？

2.1.6.2　烷烃的制法

在实验室，可以通过有机合成（从较简单的化合物或单质经化学反应获得有机化合物的过程）获得烷烃。制备烷烃的合成反应有很多，例如不饱和烃加氢法、卤代烃还原法、卤代烃与有机金属偶联法，以及醛、酮的还原法等都可以获得烷烃。

1. 烯烃的氢化

在催化剂存在下，氢气和烯烃混合振荡发生多相反应，生成与烯烃骨架相同的烷烃。由于烯烃较容易得到，因此，烯烃氢化是烷烃制备中最主要的反应。例如：

$$RHC{=}CHR' + H_2 \xrightarrow[\text{Pt 或 Ni}]{\text{Pd}} RCH_2CH_2R'$$

2. 科里-豪斯（Corey-House）反应

将卤代烃先制成烃基锂（RLi），加入卤化亚铜生成二烃基铜锂（R_2CuLi），然后再与另一分子的卤代烷（R′—X）作用发生偶联反应，得到烷烃 R—R′。本方法的发现者之一 Corey E J 因在有机合成中取得杰出成就而荣获 1990 年诺贝尔化学奖。例如：

$$(CH_3CH_2\text{—}\underset{\displaystyle CH_3}{\underset{|}{CH}})_2CuLi + CH_3CH_2CH_2CH_2CH_2Cl \longrightarrow CH_3CH_2\text{—}\underset{\displaystyle CH_3}{\underset{|}{CH}}\text{—}CH_2CH_2CH_2CH_2CH_3$$

3. 武慈（Würtz）反应

卤代烷和钠作用也得到碳链增长一倍的烷烃，反应可能经过烷基钠中间体的过程，卤代烃以溴代烷或碘代烷为好，伯卤代烷可以得到更高的产率。该反应又称 Würtz 反应。例如：

$$2RX + 2Na \longrightarrow R\text{—}R + 2NaX$$

Würtz 反应仅适用于合成对称的、含偶数碳原子的烷烃 R—R。如果用两种不同的卤代烷，则 Würtz 反应的结果会产生两种卤代烃自身偶联和交叉偶联的三种不同的烷烃。当这些混合物难以分离时，该方法就失去了应用价值。

4. 格列尼亚（Grignard）试剂法

将卤代烷与金属镁在干燥的乙醚中反应，得到 Grignard 试剂 RMgX。Grignard 试剂和含活泼氢的化合物（如水、醇、酸、氨、炔等）作用得到烷烃。所以在 Grignard 试剂制备时，需要在无水、无活泼氢化合物的条件下进行。

$$RMgX+\begin{cases} \xrightarrow{\quad R'OH \quad} RH + Mg(OR')X \\ \xrightarrow{\quad HX \quad} RH + MgX_2 \\ \xrightarrow{\quad R'C{\equiv}CH \quad} RH + R'C{\equiv}C\text{—}MgX \end{cases}$$

5. 柯尔伯(Kolbe)电解法

羧酸盐的浓溶液电解时,羧酸根离子在阳极上失去电子,分解成 CO_2 和烷基自由基,两个烷基自由基再结合生成烷烃。这样得到的也是对称的含偶数碳原子的烷烃。

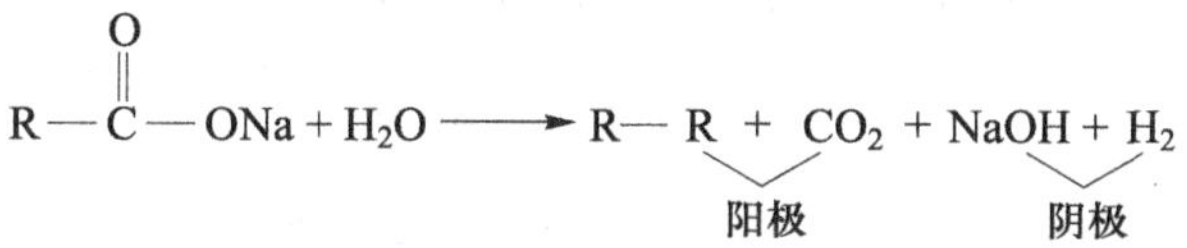

§ 2.2 环 烷 烃

由碳和氢两种元素组成而性质与烷烃相似的碳环化合物,称为环烷烃(cycloalkanes)。环烷烃属于脂环烃(alicyclic hydrocarbons),是相对于开链(open chain)烷烃而言的。与烷烃相比,环烷烃由于两端碳原子相连而减少两个氢原子,故环烷烃的通式为 C_nH_{2n}。最小的环烷烃是环丙烷。仅考虑环烷烃,成环碳原子数的不同、取代基的不同及取代基在环上位次的不同均可引起构造异构现象,例如,同为 C_4H_8 的环烷烃有两种不同环结构的异构体。更复杂的是,同为 C_5H_{10}的环烷烃除了存在碳架异构之外,还出现了构型异构,共有六种不同环结构的异构体,如下:

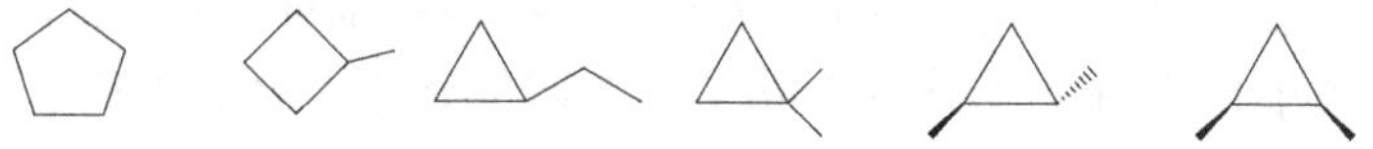

trans- *cis-*

仔细观察一下有两个甲基取代的带三元环的 C_5H_{10}的结构,三元环组成了一个刚性的平面,环上两个碳原子间的键不能像开链烷烃那样自由旋转,因此取代在三元环不同碳原子上的两个甲基存在着位于平面同侧还是异侧的立体关系,这种现象称为顺反异构(*cis-trans* isomerism)现象。两个甲基位于三元环同一侧的是顺式异构体,位于三元环平面两侧的是反式异构体。取代基在环上的立体构型一般用实楔形线和虚楔形线表示,碳环常用多边形来表示。将环平面放在纸平面上,伸向前方的取代基团用实楔形线相连,粗的一端表示离观察者较近,伸向后方的取代基团用虚楔形线相连。这二者都是稳定的化合物,除非三元环断键后再成键,否则相互间是不能转化的。

脂环烃还可以按照分子中所含碳环数目的不同,分为单环、双环和多环脂环烃。

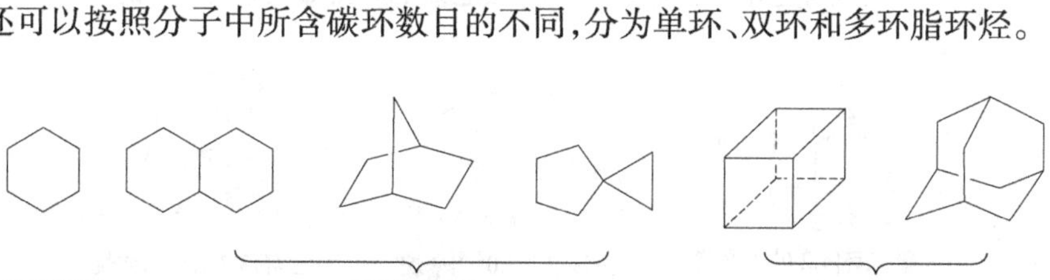

单环脂环烃　　双环脂环烃　　多环脂环烃

2.2.1 环烷烃的命名

根据环的大小,一般把环烷烃分成小环(三、四元环)、普环(五、六、七元环)、中环(八到十一元环)和大环(十二元以上环)。环烷烃的命名与烷烃相似,以碳环作为母体,在同碳原子数的开链烃名称前面冠以“环”字来命名,环上侧链作为取代基。环上碳原子的编号也是以给取代基最小位次为原则。当取代基不止一个时,按取代基英文名称首字母顺序排列。若取代基比环结构更复杂,环烷基也可作取代基,而改以烷基链为母体命名。

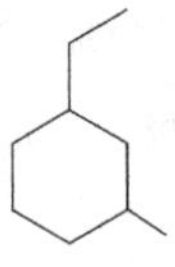

1-乙基-3-甲基环己烷
1-ethyl-3-methylcyclohexane

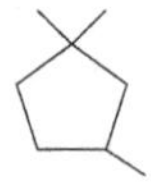

1,1,3-三甲基环戊烷
1,1,3-trimethylcyclopentane

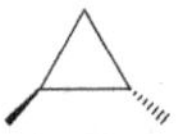

反-1,2-二甲基环丙烷
trans-1,2-dimethylcyclopropane

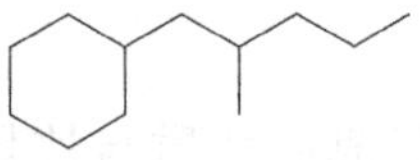

1-环己基-2-甲基戊烷
1-cyclohexyl-2-methylpentane

当两个及以上碳原子被两个及以上环共有的化合物称为桥环化合物(bridged ring compounds),共用的碳原子称为桥头碳原子。共用键的桥环化合物称为稠环化合物。桥环烃的命名是根据成环碳原子的总数称为某烷,在某烷前用二环、三环等做词头,表示该桥环烃碳环的数目,它等于把桥环烃转变为链状化合物需要打断的碳碳键的数目。环的编号从一个桥头碳原子开始,沿最长的桥编到另一个桥头碳原子,再沿着次长的桥编号至第一个桥头碳,最后给最短桥继续编号。命名时,将取代基的位次号和名称写在前面,环字后面加方括号,括号内用阿拉伯数字从大到小指出每一个碳桥上除了桥头碳的碳原子数,数字之间在右下角用圆点隔开。例如:

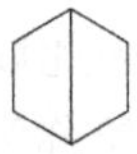

二环[2.2.0]己烷

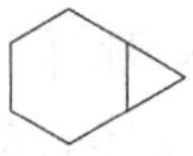

二环[4.1.0]庚烷

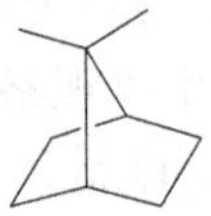

7,7-二甲基二环[2.2.1]庚烷

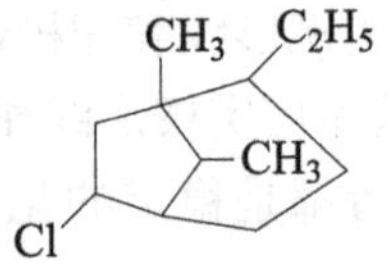

6-氯-2-乙基-1,8-二甲基二环[3.2.1]辛烷

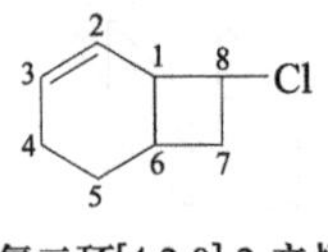

8-氯二环[4.2.0]-2-辛烯

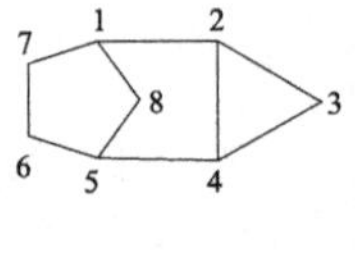

三环[3.2.1.0^{2,4}]辛烷

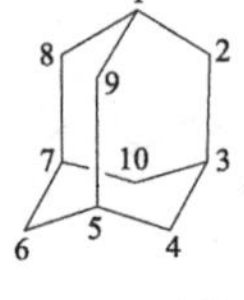

三环[3.3.1.1^{3,7}]癸烷

分子中有一个碳原子为两个环共有的多环烃叫做螺环化合物(spirocyclic compounds),共用的碳原子称为螺原子(spirocarbon)。命名方法与桥环烃相似,但环的编号从与螺原子相邻的碳原子开始,沿小环通过螺原子编到大环。根据螺环上碳原子的总数目而称其为螺某烷,在螺字

后面加方括号，内用阿拉伯数字表明小环和大环上碳原子的数目，该数字不包括螺碳原子，先写小环上的碳原子数目，再写大环上的碳原子数目，数字之间也用下角圆点隔开。例如：

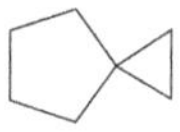

螺[2.4]庚烷

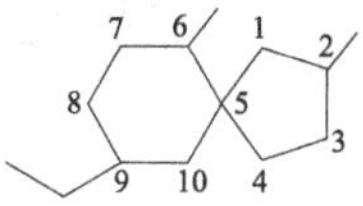

9-乙基-2,6-二甲基螺[4.5]癸烷

问题 2-8 写出含有 5 个碳原子的环烷烃的结构式并命名。

问题 2-9 命名下列化合物：

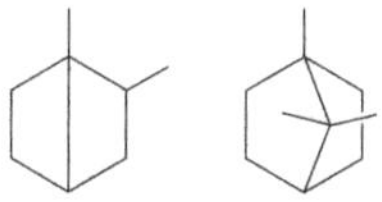

2.2.2 环烷烃的性质

2.2.2.1 环烷烃的物理性质

环烷烃的性质与开链烷烃相差不大，环丙烷和环丁烷是气体，高级环烷烃为固体。因为环烷烃可以比直链烷烃排列得更紧密，一般而言，它们的沸点和熔点比相应的开链烷烃略高，相对密度也比相应烷烃略大，但仍比水轻（见表 2-5）。

表 2-5 某些环烷烃的物理常数

名称	熔点/℃	沸点/℃（0.1 MPa）	相对密度
环丙烷	-127	-33	0.689
环丁烷	-80	13	0.689
环戊烷	-94	49	0.746
环己烷	6.5	81	0.778
环庚烷	-12	118	0.810
环辛烷	14	151	0.830
甲基环戊烷	-142	72	0.749
甲基环己烷	-126	100	0.769

2.2.2.2 环烷烃的化学性质

环烷烃的化学性质也与开链烷烃相似，较为稳定，可以发生自由基取代反应，不易被氧化。然而，环结构也决定了它们与开链烷烃有不同之处，特别是小环化合物，容易加成。

1. 取代反应

环丁烷、环戊烷或高级的环烷烃与卤素作用发生取代反应。无取代的环烷烃发生单卤代反应时所得异构体产物比开链烷烃少。

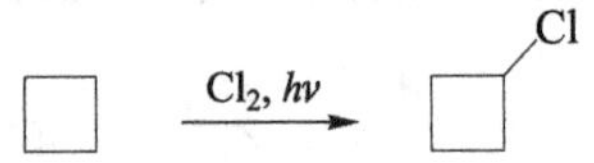

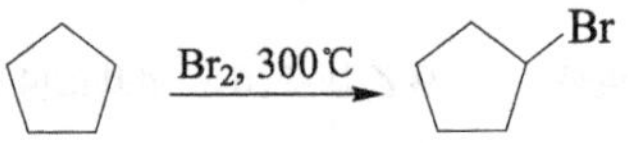

2. 加成反应

环丙烷可以取代,更容易发生各种加成反应,反应后碳碳键断裂开环。这是小环环烷烃的特殊反应。如环丙烷的加成反应:

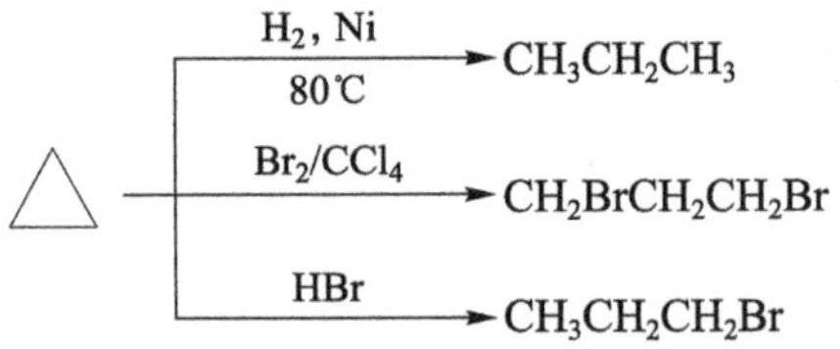

环丁烷的开环反应不如环丙烷那么容易,与 H_2 在 Pt 催化下于 120℃反应生成正丁烷,而环戊烷则需在更高的温度(300℃)下才会与氢气作用开环,环己烷则很难与氢加成。

小环与卤素发生加成反应,得到二卤代物,但环丁烷与溴在室温不反应,必须加热才能开环。例如:

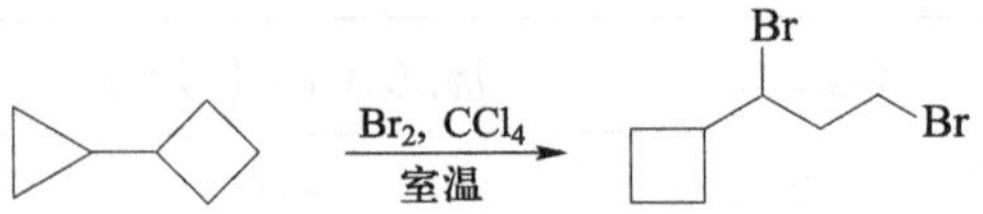

小环可以与卤化氢发生加成反应,但环丁烷和卤化氢反应也需要加热才能发生,氢和卤素分别加到产物链烃的两头。但环己烷和环庚烷与卤化氢并无反应。若以取代环丙烷与卤化氢反应,得到的产物中卤原子加到含取代基较多的碳原子上的异构体占多数,即加成取向符合 Markovnikov 规律。例如:

3. 氧化反应

在常温下,环烷烃与一般氧化剂(如高锰酸钾水溶液、臭氧等)不起反应。即使是环丙烷,常温下也不能使高锰酸钾溶液褪色。环丁烷遇高锰酸钾也不会被氧化。所以仍可用高锰酸钾水溶液来鉴别烯烃与环烷烃。例如:

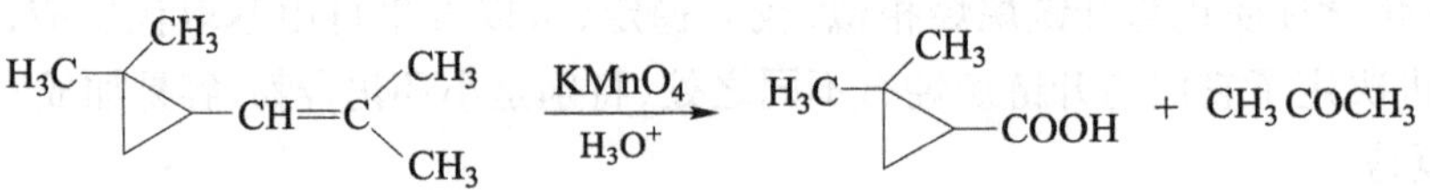

但是在加热时遇强氧化剂作用或经催化氧化时,环会破裂生成二元羧酸。例如:

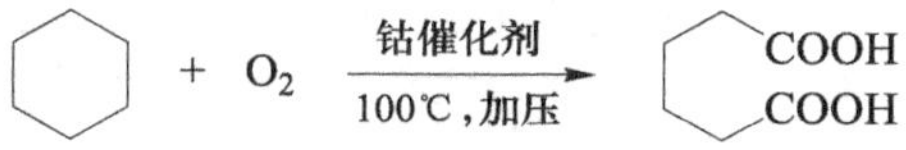

环烷烃脱氢能成为芳香族化合物,把石油中的环烷烃或开链烷烃转为芳香烃的过程称为芳构化,这是获得苯、甲苯等基本有机化工产品的重要手段。

2.2.3 环烷烃的结构

2.2.3.1 环丙烷的结构

为什么小环较活泼,普环较稳定呢?环丙烷由三个碳原子组成,其分子形状必定为平面三角形。按平面几何原则,等边三角形的每一个顶角均为60°。若以此种形式去形成环丙烷分子显然是非常困难的,因为环丙烷分子中的每个碳原子均为四价(是饱和碳原子),其形成稳定分子的键角应接近109.5°(类似开链烷烃)。显然环丙烷分子的键角难以达到109.5°,必定会影响环丙烷分子的成键能力。这种由键角变化引起的不稳定性称为角张力。

事实上,环丙烷在成键时相邻两个碳原子的 sp^3 杂化轨道并不如开链烃碳碳 σ 键那样沿键轴方向重叠,而是在偏离 sp^3 杂化轨道的轴心方向重叠,形成了形似香蕉的弯曲键,轨道夹角为105°,与60°的键角不一致(见图2-8),产生角张力。另外,因环丙烷分子在同一平面上,使得每个碳上的两组碳氢键与相邻碳上的碳氢键距离最近(见图2-9),相互之间都重叠,导致扭转张力的产生,分子热力学能升高。所以,引起环丙烷分子稳定性较差的原因是:分子内存在较大的角张力和扭转张力,或总称为环张力。环张力使得环丙烷相对其他环烷烃而言不够稳定,易于发生开环反应。

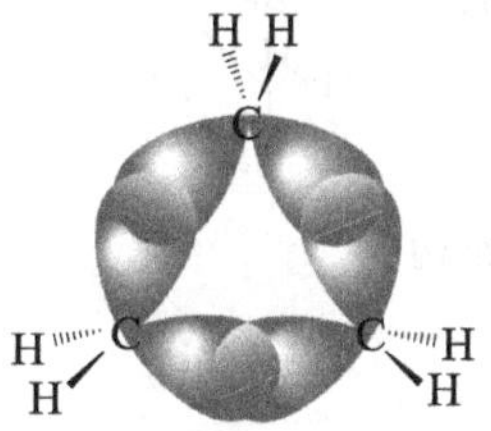

图2-8 环丙烷分子中的碳碳键

图2-9 环丙烷中碳氢键的排布

环烷烃分子的环张力大小可以运用环烷烃的燃烧热数值加以衡量。不同环烷烃所含的碳原子数和氢原子数都不相同,它们的燃烧热数值不能直接进行比较。由于单环环烷烃的通式为 C_nH_{2n}═$(CH_2)_n$,如果把环烷烃的燃烧热除以成环碳原子数 n,得到的是各环烷烃每一个亚甲基(—CH_2—)的燃烧热,就可以进行比较。如环丙烷和环丁烷中每个 CH_2 的燃烧热比开链烷烃各多约38 $kJ \cdot mol^{-1}$ 和24 $kJ \cdot mol^{-1}$,环己烷和环十五烷的则和开链烃的数值相等(见表2-6)。

2.2.3.2 环丁烷的结构

环丁烷分子结构若是平面正方形,它的键角应是90°,与碳原子 sp^3 杂化轨道的键角相差约19.5°,比环丙烷要小得多,说明环丁烷角张力相应减弱。平面型分子相邻碳原子上的基团都相互重叠,应有较大的扭转张力。

表 2-6　环烷烃的张力能和每一个 CH_2 单元的燃烧热

环烷烃	总张力能/(kJ · mol^{-1})	每个 CH_2 的燃烧热/(kJ · mol^{-1})
环丙烷	115	697.1
环丁烷	110	682.2
环戊烷	27	664.0
环己烷	0	658.6
环庚烷	27	662.3
环辛烷	42	663.6
环壬烷	54	664.6
环癸烷	50	663.6
环十五烷	0	658.6
开链烷烃	0	658.6

根据理论分析和实验测定,环丁烷分子结构以非平面型的“蝶式”形状,如图 2-10 所示,对改善环张力最为有利。

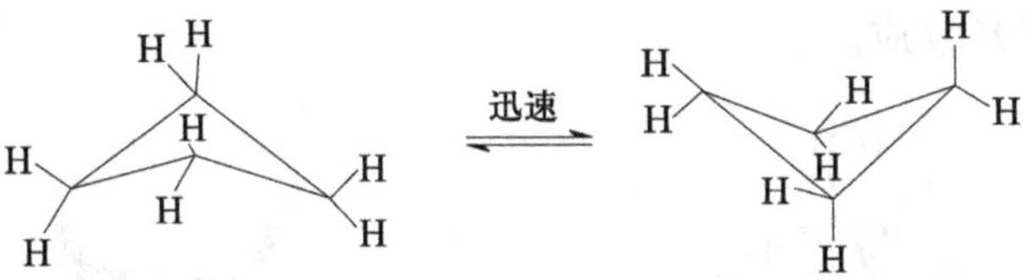

图 2-10　环丁烷的结构

2.2.3.3　环戊烷的结构

环戊烷具有很好的稳定性。如果将环戊烷看作是平面型分子的话,那么其分子中内角为 108°,与四面体碳原子轨道夹角 109.5°非常接近,可以认为角张力很小。但是平面型分子其相邻两个碳原子上的基团必定处于相互重叠的位置,这样将产生较大的扭转张力,影响分子的稳定性。为了克服较大的扭转张力,环戊烷采用了非平面型的“信封式”(见图 2-11),扭转张力得到了改善。

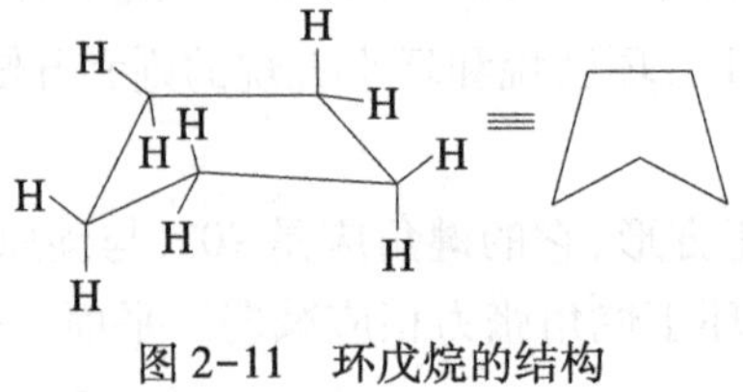

图 2-11　环戊烷的结构

环己烷及更大的环烷烃分子中不存在环张力，相邻碳原子上的基团都相互交叉，分子稳定性好。对于环己烷的结构分析，请参见 2.3.3 部分。

2.2.4 环烷烃的来源和制备

环烷烃主要来自于石油的分馏组分，占绝大多数的是环戊烷和环己烷及它们的烷基衍生物，含量 0.1%～1%，随产地不同而有差异。纯粹的环己烷可以由苯加氢来制备，纯度不高的环己烷由石油重整产物分离得到。

合成脂环烃化合物通常有两个方法。其一是用两端含有适当官能团的开链化合物为原料发生分子内的环化反应(cyclization)。例如，二卤代烷经脱卤成环烷烃。

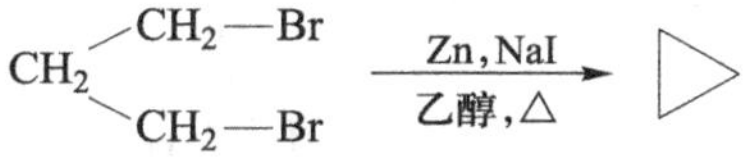

其二，通过分子间反应构建碳环骨架，例如：Diels-Alder 双烯合成法。

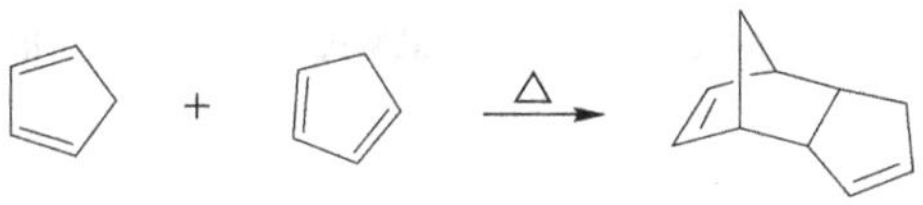

§ 2.3 烷烃和环烷烃的构象

由于饱和碳原子的构型为正四面体型，这就决定了烷烃分子中碳原子的排列不会是直线形的。结晶状的碳链经 X 射线衍射实验研究证明确实是锯齿形的。气态或液态的两个碳原子以上的烷烃，由于单键的自由旋转，改变了原子或原子团之间的相对位置关系，从而形成原子在空间伸展方向上的多种排布方式叫做构象(conformation)，也是一个立体概念。

构象分析是指对分子构象的研究，由于构象的改变而引起能量的变化，对化学和物理性质、反应性能及产物的立体化学都有显著的影响，因此对分子构象的研究很有意义。

2.3.1 乙烷的构象

乙烷是含有碳碳 σ 键的最简单的烷烃，分子中的键长和键角是一定的。而 σ 键的特点是电子云沿键轴呈对称分布，两个碳原子可以自由旋转而不会使键断裂。于是，乙烷分子中，一个碳原子上的氢和另一个碳原子上的氢之间的相对关系不是固定不变的。如果让一个甲基不动，另一个甲基绕碳碳单键开始旋转，则每转过任意一个微小角度，就得到一种原子间的相对位置关系，也就是产生了一种乙烷的构象。在无限多的乙烷构象中，我们发现有两个极端的空间形象，(ⅰ)式中两个碳原子上的每个氢原子之间正好相互错开，而(ⅱ)式中这些氢原子正好相互重合，其他构象都介于(ⅰ)和(ⅱ)之间。

构象异构体之间的转变不必经过断键就能产生。分子绕 σ 键轴旋转所需的能量称为旋转能垒，该值不大。(ⅰ)和(ⅱ)是乙烷的两种极限构象，(ⅰ)式称为交叉式构象(staggered conformer)，(ⅱ)式称为重叠式(eclipsed conformer)(见图2-12)。

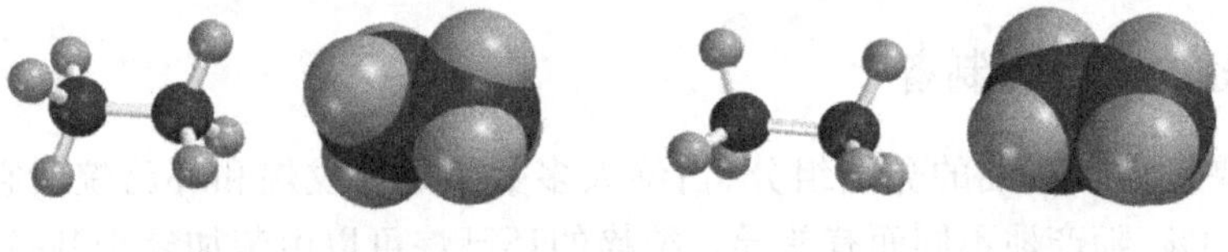

(i) 乙烷的交叉式构象　　(ii) 乙烷的重叠式构象

图2-12 两种乙烷的极限构象式

乙烷的极限构象，可用下列三种透视图来表示：

重叠式

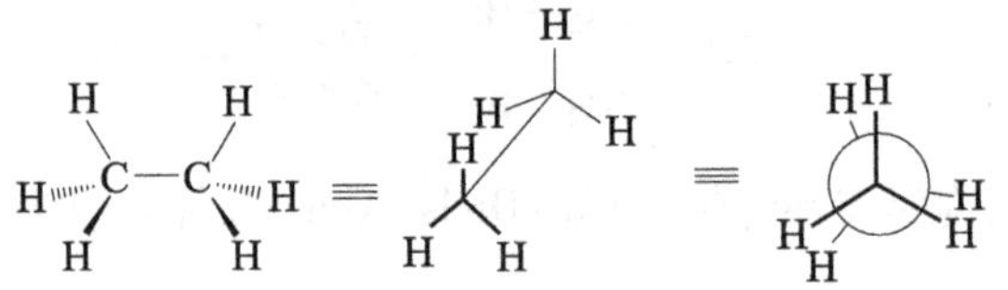

伞形式　　锯架式　　纽曼投影式

交叉式

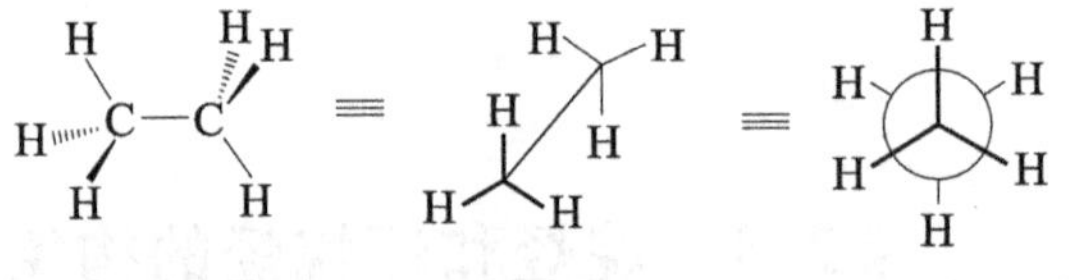

伞形式　　锯架式　　纽曼投影式

伞形式(umbrella frame)是眼睛垂直于C—C键轴方向看，实线表示键在纸平面上，实楔形线表示键伸向纸平面前方，虚楔形线表示键伸向纸平面后方。锯架式(sawhorse)是从C—C键轴斜45°方向看，每一个碳原子上的其他三根键夹角均为120°。纽曼(Newman)投影式是从C—C键的轴线上看，在Newman投影式中，前面的碳原子用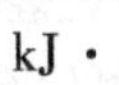表示，后面的碳原子用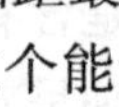表示。重叠式上本来是看不到后面碳原子上的键的，为了能表示出来，往往偏离一个角度以给出接在后面那个碳原子上的键和原子(团)。

虽然说乙烷有无数种构象异构体，但这并不意味着这些构象有同样的热力学能和稳定性。重叠式的热力学能最高，因为此时分子中三对碳氢键彼此距离最近，碳氢键的电子相互排斥；而交叉式的热力学能最低，此时分子中相邻两个碳原子上所连接的三对氢原子因相距最远而排斥作用最弱。但交叉式和重叠式两者能量仅相差12.1 kJ·mol^{-1}(见图2-13)，这个能量障碍不大，分子碰撞产生的能量就足够使两个构象之间作快速转换。因此，在室温或一般的低温条件下，不可能分离得到纯的交叉式构象。

四面体碳原子相连时，它们的键都倾向于成交叉式排列。一般而言，任何偏离这种最稳定状态的排列都会产生一定的张力，即扭转张力(torsional strain)。重叠式构象中存在着较强的扭转张力。交叉式构象又被称为乙烷的优势构象，室温下乙烷分子是一个由无数构象组成的处于动态平衡状态的混合体系，以优势构象居多。

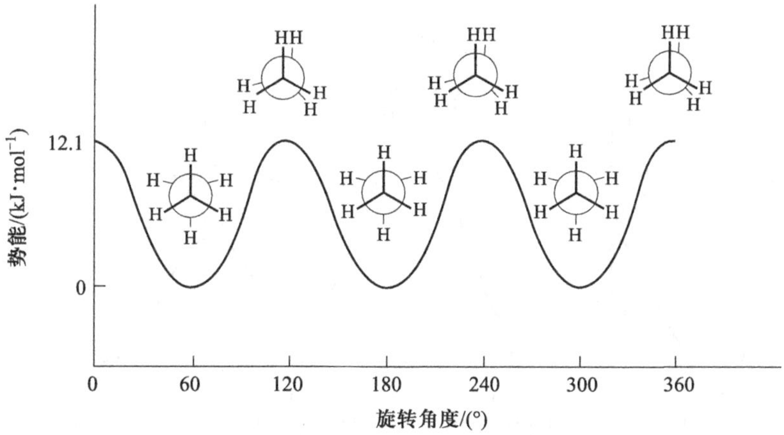

图 2-13　乙烷分子绕碳碳单键旋转过程的能量曲线图

问题 2-10　根据下列分子的球棒模型，写出其伞形式、锯架式和纽曼投影式。

(1) 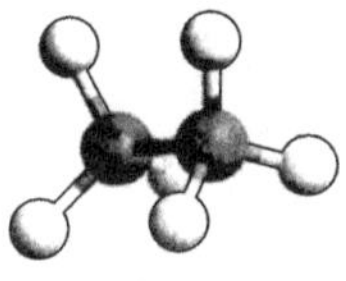　　(2) 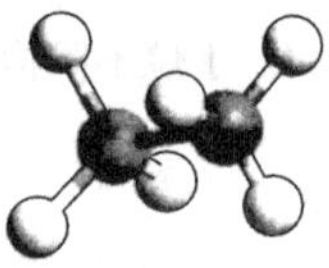

2.3.2　丁烷的构象

当乙烷上的氢原子被其他原子(团)取代时，相邻碳原子的取代基之间一般仍有保持交叉取向的趋势，但是其极限构象要比乙烷多。例如，正丁烷可以看作是乙烷分子中每个碳原子上各有一个氢原子被甲基取代的产物，其极限构象较复杂，我们只讨论沿 C-2、C-3 之间的 σ 键键轴旋转，可以发现有四种极限构象：

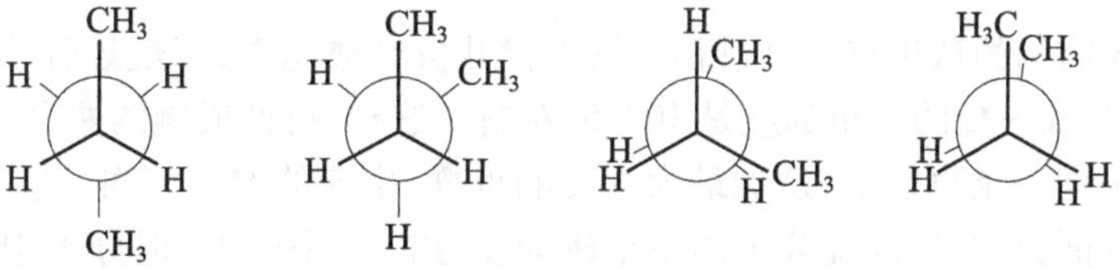

对位交叉式　　邻位交叉式　　部分重叠式　　全重叠式

当沿 C-2、C-3 之间的 σ 键键轴相对旋转 360°时，丁烷构象与能量的关系如图 2-14 所示。

对位交叉式构象最稳定(约占 68%)，其中两个甲基相距最远，两面角为 180°，是能量最低的优势构象，也最稳定；其次是邻位交叉式构象，能量较低，甲基间夹角为 60°；再次为部分重叠式构象，虽然甲基间夹角为 120°，甲基间距离稍远，但是出现了两组 C-2 氢原子和 C-3 甲基，C-2甲基和 C-3 氢原子的重叠，其能量高于邻位交叉式；全重叠式构象则能量最高，是最不稳定的构象，分子中的两个甲基之间的距离最近，存在着较大的范德华力(或称空间张力)和扭转张力，含量最少。然而，这四种极限构象之间的能量差别也不大，在室温下分子间碰撞的能量足以使它们通过 σ 键的旋转而快速相互转化，难以分离出单一的构象。到达动态平衡时，大多数丁

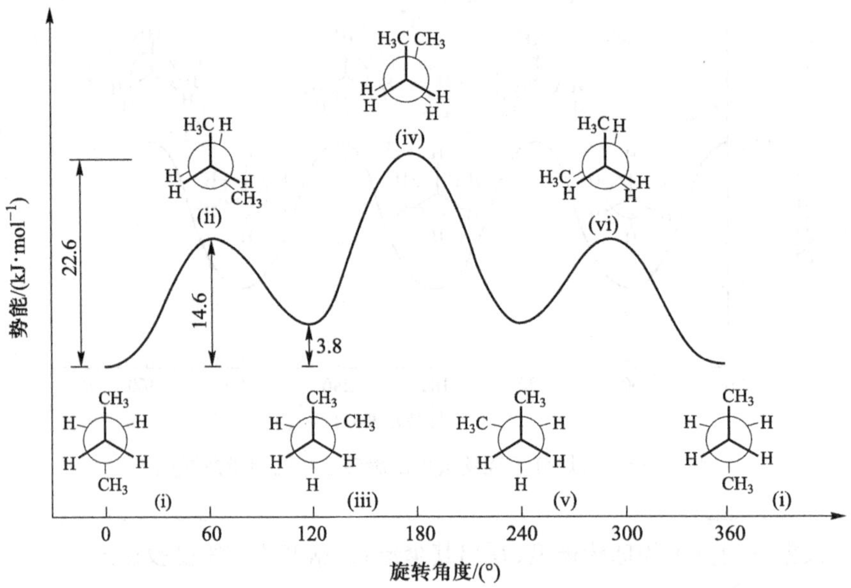

图 2-14　丁烷不同构象的能量曲线图

烷分子以稳定的对位交叉式构象存在。

在丁烷中,如果沿着其他键轴,如沿 C-1 与 C-2 或 C-3 与 C-4 之间的 σ 键旋转时,也可以产生不同的构象。其他更高级的烷烃与丁烷类似,只是更复杂些,但其主要的构象也都是以最稳定的对位交叉式构象存在。

问题 2-11　写出戊烷以 C-2 和 C-3 之间的 σ 键为轴旋转时产生的所有极限构象的 Newman 投影式。

2.3.3　环己烷及其衍生物的构象

人们对环烷烃结构的认识有一个过程。从现代共价键概念看,环烷烃分子中的碳原子都采取 sp^3 杂化方式,C—C—C 的键角都应是 109.5°左右。这样,可使成键的两个碳原子的 sp^3 杂化轨道的对称轴处于同一条直线上,达到最大程度的重叠,生成的键最牢固。事实上,为了尽可能满足这样的成键特征,只有环丙烷分子的三个碳原子在同一平面上,但分子中的键角压缩至了 105°,是张力最大的环烷烃。从环丁烷开始,成环碳原子都不是共平面的,如前所述,环丁烷是"蝶式"结构,环戊烷是"信封式"结构。

2.3.3.1　环己烷的构象

当我们的思维不再局限于成环碳原子共平面的时候,我们发现用碳原子的正四面体模型构建环己烷的六个成环碳原子,可以得到无张力环,满足 C—C—C 键角正常的 109.5°。在这些模型中,通过 σ 键的旋转和键角的扭动可以得到椅式和船式这两种不同的极限构象。在环不发生破裂的范围内,椅式和船式这两种构象间可以相互转变,其能量曲线如图 2-15 所示。

椅式构象(chair conformation)是最稳定的,其中 C-2、C-3、C-5 和 C-6 在一个平面,C-1 和 C-4分别位于该平面的上下两侧,C-1 像椅背,C-4 像椅脚。船式构象(boat conformation)比椅

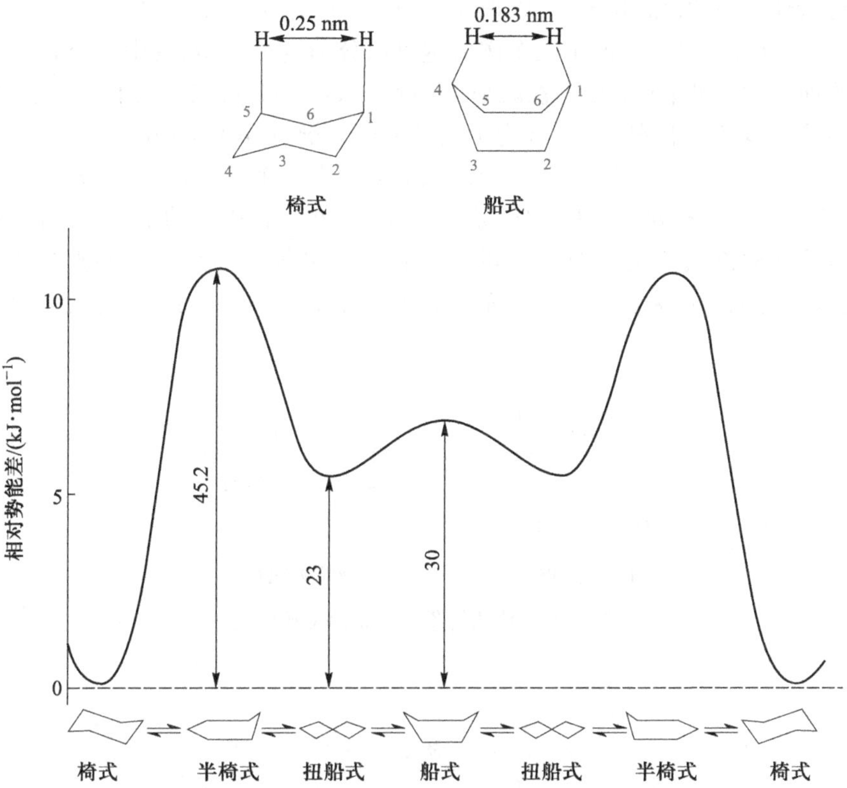

图 2-15　环己烷不同构象的能量曲线图

式构象能量高 30 kJ · mol^{-1}，其中 C-2、C-3、C-5 和 C-6 几乎同一个平面，构成船底，C-1 和C-4 像船头和船尾。在常温下，两种椅式经船式构成动态平衡，主要以最稳定的椅式构象存在，占 99% 以上。

为什么椅式构象最稳定呢？首先从 Newman 投影式中可以看出，椅式中所有相邻两个碳原子的碳氢键都处于交叉的位置，所有的键角都接近正常的四面体角，非键原子间的距离都最远，大于范德华半径。而在船式中 C-2 与 C-3 之间及 C-5 与 C-6 之间的碳氢键则处于重叠式位置。

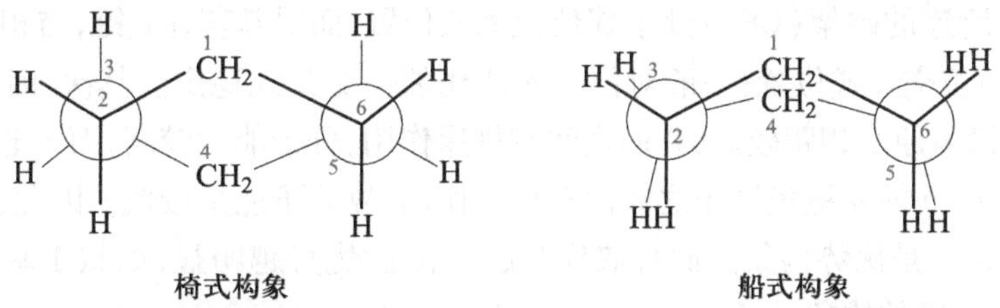

其次，在船式构象中，船头和船尾的两个碳氢键（一般称为旗杆键）是向内伸展的，相距较近比较拥挤。椅式构象和船式构象虽然都保持了正常键角，不存在角张力，但船式构象，由于C-2 与 C-3 之间及 C-5 与 C-6 之间处于重叠式构象，存在扭转张力，同时旗杆键的拥挤也产生一定的非键张力，因此，能量较高，不如椅式构象稳定。在一般情况下，环己烷及其取代衍生物主要以椅式构象存在。

进一步分析环己烷的椅式构象，可以把环上的六个碳原子看作 C-1,3,5 和 C-2,4,6 两个相互平行的平面，这样环己烷中的十二个碳氢键可以分为两种类型，其中六个是垂直于平面而与两个平行平面的对称轴平行，叫直立键或叫 *a* 键（axial bonds），三个向上另三个向下，交替排列。另外的六个碳氢键则向外伸出，称为平伏键或叫 *e* 键（equatorial bonds），也是三个向上斜伸，三个向下斜伸，与平面呈约 19°角。每个碳原子上具有一个 *a* 键，一个 *e* 键，如 *a* 键向上则 *e* 键向下，在环中上下交替排列，如图 2-16 所示。环己烷在保持碳环的情况下，由一种椅式构象翻转为另一种椅式构象，这种过程称为转环。转环后，原来的 *a* 键都变为 *e* 键，原来的 *e* 键都变成 *a* 键，但是要注意的是原来在平面上方的键依然在上方，平面下方的键还是在平面下方（见图 2-17）。

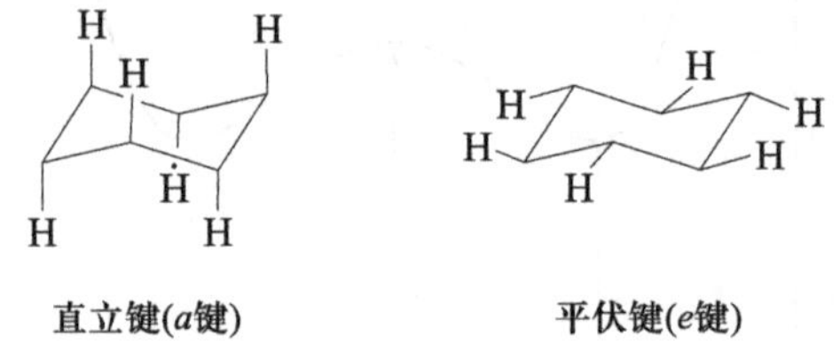

图 2-16　椅式构象的直立键及平伏键

图 2-17　两种椅式构象的相互转变

2.3.3.2　取代环己烷的构象

环己烷最稳定的构象为椅式构象，取代环己烷的构象中环己烷也以稳定的椅式构象存在。

环己烷的一元取代衍生物，取代基在椅式构象中可以在 *a* 键，也可以在 *e* 键，它们相互之间又由于两种椅式构象可以翻转而相互转变。但在一般情况下，一元取代的环己烷衍生物，取代基以 *e* 键相连的构象占优势。以甲基环己烷为例，首先从 Newman 投影式可以看出，甲基若在 *a* 键，与相邻碳原子所连的碳架（CH_2）处于邻位交叉式位置，而甲基若在 *e* 键，与相邻碳原子所连的碳架 CH_2 则处于对位交叉式位置；一般对位交叉式比邻位交叉式稳定。其次，因为 *a* 键上的甲基与 C-3、C-5 的 *a* 键氢原子相距较近，它们之间有排斥作用，分子能量较高，而 *e* 键上的甲基是向外伸去的，它与 C-3、C-5 的 *a* 键氢原子之间没有排斥作用，故分子能量较低。因此，在平衡体系中，*e* 键甲基环己烷占 95%，是优势构象。而且取代基越大，*e* 键优势越明显，如叔丁基环己烷则 99.9% 以上是叔丁基处于 *e* 键的构象。

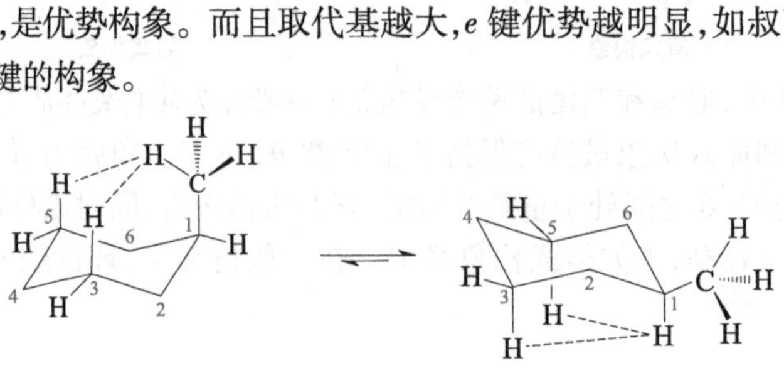

二取代环己烷，取代基之间有顺反构型异构。位于环同侧的基团是顺式关系，位于环异侧的基团是反式的。无论环怎样翻转或取何种构象，这种顺/反的构型关系是不会改变的。构型确定以后各取代基在环己烷上是位于 *a* 键还是 *e* 键则要根据热力学稳定性和反应条件来确定。例如，二甲基环己烷，一共有 7 种异构体，分别是 1,1-二甲基环己烷，顺-1,2-二甲基环己烷，反-1,2 二甲基环己烷，顺-1,3-二甲基环己烷，反-1,3-二甲基环己烷，顺-1,4-二甲基环己烷和反-1,4-二甲基环己烷。1,1-二甲基环己烷的椅式构象中，一个甲基在 *a* 键，另一个在 *e* 键。如果是 1,2-二甲基环己烷的顺、反两种异构体，顺式中总有一个甲基在 *e* 键，另一个甲基在 *a* 键；而两个甲基都在 *e* 键的构象恰好满足了反式异构体的构型需要。从它们各自的燃烧热数值大小中可以发现，1,2-二甲基环己烷异构体中是反式的较顺式的稳定。同样的分析发现，1,4-二甲基环己烷和 1,2-二甲基环己烷的情况相似，也是反式异构体的稳定性高于顺式的。

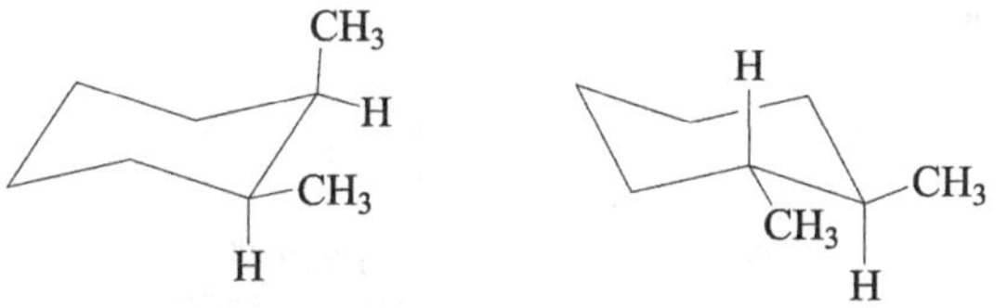

顺-1,2-二甲基环己烷　　反-1,2-二甲基环己烷(更稳定)

用同样的方法分析，可以发现 1,3-二甲基环己烷的顺式异构体比反式的稳定，因为顺式异构体中可以找到两个甲基都在 *e* 键的椅式构象式，其能量低于只有一个甲基在 *e* 键的反式异构体。

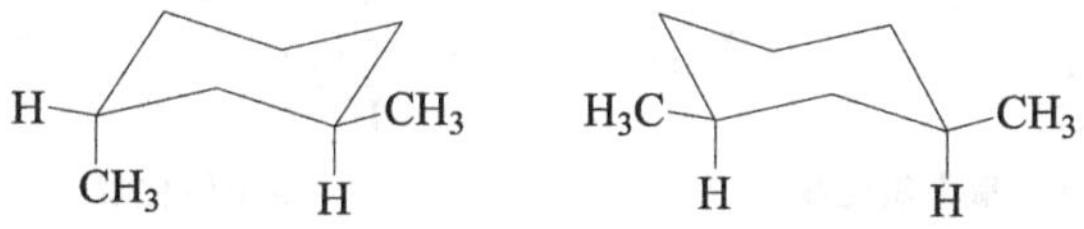

反-1,3-二甲基环己烷　　顺-1,3-二甲基环己烷(更稳定)

当两个取代基不等同时，如顺-1-叔丁基-2-甲基环己烷，按取向规则，在这种情况下总是体积大的叔丁基占据空间有利和张力最小的 *e* 键。因此，下面的平衡大大偏向于右边。也就是说，两个取代基不相同则由较大基团决定哪一椅式构象式较稳定：双 *e* 键取代的构象总比相应的双 *a* 键取代的构象稳定；对于 *a*–*e* 键构象式，则较大取代基处于 *e* 键的构象较稳定。

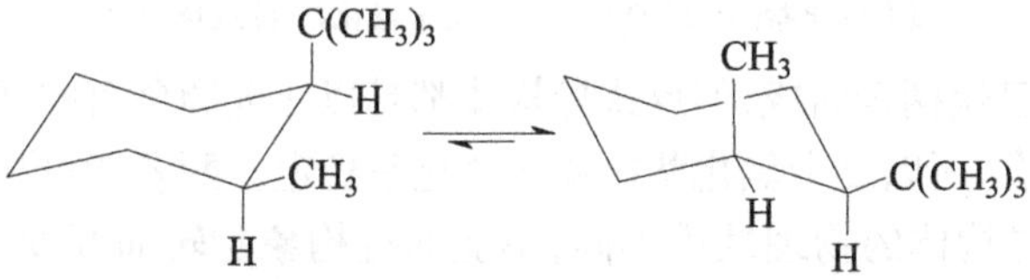

(更稳定)

顺-1-叔丁基-2-甲基环己烷

这样的规律可以适用于分析多取代环己烷衍生物的稳定构象，如下：

(1) 环己烷多元取代衍生物最稳定的构象是 *e* 键取代最多的椅式构象；

(2) 环上有不同取代基时，体积大的取代基在 *e* 键的构象最稳定。

根据以上两条规律，可以写出环己烷衍生物最稳定的构象式。例如，$C_6H_6Cl_6$（六六六）有八种异构体，其中杀虫能力最强的为γ-异构体，而最稳定的构象为β-异构体。

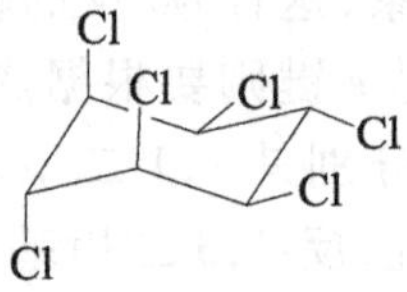

γ-异构体

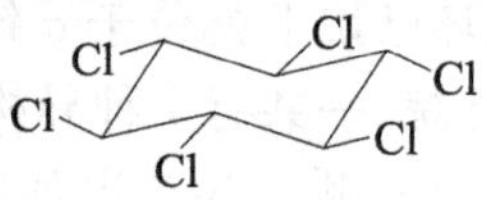

β-异构体

问题 2-12 写出顺-4-叔丁基环己醇的稳定构象。

第二章文中问题参考答案

2.3.3.3 十氢化萘的构象

两个环已烷通过共用两个相邻的碳原子并合起来的化合物，称为十氢化萘。它是萘完全氢化后的产物，十氢化萘属于桥环化合物，其系统命名为二环[4.4.0]癸烷。

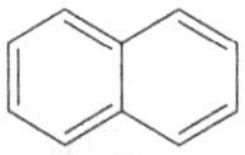

萘

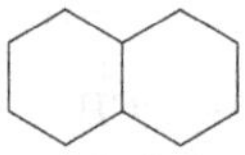

十氢化萘

二环[4.4.0]癸烷

十氢化萘有顺式和反式两种异构体，顺、反十氢化萘平面式的表示方法，用实楔形键或黑点表示氢在纸平面前面，虚楔形键或未标黑点表示氢在纸平面后面。

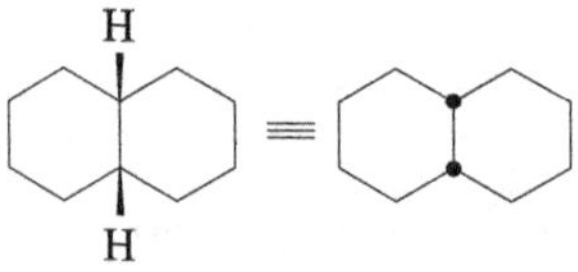

顺十氢化萘

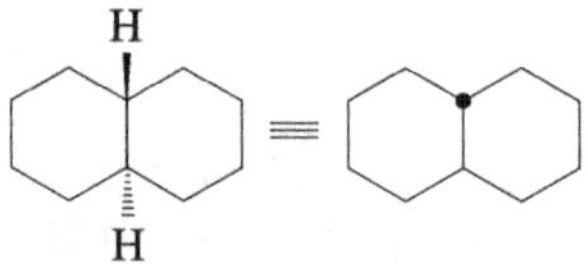

反十氢化萘

顺、反十氢化萘的构象表示式如下：

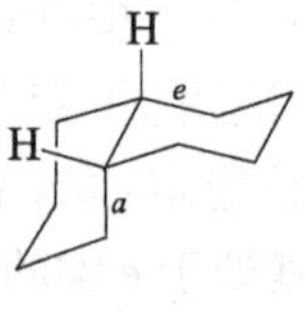

顺十氢化萘(沸点194℃)

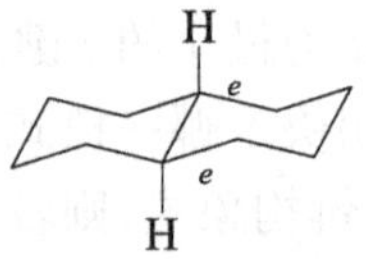

反十氢化萘(沸点185℃)

它们都是由两个椅式环已烷稠合而成，但反式异构体都是以e键稠合而成，而顺式异构体则是由一个e键和一个a键相稠合，所以反十氢化萘比顺十氢化萘稳定。两者能量相差11.5 kJ·mol^{-1}。这两个不同构型的顺/反异构体的物理性质不同，不能通过构象翻转而互变。

§2.4 过渡态理论

过渡态理论是1935年由艾林(Eyring H)和波拉尼(Polanyi M)等人提出的，它以统计热力学和量子力学对反应过程中能量变化的研究为依据，提出在化学反应进行的过程中，从反应物变成产物是一个连续变化的过程，其中要经历一个过渡态，即反应物分子在相互接近的过程中先被活化形成高能量的活化络合物，这时，反应物分子中的旧键已松弛削弱，新键已开始形成，过渡态的结构介于反应物和生成物之间，过渡态再分解为产物：

$$始态(反应物) \rightleftharpoons 过渡态 \rightleftharpoons 终态(产物)$$

从反应物变到过渡态的进程中，体系的能量不断升高，达到过渡态时，体系的能量达到最高值，随后则很快下降。反应物与过渡态之间的能量差称为该反应的活化能(E_a)。例如，A+B—C ⟶ A—B+C 的反应，进程中的自由能变化如图 2-18 所示。

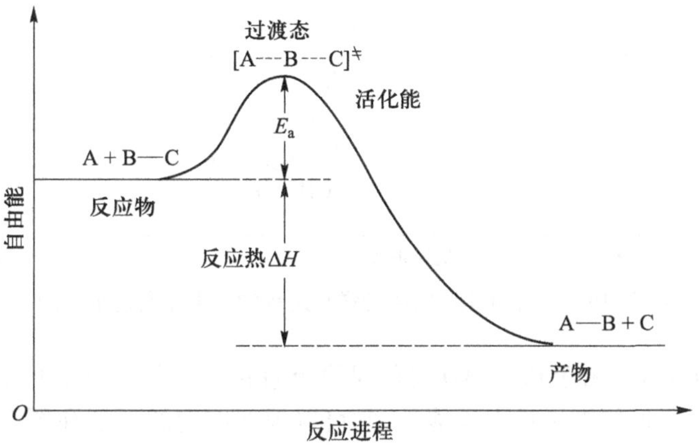

图 2-18　反应进程中的自由能变化图

图 2-18 中，横坐标表示反应进程，纵坐标表示体系的自由能变化，E_a 为活化能，ΔH 为反应热。反应物 A 不断接近 B—C 分子，体系能量随之上升，直至[A---B---C]$^{\neq}$状态，体系能量达到最大，此时 A 和 B 逐渐成键，B 和 C 逐渐断裂，即过渡态。接下来，只有越过活化能 E_a 反应才能进行。过渡态越稳定，E_a 越小，反应就越易进行，反应速率就越大。最终，体系释放能量趋于稳定，形成新分子 A—B 和 C。过渡态理论从反应过程中分子内部结构的变化揭示了活化能的含义，它对研究有机反应机理十分重要。

对于多步骤反应，会存在多个过渡态，过渡态之间的能谷是反应的活泼中间体。活化能大的步骤反应速率慢，因此是决定反应速率的步骤，称为决速步骤。以甲烷的氯化反应为例(见图 2-19)，反应中氯原子沿着甲烷碳氢键的键轴逐渐靠近氢原子，当达到一定距离时，氯原子和氢原子之间的新键开始形成，与此同时，碳氢键逐渐松弛和削弱，反应体系的能量逐渐升高，当达到第一过渡态$\left[\overset{\delta\cdot}{Cl}\text{---}H\text{---}\overset{\delta\cdot}{CH_3}\right]^{\neq}$时，体系的能量达到最高值。进而随着氯原子和氢原子之间成键程度的增加，体系的能量迅速下降，最后生成甲基自由基。

甲基自由基具有单电子，具有强烈电子配对的倾向，非常活泼，很快地与体系中的氯分子反应，只需较少的能量(活化能 4.2 kJ · mol^{-1})就达到第二过渡态$\left[\overset{\delta\cdot}{H_3C}\text{---}Cl\text{---}\overset{\delta\cdot}{Cl}\right]^{\neq}$，而转变成生成物 CH_3Cl。这也反映出甲基自由基的高度活泼性。

在上述两步中，前一步的活化能比后一步的活化能大，只要前一步能进行，后一步则很快发生，体系的能量迅速下降，并放出较多的热量。所以，前一步是甲烷氯代的决速步骤。

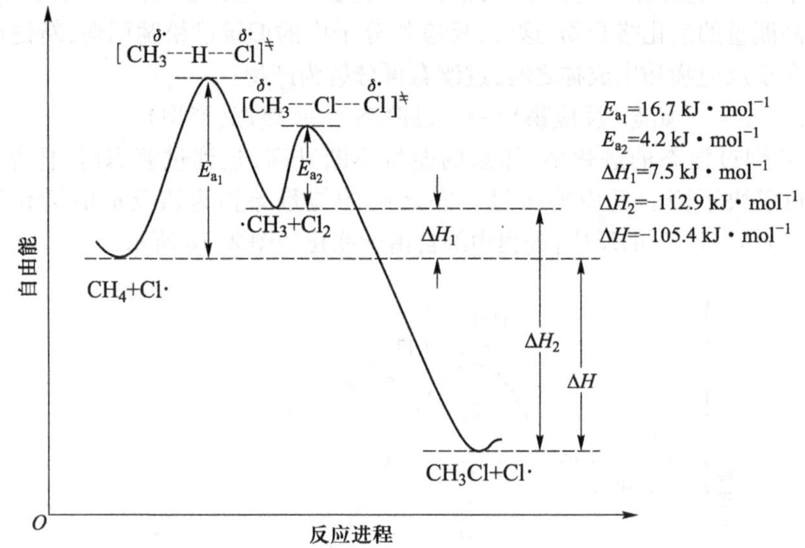

图 2−19　甲烷氯化反应中链增长过程的自由能变化示意图

这里要注意活化能 $E_{活}$ 和反应热 ΔH 之间是没有直接联系的。反应热 ΔH 是产物与反应物的焓差，在一般情况下，近似等于热力学能差，它可以根据旧键的断裂和新键的生成通过键能近似地计算出来。而活化能则是过渡态与反应物的热力学能差，除了少数反应的活化能可以从理论上估算外，一般只能通过温度和反应速率的关系由实验测得。决定反应速率的是活化能 $E_{活}$，而不是反应热 ΔH。即使反应是放热的，但反应仍需一定的活化能。例如，催化剂往往可以加速反应，只是因为降低了活化能，并不会改变 ΔH 的数值。

特别要注意的是，在复杂反应中生成的中间产物如 $\cdot CH_3$ 等都是活泼的中间体，寿命极其短暂，只有少数比较稳定的可以分离出来，对大多数中间体来说还未能分离出来，但可以用直接或间接的方法证明它们的存在；而过渡态是一个从反应物到产物的中间状态，目前还未能测得其存在，更不能分离出来。从能量曲线看，过渡状态处于位能最高点，是反应必须克服的能垒，而中间体即使是极不稳定的，其位能还是比过渡态低，表现在能量曲线上处在峰谷的位置。

// 习　题 //

1. 用系统命名法命名下列化合物：

(1) 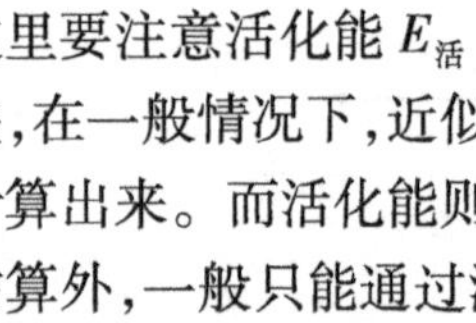

(2) 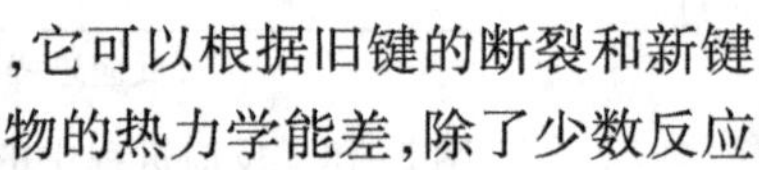

(3) $CH_3CH(CH_2CH_3)CH_2C(CH_3)_2CH(CH_2CH_3)CH_3$

(4) 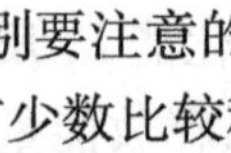

(5) 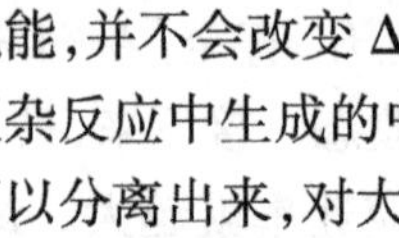

(6) 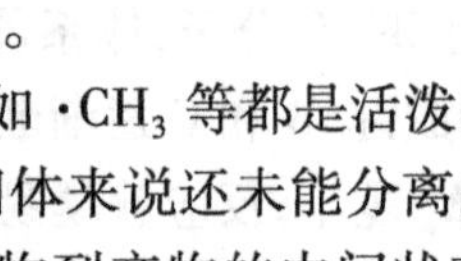

2. 写出下列化合物的构造式和键线式，并用系统命名法命名之。

（1）仅含有伯氢，没有仲氢和叔氢的 C_5H_{12}

（2）仅含有一个叔氢的 C_5H_{12}

（3）仅含有伯氢和仲氢的 C_5H_{12}

3. 写出下列化合物的构造简式。

（1）2,2,3,3-四甲基戊烷

（2）由一个丁基和一个异丙基组成的烷烃

（3）含一个侧链甲基，并且相对分子质量为 86 的烷烃

（4）相对分子质量为 100，同时含有伯、叔、季碳原子的烷烃

（5）3-ethyl-2-methylpentane

（6）2,2,5-trimethyl-4-propylheptane

（7）2,2,4,4-tetramethylhexane

（8）5-methyl-4-*tert*-butylnonane

4.（1）把下列三个透视式，写成楔形透视式和纽曼投影式，它们是不是不同的构象？

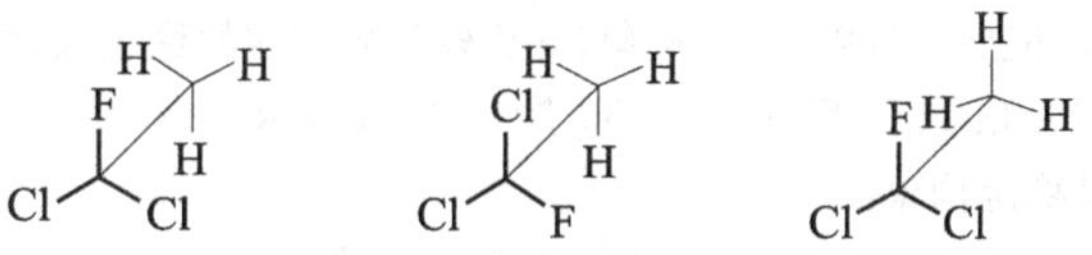

(a) (b) (c)

（2）把下面两个楔形透视式，写成锯架透视式和纽曼投影式，它们是不是同一构象？

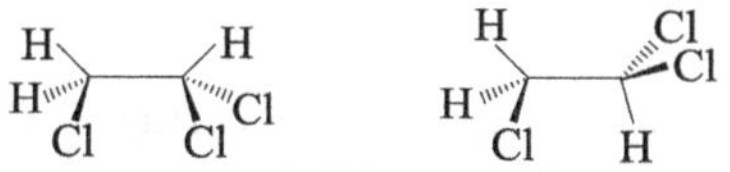

（3）把下面两个纽曼投影式，写成锯架透视式和楔形透视式，它们是不是同一构象？

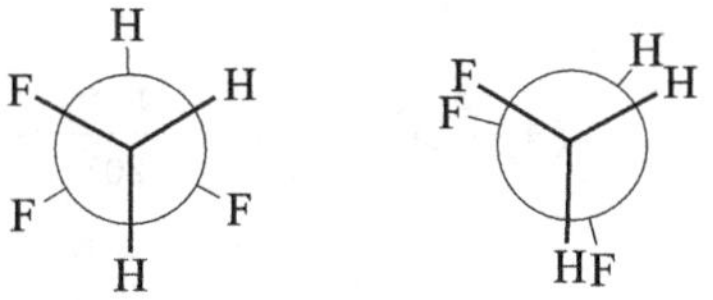

5. 写出 2,3-二甲基丁烷的主要构象式（用纽曼投影式表示）

6. 试估计下列烷烃沸点的高低，按照其沸点递降的顺序排列。

（1）2-甲基戊烷　（2）正己烷　（3）正庚烷　（4）十二烷

7. 根据以下溴代反应事实，推测相对分子质量为 72 的烷烃异构体的构造简式。

（1）只生成一种溴代产物

（2）生成三种溴代产物

（3）生成四种溴代产物

8. 试写出下列各反应生成的一卤代烷，预测所得主产物的比例。

（1）$CH_3CH_2CH_3 + Cl_2 \xrightarrow[\text{室温}]{h\nu}$

（2）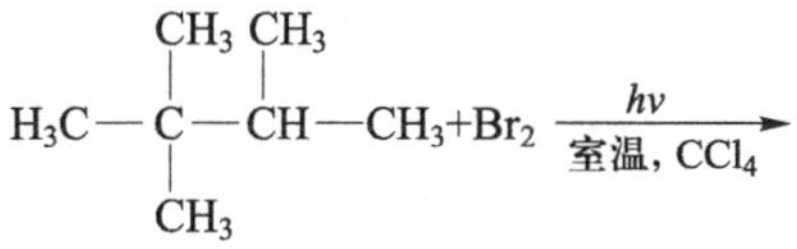

(3) 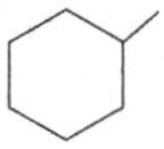 $+Br_2$ $\xrightarrow[\text{室温, }CCl_4]{h\nu}$

9. 下列自由基按稳定性由大至小排列成序：

A 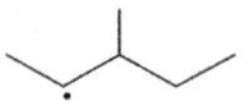　B 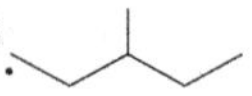　C 

10. 命名下列化合物：

(1) 　(2) 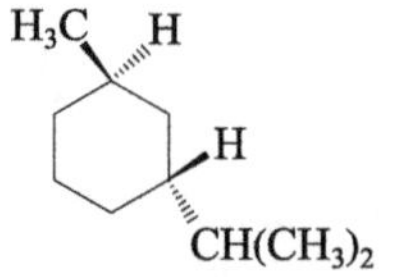

(3) 　(4) 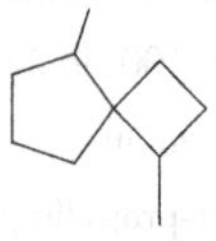

11. 写出下列化合物的构造式(用键线式表示)：

(1) 二环[3.1.1]庚烷　(2) 螺[5.5]十一烷

(3) methylcyclopropane　(4) *cis*-1,2-dimethylcyclohexane

12. 写出下列各对二甲基环己烷可能的椅式构象，并比较各异构体的稳定性，说明原因。

(1) 顺-1,2-、反-1,2-　(2) 顺-1,3-、反-1,3-　(3) 顺-1,4-、反-1,4-

13. 写出下列化合物的最稳定构象：

(1) 顺 1-异丙基-4-甲基环己烷　(2) 顺-1,3-环己二醇

(3) 2-甲基十氢化萘　(4) 1,2-二氯乙烷

(5) 乙二醇

14. 完成下列反应式：

(1)  + HCl $\longrightarrow$

(2) ? $\xrightarrow[H^+]{KMnO_4}$ 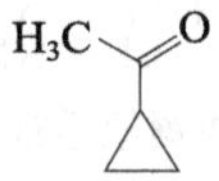

$+ CO_2$

(3) 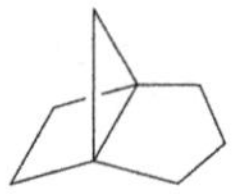 $\xrightarrow[-60℃]{Br_2}$

(4) 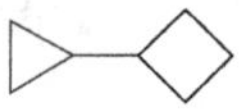 $\xrightarrow[80℃]{Ni, H_2}$

第 3 章 对映异构

同分异构现象是有机化学中的普遍现象，由于不同原子在分子中的不同排列能产生不同的物质，因此产生了分子的异构现象。当化合物的分子式相同，而原子间的次序不同，或原子在空间的排列不同，产生**异构体**（isomers）。其中分子式相同，但分子内原子间相互连接的顺序不同（即构造不同）的化合物，称为**构造异构体**（constitutional isomers）。分子式相同，构造式也相同的分子，只是因为原子在空间排列不同而产生的异构体，称为**立体异构体**（stereoisomers）。立体异构体包括**构型异构体**（configurational isomers）和**构象异构体**（conformational isomers）。

同分异构体的类型见图 3-1。

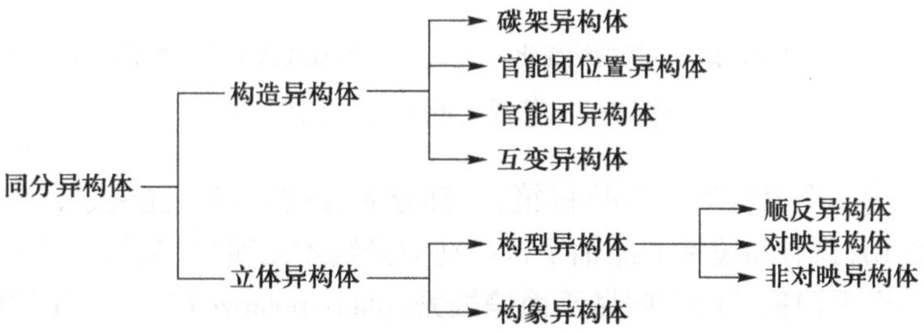

图 3-1　各种类型异构体之间的关系

§3.1　手性和对映异构现象

你的左、右手的区别在哪里？它们看起来很相似，但是左手手套对右手不合适。人的左、右手互为实物与镜像，但彼此不能重合。手的这种特征在其他物质中也广泛存在，因此人们将一种物质不能与其镜像重合的特征称为**手性**或**手征性**（chirality，handedness），该词源于希腊语 cheir，是“手”的意思。

用镜子测试手性图

我们可以通过观察镜像了解物体是否呈手性。各种宏观物体都有其镜

一些常见的手性物体

像,但是手性物体的镜像和原物体不同。如椅子、匙和一杯水与镜子里的镜像看起来完全一样,这类物质是**非手性的**(achiral)。手与镜子中的镜像看起来是有区别的。如果是右手,在镜子里看好像是左手,左手和右手是不可能重叠的。

§3.2　平面偏振光和物质的旋光性

旋光性(optical activity)是识别对映异构体的最重要的方法。因此,在讨论对映异构之前,先对旋光性作简单介绍。

3.2.1　平面偏振光

光波是一种电磁波,其振动的方向与前进的方向垂直。普通的光线含有各种波长的光,并且是在各个不同的平面上振动。图3-2(a)表示光波振动的周期性变化;图3-2(b)代表一束光线朝着我们的眼睛直射过来,它包含了在各个平面方向上(如 A、B、C、D…)振动的光线。

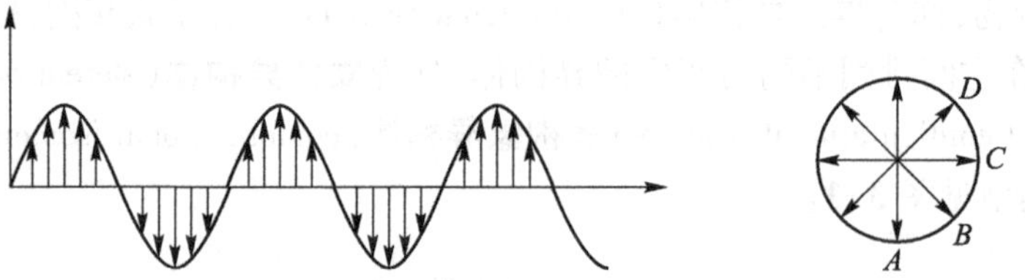

(a) 光波振动的周期性变化　　(b) 在光束中光波的平面振动方向

图3-2　普通光的振动示意图

当一束光线通过一个尼科尔(nicol)棱镜,一部分光线被阻挡不能通过,这是因为这种棱镜具有一种特殊的作用,只有和棱镜的晶轴平行振动的光线才能通过(见图3-3)。这种通过棱镜后产生的只能在一个平面振动的光叫做**平面偏振光**(plane-polarized light),简称**偏振光**或**偏光**。

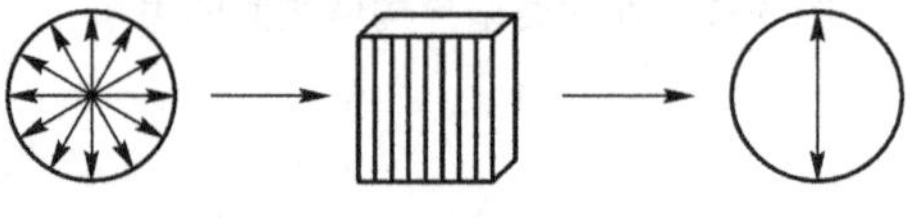

图3-3　平面偏振光的产生

3.2.2　物质的旋光性和旋光度

当偏振光通过某些液体物质或某些物质的溶液时,其振动平面会发生一定的旋转,这种能使偏振光振动平面旋转的物质,称为**旋光性物质**。旋光性物质使偏振光振动平面旋转的角度叫做**旋光度**,通常用“α”表示。例如,2-溴丁烷有两种立体异构体,都是旋光性物质。其一能使偏振光右旋,称为右旋的(dextrorotatory, dextert)2-溴丁烷;另一种使偏振光左旋,称为左旋的(levorotatory, laevus)2-溴丁烷。它们分别使偏振光向右和向左旋转的能力是一样的,只是方向不同。

右旋和左旋常分别用"+"和"-"表示。

当偏振光通过某种液体物质或某些物质的溶液时，偏振光仍按原振动方向前进，即这种物质对偏振光没有影响，这种物质称为**非旋光性物质**。例如，丙酮、乙醚、乙醇等，这些物质都是无旋光性的。

3.2.3 旋光仪和比旋光度

旋光仪主要由一个单色光光源和两个尼科尔棱镜组成。在两个棱镜之间放置一个管子（盛液管，也称旋光管），管内放置待测物质。旋光仪各部件的排列方式是使单色光先通过第一个棱镜（起偏镜），再经过盛液管，然后经过第二个棱镜（检偏镜），最后到达观察者。在测定时，可以把两个棱镜的晶轴互相平行时作为零点，然后将被测试样放进盛液管中，若管子里放的是非旋光性物质，如乙醇、丙酮等，这时偏振光经过盛液管后，仍然可以完全通过检偏棱镜，由于检偏棱镜未经转动，刻度盘仍处在零点处；若盛装的是旋光性物质，如2-溴丁烷、2-丁醇、乳酸等，偏振光的振动平面就会被向右或向左旋转一定的角度，使偏振光不能完全通过检偏棱镜，这时就必须把检偏棱镜相应地向右或向左旋转同样一个角度，才能使光线完全通过。从刻度盘上读出的度数就是该被测物质的旋光度。图3-4是旋光仪示意图，(a)表示盛液管中放置的是非旋光性物质，(b)表示在盛液管中放置旋光性物质后，旋转检偏镜，得到最佳的情况，α是旋转的角度。

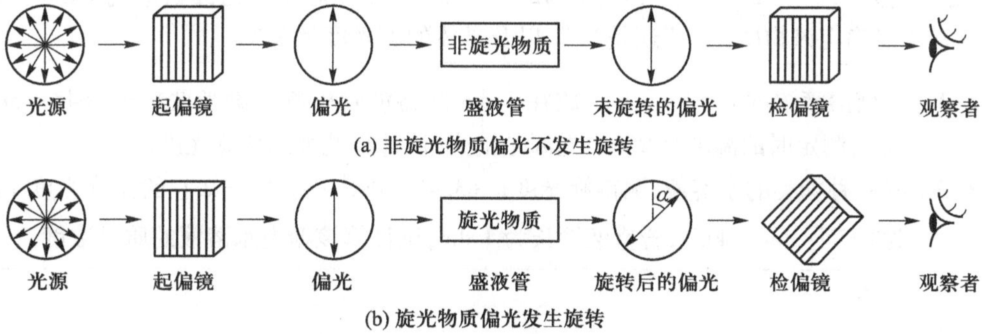

图3-4 旋光度测试示意图

旋光性物质的旋光度除了与物质本性有关外，还与测定时溶液的浓度、盛液管的长度、光源的波长、测定时的温度、所用的溶剂等因素有关。在一定条件下，如果能把结构以外的影响因素都固定，则此时测出的旋光度就可以成为一个旋光性物质所特有的物理常数，该常数被称为**比旋光度**（specific rotation），通常用$[\alpha]$表示。通常规定：在一定温度下，用一定波长的光照射，以1 mL中含有1 g物质的溶液，放在1 dm长的测定管中，所测得的旋光度，称为该物质的比旋光度。物质在其他浓度或管长条件下测得的旋光度α，可以通过下列公式换算成比旋光度。

$$[\alpha]_{\lambda}^{t}=\frac{\alpha}{\rho_{B}\times l}$$

式中t为测定时的温度（15~30℃），λ为测定时光的波长，一般采用钠光灯作为光源，波长是589 nm，为黄色的D发射线，用D表示。ρ_B为质量浓度，单位g/mL；l为测定管的长度，单位为dm。若旋光性物质为纯液体，可以直接测定，不必配成溶液，计算时其质量浓度即为该液体的密度ρ。

有些物质能使振动平面向右旋转，而另一些物质却使振动平面向左旋转，所以，必须指明旋光方向，用(+)表示右旋，(-)表示左旋，所用的溶剂也要指明。例如，右旋的酒石酸在5%的乙醇中其比旋光度$[\alpha]_{D}^{20}=+3.79° \cdot dm^2 \cdot kg^{-1}$(乙醇,5%)。比旋光度是旋光性物质特有的物理常数，许多物质的比旋光度可以从文献、手册中查找。如葡萄糖$[\alpha]_{D}^{20}=+52.5° \cdot dm^2 \cdot kg^{-1}$(水)；果糖$[\alpha]_{D}^{20}=-93° \cdot dm^2 \cdot kg^{-1}$(水)。

例1. 将胆固醇试样260 mg溶于5 mL的氯仿中，然后将其装满5 cm长的盛液管，在20℃下用钠光灯测得旋光度为$-2.5° \cdot dm^2 \cdot kg^{-1}$，计算胆固醇的比旋光度。

解:

$$[\alpha]_{D}^{20}=\frac{\alpha}{\rho_B \times l}=\frac{-2.5°}{0.26\ g/(5\ mL)\times 0.5\ dm}=-96° \cdot dm^2 \cdot kg^{-1}$$

答: 胆固醇的比旋光度为$-96° \cdot dm^2 \cdot kg^{-1}$。

值得注意的是，在旋光仪上测得的读数为$\alpha \pm 180n° \cdot dm^2 \cdot kg^{-1}$。例如，旋光仪上的读数为$+60° \cdot dm^2 \cdot kg^{-1}$，也可能是$-300° \cdot dm^2 \cdot kg^{-1}$或$+420° \cdot dm^2 \cdot kg^{-1}$，也可能是再多旋一周$2\times 180° \cdot dm^2 \cdot kg^{-1}$，即为$+780° \cdot dm^2 \cdot kg^{-1}$。因此，测定某物质的旋光度仅测一次是无法确定该物质是右旋还是左旋及旋光度数，必须测两次以上才能确定。例如，将上述溶液稀释十倍，再测一次，如原来的α为$+60° \cdot dm^2 \cdot kg^{-1}$，则稀释后的$\alpha$应为$+6° \cdot dm^2 \cdot kg^{-1}$；如为$-300° \cdot dm^2 \cdot kg^{-1}$，稀释后的读数应为$-30° \cdot dm^2 \cdot kg^{-1}$；如为$+420° \cdot dm^2 \cdot kg^{-1}$，稀释后的读数应为$+42° \cdot dm^2 \cdot kg^{-1}$。这样才能确定该物质是“+”还是“-”，以及具体的旋光度是多少。

问题3-1　某糖溶液浓度为$50\ g \cdot L^{-1}$，放在1 dm的盛液管中测得旋光度是$-4.64° \cdot dm^2 \cdot kg^{-1}$，测定时的温度是20℃，光源是钠光，试计算此糖的比旋光度。

问题3-2　有一种糖类的水溶液，测得旋光度是$+3.4° \cdot dm^2 \cdot kg^{-1}$，查知它的比旋光度$[\alpha]_{D}^{20}$为$+25° \cdot dm^2 \cdot kg^{-1}$，若盛液管长为1 dm，试计算该糖类水溶液的质量浓度。

---

§3.3　对映异构现象和分子结构的关系

3.3.1　对映异构现象

1848年巴斯德(Pasteur L)在研究酒石酸钠铵时，发现外消旋酒石酸钠铵有两种不同的晶形，它们的关系好像右手和左手的关系，非常相似，但不能重叠。Pasteur从晶体的外形(不对称的)联想到分子内部的结构，他认为酒石酸钠铵的分子结构一定也是不对称的，他明确指出：**右旋和左旋异构体分子**中，原子在空间排列的方式是不对称的。他还指出：**对映异构现象**(enantiomerism)是由于原子在空间的不同排列而引起的。Pasteur提出的这两个概念非常重要，为对映异构现象的研究奠定了理论基础。

van't Hoff和Le Bel在1874年分别提出了关于碳原子四面体的学说，van't Hoff认为碳原子具有四面体结构，碳原子位于四面体中心，而和它相连的四个原子或原子团位于四面体四个顶点，若这四个原子或原子团互不相同，它们在碳原子周围的排列是不对称的，并且有两种不同排列方式,它们的关系是物体和镜像的关系,与左、右手之间的关系一样,外形相似,但不能完全重叠。

对映异构体的发现

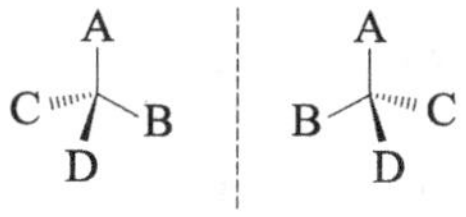

在乳酸分子中的一个碳原子连有四个不同的基团,它在空间就有两种排列,它们的关系互为实物和镜像的关系,它们分别具有旋光性。

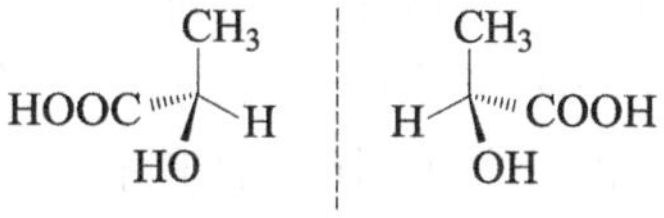

与四个不同的原子或原子团相连接的碳原子称为**不对称碳原子**,或者叫**手性碳原子**,这个手性碳原子是一个手性中心。手性中心可以是碳原子也可以是其他原子。如果和碳原子相连的四个原子或原子团中,有两个是相同的,这样的分子在空间只有一种排列方式,不存在对映异构现象,也没有旋光性。如 2-丙醇。

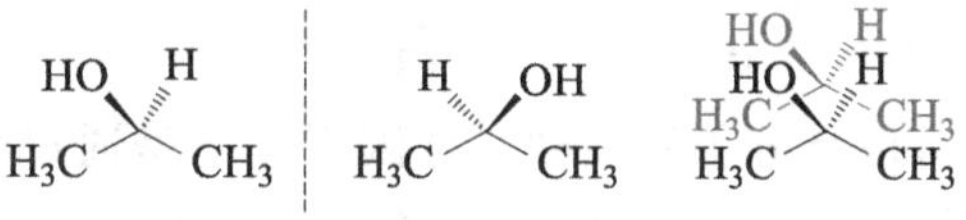

手性碳原子常用“ * ”号予以标注,例如:

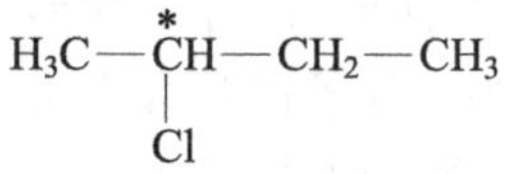

2-氯丁烷

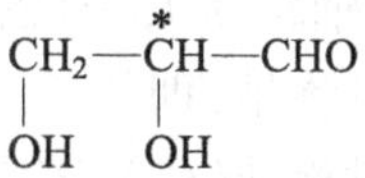

甘油醛

问题 3-3 请用“ * ”标出下列化合物中的不对称碳原子。

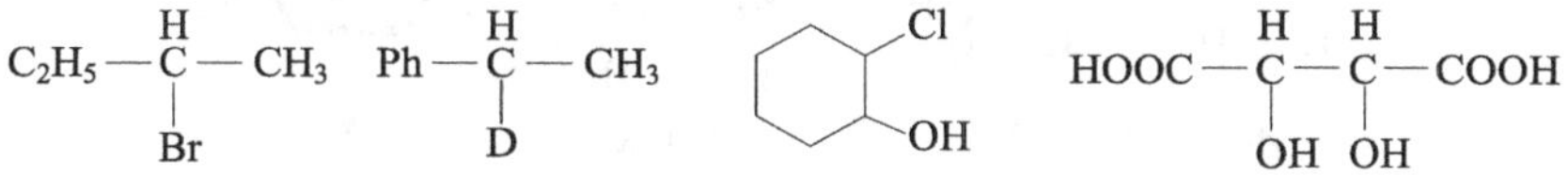

3.3.2 对称因素与分子手性的关系

判断一个化合物是否具有手性,一种最直观可靠的方法就是看实物和镜像的关系。如果实物和镜像不能完全重叠,该化合物为手性分子;能重叠,则为非手性分子。但是一个分子是否能与其镜像叠合,本质上与分子的对称性有关,因此考察分子的对称性也能判断它是否具有手性。

由于分子的手性是分子内缺少对称因素(symmetry factor)引起的,因此,要判断某一物质分子是否有手性,必须研究分子的对称因素。对称因素包括对称面、对称中心和对称轴。

能把分子切成实体和镜像两部分的平面称为分子的对称面(plane of symmetry)。用希腊字

母 σ 表示。反映是对称面的对称操作。例如，下列分子均有对称面，有对称面的分子都是非手性分子。

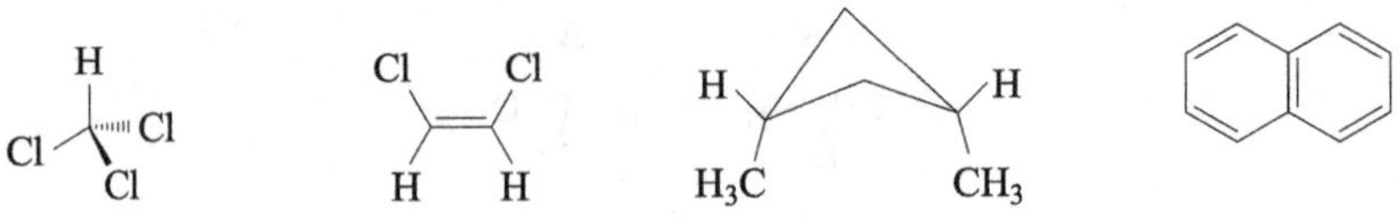

三氯甲烷（有三个对称面）　(Z)-1,2二氯乙烯（有两个对称面）　顺-1,2-二甲基环丁烷（有两个对称面）　萘（有三个对称面）

如果分子中有一点，所有通过这个点画的直线都以等距离达到相同的基团，此点称为**对称中心**（center of symmetry）。对称中心用 i 来表示。一个分子只可能有一个对称中心。倒反是对称中心的对称操作。例如，下面的分子就具有对称中心，有对称中心的分子是非手性分子。

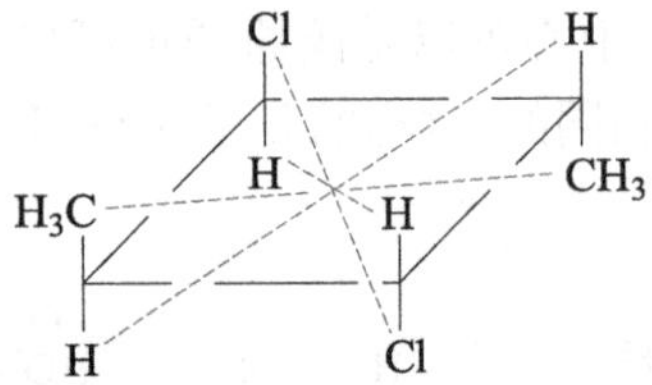

对称轴（axis of symmetry）也是分子的一种对称因素。它是通过分子的一条直线，以这条线为旋转轴旋转一定角度，得到和原来分子相同的形象。一般用 C_n 代表这种对称轴，n 表示轴的级，称 n 重对称轴。旋转是对称轴的对称操作。以这一直线为轴旋转的度数为 $2\pi/n$。水分子有一个二重对称轴，即绕 C_2 轴转动 180°（$2\pi/n=180°, n=2$），分子的形象与未转动前的形象完全重合；氨分子有一个三重对称轴，即绕 C_3 轴转 120°，分子的形象与未转动前的形象完全重合。同理，环丁烷有一个四重对称轴（C_4），苯有一个六重对称轴（C_6）。

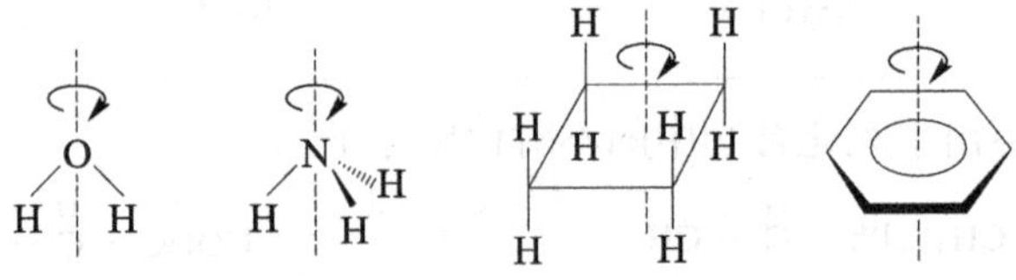

水　氨　环丁烷　苯

对称轴不作为判别分子手性的依据。如反-1,2-二氯环丙烷，有一个二重对称轴（C_2），有手性；又如环己烷有对称轴（C_2、C_3、C_6），但没手性。

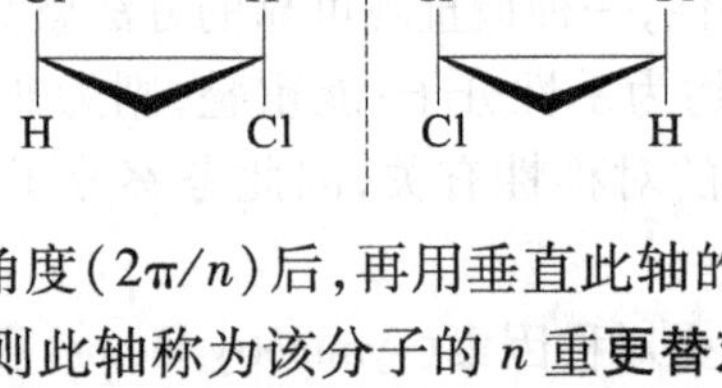

分子围绕一个轴旋转一定角度（$2\pi/n$）后，再用垂直此轴的平面作为镜面，进行一次反映，若所得镜像与原来的分子重合，则此轴称为该分子的 n 重**更替对称轴**或称旋转反映轴，简称反轴，用 S_n 表示。n 表示它的级，称为 n 重反轴。反轴与旋转、反映两个对称操作相关。例如，下面式子中，化合物（i）就有一个反轴 S_2：先将（i）旋转 180°（$2\pi/2$），即得（ii），然后用垂直于旋转

轴的镜面反映得(ⅲ),镜像(ⅲ)和(ⅰ)是可重合的相同的分子。具有 S_2 反轴的分子不是手性分子。

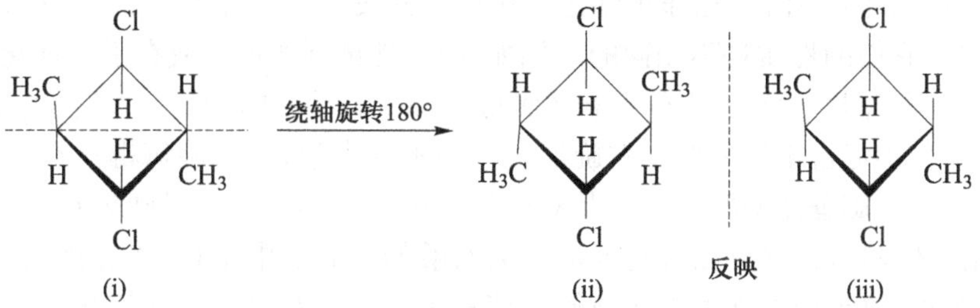

对于有机化合物分子而言,一般采用对称面和对称中心这两个对称因素来判断分子的对称性。具有对称面的分子必然有 1 阶反轴,即 S_1 等于镜面对称。有对称中心的分子必然有 2 阶反轴,即 S_2等于中心对称。在绝大多数情况下,有机化合物分子如果具有对称面或具有对称中心,则不具有手性。若一个分子既无对称面和对称中心,又无 S_4 反轴,基本上就可以断定它是手性分子,具有旋光性。

手性是物质分子具有旋光性的充要条件。含有一个手性中心的化合物,在空间只有两种排列方式,一定具有手性;含有两个或两个以上的手性中心的分子不一定具有手性;而有些具有手性的物质分子却不含有手性中心。

问题 3-4　判断下列化合物是否具有手性:

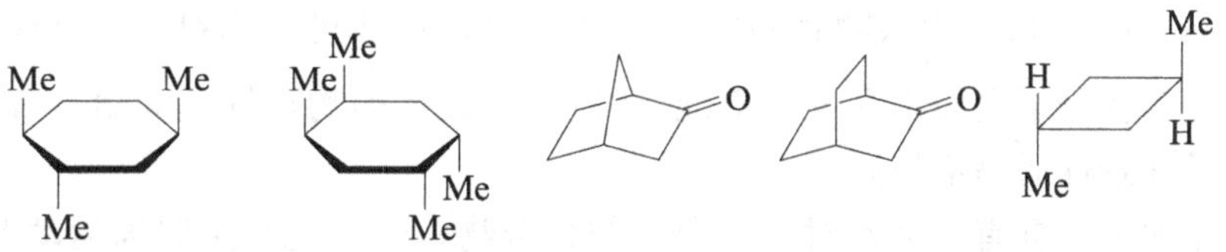

问题 3-5　下列说法是否正确:

(a) 只要分子具有对称面,则分子就没有手性

(b) 只要分子具有对称中心,则分子就没有手性

(c) 只要分子具有对称轴,则分子就没有手性

(d) 只要分子具有手性碳原子,则分子就有手性

(e) 只要分子有手性,则必然含有手性中心

(f) 只要分子具有一个手性中心,就是手性分子

---

§ 3.4　含有一个手性碳原子的化合物的对映异构

3.4.1　对映体和外消旋体

含有一个手性碳原子的物质都能且仅能写出两种构型,它们代表两种不同的分子,互为实

体和镜像,但不能重合。这种互为实体和镜像又不能重合的分子互称为**对映异构体**(enantiomers),简称为对映体。对映体的热力学能是相同的。它们在非手性环境中的性质基本上也是相同的。例如,熔点、沸点相同,在非手性溶剂中的溶解度及与非手性试剂反应的速率都相同。但在手性环境中,它们的性质是不相同的。例如,与手性试剂的反应或在手性催化剂、手性溶剂中的反应速率则不相同。生物体内的酶和各种底物都是有手性的,所以对映体的生理活性往往有很大的差异。左旋尼古丁的毒性比右旋尼古丁的毒性大很多;左旋氯霉素有疗效,而右旋氯霉素就没有疗效。左旋香芹酮的香气与其对映体的香气也不相同。对映体在生物体内的代谢速率也是不相同的,将青霉素放在含有外消旋酒石酸的培养液中生长,培养液慢慢由旋光度为零变成了左旋光的,这说明右旋酒石酸被慢慢消耗掉了。一对对映体的旋光能力相等,但旋光方向相反。即若一个能使平面偏振光向左旋转A度,则另一个可使之向右旋转A度。例如,(+)-乳酸和(-)-乳酸就是一对对映体。

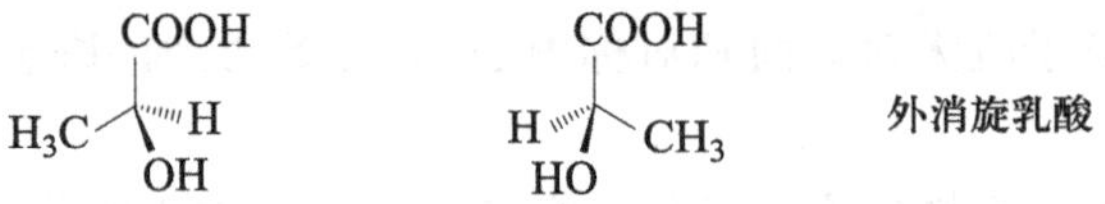

(+)-乳酸 mp 53℃ $[\alpha]_D^{15}=+3.82°\cdot dm^2\cdot kg^{-1}$　(-)-乳酸 mp 53℃ $[\alpha]_D^{15}=-3.82°\cdot dm^2\cdot kg^{-1}$　(±)-乳酸 mp 18℃ $[\alpha]_D^{15}=0°\cdot dm^2\cdot kg^{-1}$

含有一个不对称碳原子的化合物有两种互为镜像的对映异构体,它们的等物质的量混合物称为**外消旋体**(racemate),该组成物的旋光度为零。外消旋体可以用符号(±)或(*dl*)来表示。由于左旋体和右旋体分子之间亲和关系不同,所以外消旋体的物理性质如熔点、溶解度等与左旋体或右旋体的物理性质是不相同的。

乳酸是最早研究的含有一个不对称碳原子的化合物。(+)-乳酸是肌肉运动时由生化过程产生的。熔点:53℃,$[\alpha]_D^{15}=+3.82°\cdot dm^2\cdot kg^{-1}$(10%水溶液)。(-)-乳酸可以由葡萄糖在特殊条件下(用特殊的菌种 Leishmania brazilensis panamensis)发酵得到,熔点:53℃,旋光度与左旋体方向相反,数值相近。从酸牛奶分离出来的乳酸是外消旋体,其熔点为18℃。

3.4.2 构型的标记方法和表示方法

3.4.2.1 D/L 构型标记法

在20世纪初期,还没有直接测定对映异构体的绝对构型的方法。为避免混淆和研究的需要,费歇尔(Fischer E H)选择甘油醛作为构型联系的标准物,对其构型做了人为的规定:在下列Fischer投影式中,编号最小的碳原子处在顶端,手性碳原子上的羟基在碳链右侧的表示右旋甘油醛,称为D构型(Dexter,拉丁文,右)。它的对映体就是左旋的,称为L构型(Laevus,拉丁文,左)。

D-(+)-甘油醛　L-(-)-甘油醛

其他对映异构体的构型以甘油醛为标准比较得到。凡是由 D-甘油醛通过化学反应得到的化合物或可转变为 D-甘油醛的化合物，只要在转变过程中原来的手性碳原子构型不变，其构型即为 D-构型。例如：

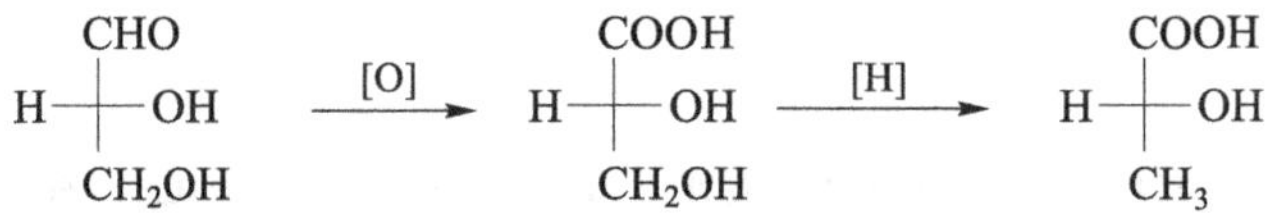

D-(+)-甘油醛　　D-(−)-甘油酸　　D-(−)-乳酸

这种以甘油醛的构型为参照标准而确定的构型称为相对构型（relative configuration）。D、L 标记法本身不完善，目前除了在糖类和氨基酸类物质中仍较普遍采用外，近年来已经被 *R/S* 标记法代替。

3.4.2.2 *R/S* 构型标记法

能真实反映化合物空间排列情况的构型称为绝对构型（absolute configuration）。绝对构型是根据手性碳原子上四个不同原子或基团在"次序规则"中的先后顺序来确定的，用 *R/S* 构型标记法标记。该规则由化学家 Cahn R S、Ingold C K 和 Prelog V 发展而来，因此，称为 Cahn-Ingold-Prelog 次序规则，简称次序规则。*R/S* 命名时，首先将手性碳原子 Cabcd 所连的四个不同原子或基团（a，b，c，d）根据次序规则由大到小先后排列（如 a>b>c>d），然后将上述排列次序中最小的原子或基团（d）放在距观察者对着眼睛最远的地方，这时其他三个原子或基团（a，b，c）就指向观察者，这个形象与汽车驾驶员面对的方向盘很相似，d 在方向盘的连杆上。最后观察这三个原子或基团按递减排列的顺序（a→b→c），如果是按顺时针方向排列的，如图 3-5（ⅰ）所示，这一构型就用 *R* 表示（*R* 是拉丁文 Rectus 的字首，是右的意思）。如果是按逆时针方向排列的，如图 3-5（ⅱ）所示，这一构型就用 *S* 表示（*S* 是拉丁文 Sinister 的字首，是左的意思）。

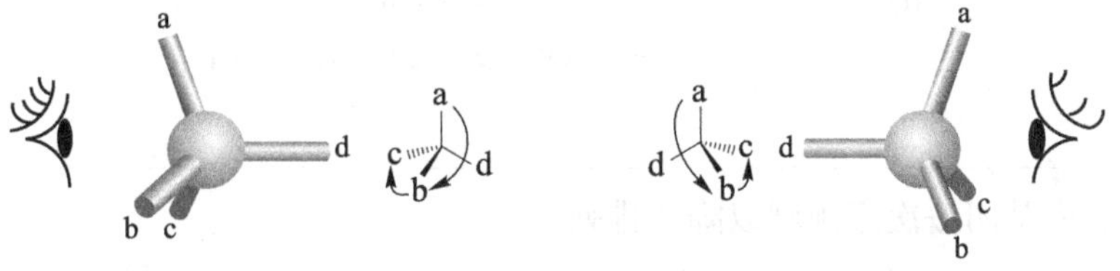

(i) *R*构型　　(ii) *S*构型

图 3-5　*R/S* 构型的判定

关于次序规则，IUPAC 规定：

（1）手性中心上所连接的原子或原子团按原子序数的大小排列，原子序数大的优先，排在前面；同位素按照质量数的大小排列；未共用电子对排在末位。

I>Br>Cl>S>P>Si>F>O>N>C>B>Li>T>D>H

$—SO_3H>—OH>—NH_2>—CH_3$

（2）如果第一级原子无法判断大小，可进行第二级比较，直到排列出次序为止。例如$—CH_3$和$—CH_2CH_3$比较，$—CH_3$与碳原子相连的是三个氢原子（H，H，H），而在$—CH_2CH_3$中与第一个碳原子相连的是一个碳原子和两个氢原子（C，H，H），碳的原子序数大于氢，因此，$—CH_2CH_3$应排在$—CH_3$前面。

$$—C(CH_3)_3 > —CH(CH_3)_2 > —CH_2CH_3 > —CH_3$$

$$—NR_2 > —NHR > —NH_3$$

$$—OR > —OH, —CH_2Cl > —CH_3$$

（3）原子团含有双键或三键时，则当作两个或三个单键看待，例如，

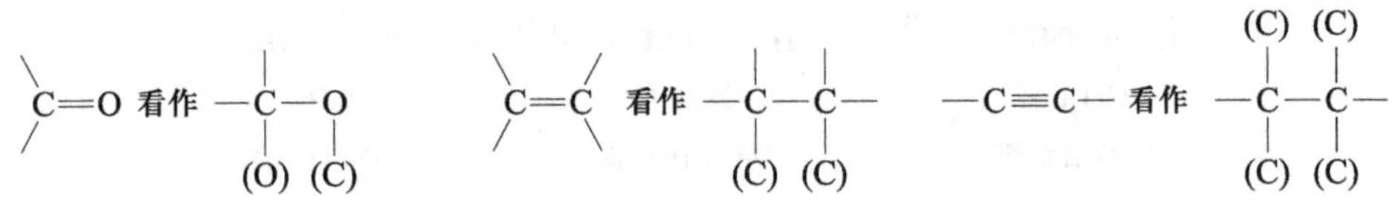

根据次序规则，几种常见烃基的次序为

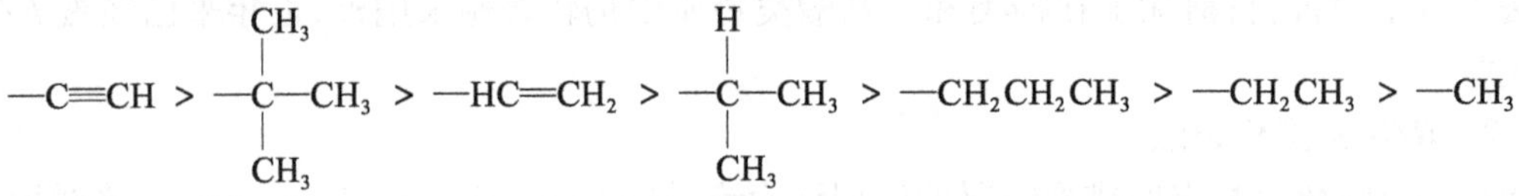

以下面第一个例子1-氯乙醇为例，官能团排序为—Cl>—OH>—CH_3>—H，按照命名原则，H原子放在最远处，其他三个基团按次序规则递减顺序排列，逆时针方向为 *S* 构型；同理，第二个分子为 *R* 构型。

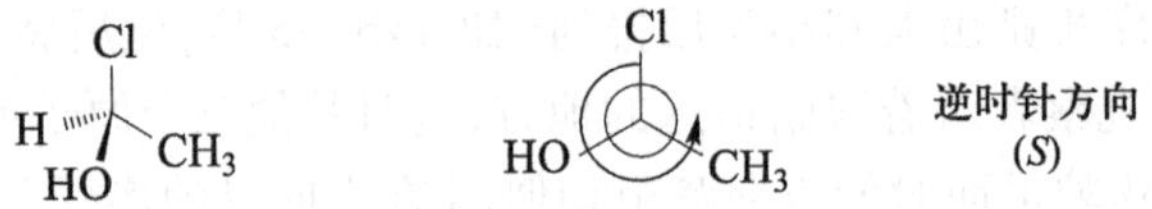

$$—Cl > —OH > —CH_3 > —H$$

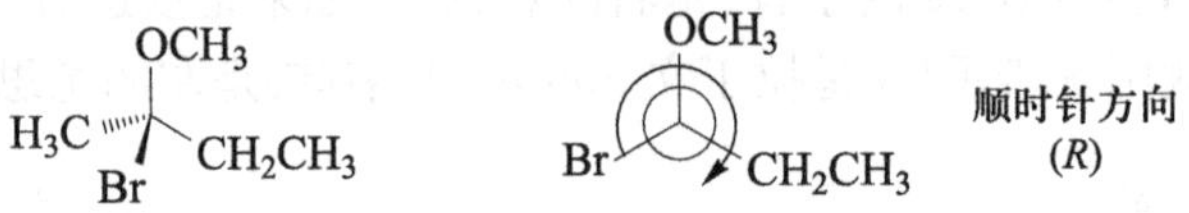

$$—Br > —OCH_3 > —CH_2CH_3 > —CH_3$$

问题 3-6 将下列基团按次序规则以降序排列：

（1）$—CH_2CH_2CH_3$ （2）$—CH(CH_3)_2$ （3）$—CH{=}CH_2$ （4）$—C{\equiv}CH$

问题 3-7 按次序规则比较下列各组原子或基团的优先次序：

（1）—I、$—CCl_3$、—Cl、—COOH

（2）$—C_6H_5$、—SH、—NHCOR、—OR

（3）$—CH_3$、$—CH(CH_3)_2$、$—CH_2CH_3$、$—C(CH_3)_3$

问题 3-8 用 *R/S* 标明下列分子中手性中心的构型：

（1）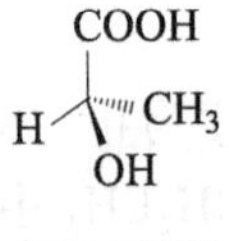 （2）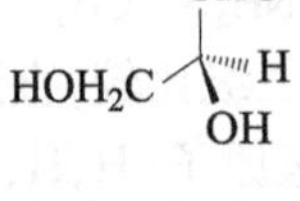

3.4.2.3 Fischer 投影式表示法

旋光异构体结构上的区别仅在于分子中的原子或基团在空间上的排列方式不同，所以为了

清楚地表达各基团在空间的排布方式，常采用透视式（锯架式和楔形式）。透视式比较直观，但书写麻烦，尤其是书写结构复杂的化合物就更加困难。因此常采用比较简便的 Fischer 投影式来表示。

Fischer 投影式是用平面形式来表示具有手性中心的分子的立体模型的式子。Fischer 投影式是一个十字架，手性中心（不必标出）位于两实线的交叉点上。将主链放在竖立的方向上，高氧化态的碳原子放在最上端，低氧化态的碳原子放在最下端。与手性中心相连的横线表示伸向纸平面前方的化学键，竖线表示伸向纸平面背面的化学键。

按照透视式书写方法可将乳酸先分别写成立体透视式，然后再简化成 Fischer 投影式。

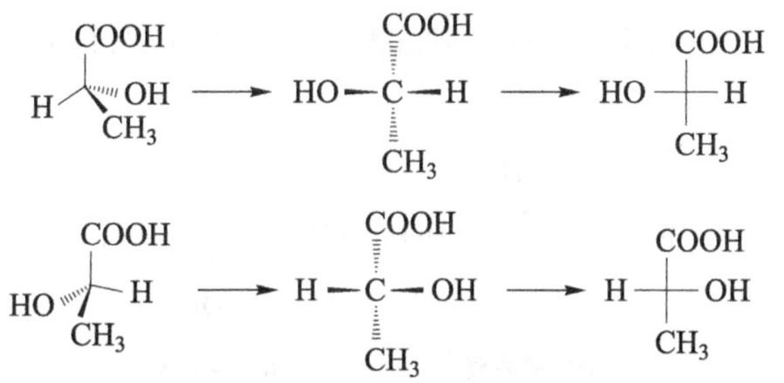

使用投影式时，要有立体概念，投影式中基团的前后关系，要经常与立体结构相联系。投影式不能离开纸面而翻转过来，因为这会改变手性碳原子周围原子或原子团的前后关系。使用 Fischer 投影式时，必须注意以下几点：

如将投影式(i)在纸面上旋转 90°，得到它的对映体(ii)；投影式可以在纸平面上旋转 180°，得到(iii)，(iii)构型不变；若(i)离开纸平面翻转 180°得到(iv)，(iv)与(i)是对映体关系。

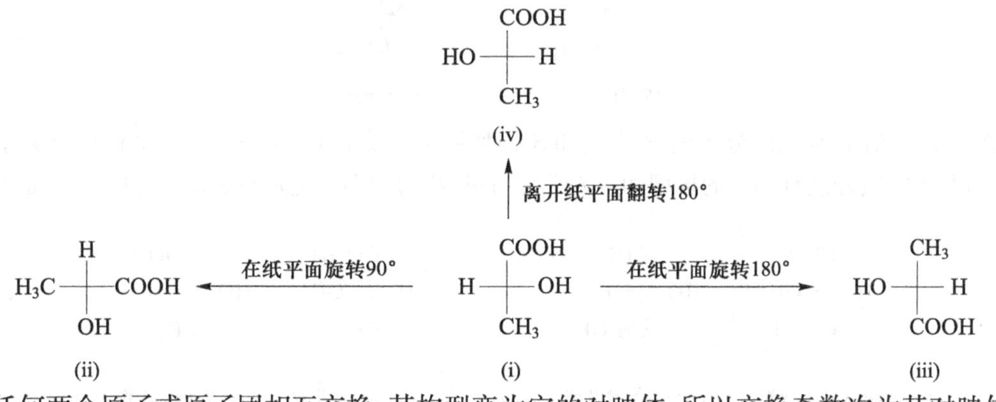

任何两个原子或原子团相互交换，其构型变为它的对映体，所以交换奇数次为其对映体，交换偶数次构型不变。

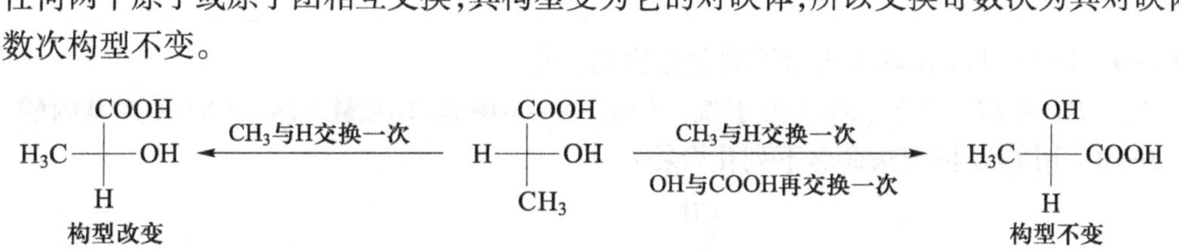

在投影式中，使一个基团保持固定，把另外三个基团顺时针或逆时针地顺次调换位置，不改变原来化合物的构型。

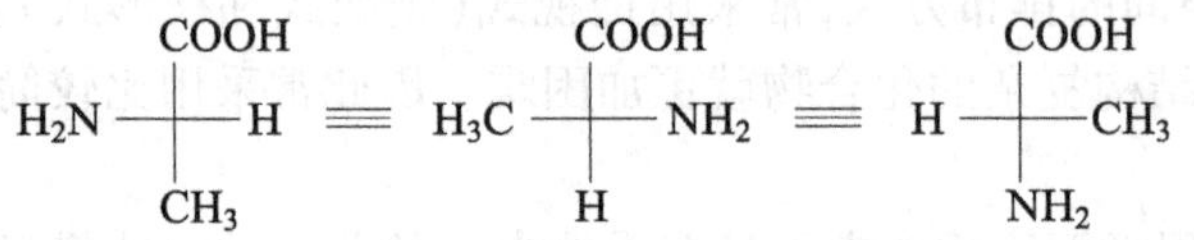

Fischer 投影式的缺点是，两个以上的手性中心的分子中仅表示重叠式构象，并不代表分子的真实情况。

倘若用 Fischer 投影式表示分子构型，也同样可以确定它是 *R/S* 构型。采用下列简便方法可确定 Fischer 投影式的构型，凡 Fischer 投影式中手性碳原子的氢原子或按次序规则应排在最后的原子团是处于投影式上方或下方时（竖线上的基团是伸向纸面后方的，即离观察者视线最远），按照命名原则，其他三个基团按次序规则递减顺序排列，顺时针方向为 *R* 构型，逆时针方向为 *S* 构型，例如：

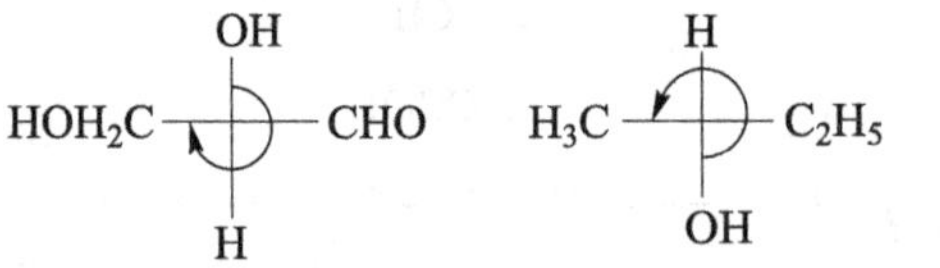

(*R*)-甘油醛　　(*S*)-2-丁醇

当排在最后的原子或基团处于 Fischer 投影式的左边或右边时（横线上的基团伸向纸平面前方，即离观察者视线最近），结果相反，即其他三个原子或基团逆时针排列的化合物构型为 *R*。顺时针方向排列的化合物构型为 *S*。例如：

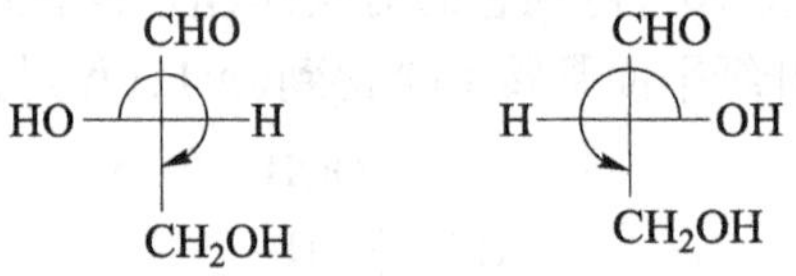

(*S*)-甘油醛　　(*R*)-甘油醛

这里也应指出，旋光性分子的 *R* 构型和 *S* 构型同旋光方向（+）/（-）之间没有对应关系。例如，甘油醛和乳酸分别有如下的构型和旋光性。可见，*R* 构型不一定是右旋，*S* 构型不一定是左旋。

(*R*)-(+)-甘油醛　(*S*)-(-)-甘油醛　(*R*)-(-)-乳酸　(*S*)-(+)-乳酸

问题 3-9　用 Fischer 投影式表示下列化合物的构型：

（1）（*R*）-乳酸　（2）（*S*）-2-溴丁烷　（3）（*R*）-3-甲基-2-戊酮　（4）（*S*）-2-羟基丙酸

问题 3-10　用 *R/S* 标记法命名下列化合物：

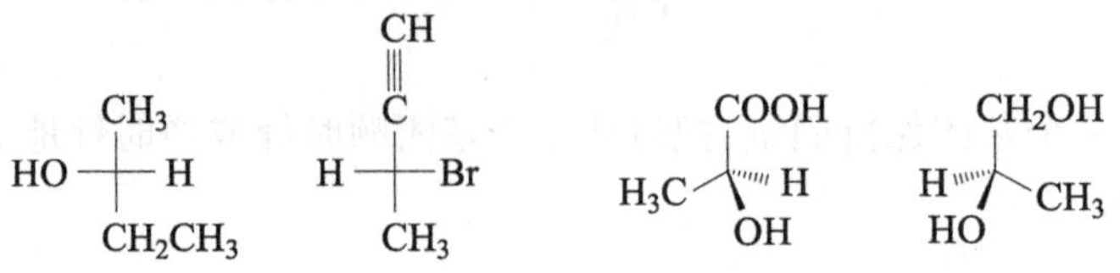

问题 3-11　指出下列分子中手性中心的构型：

(a) 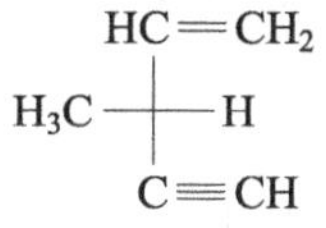　(b) 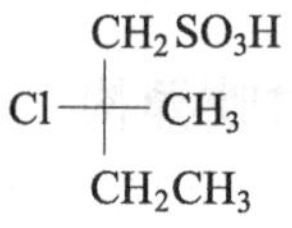　(c) 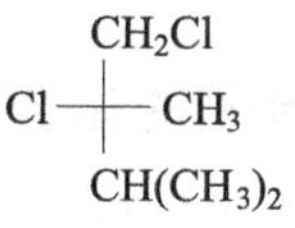　(d) 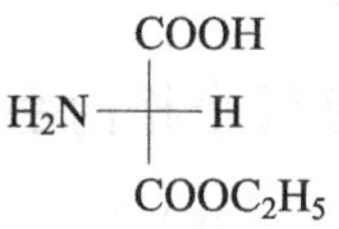

§ 3.5　含有两个手性碳原子的化合物的对映异构

3.5.1　含有两个不同手性碳原子的化合物的对映异构

我们已经知道，分子中的不对称碳原子越多，旋光异构体的数目就越多。若分子中只有一个手性碳原子，则会有 *R* 构型和 *S* 构型两种旋光异构体。若分子中有两个不相同的手性碳原子，则可以产生 *SS*、*RR*、*SR*、*RS* 四种旋光异构体。以氯代苹果酸(2-氯-3-羟基丁二酸)为例，两个手性碳原子所连的四个基团是不完全相同的，因此两个手性碳原子在空间应有四种排列方式。

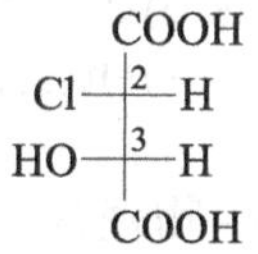
(2*S*,3*S*)
(i)

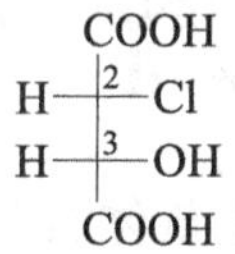
(2*R*,3*R*)
(ii)

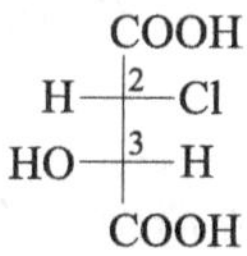
(2*R*,3*S*)
(iii)

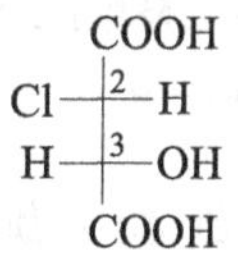
(2*S*,3*R*)
(iv)

从上述构型中很容易看出，(i)和(ii)是互为实物和镜像关系，是一对彼此不能重合的对映体。(iii)和(iv)是另一对对映异构体。(i)与(iii)、(iv)之间和(ii)与(iii)、(iv)之间不存在对映异构体的关系，将这种不呈镜像关系的旋光异构体称为**非对映异构体**(diastereomer)，简称为**非对映体**。它们不仅旋光能力不同，许多物理、化学性质也不相同(见表 3-1)。一个旋光性化合物除了有一种对映体外，可能有多种非对映体。

表 3-1　氯代苹果酸的物理常数

氯代苹果酸	熔点/℃	$[\alpha]_D^{25}/(° \cdot dm^2 \cdot kg^{-1})$
(2*S*,3*S*)	173	+31.3(乙酸乙酯)
(2*R*,3*R*)	173	−31.3(乙酸乙酯)
外消旋体[(2*S*,3*S*)和(2*R*,3*R*)]	146	0
(2*S*,3*R*)	167	+9.4(水)
(2*R*,3*S*)	167	−9.4(水)
外消旋体[(2*S*,3*R*)和(2*R*,3*S*)]	153	0

命名含有多个手性碳原子的化合物时，应将每个手性碳原子的构型依次标出，并把手性碳原子的编号和构型符号一起放在化合物名称前的括号内。编号时，R 优先于 S。

3.5.2　含有两个相同手性碳原子的化合物的对映异构

凡含有两个相同手性碳原子的化合物，都有三种立体异构体，即左旋体、右旋体和内消旋体。酒石酸是这一类型分子最典型的代表。酒石酸的分子里含有两个相同的不对称碳原子，可有三种构型组合：第一种是两个不对称碳原子均为 R 构型；第二种是两个不对称碳原子均为 S 构型；第三种是一个不对称碳原子为 R 构型，另一个不对称碳原子为 S 构型。这三种结构，第一种（ⅰ）和第二种（ⅱ）是一对对映异构体；第三种结构称为**内消旋体**（mesomer），如式（ⅲ）所示。内消旋化合物的分子中有一个对称面，如内消旋酒石酸（ⅲ）可用一对称平面把它分为 A、B 两部分，A、B 两部分的关系就恰如实物和镜像一样。A 表示实物，B 就是镜像。从理论上讲，凡含有相同基团的两个不对称碳原子的化合物，都有三种立体异构体，即一对对映体和一个内消旋体。

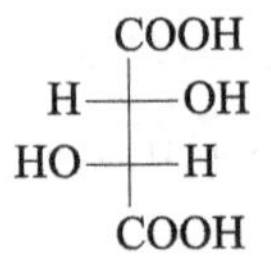

(2*R*,3*R*)-2,3-二羟基丁二酸
右旋酒石酸
(i)

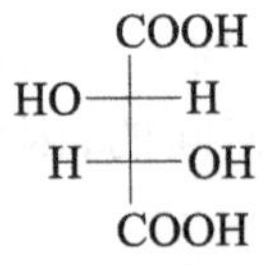

(2*S*,3*S*)-2,3-二羟基丁二酸
左旋酒石酸
(ii)

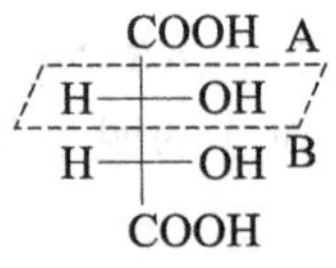

(2*R*,3*S*)-2,3-二羟基丁二酸
内消旋酒石酸
(iii)

表 3-2 列出左旋体、右旋体、外消旋体及内消旋体酒石酸的一些物理常数。

表 3-2　酒石酸的物理常数

酒石酸	熔点/℃	$[\alpha]_D^{25}$(水)/ (°·dm²·kg⁻¹)	溶解度/ [g·(100 mL 水)⁻¹]	pK_{a_1}	pK_{a_2}
左旋体（-）	170	-12	139	2. 93	4. 32
右旋体（+）	170	-12	139	2. 93	4. 32
外消旋体（±）	206	0	20. 6	3. 11	4. 80
内消旋体（*meso*）	140	0	2. 96	2. 96	4. 24

内消旋化合物和**外消旋体**虽都无旋光性，但两者消旋的原因是不同的，它们有本质的区别。内消旋化合物是一种分子，是纯物质。由于分子内部具有对称面，造成内部消旋化，分子没有旋光性，**不能拆分**为具有旋光性的化合物[如上式（ⅲ）内消旋酒石酸]。外消旋体是一对对映异构体的混合物，如等物质的量的右旋酒石酸（ⅰ）和等物质的量的左旋酒石酸（ⅱ）混合在一起就成为外消旋体，外消旋体可以拆分成旋光值相等、旋光方向相反的两种化合物。

在旋光性化合物中，随着手性中心数目的增多，其对映异构体的数目也增多。当分子中含有 n 个不相同的手性中心时，其旋光异构体的数目为 2^n 种，它们可以组成 2^{n-1} 种外消旋体；当分子中含有相同的手性中心时，其旋光异构体的数目小于 2^n 种。

问题 3-12　(A)、(B)、(C)三种化合物在下述哪种情况下可以测出是旋光的？

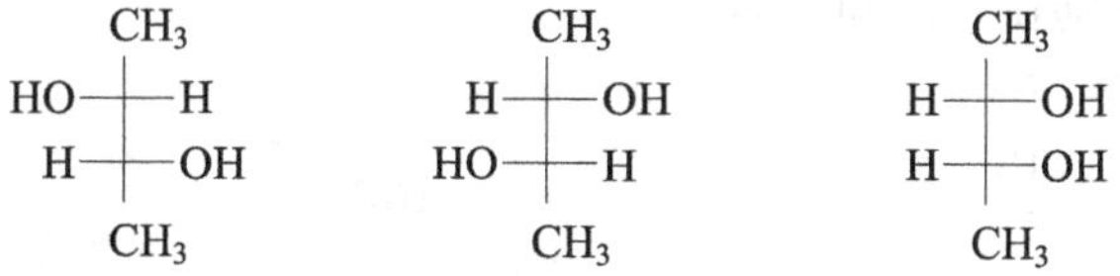

(A)　　(B)　　(C)

(1) (A)单独存在　　(2) (B)单独存在
(3) (C)单独存在　　(4) (A)和(B)等物质的量混合
(5) (A)和(C)等物质的量混合　　(6) (A)和(B)不等物质的量混合

§3.6　环状化合物的立体异构

单环化合物是否有手性可以通过其平面式的对称性来判别。凡是其平面式有对称中心、对称平面或 S_4 反轴的单环化合物无手性，反之则有手性。如下图，顺式的 1,2-二甲基环丙烷分子内有一对称平面，所以是内消旋体，没有手性，反式的 1,2-二甲基环丙烷，分子内既无对称面又无对称中心，所以具有手性，顺式和反式既是顺反异构体又是非对映异构体。

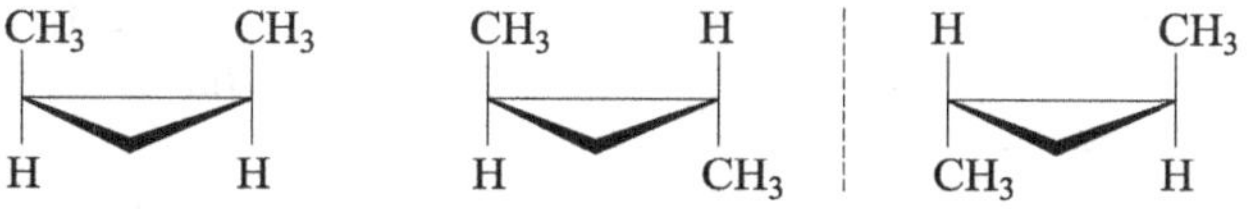

无旋光(有对称面)　　对映体

在 1-氯-2-甲基环丙烷分子的两个顺反异构体中都无对称性因素，因此它们都是手性分子，都有相应的对映体。由于 1-氯-2-甲基环丙烷分子中有两个不同的手性碳原子，所以存在两对对映异构体，分别组成外消旋体，(ⅰ)或(ⅱ)和(ⅲ)或(ⅳ)为非对映体。

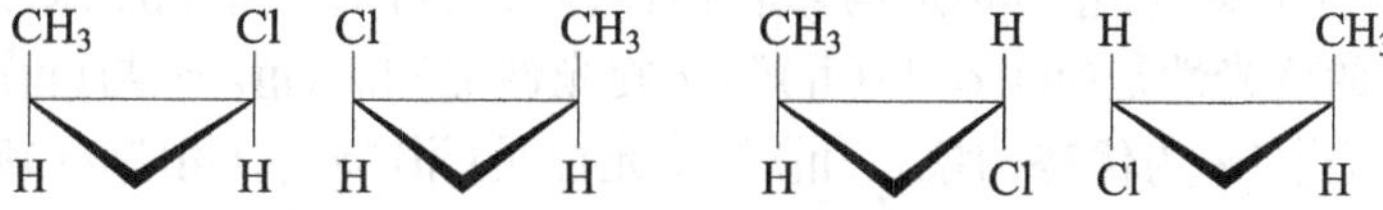

(i)　(ii)　(iii)　(iv)

顺式对映异构体　　反式对映异构体

三元环是平面型的。从四元环开始，环状化合物是非平面型的，仅根据它们的平面式结构来判断它们的手性是否合理？

首先以顺-1,2-二甲基环己烷为例，从它的平面式看，分子有一个对称平面，所以顺-1,2-二甲基环己烷(ⅰ)是一个非手性的化合物。

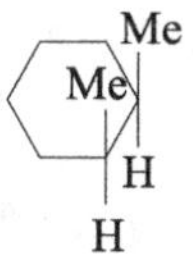

(i) 顺-1,2-二甲基环己烷

从构象(仅讨论稳定构象式)考虑,顺-1,2-二甲基环己烷有一对彼此不能重合的对映体(ⅰ)′和(ⅰ)″,两个甲基分别在 a 键和 e 键上。

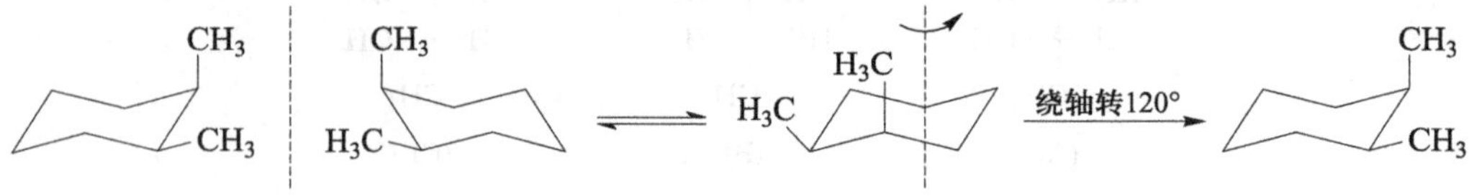

(i)′ (i)″ (i)‴ (i)′

构象对映体 构象转换体

将(ⅰ)″的构象转换体(ⅰ)‴通过垂直于环己烷平面中心的轴绕轴旋转120°,即得(ⅰ)′。由此可知:(ⅰ)′和(ⅰ)″既是构象对映体,又是构象转换体。不难看出(ⅰ)′和(ⅰ)″能量相等,两者的含量相等。所以从构象分析考虑,顺-1,2-二甲基环己烷是一对构象对映体,旋光度为零。这就说明,平面式分析和构象式分析的结果是一致的。

再以反-1,2-二甲基环己烷为例,从平面式分析有一对对映异构体,如下式(ⅱ)与(ⅲ),都有手性。从构象式分析,(ⅱ)有一对构象转换体(ⅱ)′*ee* 和(ⅱ)″*aa*,(ⅲ)也有一对构象转换体(ⅲ)′*ee* 和(ⅲ)″*aa*,而这两对构象转换体又互为构象对映体,如图所示。

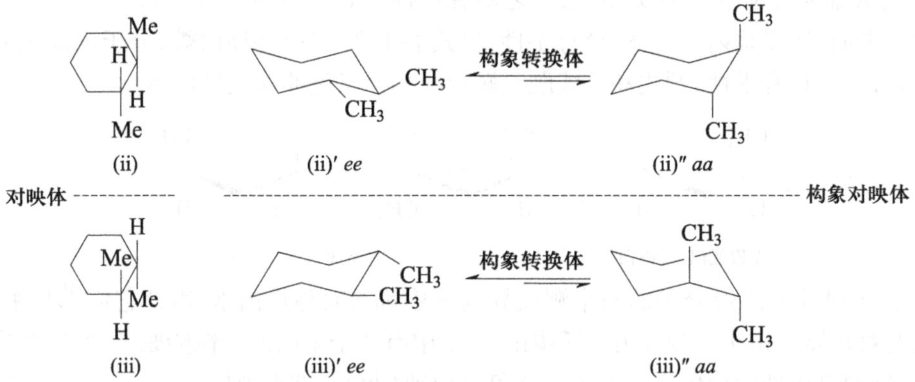

(ⅱ)′*ee* 与(ⅱ)″*aa* 是构象转换体,不能分离,其中(ⅱ)′*ee* 为优势构象,所以(ⅱ)的旋光性是(ⅱ)′*ee* 和(ⅱ)″ *aa* 旋光性之和。(ⅲ)′*ee* 与(ⅲ)″*aa* 也不能分离,其中(ⅲ)′*ee* 为优势构象。(ⅲ)的旋光性是(ⅲ)′*ee* 和(ⅲ)″ *aa* 旋光性之和。这两个优势构象(ⅱ)′*ee* 与(ⅲ)′*ee* 互为对映体,可拆分成纯手性的化合物。这进一步说明用构象分析对映异构体的旋光性与用平面式分析的结果是一致的。

1,3-二甲基和1,4-二甲基环己烷的构型分析

1,3-二甲基环己烷和1,4-二甲基环己烷用平面式分析和用构象式分析得到的结论也是一致的。因此,一般情况下只用平面式分析环状化合物的手性,就可以得到正确的结果。例如:

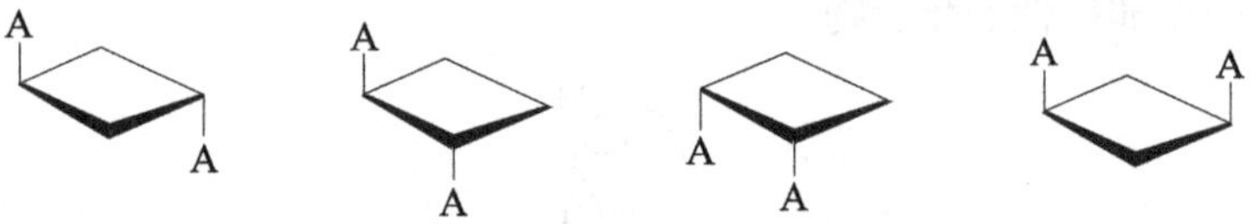

无手性(对称中心) 有手性 无手性(对称面) 无手性(对称面)

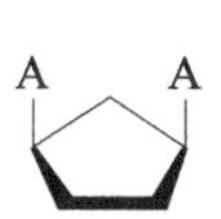

无手性(对称面)

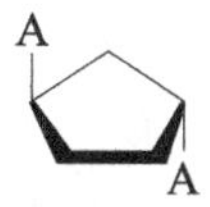

有手性

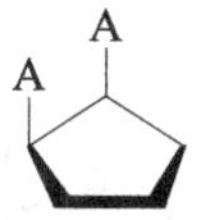

无手性(对称面)

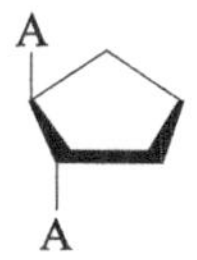

有手性

问题 3-13 指出下列化合物有无旋光性?

(1)
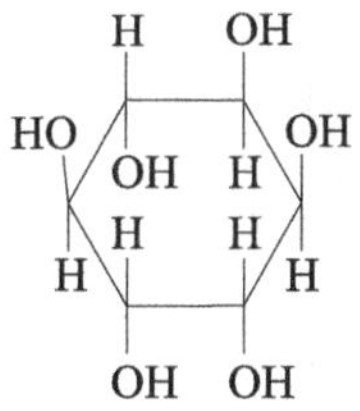
(2)
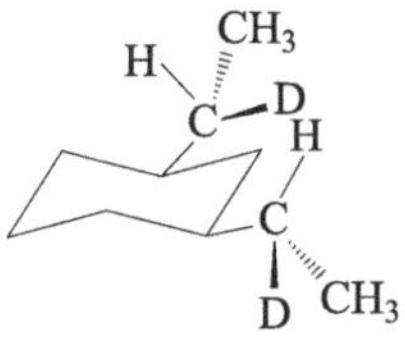
(3)
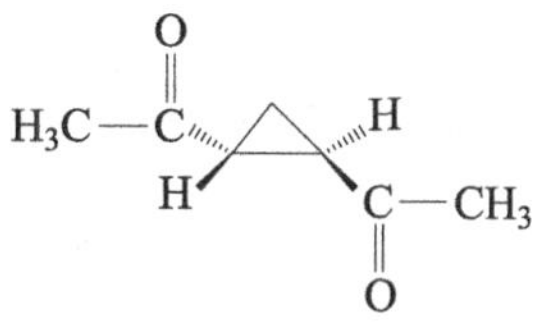
(4)
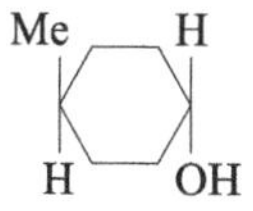

§3.7 不含手性碳原子的化合物的对映异构

一般而言,一个分子结构中如果找不到对称面或对称中心就有可能是手性分子。分子含有一个或多个手性碳原子,这类手性化合物具有中心手性。但是手性分子不一定都含有手性碳原子,含手性碳原子的化合物也不一定就具有手性,如内消旋的酒石酸。除此之外,具有四面体结构的其他原子,如氮、磷及硫等原子也均可以形成手性中心。其他不含手性碳原子的手性分子,还有轴手性(axial chirality)、平面手性(planar chirality)和螺旋手性(helical chirality)类型的分子。

3.7.1 轴手性化合物

有些分子虽然不含不对称原子,但在分子中存在一个轴,通过轴的两个平面在轴的两侧有不同的基团时,也会产生实体与镜像不能重合的对映体。这类异构体为含手性轴的轴手性化合物。

丙二烯型化合物、螺环化合物和单键自由旋转受阻的联苯型化合物,均为含有手性轴的化合物,可能具有手性,而存在对映异构体。

3.7.1.1 丙二烯型化合物

早在 van't Hoff 提出正四面体碳原子的模型时,他就预言具有下列结构的不对称取代的丙二烯衍生物,应当可以形成一对对映异构体,如图 3-6(a)。图 3-6(b)表示中心碳原子两个 π 键的平面是正交的,其中一个 π 键一端的两个不同的基团所处的平面和它相邻的 π 键平面成直角,整个分子没有对称面和对称中心,分子的实体和镜像不能重合,因此它们可以形成一对对映体,分子具有手性。

(米尔斯)Mills W H 于 1935 年首次合成了手性的丙二烯型化合物,证实了 60 年前 van't Hoff 的预言,它的结构是 1,3-二苯基-1,3-二(1′-萘)丙二烯:

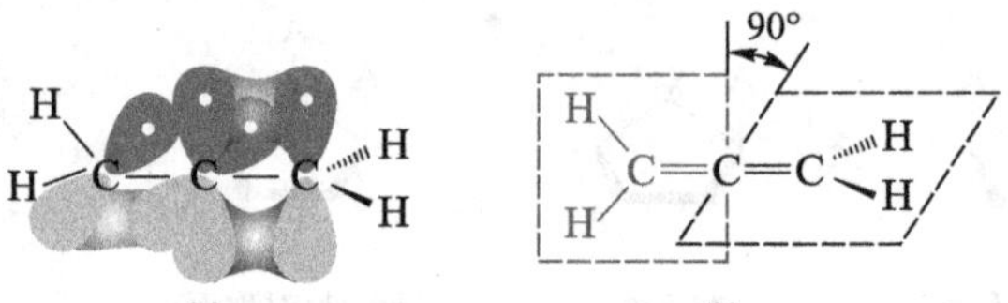

图 3-6　丙二烯衍生物的结构

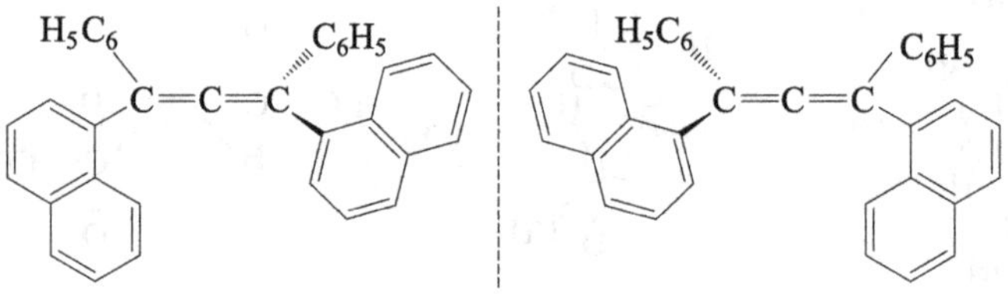

1,3-二苯基-1,3-二(1′-萘)丙二烯

显然,丙二烯的 C-1 和 C-3 原子上所连的两个基团,只要一端是相同的话,分子中就有对称面,因此,分子无手性。

在发现手性丙二烯衍生物以前,与丙二烯结构类似的(*R*,*Z*)-4-甲基亚环己基乙酸已经被成功地拆分为两种对映体。事实上,这是首次得到的不含手性碳原子的对映异构体。该分子双键上所连的基团和六元环 4 位上的基团,其情形与丙二烯型对映异构体相似。

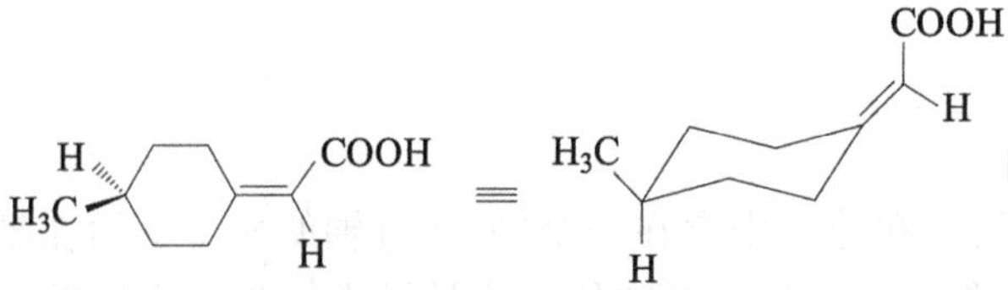

$[\alpha]_D^{25} = \pm 81.4° \cdot dm^2 \cdot kg^{-1}$(乙醇)

(*R*,*Z*)-2-(4-甲基亚环己基)乙酸

(*R*,*Z*)-2-(4-methylcyclohexylidene)acetic acid

3.7.1.2　螺环化合物

第 3 章文中问题参考答案

螺环化合物,如 6-甲基螺[3.3]庚烷-2-甲酸,类似于丙二烯型,两个环上都带有不同的取代基。该分子没有对称面和对称中心,有手性,有一对对映体。

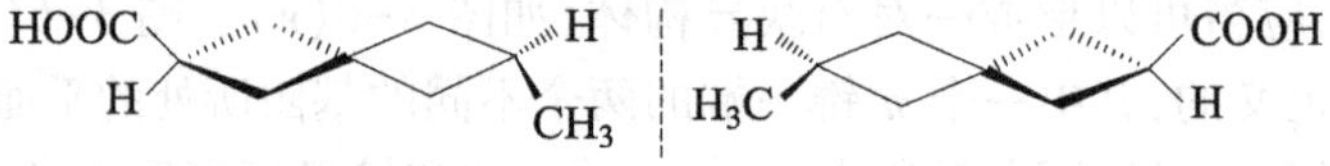

问题 3-14　指出下列化合物有无手性:

(1) 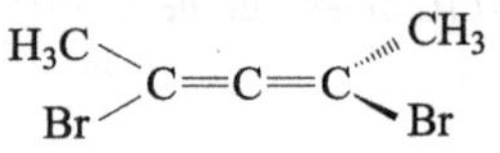

(2) 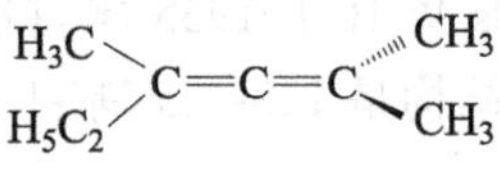

（3）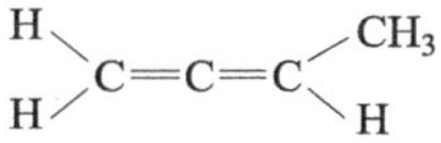

（4）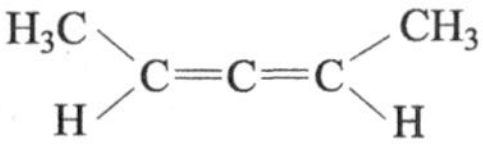

（5）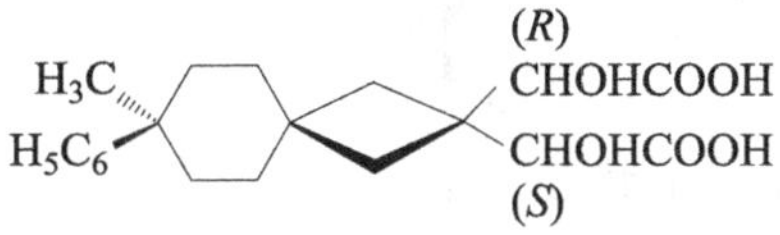

（6）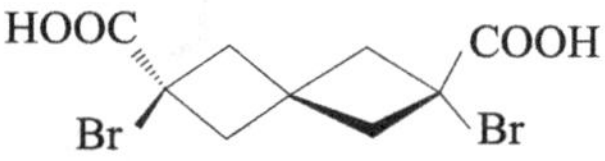

（7）

（8）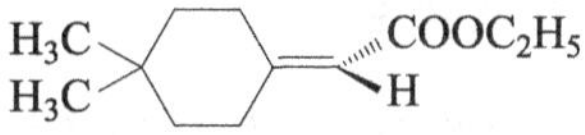

（9）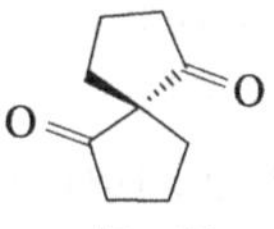

螺二酮

3.7.1.3　联苯类化合物

当某些分子单键之间的自由旋转受到阻碍时，也可以产生旋光性对映异构体，这种现象叫做**阻转异构现象**（atropisomerism）。最早发现的这类化合物是四个邻位都有相当大的取代基团的联苯衍生物。在联苯分子中，两个苯环可以围绕单键旋转；若在联苯的 2，2′，6，6′位置上引入体积较大的取代基时，则两个苯环绕单键旋转就要受到阻碍，以至两个苯环不能共平面。因此，当苯环的邻位上连接的两个体积较大的取代基不相同时，整个分子就没有对称面或对称中心，就可能存在手性。由此产生的两种不同构型的对映体，彼此不能重合，成为手性分子而具有旋光性。如图 3-7 所示，分子（ⅰ）和（ⅱ）是一对旋光性对映异构体，并且相当稳定；但（ⅲ）和（ⅳ）分子中有对称面，分子无手性，是同一个分子。

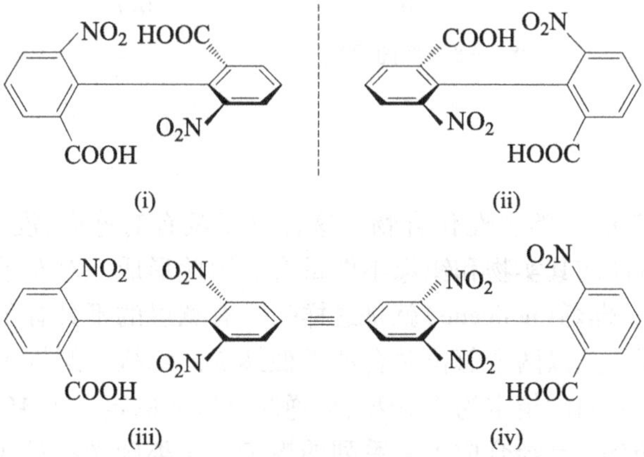

图 3-7　手性和非手性的联苯化合物

基团的
阻转能力

另外一个单键旋转受阻的重要实例是 1，1′-联二（2-萘酚），它的两种对映异构体在不对称合成中非常引人注目，常用作金属催化剂的手性配体催化不对称反应，得到很高的对映选择性。

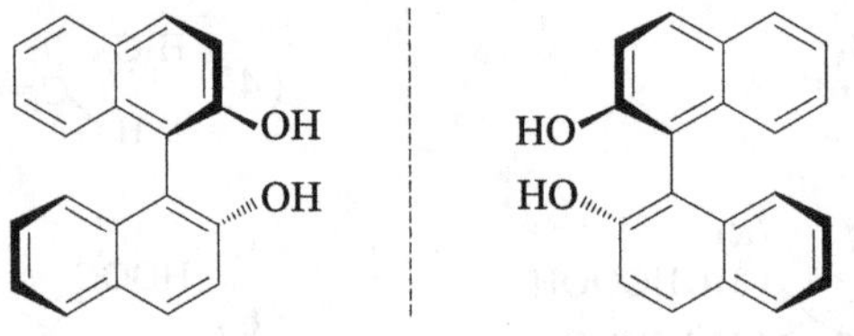

3.7.2 面手性化合物

由对称平面的去对称作用而产生的手性称为平面手性(planar chirality)。对于下列化合物,当苯环或茂环上有足够大的取代基(如下式的—Br、—COOH或—PPh_2),苯环转动就要受到阻碍,这时如果苯环上的取代基又是不对称分布的话,就有对映体存在。例如,图3-8中化合物都已分离出对映体。其中,二茂铁类化合物是面手性化合物中比较重要的类别,其作为手性配体广泛应用于各种不对称催化反应。

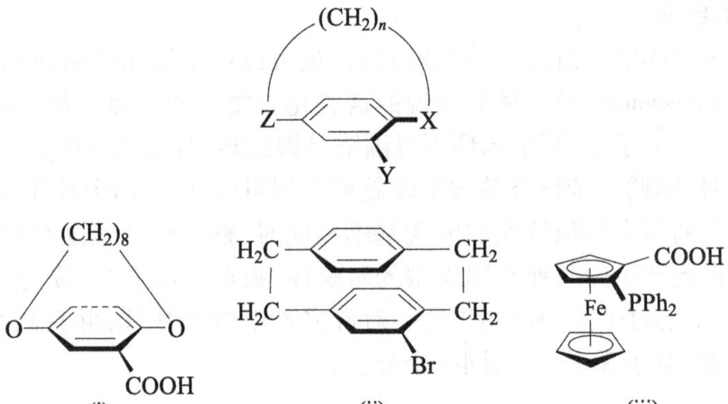

图3-8 平面手性

3.7.3 螺旋手性化合物

螺旋化合物是结构比较特殊的一类手性化合物。这种分子没有对称面、没有对称中心,也没有手性轴,但其结构上的特殊性使其实物和镜像不能重合。因此形成一对左手和右手螺旋的旋光性对映异构体(见图3-9)。螺烯(helicene)就是这样一类有意思的不具有不对称碳原子的手性分子,它可以看成是由苯环彼此以两个邻位并合的类似螺旋的结构。螺旋手性从旋转轴的上面观察,看到的螺旋是顺时针方向的指定为P构型,而逆时针取向的定义为M构型。

现在通过光化学不对称合成法,已经合成了一系列的螺烯。这类旋光性对映异构体的旋光能力是惊人的,六螺苯的α值在氯仿中为3 700° $dm^2 \cdot kg^{-1}$,充分说明旋光性和分子结构的密切关系。

3.7.4 其他手性化合物

其他原子如S,P,Si,N,As等,当它们和四个不同的基团相连时,也应有对映异构体存在。

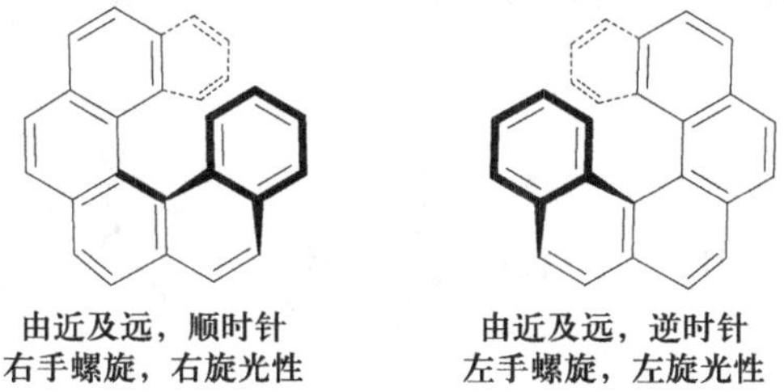

图 3-9　六螺苯的一对对映体

许多这类对映异构体已经合成出来，如图 3-10 所示的季铵盐、季鏻盐和有机硅都是稳定的手性分子。

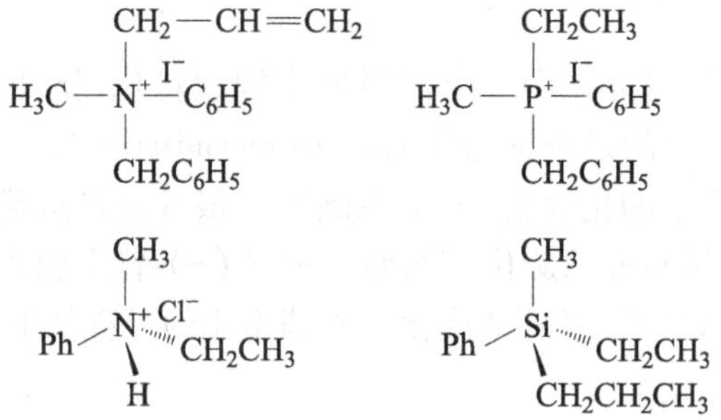

图 3-10　含其他原子的中心手性分子

当氮、磷等和三个不同的基团结合时，另外各有一对未共用的电子对，形成一个锥形体，是不对称的，应有对映异构体存在。但迄今为止，由于 N 上的三个基团以很快的速率（$10^2\sim10^5$ 次/s）来回翻转，因此目前还没有方法拆分互变这样快的对映异构体。异构体翻转时，如图 3-11 所示，可能经过一平面的结构（ⅰ），（ⅱ）和（ⅲ）是一对对映体。

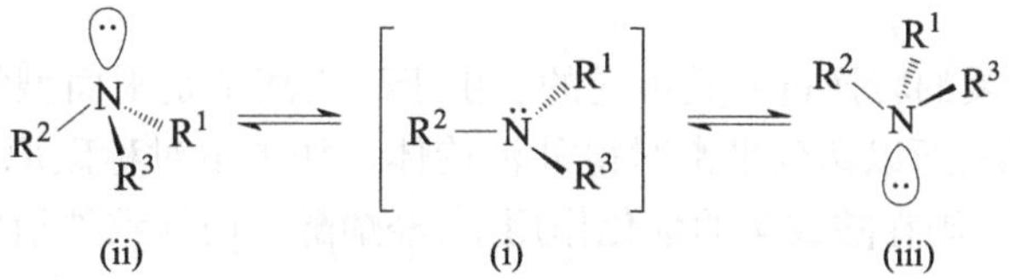

图 3-11　三个不同基团取代的氮原子的构型翻转

当把 N 的三个不同的基团固定在环上，使它不能来回翻转，这样就可能拆分出其旋光性对映异构体。特勒格碱（Troger′s base）就是这样的一个分子，分子中的两个氮原子为一个亚甲基桥固定，因此不能来回翻转。1944 年，Prelog V 将 Tröger 碱的左旋体和右旋体成功分离。

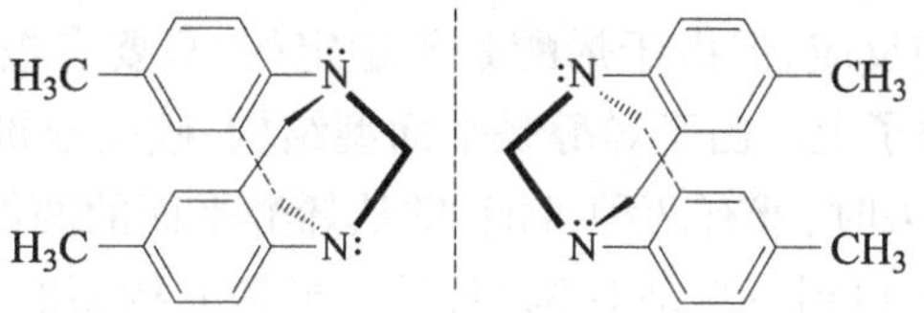

与氮原子不同,以磷、硫为中心原子的化合物,则较为稳定,可以得到旋光性的化合物,例如:

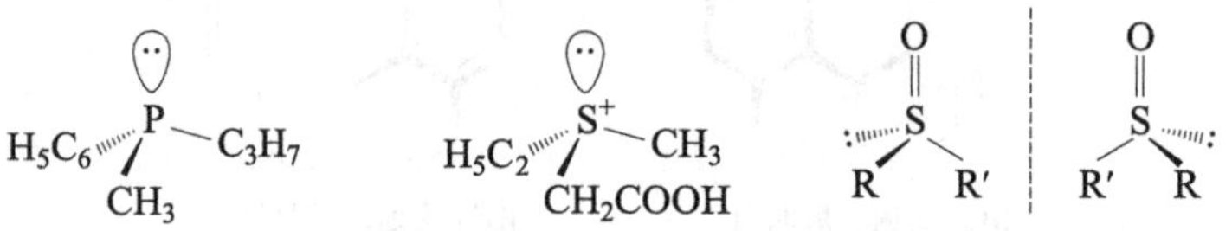

§3.8　外消旋化和外消旋体的拆分

3.8.1　外消旋化

一个纯的旋光性物质,如果体系中一半的量发生构型转化,就变成了外消旋体。这种由纯的旋光性物质转变为外消旋体的过程称为外消旋化(racemization)。外消旋化的难易,视不同的分子而异。含一个手性碳原子的化合物,若手性碳原子很容易形成碳正离子、碳负离子或自由基等活性中间体,该化合物极易外消旋化。例如,(+)或(-)-肾上腺素在 H^+作用下,会产生碳正离子,在60~70℃,4 h就可以使体系外消旋化。外消旋化的过程如下所示:

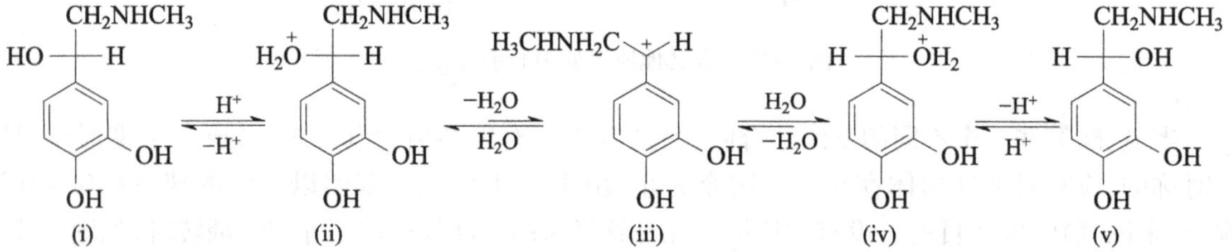

(+)-肾上腺素
$[\alpha]_D$=+50.72°·dm²·kg⁻¹
(无药效)

(−)-肾上腺素
$[\alpha]_D$=−50.72°·dm²·kg⁻¹
(有药效)

(+)或(-)-肾上腺素的转换过程是可逆的。由于碳正离子是平面型结构,水可以从平面两侧与其结合,且概率相等,所以达到平衡时得外消旋体。如果不对称碳原子上的氢是与 C═O 相邻的 α-碳原子上的氢,则在酸或碱的催化作用下,经烯醇化而导致外消旋化,如下所示:

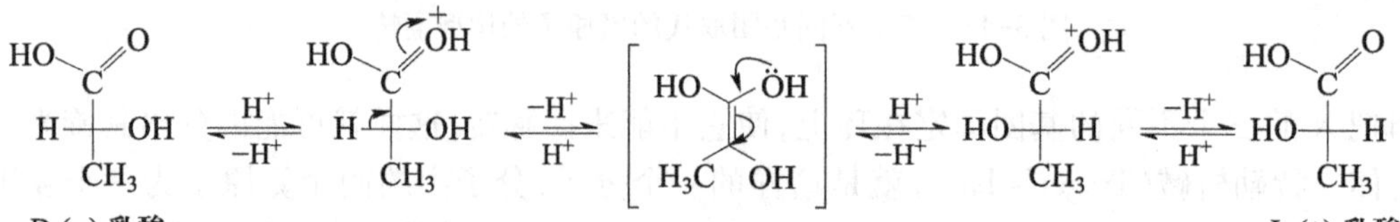

D-(−)-乳酸
或(*R*)-(−)-乳酸

烯醇

L-(+)-乳酸
或(*S*)-(+)-乳酸

烯醇化反应是一个可逆反应,但由于烯醇是不稳定的,只要有极少量的烯醇存在,烯醇OH中的质子,又会回到 α-碳原子上。由于烯醇是平面型结构,碳碳双键及双键碳原子上的取代基均在同一平面上,当质子回去时,就有两种可能,即从烯醇平面的两侧返回,机会是均等的,如原来化合物是D构型,返回时,得到一半是D构型,另一半是L构型的产物,即外消旋体。如原来化合物为 L 构型的亦然。一般外消旋化的条件除上述化学因素(酸、碱催化)外,也可以是某些物理因素的作用,如光、热、加压、溶解等均可导致外消旋化。

3.8.2 外消旋体的拆分

在实验室中用非旋光物质去合成手性化合物,通常得到的多是外消旋体,例如,正丁烷在控制反应条件下氯代,可以得到一种较主要的手性化合物 2-氯丁烷,它就是外消旋体。这是由于在氯化过程中先生成仲碳自由基,它呈平面型结构,与氯反应时,氯从两面进攻的机会均等,因此得到的是等物质的量右旋体和左旋体的混合物。

$$\underset{\text{正丁烷(非手性化合物)}}{CH_3CH_2CH_2CH_3} \xrightarrow[\text{光}]{Cl_2\text{(控制量)}} \underset{\text{2-氯丁烷(外消旋体)}}{CH_3CH_2\overset{Cl}{\overset{|}{\underset{*}{C}}}HCH_3}$$

如果要获得一个光学纯的对映异构体,就需将外消旋体拆分为左旋体和右旋体,将外消旋体拆分成光学纯的左旋体或右旋体的过程称为**外消旋体的拆分**(resolution)。外消旋体的拆分常用的方法有化学法、酶解法、晶种结晶法和手性色谱法等。

酶解法是利用酶仅与外消旋体混合物中的一种异构体反应,而留下另一种异构体而实现分离。当青霉菌在外消旋酒石酸的培养液中生长时,将消耗右旋酒石酸,留下左旋酒石酸,这种拆分有一定意义,但原料中的一半损失了。晶种结晶法是在外消旋体混合物中,加入其中一种光学纯的左旋体或右旋体的晶种,以促使这种异构体析出结晶而实现分离,在氯霉素的工业生产中使用这种方法可以将氯霉素同另外一种无效的对映体分开。手性色谱法是利用外消旋体与手性柱中光学纯的填充物形成两种非对映异构体复合物,复合物的稳定性不同,稳定性小的对映异构体优先被洗脱剂洗脱出来。

除了以上对映体的拆分方法外,目前最常用的外消旋体的拆分方法是化学方法。先把组成外消旋体的一对对映体(X_R+X_S)与一光学纯物质(Y_S)反应生成非对映异构体($X_RY_S+X_SY_S$)。然后利用非对映异构体的物理性质不同,经分步结晶、蒸馏或色谱法等物理手段。实现非对映体的分离,并纯化,再分别将非对映体分解,恢复为光学纯的右旋体(X_R)和左旋体(X_S),同时回收光学纯物质 Y_S。用于拆分对映异构体的光学纯物质通常称为拆分试剂。

如果要拆分一个消旋体(±)-酸,可以选用一种光学纯的(+)-胺发生化学反应,生成两种非对映异构体的盐。光学纯的胺可以是人工合成的,也可以是天然获得的,如:金鸡纳碱、马钱子碱等。

$$\underset{\text{外消旋体}}{(\pm)\text{-酸}\begin{cases}(+)\text{-酸}\\(-)\text{-酸}\end{cases}} + \underset{\text{拆分试剂}}{(+)\text{-碱}} \longrightarrow \underset{\text{非对映体}}{\begin{cases}(+)\text{-酸-}(+)\text{-碱盐}\\(-)\text{-酸-}(+)\text{-碱盐}\end{cases}}$$

根据上述两种非对映体的盐在某些溶剂中的溶解度不同,采用分步结晶使它们分开,并进一步结晶纯化,再用无机酸(如 HCl)取代有机酸,就可以分别得到(+)-酸和(-)-酸了。

$$(+)\text{-酸-}(+)\text{-碱盐} + HCl \longrightarrow (+)\text{-酸} + (+)\text{-碱}\cdot HCl\text{ 盐}$$

$$(-)\text{-酸-}(+)\text{-碱盐} + HCl \longrightarrow (-)\text{-酸} + (+)\text{-碱}\cdot HCl\text{ 盐}$$

如果要拆分一个消旋体(±)-胺,可以选用一种光学纯的酸发生化学反应,也同样生成两种非对映异构体的盐。常用的光学纯的酸有樟脑磺酸、扁桃体酸、柠檬酸、酒石酸等。例如,用天然 L-酒石酸拆分苯乙胺。

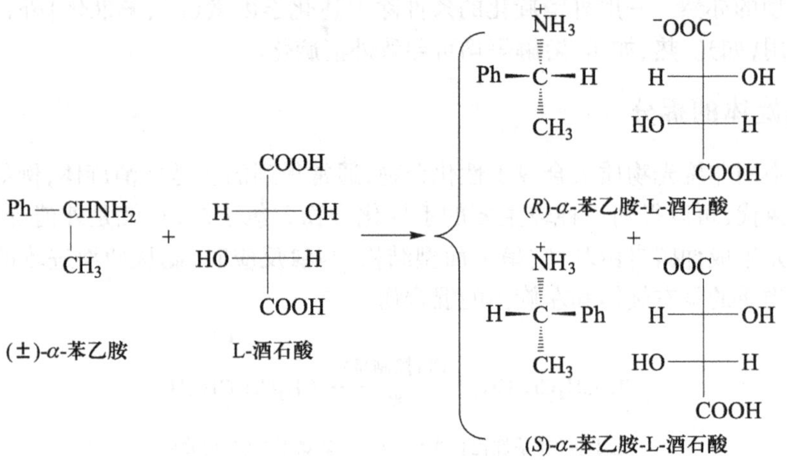

L-酒石酸和α-苯乙胺生成的盐(*R*)-α-苯乙胺-L-酒石酸盐和(*S*)-α-苯乙胺-L-酒石酸盐为非对映异构体。其中(*S*)-α-苯乙胺-L-酒石酸盐在溶液中的溶解度较小,先沉淀出来,过滤得到后,用稀的氢氧化钠溶液中和游离出(*S*)-α-苯乙胺。留在母液中的(*R*)-α-苯乙胺-L-酒石酸盐用稀的氢氧化钠溶液中和游离出(*R*)-α-苯乙胺。

如果外消旋体既不是酸也不是胺,可以引入羧基、氨基,然后用上述方法进行拆分。对于外消旋体的醇,可以与光学纯的酸反应生成非对映异构的酯,根据极性不同用色谱法进行分离。如前所述,其他种类的外消旋体也都可以用旋光性的手性色谱柱直接分离。例如,用手性的醇拆分外消旋体α–甲基苯乙酸。

§3.9 对映体组成的测定及手性化合物的合成

3.9.1 对映体组成的测定

手性分子的一对对映体都可以把偏振光旋转到一定的角度,其旋转角度数值相等但方向相反。因此,在对映体混合物中,如果一个对映体的量超过了另一个,该混合物就可能是光学活性的。获得对映体的组成,对于研究立体化学特别是对于不对称合成是十分重要的。

前面我们已经学习过,测定旋光性试样光学纯度的最经典方法是使用旋光仪测定。如果知道一个光学纯的对映体的比旋光度,那么用对映体混合物试样所测定的比旋光度与光学纯(最大或绝对)比旋光度的百分比值,即为该试样的光学纯度(optical purity,缩写为 op)。

$$\mathrm{op}=\frac{[\alpha]\text{观察值}}{[\alpha]\text{最大值}}\times100\%$$

例如,手性2-丁醇试样的比旋光度为$+9.72°\cdot dm^2\cdot kg^{-1}$,单一异构体(*S*)-(+)-2-丁醇的比旋光度为$+13.5°\cdot dm^2\cdot kg^{-1}$,该2-丁醇试样的光学纯度为

$$\mathrm{op}=\frac{9.72°\cdot dm^2\cdot kg^{-1}}{13.5°\cdot dm^2\cdot kg^{-1}}\times100\%=72\%$$

(*S*)-(+)-2-丁醇对(*R*)-(−)-2-丁醇而言过量72%,也就是说该2-丁醇试样含有86%的*S*构型,

14%的 R 构型。

试样的对映体组成也常用另外一个术语**对映体过量**（enantiomeric excess，缩写为 *ee*）来表示。它表示一个对映体对另一个对映体的过量值，通常用百分数表示，如下式所示，假定 S 构型体的量大于 R 构型体的量。对映体过量也可用绝对比值来表示。

$$ee = \frac{[S]-[R]}{[S]+[R]} \times 100\%$$

如果 $[R]=50\%$，$[S]=50\%$，则 $ee=0\%$，即试样为外消旋体。如果 $[R]=100\%$，$[S]=0\%$，则 $ee=100\%$，试样为光学纯单一对映体。如果 $[R]=80\%$，$[S]=20\%$，则 $ee=60\%$，即试样中 R 构型过量60%，也可以描述为 R/S 构型的比为80/20。对映体的组成通常使用手性的高效液相色谱（HPLC）或气相色谱（GC）来测定。

3.9.2 手性化合物的合成

在非手性环境下，通过化学反应把非手性的分子转化为手性分子时，得到的产物一般是外消旋体，即必须通过拆分才可得到具有手性的物质。

如果在手性环境下，通过化学反应将非手性分子转化为手性分子时，两种构型分子的生成机会就不一定相等，最后得到的产物就有可能是对映体的混合物，只不过对映体中 R 构型或 S 构型的含量多一些。因此，通过化学反应，把分子中不含手性的结构单元转化为一个含有手性的结构单元，同时产生不等物质的量的对映体混合产物而产生旋光性的合成方法就称为不对称合成（asymmetric synthesis），也可以称为立体选择性合成及对映选择性合成等。例如，顺-2-丁烯与手性硼烷发生加成反应，然后碱性条件下氧化水解得到有旋光性的（R）-（−）-2-丁醇。再如光学纯的（S）-BINAP-Ru（Ⅰ）配合物应用于脱氢氨基酸的不对称氢化，获得的（S）-（+）-萘普生的对映选择性达到97%。

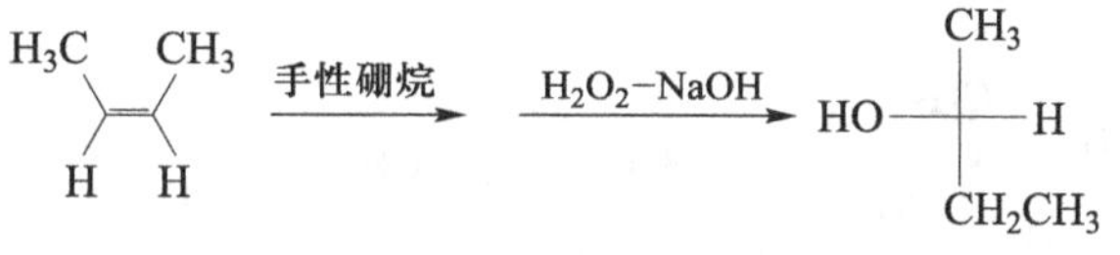

(R)-(−)-2-丁醇

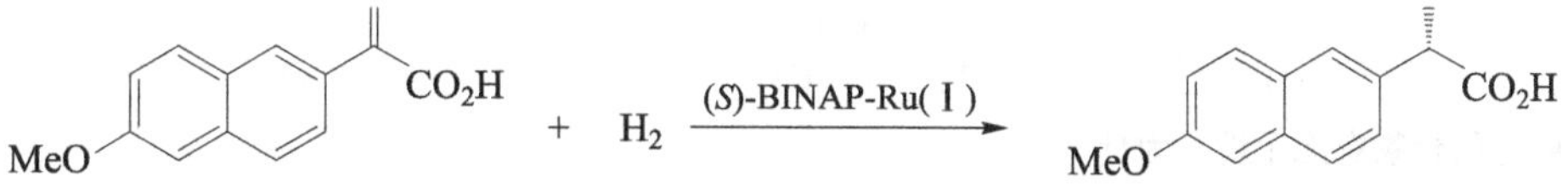

产率100%, 97%ee
(S)-(+)-萘普生

不对称合成是有机合成中一个很活跃的研究领域，进行手性合成的方法除了上述使用手性催化剂的方法［又称为不对称催化（asymmetric catalysis）］外，还有手性溶剂法、反应物的手性中心诱导法、生物化学法及偏振光照射法，这些利用各种手性化学试剂、某些微生物或酶进行的不对称合成，虽然起始原料是非手性分子，但合成过程中有手性分子参加反应，所以这样的手性合成称为部分手性合成。若在整个反应过程中没有手性分子参加，只是在某物理因素的影响下进行手性合成，如偏振光照射，则叫做绝对手性合成。

不对称催化与手性合成

习 题

1. 解释下列概念：

(1) 手性分子 (2) 手性碳原子 (3) 对映体 (4) 非对映体

(5) 内消旋化合物 (6) 外消旋体 (7) 旋光性 (8) 旋光性化合物

2. (+)-丙氨酸和(-)-丙氨酸在下述性质有哪些异同点？

(1) 熔点 (2) 密度 (3) 折射率 (4) 旋光性

(5) 水中的溶解度

3. 500 mg 可的松溶解在 100 mL 乙醇中，注满 25 cm 的盛液管，测得的旋光度为+2. 16°。计算可的松的比旋光度。

4. 某化合物溶于乙醇，所得溶液为 100 mL，溶液中含该化合物为 14 g。

(1) 取部分该溶液放在 5 cm 长的盛液管中，在 20℃下用钠光作光源测得其旋光度为+2. 1°，试计算该物质的比旋光度。

(2) 把同样的溶液放在 10 cm 长的盛液管中，预测其旋光度。

(3) 如果把 10 mL 上述溶液稀释到 20 mL，然后放在 5 cm 长的盛液管中，预测其旋光度。

5. (1) 将 10 g 化合物溶于 100 mL 甲醇中，在 25℃时用 10 cm 长的盛液管，在旋光仪中观察到的旋光度 α 为+2. 30°，则该物质的比旋光度为多少？

(2) 在温度为 20℃，以钠光为光源，将质量浓度为 20 g/L 的葡萄糖溶液放在 2 dm 长的盛液管中，测得旋光度为+2. 18°，试计算葡萄糖的比旋光度。

6. 将 5. 654 g 蔗糖溶解在 20 mL 水中，在 20℃时用 10 cm 长的盛液管测得其旋光度为+18. 8°。

(1) 计算蔗糖的比旋光度。

(2) 用 5 cm 长的盛液管测定相同的溶液，其旋光度会是多少？

(3) 把 10 mL 此溶液稀释到 20 mL，再用 10 cm 长的盛液管测定，其旋光度又会是多少？

7. 下列化合物，各含有几个手性碳原子？

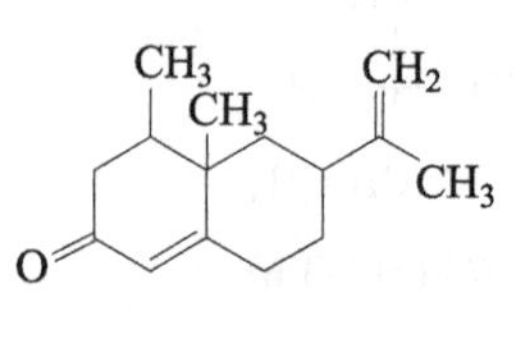

(1)

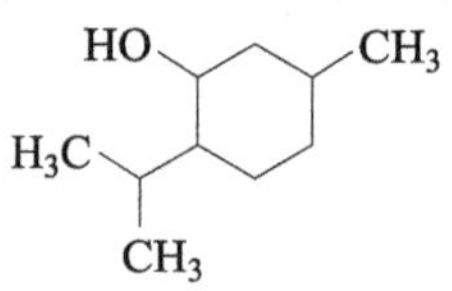

(2)

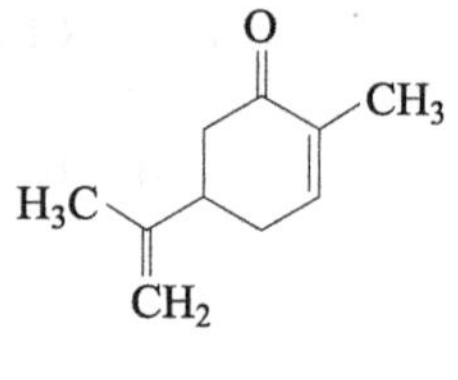

(3)

8. 下列各化合物有无手性？为什么？

(1) $CH_3CH{=}CHCH_3$ (2)

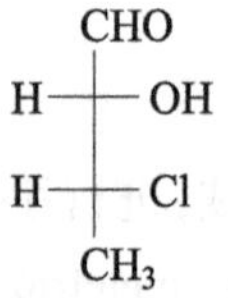

(3)

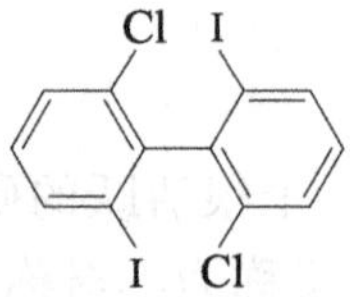

(4)

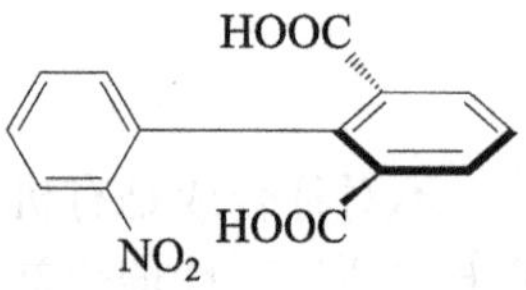

(5)

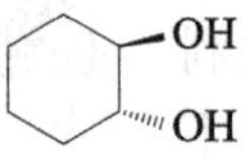

(6)

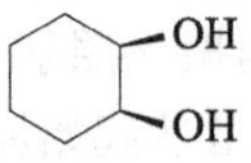

9. (1) 指出

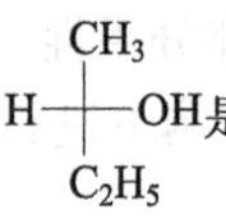

是 R 构型还是 S 构型。

(2) 在下列各构型式中哪些是与(1)中化合物的构型相同？哪些是它的对映体？

(a) 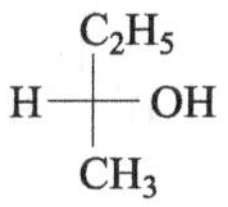　(b) 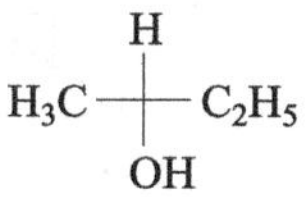　(c) 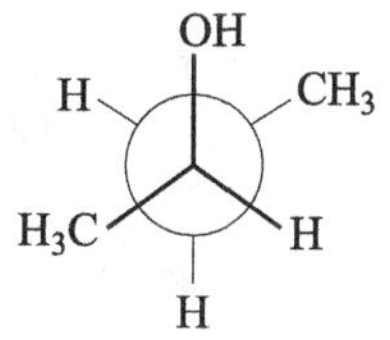

(d) 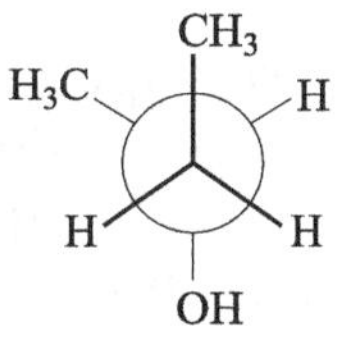　(e) 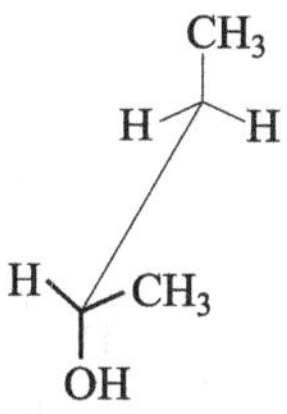　(f) 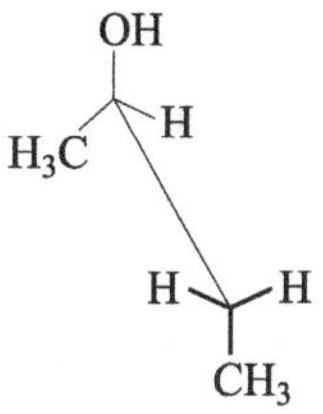

10. 写出下列化合物的 Fischer 投影式，并标出每个手性碳原子的 *R/S* 构型，判断每个化合物是否具有旋光性。

(1) 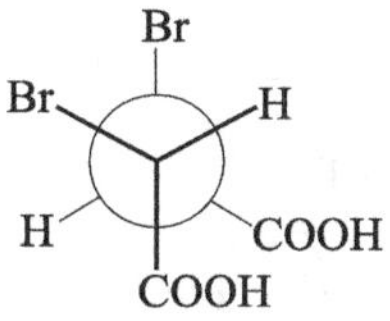　(2) 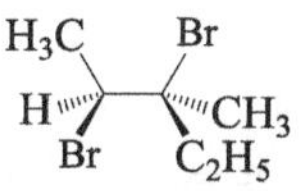　(3) 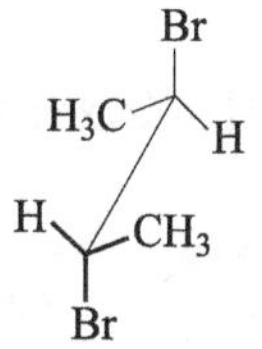

(4) 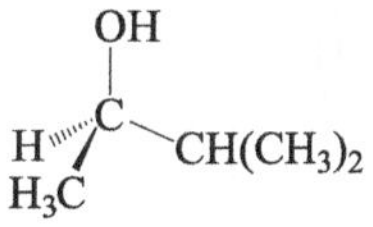　(5) 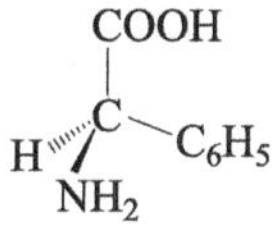　(6) 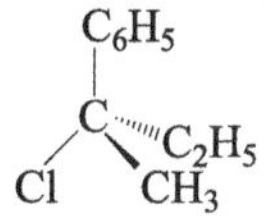

11. 用 *R/S* 法标记下列化合物中手性碳原子的构型。

(1) 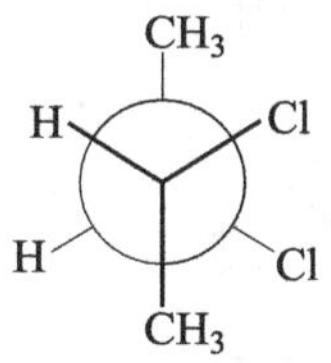　(2) 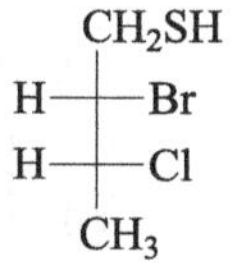　(3) 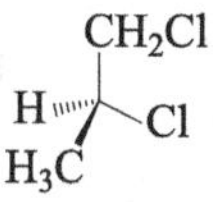　(4) 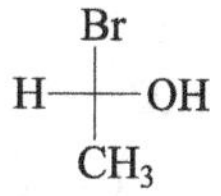

(5) 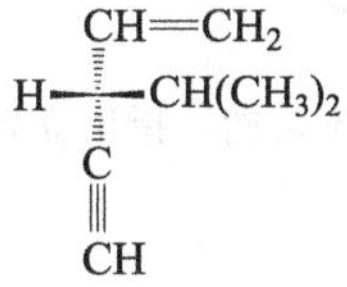　(6) 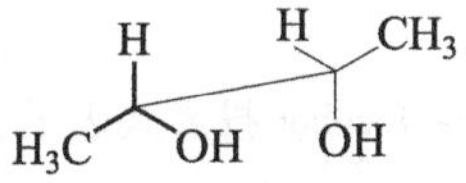　(7) 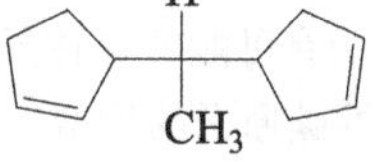　(8) 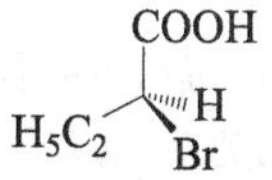

120°

12. 下列各对化合物哪些属于对映体、非对映体、顺反异构体、构造异构体或同一化合物。

(1) 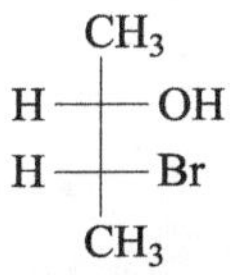 和 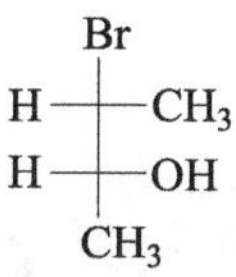　(2) 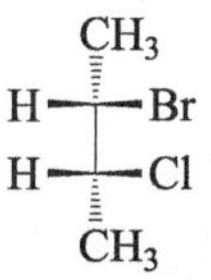 和 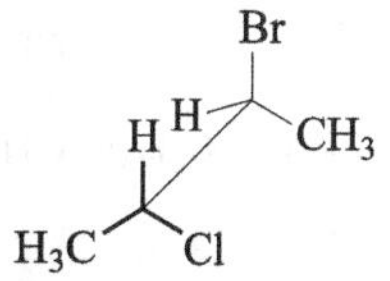

(3) 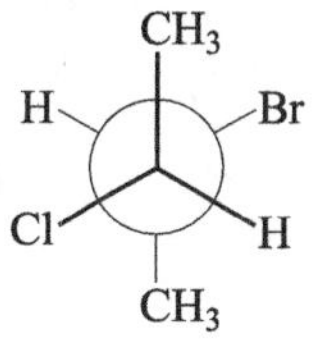 和 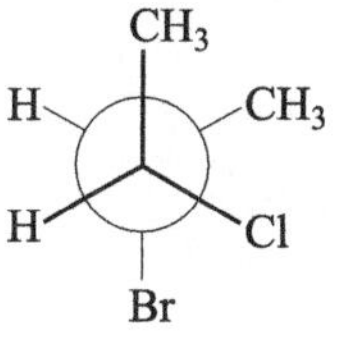　(4) 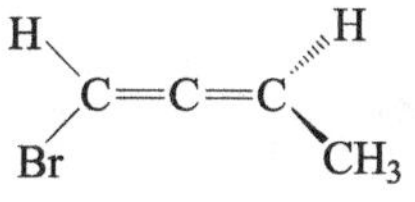 和 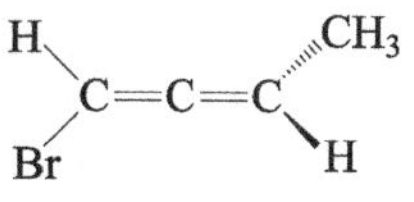

(5) 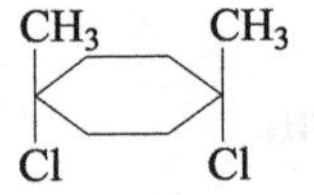 和 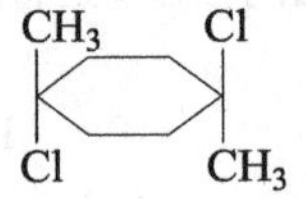

(6) 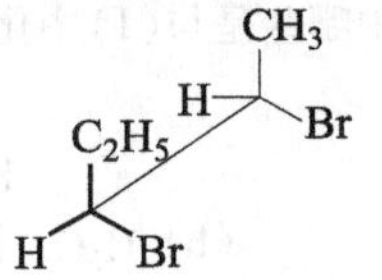 和 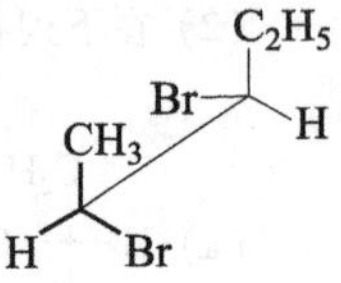

(7) 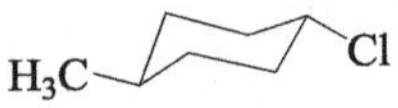 和 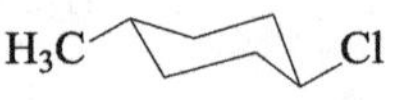

(8) 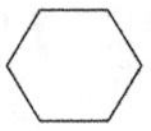 和 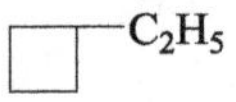

(9) 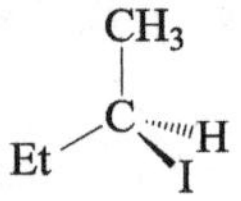 和 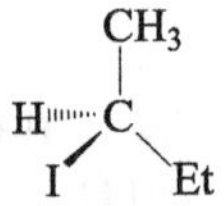

(10) 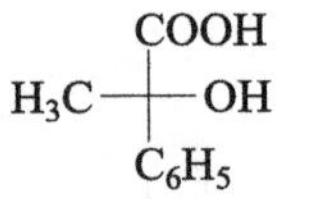 和 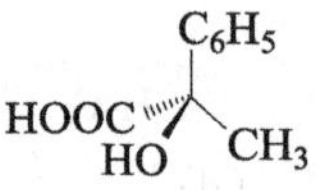

(11) 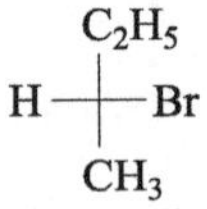 和 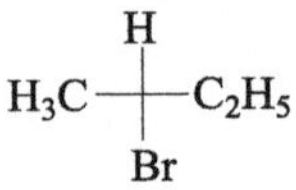

(12) 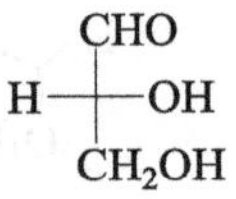 和 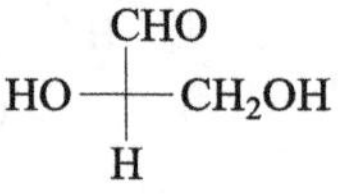

(13) 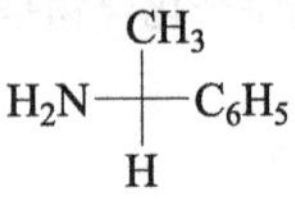 和 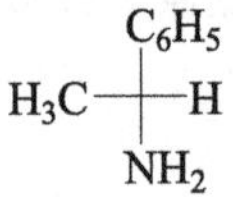

13. 下列化合物中哪些能拆分成对映异构体？

(1) 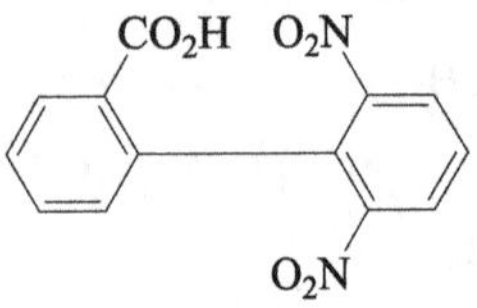

(2) 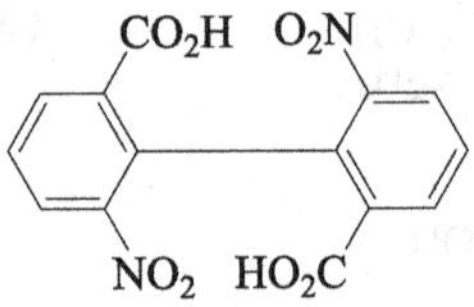

(3) 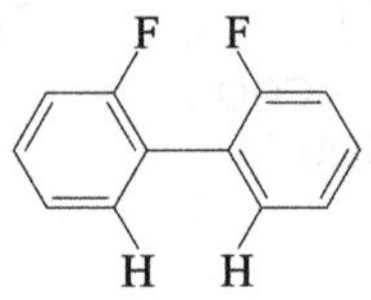

(4) 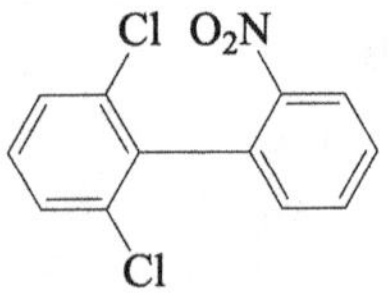

(5) 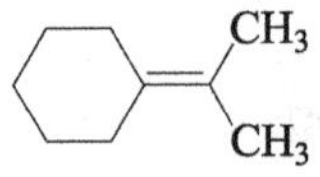

(6) 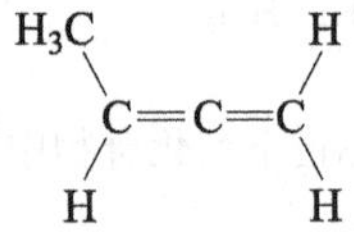

(7) 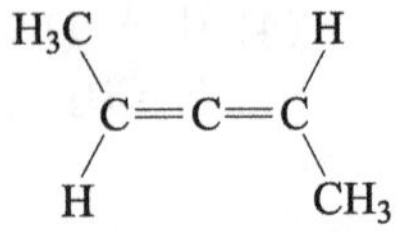

(8) 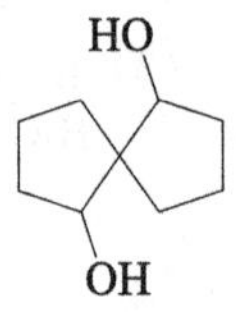

(9) 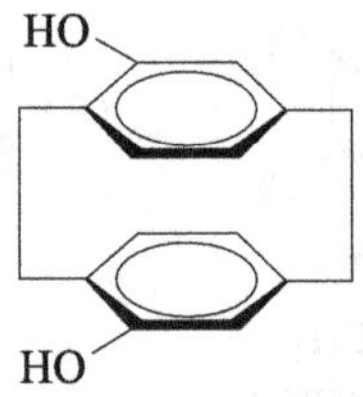

14. 画出下列各化合物所有可能的立体异构体，用 Fischer 投影式表示它们的立体结构。指出立体异构体之间的关系，以 *R*/*S* 标记手性碳原子的构型。

(1) $\mathrm{C_6H_5-\overset{\displaystyle Cl}{\overset{|}{C}H}-CH_2CH_2CH_3}$

(2) $\mathrm{C_2H_5-\overset{\displaystyle Br}{\overset{|}{C}H}-\overset{\displaystyle OH}{\overset{|}{C}H}-C_2H_5}$

(3) $\mathrm{C_6H_5-\overset{\displaystyle Cl}{\overset{|}{C}H}-\overset{\displaystyle Cl}{\overset{|}{C}H}-C_6H_5}$

第 4 章 烯烃和炔烃

不饱和碳氢化合物是指分子中含有碳碳双键（C═C）或碳碳三键（C≡C）的碳氢化合物。主要可以分为烯烃、炔烃和芳香烃。本章主要讨论烯烃和炔烃的结构、命名、性质及反应特点。

§4.1 烯烃和炔烃的结构

4.1.1 烯烃的结构

烯烃（alkenes）是一类含有碳碳双键（C═C）的碳氢化合物，非环状的烯烃的通式为 C_nH_{2n}。碳碳双键是烯烃的官能团，由两对共用电子所构成，一般以两条短线表示。但是碳碳双键的键能并不等于碳碳单键键能的两倍，而是小于两个碳碳单键键能之和，因此，碳碳双键并不是两个单键的简单加合。也就是说，碳碳双键并不是由简单相等的两个 σ 键所构成，而是其中包含着一个比 σ 键弱的键型。

	C—C	C═C
键能	347 kJ · mol^{-1}	611 kJ · mol^{-1}
键长	0. 154 nm	0. 134 nm

最简单的烯烃是乙烯（$H_2C{=}CH_2$），现以乙烯为例讨论碳碳双键。

乙烯分子中的碳原子成键时，由一个 2s 轨道和两个 2p 轨道进行 sp^2 杂化，重新组合形成了三个新的简并的 sp^2 杂化轨道，如图 4-1 所示。

这样，它的两个碳原子分别跟两个氢原子的 s 轨道形成两个 σ 键，两个碳原子之间又各以 sp^2 杂化轨道相互交盖形成一个 σ 键。这五个 σ 键的对称轴都在同一个平面上，对称轴之间的夹角为 120°。每个碳原子还各有一个未参与杂化的 p 轨道，它们的对称轴垂直于乙烯分子所在的平面，所以它们是相互平行的，能够从侧面相互交盖而形成另一种键——π 键，组成 π 键的电

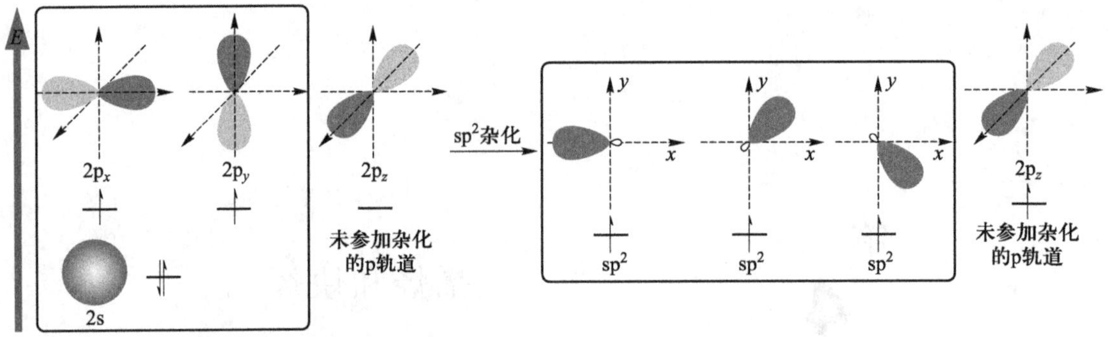

(a) 碳原子最外层电子排布　　(b) 碳原子sp^{2}杂化轨道

图 4-1　碳原子轨道的 sp^2 杂化

子称为 π 电子。sp^2 杂化轨道包含$\frac{1}{3}$s 轨道成分和$\frac{2}{3}$p 轨道成分。三个相等的 sp^2 杂化轨道在碳原子周围是对称分布的，见图 4-2 所示。

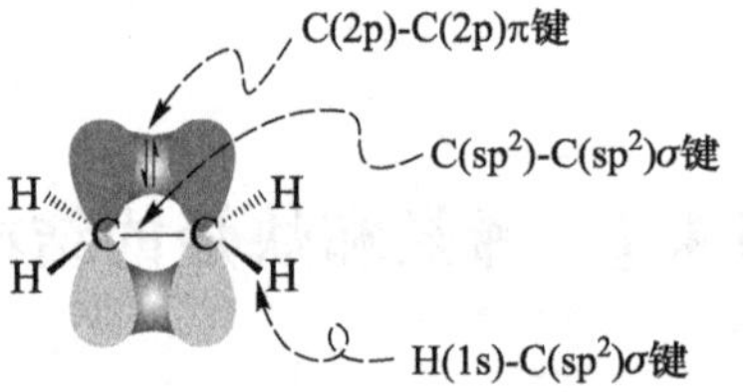

图 4-2　乙烯分子的 σ 键平面和 π 键

因此，碳碳双键不是两个简单的单键的加合，而是由一个 σ 键和一个 π 键所组成的。为了书写方便，一般以两条短线表示(C═C)，但必须明确这两条短线是有区别的，其含义是不同的。

π 键的形成，若根据分子轨道理论的近似处理也是一样，两个碳原子的 p 轨道通过原子轨道的线性组合而形成两个分子轨道，一个比原来原子轨道能量低的成键轨道 π，一个是比原来原子轨道能量还要高的反键轨道 π^*，如图 4-3 所示。反键轨道与成键轨道相比较，多一个在两个碳原子间的节面，能量较高。基态时乙烯分子的两个 π 电子处于成键轨道上，反键轨道一般是空着的。

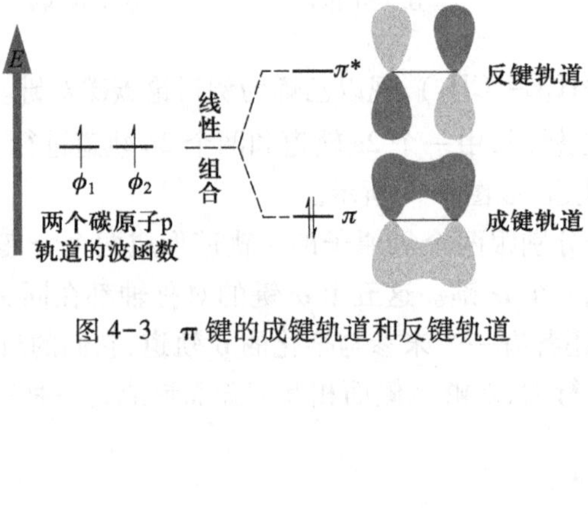

图 4-3　π 键的成键轨道和反键轨道

4.1.2 炔烃的结构

分子中含有碳碳三键的烃叫做炔烃(alkynes)。它的通式为 C_nH_{2n-2}。碳碳三键(C≡C)是炔烃的官能团。现以最简单的炔烃——乙炔为例讨论碳碳三键的结构。

构成碳碳三键的碳原子与双键碳原子不同,它只需要两个价电子与其他两个原子或基团形成两个 σ 键。因此,碳原子采取了 sp 杂化方式,即由一个 2s 轨道和一个 2p 轨道杂化形成两个新的简并的 sp 杂化轨道,如图 4-4 所示。其轨道对称轴处于一条直线上。

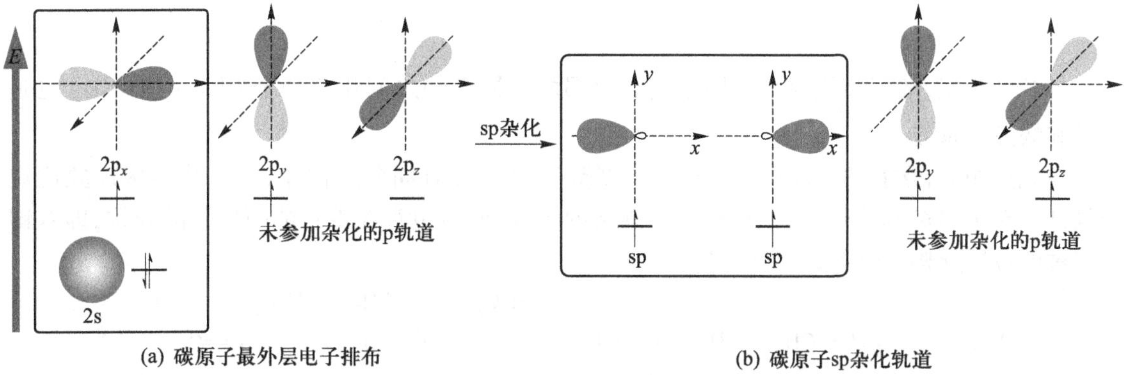

图 4-4 碳碳三键碳原子轨道的 sp 杂化

这样,碳碳三键的两个碳原子各自以一个 sp 杂化轨道与氢原子的 s 轨道成 C—H σ 键,两个碳原子都以另一个 sp 杂化轨道相互交盖,形成 C—C σ 键。每个三键碳原子上还有两个价电子处于原来的 p 轨道,而且两个 p 轨道的对称轴相互垂直于 sp 杂化轨道所在的直线。它们相互平行从侧面相互交盖,形成两个相互垂直的 π 键。两个 π 键的电子云围绕在两个碳原子核连线的上、下、前、后,对称分布在碳碳 σ 键周围,呈圆筒形,如图 4-5 所示。

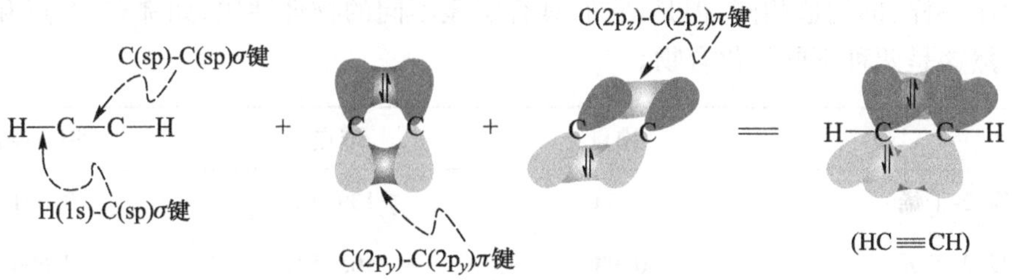

图 4-5 碳原子的 sp 杂化轨道

因此,碳碳三键虽然一般以三条短线表示,实际上也不是简单的三个 σ 键,而是代表了一个 σ 键和两个 π 键。可以证明,乙炔分子中所有原子都在同一直线上,其碳碳键长相应缩短,而键能相应增大。

4.1.3 π 键的特性

烯烃和炔烃分子中都含有 π 键,这种键与 σ 键相比有如下特性:

① 双键不能自由旋转。如果旋转,组成 π 键的两个 p 轨道由于对称性不匹配不能重叠,π

键即被打破。

② π 键的重叠因是轨道的侧面交盖，键的强度比一般 σ 键弱得多，因而 π 键不如 σ 键稳定，比较容易断裂，带有碳碳重键的不饱和烃比饱和烃活泼。

③ π 键电子云分散在平面上下两方，故原子核对 π 电子的束缚力较小，π 电子具有较大的流动性，容易受外界电场的影响发生极化，因而表现出活泼的化学反应性。

§4.2　烯烃和炔烃的同分异构

与烷烃相似，烯烃和炔烃也有同系列。相邻两个同系物之间相差一个 CH_2，因而 CH_2 也是烯烃和炔烃的系差。

与烷烃相似，含有四个碳原子及以上的烯烃和炔烃都有同分异构体，而且其异构现象比烷烃复杂。对于烯烃和炔烃，不仅存在不同碳架的异构，同时也存在着官能团位置的异构，即双键或三键的位置异构。例如，丁烯的异构体：

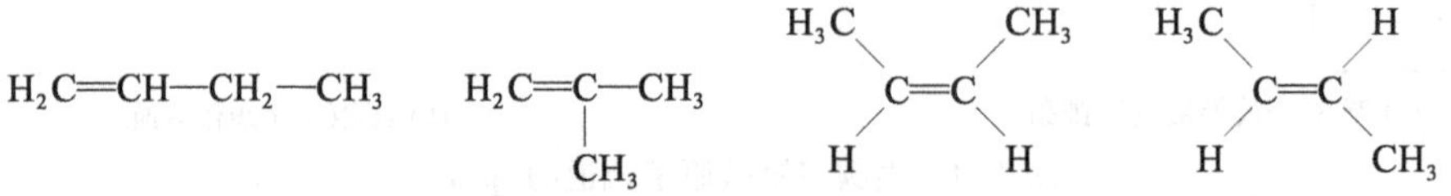

1-丁烯 (ⅰ)　　2-甲基丙烯 (ⅱ)　　顺-2-丁烯 (ⅲ)　　反-2-丁烯 (ⅳ)

在这些异构体中，(ⅰ)和(ⅱ)是碳架异构，(ⅰ)和(ⅲ)、(ⅳ)是双键位置异构；(ⅱ)和(ⅲ)、(ⅳ)既是碳架异构又是双键位置异构。不论是碳架异构，还是双键位置异构，都是由于原子在分子中排列和结合的顺序不同，即成键的顺序不同引起的，都属于构造异构。

除此之外，2-丁烯还有两种异构体(ⅲ)和(ⅳ)，虽然它们的分子式相同，原子在分子中排列和结合的顺序一样，即构造相同，但是，它们具有明显不同的物理性质，如沸点、熔点和密度差别都很大。显然这是两种不同的化合物。

	沸点	熔点	相对密度
顺-2-丁烯	4.0℃	−139.3℃	0.621 3
反-2-丁烯	0.9℃	−105.5℃	0.604 2

这是由于2-丁烯分子中碳碳双键中的 π 键电子云分布在双键平面的上下两方，限制了绕碳碳 σ 键的自由旋转，因此碳碳双键上所连接的基团具有两种不同的空间排布形式，即分子中两个甲基可以处于双键碳原子的同侧，称为顺式烯烃(*cis*-)；也可以处于双键碳原子的异侧，称为反式烯烃(*trans*-)。这种分子式相同，分子内原子的连接顺序和方式也相同，但是原子或基团在空间的排布或距离不同所形成的异构现象称为构型异构(configurational isomerism)或几何异构(geometric isomerism)。顺-2-丁烯(ⅲ)和反-2-丁烯(ⅳ)就是2-丁烯的顺、反异构体，是一种立体异构。构型和构象最根本的区别是构型异构体之间不能通过 σ 键的旋转实现互变。

顺、反异构是由于 π 键的特性所决定的，是由于双键的自由旋转受阻而产生的，但并不是所有含碳碳双键的烯烃都有顺、反异构现象。产生顺、反异构的条件必须是双键两端碳原子上各自连有不同的原子或基团，如果有一端双键碳原子上连有相同的原子或基团就不存在顺、反异构现象。例如：

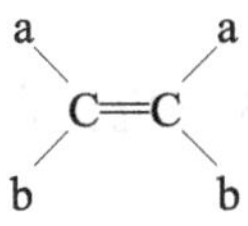

顺式（*cis*-）

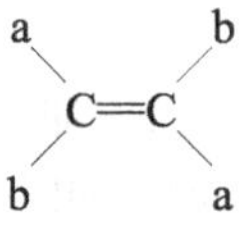

反式（*trans*-）

或是：

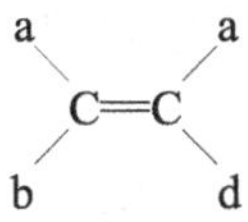

顺式（*cis*-）

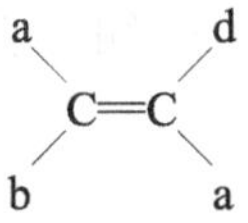

反式（*trans*-）

而下边两式实为同一化合物，没有顺、反异构现象。

炔烃的同分异构比烯烃简单，只有碳架异构和碳碳三键的位置异构。

问题 4-1　判断下列化合物有无顺反异构体。

（1）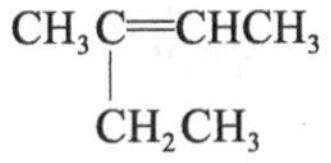　（2）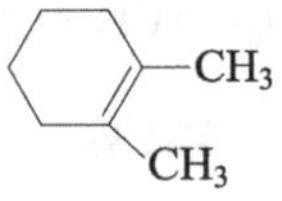　（3）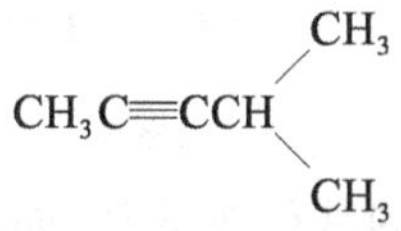

---

§ 4.3　烯烃和炔烃的命名

4.3.1　烯烃的命名

除少数简单烯烃用习惯命名，例如：

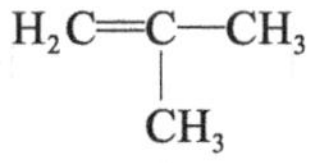

异丁烯

一般的烯烃采用两种命名法，即衍生物命名法和系统命名法。

4.3.1.1　衍生物命名法

以乙烯为母体，把其他烯烃看作乙烯的烷基衍生物来命名。例如：

$H_3C—HC═CH_2$　　　$H_3C—HC═CH—CH_3$

甲基乙烯　　　对称二甲基乙烯

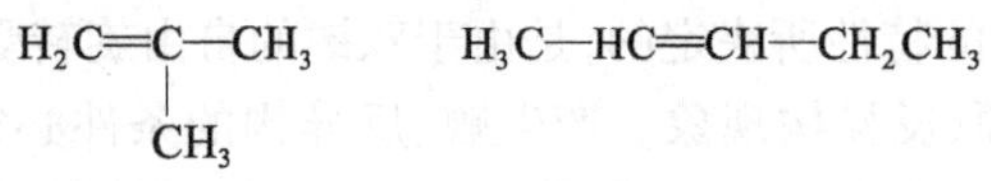

不对称二甲基乙烯　　对称甲基乙基乙烯

衍生物命名法只适用于比较简单的烯烃。

4.3.1.2　系统命名法

烯烃一般采用IUPAC系统命名法,命名原则遵从有机化合物命名通法,其中母体为“烯”,英文名以“ene”为词尾。具体命名原则如下:

① 选择含碳碳双键的最长碳链为主链。

② 编号时一般从靠近双键的一端开始。

③ 双键的位次以双键碳原子中编号较小的数字标明,写在烯烃名称之前,以短线连接。例如:

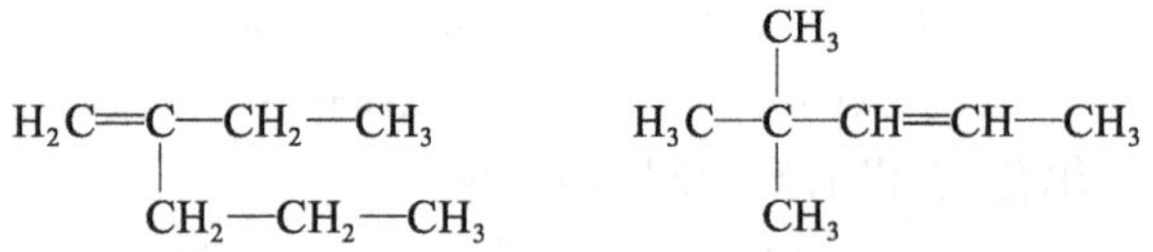

2-乙基-1-戊烯　　4,4-二甲基-2-戊烯

烯烃主链的碳原子数多于十个时,以中文数目表示,并在烯字前要加一个“碳”字。例如:$H_2C{=}CH(CH_2)_{15}CH_3$ 命名为1-十八碳烯。当双键在1位时,标号也可以省略,如1-十八碳烯也可以称为十八碳烯。

烯烃去掉一个氢原子后剩下的一价基团称为烯基。例如:

乙烯基　　丙烯基　　烯丙基　　异丙烯基

带有两个自由键的基称亚某基,如:

$CH_2{=}$　亚甲基　　$CH_3{-}CH{=}$　亚乙基　　$(CH_3)_2C{=}$　亚异丙基

④ 顺、反异构体的命名:存在顺反异构体的烯烃,命名时还需表明其构型。通常有两种方法,一种是顺/反命名法,另一种是 *Z*/*E* 命名法。

顺/反命名法是根据烯烃分子中双键碳原子上连接的相同原子或原子团的相对位置进行命名,相同原子或原子团处于双键同一侧的,称为顺式,反之为反式。

例如:

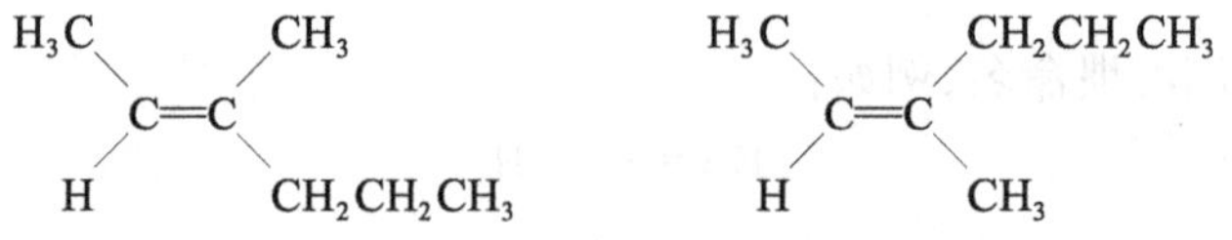

顺-3-甲基-2-己烯　　反-3-甲基-2-己烯

当顺、反异构体的双键碳原子上连有四个不同原子和基团时,依据顺/反命名法进行命名就会发生困难。

例如:

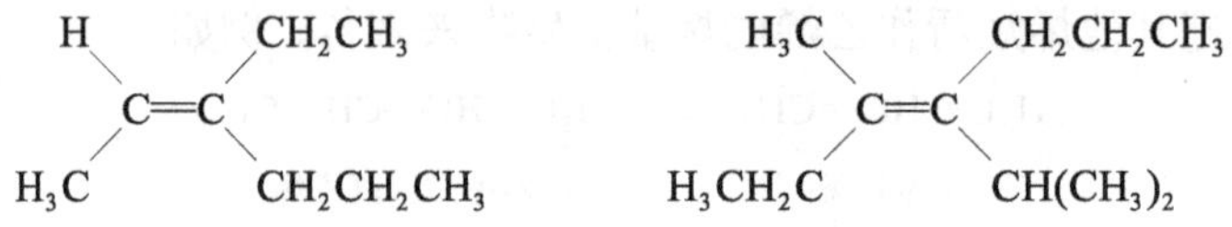

为了解决这个问题，IUPAC 采用 *Z/E* 标记法，该法适用于所有顺、反异构体，其命名原则主要有以下两点：

① 比较双键两端碳原子所连接的原子或基团的先后次序，按“次序规则”(sequence rules)排列。

② 分别比较双键两端各自连接的两个原子或基团。IUPAC 规定，以双键相连的两个碳原子上的较优基团位于双键同侧者，其构型为 *Z* 型(德文 zusammen，同)，反之为 *E* 型(德文 entgegen，对)。*Z*、*E* 写在括号中，放在化合物名称的前面。

例如：(箭头标号的方向为次序规则排列由大到小，可作判断 *Z*、*E* 构型的参考)：

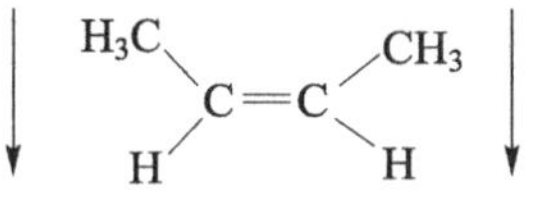
(*Z*)-2-丁烯

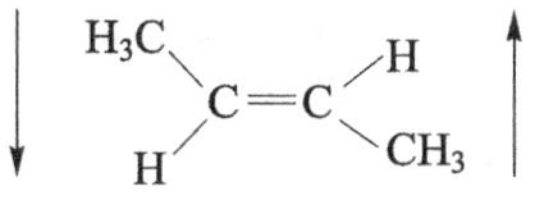
(*E*)-2-丁烯

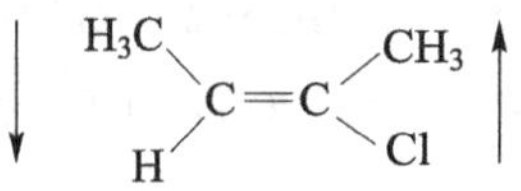
(*E*)-2-氯-2-丁烯

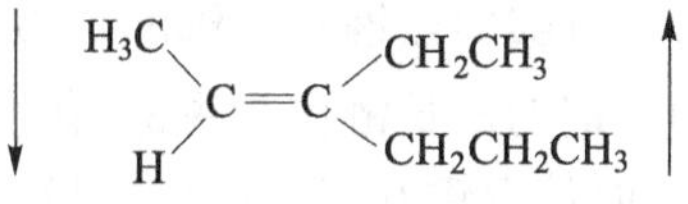
(*E*)-3-乙基-2-己烯

Z/E 构型标记法更具有广泛性，但是与顺/反命名法之间没有必然的联系，顺式构型不一定是 *Z* 构型，反式构型也不一定是 *E* 构型。例如：

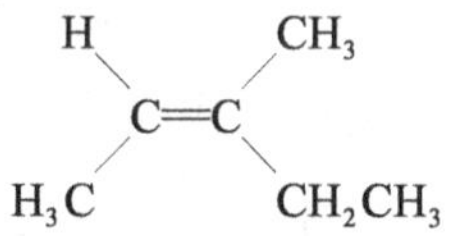
(*Z*)-3-甲基-2-戊烯
反-3-甲基-2-戊烯

当烯烃分子中含有不止一个双键时，应分别标明每个双键的构型。主链的编号有两种可能时，则应从 *Z* 构型双键的一端开始编号。例如：

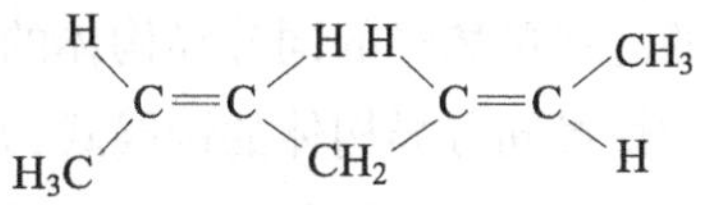
(2*Z*,5*E*)-2,5-庚二烯

4.3.2 乙烯氢和烯丙氢

在烷烃中，我们把烷氢分为伯氢、仲氢和叔氢，在烯烃中还有两种氢，一种是双键碳原子上的氢，称为乙烯氢(vinyl hydrogen)，另一种是烯烃中 α-碳原子上的氢，称为烯丙氢(allylic hydrogen)，也叫 α-氢原子。在有机化学中经常把直接与官能团相连的碳原子称为 α-碳原子，简称 α-C，在烯烃中碳碳双键是官能团，所以直接与双键相连的碳原子是 α-C。

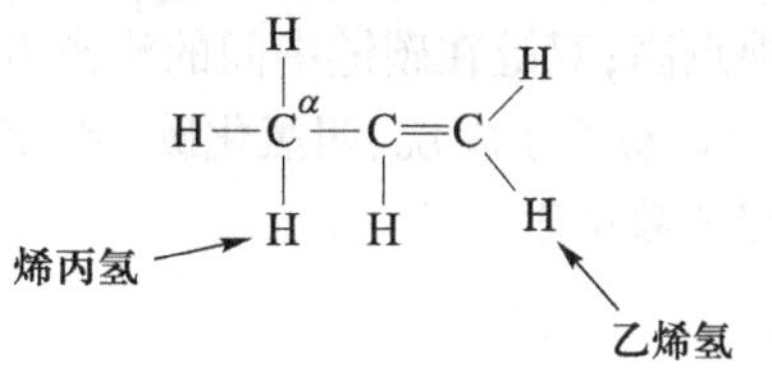

不同类型的氢具有不同的反应活性,一般来说,乙烯氢很难发生反应,而烯丙氢的反应活性则比较高。

4.3.3　炔烃的命名

与烯烃相同,炔烃的命名遵从有机化合物命名通则,其母体为"炔",选择含有碳碳三键的最长链作为主链,从靠近三键一端开始编号。例如:

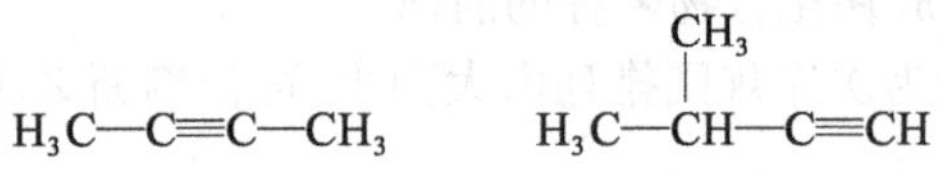

2-丁炔　　3-甲基-1-丁炔

4.3.4　烯炔的命名

分子中同时含有碳碳双键和三键的不饱和烃称为"烯炔"。根据系统命名规则,命名时选取包含碳碳双键和三键的最长链作为主链,化合物名称中"炔"字放在最后,主链碳原子数目在烯中体现出来,编号时使双键和三键的位次最小。例如:

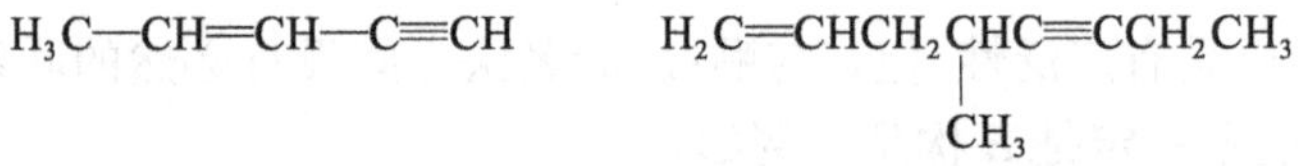

3-戊烯-1-炔　　4-甲基-1-辛烯-5-炔

采用不同编号方式时,如果双键和三键处于相同位次,则使双键的编号最小。例如:

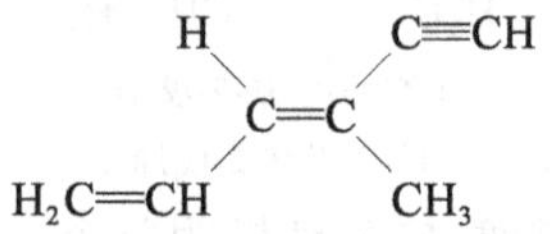

(*E*)-4-甲基-1,3-己二烯-5-炔

问题 4-2　写出分子式为 C_5H_{10} 的链状单烯烃的同分异构体的键线式,并给出命名。

问题 4-3　写出分子式为 C_6H_{10} 的炔烃同分异构体的键线式,并给出命名。

---

§4.4　烯烃和炔烃的物理性质

烯烃和炔烃的物理性质与烷烃相似。在常温常压下,四个碳原子以下的烯烃是气体,含有五到十八个碳原子的烯烃是液体,高级烯烃为固体。烯烃的沸点随相对分子质量的增加而升高,末端烯烃(即双键位于链端的烯烃,又称1-烯烃)的沸点比相应的烷烃还略低;直链烯烃的沸点比带有支链的同分异构体的沸点高;双键在碳链中间的沸点和熔点也都比1-烯烃高。烯烃的相对密度都小于1。烯烃难溶于水,易溶于戊烷、四氯化碳、苯、乙醚、石油醚、氯仿等非极性或弱极性有机溶剂。一些烯烃的物理常数见表4-1。

表 4-1 一些烯烃的物理常数

名称	构造式	熔点/℃	沸点/℃	相对密度(d_4^{20})
乙烯	$CH_2{=}CH_2$	-169.5	-103.7	
丙烯	$CH_3CH{=}CH_2$	-185.2	-47.7	
1-丁烯	$CH_3CH_2CH{=}CH_2$	-184.3	-6.4	
顺-2-丁烯	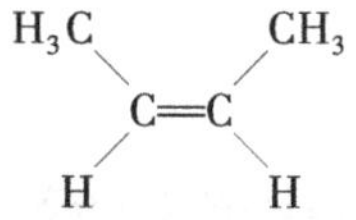	-139.3	4.0	0.621
反-2-丁烯	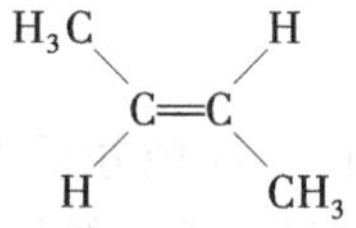	-105.5	0.9	0.604
2-甲基丙烯	$(CH_3)_2C{=}CH_2$	-140.3	-6.9	
1-戊烯	$CH_3(CH_2)_2CH{=}CH_2$	-138.0	30.1	0.643
2-甲基-1-丁烯	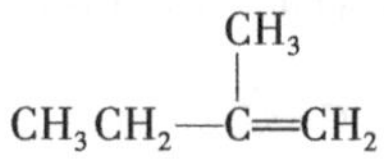	-137.6	31.2	0.650
3-甲基-1-丁烯	$(CH_3)_2CHCH{=}CH_2$	-168.5	25	0.648
1-己烯	$CH_3(CH_2)_3CH{=}CH_2$	-139.8	63.5	0.673
1-十八碳烯	$CH_3(CH_2)_{15}CH{=}CH_2$	17.5	179.0	0.791

在烯烃分子中,由于 sp^2 杂化碳原子的电负性比 sp^3 杂化碳原子的大,故 $C_{sp2}—C_{sp3}$ 键具有偶极矩。以丙烯为例,双键碳原子和甲基相连的键是有极性的,键中电子偏向 sp^2 杂化碳原子,形成偶极,正极在甲基一边,负极指向双键,甲基是给电子基。对称取代的烯烃分子中,反式异构体是对称分子,偶极矩为零,这是由于各个键的偶极矩矢量和为零;而顺式异构体的两个取代基在双键同侧,会有偶极矩存在,分子间除了有范德华力,还有偶极-偶极相互作用,故顺式异构体的沸点一般比反式异构体略高。但顺式异构体的对称性比较低,在晶格中的排列不如反式异构体紧密,故顺式异构体的熔点通常比反式异构体略低。此外,π 电子云流动性比较大,与烷烃相比,烯烃较易极化而成为有偶极矩的分子。上述数据说明,顺反异构体的物理性质,如偶极矩、熔点、沸点、相对密度、折射率等方面都存在差异。

炔烃的物理性质与烷烃、烯烃基本相似,但简单炔烃的熔点、沸点和相对密度一般比相同碳原子数的烷烃和烯烃高一些,这是由于炔烃分子较短小、细长,在液态、固态中,分子可以彼此很靠近,分子间的范德华力强。炔烃的沸点比含相同碳原子数的烯烃高 10~20℃。末端炔烃(端炔)的沸点比三键在中间的同分异构体(非端炔)低。炔烃相对密度小于 1,其极性比烯烃略高,在水中的溶解度很小,易溶于如石油醚(石油中的低沸点馏分)、苯、乙醚、四氯化碳等极性小的有机溶剂。表 4-2 列出了一些炔烃的熔点和沸点。

表 4-2　一些炔烃的熔点和沸点

炔烃	熔点/℃	沸点/℃	炔烃	熔点/℃	沸点/℃
乙炔	- 81.8(在压力下)	-82.0(升华)	2-戊炔	-101	55.5
丙炔	-102.5	-23.3	3-甲基-1-丁炔	-89.7	29.5
1-丁炔	-122.5	8.5	1-己炔	-124	71.4
1-戊炔	-98.0	39.7	1-庚炔	-80.9	99.8

§4.5　烯烃和炔烃的化学性质

烯烃的官能团是碳碳双键,炔烃的官能团是碳碳三键。烯烃分子中的碳碳双键由一个 σ 键和一个 π 键组成,其中的 π 键比较弱,在反应中容易被打开,所以烯烃的化学性质不同于烷烃,非常活泼。炔烃的三键是由一个 σ 键和两个 π 键组成,也是非常活泼的化合物。

碳碳双键和三键中的 π 键容易极化,容易断裂,是烯烃和炔烃反应的核心位点,其最典型的反应是双键和三键中的 π 键打开,随后形成更强的 σ 键,而生成加成产物。例如:

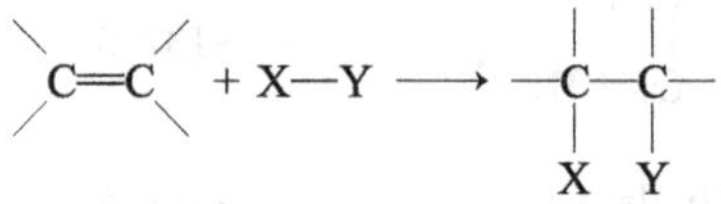

这样的反应叫加成反应。加成反应是具有不饱和键即含有 π 键的化合物的典型反应,也是烯烃和炔烃的主要反应。除此之外,烯烃的反应还发生在受双键影响较大的 α-碳原子上,炔烃的炔氢也有特殊的反应。

4.5.1　催化氢化

4.5.1.1　烯烃的催化氢化

烯烃与氢气混合,在常温常压下不发生反应,高温时反应也很慢。但在适当的催化剂的作用下,烯烃与氢加成生成相应的烷烃,所以也称为催化氢化,或催化加氢(catalytic hydrogenation),也是还原反应的一种形式。常用的催化剂为铂(Pt)、钯(Pd)、镍(Ni)等金属,工业上常用的催化剂有雷尼镍(Raney Ni)和5%或10%钯碳,雷尼镍的价格比铂和钯低廉,且活性适中。

雷尼镍

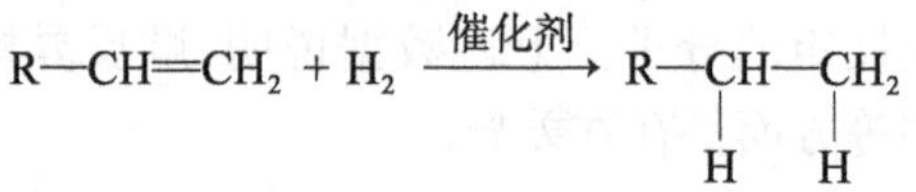

烯烃加氢反应多数是顺式加成。如:

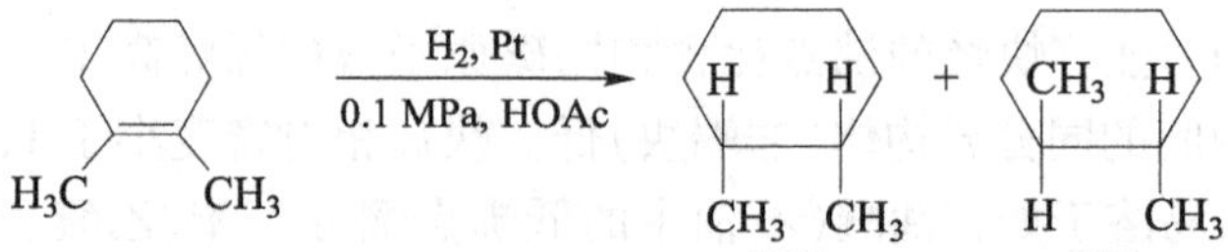

86%　　14%

催化氢化历程如下：通过催化剂表面的一种化学吸附，使氢分子发生 H—H σ 键的断裂，形成两个相对较弱的 H—M（金属）键；被吸附的烯烃分子中的 π 键松弛并断裂，由两个相对较弱的 C—M 键代替；一个活化的氢原子在催化剂表面上与烯烃的一个双键碳原子结合生成一个 C—H σ 键；第二个活化的氢原子也从催化剂表面解吸，与烯烃的双键碳原子结合，得到烷烃分子。这样，发生反应的催化剂表面又可以继续活化新的氢分子和烯烃分子，继续加氢反应（见图 4-6）。

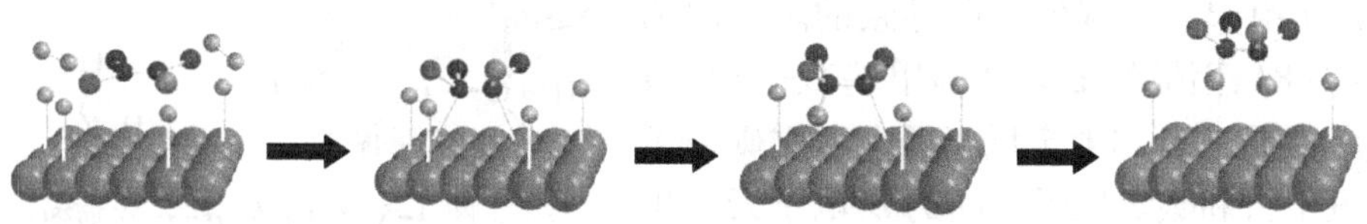

图 4-6　催化氢化过程示意图

双键碳原子上所连的取代基越少，越有利于烯烃在催化剂表面的吸附。因此，烯烃的相对氢化速率为乙烯>一取代乙烯>二取代乙烯>三取代乙烯>四取代乙烯。

从能量上分析，催化剂的作用在于降低了反应的活化能，促进了反应的进行（见图 4-7）。烯烃的加氢反应是一个放热反应，因为在反应过程中生成两个新的碳氢 σ 键所放出的能量，比断裂一个氢氢 σ 键和一个碳碳 π 键所吸收的能量要大。通过键能的估算，1 mol 烯烃打开 π 键加氢饱和时，大约放热 120 kJ · mol^{-1}，此为氢化热（ΔH）。

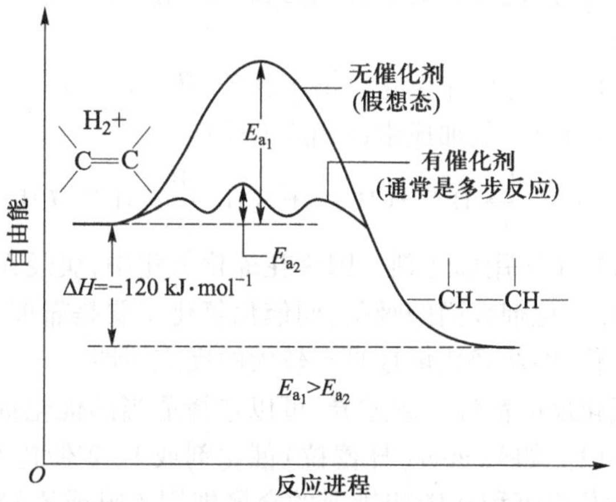

图 4-7　烯烃催化加氢自由能-反应进程图

不同烯烃或不同异构体的氢化热并不完全相同，我们可以利用氢化热的不同，研究和比较不同烯烃的相对稳定性。例如：

$CH_3CH_2CH{=}CH_2 + H_2 \xrightarrow{Pd} CH_3CH_2CH_2CH_3$　氢化热　126.8 kJ · mol^{-1}

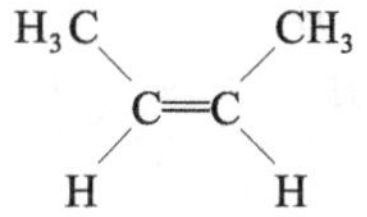

$+H_2 \xrightarrow{Pd} CH_3CH_2CH_2CH_3$　氢化热　119.7 kJ · mol^{-1}

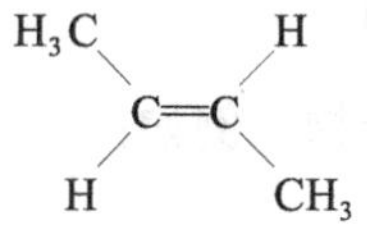

$+H_2 \xrightarrow{Pd} CH_3CH_2CH_2CH_3$　氢化热　115.5 kJ · mol^{-1}

上述反应,条件一样,试剂相同(都加一分子氢),产物也一样,但氢化热不同。这只能说明催化氢化的起始原料烯烃所含的能量有差异。氢化热越高则原烯烃的热力学能越大,稳定性也越差。因此上述三种不同异构体的相对稳定性次序为:反-2-丁烯>顺-2-丁烯>1-丁烯。

为什么 1-丁烯不如 2-丁烯稳定?一般认为这是由于双键的 π 电子云和相邻的 C—H σ 键电子云相互重叠而引起的离域效应所导致的。以丙烯为例(见图 4-8),丙烯的 π 轨道与甲基 C—H 的 σ 轨道的重叠,使原来基本上定域于两个双键碳原子周围的 π 电子云和碳氢原子之间的 σ 电子云发生离域,因而体系电荷分散,降低了分子的能量,增加了分子的稳定性。这种离域效应就是超共轭效应,是 σ 轨道与 π 轨道之间的相互作用,比 π 轨道之间的作用要弱得多,也叫 $\sigma-\pi$ 共轭效应。

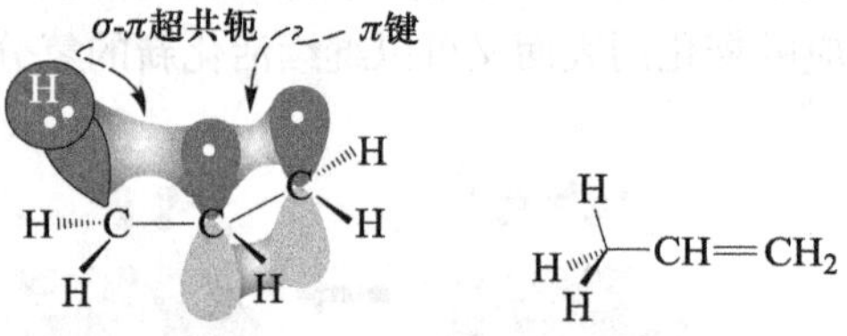

图 4-8 丙烯的 $\sigma-\pi$ 共轭效应

1-丁烯与 2-丁烯相比,可以参与 $\sigma-\pi$ 共轭效应的 α-C—H 的 σ 轨道少,所以离域作用更弱,分子稳定性较差。而 2-丁烯中反式比顺式更稳定主要归因于顺式的两个体积较大的甲基由于处于双键同侧,比较拥挤而产生斥力,所以能量较高,相对稳定性较差。

烯烃的催化氢化反应在工业上和研究工作中都具有重要意义。例如,在油脂工业中,常把含有不饱和键的油脂氢化处理,使液态的油转化为固态的脂,以改进油脂的性质。

4.5.1.2 炔烃的还原反应

与烯烃相似,炔烃也可以进行催化氢化。由于碳碳三键含有两个 π 键,因此,既可以与一分子氢加成得烯烃,也可以与两分子氢加成生成相应的烷烃。

$$H_3C—C\equiv C—CH_3 \xrightarrow[Pt]{H_2} H_3C—CH=CH—CH_3 \xrightarrow[Pt]{H_2} H_3C—CH_2—CH_2—CH_3$$

反应停留在哪一步取决于所用催化剂。因为在催化氢化中,炔烃在催化剂表面吸附作用较强,它的吸附阻止了烯烃在催化剂表面的吸附,而催化氢化主要是靠催化剂表面的吸附作用,因此炔烃更容易进行催化氢化,即炔烃比烯烃具有较大的反应活性。

利用三键和双键在氢化反应活性上的差异,可以选择适当的催化剂,并控制一定的条件,使炔烃的氢化停留在烯烃阶段。如 Lindlar(林德拉)催化剂或 P-2 催化剂,就是常用的选择性氢化催化剂。Lindlar 催化剂是将沉积在碳酸钙上的金属钯用喹啉或乙酸铅处理,使其活性降低;P-2催化剂是用硼氢化钠还原乙酸镍得到的 Ni_2B(硼化镍)。使用这两种催化剂主要生成顺式烯烃。例如:

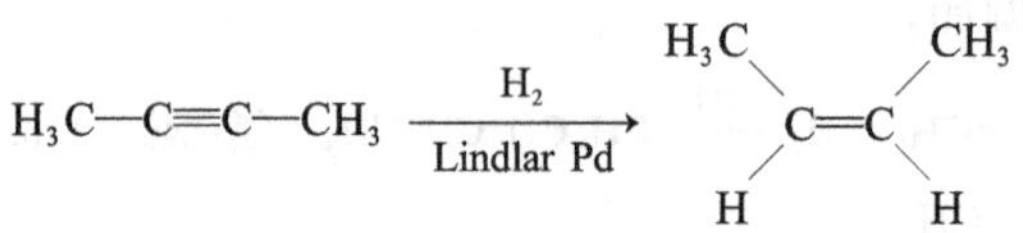

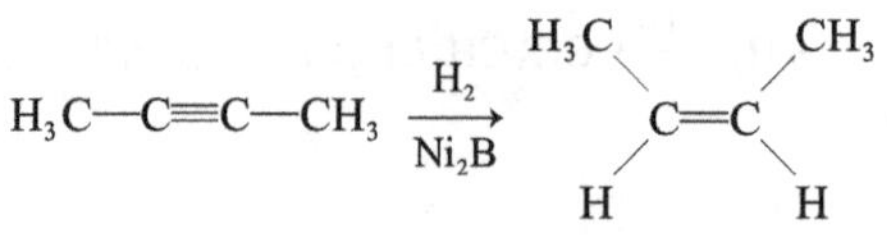

炔烃在液氨中用金属锂或钠进行还原,主要得到的是反式产物。例如:

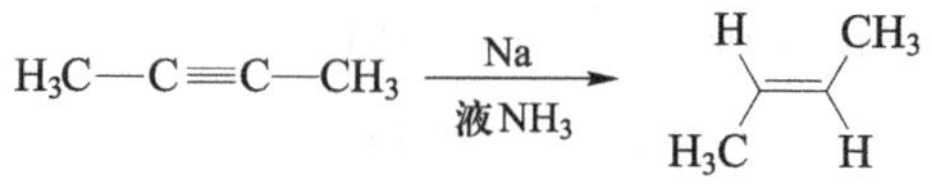

炔烃选择性还原反应机理

若用强的催化剂，则炔烃氢化直接得到烷烃，而难于停留在烯烃阶段。例如，二苯乙炔用 Lindlar 催化剂可以加氢停留在顺-1，2-二苯乙烯阶段；如果催化剂没有毒化，则产物是 1，2-二苯乙烷。

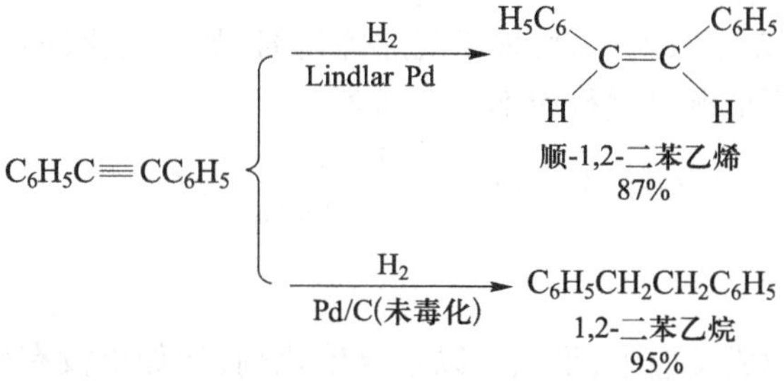

由于三键和双键在氢化反应活性上的差异，在烯炔分子中同时含有三键和双键，催化氢化首先加氢到三键上，而双键仍可保留。

问题 4-4　写出下列反应的主要产物（键线式）：

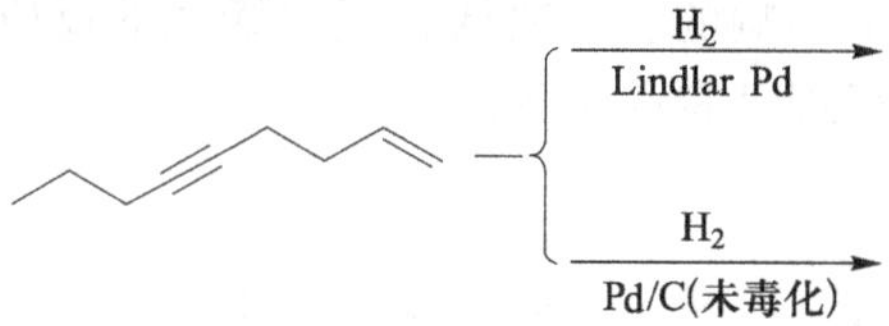

4.5.2　亲电加成

碳碳双键含有一个强的 σ 键和一个弱的 π 键，易发生加成反应。反应时将 π 键打开，生成两个 σ 键，即破坏一个弱的 π 键，形成两个强的 σ 键，热力学上有利。由于 π 键电子云分布为上下两层，受原子核的束缚力较小，流动性较大，容易极化，容易给出电子，因此，烯烃容易被带正电荷或缺电子的亲电试剂进攻而发生亲电反应，动力学上有利。总之，碳碳双键易发生亲电加成反应。碳碳三键也含有弱 π 键，因此炔烃与烯烃相似，也可以受亲电试剂的进攻进行一系列亲电加成反应，但不如双键活泼。常见的亲电试剂（electrophile）有卤素、卤化氢、硫酸及一些无机酸等。

4.5.2.1　与卤素加成

烯烃容易与卤素进行加成反应，生成邻二卤化物：

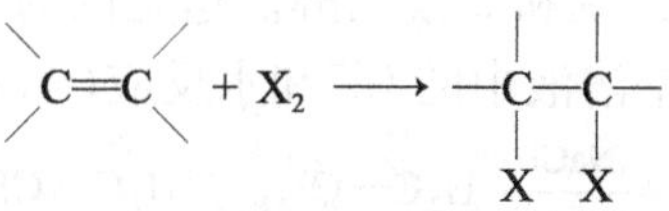

与烷烃的卤代反应不同，烯烃与卤素的反应不需要光照或其他催化剂，而且也没有卤化氢生成，属于加成反应，通常在室温即可顺利进行。例如，将乙烯通入溴的四氯化碳溶液中即可生成 1，2-二溴乙烷。这个反应可使溴的红棕色褪去，现象非常明显，实验室和工业上常利用此反应来鉴别烯烃。

$$H_2C{=}CH_2 + Br_2 \xrightarrow{CCl_4} \underset{Br}{H_2C}{-}\underset{Br}{CH_2}$$

1,2–二溴乙烷

卤素中,氟与烯烃的加成过于剧烈,往往导致碳链的断裂,生成含碳原子数较少的化合物;碘与烯烃很难反应。所以,烯烃与卤素的加成通常是指与氯和溴的加成,且与氯的反应速率比溴快。卤素与烯烃加成活性顺序为 $F_2>Cl_2>Br_2>I_2$。

例如,工业上制备1,2-二氯乙烷时,采用既加催化剂(如三氯化铁)又加溶剂(如无水1,2-二氯乙烷)稀释的方法,使反应顺利进行而不过于猛烈。

$$H_2C{=}CH_2 + Cl_2 \xrightarrow[40℃,\ 0.2\ MPa]{FeCl_3} \underset{Cl}{H_2C}{-}\underset{Cl}{CH_2}$$

1,2-二氯乙烷

在上述烯烃与溴的加成反应中,虽然可以不要催化剂,但如果没有极性条件,反应进行却不容易。例如,烯烃与溴水的反应在室温下就可迅速发生,而将干燥的乙烯通入溴的无水四氯化碳溶液,反应很难进行;但当加入一滴水后,反应立即发生,溴的颜色褪去;该反应若在玻璃容器中能顺利进行,但若玻璃容器内壁涂了石蜡则反应进行困难。这些结果说明溴与乙烯的加成反应是受水和玻璃等极性物质的影响的。一般认为溴与烯烃的反应历程是共价键异裂的离子型加成反应,分两步进行,反应机理可表示如下:

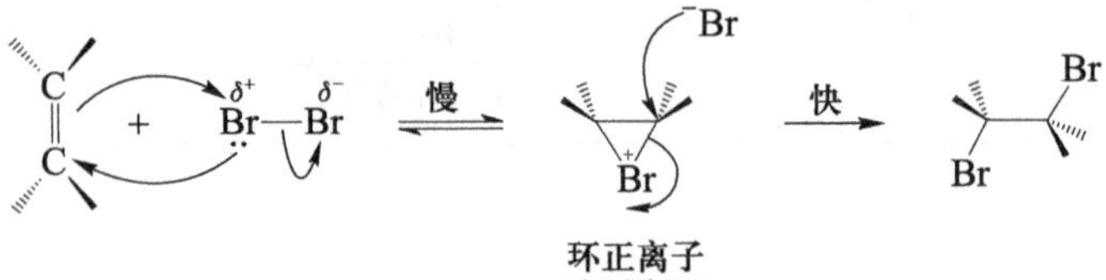

反式加成产物

环正离子
(溴鎓离子)

第一步,当溴分子与烯烃接近时,烯烃分子中的 π 电子诱使溴分子发生极化,其中一个溴原子带部分正电荷,另一个溴原子带部分负电荷。受极化的溴分子以 $Br^{\delta+}$ 与烯烃 π 电子结合,生成一个环正离子,称为溴鎓离子(bromonium ion),同时,溴分子发生异裂产生溴负离子。在这一步反应中,烯烃分子中 π 键的断裂及溴分子中 σ 键的断裂都需要能量,反应速率较慢,是整个反应的决速步骤。

第二步,溴鎓离子不稳定,体系中的溴负离子从环正离子的背面进攻,三元环开裂形成反式加成产物(*anti*–addition),这步反应速率较快。

这样的两步反应的历程可以通过实验证明。如将乙烯通入含氯化钠的溴水中,除主要生成1,2-二溴乙烷外,还生成1-溴-2-氯乙烷和2-溴乙醇。这是因为在反应的第二步,带正电荷的溴鎓离子既能与 Br^- 反应;也能与氯化钠溶液中的 Cl^- 和水反应(与水反应后失去一个质子)。

$$H_2C{=}CH_2 + Br_2 \xrightarrow[H_2O]{NaCl} \underset{Br}{H_2C}{-}\underset{Br}{CH_2} + \underset{Br}{H_2C}{-}\underset{Cl}{CH_2} + \underset{Br}{H_2C}{-}\underset{OH}{CH_2}$$

同时,产物中并无1,2-二氯乙烷,而且当没有溴存在时,氯化钠水溶液并不与烯烃反应。这说明反应不但是分步进行的,而且先加到双键上的是溴正离子,然后 Br^- 加到乙烯双键的另一端。

烯烃与溴加成生成溴鎓离子和反式加成的反应历程可以通过以下的立体化学实验得到证实。

如顺-2-丁烯与溴的加成反应在排除烯烃异构化的条件下进行，只得到一对等物质的量的对映体。这是因为形成的环状结构中间体，既阻止了环绕碳碳单键的自由旋转，同时也限制了 Br^- 只能从三元环的反面进攻。由于 Br^- 进攻两个碳原子的机会均等，因此得到的是外消旋体。

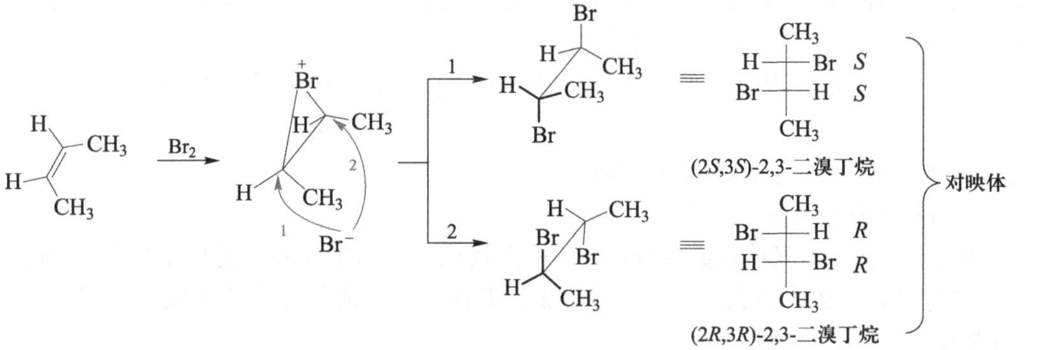

如果是反-2-丁烯与溴加成，其实验结果则生成了内消旋体，也同样说明它们是按生成环状中间体的机理进行反式加成的。

反-2-丁烯与溴加成的反应机理

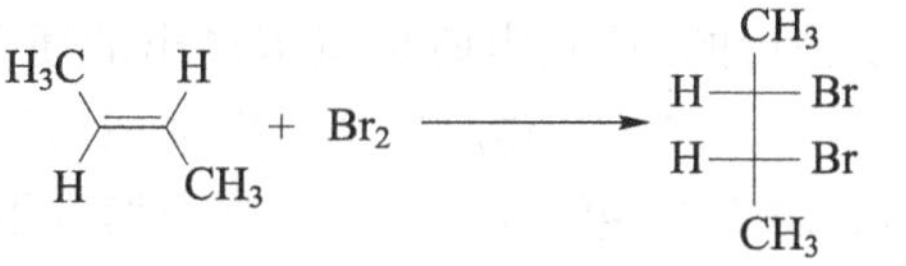

再如，环戊烯与溴加成，主要产物构型为反式（一对对映体），只能是形成环状溴鎓离子，然后溴负离子从背面进攻的结果。

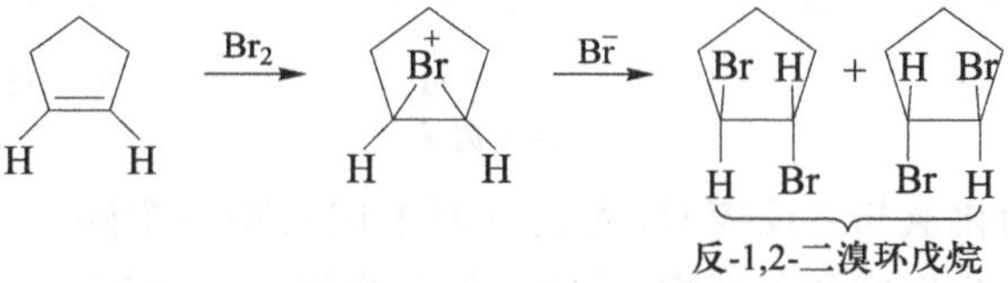

氯与某些烯烃的加成也证明为反式加成，但并不是所有的烯烃的亲电加成都生成鎓离子，也并不都是反式加成。

炔烃分子中含有碳碳三键，与氯可以进行亲电加成反应，一般既要加催化剂，又要在溶剂稀释或充氮情况下进行，以防反应进行过于猛烈。反应可以加一分子氯，在氯过量情况下可以加两分子氯。炔烃与溴同样也可以进行加成反应，因此与烯烃相似，也可以用溴的四氯化碳溶液褪色以检验碳碳三键的存在。碘与炔烃加成比较困难，乙炔通常只能加一分子碘而生成 1,2-二碘乙烯。例如：

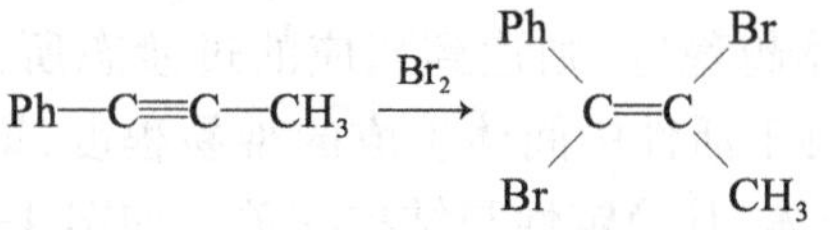

从表面上看，炔烃分子中含有两个活泼的 π 键，应该比烯烃活泼。但事实上烯烃可使 Br_2

的 CCl_4 溶液立即褪色，而炔烃则需要几分钟后才能使之褪色（通常需要催化剂），表明炔烃与溴的反应比烯烃慢，三键的亲电加成不如双键活泼。这是由于一方面，三键比双键键长短（0.134～0.120 nm），反映了在碳碳三键之间电子概率密度较大，p 轨道有较大的重叠，因而三键中的 π 键较难打开进行加成；另一方面，sp 杂化碳原子的电负性比 sp^2 杂化碳原子的电负性大，因此电子与 sp 杂化碳原子结合得更为紧密。碳碳三键虽然比碳碳双键多一个 π 键，却不容易提供电子与亲电试剂结合，因此炔烃的亲电加成反应比烯烃慢。例如，当分子中既有三键又有双键，在加卤素时，优先加到双键上，而三键仍可保留。

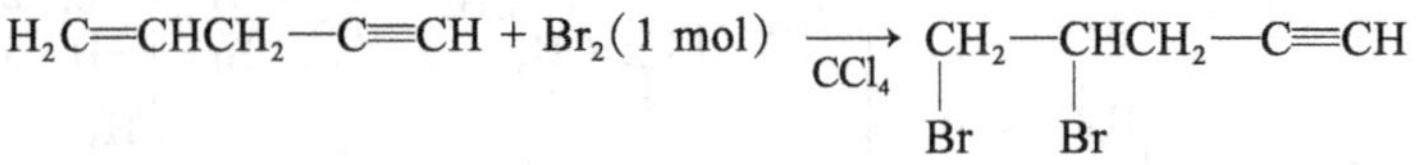

4.5.2.2　与卤化氢加成（不对称加成规则）

1. 不对称加成及规则

烯烃可以与卤化氢气体加成生成相应的一卤代烷。浓的氢卤酸也能和烯烃发生加成反应，其中，氢碘酸最容易加成，氢溴酸次之，浓盐酸则需在氯化铝的催化下才能反应，表明它们的反应活性顺序为 HI>HBr>HCl。例如：

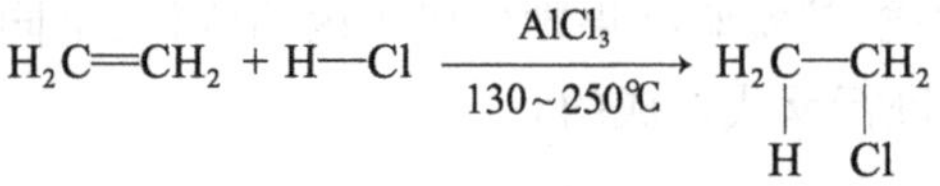

烯烃与卤化氢的反应也是分两步进行的，首先由卤化氢解离出的质子进攻烯烃，生成碳正离子中间体，然后卤素负离子与之结合生成加成产物。这个亲电加成历程跟烯烃与卤素加成所不同的是第一步进攻的是质子，不形成鎓离子，第二步 X^- 的进攻当然也不一定要反式加成。其中，第一步是整个反应的决速步骤。

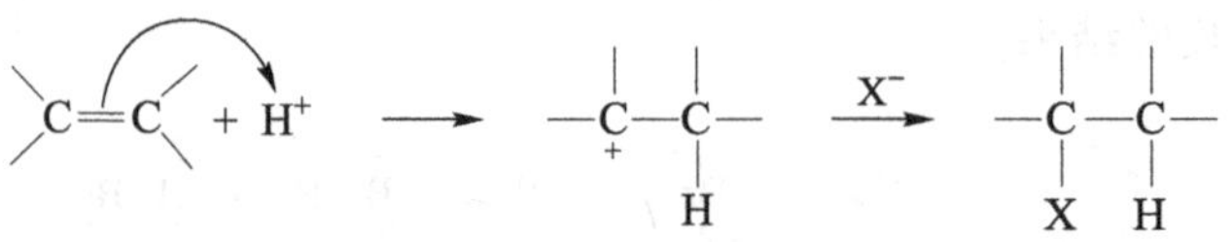

碳正离子

乙烯是对称分子，卤化氢与之反应时，无论氢原子加在哪一个碳原子上，产物都是相同的。而丙烯与卤化氢加成时，会生成两种产物，其中主要产物为2-溴丙烷。

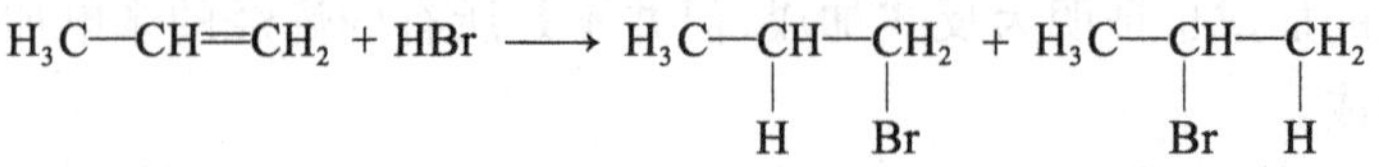

1-溴丙烷　　2-溴丙烷（主要产物）

这是由于 HBr 与丙烯反应时形成两种碳正离子中间体（ⅰ）和（ⅱ）。

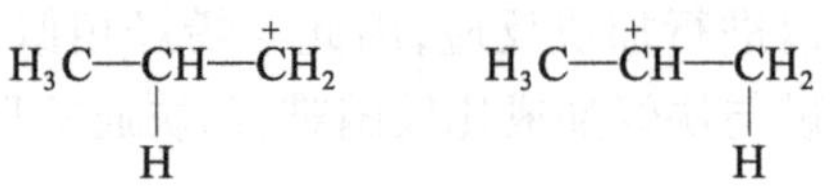

（ⅰ）　　（ⅱ）

一般地，反应的活性中间体越稳定，则达到相应的过渡态所需要的活化能越低，越容易生成，而加成反应的方向往往取决于活性中间体生成的难易程度，即活化能的高低。碳正离子是烯烃与卤化氢反应的活性中间体，其稳定性与结构有关。如图4-9所示，碳正离子是平面型结构，中心碳原子采取 sp^2 杂化，三个 sp^2 杂化轨道与其他原子或基团形成的三个 σ 键处于同一个平面上，带正电荷的p 轨道则垂直于这个平面。

根据静电学，一个带电荷体系的稳定性取决于其电荷的分布，电荷越分散，体系越稳定。烷基的超共轭效应使其表现出给电子超共轭效应，当烷基与碳正离子的中心碳原子相连时，这种给电子性可以使其正电荷得到分散。显然，中心碳原子所连的烷基越多，正电荷分散程度越高，相应碳正离子越稳定，如 3° 碳正离子 $(CH_3)_3C^+$，有 9 个 σ-p 共轭作用，稳定性很高。一般地，碳正离子的稳定性次序为 3°>2°>1°>$\overset{+}{C}H_3$。

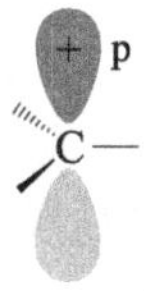

图 4-9 碳正离子的结构

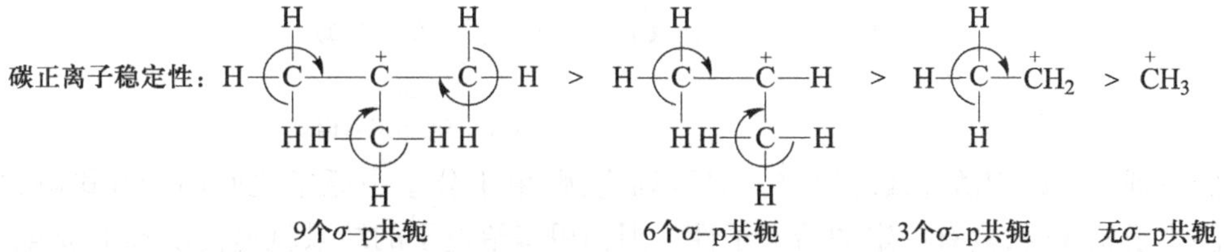

所以，丙烯与卤化氢反应时，产生两种碳正离子，其中，(ⅰ)是 1°碳正离子，(ⅱ)是 2°碳正离子，(ⅱ)比(ⅰ)稳定，相应所需的活化能较低，因此(ⅱ)比(ⅰ)更容易生成，反应速率也相应较大，因此丙烯与卤化氢反应时主要经过中间体(ⅱ)，加成产物以 2-溴丙烷为主，如图 4-10 所示。

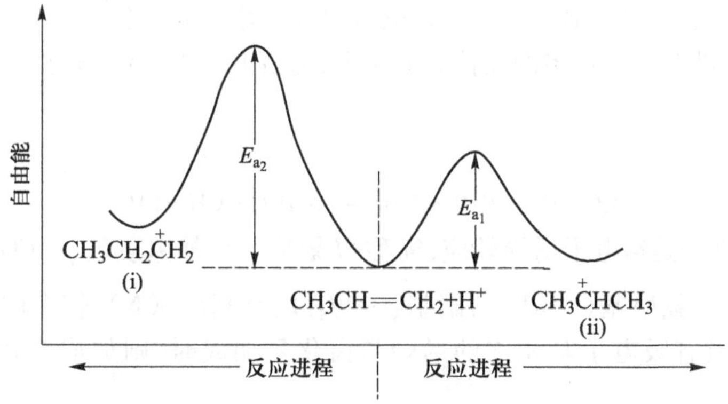

图 4-10 活性中间体与反应的取向

根据大量的实验结果，俄国化学家马尔科夫尼科夫(Markovnikov V)总结出一条规则，即当不对称烯烃与氯化氢等极性试剂进行加成反应时，氢总是加到含氢较多的双键碳原子上，而氯(或其他原子或基团)则加到含氢较少或不含氢的双键碳原子上。这是一条经验规则，称为不对称加成规则，也叫 Markovnikov 规则，简称马氏规则。利用这条规则可以预测很多加成反应的主要产物，其本质是形成更稳定的碳正离子中间体。例如：

$$CH_3CH_2CH{=}CH_2 + HBr \xrightarrow{\text{醋酸}} CH_3CH_2\underset{\substack{|\\ Br}}{C}HCH_3$$

80%

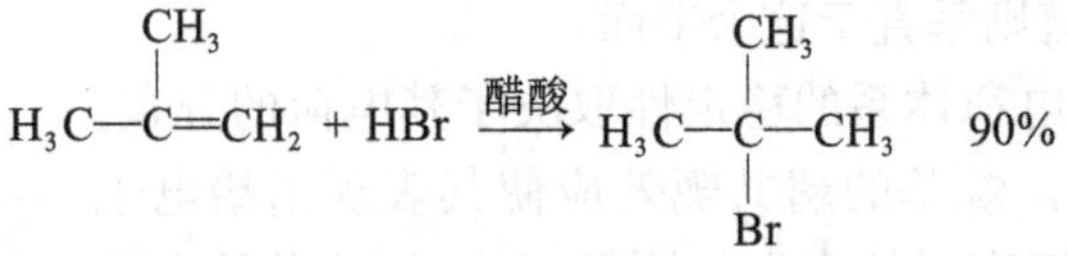

因此,对马氏规则可以更确切地概述如下:当不对称烯烃与极性试剂加成时,亲电试剂中的正离子(或带有部分正电荷的部分)加到带有部分负电荷的双键碳原子上,而试剂中的负离子(或带有部分负电荷的部分)则加到带有部分正电荷的双键碳原子上。这个规则对不含氢原子的加成试剂也适用,具有更普遍的意义。例如:

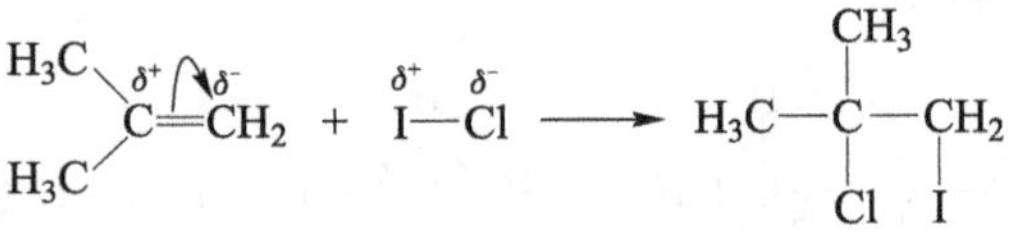

2-氯-1-碘-2-甲基丙烷

马氏规则也可以用诱导效应解释。以丙烯为例,由于分子中原子之间的相互影响,当甲基与双键碳原子相连时,具有一定的给电子性。因为甲基给电子的结果就迫使双键上 π 电子云向双键的另一端偏移,双键发生极化。这样,离甲基较远的双键碳原子上具有较高的电子概率密度,带有部分负电荷:

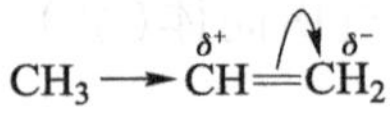

在与卤化氢等极性试剂加成时,质子首先加到双键一端带有部分负电荷的碳原子上,而卤素负离子(或其他负离子)则加到带有部分正电荷的双键另一端碳原子上。这样,丙烯与 HBr 反应中,氢首先加在双键上含氢较多的端位碳原子上,随后 Br^- 加在含氢较少的双键碳原子上,得到 2-溴丙烷。

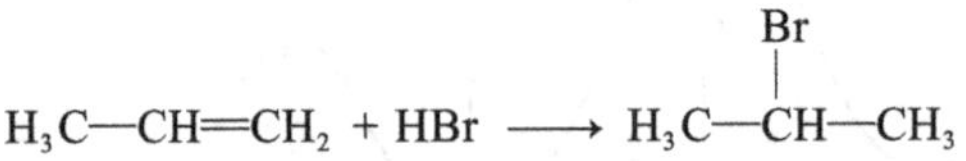

这里烷基所表现的是给电子诱导效应,简称 $+I$ 效应。另外像羧基(—COOH)、三甲氨基正离子($—\overset{+}{N}(CH_3)_3$)、三氟甲基($—CF_3$)、硝基($—NO_2$)、氰基(—CN)等属于吸电子诱导效应,简称 $-I$ 效应。对于具有吸电子基相连的烯烃与卤化氢加成时,则加成产物为反马氏规则产物。例如:

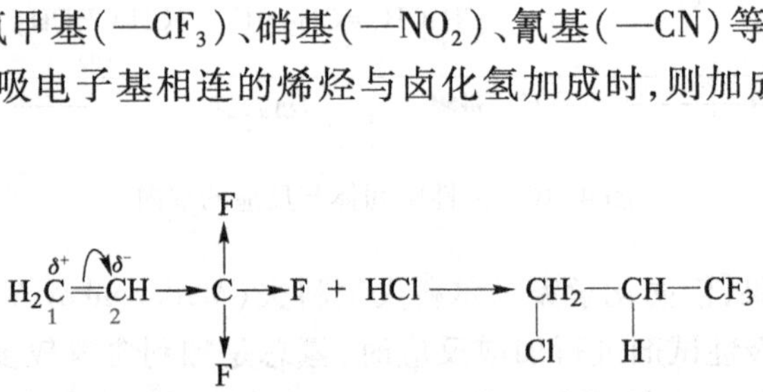

由于 $—CF_3$ 的吸电子作用,使电子向 $—CF_3$ 方向移动,同时双键上的 π 电子也向 C-2 方向移动,这样使得双键上电子分布不均匀,其中 C-2 带部分负电荷,而 C-1 则带部分正电荷。在与 HCl 加成时,H^+ 先与 C-2 结合,X^- 再与 C-1 结合,得到反马氏规则产物。

该反应也可以从形成碳正离子的稳定性来解释,质子(H^+)与 C-1 结合生成的碳正离子(ⅰ),由于 CF_3 的强吸电子作用,使其稳定性没有 H^+ 与 C-2 结合生成的碳正离子(ⅱ)稳定(吸电子基离带正电荷的碳原子越远越稳定)。

稳定性：　$H_3C-\overset{+}{C}H-CF_3 < H_2\overset{+}{C}-CH_2-CF_3$

(i)　　(ii)

若烯烃双键碳原子直接与卤素(X)相连，即使卤素原子的总电子效应是吸电子的(吸电子诱导效应大于给电子共轭效应)，但加成产物仍符合马氏规则。例如：

$$H_2C{=}CH-Cl + HCl \longrightarrow H_3C-\underset{}{CH}(Cl)-Cl$$

加成反应的取向可以用碳正离子的稳定性来解释：

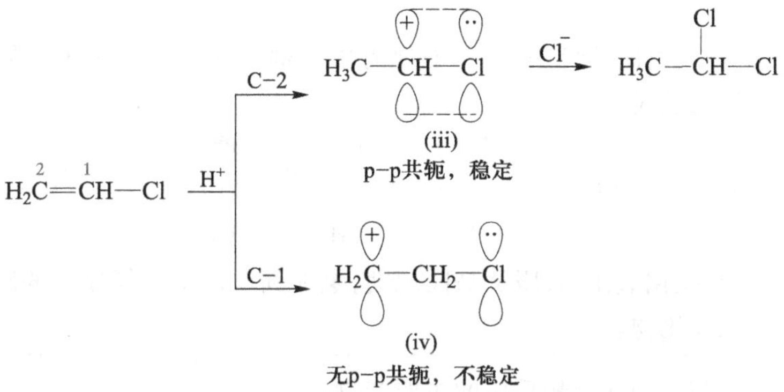

当质子(H^+)与 C-2 结合形成碳正离子(iii)，由于该碳正离子中带正电荷的 p 轨道与氯原子中带孤电子的 p 轨道相邻，它们可以从侧面交盖发生 p-p 共轭，使碳正离子中的正电荷得到分散，使得碳正离子(iii)稳定。而当 H^+ 与 C-1 结合时形成碳正离子(iv)，由于该碳正离子与氯原子中的孤电子对不能形成 p-p 共轭，所以该碳正离子不稳定。

若烯烃双键碳原子直接与含 O、N 等原子的基团相连，加成产物也符合马氏规则。例如：

$$H_2C{=}CH-OCH_3 + HBr \longrightarrow H_3C-CH(Br)-OCH_3$$

某些烯烃与卤化氢的加成出现一些特殊的现象，例如，3,3-二甲基-1-丁烯与氯化氢的加成反应，预期的产物 3-氯-2,2-二甲基丁烷生成的量很少，主要得到的是 2-氯-2,3-二甲基丁烷：

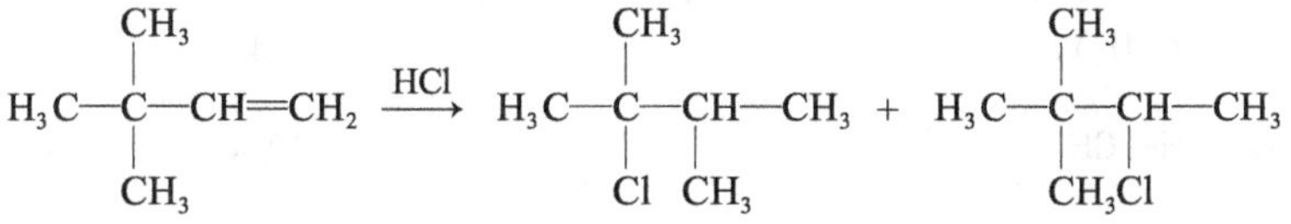

3,3-二甲基-1-丁烯　　2-氯-2,3-二甲基丁烷 83%(主)　　3-氯-2,2-二甲基丁烷 17%(次)

将原料与产物进行比较，可以发现主要产物中甲基的位置发生了变化，怎样解释这种现象呢？分析反应历程，可以找到合理的解释。反应中第一步是质子加到 C-1 上形成 2°碳正离子，接着与碳正离子相邻的 C-3 上的甲基受到正电荷的吸引，带着一对键合电子迁移到 C-2 上，自身(C-3)形成一个新的 3°碳正离子。最后新的 3°碳正离子与氯离子结合形成主要产物 2-氯-2,3-二甲基丁烷。

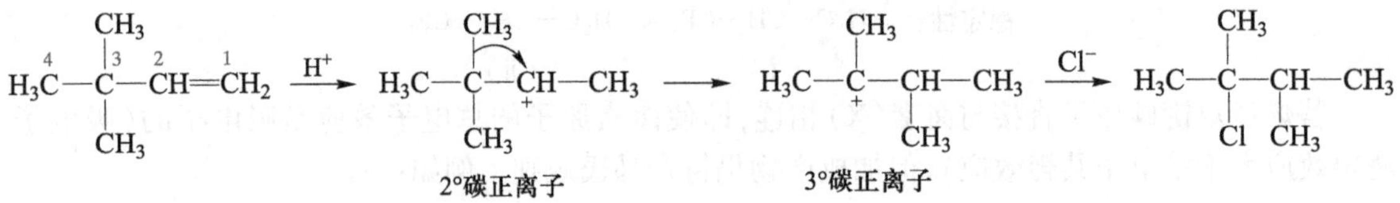

这种邻近原子之间的迁移称为1,2-迁移(1,2-shift),也是最常见的迁移。通常把基团的迁移称为重排(rearrangement)。一般在生成碳正离子中间体的反应中,经常有重排发生。重排的原因是,反应要经过一个碳正离子中间体,而一个较不稳定的碳正离子总是倾向于转变为一个更稳定的碳正离子。

炔烃与卤化氢的加成也比烯烃困难,一般要有催化剂存在。如炔在汞盐的催化下,与一分子氯化氢反式加成,生成氯代烯烃。例如:

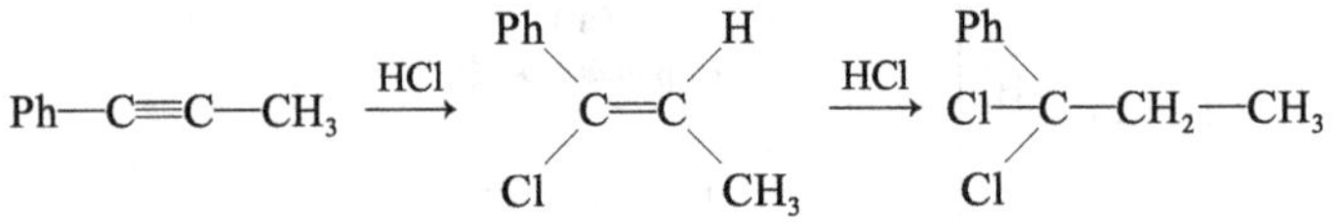

氯代烯烃若继续与氯化氢作用,服从马氏规则,氢加到双键中含氢较多的碳原子上,生成同碳二氯代物,也称偕二卤化物。

问题4-5　写出HBr与下列化合物反应的主要产物:

(1) $CH_3CH_2CH{=}CH_2$　(2) $(CH_3)_2C{=}CHCH_3$　(3) $H_2C{=}CH{-}\overset{+}{N}(CH_3)_3$

(4) $H_2C{=}CH{-}OCH_3$　(5) $F_3C{-}CH{=}CHCl$　(6) $H_2C{=}CHCOOH$

2. 亲电加成反应活性

一般来说,若双键碳原子连有给电子基越多时,π电子云变形程度(极化)越大,有利于亲电试剂进攻,反应活性增加,反应加速;若连有吸电子基时,则相反,使反应速率减慢;当连有更多的强吸电子基时(如 $CF_2{=}CF_2$),甚至不发生亲电加成。烯烃与溴的加成反应的相对速率如表4-3所示:

表4-3　烯烃加溴的相对速率

烯烃及其衍生物	相对速率
$(CH_3)_2C{=}C(CH_3)_2$	14
$(CH_3)_2C{=}CH{-}CH_3$	10.4
$(CH_3)_2C{=}CH_2$	5.53
$CH_3HC{=}CH_2$	2.03
$H_2C{=}CH_2$	1.00
$H_2C{=}CH{-}Br$	0.04

问题 4-6 请按照下列化合物与氢碘酸发生加成反应时的速率从高到低排序。

(1) 丙烯 (2) 乙烯 (3) 氯乙烯 (4) 甲基乙烯基醚($CH_3O-CH=CH_2$)

---

3. 过氧化物效应

不对称烯烃与溴化氢的加成取向一般遵循马氏规则,但在光照或有过氧化物(ROOR)存在时,加成方向是反马氏规则的,这种现象是1933年Kharasch M S(卡拉斯)等发现的,称为过氧化物效应或Kharasch效应。例如:

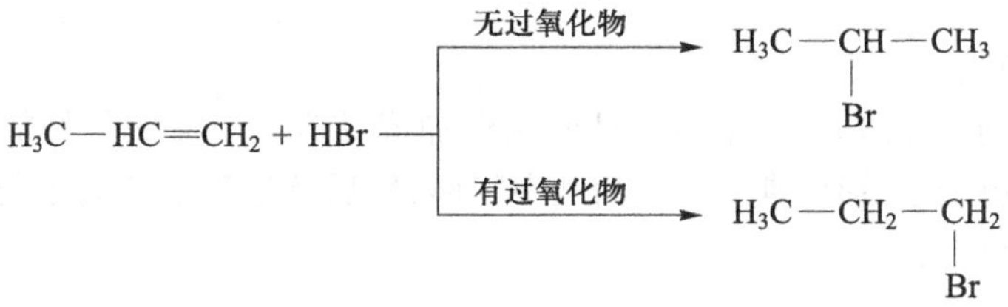

这种"反常"现象是由于过氧化物的存在而引起的。过氧化物一般指含有—O—O—键的化合物,有机过氧化物通常指过氧化氢中的一个或两个氢原子分别被有机基团取代后的产物。它容易受热分解而产生自由基,从而引发自由基加成反应。以丙烯为例,不对称烯烃与溴化氢的自由基加成历程可以表示如下:

链引发:

$R-O-O-R \longrightarrow 2RO\cdot$

$R-O\cdot + H-Br \longrightarrow R-OH + Br\cdot$

链传递:

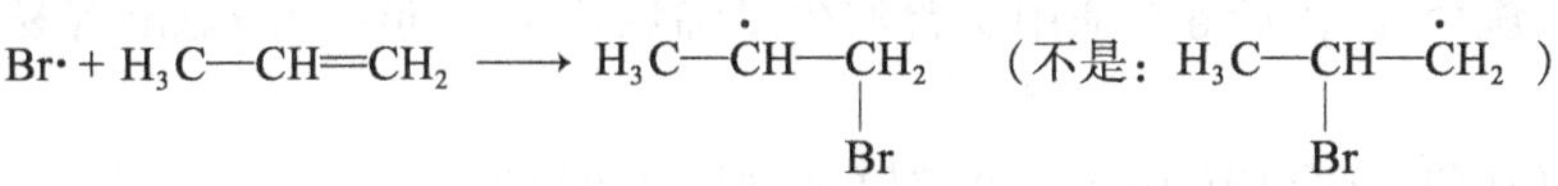

(i) (ii)

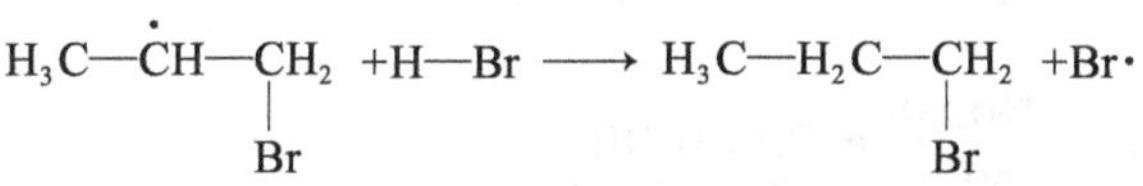

(i)

链终止:(省略)

在这个自由基加成历程中,首先进攻的不是氢质子而是溴原子(自由基)。由于溴原子加到丙烯双键的亚甲基上所形成的活性中间体——仲碳自由基(i)比溴原子加到次甲基上所形成的伯碳自由基(ii)更稳定,所以,由于过氧化物的存在,丙烯与溴化氢的加成得到的主要产物是1-溴丙烷。

当有过氧化物存在时,溴化氢与炔烃的加成反应也同样是按自由基加成反应历程进行的,因此也是遵循反马氏规则的。

过氧化物效应一般限于溴化氢。因为氯化氢产生氯原子(自由基)比较困难,而碘化氢虽然容易生成碘原子,但其活性不足以与双键或三键进行自由基加成。因此,氯化氢和碘化氢与不对称烯烃的加成一般不存在过氧化物效应。

问题4-7　补充下列反应条件：

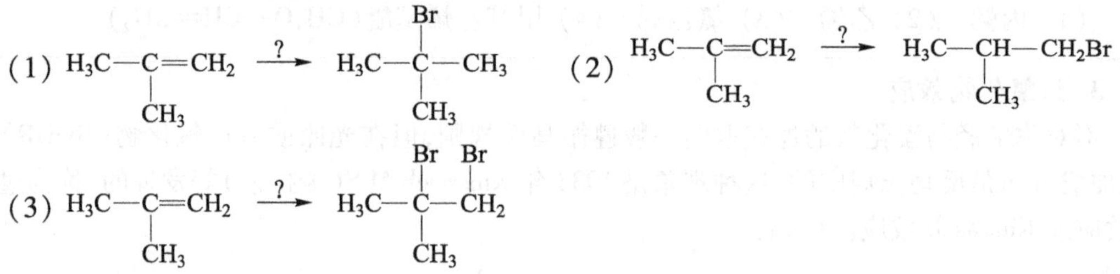

4.5.2.3　与硫酸加成

将乙烯通入冷的浓硫酸时，发生离子型的亲电加成反应。与卤化氢的加成相似，质子首先加到双键一端的碳原子上，形成碳正离子活性中间体，然后硫酸氢根负离子与碳正离子结合，生成烷基硫酸氢酯。例如：

$$H_2C{=}CH_2 + HOSO_2OH \longrightarrow H_2\overset{+}{C}{-}CH_3 + {}^{-}OSO_2OH$$

$$H_3C{-}\overset{+}{C}H_2 + {}^{-}OSO_2OH \longrightarrow \underset{\text{硫酸氢乙酯}}{CH_3CH_2OSO_2OH}$$

硫酸是二元酸，有两个活泼的氢原子，在一定条件下，也可以与两分子乙烯进行加成，而生成硫酸二乙酯。

$$H_2C{=}CH_2 + HOSO_2OH + H_2C{=}CH_2 \longrightarrow \underset{\text{硫酸二乙酯}}{CH_3CH_2OSO_2OCH_2CH_3}$$

由于烷烃一般不与硫酸反应，而烯烃与冷硫酸反应生成的烷基硫酸氢酯可以溶于硫酸，因此上述反应也可用于除去烷烃、卤代烃等物质中所含的少量烯烃杂质。同时硫酸氢酯容易水解而生成相应的醇。

$$CH_3CH_2OSO_2OH + H_2O \longrightarrow CH_3CH_2OH + HOSO_2OH$$

烯烃加硫酸而后水解的总结果是烯烃的双键上加上了一分子的水，得到醇。

$$H_2C{=}CH_2 + H_2O \xrightarrow[90℃]{98\%H_2SO_4} \underset{\text{乙醇（伯醇）}}{CH_3CH_2OH}$$

这曾经是工业上生产低级醇的方法之一，称为烯烃间接水合法。再如：

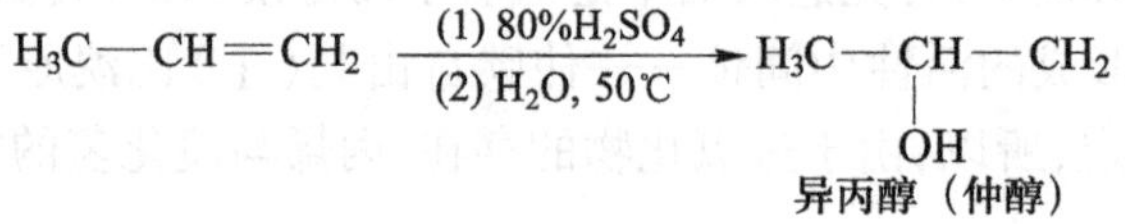

异丙醇（仲醇）

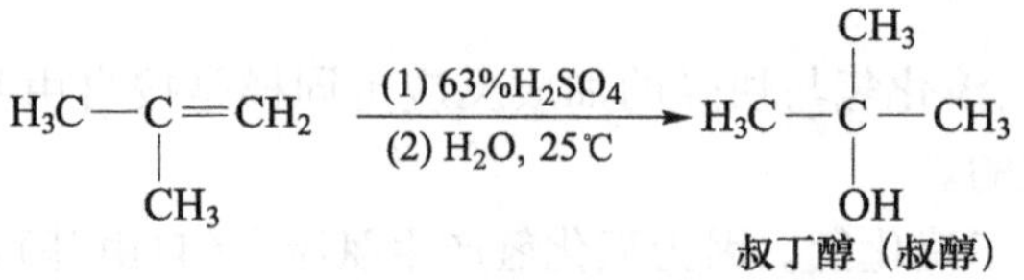

叔丁醇（叔醇）

显然，不对称烯烃与硫酸的加成反应，也符合马氏规则。从上述反应还可以看出，连接在双键碳原子上的甲基的给电子诱导效应，不仅使 π 电子云向双键中亚甲基方向偏移，主导亲电加成反应的取向按马氏规则进行，而且增加了双键碳原子之间的电子概率密度，活化了双键，更有利于亲电加成反应。因而，对硫酸的浓度和反应条件的要求，随着双键碳原子上连接的甲基数目的增加而趋于减弱。烯烃双键碳原子上连接的烷基越多，越容易与硫酸加成，即烯烃的反应活性越高。不同烯烃与水加成反应活性顺序（与其他亲电试剂的反应情况也类似）如下：

$$(CH_3)_2C{=}C(CH_3)_2 > (CH_3)_2C{=}CH(CH_3) > (CH_3)_2C{=}CH_2 > CH_3CH{=}CH_2 > CH_2{=}CH_2$$

4.5.2.4　与水加成

烯烃也可以在酸的催化作用下与水直接加成，而生成醇。例如：

$$H_2C{=}CH_2 + H_2O \xrightarrow[280\sim300℃,\,7\sim8\ MPa]{H_3PO_4} H_3C{-}CH_2{-}OH$$

常用的酸是硫酸或磷酸。不对称烯烃与水的加成也符合马氏规则。例如：

$$H_3C{-}HC{=}CH_2 + H_2O \xrightarrow[195℃,\,2\ MPa]{H_3PO_4} H_3C{-}\underset{\large OH}{\underset{|}{CH}}{-}CH_3$$

这是工业上生产乙醇和异丙醇最重要的方法之一，即烯烃直接水合法，产物遵循马氏规则。

炔烃与烯烃不同，在酸催化下直接水合一般是困难的，但如果在硫酸汞的硫酸溶液催化下，乙炔可以比较顺利地与水进行加成反应，反应结果生成乙醛。这个反应称为 Kucherov（库切洛夫）反应，也是工业上生产乙醛的方法之一。

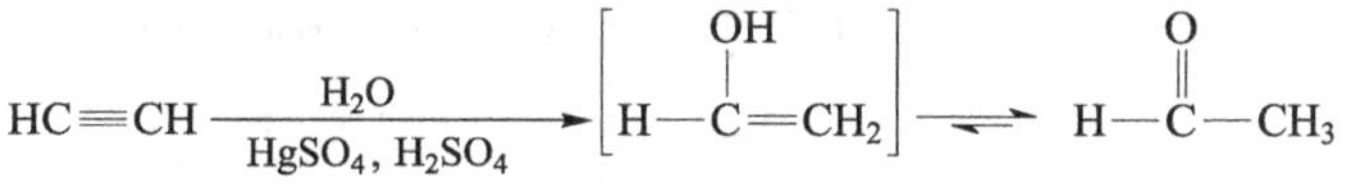

炔烃与水的加成也遵循马氏规则，碳碳三键上加一分子水后先生成一种不稳定的化合物——烯醇。烯醇分子中的羟基直接连在双键上，很不稳定，羟基上的氢原子作为质子转移到另一个双键碳原子上，而碳氧之间形成双键，即变为相应的酮式，这种转变称为烯醇式——酮式互变异构（keto-enol tautomerism）。

烯醇式　　　　醛(酮)式

炔烃加水的反应，只有乙炔可以得到乙醛，其他炔烃只能生成酮。例如：

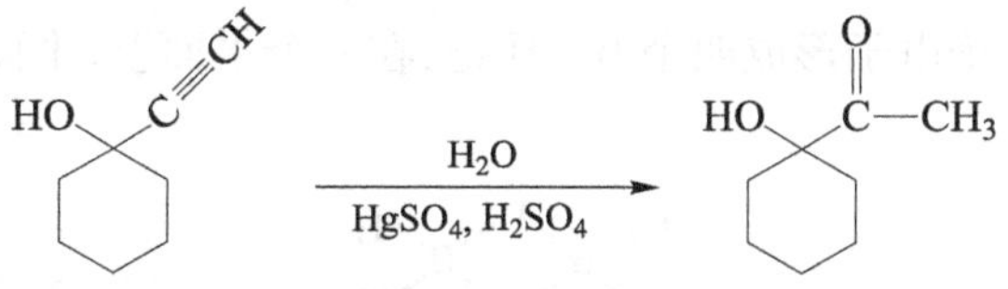

4.5.2.5　与次卤酸加成

烯烃与氯或溴的水溶液反应，可以生成β-卤代醇。例如：

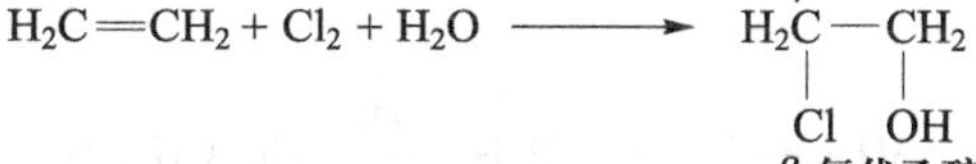

β-氯代乙醇

反应的结果相当于在烯烃分子上加了一个次卤酸分子，所以通常称为与次卤酸加成。

在有机化学中常把与官能团直接相连的碳原子称为α-碳原子，然后依次排列为β、γ、δ、…。作为醇，氯处于醇羟基的β-原子上，所以叫β-氯代乙醇。

由于次卤酸不稳定，在实际生产上，并不是先制得次卤酸，再与烯烃加成，而是直接用卤素和水代替次卤酸。这个反应经历了一个环状卤鎓离子中间体。第二步是水分子从环状卤鎓离子的背面进攻，形成氧鎓离子（羟基氧上的孤对电子结合质子形成的盐），再脱去质子生成卤代醇。

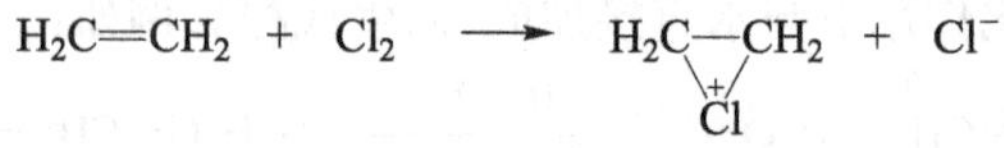

氯鎓离子

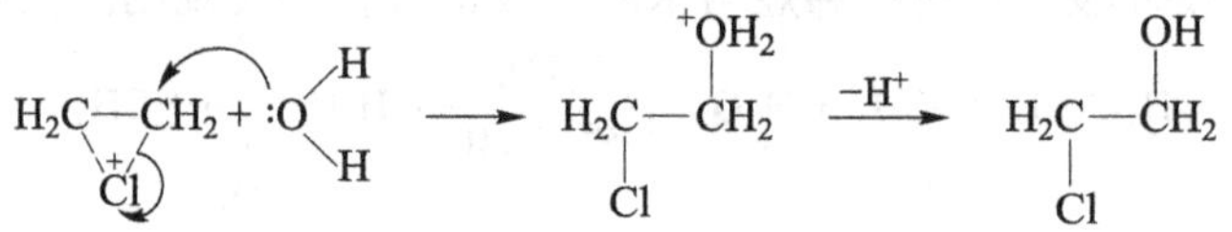

氯鎓离子

第二步，环状活性中间体也可能被溶液中的氯负离子进攻而产生副产物1，2-二氯乙烷。

不对称烯烃与次卤酸加成的解释

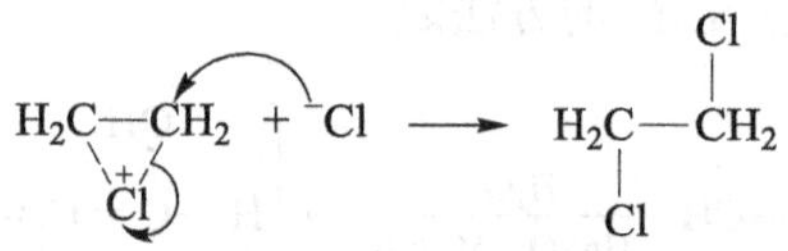

当不对称烯烃与次卤酸加成时，也遵从马氏规则。作为亲电试剂的氯首先加到双键中含氢较多的碳原子上，羟基则加到双键中含氢较少的碳原子上。例如：

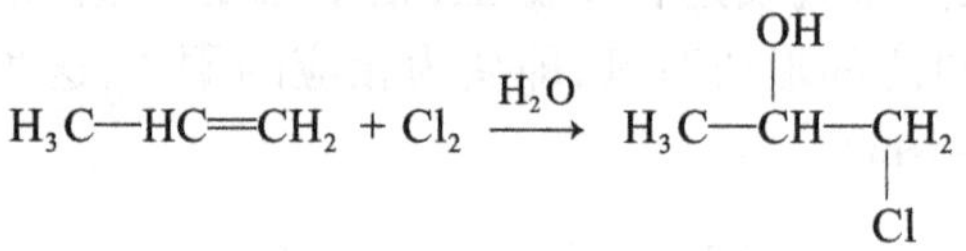

4.5.2.6　硼氢化-氧化反应

烯烃与硼烷加成生成三烷基硼烷的反应称为硼氢化反应（hydroboration）。甲硼烷（BH_3），由于分子中硼原子的价电子层只有6个电子，而不是8个，不稳定，故甲硼烷不能独立存在。乙硼烷（B_2H_6）是能独立存在的最简单的硼烷。乙硼烷为气体，无色，有毒，在空气中能自燃。乙硼烷共有12个电子，其中8个电子形成四个B—H键，在一个平面上，平面上下有两个三中心两电子键，如下所示：

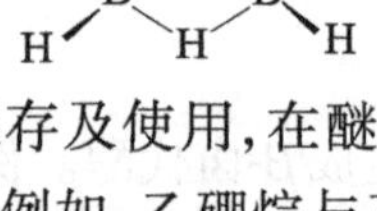

乙硼烷通常在乙醚、四氢呋喃中保存及使用，在醚中解离为甲硼烷-醚的络合物（$R_2O\rightarrow BH_3$），与烯烃能定量地进行加成反应。例如，乙硼烷与乙烯在0℃时，即可发生加成反应，生成三乙基硼。

$$3H_2C\!=\!CH_2 + \frac{1}{2}B_2H_6 \xrightarrow{0℃} (CH_3CH_2)_3B$$

反应是分步进行的，首先乙硼烷的一个硼氢键对一分子乙烯加成，当乙烯过量时，硼烷的第二个和第三个硼氢键进行类似的反应，最后生成三乙基硼。

$$H_2C{=}CH_2 + \frac{1}{2}(H{-}BH_2)_2 \longrightarrow CH_3CH_2{-}BH_2$$

$$H_2C{=}CH_2 + CH_3CH_2BH{-}H \longrightarrow (CH_3CH_2)_2BH$$

$$H_2C{=}CH_2 + (CH_3CH_2)_2B{-}H \longrightarrow (CH_3CH_2)_3B$$

与不对称烯烃加成时，硼原子加到含氢较多的双键碳原子上，氢原子加到含氢较少的双键碳原子上。从形式上看是违反了马氏规则，但如果从电子效应考虑，氢的电负性(2.2)比硼的电负性(2.0)略大，硼氢键的极化情况：

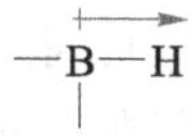

所以，在硼烷分子中，缺电子中心是硼原子，所以硼首先进攻电子概率密度较高的双键碳原子，即带有部分负电荷的、含氢较多的碳原子上，进而形成一个四元环的过渡态，氢原子随后由硼迁移到另一个双键碳原子上。这个加成取向从本质上也是符合马氏规则的，而且，硼原子和氢原子是从碳碳双键的同一侧加到两个双键碳原子上的，这种加成方式称为顺式加成。

硼氢化反应机理

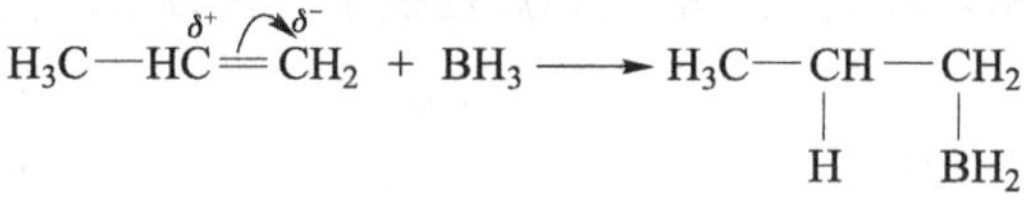

烯烃经硼氢化的产物烷基硼，若用过氧化氢的氢氧化钠水溶液处理，则被氧化同时水解而生成醇。例如：

$$(CH_3CH_2)_3B \xrightarrow[NaOH,H_2O]{H_2O_2} 3CH_3CH_2OH + H_3BO_3$$

$$(CH_3CH_2CH_2)_3B \xrightarrow[NaOH,H_2O]{H_2O_2} 3CH_3CH_2CH_2OH + H_3BO_3$$

烯烃的硼氢化反应及烷基硼烷在碱性条件下氧化水解反应联合起来称为硼氢化-氧化反应，总的结果是得到醇。但要注意，这里水合的氢和羟基不是来源于水分子，而是分别来自硼烷和过氧化氢分子。反应的特点是顺式加成，产物醇从形式上看是反马氏规则产物。所以，这个烯烃间接水合制备醇的方法是直接水合反应的重要补充。

对于双键两个碳原子上均有烷基取代的烯，加成位置无选择性，可以得到大约等物质的量的两种异构体；对于有位阻的分子，加成反应有立体选择性。例如：

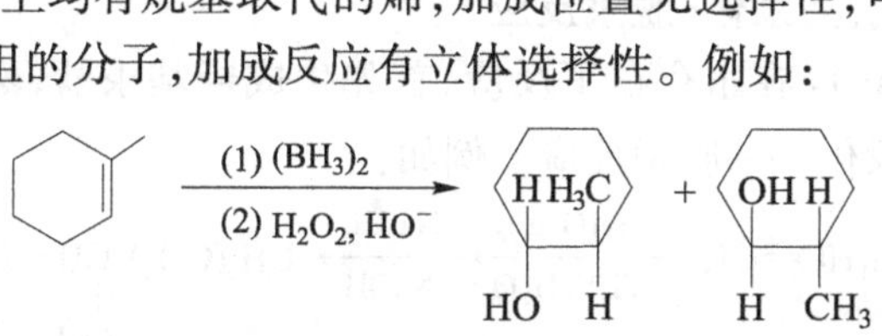

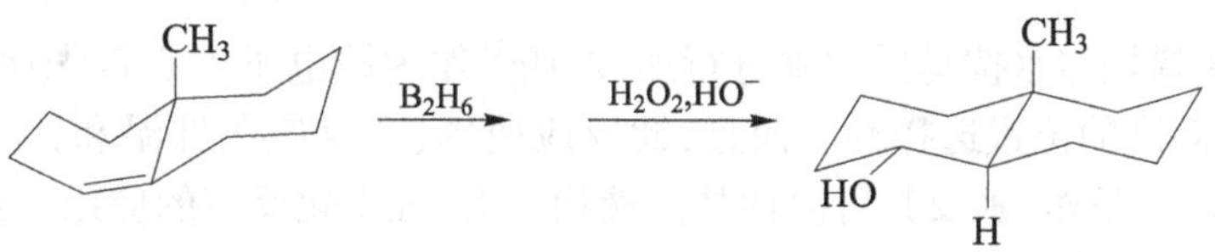

烷基硼和羧酸(RCOOH)作用生成烷烃，该反应称为烷基硼的还原反应。例如：

$$(CH_3CH_2CH_2)_3B+3RCOOH \longrightarrow 3CH_3CH_2CH_3+B(OCOR)_3$$

该反应与烯烃的硼氢化反应结合在一起，总称为硼氢化-还原反应，是将烯烃还原成烷烃的一种方法。例如：

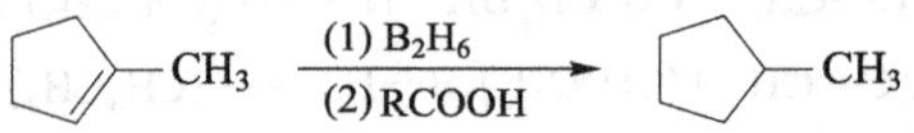

炔烃与硼烷也反应，先生成烯基硼，再经过烯醇中间体，最后生成产物醛或酮。例如：

$$R—C\equiv CH \xrightarrow{B_2H_6} (RCH=CH)_3B \xrightarrow[OH^-]{H_2O_2} \left[\begin{matrix} \quad OH \\ RCH=CH \end{matrix}\right] \rightleftharpoons RCH_2CHO$$

由于硼氢化反应在形式上是反马氏规则的，因此同汞盐存在下的直接水合不同，只要是三键在端位的炔烃，最后产物就是醛。而汞盐存在下的直接水合只有乙炔可以得到醛，其他炔烃都只生成酮。例如：

$$H_3C—\overset{O}{\overset{\|}{C}}—CH_3 \xleftarrow[HgSO_4,\ H_2SO_4]{H_2O} H_3C—C\equiv CH \xrightarrow[(2)\ H_2O_2,\ ^-OH]{(1)\ B_2H_6} CH_3CH_2CHO$$

炔烃与乙硼烷反应先生成烯基硼，烯基硼再与羧酸反应生成 Z 构型烯烃，该反应称为炔烃的硼氢化-还原反应，它为从炔烃转化为顺式烯烃提供了一种方法。例如：

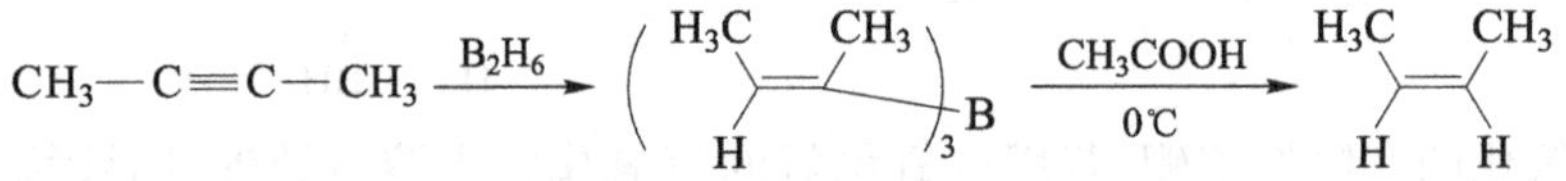

问题 4-8　完成下列反应：

(1) 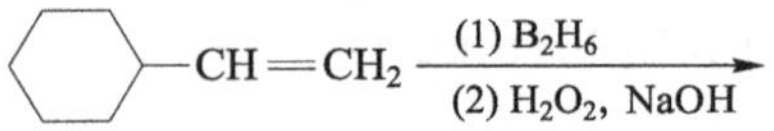

(2) 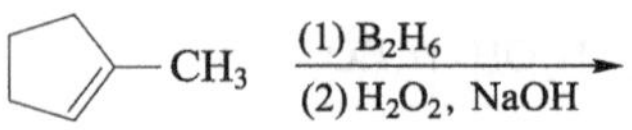

(3) $CH_3C\equiv CH \xrightarrow[(2)\ H_2O_2,NaOH]{(1)\ B_2H_6}$

(4) $CH_3CH_2C\equiv CCH_3 \xrightarrow[(2)\ CH_3COOH,0℃]{(1)\ B_2H_6}$

4.5.2.7　与醋酸汞的加成：羟汞化-脱汞反应

烯烃和醋酸汞 $Hg(OAc)_2$ 在水存在下反应，首先生成羟基汞盐，然后用硼氢化钠还原脱汞生成醇，这类反应称为羟汞化——脱汞反应。例如：

$$CH_3(CH_2)_3HC=CH_2 \xrightarrow[THF,H_2O]{Hg(OAc)_2} \xrightarrow[NaOH]{NaBH_4} CH_3(CH_2)_3\underset{OH}{\underset{|}{CH}}—CH_3 + Hg$$

此反应相当于烯烃与水按马氏规则进行加成，Hg^{2+} 作为缺电子中心首先加到取代较少的碳原子上，反应具有高度的位置选择性。而且，此反应速率快，反应条件温和，无重排产物且产率高(通常高于 90%)。虽然，汞及其可溶性盐溶液均有毒，羟汞化反应的应用受到一定的限制，但该反应仍然是实验室制备醇的一种有效方法。

另外，如果是一个烯基醇发生羟汞化——脱汞反应，就可以实现分子内关环，得到相应结构的醚。例如：

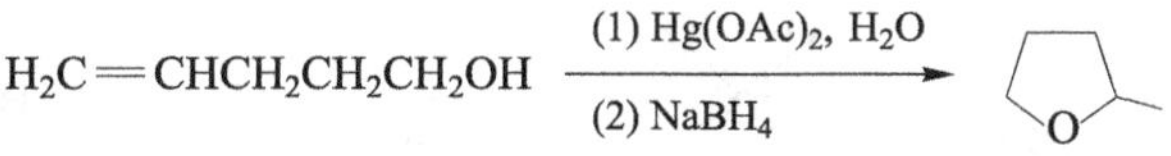

4.5.3　氧化反应

碳碳双键和三键的活泼性还表现为容易被氧化。氧化产物因氧化剂和氧化条件的不同而不同。氧化时不仅 π 键可以打开，当条件强烈时，σ 键也可以断裂。

4.5.3.1　高锰酸钾（$KMnO_4$）或四氧化锇（OsO_4）氧化

烯烃很容易被高锰酸钾氧化，氧化产物取决于反应条件。在酸性或加热条件下用高锰酸钾进行氧化，烯烃分子均在碳碳双键处断裂：链端的 $=CH_2$ 基团被氧化成二氧化碳；$=CHR$ 基团被氧化后生成羧酸；$=CR_2$ 被氧化后生成酮。例如：

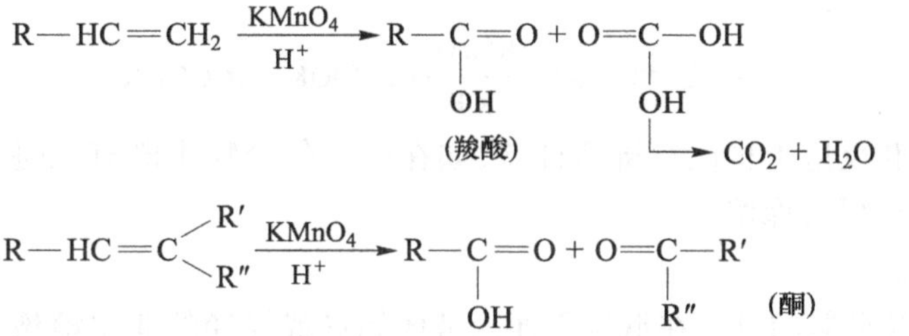

因此根据所得到产物可以推测烯烃双键所处的位置及烯烃的分子结构。烯烃与高锰酸钾反应的现象非常明显，即高锰酸钾溶液的紫色褪去，因此该反应是鉴定烯烃的常用方法之一。

如果用碱性的、稀的、冷的 $KMnO_4$ 水溶液作氧化剂，则烯烃可以打开双键中的 π 键，氧化成邻二醇。例如：

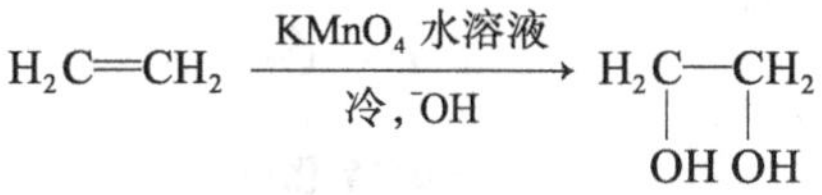

生成的产物为顺式邻二醇。例如：

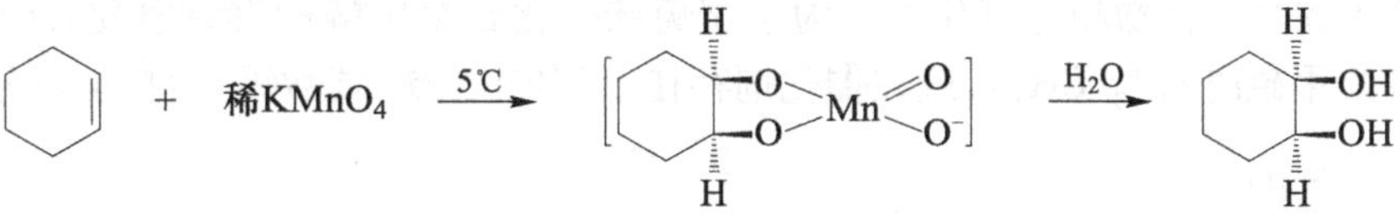

生成的二元醇容易进一步氧化，反应难于控制，因此产率不高。但烯烃的氧化可以使高锰酸钾的紫色溶液褪色，生成的二氧化锰为褐色沉淀。利用此反应，通过颜色的变化，可以检验烯烃和其他含碳碳不饱和键的化合物的存在。例如：

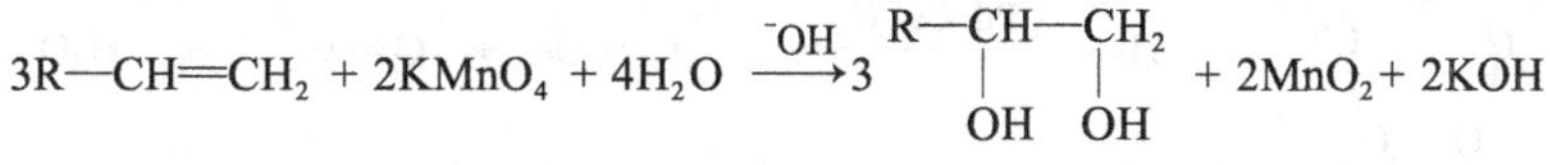

用四氧化锇（OsO_4）在乙醚、四氢呋喃等溶剂中也能将烯烃氧化成顺式邻二醇，产率比用稀、冷的高锰酸钾水溶液氧化时高。但四氧化锇价格昂贵，而且有毒，一般只用于难以制得的烯烃

的氧化。较经济的方法是用 H_2O_2 及催化量的 OsO_4，先用 OsO_4 与烯烃反应，OsO_4 被还原成 OsO_3，OsO_3 与 H_2O_2 反应再产生 OsO_4，如此反复，直至反应完成。

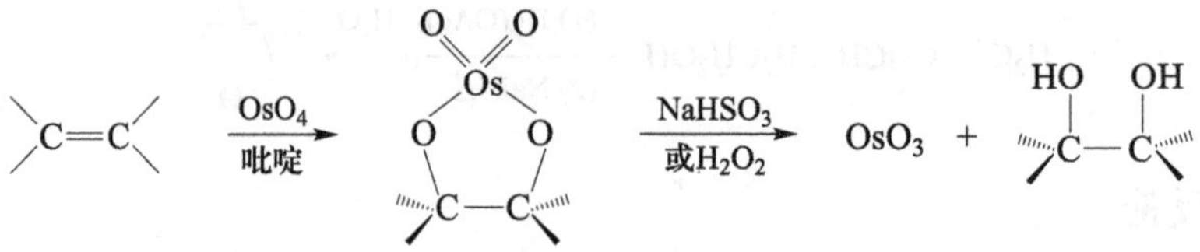

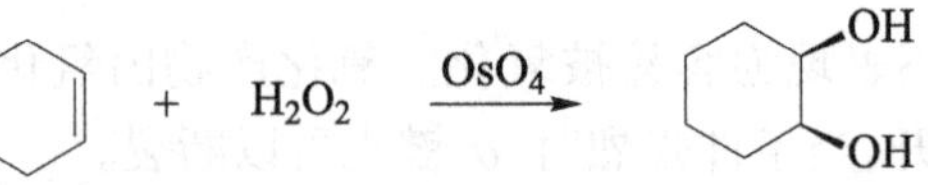

与烯烃相似，炔烃也能与高锰酸钾发生反应，生成二氧化碳或羧酸。炔烃的结构不同，则氧化产物各异。一般 ≡CH 被氧化为 CO_2，而 ≡CR 则被氧化为 RCOOH。如将乙炔通入高锰酸钾水溶液，则高锰酸钾的紫色逐渐消失，被还原为二氧化锰褐色沉淀，与此同时碳碳三键断裂，乙炔被氧化成二氧化碳和水。也可以利用此反应检验碳碳三键的存在，并且通过氧化产物结构的鉴定而确定三键位置。

$$R{-}C{\equiv}C{-}R' \xrightarrow[^{-}OH]{KMnO_4} RCOOK + R'COOK$$

通常三键在氧化反应上也比双键活性差，如在同一化合物中既有三键又有双键，在氧化时首先双键氧化而三键仍可保留。

4.5.3.2　臭氧化反应

将含有 6%~8%臭氧的氧气在低温下通入液体烯烃或烯烃的非水溶液（一般以四氯化碳或石油醚作溶剂），臭氧迅速而定量地与烯烃作用，生成糊状的臭氧化物（ozonide），称为臭氧化反应。

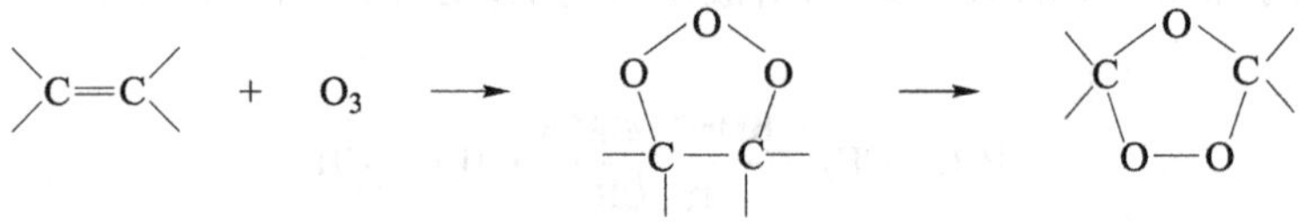

一级臭氧化物　　二级臭氧化物

臭氧化物在游离状态下不稳定，容易发生爆炸，一般不必从反应溶液中分离，可以直接进行水解，得两分子羰基化合物和过氧化氢。为了避免羰基化合物中醛的继续氧化，通常要加入还原剂（锌粉或二甲硫醚 CH_3SCH_3），或在催化剂存在下（如铂或钯-碳酸钙）直接加氢分解。

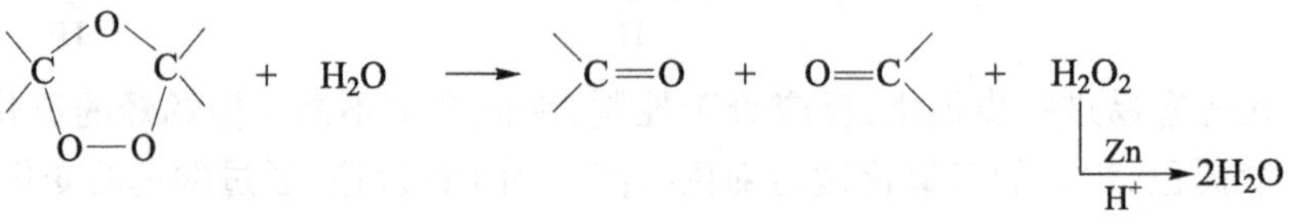

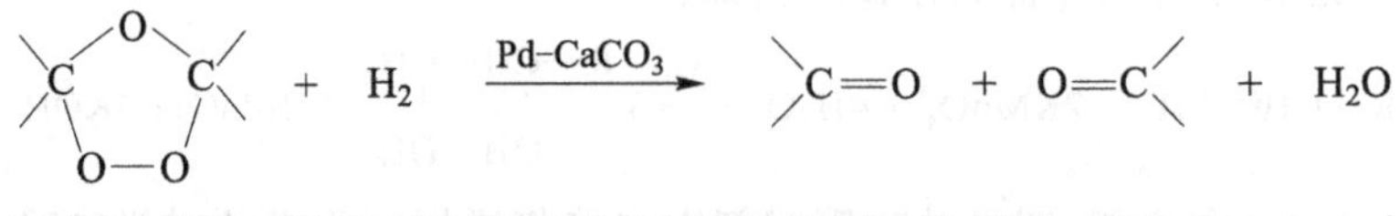

不同的烯烃经臭氧化，再还原水解，可以得到不同的醛或酮。例如：

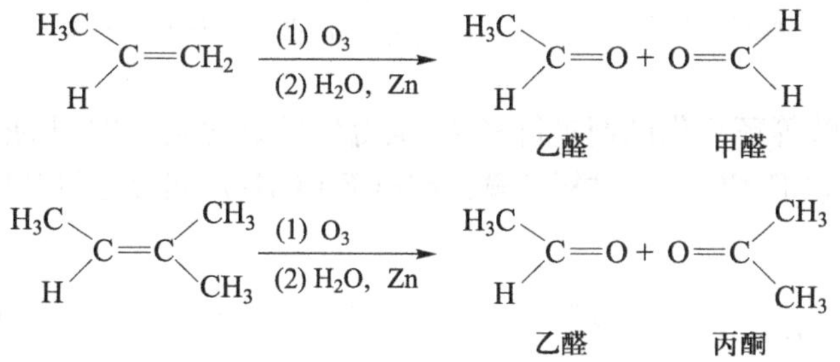

烯烃分子中,有CH_2═ 时生成甲醛;有R—CH═ 时生成醛;而有 R^1R^2C═ 时得到酮。由于烯烃经臭氧化——还原水解反应所得的羰基化合物保持了原来烯烃的部分碳架结构,因此,通过测定反应生成产物的结构,就可反推出原来烯烃的结构。例如:

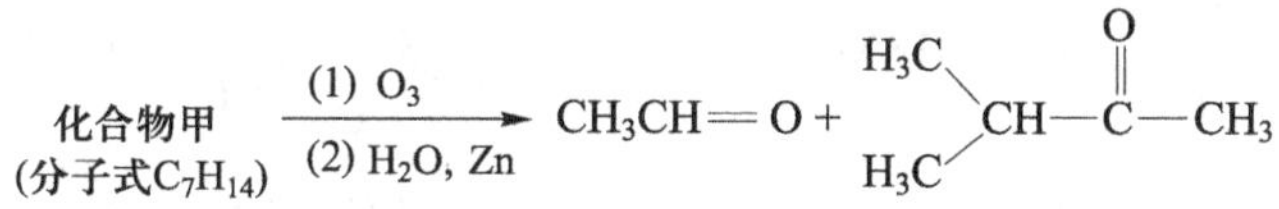

则化合物甲为

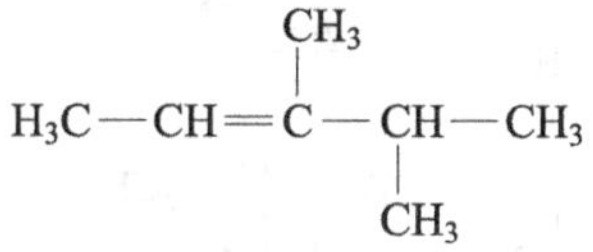

烯烃的臭氧化反应可用于合成醛、酮,有时也用于合成羧酸。例如,利用油酸臭氧化反应制备壬二酸:

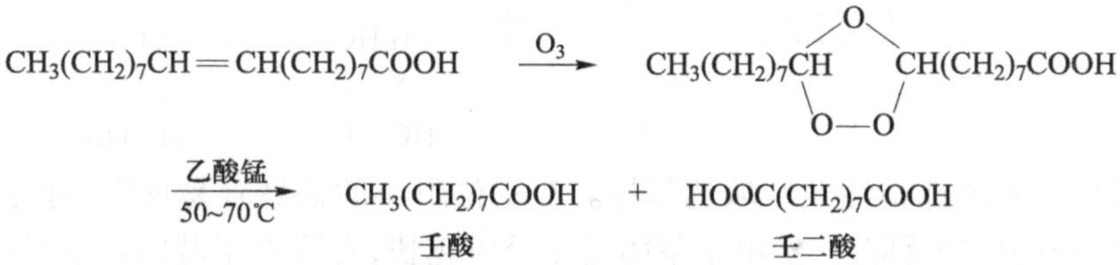

壬二酸主要用于制造一系列重要工业原料,如壬二腈(尼龙-9 的中间体)、壬二酸二辛酯(增塑剂)和聚壬二酸酐(绝缘材料)等。

炔烃也能发生臭氧化反应,产物为羧酸,通过臭氧化而后水解也可以用于推断炔烃的结构。

$$R—C≡C—R' \xrightarrow[(2)\ H_2O]{(1)\ O_3} RCOOH + R'COOH$$

问题 4-9 有 A、B 两个化合物,其化学式均为 C_6H_{12}。A 经臭氧化,并经锌粉/水处理得到乙醛和甲乙酮;B 经高锰酸钾氧化后只得丙酸。请写出 A、B 的构造式。

4.5.3.3 环氧化反应

在烯烃的双键碳原子上引入一个氧原子而形成环氧化物的反应,称为环氧化反应(epoxidation)。

环氧乙烷是最简单的环氧化合物,工业上常采用银催化剂存在下以空气氧化乙烯的方法来制备。

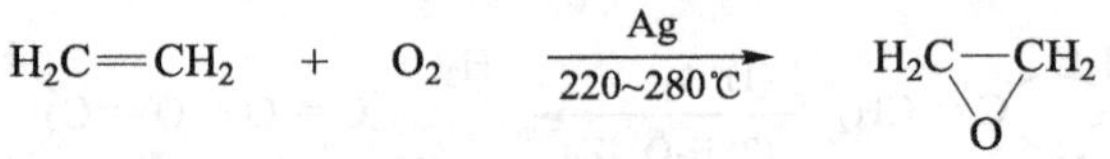

烯烃用有机过氧酸等环氧化试剂进行氧化，也得到环氧化物。常用的过氧酸有过氧苯甲酸（$PhCO_3H$）、过氧乙酸（CH_3CO_3H）、过氧三氟乙酸（CF_3CO_3H）、间氯过氧苯甲酸（*m*-CPBA）等。反应如下：

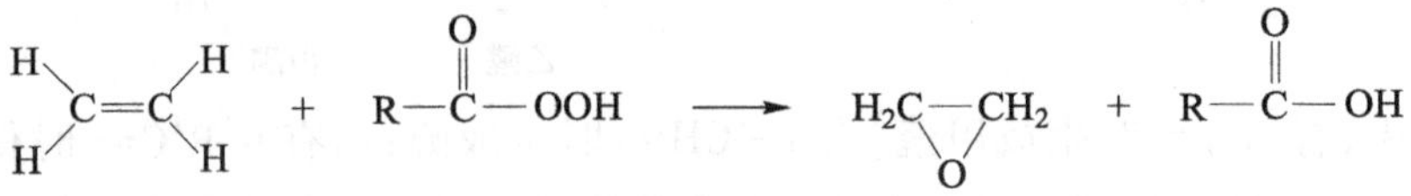

该反应为顺式加成：

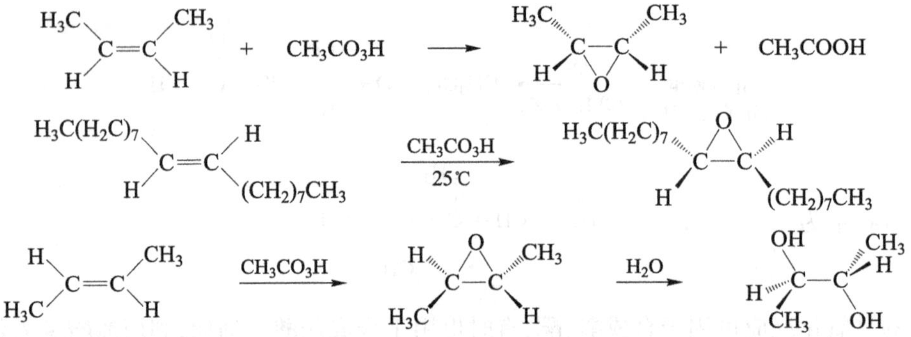

生成的环氧化物可水解生成反式邻二醇。例如：

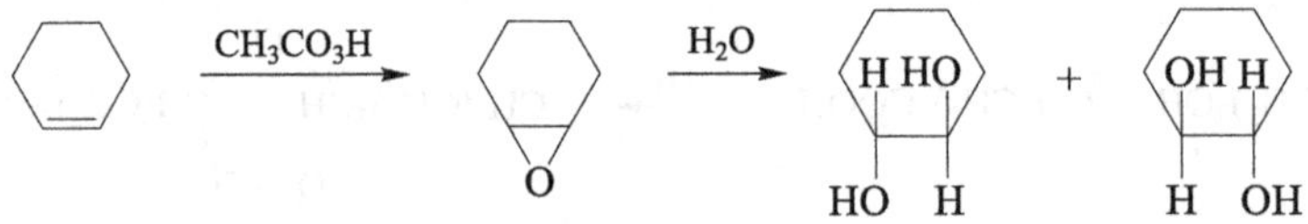

环氧化反应有立体选择性及区域选择性。双键位阻小的区域容易反应，对应的产物产率高；有给电子基团的烯烃反应快，给电子基团越多反应越快；有吸电子基团的过氧酸活性高，如 CF_3CO_3H 比 CH_3CO_3H 活性高。例如：

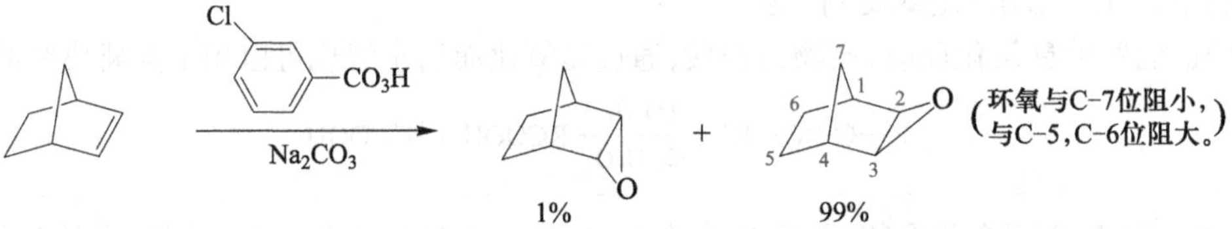

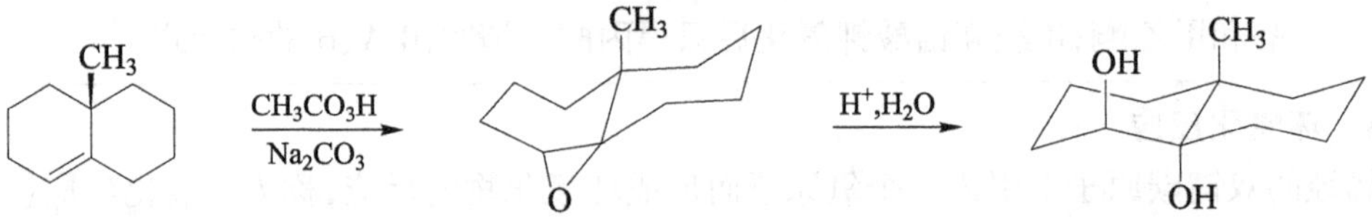

（反式加成构象改变最小）

4.5.3.4　催化氧化

乙烯和丙烯在氯化钯等催化剂的作用下，也可以直接氧化而生成乙醛和丙酮。乙醛和丙酮都是重要的化工原料。

$$H_2C{=}CH_2 + O_2 \xrightarrow[100\sim125℃]{PdCl_2\text{-}CuCl_2} H_3C{-}\overset{\overset{\displaystyle O}{\|}}{C}{-}H$$

乙醛

$$H_3C{-}CH{=}CH_2 + O_2 \xrightarrow[120℃]{PdCl_2\text{-}CuCl_2} H_3C{-}\overset{\overset{\displaystyle O}{\|}}{C}{-}CH_3$$

丙酮

4.5.4　聚合反应

异丁烯二聚反应机理

由小分子单体合成聚合物的反应称为聚合反应(polymerization reaction)。烯烃在适当条件下可以通过分子间的反复加成而聚合起来,这种反应称为加聚反应,即烯烃分子自身打开 π 键自相加成。例如,异丁烯在 50% 硫酸催化下,于 100℃进行聚合反应,生成二聚体。

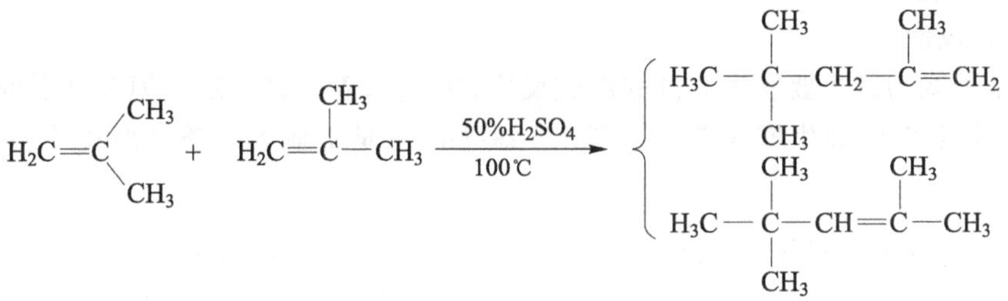

烯烃除了二聚、三聚等低聚反应以外,还可以在适当的催化剂的作用下发生高聚反应。例如:在烷基铝-四氯化钛络合催化剂(齐格勒-纳塔,Ziegler-Natta 催化剂)的作用下,乙烯在低压下,溶剂(烃)中可聚合成聚乙烯。

$$n\,H_2C{=}CH_2 \xrightarrow{TiCl_4\text{-}Al(C_2H_5)_3} \left[\!-CH_2{-}CH_2-\!\right]_n$$

乙烯就是聚乙烯的单体。常见的聚氯乙烯就是由氯乙烯经聚合反应得到的。这种由一种小分子单体进行的聚合反应称为均聚,所形成的聚合物称为均聚物,均聚物的种类非常有限。如果采用两种或两种以上的单体进行聚合,不仅可以增加聚合物的品种,而且还可以改变聚合物的性能。例如,苯乙烯和 1,3-丁二烯通过共聚可以合成性能优异的丁苯橡胶。

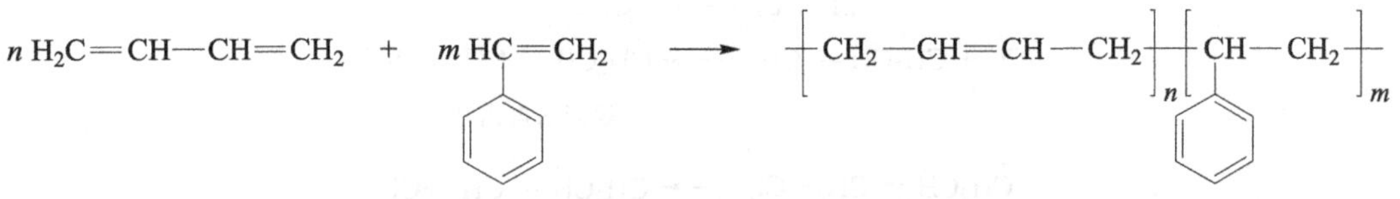

炔烃在一定条件下,也可以打开 π 键自相加成而发生聚合反应。但与烯烃不同,一般不易聚合为高聚物。在不同的催化剂和不同的反应条件下,可以聚合生成二聚、三聚或四聚的链状化合物。例如,将乙炔通入氯化亚铜-氯化铵的强酸性溶液中,则发生双分子聚合,生成乙烯基乙炔。

$$2HC{\equiv}CH \xrightarrow[NH_4Cl]{Cu_2Cl_2} H_2C{=}CH{-}C{\equiv}CH$$

乙烯基乙炔

$$3HC\equiv CH \xrightarrow{Cu_2Cl_2,\ NH_4Cl} \underset{\text{二乙烯基乙炔}}{H_2C=CH-C\equiv C-CH=CH_2}$$

乙烯基乙炔是重要的化工原料，它与 HCl 加成生成氯丁橡胶单体——2-氯-1,3-丁二烯。

乙炔还可以在高温下三聚成环状结构；或者在稀土催化剂等的作用下聚合成聚乙炔。

聚乙炔简介

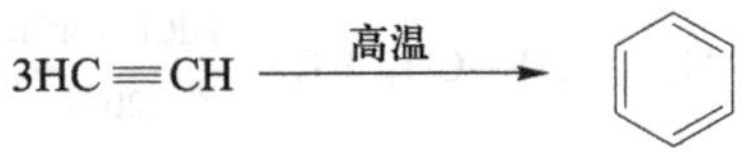

$$n\ HC\equiv CH \xrightarrow{\text{催化剂}} \underset{\text{聚乙炔}}{\left[CH=CH\right]_n}$$

4.5.5　烯烃 α-氢原子的反应

烯烃分子中与碳碳双键直接相连的烷基碳原子称为 α-碳原子，α-碳原子上的氢原子称为 α-氢原子，也称为烯丙氢。因受双键的影响，烯烃的 α-氢原子表现特殊的活泼性，容易发生自由基取代反应和氧化反应。

4.5.5.1　卤代反应

在常温下丙烯与氯主要发生双键的加成反应，生成 1,2-二氯丙烷。但在高温时，则主要发生 α-氢原子被氯取代，而生成 3-氯-1-丙烯。3-氯-1-丙烯是工业上制备甘油及环氧氯丙烷的中间原料。

$$H_3C-CH_2=CH_2+Cl_2 \xrightarrow{\text{常温}} \underset{\text{1,2-二氯丙烷}}{\underset{Cl}{H_2C}-\underset{Cl}{CH}-CH_3} \quad \text{(亲电加成)}$$

$$H_3C-CH=CH_2+Cl_2 \xrightarrow{500℃} \underset{\text{3-氯-1-丙烯}}{\underset{Cl}{H_2C}-CH=CH_2} \quad \text{(自由基取代)}$$

不同类型的氢，在反应中的活性不同。一般来说，如果 C—H 的解离能越大，则 C—H 键越牢固，活性越低。丙烯分子中的 α-氢原子很容易发生自由基取代反应，其取代反应活性一般比烷烃的叔氢原子高，更高于仲氢和伯氢，乙烯氢的活性最低。这主要是因为烯烃失去 α-氢原子后可以形成烯丙基自由基，由于 p-π 共轭效应，烯丙基自由基的稳定性比较高。

烯烃 α-氢原子的卤代反应历程如下：

$$Cl-Cl \longrightarrow 2Cl\cdot$$

$$Cl\cdot + CH_3CH=CH_2 \longrightarrow \underset{\text{烯丙基自由基}}{\dot{C}H_2CH=CH_2} + HCl$$

$$\dot{C}H_2CH=CH_2+Cl_2 \longrightarrow \underset{Cl}{CH_2}CH=CH_2+Cl\cdot$$

（链终止反应省略）

其他含有 α-氢原子的烯烃高温卤代反应也是自由基取代反应，主要发生在 α 位上但会发生烯丙位重排。例如：

$$R-\underset{H}{\overset{H}{C}}-CH=CH_2 + Cl_2 \xrightarrow{\text{高温}} R-\underset{Cl}{\overset{H}{C}}-CH=CH_2 + R-CH=CH-\underset{Cl}{CH_2}$$

烯烃 α-氢原子的卤化反应除了高温可以引发外，也可以在过氧化物和光照的条件下发生。例如，用 *N*-溴代丁二酰亚胺（简称 NBS）为溴化剂，则 α-溴代可以在较低温度下进行。

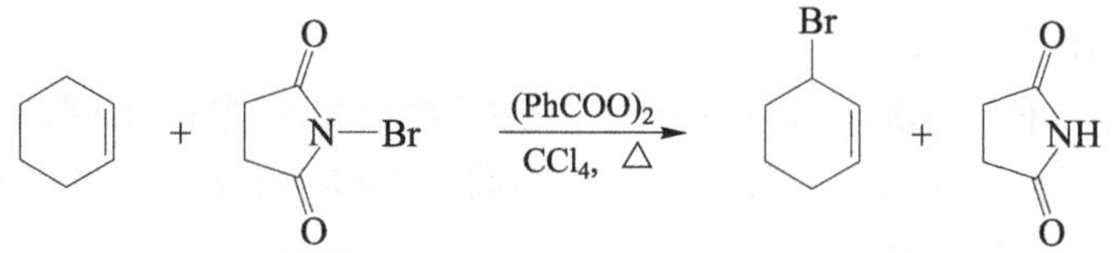

(NBS)

问题 4-10　试写出 1-丁烯高温氯代反应历程。

4.5.5.2　氧化反应

烯烃中 α-氢原子的活泼性，不仅表现为容易卤化，也容易发生氧化反应。例如：

$$H_3C-CH=CH_2 + O_2 \xrightarrow[350\sim450℃,\ 0.2\sim0.3\ MPa]{\text{钼酸铋等}} \underset{\text{丙烯醛}}{H_2C=CH-CHO}$$

$$H_3C-CH=CH_2 + NH_3 + O_2 \xrightarrow[470℃]{\text{磷钼酸铋}} \underset{\text{丙烯腈}}{H_2C=CH-CN}$$

后一反应既进行了氧化，又进行了氨化，通常叫氨氧化反应。

4.5.6　炔氢的酸性和特征反应

直接连在三键碳原子上的氢叫炔氢（ ≡C—H ），与乙烯氢或烷基上的伯、仲、叔氢相比，较为活泼。由于 sp 杂化碳原子的电负性较大，故在 ≡C—H 中，形成碳氢键的电子对主要位于碳原子的周围，使氢原子带部分正电荷，反应中容易以质子的形式离去，具有一定酸性（比水弱）。

炔氢活泼的原因

4.5.6.1　金属炔化物的生成

碱金属锂、钠或钾等能与炔烃分子中的活泼氢（炔氢）作用，取代氢而生成金属炔化合物，也叫金属炔化物，同时放出氢气。

$$RC\equiv CH \xrightarrow{Li} RC\equiv CLi$$

另外，正丁基锂也可以与炔氢交换，用于制备炔锂。例如：

$$R-C\equiv CH + n\text{-}C_4H_9Li \longrightarrow R-C\equiv CLi + n\text{-}C_4H_9-H$$

炔钠或者炔锂与卤代烷（一般为伯卤代烷）反应，可以在炔烃中引入烷基而得到一系列炔烃的同系物。

端炔的活泼氢还可以被一些重金属取代而生成金属衍生物。例如,将乙炔通入硝酸银氨溶液或氯化亚铜氨溶液中,则生成白色的乙炔银或棕红色的乙炔亚铜沉淀。

$$HC\equiv CH + {}^{+}Ag(NH_3)_2\ {}^{-}OH \longrightarrow AgC\equiv CAg\downarrow$$

$$HC\equiv CH + Cu_2Cl_2 + NH_3\cdot H_2O \longrightarrow CuC\equiv CCu\downarrow$$

这些反应非常灵敏而且现象明显,因此常用于鉴别具有活泼氢的炔烃。另外,由于这些金属衍生物容易在盐酸、硝酸等作用下分解为原来的炔烃,所以也用于分离和提纯具有($RC\equiv CH$ 和 $CH\equiv CH$)结构的炔烃。

值得注意是,这些重金属炔化物与轻金属炔化物(炔钠和炔锂等)不同,潮湿时比较稳定,而干燥时极不稳定,遇撞击或受热容易发生爆炸。因此,在反应结束后这些重金属炔化物必须及时用稀硝酸分解,以免发生危险。

4.5.6.2　端炔与醛、酮的反应

端炔在碱的催化下,可以形成炔基碳负离子活性中间体,它作为亲核试剂可与醛、酮进行亲核加成,而生成炔醇。例如:

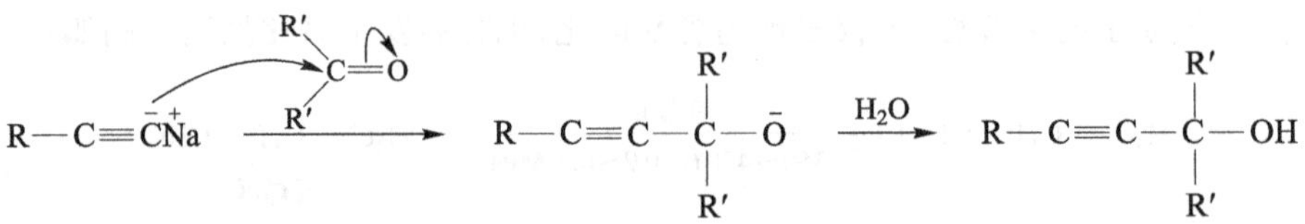

这些反应的产物中既有碳碳三键又有羟基,能进行多种反应,是有机合成的重要原料。

4.5.7　端炔的亲核加成

在适当的条件下,端炔可与氢氰酸、乙醇、乙酸等亲核试剂发生加成反应,但这类反应不是亲电加成,而是亲核加成(nucleophilic addition)。例如,在碱的存在下,乙炔与醇进行加成反应生成乙烯基醚,反应需要较高温度和一定压力。

$$HC\equiv CH + CH_3OH \xrightarrow[\text{加压}]{20\%\ KOH} CH_2\!=\!CHOCH_3$$

反应历程一般认为是在碱催化下,甲氧基负离子进攻炔碳的亲核加成反应。

如果用羧酸代替醇,则可以与乙炔加成生成羧酸乙烯酯。例如:醋酸乙烯酯是制备维尼纶的主要原料,就可以用乙炔的亲核加成反应制备。

$$HC\equiv CH + CH_3COOH \xrightarrow[\text{加热}]{\text{催化剂}} CH_2\!=\!CHOCOCH_3$$

如果乙炔与氢氰酸在氯化铵-氯化亚铜水溶液中发生加成反应,生成丙烯腈。

$$HC\equiv CH + HCN \xrightarrow[NH_4Cl]{CuCl} CH_2\!=\!CHCN$$

反应中,由氢氰酸产生氰根负离子(^{-}CN)作为亲核试剂进攻三键的端碳原子,生成碳负离子,后者再与质子结合生成加成产物。

由于此类型的反应的控速步都涉及亲核试剂的进攻,故为亲核加成。炔烃虽然进行亲电加成不如烯烃活泼,但进行亲核加成却比烯烃容易得多。

点击化学介绍

§4.6 烯烃和炔烃的主要来源及制法

4.6.1 烯烃和炔烃的来源

大量的烯烃主要来源于石油裂解，尤其是乙烯、丙烯等低级烯烃，目前在工业上主要通过高温裂解高沸点馏分得到，部分通过分离直接蒸馏石油所得的炼厂气获得，但数量有限。原料不同或裂解条件不同，得到各种烯烃的比例也不同。此外，将从天然气中得到的乙烷、丙烷、丁烷等进行高温裂化也可获得乙烯、丙烯。

乙炔是有机合成的重要原料，工业上可用煤、石油或天然气作为原料生产乙炔。电石法是最古老但迄今为止仍在工业上普遍使用的乙炔合成方法，虽然生产工艺比较简单，但是成本高、能耗大，许多发达国家已逐步将廉价的天然气代替电石作为生产乙炔的原料。

4.6.1.1 碳化钙（电石）法

焦炭和石灰在高温电炉中反应，得到碳化钙（电石）。需要乙炔时，在现场使电石与水反应，即得到乙炔。

$$CaO + 3C \xrightarrow{1800\sim2100℃} CaC_2 + CO$$

$$CaC_2 + 2H_2O \longrightarrow Ca(OH)_2 + HC{\equiv}CH$$

4.6.1.2 甲烷法（电弧法）

甲烷在 1 500℃ 的电弧中经极短时间（0.01～0.1 s）加热后通过一系列的反应生成乙炔，这是一个强烈的吸热过程。因此，在生产工艺上经常是同时让一部分甲烷被氧化（加入氧气），由此过程产生的热量来供给由甲烷合成乙炔所需要消耗的大量热量。所以此法又叫做甲烷的部分氧化法，反应产物包括乙炔、一氧化碳和氢气。

$$5CH_4 + 3O_2 \longrightarrow C_2H_2 + 3CO + 6H_2 + 3H_2O$$

在天然气资源丰富的国家，此方法的成本较低，适宜大规模生产。

4.6.1.3 等离子法（plasma 法）

这是近期发展的一种用石油和极热的氢气一起热裂制备乙炔的新方法，即把氢气在 3 500～4 000℃ 的电弧中加热，然后部分离子化的等离子体氢（正、负离子相等）与汽化的石油气反应，生成乙炔、乙烯（二者的总产率在 70% 以上）及甲烷和氢气。

由于乙炔的生成成本相当高，近几十年来，许多使用乙炔为原料生产化学品的合成路线逐渐改用其他原料（特别是乙烯或丙烯）的生产路线。

4.6.2 烯烃的制备

烯烃的实验室制法主要是如何引入双键，常用的方法不外乎以下两种，一种是在已有的分子骨架上构筑 C═C 双键；另一种是在构筑 C═C 双键的同时，构建整个分子骨架。

4.6.2.1 醇脱水

醇和酸（如硫酸、磷酸、草酸）一起加热，脱去一分子水而生成烯烃。例如：

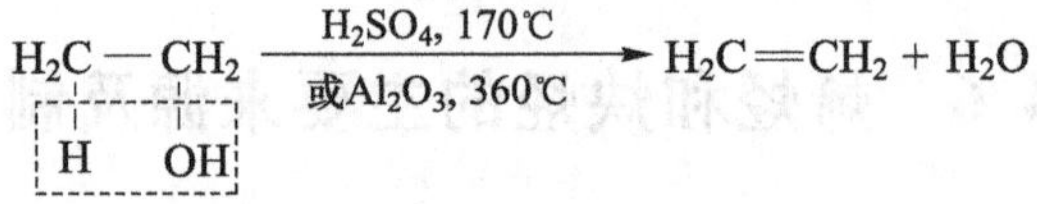

硫酸在反应中既是脱水剂又是催化剂。将醇蒸气在高温下通过氧化铝等催化剂也得到烯烃。

4.6.2.2　卤代烷脱卤化氢

此反应一般在乙醇溶液中进行。在强碱(常用氢氧化钾和氢氧化钠)存在下,卤代烷脱去一分子卤化氢而得烯烃。如果反应能生成多种不同烯烃,则以双键上取代基多的烯烃为主。例如:

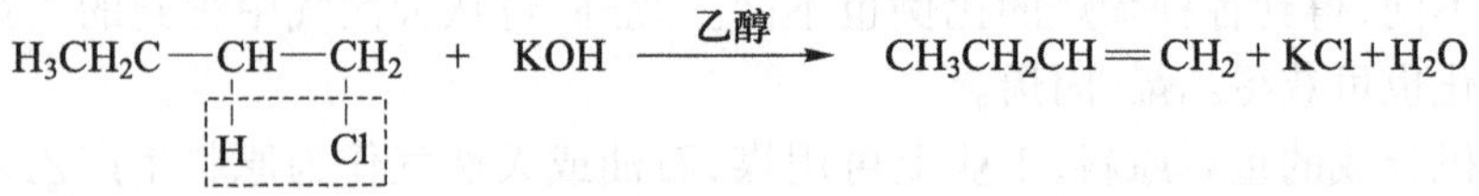

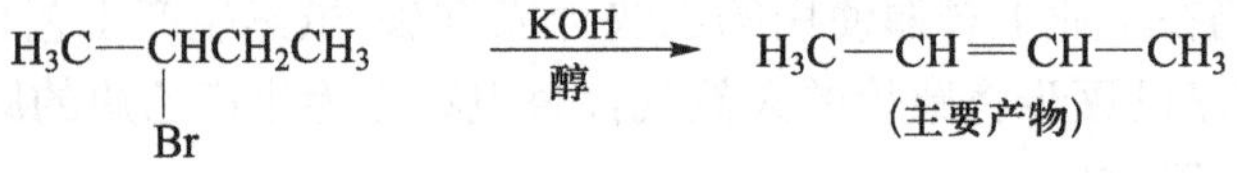

4.6.2.3　邻二卤化物脱卤反应

除上面两个方法外,邻二卤代物在金属 Zn,Mg 等作用下,失去两个卤原子可生成烯烃,这个方法叫做还原消除反应。这个还原消除反应结合烯烃与卤素的加成反应,组成了一个双键保护和脱保护的办法。例如:

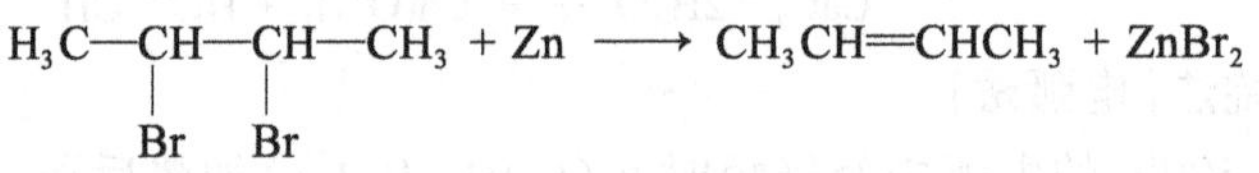

官能团的保护介绍

4.6.2.4　炔烃的还原反应

炔烃在 Lindlar 催化剂的作用下可部分氢化,优先生成顺式烯烃;或者在液氨中用金属钠还原非末端炔烃时,则主要生成反式烯烃(详见 4.5.1.2)。

问题 4-11　由丙醇合成(1) 异丙醇;(2) 3-溴丙烯。

4.6.3　炔烃的制备

炔烃的实验室制法主要也是两个途径:一是在已有的分子骨架上构筑 C≡C 三键;另一途径是由乙炔和末端炔烃的金属炔化物制备炔的同系物。

4.6.3.1　由烯烃或二卤代烃制备

在碱性条件下,邻二卤代烷或偕二卤代烷首先失去一分子卤化氢生成乙烯基卤代烃,然后在强碱、高温等更加剧烈的条件下,再失去一分子卤化氢生成炔烃。$NaNH_2$、NaOH 或 KOH 为常用的碱,石油醚或者醇是常用的溶剂。

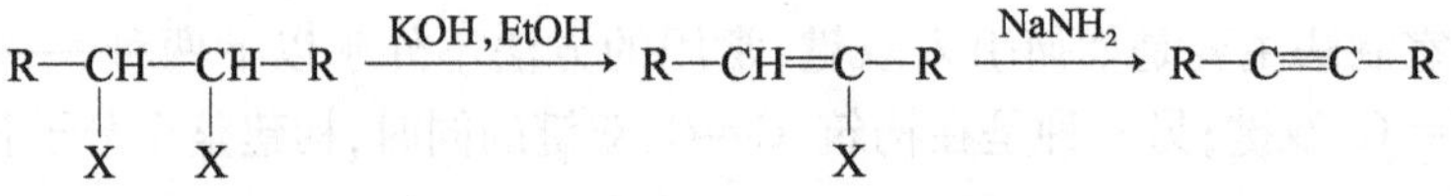

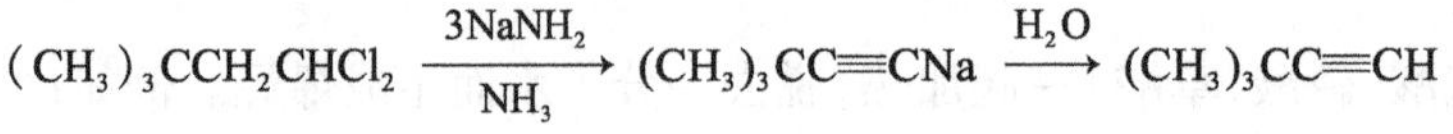

(偕二氯化物)

$$\underset{\underset{\text{Br}}{|}}{CH_3(CH_2)_7CH}-CH_2Br \xrightarrow[NH_3]{3NaNH_2} CH_3(CH_2)_7C{\equiv}CNa \xrightarrow{H_2O} CH_3(CH_2)_7C{\equiv}CH$$

（邻二溴化物）

4.6.3.2 由金属炔化物制备炔烃

炔烃的烷基化反应，是制备炔烃的重要方法之一。乙炔或末端炔烃可以与金属钠或氨基钠作用得到炔钠，炔钠是很好的碳负离子供给源，作为强亲核试剂可以与伯卤代烷发生取代反应得到碳链增长的炔烃。常用的金属炔化物有：炔化钠、炔化锂、炔基格氏试剂，卤代烷是一级卤代烷（二、三级卤代烷在碱性条件下易发生消除反应）。例如：

$$HC{\equiv}CH \xrightarrow[\text{液}NH_3]{NaNH_2} HC{\equiv}\overset{-+}{C}Na \xrightarrow{n\text{-}C_4H_9Br} HC{\equiv}C-(CH_2)_3CH_3$$

$$HC{\equiv}CH \xrightarrow[\text{液}NH_3]{NaNH_2} \overset{+\ -}{NaC}{\equiv}\overset{-+}{C}Na \xrightarrow{n\text{-}C_3H_7Br} CH_3CH_2CH_2-C{\equiv}C-CH_2CH_2CH_3$$

$$HC{\equiv}CH \xrightarrow[(2)\ CH_3CH_2Br]{(1)\ NaNH_2,\ \text{液}NH_3} CH_3CH_2-C{\equiv}CH \xrightarrow[(2)\ CH_3I]{(1)\ NaNH_2,\ \text{液}NH_3} CH_3CH_2-C{\equiv}CCH_3$$

问题 4-12 由指定原料合成下列化合物：

（1）乙炔合成 2-甲基-3-庚炔

（2）1-丁炔合成（E）-2-戊烯

第 4 章文中问题参考答案

§4.7 重要的不饱和烃

4.7.1 乙烯

乙烯是一种稍带甜味的无色气体，沸点-103.7℃，在空气中容易燃烧，呈明亮的光焰。与空气能形成爆炸性混合物，其爆炸范围是 3%～29%（体积分数）。由于双键活泼，可以和许多物质起反应，用以合成各种各样的有机产品。目前乙烯的最大用途是制备聚乙烯，其次是制环氧乙烷、苯乙烯、乙醛、乙醇、氯乙烯等。此外，乙烯和生长素一样，具有催熟作用，但是乙烯在常态下是易燃气体，不方便运输和贮存，所以人们合成了化学调节剂——乙烯利。

4.7.2 丙烯

丙烯为无色气体，比空气重，沸点为-47.7℃。丙烯和乙烯一样，由于分子中有活泼的双键，化学性质活泼，可以和许多化合物发生化学反应，生成许多有用的有机产品，目前主要用来制备聚丙烯、异丙醇、异丙苯、氯丙烯腈等。

乙烯利介绍

4.7.3 乙炔

乙炔是有麻醉作用并带乙醚气味的无色气体，燃烧时火焰明亮，可用于照明。乙炔稍溶于水，在 0.1 MPa 下乙炔溶于等体积的水中；乙炔易溶于有机溶剂，在丙酮中的溶解度更大，常压下 1 体积丙酮能溶解 20 体积的乙炔，在 1.2 MPa 下则能溶解 300 体积乙炔。乙炔与一定比例的空气混合，可形成爆炸性的混合物［含乙炔 3%～70%（体积分数）］。为避免遇火爆炸的危险，一般可用浸有丙酮的多孔物质（如石棉、活性炭、硅藻土或软木屑）吸收乙炔后一起储存在钢瓶中，这样可便于运输和使用。

乙炔在氯气中燃烧实验视频

乙炔是纤维素、塑料、橡胶三大合成材料的重要基本原料，用途极广的维尼纶、聚氯乙烯、氯丁橡胶等都以乙炔为基本原料。另外，乙炔燃烧时火焰的温度很高，氧炔焰的温度可以高达 3 000℃ 以上，所以乙炔也广泛用于金属的焊接和切割。乙炔在没有催化剂的条件下，遇氯气会燃烧。

习　题

1. 写出戊烯的所有开链烯异构体的构造式，用系统命名法命名之，如有顺反异构体则写出构型式，并标以 Z，E。

2. 写出 C_6H_{10} 的所有炔烃异构体的结构式，并用系统命名法命名之。

3. 命名下列化合物，如有顺反异构体则写出构型式，并标以 Z，E。

（1）$(CH_3)_2C{=}CHCH(CH_3)CH_2CH_2CH_3$　　（2）$(CH_3)_3CCH_2CH(C_2H_5)CH{=}CH_2$

（3）$CH_3CH{=}C(CH_3)C_2H_5$　　（4）$(CH_3)_3CC{\equiv}CCH_2C(CH_3)_3$

（5）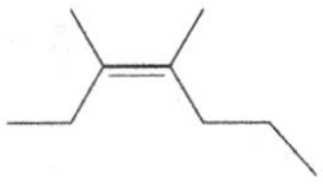　　（6）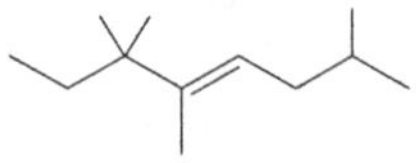

（7）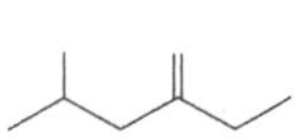　　（8）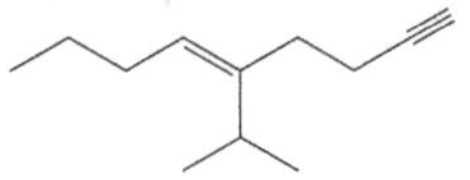

4. 写出下列化合物的构造式（键线式）。

（1）2,3-dimethyl-1-pentene　　（2）*cis*-3,5-dimethyl-2-heptene

（3）（*E*）-4-ethyl-3-methyl-2-hexene　　（4）3,3,4-trichloro-1-pentene

（5）（*E*）-3,4-二甲基-2-戊烯　　（6）（*Z*）-4-异丙基-3-甲基-3-庚烯

（7）5-乙基-2,2,4,6-四甲基-3-庚烯　　（8）5-ethyl-2-methyl-3-heptyne

（9）（*Z*）-3,4-dimethyl-4-hexen-1-yne

5. 写出下列化合物的结构式，并用系统命名法命名。

（1）烯丙基乙炔　　（2）丙烯基乙炔

（3）二叔丁基乙炔　　（4）异丙基仲丁基乙炔

6. 完成下列烯烃的反应，有立体化学的请标注。

（1）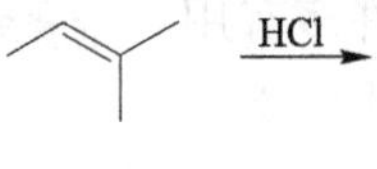

（2）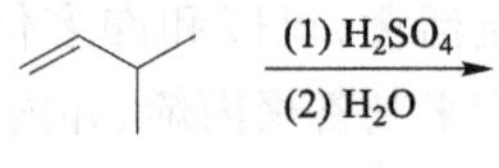

（3）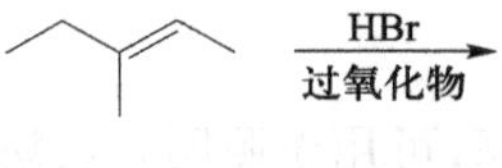

（4）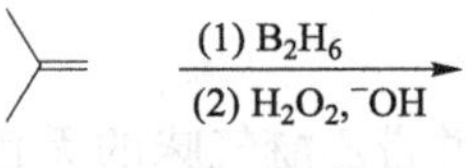

（5）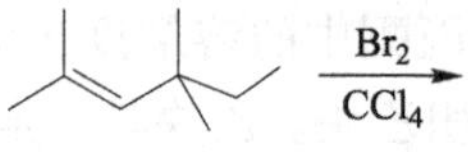

（6）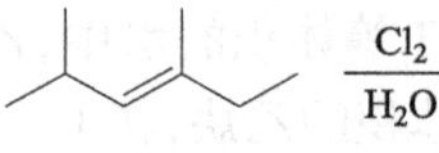

(7) 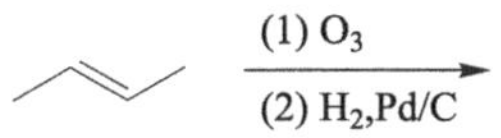

(8) 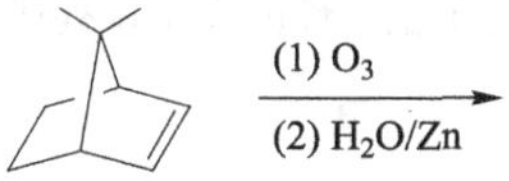

(9) 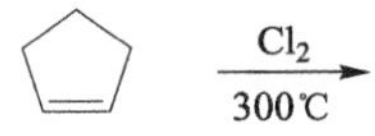

(10) 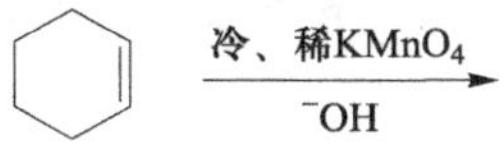

(11) 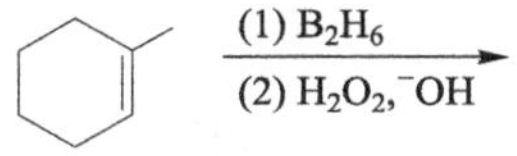

(12) 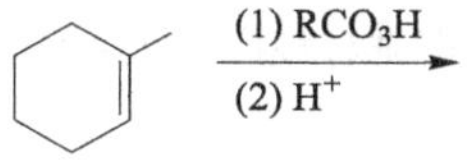

7. 完成下列炔烃的反应,有立体化学的请标注。

(1) 

(2) 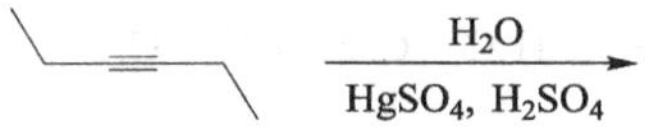

(3) $HC\equiv C-CH_3 \xrightarrow{Ag(NH_3)_2^+}$

(4) 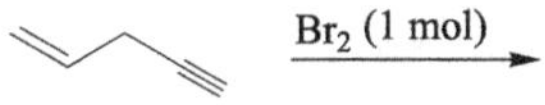

(5) $H_3CCH=CH(CH_2)_2CH_3 \xrightarrow{Br_2}$? $\xrightarrow{NaNH_2}$? $\xrightarrow{?}$ 顺-2-己烯

(6) $H_3C-C\equiv CNa \xrightarrow{H_2O}$

(7) 

(8) 

8. 试写出反应中的(a)及(b)的构造式。

(a) + Zn ⟶ (b) + $ZnCl_2$

(b) + $KMnO_4$ ⟶ CH_3CH_2COOH + CO_2 + H_2O

9. 在下列自由能-反应进程图中,回答(1),(2),(3),E_{a_1},E_{a_2},ΔH_1,ΔH_2,ΔH的意义。

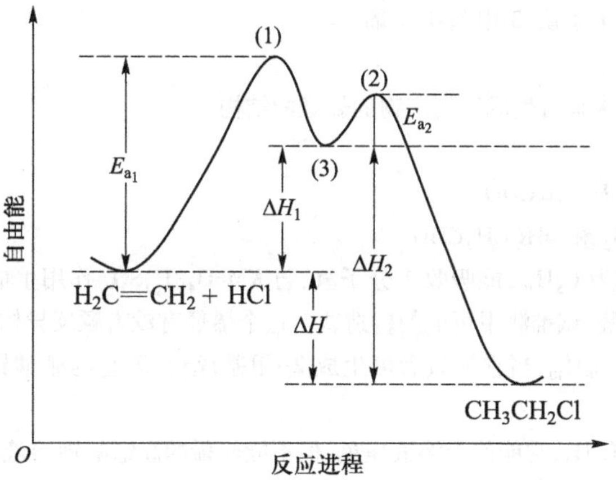

10. 将下列各组碳正离子稳定性的大小排列成序。

(1) A 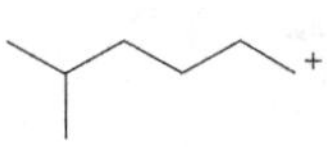 B 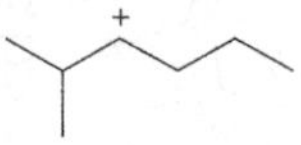 C 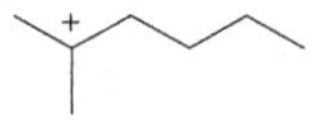

(2) A 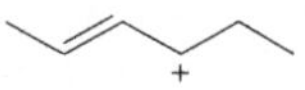 B  C 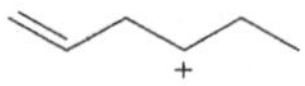

(3) A 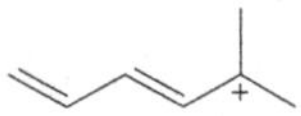 B 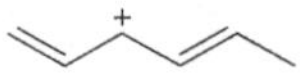 C 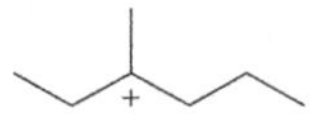

11. 试用生成碳正离子的难易解释下列反应。

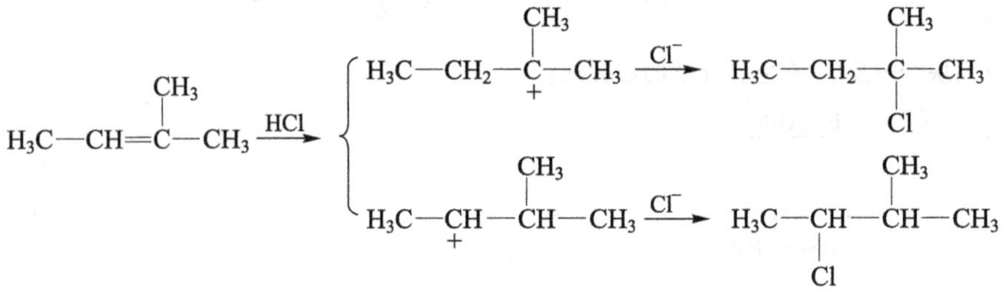

12. 下列溴代烷脱 HBr 后得到多少种产物，哪些是主要的。

(1) $BrCH_2CH_2CH_2CH_3$

(2) $CH_3CHBrCH_2CH_3$

(3) $CH_3CH_2CHBrCH_2CH_3$

13. 从指定的原料制备下列化合物，试剂可以任选（要求：常用试剂）。

(1) 由 2-溴丙烷制 1-溴丙烷

(2) 由 1-溴丙烷制 2-溴丙烷

(3) 从丙醇制 1,2-二溴丙烷

14. 从合适的炔烃出发合成下列化合物，其他试剂可以任选。

(1) 氯乙烯　(2) 1,1-二溴乙烷

(3) 1,2-二氯乙烷　(4) 1-戊炔

(5) 2-己炔　(6) 顺-2-丁烯

(7) 反-2-丁烯　(8) 乙醛

(9) 2-溴丙烷　(10) 丙醇

(11) 丙酮　(12) 2,2-二溴丙烷

15. 用化学方法区别下列化合物：

(1) 2-甲基丁烷、3-甲基-1-丁炔、3-甲基-1-丁烯

(2) 1-戊炔、2-戊炔

16. 给出经臭氧化，锌粉水解后生成下列产物的烯烃的结构。

(1) CH_3CHO 和 HCHO

(2) $CH_3CH_2COCH_3$ 和 CH_3CH_2CHO

(3) CH_3CHO, CH_3COCH_3 和 $OHCCH_2CHO$

17. 化合物甲，其分子式为 C_5H_{10}，能吸收 1 分子氢，与 $KMnO_4/H_2SO_4$ 作用生成一分子 C_4 酸。但经臭氧化还原水解后得到两种不同的醛，试推测甲可能的构造式。这个烯烃有没有顺反异构呢？

18. 有一炔烃，分子式为 C_6H_{10}，当它加氢后可生成 2-甲基戊烷，若它与硝酸银氨溶液作用则生成白色沉淀。求这一炔烃的构造式。

19. 化合物 A 分子式为 C_4H_8，它能使溴溶液褪色，但不能使稀的高锰酸钾溶液褪色。1 mol A 与 1 mol HBr

作用生成 B，B 也可以从 A 的同分异构体 C 与 HBr 作用得到。化合物 C 分子式也是 C_4H_8，能使溴溶液褪色，也能使稀的酸性高锰酸钾溶液褪色。试推测化合物 A、B、C 的构造式，并写出各步反应式。

20. 一碳氢化合物 A（C_8H_{12}），具有旋光性。将 A 用铂进行催化氢化生成 B（C_8H_{18}），不旋光。将 A 用 Lindlar 催化剂（严格控制条件）小心催化氢化生成 C（C_8H_{14}），也不旋光。但如将 A 置于液氨中与金属钠反应，生成产物 D（C_8H_{14}），却有旋光性。推测 A、B、C、D 的结构。

21. 给下列转变提出合理的机理。

（1）$(CH_3)_3CCH{=}CH_2 + HCl \longrightarrow (CH_3)_2\overset{\overset{\large Cl}{|}}{C}-CH(CH_3)_2$

（2）$C_6H_5CH{=}CH_2 + HBr \xrightarrow{ROOR} C_6H_5CH_2CH_2Br$

（3）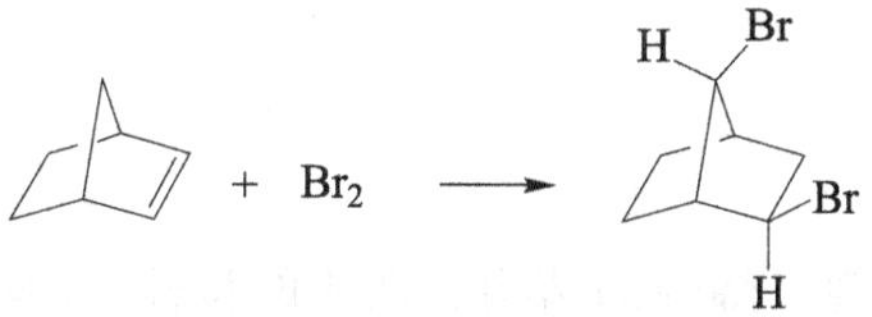

（4）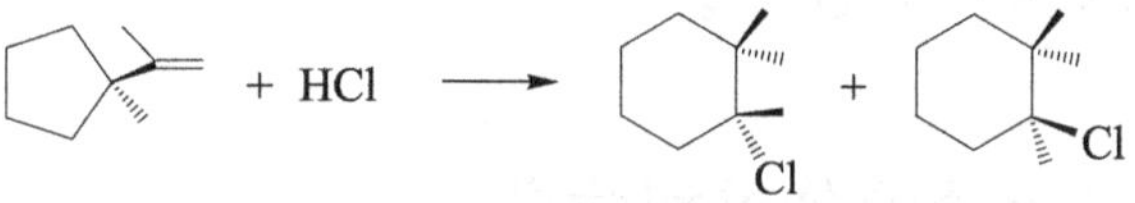

22. 2-丁烯与氯水反应可以得到氯醇（3-氯-2-丁醇），顺-2-丁烯生成氯醇（ⅰ）和它的对映体，反-2-丁烯生成（ⅱ）和它的对映体。试说明形成氯醇的立体化学过程。

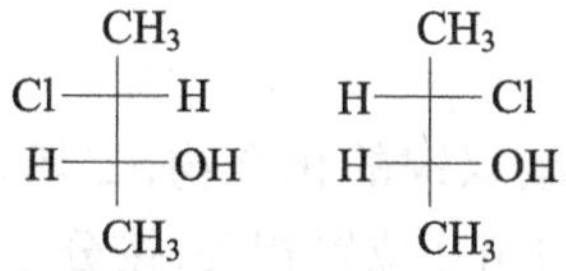

(i)　　(ii)

第5章 二烯烃

本章在讲述二烯烃分类的基础上，重点学习共轭二烯烃的结构和性质的特性，以及与其相关的共轭效应；共轭烯烃参与的电环化反应和环加成反应。

§5.1 二烯烃的分类和命名

5.1.1 二烯烃的分类

二烯烃是指分子中含有两个碳碳双键的化合物，二烯烃的通式与炔烃的通式相同，也是C_nH_{2n-2}。二烯烃的性质与两个双键的相互位置相关，按分子中两个双键相对位置的不同，可分为下列三类：

(1) 累积二烯烃(cumulative diene)：两个双键连接在同一碳原子上，如：

$H_2C=C=CH_2$ 丙二烯 propadiene

(2) 共轭二烯烃(conjugated diene)：两个双键相隔一个单键，这样的体系为共轭体系，两个双键叫做共轭双键。如：

$H_2C=CH-CH=CH_2$ 1,3-丁二烯 1,3-butadiene

(3) 孤立二烯烃(isolated diene)：两个双键相隔两个或两个以上的单键，如：

$H_2C=CH-CH_2-CH=CH_2$ 1,4-戊二烯 1,4-pentadiene

上述结构中给出了各类二烯烃最简单的实例，它们的氢原子被别的基团取代后形成衍生物。其中累积二烯烃数量较少；孤立二烯烃每个双键的性质和单烯烃相似；共轭二烯烃是有机化合物中广泛存在的结构，其结构和性质是本章学习的重点。

5.1.2 二烯烃的命名

二烯烃的命名与烯烃相似，选取含双键最多的最长碳链为主链，并从双键较近的一端编号，命名时双键的位置由小到大用阿拉伯数字标出，并列于二烯名称之前。多烯烃的顺反异构体，则用顺、反或 Z、E 表示，如有两种不同的编号方式，顺比反优先，Z 比 E 优先。如：

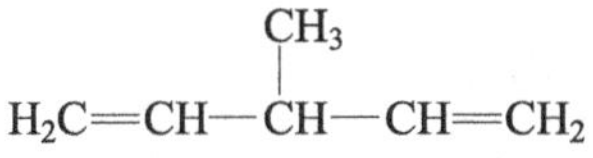

3-甲基-1,4-戊二烯
3-methy1-1,4-pentadiene

$H_2C=CH-CH=CH-CH_3$

1,3-戊二烯
1,3-pentadiene

$H_2C=CH=CH-CH_2-CH_3$

1,2-戊二烯
1,2-pentadiene

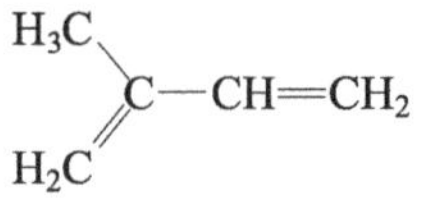

2-甲基-1,3-丁二烯
俗名：异戊二烯
isoprene

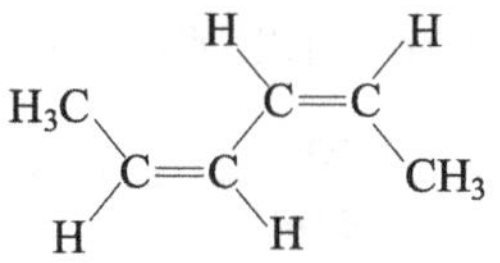

顺,顺-2,4-己二烯
或：(2Z,4Z)-2,4-己二烯
(2Z,4Z)-2,4-hexadiene

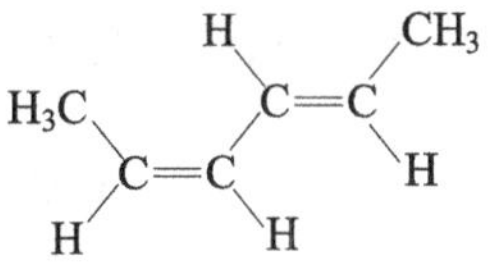

顺,反-2,4-己二烯
或：(2Z,4E)-2,4-己二烯
(2Z,4E)-2,4-hexadiene

共轭二烯烃中，通过两个双键之间的单键旋转，可形成两个不同的分子构象，两个双键在单键的同一侧或异侧，这两种构象式分别称为 *s*-顺式(*s-cis*)或 *s*-反式(*s-trans*)，其中 *s* 表示双键之间的单键。室温下两种构象能够克服较低的能垒相互转变，*s*-顺式和 *s*-反式的 1,3-丁二烯的两个构象的平衡可表示如下：

$\Delta H^{\ominus}=-11.7\ kJ\cdot mol^{-1}$

s-顺-1,3-丁二烯
s-cis-1,3-butadiene

s-反-1,3-丁二烯
或：*s-trans*-1,3-butadiene

§ 5.2　二烯烃的结构

5.2.1　丙二烯的结构

如图 5-1 所示，丙二烯的两端的碳原子为 sp^2 杂化，中间的碳原子为 sp 杂化；两端的两个碳原子与氢原子分别形成两个(C_{sp2}—H_{1s})σ 键，三个不饱和碳原子形成的两个(C_{sp2}—C_{sp})σ 键在一条直线上；此外，未参与杂化的碳原子 p 轨道在碳碳之间形成两个相互垂直的(C_{2p}—C_{2p})π 键；这样，丙二烯的碳氢原子处于相互垂直的两个平面上。

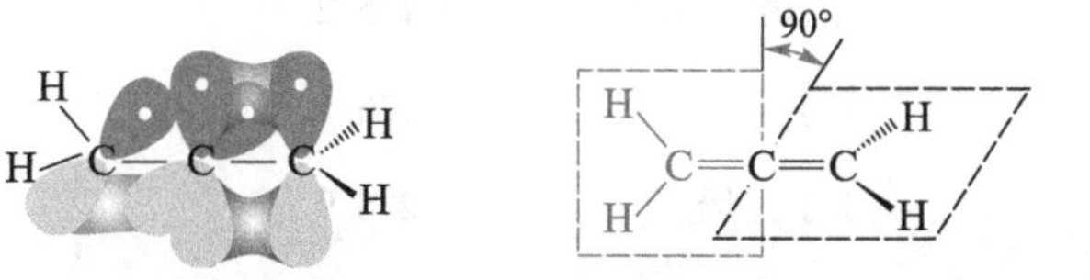

(a) 丙二烯中的π键　　(b) 丙二烯中碳氢原子所在的平面

图 5-1　丙二烯分子的 π 键及原子空间位置

丙二烯衍生物中，由于另外两个 π 键所在的平面相互垂直，如果每个 sp^2 杂化碳原子上的两

个基团各不相同，即：$R^1 \neq R^2, R^3 \neq R^4$，则该结构就具有手性。

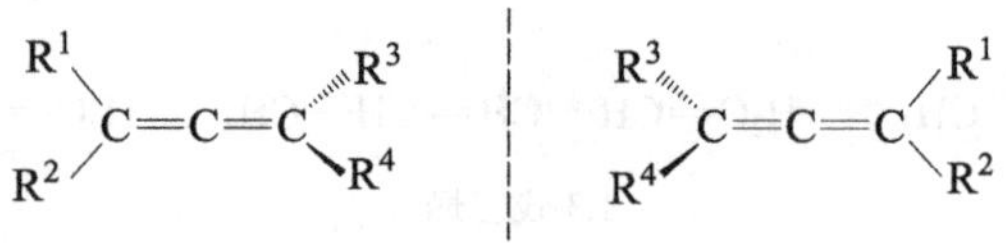

累积二烯烃中的双键比孤立二烯烃中的双键活泼，如丙二烯在碱性条件下发生异构化生成炔烃；在酸性条件下，丙二烯中的双键与水发生亲电加成生成酮。

$$H_2C{=}C{=}CH_2 \underset{EtOH}{\overset{KOH}{\rightleftharpoons}} HC{\equiv}C{-}CH_3$$

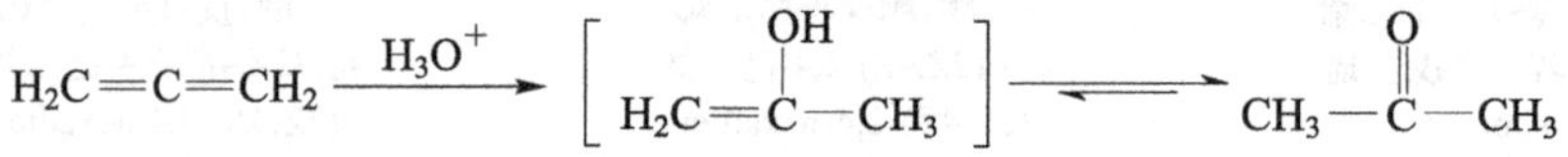

问题 5-1　下列化合物有无顺反异构现象？若有则写出其顺反异构体，并以 *Z*、*E* 标记法命名：

（1）2-甲基-1,3-丁二烯；（2）1,3-戊二烯；（3）1,3,5-己三烯；（4）2,3-戊二烯

5.2.2　1,3-丁二烯的结构

烯烃催化加氢生成烷烃时放出的热称为氢化热，烯烃的氢化热反映出烯烃的稳定性，氢化热越小，烯烃越稳定。对于多烯烃来说，我们只要比较分子中平均每个双键的氢化热数据，就可以预测烯烃的稳定性。分子中每个双键的平均氢化热越小，分子就越稳定。表 5-1 给出了一些烯烃的氢化热数据。

由表 5-1 中的数据可以看出，孤立二烯烃（如 1,4-戊二烯）的氢化热约为单烯烃氢化热的两倍，因此，孤立二烯烃中的两个双键可以看作各自独立地起作用。共轭二烯烃的氢化热比孤立二烯烃的氢化热低。例如，1,4-戊二烯与 1,3-戊二烯氢化后生成相同能量的烷烃，但是它们的氢化热却相差 $28\ kJ \cdot mol^{-1}$，说明共轭的 1,3-戊二烯比孤立的 1,4-戊二烯稳定，其位能差为 $28\ kJ \cdot mol^{-1}$。这个能量差称为共轭能（离域能或共振能）。

表 5-1　一些烯烃的氢化热数据

烯烃结构	烯烃名称	分子的氢化热/$(kJ \cdot mol^{-1})$	平均每个双键的氢化热/$(kJ \cdot mol^{-1})$
$CH_3CH{=}CH_2$	丙烯	125.2	125.2
$CH_3CH_2CH{=}CH_2$	1-丁烯	126.8	126.8
$H_2C{=}CH{-}CH{=}CH_2$	1,3-丁二烯	238.9	119.5
$CH_3CH_2CH_2CH{=}CH_2$	1-戊烯	125.9	125.9
$H_2C{=}CH{-}CH_2{-}CH{=}CH_2$	1,4-戊二烯	254.4	127.2
$H_2C{=}CH{-}CH{=}CHCH_3$	1,3-戊二烯	226.4	113.2

为什么共轭二烯烃较稳定呢？这与它的特殊结构有关。以 1,3-丁二烯为例，图 5-2 给出了 1,3-丁二烯的结构图。1,3-丁二烯中的四个碳原子均为 sp^2 杂化；C-1 和 C-4 中，其中两个 sp^2 杂化轨道分别和两个氢原子的 1s 轨道形成两个碳氢 σ 键，另外一个 sp^2 杂化轨道与 C-2 或 C-3 的一个 sp^2 杂化轨道形成 σ 键；C-2 和 C-3 中，其中一个 sp^2 杂化轨道和氢原子的 1s 轨道形成碳氢 σ 键，另外两个 sp^2 杂化轨道分别与两侧碳原子的各一个 sp^2 杂化轨道形成两个 σ 键。四个碳原子均有一个未参与杂化的 p 轨道，且垂直于各碳原子 sp^2 杂化轨道所在平面；C-1 和 C-2 的两个 p 轨道重叠形成一个 π 键，C-3 和 C-4 的两个 p 轨道重叠形成另一个 π 键。*s*-顺式和 *s*-反式的 1,3-丁二烯以类似的方式成键，所不同的是两个 π 键所处的相对位置不一样。

图 5-2 彩图

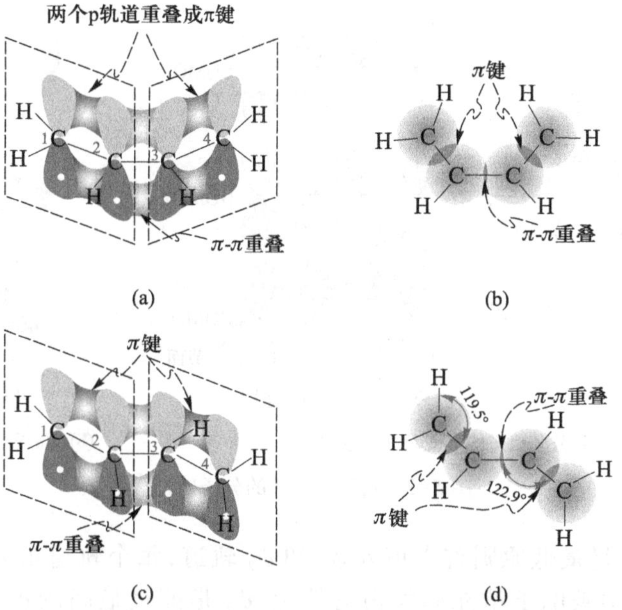

图 5-2 1,3-丁二烯中的 π 键及 π-π 共轭。(a,b)*s*-顺式，(c,d)*s*-反式；(a,c)侧视图；(b,d)俯视图

在普通单烯烃中，一般双键碳原子和其连接烷基的碳原子形成以 $Csp^2—Csp^3$ 相连的 σ 键，而在 1,3-丁二烯中，C-2 和 C-3 均为 sp^2 杂化的碳原子，由于 sp^2 杂化轨道相比 sp^3 杂化轨道较短，使得 $Csp^2—Csp^2$ 之间的 σ 键相对比较短，两个 π 键可以在 C-2—C-3 间部分重叠，这种重叠称为 **π-π 共轭效应**，共轭后电子在 π-π 共轭体系内运动，而不是局限于原 π 键。π-π 共轭效应是一种**离域**的电子效应，这种电子效应使得共轭体系在性质上具有特殊性，并且共轭使得体系更趋于热力学稳定。

分子轨道理论认为：1,3-丁二烯的四个 p 轨道的波函数通过线性组合得到四个分子轨道，如图 5-3(a)所示，$\phi_1 \sim \phi_4$ 为 p 轨道的波函数，$\psi_1 \sim \psi_4$ 为丁二烯的分子轨道。在分子轨道示意图中每个分子轨道表观上由四个类似于 p 轨道部分组成，但要注意，不能用价键理论中的轨道形状去理解分子轨道，而应该将 $\psi_1 \sim \psi_4$ 理解为四个单独的轨道，它们的轨道形状即是如图所示的形状，如 ψ_1 就是一个单独的 1,3-丁二烯的分子轨道。每一个分子轨道在碳原子键的连线的上下方为互不相同的相位，这里以不同的填充色表示，碳原子横向连线所在的分隔不同相位的平面称为节面。除了 ψ_1 以外，其他三个轨道中，碳原子与其相邻碳原子上的分子轨道相位相反位置

图 5-3 彩图

的虚线与节面的交点称为节点，节点越多分子轨道的能量越高，从 ψ_1 到 ψ_4 各为 0—3 个节点，轨道能量逐渐升高。另外，相邻碳原子上的分子轨道的相位如果相同，则相应分子轨道连成一个整体，如 ψ_1 轨道上下相位相同处各自连成一片。故此，分子轨道是由节面、节点和不同的相位组成的分布于分子中的轨道，如图 5-3(b)所示。

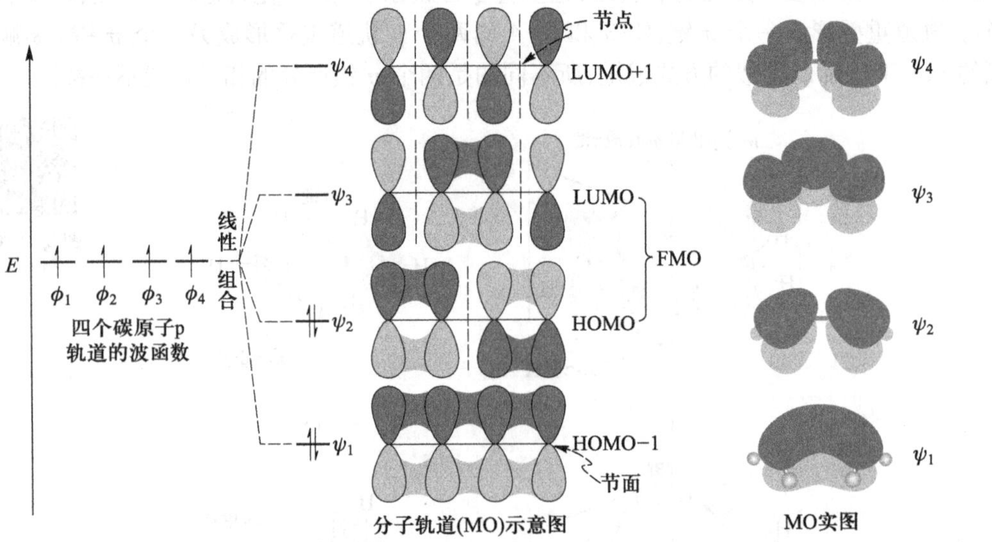

(a) 分子轨道的形成及其示意图　　(b) 以*s*-顺式为例的分子轨道图

图 5-3　1,3-丁二烯的分子轨道

四个电子按照能量最低原则首先填入 ψ_1 和 ψ_2 轨道，每个轨道填入自旋相反的两个电子；其中 ψ_1 和 ψ_2 轨道被电子填充叫做占有轨道，ψ_2 是能量最高的占有轨道，称之为**最高占有轨道**（HOMO，the highest occupied molecular orbital）；而 ψ_3 和 ψ_4 轨道没有电子填充而叫做未占有轨道，其中 ψ_3 是能量最低的未占有轨道，称之为**最低未占有轨道**（LUMO，the lowest unoccupied molecular orbital）。在进行化学反应时往往伴随着价电子的转移，HOMO 轨道是占有轨道中能量最高的，电子更加容易给出，LUMO 是未占有轨道中能量最低的，容易接收电子，分子在发生化学反应时，最先给予或者得到电子的就是这两个轨道，故此 HOMO 和 LUMO 轨道在化学反应中扮演着重要的角色，它们又被称为**前线轨道**（FMO，frontier molecular orbital）。

从上述的讨论中可以看出，四个分子轨道中，电子在 ψ_1 和 ψ_2 轨道中运动，而 ψ_1 整体分布于分子的 C-1~C-4 四个碳原子，ψ_2 呈块状分布在 C-1—C-2 以及 C-3—C-4 之间，这就解释了 1,3-丁二烯中 C-1—C-2 和 C-3—C-4 之间的结合力大于 C-2—C-3 之间的结合力。

经过电子衍射法测定，1,3-丁二烯中 C-1—C-2 和 C-3—C-4 的键长为 0.134 nm，比单烯烃双键（0.133 nm）的长度略长；而 C-2—C-3 的键长为 0.147 nm，比碳碳单键（0.154 nm）的长度短；这说明 1,3-丁二烯中键长有平均化的趋势。

问题 5-2　画出乙烯分子的分子轨道并指出 HOMO 和 LUMO 轨道。

§ 5.3　电子离域与共轭体系

价键理论认为，1，3-丁二烯中四个 π 电子并不是两两分别固定在两个双键碳原子之间，而是两个 π 键相互重叠，且通过 $\pi-\pi$ 共轭效应相互影响；分子轨道理论认为四个电子分布于整个分子轨道之中，形成整体的共轭体系。价键理论和分子轨道理论都说明分子中共轭电子不再定域在双键固定的位置，而是离域于整个共轭体系之中，这称为电子的离域，电子离域是分子中参与共轭的电子或轨道相互影响的电子效应。

共轭效应是电子离域实现方式，其主要分为 $\pi-\pi$，$p-\pi$，$\sigma-\pi$，$\sigma-p$ 共轭，其中，$\pi-\pi$，$p-\pi$ 是较强的共轭效应，$\sigma-\pi$，$\sigma-p$ 则是较弱的共轭效应，又称为超共轭效应。

5.3.1　共轭效应的种类

5.3.1.1　$\pi-\pi$ 共轭效应

1，3-丁二烯的两个 π 键的部分重叠引起的共轭是最简单的 $\pi-\pi$ 共轭效应，其主要的结构特征是碳碳双键之间以一个碳碳单键连接，共轭多烯烃单双键交替排列可以扩展为更大的共轭体系，如 1，3，5-己三烯的三个 π 键的共轭，这样的共轭体系广泛存在于自然界具有多烯共轭的一些结构中，如维生素 A、β-胡萝卜素等（见图 5-4）。共轭后，多烯烃的能量降低；然而，由于共轭后的电子离域，其反应性能更趋于活泼。

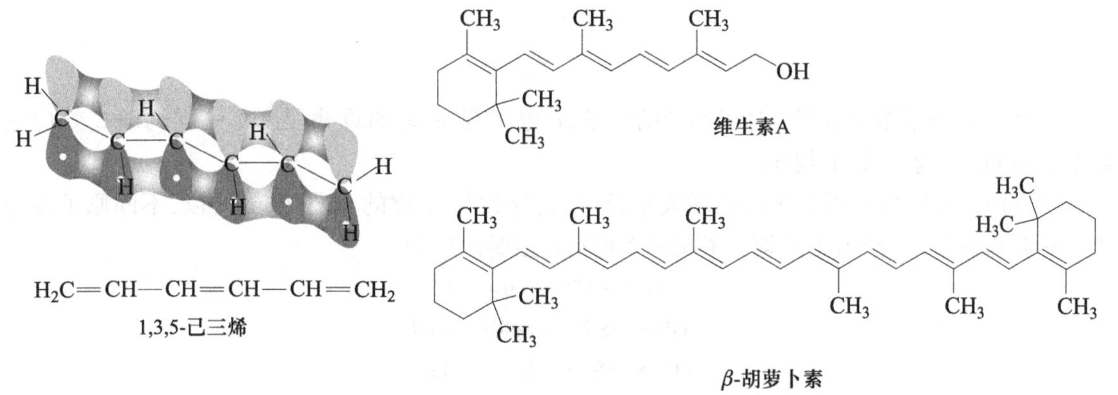

图 5-4　共轭多烯的结构与实例

除了碳碳形成的 π 键间有 $\pi-\pi$ 重叠形成共轭外，羰基等含有 π 键的基团亦可与碳碳 π 键形成 $\pi-\pi$ 共轭，所不同的是，由于氧原子的电负性比较大，羰基与碳碳双键共轭时，由于羰基的吸电子作用使得 $\pi-\pi$ 共轭体系的电子向羰基偏移，羰基呈现出吸电子的共轭效应（$-C$），使碳碳双键上的电子概率密度降低，并且共轭链上所带电荷的相对大小呈现交替分布。

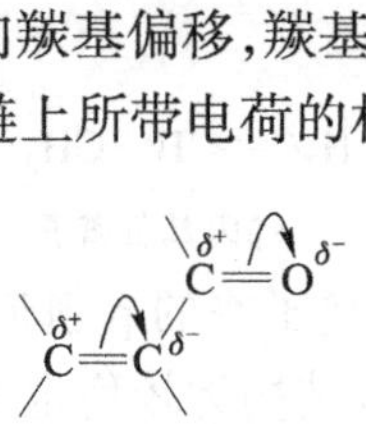

其他含有 π 键的基团也能与碳碳 π 键形成共轭，随着共轭基团的不同其吸电子共轭效应的强度也不相同。一般同周期的元素，电负性越大，对碳碳 π 键的吸电子的共轭效应越强：

$$—C{=}O > —C{=}NR > —C{=}CR_2$$

而同族的元素，电子层数的增大导致原子半径的增大，π 键的重叠程度变小，吸电子共轭效应减弱：

$$—C{=}O > —C{=}S$$

5.3.1.2　p-π 共轭效应

当具有孤对电子（电子处于 p 轨道中）的原子与双键通过 σ 单键相连时，其 p 电子云能与双键中的电子云发生部分的重叠而共轭，称为 p-π 共轭效应。如：氯乙烯分子中，氯原子上的孤对电子与双键发生部分的重叠（见图 5-5），这种共轭效应使得双键和氯原子上的电子发生离域，产生 p-π 共轭。共轭的结果使得 C—Cl 键具有部分双键的性质，C—Cl 键的键长变短。

图 5-5 彩图

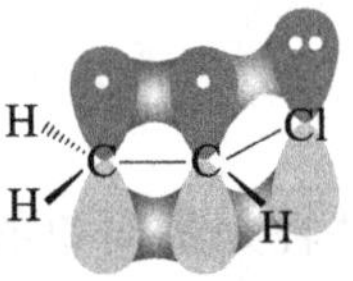

$H_2C{=}CH—Cl$

图 5-5　氯乙烯中的 p-π 共轭

对 p-π 共轭来说，p 电子向双键方向转移，使得双键上电子概率密度增加，表现出给电子的共轭效应，用 $+C$ 表示。

在这类 p-π 共轭效应中，对于不同的原子，p 电子与 π 键的重叠程度不一样，其 $+C$ 效应的强度也不同。一般有如下规律：

① 同族元素，随着原子序数的增大半径增大，导致与 π 键的重叠变弱，所以，不同原子参与的 p-π 共轭效应中，给电子共轭（$+C$ 效应）的能力强弱次序为

$$—F > —Cl > —Br > —I$$

$$—OR > —SR > —SeR > —TeR$$

$$—O^- > —S^- > —Se^- > —Te^-$$

② 对同周期的元素来讲，各原子 p 轨道的大小大致接近，但随着电负性的变大，原子核对 p 电子的束缚能力增强，使得电子对共轭能力减弱，$+C$ 效应减弱：

$$—NR_2 > —OR > —F$$

除具有孤对电子的原子与 π 键形成 p-π 共轭外，一些具有 p 轨道的离子或自由基也能与 π 键形成 p-π 共轭。例如：

$H_2C{=}CH—\overset{+}{C}H_2$	$H_2C{=}CH—\overset{-}{C}H_2$	$H_2C{=}CH—\dot{C}H_2$
烯丙基正离子	烯丙基负离子	烯丙基自由基

如图 5-6 所示，烯丙基正离子中，正离子空的 p 轨道与 π 键发生部分的重叠并发生共轭，正电荷离域于整个共轭体系中，从而使得该结构为较稳定的碳正离子；此时对 π 键来说，亚甲基正

离子起着吸电子的共轭效应（$-C$）。从分子轨道来看，电子占据在 ψ_1 轨道上，而 ψ_2 轨道上没有电子排列，这使得亲核试剂带电子对进攻该结构时容易进攻 ψ_2 轨道的 C-1 和 C-3。烯丙基自由基和碳负离子具有类似的结构（见图 5-6），在该结构中自由基的单个电子和负离子的一对电子分别处于 ψ_2 轨道，因此，C-1 和 C-3 两个碳原子也常常是烯丙基自由基进行单电子进攻的位置；而烯丙基负离子进行亲核进攻时与此类似，对 π 键来说亚甲基负离子起着给电子的共轭效应（$+C$）。

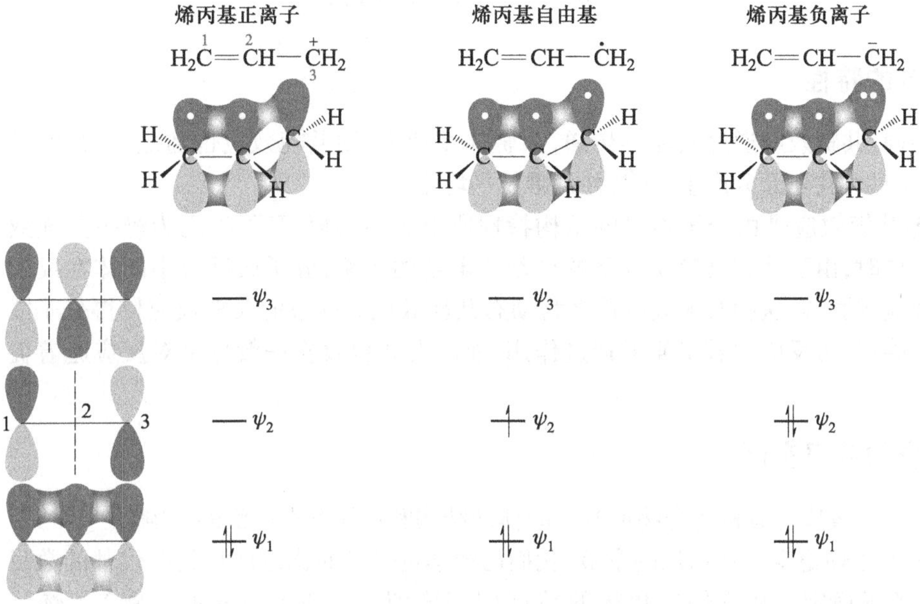

图 5-6 烯丙基正离子、自由基和负离子的 p-π 共轭及其分子轨道

图 5-6 彩图

5.3.1.3 超共轭效应

碳氢 σ 键电子云与相邻的 π 键或 p 轨道的电子云，也能发生小范围的重叠而产生共轭效应，这种共轭与 π-π 共轭和 p-π 共轭相比要小得多，因此称为超共轭效应。丙烯分子中，碳氢 σ 键与相邻的 π 键发生小范围的重叠并共轭，称为 σ-π 共轭效应[见图 5-7(a)]；异丙基正离子中，碳氢 σ 键与相邻的 p 轨道进行重叠，形成 σ-p 共轭效应[见图 5-7(b)]。超共轭效应的强度虽然比较小，但其仍可以使得共轭体系变得更加稳定。另外，不同基团对超共轭效应的贡献主要看其可参与超共轭效应的碳氢 σ 键的数目：

$$—CH_3 > —CH_2R > —CHR_2 > —CR_3$$

问题 5-3 指出下列结构中存在的共轭效应类型：

（1）$H_3C—CH=CH—\overset{+}{C}(CH_3)—CH_3$　　（2）$H_2C=CH—CH=CH—\dot{C}H_2$

（3）$H_2C=CH—\dot{C}H—CH=CH_2$　　（4）$H_3C—\overset{-}{C}H—CH=CH_2$

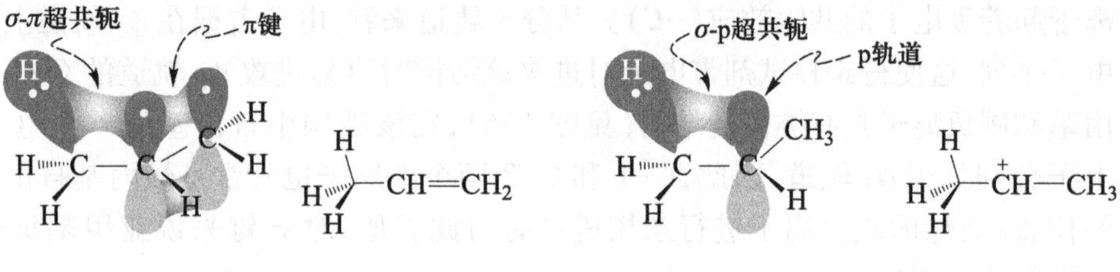

(a) σ-π共轭效应　　(b) σ-p共轭效应

图 5-7 彩图

图 5-7 超共轭效应示意图

5.3.2 共轭效应的特性

与诱导效应不同,共轭效应通过共轭链传递,共轭体系消失,则共轭效应也随之消失;在共轭分子中,共轭效应只对共轭部分产生影响,并且键长平均化。

共轭效应和超共轭效应是由分子本身的结构特性所引起的共轭,又可称之为静态共轭效应。在进行化学反应时,由于受到反应条件下的试剂的电场的影响,分子或反应中间体在反应中瞬间出现共轭效应的影响,这种共轭效应称之为动态共轭效应。静态的共轭效应使得分子或反应中间体的能量降低,对反应起着阻碍或促进作用,而动态共轭效应一般总是对反应起着促进的作用。

5.3.3 共轭效应的应用实例

共轭效应及超共轭效应对有机化合物或其中间体的结构和性能存在广泛的影响。

例 1. 2-丁烯比 1-丁烯稳定。在烯烃的章节,我们已经学过烯烃的稳定性和其取代基的数目相关,取代越多烯烃越稳定。从它们氢化热的数据(1-丁烯为 126.8 kJ · mol^{-1};顺-2-丁烯为 119.7 kJ · mol^{-1}),说明顺-2-丁烯比 1-丁烯氢化放出的热量少,这也说明顺-2-丁烯比 1-丁烯稳定。从结构来看,1-丁烯中只有亚甲基上的 2 个碳氢 σ 键参与超共轭,而顺-2-丁烯中,双键两边的甲基中有 6 个碳氢 σ 键参与超共轭,参与超共轭的碳氢 σ 键愈多,体系愈稳定。

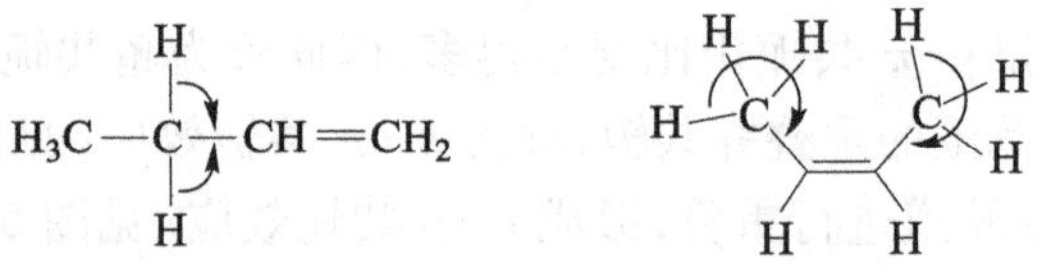

1-丁烯　　顺-2-丁烯

例 2. 氯乙烯与氯乙烷相比,氯乙烯中的碳氯键更加稳定。如图 5-5 所示,氯原子的 p 轨道上的孤对电子与乙烯的 π 键相互共轭,也使得氯乙烯中的碳卤键相对于氯乙烷中的碳卤键键长更短、键能更大,以至更难发生相关的化学反应。

例 3. 碳正离子稳定性的解释。碳正离子的结构中,由于 sp^3 杂化碳原子的电负性比 sp^2 杂化碳原子的电负性小,甲基对碳正离子为给电子的诱导效应,使得碳正离子的稳定性为叔碳正离子>仲碳正离子>伯碳正离子>甲基碳正离子:

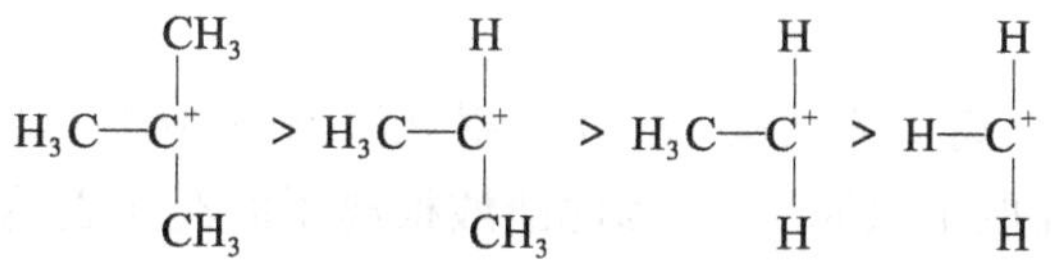

其实，处于 sp^2 杂化的碳正离子上的空的 p 轨道与相邻的碳氢 σ 键产生 σ-p 共轭效应，从而使得正电荷分散，体系更加稳定。参与 σ-p 共轭的碳氢 σ 键越多，碳正离子越稳定：

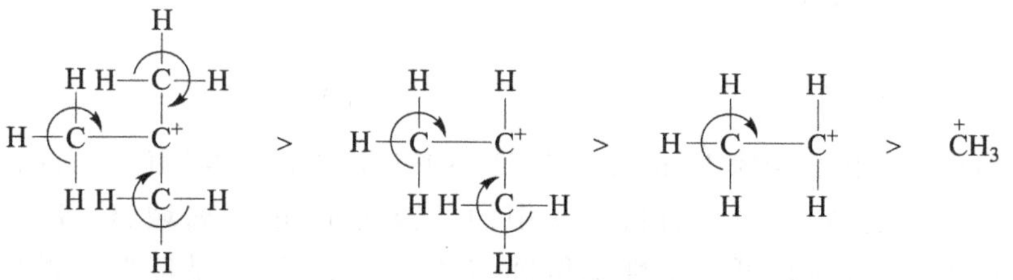

9个C–H σ超共轭　　6个C–H σ超共轭　　3个C–H σ超共轭　　无C–H σ超共轭

例 4. 碳自由基的稳定性的解释。自由基反应中，以前我们用不同碳氢键的键能解释自由基的稳定性：

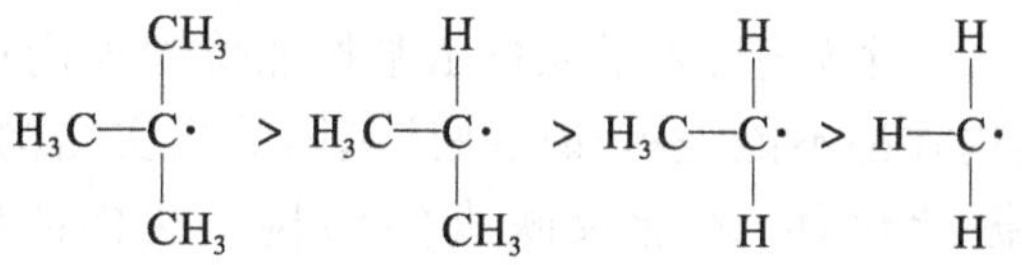

理论上，由于 sp^3 杂化甲基具有给电子诱导效应，甲基数目增加会导致碳自由基的负电荷增加，从而趋于不稳定；然而 sp^2 杂化的自由基的 p 轨道与相邻甲基的碳氢 σ 键发生 σ-p 共轭效应，使自由基的单电子强烈进行配对的倾向得到了有效的缓解，从而使得体系变得稳定。而且参与 σ-p 共轭的碳-氢 σ 键愈多，体系愈稳定。

例 5. 烯丙基结构的特殊性。图 5-6 给出了烯丙基型结构中的 p-π 共轭效应，由于共轭效应的作用，各结构中电子发生离域，体系能量降低，从而使得烯丙基型中间体比较稳定，稳定性与其对应的叔碳结构类似：

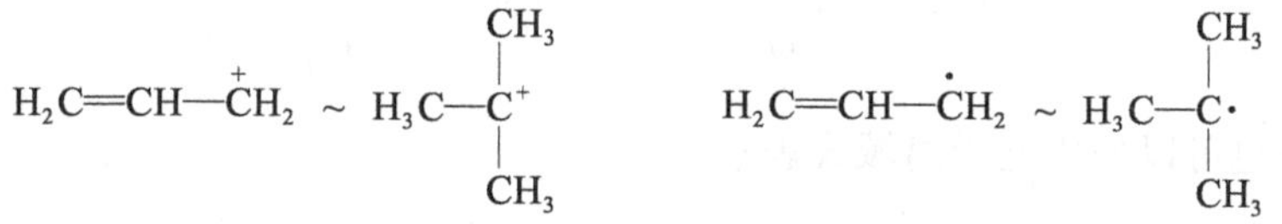

正是由于烯丙基型结构的稳定性，在各类型的反应中，烯丙基参与的反应均能以相对比较快的速率进行，烯丙基型的结构成为有机化合物中最具有特征的结构之一。

§5.4 共 振 论

5.4.1 共振论的产生

当用价键理论来写具有共轭体系的化合物的结构式时，发现经典结构式不能圆满地表示它们的结构。例如，1，3-丁二烯的经典结构式为 $CH_2{=}CH{-}CH{=}CH_2$，不能表示出 1，3-丁二烯

分子中 π 键的离域。

更典型的例子是醋酸根离子的结构。电子衍射光谱测得醋酸根离子中两个 C—O 键长完全相等,负电荷均匀地分布在两个氧原子上,因此醋酸根离子的经典表达式(ⅰ)或(ⅱ)已不能准确地表达它的真实结构。

(ⅰ)　　　　　　　　　(ⅱ)

为了解决这些问题,美国化学家 Pauling 于 1931~1933 年提出了共振论(resonance theory)。它不同于经典的价键理论,它反映了有机化学中的共轭效应、电子离域、电荷分布、σ 键长变化与稳定性增加等事实,因此可以定性地解释与预测许多现象,是经典价键理论的补充和发展。

5.4.2　共振论的基本思想

共振论的基本思想是,当一个分子、离子或自由基按照价键理论写出两个以上的经典结构式时,而且任何一个经典结构式都不能表示和反映该基团的真实结构,只有这些经典结构式经过共振(叠加)得到的共振杂化体,才能反映真实结构。这样的经典结构式称为共振式(resonance formula)或极限式,相应的结构可看做共振结构(resonance structure)或极限结构。因此这样的分子、离子或自由基可以认为是极限结构"杂化"而产生的杂化体(hybrid)。这个杂化体既不是极限结构的混合物,也不是它们的平衡体系,而是一个具有确定结构的单一体,它不能用任何一个极限结构来代替。例如,醋酸根离子可以看做下面 2 个极限结构的杂化体,但这 2 个极限结构并不真实存在。

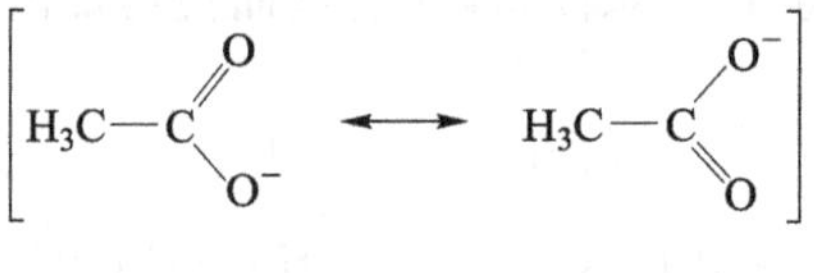

共振杂化体也可以采用电子离域式表示:

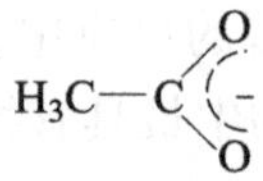

上式中用虚线表示了负电荷的离域,用虚线和实线共同表达了两个等长的 C—O 键。

5.4.3　书写共振极限式的原则

共振杂化体的表示方法是:在这些可能写出的极限式之间,用一个双向的箭头把它们联系起来,双箭头即共振之意,仅是一个数学符号,相当于线型组合中的"+",意味着将合理的指定的经典结构加以综合而提出分子的真实结构。这些经典结构必须符合价键结构,但并不具有客观真实性,因为在基态时,它们从未存在过。例如,碳酸根离子的共振结构可以表示为

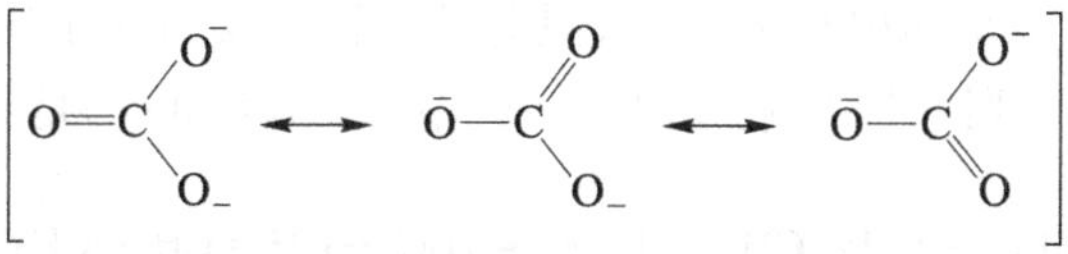

共振极限式的书写不是任意的，应遵循下列几个原则：

（1）极限式必须遵循价键规则，即氢原子的外层电子数不超过 2 个，第二周期元素最外层电子数不超过 8 个，碳原子只能有 4 个价键等。例如硝基甲烷（CH_3NO_2）的共振杂化体：

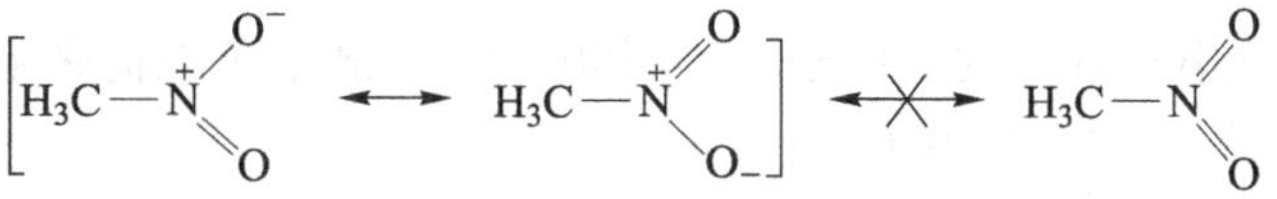

(i) (ii) (iii)

上式中，式（ⅰ）和式（ⅱ）满足价键规则，但式（ⅲ）中氮原子的最外层电子数超过 8 个，所以式（ⅲ）的书写是错误的。

（2）共振式中原子的排列完全相同，不同的仅是电子的排布。例如，烯丙基正离子的共振杂化体中，式（ⅰ）与式（ⅱ）的原子排列完全相同，是极限式。而式（ⅲ）的原子排列明显与式（ⅰ）或式（ⅱ）的不同，所以式（ⅲ）不是它的极限式：

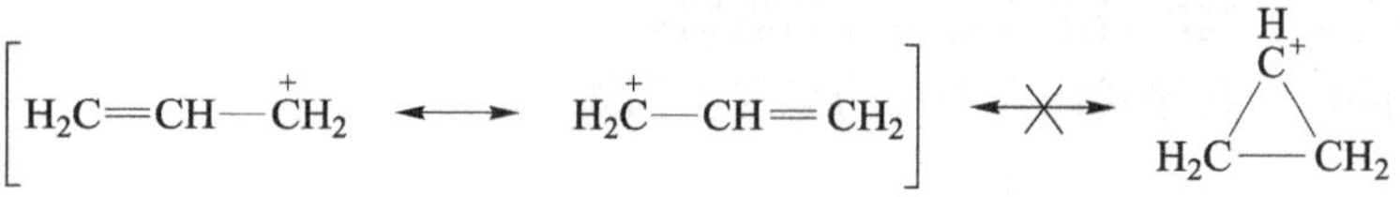

(i) (ii) (iii)

这也是共振结构与互变异构的根本差别，在互变异构中，存在原子位置的改变。例如，乙醛的酮式与烯醇式中原子排列是不同的，所以，它们属于互变异构体，不属于共振杂化体：

$$H_2C{=}CH{-}OH \rightleftharpoons H_3C{-}CH{=}O \qquad H_2C{=}CH{-}OH \not\leftrightarrow H_3C{-}CH{=}O$$

（3）共振式中配对的电子数或未配对的电子数应该相等。例如：

$$\left[\ H_2C{=}CH{-}\dot{C}H_2 \longleftrightarrow H_2\dot{C}{-}CH{=}CH_2\ \right]$$

均有一对配对电子和一个单电子，为共振式。

$$H_2C{=}CH{-}\dot{C}H_2 \not\longleftrightarrow H_2\dot{C}{-}\dot{C}H{-}\dot{C}H_2$$

后一个式子有三个单电子，没有配对电子，它们不是共振式。

因此，用弯箭头表示电子的转移方向，可以从一个经典结构式推出另一个经典结构式。例如：

醋酸根离子共振式

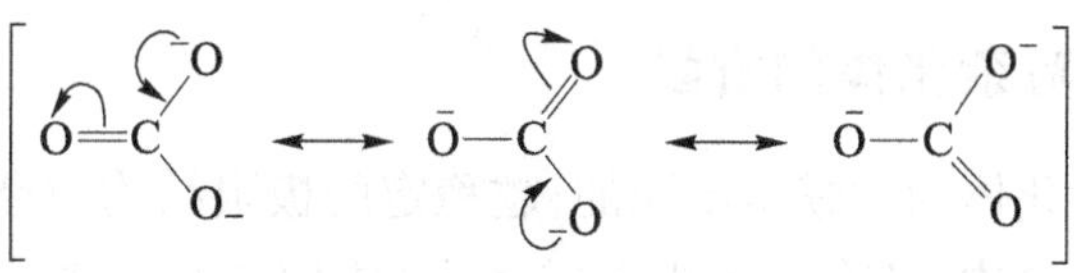

碳酸根离子共振式

(4) 中性分子也可以表示为电荷分离式，但电子的转移要与原子的电负性吻合。

1,3-丁二烯可以写出下列七种共振式，其中式(ⅱ)~ 式(ⅶ)都是电荷分离式：

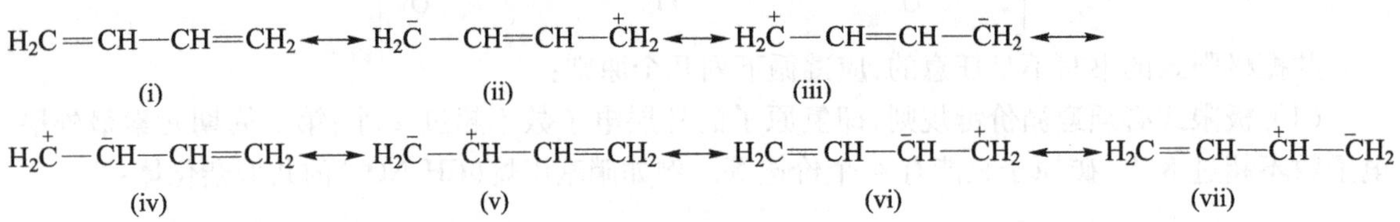

3-丁烯酮由于存在电负性大的氧原子，所以其电荷分离式的负电荷必须在氧原子上，如果负电荷在碳原子上是不符合上述规则的。

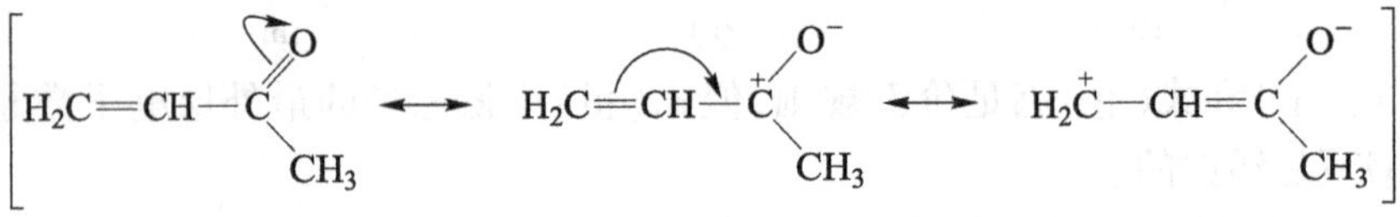

5.4.4　共振极限结构的稳定性

共振杂化体比任何一个极限式都稳定，不同的极限结构式稳定性是不同的，其稳定性大小与极限式的结构有关。判断极限式稳定性的规则：

(1) 满足八隅体的共振式比未满足的稳定。例如：

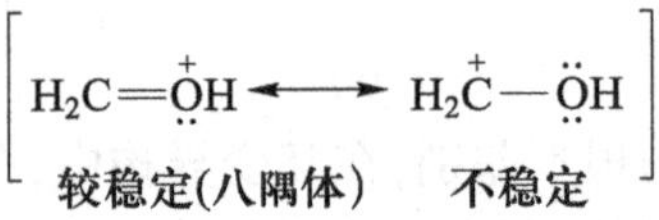

由此可见与碳正离子相邻的杂原子有稳定碳正离子的作用。

(2) 没有正、负电荷分离式的共振式比有电荷分离的共振式稳定。例如：

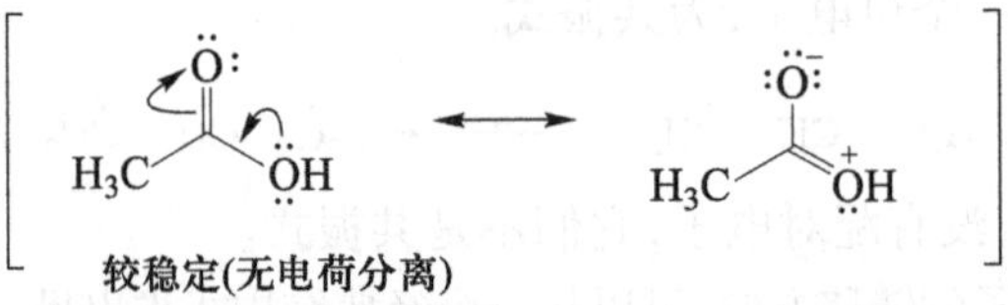

(3) 在满足八隅体电子结构但有电荷分离的共振式中，电负性大的原子带负电荷、电负性小的原子带正电荷的共振式比较稳定。例如：

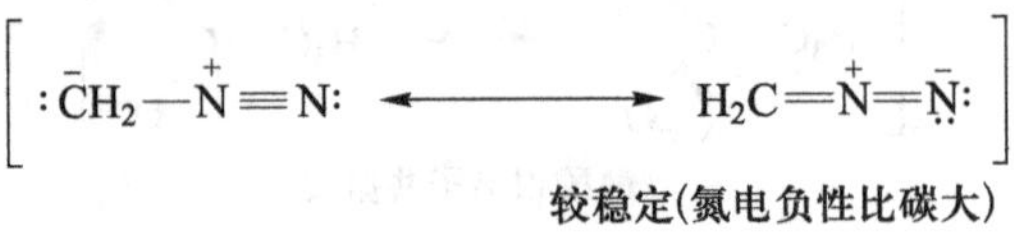

5.4.5　共振极限结构对杂化体的贡献

不等价的极限式对杂化体的贡献是不同的，越稳定的极限结构对杂化体的贡献越大。例如在1,3-丁二烯的共振杂化体中，共有7个极限式，(ⅰ)能量最低，贡献最大；(ⅱ)~(ⅶ)能量较高,贡献较小。等价的极限结构对杂化体有相同的贡献。因此,1,3-丁二烯的(ii)与(iii),(iv)与(vi),(v)与(vii)对杂化体的贡献分别是相等的。真实分子的性质在很大程度上依赖于贡献大的结构,因此(i)对1,3-丁二烯的性质具有较大的影响。

共振论认为,由等价极限式构成的体系具有巨大的共振稳定作用。因此,在一系列的极限结构中,当有两个或两个以上能量最低、结构相同或接近相同的极限结构时,它们参与共振最多,其组成的共振杂化体也越稳定。例如,烯丙基自由基和烯丙基正离子都有两个完全相同的共振式,所以它们的共振杂化体也比较稳定。

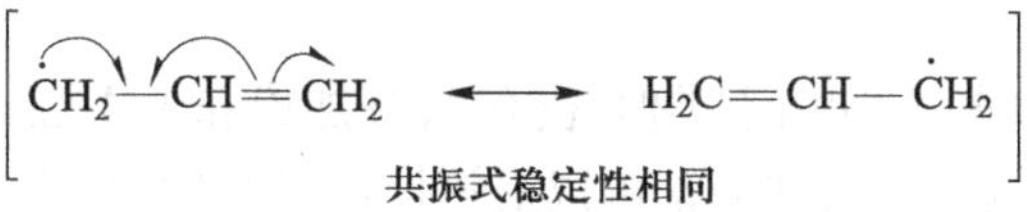

共振式稳定性相同

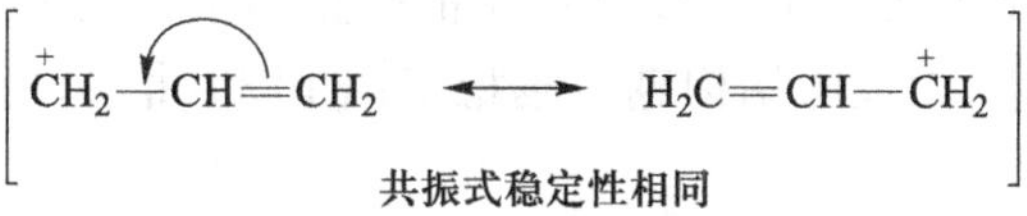

共振式稳定性相同

共振论还规定:参与共振的极限结构数目越多,杂化体也越稳定。

问题 5-4 下列共振式中哪些是错误的?哪些是正确的?

(1) [$H_2C{=}C{=}CH_2 \longleftrightarrow HC{\equiv}C{-}CH_3$]

(2) 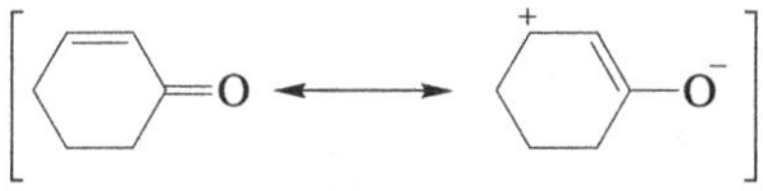

(3) [$:\ddot{O}^{-}{-}\overset{+}{O}{=}\ddot{O}: \longleftrightarrow :\ddot{O}{=}\overset{+}{O}{-}\ddot{O}^{-}:$]

(4) [$H_3C{-}N{=}C{=}\ddot{O} \longleftrightarrow H_3C{-}\overset{+}{N}{\equiv}C{-}\ddot{O}^{-}$]

---

§ 5.5 二烯烃的化学反应

5.5.1 亲电加成

用溴处理1,4-戊二烯,首先得到4,5-二溴-1-戊烯,加更多的溴可得到1,2,4,5-四溴戊烷。

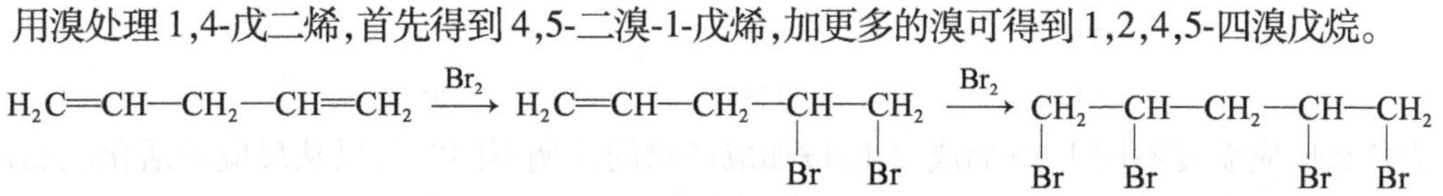

1,4-戊二烯 4,5-二溴-1-戊烯 1,2,4,5-四溴戊烷

反应中两个单键独立地进行反应,如同在两个分子中一样,这是孤立双烯的典型性质。

5.5.1.1 1,2-加成和1,4-加成

共轭的1,3-丁二烯与等物质的量的溴加成时,得到的产物不仅有预期的3,4-二溴-1-丁烯,还有1,4-二溴-2-丁烯。

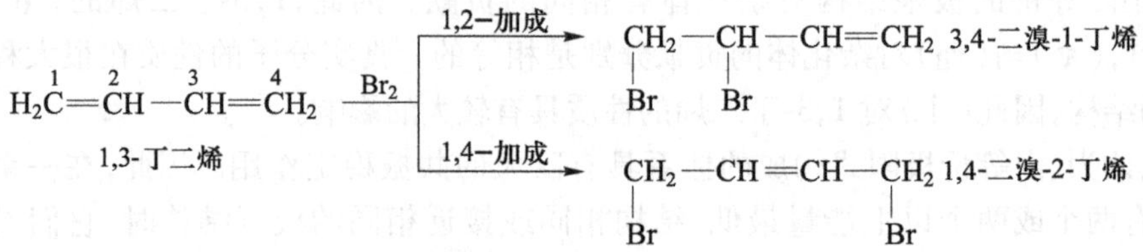

前一个产物是溴加到其中的一个碳碳双键(C−1 和 C−2)上的,称为 1,2−加成;后一个产物是溴加到共轭双键的两端(C−1 和 C−4),中间两个碳原子形成一个新的双键,这种加成方式称为 1,4−加成或共轭加成。

1,3-丁二烯与氯化氢加成,与加卤素类似,也有 1,2−加成和 1,4−加成两种产物。可见 1,2−和 1,4−加成是共轭体系的特点。利用共振论可以对该反应进行解释:当 1,3-丁二烯与氯化氢加成时,首先是 H^+ 与 1,3-丁二烯加成。H^+ 与 C−2 产生的碳正离子(iii)不能发生共轭,而与 C−1 产生的碳正离子可以发生共轭,因极限结构越多越稳定[(i)和(ii)],所以反应时 H^+ 主要与端基碳原子反应。

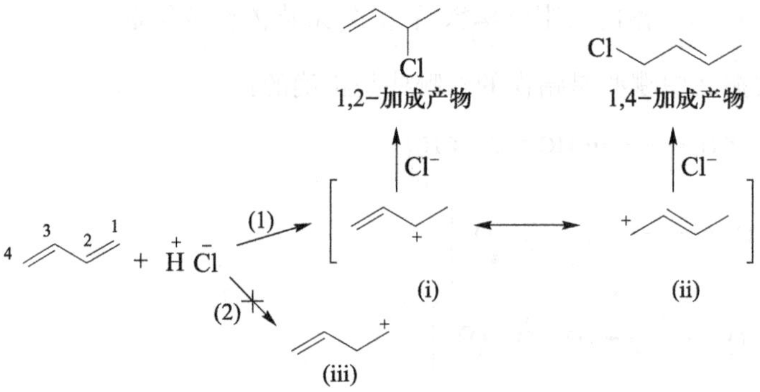

加成方式(1)产生的极限式(i)中 C−2 显正电荷,极限式(ii)中 C−4 显正电荷,它们都可以与 Cl^- 结合,所以 1,3-丁二烯与氯化氢加成时,即可以生成 1,2−加成产物,也可以生成 1,4−加成产物。

5.5.1.2　动力学控制和热力学控制

1,2−加成产物和 1,4−加成产物的比例取决于反应条件,一般在较低的温度下以 1,2−加成产物为主,而在较高的温度下以 1,4−加成产物为主。例如:

$$\overset{1}{H_2C}=\overset{2}{CH}-\overset{3}{CH}=\overset{4}{CH_2} \xrightarrow{HBr} \overset{1}{H_3C}-\underset{Br}{\overset{2}{CH}}-CH=CH_2 + \overset{1}{H_3C}-CH=CH-\underset{Br}{\overset{4}{CH_2}}$$

−80℃	81%	19%
45℃	15%	85%

为什么反应温度不同 1,2−加成与 1,4−加成产物的比例不同?可以从反应的活化能和产物的稳定性进行解释。

如图 5−8 所示,在极性溶剂的作用下,1,3-丁二烯的电子云发生偏移,其中的一个双键电子进攻氢离子并在 C−1 处成键,生成碳正离子(i),碳正离子存在两个共振式(i)和(ii),其共振杂化体为结构式(iii),这也可视为烯丙基正离子中的 p−π 共轭效应使得烯丙基正离子实质上形成一个三原子为中心的共轭体系,这个体系内含两个电子,并带一个单位的正电荷,正电荷分布于 C-2 和 C-4；溴负离子与烯丙基正离子反应是可进攻 C-2 生成 1,2-加成的产物，也可进攻 C-4 生成 1,4-加成的产物。随着反应温度的不同，溴负离子对 C-2 和 C-4 进攻的概率不一样从而生成不同的产物。

从反应进程（见图 5-9）来看，1,3-丁二烯与氢离子反应生成烯丙基正离子后，与溴负离子的反应按照不同的反应进程进行；其中，-80℃低温时，反应向需要活化能（E_{a_1}）较低的方向进行，并生成 1,2-加成为主的产物；而在稍高温度 45℃时，反应可依较高活化能（E_{a_2}）的进程进行，并生成较为稳定的 1,4-加成为主的产物。在不同温度的反应中，低温时，1,2-加成反应需要的活化能较低，但生成的产物能量相对较高，反应能够快速进行，1,2-加成的产物又称为动力学控制的产物；高温时，1,4-加成反应需要的活化能较高，但产物比较稳定，1,4-加成的产物又称为热力学控制的产物。

图 5-8 彩图

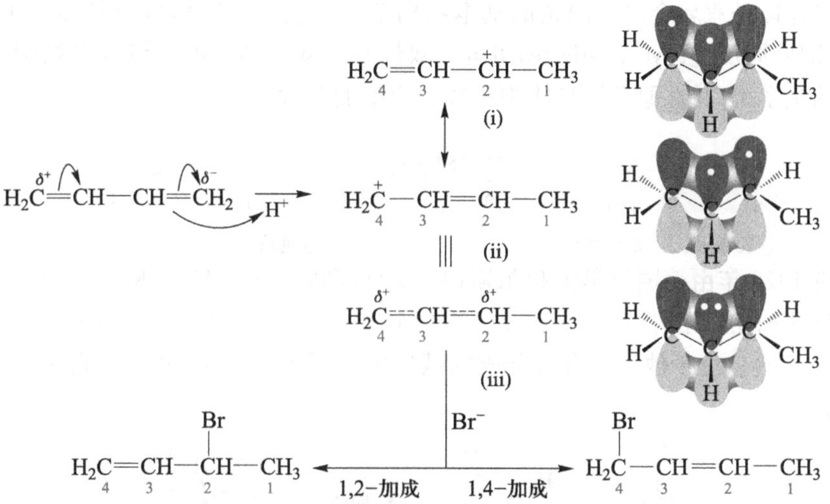

图 5-8 1,3-丁二烯与溴化氢的 1,2-加成和 1,4-加成（编号仅代表碳原子的相对位置）

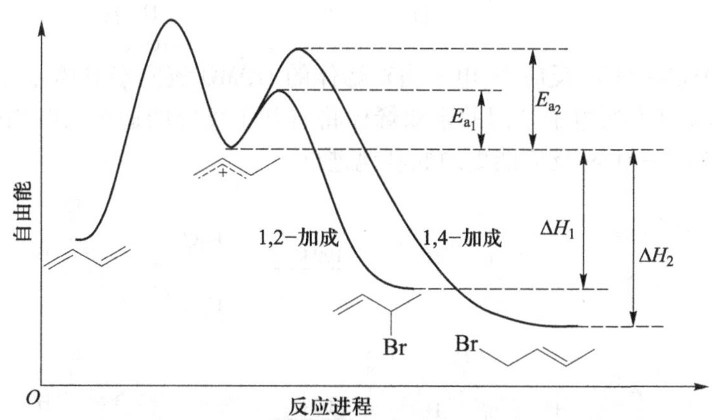

图 5-9 1,3-丁二烯与溴化氢反应的自由能-进程图

在可逆的反应中，动力学控制的产物又称为速率控制产物，而热力学控制的产物又称为平衡控制产物。1,3-丁二烯与溴化氢的 1,2-加成产物常被称为速率控制产物，1,4-加成产物被称为平衡控制产物。

问题5-5　将下列化合物按与HBr进行亲电加成反应的活性大小排列成序：

（1）$CH_3CH{=}CHCH_3$　　（2）$H_2C{=}CH{-}CH{=}CH_2$

（3）$CH_3CH{=}CH{-}CH{=}CH_2$　　（4）$H_2C{=}C(CH_3){-}C(CH_3){=}CH_2$

5.5.2　双烯合成(Diels-Alder反应)

5.5.2.1　基本反应

共轭二烯与含有双键或三键的化合物反应,生成六元环状化合物,该反应称为双烯合成反应,如1,3-丁二烯与乙烯生成环己烯的反应。其中,1,3-丁二烯称为双烯体,乙烯称为亲双烯体,双烯体和亲双烯体是双烯合成中原料的基本结构单元。这个反应为自由基和离子型反应外的第三种机理,即协同反应(synergistic reaction),双烯和亲双烯体中的双键逐渐断裂,而它们之间慢慢形成新的化学键,并在原双烯结构中形成一个新的双键。

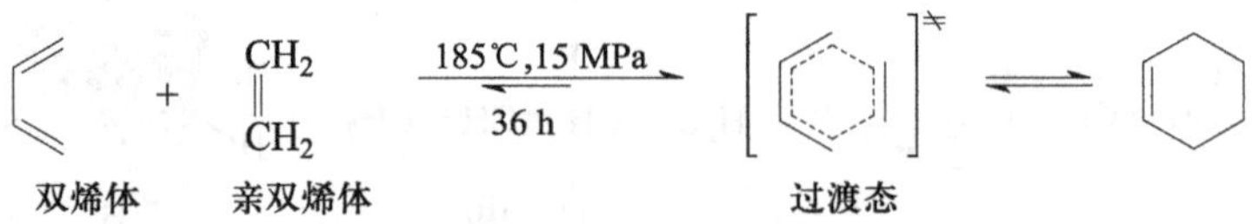

这个反应1928年由德国化学家狄尔斯(Diels O)和阿尔德(Alder K)在研究1,3-丁二烯和顺丁烯二酸酐的相互作用时发现的,因此又称为Diels-Alder反应,简称D-A反应,又称双烯合成(diene synthesis)。由于他们在有机合成领域里做出了杰出贡献,共同获得了1950年度诺贝尔化学奖。

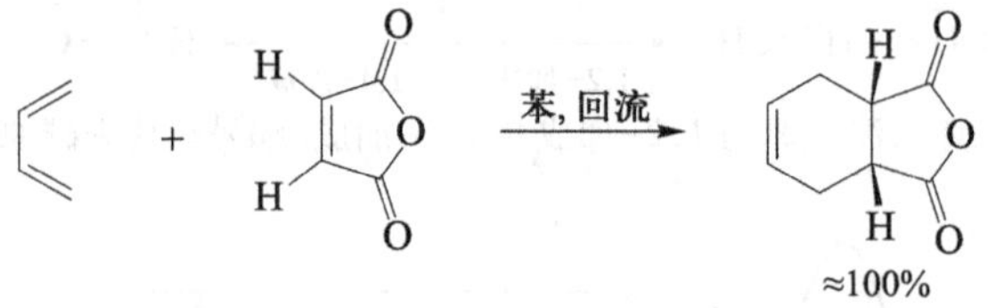

一般认为,在Diels-Alder反应中,电子由双烯体的HOMO流向亲双烯体的LUMO,故此,具有给电子基团的双烯体和吸电子基团的亲双烯体将有利于反应的进行,如:丙烯醛中的醛基的吸电子作用,使得Diels-Alder反应能更加顺利地进行。

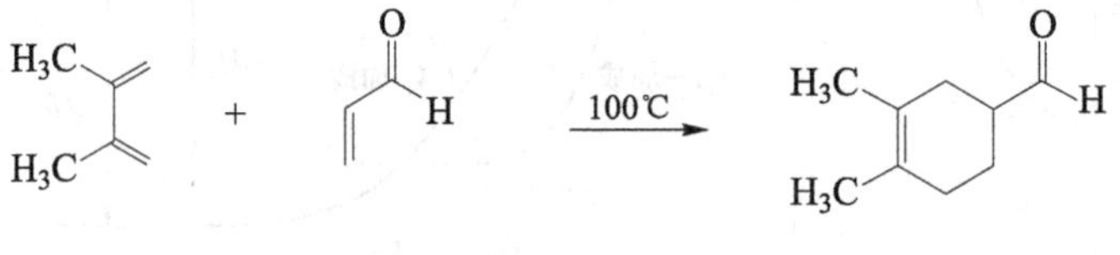

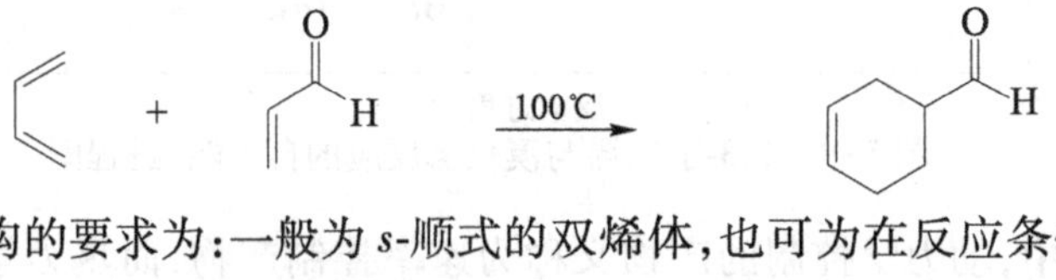

另外,双烯体对结构的要求为:一般为*s*-顺式的双烯体,也可为在反应条件下可转变成*s*-顺式双烯体的结构。如果由于环的限制无法转变或*s*-顺式的双烯体将不能发生Diels-Alder反应;如双烯的末端有太多取代基,则会由于位阻而影响反应的顺利进行。亲双烯体可为烯烃或者炔

烃，一般带有吸电子基团。

可用的双烯体，例如：

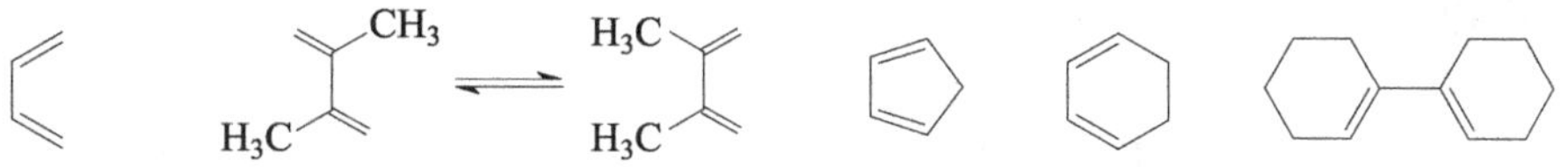

不可用的双烯体，例如：

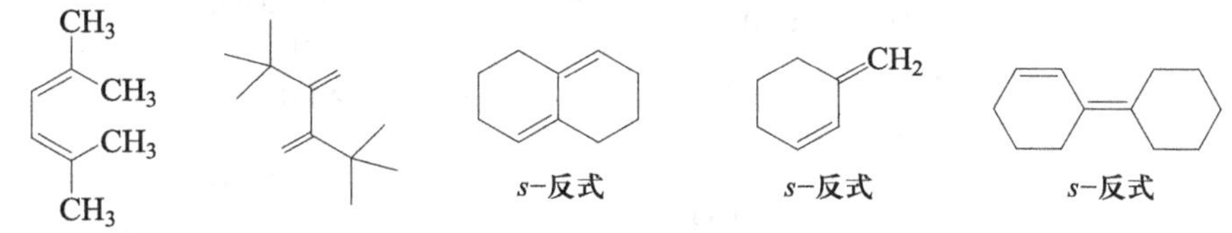

可用的亲双烯体，例如：

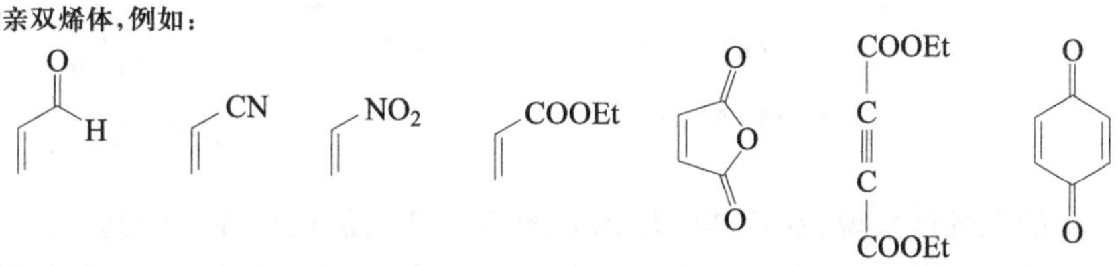

问题 5-6　试将下列烯烃（亲双烯体）与1,3-丁二烯进行 Diels-Alder 反应的活泼性从大到小排列成序：

(1) 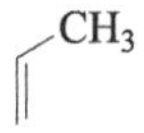　(2) 　(3) 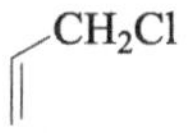

问题 5-7　指出下列 Diels-Alder 反应产物由哪些双烯体和亲双烯体构成？

(1) 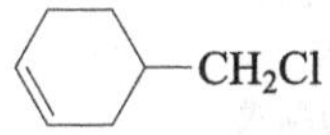　(2) 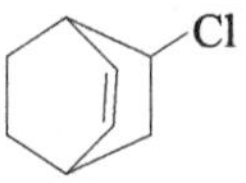　(3) 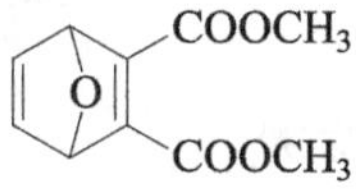　(4) 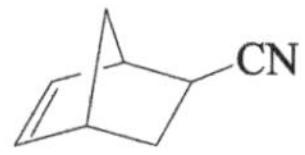

5.5.2.2　区域选择性和立体专一性

Diels-Alder 反应是区域选择性反应。当双烯体与亲双烯体上均有取代基时，从反应式看，可能生成两种不同的反应产物。实验证明，两个取代基处于相邻位或相对位的产物占优势。

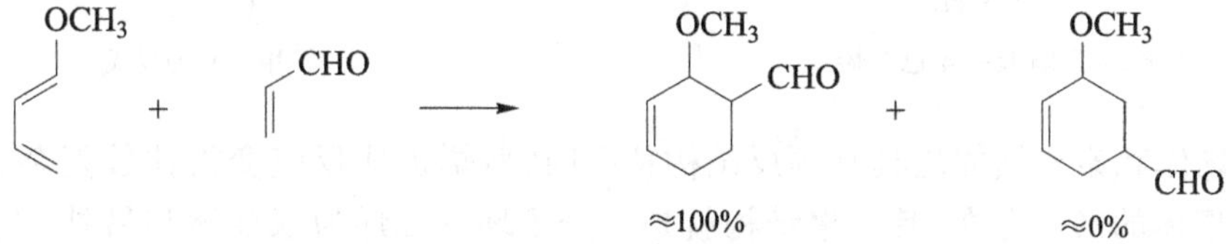

≈100%　邻位为主　　≈0%

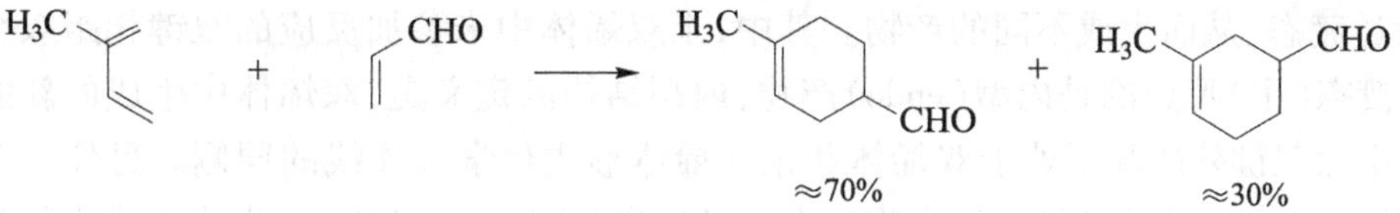

≈70%　对位为主　　≈30%

Diels–Alder 反应是立体专一性的顺式加成反应，参与反应的亲双烯体在反应过程中顺反关系保持不变。例如：1，3-丁二烯与顺丁烯二酸二乙酯反应生成顺式的产物，与反丁烯二酸二乙酯生成反式的产物。

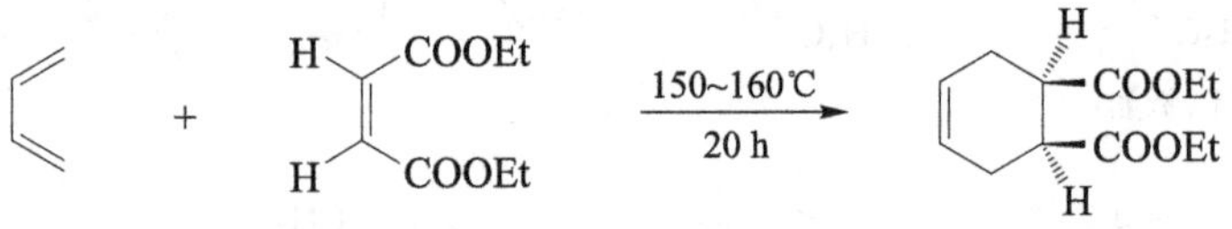

顺丁烯二酸二乙酯　　　　顺式产物

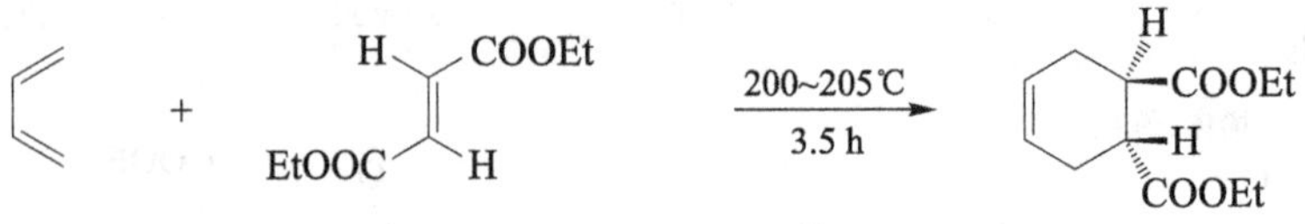

反丁烯二酸二乙酯　　　　反式产物

对于取代的双烯体来说，双烯体中环内侧的两个基团加成后在同一边，而环外侧的两基团在环的另外一边。例如：反，反-2，4-己二烯在进行 Diels–Alder 反应后，原料中双烯体中的两个甲基处于半环结构的外侧，则产物中两个甲基处于顺式的位置；而顺，反-2，4-己二烯的两个甲基分别处于半环结构的内外侧，产物中的两个甲基则处于反式位置。

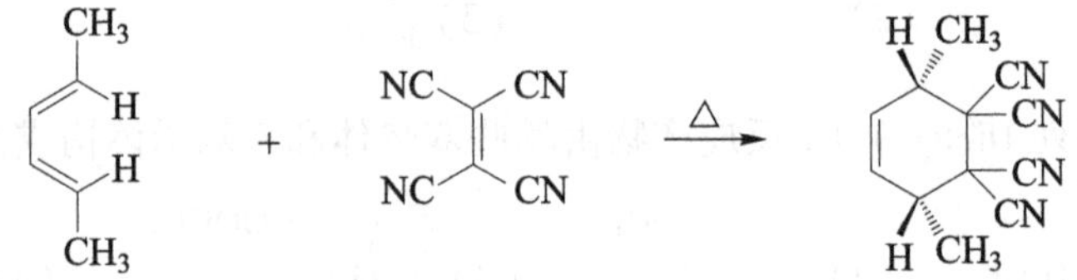

反，反-2，4-己二烯　　　　甲基互为顺式

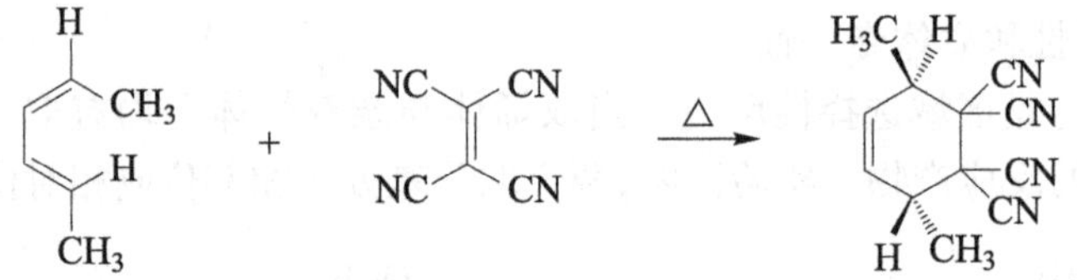

顺，反-2，4-己二烯　　　　甲基互为反式

当双烯体和亲双烯体均具有顺反结构特征时，双烯加成反应变得比较复杂。环戊二烯常常以其二聚体的形式存在，其二聚结构就是一分子环戊二烯为双烯体与另外一个以环戊二烯中单个双键作为亲双烯体而进行的 Diels–Alder 反应。反应中，由于反应方式的不同而形成两个不同的过渡态，从而生成不同的产物。其中，亲双烯体中未参加反应的双键相距双烯体结构较近的过渡态（ⅰ）形成的是内型（endo）产物，内型结构的定义是，双烯体中生成的新的双键和亲双烯体中除双键外的基团处于双烯体和亲双烯体形成化学键连线的同侧。另外一个相反的过渡态（ⅱ）则生成的是外型（exo）产物。由于过渡态（ⅰ）比（ⅱ）稳定，生成内型产物是动力学控制的过程，而生成外型产物为热力学控制的过程；这个反应中，虽然升高温度可以促使热力学

控制产物生成,但也增加了二聚体解聚的逆反应速度,故此一般认为内型产物为二聚环戊二烯的主要结构。

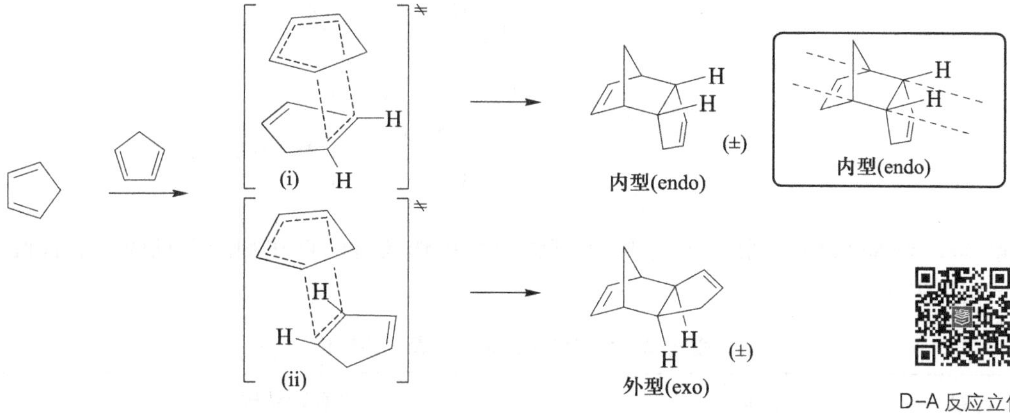

D–A 反应立体化学规则及解释

5.5.3　聚合反应

5.5.3.1　天然橡胶

橡胶是具有弹性的高分子聚合物。橡胶树的树皮割破后流出的液体加入少量醋酸,形成固体,成为生橡胶。生橡胶经过硫化处理后,其主要成分由线性高分子结构转变成网状结构。1900 年后,橡胶的结构能够得以测定,其中天然橡胶的结构主要为顺-1,4-聚异戊二烯,而另一种被称为天然杜仲胶的硬橡胶结构为反-1,4-聚异戊二烯。

天然橡胶

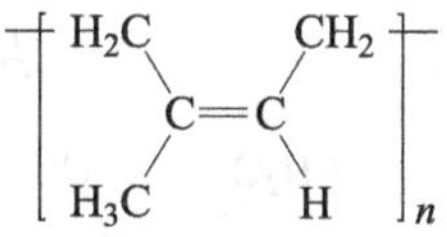

顺-1,4-聚异戊二烯

天然杜仲胶

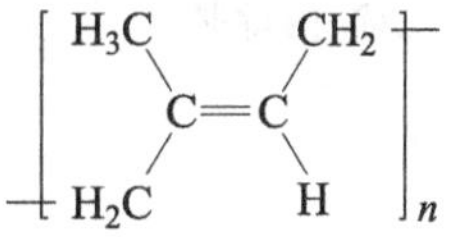

反-1,4-聚异戊二烯

5.5.3.2　合成橡胶

天然橡胶远不能满足人类的需求,聚合反应可从共轭二烯类化合物出发合成含双键的高分子聚合物,然而,早期的催化剂对丁二烯类化合物的聚合反应不能控制高分子结构中双键的顺反结构,使得合成橡胶的性能远不如天然橡胶。

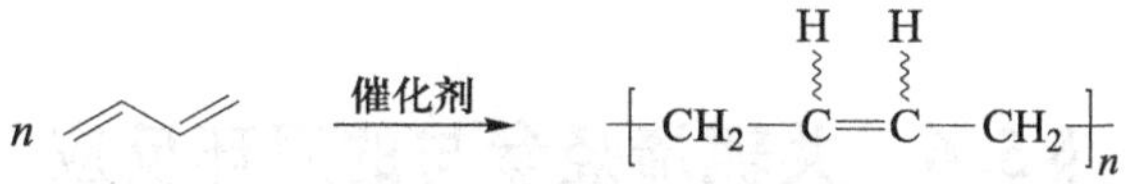

立构规整聚合成为目前解决这一问题的最佳方法,如 Ziegler–Natta 催化剂,其主要成分为三烷基铝和四氯化钛,它能使 1,3-丁二烯立构规整聚合成顺-1,4-聚丁二烯,使合成橡胶的性能大大提高。异戊二烯通过立构规整聚合所得的顺-1,4-聚异戊二烯也具有良好的性能,又被称为合成天然橡胶。

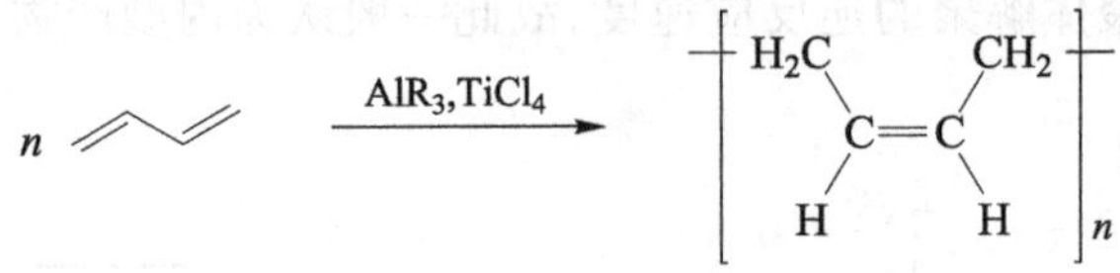

顺-1,4-聚丁二烯

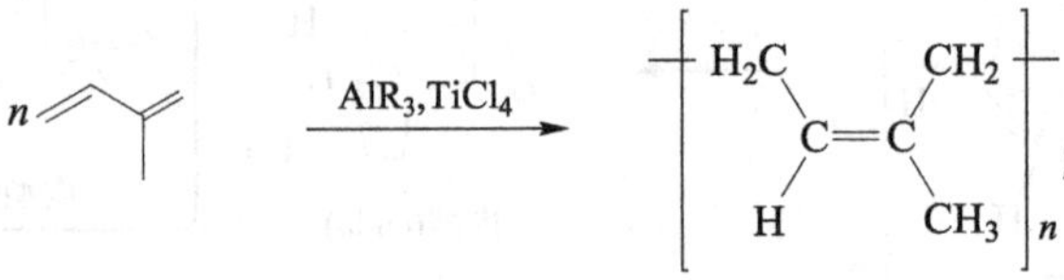

顺-1,4-聚异戊二烯

除 Ziegler−Natta 催化剂外，金属钠、丁基锂也可用作聚合的催化剂。常见的合成橡胶的单体与结构见表 5−2。

表 5−2　合成橡胶的单体与聚合物结构

名称	单体	聚合物结构
丁钠胶	1,3-丁二烯	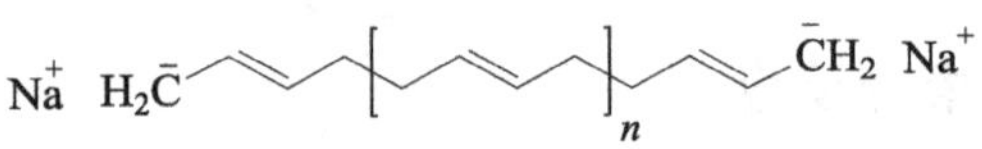
丁苯橡胶	1,3-丁二烯，苯乙烯	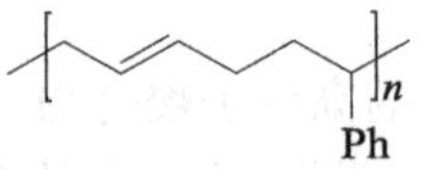
氯丁橡胶	2-氯-1,3-丁二烯	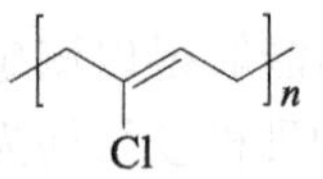
丁腈橡胶	1,3-丁二烯，丙烯腈	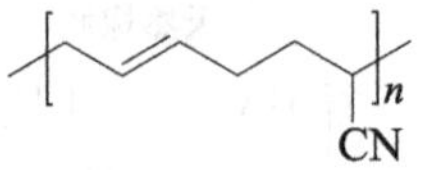
顺丁胶	1,3-丁二烯	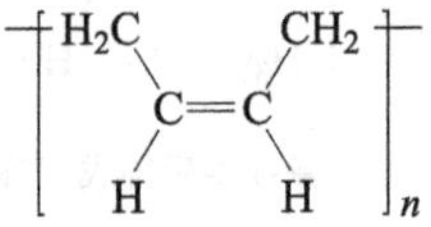
合成天然橡胶	异戊二烯	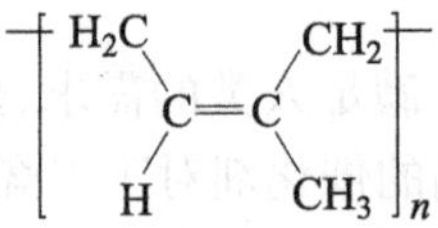

§5.6　共轭烯烃参与的周环反应

与自由基反应及离子型反应不同，周环反应是一类协同反应，反应从原料经过渡态得到产物一步完成，不经过反应中间体的步骤。共轭二烯烃是周环反应的重要原料，在进行周环反应时，新化学键生成的同时旧化学键断裂，反应一般无需酸、碱催化，不受溶剂极性的影响，一般的反应条件为加热或者光照，反应具有高度的立体选择性。

周环反应主要分成电环化反应，环加成反应以及 σ 迁移反应，这里我们主要学习共轭烯烃参与的电环化和环加成反应。

5.6.1　电环化反应

5.6.1.1　基本反应

共轭多烯在光照或者加热的条件下，发生体系内电子转移并成环，成环过程中 π 键和 σ 键发生交替的转变，称为电环化反应（electrocyclic reactions），其逆反应过程也称之为电环化反应。例如，己三烯经过过渡态一步合成环己二烯。

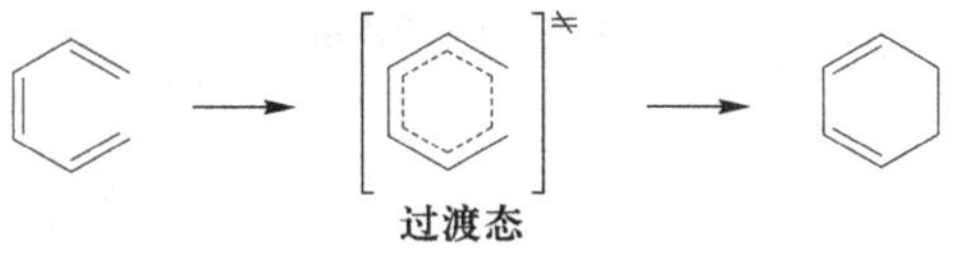

研究发现，光照或者加热能促进电环化反应的进行，但产物的构型随着共轭电子数目的不同（$4n$ 或 $4n+2$ 个 π 电子体系），以及反应条件（加热或光照）的不同而改变。下面以共轭电子的数目来对该类反应进行讨论。

1. $4n$ 个 π 电子体系

通过对（E,E）-2,4-己二烯的电环化反应研究，发现在加热的条件下，立体专一性地生成反-3,4-二甲基环丁烯；而在光照的条件下，生成顺-3,4-二甲基环丁烯。这说明在新化学键形成的同时，过渡态的两个甲基处于特定的位置：在加热的条件下，两个甲基处于反式；而光照条件下，两个甲基处于顺式。故此，原料在加热的条件下，两个双键同时沿着它们轴线顺旋形成过渡态；而在光照的条件下，沿着其轴线对旋形成过渡态。

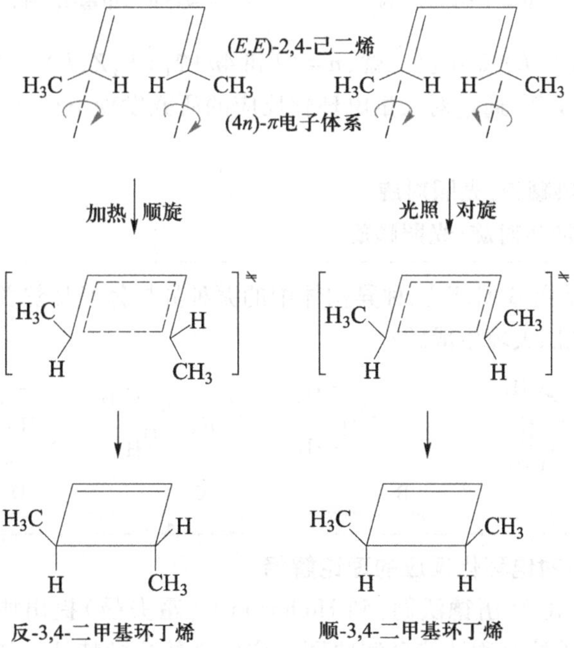

2. 4*n*+2 个 π 电子体系

(*E*,*Z*,*E*)-2,4,6-辛三烯在加热的条件下,生成顺-5,6-二甲基-1,3-环已二烯;在光照的条件下,生成反-5,6-二甲基-1,3-环已二烯。实验结果说明,两个甲基的相对位置与上述具有 4*n* 个 π 电子体系的(*E*,*E*)-2,4-己二烯的反应结果相反。在加热的条件下,双键同时沿着它们轴线对旋形成过渡态,使两个甲基处于顺式,从而生成顺式的二烯烃;而光照条件下,两个甲基沿着其轴线顺旋形成两个甲基处于反式位置的过渡态,进而生成反式产物。

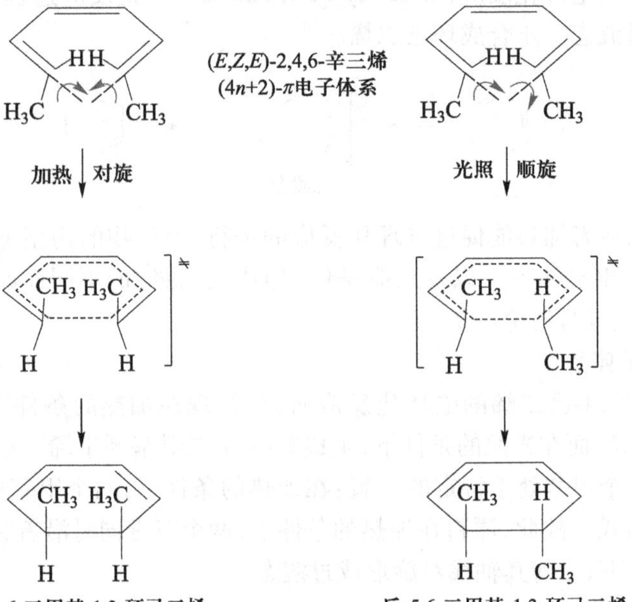

以上仅是两个 4*n*[(*E*,*E*)-2,4-己二烯,*n*=1]和 4*n*+2[(*E*,*Z*,*E*)-2,4,6-辛三烯,*n*=1]个 π 电子体系电环化反应的实例,通过对大量电环化反应的研究发现下列共轭多烯体系电环化反应的规则为

4*n* 个电子体系:加热顺旋,光照对旋

4*n*+2 个电子体系:加热对旋;光照顺旋

问题 5-8　化合物 A 是由 B、C、D 三种异构体中的哪种异构体经加热关环生成的?是由哪种异构体经光照关环生成的?

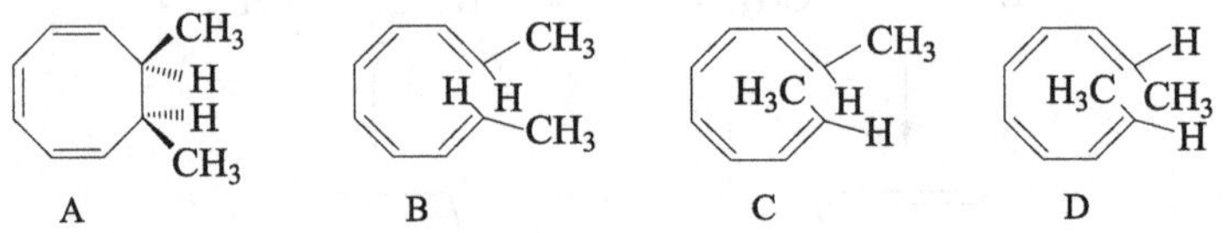

5.6.1.2　前线轨道理论对电环化反应的理论解释

1965 年,Woodward R B(伍德沃德)和 Hoffmann R(霍夫曼)提出协同反应中轨道对称性守恒的原则,并指出轨道的对称性能预测协同反应的立体化学特征。该理论与 Fukui K(福井谦一)的前线轨道理论相结合,成为较为通俗易懂的用前线轨道理论对协同反应的解释。

Hoffmann R 和 Fukui K 为此获得 1981 年度诺贝尔化学奖。

分子轨道是前线轨道理论的基础，图 5-3 已经给出了 1,3-丁二烯的分子轨道，根据类似的方法，可得到乙烯[图 5-10(a)]和 1,3,5-己三烯[图 5-10(c)]的分子轨道，它们分别由两个和六个 p 轨道的波函数线性组合而成，它们由不同的相位(以不同的颜色表示)的部分组成，并且由下到上，随着轨道节点数目的增加，轨道能量逐渐升高；乙烯、1,3-丁二烯和 1,3,5-己三烯分别具有 2、4、6 个共轭电子，在分子的基态时，它们按照能量最低原则依次填充能量较低的轨道，各自的 HOMO 和 LUMO 轨道如图 5-10 所示，分子在热反应时电子不能发生跃迁，基态的轨道参与反应的过程。分子在光照的条件下，由于光子的能量是量子化的，适合能量的光子能引起基态 HOMO 轨道的电子跃迁到 LUMO 轨道，原先基态的 LUMO 轨道成为激发态中 HOMO 轨道，光反应中，激发态的分子轨道参与反应。值得注意的是，由于图 5-10 的分子轨道是对 π 键或共轭 π 键中 p 轨道波函数线性组合的结果，所以，乙烯、1,3-丁二烯和 1,3,5-己三烯这三者的分子轨道也可被用来解释取代单烯烃、共轭二烯烃和共轭三烯烃的协同反应机理。

图 5-10 彩图

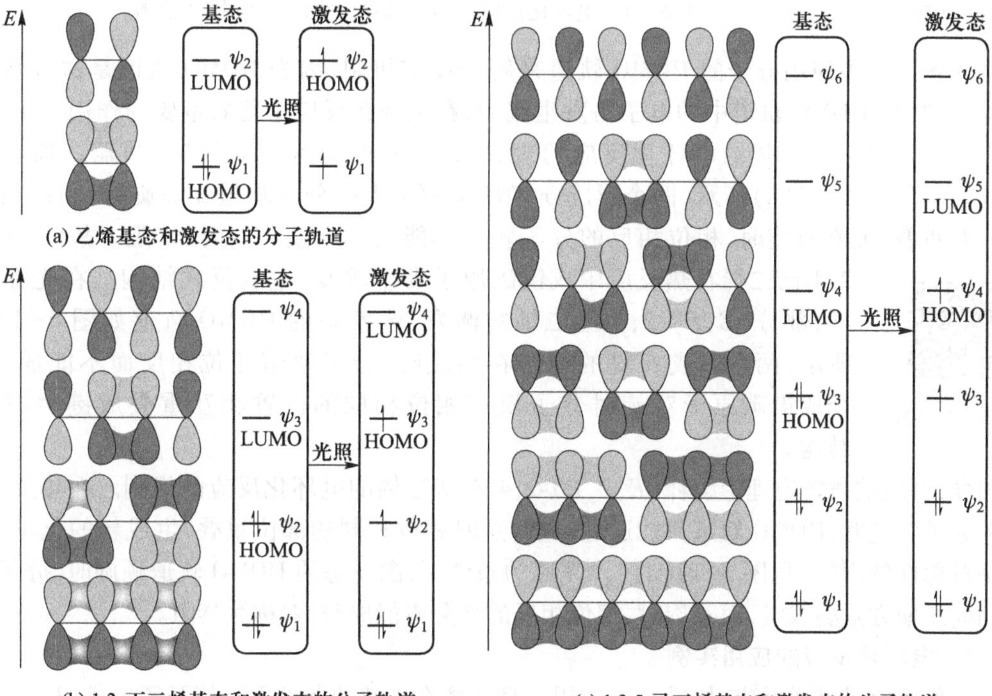

(a) 乙烯基态和激发态的分子轨道

(b) 1,3-丁二烯基态和激发态的分子轨道

(c) 1,3,5-己三烯基态和激发态的分子轨道

图 5-10　几个重要烯烃的分子轨道

环加成反应中，新的 σ 键的形成伴随着相应碳原子的旋转，并伴随着分子轨道的重叠，分子轨道的重叠必须遵守最大重叠和相位相同的原则。如果成环碳原子相位相同的部位位于碳环的同侧，则碳原子对旋使得分子轨道中相位相同的部位重叠，对称性允许；相反，如果碳原子向同一侧顺旋，则相位相反的轨道不能重叠，对称性禁阻。如果成环碳原子相位相同的部分位于

碳环的两侧，则顺旋是对称性允许，而对旋是对称性禁阻的，如图 5-11 所示。

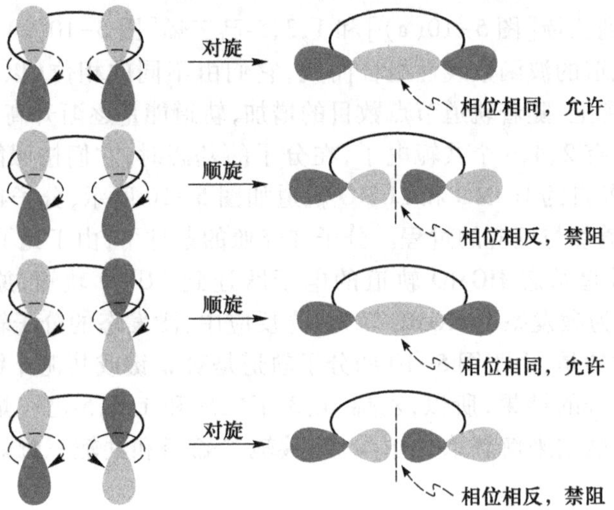

图 5-11 彩图

图 5-11 电环化反应中的轨道对称性允许和对称性禁阻

电环化反应中使用分子的 HOMO 轨道来解释反应机制，因为 HOMO 轨道是占有轨道中能量最高的，在 HOMO 轨道中的电子易发生流动，在电环化反应中起着重要的作用。图 5-12 给出了(E,E)-2,4-己二烯的电环化反应的理论解释，加热时为基态反应，共轭二烯的基态 HOMO 轨道如图 5-12(a)所示，两个形成 σ 键的碳原子上的分子轨道在顺旋时，相位相同的部位相互重叠，而在对旋时，相位相反的分子轨道不能发生重叠，对称性禁阻。故此(E,E)-2,4-己二烯在热反应中成键碳原子发生顺旋，生成反式结构。在光照条件下，部分(E,E)-2,4-己二烯被激发，激发态的 HOMO 轨道如图 5-12(b)所示，两个形成 σ 键的原子在顺旋时，分子轨道相位相反而不能成键，两个成键碳原子对旋时分子轨道相位相同的位置相互重叠成键生成顺式结构。

图 5-12 彩图

同样，可用前线轨道理论解释(E,Z,E)-2,4,6-辛三烯的电环化反应的规则。在热反应中，基态碳原子成键时，HOMO 轨道只能通过对旋，这时相位相同的部位重叠，生成新的化学键，而顺旋是对称性禁阻的[见图 5-13(a)]。光照的条件下，激发态的 HOMO 轨道顺旋时，分子轨道相位相同的地方重叠成键，而对旋时，相位相反的部分不能成键，对称性禁阻。

5.6.1.3 电环化反应的应用实例

电环化反应是可逆反应，如反-3,4-二甲基环丁烯在加热的条件下顺旋开环生成(E,E)-2,4-己二烯，再通过光照可生成顺-3,4-二甲基环丁烯。

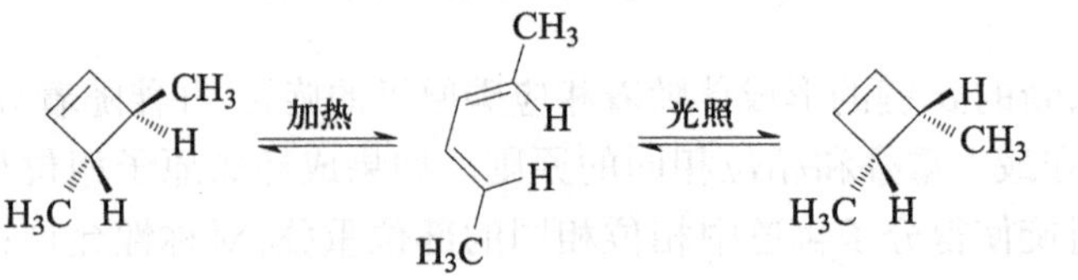

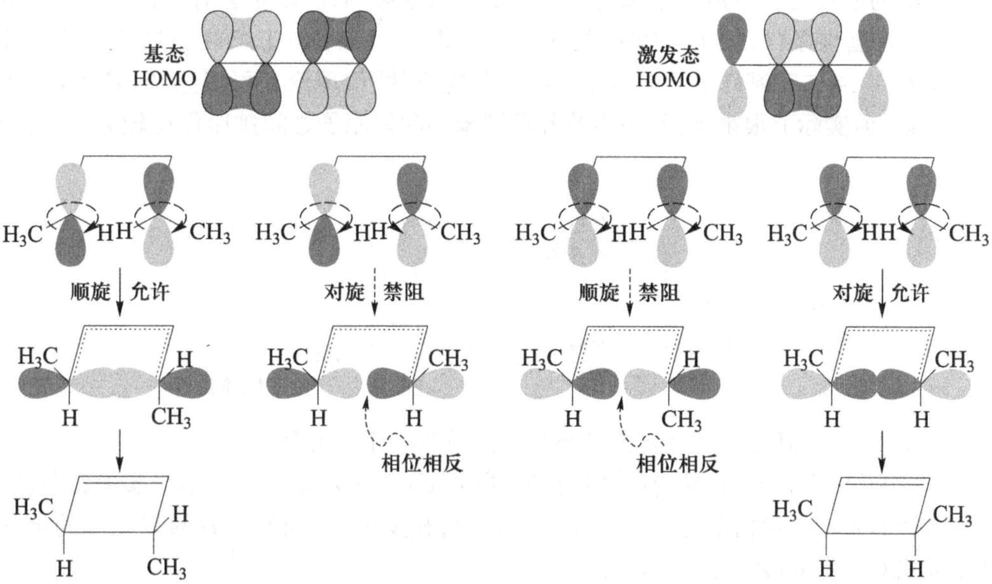

(a) 热反应，顺旋，对称性允许；对旋，对称性禁阻

(b) 光照反应，顺旋，对称性禁阻；对旋，对称性允许

图 5-12 前线轨道理论对(E,E)-2,4-己二烯分子电环化反应的解释

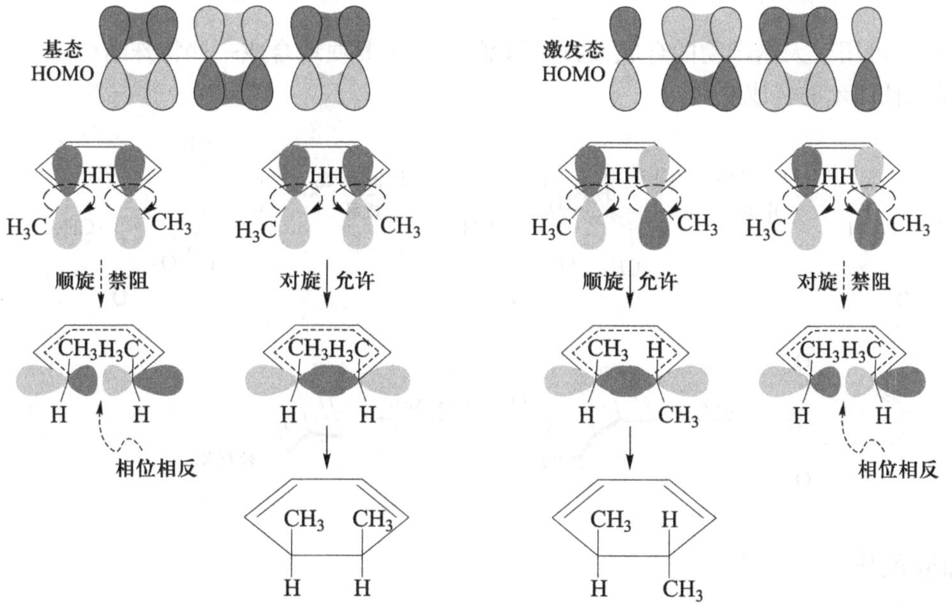

(a) 热反应

(b) 光照反应

图 5-13 前线轨道理论对(E,Z,E)-2,4,6-辛三烯分子电环化反应的解释

图 5-13 彩图

上述反应中，开环过程同样遵循电环化反应的反应规则，但注意，共轭电子数目是以开环共轭烯烃中的共轭电子数为准。

因为反应的进程受反应热力学和动力学等诸多因素影响，所以轨道对称性是否允许只是电环化反应发生的首要条件，但不是唯一条件。如反-3,4-二苯基环丁烯在加热的条件下顺旋开环，生成(*E*,*E*)-1,4-二苯基-1,3-丁二烯；而在光照的条件下，理论上可以生成(*Z*,*E*)-1,4-二苯基-1,3-丁二烯，但实际上很难进行，因为若开环则苯环和氢原子之间排斥作用较大，产物分子不稳定。

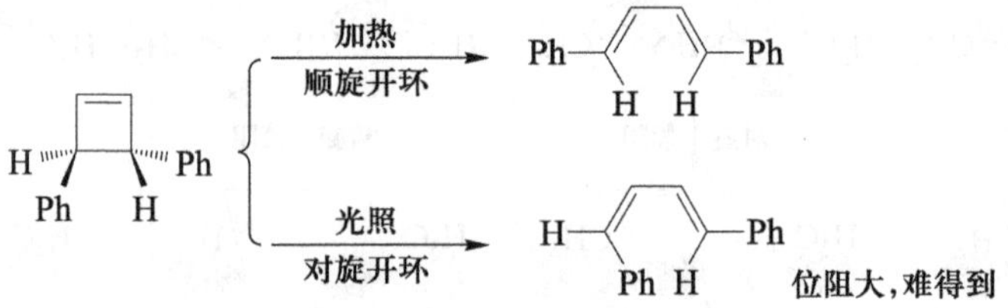

再如，(*Z*,*E*)-1,3-环辛二烯在加热的条件下顺旋得一个四元环。

理论上，四元环张力大，容易逆向开环再回到(*Z*,*E*)-1,3-环辛二烯。但事实上，因该四元环加热开环产物的共轭二烯构型受环的牵制难以形成；相反地，该四元环容易在光照的条件下对旋开环生成相对稳定的(*Z*,*Z*)-1,3-环辛二烯。

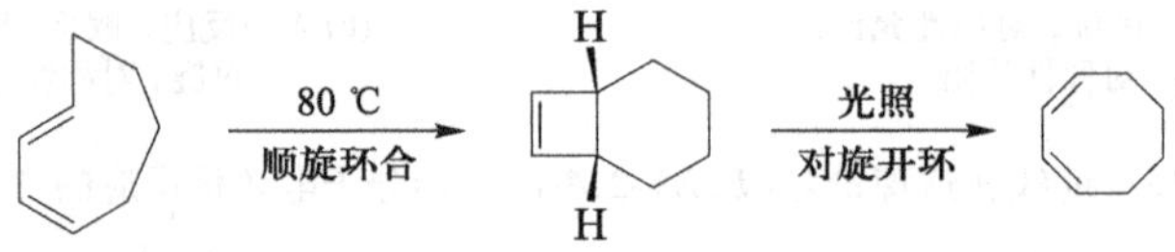

(*Z*, *E*)-1,3-环辛二烯　　　　(*Z*, *Z*)-1,3-环辛二烯

电环化反应还可用于天然产物的合成，通过巧妙的设计可简便地合成一些特殊结构的天然产物，如山道年和杜瓦苯的合成。

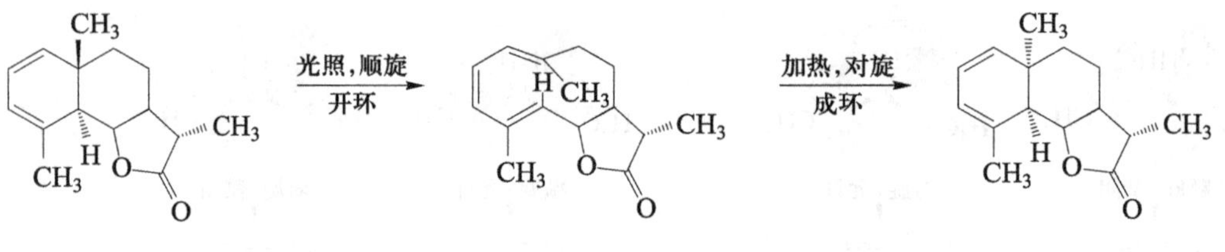

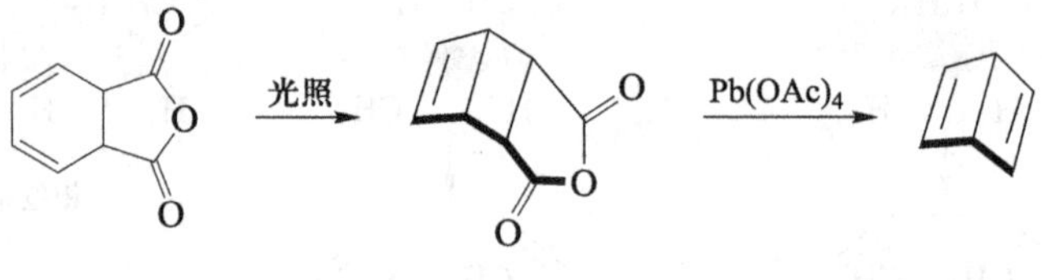

杜瓦苯

5.6.2　环加成反应

5.6.2.1　基本反应

含有双键、共轭双键的化合物在加热或者光照的作用下，形成一个稳定的环状化合物，称为环加成反应。

1. [2+2]环加成反应

两个乙烯分子，在光照的条件下发生加成反应，经过过渡态，生成环丁烷，该反应在加热的条件下不能进行。因为两个乙烯都含有两个 π 电子，所以称之为[2+2]环加成反应。

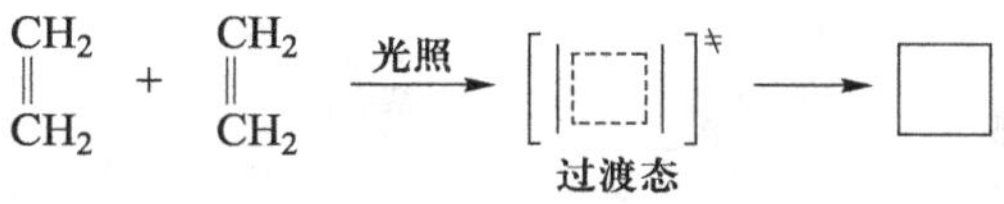

2. [4+2]环加成反应

具有四个 π 共轭电子的二烯与具有两个 π 电子的烯烃，在加热条件下反应，生成六元环状烯烃，光照对该反应没有促进作用。两个原料分别含有四个和两个 π 电子，称为[4+2]环加成反应。

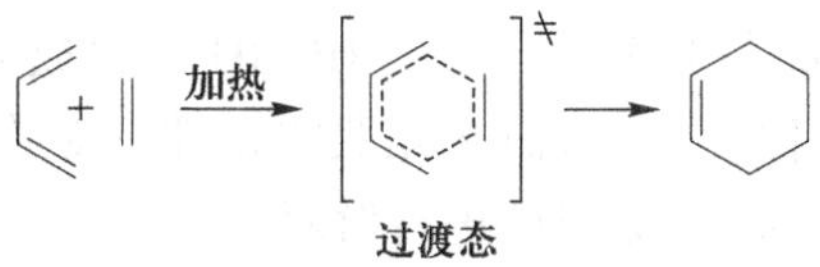

Diels-Alder 反应就是环加成反应中的[4+2]环加成反应。经过环加成反应的小结，发现环加成反应的规律性与其中参与的 π 电子的总数相关：

$4n$ 个 π 电子体系：加热禁阻，光照允许

$4n+2$ 个 π 电子体系：加热允许，光照禁阻

[2+2]环加成反应是 $4n$ 个 π 电子体系，只能在光照的条件下进行反应；而[4+2]环加成反应是 $4n+2$ 个 π 电子体系，只能在加热的条件下发生反应。

5.6.2.2　前线轨道理论对环加成反应的理论解释

前线轨道理论认为，环加成反应中，是一个分子的 HOMO 和另外一个分子的 LUMO 轨道反应；加热时，分子的基态参与反应；光照时，是一个分子的激发态与另外一个分子的基态发生反应。

在两个乙烯分子的[2+2]环加成反应中，加热时，一个乙烯分子基态的 HOMO 与另一个乙烯分子基态的 LUMO 相互靠近，碳原子对应分子轨道的一端相位相同，而另一端相位相反则不能成键。在光照条件下，部分乙烯分子的电子被激发变成激发态，乙烯激发态中只有 HOMO 轨道，而没有 LUMO 轨道（见图 5-10）。当一个激发态乙烯分子的 HOMO 轨道和另一个基态乙烯的分子轨道以最大重叠的方式靠近时，碳原子分子轨道相互重叠的部位相位相同而成键。故此，[2+2]环加成反应在加热的条件下，因对称性禁阻不能反应；光照条件下，对称性允许而生成新的环加成产物（见图 5-14）。

图 5-14 彩图

在 1,3-丁二烯与乙烯的[4+2]环加成反应中，加热反应时，无论 1,3-丁二烯的 HOMO 与乙烯的 LUMO 轨道[见图 5-15(a)]，还是 1,3-丁二烯的 LUMO 与乙烯的 HOMO 轨道[见图 5-15(b)]相互靠近，成键碳原子上的分子轨道相位相同并重叠，能顺利成键。光照反应时，激发态 1,3-丁二烯中的 HOMO 或 LUMO 轨道分别与基态乙烯的 LUMO 和 HOMO 轨道接近，成键碳原子上的分子轨道在重叠时一端相位相同而另外一端相位相反[见图 5-15(c~d)]，故此，对称性不匹配，反应禁阻；乙烯的激发态的 HOMO 与 1,3-丁二烯基态的 LUMO 轨道接近时，对称性也不匹配，反应禁阻，乙烯激发态

图 5-15 彩图

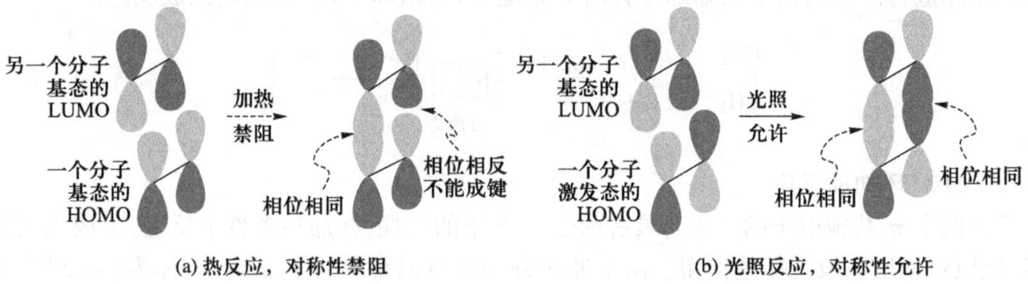

(a) 热反应，对称性禁阻　　(b) 光照反应，对称性允许

图 5-14　前线轨道理论对双分子乙烯[2+2]环加成反应的解释

没有 LUMO 轨道,不存在其与基态 1,3-丁二烯的 HOMO 轨道成键的情况。这就解释了[4+2]环加成反应在加热的条件下对称性允许,而在光照的条件下对称性禁阻。环戊二烯在加热时首先生成内型产物,也用上述前线轨道理论进行解释。

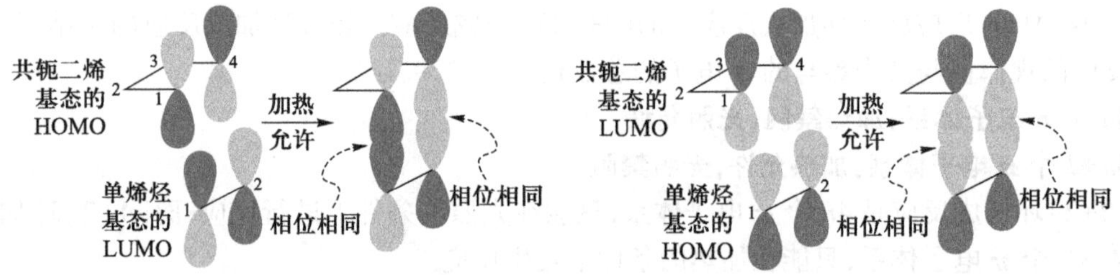

图 5-15　前线轨道理论对 1,3-丁二烯与乙烯[4+2]环加成反应的解释。(a)~(b)热反应,对称性允许;(c)~(f)光照反应,对称性禁阻

5.6.2.3　环加成反应的应用实例

环加成反应给有机环状化合物提供了一种简便的合成方法,一些含有杂原子或者带电荷的体系也能进行环加成反应。

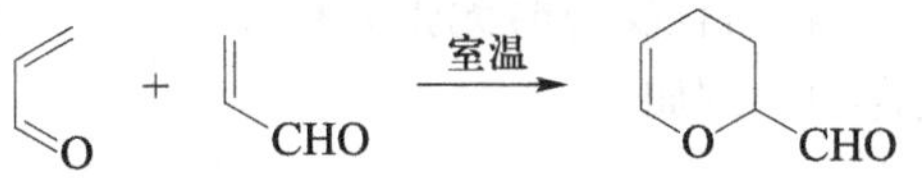

环戊二烯加热时生成内型产物

除了[2+2]和[4+2]环加成反应以外，多电子体系的环加成反应也被报道，如[4+4]和[6+4]环加成反应。

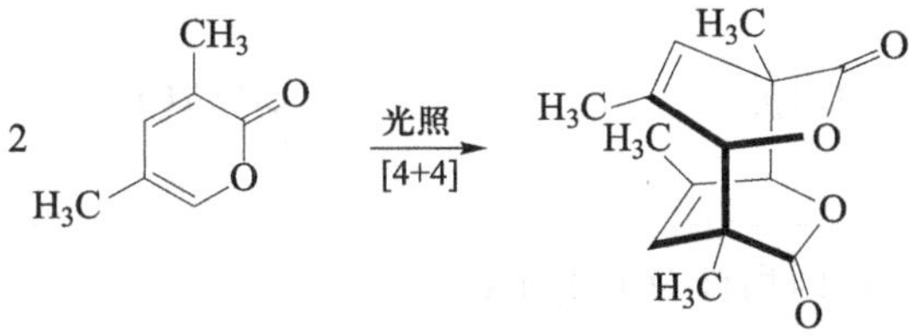

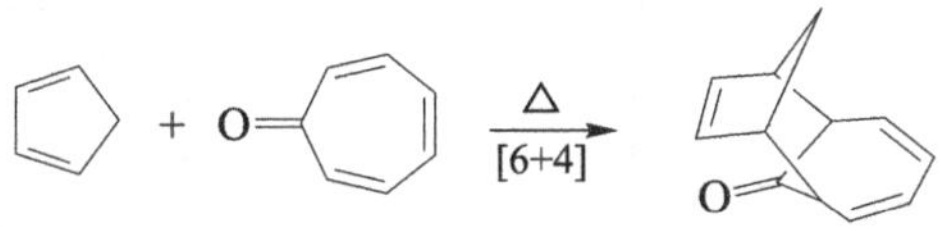

有意思的一个例子是烯丙基正离子，它具有两个 π 电子，也可以作为亲双烯体与双烯加成。这个反应可用来构建七元环。

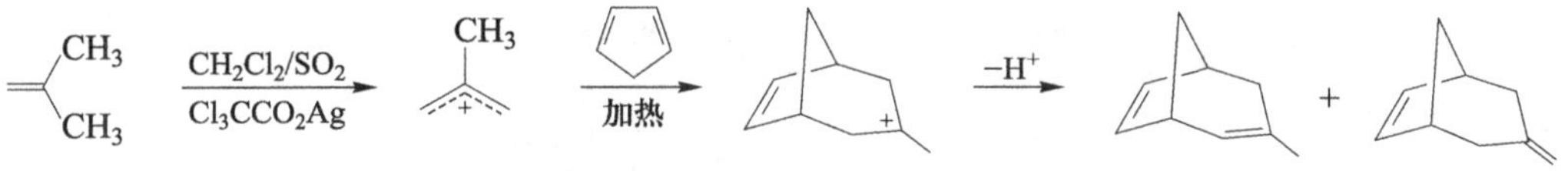

此外，通过电环化反应和环加成反应的结合，能合成一些特殊结构的化合物。如篮烯的合成，由环辛四烯经电环化反应、环加成、分子内环加成反应等步骤完成。

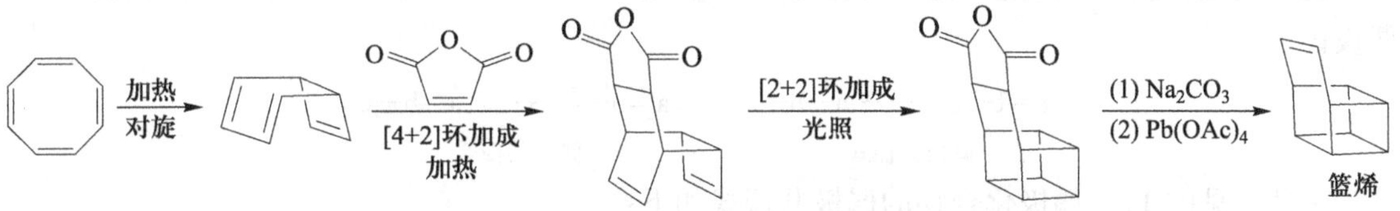

Diels-Alder 反应是可逆的。利用其逆反应可以合成一些用其他方法难以合成的化合物。例如：

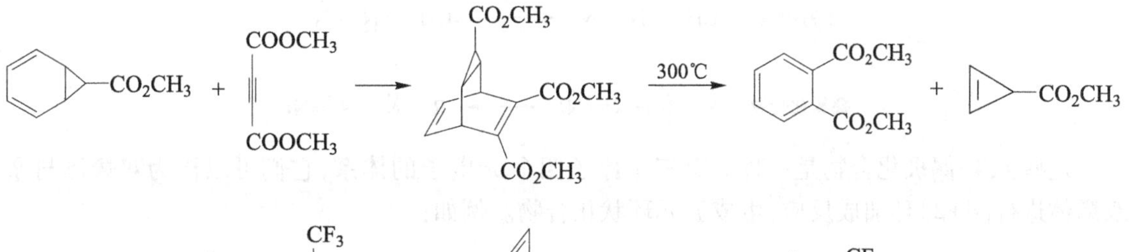

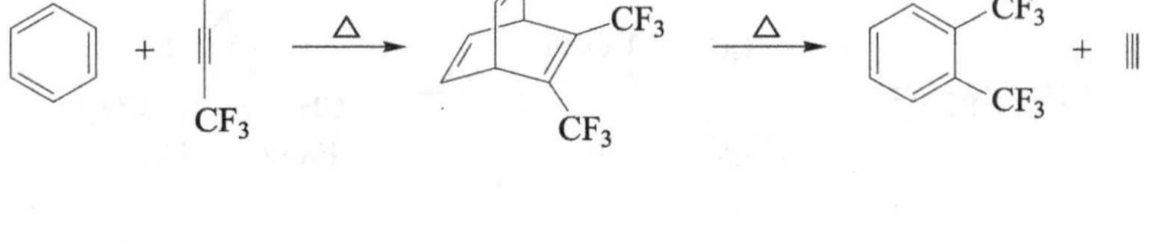

若双烯体和亲双烯体在同一个分子内，而且反应时无张力存在，就容易进行分子内的 Diels-Alder 反应，合成上常用来制备多环化合物。例如：

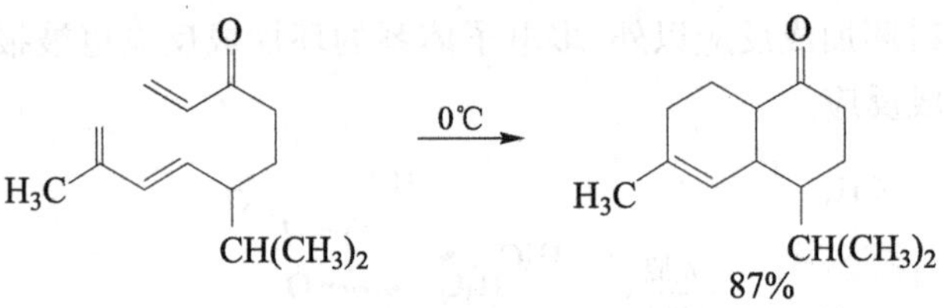

问题 5-9　确定下列反应在加热反应时所涉及的电子数：

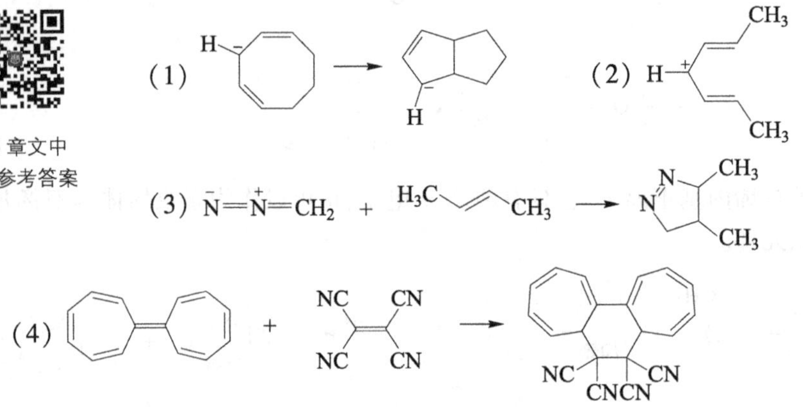

第5章文中问题参考答案

5.6.2.4　1,3-偶极环加成反应

能用偶极共振式来描述的化合物称为 1,3-偶极化合物（1,3-dipolar compound），简称 1,3-偶极体。

$$a=\overset{+}{b}-\overset{-}{c} \longleftrightarrow \overset{+}{a}-b-\overset{-}{c} \qquad a\equiv\overset{+}{b}-\overset{-}{c} \longleftrightarrow \overset{+}{a}=b-\overset{-}{c}$$

偶极共振式　　　　偶极共振式

一些常见的 1,3-偶极化合物的偶极共振式如下：

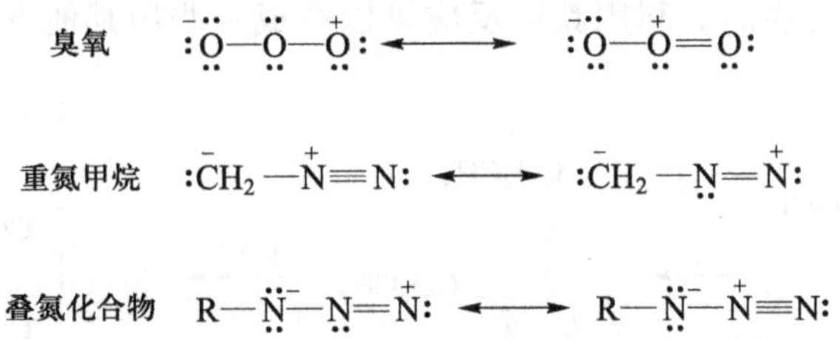

这些 1,3-偶极化合物是一种具有三个原子四个 π 电子的体系，它们可以作为双烯体与亲双烯体进行[4+2]环加成反应，生成五元环状化合物。例如：

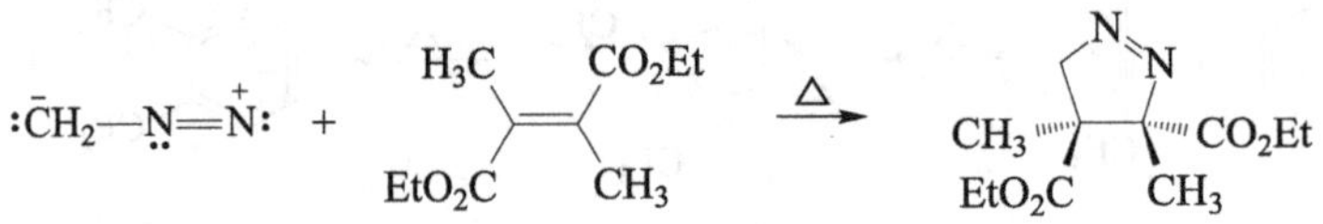

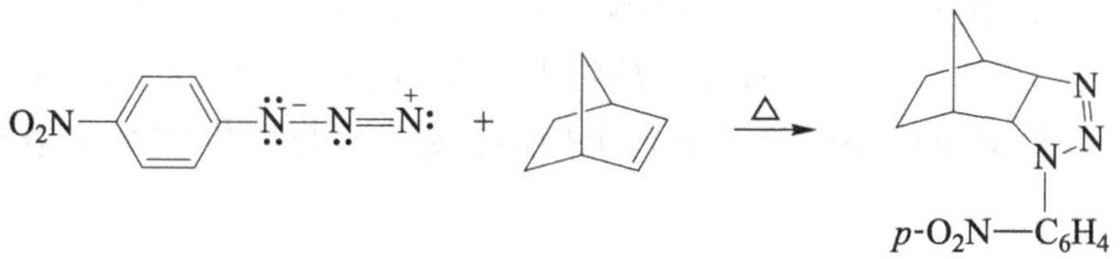

分子内也能发生 1,3-偶极环加成反应。例如：

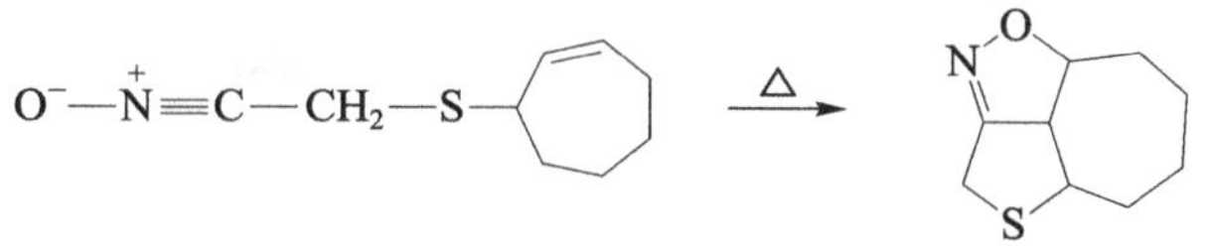

§5.7 重要的共轭二烯烃

5.7.1 1,3-丁二烯

无色气体，有特殊气味。稍溶于水，溶于乙醇、甲醇，易溶于丙酮、乙醚、氯仿等。是制造合成橡胶、合成树脂、尼龙等的原料。制法主要有丁烷和丁烯脱氢，或由碳四馏分分离而得。1,3-丁二烯的制备方法主要有以下方法：

（1）丁烷的脱氢：

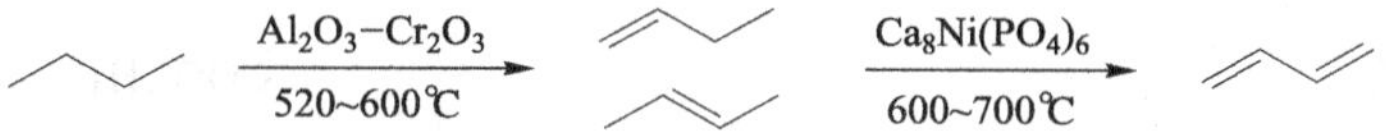

（2）二醇的脱水：

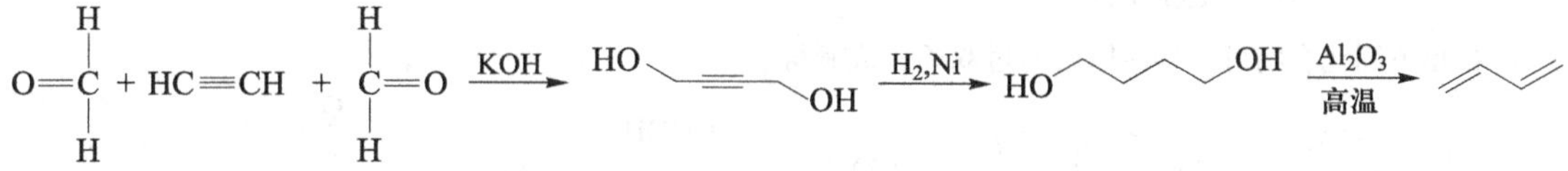

5.7.2 异戊二烯

异戊二烯是 2-甲基-1,3-丁二烯的俗名。无色刺激性液体，熔点 -120℃，沸点 34℃。不溶于水，溶于苯，易溶于乙醇和乙醚。分子中含有共轭双键，容易发生聚合反应。在贮藏过程中易发生氧化和聚合，常加入少量稳定剂如对苯二酚等。主要用于制取丁苯橡胶和顺式聚异戊二烯橡胶。可由高温裂解石油制得，或由异戊烷和异戊烯脱氢制得，也可由乙炔和丙酮缩合制取。

5.7.3 环戊二烯

环戊二烯是一种化学活性很高的脂环烃，分子式 C_5H_6。存在于煤焦油中。石油馏分如石脑油或瓦斯油裂解时，也生成环戊二烯。无色液体，沸点 40℃，相对密度 0.802 1。市售环戊二烯二聚体通过热裂解生成环戊二烯单体供反应使用。容易与不饱和化合物发生反应，生成数目众多的环状化合物。环戊二烯含有活性亚甲基，能与醛、酮缩合，生成有颜色的富烯衍生物。环戊二烯与碱反应生成环戊二烯负离子（俗称茂基），与二价铁离子络合，形成夹心式结构二茂铁。

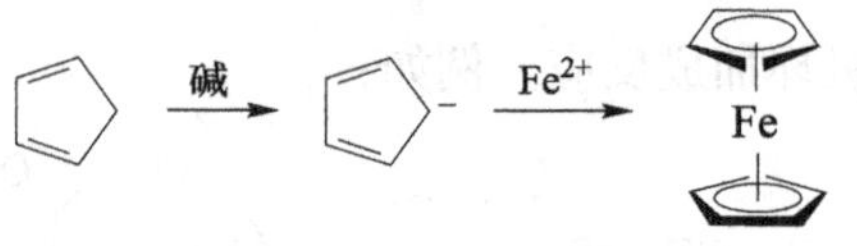

// 习　题 //

1. 命名下列化合物或根据名称写出化合物的结构式：

(1) 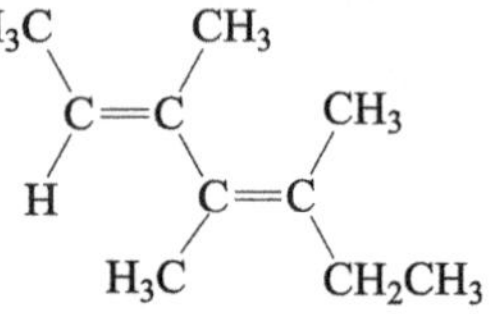

(2) 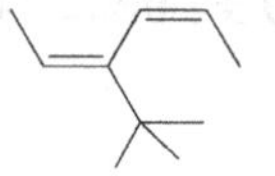
(3) 2-chloro-1,3-butadiene　(4) 2-methyl-1,3-butadiene

2. 完成下列反应：

(1) $H_2C=CH-CH=CH_2 + Br_2(1\ mol) \xrightarrow{40℃}$

(2) 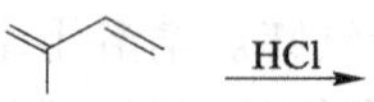

(3) 

(4) 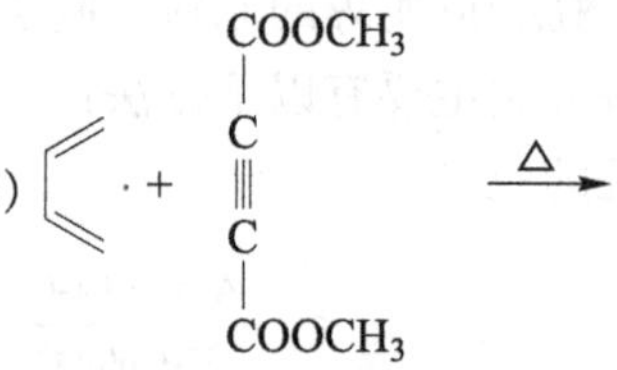

(5) 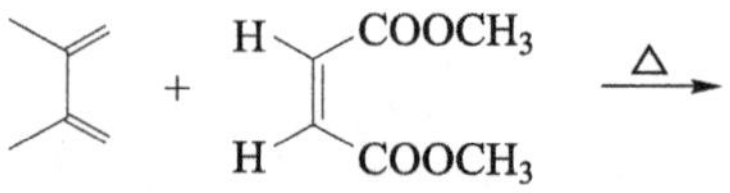

(6) 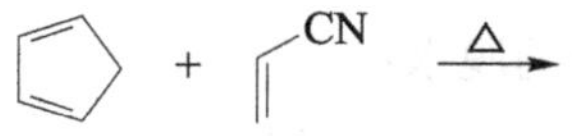

3. 指出下列化合物可由哪些原料通过双烯合成制得。

(1) 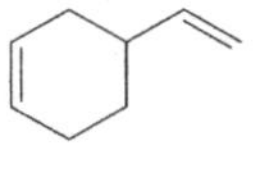　(2) 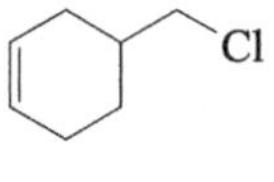

(3) 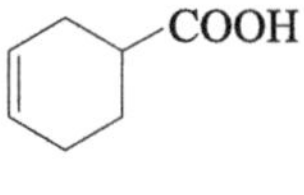

(4) 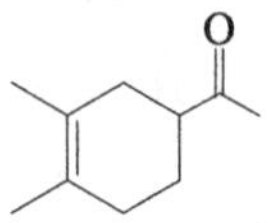

4. 何为平衡控制？何为速率控制？解释下列事实：

(1) 1,3-丁二烯和 HBr 加成时，1,2-加成比 1,4-加成快？

(2) 1,3-丁二烯和 HBr 加成时，1,4-加成比 1,2-加成产物稳定？

5. 2-甲基-1,3-丁二烯与一分子氯化氢加成，只生成 3-氯-3-甲基-1-丁烯和 1-氯-3-甲基-2-丁烯，而没有 3-氯-2-甲基-1-丁烯和 1-氯-2-甲基-2-丁烯生成，试作简要解释并写出反应的可能历程。

6. 某二烯烃和一分子溴加成的结果生成 2,5-二溴-3-己烯，该二烯烃经臭氧化还原水解而生成两分子 CH_3CHO 和一分子 OHC—CHO。

(1) 写出某二烯烃的构造式；

(2) 若上述的二溴加成物，再加一分子溴，得到的产物是什么？

7. 某化合物的相对分子质量为 82，每摩尔该化合物可吸收 2 mol 的 H_2，当它和 $[Ag(NH_3)_2]^+$ 溶液作用时，没有沉淀生成；当它吸收 1 mol H_2 时，产物为 2,3-二甲基-1-丁烯，写出该化合物的构造式。

8. 推测下列化合物电环化时产物的结构：

(1) 

(2) 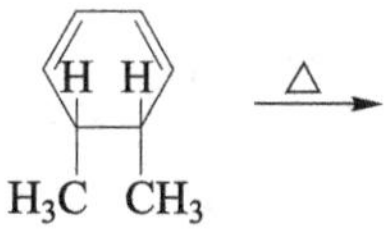

(3) 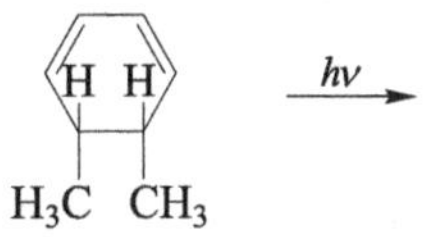

(4) 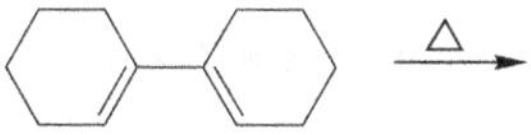

(5) 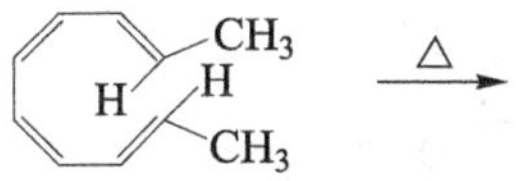

9. 指出下列反应过程所需的条件：

(1) 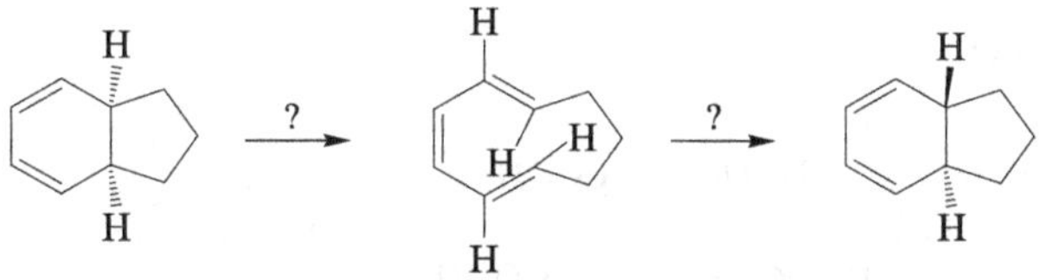

(2) 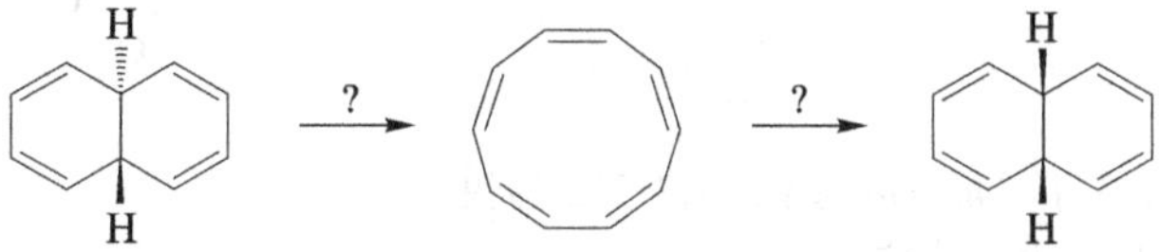

10. 下列的反应按光化学进行时,反应产物可得到哪一种？

(1) 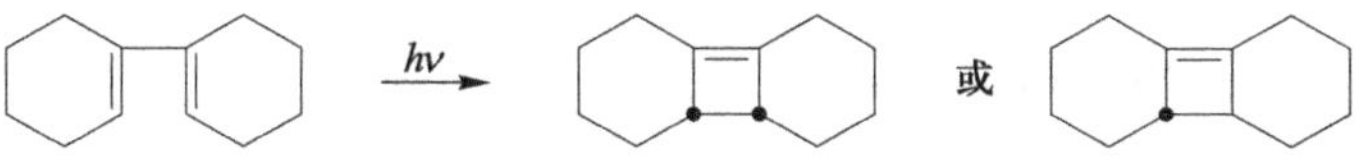

(i)　　或　　(ii)

(2) 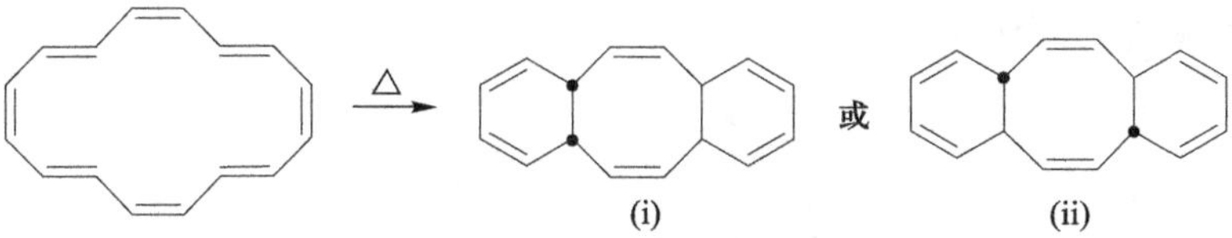

(i)　　或　　(ii)

11. 通过什么方法将反-9,10 二氢萘转化为顺-9,10 二氢萘？

12. 推测下列化合物环加成化时产物的结构：

(1) 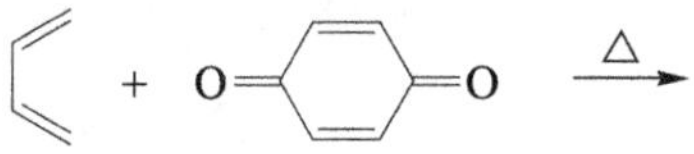

(2) 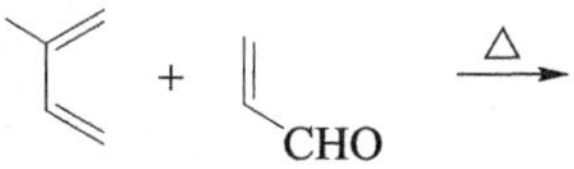

(3) 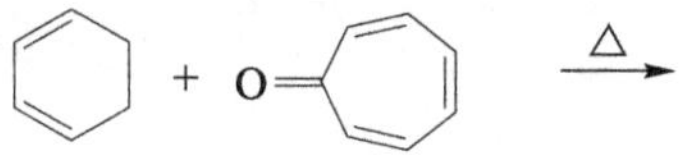

(4) 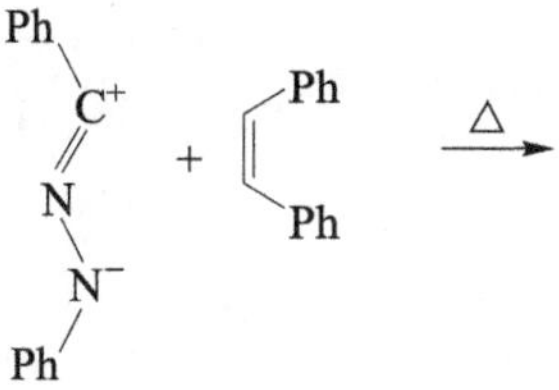

13. 以下列给出的化合物为原料合成产物：

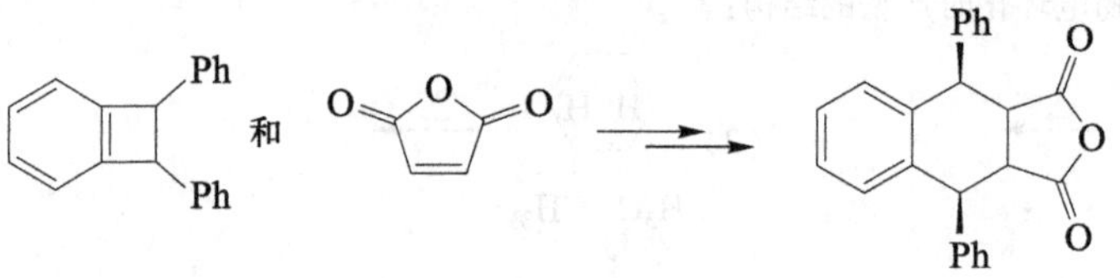

14. 环庚三烯和马来酸酐反应的产物如下,请说明这个产物的合理性。

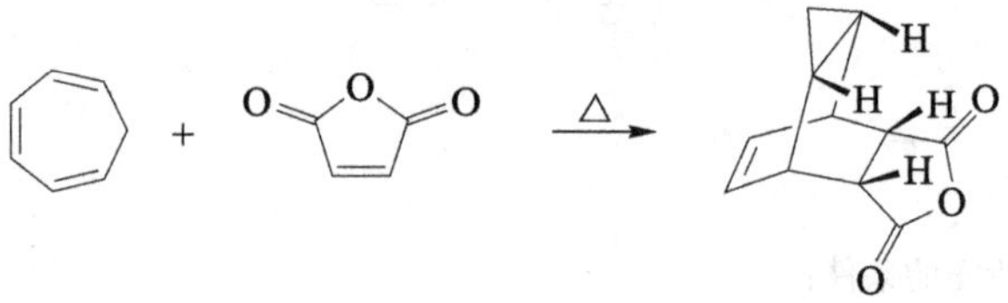

15. 用易得的原料设计下列化合物的合成:

(1) 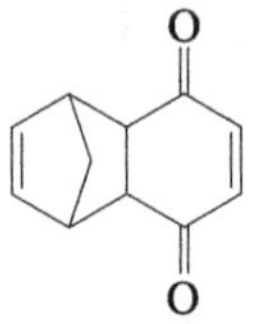

(2) 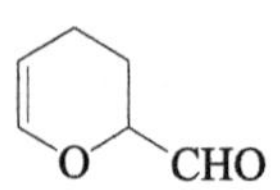

(3) 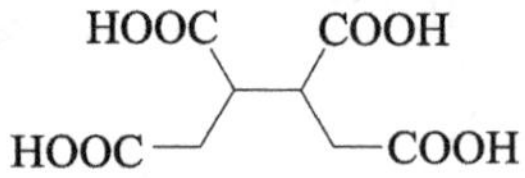

(4) 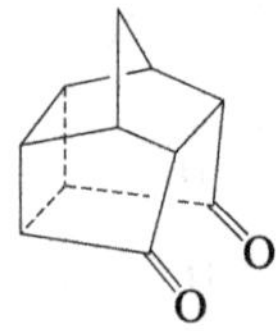

16. 解释下列现象

(1) 在 Diels-Alder 反应时,2-叔丁基-1,3-丁二烯反应速率比1,3-丁二烯快。

(2) 在-78℃时,下面反应的速率(b)比(a)快 10^{22} 倍。

(a) 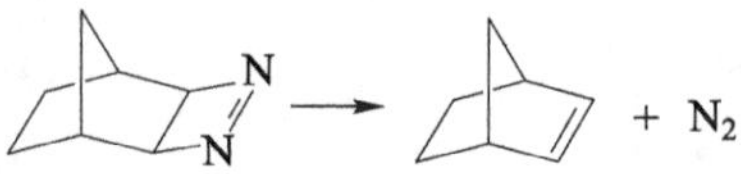

(b) 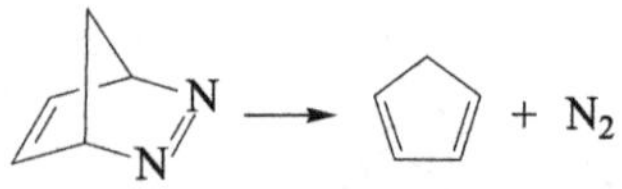

第 6 章 芳烃

芳香烃(aromatic hydrocarbons),简称芳烃,为苯及其衍生物的总称,是指分子结构中含有一个或者多个苯环的烃类化合物。它们不同于由烷烃衍生出来的脂肪族化合物,具有特殊的稳定性,其化学性质也有明显的差别。

§6.1 芳烃的分类、同分异构及命名

6.1.1 芳烃的分类

芳烃根据其结构可以分为两类:

(1) 单环芳烃　分子中只含有一个苯环的芳烃,包括苯及其同系物、苯乙烯和苯乙炔等。例如:

苯
benzene

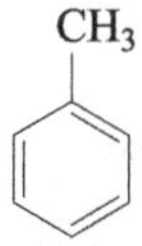

甲苯
toluene

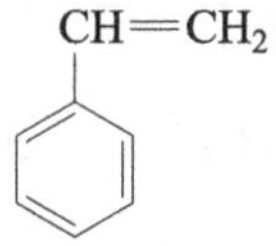

苯乙烯
styrene

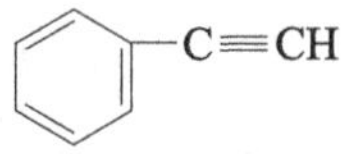

苯乙炔
phenylacetylene

(2) 多环芳烃　分子中含有两个及两个以上苯环的芳烃。根据苯环的连接方式,又可以再分为三类:

① 联苯:两个或多个苯环通过单键相连。例如:

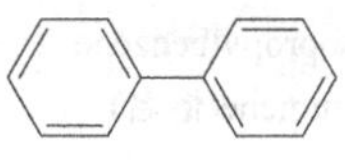

联苯
biphenyl

联三苯
p-terphenyl

② 多苯代脂肪烃:两个或多个苯环连到脂肪族碳上形成的化合物。

$H_5C_6—CH_2—C_6H_5$

二苯甲烷
diphenylmethane

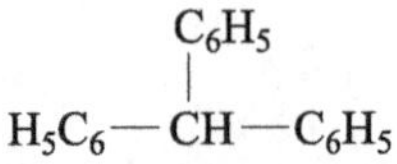

三苯甲烷
triphenylmethane

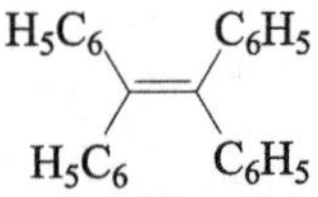

四苯乙烯
1,1,2,2-tetraphenylethene

③ 稠环芳烃：两个或多个苯环共用两个相邻碳原子稠合而成的化合物。例如：

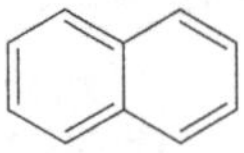

萘
naphthalene

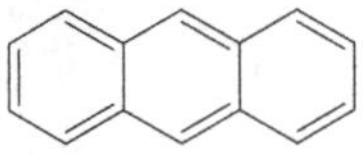

蒽
anthracene

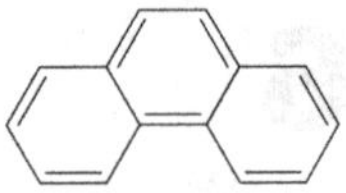

菲
phenanthrene

6.1.2　芳烃的同分异构及命名

许多苯的衍生物把苯作为母体命名。如 $C_6H_5—CH_3$ 称为甲苯（通常省略“基”字）。在英文名称中保留了一些专用名称，如甲苯，不称 methylbenzene，而称 toluene。

芳烃（arene）中去掉一个氢原子而形成的基团称为芳基（aryl），简写为 Ar-。苯去掉一个氢原子剩下的基团称为苯基（phenyl），简写为 Ph-或 Φ-。甲苯分子中苯环去掉一个氢原子，得到甲苯基，如 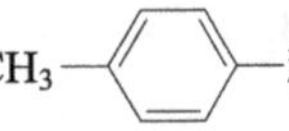 称为对甲苯基（*p*-tolyl），甲苯中去掉一个甲基上的氢剩下的基团称为苯甲基，常称为苄基（benzyl），简写为 Bn-。

苯的一元衍生物在苯环上取代产生的异构体只有一种。烷基取代的苯通常称为“某烷基苯”，“基”字一般省略。例如：

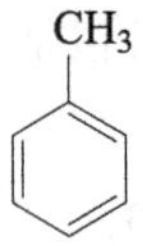

甲苯
toluene(俗名)

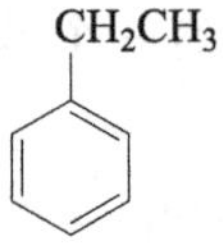

乙苯
ethylbenzene

当取代基（侧链）含有三个或三个以上碳原子时，因基团构造不同而产生同分异构体。如：

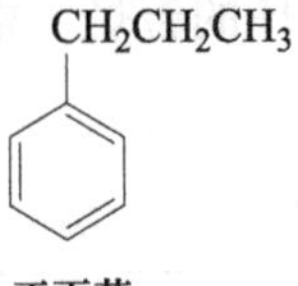

正丙苯
propylbenzene

异丙苯 isopropylbenzene
(枯烯) cumene(俗名)

苯的二元衍生物有三种异构体，命名时应表明它们的相对位置，常用邻或 *o*（ortho）、间或 *m*（meta）、对或 *p*（para）来标明相对位置，也可以用编号表示。例如：

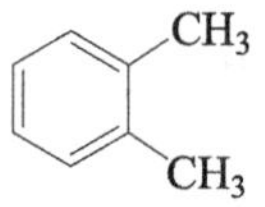

邻二甲苯
o-二甲苯
1,2-二甲苯
o-xylene

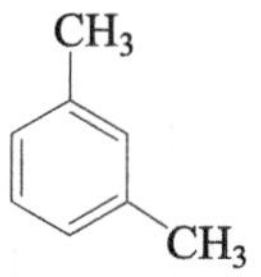

间二甲苯
m-二甲苯
1,3-二甲苯
m-xylene

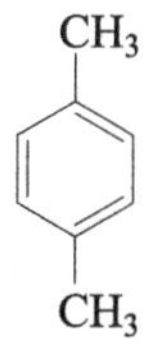

对二甲苯
p-二甲苯
1,4-二甲苯
p-xylene

对保留俗名的芳烃，如甲苯、枯烯(异丙苯)可作为母体来命名其衍生物。例如：

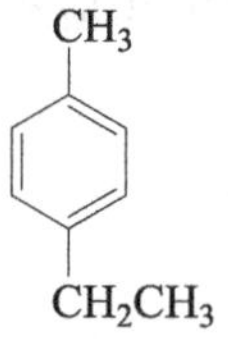

4-乙基甲苯
对乙基甲苯
p-ethyltoluene

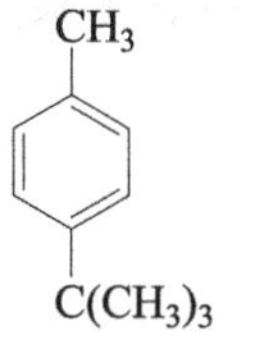

4-叔丁基甲苯
对叔丁基甲苯
p-*tert*-butyltoluene

苯的三元衍生物有三种异构体，可用阿拉伯数字标记取代基位置，也可用“连”、“偏”、“均”标明相对位置。

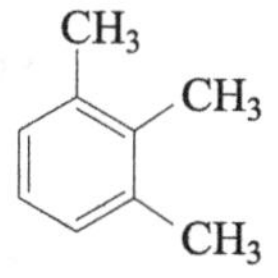

1,2,3-三甲苯
连三甲苯
1,2,3-trimethylbenzene

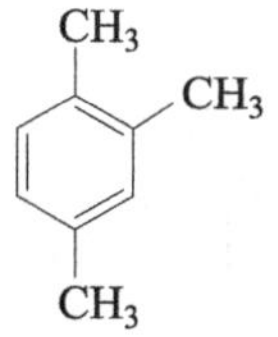

1,2,4-三甲苯
偏三甲苯
1,2,4-trimethylbenzene

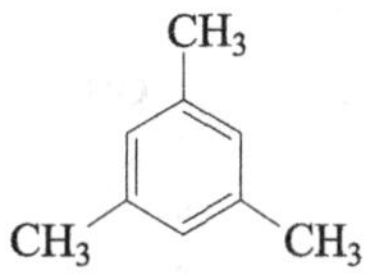

1,3,5-三甲苯
均三甲苯
1,3,5-trimethylbenzene

当苯环上有两个或多个不同取代基时，苯环上的编号应符合最低系列原则。而当用最低系列原则无法确定哪一种编号优先时，与单环烷烃的情况一样。例如：

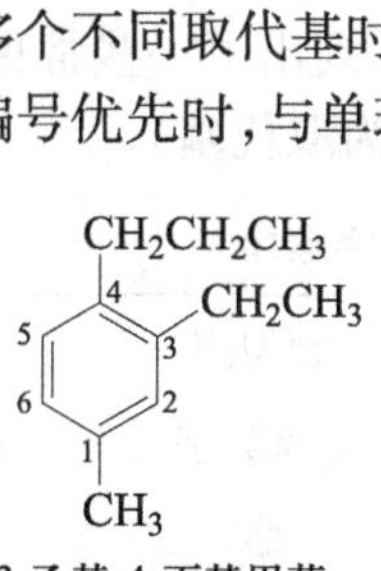

3-乙基-4-丙基甲苯
3-ethyl-4-propyltoluene

3,5-二乙基甲苯
3,5-diethyltoluene

对于结构复杂、支链上有不饱和键或含有一个以上苯环时，可以把支链当作母体，把苯环作为取代基来命名。例如：

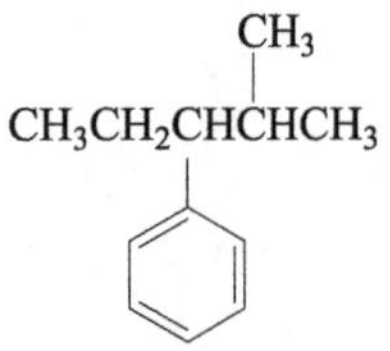

2-甲基-3-苯基戊烷
2-methyl-3-phenylpentane

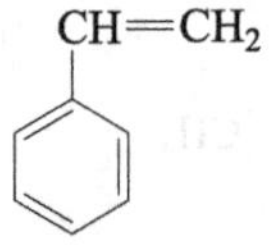

苯乙烯
styrene

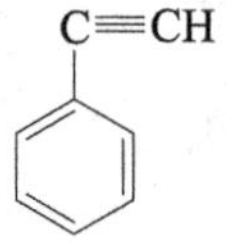

苯乙炔
phenylacetylene

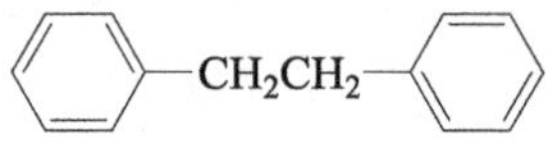

1,2-二苯乙烷
1,2-diphenylethane

对于多元取代的芳烃衍生物，它们的命名有如下规则：

① 某些取代基如烷基（—R）、卤素（—X）、硝基（$—NO_2$）、亚硝基（—NO）等通常只作为取代基，而不作母体。因此，含有这些取代基的芳烃衍生物应把芳烃作为母体，称为某基（代）芳烃。例如：

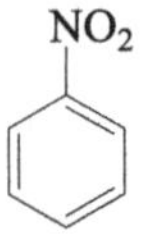

硝基苯
nitrobenzene

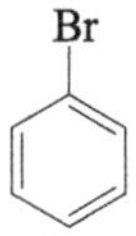

溴苯
bromobenzene

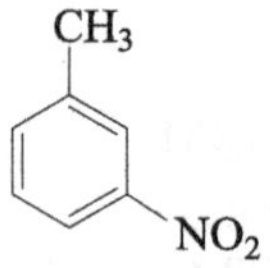

3-硝基甲苯
3-nitrotoluene

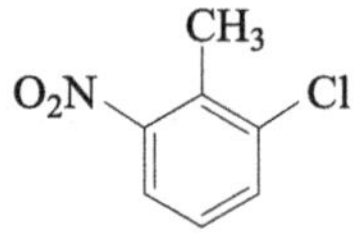

2-氯-6-硝基甲苯
2-chloro-6-nitrotoluene

② 当取代基为氨基（$—NH_2$）、羟基（—OH）、甲酰基（—CHO）、羧基（—COOH）、磺酸基（$—SO_3H$）等时，则把它们作为母体，而苯基作为取代基来命名，分别称为：苯胺、苯酚、苯甲醛、苯甲酸、苯磺酸。例如：

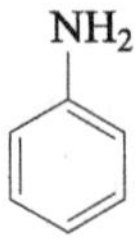

苯胺
aniline

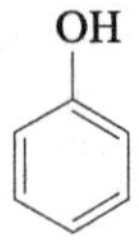

苯酚
phenol

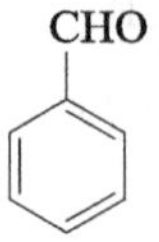

苯甲醛
benzaldehyde

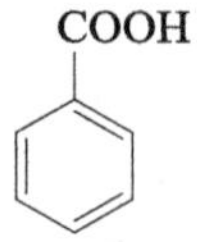

苯甲酸
benzoic acid

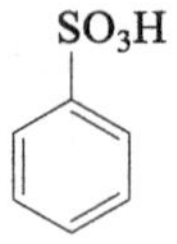

苯磺酸
benzenesulfonic acid

③ 当环上有多种取代基时，首先选择母体官能团，并将母体官能团的位次定为1位，其他取代基依次编号，并尽可能使取代基的位次为小。表6-1列出了一些常见的官能团作为母体时的顺序以及母体名称（有前边的官能团时，后边的基团作为取代基）。

表6-1　母体官能团选择顺序

取代基结构	$—CO_2H$	$—SO_3H$	$—CO_2R$	—COX	$—CONH_2$
取代基名称	羧基	磺酸基	烃氧羰基	卤羰基	氨甲酰基
母体名称	羧酸	磺酸	酯	酰卤	酰胺
取代基结构	—CHO	$—\overset{}{\underset{|}{C}}=O$	—OH	$—NH_2$	$—\overset{|}{\underset{|}{C}}—OR$
取代基名称	甲酰基	酮基	羟基	氨基	（烃）氧基
母体名称	醛	酮	醇	胺	醚

例如：

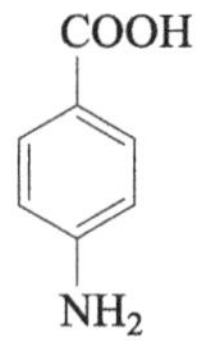

4-氨基苯甲酸
4-aminobenzoic acid

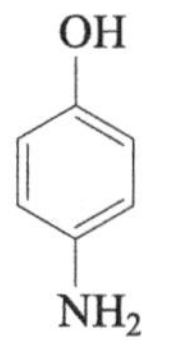

4-氨基苯酚
4-aminophenol

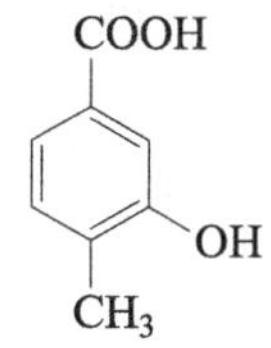

3-羟基-4-甲基苯甲酸
3-hydroxy-4-methylbenzoic acid

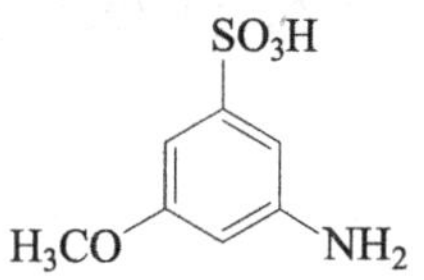

3-氨基-5-甲氧基苯磺酸
3-amino-5-methoxy
benzenesulfonic acid

问题 6-1 写出下列结构式的中英文 IUPAC 命名。

（1）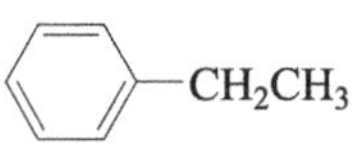

（2）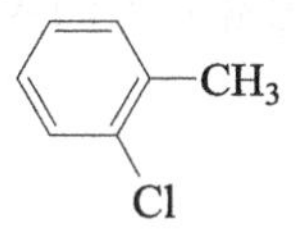

（3）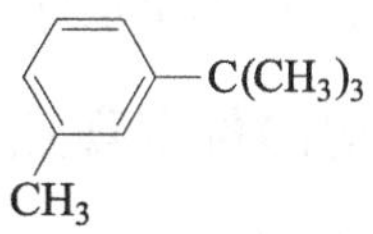

（4）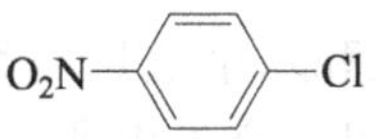

（5）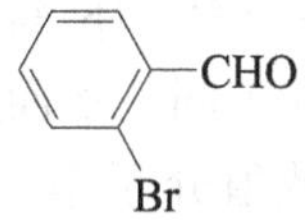

（6）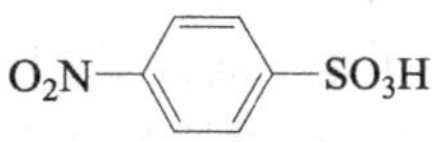

---

§6.2 苯的结构

6.2.1 苯的凯库勒结构

苯的分子式是 C_6H_6，具有如下性质：① 易取代不易加成；② 一取代物只有一种；③ 邻二取代物只有一种。为了解释这些现象，1865 年德国有机化学家 Kekulé，提出了苯是碳碳链首尾相连的环状结构，环中三个单键、三个双键相间：

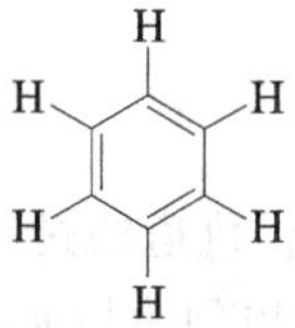

式中苯环上的六个氢是等同的，因此一取代物只有一种。但用上式却不能解释邻二取代物只有一种：

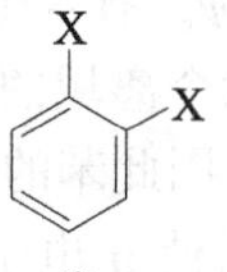

(i)

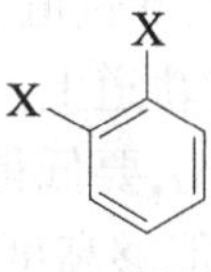

(ii)

式(ⅰ)中两个取代基与单键相连，而式(ⅱ)中两个取代基与双键相连，(ⅰ)与(ⅱ)不是同一物质。

为了解释这个问题,Kekulé 提出苯中的双键没有固定的位置,它在不断地摆动,因此不能分离出两个邻二取代物,实际上它们是等同的。

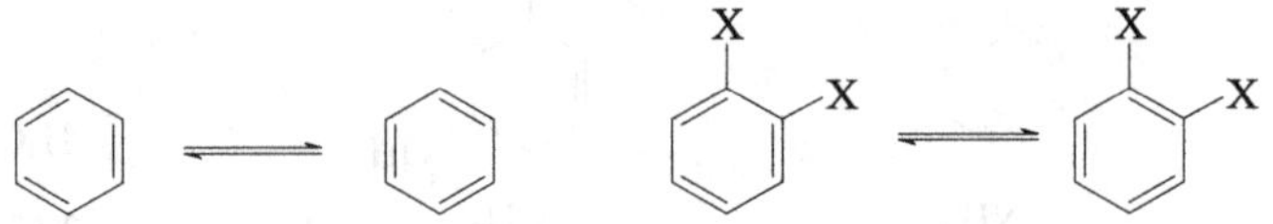

这种解释当时看来似乎是荒唐的,但是这种化学感觉产生出的想法,正是对电子离域概念的一种朦胧的想法。

为什么苯分子的不饱和度如此之大,却不发生类似于不饱和烃的加成反应,Kekulé 提出的环己三烯的结构对此不能作出很好的解释,因此苯分子的表达式还需要不断完善。

6.2.2 苯分子结构的价键观点

苯环是最简单的芳环,由六个碳原子构成一个六元环,每个碳原子接一个基团,苯的六个基团都是氢原子。苯分子是平面分子,十二个原子处于同一平面上,六个碳和六个氢是均等的,C—H 键长为 0.109 nm,C—C 键长为 0.139 nm,此数值介于单、双键长之间。分子中所有键角均为 120°,说明碳原子都采取 sp^2 杂化。这样每个碳原子还剩余一个 p 轨道垂直于分子平面,每个轨道上有一个电子。于是六个轨道重叠形成离域大 π 键,如图 6-1 所示,现在认为这是苯环非常稳定的原因。

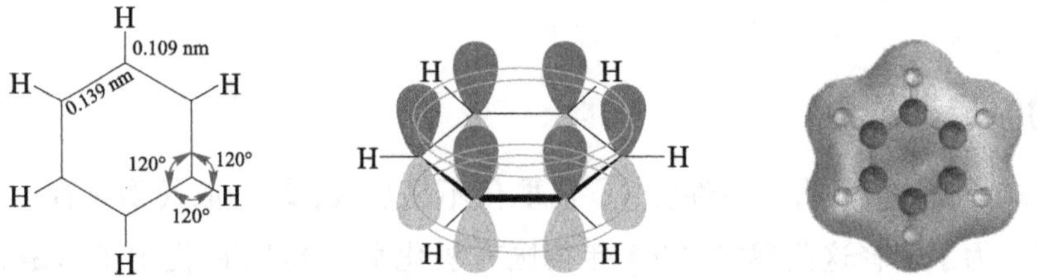

图 6-1 苯的结构

6.2.3 苯分子结构的分子轨道理论

根据分子轨道理论,苯环分子的六个 p 轨道通过线性组合,可组成六个分子轨道。其中三个是成键轨道以 ψ_1、ψ_2 和 ψ_3 表示,三个反键轨道以 ψ_4^*、ψ_5^* 和 ψ_6^* 表示,如图 6-2 所示。

图中虚线表示节点,三个成键轨道中,ψ_1 没有节点,能量是最低的,而 ψ_2 和 ψ_3 都有两个节点,能量相等,但比 ψ_1 高,这两个能量相等的轨道称为简并轨道。反键轨道 ψ_4^* 和 ψ_5^* 各有四个节点,它们的能量也彼此相等,但比成键轨道要高,ψ_6^* 有六个节点,是能量最高的反键轨道。很明显,苯分子的六个 π 电子都在成键轨道上。这六个离域的 π 电子总能量,与它们分别处在孤立的即定域的 π 轨道的能量之和相比,要低得多。因此苯的结构很稳定。

由于处于该 π 轨道中的 π 电子能够高度离域,使 π 电子云完全平均化,因此苯分子中所有碳碳键都完全相同,键长也完全相等。

问题 6-2 苯的稳定性从结构上可以从哪些方面进行理解?

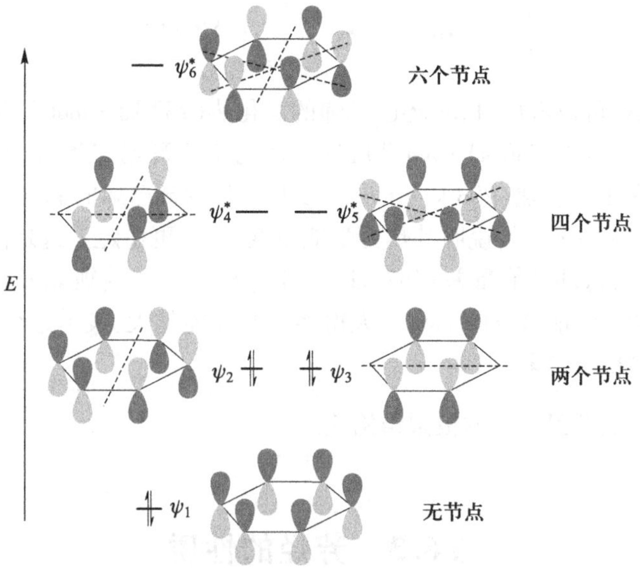

图 6-2 苯的 π 分子轨道的能级

6.2.4 共振论对苯分子结构的解释

根据共振论的观点,苯分子存在下列几种共振式,其中(ⅰ)和(ⅱ)是能量很低、稳定性等同的两个极限结构,它们对共振杂化体的贡献最大,因此苯的结构作用是由它们共振得到的。由于它们的贡献,使得苯环六个碳碳键键长完全相等。

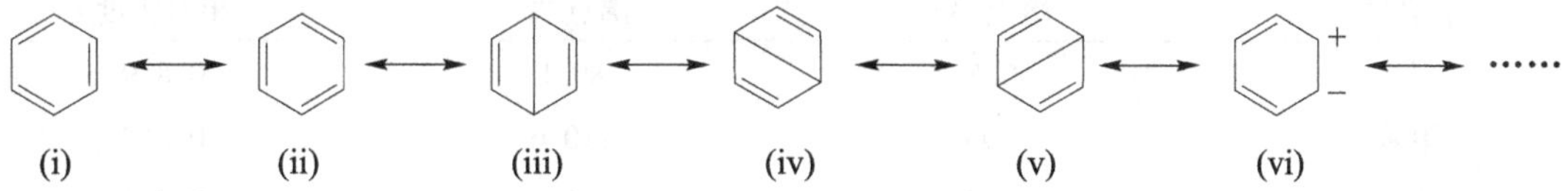

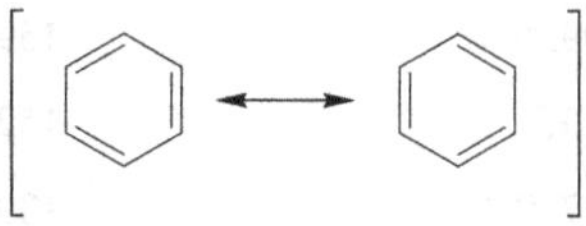

苯的共振杂化体

6.2.5 从氢化热看苯的稳定性

苯的稳定性可以用氢化热数据来说明。下列是环己烯、1,3-环己二烯和苯的氢化热数据,它们加氢后都生成相同的产物环己烷,因此,利用它们的氢化热可以比较它们的相对稳定性。

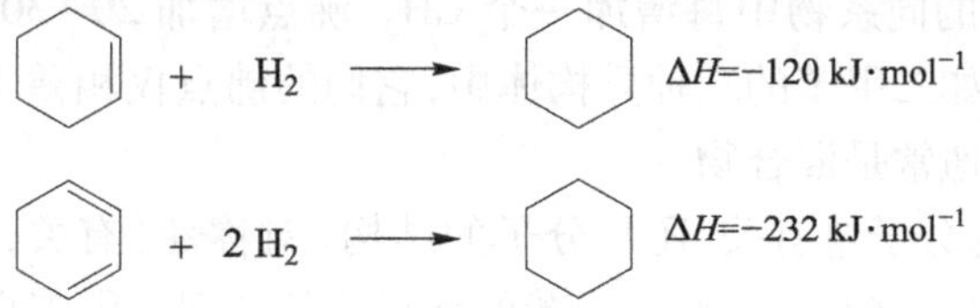

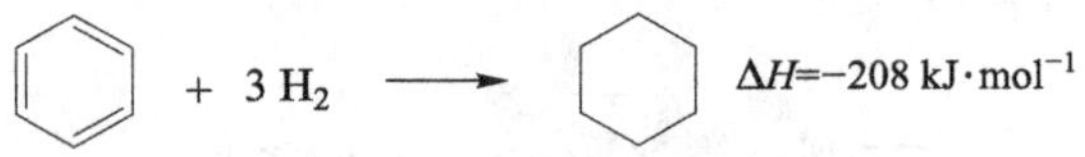

从以上氢化热数据可以看出，1，3-环己二烯的氢化热（232 kJ · mol^{-1}）略小于2倍的环己烯的氢化热（120 kJ · mol^{-1}×2=240 kJ · mol^{-1}），这是因为1，3-环己二烯分子中存在 $\pi-\pi$ 共轭体系，使体系稳定。而苯的氢化热（208 kJ · mol^{-1}）要比3倍的环己烯的氢化热（120 kJ · mol^{-1}×3=360 kJ · mol^{-1}）低152 kJ · mol^{-1}，说明其热力学能更低，体系更稳定。这是由于苯环中存在高度离域的 $\pi-\pi$ 共轭体系，这部分能量差（152 kJ · mol^{-1}）称为苯的共轭能或离域能。苯的共轭能要比1，3-环己二烯的共轭能（8 kJ · mol^{-1}）大得多。共轭能越大，表示这个共轭体系越稳定，因此苯要比1，3-丁二烯稳定得多。

问题 6-3　写出萘、蒽、菲最稳定的极限结构式。

§6.3　芳烃的性质

6.3.1　物理性质

芳烃一般为无色液体，不溶于水，溶于乙醚、石油醚等有机溶剂，液态芳烃本身也是一种良好的溶剂。一些常见的单环芳烃的物理常数列于表6-2中。

表 6-2　苯及其衍生物的物理常数

化合物	熔点/℃	沸点/℃	相对密度
苯	6.5	80.1	0.879
甲苯	-95	110.6	0.867
乙苯	-95	136.1	0.867
正丙苯	-99.6	159.3	0.862
异丙苯	-96	152.4	0.862
间二甲苯	-47.9	139.1	0.864
对二甲苯	13.2	138.4	0.861
邻二甲苯	-25.2	144.4	0.880
苯乙烯	-31	145	0.907
苯乙炔	-45	142	0.930

从表6-2可见，在苯的同系物中每增加一个 CH_2，沸点增加20~30℃。碳原子数相同的异构体，其沸点相差不大。如二甲苯的三种异构体中，它们的沸点仅相差1~6℃，很难用蒸馏的方法分开，所以工业二甲苯通常是混合物。

化合物的熔点不仅与分子量有关，还与分子的结构（对称性）有关，分子对称性越好其熔点越高。例如，二甲苯的三种异构体中，对二甲苯的熔点比邻和间二甲苯高出许多。

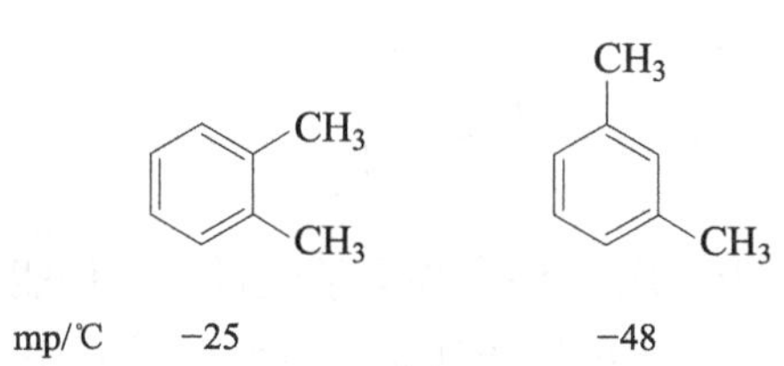

苯及其同系物的蒸气有毒,苯的蒸气影响中枢神经,损坏造血器官,使用时要注意。

6.3.2 亲电取代反应

苯环平面的上下有 π 电子云,与 σ 键相比,平行重叠的 π 电子云结合较松弛,因此在反应中苯环可充当一个电子源,与缺电子的亲电试剂发生反应,类似于烯烃中的 π 键的性质。但是苯环中 π 电子云又有别于烯烃,π 键共轭形成的大 π 键使苯环具有特殊的稳定性,反应中总是保持苯环的结构。苯的结构特点决定了苯的化学行为,它容易发生亲电取代反应而不是加成反应。

芳香族亲电取代反应(electrophilic aromatic substitution)是指芳环上的氢原子被亲电试剂(electrophile)所取代的反应。芳烃的亲电取代是一种向芳环上引入官能团的重要方法。该反应中最重要的类型包括芳环的硝化(nitration)、卤化(halogenation)、磺化(sulfonation)、烷基化(alkylation)和酰基化(acylation)等反应。这些反应可以用通式表示如下:

其中 E^+ 代表亲电试剂,催化剂一般是 Lewis 酸(用 LA 表示)或质子酸,反应的结果是亲电试剂取代苯环上的质子。

芳香族亲电取代反应的机理为离子型反应,经过正离子中间体。该机理分为两步反应,即亲电试剂对芳环的亲电加成和 E1 消除。

第一步:亲电加成:与烯烃在酸性条件下发生的亲电加成反应一样,苯环上的 π 电子先进攻亲电试剂 E^+,生成 σ 络合物:

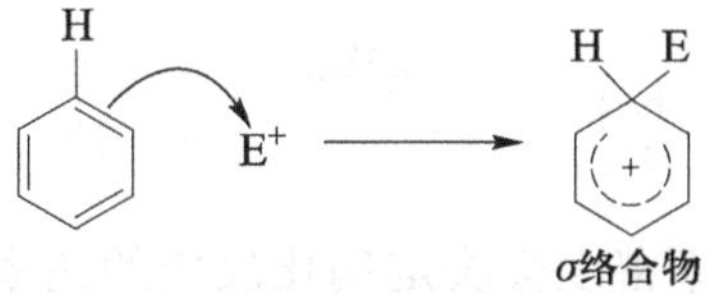

在 σ 络合物形成过程中,由于 C—E 键的形成在苯环上产生了一个 sp^3 杂化碳原子,它破坏了苯环的整体共轭结构,所以 σ 络合物是一个活泼中间体。它可以用下列共振杂化体的形式表示:

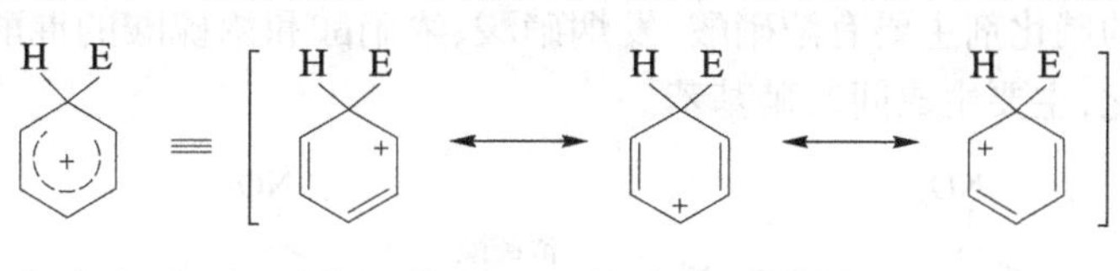

第二步:σ 络合物失去质子,形成取代苯。σ 络合物中间体中的 sp^3 杂化碳原子可以通过失去质子恢复苯环结构:

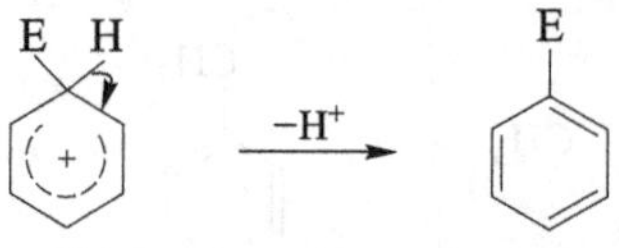

在芳香族亲电取代反应中,第一步形成 σ 络合物必须经过一个势能很高的过渡态,需要的活化能高,是决速步骤。而第二步脱去质子的速率比第一步要快得多,由于重新形成芳香体系,因此是一个放热的过程。它也是整个反应的驱动力。

6.3.2.1　硝化反应

有机化合物分子中的氢被硝基取代的反应称为硝化反应。硝化反应是芳环上引入硝基的经典方法。苯在浓硝酸和浓硫酸作用下发生硝化生成硝基苯。

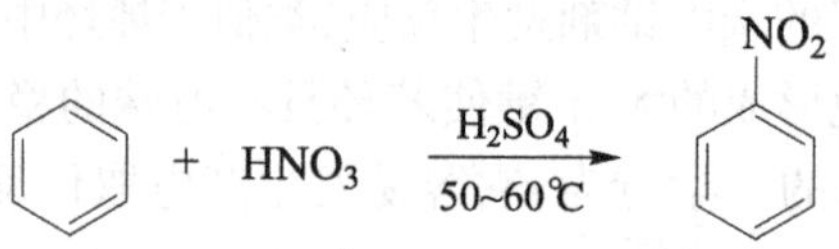

芳香族化合物硝化的反应机理为:硝酸(作为 Lewis 碱)在强酸(浓硫酸)作用下,先被质子化,接着脱去一分子的水形成硝基正离子(nitronium ion, $\overset{+}{N}O_2$)中间体,最后和苯环进行亲电取代反应,并脱去质子生成硝基苯。

$$HO—NO_2 + H_2SO_4 \rightleftharpoons H_2\overset{+}{O}—NO_2 + HSO_4^-$$

$$H_2\overset{+}{O}—NO_2 \rightleftharpoons \overset{+}{N}O_2 + H_2O$$

$$HNO_3 + H_2SO_4 \rightleftharpoons \overset{+}{N}O_2 + H_2O + HSO_4^-$$

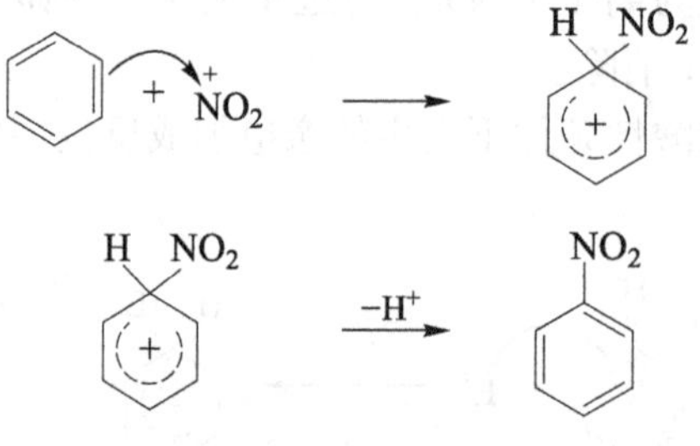

在硝化反应中芳环的电子概率密度会决定硝化反应的速率,芳环的电子概率密度越高,反应速率就越快。由于硝基本身为一个亲电体,所以当进行一次硝化之后往往会因为芳环电子概率密度下降而抑制进一步的硝化反应,必须要在更剧烈的反应条件(例如:高温)或是更强的硝化剂下进行。常用的硝化剂主要有浓硝酸、发烟硝酸、浓硝酸和浓硫酸的混酸。在较高温度下,硝基苯可继续被硝化,主要生成间二硝基苯。

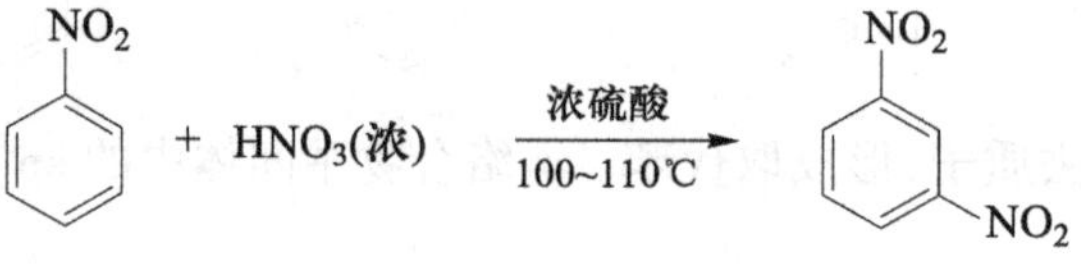

烷基苯在混酸的作用下硝化，主要生成邻、对位取代产物，而且反应比苯容易。

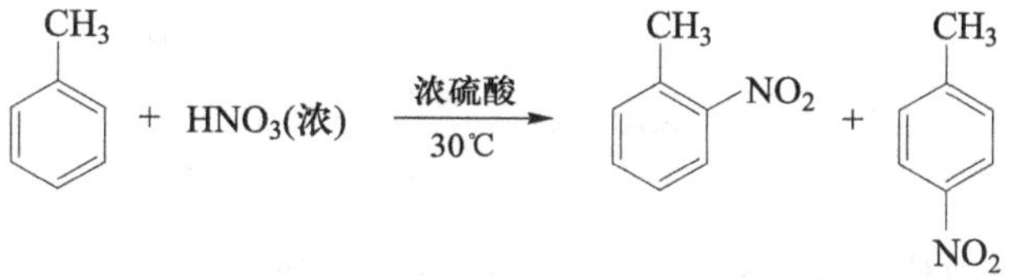

问题 6-4 芳香族化合物亲电取代反应的第一步与烯烃的亲电加成第一步相同，试解释：

（1）为什么芳香族化合物较烯烃的加成反应慢？

（2）为什么芳香族化合物的亲电取代需要催化剂？

6.3.2.2 卤化反应

有机化合物分子中的氢被卤素（—X）取代的反应称为卤化反应。卤化反应是芳环上引入卤原子的重要方法。苯在 Lewis 酸，如三卤化铁（FeX_3）、三氯化铝（$AlCl_3$）等的催化作用下能与氯或溴发生苯环上的卤化反应，生成氯苯或溴苯。

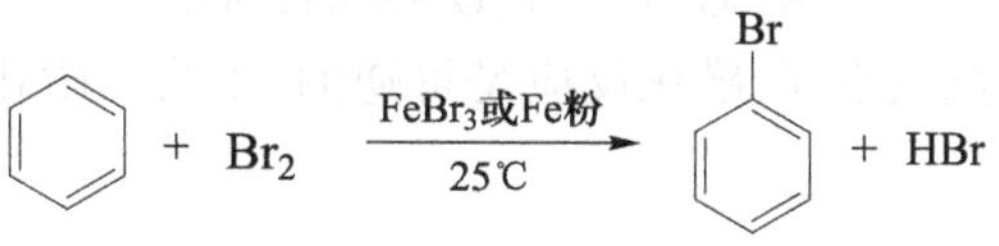

卤化反应的机理是：在 Lewis 酸 FeX_3 作用下，Br—Br 键或 Cl—Cl 键发生极化，一个卤原子带部分正电荷，另一个卤原子带部分负电荷。苯环进攻卤正离子生成 σ 络合物，同时生成［FeX_4^-］负离子。［FeX_4^-］与解离出来的质子结合生成 HX，使 FeX_3 催化剂再生。

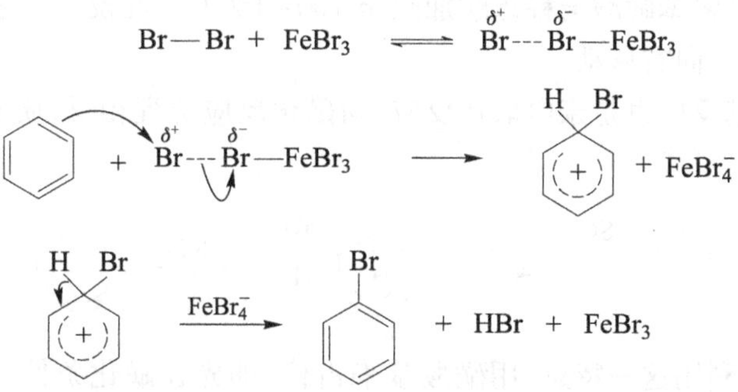

卤素由于活泼性不同，发生卤化反应时，反应活性也不相同。氟太活泼，由于反应难以控制，所以一般不宜直接进行氟化。碘很不活泼，只有在 HNO_3 等氧化剂的作用下才能与苯发生碘化反应。将过量的苯、碘和硝酸一起加热回流，可得 87% 的碘苯。但易被氧化和硝化的活泼芳香化合物不宜用此法碘化。

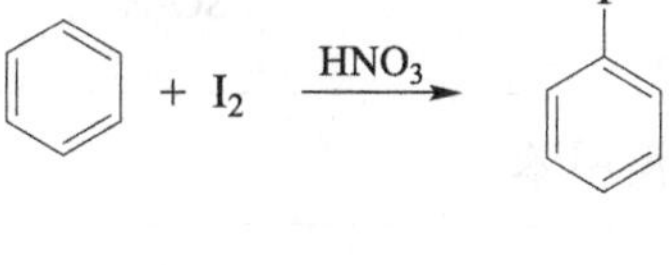

6.3.2.3 磺化反应

有机化合物分子中的氢被磺酸基（—SO_3H）取代的反应称为磺化（sulfonation）反应，苯及其衍生物几乎都可以进行磺化反应，生成苯磺酸或取代苯磺酸。

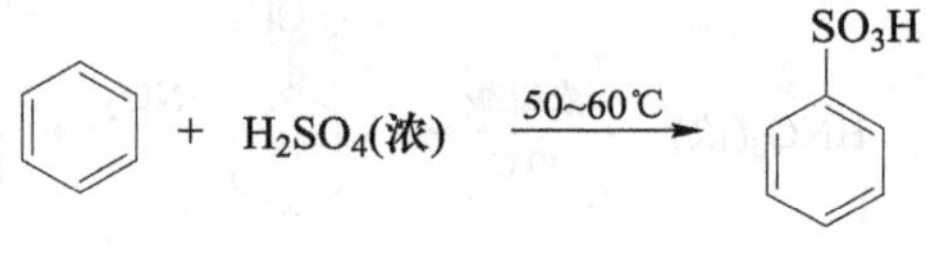

磺化反应也是亲电取代反应，通常认为亲电试剂是三氧化硫。该反应的机理是：首先是亲电试剂进攻苯环，生成活性中间体 σ 络合物，然后失去一个质子，生成苯磺酸或取代苯磺酸。苯用发烟硫酸磺化，在室温下即可进行。反应过程如下：

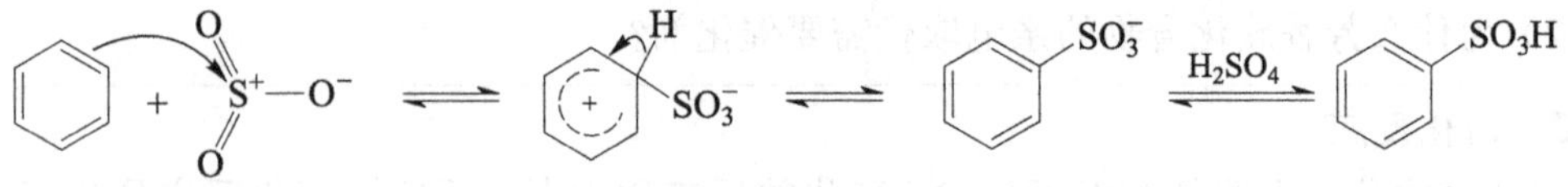

如反应采用浓硫酸，两分子浓硫酸脱水，也能产生三氧化硫，但反应速率不如发烟硫酸快。

$$2H_2SO_4 \rightleftharpoons H_3O^+ + SO_3 + HSO_4^-$$

磺化反应与硝化、卤化反应不同，磺化反应是可逆的，生成的磺化产物与水共热，磺酸基可以脱掉。

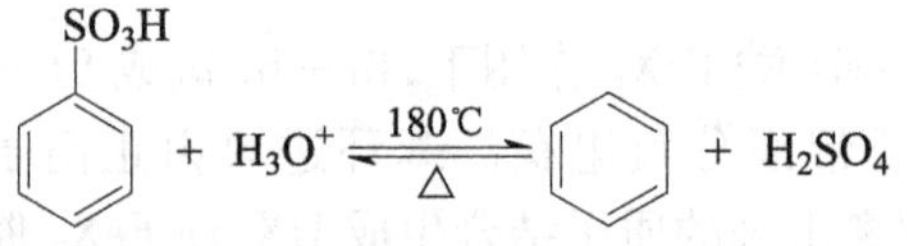

脱磺酸基的方法是将苯磺酸与稀硫酸加热至 100～180℃。在反应中通常通入过热水蒸气，带出挥发性的苯，使平衡向右移动。

苯磺酸的脱磺酸基反应也是亲电取代反应，与磺化反应历程相反，质子(H^+)作为亲电试剂取代了磺酸基。

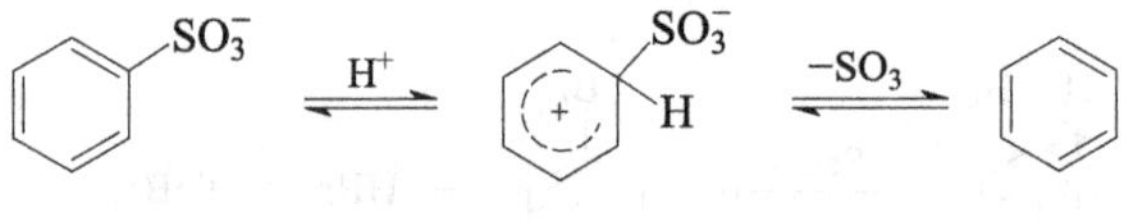

在有机合成上，常利用这一特点，用磺酸基来占位，即先在磺化条件下将磺酸基引入苯环，待反应完毕后再脱去磺酸基。例如：从甲苯合成 2,6-二硝基甲苯的方法如下：

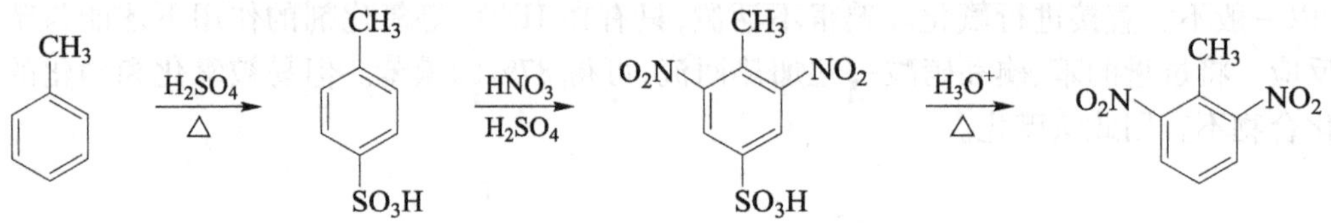

问题 6-5　以甲苯为原料合成邻溴甲苯。

6.3.2.4　Friedel-Crafts 反应

傅里德-克拉夫茨反应(Friedel-Crafts reaction)，简称傅-克反应(F-C reaction)，也是一类芳

香族亲电取代反应,1877 年由法国化学家傅里德(Friedel C)和美国化学家克拉夫茨(Crafts J)共同发现。该反应主要分为两类:烷基化反应和酰基化反应。

1. 傅-克烷基化反应

在催化量的无水三氯化铝或其他 Lewis 酸的作用下,苯与氯乙烷作用生成乙苯,放出氯化氢。

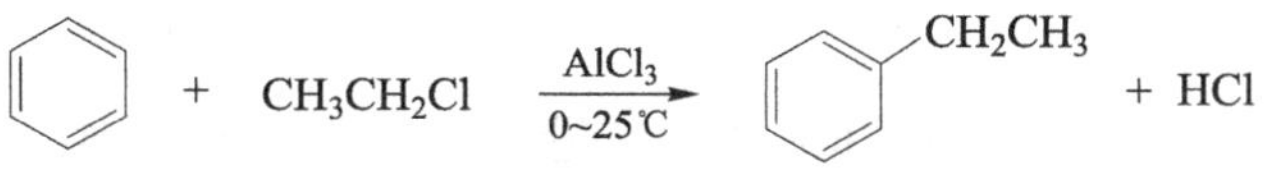

反应的历程如下:

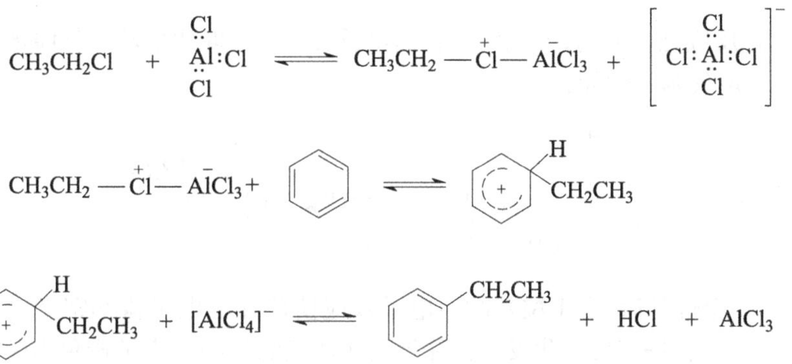

常用的 Lewis 酸催化剂的催化活性顺序大致如下:

$$AlCl_3 > FeCl_3 > SbCl_5 > SnCl_4 > BF_3 > TiCl_4 > ZnCl_2$$

其中三氯化铝是效力最强、也是最常用的催化剂。但催化剂的活性常因反应物和反应条件的改变而发生变化。一般要根据被取代氢的活性、烷基化试剂的类型和反应条件来选择合适的催化剂。

在傅-克烷基化反应中,碳正离子是亲电试剂,因此烷基化反应中会发生碳正离子的重排,生成不同烷基取代的混合物。例如:

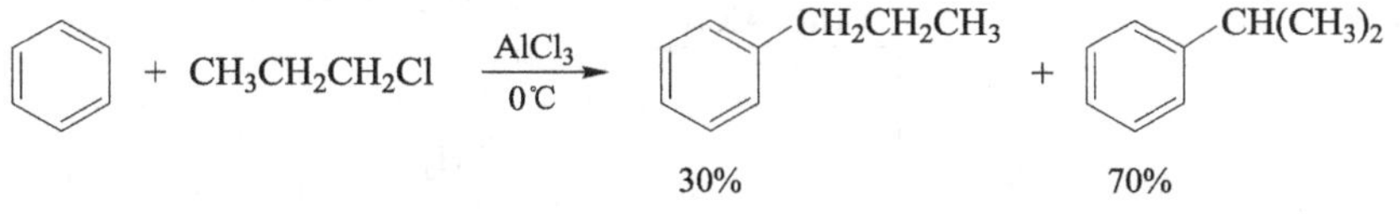

这是由于碳正离子与苯的反应速率较慢,反应中形成的较不稳定的伯碳正离子会进一步发生重排,生成较稳定的仲碳正离子。仲碳正离子作为亲电试剂与苯进行反应,生成异丙苯。

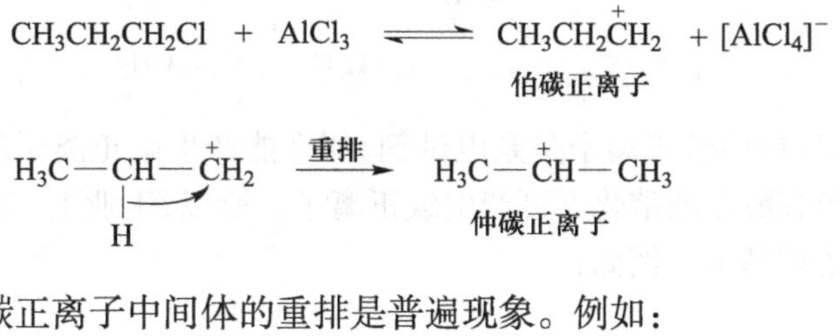

烷基化反应中,碳正离子中间体的重排是普遍现象。例如:

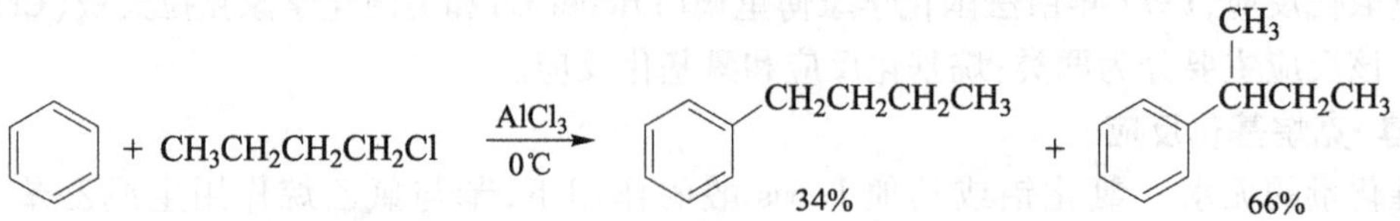

正丁苯　　仲丁苯

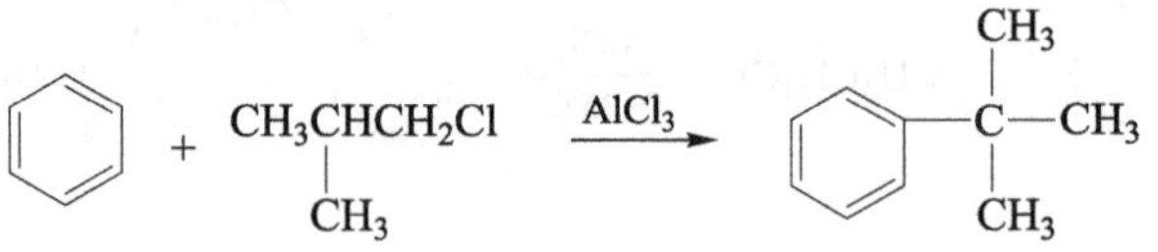

叔丁苯(唯一产物)

傅-克烷基化反应是可逆的,催化剂也会催化逆反应。二取代烷基苯与催化剂 $AlCl_3$ 在苯中回流反应,可得一取代苯。例如:

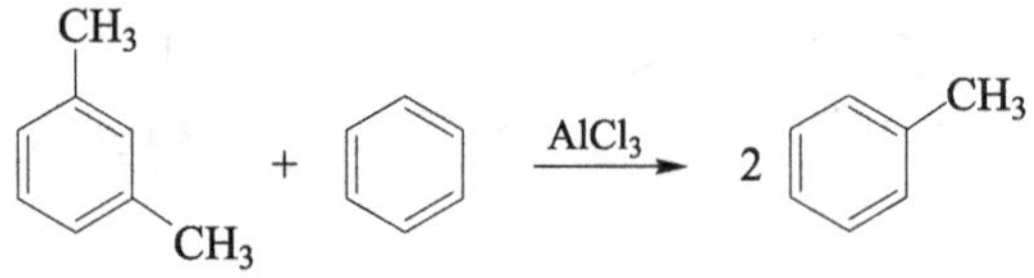

苯环上引入一个烷基后,由于烷基的给电子效应使苯环上电子概率密度增加,其亲电取代反应的活性增加,因此傅-克烷基化反应往往得到多取代的产物。为了避免多烷基化产物,采用过量的苯,一方面减少多取代的概率,另一方面在大量苯存在下,多取代产物与苯作用也会转变为一取代产物。

当苯环上引入的烷基不止一个时,烷基的取代位置也是一个值得注意的问题。影响取代基位置的一个重要因素是温度。例如,苯的三烷基化反应,在较低的温度下得 1,2,4-三烷基苯,而在较高的温度下得到的是 1,3,5-三烷基苯,同时 1,2,4-三烷基苯在 $AlCl_3$ 作用下,在高温下也可转变为 1,3,5-三烷基苯。该现象可以用速率控制和平衡控制理论进行解释。

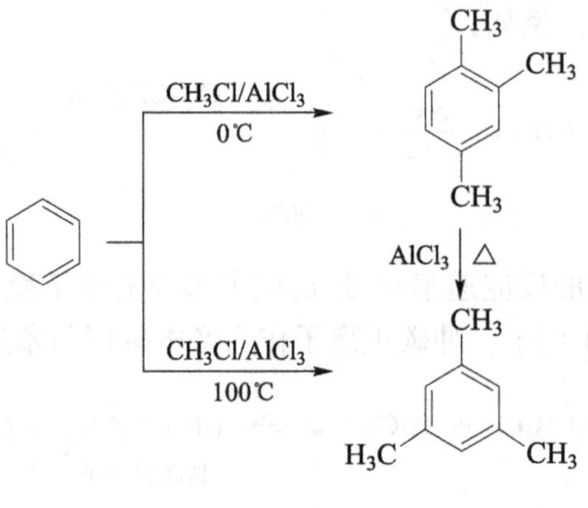

既然傅-克烷基化反应中碳正离子是亲电试剂,那么能产生碳正离子的其他物质也可以作为烷基化试剂。如烯烃和醇在酸催化下可产生碳正离子。所以,工业上采用易得的烯烃或醇代替较昂贵的卤代烷制备烷基苯。例如:

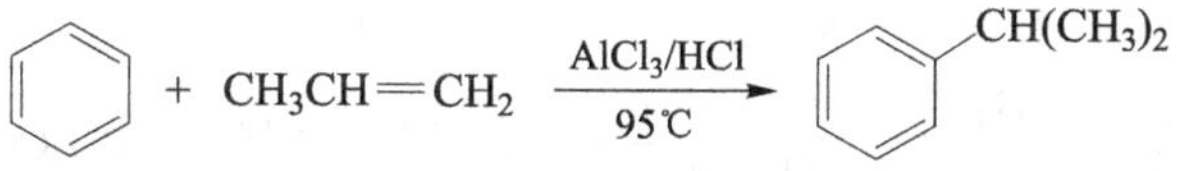

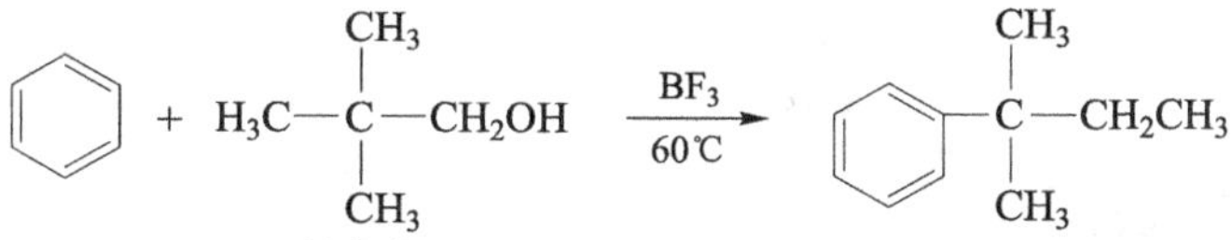

新戊醇　　　　叔戊基苯

含有吸电子基团(如—NO_2、—SO_3H 等)的芳烃化合物难以发生傅-克烷基化,所以硝基苯作为较为惰性的化合物,常常作为傅-克烷基化的溶剂,可避免在较高反应温度下溶剂与三氯化铝的作用。

多卤代烷与苯可制备多苯基烷烃。例如:

二苯甲烷

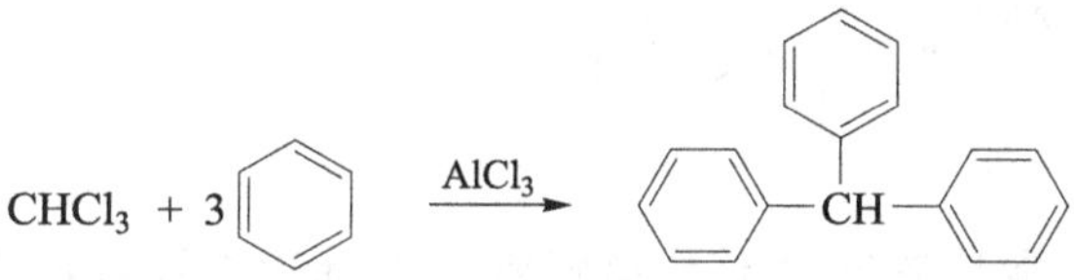

三苯甲烷

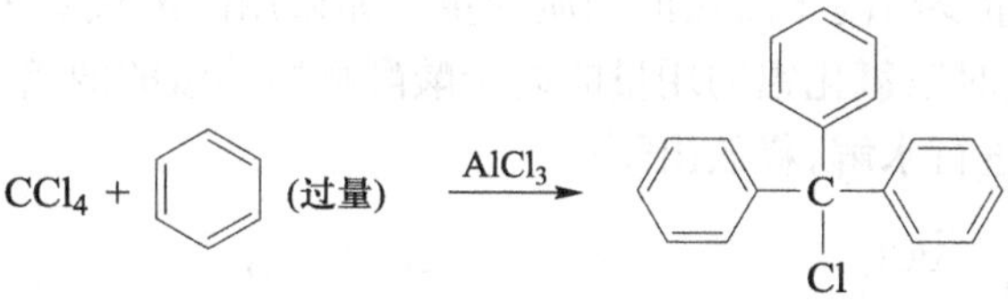

三苯氯甲烷

问题 6-6 试解释下列傅-克反应的实验事实:

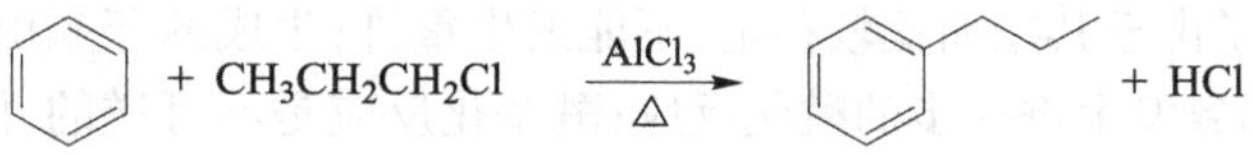

(1) 产率极低;

(2) 苯与 RX 在 AlX_3 存在下进行单烷基化需要使用过量的苯。

2. 傅-克酰基化反应

在 Lewis 酸作用下,苯与酰卤或酸酐作用,在苯环上引入一个酮基,得到芳酮。例如:

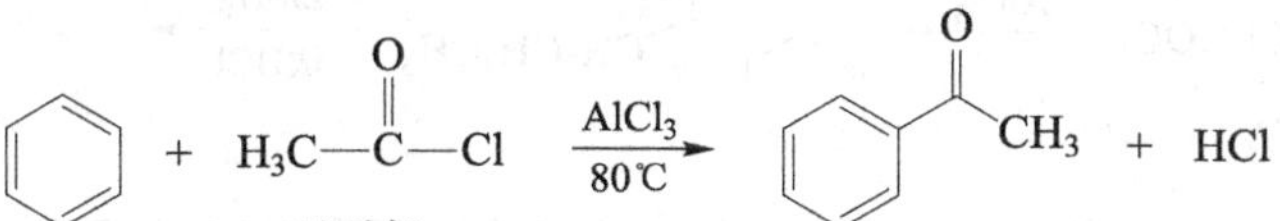

乙酰氯

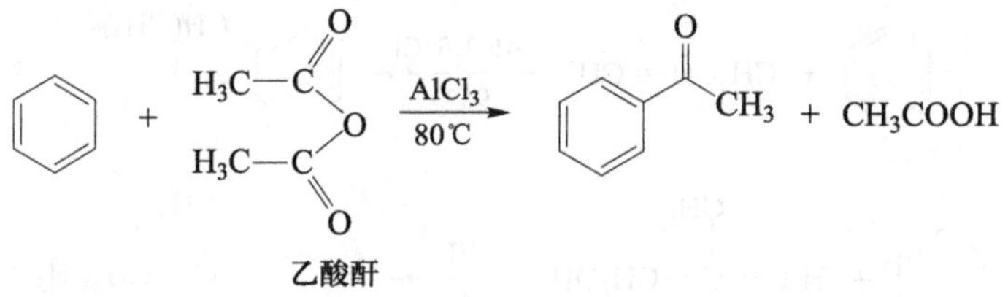

这是制备芳酮的重要方法。

傅-克酰化反应的机理与烷基化类似：

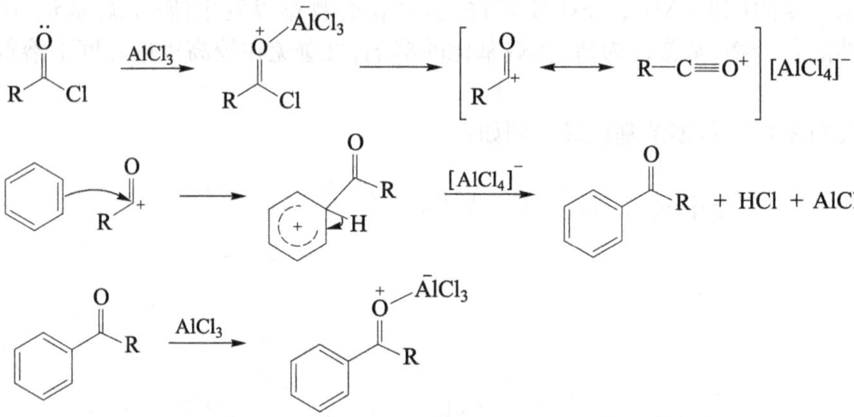

反应中三氯化铝与酰氯的羰基络合，促进酰氯解离，产生亲电的羰基正离子络合物（在极性溶剂中可被检测）。在反应中三氯化铝除了起了催化的作用外，还能与反应生成的芳酮络合，因此酰化反应中三氯化铝的用量要略高于酰氯的物质的量。如果用酸酐代替酰氯，反应中产生的羧酸也会与三氯化铝络合，这时三氯化铝的用量略高于酸酐物质的量的两倍。

生成的络合物需要进行水解，释放出酮：

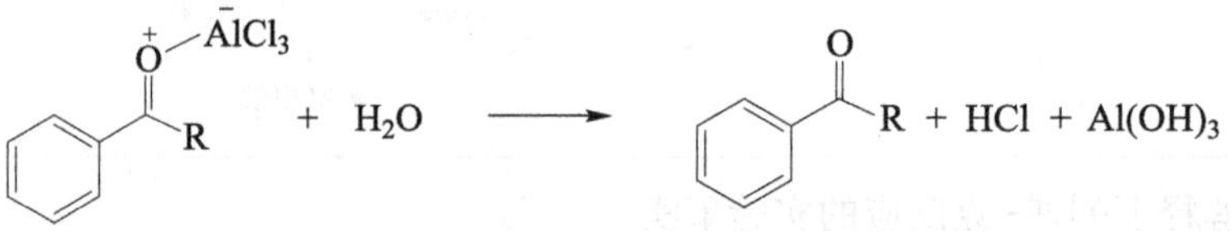

亲电的酰基正离子由于共振而比较稳定，不能发生重排；生成的芳酮由于羰基为吸电子基，使苯环的活性降低，不致发生进一步的酰化反应；酰基化反应是不可逆的，因此酰基化反应得到的是单取代的无重排的产物，产物单一，反应比较简单。以上三个方面是傅-克酰基化与傅-克烷基化反应的差别。

由于酰基化反应无重排，如把得到的芳酮进一步还原，则可得到直链取代的烷基苯。这个方法作为傅-克烷基化反应的重要补充。例如：

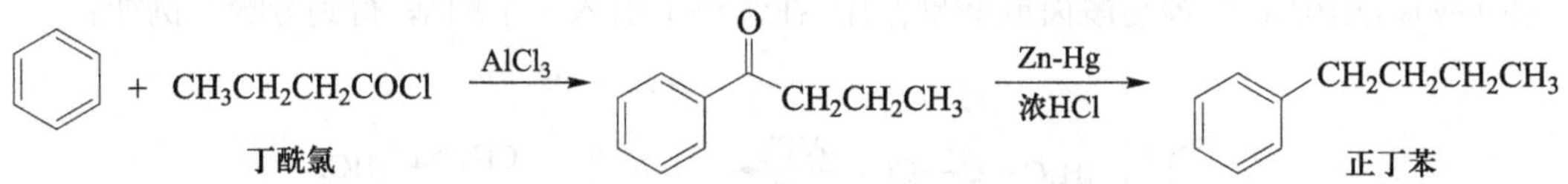

甲苯的酰化主要生成对位产物，可能是由于试剂的体积大阻碍了邻位产物的生成。

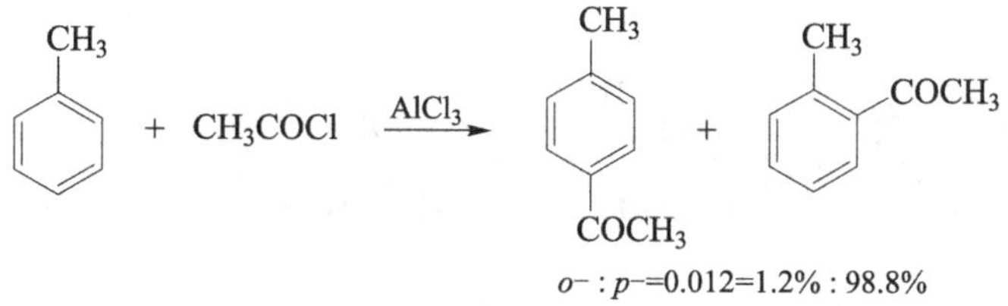

具有弱吸电子取代基的芳烃(如卤代芳烃)也能发生傅-克酰基化反应,主要生成对位产物。例如:

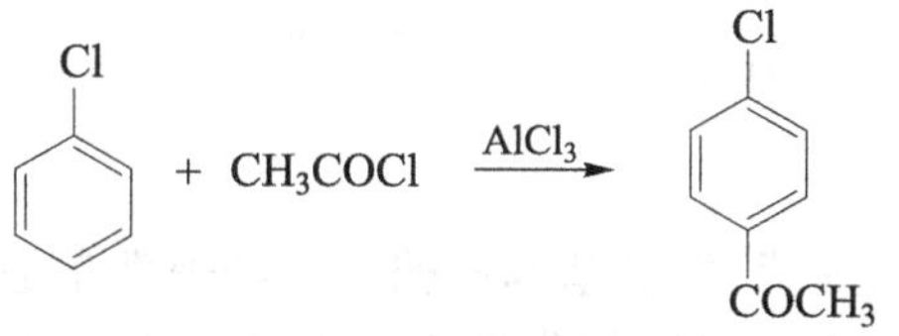

当苯环上具有强吸电子取代基(如硝基、磺酸基、氰基、酮基等)时,傅-克酰基化反应不能发生。硝基苯由于极性大、沸点高经常用作傅-克酰化反应的溶剂。

羧酸可以直接用作酰化试剂,但若用 $AlCl_3$ 作催化剂,需要用三倍物质的量以上。因此,常用 HF、硫酸、甲磺酸、多聚磷酸(简称 PPA)等作催化剂。

分子内的酰化反应可用于环酮的合成。例如:

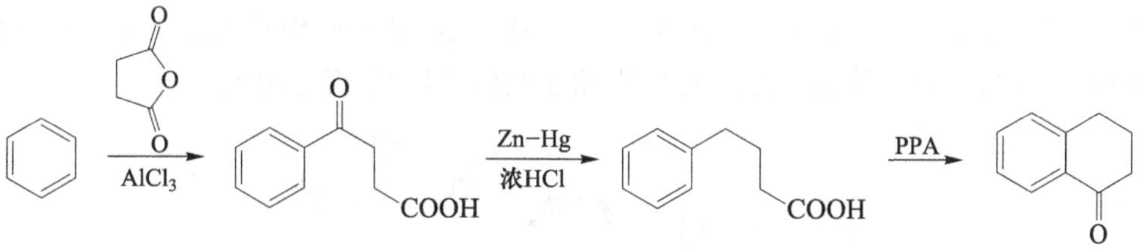

问题 6-7 完成下列反应:

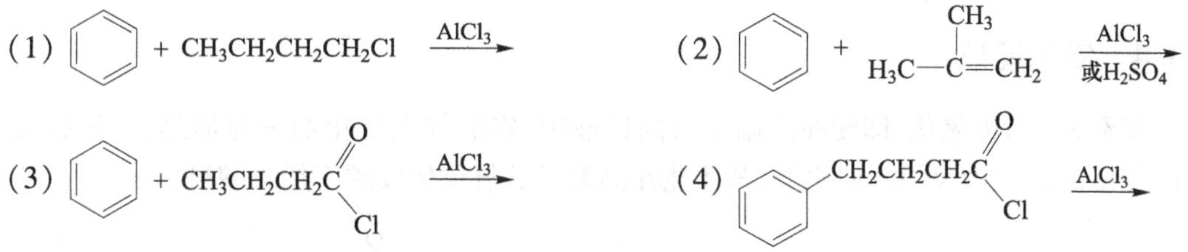

6.3.2.5 Blanc 氯甲基化反应

苯与甲醛、氯化氢在无水氯化锌作用下反应生成氯甲基苯(或苄氯)的反应称为布兰克(Blanc G L)氯甲基化反应(chloromethylation)。

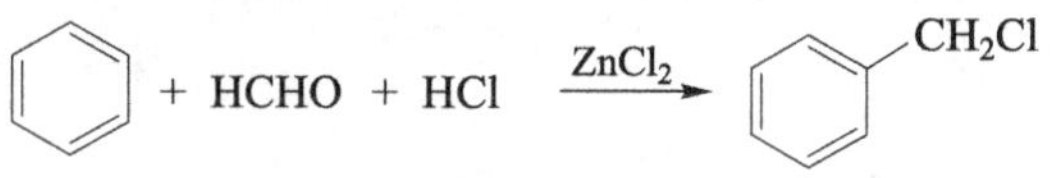

该反应的机理是:首先,甲醛与氯化氢作用,形成活性中间体羟甲基正离子,然后,羟甲基正离子作为亲电试剂与苯发生亲电取代反应,生成苯甲醇。后者再与体系中的氯化氢作用很快形

成苄氯。

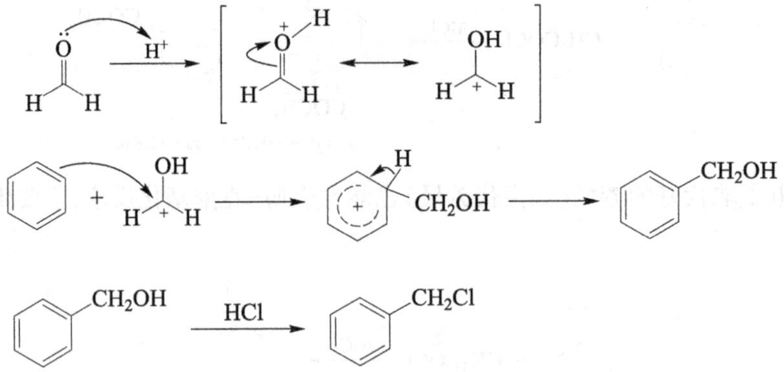

氯甲基化反应对于苯、烷基苯、烷氧基苯和稠环芳烃等都是适用的，但当环上有强吸电子取代基时，产率很低甚至不反应。氯甲基化反应是在芳环上引入取代基的重要方法，氯甲基($—CH_2Cl$)是活性基团，可以通过后续的各种反应将其转变成不同官能团(如：$—CH_2OH$，$—CH_2CN$，$—CH_2COOH$，$—CH_2N(CH_3)_2$，—CHO 等)，在有机合成中具有重要的应用价值。

6.3.3　加成反应

芳烃一般很难发生加成反应，只有在某些特殊情况下，芳烃才能发生加成反应。例如：苯在紫外光照射下与氯进行加成反应，不能停留在二氯或四氯阶段，产物是1,2,3,4,5,6-六氯环己烷，又名“六六六”，它是一种老一代的杀虫剂，由于它污染环境，现已淘汰。

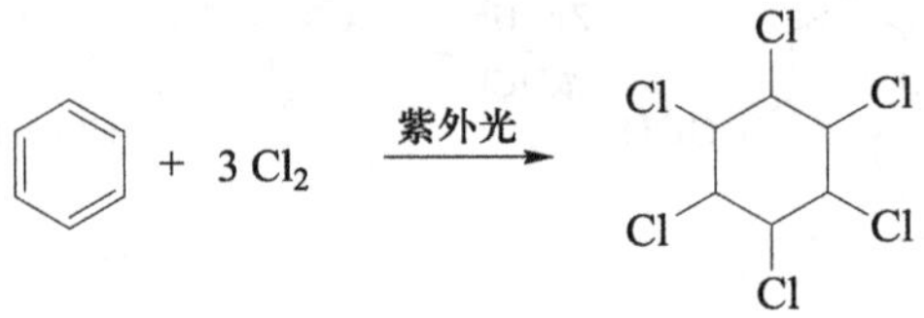

6.3.4　氧化反应

苯环不容易被氧化，即使在高温下与高锰酸钾、铬酸等强氧化剂一起加热，也很难被氧化。只有在五氧化二钒(V_2O_5)催化下，苯才能在高温下被氧化生成顺丁烯二酸酐。

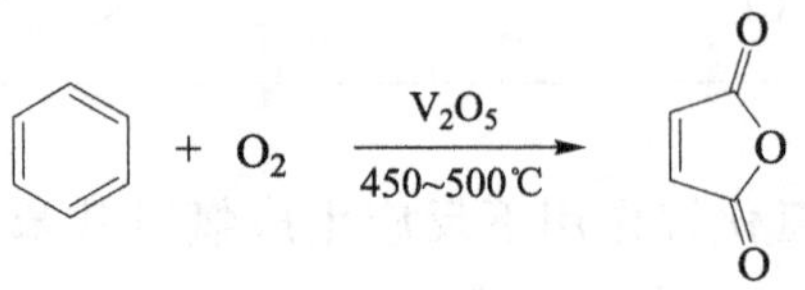

6.3.5　还原反应

6.3.5.1　催化氢化反应

苯的催化加氢要比烯烃或炔烃困难得多，苯、烷基苯在高温和催化剂存在下，发生气相加氢得到环己烷及其衍生物。

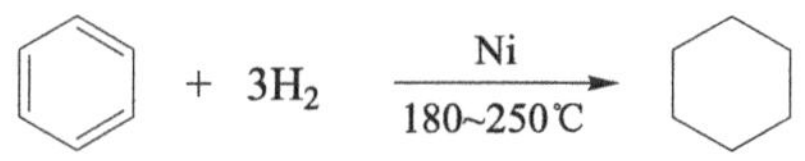

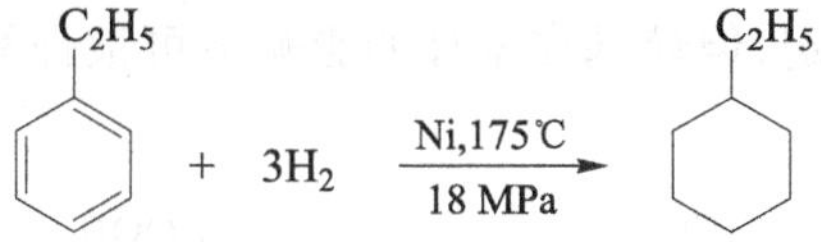

6.3.5.2 Birch 还原反应

伯奇(Birch A J)还原反应是指用钠和醇在液氨中将苯环还原成1,4-环己二烯的反应。反应相当于氢原子对苯环的1,4-加成。

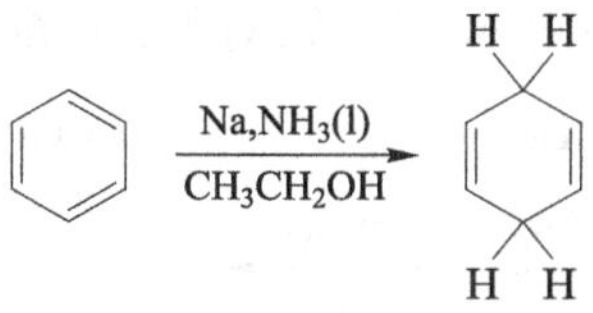

Birch 反应的机理为

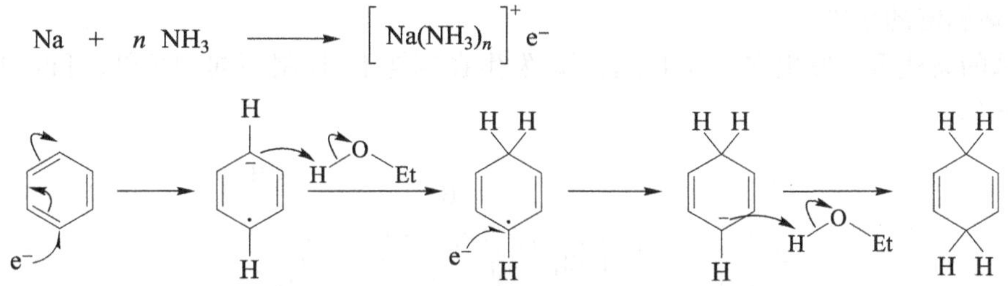

首先是钠和液氨作用生成溶剂化电子,此时体系为一蓝色溶液。然后,电子对苯环中的1,3-双烯体进行共轭加成,生成自由基负离子。该自由基负离子从乙醇中攫取一个质子生成自由基,接着自由基再获得一个溶剂化电子转变成负离子。此负离子再从乙醇中攫取一个质子生成1,4-环己二烯。Birch 还原与苯环的催化氢化不同,它可使芳环部分还原成环己二烯类化合物,在合成上具有重要的应用价值。

取代苯也能发生 Birch 还原,但是,带有不同取代基的苯被还原的方式不同。一般的规律是:当有给电子取代基(含烷基)时,最终产物中的双键必带有更多的取代基;当有吸电子取代基时,最终产物中双键避免与取代基形成共轭体系。例如:

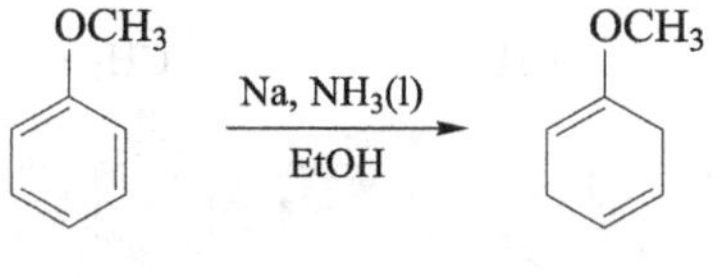

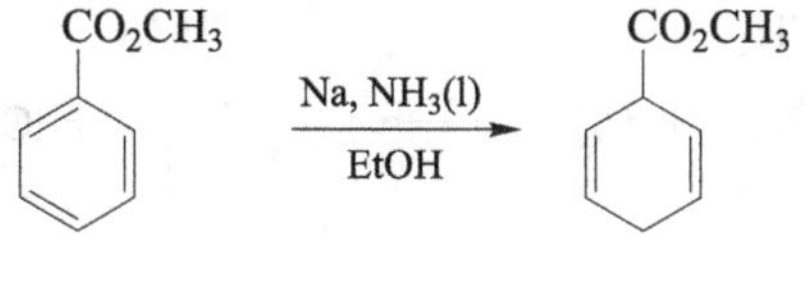

6.3.6　侧链反应

6.3.6.1　环侧链的氧化

烷烃和苯环对氧化剂很稳定,但烷基在苯环的影响下可被强氧化剂高锰酸钾、重铬酸钾、硝酸等氧化,生成苯甲酸。例如:

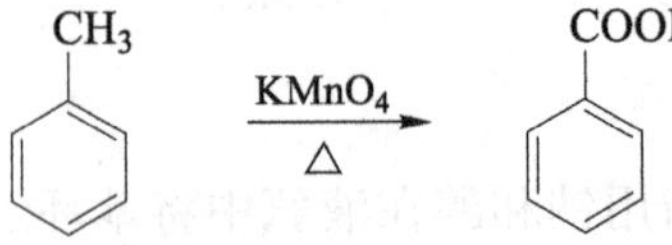

烷基苯(叔丁基除外)无论链有多长,氧化后都生成苯甲酸。这是合成苯甲酸的重要方法。

对二甲苯被高锰酸钾氧化,生成对苯二甲酸,对苯二甲酸是工业上合成涤纶的原料。

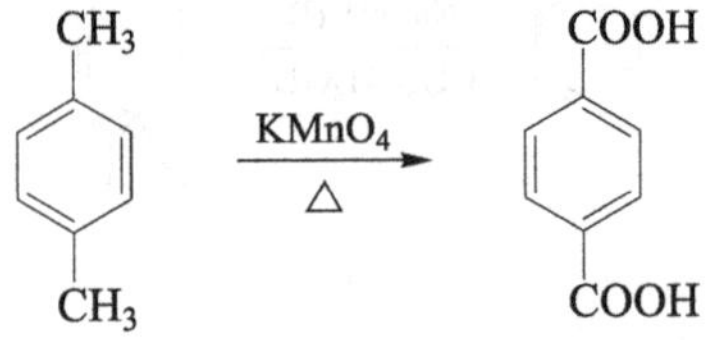

6.3.6.2　环侧链的卤代

烷基苯的卤代可以发生在苯环上,也可以发生在侧链上,控制不同的条件,可得到不同的取代产物。例如:

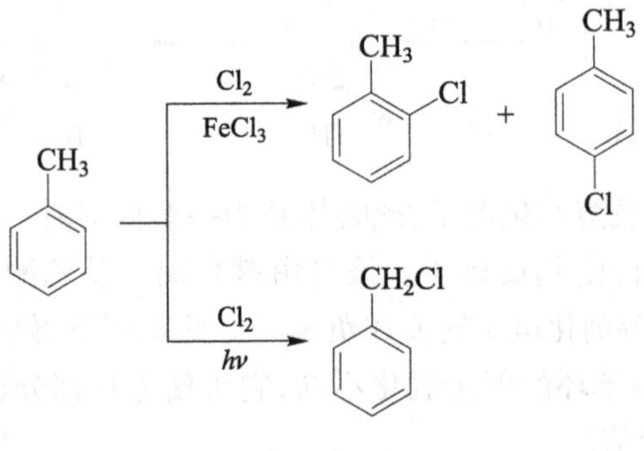

前面已经介绍环上的卤代是亲电取代历程,而侧链的卤代反应与烷烃的卤代反应类似,属于自由基取代历程,其历程如下:

$$Cl_2 \xrightarrow[\text{或}\triangle]{h\nu} 2\ Cl\cdot$$

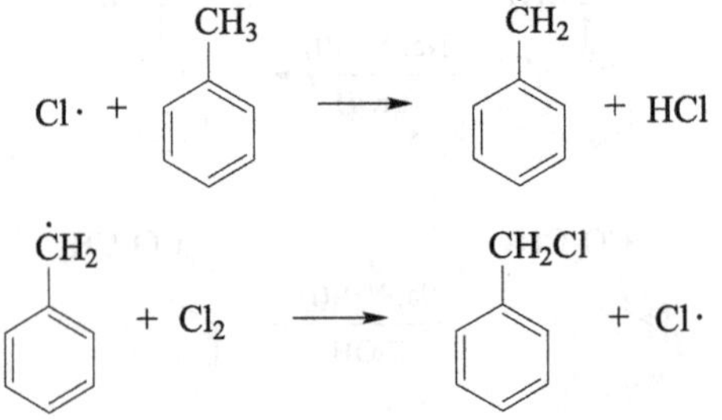

反应生成的苄氯可进一步氯代，生成 α,α-二氯甲苯和 α,α,α-三氯甲苯。

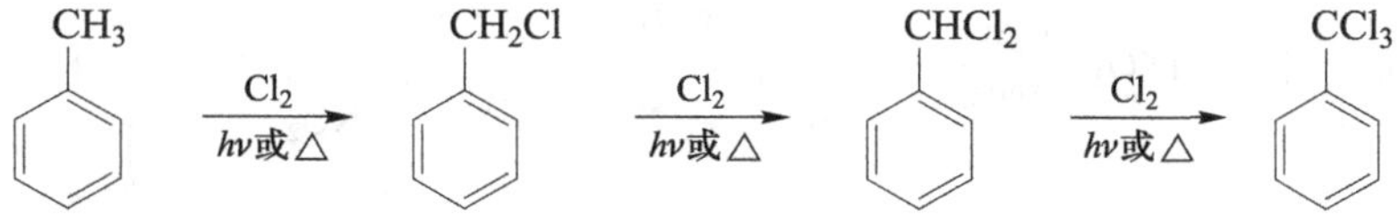

控制氯气用量，可使反应停留在不同的氯代阶段。甲苯的这三种氯代物是合成醇、醛、酸的重要中间体。

乙苯的溴代全部生成 α-溴代产物，说明卤代反应优先发生在 α 位(苄位)。这是因为反应中生成的活性中间体苄基自由基十分稳定。

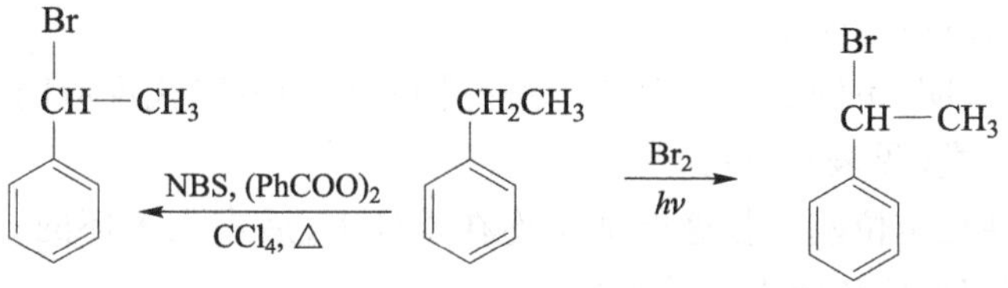

§6.4 苯环亲电取代反应的定位规则

6.4.1 取代基的定位效应

苯上六个氢原子是等同的，它的一取代物只有一种。当苯环已有一个取代基后，环上剩余的五个氢原子，两个在邻位，两个在间位，一个在对位。它进行亲电取代反应应生成三种产物。

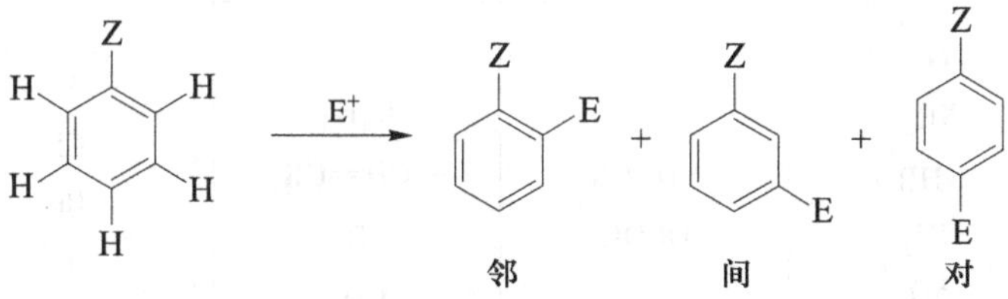

如果五个位置的反应速率相同，则其二取代物的比例应为：邻：间：对 = 2：2：1。实际情况如何呢？甲苯、硝基苯分别硝化时产物的比例如下：

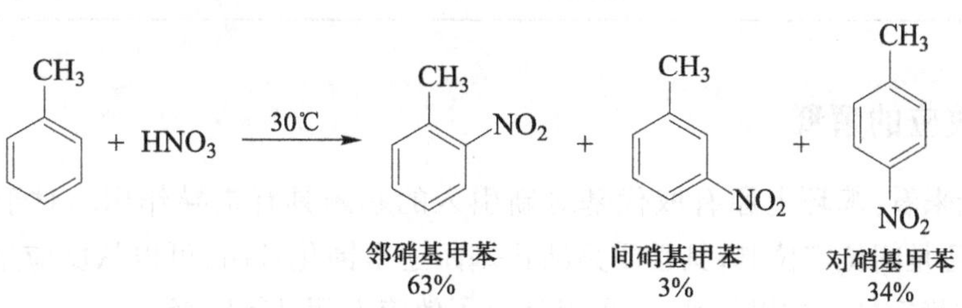

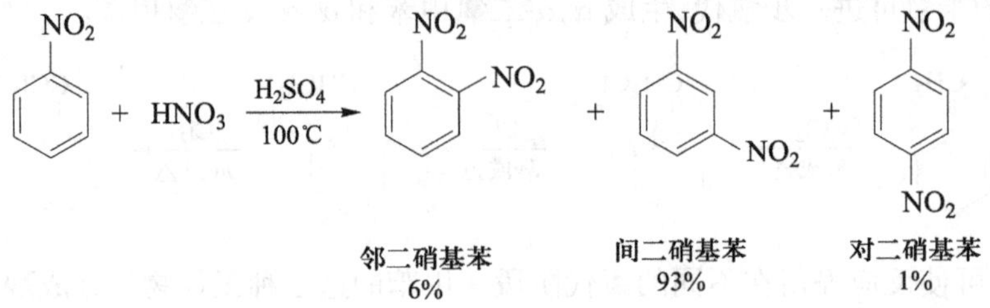

甲苯主要生成邻、对位取代产物(邻+对>60%);硝基苯主要生成间位取代产物(间位>40%)。磺化、卤化等取代反应都有类似的规律。由此可见,第二个取代基进入的位置,与亲电试剂的类型无关,仅与环上原有取代基的性质有关,受环上原有取代基的控制。我们称这种效应为定位效应(orientation effect)。

经大量实验事实表明,不同的一元取代苯进行同一种亲电取代反应时,按所得主要产物的含量,把取代基分为三类(见表6-3):

第一类:邻对位活化定位基。若这类基团连在苯环上,后进入苯环的取代基主要进入它们的邻、对位,且亲电取代反应比苯更容易进行。

第二类:间位定位基。若这类基团连在苯环上,后进入苯环的取代基主要进入它们的间位,且亲电取代反应速率比苯慢。

第三类:邻、对位钝化定位基。这些取代基连到苯环上,后进入苯环的取代基主要进入它们的邻、对位,但反应速率比苯慢。

表6-3　定位基的分类

定位特点	邻、对位定位基				间位定位基
分类	第一类			第三类	第二类
强度	强	中	弱	弱	强
取代基	O^- NR_2 NHR NH_2 OH OR	NHCOR OCOR	C_6H_5 $—CH═CR_2$ R CH_3	F Cl Br I CH_2Cl	NH_3^+ NO_2,CN COR,CHO CO_2R,$CONH_2$ CO_2H,SO_3H CCl_3,CF_3
性质	活化基团			钝化基团	

6.4.2　定位效应的解释

从上述讨论来看,苯环上原有取代基对新引入的基团具有指导作用。对于某个取代基是邻、对位定位基还是间位定位基,其性质是活化基团还是钝化基团,可以从反应生成的活性中间体(σ 络合物)的稳定性上加以解释,也可以从电子效应方面进行解释。

6.4.2.1　邻、对位定位基团

当苯环上连有甲基时，第二个取代基分别进入甲基的邻、间、对位，生成Ⅰ、Ⅱ、Ⅲ三种 σ 络合物。用共振式表示时，每个 σ 络合物为三个极限结构的共振杂化体：

邻位取代

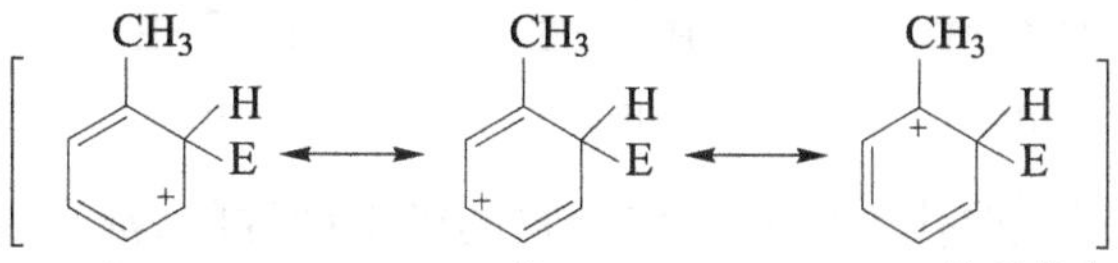

Ia　　Ib　　Ic 比较稳定

间位取代

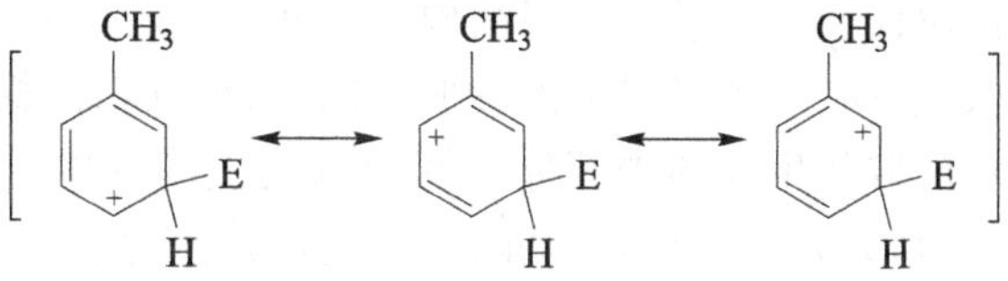

IIa　　IIb　　IIc

对位取代

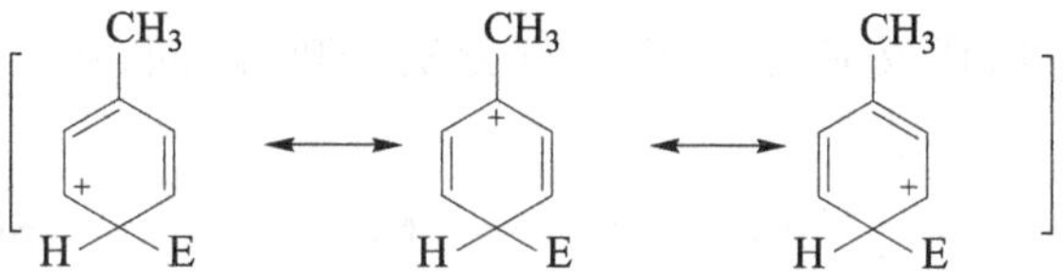

IIIa　　IIIb 比较稳定　　IIIc

后引入的取代基进攻邻、对位生成的三个极限结构很相似，其中Ⅰc 和Ⅲb 式中碳正离子直接连到甲基上。由于甲基的给电子诱导效应和超共轭效应，正电荷分散较好，使得Ⅰc 和Ⅲb 能量较低，比较稳定，在共振杂化体中的贡献也最大。因此，邻、对位取代生成的 σ 络合物较稳定。而间位取代的三个极限结构中，没有一个碳正离子直接与甲基相连，正电荷分散较差，能量较高，σ 络合物稳定性较差。中间体的稳定性差，就意味着该反应的活化能较高，反应速率慢。因此，甲苯进行亲电取代反应时，邻、对位比间位更容易被进攻。故甲基为邻、对位定位基。由于甲苯发生亲电取代反应时，邻、对位取代生成的中间体比苯取代生成的中间体能量低，故甲苯比苯更容易发生亲电取代反应。

苯甲醚进行亲电取代反应时，生成的邻、间、对三种 σ 络合物及其共振式表示如下：

邻位取代

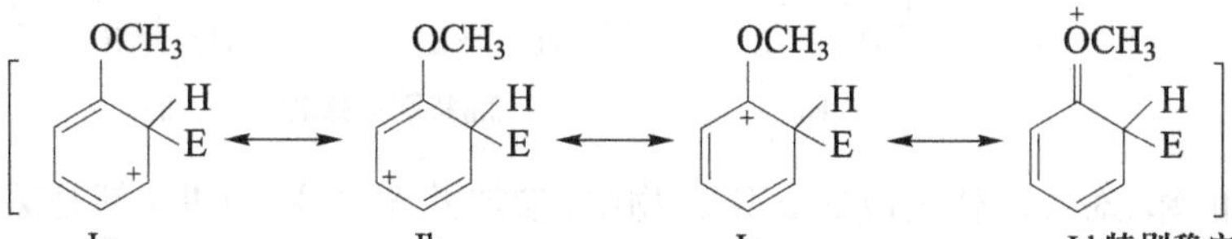

Ia　　Ib　　Ic　　Id 特别稳定

间位取代

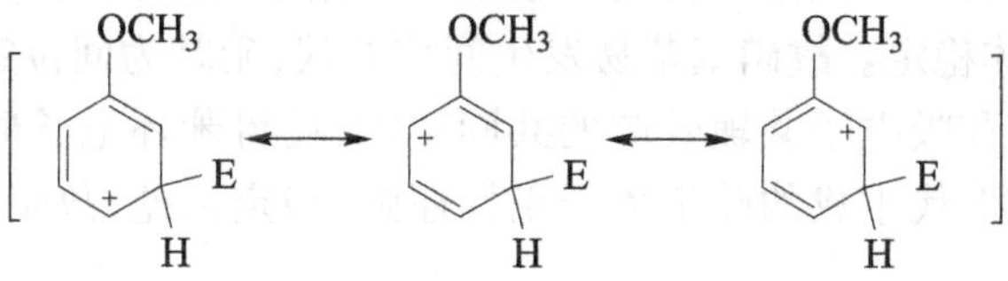

IIa　　IIb　　IIc

对位取代

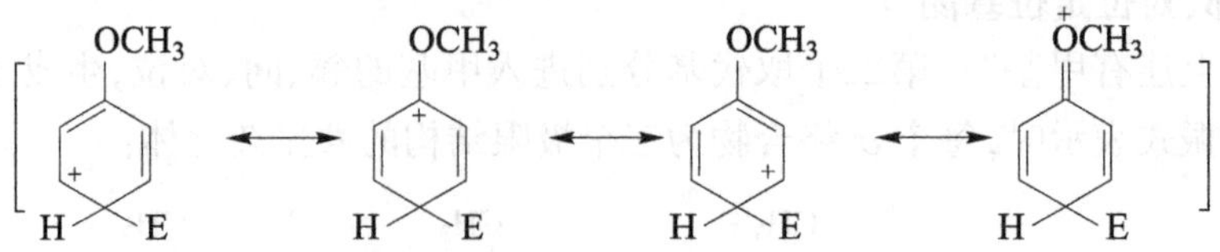

IIIa　IIIb　IIIc　IIId 特别稳定

苯甲醚发生邻、对位取代生成的 σ 络合物的极限结构中，都有Ⅰd 和Ⅲd，Ⅰd 和Ⅲd 多形成一个共价键，且每个原子都具有八隅体的稳定结构，这样的极限结构特别稳定，它们对共振杂化体的贡献也最大，而间位取代没有这样的极限结构。另外，邻、对位取代的 σ 络合物有四个极限结构参加共振，而间位取代只有三个极限结构参加共振，参加共振的极限结构越多，共振杂化体越稳定。故苯甲醚邻、对位取代生成的中间体比间位取代生成的中间体稳定，也比苯取代生成的中间体稳定。所以甲氧基为邻、对位活化基团。羟基及其他含氧基团（如—OCOR）、含氮的氨基（$—NH_2$）及其他含氮基团（如 NHCOR）都与甲氧基类似，故都为邻、对位活化基团。

6.4.2.2　间位定位基团

硝基苯进行亲电取代反应时，亲电试剂分别进攻邻、间、对三个位置生成下列三种 σ 络合物：

邻位取代

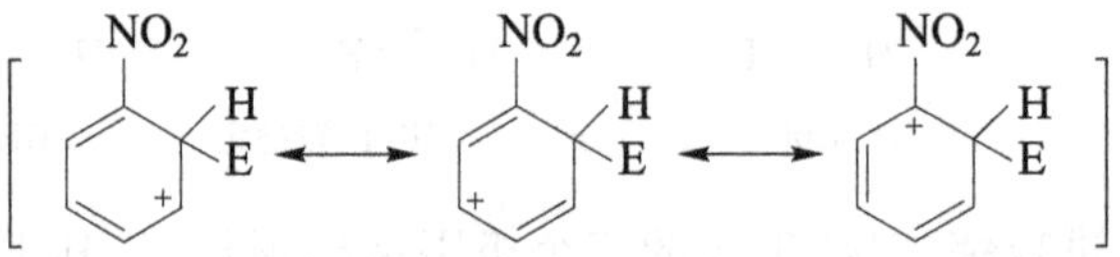

Ⅰa　Ⅰb　Ⅰc 特别不稳定

间位取代

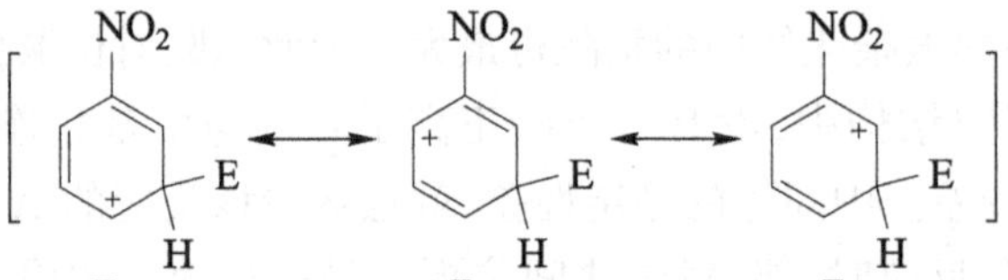

Ⅱa　Ⅱb　Ⅱc

对位取代

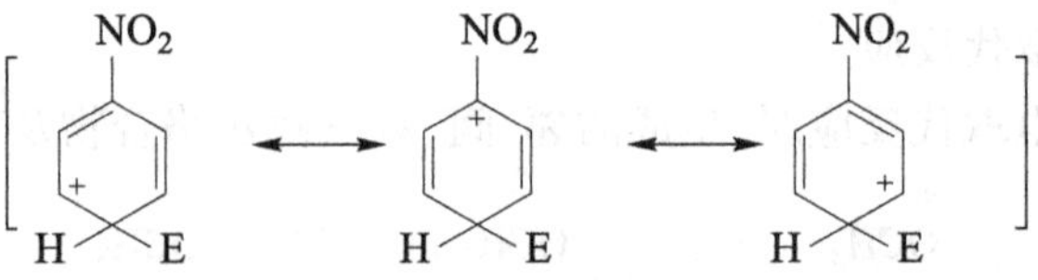

Ⅲa　Ⅲb 特别不稳定　Ⅲc

硝基苯的邻、对位取代生成的 σ 络合物中，参加共振的Ⅰc 和Ⅲb 都是碳正离子与硝基直接相连，由于硝基的强吸电子作用，Ⅰc 和Ⅲb 的结构特别不稳定；而在间位取代生成的中间体中，参加共振的三个极限结构没有一个是硝基直接与碳正离子相连，相对来讲，其共振杂化体的稳定性比邻、对位的共振杂化体稳定。故硝基苯易发生间位取代，硝基为间位定位基。另一方面，由于硝基的吸电子诱导效应和吸电子共轭效应的共同影响，使得苯环电子概率密度大大降低，生成的碳正离子的正性比苯取代生成的碳正离子正性还强，稳定性差，故硝基苯发生亲电取代反应的速率比苯慢。

6.4.2.3　邻、对位钝化定位基

卤素与氧相似，核外都有孤对电子，所以卤代苯在进行亲电取代反应时，生成的 σ 络合物与苯甲醚类似，邻、对位取代生成的 σ 络合物都有类似于Ⅰd 和Ⅲd 的稳定极限结构参加共振。

邻位取代
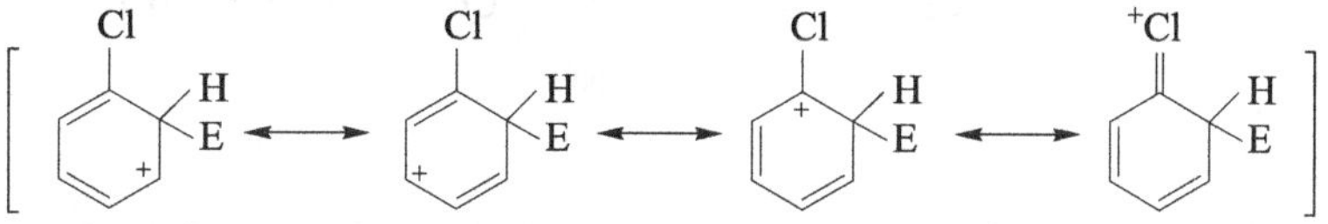
Ia　Ib　Ic　Id 特别稳定

间位取代
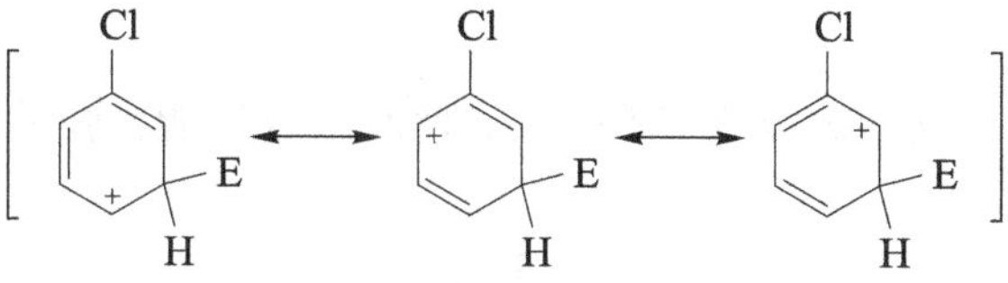
IIa　IIb　IIc

对位取代
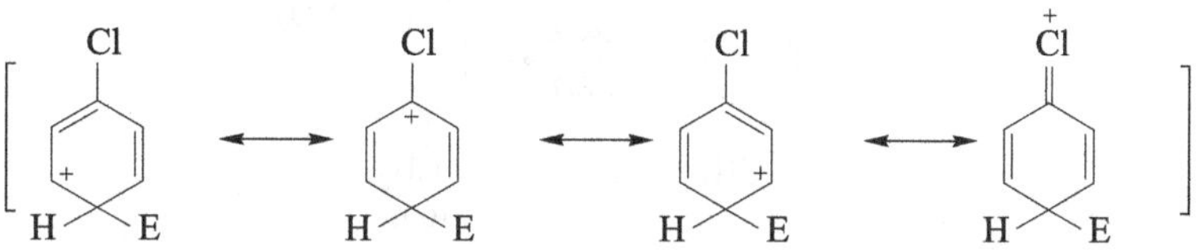
IIIa　IIIb　IIIc　IIId 特别稳定

间位取代没有这种极限结构，所以，卤苯发生邻、对位取代生成的中间体稳定，故卤素为邻、对位定位基。但由于卤原子的电负性很强，它的吸电子诱导效应明显强于 p-π 给电子共轭效应，因此增加了碳正离子的正性，形成的中间体比苯取代生成的中间体能量高，稳定性差，所以卤苯发生亲电取代反应时比苯反应慢，故卤原子为钝化基团。

6.4.3　二取代苯的定位

根据定位基的定位效果，可以判断新导入的取代基的位置。但是，若苯环上已经有了两个取代基，第三个取代基进入苯环的位置则取决于已有基团的性质与位置。

(1) 两个定位基指向的反应位置一致，且相互增强，第三个基团进入它们共同确定的位置。例如：

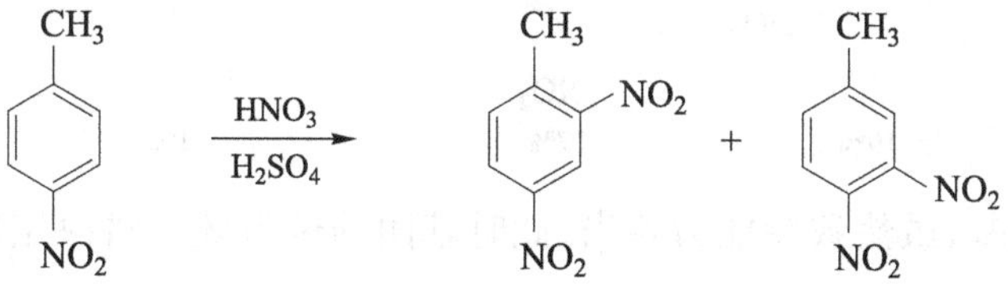
>99%　<1%

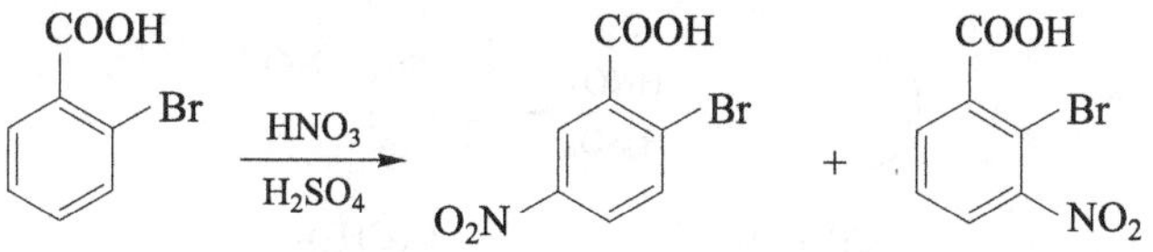
80%　20%

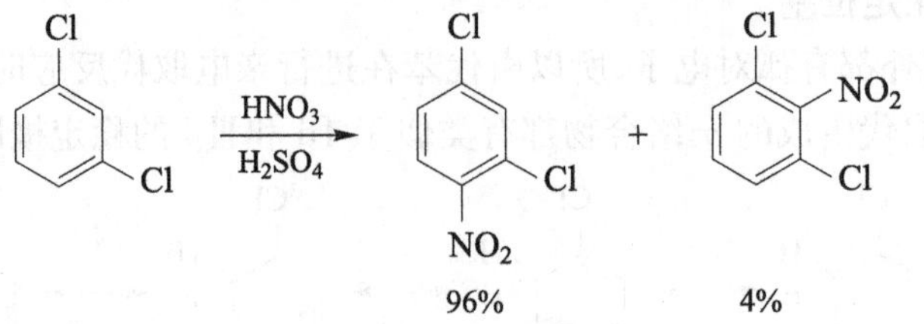

在间二氯苯的硝化反应中，尽管有两个位置符合定位效应，但由于两个氯原子的空间位阻，使得硝基进入它们之间的位置很困难(产率只有 4%)，因此产物主要为一种。这种位阻效应在有机合成中十分普遍。

(2) 多数情况下，两个取代基的定位效应不一致。此时由致活能力强的定位基决定反应的主产物。例如：

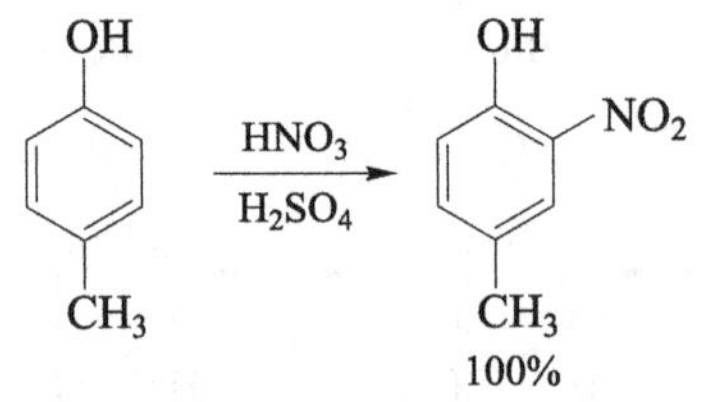

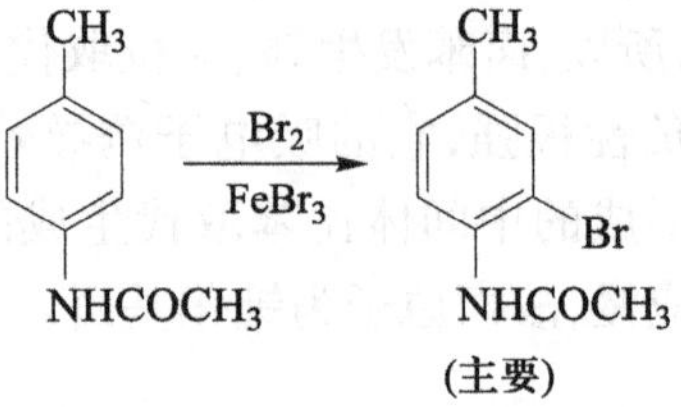

如果致活能力差别不大，则容易得到混合物。例如：邻氯甲苯的硝化有四种产物，合成上价值不大。

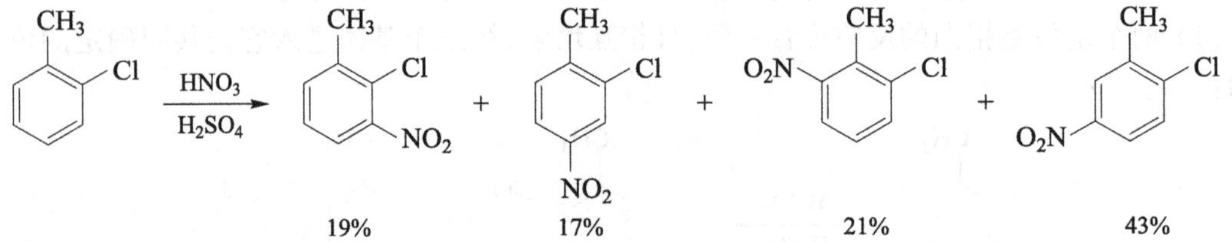

但如果是两个烷基，虽然致活能力相当，此时基团的位阻效应将决定新导入基团的位置。例如：

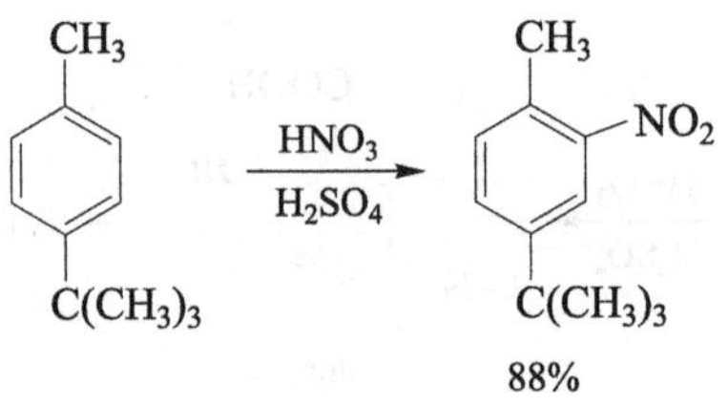

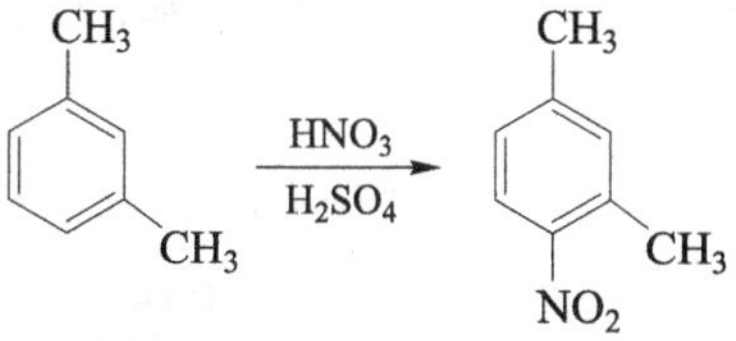

100%

问题 6-8　标出下列化合物进行亲电取代时取代基进入的位置：

(1) 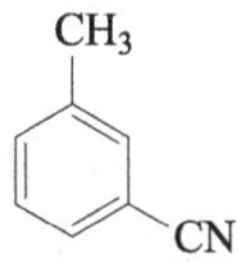
(2) 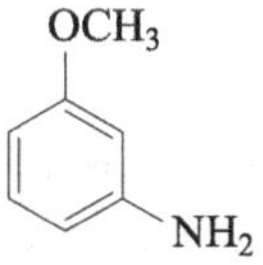
(3) 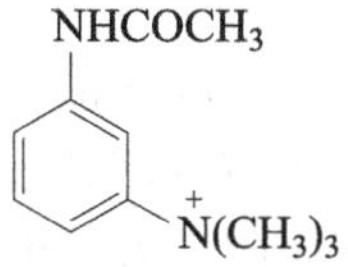
(4) 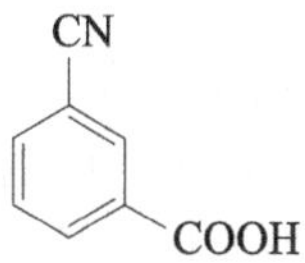
(5) 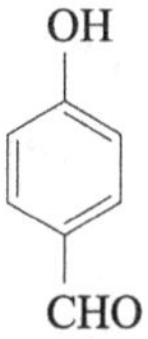
(6) 
(7) 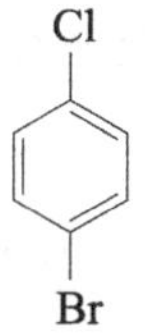
(8) 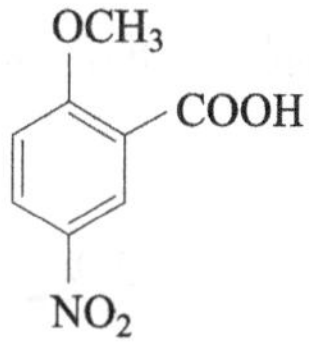

6.4.4　定位效应在合成上的应用

苯环上亲电取代反应的定位规则在有机合成上可用来指导多官能团取代苯合成路线的确定。

例 1. 以苯为原料合成间溴硝基苯。

在合成该目标化合物时，需要在苯环上引入硝基和溴原子，由于溴是邻、对位定位基，如果先引入溴，再进行硝化，硝基不可能进入溴的间位。正确的方法是：先硝化，再溴化，因为硝基是间位定位基，溴化时进入它的间位。

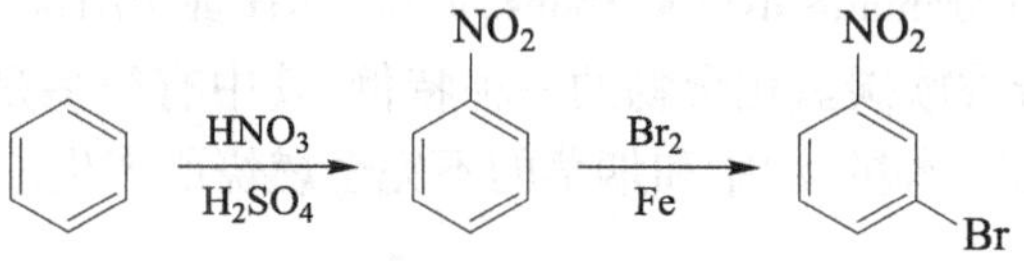

例 2. 以甲苯为原料合成 4-氯-3-硝基苯甲酸。

在合成该目标化合物时，需要将甲基氧化成羧基，同时也要在苯环上引入硝基和氯原子。由于氯原子在羧基的对位，所以要先氯化。硝基在氯的邻位和羧基的间位，所以要先氧化再硝化。如果不氧化先硝化，硝基应该进入甲基的邻位。

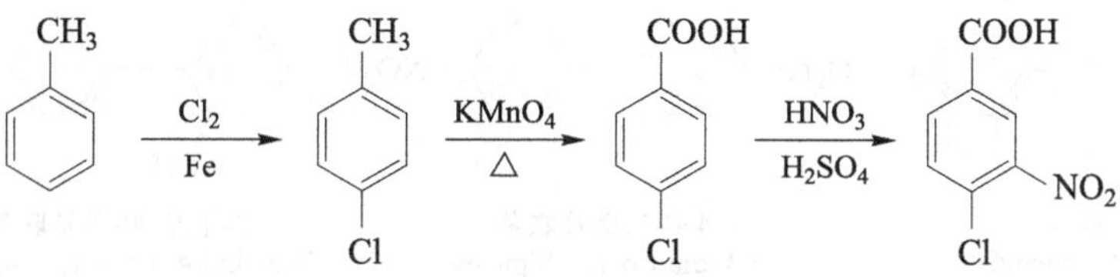

在合成时要考虑某些反应受条件限制，如傅-克反应苯环上不能带有强吸电子取代基。例

如合成间硝基苯乙酮，虽然硝基及乙酰基都是间位定位基，无论先上哪一个基团都符合定位效应，但实际上只能先酰化再硝化。

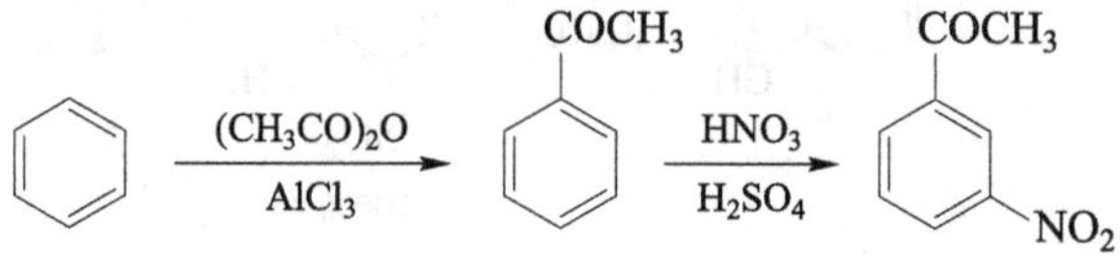

可逆的磺化反应在合成中应用也十分广泛，可用于占据某一位置，待其他反应完成后，再将其除去。

例 3. 由1,3-苯二酚合成2-硝基-1,3-苯二酚。

羟基是定位能力强的邻、对位定位基，如果直接将1,3-苯二酚进行硝化，硝基很难进入两个羟基之间的邻位，因为该位置的空间位阻较大。正确的方法是先将1,3-苯二酚进行磺化在4和6位上引入两个磺酸基，再将其进行硝化，硝基只能进入2位，最后脱去磺酸基即得2-硝基-1,3-苯二酚。

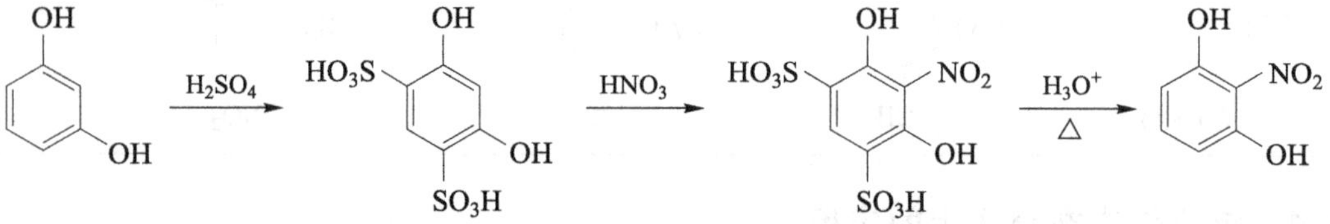

问题 6-9　以甲苯为原料合成下列化合物：

（1）邻硝基甲苯　　　（2）2,6-二氯苯甲酸

---

§6.5　多环芳烃

多环芳香烃（polycyclic aromatic hydrocarbons，简称 PAH 或 PAHs）又称多环芳香化合物或多环芳香族碳氢化合物，是芳香族碳氢化合物的一种特例，其中有很多是已知或潜在的致癌物质，主要是由含碳燃料例如木柴、木炭、油脂和烟草的不完全燃烧所产生。

6.5.1　联苯

联苯（biphenyl）为无色晶体，熔点70℃，不溶于水而易溶于有机溶剂。联苯对热十分稳定，它与二苯醚的混合物工业上称为联苯醚，是用于高温的传热液体。

联苯衍生物的系统命名是以联苯为母体，分别从两个苯环相连处开始编号。例如：

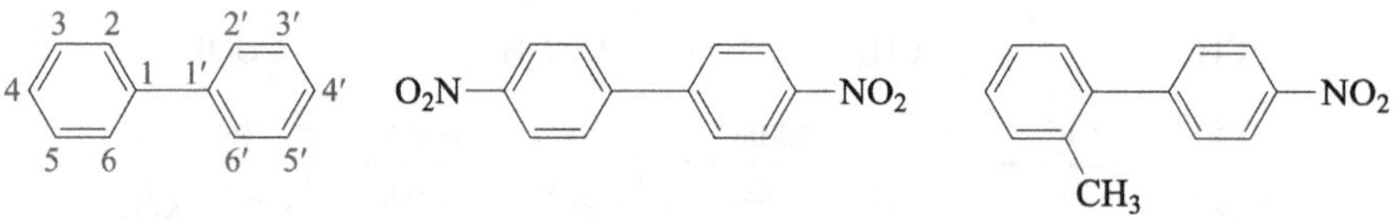

联苯　　　　　　　　　4,4′-二硝基联苯　　　　　　　　　2-甲基-4′-硝基联苯

1,1′-biphenyl　　　　4,4′-dinitro-1,1′-biphenyl　　　　2-methyl-4′-nitro-1,1′-biphenyl

工业上用苯在高温下反应制联苯。

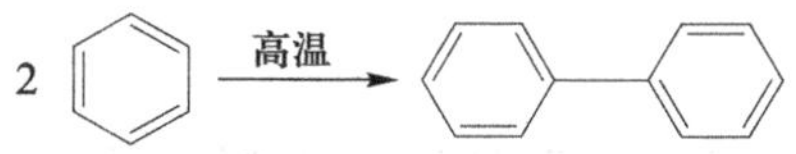

实验室用碘苯与铜粉加热偶联制备。

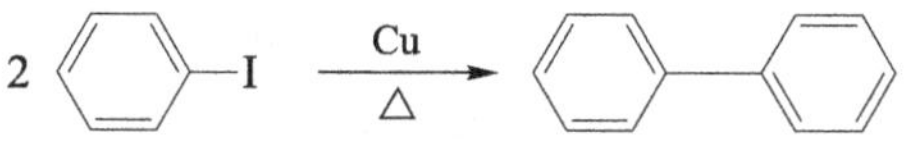

联苯的化学性质与苯相似，由于苯是给电子基团，使另一个苯环活化，因此联苯的亲电取代反应比苯容易。苯的体积大，有位阻，联苯取代产物除在醋酸酐中硝化时生成邻硝基产物外，其它取代反应一般都发生在苯环的对位。例如：

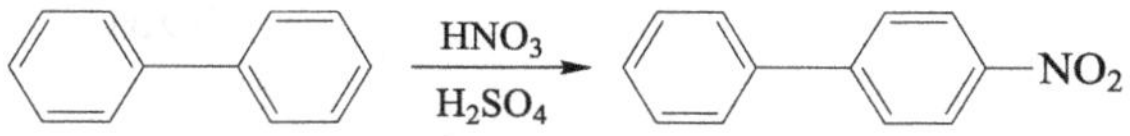

6.5.2 萘

萘为无色或白色有光泽的鳞片状单斜结晶，有温和芳香气味，粗萘有特殊的煤焦油样臭味；熔点 80.6℃，沸点 219.9℃；难溶于水，微溶于乙醇，易溶于醚及苯中。能挥发并易升华，能水蒸气蒸馏。

6.5.2.1 萘的结构

萘是两个苯环通过共用两个相邻碳原子而形成的芳烃。萘的两个苯环在同一平面上，每个碳原子的 sp^2 杂化形成 C—C σ 键，各碳原子的 p 轨道侧面互相重叠形成一个共轭体系。9、10 位两个碳原子的 p 轨道除了彼此重叠之外，并分别和 1、8 和 4、5 位碳原子 p 轨道重叠，离域能 250 $kJ \cdot mol^{-1}$。萘分子中的 π 电子云不是均匀分布在 10 个碳原子上，各碳原子之间的键长也有所不同。

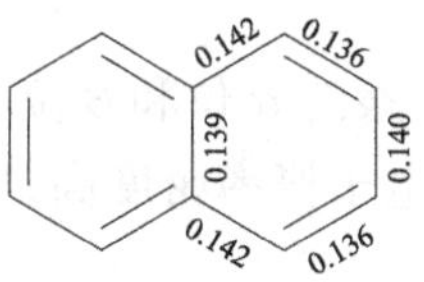

萘分子中碳碳键长/nm

萘的共振式为

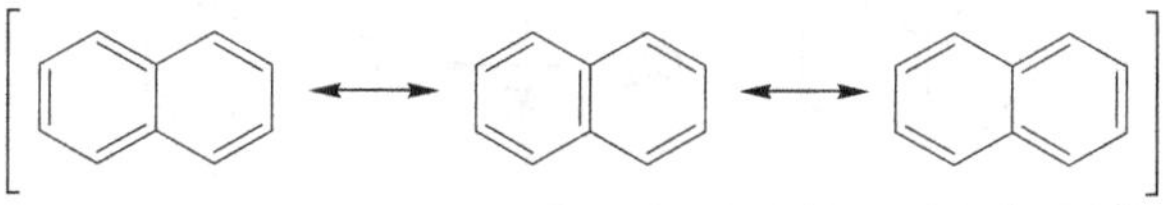

萘一般用下面两种方法表示：

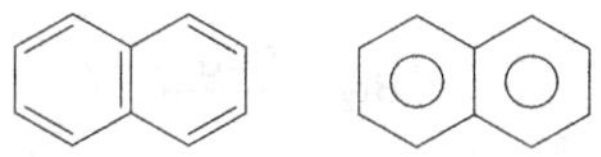

前一种方法是共振式的简写，后一种方法表示萘分子中 10 个碳原子上面的 p 轨道相互重

叠组成分子轨道。

6.5.2.2　萘衍生物的命名

萘环有两种等同的位置,它们可以用阿拉伯数字进行编号,也可以用 α 和 β 进行编号:

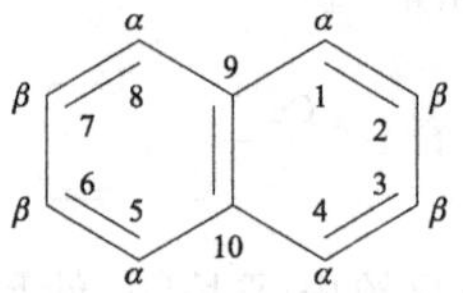

一取代萘的位置可用 α,β 或 1,2 表示。例如:

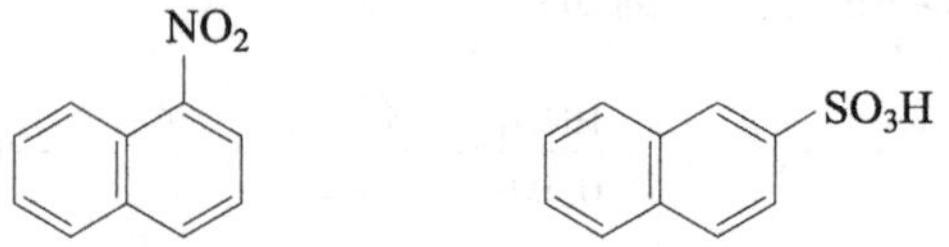

α-硝基萘　　β-萘磺酸
1-硝基萘　　2-萘磺酸

多取代萘要用数字表示取代基的位置,环有固定编号(如上结构图),1 可起始于任何一个 α 位。以此为基础,应使取代基编号依次最小。如有官能团,则使官能团编号尽可能小。例如:

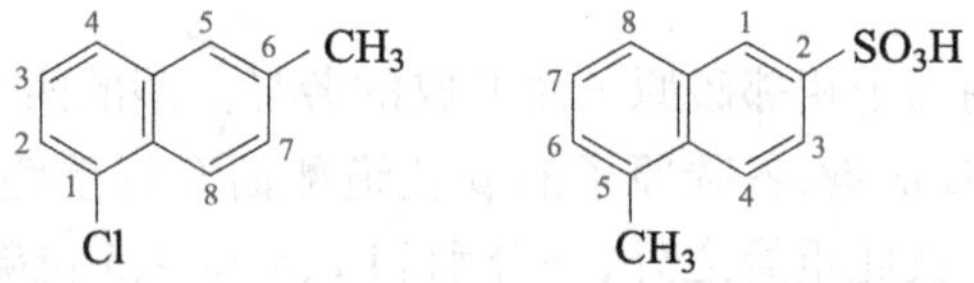

1-氯-6-甲基萘　　5-甲基-2-萘磺酸

6.5.2.3　萘的化学性质

1. 亲电取代反应

萘的亲电取代反应比苯容易进行。萘的 α 位和 β 位不等同,单取代产物有两种。两种物质取代的速率有差异,萘的 α 位比 β 位的电子概率密度高,更易发生亲电取代反应。所以,萘的亲电取代反应主要发生在 α 位。

萘的氯化反应可以用苯作溶剂,产物为 α-氯萘:

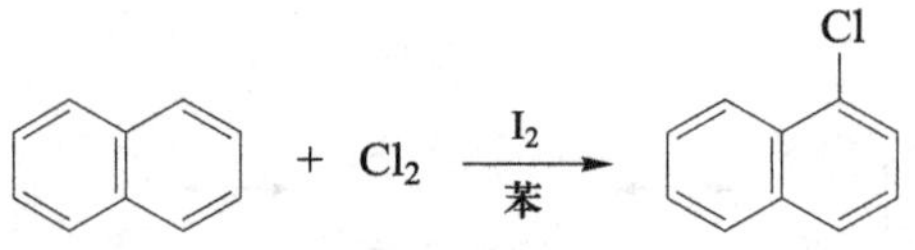

萘的溴化不加催化剂即可进行,产物为 α-溴萘:

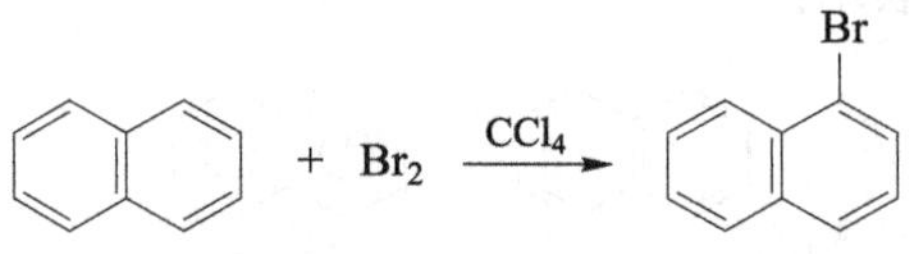

萘用混酸硝化,主要产物为 α-硝基萘,只生成少量 β-硝基萘:

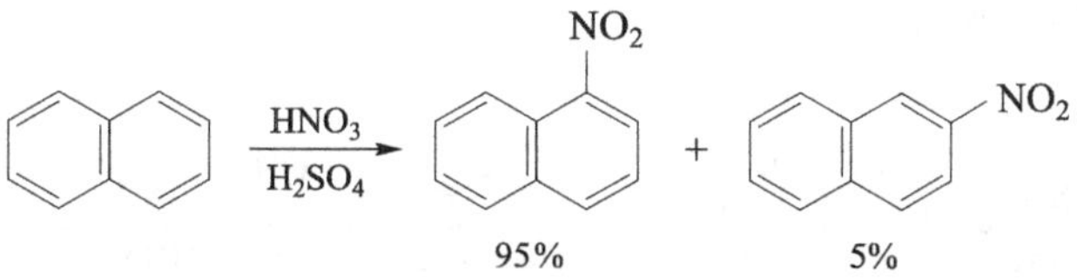

萘的磺化反应具有特殊性，在较低温度下主要生成 α-萘磺酸，在较高温度下主要生成 β-萘磺酸。

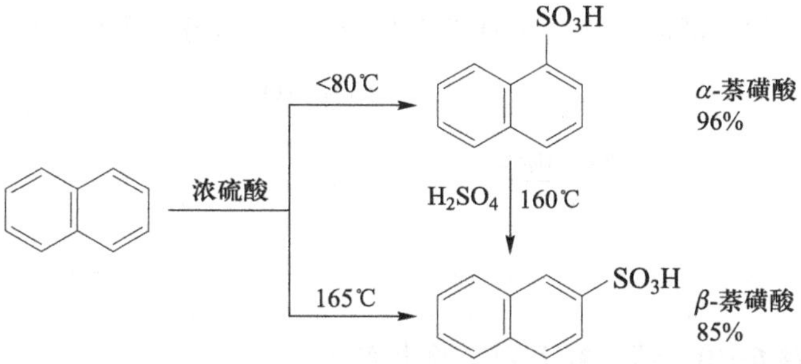

为什么会出现这种情况？可用速率控制与平衡控制进行解释：由于 α 位亲电取代反应活化能低，反应速率较快，在低温时，主要生成 α-萘磺酸，这是速率控制。但 β-萘磺酸比 α-萘磺酸稳定（见下图），在较高温度时，反应达到平衡，产物由平衡控制，得到热力学稳定的产物为主。因为磺化是可逆的，所以得到 α-萘磺酸之后可以在高温下脱磺酸基，再转变为 β-萘磺酸。

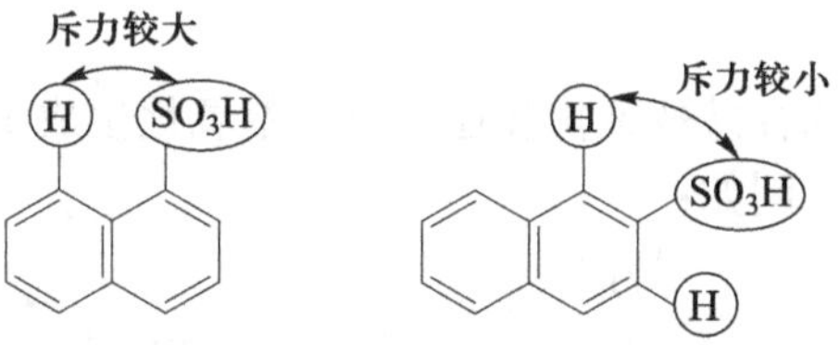

萘的傅-克烷基化产物比较复杂，因此用处不大。萘的傅-克酰基化反应产物较单一，但定位效应与溶剂有关，以 CS_2 或四氯乙烷为溶剂，主要生成 α 取代产物；以硝基苯为溶剂，主要生成 β 取代产物。

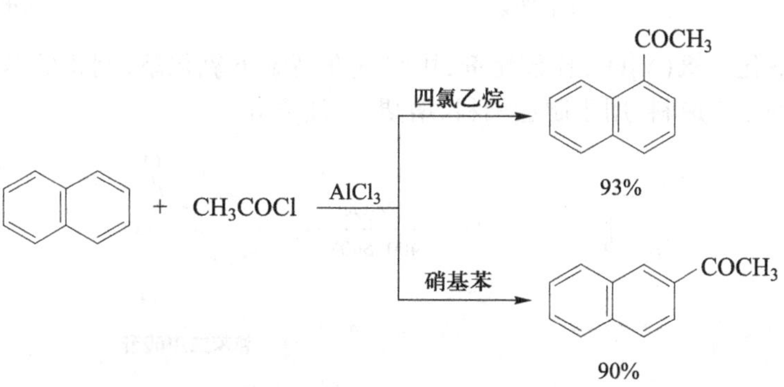

一取代萘的定位效应也受到环上原有取代基的控制，一般有如下规律：

① 当取代基是邻、对位定位基时，它们使所在苯环活化，取代发生在同环。若原取代基在 1 位，则新引入的取代基主要进入 4 位；若原取代基在 2 位，则新引入的取代基主要在 1 位。1 位

和 4 位都是同环的 α 位。例如：

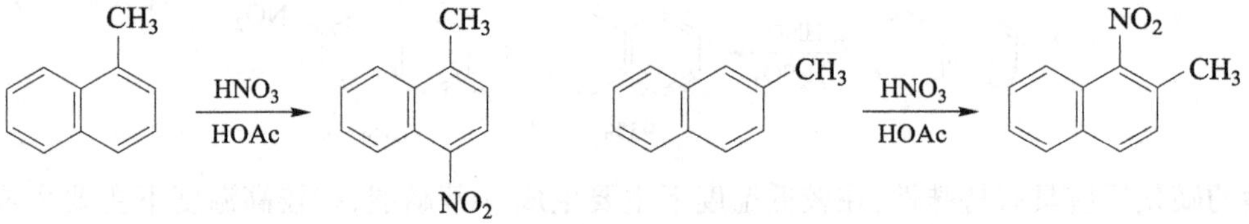

② 当原取代基是间位定位基时，由于间位定位基使所在苯环钝化，无论原取代基在 1 位还是在 2 位，新引入的取代基都进入另一个环的 5 位及 8 位（即另一个环的两个 α 位）。例如：

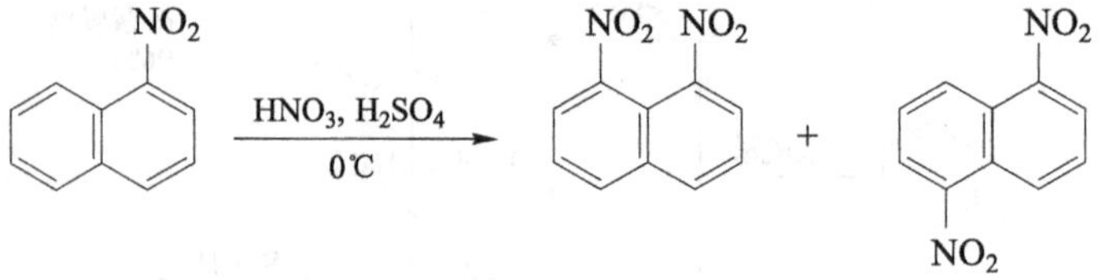

问题 6-10　请解释下列实验事实：

（1）萘在硝化和卤化时只能得到 α 位异构体；（2）磺化时在 80℃ 生成 α-萘磺酸，而在 165℃ 时生成 β-萘磺酸。

第 6 章文中问题
参考答案

---

2. 萘的氧化和还原反应

萘的活性还体现在它比苯容易被氧化和还原上。萘氧化生成 1,4-萘醌，所以一般不能用侧链氧化的方法来制备萘甲酸。例如：

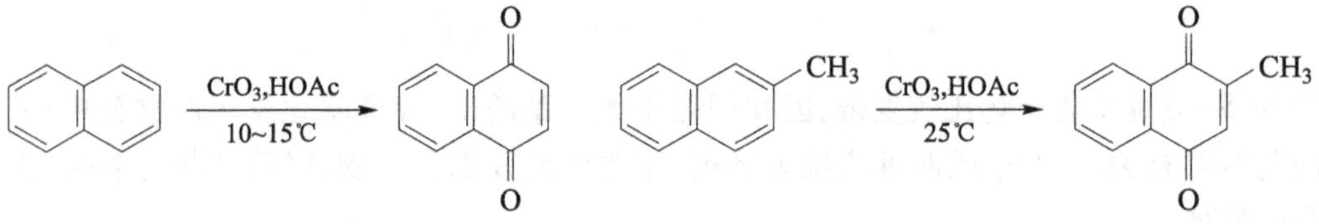

1,4-萘醌　　　　2-甲基-1,4-萘醌

工业上以五氧化二钒（V_2O_5）作催化剂，用空气在高温下氧化萘，制备邻苯二甲酸酐。邻苯二甲酸酐是重要的化工原料，用于制造染料、增塑剂、油漆等。

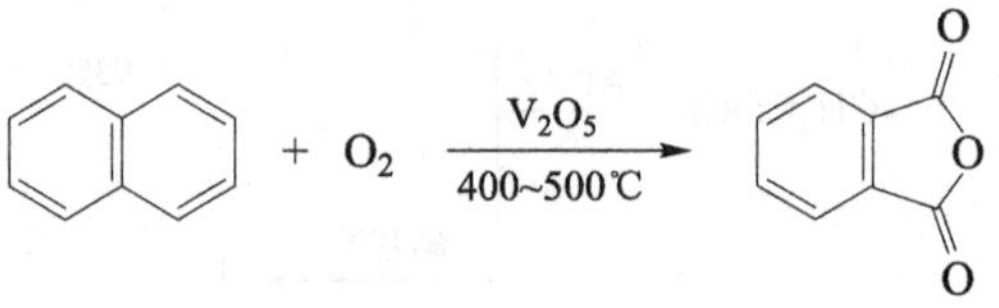

邻苯二甲酸酐

萘用 Birch 还原生成 1,4-二氢化萘和 1,4,5,8-四氢化萘：

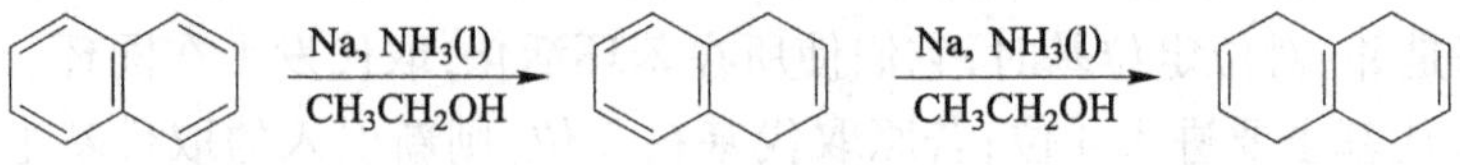

萘在不同条件下加氢可以得到四氢化萘或十氢化萘：

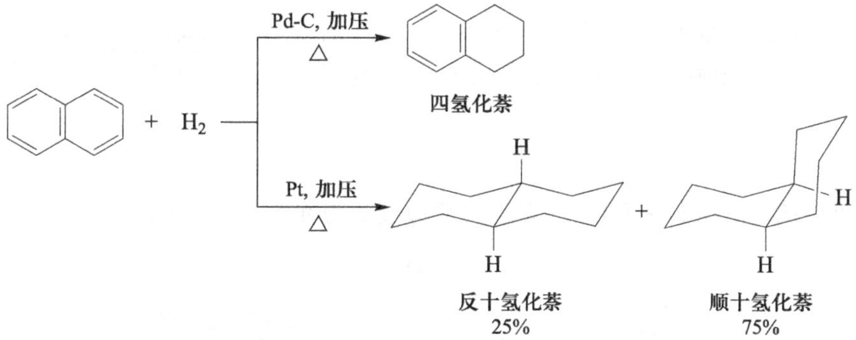

四氢化萘和十氢化萘为高沸点液体，可用作溶剂。

6.5.3　蒽和菲

蒽和菲都是由三个苯环稠合而成的，蒽分子中三个苯环排列成一条直线，而在菲分子中则不在一条直线上。

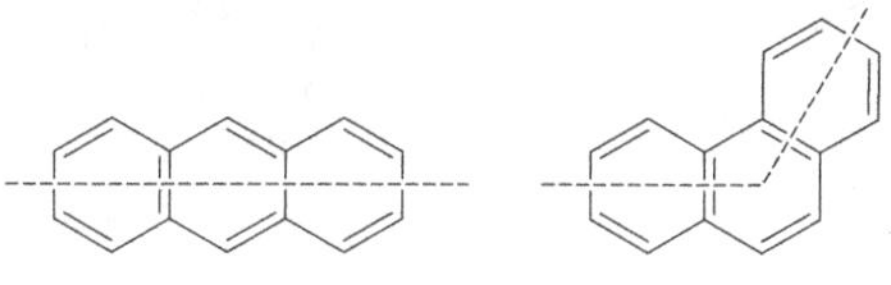

蒽　　　　菲

蒽的经验共振能为 352 $kJ \cdot mol^{-1}$，而菲的为 381 $kJ \cdot mol^{-1}$，因此菲比蒽更稳定。

蒽环和菲环的编号方法分别为

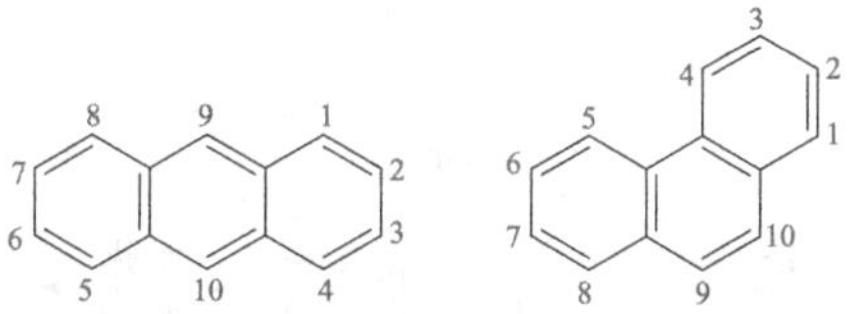

蒽和菲都存在于煤焦油中，蒽为无色晶体，熔点 216.2~216.4℃，沸点为 340℃，在紫外光照射下发强烈蓝色荧光。菲为无色片状晶体，熔点 101℃，沸点 340℃，易溶于苯和乙醚，溶液发蓝色荧光。

蒽和菲比苯活泼，可发生加成、氧化、还原、取代等反应。试剂主要进攻 9，10 位，以保持两个完整的苯环结构。

蒽和菲易被氧化、还原。例如：

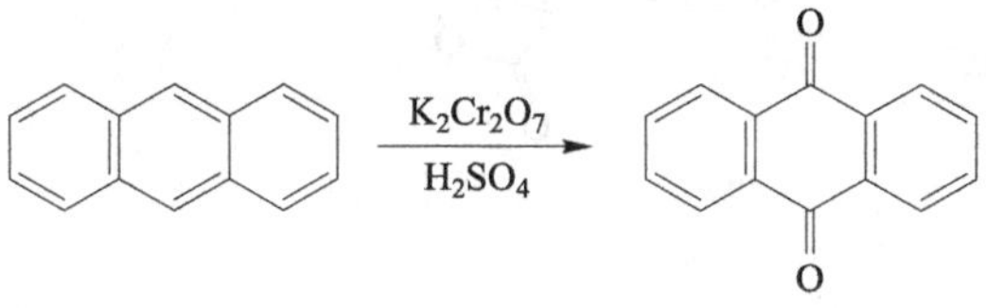

9,10-蒽醌

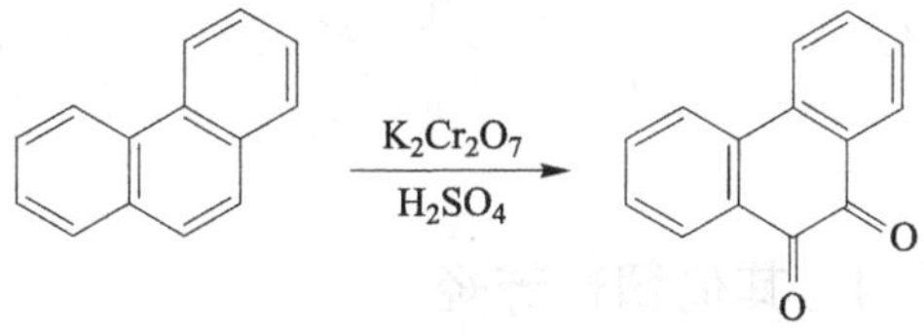

9,10-菲醌

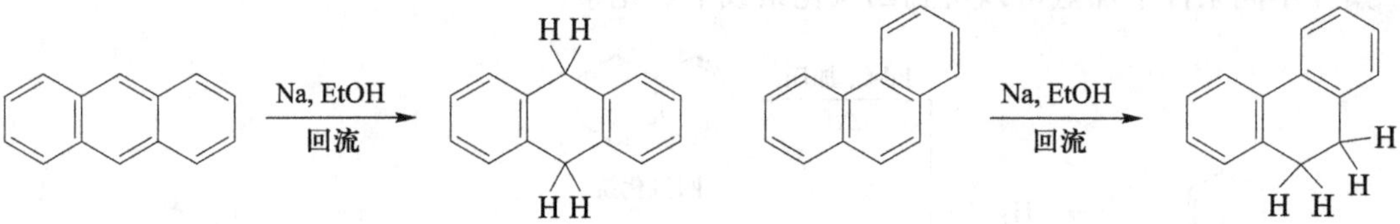

9,10-二氢蒽　　9,10-二氢菲

蒽醌是重要的蒽醌染料中间体,工业上一般通过苯与邻苯二甲酸酐的傅-克反应来制备:

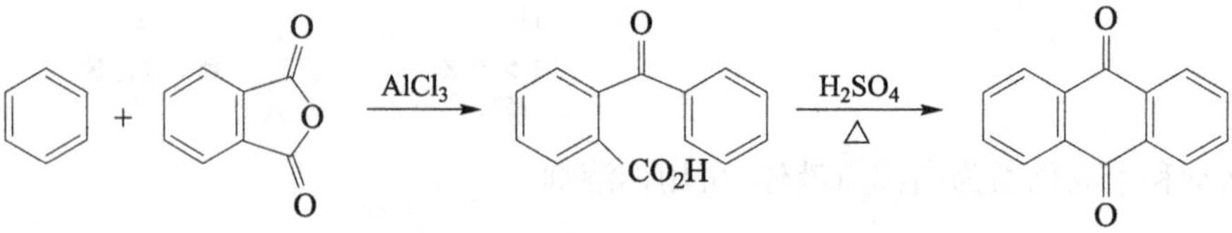

蒽醌可进一步加工成茜素、标准还原蓝(阴丹士林蓝)等染料。

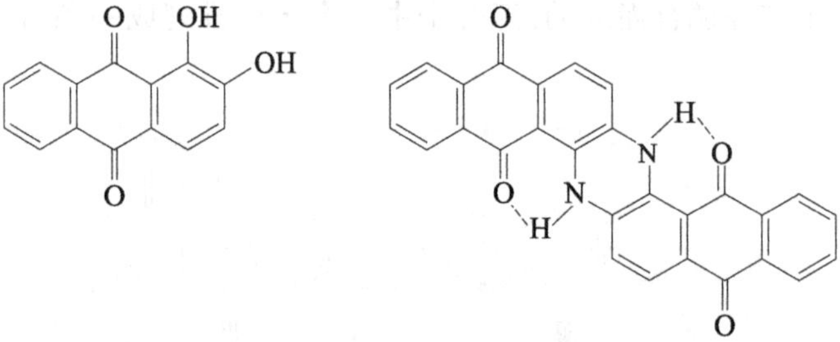

茜素(红色)　　阴丹士林蓝(蓝色)

菲醌是一种农药,可防止小麦锈病、红薯黑斑病等,目前菲在工业上的利用有待进一步开发。

蒽和菲在 9,10 位上也可以发生亲电取代反应,但取代往往伴随有加成和多取代产物,因此很少有合成价值。

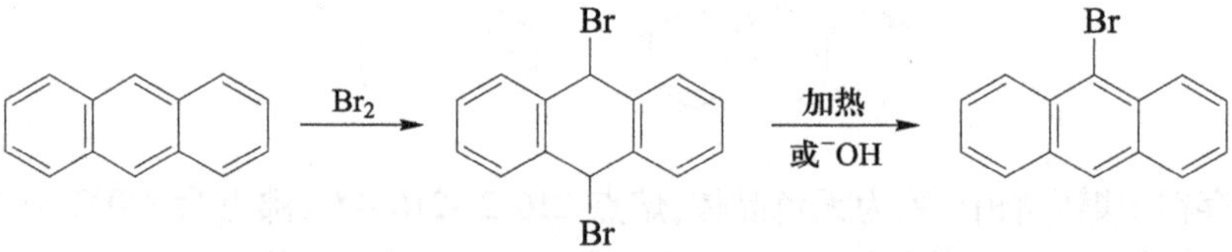

蒽在 9,10 位上的活性,还体现在它能与顺丁烯二酸酐发生 Diels-Alder 反应上。

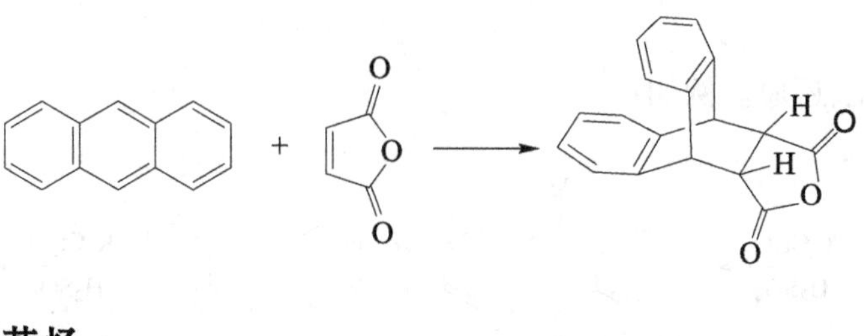

6.5.4　其他稠环芳烃

四个以上苯环稠合在一起的芳烃目前已经有很多了。它们大多数是在实验室合成出来的,

也有一些是在燃烧过程中产生的，典型的有

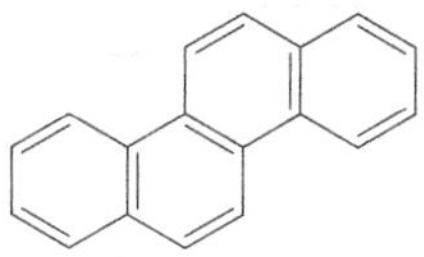

䓛
chrysene

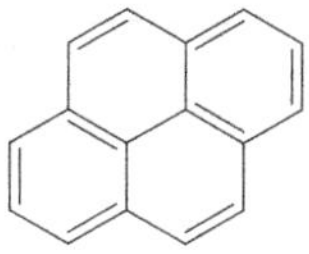

芘
pyrene

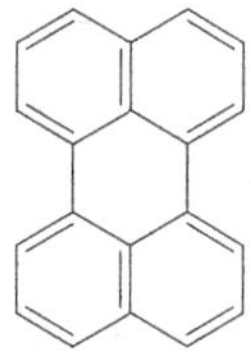

苝
perylene

这些稠环化合物由于并环的增加，其共振能将会继续减少，从而活性增加。例如，在烟草燃烧、肉类烧烤以及煤烟中产生的苯并[a]芘是一类致癌物，该化合物在肝脏中会被转化成环氧二醇：

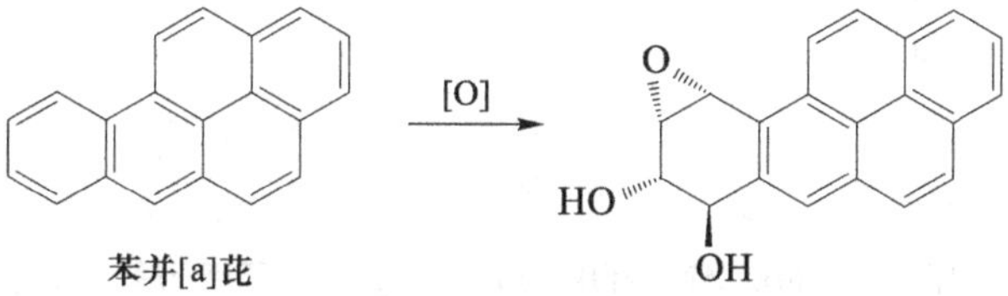

苯并[a]芘

§6.6 芳 香 性

芳香性是一种化学性质，有芳香性的分子中，由不饱和键、孤对电子和空轨道组成的共轭体系具有特别的、仅考虑共轭时无法解释的稳定作用。可以将芳香性看作是环状离域和环共振的体现。一般认为在这些体系中的电子，可以自由在由原子组成的环形结构上运动(离域)，这些环形结构含有单键和双键相间，离域的结果是环键的键长趋于平均化，体系更稳定。

6.6.1 休克尔规则

Hückel 规则(休克尔规则)是有机化学的经验规则。它是指当闭合环状平面型的共轭多烯(轮烯)π 电子数为$(4n+2)$时，具有芳香性。该规则的量子力学基础在 1931 年由物理化学家 Hückel E(休克尔)公式化并提出。他用简单的分子轨道法计算指出，只有当 π 电子数为 $4n+2$ 的体系，它们的成键轨道在基态时全部充满电子(有的还充满非键轨道)(见图 6-3)，具有与惰性气体相似的结构，使体系趋于稳定，具有芳香性。

芳香族化合物稳定性比通过烯烃的氢化热估算的结果高得多。额外的稳定性是因为电子的离域，也称共振能。对于简单芳香烃判断标准如下：

① 符合 Hückel 规则，离域的 p 轨道电子云中有 $4n+2$ 个电子($n=0,1,2,3\cdots\cdots$)；

② 碳架在同一平面内；

③ 环上每一个原子都有 p 轨道或孤对电子参与共轭。

6.6.2 非苯芳香化合物

有一些不含苯环的共轭环烯烃，环上 p 轨道中电子数符合 $4n+2$，也具有芳香性，因此称这类

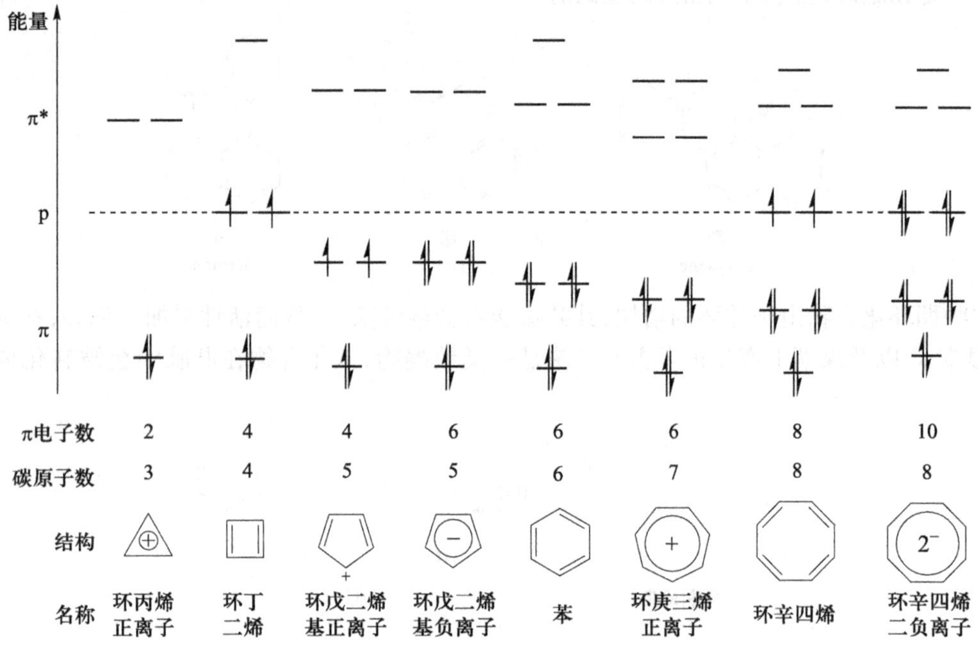

图 6-3　环多烯及其离子的 π 分子轨道能级和基态电子构型

化合物为非苯芳香化合物(non-benzenoid aromatic compounds)。

6.6.2.1　环丙烯基正离子

环丙烯基正离子 π 电子数为 2,符合 $4n+2$ 规则,是最简单的带电荷的非苯芳香体系。1957 年以后制备出了一些含有取代基的环丙烯基正离子的盐。例如:

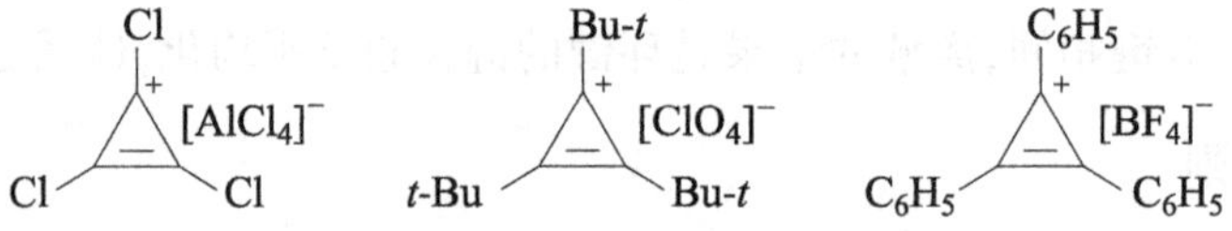

1,2,3-三叔丁基环丙烯基正离子的高氯酸盐可以在水中重结晶。三苯环丙烯基正离子是一个对称分子,三元环的碳碳键的键长相等,具有一定的稳定性。

1959 年合成了环丙烯酮及其衍生物。环丙烯酮是一个典型的 2π 电子体系的芳香化合物,虽然张力很大,但在熔点下(-29～-28℃)稳定,可以保存数周。

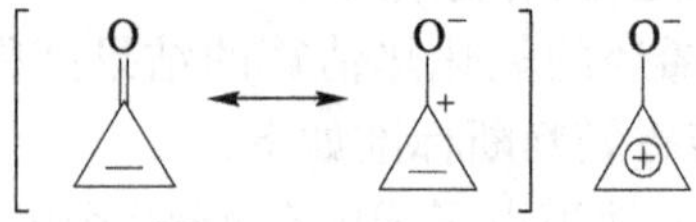

6.6.2.2　环丁二烯双正离子

环丁二烯分子中含有 4 个 π 电子,不符合 $4n+2$ 规则,无芳香性。它是一个非常活泼的化合物,直到 1965 年才有报告从丁二烯三羰基铁的络合物出发捕获到环丁二烯。实验表明,在惰性气体介质中 8K 温度下尚可记录到它的红外光谱,然后在 35K 时即发生二聚或反应生成二炔,表明它是一个很不稳定的分子。

环丁二烯的二价正离子或二价负离子的几个衍生物已经合成出来，它们满足 Hückel 规则，具有芳香性。^{1}H NMR 表明环上的电荷是分散离域的。

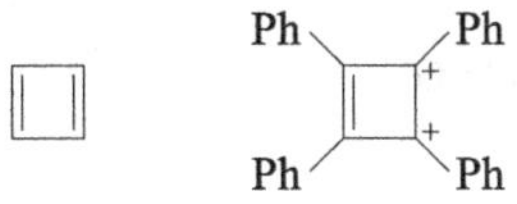

无芳香性　　有芳香性

6.6.2.3 环戊二烯负离子

环戊二烯是一个很活泼的化合物，表现出一切烯烃的性质，极易二聚，无芳香性。它的饱和碳上的氢具有酸性，$pK_a = 16$，其酸性与水、醇相当。它可与金属钠反应放出氢气。

也可与三乙胺作用成盐：

由于环戊二烯负离子(cyclopentadienyl anion)中有 6 个 π 电子，符合 Hückel 规则，所以具有芳香性，这也说明为什么环戊二烯中 α-氢原子的酸性明显要比普通共轭二烯强得多。环戊二烯负离子比其他碳负离子要稳定得多，是环状负离子体系中最稳定的一个。核磁共振氢谱显示，环戊二烯负离子只有一个单峰，化学位移 $\delta = 5.84$，这说明该负离子具有很好的对称性，五个氢原子完全等同。

环戊二烯负离子可与二价铁离子络合，生成高度稳定的化合物，称为二茂铁。

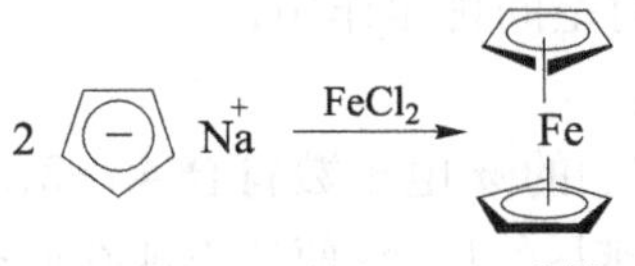

二茂铁

二茂铁是一个具有夹层结构的橙色固体，熔点 174℃，100℃升华。二茂铁具有芳香化合物的性质，可在环上进行磺化、傅-克酰基化等反应。

6.6.2.4 环庚三烯正离子

环庚三烯与溴作用生成二溴化物，后者受热失去溴化氢，生成溴化草：

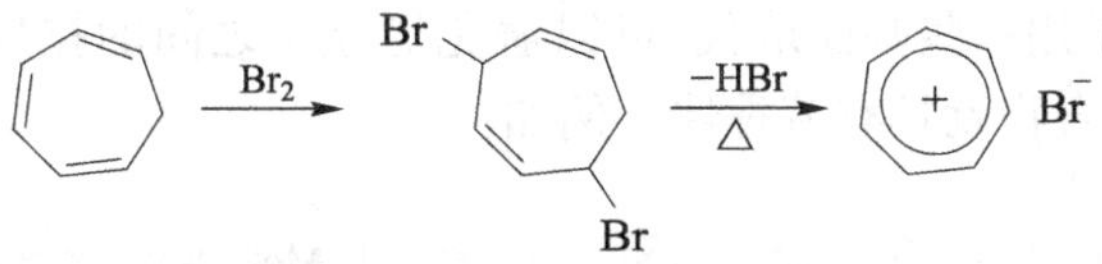

溴化草为黄色片状结晶，熔点 203℃，具有许多与一般有机化合物不同的性质，例如，它不溶于乙醚，能溶于水，水溶液与硝酸银作用立即产生溴化银沉淀。这些性质说明溴化草是离子型化合物。实际上，溴化草含有草离子(即环庚三烯正离子)，该离子具有 6 个 π 电子，符合 Hückel 规则，具有芳香性。

环庚三烯酚酮(tropolone)是一个重要的环庚三烯衍生物,它具有下列结构:

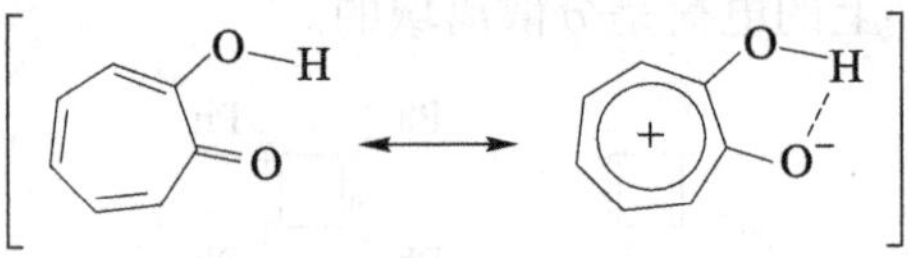

环庚三烯酚酮是一种无色针状结晶,熔点50～51℃,易溶于水。它的羟基和酚羟基一样,显酸性,并能与$FeCl_3$发生显色反应。但是,它的羰基与一般的不饱和酮不同,不能与羰基试剂作用。这是由于在环庚三烯酚酮中的羰基发生极化形成了稳定的䓬离子。因此环庚三烯酚酮具有芳香性,可进行亲电取代反应。

6.6.2.5　环辛四烯双负离子

环辛四烯分子中具有8个π电子,分子中的原子也不共平面,所以没有芳香性。但环辛四烯在四氢呋喃溶液中与金属钾反应,生成两价碳负离子:

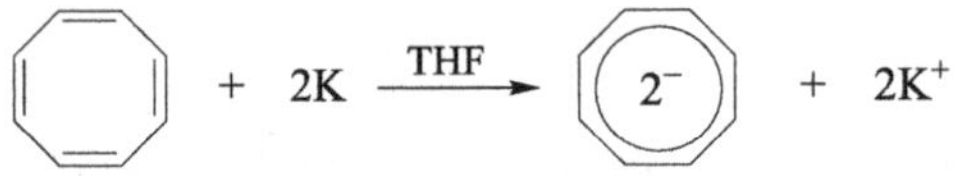

环辛四烯双负离子为平面结构,具有10个π电子,符合Hückel规则,具有芳香性。它也可与金属络合生成类似于二茂铁的夹心结构的化合物。

6.6.2.6　轮烯

具有交替的单双键的单环多烯,称为轮烯(annulenes)。轮烯的分子式为$(CH)_x$,命名法是将碳原子数放在括号中,叫某轮烯。如$x=10$,叫[10]轮烯,$x=18$,叫[18]轮烯。这类化合物是否显示芳香性,主要决定于下列条件:

① 共平面性,或接近于平面,平面扭转不大于0.1 nm;

② 轮内氢原子间没有或很少有空间排斥作用;

③ π电子数目符合$4n+2$规则。

对于[10]轮烯和[14]轮烯,它们的π电子数符合$4n+2$,本应有芳香性。但是,因为它们轮内的氢原子相距较近,具有强烈的排斥作用,致使环不能在同一平面上,故没有芳香性。

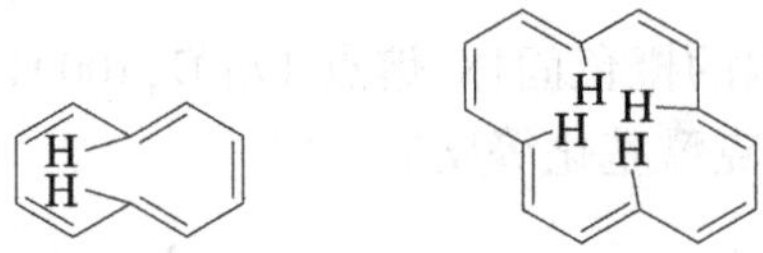

[10]轮烯　无芳香性　　[14]轮烯　无芳香性

如果将环内的氢原子用一些基团取代,可以避免氢原子之间的排斥作用,使得环上的所有原子都处于同一平面,化合物就具有芳香性。例如:

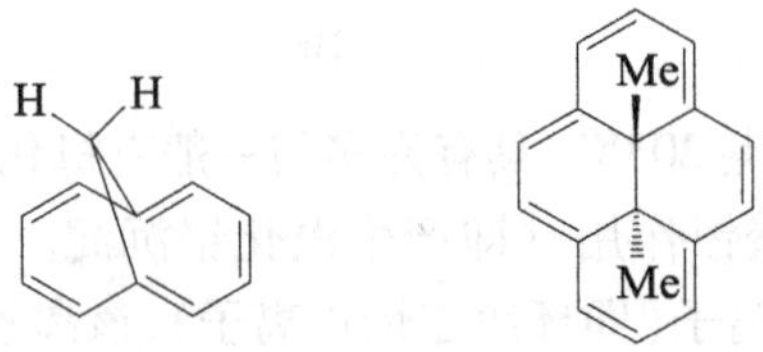

有芳香性　　有芳香性

[18]轮烯分子中含有18个π电子，符合Hückel规则，具有芳香性。经X射线衍射分析证明：环中碳碳键的键长几乎相等，整个分子基本处于同一个平面(偏差小于0.1 nm)，说明了轮内氢原子的排斥力很微弱。在化学性质上，该化合物受热至230℃时仍稳定，可以发生溴化、硝化等亲电取代反应。

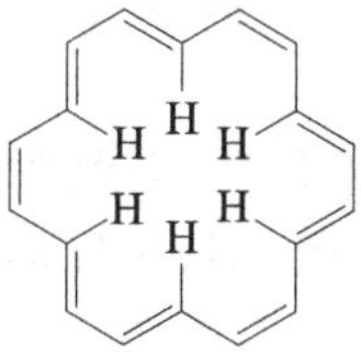

[18]轮烯 有芳香性

6.6.2.7 薁

薁(azulene)又名蓝烃，分子式$C_{10}H_8$，为蓝色片状晶体，熔点99℃。它是由一个五元环的环戊二烯和七元环的环庚三烯稠合而成的。

薁分子中含有10个π电子，符合Hückel规则，具有芳香性，可发生亲电取代反应，主要生成1-或3-取代产物。例如：

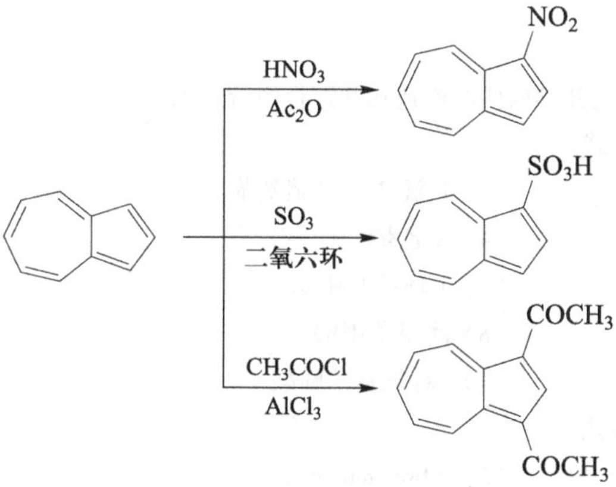

与薁形成鲜明对比的是并环戊二烯(pentalene)和并环庚三烯(heptalene)，这两个分子的化学性质非常活泼，远远没有类似的多烯分子稳定，说明它们没有芳香性。

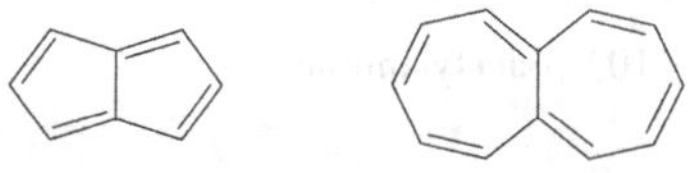

并环戊二烯 并环庚三烯

6.6.2.8 富瓦烯类化合物

在有些体系中，分子的稳定性来源于其环外碳碳双键。在这些体系中，在环外的碳碳双键与环内的碳碳双键交叉共轭。例如：

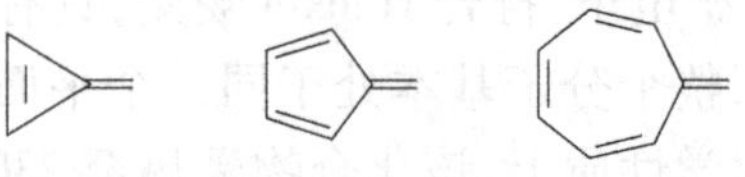

这些环外双键看上去可以形成双极性的形式，从而形成环丙烯基正离子、环戊二烯负离子和环庚三烯正离子等具有芳香性的骨架。但是，研究表明这些分子的结构中具有明显的单双键交替的特性，其性质类似于多烯，没有芳香性。

由于亚甲基环戊二烯具有较强的双极化性，因此在某些条件下，环外引入稳定的环状碳正离子（如环丙烯基正离子或环庚三烯正离子）时，可以形成环戊二烯负离子，从而使分子具有芳香性，例如：

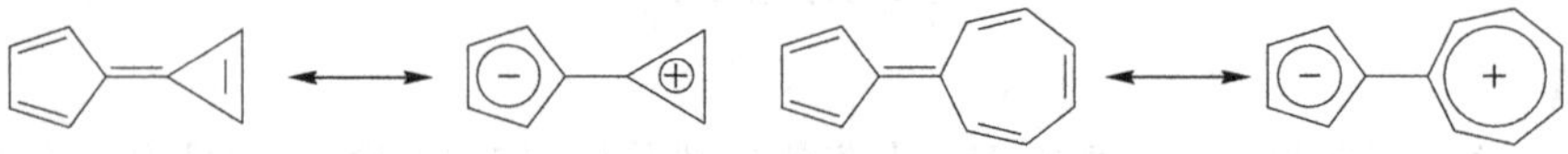

这样可以大大增加体系的稳定性。如多苯基取代的杯烯（calicene）就具有很大的偶极矩（$\mu=2.1\times10^{-29}$ C · m）：

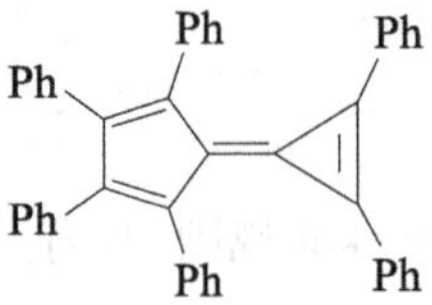

// 习　题 //

1. 写出单环芳烃 C_8H_{10}的同分异构体的构造式并进行系统命名。

2. 写出下列化合物的构造式。

（1）2,4,6-三硝基甲苯　　（2）1-氟-2,4-二硝基苯

（3）三苯甲醇　　（4）苯乙烯

（5）对氯苄基氯　　（6）4-环己基甲苯

（7）3-苯基己烷　　（8）间溴苯甲酸

（9）邻碘苯酚　　（10）对氨基苯磺酸

3. 写出下列化合物的构造式。

（1）*p*-nitroaniline　　（2）*p*-bromotoluene

（3）2-bromo-3-phenylpropene　　（4）*m*-bromoisopropylbenzene

（5）2,4,6-trinitrotoluene　　（6）4-bromo-2-chloro-1-ethylbenzene

（7）*tert*-butylbenzene　　（8）*p*-chlorobenzenesulfonic acid

（9）benzyl chloride　　（10）*p*-acetylaniline

4. 完成下列反应：

（1）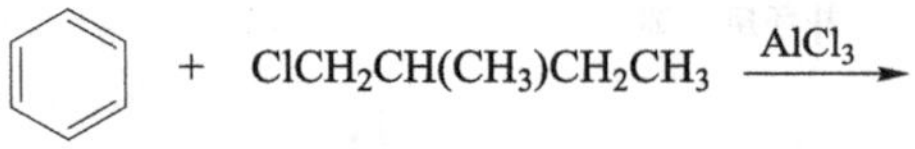

（2）C_6H_6(过量) + CH_2Cl_2 $\xrightarrow{AlCl_3}$

（3）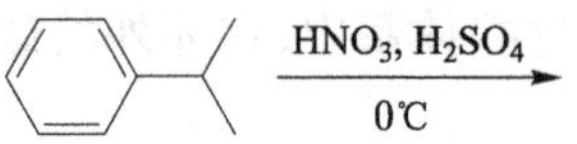

（4）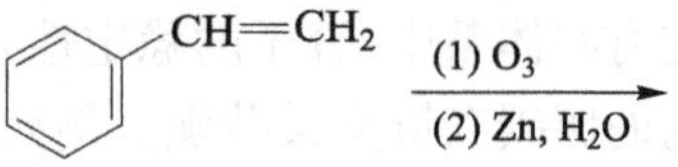

(5) 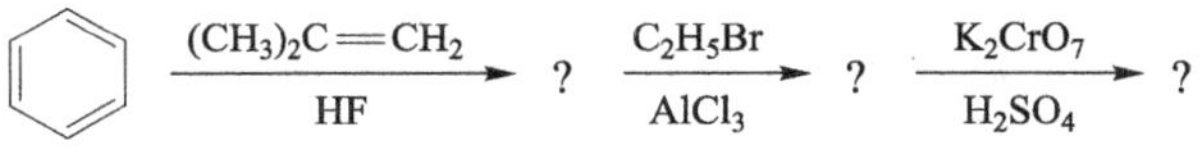

(6) 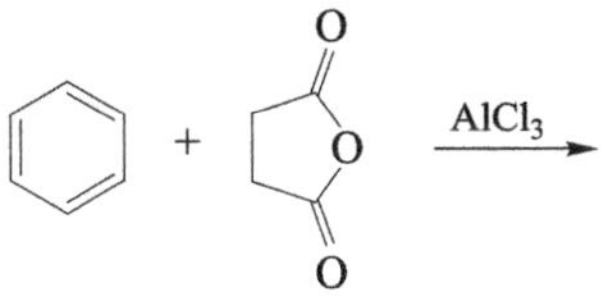

(7) 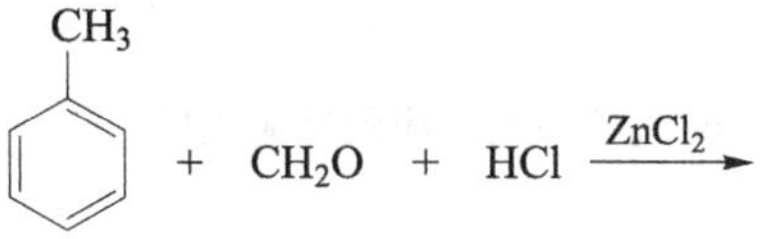

(8) 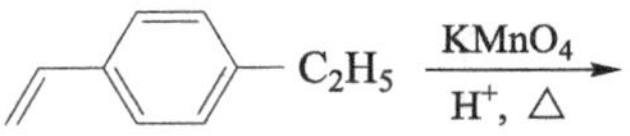

(9) 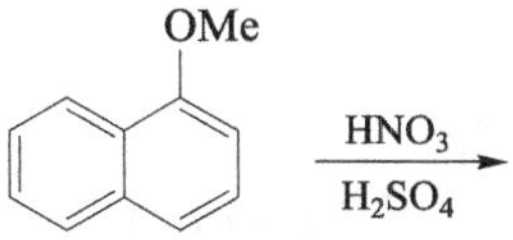

(10) 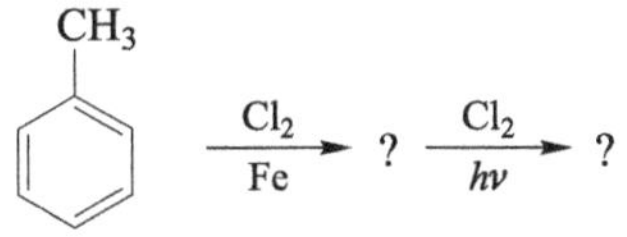

(11) 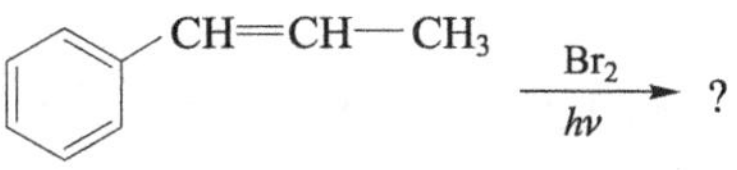

(12) 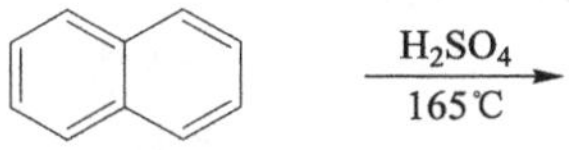

(13) 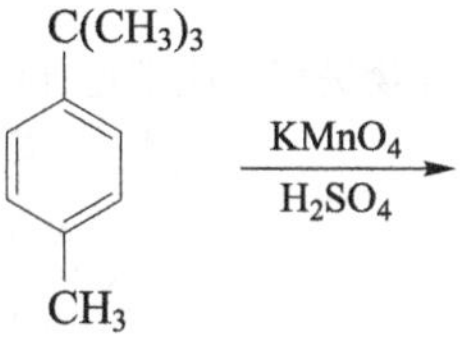

(14) 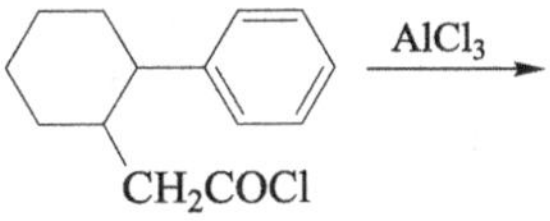

(15) 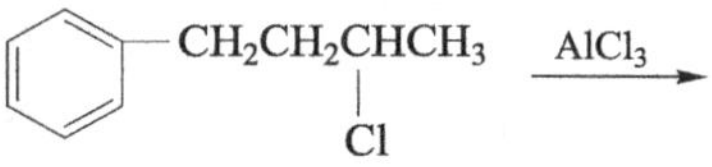

(16) 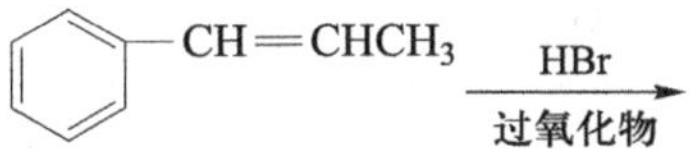

(17) 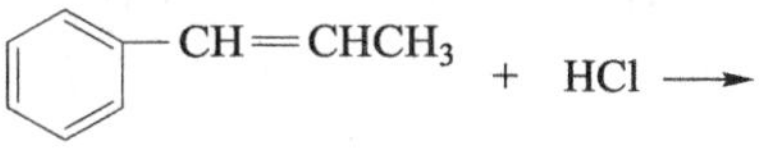

(18) 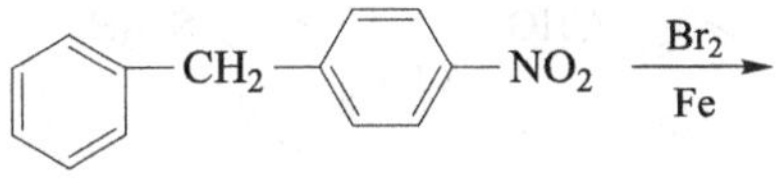

(19) 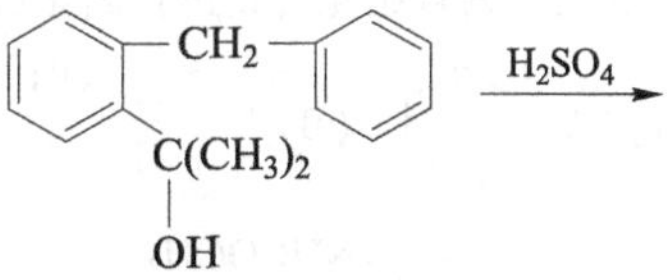

(20) 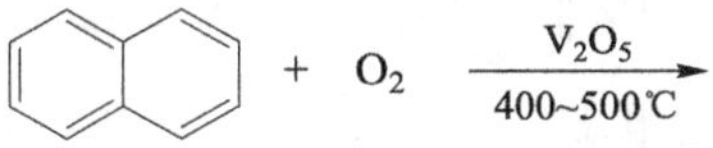

5. 写出下列反应中反应物的构造式:

(1) 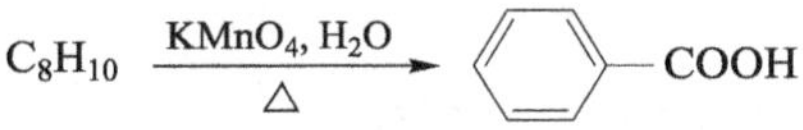

(2) 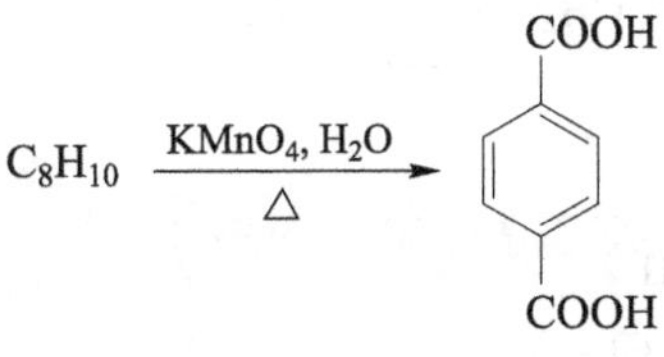

(3) 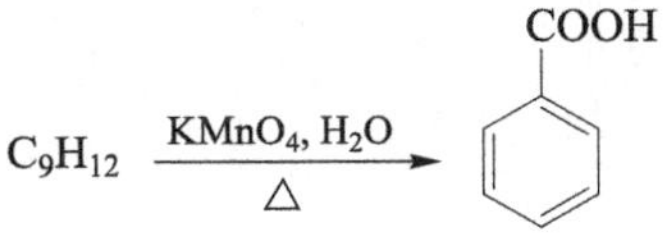

（4）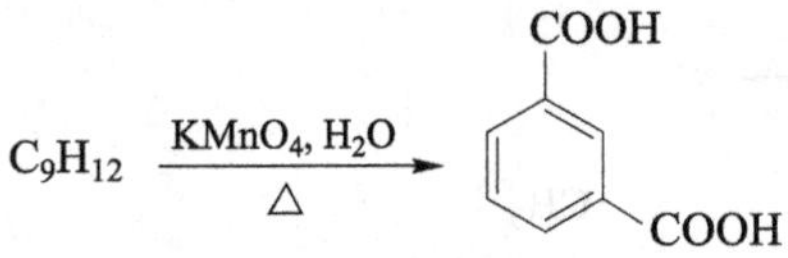

6. 写出下列反应的反应机理。

（1）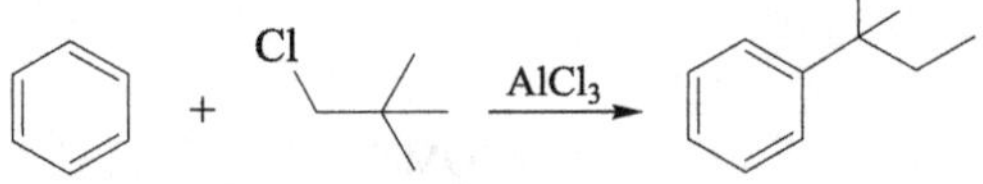

（2）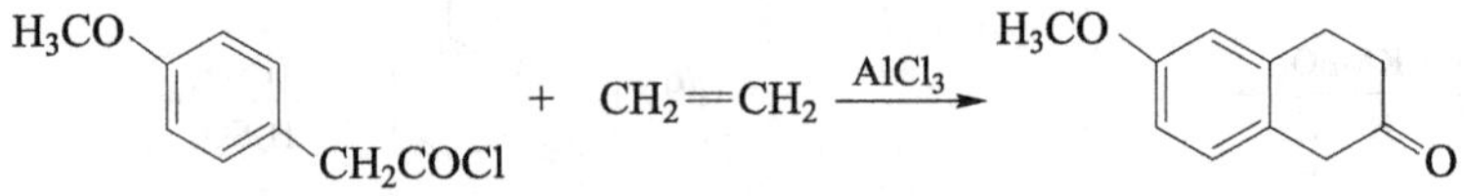

（3）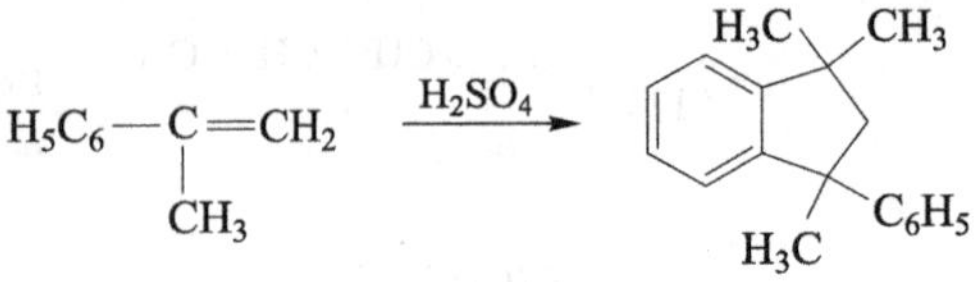

7. 将下列化合物进行一次硝化，试用箭头表示硝基进入的位置（指主要产物）。

（1）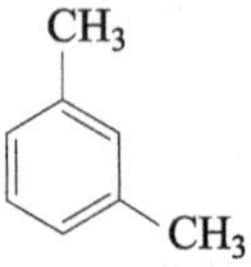

（2）

（3）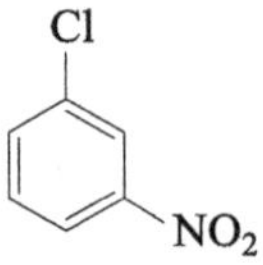

（4）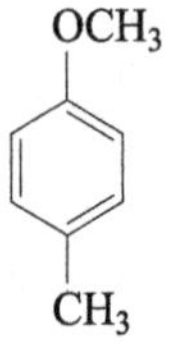

（5）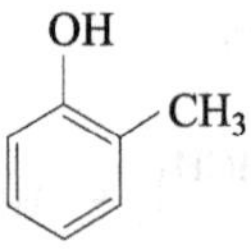

（6）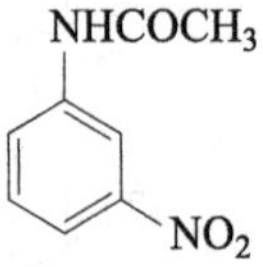

（7）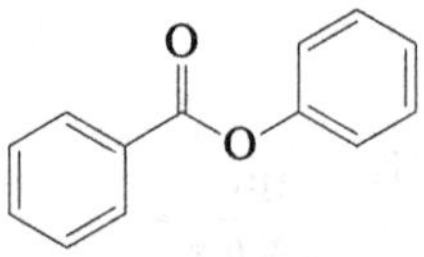

8. 比较下列各组化合物进行硝化反应时的难易。

（1）（A）　（B）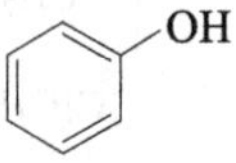

（C）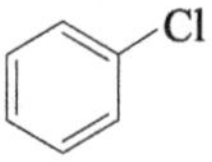

（D）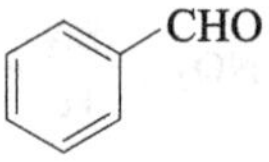

（E）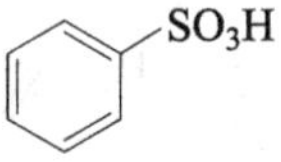

（2）（A）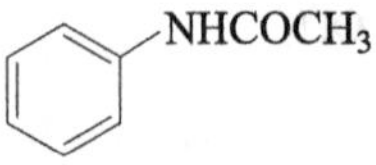

（B）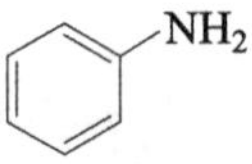

（C）　（D）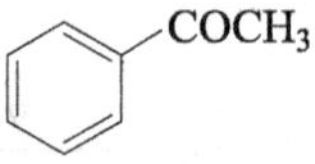

（3）（A）苯　（B）1,2,3-三甲苯　（C）甲苯　（D）间二甲苯

9. 以甲苯为原料合成下列各化合物，请你提供合理的合成路线。

（1）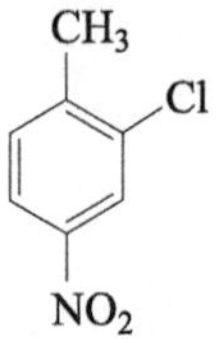

（2）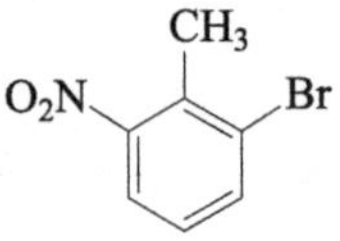

（3）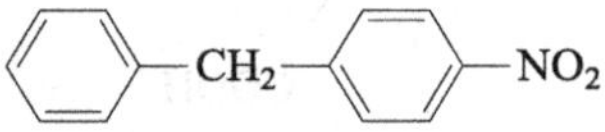

（4）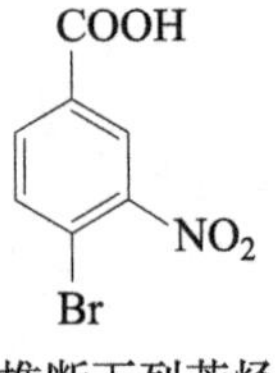

（5）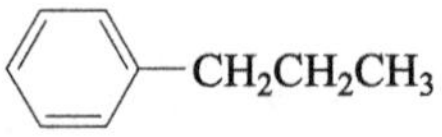

（6）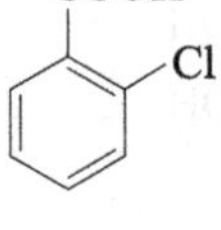

10. 推断下列芳烃的结构式：

（1）化合物 A（$C_{16}H_{16}$）可以使溴的 CCl_4 和冷的 $KMnO_4$ 褪色，可加成等物质的量的氢气。用酸性 $KMnO_4$ 氧化得到二羧酸 $C_6H_4(COOH)_2$，该酸只有一种一溴代产物。

（2）芳烃化合物 B（$C_{10}H_{14}$）具有 5 种可能的一溴代物。剧烈氧化 B 得到酸性物质 $C_6H_4(COOH)_2$，它只有一种一硝基取代产物。

11. 某烃 A 的实验式为 CH，分子量为 208，强氧化得苯甲酸，臭氧化还原水解仅得苯乙醛。试推测 A 的结构。

12. 某烃分子式为 C_9H_{12}，用重铬酸钾氧化后，可得一种二元酸；该烃进行硝化时，所得硝基化合物有两种，写出该烃的构造式。

13. 化合物 A 的分子式为 C_9H_{12}，在光照下与不足量的溴作用，生成 B 和 C 两种产物，它们的分子式都是 $C_9H_{11}Br$。B 没有旋光性，不能拆分；C 也没有旋光性，但能被拆分成一对对映体。从 A 的核磁共振氢谱得知分子中有苯基。写出 A、B、C 的结构式，再用 Fischer 投影式表示 C 的对映体，并分别用 *R/S* 表示其构型。

14. 在下列傅-克反应过程中，哪一个产物是速率控制产物？哪一个是平衡控制产物？

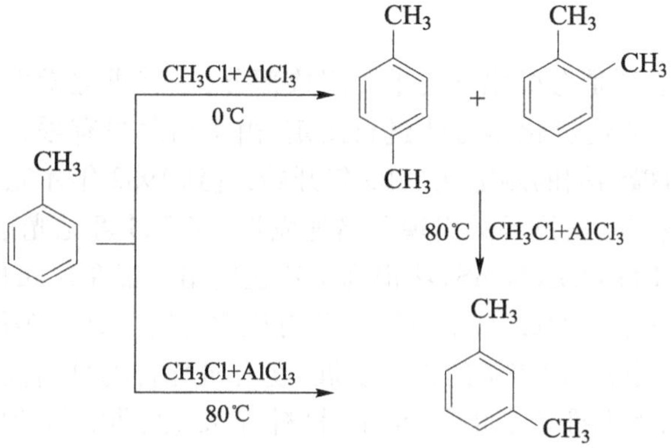

15. 下列化合物或离子哪些具有芳香性？为什么？

（1）　（2）　（3）　（4）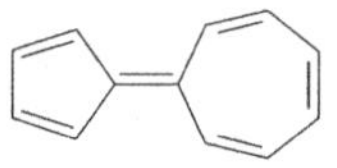

（5）

（6）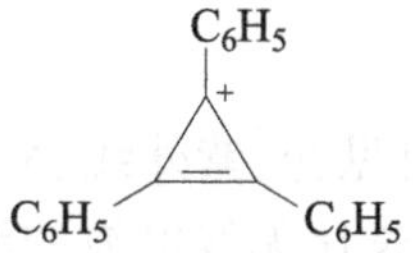

（7）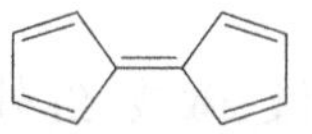　（8）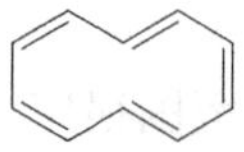

16. 某种人造麝香的化学名叫 4-叔丁基-3-甲氧基-2,6-二硝基甲苯，其结构如下：

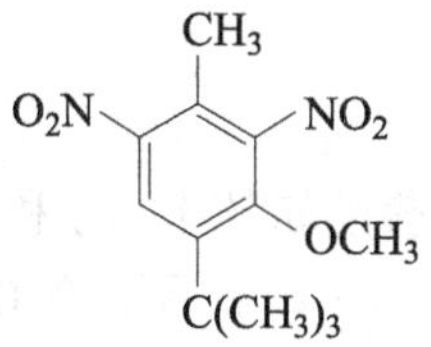

若以 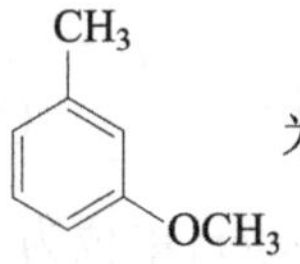

为原料，则有两条合成路线：（1）先叔丁基化，然后硝化；（2）先硝化，再叔丁基化。哪一条路线较为合理？为什么？

第7章 有机化合物光谱分析基础

有机化合物的结构表征是有机化学的重要组成部分，在有机化学发展的初期，化合物的结构表征手段非常有限，只能通过化学方法进行测定，由于信息量有限，其结果不一定正确。例如，鸦片中主要成分吗啡碱结构的测定从1805年开始，直到1952年才完全弄清，历时147年。

近几十年来，各种波谱测量技术的出现及迅速发展，使紫外可见光谱（UV-VIS）、红外光谱（IR）、核磁共振波谱（NMR）和质谱（MS）法得到了普遍应用。现在这四种波谱分析方法已成为鉴定有机化合物及测定其结构的最常用手段，一些有机化合物的结构表征只需要几分钟甚至更短时间。20世纪60年代以来，波谱学的快速发展，使有机化合物分析能力、分析速度等重要方面都取得了很大的进步，大大推动了化学、化工、材料、食品、医药等行业的研究与发展。本章主要介绍紫外、红外、核磁共振和质谱的基本原理及在有机化合物结构分析中的应用。

§7.1 电磁波谱的概念

电磁波包括的范围很广，无线电波、微波、红外线、可见光、紫外线、X射线、γ射线都是电磁波。光波的频率比无线电波的频率要高很多，光波的波长比无线电波的波长短很多；而X射线和γ射线的频率更高，波长则更短。图7-1是电磁波谱区域。

7.1.1 电磁波与辐射能

电磁波具有波粒二象性，可用波的参量如频率（ν）和波长（λ）等来描述。它的传播不需要媒介，在真空中的传播速度为 $c=3\times10^8\ \mathrm{m\cdot s^{-1}}$。不同的电磁波具有不同的波长，可由传播速度与频率求出（式7-1）：

$$\lambda=\frac{c}{\nu} \qquad (式7\text{-}1)$$

波长单位根据不同的辐射频率区而改变，在紫外和可见区常用纳米（nanometer，单位为nm），在红外区常用微米（micrometer，μm）作单位。其换算关系如下：

$$1\ \mathrm{nm}=10^{-3}\ \mu\mathrm{m}=10^{-6}\ \mathrm{mm}=10^{-7}\ \mathrm{cm}=10^{-9}\ \mathrm{m}$$

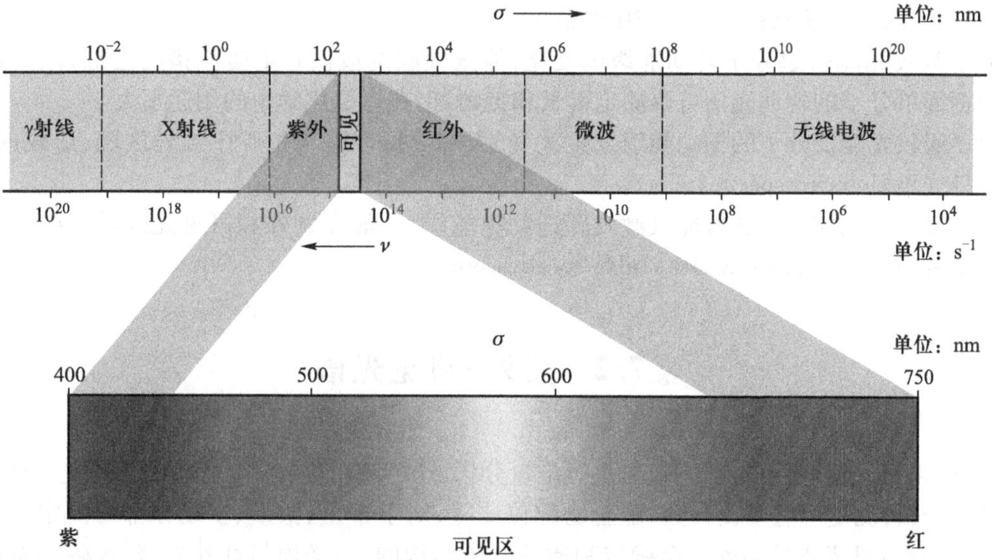

图 7-1 电磁波谱区域

频率表示每秒振动的次数,用赫(Hertz,Hz)为单位,因为数值较大,习惯上,在红外光谱中常用波数(wave number,σ)来代替频率(见式 7-2),它的单位是 cm^{-1}。

$$\sigma=\frac{1}{\lambda}=\frac{\nu}{c}(\mathrm{cm}^{-1}) \qquad (式 7-2)$$

电磁波具有能量,体现了粒子性。电磁波的辐射能是通过一种粒子(光子)来传播的。光子的能量(ε)与电磁波的频率(ν)成正比,与波长(λ)成反比,其表达式为

$$\varepsilon=h\nu=hc/\lambda \qquad (式 7-3)$$

式中 h 为普朗克(Plank)常量,其值为 6.626×10^{-34} J · s^{-1}。如果用摩尔光子能量(E)来描述,此时上式应改写成:

$$E=\frac{Nhc}{\lambda}=\frac{11.98}{\lambda}(\mathrm{J/mol})$$

式中 N 为阿伏加德罗常数(6.02×10^{23})。

分子是运动的,组成它的原子、电子也都在不停地运动。在一定的运动状态下,具有一定的能量,这个能量包括电子运动能、原子间的振动能、分子的转动能等。各种运动状态均具有一定能级,有电子能级、振动能级和转动能级。当分子吸收一定能量后就会从低能级(E_1)跃迁到较高的能级(E_2)。电磁辐射可提供能量,当辐射能恰好等于分子运动的两个能级差时,才能被吸收,产生相应的吸收光谱。因分子运动的能量与光子的能量都是量子化的,所以一定运动方式的能级跃迁需要一定频率或波长的电磁波辐射(见式 7-4)。

$$\Delta E=E_2-E_1=h\nu \qquad (式 7-4)$$

7.1.2 吸收光谱的产生

吸收光谱(absorption spectrum)是指物质吸收光子,从低能级跃迁到高能级而产生的光谱。吸收光谱是线状谱或带状谱。研究吸收光谱可了解原子、分子和其他许多物质的结构和运动状

态，以及它们同电磁场或粒子相互作用的情况。

分子吸收光能引起分子转动能级的变化，能量吸收的波段在电磁波谱的远红外和微波区域。根据简单分子的转动光谱可以测定键长和键角，但在有机化学中的用途不大。

分子吸收光能使分子的振动能级发生改变，大部分振动能级位于中红外区域，形成的光谱称作红外光谱（infrared spectroscopy）。

分子吸收光能使电子从低能级激发跃迁到高能级，一般在紫外和可见光区域，这个区域的光谱叫紫外-可见光谱（ultraviolet visible spectroscopy）。

§7.2　紫外-可见光谱

紫外-可见光谱应用广泛，不仅可进行定量分析，还可利用吸收峰的特性进行定性分析和简单的结构分析，测定一些平衡常数、配合物配位比等，对于常量、微量、多组分都可测定。但是，只根据紫外-可见光谱是不能完全确定物质的分子结构的，还必须与红外光谱、核磁共振谱、质谱，以及其他化学、物理方法共同配合才能得出可靠的结论。

7.2.1　紫外-可见光谱的基本原理

紫外光的波长范围为4~400 nm，其中4~200 nm为远紫外区，200~400 nm为近紫外区，400~800 nm为可见光区。由于波长很短的紫外光会被空气和二氧化碳所吸收，研究远紫外区的吸收光谱很困难。所以，现在所能得到的数据几乎都是近紫外区和可见光区的，一般的紫外-可见光谱仪也是用来研究近紫外区和可见光区吸收的。

分子吸收适当的光能（ΔE）后，使得某些处于基态（对应基态能级 $E_{基态}$）的价电子发生跃迁到较高能级的激发态（对应激发态能级 $E_{激发态}$）。有机化合物分子中主要有三种价电子：σ 电子，π 电子和未成键的 n 电子。当电子状态发生变化（即发生跃迁）时，需要吸收不同的能量 ΔE，即吸收不同波长（λ）的光。当一束光通过某一有机化合物时，该化合物对某一波长的光可能吸收最强，而对于其他波长的光可能吸收非常弱，甚至根本不吸收。当吸收一定波长的紫外光时，电子发生跃迁至相应的反键轨道，而这种电子跃迁与其内部的结构有密切的关系，其所产生的吸收光谱叫做紫外-可见吸收光谱，简称紫外-可见光谱。图7-2是电子吸收光谱的原理。

从化学键的性质来看，有机化合物分子中涉及的电子跃迁主要有以下几种方式（见图7-3）。

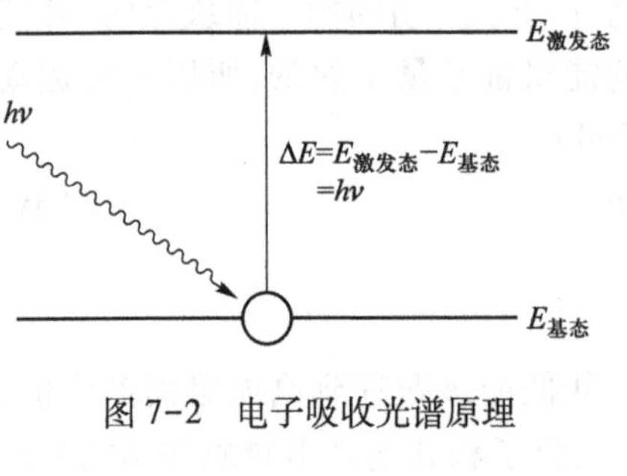

图7-2　电子吸收光谱原理

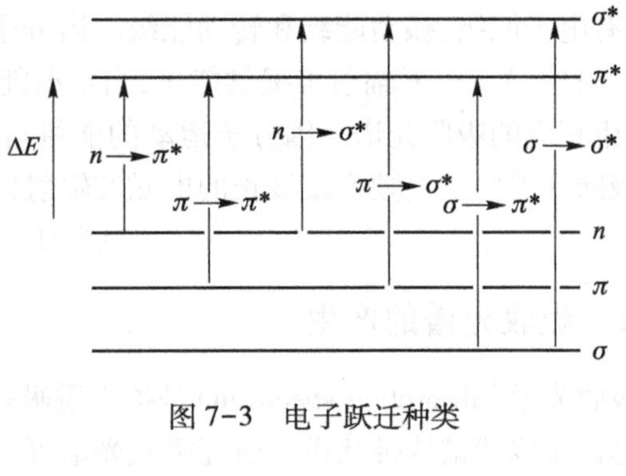

图7-3　电子跃迁种类

(1) $n \to \pi^*$ 跃迁　n 电子是指氮、氧、硫、卤素等杂原子上的孤对电子，当有些基团存在双键和孤对电子，如 C═O，N═O，C═S，N═N 等，这些基团可以进行 $n \to \pi^*$ 跃迁，这种跃迁所需要的能量较低，可以在近紫外或可见光区出现不太强的吸收峰，摩尔吸收系数 κ 一般在十到几百。例如醛、酮分子中羰基的吸收带通常在 275～295 nm，κ=10～30。如果这些基团与 C═C 双键共轭，形成含有杂原子的共轭体系，则可以使 $n \to \pi^*$ 跃迁的能量差减小，吸收峰向长波方向位移。例如，2-丁烯醛的 $n \to \pi^*$ 跃迁的吸收峰出现在 λ_{max}=321 nm(κ=20)。

(2) $n \to \sigma^*$ 跃迁　该跃迁所需的能量高于 $n \to \pi^*$ 跃迁，C—O(醇、醚)和 C—Cl 等基团的 $n \to \sigma^*$ 跃迁出现在远紫外区(λ_{max}<200 nm)。而 C—Br、C—I、C—NH_2 等基团的 $n \to \sigma^*$ 跃迁的吸收峰的 λ_{max}>200nm，在近紫外区有弱吸收。这些化合物在吸收谱上的差别，主要是由于元素的电负性不同引起的。元素的电负性大，对电子束缚大，激发电子需要的能量高，吸收光的波长短；反之，元素的电负性小，对电子束缚小，激发电子需要吸收的能量较低，可以在近紫外区域出现吸收峰。

(3) $\pi \to \pi^*$ 跃迁　C═C 双键可以发生 $\pi \to \pi^*$ 跃迁，由于原子核对 π 电子的束缚不如对 σ 电子的大，跃迁所需要的能量较 σ 电子低。所以 $\pi \to \pi^*$ 跃迁的 κ 值较大，在 5 000～10 000。但只有一个 C═C 双键的 $\pi \to \pi^*$ 跃迁出现在 170～200 nm 处，在远紫外区，一般的分光光度计不能观察到。例如，乙烯的 $\pi \to \pi^*$ 跃迁，λ_{max}=185 nm(κ=10 000)，在近紫外区不能检出。如果分子中存在两个或两个以上的双键(包括三键)形成的共轭体系，π 电子处于离域的分子轨道上，与定域轨道相比，占有电子的成键轨道与未占有电子的反键轨道的能量差减小，使 $\pi \to \pi^*$ 跃迁所需要的能量减少，因此吸收峰向长波方向位移，吸收系数也随之增大。例如，1,3-丁二烯 $\pi \to \pi^*$ 跃迁吸收峰出现在 λ_{max}=217 nm(κ=21 000)。

(4) 其他跃迁　如 $\pi \to \sigma^*$ 跃迁，$\sigma \to \pi^*$ 跃迁，$\sigma \to \sigma^*$ 跃迁在有机分子结构解析中不常用。σ 电子是结合最牢固的价电子，在基态时对应的能级最低，而其对应的激发态能级最高。$\sigma \to \sigma^*$ 跃迁所需要的能量最高，仅在 200 nm 以下才能观察到。因此，烷基化合物的吸收带在远紫外区，即在一般的紫外光谱仪正常工作范围之外，只能通过特殊的真空紫外光谱仪才能观测到。

从以上可以看出，电子跃迁前后两个能级的能量差值(ΔE)越大，跃迁所需要的能量越大，产生吸收光谱的波长越短，吸收峰(λ_{max})出现在较短的波长处。

问题 7-1　乙醛有两个吸收带：λ_{max}=190 nm(κ=10 000)，λ_{max}=289 nm(κ=12.5)。试问这两个吸收带分别属于乙醛的什么类型的跃迁？

7.2.2 紫外-可见光谱图

紫外-可见光谱在选定的波长下，吸光度与物质浓度的关系遵循光的吸收定律即朗伯-比尔(Lambert-Beer)定律(见式 7-5)：

$$A = \lg(I_0/I) = \kappa c l \qquad \text{(式 7-5)}$$

式中 A 为(溶液)吸光度，I_0 为入射光强度，I 为透射光强度，κ 为该溶液摩尔吸收系数(消光系数)，c 为溶液的物质的量浓度(mol/L)，l 为溶液厚度。紫外-可见光谱通常以波长 λ(单位 nm)为横坐标，以吸光度 A 或者吸收系数 κ(如 κ 很大则用 $\log\kappa$)为纵坐标作图而得到的紫外吸收曲线。图 7-4 是苯、萘、蒽和并四苯的紫外-可见光谱图。

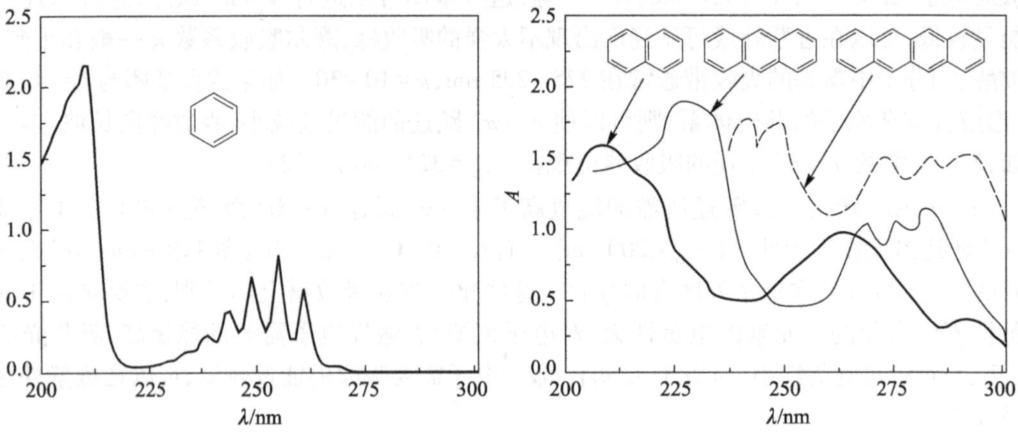

图 7-4　(左)苯的紫外-可见光谱;(右)萘、蒽、并四苯的紫外-可见光谱图

在紫外-可见光谱中经常见到有 R、K、B、E 等字样,这是表示不同的吸收带,它们分别称为 R 吸收带、K 吸收带、B 吸收带和 E 吸收带。

R 吸收带是由 $n \to \pi^*$ 跃迁所引起的吸收带,其特征为吸收强度弱,$\kappa_{max}<100$,吸收峰一般在 270 nm 以上。一般分子中含有酮基(—CO—)、甲酰基(—CHO)、硝基($—NO_2$)等官能团时出现该吸收带。

K 吸收带是由 $\pi \to \pi^*$ 跃迁所引起的吸收带,如共轭双键。该吸收带的特征为吸收峰很强,$\kappa_{max}>10\ 000$。随着共轭双键数目的增加,λ_{max} 向长波方向移动,κ_{max} 也随之增加。

B 吸收带是由苯环的 $\pi \to \pi^*$ 跃迁所引起的吸收带,为苯环的特征吸收带,一般为一宽峰,其吸收波长在 230~270 nm,中心在 254 nm,κ 较小,约 204。B 吸收带的精细结构常用来判断芳香族化合物。但当苯环上有取代基且与苯环共轭或在极性溶剂中测定时,这些精细结构会简单化或消失。

E 吸收带也是芳香族化合物的特征吸收带,有两个吸收峰,分别位于 E_1 带及 E_2 带。E_1 带的吸收约在 180 nm($\kappa>10\ 000$);E_2 带约在 200 nm($\kappa=7\ 000$),都属强吸收。E_1 带在紫外-可见光谱中观察不到。当苯环上有发色团取代而且与苯环共轭时,E_2 带常和 K 带合并,吸收峰向长波移动。

7.2.3　紫外-可见光谱与有机化合物分子结构的关系

影响有机化合物紫外-可见吸收光谱的因素有内因(分子内的共轭效应、位阻效应、助色效应等)和外因(溶剂的极性、酸碱性等溶剂效应)。

7.2.3.1　发色团

分子中凡是能吸收某一段光波内的光子而产生跃迁的基团,就称为这一段波长的发色团(chromophore),也叫生色团。紫外光谱的发色团是:碳碳共轭结构、含有杂原子的共轭结构、能进行 $n \to \pi^*$ 跃迁的基团、能进行 $n \to \sigma^*$ 跃迁并在近紫外区域能吸收的原子或基团。常见的一些发色团见表 7-1。

表 7-1 常见的一些发色团的吸收峰

发色团	化合物	溶剂	λ_{max}/nm	κ_{max}
$CH_2=CH_2$	乙烯(或1-己烯)	气态(庚烷)	171(180)	15 530(12 500)
$HC\equiv CH$	乙炔	气态	173	6 000
$H_2C=O$	甲醛	蒸气	182,289	10 000,12.5
$(CH_3)_2C=O$	丙酮	环己烷	279,190	1000,22
—COOH	乙酸	水	204	40
—COCl	乙酰氯	庚烷	240	34
$—COOC_2H_5$	乙酸乙酯	水	204	60
$—CONH_2$	乙酰胺	甲醇	295	160
$—NO_2$	硝基甲烷	水	270	14
$(CH_3)_2C=N—OH$	丙酮肟	气态	190,300	5 000,—
$CH_2=\overset{+}{N}=\overset{-}{N}$	重氮甲烷	乙醚	417	7
C_6H_6	苯	水	203.5,254	7 400,205
$C_6H_5—CH_3$	甲苯	水	206.5,261	7 000,225
$CH_2=CH—CH=CH_2$	1,3-丁二烯	环己烷	217	21 000

7.2.3.2 助色团

分子中能使发色团吸收峰向长波方向位移并增强其强度的基团称为助色团(auxochrome)。助色团一般是具有孤对电子的基团,如—OH,$—NH_2$,—OR,—NHR,—SH,—X 等。当这些具有孤对电子的基团连在双键或共轭体系上,形成的 p-π 共轭会使电子的活动范围扩大,电子跃迁需要的能量差变小,吸收峰向长波方向位移,并使颜色加深。这种效应叫助色效应。表 7-2 为乙烯体系、α,β-不饱和羰基体系及苯环体系被助色团取代后吸收峰波长的增加值。

表 7-2 一些体系被助色团取代后 λ_{max} 的增加值

体系	NR_2	OR	SR	Cl	Br
X—C=C	40	30	45	5	—
X—C=C—C=O	95	50	85	20	30
$C_6H_5—X$	51,45	20,17	55,23	10,2	10,6

7.2.3.3 蓝移和红移

由于取代基或溶剂的影响,有机化合物紫外-可见光谱的最大吸收峰向短波方向移动的现象称为蓝(紫)移(blue shift)。由于取代基或溶剂的影响,化合物紫外-可见光谱的最大吸收峰向长波方向移动的现象称为红移(red shift)。吸收峰强度变化包括增色效应(hyperchromic effect)和减色效应(hypochromic effect)。前者指吸收强度增加,后者指吸收强度减小。波长与电子跃迁前后所占据轨道的能量差成反比,因此,能引起能量差变化的因素如共轭效应、超共轭效应、空间位阻效应及溶剂效应等都可以产生红移现象或蓝移现象。

7.2.3.4　共轭链的影响

共轭体系可促使吸收向长波方向移动。如乙烯的 λ_{max} 为 185 nm，而 1,3-丁二烯的 λ_{max} 为 217 nm。这是因为共轭体系越大，最高占有轨道（HOMO）与最低空轨道（LUMO）的能量差越小，电子进行 $\pi \to \pi^*$ 跃迁需要的能量减小，吸收波长越长。图 7-5 为乙烯和 1,3-丁二烯 π 分子轨道的能级示意图。

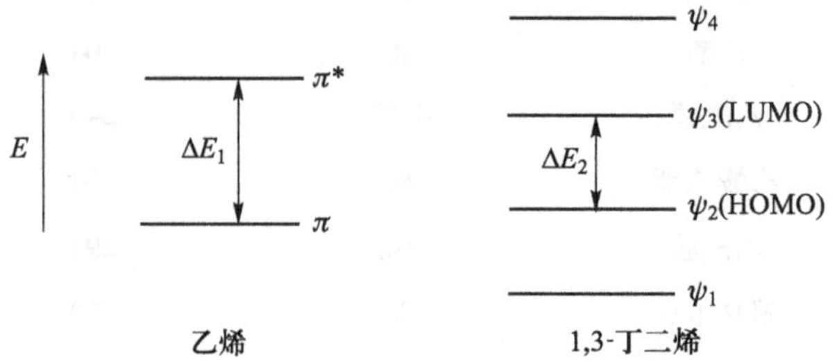

图 7-5　乙烯和 1,3-丁二烯 π 分子轨道的能级示意图

从图 7-5 可以看出，乙烯 π 和 π^* 的能量差 ΔE_1 大于 1,3-丁二烯 ψ_2 和 ψ_3 的能量差 ΔE_2，所以 1,3-丁二烯吸收光波长发生红移。一般每增加一个共轭 π 键，吸收波长向长波方向位移 30 nm。表 7-3 列出了一些共轭不饱和醛的最大吸收波长。可以清楚地看到，随着共轭体系的增大，吸收波长出现红移的现象。

表 7-3　化合物 CH_3—(CH═CH)$_n$—CHO 紫外-可见光谱的最大吸收波长

n	1	2	3	4	5	6	7
λ_{max}/nm	220	270	312	343	370	393	415

另外，分子的几何构型又会影响共轭效果，使吸收波长有所变化。一般反式烯烃比顺式烯烃吸收波长要长。如反-1,2-二苯乙烯的 λ_{max} = 295 nm，而顺式异构体的 λ_{max} = 280 nm。其原因是在反式异构体中，两个体积大的苯基在双键的两侧，两个苯基与碳碳双键的共平面性好使得共轭效果较好。而在顺式异构体中，由于两个体积大的苯基处于同一侧，使得它们与碳碳双键的共轭受阻，即共轭效果较差。

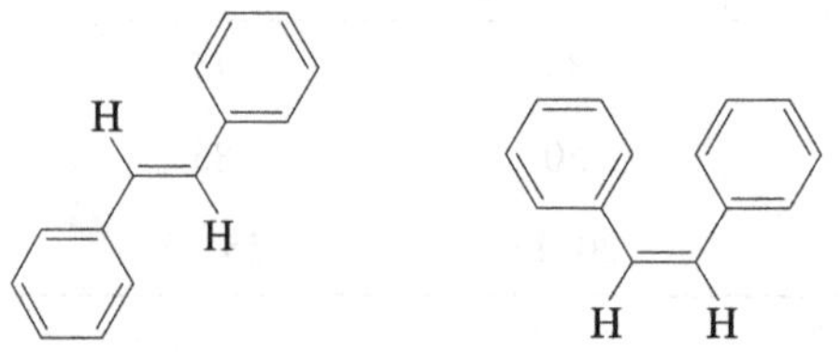

λ_{max}=295 nm (κ=27 000)　λ_{max}=280 nm (κ=13 500)

7.2.3.5　超共轭效应的影响

将烷基如甲基引入共轭体系时，甲基中的 C—H σ 键的电子可以与共轭体系的 π 电子重叠，产生超共轭效应（σ-π 共轭），其结果使电子的活动范围增大，吸收向长波方向位移。超共轭效应增长波长的作用不是很大，但对化合物结构的鉴定，还是有用的。下面列举的化合物和数据表明了在共轭体系上的烷基对吸收波长的影响。

	CH_2═CH—CH═CH_2	CH_2═CH—CH═CH—CH_3	CH_3—CH═CH—CH═CH—CH_3
λ_{max}/nm	217	222	227

问题 7-2 在下列不饱和化合物中,其紫外吸收 λ_{max} 最长的是

(A) 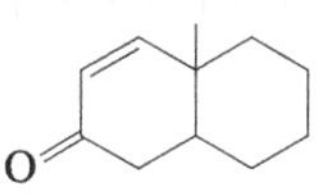 (B) 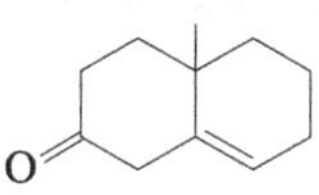 (C) 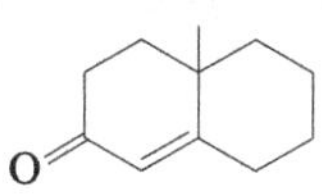 (D) 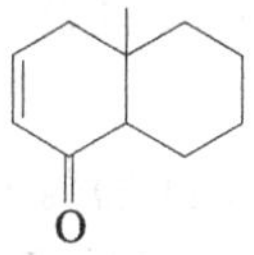

7.2.3.6 λ_{max}的计算规则

综上所述,共轭、超共轭可以影响分子轨道的能量,使分子对光的吸收发生变化。目前虽然不能精确计算紫外特征吸收峰的位置,但已总结出各种经验规则,可用来估算有机化合物紫外吸收 λ_{max} 的位置。最早提出的 Woodward-Fieser 规则可用于估算二烯烃、多烯烃及共轭烯酮类化合物的紫外吸收 λ_{max} 位置,一般计算值与实验值之间的误差在±5 nm。

共轭烯计算规则

问题 7-3 测得某化合物的 λ_{max} 为 357 nm(乙醇溶剂)。试问该化合物最有可能是下列哪一个结构式?

(A) 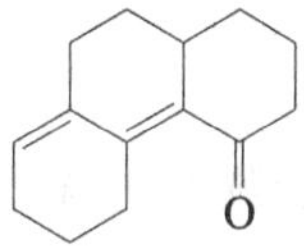 (B) 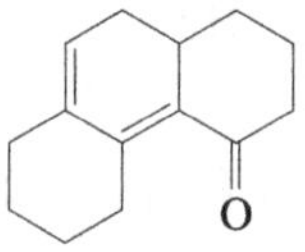 (C) 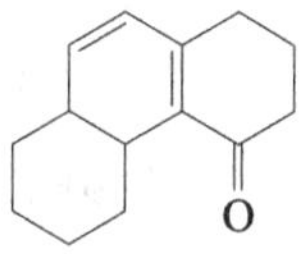 (D) 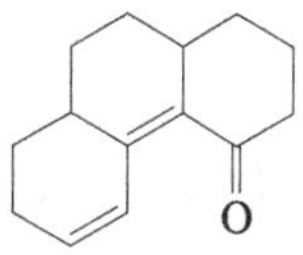

7.2.4 紫外-可见光谱在分子结构测定中的应用

紫外-可见光谱应用于有机化合物的鉴定工作,其"指纹作用"虽不及红外光谱,但是紫外-可见光谱的吸收强度比较高,因此很容易在极小浓度下检测出试样的特征吸收带,并可提供有机化合物的一些结构信息,如果再与红外光谱、核磁共振谱、化学分析法配合使用,紫外-可见光谱的意义会更大。

7.2.4.1 提供官能团及大致的结构信息

根据紫外-可见光谱的吸收峰的位置及强度,可以得到官能团及大致结构的一些信息,一般有如下规律:

(1) 一个化合物如果在 215~800 nm 波长区域没有吸收带,化合物分子就不可能含有共轭链、α,β-不饱和羰基、苯环等发色团,很可能是脂肪族或环状、胺类、醇类等化合物。

(2) 如果在 210~250 nm 波长区域有强吸收带(κ=10 000 左右)则很可能有两个双键的共轭体系。如共轭二烯类或 α,β-不饱和羰基化合物。共轭二烯的 K 带几乎不受溶剂的影响。α,β-不饱和羰基化合物,由于羰基的极性,其 K 带随着溶剂极性的增加而红移。

(3) 如果在 260 nm,300 nm 或 330 nm 附近有强吸收带,则相当于化合物有 3~5 个共轭双键。一般有色化合物共轭双键应该在 5 个以上。

(4) 如果在 230~270 nm 波长区域有中等强度吸收带(κ=200~1 000),则很可能有苯环。苯环若被取代,当取代基与苯环形成共轭体系时吸收峰向长波方向移动,吸收强度显著增加(κ<10 000)。

（5）如果在 200~250 nm 波长区域无主要吸收，但在 275~340 nm 波长范围内有低强度的吸收带（κ=10~100），通常表明是 $n\to\pi^*$ 跃迁，可能的基团是未共轭的 C═O，C═N，N═N。290 nm 附近有弱吸收带，为醛羰基的特征峰；280 nm 附近的弱吸收带为酮羰基的特征峰；羧酸和酰胺等羰基化合物，由于键合在羰基上的杂原子的给电子共轭效应，使 $n\to\pi^*$ 跃迁位移到小于 250 nm 的波长区域。

7.2.4.2　结构式的确定

根据紫外-可见光谱可以判断发色基团是否有共轭关系，如果有共轭关系，结合一些共轭体系的经验规则进行计算，将计算值与实验值进行比对，就可以大概推测出化合物的可能结构。

例 1. 从某化合物的 IR 光谱及 NMR 光谱推测化合物的结构式可能是（A）或其异构体（B），在乙醇中测定其紫外吸收光谱，得 λ_{max}291 nm（κ=8 700），试根据紫外吸收光谱确定该化合物为哪一种异构体。

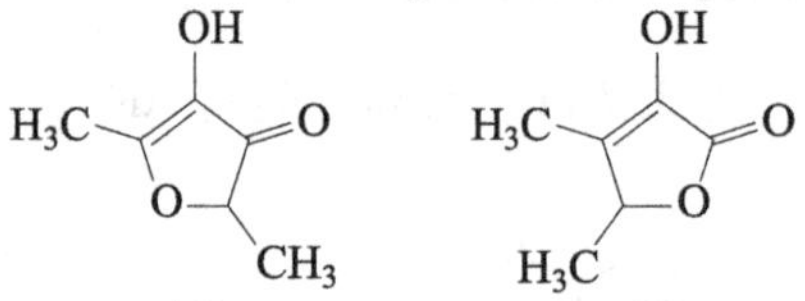

（A）　　　　（B）

根据 α,β-不饱和酮的 λ_{max}计算规则，得化合物 A 的 λ_{max}=284 nm；化合物 B 的 λ_{max}=266 nm。化合物 A 的计算值更接近实验值，所以，这个化合物的结构式应为 A。

7.2.4.3　紫外-可见光谱在药物结构鉴定上的应用

用紫外-可见光谱对物质鉴定时，主要根据光谱上的一些特征吸收，包括最大吸收波长、肩峰、吸收系数等，其中最大吸收波长（λ_{max}）及摩尔吸收系数（κ_{max}）是鉴定物质常用的物理常数，可用下列方法进行鉴定。

（1）比较光谱的一致性　两个化合物若相同，其吸收光谱应完全一致。在鉴定时，试样和标准品以相同溶剂配制成相同浓度的溶液，分别测定它们的吸收光谱，比较其光谱图是否一致。如果没有标准品，也可以和现成的标准光谱图进行比较。

（2）比较最大吸收波长（λ_{max}）及摩尔吸收系数（κ_{max}）的一致性　紫外吸收波长相同的两种化合物并不一定相同，因为紫外吸收光谱常常只有 2~3 个较宽的吸收峰，具有相同发色团的不同分子结构，尤其是较大分子，不影响发色团的紫外吸收峰，这样导致不同分子结构可产生相同的紫外吸收波长。但是它们的吸收系数是有差别的。所以在比较最大吸收波长（λ_{max}）的同时，还要比较它们的摩尔吸收系数（κ_{max}）。例如，结构相似的醋酸可的松及醋酸泼尼松，它们在无水乙醇中的 λ_{max}都为 238±1 nm，但它们的摩尔吸收系数（κ_{max}）差别较大，前者为 390，后者为 385。

（3）比较吸收度比值的一致性　有时物质的吸收峰较多，可规定在几个吸收峰处进行吸收度或吸收系数的比值作为鉴别标准。如果被鉴定物质的吸收峰和标准品相同，而且吸收峰处吸收度或摩尔吸收系数的比值又在规定的范围之内，则可考虑被测试样与标准品的分子结构基本相同。

§7.3 红外光谱

红外光谱(infrared spectroscopy,简称 IR)的研究始于 20 世纪初,自 1940 年红外光谱仪问世,红外光谱在有机化学研究中广泛应用。20 世纪 70 年代后期,干涉型傅里叶变换红外光谱仪投入了使用,这就是第三代红外分光光度计,这种光度计灵敏度高,分辨率高,扫描速度很快,加上计算机的应用,使得红外光谱的应用越来越广泛,一些原本无法研究的反应动力学课题也有了解决工具。

7.3.1 分子振动与红外吸收

分子中的原子不是固定在一个位置上,而是不停地振动。如双原子分子,两个原子由化学键相连,就像两个用弹簧连接的球体一样(见图 7-6)。

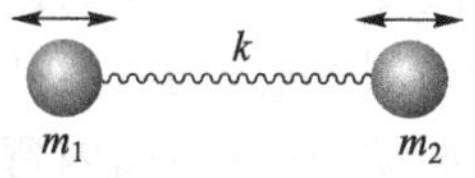

图 7-6 双原子分子的振动

双原子分子的伸缩振动可看成做简谐振动。根据 Hooks(虎克)定律,其振动频率(用波数 σ 来表示)与组成化学键的力常数 k 的关系式如下:

$$\sigma=\frac{1}{2\pi c}\sqrt{k\left(\frac{1}{m_1}+\frac{1}{m_2}\right)}=\frac{1}{2\pi c}\sqrt{\frac{k(m_1+m_2)}{m_1 m_2}} \qquad (式 7-6)$$

式中 c 为光速,k 为化学键力常数,单位为 $N \cdot cm^{-1}$(牛·厘米$^{-1}$)或 $g \cdot s^{-2}$(克·秒$^{-2}$),m_1 和 m_2 为原子的质量,单位为 g(克)。力常数的大小与键能、键长有关,键能越大,键长越短,力常数就越大。表 7-4 列出了一些常见化学键的力常数。

表 7-4 一些常见化学键的力常数

化学键	力常数 $k/(N\cdot cm^{-1})$	化学键	力常数 $k/(N\cdot cm^{-1})$	化学键	力常数 $k/(N\cdot cm^{-1})$
C—C	4.5	C—H	5.07	C≡C	12.2
C—O	5.77	C═C	9.77	O—H	7.6
C—N	4.8	C═O	12.06		

如果知道两个原子的质量和它们之间的力常数 k,就可以计算出这两个原子间振动的吸收峰位置。例如,已知烷烃中 C—H 键的力常数 k 为 5.07 $N \cdot cm^{-1}$($=5.07\times10^5\ g \cdot s^{-2}$),根据式 7-6 可计算出 C—H 键的伸缩振动的波数为

$$\sigma=\frac{1}{2\pi c}\sqrt{\frac{k(m_1+m_2)}{m_1 m_2}}=\frac{1}{2\pi\times3\times10^{10}\ cm\cdot s^{-1}}\sqrt{\frac{5.07\times10^5\ g\cdot s^{-2}\left(\frac{12}{6.02\times10^{23}}\ g+\frac{1}{6.02\times10^{23}}\ g\right)}{\left(\frac{12}{6.02\times10^{23}}\ g\right)\left(\frac{1}{6.02\times10^{23}}\ g\right)}}$$

$$=3\ 052\ cm^{-1}$$

分子的能级是量子化的,它具有一定的振动能级,其能量为

$$E=\left(\nu+\frac{1}{2}\right)hc\nu_0 \quad (式7-7)$$

式中 $\nu=0,1,2,\cdots,\nu_0$ 为基本频率。两个能级之间的能量差 $\Delta E=hc\nu_0$。

红外光谱中的吸收带是由于分子吸收一定频率的红外光,分子振动能级的跃迁而产生的。但并不是所有的能级跃迁都能在红外光谱中产生吸收带。只有符合一定规律的跃迁,才能吸收红外光产生吸收带。首先,跃迁只能在两个相邻的能级之间发生,这时吸收的红外光的频率(ν)等于分子振动的基本频率 ν_0(式7-8)。

$$hc\nu=\Delta E=hc\nu_0,\nu=\nu_0 \quad (式7-8)$$

其次,只有能引起偶极矩变化的振动,才会产生红外吸收。对于一些对称分子,如 H_2、N_2、Cl_2 等则无红外吸收。

多原子分子,因原子个数和化学键数目的增加,它的振动方式也变得复杂。对于三原子分子来说,可有两种振动方式(见图7-7)。伸缩振动(stretching vibration)(用 $\nu_{伸}$ 或 ν 表示)是键长改变,键角不变的振动[见图7-7(a)],它又分为对称伸缩振动(用 ν_s 表示)和不对称伸缩振动(用 ν_{as} 表示)两种。弯曲振动(bending vibration)是键角改变,键长不变的振动,又称为变形振动,它分为面内弯曲振动(用 δ 表示)[见图7-7(b)]和面外弯曲振动(用 γ 表示)[见图7-7(c)]。前者又可分为剪式振动和面内摇摆振动,后者又可分为扭曲振动和面外摇摆振动。

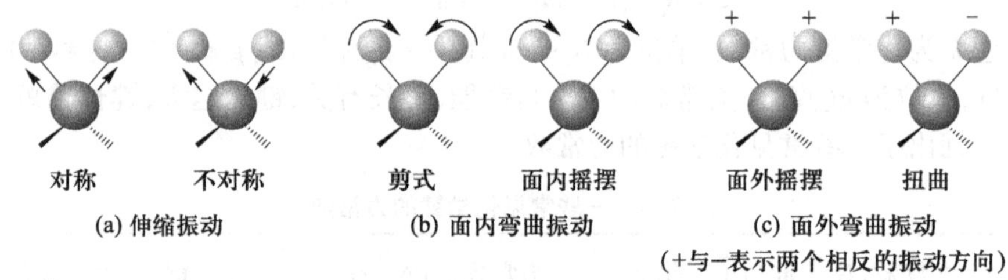

图7-7　三原子分子的振动方式

红外光谱图通常用波长(λ)或波数(σ)为横坐标,表示吸收峰的位置,用透光率($T/\%$)或者吸光度(A)为纵坐标,表示吸收强度。图7-8是红外光谱图的表示方式。

7.3.2　影响红外吸收的主要因素

从结构上讲,影响红外吸收的主要因素有以下几种:

(1) 化学键的强度(化学键的力常数)　一般来说化学键越强,其键的力常数 k 越大,红外吸收频率越高。例如,由两个碳原子构成的三键、双键、单键的伸缩振动吸收频率随着键的强度的减弱而减小:

	C≡C	C═C	C—C
伸缩振动 σ/cm^{-1}	2 150	1 650	1 200

(2) 诱导效应　在羰基化合物中,酮的伸缩振动频率比醛的低,这是由于烃基给电子的诱导效应,使 C═O 的极性增大,双键性质减弱,键的力常数变小,振动频率降低;而酰氯与醛相比,伸缩振动频率要高得多,这是由于氯的吸电子的诱导效应可增强 C═O 键的双键特性,加大力常

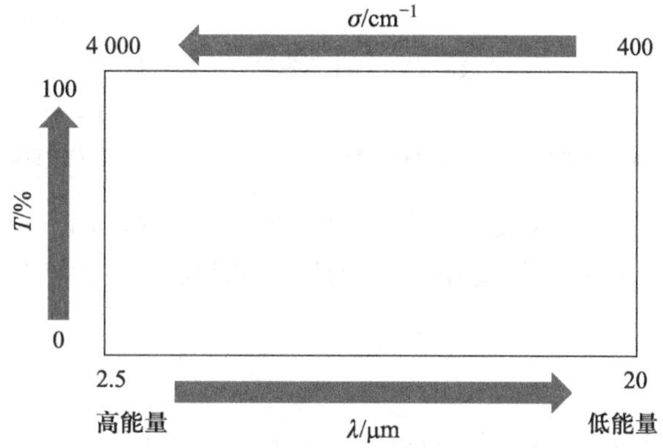

图 7-8　红外光谱图的表示方式

数 k 值，从而使吸收向高波数方向移动。

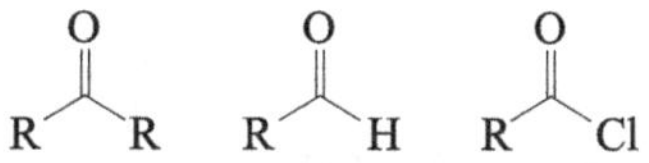

C═O 伸缩振动 σ/cm^{-1}　　1 715　　1 725　　~1 800

（3）共轭效应　减弱键强度的共轭效应能使吸收向低波数方向移动，例如，当羰基与双键共轭形成的 α,β-不饱和酮，由于共轭作用削弱了 C═O 双键的性质（可以从共振杂化体中看出），使羰基的伸缩振动吸收频率减小。

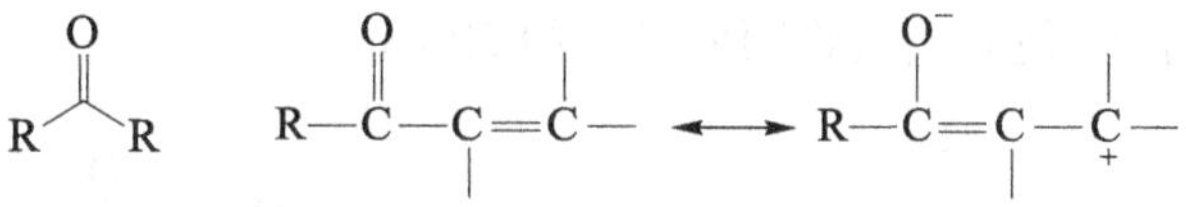

C═O 伸缩振动 σ/cm^{-1}　　1 715　　1 685~1 670

（4）成键碳原子杂化　成键碳原子的杂化也可以影响化学键的力常数，一般规律是：组成化学键的杂化轨道中 s 轨道成分越多，化学键的力常数 k 值越大，吸收频率越高。例如，由不同杂化碳原子组成的 C—H 键的伸缩振动吸收频率如下：

	≡C—H	═C—H	—C—H
杂化类型	sp	sp^2	sp^3
s 轨道成分	1/2	1/3	1/4
C—H 伸缩振动 σ/cm^{-1}	3 300	3 100	2 900

（5）氢键　氢键减弱了质子给予体和接受体中相关键的键强度，使相应伸缩振动及弯曲振动频率发生变化。使质子给予体 X—H（如—OH、—COOH、—NH—、—CONH—）伸缩振动频率向低波数移动，并常伴随有吸收峰强度增加和谱带变宽现象。例如，醇羟基的 O—H 键的伸缩振动在游离状态（不形成氢键）时在 3 650~3 600 cm^{-1} 处产生一个尖峰，如果形成氢键，则在 3 500~3 200 cm^{-1} 处产生一个宽峰。氢键也能影响质子接受体的吸收频率，例如，酮基形成氢键后，使 C═O 的单键性增大，键长变长，力常数减小，导致羰基吸收频率降低。最明显的是羧酸的情况。游离的羧酸 $\nu_{C=O}$ 吸收频率在 1 760 cm^{-1} 附近，而在液态或固体时 $\nu_{C=O}$ 吸收频率在 1 710 cm^{-1} 附近，此时羧酸以二聚体形式存在。

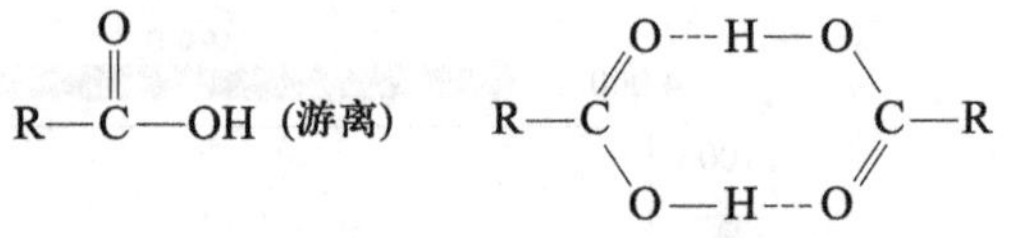

C═O 伸缩振动 σ/cm^{-1}　　1 760(尖峰)　　1 710(宽峰)

(6) 环张力　环内双键的吸收频率对环的大小很敏感。吸收频率随着环内角的变小而降低,环丁烯达到最小值。环内角继续变小到环丙烯时其吸收频率反而升高。

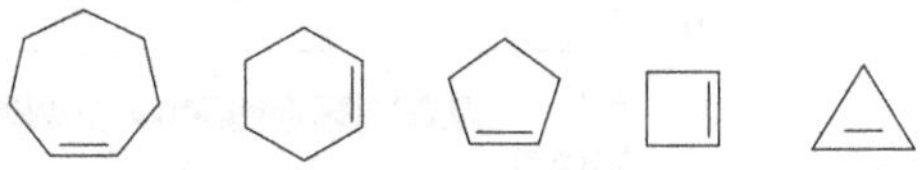

C═C 伸缩振动 σ/cm^{-1}　　1 650　　1 646　　1 611　　1 566　　1 641

环外双键的吸收频率则随着环的减小而升高。丙二烯作为环外双键的一个极端例子也被纳入其中。

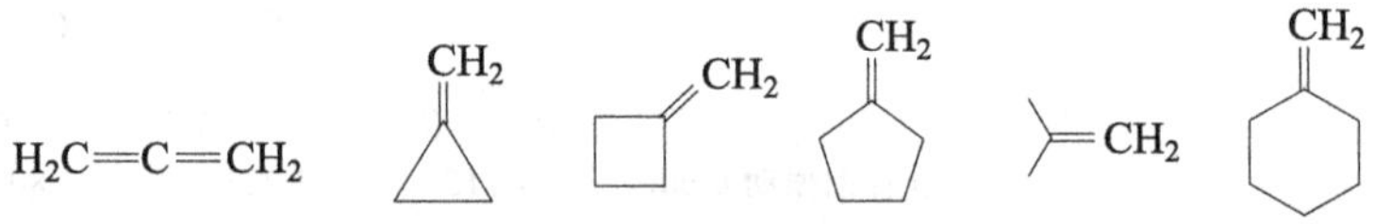

C═C 伸缩振动 σ/cm^{-1}　　1 950　　1 780　　1 678　　1 657　　1 655　　1 651

环元数减小,环内角变小,环张力增加,环外C═C双键伸缩振动频率增加

环酮也有类似情况,环张力使 C═O 的伸缩振动频率向高波数移动,从没有张力的环己酮每减少一个碳原子,使 $\nu_{C=O}$吸收频率升高约 30 cm^{-1}。

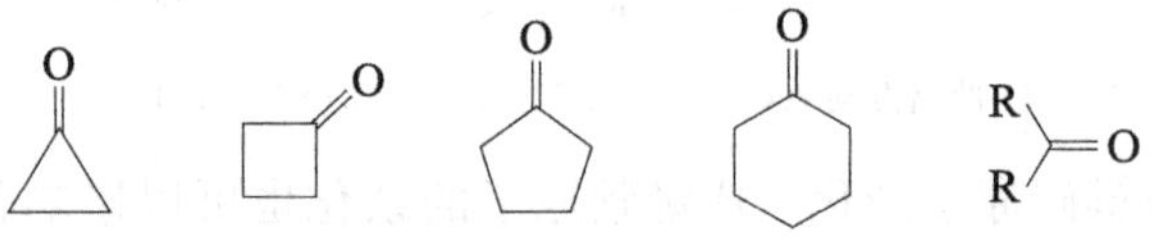

C═O 伸缩振动 σ/cm^{-1}　　1 815　　1 780　　1 745　　1 715　　1 715

问题 7-4　下列四个酮中,红外光谱中酮基的吸收频率最高的是

(A) 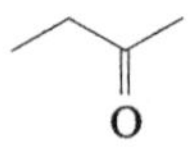　(B) 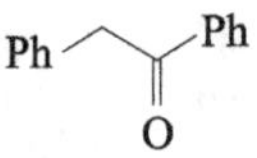　(C) 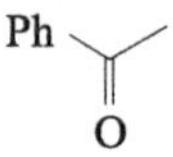　(D) 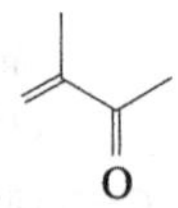

7.3.3　红外光谱的重要区段

一般红外光谱仪所用的频率为 4 000~400 cm^{-1}。按振动与吸收关系也可分为两个区域:3 700~1 400 cm^{-1}频区和 1 400~600 cm^{-1}频区。前者主要为伸缩振动吸收带,光谱比较简单,但具有很强的特征,许多官能团在此频区有其特征吸收,称为官能团区(functional group region)。后者为较为复杂的频区,既有伸缩振动吸收又有弯曲振动吸收。即使两个结构相近的化合物,在这个频区也有明显的不同,如同两个人的指纹不可能完全相同一样,因此一般将它称为指纹区(finger-print region)。在该频区也存在官能团的特征吸收,有些在结构分析上很有用。表 7-5 列

出了不同官能团在相应红外频区的特征吸收。

表 7-5 不同官能团在不同频区的特征吸收

官能团振动类型	频率/cm^{-1}	强度
A. 三键或 1,2-双键伸缩振动		
R—C≡N	2 260~2 240	中等
R—C≡C—H	2 250~2 100	弱
CO_2、联烯	2 300~2 100	中等
B. 双键伸缩振动		
C═O	1 810~1 690	强
C═C	1 680~1 620	不定
C. 单键伸缩振动		
O—H(醇、酚)	3 650~3 200	宽,强
O—H(羧酸)	3 600~2 500	宽,强
N—H	3 500~3 300	中等
C—H(端炔)	3 300~3 100	强
C—H(烯烃)	3 100~3 010	中等
C—H(芳烃)	3 100~3 010	中等
C—H(烷烃)	2 960~2 850	中等至强
C—H(醛氢)	2 820 和 2 720	中等
D. 单键弯曲振动		
C—H(CH_3)	1 460 和 1 380	弱
C—H(CH_2)	1 465	中等
C—H(单取代芳烃)	710~690 和 770~730	强
C—H(邻位双取代芳烃)	770~735	强
C—H(间位双取代芳烃)	710~690 和 810~750	强
C—H(对位双取代芳烃)	840~790	强

从表 7-5 中我们可以看出,各种键的振动吸收区域有所不同,在 X—H 键的伸缩振动频率 3 700~2 500 cm^{-1} 区中,N—H,O—H 和 C—H 键的辨别是可能的,甚至不同的 C—H 键也能分辨出来。2 500~2 000 cm^{-1} 区为各种三键如炔基化合物、腈类化合物(或者 1,2-双键功能团如联烯类化合物);1 870~1 590 cm^{-1} 区为各种双键 C═O,C═C 的特殊振动吸收区域。图 7-9 为常见官能团振动吸收分布。

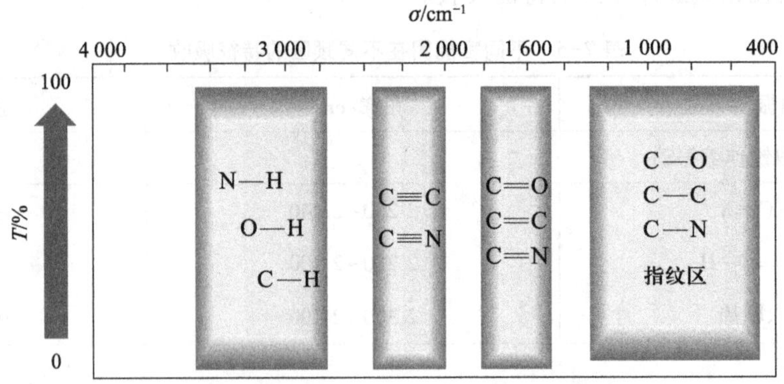

图 7-9　红外光谱中常见官能团振动吸收分布

7.3.4　一些典型有机化合物的红外光谱

从表 7-5 可以看出，具有一个特定官能团的化合物并非只在一个频率处有特定的吸收，它的特征吸收可能出现在几处。例如，烯烃在 3 100~3 010 cm^{-1}(C—H 伸缩振动)、1 675~1 640 cm^{-1}(C═C 伸缩振动)、1 000~675 cm^{-1}(C—H 面外弯曲振动)出现三种特征吸收峰。本节主要通过一些典型化合物的红外光谱分析了解特定官能团在哪些频区有特征吸收，最终达到解析谱图的目的。

7.3.4.1　烷烃、烯烃、炔烃

1. 烷烃

烷烃分子中只含有 C—C 和 C—H 键。C—C 键在 1 200~700 cm^{-1}区域有较弱的吸收峰，对结构解析用处不大。烷烃的特征吸收主要是 C—H 伸缩振动，在 2 980~2 850 cm^{-1}区域有强吸收峰，可用于区别饱和烃和不饱和烃。烷烃的 C—H 弯曲振动对结构解析非常有用。甲基($—CH_3$)和甲叉基($—CH_2—$)的不对称 $\delta_{C—H}$(即面内摇摆振动)在 1 460 cm^{-1}附近有吸收峰。甲基的对称 $\delta_{C—H}$(即剪式振动)在 1 380 cm^{-1}附近有吸收峰，其中孤立甲基只在 1 380 cm^{-1}附近出现单峰。如果分子中存在异丙基或叔丁基，单峰分裂成双峰，异丙基的双峰强度相等(像兔子的耳朵，称为兔耳峰)，叔丁基的双峰强度不等，低波数的吸收峰强度大一些。如果烷烃分子中存在四个或四个以上 CH_2 成直链时，则在 720 cm^{-1}附近出现特征吸收峰。

图 7-10 是正辛烷的红外光谱图，图中 2 960~2 850 cm^{-1}为 C—H 伸缩振动吸收峰。图中 1 466 cm^{-1}和 1 380 cm^{-1}为甲基和甲叉基的面内弯曲振动吸收峰，726 cm^{-1}为长链甲叉基[$—(CH_2)_n—, n\geqslant 4$]面外弯曲振动吸收峰。

2. 烯烃

双键作为烯烃的官能团，具有 C═C 伸缩振动、═C—H 伸缩和面外弯曲振动三种特征吸收。C═C 双键的伸缩振动吸收出现在 1 680~1 620 cm^{-1}，其强度和位置取决于双键碳原子上取代基的数目和性质，分子对称性越高，吸收峰越弱，四个烷基取代烯烃甚至看不到它的吸收峰。═C—H 伸缩振动吸收出现在 3 100~3 010 cm^{-1}区域，强度中等。═C—H 面外弯曲(面外摇摆)振动的吸收区域是 1 000~800 cm^{-1}，它对于鉴定各种取代类型的烯烃非常有用：单取代烯

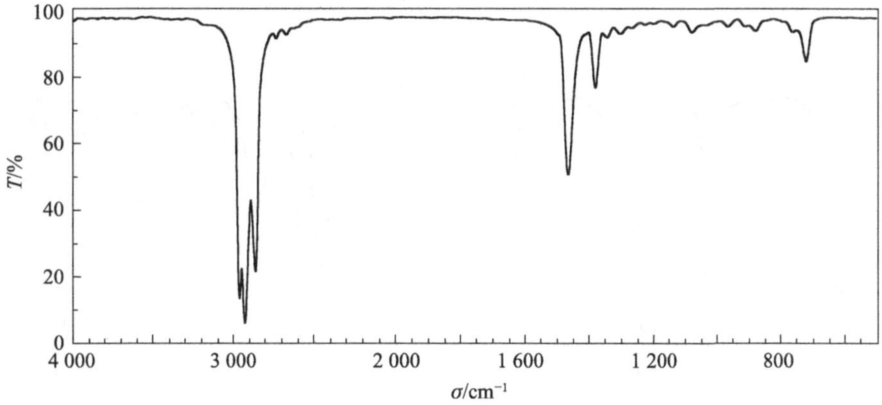

图 7-10 正辛烷的红外光谱图

烃($R—CH═CH_2$)在≈900 cm^{-1}和≈1 000 cm^{-1}出现两个吸收峰;同碳二取代烯烃($RR'C═CH_2$)在≈900 cm^{-1}出现一个单峰;二取代烯烃($R—CH═CH—R'$)的反式异构体在≈970 cm^{-1}处出现吸收峰,而顺式异构体则在≈670 cm^{-1}处出现吸收峰;三取代烯烃($RR'C═CR''$)在≈820 cm^{-1}处出现吸收峰;四取代烯烃由于无烯氢,所以在该区域没有吸收。

图 7-11 是 1-辛烯的红外光谱图,3 080 cm^{-1}为═C—H 伸缩振动吸收,1 640 cm^{-1}为 C═C 伸缩振动吸收,909 cm^{-1}和 993 cm^{-1}两个吸收峰为单取代烯烃═C—H 面外弯曲振动的特征吸收峰。

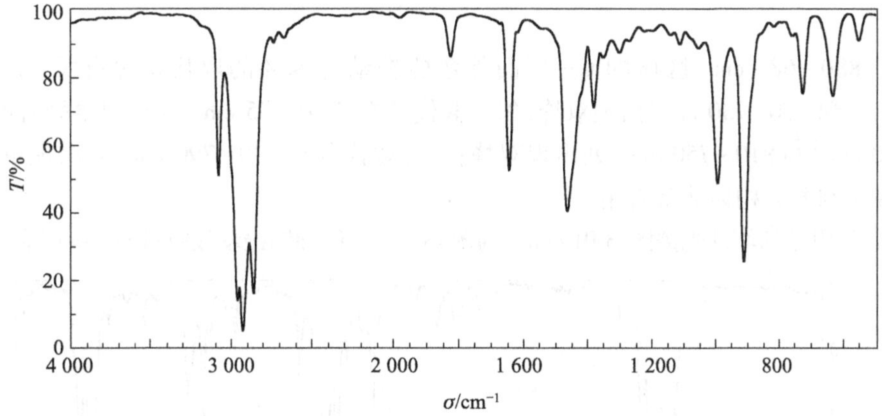

图 7-11 1-辛烯的红外光谱图

3. 炔烃

炔烃含有碳碳三键,其伸缩振动吸收在 2 250~2 100 cm^{-1}区域,尽管吸收峰的强度不大,但在该区域内其他吸收峰的干扰比较少,所以是最明显的碳碳三键的特征吸收峰。当然对称炔烃的伸缩振动不能引起偶极矩的变化,在该区域内无吸收。端基炔烃的 ≡C—H 伸缩振动特征吸收出现在 3 300~3 100 cm^{-1}区域。在 700~600 cm^{-1}区域有 ≡C—H 弯曲振动吸收,对于结构鉴定非常有用。图 7-12 为 1-辛炔的红外光谱图,2 120 cm^{-1}处中等强度的吸收峰为 C≡C 的伸缩振动吸收，3 320 cm^{-1}为 ≡C—H 的伸缩振动特征吸收，638 cm^{-1}为 ≡C—H 的弯曲振动吸收。

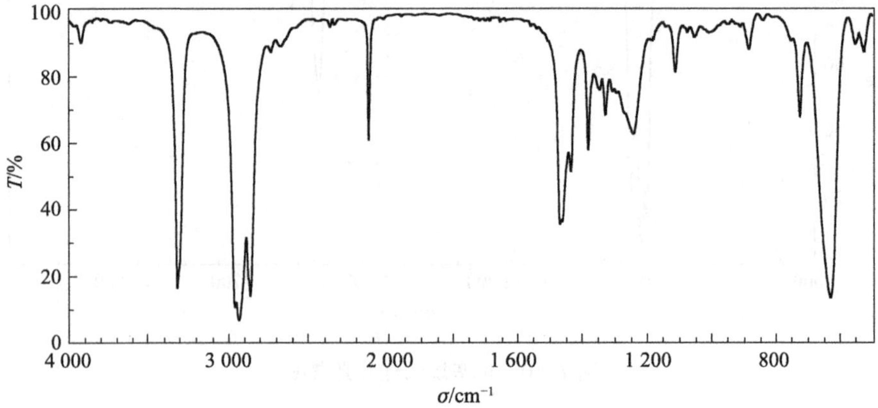

图 7-12　1-辛炔的红外光谱图

7.3.4.2　芳烃

芳烃的特征吸收区域主要有三个：3 100～3 010 cm^{-1}芳环上 C—H 伸缩振动吸收，1 600～1 450 cm^{-1}苯环 C═C 骨架振动，880～680 cm^{-1} C—H 面外弯曲振动吸收。其中 Ar—H 伸缩振动与烯烃有相同的吸收，但 C═C 骨架振动与烯烃 C═C 伸缩振动不同。单芳烃的 C═C 伸缩振动吸收在 1 600 cm^{-1}，1 580 cm^{-1}，1 500 cm^{-1}和 1 450 cm^{-1}附近有两到四条吸收带。但 1 450 cm^{-1}处吸收往往与甲基、甲叉基的 C—H 弯曲振动重合，经常观察不到。这些吸收是芳香族化合物的重要特征。

苯环上 880～680 cm^{-1}区域的 C—H 面外弯曲振动与苯环的取代情况有关：单取代苯在 710～690 cm^{-1}和 770～730 cm^{-1}出现双峰；邻二取代苯在 770～735 cm^{-1}处出现单峰；间二取代苯在 710～690 cm^{-1}和 810～750 cm^{-1}处出现双峰；对二取代苯在 840～790 cm^{-1}处出现单峰。这些特性吸收峰对判断异构体非常有用。

图 7-13 是甲苯的红外光谱图，3 010 cm^{-1}为苯环上 C—H 伸缩振动吸收；1 600 cm^{-1}和 1 500 cm^{-1}

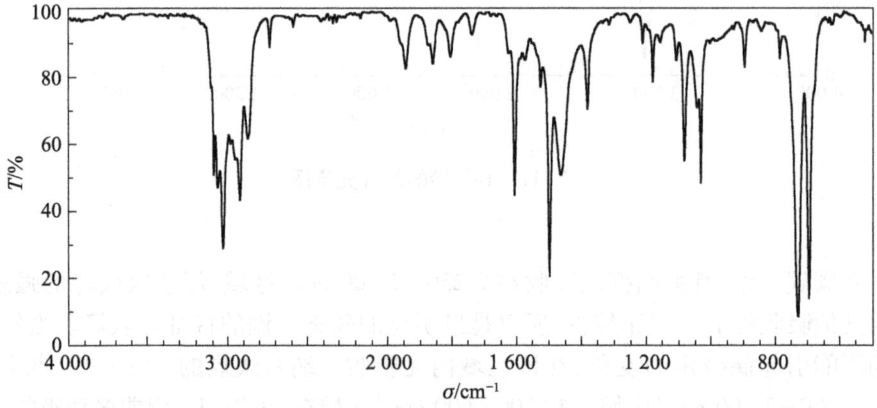

图 7-13　甲苯的红外光谱图

为苯环 C═C 骨架伸缩振动吸收；730 cm^{-1}和 690 cm^{-1}的双峰为单取代苯的 C—H 面外弯曲振动吸收。

7.3.4.3 醇

醇的主要特征吸收是 O—H 和 C—O 的伸缩振动吸收。醇游离羟基的 O—H 伸缩振动在 3 650~3 600 cm^{-1}有尖峰。但醇往往形成分子间氢键，削弱了 O—H 键强度而使吸收频率降低。随试样浓度的不同，氢键形成的可能性不同，吸收频率发生移动的程度不同。所以，形成分子间氢键的 O—H 伸缩振动在 3 500~3 200 cm^{-1}区域会出现一个宽的吸收峰。C—O 伸缩振动在 1 250~1 000 cm^{-1}区域。各种类型的醇的 C—O 伸缩振动吸收大致如下：叔醇（饱和）1 200~1 125 cm^{-1}，仲醇（饱和）1 125~1 085 cm^{-1}，伯醇（饱和）1 085~1 050 cm^{-1}。图 7-14 为正丁醇的红外光谱图，3 330 cm^{-1}附近的宽峰为正丁醇 O—H 伸缩振动吸收，1 070 cm^{-1}为 C—O 伸缩振动吸收。

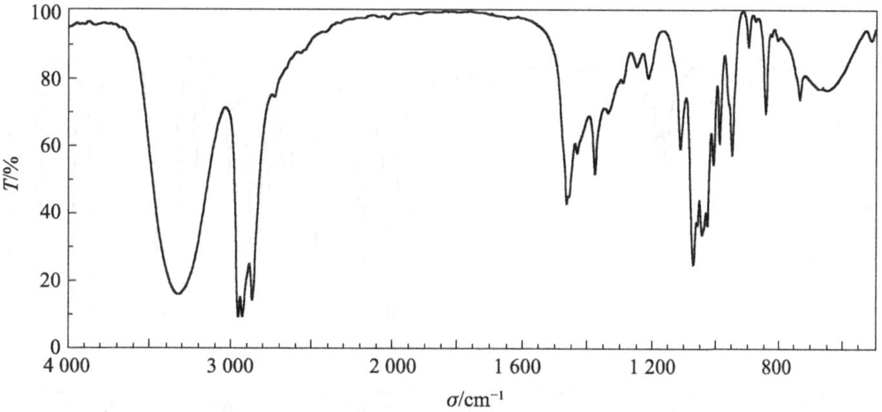

图 7-14 正丁醇的红外光谱图

7.3.4.4 醛、酮

羰基（C═O）是醛、酮的官能团，羰基的红外光谱在 1 750~1 680 cm^{-1}有一个非常强的伸缩振动吸收峰，这是鉴别羰基最快速的方法。各类醛、酮中羰基的吸收位置有差别，大概的范围如下：脂肪醛 1 740~1 720 cm^{-1}；芳醛 1 717~1 695 cm^{-1}；α,β-不饱和醛 1 705~1 680 cm^{-1}；脂肪酮 1 725~1 705 cm^{-1}；α,β-不饱和酮 1 685~1 665 cm^{-1}；一芳酮 1 700~1 680 cm^{-1}。

醛的主要特征吸收是甲酰基 C—H 伸缩振动，在 2 820 cm^{-1}和 2 720 cm^{-1}出现弱吸收，两个吸收峰都低于脂肪烃的 C—H 伸缩振动。特别是后者，容易辨认，是鉴别醛、酮的特征吸收峰。

图 7-15 是正丁醛的红外光谱图，1 730 cm^{-1}的强峰是甲酰基的特征伸缩振动吸收，2 820 cm^{-1}和 2 720 cm^{-1}是甲酰基 C—H 伸缩振动吸收。

图 7-16 是苯乙酮的红外光谱图，1 680 cm^{-1}是酮基伸缩振动的特征吸收。由于苯环与酮基的共轭，使得酮基的吸收向低波数移动。

问题 7-5 正丁醛和丁酮是同分异构体，如何用红外光谱区别它们？

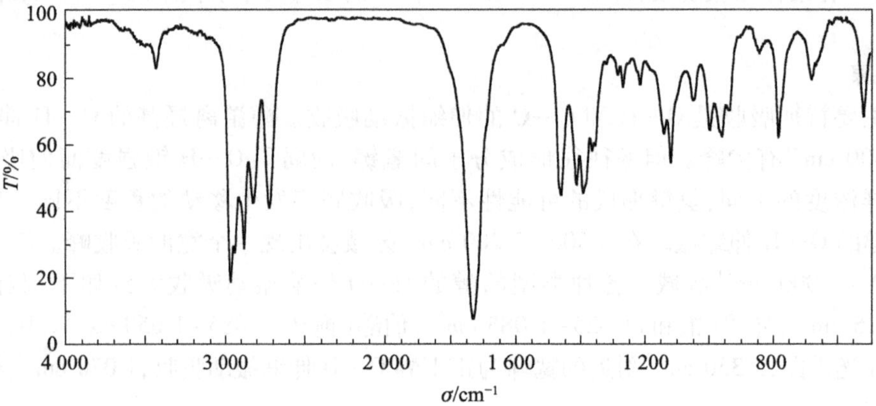

图 7-15　正丁醛的红外光谱图

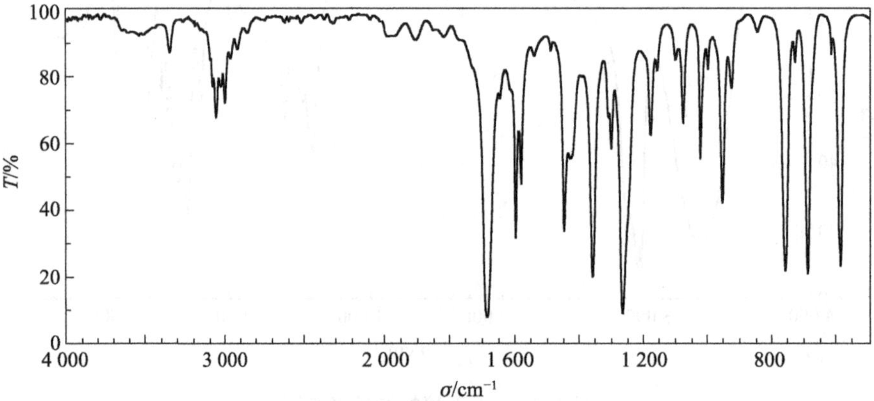

图 7-16　苯乙酮的红外光谱图

7.3.5　红外光谱解析

由于红外光谱很复杂，解析红外光谱不是一件简单的事情，因此，在有机化学中只要求学会一些简单的经典化合物的红外光谱解析。红外光谱解析的原则是：解谱时不必对每个吸收峰都进行指认。重点解析强度大、特征性强的峰，同时考虑相关峰。相关峰是指由于某个官能团的存在而出现的一组相互依存、相互佐证的吸收峰。例如，分子中存在苯环结构，则会在 3 100～3 010 cm^{-1}有芳环上 C—H 伸缩振动吸收，在 1600～1450 cm^{-1}有苯环 C═C 骨架振动吸收，在 880～680 cm^{-1}有与取代类型相关的 C—H 面外弯曲振动吸收。这些峰是相关峰，必须同时存在才能说明可能有苯环结构。

红外光谱解析的一般步骤如下：

1. 不饱和度计算

当人们应用光谱测定一个未知有机化合物的分子结构时，一般首先研究其分子式的不饱和度，这样做可使问题简化。

不饱和度（degree of unsaturation）又称缺氢指数（index of hydrogen dificiency）或双键当量

(double bond equivalent, DBE)。它反映一个分子中含有环和不饱和键的总数。它是通过对未知物的分子式与对应的开链饱和化合物的分子式进行比对确定的。将这两个分子式中氢原子数之差除以 2 就是不饱和度(Ω)。其计算公式如下：

$$\Omega=\frac{2n_4+2+n_3-n_1}{2} \tag{式 7-9}$$

式 7-9 中，n_4 为四价元素(如 C)的原子个数，n_3 为三价元素(如 N)的原子个数，n_1 为一价元素(如 H、卤原子)的原子个数。二价元素(如 O、S)的原子个数对不饱和度没有贡献，计算时不用考虑。

不饱和度在有机化合物结构分析中非常有用。即使只有一种光谱，也可以由不饱和度获得分子结构的重要信息。如 $\Omega=1$ 的化合物，其分子一定有一个双键或一个环，如果没有双键，则化合物就是饱和环状化合物。$\Omega=2$ 的化合物，其分子不是含有一个三键就是含有两个双键或两个环，或一个双键一个环。知道未知物的不饱和度，即可着手分析谱图的相应区域，以确定双键、三键或环的存在。苯环含有一个环和三个双键，这相当于不饱和度为 4。如果一个未知物的不饱和度为 4 或更大，需要考虑可能有苯环，而不饱和度小于 4 的未知物，则不可能含有苯环。

现列举几例说明根据未知物分子式，如何进行不饱和度的计算。

例 1. 计算分子式为 $C_{10}H_{14}N_2$ 的不饱和度

已知：$n_4=10$，$n_3=2$，$n_1=14$，根据式 7-9，其不饱和度的计算如下：

$$\Omega=\frac{2n_4+2+n_3-n_1}{2}=\frac{2\times10+2+2-14}{2}=5$$

例 2. 计算分子式为 $C_4H_4BrNO_2$ 的不饱和度

已知：$n_4=4$，$n_3=1$，$n_1=4+1=5$，根据式 7-9，其不饱和度的计算如下：

$$\Omega=\frac{2n_4+2+n_3-n_1}{2}=\frac{2\times4+2+1-5}{2}=3$$

2. 官能团的确定

在着手分析一个未知物的红外光谱时，应着重关注几种官能团是否存在。C═O、O—H、N—H、C—O、C═C、C≡C、C≡N、苯环等吸收峰是最引人注意的，如果存在即可给出信息，结合分子的不饱和度信息，即可确定分子中是否存在上述官能团。在解析步骤上宜"先粗后细"，例如分析羰基化合物时，先找到 $\nu_{C=O}$ 峰，再确定该化合物是属于醛、酮、酯、酰胺、羧酸等哪一类。分析芳香族化合物时，先确定苯环骨架，再确定位置。分析羟基化合物时，先找到羟基的吸收峰，再确定该化合物是醇还是酚，如果是醇再确定属于伯、仲、叔醇中的哪一种。现举一例说明利用红外光谱进行未知物的结构推测。

例 3. 化合物 C_3H_4O 的红外光谱如图 7-17，试推测出该化合物的结构式。

先根据该化合物的分子式 C_3H_4O，计算出该化合物的不饱和度：

$$\Omega=\frac{2n_4+2+n_3-n_1}{2}=\frac{2\times3+2+0-4}{2}=2$$

从未知物的红外光谱图(见图 7-17)可以看出：≈3 300 cm^{-1} 有一宽的吸收峰，明显说明羟基的存在(属于氢键缔合的 O—H 伸缩振动吸收)，1 040 cm^{-1} 是 C—O 伸缩振动吸收，所以该化合物为醇。在 2 110 cm^{-1} 处的吸收峰为碳碳三键的特征吸收，说明分子中含有碳碳三键。结合该化合物的不饱和度,很容易推测出该化合物为炔丙醇。图中 ≡C—H 的伸缩振动吸收被羟基的宽峰湮没。

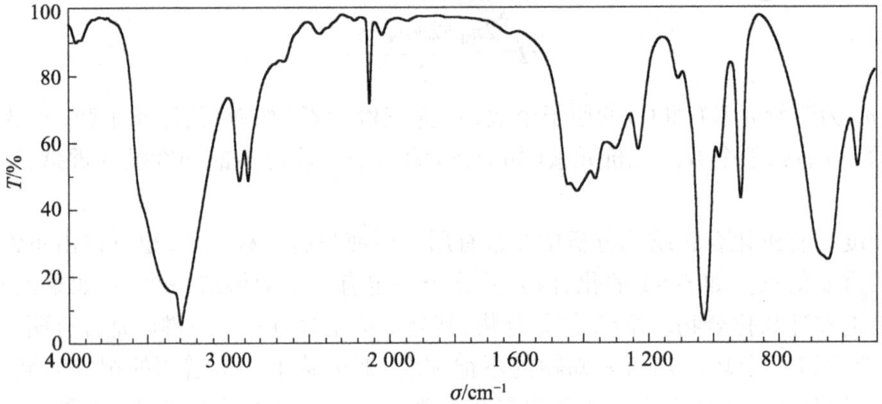

图 7-17　化合物 C_3H_4O 的红外光谱图

问题 7-6　化合物 C_9H_{10} 红外光谱在 3 100 cm^{-1}, 1 650～1 500 cm^{-1}(多峰),在 890 cm^{-1}、770 cm^{-1} 和 700 cm^{-1} 有特征吸收。该化合物被 $KMnO_4$ 氧化得到苯甲酸。写出它的结构式。

§7.4　核磁共振谱

核磁共振现象于 1946 年由珀塞耳(Purcell E M)和布洛赫(Bloch F)等人发现,很快发展成为测定有机化合物结构的强有力工具。20 世纪 70 年代以来,使用强磁场超导核磁共振仪,大大提高了仪器灵敏度;脉冲傅里叶变换核磁共振仪使得 ^{13}C、^{15}N 等的核磁共振得到了广泛应用;计算机解谱技术使复杂谱图的分析成为可能。

7.4.1　核磁共振基本原理

带电荷的质点自旋会产生磁场,磁场具有方向性,可用磁矩表示。原子核作为带电荷的质点,它的自旋可以产生磁矩。但并不是所有原子核的自旋都有磁矩,实验证明只有那些原子序数或质量数为奇数的原子核自旋才具有磁矩,如 ^1H, ^{13}C, ^{15}N, ^{17}O, ^{19}F, ^{29}Si, ^{31}P 等。组成有机化合物的主要元素为 C 和 H, ^1H 和 ^{13}C 是广泛研究的两种核。现以 ^1H 核为例说明核磁共振的基本原理。

质子具有量子数分别为+1/2 和-1/2 两个自旋态,这两个自旋态的能量相同,质子处于这两种自旋态的概率也相同。

质子可以看作是一个旋转着的带电荷质点,它的自旋遵守右手螺旋规则,有一定的磁矩,其方向与质子旋转轴重合。在没有外磁场时,自旋磁矩取向是混乱的。但在外加磁场磁感应强度 B_0 影响下,它的取向分为两种,一种与 B_0 取向相同[见图 7-18(a)],另外一种与 B_0 取向相反

[见图 7-18(b)]。这两种不同取向的自旋具有不同的能量。与 B_0 取向相同的自旋能量较低，而与 B_0 取向相反的自旋能量较高。

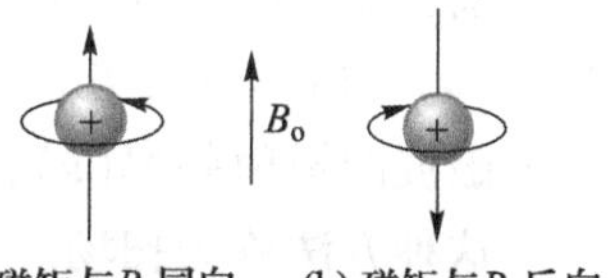

图 7-18　在外加磁场磁感应强度 B_0 影响下质子的两种自旋态

这两种自旋态的能量差 ΔE 与外加磁场的磁感应强度成正比，可用式 7-10 表示：

$$\Delta E=\gamma\frac{h}{2\pi}B_0 \qquad \text{（式 7-10）}$$

式 7-10 中，γ 为磁旋比，对于特定的原子核，γ 为一常数（如质子的 γ 为 2.6750），h 为普朗克常量（6.626×10^{-34}），B_0 为外加磁场的磁感应强度，单位为 T（telsla）。从式 7-10 可以看出，两种取向的能量差与磁感应强度 B_0 有关，外加磁场磁感应强度 B_0 越强，它们的能量差就越大。图 7-19 清楚地表明外加磁场磁感应强度与两种自旋取向的能量差关系。当外加磁场磁感应强度为 B_0 时能量差为 ΔE，B_0'时能量差为 $\Delta E'$，因 $B_0'>B_0$，所以 $\Delta E'>\Delta E$。

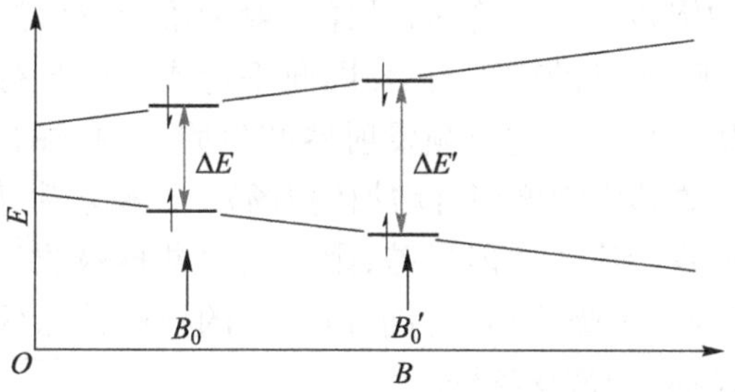

图 7-19　不同磁感应强度时两种质子自旋态的能量差

不过即使在非常强的外加磁场中，质子自旋时产生的这种能量差 ΔE 的数值也是非常小的。当 B_0 达到 7.05 T，ΔE 仅为 $1.25\times10^{-4}\ \mathrm{kJ\cdot mol^{-1}}$，$B_0$ 达到 14.09 T，ΔE 仅为 $2.5\times10^{-4}\ \mathrm{kJ\cdot mol^{-1}}$，相当于电磁波波谱中射频区的能量。

与外加磁场磁感应强度方向相同的自旋质子吸收能量后可以跃迁到较高的能级，变为与外加磁场磁感应方向相反的自旋质子。电磁辐射可以有效地提供能量。当辐射能恰好等于跃迁所需要的能量时，即 $E_{辐}=h\nu=\Delta E$，就会发生这种自旋取向的变化，即**核磁共振**。

因两种自旋状态的能差（ΔE）与外磁场磁感应强度有关，所以发生共振的辐射频率也随外加磁场磁感应强度变化。故很容易找到它们之间的关系。将式 7-10 代入 $E_{辐}=h\nu=\Delta E$ 式可得式 7-11：

$$h\nu=\gamma\frac{h}{2\pi}B_0$$

$$\nu=\frac{\gamma}{2\pi}B_0 \qquad \text{（式 7-11）}$$

由式 7-11 可求得不同外加磁场磁感应强度（B_0）时发生共振所需要的辐射频率（ν）。如果固定外加磁场磁感应强度，根据式 7-11 可求出共振所需频率。同样，若固定辐射频率也可以求出外加磁场磁感应强度。

目前核磁共振主要有两种操作方式：一种方法是固定磁感应强度 B_0，逐渐改变电磁波的辐射频率(ν)，进行扫描，当 ν 与 B_0 匹配时，发生核磁共振。这种方法称为扫频。另外一种方法是固定电磁波的辐射频率(ν)，然后从低场到高场逐渐改变 B_0。当 B_0 与 ν 匹配时，也会发生核磁共振。这种方法称为扫场。一般仪器都采用扫场的方法。

在外加磁场磁感应强度影响下，处于两个能级的质子数是不同的，高能级的质子数 N_h 和低能级的质子数 N_l 可用式7-12进行计算：

$$\Delta E=-2.303RT\lg\frac{N_h}{N_l} \qquad (式7-12)$$

在25℃下，外磁场磁感应强度为7.05T时，N_h 与 N_l 的比值为

$$\frac{N_h}{N_l}=\frac{1.000\,000}{1.000\,048}$$

当 N_h 为一百万(1 000 000)，N_l 为1 000 048，此时低能级的质子仅比高能级的多48个。

图7-20为核磁共振仪示意图，其核心部件是一个强度很大的超导磁体或电磁铁。测试试样放在磁铁两极之间能绕轴旋转的试样管内，试样一般为溶液，试样管周围为射频线圈。在外加磁场磁感应强度 B_0 作用下，质子的磁矩与 B_0 同向平行或反向平行排列，处于较低能级的质子数略多于处于高能级的质子数。通过射频发射器产生固定频率的无线电波辐射。同时在扫描线圈通入直流电使总磁场磁感应强度稍有增加(扫场)。当磁场磁感应强度增加到一定值，满足辐射能等于两种不同取向自旋质子的能量差，则会发生共振吸收。信号被接受、放大并记录在核磁共振谱图上，其形状为一个吸收峰。目前最常用的核磁共振仪为300 MHz和400 MHz。一般仪器的兆赫(MHz)数越高，分辨率越好。

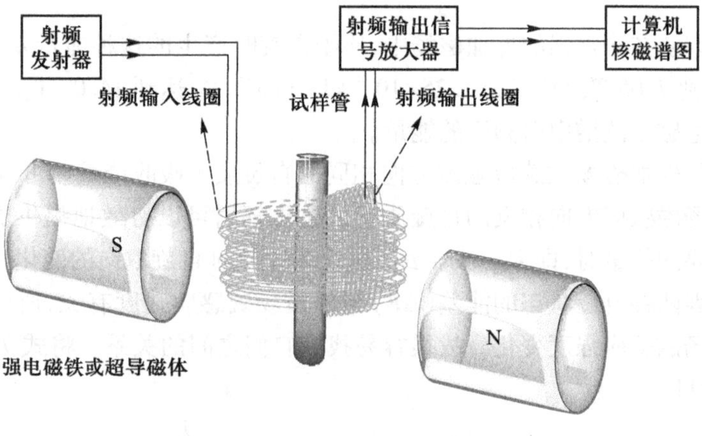

核磁共振仪

图7-20 核磁共振仪示意图

7.4.2 屏蔽效应和化学位移

7.4.2.1 化学位移的定义

质子具有磁性，在电磁波照射下，能通过共振吸收电磁波能量发生跃迁，用核磁共振仪可以记录到有关信号。有机化合物分子中的质子，处在不同化学环境中，因此，产生共振时吸收电磁

波的频率不同。在图谱上出现的位置也不同。原子核(如质子)由于化学环境所引起的核磁共振信号位置的变化称为化学位移(chemical shift)。质子的化学环境不同,共振吸收的强度不同,便有不同的化学位移。

7.4.2.2 屏蔽效应

由于有机分子中与质子相邻原子周围的电子对其有屏蔽作用,相邻原子周围的电子在外加磁场中产生感应磁场,其方向与外加磁场的方向相反(见图 7-21)。这使得实际上作用于质子的磁感应强度比外加磁场的强度小百万分之几。因此,外加磁场磁感应强度还要稍微增加,以补偿感应磁场的影响,从而引起质子的能级跃迁,产生核磁共振信号。相邻原子周围的电子对质子产生的这种作用称为屏蔽作用或屏蔽效应(shielding effect),也叫抗磁屏蔽效应。

屏蔽多的质子与屏蔽少的质子相比,对于外加磁场的感受较少,必须在较高强度的外磁场作用下才能发生共振吸收。因此,在质子周围的**电子概率密度越大**,屏蔽效应越大,需要**在更高强度的磁场才能发生共振**,出现相应的核磁信号峰;相反,**电子概率密度越小**,屏蔽效应越小,只需要**在较低强度的磁场就能发生共振**。由于氢核在分子中所处的环境不同,产生的感应磁场不同,使不同氢原子共振所需要的外加磁场磁感应强度也不同,在核磁共振谱图上就会出现不同位置的共振吸收峰。例如,甲醇有两种不同环境下的氢,在核磁共振谱图上出现两个不同位置的共振吸收峰(见图 7-22)。

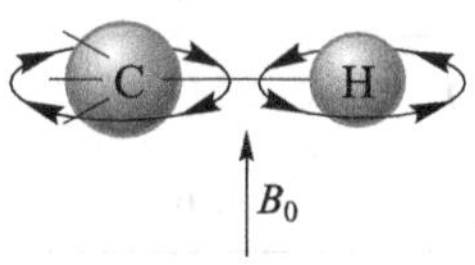

图 7-21 C—H 键上的电子对于质子自旋的影响

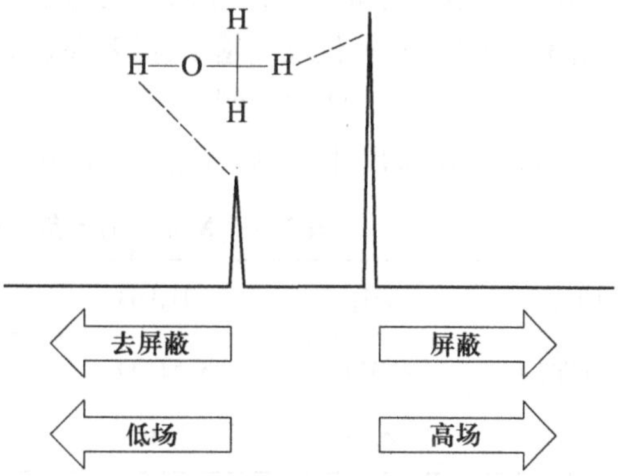

图 7-22 甲醇的^{1}H NMR 图谱

7.4.2.3 化学位移的表示

化学位移的差别非常小,约为百万分之十,想要精确测定其数值十分困难。现采用相对数值表示法,即选用一个标准物质,以该标准物质的共振吸收峰所处的位置为零点,其他吸收峰的化学位移根据这些吸收峰的位置与零点的距离来确定。目前最常用的标准物质是四甲基硅烷$(CH_3)_4Si$(tetramethylsilane,简写为 TMS)。化学位移用 δ 来表示,四甲基硅烷吸收峰的 δ 为零,其峰右边的 δ 为负,左边的 δ 为正。

由于感应磁场与外磁场的磁感应强度 B_0 成正比,所以屏蔽作用引起的化学位移也与外磁场磁感应强度 B_0 成正比。例如乙醚,若用 60 MHz 的核磁共振仪测试时,其 CH_3 和 CH_2 的 H 对 TMS 分别为 69 Hz 和 202 Hz;若用 300 MHz 的核磁共振仪测试时,其 CH_3 和 CH_2 的 H 对 TMS 分别为 345 Hz 和 1 010 Hz。在实际测定工作中,为了避免用不同感应强度的核磁共振仪而引起化学位移的变化,δ 一般都用相对值来表示,由于数值太小,所以乘以 10^6。其定义为

$$\delta=\frac{\nu_{样}-\nu_{标}}{\nu_{仪}}\times10^{6}$$

式中 $\nu_{样}$ 和 $\nu_{标}$ 分别表示试样和标准物质的共振频率，$\nu_{仪}$ 为测试仪器选用的频率。基于此，乙醚中 CH_3 和 CH_2 中氢化学位移无论是用 60 MHz 的核磁共振仪还是用 300 MHz 的核磁共振仪或者其他频率的核磁共振仪测试，其化学位移都分别为 1.15 和 3.37。

多数有机化合物的质子信号发生在 δ 0~10 之间。**要注意：δ 值越小，场越高**。化学位移也有用 τ 表示的，τ = 10−δ。

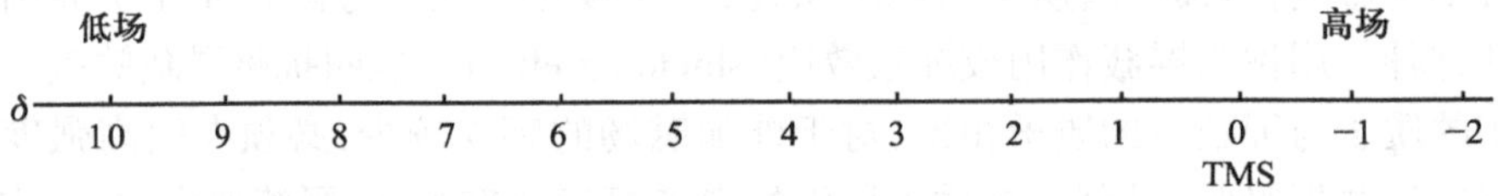

7.4.3　影响化学位移的因素

化学位移是由屏蔽作用所引起的共振时磁感应强度的移动现象，所以位移的大小与氢核所处的化学环境有关。影响氢核化学位移的主要因素有电负性和各向异性效应。

7.4.3.1　电负性

与质子直接相连的碳原子上连接原子的电负性越大，由于吸电子诱导效应，使该质子周围的电子概率密度越小，屏蔽效应越小，需要在较低频率的磁场才能发生共振，其质子信号就在越低的磁场出现，化学位移 δ 增大。例如，表 7−6 列出 X 元素的电负性对 CH_3X 中质子化学位移的影响。从表中可以明显看出，随甲基所连元素的电负性的增大，甲基质子化学位移 δ 逐渐增大。

表 7−6　X 元素的电负性对 CH_3X 中质子化学位移的影响

CH_3X	CH_3F	CH_3OH	CH_3Cl	CH_3Br	CH_3I	CH_3—H
电负性(X)	4.0(F)	3.5(O)	3.1(Cl)	2.8(Br)	2.5(I)	2.1(H)
δ	4.26	3.40	3.05	2.68	2.16	0.20

此外，这种原子电负性的影响具有叠加性，如甲烷中 H 的化学位移为 0.20，一氯甲烷中 H 的化学位移为 3.05，随着氯原子数目的增加，二氯甲烷、三氯甲烷中 H 的化学位移分别增加至 5.30 和 7.27。**基团电负性越大，基团越多，吸电子诱导效应就越大，屏蔽越弱，化学位移也越大。**

7.4.3.2　各向异性效应

当分子中某些基团的电子概率密度排布不呈球形对称时，它对邻近的氢核产生一个各向异性的磁场，从而使某些空间位置上的核受屏蔽，而另一些空间位置上的核去屏蔽，这一现象称为各向异性效应(anisotropic effect)。

1. 苯环的各向异性效应

苯环上的质子共振信号一般出现在低场，化学位移 δ 为 7.27。这是由于苯环 π 电子屏蔽作用的各向异性引起的。在外磁场影响下，苯环的 π 电子产生一个环电流，同时生成一个感应磁场。该磁场磁感应强度方向与外加磁场磁感应强度方向在环内相反(屏蔽区，用“+”表示)，在环外相同(去屏蔽区,用“-”表示)。从图 7-23 可以看到这个磁感应强度的方向。苯环上的六个质子正好都处于去屏蔽区,所以化学位移在较低场,δ 较大。可以想象若环内具有质子一定会受到较强的屏蔽作用,共振吸收应该出现在高场,δ 较小。事实确实如此,18-轮烯环内质子的化学位移 δ 为-2.99,而环外质子的化学位移 δ 为 9.28(见图 7-24)。

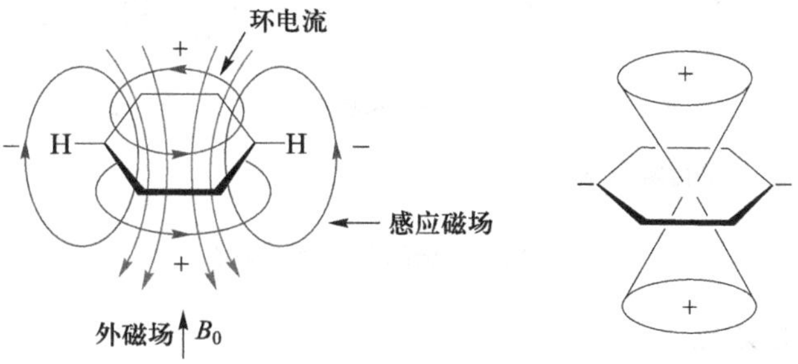

图 7-23 苯的各向异性效应

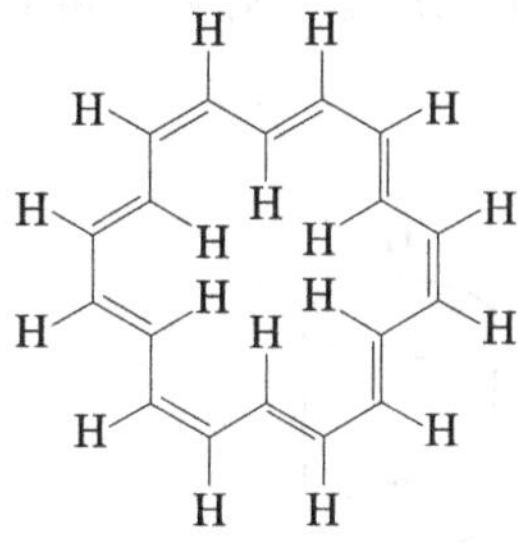

$\delta_{环外氢}=9.28$;$\delta_{环内氢}=-2.99$

图 7-24 18-轮烯环质子的化学位移

问题 7-7 解释下列化合物中各甲叉基质子 δ 的大小顺序:

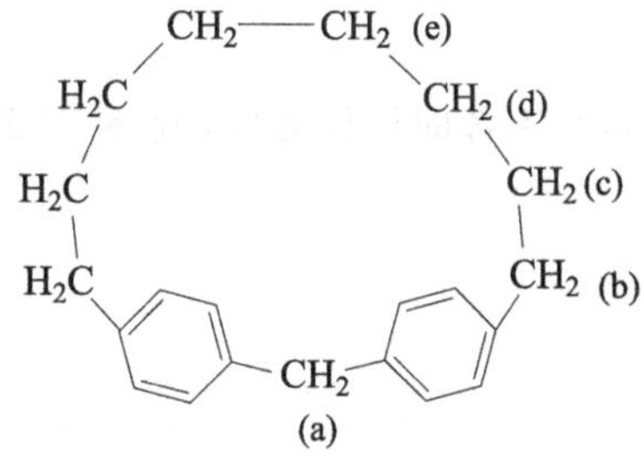

δ: (e) 0.30
(d) 0.90
(c) 1.30
(b) 2.70
(a) 3.81

2. 双键的各向异性效应

乙烷质子的化学位移为 0.96,而乙烯质子化学位移为 5.84。烯氢的共振出现在如此低的磁感应强度,一方面是烯碳 sp^2 杂化使 C—H 键电子比烷烃 sp^3 杂化更靠近碳,减小了对质子的屏蔽,更重要的是由于在外磁场作用下产生 π 电子环流,从而产生各向异性的感应磁场(见图 7-25),质子恰好处在去屏蔽区,所以,其化学位移在低场,δ 较大。同样,甲酰基氢也处于去屏蔽区,使得它的共振吸收也出现在低场,δ 为 9~10。

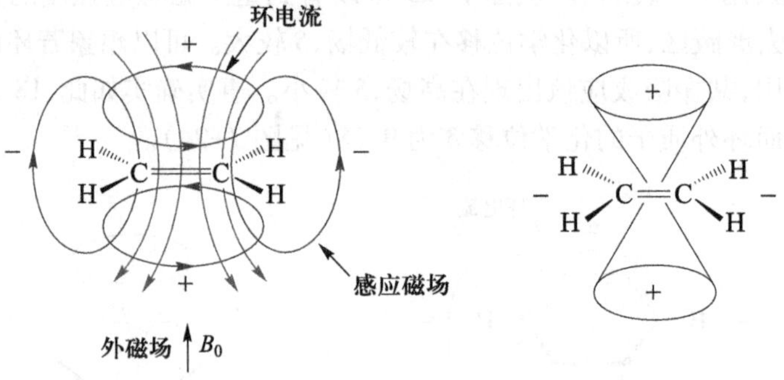

图 7-25　乙烯的各向异性效应

3. 三键的各向异性效应

当乙炔受到与乙炔分子平行的外磁场作用时(见图 7-26),乙炔圆桶形 π 电子环流产生一个与外磁场对抗的感应磁场,与乙烯类似,由于磁力线的闭合性,它也产生磁的各向异性效应,形成屏蔽区和去屏蔽区。乙炔分子中的炔氢正好处于屏蔽区,所以其化学位移出现在较高场,δ 较小,为 2.88。

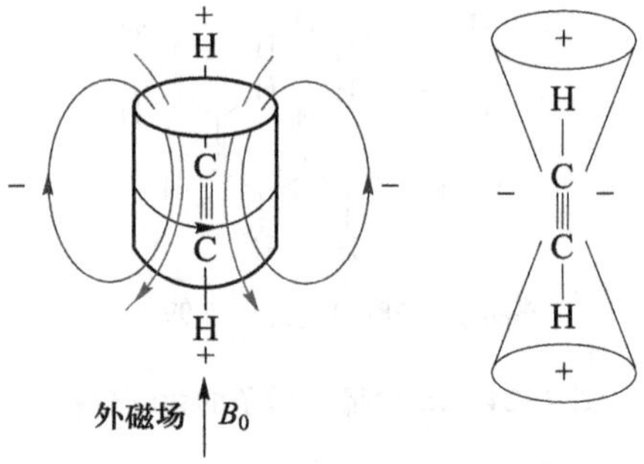

图 7-26　乙炔的各向异性效应

4. 单键的各向异性效应

C—C 单键的价电子(σ 电子)也能产生各向异性效应(见图 7-27),但与 π 电子环流所产生的各向异性效应相比要弱得多。

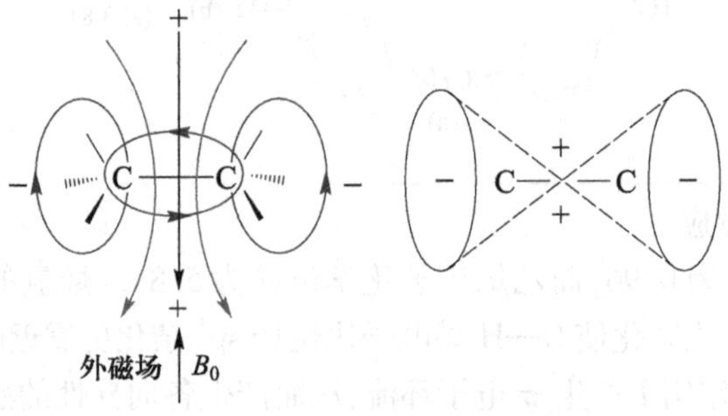

图 7-27　C—C 单键的各向异性效应

例如,环己烷上质子的化学位移,在没有取代的情况下且常温测定时,由于构象的快速互变,平伏键(e 键)和直立键(a 键)上的氢原子可以快速交换,因而,测得的核磁共振氢谱为一单峰(δ=1.37)。

当有取代基存在时,环己烷的构象固定,环上平伏氢和直立氢受环上 C—C 单键的各向异性影响并不完全相同,如图 7-28 所示。图中 C-1 上两个氢(e 键氢 H_e 和 a 键氢 H_a)受 C-1—C-6 和 C-1—C-2 两个单键的影响却不同。平伏氢 H_e 处于去屏蔽区,而直立氢 H_a 处于屏蔽区。因此,在构象固定的环己烷碳原子上,平伏氢 H_e 与直立氢 H_a 的化学位移不同,一般情况下,$\delta_{H_e}>\delta_{H_a}$,两者之差约为 0.45。

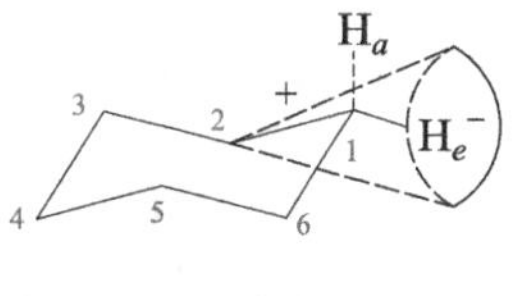

图 7-28 固定构象环己烷平伏氢和直立氢受单键各向异性效应影响的差别

7.4.3.3 氢键的影响

氢键的形成能较大地改变与氧、氮等元素直接相连质子的化学位移。由于氢键的形成可以削弱对氢键质子的屏蔽,使共振吸收移向低场。而氢键形成的程度与试样浓度、温度等有直接的关系,因此,在不同条件下羟基(—OH)和氨基(—NH_2)质子的化学位移变化范围较大。如醇羟基质子的化学位移一般为 1.0~5.5,酚羟基质子的化学位移为 4~7,胺一般为 0.5~5。羧酸容易以二聚体形式存在(双分子的氢键),羟基质子的化学位移为 10~13。

问题 7-8 解释下列化合物中标注的质子的化学位移大小。

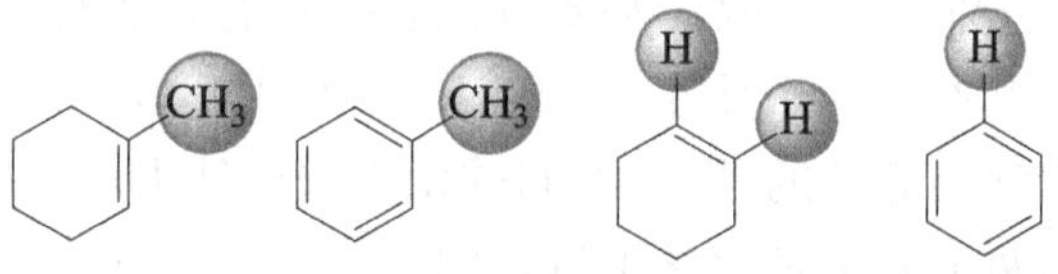

7.4.4 等价质子和不等价质子

化学位移不同的质子称为化学不等价(chemically nonequivalent)质子。化学等价的质子,具有相同的化学位移。判断两个质子是否化学等价的方法是将它们分别用一个试验基团取代,如果两个质子被取代后得到同一结构,则它们就是等价质子。例如:丙烷中两个甲基上的两个质子分别被溴原子取代后,得到的都是 1-溴丙烷,因此,丙烷分子中两个甲基的六个质子都是等价的。丙烷中甲叉基的两个质子分别被溴原子取代后,得到的都是 2-溴丙烷,因此,丙烷分子中甲叉基上的两个质子也是等价的。而丙烷中甲基上的质子与甲叉基上的质子是不等价质子。在丙烷的核磁共振氢谱中,会出现两组峰,分别对应其两个甲基的六个质子和甲叉基的两个质子。

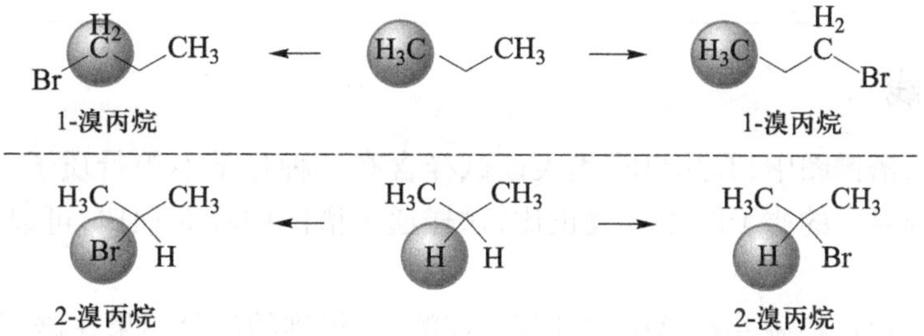

又如苯乙烯中双键碳原子上的三个质子是互为不等价质子，因为将它们分别用溴原子取代后，得到三种不同的同分异构体。

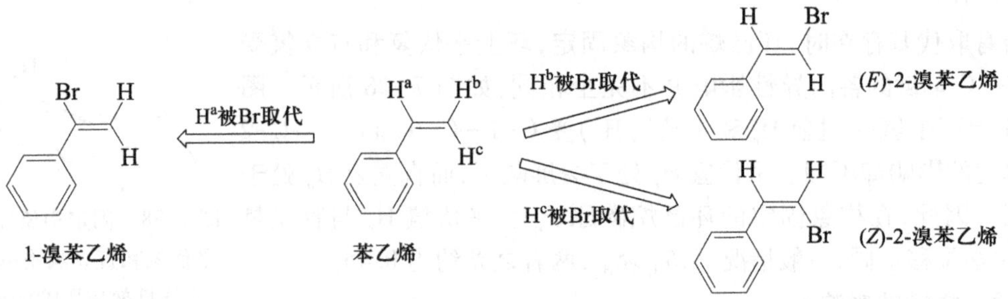

如果分子中两个质子分别用一个取代基团取代后得到一对对映异构体，它们在非手性溶剂中具有相同的化学位移，即化学等价。例如，溴乙烷中甲叉基的两个质子，用W取代后得到一对对映体，所以这两个质子是化学等价的：

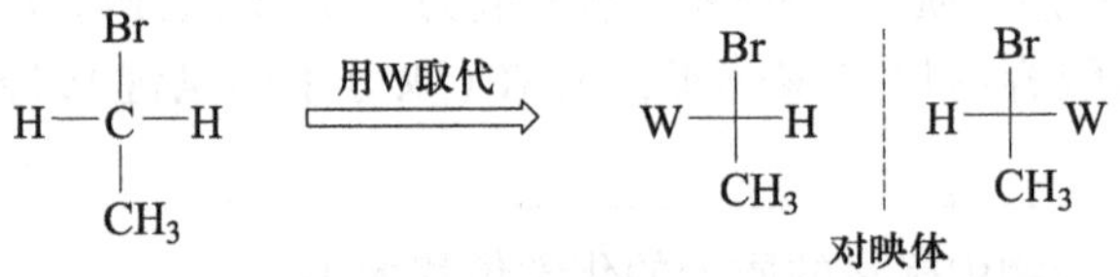

如果分子中两个质子分别用一个取代基团取代后得到的是非对映异构体，则它们是化学不等价的。例如，2-丁醇中甲叉基的两个质子 H^a 和 H^b 分别用W取代后，得到的是非对映体，所以这两个质子 H^a 和 H^b 是化学不等价的，即在不同的化学位移处出现共振吸收。一般来说与不对称碳原子相连的 CH_2 上的两个质子是化学不等价的。

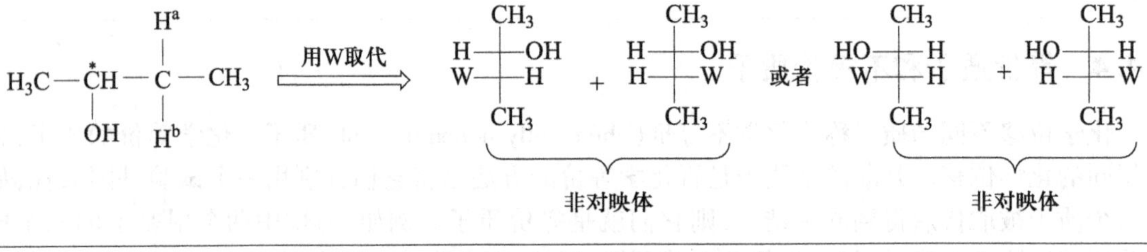

问题7-9　下列化合物的 ^1H NMR 谱图中各有几组吸收峰？

(1) 1-溴丁烷　(2) 1,4-二溴丁烷　(3) 2,2-二溴丁烷
(4) 1,1,4-三溴丁烷　(5) 溴乙烯　(6) 顺-1,2-二溴乙烯
(7) 2-甲基-2-丁烯　(8) 烯丙基溴

7.4.5　积分曲线

在核磁共振氢谱谱图中，有几组峰代表该试样含有几种化学不等价质子，每一组峰的强度即相应的峰面积与对应的质子的数目成正比，这样通过谱图中峰面积比，可以算出化学不等价质子的比例。

峰的面积可以通过核磁共振谱图软件积分器测定，得到的积分结果在谱图上用积分曲线显

示。积分曲线呈阶梯形,各个阶梯的高度表示化学不等价质子的比例。例如,甲醇的核磁共振氢谱谱图中(见图 7-29),积分曲线给出的两个化学不等价质子的比例为 1∶3,即为甲醇羟基质子和甲基质子的数目比。有时为了核磁共振谱图的美观,可以隐藏而不显示积分曲线,而是在谱图基线各个不同峰的下方给出积分比例。

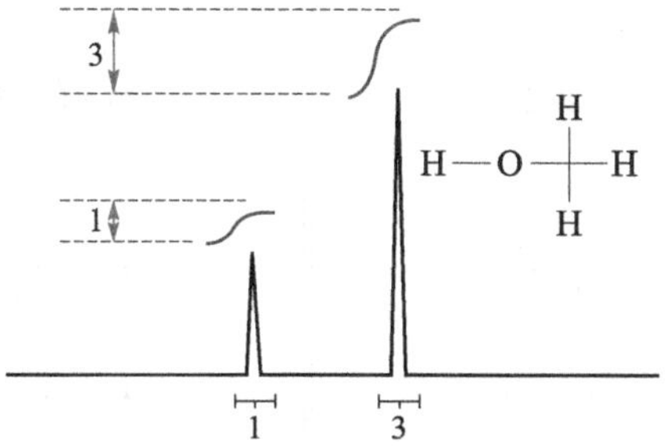

图 7-29 甲醇[1]H NMR 图谱中的积分曲线

7.4.6 常见有机化合物的化学位移

有机化合物中不同环境的质子,受到电子效应、各向异性、氢键等的影响,具有不同的化学位移。根据实验数据不同类型质子的化学位移大致分布如图 7-30 所示,表 7-7 列出特征质子的化学位移。

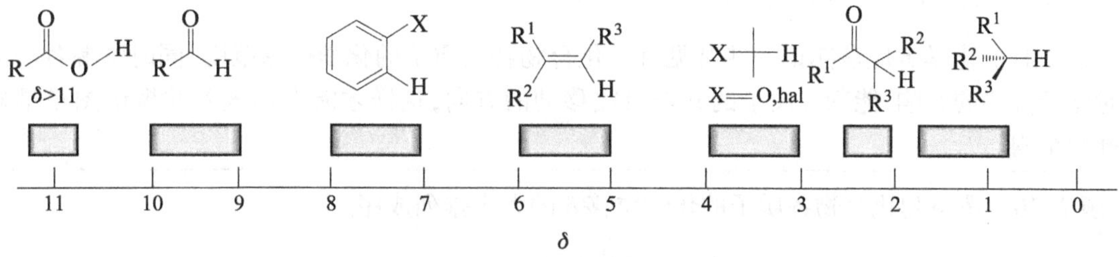

图 7-30 常见有机化合物质子化学位移分布

表 7-7 特征质子的化学位移

质子的类型	化学位移 δ	质子的类型	化学位移 δ
$RC\mathbf{H}_3$	0.9	F—C—**H**	4~4.5
$R_2C\mathbf{H}_2$	1.3	Cl—C—**H**	3.1~4.1
$R_3C\mathbf{H}$	1.5	Br—C—**H**	2.7~4.1

续表

质子的类型	化学位移 δ	质子的类型	化学位移 δ
C═C—C—**H**	1.6~2.6	R_2N—C—**H**	2.2~2.9
—C(═O)—C—**H**	2~2.7	—O—C—**H**	3.3~3.7
Ar—C—**H**	2.2~3	R—O**H**	0.5~5.5*
—C≡C—**H**	1.7~3.5	Ar—O**H**	6~8*
—C═C—**H**	4.5~6.5	R—COO**H**	10~13*
Ar—**H**	6~8.5	—N—**H**	0.5~5*
—C(═O)—**H**	9~10	—C(═O)—N—**H**	5~9.4

* 与氧和氮相连的质子的化学位移与温度及溶液浓度有关。

初学有机化学者应该熟记一些常见有机化合物特征质子的化学位移范围，同时掌握各种因素对化学位移的影响，能判定质子的共振吸收移动的方向，这样才能根据核磁共振谱图较准确地推测结构。

问题 7-10　按下列化合物各质子的化学位移 δ 的大小排列成序。

（1）$\underset{a}{CH_3}O\underset{b}{CH_2}CCl\underset{c}{(CH_3)_2}$　　（2）

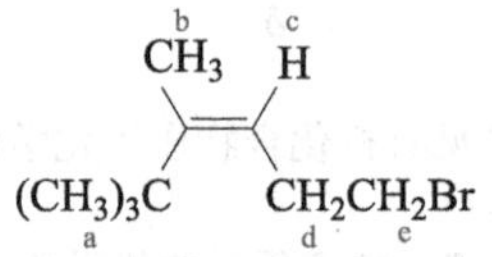

7.4.7　峰的裂分和自旋偶合

在分子中，不仅核外的电子会对质子的共振吸收产生影响，邻近质子之间也会因互相之间的作用影响对方的核磁共振吸收，引起共振谱线增多。这种相邻原子核之间的相互作用称为自旋-自旋偶合（spin-spin coupling），简称自旋偶合（spin coupling）。因自旋偶合而引起的谱线增多现象称为自旋-自旋裂分，简称自旋裂分。

在外加磁场磁感应强度 B_0 的作用下，自旋的质子产生一个小的磁矩（磁感应强度为 B_1），通过成键价电子的传递，对邻近的质子产生影响。质子的自旋有两种取向，自旋时与外磁场取顺向排列的质子，使受它作用的邻近质子感受到的总磁感应强度为（B_0+B_1），该邻近质子在较低的外加磁场作用下即可以发生跃迁，产生共振吸收，其化学位移向较低场移动，具有较大的化学位移；自旋时与外磁场取逆向排列的质子，使邻近质子感受到的总磁感应强度为(B_0-B_1)，相应的该邻近质子在较高的外加磁场作用下才可以发生跃迁，产生共振吸收，其化学位移向较高场移动，具有较低的化学位移。因此，当发生核磁共振时，一个质子发出的信号就被邻近的另一个质子裂分成了两个，这就是自旋裂分。

例如，1，1，2-三溴乙烷(Br_2CHCH_2Br)分子中，质子 H^a 与质子 H^b 是相邻碳原子上的质子。H^a 对 H^b 的作用：由于 H^a 的两种自旋取向的影响，当 H^b 感受到的磁感应强度比外加磁场磁感应强度略大时，则 H^b 的吸收应稍向低场移动(左移)，反之则向右移，两种情况的概率相同，所以 H^b 的吸收峰便被 H^a 裂分为左右两个等同的信号[见图 7-31(a)]。

与此同时，H^b 核的自旋也将对 H^a 产生同样的影响，但不同的是 H^b 有两个，每个 H^b 对磁场都可以有相反的两种影响，所以两个 H^b 对外加磁场的影响也有三种组合：即两个 H^b 的作用一致，其作用都对外磁场稍有影响，即箭头都向上或都向下；另一种情况是一个加强一个减弱，总结果则是对外不起作用。因此，H^a 感受到的 H^b 的影响就有三种，所以 H^a 被裂分为三重峰[图 7-31(b)]。

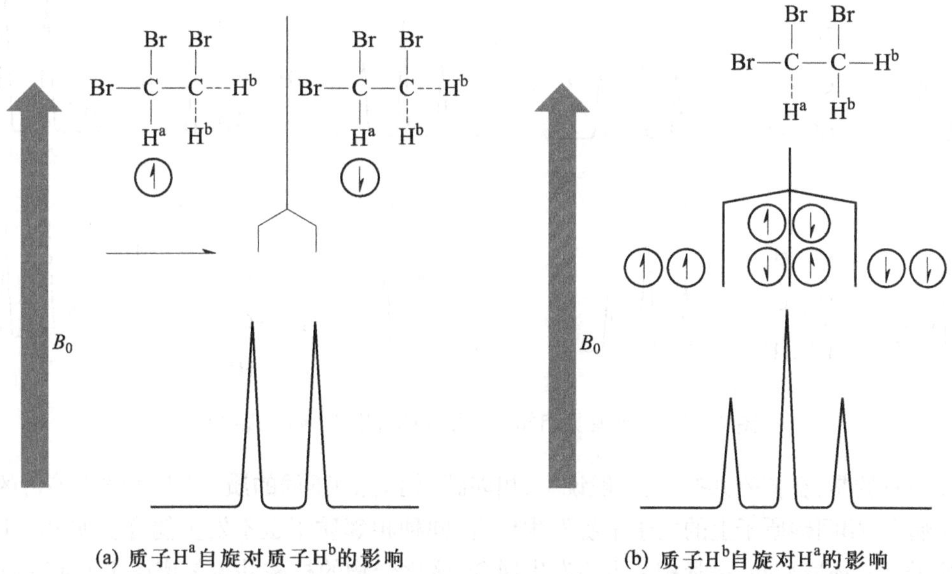

图 7-31　1，1，2-三溴乙烷($Br_2CH^aCH^b_2Br$)中质子 H^a 与 H^b 的自旋偶合

如果对 H^a 及 H^b 的两组峰积分，则积分曲线所代表的两组峰的总面积比约为 1∶2。质子的自旋裂分是有规律的，若一组化学等价的质子，它只有一组数目为 n 的相邻碳原子上的等价质子，那么它的吸收峰裂分为 $n+1$ 个，这就是 **n+1 规律**。基本上满足二项展开式的各项系数比，即双峰(1∶1)，三重峰(1∶2∶1)，四重峰(1∶3∶3∶1)，五重峰(1∶4∶6∶4∶1)，六重峰(1∶5∶10∶10∶5∶1)，七重峰(1∶6∶15∶20∶15∶6∶1)等。在核磁共振谱中常以 s(singlet)表示单峰；d(doublet)表示双峰，t(triplet)表示三重峰；q(quartet)表示四重峰；m(multiplet)表示多重峰(见表 7-8)。

由于相邻碳原子上的质子 H^a 和 H^b 的作用是相互的，在 $n+1$ 规则的基础上，就可以得到以下规律(见图 7-32)。

表 7-8　核磁共振氢谱中常见的峰的裂分种类

与某一个质子偶合的等价质子数目	峰裂分数	多重峰中各峰的强度比
1	双峰 doublet(d)	1 : 1
2	三重峰 triplet(t)	1 : 2 : 1
3	四重峰 quartet(q)	1 : 3 : 3 : 1
6	七重峰 septet(s)	1 : 6 : 15 : 20 : 15 : 6 : 1

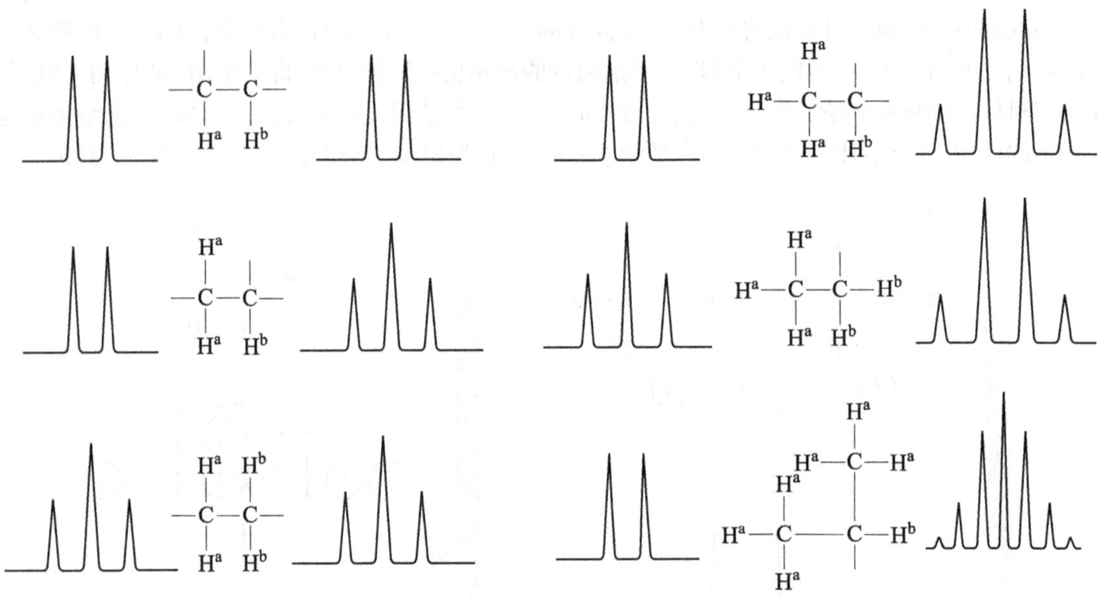

图 7-32　一些常见相邻质子相互偶合影响(***n*+1** 规律)

需要注意的是:在核磁共振中,一般说来,相邻碳原子上的**不同的质子**(即化学不等价的质子)才可发生偶合,相间碳原子上的质子不易发生偶合,同种相邻质子也不发生偶合。如 $Br_2CHCHBr_2$ 中两个质子所处环境相同,尽管相邻也不发生偶合,该化合物的核磁共振氢谱图上只有一个单峰。另外,活泼质子一般也不偶合,例如,CH_3OH 中的羟基不与甲基的质子产生偶合,它们都是单峰。

在磁场作用下,分子中的质子会产生自旋,邻近质子之间也会产生相互影响从而影响对方的核磁共振吸收,这种相互作用称为自旋偶合,自旋偶合的度量称为自旋的偶合常数(coupling constant),用符号 J 表示,J 值的大小表示偶合作用的强弱。就偶合常数的本质来看是质子自旋裂分时两个核磁共振能之差,通过共振吸收的位置不同来体现,在谱图上就是裂峰之间的距离,偶合常数的单位为 Hz。

乙酸乙酯在 300 MHz 核磁共振仪所测的 ^1H NMR 如图 7-33 所示,其中 OCH_2CH_3 的 CH_2 与 CH_3 相互偶合,基于 n+1 规则分别裂分为接近对称的四重峰和对称的三重峰,四重峰和三重峰的偶合常数是相同的,都是相邻的两个峰化学位移差与所用核磁共振仪的频率的积,即为其偶合常数。偶合常数是有机化合物分子本身偶合作用强弱的体现,而与测试所用的核磁共振仪的频率无关。

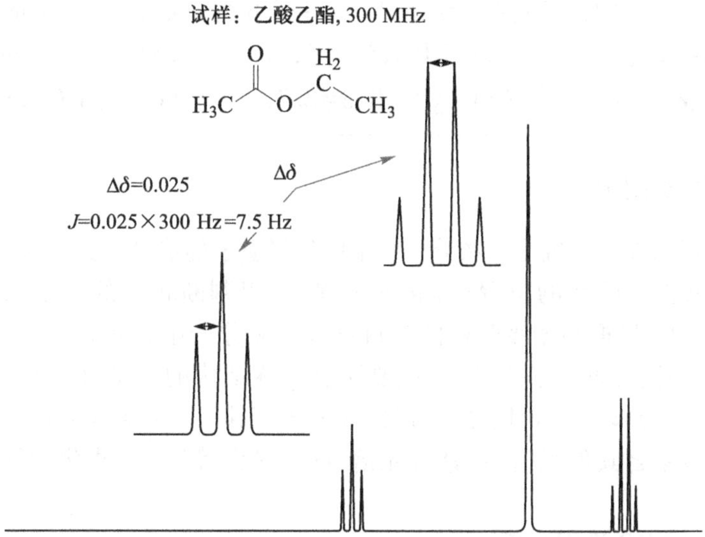

图 7-33　乙酸乙酯的^1H NMR 谱图和偶合常数的计算

一组化学位移等价(chemical shift equivalence)的核,若对组外任何其他核的偶合常数彼此之间也都相同,那么这组核就称为**磁等价**(magnetic equivalence)核或磁全同核。例如,化合物 1,2,2-三溴乙烷分子中的 H^a、H^b 是磁等价的。因为 H^a、H^b 有相同的化学位移,而且它们与 H^c 的偶合常数也彼此相同,即 $J_{H^aH^c}=J_{H^bH^c}$。

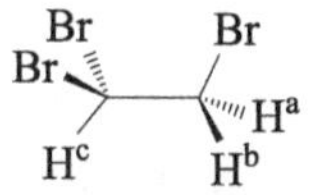

显然,磁等价的核一定是化学等价的,而化学等价的核不一定是磁等价的。例如,化合物 1,1-二氟乙烯中的 H^a、H^b 是化学等价的,但是它们不是磁等价的,因为 $J_{H^aF^1}\neq J_{H^bF^1}$, $J_{H^aF^2}\neq J_{H^bF^2}$。

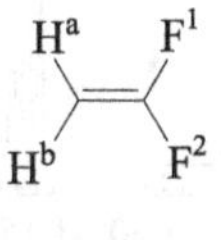

两个质子之间三个共价键相隔时,自旋偶合较强,这种偶合称为三键偶合,表示为^3J 偶合,通常^4J 偶合在低分辨的核磁共振仪检测不出来。三键偶合的偶合常数通常与质子间相连的键产生的二面角角度的改变而改变,一些常见的^3J 偶合常数见图 7-34。

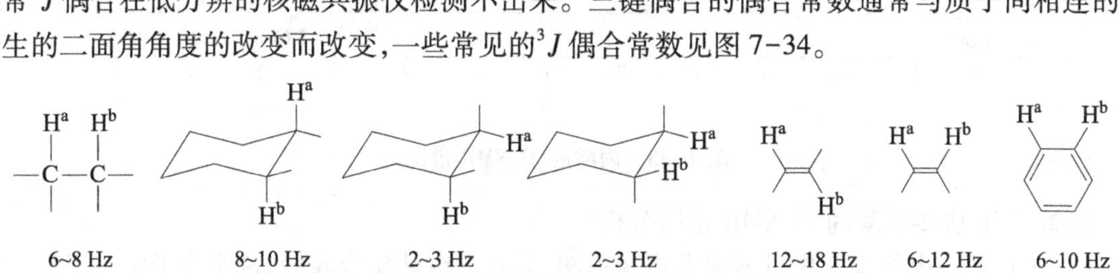

图 7-34　一些常见的$^3J_{ab}$偶合常数

问题 7-11　下列化合物的核磁共振氢谱中都只有一个单峰，试推测出它们的结构。

(1) C_8H_{18}，$\delta=0.9$；　(2) C_5H_{10}，$\delta=1.5$；　(3) C_4H_9Br，$\delta=1.8$；

(4) $C_2H_4Cl_2$，$\delta=3.7$；　(5) $C_2H_3Cl_3$，$\delta=2.7$；　(6) $C_5H_8Cl_4$，$\delta=3.7$

7.4.8　^{1}H NMR 谱图分析

^{1}H NMR 谱图可以提供有机化合物分子中不同环境质子的信息。具体来说可以提供以下四个信息：(1) 根据共振吸收峰的位置（即化学位移）可以判断相应的质子属于哪种类型的氢（即化合物类型）；(2) 根据共振吸收峰的数目可以判断分子中有几种不等价质子；(3) 根据峰面积比可以确定不同类型质子个数比，但要注意对称结构的特殊性；(4) 根据峰的裂分情况可以确定与该质子相邻碳原子上质子的数目（$n+1$ 规律）。根据以上情况可以推测有机化合物的结构，也可以结合其他光谱（如紫外光谱、红外光谱等）及一些化学性质进行化合物的结构推测。

例 1. 丙酸的^{1}H NMR 谱图分析

图 7-35 为丙酸的核磁共振氢谱图，$\delta=11.85$ 为羧基质子的共振吸收峰，因它不与其他氢偶合，故出现单峰；$\delta=2.37$ 为甲叉基质子的共振吸收峰，因它与甲基质子产生偶合，分裂为四重峰（$n+1$，$n=3$）；$\delta=1.14$ 为甲基质子的共振吸收峰，因它与甲叉基质子产生偶合，产生三重峰（$n+1$，$n=2$）。

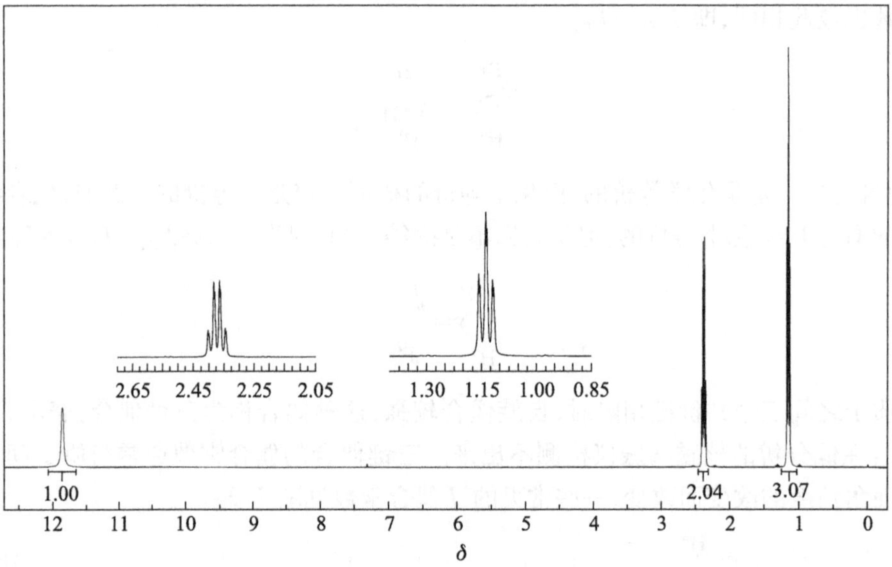

图 7-35　丙酸的^{1}H NMR 谱图

例 2. 3-甲基-2-丁酮的^{1}H NMR 谱图分析

图 7-36 是 3-甲基-2-丁酮的核磁共振氢谱图，共有三组共振吸收峰，说明分子中有三种不同的氢：$\delta=0.97$ 为异丙基中两个甲基质子的共振吸收峰，这两个甲基是等价的，所以从积分面积判断共有 6 个氢，由于它与 CH 偶合，所以出现双峰；$\delta=2.01$ 为与酮基相连甲基质子的共振吸收

峰，由于它不与其他质子偶合，所以是单峰；$\delta=2.47$ 处的七重峰为异丙基中 CH 的共振吸收峰，因其与两个相同的甲基质子偶合，故呈现七重峰（$n+1, n=6$）。

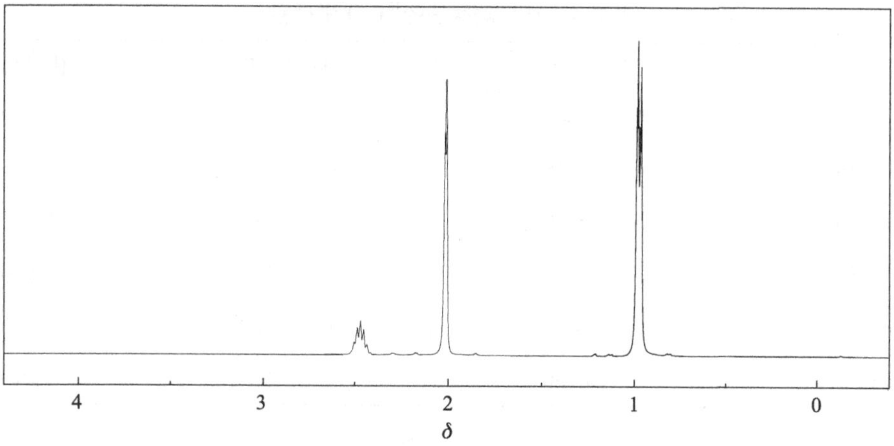

图 7-36 3-甲基-2-丁酮的 ^{1}H NMR 谱图

7.4.9 核磁共振碳谱（^{13}C NMR）

有机化合物分子骨架大多由碳原子组成，用核磁共振碳谱研究其结构显然是理想的。但是碳元素 ^{12}C（$I=0$）没有核磁响应，而 ^{13}C 天然丰度仅为 ^{12}C 的 1.1%，而且 ^{13}C 的磁旋比 γ 约是 ^{1}H 核的 1/4，含碳化合物的核磁共振信号很弱，相当于 ^{1}H NMR 灵敏度的 1/5 800。

采用连续波扫描方式，即使配合使用计算机对信号储存、累加、记录一张有实用价值的碳谱也需要很长时间及消耗大量的试样。^{13}C 与 ^{1}H 的自旋量子数均为 1/2，所以它们产生核磁共振的基本原理相同。虽然相邻的碳原子之间由于 ^{13}C 天然丰度低而检测不到 ^{13}C 与 ^{13}C 的偶合。但是，^{13}C 与 ^{1}H 之间存在着偶合（^1J–^4J），裂分峰相互重叠，难解难分，给谱图解析带来了许多困难。随着脉冲傅里叶变换技术及去偶技术的发展，使 ^{13}C NMR 测试成为简单可行的操作。

通常看到的 **^{13}C NMR 是质子宽带去偶（broadband proton decoupling）谱**。这种异核双照射的双共振技术，利用射频场（B_1）照射各种碳核，使其激发产生 ^{13}C 核磁共振吸收的同时，附加另一个射频场（B_2，又称去偶场），使其覆盖全部质子的共振频率范围（200 MHz 仪器，2 kHz 以上），且用强功率照射使所有的质子达到饱和，则与其直接相连的碳原子或邻位、间位碳原子感受到平均化的环境，从而使质子对 ^{13}C 的偶合全部去掉。结果得到相同环境的碳原子均以单峰出现（非 ^{1}H 偶合谱例外）的 ^{13}C NMR。这一技术的应用，使得 ^{13}C NMR 的灵敏度大大提高，简化了谱图。

7.4.9.1 ^{13}C NMR 的化学位移

^{13}C 的化学位移是 ^{13}C NMR 的重要参数，是由碳核所处的化学环境决定的。碳原子的轨道杂化方式（sp^3，sp^2，sp）在很大程度上决定着 ^{13}C 化学位移的范围。不同的杂化对 ^{13}C NMR 中和 ^{1}H NMR 的影响是相似。以 TMS 为基准物，sp^3 杂化碳原子的 δ 在 0~60，sp^2 杂化碳原子的 δ 在 100~200，其中 C═O 中的碳原子位于 150~220 的低场端。炔碳原子为 sp 杂化的碳原子，由

于其多重键的贡献，顺磁屏蔽降低，比 sp^2 杂化碳原子处于较高场，δ 在 60~90。常见碳原子的 ^{13}C 化学位移见表 7-9。

表 7-9　常见碳原子的 ^{13}C 化学位移

碳的类型	化学位移 δ	碳的类型	化学位移 δ
C—I	0~40	—C≡C—（炔）	60~90
C—Br	25~65	—C═C—（烯）	100~150
C—Cl	35~80	C═O	150~220
$—CH_3$	8~30	C—O	40~80
$—CH_2—$	15~55	C_6H_6(苯)	110~160
—CH—	20~60	C—N	30~65

由表 7-9 可见：羰基碳的化学位移在最低场，其次是双键和芳环碳核，饱和碳核的信号在高场一边，三键碳核的化学位移在饱和碳和双键碳之间。杂原子一般是使与它相连的碳原子的化学位移向低场移动，但有例外。

在 ^{13}C NMR 谱图中，相同化学环境的碳原子只出一个信号峰。如以下四个化合物，都具有相同的分子式 C_6H_{14}，在其 ^{13}C NMR 谱图中，分别可以检测到 3、5、2、4 个信号峰。

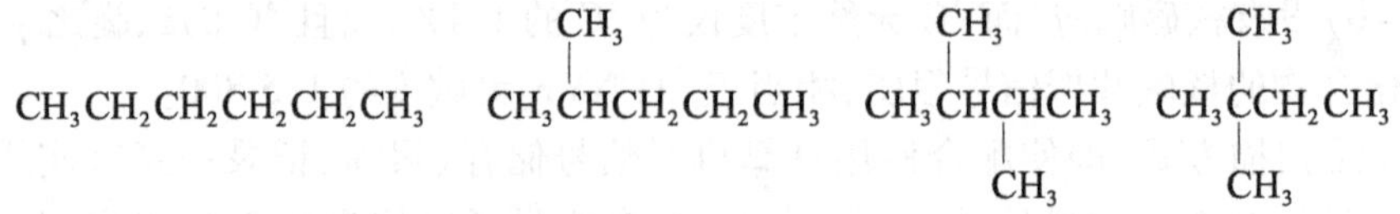

7.4.9.2　^{13}C NMR 谱图分析

例 1. 对甲氧基苯甲醛的 ^{13}C NMR 谱图分析。

图 7-37 是对甲氧基苯甲醛的 ^{13}C NMR 谱图。由于分子具有对称性，共出现 6 个共振吸收峰。其中 δ=54.7 处为甲氧基碳原子共振吸收峰。δ=113.6，129.3，131.2，163.9 为苯环碳原子

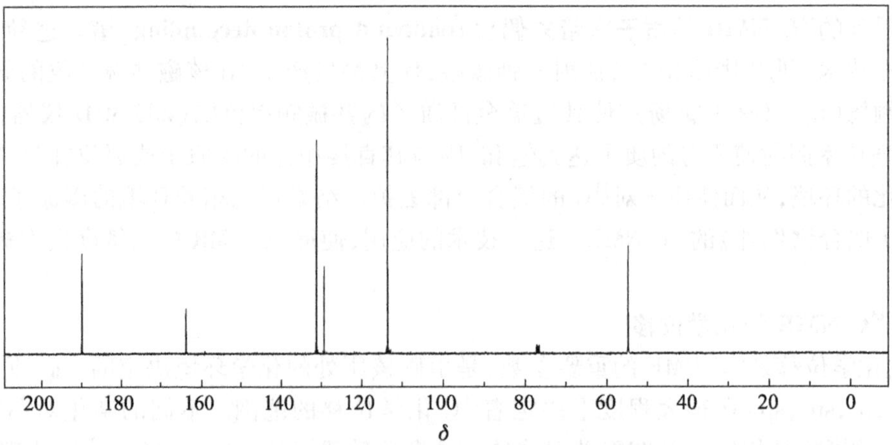

图 7-37　对甲氧基苯甲醛的 ^{13}C NMR 谱图

的共振吸收峰，由于苯环为对二取代，所以具有对称性，只出现4个共振吸收峰。$\delta=190.0$为羰基碳原子的特征吸收峰。

例2. 乙酸乙酯的^{13}C NMR谱图分析。

图7-38是乙酸乙酯的^{13}C NMR谱图，$\delta=13.3$为与CH_2相连甲基碳原子的共振吸收峰；$\delta=19.9$为与羰基相连甲基碳原子的共振吸收峰；$\delta=59.4$为与氧原子相连的CH_2碳原子的共振吸收峰；$\delta=169.9$为酯羰基碳原子的共振吸收峰。

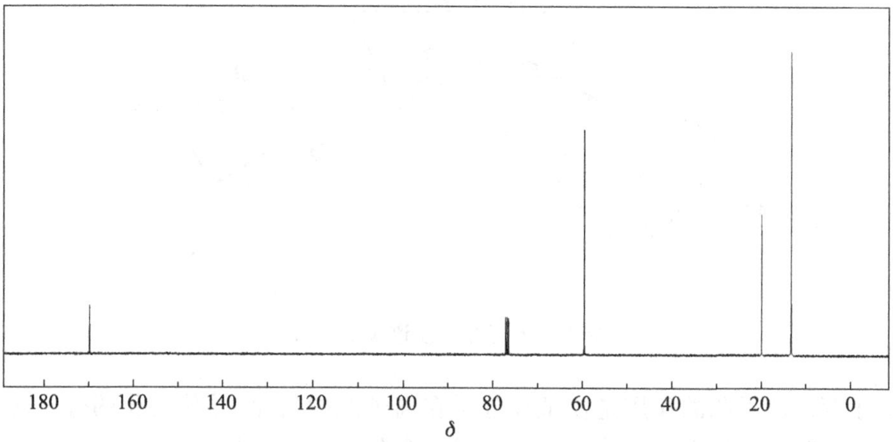

图7-38 乙酸乙酯的^{13}C NMR谱图

问题7-12 如何利用核磁共振碳谱鉴别下列两组同分异构体：

(1) CH_3CH_2CHO与CH_3COCH_3

(2) $CH_3COCH_2CH_2CH_3$与$CH_3CH_2COCH_2CH_3$

---

§7.5 质 谱

质谱(又叫质谱法，mass spectrometry，MS)是一种谱学方法，通常是指通过制备、分离、检测气相离子来鉴定化合物的一种专门技术，在有机化合物分子的鉴定方面发挥非常重要的作用。由于质谱分析具有灵敏度高，样品用量少，分析速度快，分离和鉴定同时进行等优点，因此，质谱技术广泛地应用于化学、化工、环境、能源、医药、运动医学、刑事科学技术、生命科学、材料科学等各个领域。

7.5.1 质谱的基本原理

7.5.1.1 质谱分析的基本原理

质谱分析是一种测量离子质荷比(质量-电荷比，m/z)的分析方法，其基本原理是：使试样分子气化，用具有一定能量的电子束轰击气态分子，使其失去一个电子而形成带正电荷的分子离子，分子离子也能进一步裂解成各种碎片离子，将这些离子加速引入磁场，由于这些离子的质荷比不同,在磁场中运行轨道偏转不同,将它们按质荷比大小依次排列即得到谱图。

7.5.1.2 质谱仪

质谱仪有三个主要的组成部分:① 离子源(离子化室),这是仪器的心脏部分;② 分析系统;③ 离子收集及鉴定系统。图 7-39 是单聚焦质谱仪的示意图。

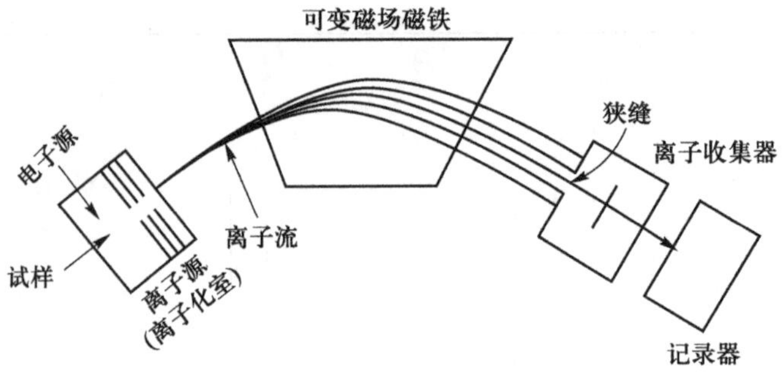

图 7-39 单聚焦质谱仪示意图

(1) 离子源 离子源的作用是使试样分子在离子源中气化,并使气化的分子转化为正离子,使正离子加速,聚焦为离子束,然后使之通过一个孔径可变的狭缝进入分析系统。

使气态分子转化为离子的方法很多,最常用的是电子轰击法,该方法采用电子轰击源(electron impaction source),简称 EI 源。即将极细的钨或铼丝电加热至 2 000℃,使之产生具有一定能量(8~100 eV)的电子束,该电子束轰击试样的气态分子,产生正离子及少量负离子,还有自由基和中性分子。所产生的正离子经过电位差为 800~8 000 V 的电场加速,进入分析系统。

(2) 分析系统 加速的正离子进入该系统后,在该处可变磁场作用下,使每一个离子按照一定的弯曲轨道继续前进,其行进的轨道的曲率半径取决于各离子的质荷比(m/z)。所有质荷比相同的离子结合在一起,形成离子流,各种离子流沿着不同的曲率半径轨道先后通过另一狭缝进入离子收集及鉴定系统。

(3) 离子收集及鉴定系统 各种不同质荷比的离子流到达该系统时会产生信号,其强度和离子数成正比,用照相或电子方法记录所产生的信号,即得到试样的质谱。

7.5.1.3 质谱图

在一般的质谱图(见图 7-40)中,横坐标为质荷比(m/z),由于大多数碎片只带一个单位电荷,所以 m/z 等于碎片的质量。纵坐标为相对强度,谱图中最高峰称为基峰(base peak),它的相对强度为 100%,其他峰的高度为该峰的相对百分比,即相对强度,所以每一条直线代表某一质荷比的碎片的相对强度。这种谱图又叫柱状图(bar graph)。如图 7-40 所示,质荷比(m/z)为 43 的是基峰,其相对强度为 100%。

7.5.2 离子峰的主要类型

在质谱中出现的离子峰主要有:分子离子峰、同位素离子峰、碎片离子峰、重排离子峰。此外,还有亚稳离子峰和多电荷离子峰。在此讨论一些主要离子峰的产生。

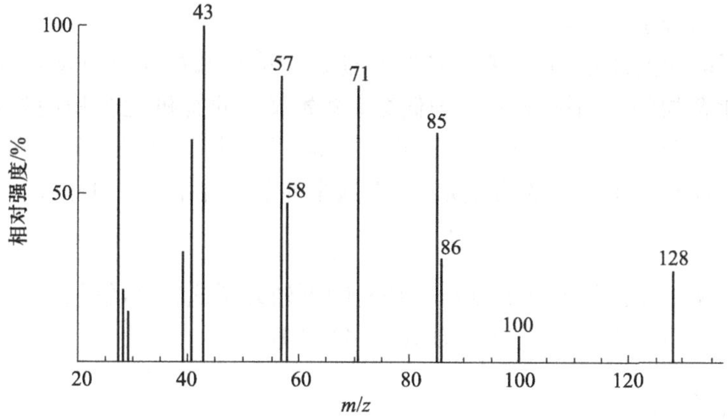

图 7-40 某有机化合物的质谱图

7.5.2.1 分子离子峰

分子被电子束轰击失去一个电子生成的自由基正离子称为分子离子(molecular ion),一般用 $M^{\ddagger}$ 或 $M^{+\cdot}$ 表示。

$$M+e^- \longrightarrow M^{\ddagger}+2e^-$$

分子离子是质谱中所有其他离子的前体,形成分子离子需要的能量最低,一般有机化合物的电离能约为 10 eV。通常,分子中杂原子上的孤对电子(n 电子)最容易失去,其次是 π 电子,σ 电子最难失去。不同类型化合物的分子离子形成过程各不相同。例如,含杂原子或羰基类化合物分子失去一个 n 电子形成分子离子:

含双键和苯环的分子失去一个 π 电子形成分子离子:

饱和化合物失去一个 σ 电子形成分子离子:

$$R—CH_2—CH_2—R'+e^- \longrightarrow R—CH_2—CH_2—R'\rceil^{\ddagger}+2e^-$$

以上各式中,"$\ddagger$"表示杂原子孤对电子或双键电子中失去一个电子,形成带奇数个电子的正离子。表示分子离子时正电荷的位置应尽量标注清楚,当正电荷位置无法确定时可在离子的右上方用"$\rceil^{\ddagger}$"符号表示。

分子离子峰的相对强度取决于分子离子的稳定性,通常有利于电荷分散的结构可使稳定性增加,而呈现较强的峰。有些有机化合物分子离子很不稳定,在质谱中呈现的分子离子峰很小,甚至不出现。有机化合物分子离子的稳定性顺序为:芳环>共轭烯>烯>环状化合物>羰基化合物>醚>酯>胺>酸>醇>高度分支的烃类。

分子离子只带一个单位电荷，因此其质荷比（m/z）就是它的质量 m，所以这种离子的质荷比也就是化合物的相对分子质量。

判断分子离子峰时要注意：分子离子峰的质量数要符合氮规则（nitrogen rule），即不含氮或含偶数氮的有机化合物的相对分子质量为偶数，含奇数氮的有机化合物的相对分子质量为奇数。分子离子一定是奇电子离子，这也是分子离子的主要判据。另外，分子离子与最靠近它的一些碎片离子之间应有一个合理的质量差，如果这个质量差落在 4～14 和 21～25 之间，就是不合理的。

问题 7-13　已知某化合物分子离子峰 $m/z=83$，则下列分子式正确的是：

（1）C_5H_7O　（2）$C_4H_7N_2$　（3）C_5H_9N　（4）C_6H_{11}

7.5.2.2　同位素离子峰

含有同位素的离子称为同位素离子（isotopic ion）。在质谱中，与同位素离子相对应的峰称为同位素离子峰（isotopic ion peak）。

同位素离子峰的强度与同位素的丰度是相当的。有机化合物中常见的同位素的天然丰度如表 7-10 所示。

表 7-10　同位素的天然丰度

轻同位素	天然丰度/%	重同位素	天然丰度/%
^{1}H	99.985	$D(^{2}H)$	0.015
^{12}C	98.891	^{13}C	1.107
^{14}N	99.64	^{15}N	0.36
^{16}O	99.759	^{17}O	0.037
		^{18}O	0.204
^{32}S	95.0	^{33}S	0.76
		^{34}S	4.24
^{19}F	100.0		
^{35}Cl	75.8	^{37}Cl	24.2
^{79}Br	50.537	^{81}Br	49.463
^{127}I	100.0		

从表 7-10 可以看出，^{2}H，^{15}N，^{17}O，^{33}S 等的同位素天然丰度都很小，相应的同位素离子峰也很小，可以忽略不计。同位素离子峰对鉴定分子中含有氯、溴原子很有用，因这些元素含有较丰富的高两个质量单位的同位素，并在 M，M+2，M+4 处出现特征性强的离子峰。如溴乙烷分子中，^{79}Br 占全溴的 50.537%，^{81}Br 占全溴的 49.463%，所以溴乙烷的 M ∶ M+2＝51 ∶ 49，两个峰的强度接近相等。当质谱中出现两个强度接近相等的 M 和 M+2 峰时，可判断分子中含有一个溴原子。

分子离子峰与相应的同位素离子峰的强度比可用二项式$(A+B)^n$ 的展开式来推算。式中 A 是常见元素的天然丰度，B 是它的同位素的天然丰度，n 是该元素在分子式中的个数，展开后的各项的数值比为各峰的强度比。例如，^{35}Cl 的天然丰度为 75.8，^{37}Cl 的天然丰度为 24.2。在

CH_3Cl 中，$n=1$，$(A+B)^n=A+B$，展开后的两项比值为 75.8：24.2≈3：1，所以 M：M+2=3：1。在 CH_2Cl_2 中，$n=2$，$(A+B)^n=(A+B)^2=A^2+2AB+B^2$，展开后的三项比值为 $(75.8)^2$：2×75.8×24.2：$(24.2)^2$=5 745.6：3 668.7：585.6≈100：64：10，所以 M：M+2：M+4≈100：64：10。

问题 7-14 如果某一有机化合物的质谱图中的 M+2 峰的丰度是 M^+ 的 90%以上时，通常应考虑分子中含有的杂原子是：

(A) N (B) O (C) Cl (D) Br

7.5.2.3 碎片离子峰和重排离子峰

一般有机化合物的电离能为 7～13 eV，而质谱中常用的电离电压为 70 eV，过剩能量会切断分子离子中的某些化学键使分子离子裂解成碎片离子，这些碎片离子还可能进一步裂解成更小的碎片离子，所以在质谱图中可以看到许多碎片离子峰(fragment ion peak)。分子离子峰裂解成碎片离子是有规律的，掌握各种类型有机化合物分子的裂解机理对质谱分析来说非常重要。分子离子在裂解时一般通过 α-裂解(α-cleavage)或 β-裂解(β-cleavage)进行。有机官能团与 α-碳原子或 α 位其他原子之间的裂解称为 α-裂解，和官能团相连的 α-碳原子与 β-碳原子之间的裂解称为 β-裂解。经重排裂解产生的离子称为重排离子，其相应的峰称为重排离子峰(rearrangement ion peak)，质谱中最常见的重排为麦克拉夫重排裂解(Mclafferty rearrangement cleavage)，简称麦氏重排。它是指具有 γ-氢原子的侧链苯、烯烃、环氧化物、醛、酮等化合物经过六元环状过渡态使 γ-氢原子转移到带正电荷的原子上，同时在 α,β-原子间发生断裂。

7.5.3 常见有机化合物的质谱

7.5.3.1 烷烃

直链烷烃的分子离子峰较弱，支链烷烃则很弱。

直链烷烃中所有碳碳键键能相同，分子离子可以从任何一个碳碳键断裂，形成含不同碳原子数的碎片离子。一般为 M-15、M-29、M-43、M-57 等不同 m/z 值的峰均为直链烷烃中的较强峰，它们相当于从分子离子去掉甲基、乙基、丙基和丁基等生成的正离子。烷烃质谱中相邻峰 m/z 之差为 14，这是直链烷烃的特征之一，另外一个特征是：随着质荷比(m/z)的增大各峰强度依次减弱。由于 $C_3H_7^+$($m/z=43$)和 $C_4H_9^+$($m/z=57$)离子较稳定。所以在直链烷烃质谱中 $m/z=43$，$m/z=57$ 常常是基峰。

支链烷烃的质谱图中，也有 m/z=29，43，57，71，…，14n+1 等一系列碎片。由于碳链容易在支链处断裂，相应的碎片的相对强度也较大。例如：

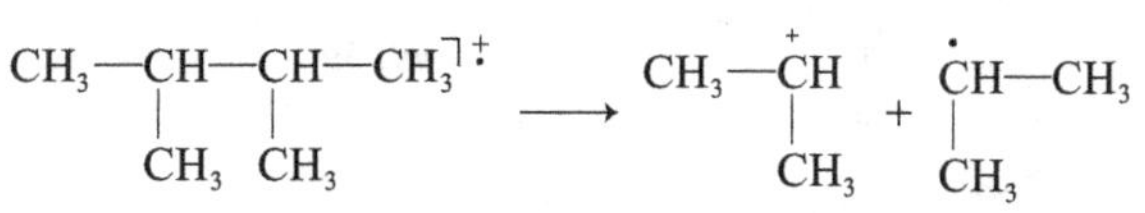

$m/z=43$

7.5.3.2 烯烃

烯烃的分子离子峰强度中等，其分子离子峰的强度比相应的烷烃要强一些。烯烃的裂解主要有以下两种类型：

(1) 烯丙键裂解，形成共振稳定的烯丙型正离子，通常为基峰。

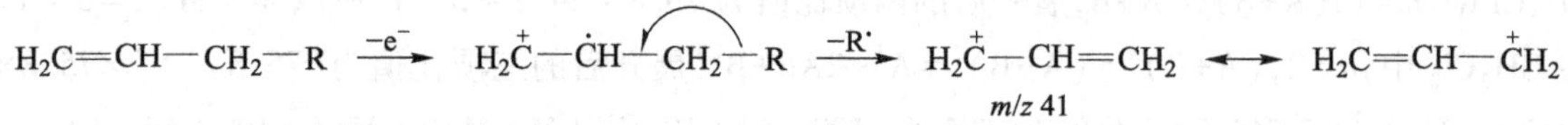

双键位置异构化也生成烯丙型正离子,出现 $C_nH_{2n-1}^+$ 系列峰:

(2) Mclafferty 重排,生成通式为 $C_nH_{2n}^+$ 的离子。

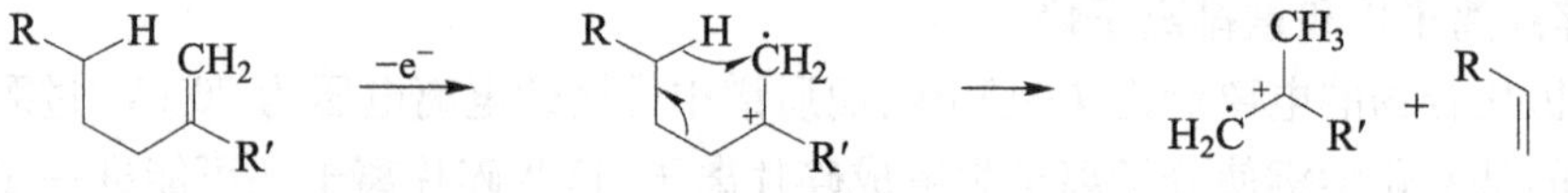

例如,利用上述裂解规律可以解释 3-庚烯质谱中 *m/z* 69 和 *m/z* 70 碎片离子峰的形成。

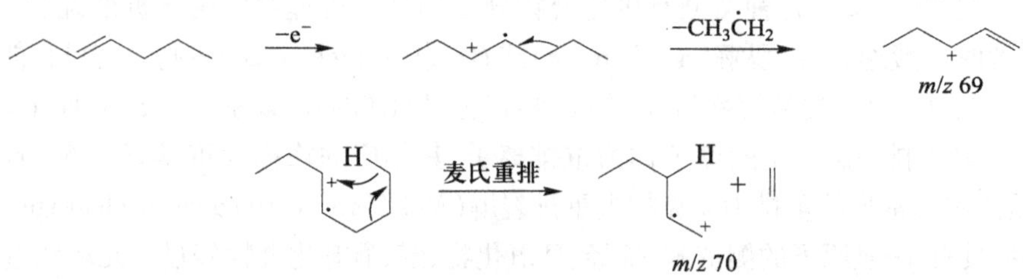

7.5.3.3　芳烃

芳烃有较强的分子离子峰,在烷基苯中,以 β-裂解最重要,生成环庚三烯正离子($C_7H_7^+$,*m/z* 91),在谱图中呈强峰,并往往是基峰。它可失去乙炔分子,得到环戊二烯正离子($C_5H_5^+$,*m/z* 65)和 $C_3H_3^+$(*m/z* 39)。在直链烷基苯中,当烷基≥C_3 时,常常发生麦氏重排,产生 *m/z* 92 峰。烷基苯经 α-裂解,产生相对强度不大的苯基正离子($C_6H_5^+$,*m/z* 77)。以下是正丁苯的主要裂解过程:

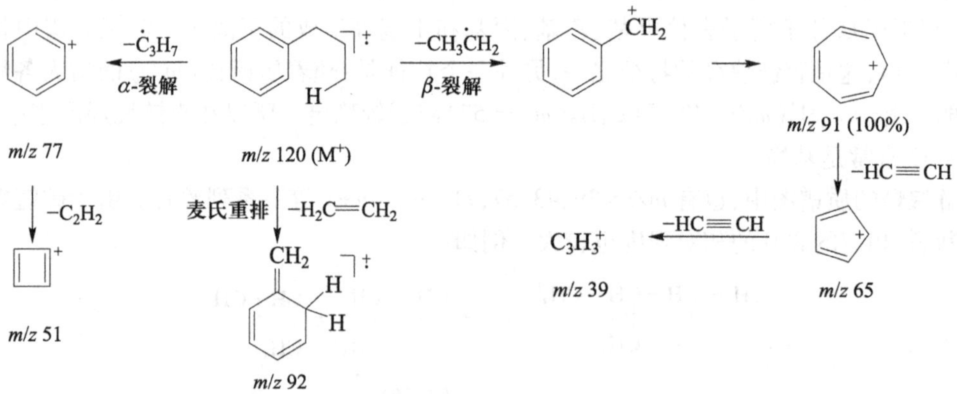

7.5.3.4　醇和醚

醇的分子离子峰很弱,伯醇和支链多的醇常常观察不到分子离子峰,这时质荷比最大的峰常常为 M−18 或者 M−15 的峰。

醇易发生 α-裂解,生成醇的特征离子,伯醇生成 *m/z* 为 31($CH_2{=}OH^+$)的离子峰,仲醇、叔醇能发生两个或三个 α-裂解，生成相应个数的特征离子，它们的质荷比为 $31+14n$。以下是 2-甲基-2-丁醇的裂解过程：

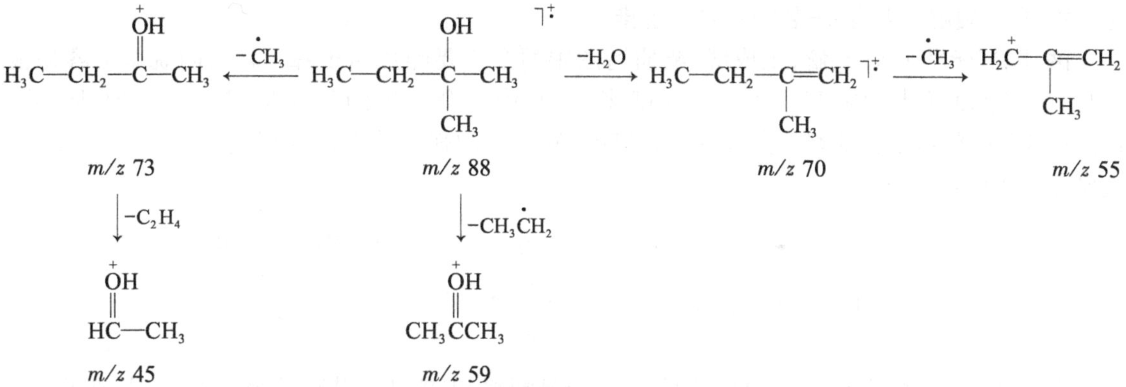

醚的分子离子峰强度较小，M+1 峰强度较大，裂解常在取代程度较高的烃基上氧原子的 β 位发生，这种裂解碎片常为基峰，在二烷基醚的质谱中常有 $m/z=31,45,59,73,\cdots,14n+3$ 等碎片。例如：

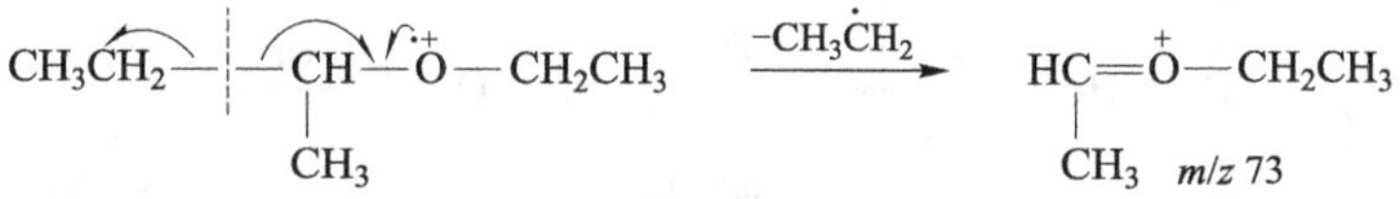

裂解也可能发生在氧原子的 α 位发生，这种裂解产生 m/z 29,43,57,71 等碎片。

$$R—O—R'^{\urcorner\cdot+} \longrightarrow RO^{\cdot} + \overset{+}{R'}$$

二烷基醚常有碎片 28,42,56,70,$(28+14n)$ 等。例如：

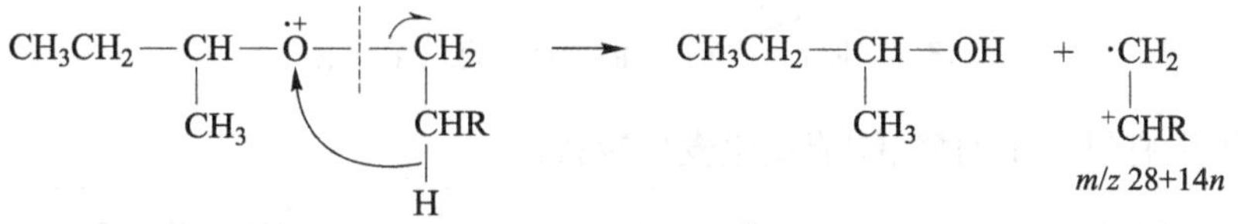

烷基芳基混合醚的 M 峰强度大，有下列几种裂解方式：

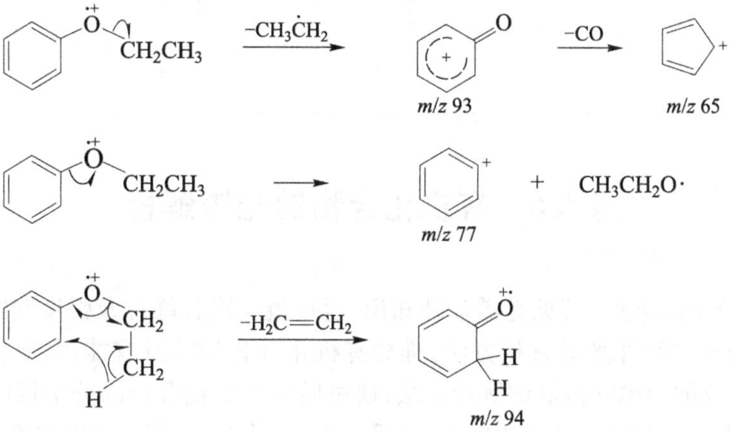

7.5.3.5　醛、酮

醛、酮的分子离子峰强度都比较高，醛、酮分子电离后，正离子和自由基定位在羰基氧原子上，醛、酮的裂解主要有 α-裂解和麦氏重排。

醛、酮都能发生 α-裂解，生成醛、酮质谱图中两个主要碎片离子峰。较大的烷基更容易被丢掉，生成强度较大的酰基正离子。对醛来说，其中一个产生的碎片是 $[M-1]^+$ 峰（即 $[M-H]^+$），这是醛的重要特征峰。尤其在芳香醛中 $[M-1]^+$ 的强度甚至可以超过 M^+ 峰。另一个 α-裂解生成 CHO^+（m/z 29）。

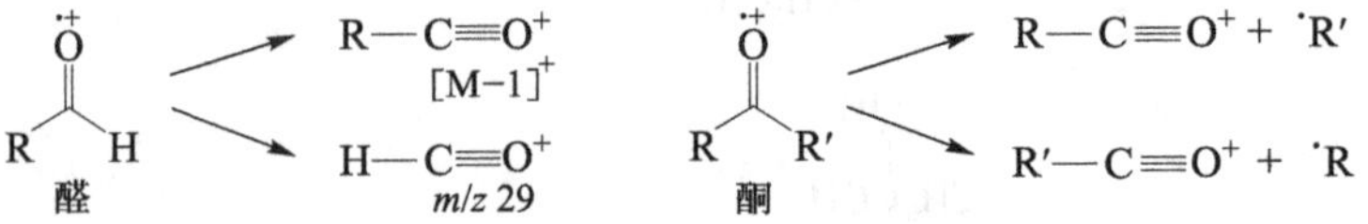

芳醛、酮中与苯环相连一侧的 α 键相对不容易断裂，因羰基与苯环共轭。因此，当苯环上没有取代基时，总是生成强的 m/z 105 的特征离子峰（苯甲酰基正离子），该离子二次裂解失去 CO 生成苯基正离子。例如：

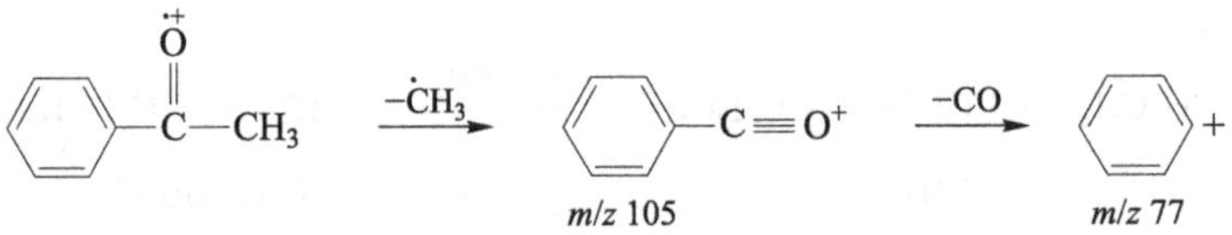

醛、酮羰基的两个 α 键均能发生裂解，形成醛酮质谱中另外两个主要碎片离子——烷基正离子：

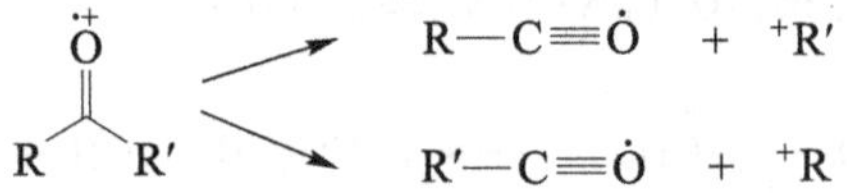

γ 位碳原子上有氢原子的醛、酮能发生麦氏重排。

第 7 章文中问题参考答案

问题 7-15　下面两种同分异构体（A 和 B），能否用质谱鉴别？说明理由。

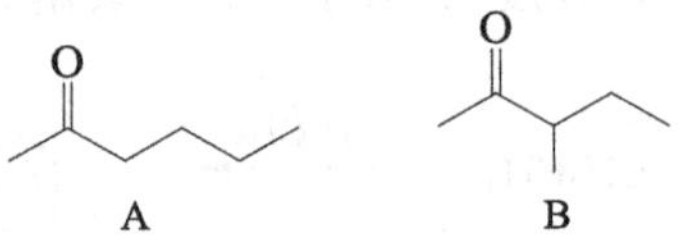

---

§7.6　有机化合物的光谱解析

掌握有机化合物的紫外-可见光谱基础知识，通过最大吸收峰位及强度判断共轭体系的类型；掌握有机化合物的红外光谱解析方法，推导有机化合物的特殊官能团、取代基团位置等信息；掌握有机化合物的核磁共振氢谱解析方法；通过质谱推断化合物的分子量（分子式）及其可能裂解途径。本节介绍如何综合运用紫外-可见光谱、红外光谱、核磁共振波谱及质谱等谱图对有机化合物分子结构进行解析。

7.6.1 解析的一般步骤

① 对未知的有机化合物，应首选通过质谱测定其分子量、元素组成，得到分子式，计算不饱和度；

② 通过碎片峰推导化合物部分结构；

③ 利用红外光谱信息，推导有机化合物分子中的可能官能团、取代基团位置等信息；

④ 查看 ^1H NMR 谱峰的位置，即对每个峰的化学位移进行分析，判断出各种氢的类型；

⑤ 再看核磁共振氢谱峰的高度比（峰面积比），以确定图中各峰所对应的质子的数目比；

⑥ 进一步分析氢谱中各峰的形状、数目及偶合裂分情况，以确定基团和基团之间的相互关系；

⑦ 根据对各组峰化学位移和偶合关系的分析，推出若干结构单元，最后组合为几种可能的结构式；

⑧ 对推出的可能结构式进行指认，对所有谱图信息进行归属，以确定其结构的正确性。

7.6.2 光谱解析实例

例 1. 用 1 mol $CH_3CH_2CH_3$ 和 2 mol Cl_2 进行自由基氯化反应，生成氯化混合物，小心分馏得到四种二氯丙烷 A、B、C、D，根据其核磁共振氢谱数据推测出它们的结构式。

化合物 A（bp 69℃）：δ 2.4（6H，单峰）；

化合物 B（bp 88℃）：δ 1.2（3H，三重峰），1.9（2H，多重峰），5.8（1H，三重峰）；

化合物 C（bp 96℃）：δ 1.4（3H，二重峰），3.8（2H，二重峰），4.3（1H，多重峰）；

化合物 D（bp 120℃）：δ 2.2（2H，五重峰），3.7（4H，三重峰）。

解答：由于采用 1 mol 丙烷与 2 molCl_2 进行氯化反应，所以得到的四种产物应该均为二氯代物，即产物 A、B、C 和 D 的分子式均为 $C_3H_6Cl_2$。然后根据氢谱的化学位移（δ）、每一个峰所含氢原子的数目及峰的裂分情况进行进一步的推测。

（1）化合物 A 只有一个 6H 的单峰，说明分子中具有相同的两个甲基，所以化合物 A 的结构为 $CH_3CCl_2CH_3$（即 2,2-二氯丙烷）；

（2）化合物 B 具有两组三重峰，说明化合物分子中的中间碳原子为甲叉基。所以该化合的结构为 $CH_3CH_2CHCl_2$（即 1,1-二氯丙烷）；

（3）化合物 C 含两组二重峰，说明中间碳原子只有一个氢原子，所以该化合物为：$CH_3CHClCH_2Cl$（即 1,2-二氯丙烷）；

（4）化合物 D 出现一组五重峰（该五重峰是形式上的五重峰）和一组三重峰，说明化合物中具有 $CH_2CH_2CH_2$ 结构，所以该化合物的结构为：$ClCH_2CH_2CH_2Cl$（即 1,3-二氯丙烷）。

例 2. 某化合物的分子式为 C_7H_8O，其 ^{13}C NMR 谱图中各峰的 δ 分别为 140.8、128.2、127.2、126.8 和 64.5，而这些峰在偏共振去偶谱中分别表现为单峰、二重峰、二重峰、二重峰和三重峰。其 ^1H NMR 谱图有三个单峰，δ 分别为 7.3（5H）、4.6（2H）和 2.4（1H）。试推出该化合物的结构式。

解答:不饱和度 $\Omega=(2\times7+2+0-8)/2=4$,结合^{13}C NMR 和^{1}H NMR 数据可以推断,该化合物为单取代苯。从^{1}H NMR 数据和质子数目比,可以推断该化合物结构为

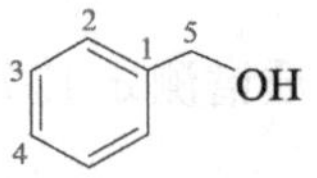

NMR 数据的归属如下:

^{13}C NMR:C1:δ 140.8;C2:δ 128.2;C3:δ 127.2;C4:δ 126.8;C5:δ 64.5;

^{1}H NMR:芳环质子:δ 7.3(5H);甲叉基质子:δ 4.6(2H);羟基质子:δ 2.4(1H)。

例 3. 某化合物的分子式为 $C_5H_{10}O$,其红外光谱在 1 700 cm^{-1}处有强吸收,^{1}H NMR 谱图在 δ 9~10 处无吸收峰。从质谱知,其基峰 *m/z* 为 57,但无 *m/z* 在 43 和 71 的峰,试确定该化合物的结构式。

解答:不饱和度 $\Omega=(2\times5+2+0-10)/2=1$,说明分子中可能含有一个双键或环;

IR 谱图中在 1 700 cm^{-1}处有强吸收,说明分子中含有羰基(1 个不饱和度);

^{1}H NMR 谱图在 δ 9~10 处没有吸收,说明无醛的结构存在;因此该化合物可能为具有下列结构的酮:(ⅰ) $CH_3CH_2CH_2COCH_3$;(ⅱ) $CH_3CH_2COCH_2CH_3$;(ⅲ) $(CH_3)_2CHCOCH_3$

根据 MS 谱图,化合物(ⅰ)和(ⅲ)在 *m/z* 为 43 和 71 处都会有碎片离子峰,按题意,该化合物为(ⅱ),即 3-戊酮。化合物(ⅱ)具体的质谱裂解如下:

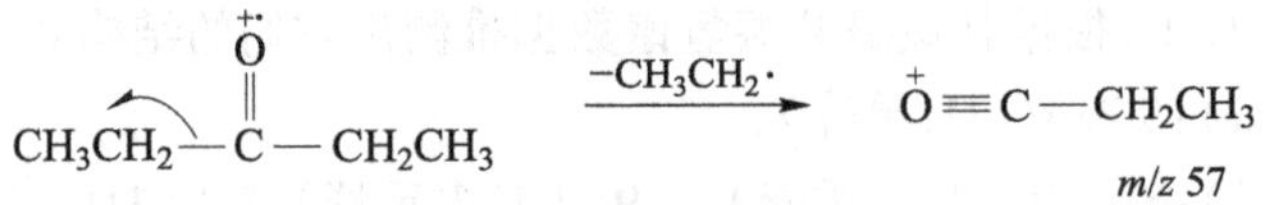

例 4. 戊酮有三种异构体,A 的分子离子峰的 *m/z* 为 86,并在 *m/z* 为 71 和 43 处各有一个强峰,但在 *m/z* 为 58 处没有峰;B 在 *m/z* 为 86、57 处各有一个强峰,但没有 *m/z* 为 43、71 的强峰;C 有一个 *m/z* 为 58 的强峰。试推出这三种戊酮 A、B、C 的构造式。

解答:戊酮的三种异构体分别为:(ⅰ) 2-戊酮 $CH_3CH_2CH_2COCH_3$;(ⅱ) 3-戊酮 $CH_3CH_2COCH_2CH_3$;(ⅲ) 3-甲基-2-丁酮 $(CH_3)_2CHCOCH_3$。

结构(ⅲ)在 MS 谱图中主要发生 α-断裂,将形成 *m/z* 为 43(对应于离子 $CH_3C\equiv O^+$)和 71(对应于离子 [$(CH_3)_2CHC\equiv O^+$] 吸收峰,所以 A 的结构为:$(CH_3)_2CHCOCH_3$。

结构(ⅱ)在 MS 谱图中形成的 *m/z* 为 57 的吸收峰对应于碎片离子 $CH_3CH_2C\equiv O^+$,所以 B 的结构为 $CH_3CH_2COCH_2CH_3$。

结构(ⅰ)在 MS 谱图中会发生 Mclaffterty 重排,得到 *m/z* 为 58 的碎片离子,所以 C 的结构为 $CH_3CH_2CH_2COCH_3$。

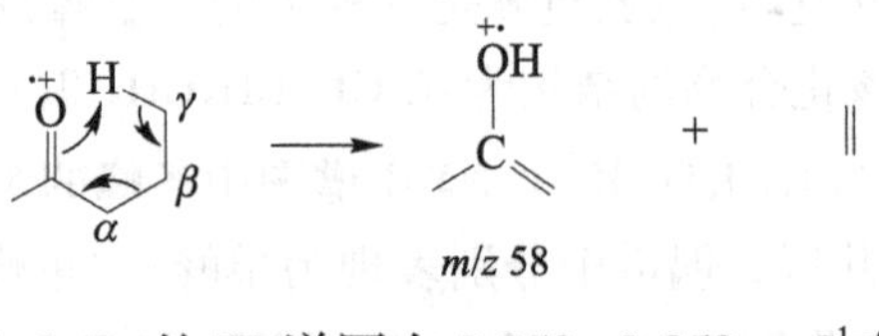

例 5. 一中性化合物 $C_7H_{13}O_2Br$ 的 IR 谱图在 2 950~2 850 cm^{-1}有一些吸收峰,但在 3 000 cm^{-1}以上无吸收峰,另一强吸收峰在 1 740 cm^{-1}处。^{1}H NMR 谱图在 δ 为 1.0(三重峰,3H),1.3(二重

峰,6H),2.1(多重峰,2H),4.2(三重峰,1H)和4.6(多重峰,1H)有信号,碳谱在 δ 为168处有一个特殊的共振信号。试推断该化合物可能的结构,并给出各峰的归属。

解答:不饱和度 $\Omega=[2\times7+2+0-(13+1)]/2=1$,说明该化合物中具有一个双键或环;

根据红外光谱,在3 000 cm^{-1} 以上无吸收,说明该化合物无不饱和的C—H键;在2 950~2 850 cm^{-1} 的吸收峰为脂肪族C—H的伸缩振动吸收峰;在1 740 cm^{-1} 处有强吸收峰,说明分子中含有羰基;^{13}C NMR中 δ 168处的吸收峰进一步确证了羰基的存在;

从 ^1H NMR数据可以看出,分子内含有一个 CH_3CH_2 结构,一个 $(CH_3)_2CH$ 结构和两个CH结构,根据 δ,可以推断该化合物的结构为2-溴丁酸异丙酯,其核磁共振氢谱的归属为

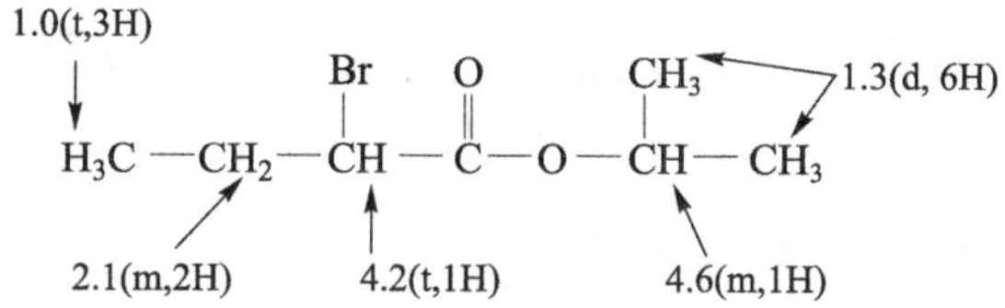

// 习　题 //

1. 指出哪些化合物可在近紫外区产生吸收带:

(1) 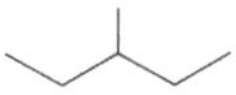 (2) 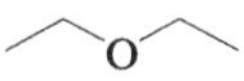 (3) 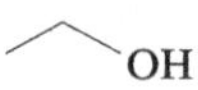 (4) 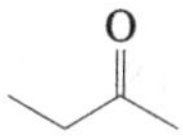 (5) 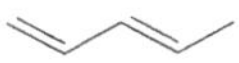 (6) 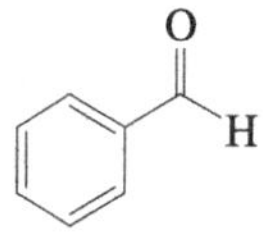

2. 指出下列哪些化合物的紫外吸收波长最长,并按由长到短的顺序排列。

(1) $CH_2{=}CH{-}CH_2{-}CH{=}CH{-}NO_2$ (A)　$CH_2{=}CH{-}CH{=}CH{-}NO_2$ (B)　$CH_3CH_2CH_2CH_2NO_2$ (C)

(2) 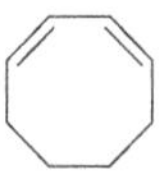 (A)　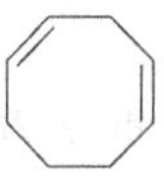 (B)　 (C)　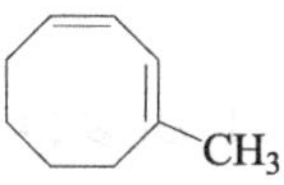 (D)

(3) 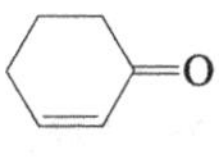 (A)　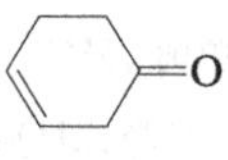 (B)　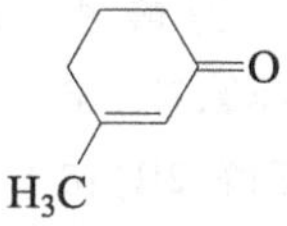 (C)

3. 指出如何应用红外光谱来区分下列各组化合物:

(1) 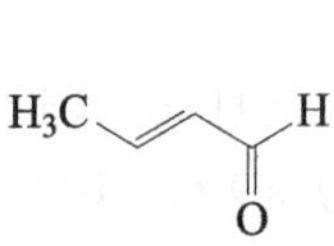 与 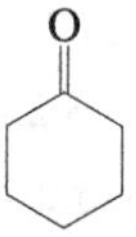　(2) 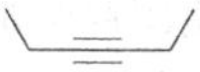 与 

(3) 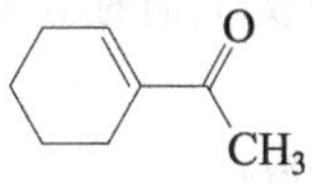 与 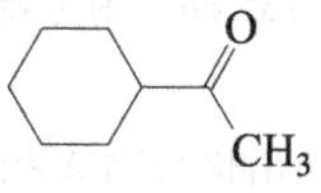　(4) 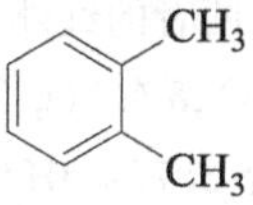 与 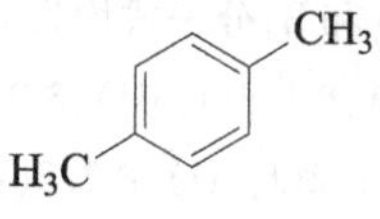

4. 化合物A,分子式为 C_8H_6,可使 Br_2-CCl_4 溶液褪色,用硝酸银氨溶液处理,有白色沉淀生成,A的红外光谱如图所示。A的结构是什么?

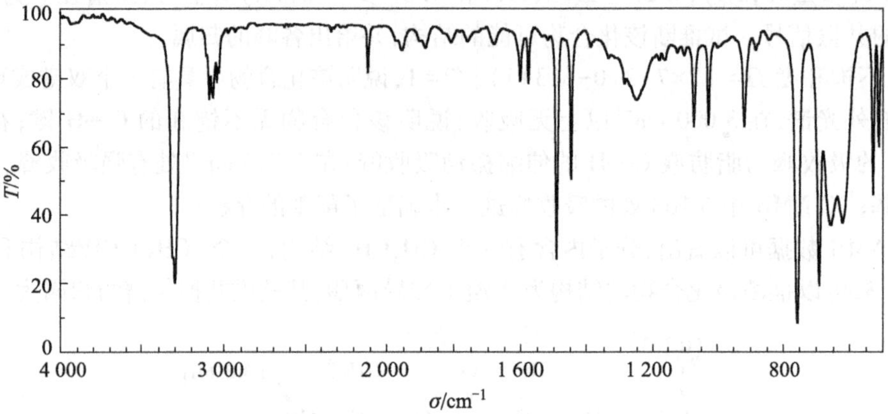

5. 预计下列每个化合物将有几个核磁共振信号？

（1）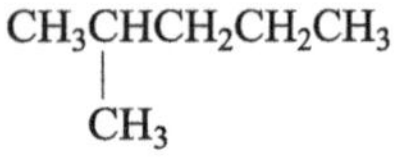　（2）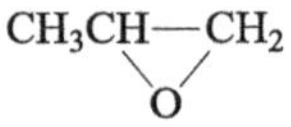　（3）$CH_3CH{=}CH_2$

（4）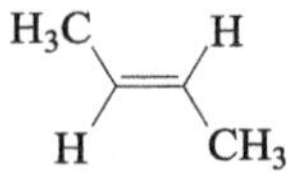　（5）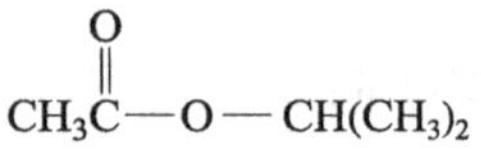　（6）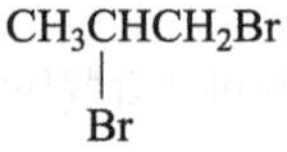

（7）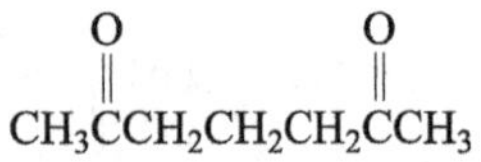　（8）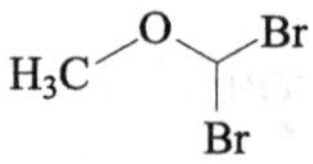

6. 给出一个或几个符合下列核磁共振氢谱数据的结构式：

（1）$C_{10}H_{14}$　^1H NMR：δ 0.88（二重峰，6H）；δ 1.86（多重峰，1H）；δ 2.45（二重峰，2H）；δ 7.12（单峰，5H）。

（2）$C_9H_{11}Br$　^1H NMR：δ 2.15（五重峰，2H）；δ 2.75（三重峰，2H）；δ 3.38（三重峰，2H）；δ 7.02（单峰，5H）。

（3）C_4H_9Br　^1H NMR：δ 1.04（二重峰，6H）；δ 1.93（多重峰，1H）；δ 3.33（二重峰，2H）。

（4）$C_{10}H_{14}$　^1H NMR：δ 1.30（单峰，9H）；δ 7.28（单峰，5H）。

（5）C_9H_{10}　^1H NMR：δ 2.04（五重峰，2H）；δ 2.91（三重峰，4H）；δ 7.17（单峰，4H）。

（6）$C_{10}H_{13}Cl$　^1H NMR：δ 1.57（单峰，6H）；δ 3.07（单峰，2H）；δ 7.07（单峰，5H）。

（7）$C_{10}H_{12}O_2$　^1H NMR：δ 2.0（单峰，3H）；δ 2.9（三重峰，2H）；δ 4.3（三重峰，2H）；δ 7.25（单峰，5H）。

（8）$C_{10}H_{12}$　^1H NMR：δ 0.65（多重峰，2H）；δ 0.81（多重峰，2H）；δ 1.37（单峰，3H）；δ 7.17（单峰，5H）。

7. 根据下列分子式及核磁共振数据推测出化合物的合理结构：

（1）化合物 A，分子式 $C_{10}H_{14}$，^1H NMR 谱图数据如下：δ 1.3（s，9H），δ 7.2（b，5H）。

（2）化合物 B，分子式 $C_3H_6O_2$，^1H NMR 谱图数据如下：δ 1.2（t，3H），δ 2.4（q，2H），δ 11.3（s，1H）。

（3）化合物 C，分子式 C_4H_8O，^1H NMR 谱图数据如下：δ 1.1（d，6H），δ 2.4（m，1H），δ 9.6（s，1H）。

8. 化合物 A 和 B，分子式均为 $C_4H_8O_2$，两者的红外光谱在 1 735 cm^{-1} 附近都有强吸收，它们的 ^1H NMR 谱数据如下：化合物 A：δ 1.3（t，3H），δ 2.0（s，3H），δ 4.1（q，2H）。

化合物 B：δ 1.2（t，3H），δ 2.3（q，2H），δ 3.7（s，3H）。试推测出化合物 A 和 B 的结构。

9. 化合物 $C_{10}H_{14}$，其 ^1H NMR 谱图如下，δ 7.10 处为单峰，δ 2.50 处为四重峰，δ 1.25 处为三重峰，三个信号峰的积分比例为 2∶2∶3，推测其可能的结构。

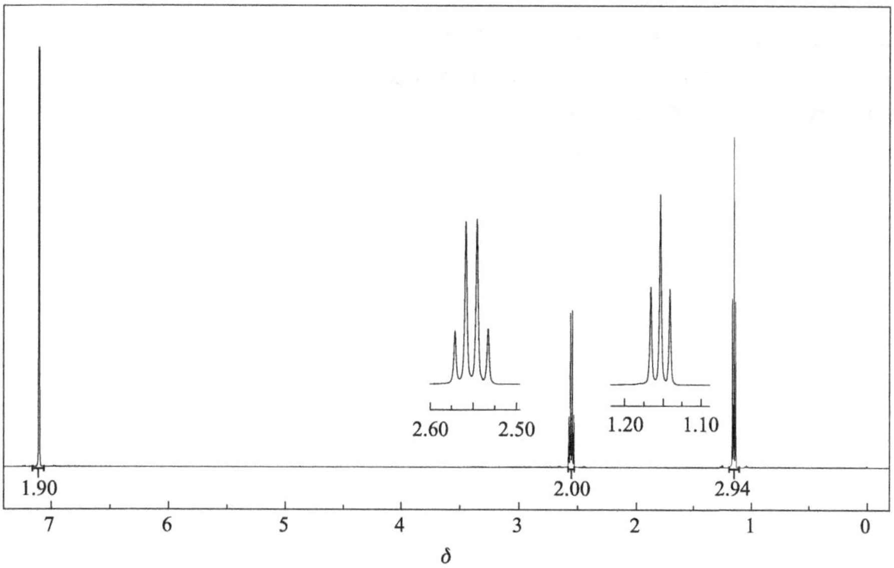

10. 某羰基化合物 M=44,质谱图上给出两个强峰,m/z 分别为 29 及 43,试推定此化合物的结构。

11. 某一酯类化合物,其初步推测为 A 或 B,但质谱图上 m/z=74 处给出一个强峰,试推定其正确的结构。

A. $CH_3CH_2CH_2COOCH_3$　　B. $(CH_3)_2CHCOOCH_3$

12. 两种互为异构体的烃类化合物 A 和 B,分子式为 C_6H_8。A 和 B 经催化氢化后都得到 C,C 的 ^1H NMR 谱图只在 δ 1.4 处有一信号,而 A 和 B 的 ^1H NMR 谱图在 δ 1.5~2.0 之间及 δ 5.0~5.7 范围有两个强度相同的吸收信号。紫外光谱测定表明:C 在 200 nm 以上无吸收,B 虽然在 200 nm 以上无吸收,但吸收峰接近 200 nm,A 在 250~260 nm 处有较强的吸收,试确定 A、B、C 的结构。

13. 根据下列化合物所给分子式、红外光谱、核磁共振氢谱数据,试推测其结构,并标明各吸收峰的归属。分子式 $C_{10}H_{12}O_2$,IR:3 010 cm^{-1},2 900 cm^{-1},1 735 cm^{-1},1 600 cm^{-1},1 500 cm^{-1}处有较强吸收峰。^1H NMR δ_H:1.3(三重峰,3H),2.4(四重峰,2H),5.1(单峰,2H),7.3(单峰,5H)。

14. 化合物 A 和 B,化学式为 $C_{10}H_{12}O$,IR:在 1 720 cm^{-1}处均有强吸收峰;^1H NMR,化合物 A:δ=7.2(单峰,5H),3.6(单峰,2H),2.3(四重峰,2H),1.0(三重峰,3H);化合物 B:δ=7.1(单峰,5H),2.7(三重峰,2H),2.6(三重峰,2H),1.9(单峰,3H)。试推测出 A 与 B 的结构式,并标明各吸收峰的归属。

15. 化合物 A 分子式为 $C_6H_{12}O$,IR 在 1724 cm^{-1}有强的吸收峰;^1H NMR 数据如下:δ 0.92(t,3H),1.10(d,3H),1.52(m,1H),1.68(m,1H),2.21(s,3H),2.42(m,1H)。试推测出化合物 A 的结构。

16. 某化合物分子式为 $C_{10}H_{12}$,它具有以下化学性质:

(1) 在稀的 Br_2/CCl_4 溶液中褪色;

(2) 强氧化剂氧化生成苯甲酸;

(3) 臭氧化还原分解生成 C_8H_8O、C_2H_4O 两种化合物。

(4) ^1H NMR 谱图中出现如下四组峰:第一组:单峰,5H;第二组:单峰,3H;第三组:四重峰,1H;第四组:二重峰,3H。试根据以上性质推测出该化合物的结构。

17. 某化合物的分子式为 C_4H_6O,其光谱性质为

(1) UV:在 230 nm 附近有吸收,κ>5 000。

(2) ^1H NMR:δ 2.03(二重峰,3H);δ 6.13(多重峰,1H);δ 6.87(多重峰,1H);δ 9.48(二重峰,1H)。

(3) IR:在 1 720 cm^{-1}、2 720 cm^{-1}处有强吸收。试推测出该化合物的结构。

18. 某化合物的化学、光谱性质如下：

（1）元素分析表明仅含 C、H、O；其最简式为 $C_5H_{10}O$；

（2）IR：在 1 720 cm^{-1} 处有强吸收；在 2 720 cm^{-1} 处无吸收；

（3）MS：$M^+=86$，$m/z=71$ 强峰，$m/z=43$ 强峰；

（4）与稀的 Br_2/CCl_4 溶液的反应呈阴性。

试推测该化合物的结构式。

第 8 章 卤代烃

烃分子中一个或多个氢原子被卤素原子取代后生成的化合物称为卤代烃(halohydrocarbon),通常以 RX 表示,X 表示卤素(F,Cl,Br,I)。卤代烃为合成产物,较少存在于自然界中。本章学习卤代烃的结构和反应性能。

§8.1 卤代烃的分类和命名

8.1.1 卤代烃的分类

卤代烃由烃基和卤素原子两部分组成。根据卤代烃分子中所含卤素原子的种类,可分为氟代烃、氯代烃、溴代烃和碘代烃;根据卤素原子的数目,又可分为一卤代烃和多卤代烃。另外,根据卤代烃分子中烃基的不同类型,可分为饱和卤代烃、不饱和卤代烃和芳香族卤代烃;根据和卤素原子直接相连的碳原子的结构类型,卤代烃又可分为三种,即伯卤代烃(一级卤代烃)、仲卤代烃(二级卤代烃)和叔卤代烃(三级卤代烃),它们与卤素直接相连的碳原子分别是伯、仲、叔碳原子。

饱和卤代烃:

伯卤代烃

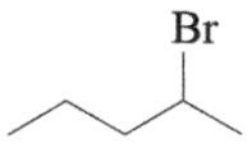

仲卤代烃

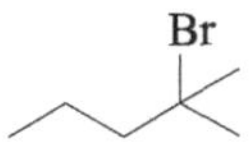

叔卤代烃

不饱和卤代烃:

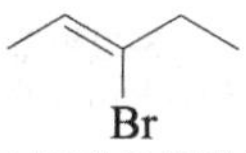

乙烯型卤代烯烃

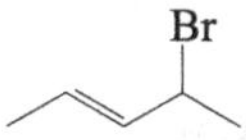

烯丙型卤代烯烃

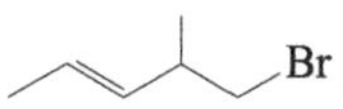

孤立型卤代烯烃

芳香族卤代烃:

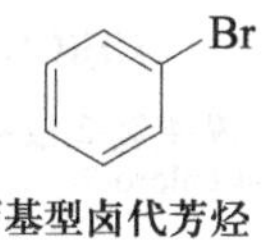

芳基型卤代芳烃

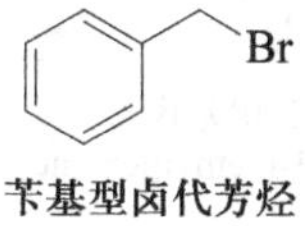

苄基型卤代芳烃

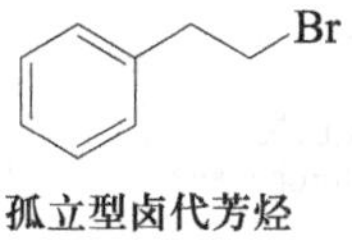

孤立型卤代芳烃

8.1.2 卤代烃的命名

结构比较简单的卤代烃常用习惯命名法命名,用相应的烷烃为母体,称为卤代某烃,英文中用词头氟代(fluoro)、氯代(chloro)、溴代(bromo)、碘代(iodo)表示。另外,简单的卤代烃也可称为某基卤,相应的英文名称是在基团名称后加上氟化物(fluoride)、氯化物(chloride)、溴化物(bromide)和碘化物(iodide)。

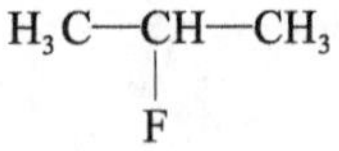

氟代异丙烷
异丙基氟
isopropyl fluoride

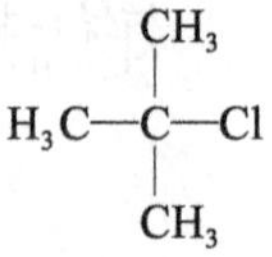

氯代叔丁烷
叔丁基氯
tert- butyl chloride

$CH_3CH_2CH_2CH_2—Br$

溴代正丁烷
正丁基溴
n- butyl bromide

$H_3C—I$

碘甲烷
甲基碘
methyl iodide

$H_2C═CH—Cl$

氯乙烯
乙烯基氯
vinyl chloride

$H_2C═CH—CH_2—Br$

烯丙基溴
allyl bromide

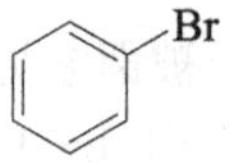

溴苯
苯基溴
phenyl bromide

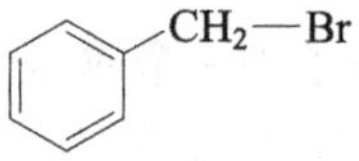

溴甲苯
苄溴
benzyl bromide

除此之外,少数卤代烃具有历史遗留下来的特殊习惯名称,如三卤甲烷常被称为卤仿;全氟代烷烃常被称为全氟代烷。

$CHCl_3$	CHI_3	$CF_3CF_2CF_3$	$CF_3CF_2CF_2CF_3$
氯仿	碘仿	全氟丙烷	全氟丁烷
chloroform	iodoform	perflulropropane	perfluorobutane

较复杂的卤代烃按系统命名法命名,这时,卤代烃作为烷烃的卤素取代物命名,以相应的烃为母体,将卤素原子作为取代基。主链碳原子的编号与烷烃相同,也遵循最低系列原则。命名时,在烷烃名称的前面加上卤素原子的名称和位置;如果同时存在多个取代基,则按取代基的英文名称的首字母顺序排列。卤代环烷烃则一般以脂环烃为母体命名,卤素原子及支链都看作是它的取代基。

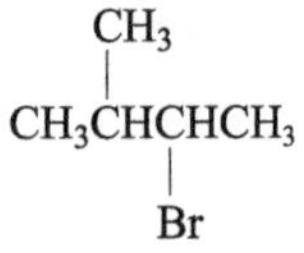

2-溴-3-甲基丁烷
2-bromo-3-methylbutane

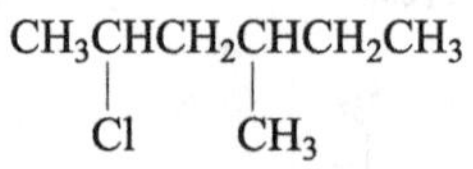

2-氯-4-甲基己烷
2-chloro-4-methylhexane

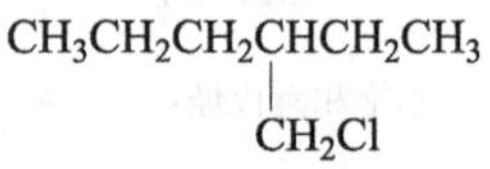

3-氯甲基己烷
3-(chloromethyl)hexane

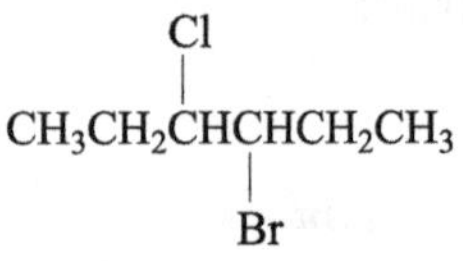

3-溴-4-氯己烷
3-bromo-4-chlorohexane

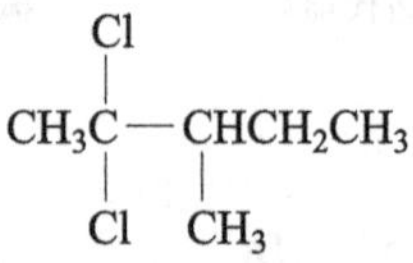

2,2-二氯-3-甲基戊烷
2,2-dichloro-3-methylpentane

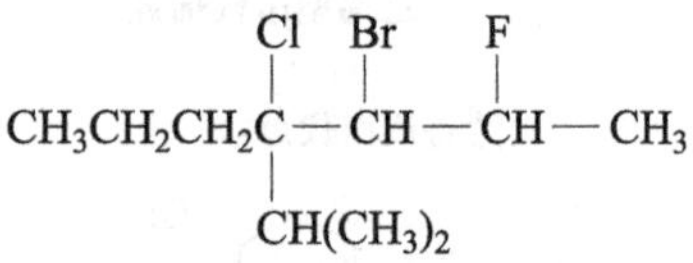

3-溴-4-氯-2-氟-4-异丙基庚烷
3-bromo-4-chloro-2-fluoro-4-isopropylheptane

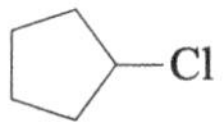

氯代环戊烷
chlorocyclopentane

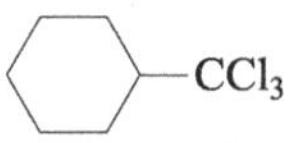

三氯甲基环己烷
(trichloromethyl)cyclohexane

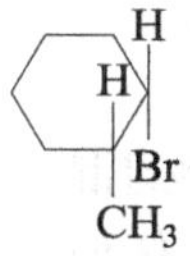

顺-1-溴-2-甲基环己烷
(1*S*,2*R*)-1-bromo-2-methylcyclohexane

卤代烯烃的命名是以烯烃为母体，把卤素原子作为取代基。卤代芳烃命名时，以芳烃为母体，卤素原子作为取代基。

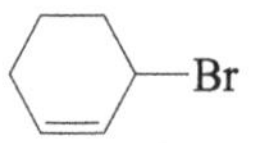

3-溴环己烯
3-bromc-1-cyclohexene

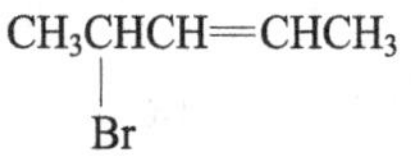

4-溴-2-戊烯
4-bromo-2-pentene

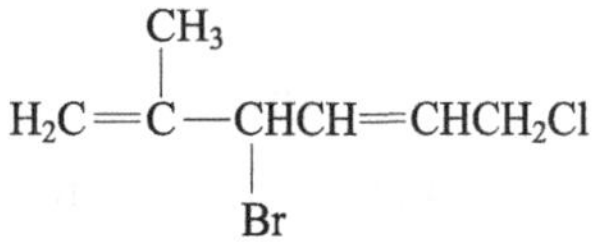

3-溴-6-氯-2-甲基-1,4-己二烯
3-bromo-6-chloro-2-methyl-1,4-hexadiene

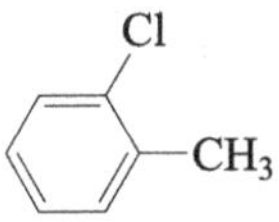

2-氯甲苯
2-chlorotoluene

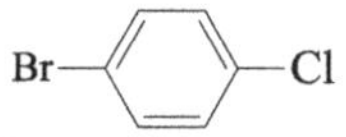

1-溴-4-氯苯
1-bromo-4-chlorobenzene

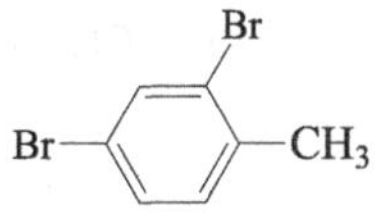

2,4-二溴甲苯
2,4-dibromotoluene

芳烃侧链卤代时，较简单的结构可先命名取代基，或用衍生物命名法命名；如果结构中存在较长碳链，则烷烃为母体，卤素原子和芳环都作为取代基。

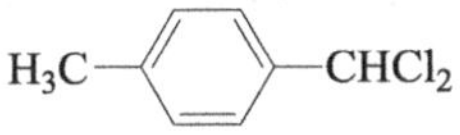

1-(二氯甲基)-4-甲苯
1-(dichloromethyl)-4-methylbenzene

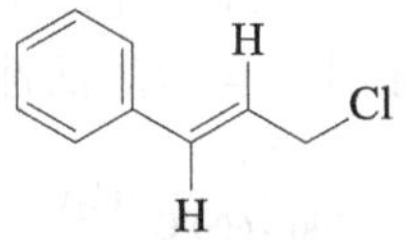

(*E*)-肉桂基氯
(*E*)-3-氯-1-苯基-1-丙烯
(*E*)-cinnamyl chloride

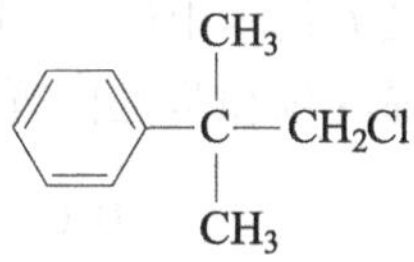

1-氯-2-甲基-2-苯基丙烷
1-chloro-2-methyl-2-phenylpropane

问题 8-1　写出下列化合物的结构或构象：

（1）1-氯-6,7-二甲基二环[3.2.1]辛烷；

（2）(1*S*,2*R*)-1-氯-2-苯基环己烷最稳定的构象。

问题 8-2　写出分子式为 $C_5H_{11}Br$ 的同分异构体的构造式，用系统命名法命名，并指出它们分别属于伯、仲、叔溴代烃的哪一种。

---

§ 8.2　卤代烃的制备方法

卤代烃在自然界极少存在，但它们同时又是有机合成的重要原料。制备卤代烃的一般方法是向烃分子中直接引入卤素，或将某些有机化合物分子中的官能团以卤素替代而得。

8.2.1 从烃类化合物制备

烷烃的卤代一般生成复杂的混合物，在实验室中只在少数情况下用卤代法制备一卤代烃，例如，环己烷的一氯代反应中，任何一个氢原子被氯代都生成一氯代环己烷；又如，利用溴代反应对叔氢原子的选择性反应，从异丁烷制备叔丁基溴。

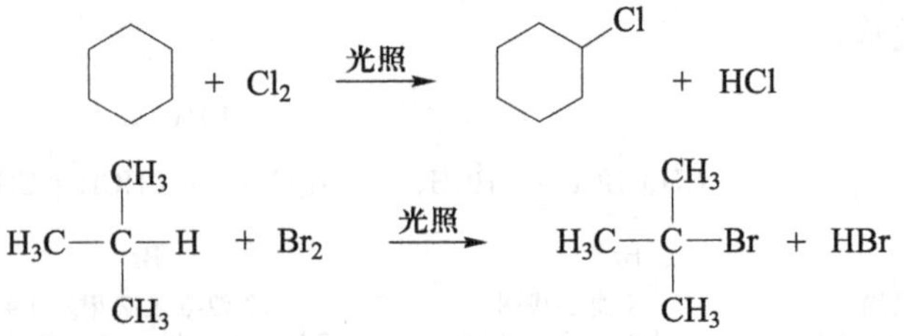

烯烃或炔烃与卤化氢或卤素加成是一种从不饱和烃类化合物合成卤代烃的方法。

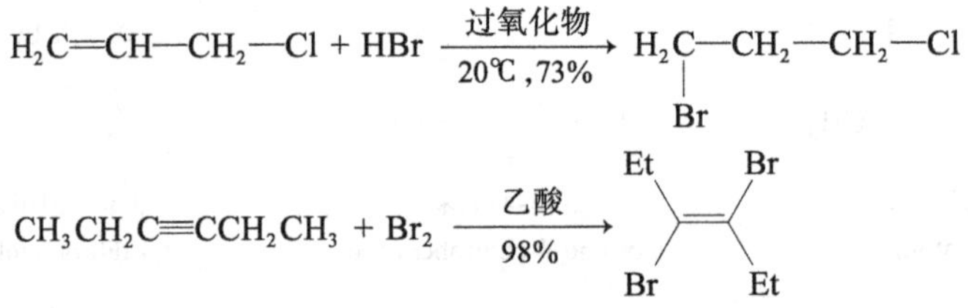

丙烯和甲苯等化合物在高温或光照下与卤素可以发生卤代反应。如果需要在较低温度或实验室条件下进行反应，常采用 *N*-溴代丁二酰亚胺（*N*-bromosuccinimide，缩写为 NBS）进行溴代，反应是在过氧化苯甲酰[$(PhCOO)_2$]等引发剂作用下，在惰性溶剂如 CCl_4 中进行自由基取代反应，此时烯丙位和苄基位置的氢原子具有类似的活性。

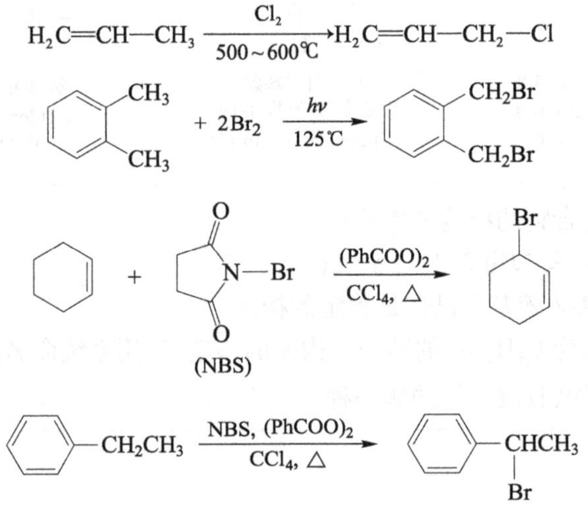

8.2.2 从醇制备

醇分子中的羟基（—OH）用卤原子置换可以得到相应的卤代烃，常用的试剂有氢卤酸（HX）、卤化磷（PX_3、PX_5）和亚硫酰氯（$SOCl_2$）。因为醇比较容易制备，实验室中从醇制备卤代烃是获取卤代烃的重要方法之一。例如：

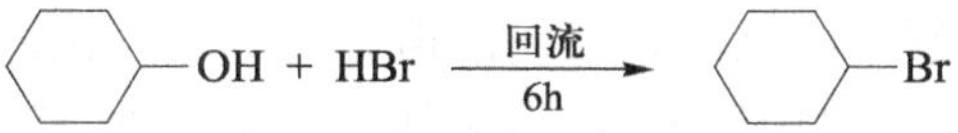

74%

$$CH_3(CH_2)_3CH_2OH + SOCl_2 \xrightarrow[5\sim7\ h]{\text{回流}} CH_3(CH_2)_3CH_2Cl$$

60% ~ 70%

8.2.3　用卤代烷与卤原子置换

卤代烷中的卤原子,可以被另一种卤原子置换,从一些易得的卤代烷(如氯代烷和溴代烷)制备难得的碘代烷。例如:

$$(CH_3)_2\underset{\large Cl(Br)}{\underset{|}{C}}CH_2CH_3 + NaI \xrightarrow{\text{丙酮溶液}} (CH_3)_2\underset{\large I}{\underset{|}{C}}CH_2CH_3 + NaCl(Br)$$

碘化钠在丙酮(或其他酮,如丁酮)中的溶解度比氯化钠、溴化钠大得多,因此反应如果在丙酮中进行,氯化钠或溴化钠可以沉淀出来,使反应向右进行。

8.2.4　从氯甲基化反应制备

芳烃、甲醛及氯化氢在无水氯化锌等存在下进行反应,可以直接在芳环上导入氯甲基($-CH_2Cl$),这个反应叫做氯甲基化反应,如从苯合成苄氯。一般芳环上连有给电子基时更利于反应的进行。

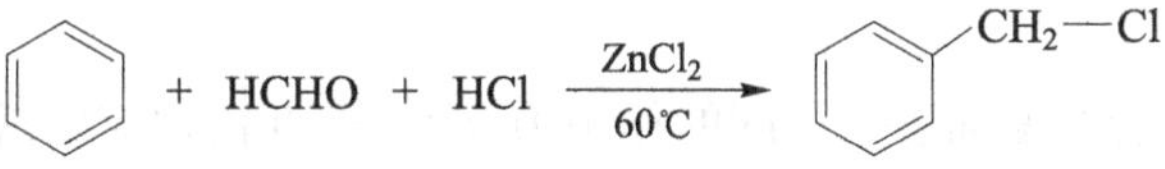

70%

问题 8-3　写出萘与甲醛和氯化氢在氯化锌的催化下产物的结构式并写出反应机理。

---

§ 8.3　卤代烃的物理性质和光谱性质

8.3.1　物理性质

8.3.1.1　偶极矩

卤代烃中碳原子的 sp^3 杂化轨道与卤原子的一个不等性杂化的 sp^3 轨道成键(也有认为是与卤原子 p 轨道成键),由于各卤原子的原子半径不同,碳卤键的键长也不相同,如表 8-1 所示,在卤代烃中,随着卤原子所在周期的增大,碳卤键变长,键能变小。

表 8-1　碳卤键的键长与键能

	C—F	C—Cl	C—Br	C—I
键长/pm	138.2	178.1	193.9	213.9
键能/($kJ \cdot mol^{-1}$)	485.3	339.0	284.5	217.6

同时，由于卤原子的电负性大于碳原子，使碳卤键的电子云偏向卤原子，C—X 键成为一个极性共价键，键的极性的大小可以用偶极矩(μ)来衡量。如下图，氯甲烷的偶极矩是三个碳氢键和一个碳氯键偶极矩的矢量之和，沿着碳氯键方向，而氯仿的偶极矩是三个碳氯键和一个碳氢键偶极矩的矢量之和，而四卤代甲烷的偶极矩为零。

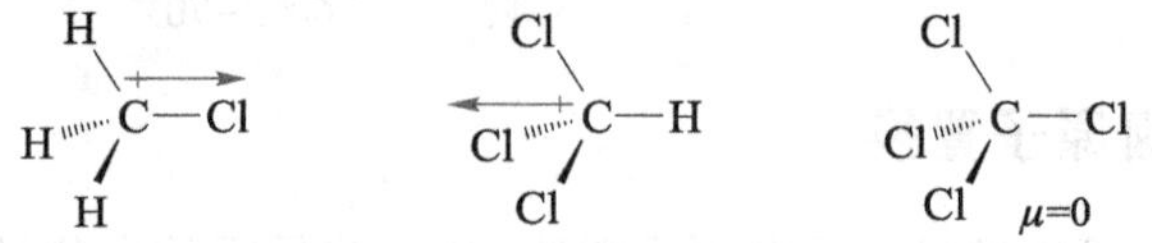

表 8-2 给出的一些卤代烃的偶极矩数值，是通过测定化合物的介电常数而间接计算出来的。

表 8-2　一些卤代烃的偶极矩　　单位：10^{-30} C · m

X	CH_3X	CH_2X_2	CHX_3	CX_4
F	6.07			
Cl	6.47	5.34	3.44	0
Br	5.97	4.84	3.40	0
I	5.47	3.80	3.35	0

8.3.1.2　沸点

由于 C—X 键具有极性，增加了分子间的作用力，所以沸点较相应的烷烃高。在室温下，除氟甲烷、氟乙烷、氟丙烷、氯甲烷、氯乙烷及溴甲烷是气体外，其他常见的卤代烃都是液体。含相同卤素而烃基碳原子数不同的卤代烃沸点随着碳原子数的增加而升高，如：*n*-Bu—Cl>*n*-Pr—Cl>Et—Cl>Me—Cl；在同一卤代烃的各种异构体中，与烷烃的情况类似，即直链异构体的沸点最高，支链越多的沸点越低，如：*n*-Bu—Cl>$EtCHClCH_3$>$(CH_3)_3CCl$；烃基相同而卤原子不同的卤代烃，以碘代烷的沸点最高，其次为溴代烷，然后是氯代烷，氟代烷的沸点最低，如：Et—I>Et—Br>Et—Cl>Et—F。常见卤代烃的沸点见表 8-3 所示。

表 8-3　卤代烃的物理常数

R—X	R—F		R—Cl		R—Br		R—I	
	bp①	*d*②	bp	*d*	bp	*d*	bp	*d*
CH_3—X	−78.4		−24.2		3.6		42.4	2.279
CH_3CH_2—X	−37.7		12.3		38.4	1.440	72.3	1.933
$CH_3CH_2CH_2$—X	−2.5		46.6	0.890	71.0	1.335	102.4	1.747
$CH_3(CH_2)_2CH_2$—X	32.5	0.779	78.4	0.884	101.6	1.276	130.5	1.617
$CH_3(CH_2)_3CH_2$—X	62.8		107.8	0.833	129.6	1.223	157	1.517
$(CH_3)_2CH$—X	−9.4		34.8	0.859	59.4	1.310	89.5	1.705

续表

R—X	R—F		R—Cl		R—Br		R—I	
	bp①	d②	bp	d	bp	d	bp	d
$(CH_3)_2CHCH_2$—X	25.1		68.8	0.875	91.4	1.261	120.4	1.605
$CH_3CH_2CH(CH_3)$—X	25.3	0.766	68.3	0.871	91.2	1.258	120.3	1.595
$(CH_3)_3C$—X	12.1		52.0	0.840	73.1	1.222	100③	
C_6H_{12}—X④			143	1.000	165	1.336	180③	1.624
C_6H_5—X			132	1.106	156	1.495	188.5	1.832
$C_6H_5CH_2$—X			179	1.102	201	1.438		1.734
CH_2X_2	-52		40	1.336	99	2.49	180③	3.325
CHX_3	-83		61	1.489	151	2.89	⑤	4.008
CX_4	-128		70	1.595	189.5	3.42	⑤	4.320

注：① 沸点/℃；② 相对密度，在 20℃ 时测定的相对于水的密度；③ 分解；④ 环己基；⑤ 升华。

8.3.1.3　密度、溶解度及其他

脂肪族一氟代烃和一氯代烃的相对密度小于 1，一溴代烷烃和一碘代烷烃的相对密度大于 1；在同系列中，卤代烃的相对密度随碳原子数的增加而下降。一卤代芳烃的密度一般大于 1。两个氯原子以上取代的卤代烃一般密度大于 1，如二氯甲烷，1,2-二氯乙烷和氯仿的相对密度都大于 1。

纯的卤代烃是无色的，但是碘代烷容易分解，久置后逐渐带有棕红色，溴代烷久置后常呈现淡黄色。一卤代烃具有一种不愉快的气味，其蒸气有毒，应该尽量避免吸入。它们均不溶于水，而溶于弱极性或非极性的有机溶剂中，如乙醚、苯和烃类。卤代烃在铜丝上燃烧时能产生绿色火焰，这可以作为鉴定卤素的简便方法。氟代烷性质比较特殊，不能以常见卤代烃进行同等对待，在使用时应查阅相关手册。

8.3.2　光谱性质

8.3.2.1　红外光谱

红外光谱中，碳卤键的伸缩振动吸收频率是随着卤素相对原子质量的增加而减小的，C—X 键伸缩振动吸收峰位置分别为：C—F，1 410～1 000 cm^{-1}（很强）；C—Cl，800～600 cm^{-1}（强）；C—Br，600～500 cm^{-1}（强）；C—I，约 500 cm^{-1}（强）。图 8-1 为 1,2-二氯乙烷的红外光谱图。

8.3.2.2　核磁共振氢谱

由于卤原子的电负性比碳原子大，与卤原子直接相连的碳原子上质子的屏蔽效应降低，质子的化学位移向低场移动，且随着卤代烃中卤原子电负性的增加，其化学位移也增加。卤原子电负性及一卤代烃中直接和卤原子相连碳原子上质子化学位移见表 8-4 所示。如果有更多的卤原子取代在同一个碳原子上，则化学位移将进一步增大。此外，邻近碳原子上质子也将受到微弱的影响。图 8-2 为 1,2-二氯乙烷的核磁共振氢谱。

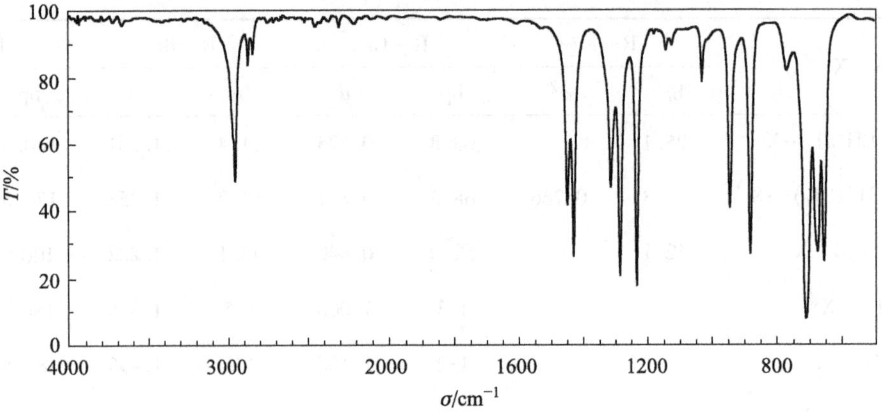

图 8-1　1,2-二氯乙烷的红外光谱图

表 8-4　卤原子电负性及卤代烃中质子化学位移

X	F	Cl	Br	I
电负性	4.0	3.2	3.0	2.7
基团	**H**C—F	**H**C—Cl	**H**C—Br	**H**C—I
化学位移	4.0~4.5	3.0~4.0	2.5~4.0	2.0~4.0

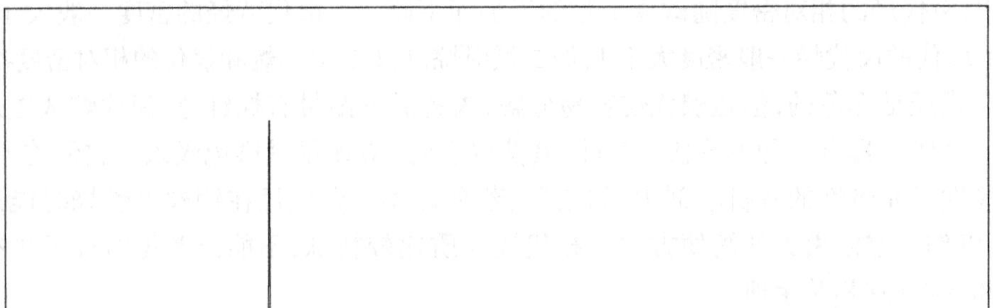

图 8-2　1,2-二氯乙烷的核磁共振氢谱

§8.4　卤代烃的亲核取代反应

在饱和脂肪族卤代烃分子中，碳原子是 sp^3 杂化，它利用一个杂化轨道与卤原子的一个轨道相互重叠，形成一个 C—X σ 键。由于卤原子的电负性比碳原子大，C—X 键是极性共价键，比较容易断裂，使卤代烃能够发生多种反应。从表 8-1 可以看出，不同的 C—X 键具有不同的强度，其反应

活性也不相同。本节先学习饱和卤代烃的性质,然后再进一步学习不饱和卤代烃的性质。

8.4.1 亲核取代反应概述

8.4.1.1 基本反应

由于卤原子的电负性比碳原子大,卤原子具有吸电子诱导效应,其结果使得 C—X 键之间的电子云偏向卤原子,使卤原子带有部分负电荷,而碳原子带有部分正电荷;因此,与卤原子直接相连的碳原子容易被带有负电荷或未共用电子对的试剂进攻,而卤原子则带着 C—X 键中的一对电子离去,最后生成产物。在这里,卤代烃是反应的底物,带有负电荷或未共用电子对的进攻试剂,称为亲核试剂(nucleophile,常用 Nu 表示);反应中被取代并以 X^- 形式离去的卤离子,称为离去基团(leaving group,常用 L 表示)。卤代烃所发生的反应是亲核试剂进攻底物反应,称为亲核反应,其结果是亲核试剂取代了离去基团,故又称为亲核取代反应(nucleophilic substitution),用 S_N 表示。在 S_N 反应中,若受试剂进攻的原子是饱和碳原子,取代反应是在饱和碳原子上发生的,这类取代反应称为饱和碳原子上的亲核取代反应。

亲核试剂　　底物　　离去基团

8.4.1.2 典型实例

1. 水解反应

卤代烃与强碱的水溶液共热水解,卤原子被羟基(—OH)取代生成醇。例如,混合戊醇为工业用溶剂,工业上的生产方法是将混合氯代戊烷水解制备。

$$C_5H_{11}Cl + NaOH \xrightarrow[\triangle]{H_2O} C_5H_{11}OH + NaCl$$

然而,水解法并不是制备醇的主要方法,因为卤代烃一般是由醇制备;当一些复杂结构分子难引入羟基时,可通过先引入卤原子然后再水解的方法来实现。

2. 与醇钠作用

卤代烃与醇钠在相应醇溶液中反应,在无水条件下进行,醇钠通常是由醇与金属钠的反应来制备,反应结果是卤原子被烷氧基(—OR)取代生成醚。

$$n\text{-Pr—ONa} + \text{Et—I} \xrightarrow[\triangle]{n\text{-PrOH}} n\text{-Pr—O—Et}$$

乙丙醚

70%

这是制备醚,尤其是混合醚的一种常用方法,称为威廉姆森(Williamson)合成法。反应中通常采用饱和或不饱和的伯卤代烃。仲卤代烃的产率通常较低,而叔卤代烃则主要得到烯烃。对于不同的卤代烃,卤原子被取代的活性次序是:R—I>R—Br>R—Cl≫R—F。

3. 与氰化钠作用

卤代烃与氰化钠或氰化钾作用,卤原子被氰基(—CN)取代生成腈(R—CN)。

$$Br(CH_2)_5Br + 2KCN \xrightarrow[\text{回流,8 h}]{EtOH,H_2O} NC(CH_2)_5CN$$

庚二腈

75%

因为氰根负离子的溶液具有碱性，叔卤代烃主要得到烯烃。卤代烃转变成腈后，分子中增加了一个碳原子，这是有机合成中增长碳链的方法之一。另外，氰基可以转变为其他官能团，如羧基（—COOH）、氨甲酰基（—$CONH_2$）和氨甲基（—CH_2NH_2）等。该反应本应有较为广泛的应用，但由于氰化物有剧毒，使其应用受到限制。

4. 与氨作用

卤代烃与氨反应，卤原子被氨基（—NH_2）取代。一般生成伯胺时需要加入过量的氨，以防生成的胺分子与卤代烃继续反应生成多取代胺。

$$(CH_3)_2CHCH_2—Cl+2NH_3 \xrightarrow[110℃,3\ h]{EtOH} (CH_3)_2CHCH_2—NH_2$$

异丁胺

84%

$$ClCH_2COOH+2NH_3 \xrightarrow[70℃]{H_2O,乌洛托品} NH_2CH_2COOH$$

85%

5. 卤离子交换反应

在丙酮溶液中，氯代烃和溴代烃分别与碘化钠反应，生成碘代烃。这是由于碘化钠溶于丙酮，而氯化钠和溴化钠不溶于丙酮，从而促使反应向正反应方向进行。

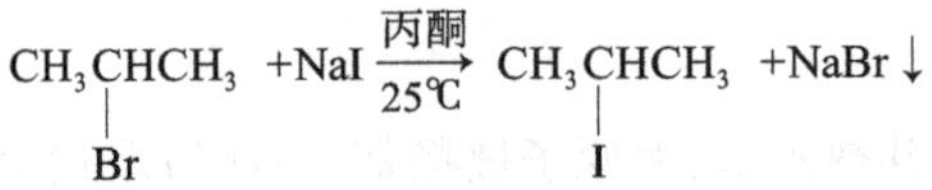

氯代烃和溴代烃的反应活性是：伯卤代烃>仲卤代烃>叔卤代烃。此反应可用于检验氯代烷和溴代烷，也可利用此反应在实验室制备碘代烷。

6. 与硝酸银作用

卤代烃与硝酸银的乙醇溶液反应，生成卤化银沉淀。

$$R—X+AgNO_3 \xrightarrow{EtOH} R—ONO_2+AgX\downarrow$$

硝酸酯

不同卤原子的卤代烃，反应活性次序是：R—I>R—Br>R—Cl；当卤原子相同而烃基结构不同时，其活性次序为：叔卤代烃>仲卤代烃>伯卤代烃，其中伯卤代烃通常需要加热才能使反应进行，因此该反应可用于卤代烃的定性分析。

问题 8-4　写出仲丁基溴和下列试剂反应的产物：(1) NaOH，H_2O；(2) CH_3ONa；(3) $AgNO_3$，EtOH；(4) EtSNa；(5) $CH_3C\equiv CNa$；(6) NaI，CH_3COCH_3。

问题 8-5　由必要的试剂合成 EtOBu-*t*。

问题 8-6　用简易的化学方法鉴别下列各组化合物：(1) 1-氯丁烷，2-氯丁烷，2-氯-2-甲基丙烷；(2) 1-氯戊烷，1-溴丁烷，1-碘丙烷。

8.4.1.3　离去基团及其离去能力

卤代烃中的卤原子是重要的离去基团，它们的离去能力与碳卤键的键能和离去后形成的卤离子的碱性相关。表8-1给出了碳卤键的强度，可见C—I键最容易断裂，C—F键最难断裂。另外，根据HX的酸性（HI>HBr>HCl>HF），其共轭碱的碱性为$I^-<Br^-<Cl^-<F^-$，碱性越弱离去能

力越强。故此,卤代烃中卤素离去的次序由易到难为:$I^- > Br^- > Cl^- \gg F^-$。

除了卤原子为常见的离去基团外,硫酸酯、磺酸酯结构也为非常好的离去基团,这是由于它们的共轭酸为强酸,硫酸根和磺酸根负离子具有较好的稳定性,从而易于离去,其中对甲苯磺酸根离子(*p*-toluenesulfonate,缩写为 TsO^-)是最常用的离去基团。

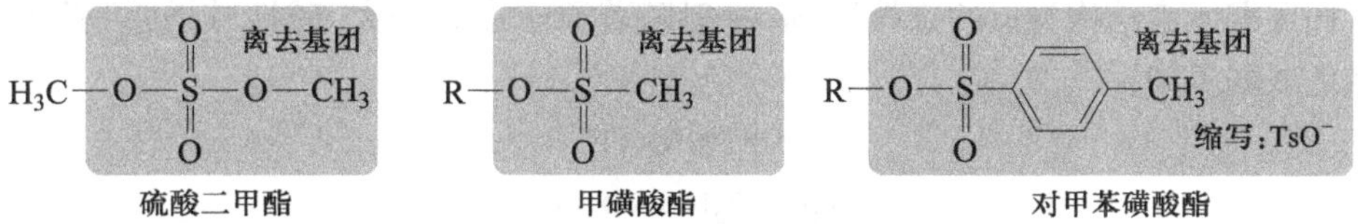

表 8-5 给出了常见离去基团在亲核取代反应中离去的相对速率,可见羟基、氨基和烷氧基都不是好的离去基团,一般都将其质子化,转变成易离去的基团:水、醇和氨。离去基团的离去能力与其碱性有关,碱性越弱越容易离去。

表 8-5　常见离去基团在亲核取代反应中离去的相对速率

离去基团	$^-OH, ^-NH_2, ^-OR$	F^-	Cl^-	Br^-	$—\overset{+}{O}H_2$	I^-	$—^-OTs$
相对速率	$<<10^{-2}$	10^{-2}	1	50	50	150	190

问题 8-7　比较下列底物发生亲核取代反应时,离去基团的离去能力:

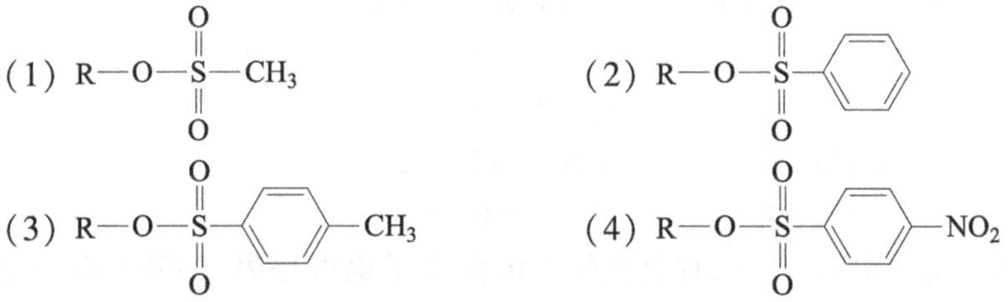

8.4.1.4　亲核试剂及其亲核性

卤代烃除了与上述的亲核试剂发生反应以外,还能和其他许多亲核试剂发生反应。亲核试剂的种类虽多,可按照亲核试剂中进攻的原子或离子分成几类:一是氧原子或氧负离子进攻的亲核试剂,如上述的氢氧根(^-OH)、烷氧负离子(RO^-)、水(H_2O)和硝酸根负离子(NO_3^-),再如羧酸根负离子($RCOO^-$)等;二是碳负离子类进攻的亲核试剂,如上述的氰根负离子(^-CN),炔负离子($R—C≡C^-$)和其他类型的碳负离子[$^-CH(COOEt)_2$];三是氮原子或氮负离子类进攻的亲核试剂,如上述的氨分子(NH_3),以及胺类化合物(RNH_2)、叠氮负离子(N_3^-)等;四是硫原子或硫负离子类进攻的亲核试剂,如硫醇负离子(RS^-)、硫醚类化合物(CH_3SCH_3)等。另外,对于溶解性不好的亲核试剂,可在反应中加入相转移催化剂以促进反应的进行。

亲核试剂的亲核能力由两个重要的因素构成:一是亲核试剂的给电子能力,即碱性;二是可极化性,即在外界溶剂电场的作用下电子云的变形能力。亲核性是两者的综合作用的结果,碱性越强可极化性越大则亲核性越强。由于反应体系具有复杂性,在判断亲核性时可使用以下几个经验规律:

(1) 相同元素原子或离子的亲核性:带负电荷的比电中性的亲核性强,试剂的碱性越强则亲核性越强，但位阻急剧增大后亲核性变弱。如：

$$RO^- > ROH, RS^- > RSH, HO^- > H_2O$$

$$C_2H_5O^- > HO^- > C_6H_5O^- > CH_3COO^-$$

$$CH_3O^- > CH_3CH_2O^- > (CH_3)_2CHO^- > (CH_3)_3CO^-$$

（2）同周期元素结构类似的亲核试剂，一般随着原子序数增大，碱性减弱，可极化性减弱，亲核性随之减弱。如：

$$H_2N^- > HO^- > F^-$$

$$R_3C^- > R_2N^- > RO^- > F^-$$

（3）同主族元素，第Ⅵ主族中的氧硫两种元素形成的亲核试剂，含硫的相对含氧的亲核性大，这是因为硫原子或者硫负离子的半径较大，具有较大的可极化性：

碱性：	$RO^- > RS^-$，	$ROH > RSH$；
可极化性：	$RO^- < RS^-$，	$ROH < RSH$；
亲核性：	$RO^- < RS^-$，	$ROH < RSH$。

第Ⅶ主族的卤素，除了受碱性和可极化性影响外，极性质子性溶剂（水、醇）中，溶剂与短周期元素的亲核试剂形成氢键，溶剂化的作用使得其亲核性降低；而在极性非质子性溶剂（如：二甲基亚砜，缩写为 DMSO；*N*,*N*-二甲基甲酰胺，缩写为 DMF）中，不形成氢键作用，亲核性受溶剂影响较小：

	极性质子性溶剂中	极性非质子性溶剂中
碱性：	$F^- > Cl^- > Br^- > I^-$	$F^- > Cl^- > Br^- > I^-$
可极化性：	$F^- < Cl^- < Br^- < I^-$	$F^- < Cl^- < Br^- < I^-$
溶剂作用：	$F^- > Cl^- > Br^- > I^-$	各离子相差不大
亲核性：	$F^- < Cl^- < Br^- < I^-$	$F^- > Cl^- > Br^- > I^-$

反应中加入的卤素离子是亲核试剂，同时卤代烃中的卤原子也可是离去基团，在一些亲核反应中常加入少量的碘化钾作为催化剂，就是因为一方面碘离子具有较强的亲核性，另一方面它又是好的离去基团，从而催化亲核取代反应。常见溶剂的极性见表8-6，一般认为相对介电常数大于9的为极性较大的溶剂。

表8-6　常见的溶剂的物理性质

溶剂名称	结构式	缩写	相对介电常数（ε，25℃）	沸点/℃
质子性溶剂（protic solvents）				
水（water）	H_2O	—	79	100
甲酸（formic acid）	HCOOH	—	59	100.6
甲醇（methanol）	CH_3OH	MeOH	33	64.7
乙醇（ethanol）	CH_3CH_2OH	EtOH	25	78.3
叔丁醇（*tert*-butyl alcohol）	$(CH_3)_3COH$	*t*-BuOH	11	82.3
乙酸（acetic acid）	CH_3COOH	HOAc	6	117.9

续表

溶剂名称	结构式	缩写	相对介电常数（ε,25℃）	沸点/℃
非质子性溶剂(aprotic solvents)				
二甲基亚砜(dimethyl sulfoxide)	$(CH_3)_2SO$	DMSO	47	189
乙腈(acetonitrile)	CH_3CN	MeCN	38	81.6
N,*N*-二甲基甲酰胺(dimethylformamide)	$(CH_3)_2NCHO$	DMF	37	153
六甲基磷酰三胺(hexamethylphosphoramide)	$[(CH_3)_2N]_3PO$	HMPA	30	233
丙酮(acetone)	$(CH_3)_2CO$	Me_2CO	21	56.3
二氯甲烷(dichloromethane)	CH_2Cl_2	—	9.1	40
四氢呋喃(tetrahydrofuran)		THF	7.6	66
乙酸乙酯(ethyl acetate)	$CH_3COOCH_2CH_3$	EtOAc	6	77.1
乙醚(diethyl ether)	$CH_3CH_2OCH_2CH_3$	Et_2O	4.3	34.6
甲苯(toluene)	$C_6H_5CH_3$	—	2.4	110.6
正己烷(hexane)	$CH_3(CH_2)_4CH_3$	—	1.9	68.7

（4）质子性的甲醇、乙醇等溶剂，因为其价格便宜，并且能同时溶解卤代烃和无机盐，常被选为亲核反应的溶剂，一些常见的亲核试剂在极性质子化溶剂中的亲核性的一般规律为

$$RS^- > ArS^- > {}^-CN > I^- > NH_3(RNH_2) > RO^- > {}^-OH > Br^- > PhO^- > Cl^- > H_2O > F^-$$

8.4.2　亲核取代反应的机理

在研究水解速率与反应物浓度的关系时，发现一些卤代烃的水解速率与卤代烃和亲核试剂的浓度都有关系。例如，溴甲烷的碱性水解反应，其水解速率与卤代烃的浓度成正比，也与亲核试剂^-OH的浓度成正比，说明这是一个二级反应：

$$CH_3Br + {}^-OH \longrightarrow CH_3OH + Br^-$$

$$v = k_1 \cdot [CH_3Br] \cdot [{}^-OH]$$

式中 k_1 为反应动力学常数，$[CH_3Br]$和$[{}^-OH]$分别为溴甲烷和氢氧根离子的物质的量浓度。另外，一些卤代烃的水解速率仅与卤代烃的浓度有关，如叔丁基溴的水解反应，经测定其水解速率只与卤代烃的浓度成正比，而与水（亲核试剂）的量的多少无关，整个水解反应是一级反应：

$$(CH_3)_3CBr + H_2O \longrightarrow (CH_3)_3COH + HBr$$

$$v = k_2 \cdot [(CH_3)_3CBr]$$

式中 k_2 为反应动力学常数，$[(CH_3)_3CBr]$为叔丁基溴的物质的量浓度。

通过对大量实验事实的总结，卤代烃的亲核取代反应是按照不同的机理进行，可分成双分子亲核取代反应和单分子亲核取代反应，分别简称为 S_N2 反应和 S_N1 反应，其中大写的“S”代表取代(substitution)，下标的大写“$_N$”代表亲核(nucleophilic)，2 和 1 代表的是双分子或者单分子。

8.4.2.1 双分子亲核取代反应(S_N2)

S_N2 反应是一步骤完成的反应,如图 8-3(a)的通式所示,其过程是:亲核试剂从反应物离去基团的背面进攻中心碳原子,先与碳原子形成比较弱的键,同时离去基团与碳原子的键有一定程度的减弱,两者与碳原子成一直线,碳原子上另外三个键逐渐由伞形转变成平面,这需要消耗能量,即活化能。当反应进行和达到能量最高状态即过渡态后,亲核试剂与碳原子之间的键开始形成,而碳原子与离去基团之间的键断裂,碳原子上的三个键由平面向另一边偏转,整个过程犹如大风将雨伞由里向外翻转一样,这时就要释放能量,形成产物。

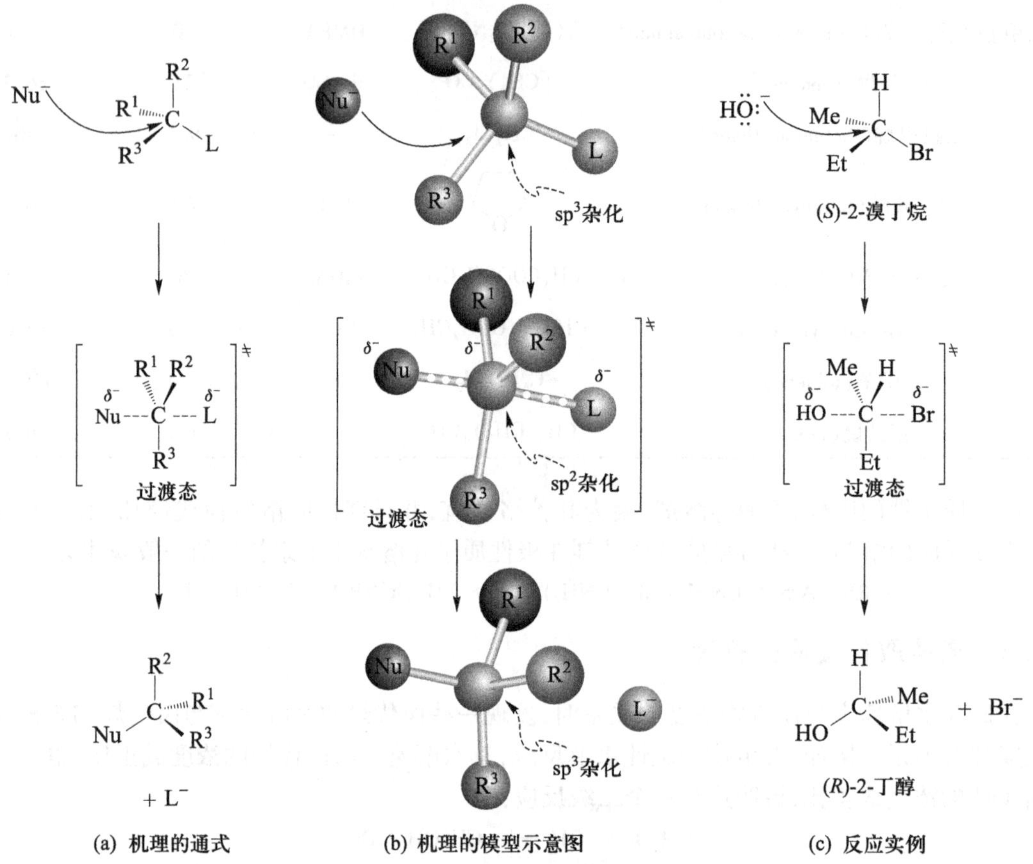

图 8-3 S_N2 反应的机理

S_N2 反应中,亲核试剂的进攻与离去基团的离去是一个构型翻转的过程。如图 8-3(a,b)所示,亲核试剂从离去基团背面沿着 C—L 键的轴线进攻碳原子,形成过渡态时,中心碳原子完成从底物的 sp^3 杂化向 sp^2 杂化转变的过程,离去基团离去时,又完成了从 sp^2 杂化向 sp^3 杂化转变的过程,在这个过程中完成了碳原子构型的翻转,这个转化称为瓦尔登(Walden)转化,这是 S_N2 反应最基本的特征之一。如图 8-3(c)所示,(*S*)-2-溴丁烷碱性条件下水解,生成(*R*)-2-丁醇,在反应过程中完成了构型转变。

S_N2 反应是一个基元反应。图 8-4 给出了反应自由量-进程图,原料克服能垒(E_a)到过渡态,即曲线的最高点,然后生成产物。值得指出的是,过渡态与反应中间体是两个完全不同的概念，中间体是真实存在，能通过试剂捕获或能通过物理学方法证明其存在的，过渡态是反应中的假想状态。

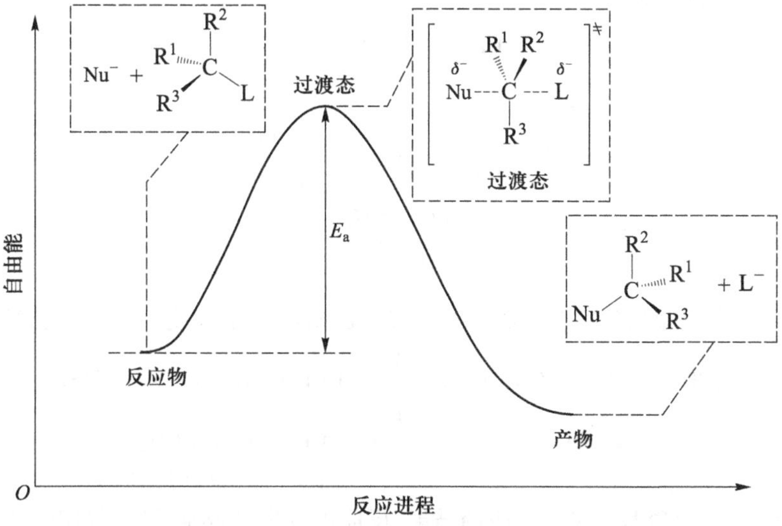

图 8-4　S_N2 反应的自由量-进程图

8.4.2.2　反应条件对 S_N2 反应的影响

1. 底物结构

S_N2 反应中，亲核试剂从离去基团的背面进攻，如果在离去基团的背面有大体积的基团，则反应变慢。为了研究位阻对 S_N2 反应的影响，将不同取代的溴代烃和含氯离子的亲核试剂反应，并测定其相对反应速率，结果发现具有最小位阻的溴甲烷反应最快，位阻最大的叔丁基溴反应最慢。

$$R—Br + Cl^- \longrightarrow R—Cl + Br^-$$

	$(CH_3)_3CBr$	$(CH_3)_3CCH_2Br$	$(CH_3)_2CHBr$	CH_3CH_2Br	CH_3Br
	叔丁基溴	新戊基溴	异丙基溴	乙基溴	甲基溴
相对反应速率	<1	1	500	40,000	2,000,000
		底物位阻变小，S_N2反应的反应活性变大 →			

大位阻的底物不仅对亲核试剂的进攻具有阻碍作用，在形成过渡态时[见图 8-3(b)]，基团与基团之间的相互作用，使得过渡态具有更高的能量并变得更加不稳定，使得反应的活化能增加，严重阻碍反应进行。一般来说，卤代烃进行 S_N2 反应的反应速率（活性）顺序为

卤代甲烷>伯卤代烃>仲卤代烃>叔卤代烃

同时必须注意，如果伯卤代烃中与卤素相连碳原子的邻位含有大基团（新戊基溴中的叔丁基）则反应速率将会变慢。

前面讨论的反应，亲核试剂和底物的反应是分子间反应，如果底物本身含有亲核试剂和离

去基团的部分，则可发生分子内 S_N2 反应。如2-氯乙醇在碱性条件下的成环反应，实际上是首先在碱性条件下部分生成氧负离子，然后氧负离子作为亲核试剂发生分子内 S_N2 反应，而氯原子以离去基团的形式离去。

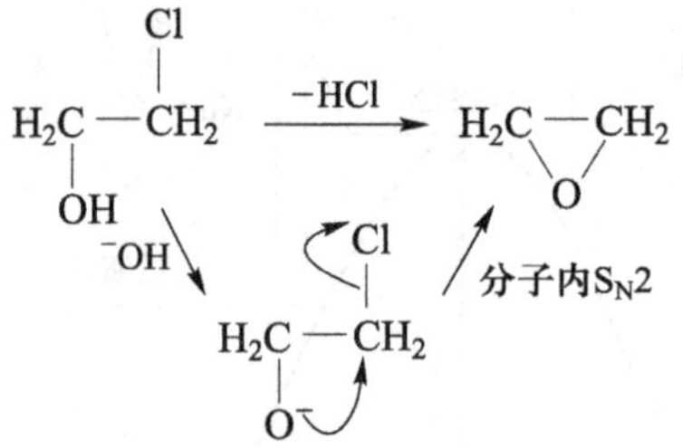

在对下述的两个反应的研究中，发现β-氯代二乙硫醚的水解速率是1-氯己烷的3 000倍：

$$CH_3CH_2CH_2CH_2CH_2CH_2Cl+H_2O \xrightarrow{k_1} CH_3CH_2CH_2CH_2CH_2CH_2OH+HCl$$

$$CH_3CH_2—S—CH_2CH_2Cl+H_2O \xrightarrow{k_2} CH_3CH_2—S—CH_2CH_2OH+HCl$$

$$k_1 : k_2 = 1 : 3\ 000$$

分析其原因，这是含硫基团参与反应的结果，反应中首先是硫原子的孤对电子进攻β-碳原子，氯原子带着一对电子离去为氯离子，这是一个分子内 S_N2 反应；然后，水分子作为亲核试剂进攻碳原子，碳硫键断裂，这是一个分子间的 S_N2 反应，水是亲核试剂，锍盐结构是离去基团。我们把这种相邻原子或者基团参与亲核取代的过程叫做邻基参与。邻基参与存在于数类有机反应中。

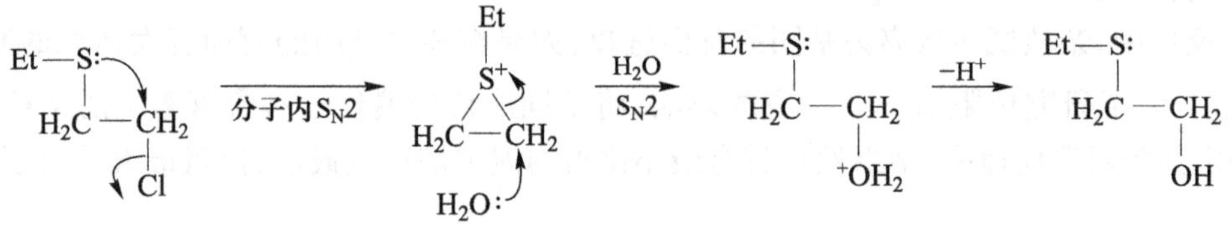

手性的α-溴代丙酸在碱性条件下的水解，也具有邻基参与的过程。首先，羧酸根中的氧负离子进攻碳原子，离去溴负离子，这是分子内 S_N2 反应，然后氢氧根负离子进攻，碳氧键断裂，这是分子间 S_N2 反应；然而有意义的是，通过两步 S_N2 反应，产物仍然是~100%构型保持，这是因为两步 S_N2 反应构型转变了两次，导致最终产物构型保持。

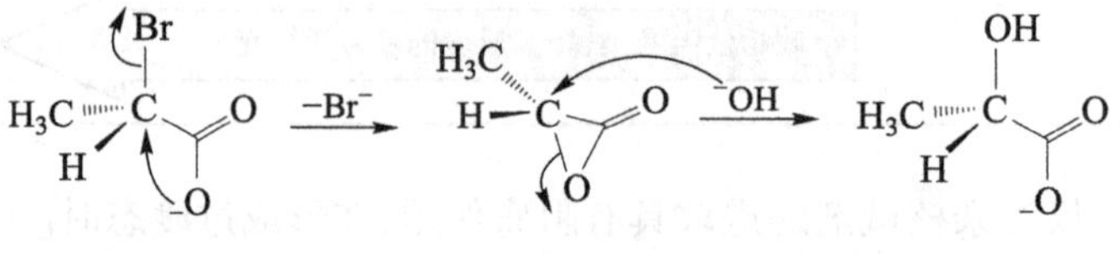

从上述的讨论，我们知道了邻基参与的亲核取代反应具有反应速率快、产物构型保持的特点。常见的能邻基参与的基团具有分子内作为亲核试剂反应的特性，如含硫基团—SH、—SR等，含氧基团—COO⁻、—O⁻、—OH、—OR、—COOR等，含氨(胺)基的基团—NH_2、—NHR、—NHCOR等，卤素原子—Br、—I等。苯基也是常见的邻基参与基团，在下述反应中，对溴苯磺酸($^-$OBs)作为离去基团，苯环参与反应形成σ络合物，然后醋酸根负离子作为亲核试剂进攻不同的位点，可生成两种产物。

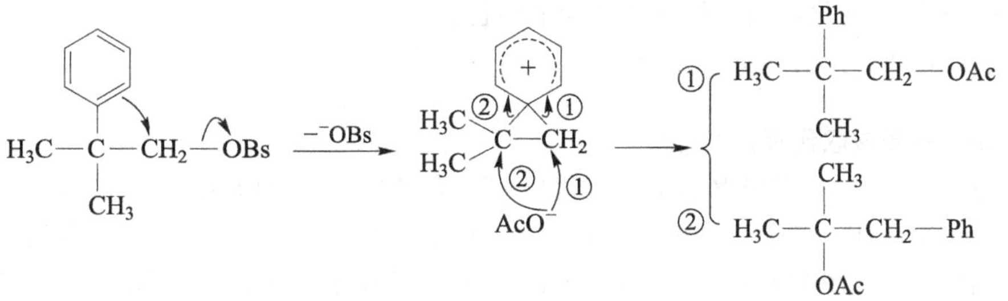

2. 离去基团

容易离去的基团,将使得反应的活化能降低,反应更加容易进行。离去基团的离去性能见 8.4.1.2。故此,可将一些不容易离去的基团在一定条件下变成容易离去的基团,使反应更容易进行。如醇羟基本身不是好的离去基团,但它可质子化、与无水氯化锌络合或转变成磺酸酯,转变成离去能力相对较好的基团,再进行反应。

3. 亲核试剂

S_N2 反应的反应速率与底物和亲核试剂的浓度相关,对于相同底物的亲核取代反应,亲核试剂亲核性越强,浓度越大,则亲核取代反应的速率越快。亲核试剂的亲核性比较见 8.4.1.3 节。

4. 反应溶剂

亲核试剂一般在极性溶剂中溶解性比较好,故此,极性溶剂是亲核取代反应的常用溶剂。极性质子性溶剂中,亲核试剂容易与溶剂中的氢原子形成氢键,使亲核试剂溶剂化而能量降低,从而增加了反应所需的活化能,反应速率变慢。相比较之下,极性非质子性溶剂对亲核试剂的亲核性影响较小,并且底物在溶剂的作用下发生极化,使得底物能量升高,综合起来,反应的活化能降低,反应更能快速进行。如 1-溴丁烷与叠氮负离子发生亲核反应,在极性质子性溶剂中反应较慢,而在极性非质子性溶剂中反应迅速。

$$n\text{-Bu—Br} + N_3^- \longrightarrow n\text{-Bu—}N_3 + Br^-$$

溶剂	CH_3OH	H_2O	DMSO	DMF	CH_3CN	HMPA
相对反应速率	1	7	1 300	2 800	5 000	200,000
		极性非质子溶剂,S_N2反应的反应活性变大 →				

亲核取代反应溶剂的选择是复杂的过程,既要利于亲核试剂的溶解,又不能与亲核试剂反应,既要利于反应的快速进行,又要利于反应的后处理步骤,乙腈、丙酮等为 S_N2 反应的常用溶剂,但工业上出于成本的考虑,甲醇、乙醇等也比较常用。

问题 8-8 写出 1-溴丁烷和下列亲核试剂进行 S_N2 反应的产物:

(a) NaI;(b) KOH;(c) H—C≡C—Li;(d) NH_3。

问题 8-9 比较下列各组亲核试剂的亲核性大小:

(a) $(CH_3)_3N$,$(CH_3)_2NH$;(b) $(CH_3)_3B$,$(CH_3)_3N$;(c) H_2O,H_2S。

问题 8-10　比较下列化合物进行 S_N2 反应的活性：

CH_3Br, CH_3OTs, $(CH_3)_3CCl$, $(CH_3)_2CHCl$。

8.4.2.3　单分子亲核取代反应(S_N1)

只有一种分子参与决速步骤的亲核取代反应称为单分子亲核取代反应(unimolecular nucleophilic substitution)，用 S_N1 表示。S_N1 是分步完成的，其机理如图 8-5(a,b)的通式所示，S_N1 反应的第一步中，离去基团带着一对键合电子离去，先生成碳正离子活性中间体；第二步，亲核试剂进攻碳正离子，并生成产物。如图 8-5(c)中，叔丁基溴发生水解，先生成叔丁基碳正离子，然后水分子进攻碳正离子并生成质子化的醇。

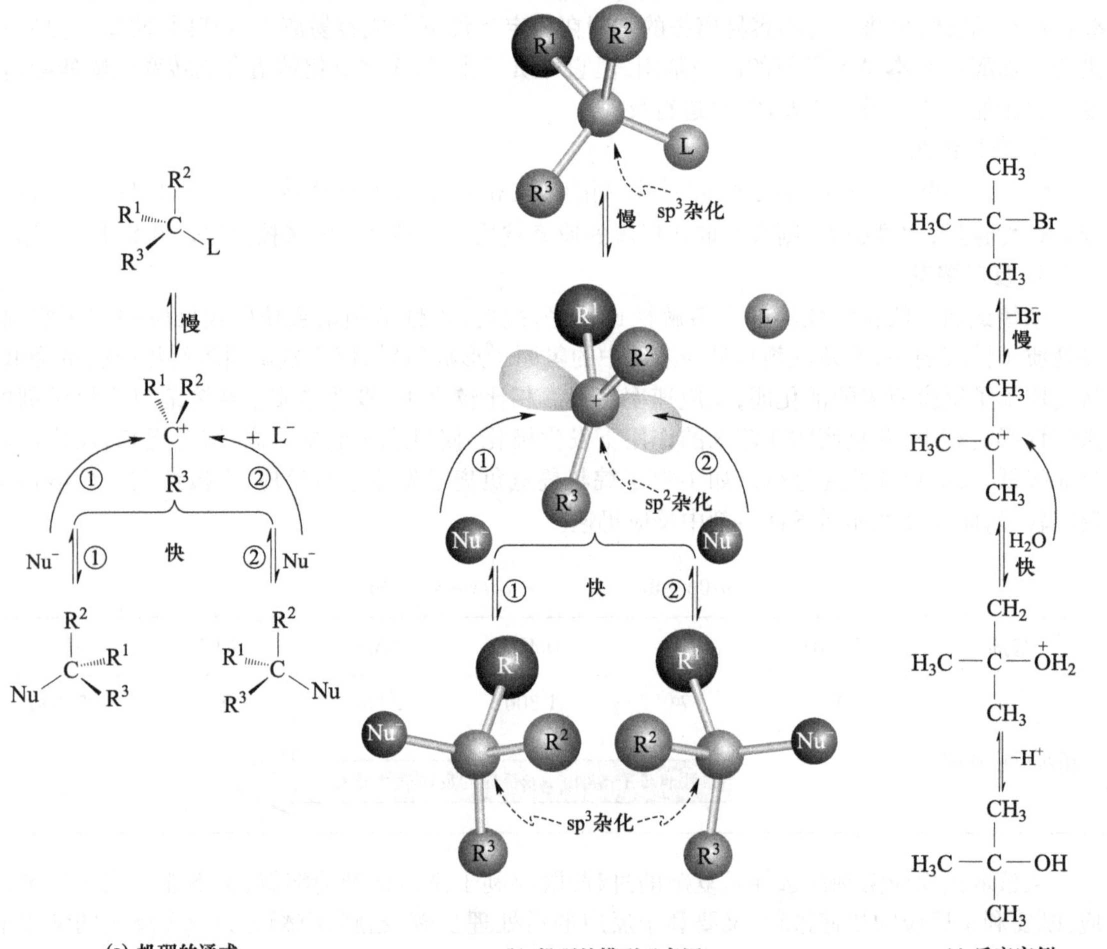

图 8-5　S_N1 反应的机理

S_N1 反应中，离去基团离去时，中心碳原子的构型从 sp^3 杂化向碳正离子的 sp^2 杂化转变，碳正离子与其他三个原子或基团所形成的三个 σ 键基本在同一个平面；亲核试剂进攻的过程中，亲核试剂可从碳正离子的左边或者右边进行进攻，理论上如果底物是具有手性的分子，则产物的构型发生消旋化[见图 8-5(a,b)]。

S_N1 反应的两步是两个基元反应。图 8-6 给出了反应的自由能-进程图，在第一步反应中，底物的离去基团离去过程中，克服能垒（E_{a_1}）到第一过渡态，第一过渡态是 C—L 键断裂时能量最高点，然后生成碳正离子，碳正离子则是真实存在的活泼中间体；在反应的第二步中，亲核试剂进攻碳正离子，克服能垒（E_{a_2}）到第二过渡态，这是亲核试剂与碳正离子成键时能量最高点，然后生成产物。两步反应中 $E_{a_1}>E_{a_2}$，意味着第一步反应的活化能较高为慢速反应，而第二步反应为快速反应；其中，第一步反应为整个 S_N1 反应的决速步骤，又因为第一步反应中，参与反应的只有底物，所以，S_N1 反应是与底物浓度相关的一级反应。

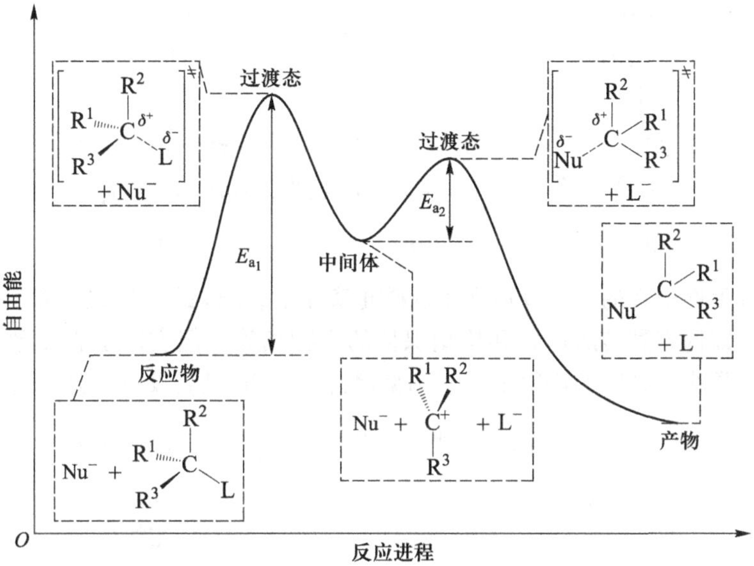

图 8-6　S_N1 反应的自由能-进程图

8.4.2.4　反应条件对 S_N1 反应的影响

1. 底物结构

在 S_N1 反应的决速步骤中，离去基团离去生成碳正离子的过程决定反应的速率，相对稳定的碳正离子更容易生成，从而反应具有更快的相对反应速率。如溴代烷烃在甲酸的水溶液中进行水解的速率是叔丁基溴最快而溴甲烷最慢，且反应速率和碳正离子的稳定性相关：

$$R—Br + H_2O \longrightarrow R—OH + HBr$$

R—X	$(CH_3)_3CBr$ 叔丁基溴	$(CH_3)_2CHBr$ 异丙基溴	CH_3CH_2Br 乙基溴	CH_3Br 甲基溴
相对反应速率	1200,000	12	1	≈1
	← 碳正离子更加稳定，S_N1反应的反应活性变大			
碳正离子稳定性	$(CH_3)_3C^+>(CH_3)_2\overset{+}{C}H>CH_3\overset{+}{C}H_2>\overset{+}{C}H_3$ 叔碳正离子>仲碳正离子>伯碳正离子>甲基正离子			

由此可见，卤代烃在进行 S_N1 反应时，反应速率(活性)顺序为

叔卤代烃>仲卤代烃>伯卤代烃>卤代甲烷

在 S_N1 反应的第一步中，生成了碳正离子，这时可重排生成更加稳定的碳正离子。因此，S_N1 反应的一个特点是反应中常伴随有重排反应发生。如新戊基溴在乙醇中溶剂解反应，有重排产物生成。

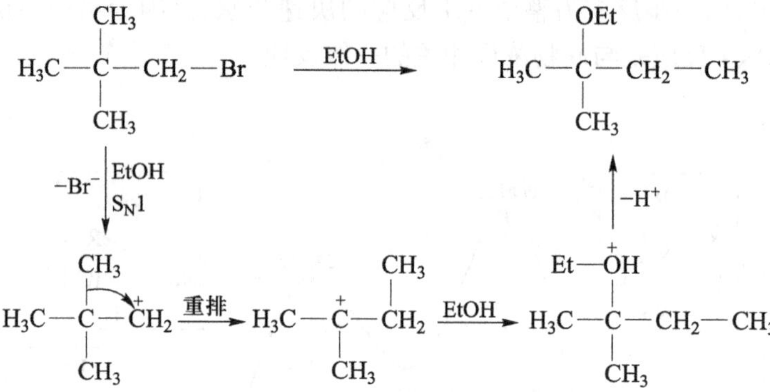

理论上，具有手性中心的 S_N1 反应在生成碳正离子后，亲核试剂从碳正离子的两侧进攻，生成外消旋的产物，即构型翻转的产物和构型保持的产物相等。但实际上在多数情况下，结果并不那么简单，往往是构型翻转的产物要多于构型保持的产物，最后没有得到外消旋体。例如：

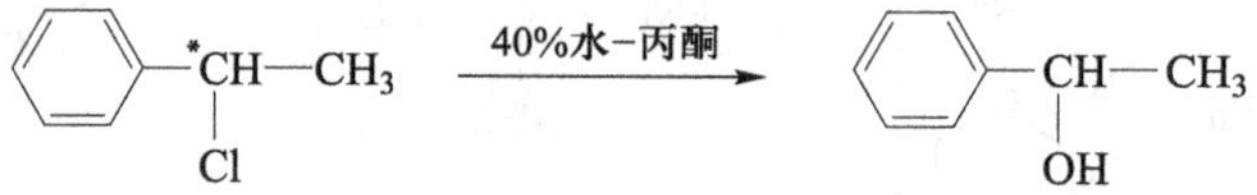

外消旋体
95%

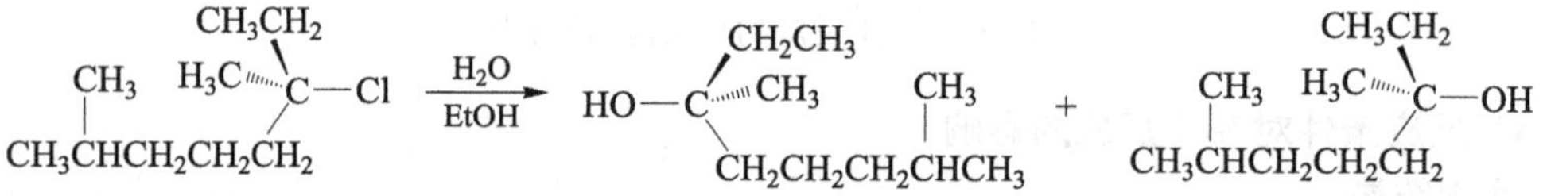

(*R*)-6-氯-2,6-二甲基辛烷　　(*S*)-构型反转 60%　　(*R*)-构型保持 40%

为了解释上述实验事实，温斯坦(Winsteins)用离子对(ion-pair)机理对这些实验现象进行了解释。Winstein 认为，底物分子在溶剂中电离，生成的碳正离子和相应的负离子紧密接触成为紧密离子对(intimate ion-pair)(ⅰ)，周围是溶剂分子，使它们与别的离子对隔离开来，然后少数溶剂分子进入正、负离子之间，把它们分隔开来，但仍组成一个离子对，称为溶剂分隔离子对(solvent separated ion-pair)(ⅱ)，最后，带不同电荷的离子分别被溶剂包围，成为溶剂化的碳正离子和负离子，称为自由离子(free ion)(ⅲ)：

$$R-X \underset{内返}{\rightleftharpoons} \underset{\substack{紧密离子对\\(i)}}{\overset{+}{R}\,\overset{-}{X}} \underset{离子对外返}{\rightleftharpoons} \underset{\substack{溶剂分隔离子对\\(ii)}}{\overset{+}{R}\,\|\,\overset{-}{X}} \underset{离子外返}{\rightleftharpoons} \underset{\substack{自由离子\\(iii)}}{\overset{+}{R}+\overset{-}{X}}$$

整个过程是可逆的，反向过程称为返还。紧密离子对(ⅰ)重新结合成共价化合物称为内返，溶剂分隔离子对(ⅱ)的反向过程称为离子对外返；自由离子(ⅲ)的反向过程称为离子外返。离

子对外返和离子外返统称外返。

在 S_N1 反应中，亲核试剂或溶剂可以在其中任何一个阶段进攻而发生亲核取代或溶剂解反应。如果进攻紧密离子对，由于碳正离子与负离子结合比较紧密，亲核试剂必须从正、负离子结合的反面进攻，得到的是构型翻转的产物；如果反应在溶剂分隔离子对阶段进行，由于正、负离子的结合不如紧密离子对密切，得到的产物消旋体占多数；如果在自由离子阶段反应，此时碳正离子是一个平面型结构，亲核试剂从平面两侧进攻的机会均等，得到完全消旋的产物。反应在哪一个阶段发生与碳正离子的寿命（稳定性）有关，如碳正离子的寿命长，生成自由离子后转变成产物，则为正常的 S_N1 反应，产物为完全消旋化；如碳正离子的寿命短，在紧密离子对或溶剂分隔离子对生成后即转变成产物，则可能得到的是部分构型翻转和部分构型保持的产物。上面两例中的第一个反应，由于苄基型碳正离子较稳定，所以外消旋体产物的比例较第二个反应的要高。

事实上，在一些手性仲卤代烃参与的亲核取代反应中，由于 S_N1 反应和 S_N2 反应能同时进行，这时也能使得部分产物结构的构型保持，而另外一部分产物构型翻转，产物具有旋光性。这里(*R*)-6-氯-2,6-二甲基辛烷是叔氯代烃，以 S_N1 反应为主，所以在部分 S_N1 反应中，某些产物不是通过自由的正离子中间体，而是通过离子对中间体进行的。

2. 离去基团

离去基团越容易离去，S_N1 反应第一步中过渡态能量越低，反应越能顺利进行，常见离去基团的离去能力见 8.4.1.3 节。

3. 亲核试剂

第一步慢速反应是 S_N1 反应的决速步骤，亲核试剂是第二步快速反应中才参与反应的，故无论电中性还是带负电荷的亲核试剂，对 S_N1 反应的速率几乎没有影响。亲核试剂的亲核性比较见 8.4.1.4 节。虽然亲核试剂对 S_N1 反应本身没有影响，但有些反应中同时存在 S_N1 和 S_N2 两种反应机理，这时弱亲核试剂更利于提高 S_N1 反应的比例，而强亲核试剂更能提高 S_N2 反应的比例。例如，对于相同的底物，H_2O 比 HO^- 更能提高 S_N1 反应的比例，CH_3OH 比 CH_3O^- 更能提高 S_N1 反应的比例。

4. 反应溶剂

S_N1 反应的第一步中，极性溶剂使得过渡态更加稳定，同时第一步反应生成的碳正离子在极性溶剂中，被极性溶剂包围的碳正离子将更加稳定，故此极性溶剂利于 S_N1 反应，非极性溶剂不利于 S_N1 反应。如叔丁基氯在醇中的溶剂解反应，溶剂中水的比例增加，溶剂极性增加、反应变快。必须指出的是，极性质子性溶剂利于 S_N1 反应，这是因为第一步反应的过渡态变得稳定；而 S_N2 反应中，极性质子性溶剂能溶剂化亲核试剂，使得其亲核性降低，故极性质子性溶剂不利于 S_N2 反应。

$$t\text{-Bu—Cl} + ROH \longrightarrow t\text{-Bu—OR} + HCl$$

溶剂	EtOH	40% H_2O/60% EtOH	80% H_2O/20% EtOH	H_2O
相对反应速率	1	100	14,000	100,000

极性溶剂，S_N1反应的反应活性变大 →

问题 8-11　按 S_N1 反应的活性顺序排列以下化合物：

1-溴-2-甲基丁烷，2-溴-2-甲基丁烷，2-溴-3-甲基丁烷

问题 8-12　写出 2-甲基-2-溴丁烷在醋酸中进行反应的机理和产物。

问题 8-13　解释下列反应：

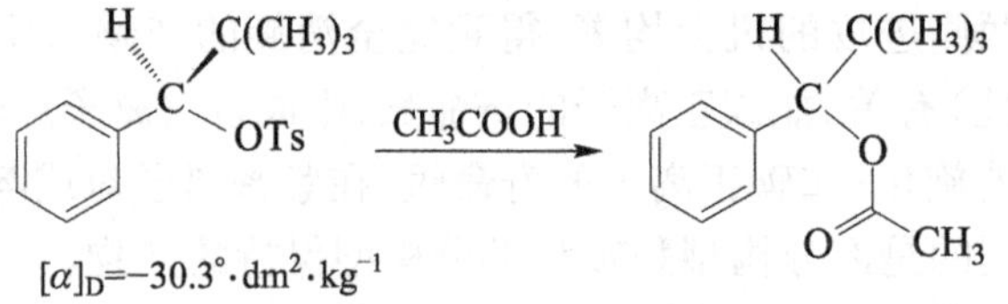

$[\alpha]_D = -30.3° \cdot dm^2 \cdot kg^{-1}$

实测值：$[\alpha]_D = +5.3° \cdot dm^2 \cdot kg^{-1}$

文献值：$[\alpha]_D = +53.6° \cdot dm^2 \cdot kg^{-1}$

在上述内容中，学习了饱和卤代烃亲核取代反应的 S_N1 和 S_N2 机理，在通常情况下，这两种机理之间存在着相互的竞争关系，尽管我们说某一个特定的反应是以 S_N1 或 S_N2 机理进行，但仍不能排除其中极少一部分分子按照另一个机理进行。表 8-7 总结了两种机理的比较。

表 8-7　卤代烃亲核取代反应 S_N1 和 S_N2 机理的比较

	S_N2	S_N1
反应步骤	一步反应	两步反应
反应特征	二级反应	一级反应
底物影响因素	位阻小的反应速率快	碳正离子稳定的反应速率快
立体化学特征	构型反转	构型部分消旋化
特殊情况	邻基参与	碳正离子重排，离子对
离去基团	易离去的基团利于反应	易离去的基团利于反应
亲核试剂	亲核性强的利于反应	亲核性对反应影响不大
溶剂效应	极性非质子性溶剂利于反应	极性质子性溶剂利于反应

8.4.3　卤代烯烃和卤代芳烃的亲核取代反应

孤立的卤代烯烃和卤代芳烃在发生亲核取代反应时，活泼性与饱和卤代烃相近。乙烯型、芳基型卤代烃和烯丙型、苄基型卤代烃的性质却具有一定的特殊性。前者卤原子与双键或者芳环的 sp^2 碳原子相连，由于共轭作用，C—X 键的键能比较大，不易断裂，因此，乙烯型和芳基型卤代烃在亲核取代反应中并不活泼；后者卤原子与双键或苯环相隔一个甲叉基，C—X 键的键能比较小，容易断裂，因此，烯丙型和苄基型卤代烃在亲核取代反应中比饱和卤代烃活泼。

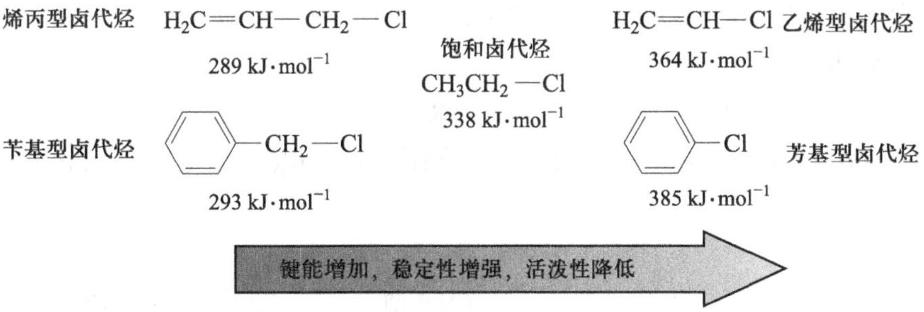

8.4.3.1 烯丙型卤代烃和苄基型卤代烃

1. 基本反应

烯丙型和苄基型卤代烃易与亲核试剂（如^-OH、^-OR、^-CN 和 NH_3 等）发生亲核取代反应。例如，烯丙基氯和苄氯在碱性条件下发生水解反应生成相应的醇。

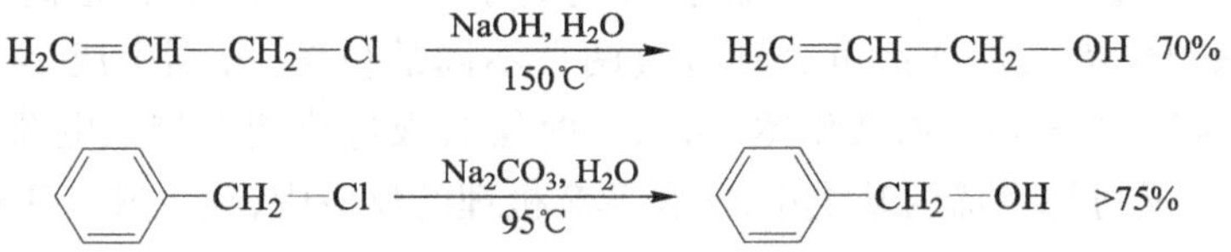

2. 反应机理

烯丙型和苄基型卤代烃在亲核取代反应中表现出高活性，这是由它们的结构决定的。下列是两种类型的卤代烃发生 S_N1 反应和 S_N2 反应时，其活性中间体或过渡态的结构：

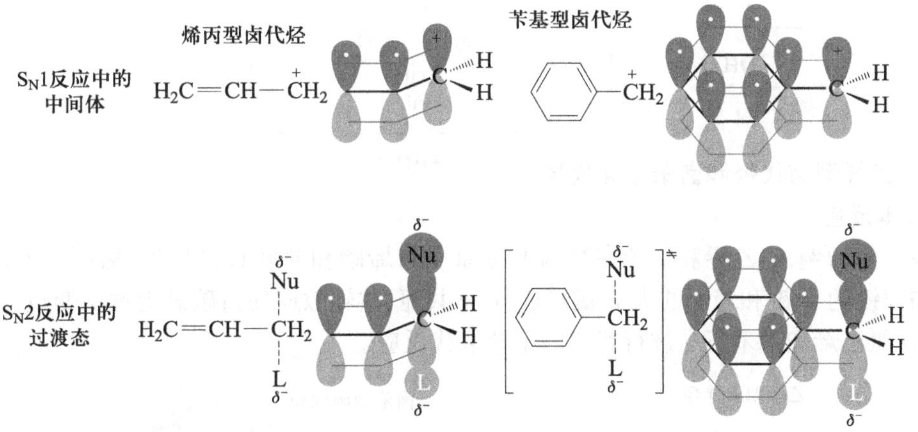

如果发生 S_N1 反应，在卤离子离去后，所形成的烯丙基碳正离子和苄基碳正离子存在双键的 π 键或者苯环的大 π 键与 sp^2 杂化的碳正离子中未参与杂化的 p 轨道的 p-π 共轭，这种共轭效应使得碳正离子中间体更加稳定，这种反应热力学的影响使得 S_N1 反应的第一步决速步骤更加容易进行。如果发生 S_N2 反应，在反应中的过渡态中，碳原子与离去基团和亲核试剂之间的电子云能分别与双键或者苯环上的 π 键共轭，从而使得反应的过渡态更加稳定，反应所需的活化能降低，从而反应更加容易进行。**所以无论是按 S_N1 还是 S_N2 进行，烯丙型和苄基型卤代烃都具有易反应的特性**。

一般认为烯丙型和苄基型叔卤代烃主要是按照 S_N1 反应机理进行，而烯丙型和苄基型的仲卤代烃和伯卤代烃则是同时以 S_N1 和 S_N2 两种反应机理进行，且随着反应条件的不同，两种机理的参与比例不同。

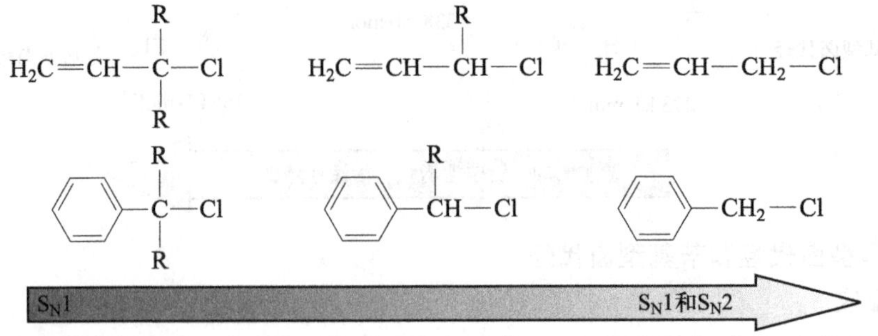

在1-溴-2-丁烯的水解反应中，除了生成2-丁烯-1-醇外，还生成3-丁烯-2-醇，这是因为反应按照 S_N1 和 S_N2 两种机理进行，在 S_N1 机理中，溴离子离去后生成的碳正离子有两个共振式(ⅰ)和(ⅱ)，氢氧根作为亲核试剂可分别进攻两个不同的位置，分别生成2-丁烯-1-醇和3-丁烯-2-醇，也将碳正离子视为其共振杂化体(ⅲ)，这时氢氧根进攻两个带正电荷的部位并生成相应的产物，这个反应又可称为烯丙基重排；而在 S_N2 机理的反应中，只生成2-丁烯-1-醇。

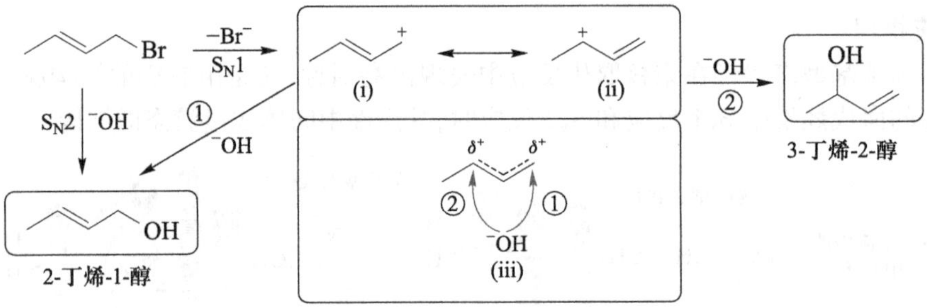

8.4.3.2　乙烯型卤代烃和卤苯型卤代烃

1. 基本反应

以氯代烃为例，氯乙烯和氯苯在结构上氯原子与烯碳和苯环直接相连，氯原子上的孤对电子分别与双键的 π 键和苯环的大 π 键形成 p-π 共轭，共轭效应使得碳氯键键长变短，并且键能增加，故此氯乙烯和氯苯不易进行普通的亲核取代反应。

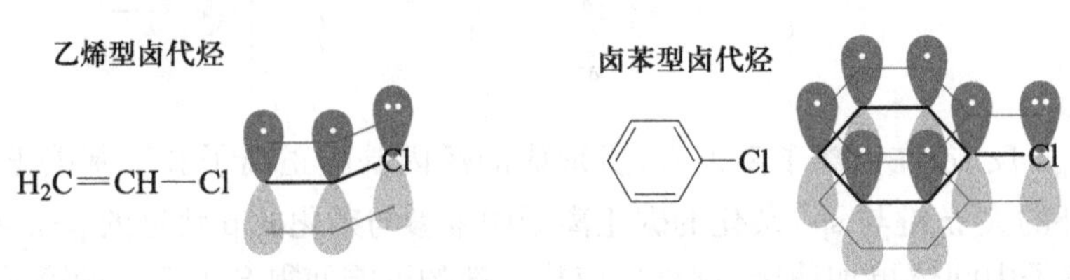

鉴于乙烯基卤代烃中碳卤键的稳定性，通常情况下乙烯基卤代烃不易与常见的亲核试剂反应，只有少数例外情况，如与铜锂试剂的反应(见8.6.1.2节)，另外溴乙烯与氧化银在水中加热可生成乙烯醇，后者异构化成乙醛。

$$H_2C{=}CH{-}Br \xrightarrow[Ag_2O]{H_2O} [\,H_2C{=}CH{-}OH\,] \rightleftharpoons H_3C{-}\overset{\overset{O}{\|}}{C}{-}H$$

氯苯作为卤苯型卤代烃的代表结构，与亲核试剂的反应需要在高温高压下进行，否则难以反应。其工业应用也只限于几个特殊的实例，如在高温高压下与氢氧化钠水溶液反应，生成的酚钠盐酸化后制得苯酚，这是工业上制备苯酚的常用方法，称为 Dow 制备法。

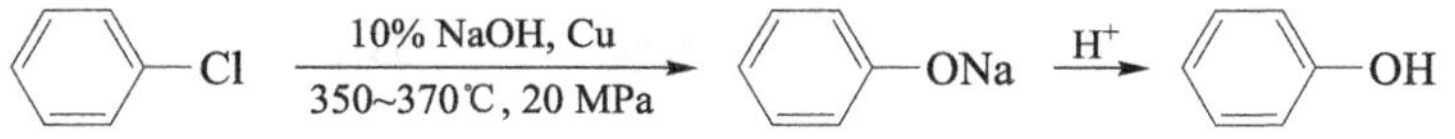

另外，氯苯与酚钠盐或者钾盐反应，是制备二苯醚的方法。

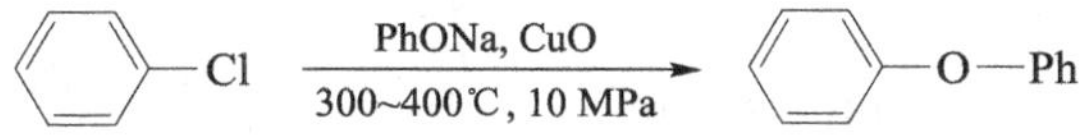

然而，当苯环的一定位置上连有吸电子基时，则其反应活性显著提高。例如，氯苯虽然很难水解，但当氯苯的苯环上的邻或对位有吸电子基存在时，水解反应变得较容易，如下述方程式所示，吸电子的硝基在氯原子的邻/对位取代时，随着硝基数目的增加，反应条件更加缓和。

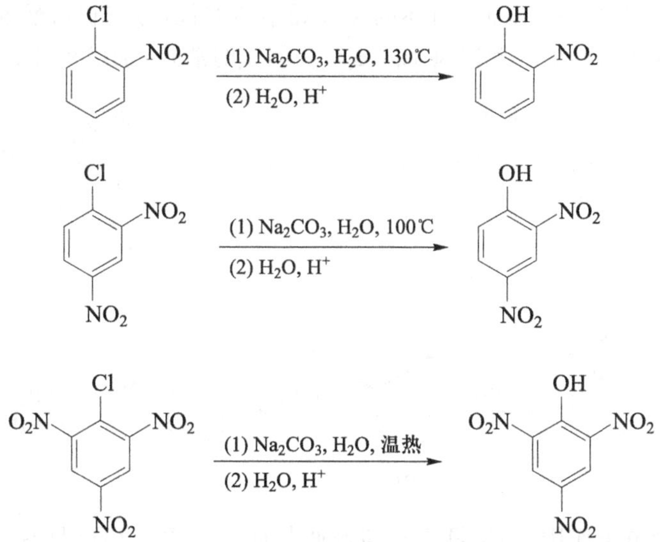

除了水解反应外，一些常见的亲核试剂，如 R—NH_2，R—ONa，R—SNa 等也能顺利进行该类反应。

需要强调的是：吸电子基团对间位卤原子的活化作用很弱，也就是说，处在吸电子基团间位的卤原子不易被取代。例如：

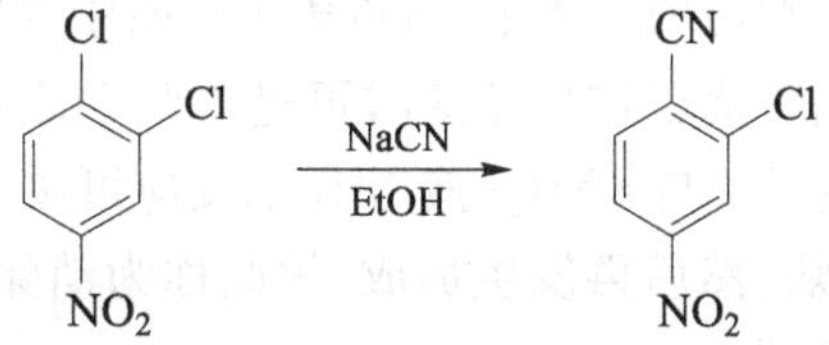

2. 卤苯型卤代烃：消除-加成机理

实验发现，若用氯原子连于^{14}C 标记的氯苯在强碱 KNH_2-液 NH_3 中处理，除生成预期的氨基连于^{14}C 原子的苯胺外，还生成了氨基连于^{14}C 原子邻位碳原子上的苯胺：

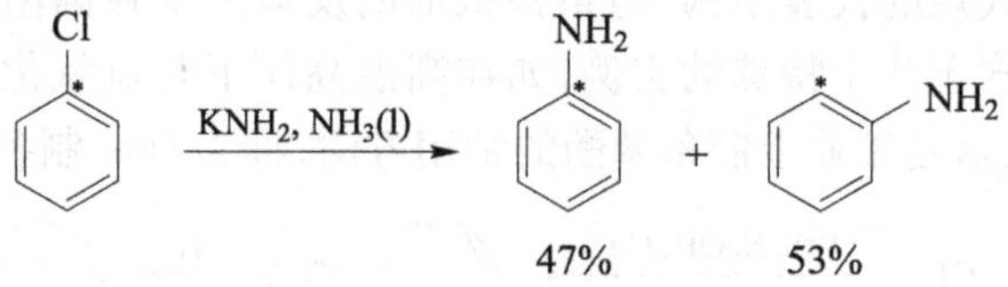

对氯甲苯与 KNH_2-液 NH_3 反应，则得到对和间甲苯胺的混合物。

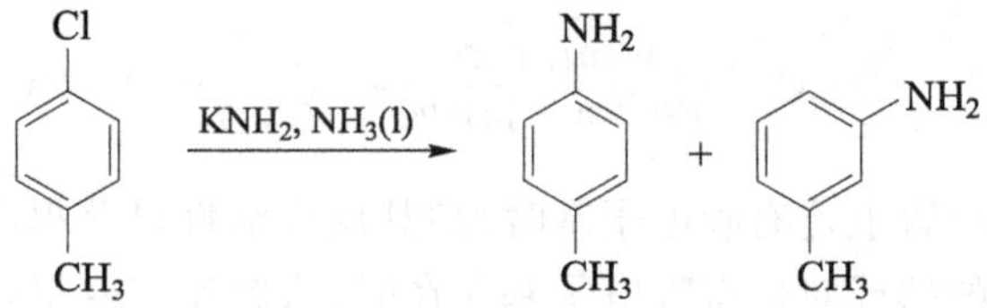

上述反应的特点是：取代基团不仅进入到原来卤原子的位置，而且还进入到原来卤原子的邻位，显然，这些实验现象不适用前面所述的卤代烃亲核取代反应机理，然而用消除-加成机理却能很好解释上述的实验结果。现以氯苯的氨解为例说明消除-加成机理。

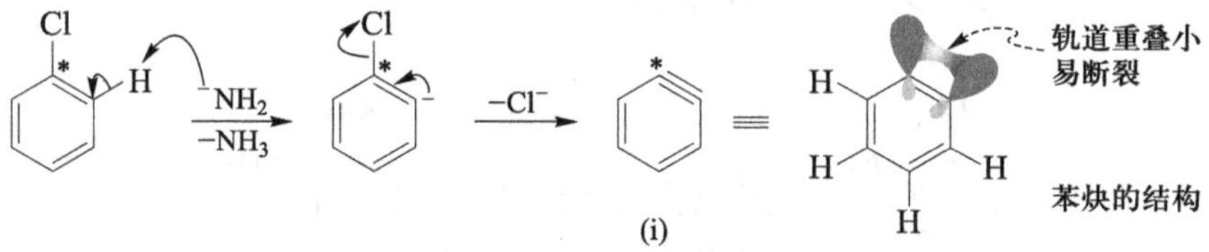

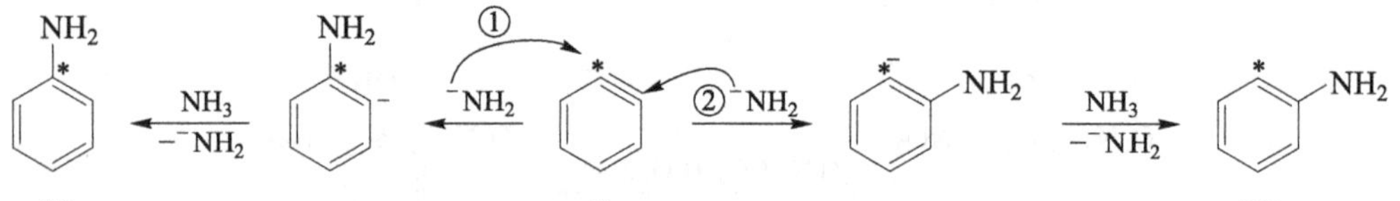

由于氯原子的吸电子作用，邻位氢原子与普通苯环上氢原子相比具有较强的酸性，氨基负离子进攻氢原子，碳氢键断裂形成碳负离子，然后随着碳负离子电子的转移，形成三键，并且氯离子离去，生成苯炔(ⅰ)。苯炔是一种活性中间体，其中形成三键的碳原子是 sp^2 杂化，苯炔环在形成一个大 π 键的同时，两个 sp^2 杂化的碳原子再形成一个 π 键，但是这个 π 键的两个 sp^2 轨道的重叠比较小，易断裂。苯炔再与氨基负离子发生亲核加成，这时氨基负离子可进攻三键中两个碳原子的任何一个，并生成相应的负离子，碳负离子从氨中夺取一个质子，生成产物。在 ^{14}C 标记的氯苯的反应中，由于氨基负离子进攻苯炔时可进攻两个质量数不同的碳原子，这时分别生成化合物(ⅱ)和(ⅲ)。对氯甲苯与 KNH_2-液 NH_3 的反应可按照同样的机理进行解释。由于这个反应的机理先消除生成苯炔，然后再发生加成，故此称为消除-加成机理，又由于活泼中间体苯炔的参与，又可称为苯炔机理。

邻三氟甲基氯苯在 $NaNH_2$ 的液氨溶液中反应，生成间三氟甲基苯胺，这是因为在生成苯炔后，氨基负离子进攻苯炔生成的中间体中，负电荷靠近吸电子的三氟甲基的中间体比较稳定，它继续与氨反应生成产物。

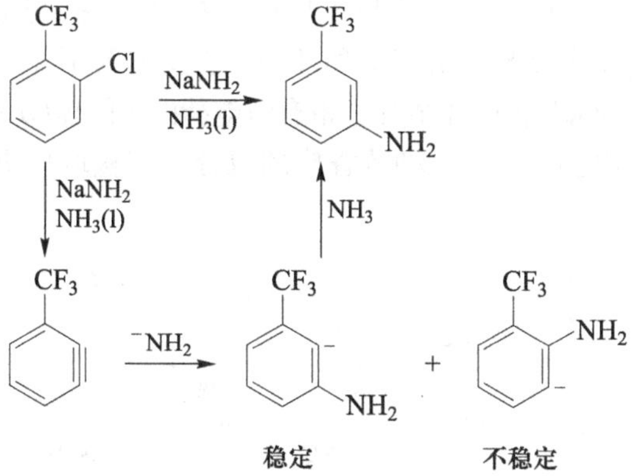

在该类反应中,卤代烃消去形成苯炔的过程中,三键的位置应根据卤原子的位置及邻位氢原子活性确定,而加成取向则根据基团的电子性能确定。又如,间氯甲苯在氨基钠的液氨溶液中,可生成三个产物。

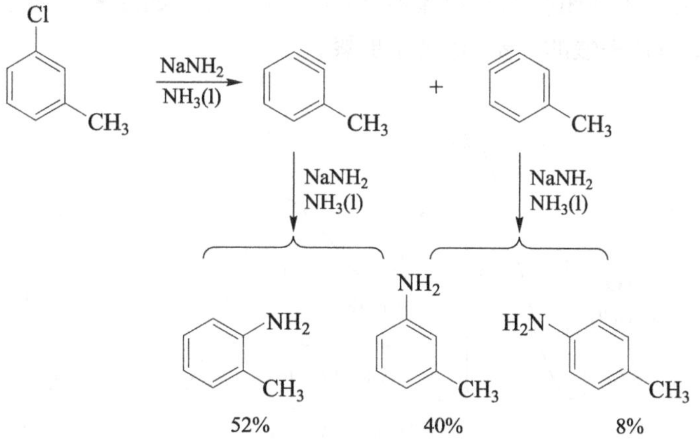

卤代烃在强碱作用下进行消除反应,是生成苯炔的重要方法之一,除此之外,苯炔可通过邻氨基苯甲酸的重氮化后加热制备(见 14.3.3.1),另外,邻二卤苯在活泼金属的作用下也能生成苯炔,反应中先进行格氏反应再消去生成苯炔。

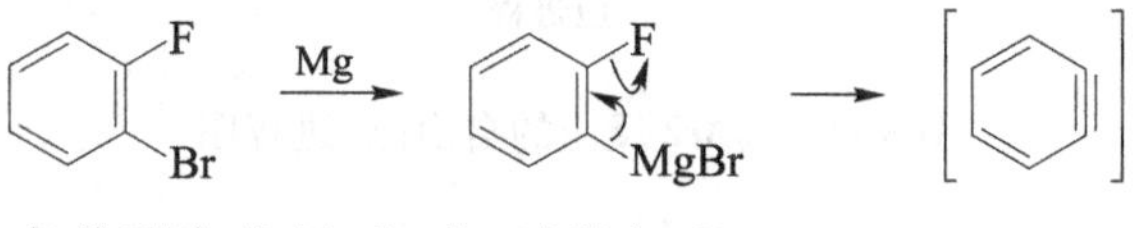

3. 吸电子基取代的卤苯型卤代烃:加成–消除机理

实验发现,对硝基卤苯与甲氧负离子的反应,其反应速率与对硝基卤苯和甲氧负离子的浓度都成正比:

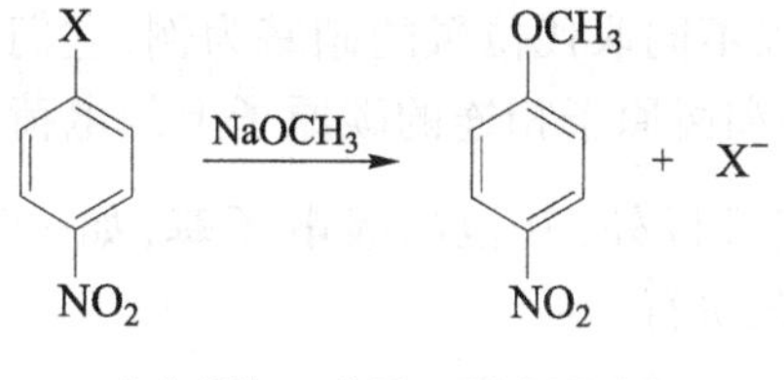

$$v=k\cdot[p\text{-}NO_2—C_6H_5—X]\cdot[CH_3O^-]$$

这表明,对硝基卤苯和甲氧负离子都参与了反应的决速步骤,与饱和卤代烃的 S_N2 机理相似。反应的第一步,与饱和卤代烃 S_N2 机理有所不同,亲核试剂不能从卤原子的背面进攻中心碳原子,而只能从侧面进攻中心碳原子,生成环上带有负电荷的中间体(σ 络合物);第二步,卤原子带着一对电子以卤离子的形式离去。这是一种芳香族的双分子亲核取代机理,因此,也简写为 S_NAr2 机理。

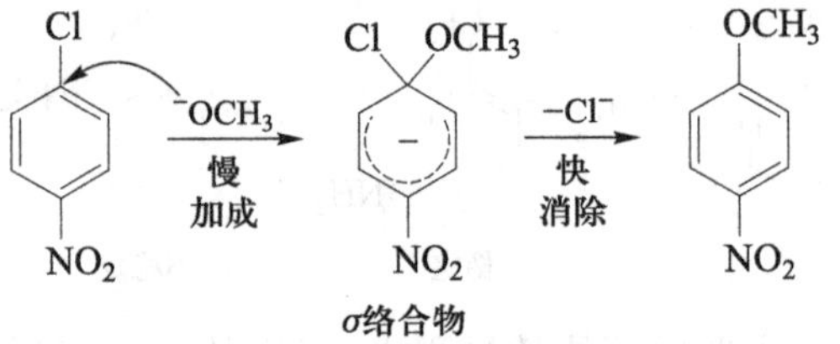

反应的第一步中,与卤原子和亲核试剂相连的碳原子,由原来的 sp^2 杂化转变为 sp^3 杂化,苯环闭合的共轭体系被破坏,能量较高而较不稳定;反应的第二步,则是卤原子带着一对键合电子离去形成产物,恢复了苯环闭合的共轭体系,体系能量降低。如图 8-7 所示,两步反应中 $E_{a_1} > E_{a_2}$,因此第一步是反应速率慢的一步,是决速步骤。

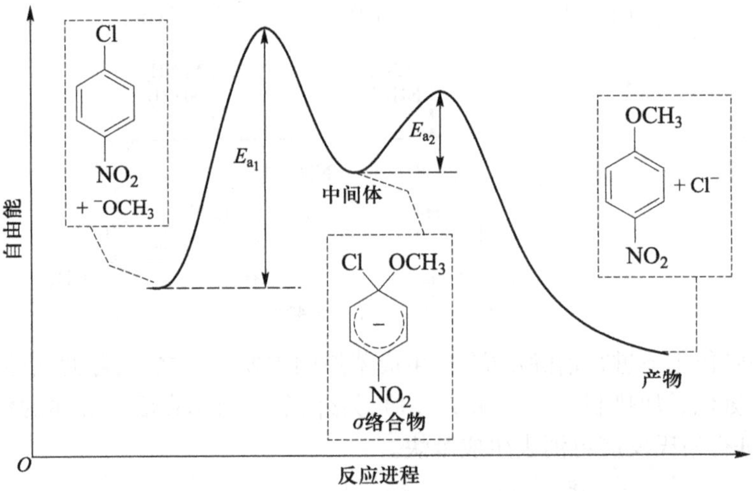

图 8-7　S_NAr2 反应的自由能-进程图

通过上述实例,具有吸电子取代的卤苯的加成-消除反应的条件相对亲核取代反应较为缓和,这是因为吸电子基和卤离子本身的吸电子作用使得和卤原子相连的苯环碳原子电子概率密度更低。研究发现,具有邻位和对位的吸电子基的卤苯能顺利进行该类反应,而间位的吸电子基则不能促进该反应的进行。以不同取代位置的硝基为例,它们都具有吸电子的共轭效应,而邻、对位的硝基的共轭效应使得和卤原子相连的碳原子上的电荷密度更低,从而利于反应的进行。苯环上的吸电子基除了硝基以外,其他的吸电子基,如—SO_3H,—CN,—$\overset{+}{N}R_3$,—COR,—COOH,—CHO等也能促进反应的进行。

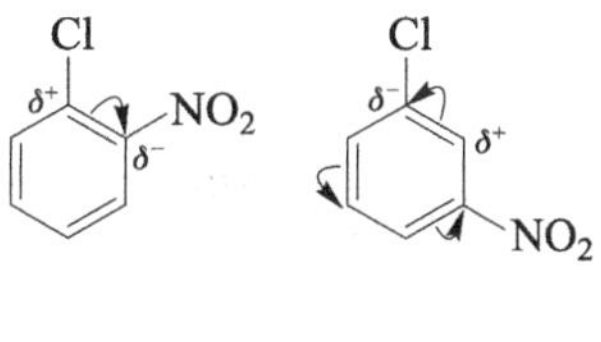

另外，不同的卤原子对反应的影响与饱和卤代烃不同。例如：

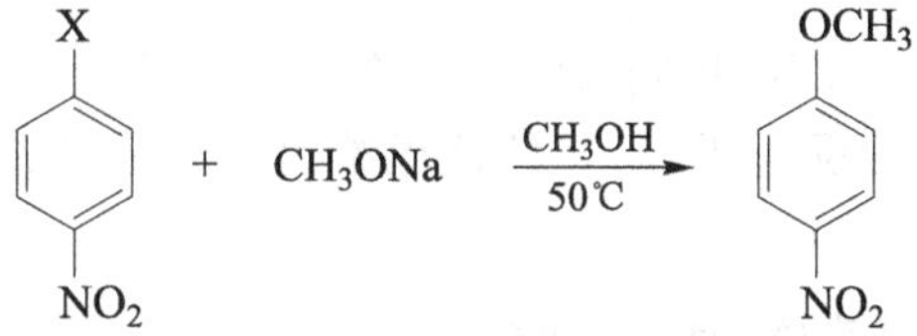

X	F	Cl	Br	I
相对速率	312	1	0.74	0.36

由实验发现，氟代芳烃活性最高，碘代芳烃活性最低，这种顺序与饱和碳原子上的亲核取代反应活性正好相反。这可以从反应机理得到解释：在加成-消除的两步反应中，第一步是决定反应速率的步骤，其速率的快慢与中间体 σ 络合物的稳定性有关。由于中间体 σ 络合物带负电荷，所以电负性较大的 X，有利于负电荷的分散，可提高相应中间体的稳定性，使反应速率加快。虽然 C—I 键比较活泼（容易断裂），但涉及 C—X 键断裂的第二步对整个反应速率的影响不大。所以卤代芳烃在芳环上发生亲核取代的反应活性主要决定于卤素的电负性，即电负性大，活性高：

氟代芳烃>氯代芳烃>溴代芳烃>碘代芳烃

除卤素负离子可以作为离去基团外，在 S_N2 反应中不是一个好的离去基团的烷氧基在此反应中也可以作为一个离去基团离去，硝基、砜基、亚砜基也可以作为离去基团。其中最常见的可被取代的基团以及它们的活泼性顺序如下：

$$F>NO_2>Cl>Br>I>N_2>OSO_2R>{}^+NR_3>OAr>OR>SR>SAr>SO_2R>NR_2$$

若两个相同或不同的强吸电子基相邻，其中一个也可以被亲核试剂取代。例如：

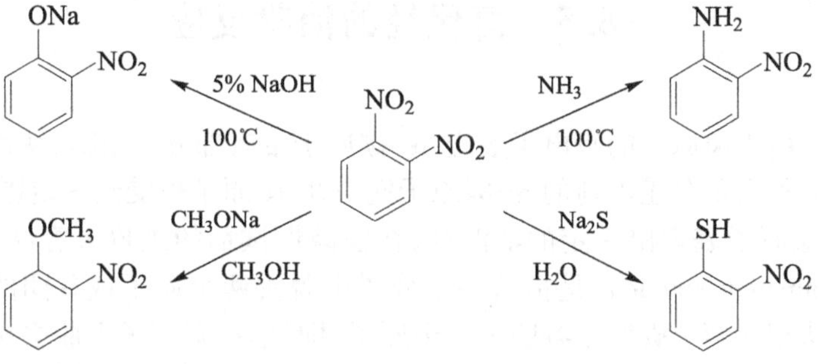

问题 8-14　比较下列化合物进行 S_N1 反应的活性：

$H_3C—CH_2—Br$　　$H_2C{=}CH—CH(Br)—CH_3$　　$H_2C{=}CH—Br$　　$H_3C—CH(Br)—CH_3$

问题 8-15　下列反应中，是以 S_N1 机理还是 S_N2 机理进行？

（1）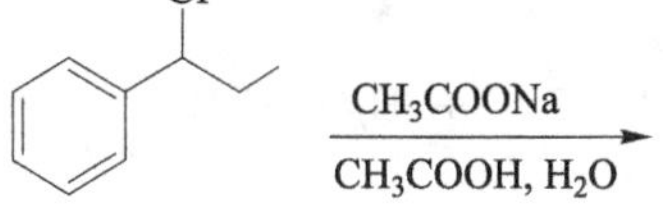

（2）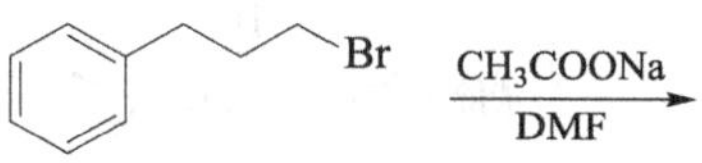

问题 8-16　完成反应方程式：

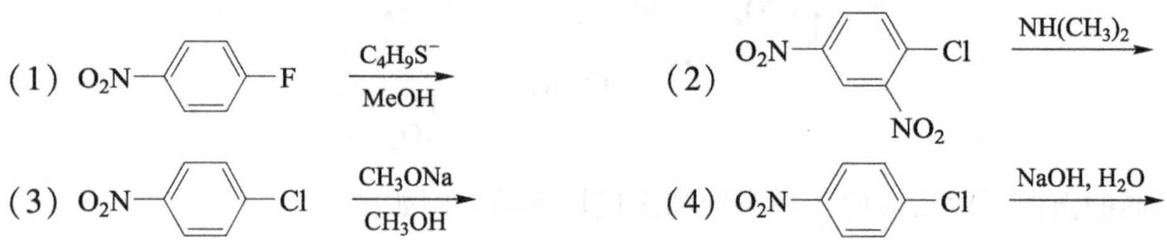

在完成对不饱和卤代烃和芳香卤代烃的学习后，我们对它们与饱和卤代烃的反应性能做个比较。表 8-8 小结了各种结构的卤代烃主要的反应机理，当然这里给出的只是经验规则，个别反应还需评估反应的具体条件。

表 8-8　卤代烃的亲核取代反应小结

卤代烃类型	主要的反应机理
伯卤代烃、仲卤代烃、甲基卤代烃	S_N2
叔烷基卤代烃、烯丙基叔卤代烃、苄基叔卤代烃	S_N1
烯丙基伯代烃、烯丙基仲卤代烃、苄基伯卤代烃、苄基仲卤代烃	S_N1 和 S_N2
乙烯基卤代烃	S_N1 和 S_N2 均不易进行
卤苯型卤代烃	消去-加成（苯炔）历程
具有邻、对位吸电子基的卤苯型卤代烃	加成-消除（S_NAr2）历程

§8.5　卤代烃的消除反应

卤代烃分子中，由于卤原子的吸电子效应，α-碳原子带有部分正电荷，从而使得亲核取代反应能够顺利进行；另外带部分正电荷的 α-碳原子使得 β-碳原子也受到一定影响，从而导致电子概率密度降低，β-氢原子表现出一定的活泼性，在强碱性试剂的进攻下容易离去，发生消除反应。消除反应（elimination reaction）是指从一个分子中脱去两个原子或基团的反应。对于卤代烃脱去卤化氢，则从相邻两个碳原子各脱去一个原子，即从 α-碳原子上脱去卤原子，从 β-碳原子上脱去氢原子，形成不饱和键，这种消除反应称为 α,β-消除反应，简称 β-消除反应，也称为 1,2-消除反应，它是最常见的一种消除反应。

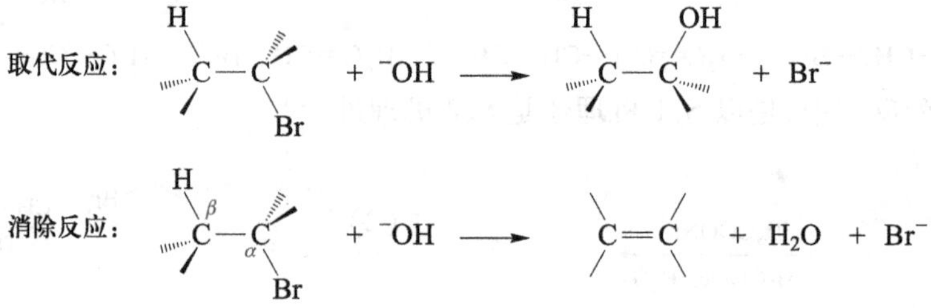

8.5.1　基本反应

卤代烃在碱性条件下，脱去卤化氢，生成烯烃，如异丙基溴在碱性条件下生成丙烯。在这个实例中，只有一种 β-H，只能生成一种消除产物。

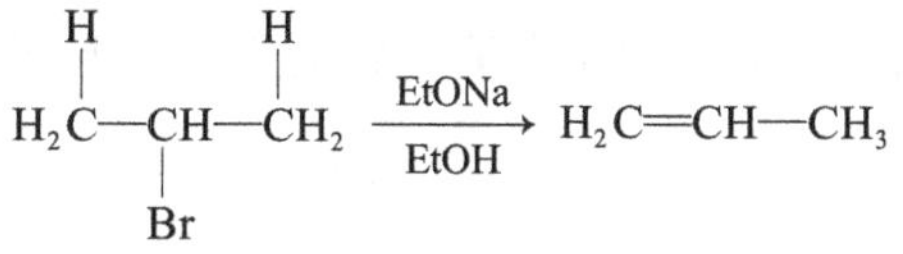

与上述实例不同，2-溴丁烷在醇钠的作用下发生 β-消除反应时，有两种 β-H 可供消除，β 位的氢原子消去后生成 1-丁烯，而 β' 位氢原子消去后生成 2-丁烯。

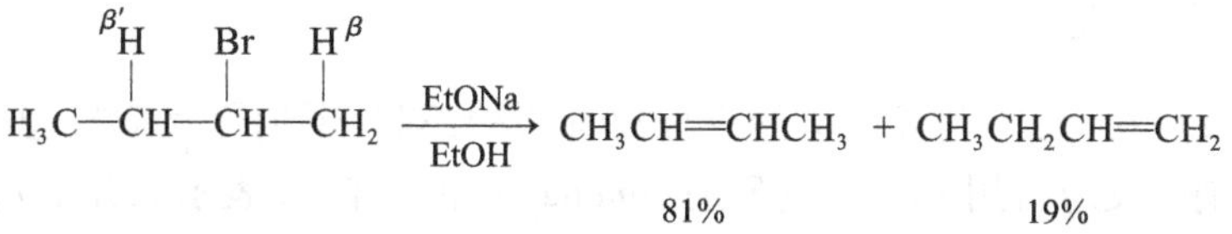

实验证明，卤代烃脱卤化氢时，氢原子主要是从含氢较少的相邻碳原子（即 β-碳原子）上脱去。换言之，卤代烃脱卤化氢时，**主要生成双键碳原子上连有较多取代基的烯烃**，这是因为取代基较多的烯烃具有的 σ-p 共轭效应使得产物更加稳定。这是一条经验规律，称为**札依采夫（Saytzeff）规则**，而所生成的这种取代基较多的烯烃常被称为 Saytzeff 烯烃。又如，2-溴-2-甲基丁烷在醇钠的作用下，生成的产物中取代基较多的 2-甲基-2-丁烯为主要的产物。

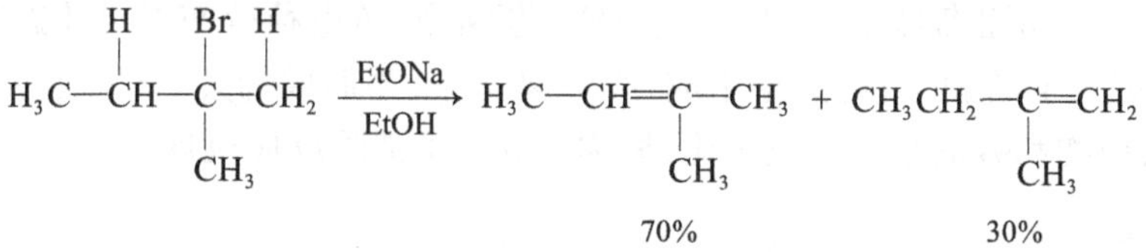

Saytzeff 规则给出了一种预测消除反应主要产物的简易方法，但在少部分情况下，也有例外，如在底物存在双键或苯环时，消除反应生成的双键常常与底物的双键或者苯环共轭，这是因为产物具有 π-π 共轭效应从而更加稳定。下述两个实例中，具有双键和苯环的底物发生消除反应，分别生成双键与双键、双键与苯环共轭的主要产物。

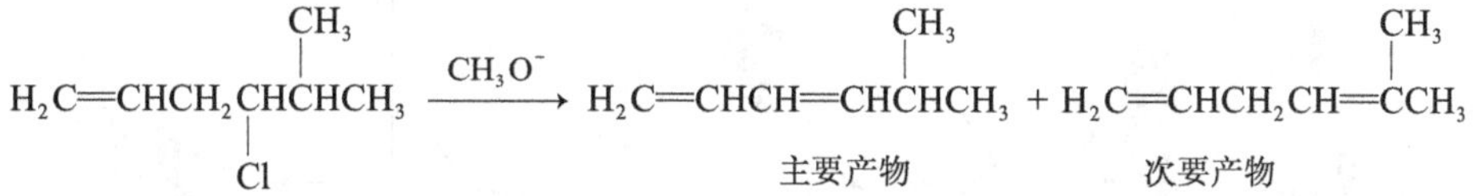

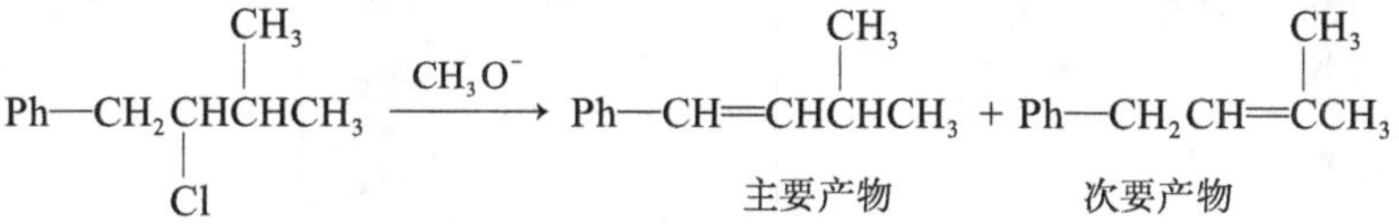

另外，反应如果使用大体积的碱，则优先夺取位阻较小的 β-氢原子。如下述实例中，2-溴-2-甲基丁烷在叔丁醇钾的作用下，优先生成取代基较少的烯烃。

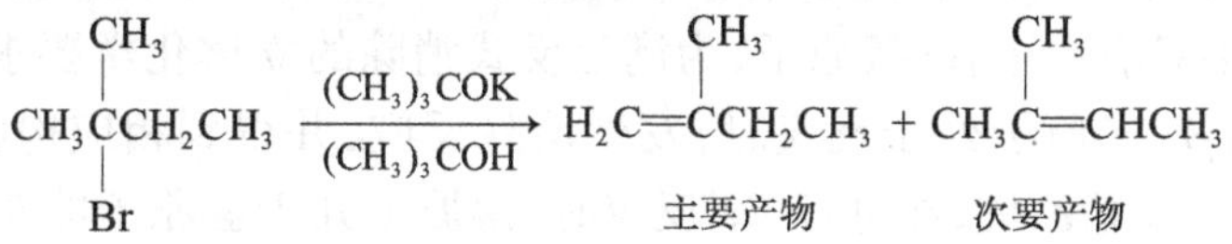

问题 8-17　写出下列消除反应的主要产物：

(1) 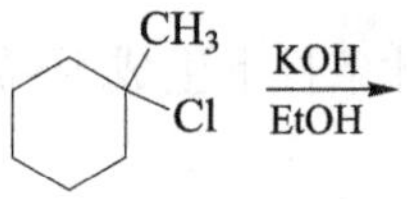　　(2) 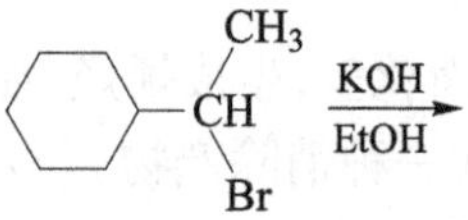

问题 8-18　由哪些卤代烃在 NaOH/EtOH 中消去后主要得到下列产物?

(1) 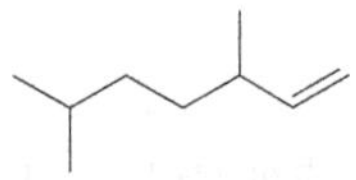　　(2) 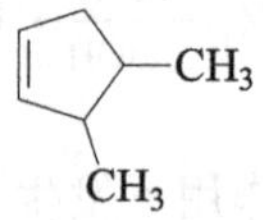

8.5.2　消除反应机理

与亲核取代反应相似，β-消除反应的机理也有两种：双分子消除反应机理和单分子消除反应机理。双分子消除反应常用 E2 表示（E 是 elimination 的字首，2 表示双分子），是指碱进攻 β-氢原子的同时，卤离子离去；单分子消除反应常用 E1 表示（1 表示单分子），是卤原子先以卤离子的形式离去，然后碱进攻 β-氢原子生成烯烃。

8.5.2.1　双分子消除（E2）反应

发生 E2 反应时，碱逐渐接近并进攻卤代烃中的 β-氢原子，与此同时卤原子与碳原子之间的共价键逐渐断裂，在此期间电子云也逐渐重新分配，经过一个过渡态，即碱和 β-氢原子逐渐成键，α，β-碳原子之间逐渐形成 π 键，碳-卤键逐渐断裂，负电荷分布在过渡态的两端；反应继续进行，最后旧键完全断裂，新键完全生成，脱除卤化氢，并形成烯烃。E2 反应是一步完成的，其反应速率与反应物和碱的浓度都成正比，故称为双分子消除反应机理。

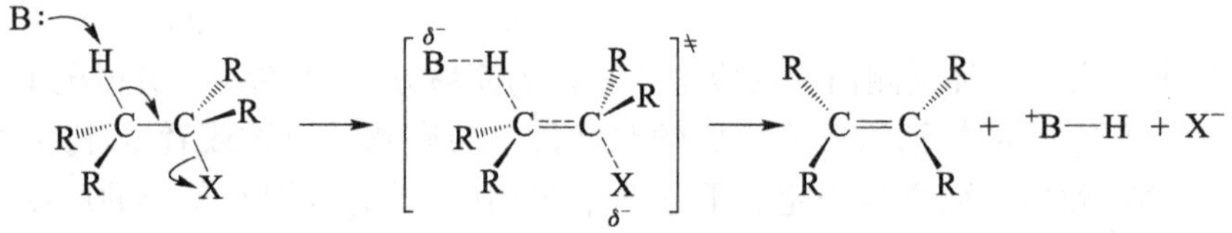

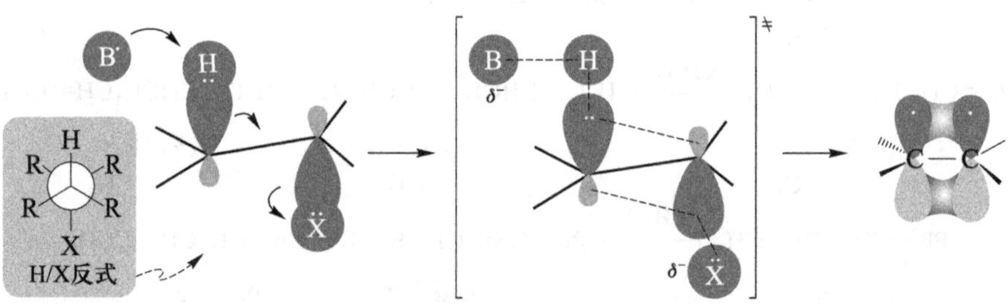

在立体化学上，E2 反应是反式消除，即卤原子和 β-氢原子处于锯架式的反式位置或者纽曼投影式的对位交叉式。如果底物 β 位有多个氢原子可以消除，则可能导致 β-消除两种不同的顺反异构体。如果只有一个 β-氢原子，为满足反式消除的立体化学要求，卤代烃的构象发生变化，当卤原子和 β-氢原子处于反式时，发生消除反应，并得到相应构型的烯烃。如内消旋的 1,2-二溴-1,2-二苯基乙烷，在进行 E2 反应时，溴原子处于氢原子的对位交叉位置（即反式位置）后，碱进攻 β-氢原子，碳氢键发生异裂，生成 π 键，卤离子离去，生成（E）-烯烃。

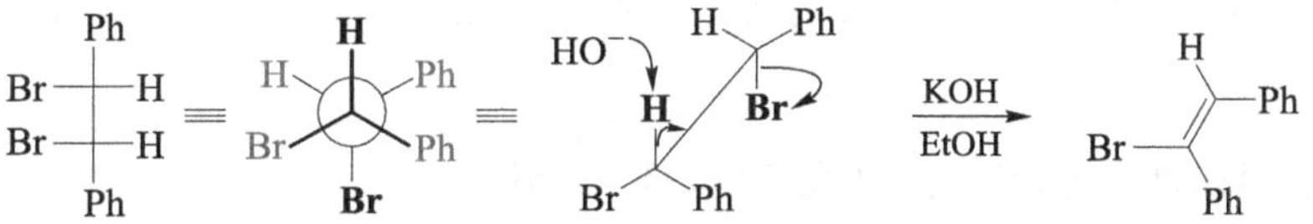

氯代环己烷的消去反应中，处于 *e* 键的氯原子并不能顺利发生 E2 反应，经过环己烷骨架的翻转，*e* 键的氯原子翻转到 *a* 键，与其 β-氢原子处于反式位置，这时才能顺利发生 E2 反应生成环己烯。

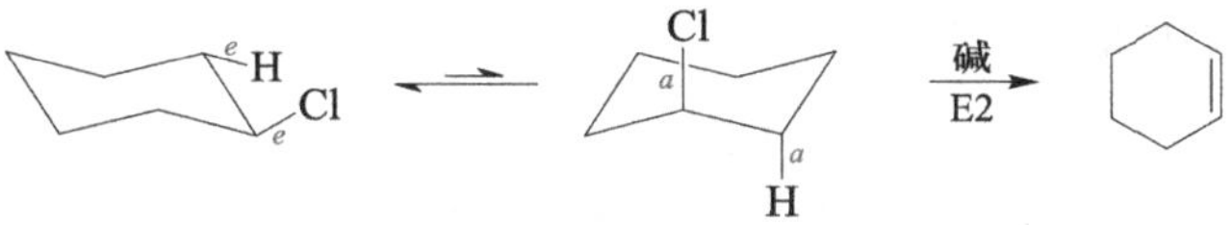

卤代环己烷进行 E2 反应，卤原子总是优先与反式 β-H 消除。在有两种 β-H 的情况下，优势产物再由 Saytzeff 规则决定。在这里需要特别指出：为了满足反式共平面的关系，消除基团必须都处于 *a* 键，如果它们处在 *e* 键，则不能共平面，此时需要通过构象的翻转，转变到 *a* 键再进行反应。例如：新薄荷基氯和薄荷基氯两种异构体在碱中进行 E2 反应时，新薄荷基氯的消除反应速率比薄荷基氯快，新薄荷基氯得到两种烯烃，但主要产物符合 Saytzeff 规则，而薄荷基氯只得到一种产物。

在新薄荷基氯的优势构象中，氯原子处于 *a* 键，根据 Saytzeff 规则，2 号位与其处于反式位置的氢原子优先被消去，主要生成 3-薄荷烯。

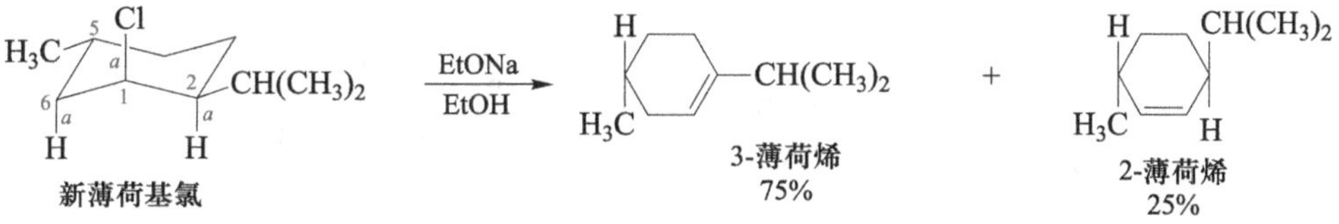

而薄荷基氯的优势构象中，氯原子处于 *e* 键，这时必须通过环己烷结构的翻转，使得氯原子在 *a* 键才能与 6 位上的反式氢原子发生 E2 消除反应，生成 2-薄荷烯。

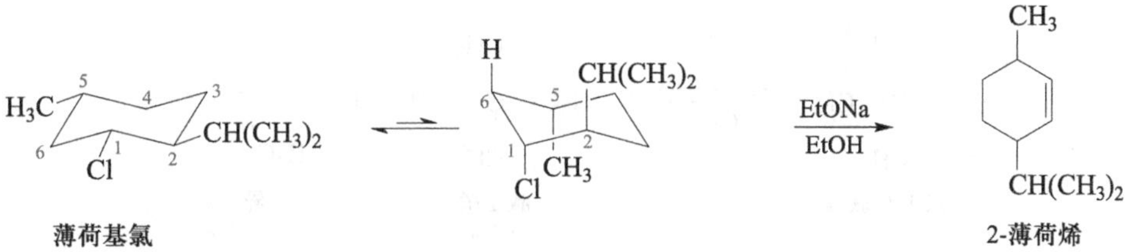

新薄荷基氯发生 E2 消除反应时无需进行构象的翻转，而薄荷基氯在发生 E2 消除反应时，需要吸收一定的能量将优势构象转变成不稳定的构象，所以消除反应比较慢。

在某些环状化合物中，由于环的刚性，不能使两个被消除的基团达到反式共平面的关系，因此消除速率较慢。在这种情况下，顺式消除反而有利。下列两个化合物 A 和 B 在 $C_5H_{11}ONa-C_5H_{11}OH$ 中消除，A 的速率比 B 快 100 倍就是这个道理。

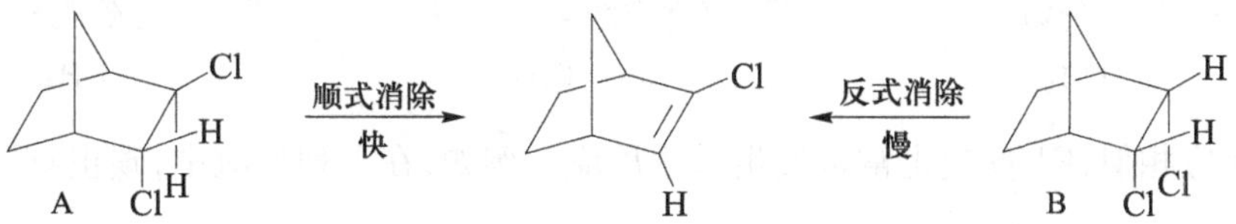

在这里可以看出，A 分子中的 Cl 和 H 处于顺式，基本上能满足 H—C—C—Cl 的共平面关系，可较顺利地消除。

问题 8-19　下列各组卤代烃进行 E2 反应时，哪个更快？

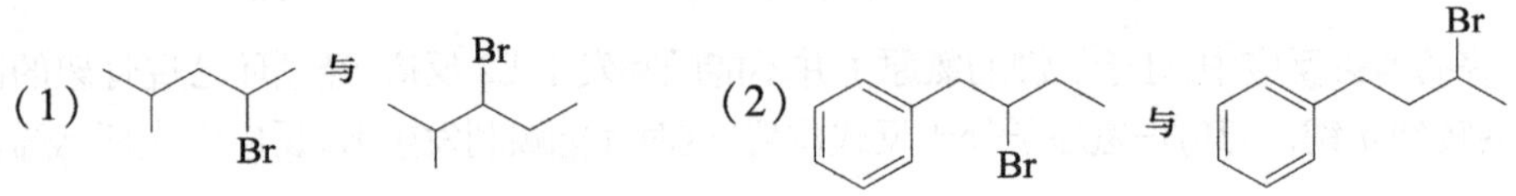

问题 8-20　写出下列反应的产物？

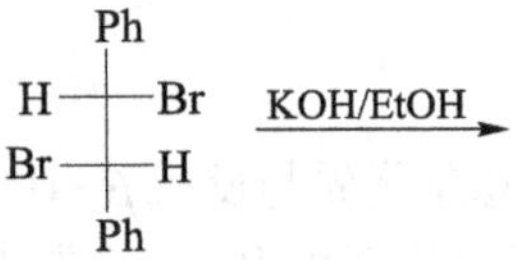

8.5.2.2　单分子消除(E1)反应

E1 反应与 S_N1 亲核取代反应有相似之处，反应也是分两步进行的。第一步是卤代烃在溶液中卤离子离去，解离为碳正离子；第二步是碱进攻 β-氢原子则发生消除反应生成烯烃。第一步是慢速步骤，第二步是快速步骤，即反应速率取决于卤代烃的浓度，故这种反应机理称为单分子消除反应机理。

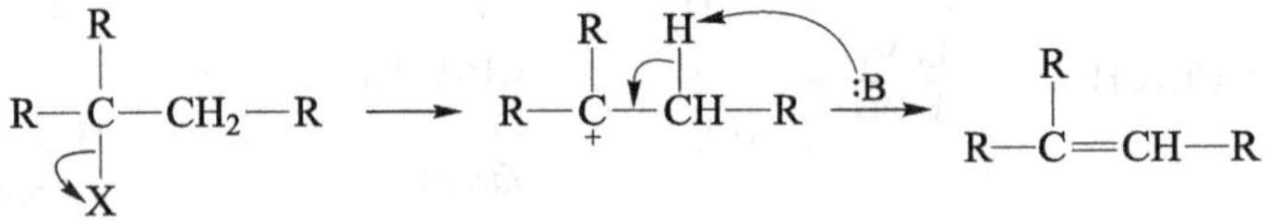

如叔丁基氯在水解过程中，既生成了亲核取代产物叔丁醇，也生成了少量的异丁烯，在反应中，第一步是叔丁基氯解离生成碳正离子，第二步，如果与水发生亲核取代反应则生成叔丁醇，如果水作为 Lewis 碱进攻 β-氢原子则生成异丁烯。

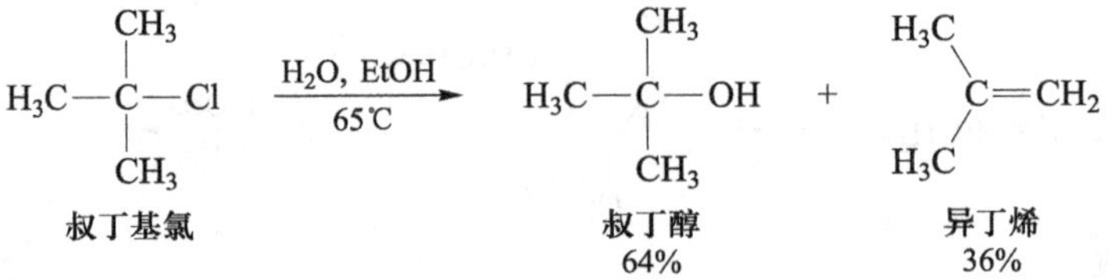

与 E2 反应不同，氯原子在 *e* 键的氯代环己烷能发生 E1 反应，如：(1*S*,2*S*)-1-氯-1,2-二甲基环己烷，在 E1 反应的条件下，首先生成碳正离子，然后甲醇作为 Lewis 碱进攻 β-氢原子，生成 1,2-二甲基环己烯。

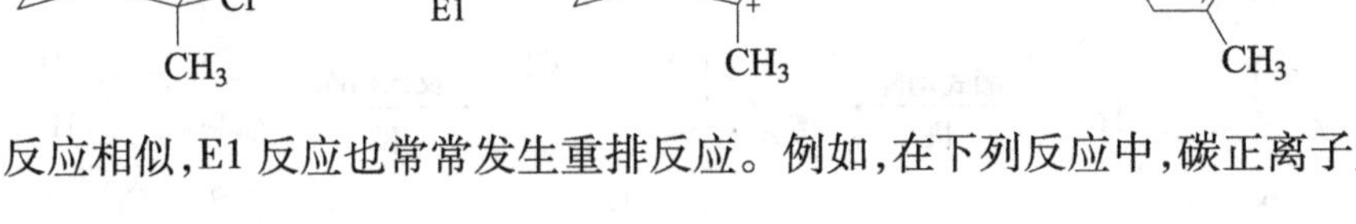

与 S_N1 反应相似，E1 反应也常常发生重排反应。例如，在下列反应中，碳正离子发生了重排反应。

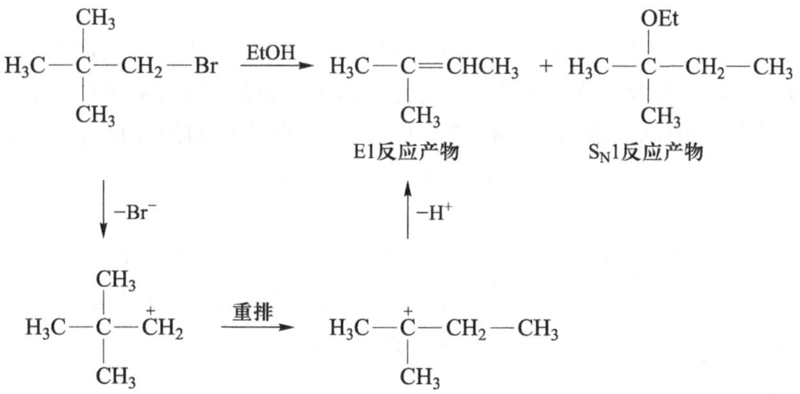

消除反应中,还有一类较为常见的历程,称为 E1cb(单分子共轭碱消除)历程,与 E1 反应历程第一步生成碳正离子不同,E1cb 历程的第一步生成碳负离子。如邻二卤代烃(又称为连二卤代烃)与金属锌或者镁的反应,反应中金属锌或镁先进攻卤原子,碳卤键异裂后生成碳负离子,然后碳负离子的孤电子对转移形成 π 键,同时另外一个卤原子以卤离子的形式离去,生成烯烃。

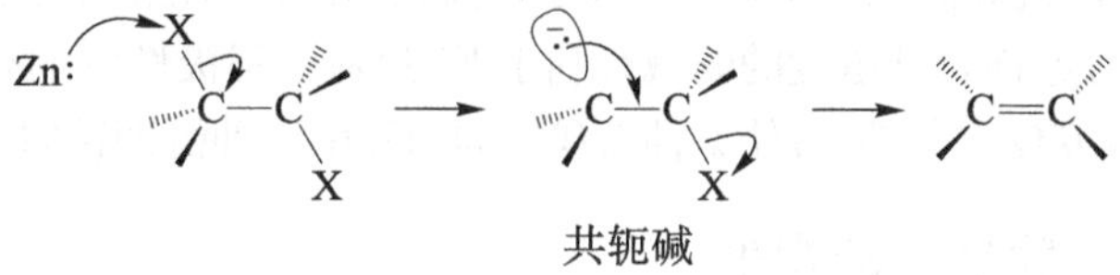

E1cb 历程的另外一个实例是在卤原子与羰基相隔两个碳原子的结构中,这时羰基 α-氢原子先被碱性试剂进攻形成碳负离子,碳负离子可按照结构(ⅰ)所示的机理,孤电子对转移生成 π 键,同时卤离子离去,或者按照共振式(ⅱ)所示,发生电子的转移,卤离子离去后,生成烯烃。

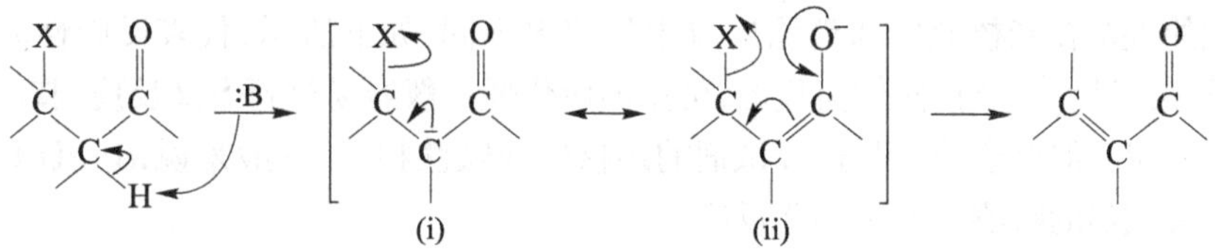

8.5.2.3　影响消除反应的因素

1. 烷基结构

烷基的结构对 E1 和 E2 反应均有影响。对于 E1 反应,由于反应的慢步骤是生成碳正离子,反应速率也随着碳正离子的稳定性降低而变慢:叔卤代烃>仲卤代烃>伯卤代烃。对于 E2 反应,由于是碱进攻 β-氢原子,故 β-氢原子的数目越多,进攻的概率越大,反应越快;另外也与其过渡态的稳定性相关,过渡态的稳定性与烯烃类似,连接的烷基越多越稳定,由此可见叔卤代烷所形成的类似烯烃的过渡态最稳定,并容易生成。综上所述,**无论是按 E1 还是按 E2 机理进行,卤代烷的活性次序都是:叔卤代烃>仲卤代烃>伯卤代烃。**

烯丙型、苄基型卤代烃,一般都形成稳定的共轭烯烃,所以具有更高的消除活性。它们在弱碱性条件下就能发生消除。

2. 卤原子

由于E1和E2反应的慢步骤都涉及碳卤键的断裂,因此卤离子离去的难易对两者均有影响。E1反应的慢步骤只涉及碳卤键的断裂,因此卤离子离去的难易,对E1反应的影响比E2反应的要大,好的离去基团(如碘离子)更有利于E1反应。卤代烃的消除反应活性为

碘代烃>溴代烃>氯代烃

3. 碱性

由于E1反应中碱进攻β-氢原子是快步骤,因此碱性对E1反应影响较小。E2反应本身是一步反应,碱进攻β-氢原子对反应速率有显著影响,碱性越强、浓度越大,越有利于E2反应。当使用浓的强碱进行消除反应时,通常是按E2消除反应机理进行。

4. 溶剂极性

E2反应的过渡态的电荷相对比较分散,溶剂的极性对E2反应相对影响较小,而E1反应的中间体是碳正离子,电荷相对比较集中,故增加溶剂的极性将更利于碳正离子的生成,从而促进E1反应的进行。

卤代烃的消除反应在机理的选择上主要受以上诸因素的影响。从卤代烃的结构看,叔卤代烃倾向于E1反应机理,伯卤代烃倾向于E2反应机理,仲卤代烃居中,但比较倾向于E2反应机理。高浓度的强碱有利于E2反应,而较低浓度的弱碱有利于E1反应。强极性溶剂有利于E1反应,弱极性溶剂有利于E2反应。改变反应条件,可使某种卤代烃的消除由一种机理转向另一种机理。

8.5.3　亲核取代与消除反应的竞争

亲核取代反应和消除反应通常相伴而生,究竟以何者为主,取决于烃基结构、亲核试剂的碱性强弱,溶剂的极性和反应温度等诸多因素,适当选择反应物和控制反应条件,使某一产物为主,具有重要意义。

1. 卤代烃烷基结构和进攻试剂在竞争反应中的影响

不同类型的烷基在亲核取代和消除反应中的速率不同,如下所示,代表反应性能的四个箭头中,三个指向叔卤代烃,一个指向伯卤代烃,可见伯卤代烃一般容易进行S_N2反应,叔卤代烃一般较容易进行消除反应。但综合结果与进攻试剂的亲核性和碱性相关,一般来说,β-氢原子越多,则越容易受碱性进攻试剂的影响而发生消除反应。

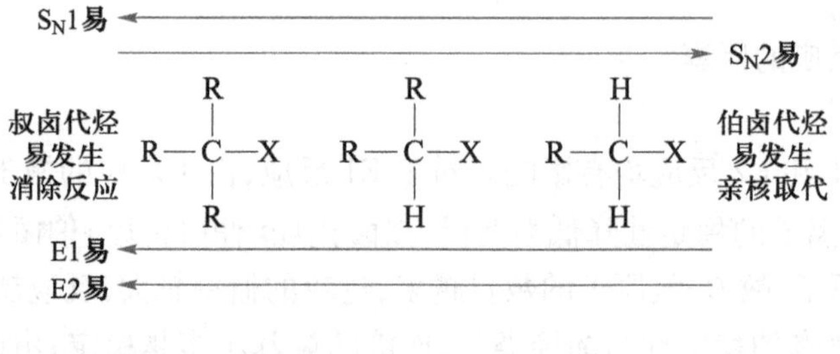

烷基结构和进攻试剂的影响可小结如下:

(1) 伯卤代烃　伯卤代烃与亲核试剂发生S_N2反应的速率很快,因此β-消除反应很少,只有存在强碱和反应条件比较强烈时,才以β-消除产物为主。但β位上有活泼氢原子或β-碳原子上连有支链的伯卤烃消除倾向增大。例如:

$$R{-}Br \ + \ C_2H_5O^- \xrightarrow[55℃]{C_2H_5OH} 取代产物+消除产物$$

	取代产物	消除产物
CH_3CH_2Br	99%	1%
$CH_3CH_2CH_2Br$	91%	9%
$CH_3(CH_2)_2CH_2Br$	90%	10%
$C_6H_5CH_2CH_2Br$	5%	95%
$(CH_3)_2CHCH_2Br$	40%	60%

(2) 仲卤代烃　与弱碱性的亲核试剂在极性非质子性溶剂中容易发生 S_N2 反应;在强碱作用下,主要发生 E2 反应;烯丙基和苄基仲卤代烃与弱碱性亲核试剂在极性质子化溶剂中则容易发生 S_N1 和 E1 反应。

(3) 叔卤代烃　倾向于发生消除反应,即使在弱碱性条件下(如 Na_2CO_3 水溶液),也是以消除反应为主。只有在纯水或乙醇中发生溶剂解反应才以亲核取代反应为主。在微酸性条件下,主要发生 S_N1 反应。

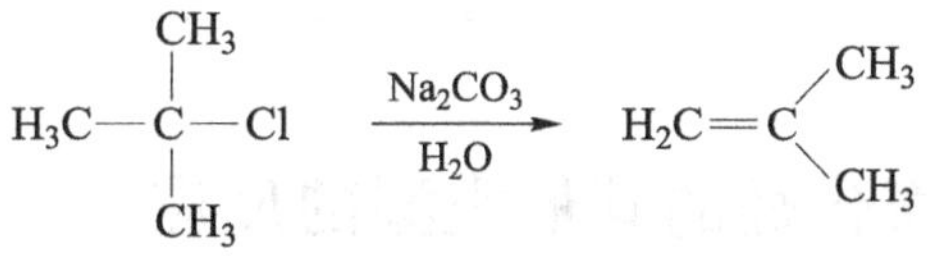
(消除反应为主)

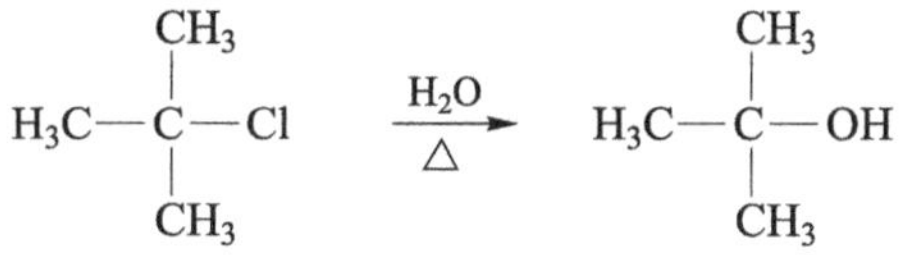
(亲核取代反应为主)

2. 试剂的碱性和亲核性

试剂的影响主要表现在双分子反应中,试剂的碱性越强,浓度越高,越有利于消除反应。反之,碱性较弱,浓度低有利于亲核取代反应,这是由于在消除反应中,除去 β-H 需要强碱试剂。一般的碱性试剂都有一定的亲核性,但试剂的碱性和亲核性之间没有完全的平行关系。有些试剂碱性虽弱,但其亲核性较强,利于取代。

试剂的体积大,因空间障碍而不易进攻中心碳原子(发生 S_N2 反应),但与 β-H 接近不会受到明显影响,因而有利于消除反应。

3. 溶剂的极性

溶剂的极性对亲核取代和消除反应的不同影响主要也表现在双分子机理中。极性较强的溶剂有利于亲核取代(S_N2)反应,极性较弱的溶剂有利于消除(E2)反应,这是因为在亲核取代反应过渡态中负电荷分散程度比消除反应过渡态的小。较强极性溶剂对亲核取代反应过渡态的稳定作用比消除反应大。例如异丙基溴在碱性的乙醇-水溶液条件下,随着水的用量的增加,S_N2 反应产物增加,E2 反应产物减少。所以由卤代烃制备醇(取代)一般在 NaOH 水溶液(极性较强)中进行。而制备烯烃(消除)则在 NaOH 醇溶液(极性较弱)中进行。

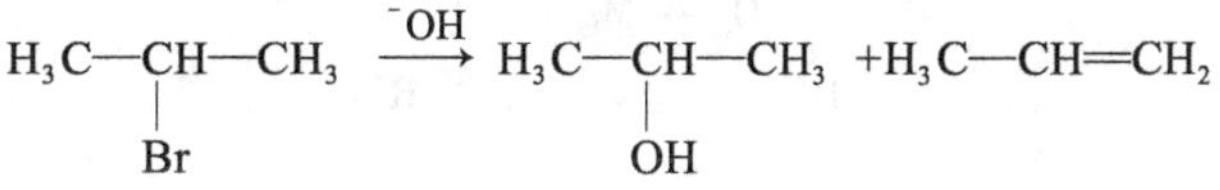

EtOH : H_2O	S_N2	E2
100% : 0%	29%	71%
60% : 40%	46%	54%

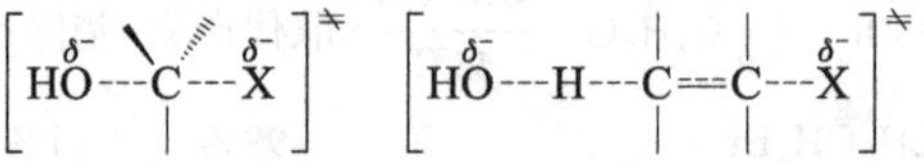

亲核取代反应过渡态　　　　消除反应过渡态

4. 反应温度对竞争反应的影响

升高温度有利于消除反应,这是因为在消除过程中涉及 C—H 键的拉长,活化能较高,升高温度对消除反应有利。虽然提高温度亦能使亲核取代反应加快,但其影响程度没有消除反应那样大。所以提高反应温度将增加消除产物的比例。

第 8 章文中问题参考答案

问题 8-21　写出下列反应的产物:

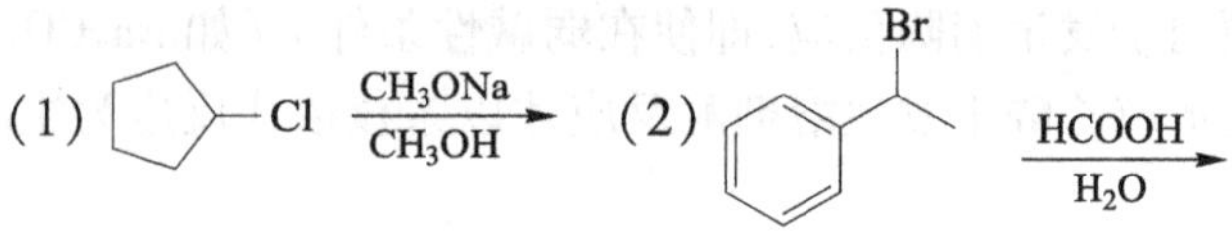

§ 8.6　卤代烃的其他类型的反应

8.6.1　卤代烃与金属的反应

卤代烃能与一些金属发生反应,生成有机金属化合物。有机金属化合物是指金属原子直接与碳原子相连的一类化合物。

8.6.1.1　与金属镁的反应:Grignard 试剂

1. Grignard 试剂的合成

在常温下,把洁净的镁屑或镁条放在无水乙醚中,先少量滴加卤代烃引发反应后,继续滴加卤代烃,反应放出的热量能保持反应液的回流,这样卤代烃与镁作用生成有机镁化合物,该产物不需分离即可直接用于有机合成反应,这种有机镁化合物称为 Grignard 试剂(格利雅试剂,简称格氏试剂),其表达式为 RMgX。

$$R—X + Mg \xrightarrow{无水醚} R—MgX$$

醚类溶剂的另外一个作用是与格氏试剂络合生成稳定的配合物来稳定 Grignard 试剂。因此,四氢呋喃(简写 THF)、二氧六环[$O(CH_2CH_2)_2O$]或其他醚类也可作为制备 Grignard 试剂的溶剂。

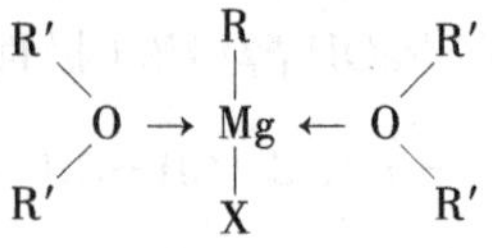

制备 Grignard 试剂时,主要副反应为生成的 Grignard 试剂中带负电荷的烃基作为亲核试剂与卤代烃反应,生成偶联产物。

$$R—MgX+R—X \longrightarrow R—R+MgX_2$$

一卤代烃生成 Grignard 试剂的活性顺序是：RI>RBr>RCl>RF，通常使用活性适中并且不容易发生偶联副反应的溴代物和氯代物进行反应，当 R 基团是甲基时，实验室常使用碘甲烷合成 Grignard 试剂甲基碘化镁。但由于碘是好的离去基团，偶联副反应会有所增加。氯甲烷和溴甲烷常温下都是气体，实验室不便于操作。

具有脂肪族烃基的卤代烃与金属镁具有良好的反应性能，一般能在无水乙醚中顺利反应；而乙烯型和卤苯型卤代烃由于 p-π 共轭效应，碳卤键活性较低，这时可加入适量的碘作为催化剂，或者使用较高沸点的溶剂（如四氢呋喃），保证反应正常进行。例如：

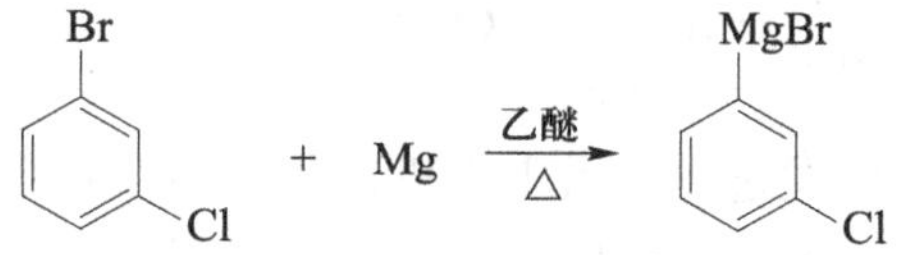

(注意:乙烯型溴代物在乙醚中可以反应)

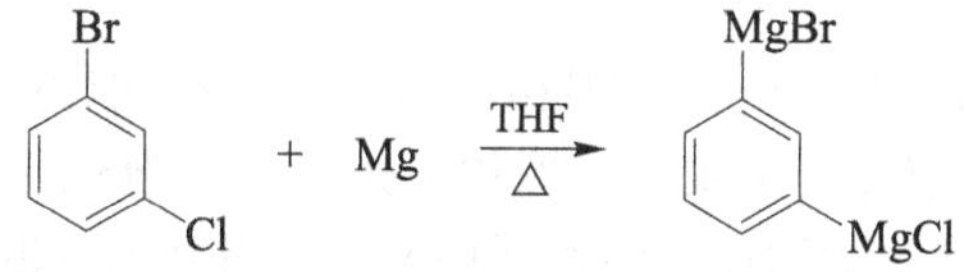

烯丙基和苄基型卤代烃，虽然能生成格氏试剂，但由于该两种类型的卤代烃特别容易发生亲核取代而偶联，因而这两类化合物合成 Grignard 试剂常需要在较低的温度下进行。

2. 格氏试剂与活泼氢及氧气的反应

格氏试剂的性质非常活泼，能与多种含活泼氢的化合物作用，生成相应的烃。

$$RMgX + H_2O \longrightarrow RH + Mg(OH)X$$
$$RMgX + ROH \longrightarrow RH + Mg(OR)X$$
$$RMgX + HX \longrightarrow RH + MgX_2$$
$$RMgX + R'C\equiv CH \longrightarrow RH + R'C\equiv CMgX$$

上述反应说明几个问题：一是在使用格氏试剂时，要注意具有活泼氢原子的基团对格氏试剂的影响，如果与格氏试剂进行后续反应的化合物中有活泼氢，则应该选择性保护具有活泼氢的基团，或者加大格氏试剂的用量；二是格氏试剂与水反应，这说明制备格氏试剂时必须在无水条件下进行。另外也可以利用格氏试剂和水反应的特性使用重水进行反应，生成氘代的产物，这是氘代物实验室合成的重要方法；三是可以利用格氏试剂与活泼氢反应的特性来测定未知物中活泼氢的含量，如可以用定量的碘化甲基镁（CH_3MgI）与一定数量的含活泼氢的化合物作用，便可定量地得到甲烷，通过测定甲烷的体积，可以计算出化合物所含活泼氢的数量，这叫做活泼氢测定法；最后通过此法还可得到用常规方法所得不到的炔基格氏试剂（$R'C\equiv CMgX$）。

格氏试剂还能和氧气反应，产物水解后生成醇。

$$2RMgX + O_2 \longrightarrow 2ROMgX$$
$$ROMgX + H_2O \longrightarrow ROH + Mg(OH)X$$

这个反应说明，空气中的氧气也会对格氏试剂存在影响，因此一般合成 Grignard 试剂需要在无水惰性气体的保护下进行。另外，利用这一性质可以合成特殊结构的醇。

3. 格氏试剂在合成中的应用

格氏试剂可与环氧乙烷、含羰基化合物、羧酸衍生物等化合物进行反应，在有机合成中具有重要的作用。有关内容将在后面章节陆续介绍。另外,Grignard 试剂与还原电位低于镁的金属卤化物作用,是合成其他有机金属化合物的方法。

$$3RMgX + AlX_3 \longrightarrow R_3Al + 3MgX_2$$
$$2RMgX + CdX_2 \longrightarrow R_2Cd + 2MgX_2$$
$$4RMgX + SnX_4 \longrightarrow R_4Sn + 4MgX_2$$

8.6.1.2　与金属锂的反应:金属锂试剂

卤代烷也可与金属锂作用生成有机锂化合物,例如:

$$CH_3CH_2CH_2CH_2—Br + 2Li \xrightarrow[-10℃]{乙醚} \underset{80\%\sim90\%}{CH_3CH_2CH_2CH_2—Li} + LiBr$$

这类反应常用无水乙醚作溶剂,反应需要引发过程。由于有机锂化合物在较高的温度下能与醚类反应,所以,要在低温下制备有机锂化合物。如果用戊烷或己烷等烷烃作溶剂,则可以避免产物与溶剂的反应。

有机锂化合物的性质与 Grignard 试剂很相似,并且反应性能更为活泼,遇水、醇、酸等立即分解。因此,溶剂必须彻底干燥,反应在氮气保护下进行。一卤代烷与金属锂发生反应的活性大小次序为:RI>RBr>RCl>RF。常用反应活性适中又容易得到的一溴代烷或一氯代烷制备烷基锂。甲基锂、丁基锂的乙醚或己烷溶液已经是易得的市售试剂,使用时必须在无水无氧的条件下进行操作,其中甲基锂比丁基锂具有更高的活性。

烷基锂在无水乙醚或四氢呋喃溶剂中与碘化亚铜反应生成二烷基铜锂。

$$2RLi + CuI \xrightarrow{乙醚} R_2CuLi + LiI$$

二烷基铜锂也称为二烃基铜锂或有机铜锂试剂,烷基可以是甲基、伯碳烃基和仲碳烃基,也可以是烯丙基、苄基、乙烯基、芳基等。

二烃基铜锂与卤代烷反应生成烷烃,这是制备烷烃的一种方法,称为 Corey-House 反应:

$$R_2CuLi + R'X \longrightarrow R—R' + RCu + LiX$$

R′X 中 R′一般是伯碳烃基,也可以是烯丙基型和乙烯基型的烃基,因此,常用二烃基铜锂来合成各种高级烷烃、烯烃和芳烃。

$$(CH_3CH_2)_2CuLi + CH_3(CH_2)_6Br \xrightarrow[0℃]{乙醚} CH_3(CH_2)_7CH_3$$

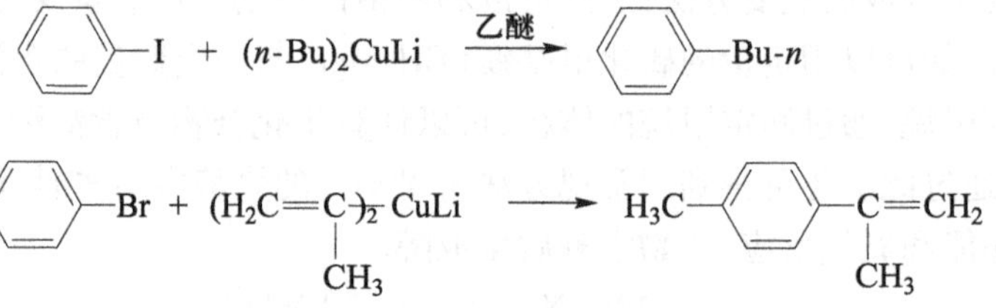

8.6.2　卤代烃的偶联反应

8.6.2.1　与金属钠的反应

卤代烷可与金属钠反应,生成的有机钠化合物立即再与卤代烷反应生成烷烃。这类反应可以用来从卤代烷(主要是伯卤代烷)制备含偶数碳原子、结构对称的烷烃,称为 Würtz 反应,反应产率一般不高。

$$R—X + 2Na \longrightarrow RNa + NaX$$
$$RNa + R—X \longrightarrow R—R + NaX$$

如 1-溴丁烷在钠作用下生成辛烷：

脂肪族卤代烷烃和卤代芳烃的混合物，在惰性溶剂中用钠处理，也能发生偶联，生成烷基芳烃，这类反应称为 Würtz-Fittig 反应。

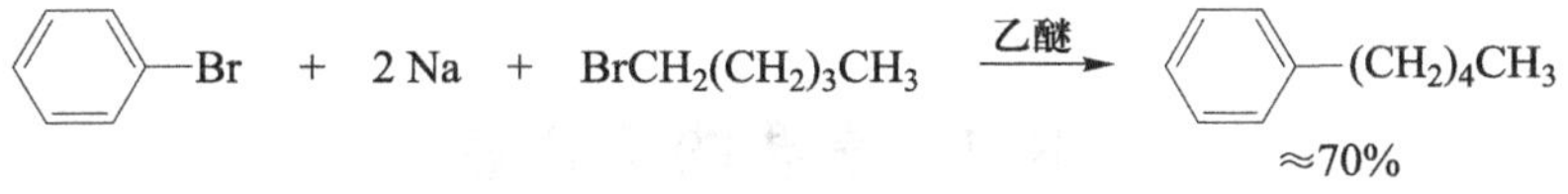

这类反应给出了一种 Friedel-Crafts 反应以外的合成烷基取代芳烃的方法，但原料结构中不能含有羟基、羰基和硝基等活性基团。

8.6.2.2 与金属铜的反应

卤代芳烃与铜粉共热生成联芳基化合物，称为乌尔曼（Ullmann）反应。

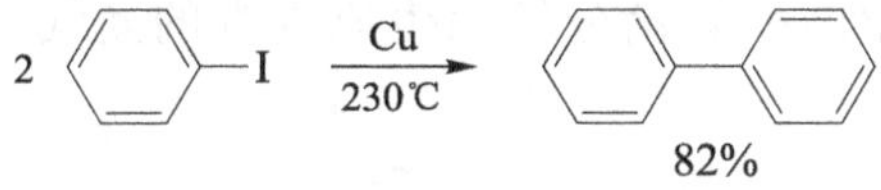

其中碘化物最活泼，也最常用。溴化物和氯化物较难反应，但在卤原子的邻、对位如连有吸电基，如—NO_2 和—CN 时，则反应可顺利进行。

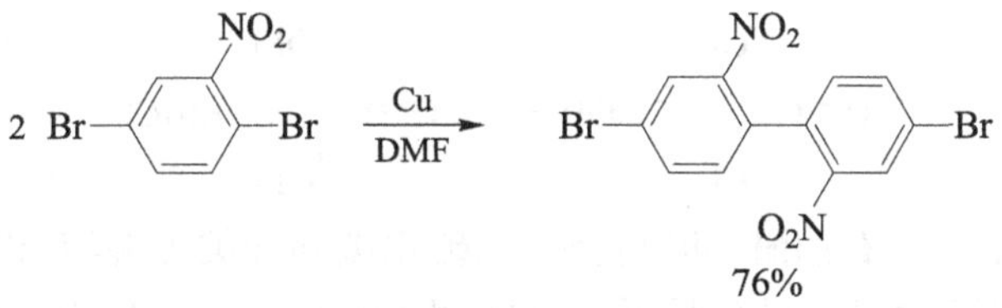

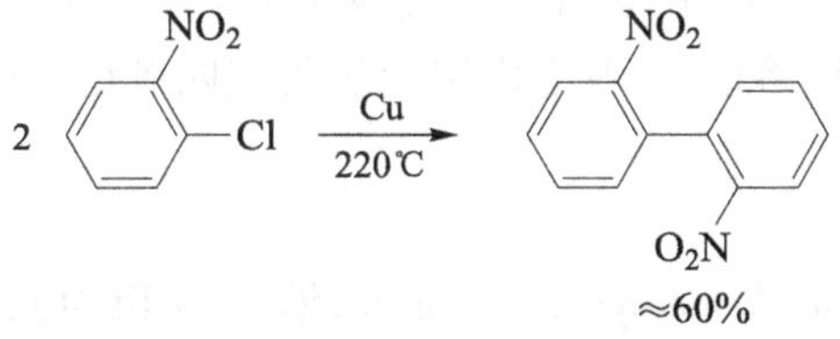

8.6.3 卤代烃的还原反应

一卤代烷可以用氢化铝锂还原成烷烃：

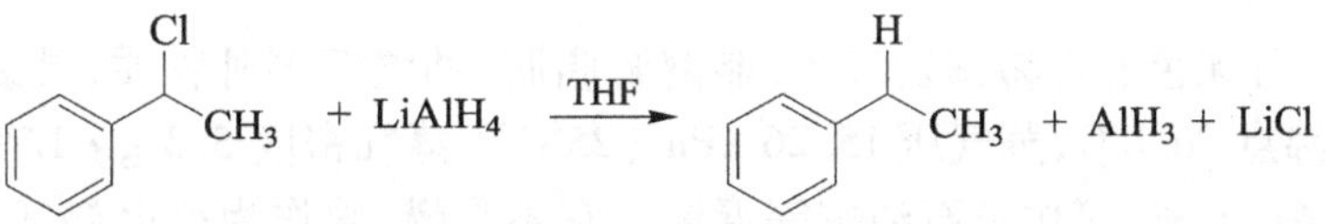

氢化铝锂是一种很强的还原剂，所有类型的卤代烃均可被还原，还原反应一般在无水乙醚或四氢呋喃等溶剂中进行。这也是制备烷烃的一种方法。氢化铝锂与水猛烈反应而放出氢气，因此，用氢化铝锂作还原剂，必须用无水溶剂，并在隔绝湿气的装置中进行操作。如果用氘代的

$LiAlD_4$，则产物为氘代烃。

硼氢化钠（$NaBH_4$）是比较温和的试剂，适用于仲卤代烃和叔卤代烃还原，而伯卤代烃不易被还原。在还原过程中，分子内若同时存在羧基、氰基、酯基等基团可以保留不被还原。硼氢化钠可溶于水，呈碱性，比较稳定，能在水溶液中反应而不被水分解；但在酸性溶液中，很易分解为氢气和硼酸钠。

另外，在钯炭催化剂的作用下，卤代烃能与氢气反应，脱去卤原子，生成相应的烃类化合物，此反应称为催化氢解。

§8.7　重要的卤代烃

8.7.1　氯仿（三氯甲烷）

三氯甲烷（trichloromethane），俗名氯仿（chloroform），无色透明液体，有特殊气味。纯品对光敏感，遇光照会与空气中的氧作用，逐渐分解而生成剧毒的光气（碳酰氯）和氯化氢。可加入 0.6%～1% 的乙醇作稳定剂。

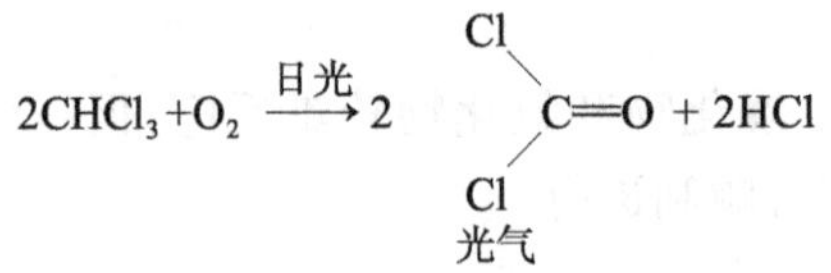

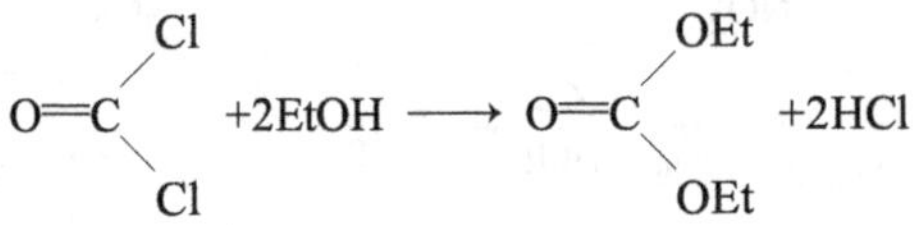

氯仿能与乙醇、苯、乙醚、石油醚、四氯化碳、二硫化碳和油类等混溶，相对密度 1.484 0，熔点 −63.5℃，沸点 61.2℃，折射率 1.447 6，低毒，半数致死量（大鼠，经口）1 194 $mg \cdot kg^{-1}$，有麻醉性。

氯仿是实验室常用的有机溶剂，工业上由甲烷氯代或四氯化碳还原制备。

8.7.2　二氯甲烷

二氯甲烷（dichloromethane 或 methylene chloride，缩写为 DCM），无色透明液体，由甲烷氯代制备，相对密度 1.325，熔点 −97℃，沸点 40.1℃，折射率 1.424 4，有麻醉性，是实验室常用的有机溶剂。

8.7.3　四氯化碳

四氯化碳是一种无色有毒易挥发液体，能溶解脂肪、油漆等多种物质，具氯仿的微甜气味。相对密度 1.595，沸点 76.8℃，蒸气压 15.26 kPa（25℃），蒸气密度 5.3 $g \cdot L^{-1}$。四氯化碳与水互不相溶，可与乙醇、乙醚、氯仿及石油醚等混溶。它不易燃，曾作为灭火剂，但因它在 500℃ 以上时可以与水反应，产生二氧化碳和有毒的光气、氯气和氯化氢气体，加之它会加快臭氧层的分解，所以被停用。

$$CCl_4 + H_2O \longrightarrow COCl_2 + 2HCl$$

四氯化碳的用途被国家严格限制，仅限用于非消耗臭氧层物质原料用途和特殊用途，作为萃取剂并不常用。

8.7.4　氯苯

氯苯为无色液体，沸点 132.2℃。第一次世界大战期间主要用于生产军用炸药所需的苦味酸。1940 年到 1960 年间，大量用于生产滴滴涕（DDT）杀虫剂。1960 年后，DDT 逐渐被高效低残毒的其他农药所取代，氯苯的需求量日趋下降。主要用作乙基纤维素和许多树脂的溶剂，生产多种其他苯系中间体，如硝基氯苯等。

8.7.5　二氟二氯甲烷

无色无臭气体，熔点-158℃，沸点-19.7℃，相对密度 1.326，溶于醇、醚，与酸、碱、水均不起作用。常用作气溶杀虫药气雾剂，活塞式冷冻机、冷藏库、冰箱、空调制冷剂。商品名叫氟利昂-12（F12 是商业缩写名称，第一个数字代表碳原子数减 1，第二个数字代表氢原子数加 1，第三个数字代表氟原子数。CF_2Cl_2 名称中第一个数字为 0，故为 F12）。

传统的含氯制冷剂对大气臭氧层有严重的破坏作用，广泛使用会使大气臭氧层日渐变得稀薄，甚至形成臭氧空洞，使太阳对地表紫外线辐射增强，将会对人类造成很大的危害。为此，1987 年国际《蒙特利尔议定书》已规定到 20 世纪末在全球范围内限制并最终禁止使用这种制冷剂。氟利昂代用品的研究也因此开始广泛受到重视。例如，用含氢的氟代烃，它们将在到达臭氧层之前就被分解；或用不含氯的氟代烃，如 F32、F125 等，它们即使到达臭氧层也不会产生破坏作用；或用不含氟和氯的替代品，如精制异丁烷、二甲醚等。目前已开发了一些氟利昂的替代品，如五氟乙烷（HFC-125），四氟乙烷（HFC-134a），二氟甲烷（HFC-32）。另外，为了提高性能，也常将上述制冷剂按照一定比例混合使用。

8.7.6　四氟乙烯

四氟乙烯有毒，主要用于生产使用温度范围广、化学稳定性高的聚四氟乙烯（polytetrafluoroethylene，Teflon，PTFE）

$$n\,CF_2{=}CF_2 \xrightarrow[50℃,490\ kPa]{(NH_4)_2S_2O_8,H_2O,HCl} \left[CF_2-CF_2 \right]_n$$

聚四氟乙烯是耐高、低温，耐腐蚀，高润滑，无毒害，具有电绝缘性等优点的高分子聚合物，俗称塑料王。

习　题

1. 用系统命名法命名下列化合物：

（1）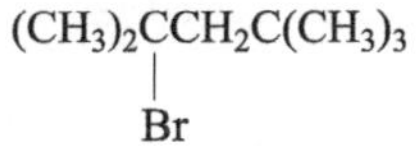　（2）　（3）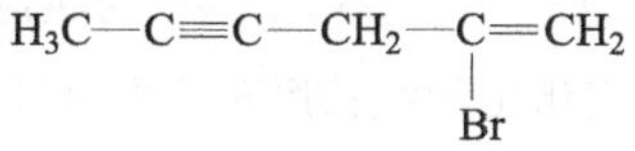

（4）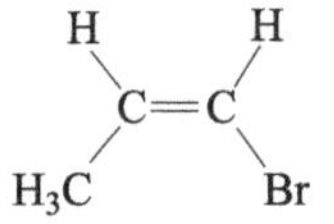　（5）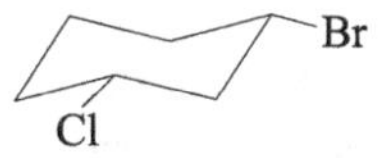

2. 写出下列名称的构造式：

（1）叔丁基氯　（2）烯丙基溴　（3）苄基氯　（4）对氯苄基氯

3. 写出下列有机化合物的构造式，有“＊”的写出构型式：

（1）2-chloro-4-methylpentane　（2）＊*cis*-1-bromo-3-ethylcyclohexane

（3）＊(*R*)-2-bromooctane　（4）5-chloro-3-propyl-1,3-heptadien-6-yne

4. 根据^1H NMR 信息，写出下列卤代烃的结构式：

（1）分子式：C_3H_5Br；^1H NMR：2.32（3H,s），5.35（1H,s），5.54（1H,s）

（2）分子式：$C_4H_6Cl_2$；^1H NMR：2.18（3H,s），4.16（2H,d,J = 7 Hz），5.71（1H,t,J = 7 Hz）

（3）分子式：$C_9H_{11}Br$；^1H NMR：2.15（2H,m），2.75（2H,t,J = 7 Hz），3.38（2H,t,J = 7 Hz），7.22（5H,m）

5. 用方程式表示 α-溴代乙苯与下列化合物反应的主要产物。

（1）NaOH(水)　（2）KOH(醇)　（3）Mg,乙醚　（4）NaI/丙酮　（5）产物(3)+ CH≡CH

（6）NaCN　（7）NH_3　（8）$CH_3C\equiv C^-$　（9）$AgNO_3$,醇　（10）C_2H_5ONa

6. 写出下列反应的产物：

（1）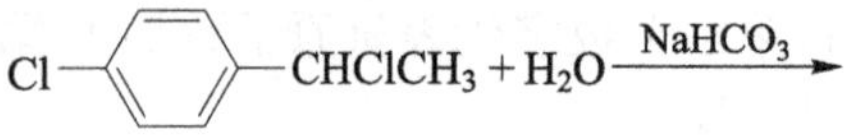

（2）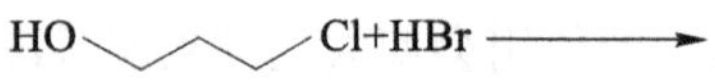

（3）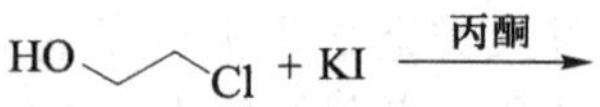

（4）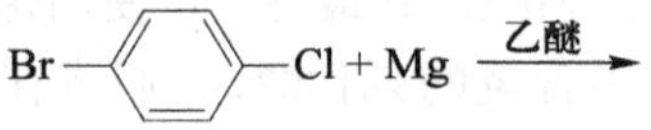

（5）

（6）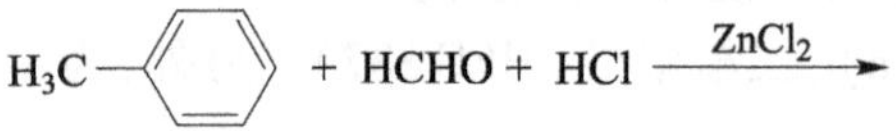

（7）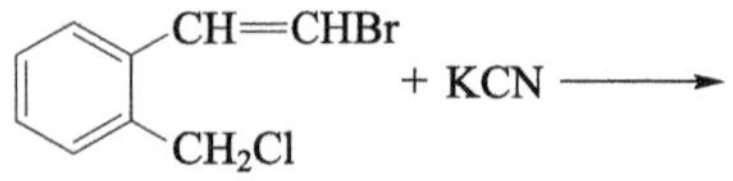

（8）$H_3C—C\equiv CH + CH_3MgI \longrightarrow$

（9）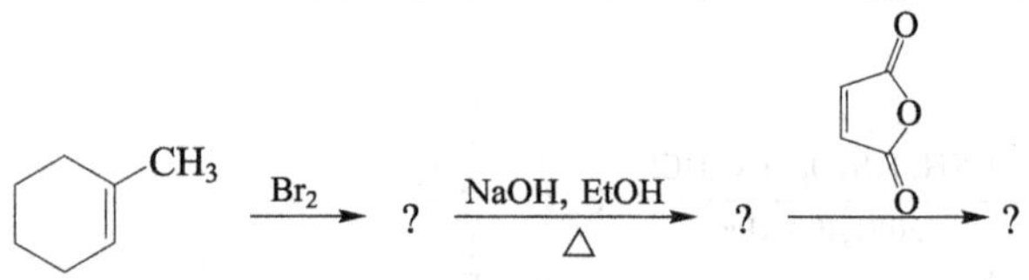

（10）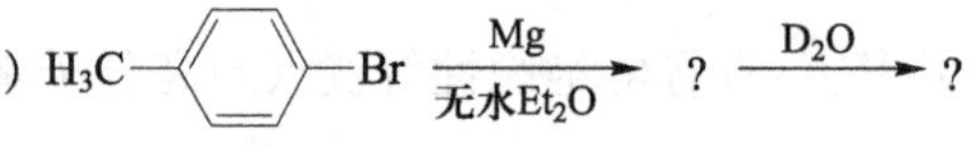

（11）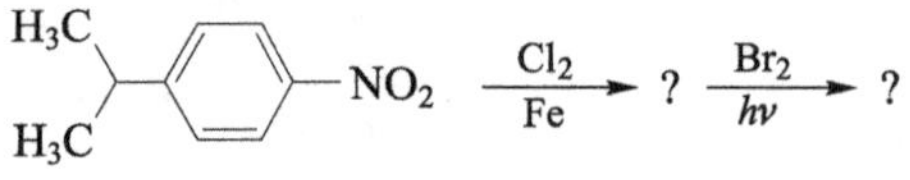

（12）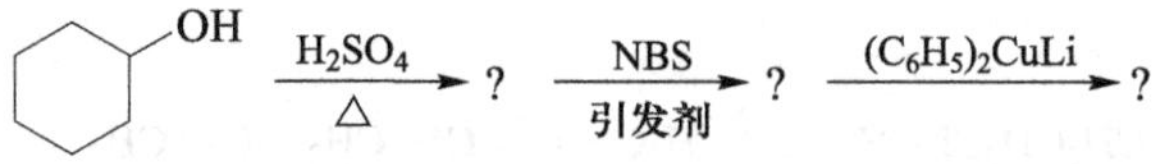

7. 将以下各组化合物，按照不同要求排列成序：

（1）水解速率：

（A）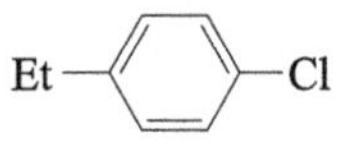　（B）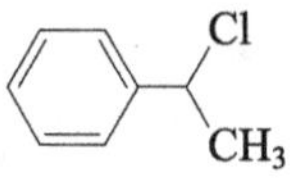　（C）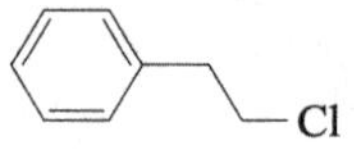

（2）与 $AgNO_3$-乙醇溶液反应难易程度：

（A）$CHBr{=}CHCH_3$　（B）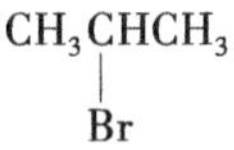　（C）$CH_3CH_2CH_2{-}Br$　（D）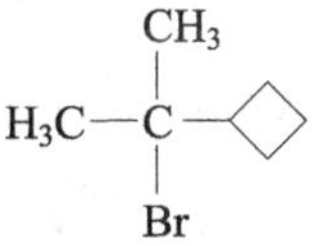

（3）进行 S_N2 反应速率：

①（A）$CH_3CH_2CH_2CH_2Br$　（B）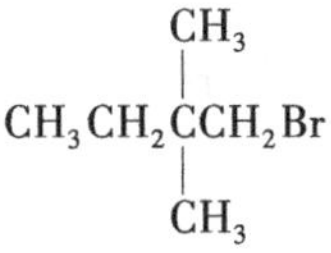　（C）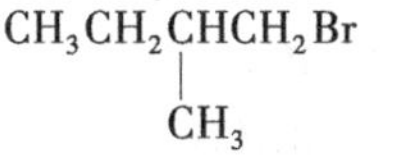　（D）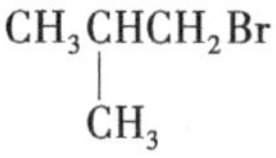

②（A）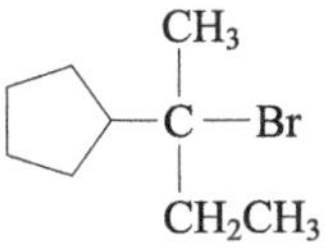　（B）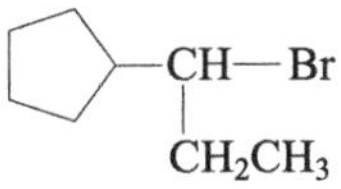　（C）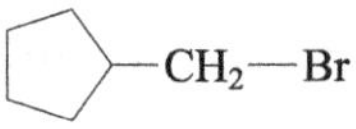

（4）进行 S_N1 反应速率：

①（A）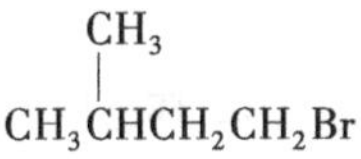　（B）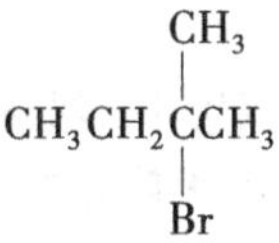　（C）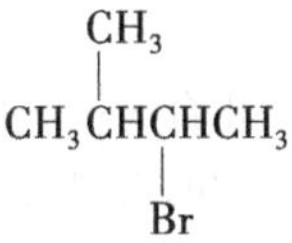

②（A）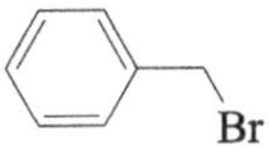　（B）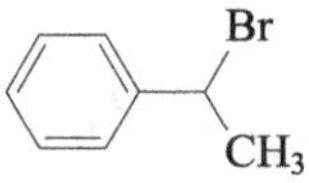　（C）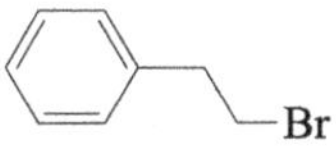

③（A）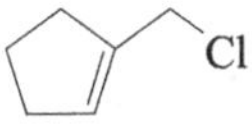　（B）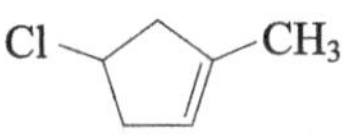　（C）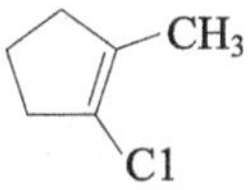

8. 写出下列化合物在浓 KOH 醇溶液中脱卤化氢的反应式，并比较反应速率的快慢。

（A）3-溴环己烯　（B）5-溴-1,3-环己二烯　（C）溴代环己烷

9. 哪种卤代烷脱卤化氢后可产生下列单一的烯烃？

（1）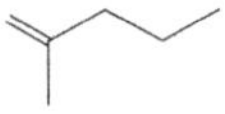　（2）　（3）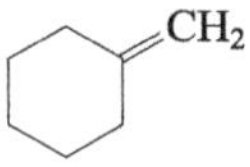　（4）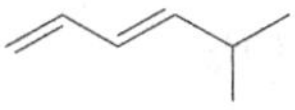

10. 卤代烷和氢氧化钠在水与乙醇混合物中进行反应，下列反应情况中哪些属于 S_N1 历程，哪些则属于 S_N2 历程？

（1）一级卤代烷速率大于三级卤代烷　（2）碱的浓度增加，反应速率无明显变化

（3）两步反应，第一步是决定速率的步骤　（4）增加溶剂的含水量，反应速率明显加快

（5）产物的构型 80% 消旋，20% 转化　（6）进攻试剂亲核性愈强，反应速率愈快

（7）有重排现象　（8）增加溶剂含醇量，反应速率加快

11. 指出下列各对亲核反应中，哪一个反应较快？并说明理由。

（1）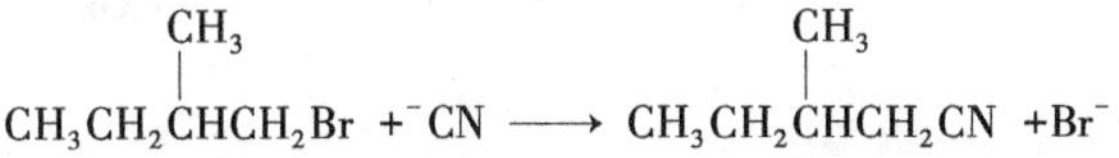

$CH_3CH_2CH_2CH_2Br + {}^-CN \longrightarrow CH_3CH_2CH_2CH_2CN + Br^-$

（2）$(CH_3)_3CBr \xrightarrow[\triangle]{H_2O} (CH_3)_3COH + HBr$

$(CH_3)_2CHBr \xrightarrow[\triangle]{H_2O} (CH_3)_2CHOH + HBr$

(3) $CH_3CH_2I+NaOH \xrightarrow{H_2O} CH_3CH_2OH+NaI$

$CH_3CH_2I+NaSH \xrightarrow{H_2O} CH_3CH_2SH+NaI$

(4) $(CH_3)_2CHCH_2Cl \xrightarrow{H_2O} (CH_3)_2CHCH_2OH$

$(CH_3)_2CHCH_2I \xrightarrow{H_2O} (CH_3)_2CHCH_2OH$

12. 推测下列亲核取代反应主要按 S_N1 还是按 S_N2 历程进行？

(1) $CH_3I+{}^-OH \longrightarrow CH_3OH+I^-$

(2) $CH_3CH_2I+NH_3 \longrightarrow CH_3CH_2NH_2+HI$

(3) $(CH_3)_3CCl+CH_3OH \longrightarrow (CH_3)_3COCH_3+HCl$

(4) $(CH_3)_2CHCl+H_2O \longrightarrow (CH_3)_2CHOH+HCl$

(5) 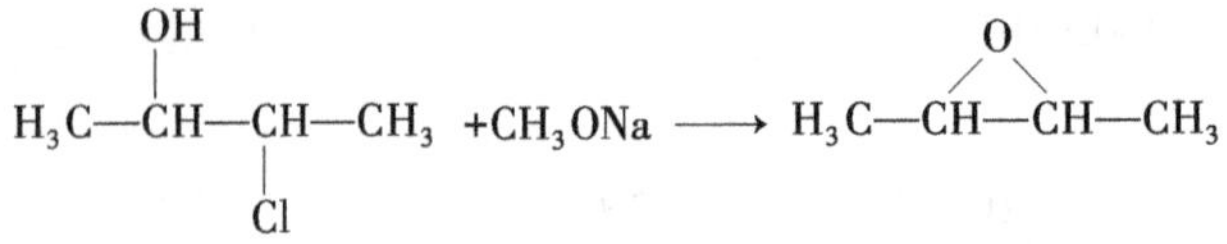

13. 用简便化学方法鉴别下列化合物：3-溴环己烯、氯代环己烯、碘代环己烷、甲苯、环己烷。

14. 写出下列亲核取代反应产物的构型式，反应产物有无旋光性，并标明 *R* 或 *S* 构型，它们属于 S_N1 还是 S_N2 反应？

(1) 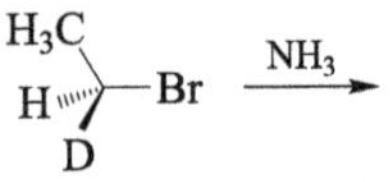

(2) 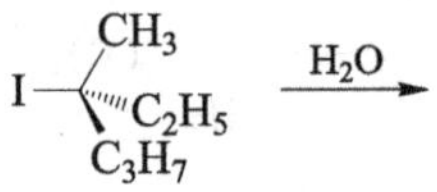

(3) 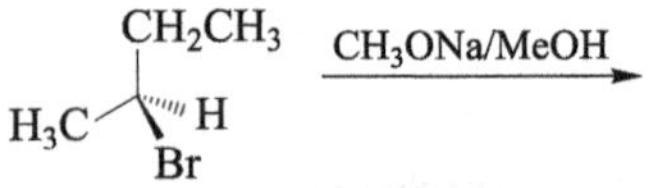

(4) 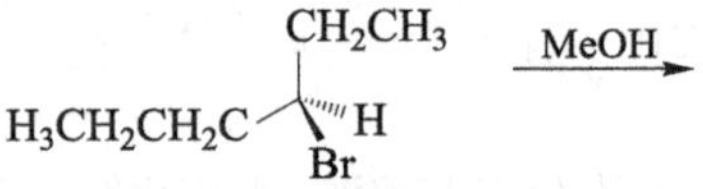

(5) 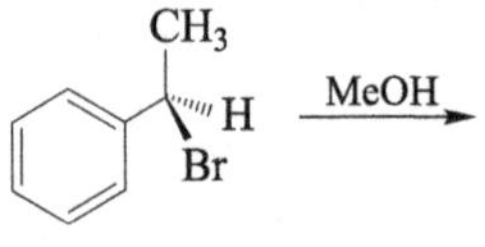

(6) 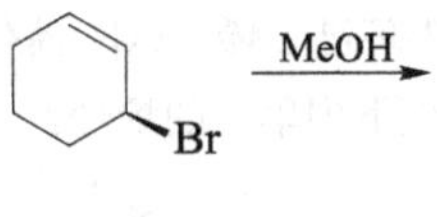

(7) 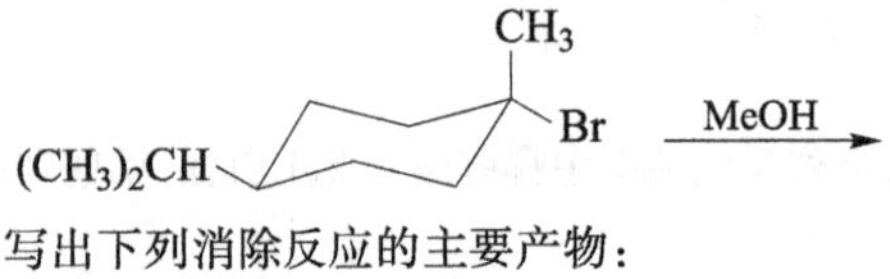

15. 写出下列消除反应的主要产物：

(1) 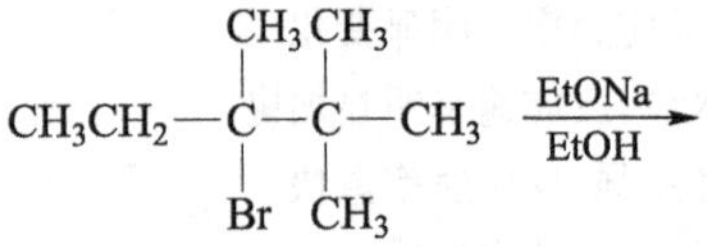

(2) 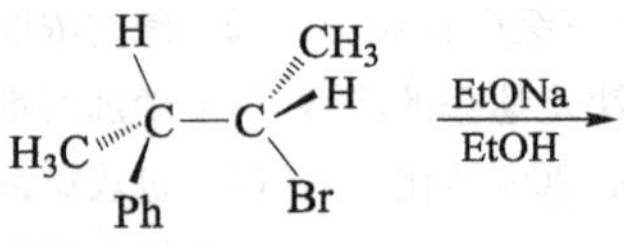

(3) 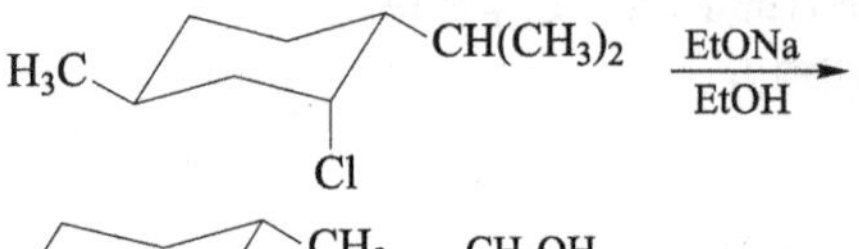

(4) 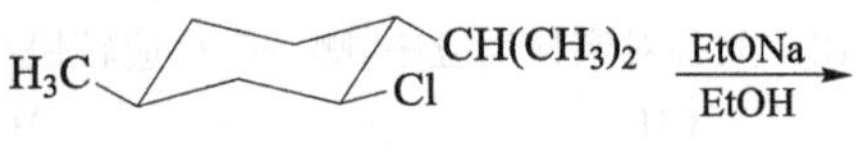

(5) 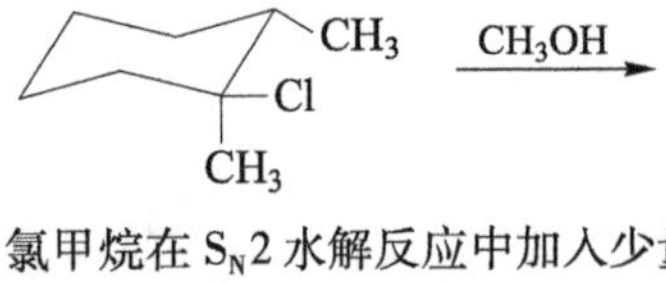

16. 氯甲烷在 S_N2 水解反应中加入少量 NaI 或 KI 时反应会加快很多，为什么？

17. 解释以下结果：

(1) 已知 3-溴-1-戊烯与 C_2H_5ONa 在乙醇中的反应速率取决于 [RBr] 和 $[C_2H_5O^-]$，产物是 3-乙氧基-1-戊烯;但是当它与 C_2H_5OH 反应时,反应速率只与[RBr]有关,除了产生 3-乙氧基-1-戊烯,还生成 1-乙氧基-2-戊烯。

(2) 光学活性的 1,2-二溴环戊烷在加热之后发生外消旋化。

18. 由指定的原料(其他有机或无机试剂可任选),合成下列化合物。

(1) 由丙烯合成下列化合物:

(A) 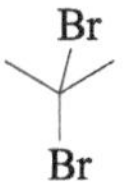

(B) 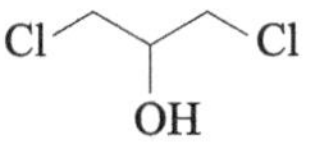

(C) 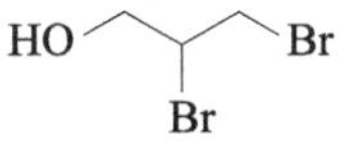

(D) 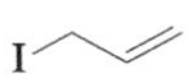

(E) 

(2) 由苯合成下列化合物:

(A) 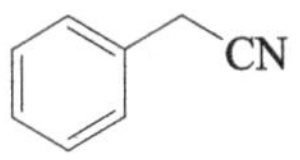

(B) 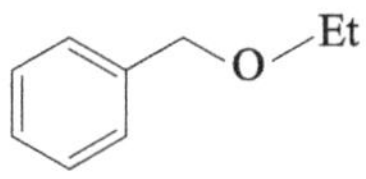

(C) 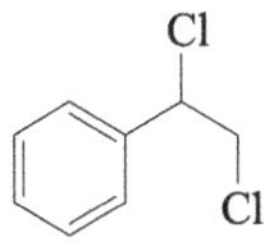

(D) 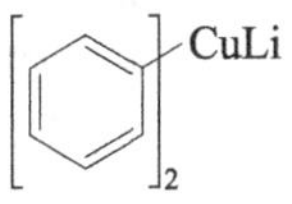

(3) 由环己醇合成下列化合物:

(A) 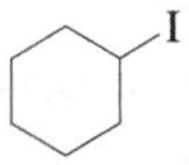

(B) 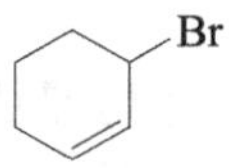

(C) 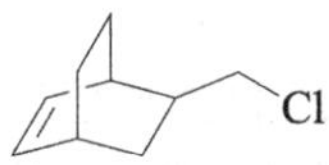

19. 完成以下制备:

(1) 由适当的铜锂试剂制备:① 2-甲基己烷;② 2-甲基-1-苯基丁烷;③ 甲基环己烷。

(2) 由溴代正丁烷制备:① 1-丁醇;② 2-丁醇。

20. 分子式为 C_4H_8 的化合物 A,加溴后的产物用 NaOH-乙醇溶液处理生成 C_4H_6(B),B 能使溴水褪色,并能与 $AgNO_3$ 的氨溶液发生沉淀反应。推出 A、B 的结构式并写出相应的反应式。

21. 某烃 C_3H_6(A)与氯反应,在低温时生成 $C_3H_6Cl_2$(B);在高温时则生成 C_3H_5Cl (C),使 C 与碘化乙基镁作用得 C_5H_{10}(D),后者与 NBS 作用生成 C_5H_9Br (E)。使 E 与氢氧化钠的酒精溶液共热,主要生成 C_5H_8(F),后者又可与丁烯二酸酐发生双烯合成反应生成(G)。写出各步反应式,以及由 A 至 G 的结构式。

22. 某卤烃 A,分子式 $C_6H_{11}Br$,用 NaOH-乙醇处理得 B(C_6H_{10}),B 与溴反应的生成物再用 KOH-乙醇处理得 C,C 可与 CH_2═CHCHO 进行狄尔斯-阿尔德反应生成 D。将 C 臭氧化、还原水解可得 $OHCCH_2CH_2CHO$ 和 OHCCHO。试推出 A、B、C、D 的结构式,并写出所有的反应式。

23. 溴化苄与水在甲酸溶液中反应生成苯甲醇,速率与[H_2O]无关,在同样条件下对甲基苄基溴与水的反应速率是前者的 58 倍。苄基溴与 $C_2H_5O^-$ 在无水乙醇中反应生成苄基乙基醚,速率取决[RBr]和[$C_2H_5O^-$],同样条件下对甲基苄基溴的反应速率仅是前者的 1.5 倍,相差无几。

为什么会有这些结果?试从溶剂极性、试剂的亲核性和取代基团的电子效应(给电子取代基的影响)等方面说明对上述反应的影响。

第 9 章

醇、酚、醚

醇(alcohol)、酚(phenol)、醚(ether)都是烃的含氧衍生物。其中醇是脂肪烃、脂环烃或芳香烃侧链中的氢原子被羟基(—OH)取代而成的化合物;羟基与芳环相连,则由于化学性质与普通的醇有所不同而归类为酚类化合物,是通式为 ArOH 的一类芳香族化合物。

醚则是由一个氧原子连接两个烃基或芳基所形成,醚的通式为:R—O—R′。它还可看作是醇或酚羟基上的氢被烃基所取代的化合物。

§9.1 醇

9.1.1 醇的结构、分类和命名

9.1.1.1 醇的结构

醇的通式为 R—OH。以甲醇 CH_3OH 为例,其中氧原子为 sp^3 杂化,外层的 6 个电子分布在 4 个 sp^3 轨道,其中 2 个电子分别与 C、H 成键;余下两对孤对电子占据另外 2 个 sp^3 轨道。其键长、键角的数据如下:

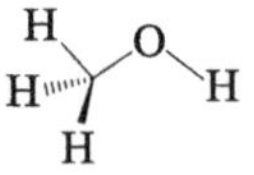

C—H 0.1095 nm ∠COH 108.9°

C—O 0.143 nm ∠HCH 109°

C—H 0.096 nm ∠HCO 110°

由于氧原子的电负性比碳大,氧原子吸引电子的能力强,使得碳原子带有部分正电性,氧原子带有部分负电性,所以醇分子是一个极性分子,其偶极矩与水相近。

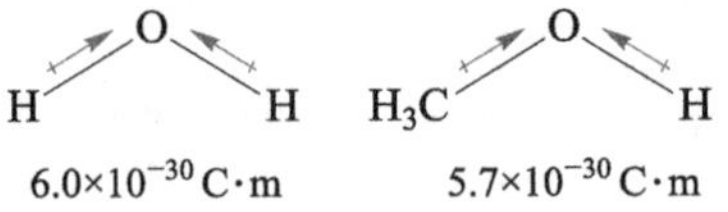

9.1.1.2 醇的分类

(1) 根据醇分子中羟基的数目可分为一元醇、二元醇及多元醇。含两个以上羟基的醇统称为多元醇。例如：

CH_3OH	$HOCH_2CH_2OH$	$HOCH_2CH(OH)CH_2OH$
甲醇(一元醇)	乙二醇(二元醇)	丙三醇(三元醇)

(2) 根据羟基所连接的碳原子种类不同分为一级(伯)醇、二级(仲)醇和三级(叔)醇。例如：

$CH_3CH_2CH_2CH_2OH$

伯醇

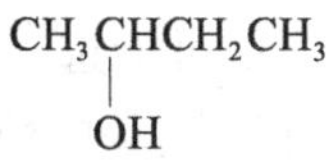

仲醇

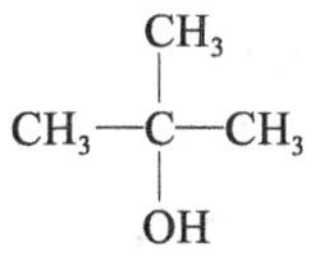

叔醇

(3) 根据烃基中是否含有不饱和键可分为饱和醇、不饱和醇。例如：

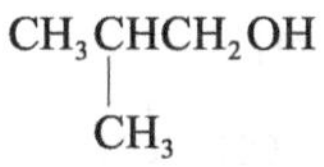

饱和醇

$CH_2{=}CHCH_2OH$

不饱和醇

(4) 根据烃基的种类可分为脂肪醇、芳香醇。例如：

$CH_3CH_2CH_2OH$

脂肪醇

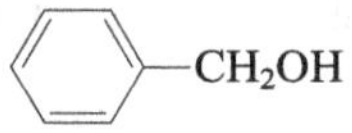

芳香醇

9.1.1.3 醇的命名

醇的命名方法，主要有下列四种。

1. 俗名

俗名往往是根据某些醇的来源和性质特点而来的。如 CH_3OH 最初是从木材干馏所得，俗称木精。CH_3CH_2OH 是酒类的主要成分，俗称酒精。$HOCH_2CH_2OH$ 有甜味，俗称甘醇。甘油[$HOCH_2CH(OH)CH_2OH$]、巴豆醇($CH_3CH{=}CHCH_2OH$)、肉桂醇($PhCH{=}CHCH_2OH$)等都是俗名。

2. 衍生物命名法

醇的衍生物命名是把醇看成甲醇的衍生物。英文名称是在母体"carbinol"前加上"基"。例如：

$(C_2H_5)_3C{-}OH$	$(C_6H_5)_2CH{-}OH$	$(C_6H_5)_3C{-}OH$
三乙基甲醇	二苯甲醇	三苯甲醇
triethylcarbinol	diphenylcarbinol	triphenylcarbinol

3. 普通命名法

醇的普通命名法是先写出与羟基相连的烃基名称，然后加一个"醇"字，称"某醇"。英文名称是在醇的类名"alcohol"前加上"基"，两个词是分开的。例如：

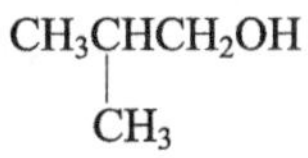

异丁醇
isobutyl alcohol

$CH_2{=}CHCH_2OH$

烯丙醇
allyl alcohol

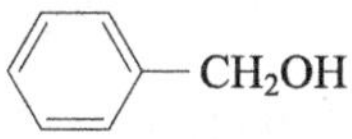

苄醇
benzyl alcohol

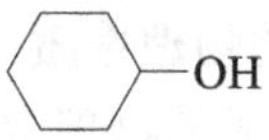

环己醇
cyclohexyl alcohol

该命名只适用于比较简单的醇，如果醇的结构比较复杂，无法写出烃基的名称时，则必须用系统命名法。

4. 系统命名法(IUPAC)

在醇的系统命名法中，选择含有羟基的最长碳链作为主链，从靠近羟基一端开始给主链编号，按主链碳原子数称为“某醇”，并在“醇”字前用阿拉伯数字表明羟基的位次，侧链或其他取代基的位次、数目、名称则依次写在羟基位置之前。当存在更高优先级的官能团如醛、酮或羧酸时，羟基作为取代基，如1-羟基-2-丙酮(CH_3COCH_2OH)。不饱和一元醇的命名应选择包含有羟基和不饱和键在内的最长的碳链为主链，在编号时应从靠近羟基的一端开始编号，在不饱和键和羟基前标明其位置。多元醇的主链应尽可能选择包含多个羟基在内的最长的碳链，按羟基数而称某二醇、某三醇等，并在醇名前再标明羟基的位置。醇的英文系统名称是把相应烷烃名称的词尾“e”改成“ol”，即“alkanol”。在命名不饱和醇时，羟基的位次标号放在词尾“ol”前面。例如：

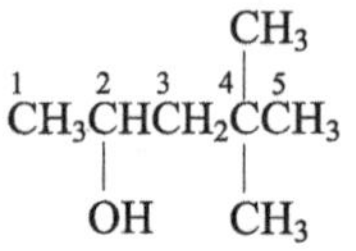

4,4-二甲基-2-戊醇
4,4-dimethylpentan-2-ol

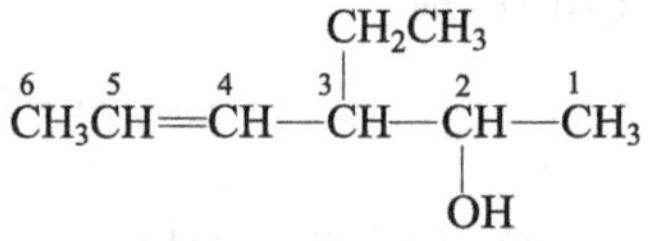

3-乙基-4-己烯-2-醇
3-ethylhex-4-en-2-ol

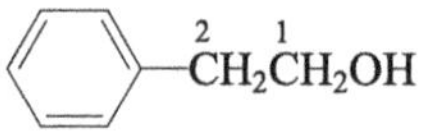

2-苯基乙醇
2-phenylethanol

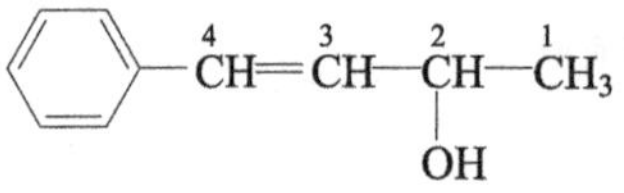

4-苯基-3-丁烯-2-醇
4-phenylbut-3-en-2-ol

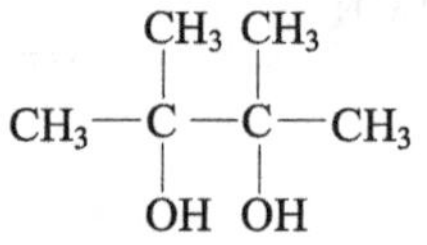

2,3-二甲基-2,3-丁二醇
2,3-dimethylbutane-2,3-diol

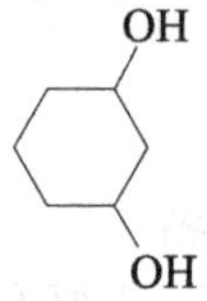

1,3-环己二醇
cyclohexane-1,3-diol

对于具有特定构型的醇，还需要用 *Z/E*、顺/反或 *R/S* 进行标记。例如：

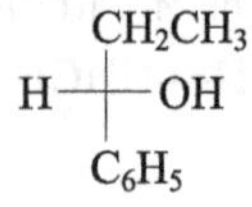

(*S*)-1-苯基-1-丙醇
(*S*)-1-phenylpropan-1-ol

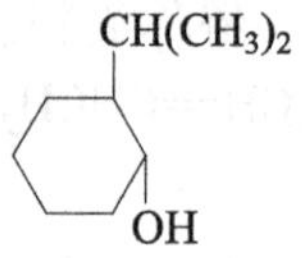

(1*R*,2*S*)-2-异丙基环己醇
(1*R*,2*S*)-2-isopropylcyclohexanol

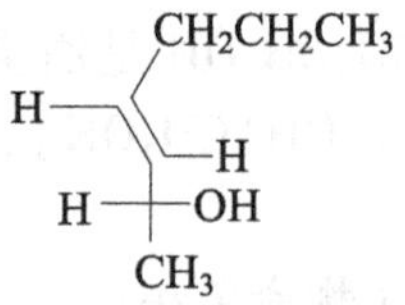

(2*R*,3*E*)-3-庚烯-2-醇
(*R*,*E*)-hept-3-en-2-ol

问题 9-1　用 IUPAC 命名法写出下列化合物的中英文名称：

(1) 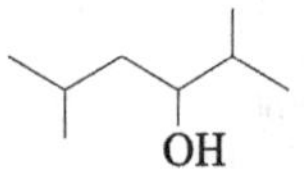　(2) 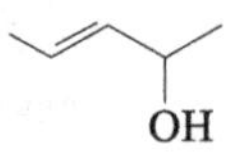　(3) 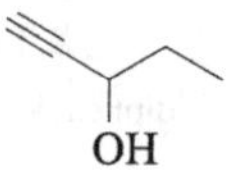　(4) 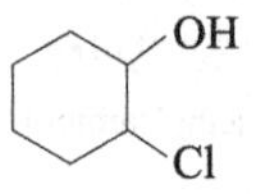

9.1.2　醇的物理性质和光谱性质

9.1.2.1　醇的物理性质

一些常见醇的物理常数见表9-1。

醇在物理性质方面有两个突出的特点：沸点高，水溶性大。

表 9-1 一些醇的物理常数

化合物	熔点/℃	沸点/℃	密度 d^{20}	溶解度/[g·(100 g 水)$^{-1}$]
甲醇	-97.8	64.7	0.792	∞
乙醇	-114.7	78.3	0.789	∞
丙醇	-126.5	97.2	0.804	∞
正丁醇	-89.6	117	0.810	7.9
正戊醇	-78.5	138	0.817	2.3
正己醇	-52	156.5	0.819	0.6
正庚醇	-34	176	0.822	0.2
正辛醇	-15	195	0.827	0.05
正壬醇	-8	215	0.827	—
正癸醇	6	232.9	0.829	—
正十二醇	24	262	0.831	—
正十四醇	38	289	0.824	—
环己醇	25	161	0.962	3.6
异丙醇	-89.5	82.4	0.786	∞
叔丁醇	25.5	82.2	0.788	∞
乙二醇	-17.4	197.5	1.115	∞
丙三醇	-17.9	290	1.260	∞

1. 沸点

一元醇的沸点比相应的烃要高得多，例如，甲醇的沸点比甲烷高 229℃，乙醇的沸点比乙烷高 167℃。随着分子量的增大，这种沸点差距愈来愈小。正十六醇的沸点仅比十六烷高 57℃。在同数碳原子的一元醇中，直链的醇比含支链的醇沸点高，而且含支链越多沸点越低。例如：

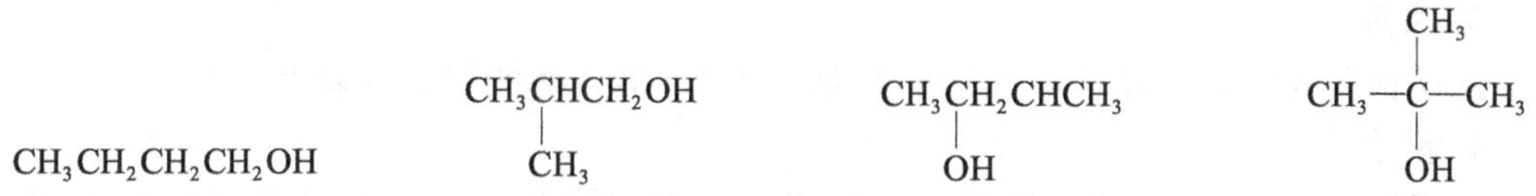

	正丁醇	异丁醇	仲丁醇	叔丁醇
bp/℃	117	108	99.5	82.2

为什么醇具有较高的沸点呢？这主要因为液态的醇与水一样，分子间能通过氢键发生缔合。

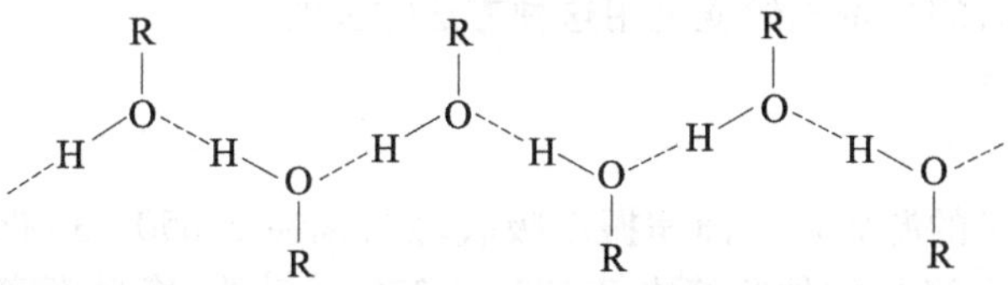

要使缔合形式的液体汽化为单个气体分子，不仅需要克服分子间的范德华引力，还要破坏氢键（氢键键能约为 30 kJ · mol^{-1}），这就需要较多的能量，所以醇的沸点比相应的烃要高。

醇分子中烃基的存在对氢键缔合有一定的阻碍作用。烃基体积愈大，阻碍作用愈强，所以随着分子量的增大，醇分子间氢键缔合程度减弱，它们的沸点与相应烃的沸点越来越接近。

2. 溶解度

含三个碳原子及以下的醇和叔丁醇可以与水混溶。随着分子量的增大，醇在水中的溶解度显著下降，含六个碳原子以上的伯醇在水中的溶解度在1%以下。高级醇不溶于水，但能溶于石油醚等烃类溶剂。

溶解度与物质分子间的吸引力有关。以烷烃和水为例，要使烷烃溶解于水，必须使烷烃分子在许多水分子中占据有关位置，要做到这一点，就要使某些水分子彼此分开，把位置让给烷烃。但水分子和水分子之间能形成氢键，有很强的吸引力，而水分子和烷烃分子之间只有微弱的色散力。所以即使用搅拌的方法把烷烃分散在水中，也会被"挤"出来，聚集成为另一个相。把水分散在烷烃中时，水分子也会互相吸引而从烷烃中分出，自成一相。因此，烷烃在水相中或水在烷烃中都基本不溶解，但烷烃、芳烃、卤代烃等，由于同种分子和不同种分子之间的吸引力都相近，所以能以任何比例互相混溶。

由于醇分子中的羟基能与水分子形成氢键，这样，醇分子就有可能在水分子中取得位置。因此，低级醇能以任何比例与水混溶。醇分子中的烃基加大，醇羟基生成氢键的能力减小，醇在水中的溶解度也随着降低。高级醇与烷烃类似，不溶于水。

二元醇、三元醇分子中羟基数目增多，与水形成氢键的部位就增多了，或者说它们与水相似性更大，所以在水中的溶解度更大，例如，乙二醇、丙三醇不仅可与水互溶，而且具有很强的吸湿性。

醇在强酸中的溶解度比在水中的大，这是因为它能与酸中质子结合形成锌盐的缘故。

$$R—\ddot{O}—H + HX \longrightarrow R\overset{+}{O}H_2X^-$$

锌盐本身是离子型化合物，因此在强酸中的溶解度更大，例如，正丁醇在纯水中的溶解度只有8%，但它能与盐酸互溶。

3. 密度

脂肪饱和醇的相对密度大于烷烃，但都小于1。芳香醇的密度一般大于1。

4. 醇合物

低级醇能和一些无机盐（如 $MgCl_2$，$CaCl_2$，$CuSO_4$ 等）形成结晶状的分子化合物，称为醇合物。例如，$MgCl_2\cdot6CH_3OH$、$CaCl_2\cdot4C_2H_5OH$、$CaCl_2\cdot4CH_3OH$ 等。醇合物不溶于有机溶剂而溶于水。在实际工作中常常利用这一性质将醇和其他化合物分开，或者从反应混合物中把醇除去。在工业上，乙醚中所含有的少量乙醇就是用这种方法除去的。

9.1.2.2 醇的光谱性质

1. 红外光谱

红外光谱中，醇分子的游离羟基伸缩振动吸收峰出现在3 650~3 600 cm^{-1}区域内，峰较尖锐、强度中等。氢键缔合羟基的他收峰在3 500~3 200 cm^{-1}处，峰强而宽，是醇的特征吸收峰。伯醇的C—O伸缩振动在1 085~1 050 cm^{-1}，仲醇的C—O伸缩振动在1 125~1 085 cm^{-1}，叔醇的C—O伸缩振动在1 200~1 125 cm^{-1}。图9-1为乙醇的红外光谱图。

2. 核磁共振氢谱

核磁共振氢谱中，羟基质子的化学位移（δ）受温度、溶剂和样品浓度的影响，出现的范围较

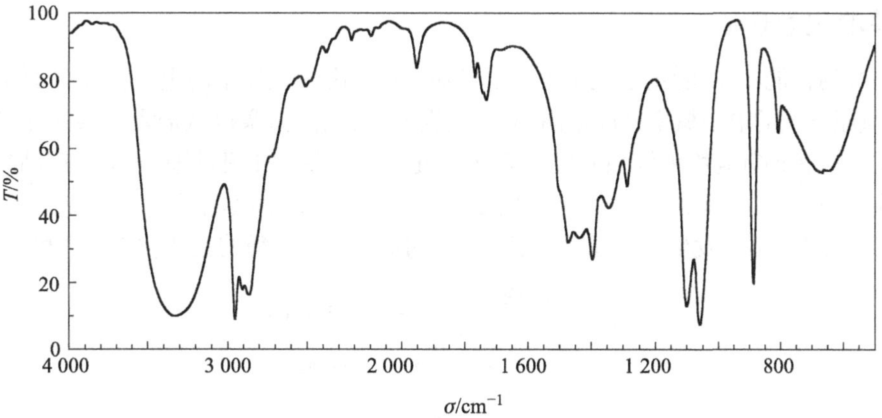

图 9-1 乙醇的红外光谱图

宽，一般在 1~5.5 范围内。羟基质子一般不与邻近碳上的质子偶合，加入重水后，羟基质子可被重氢交换掉，共振峰消失。由于氧的电负性较大，羟基所连碳上的质子的化学位移出现在较低场，δ=3.3~4.0。图 9-2 为乙醇的核磁共振氢谱。

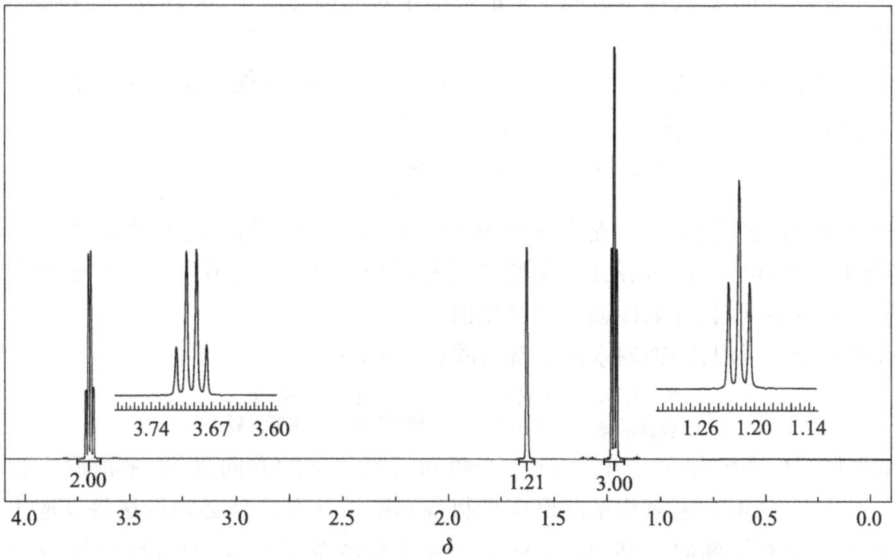

图 9-2 乙醇的核磁共振氢谱

3. 质谱

在电子轰击质谱图中，醇的分子离子峰都很小，伯醇和支链多的醇常常观察不到分子离子峰，这时质荷比最高的峰常常为 M-18 峰，其裂解规律见 §7.5.3.4。

问题 9-2 回答下列问题：

（1）低级醇的熔点和沸点比碳原子数相同的烷烃熔点和沸点高得多，请加以解释。

（2）无水氯化钙是常用干燥剂，能否用它来干燥正丁醇？为什么？

9.1.3 醇的化学性质

羟基是醇的官能团,醇的化学性质主要由羟基决定。由于氧原子的电负性比碳原子和氢原子的大,因此氧原子上的电子概率密度偏高,易于接受质子,或作为亲核试剂发生某些化学反应。醇分子中的碳氧键和氧氢键均为较强的极性键,在一定条件下易发生键的断裂,碳氧键断裂能发生亲核取代反应或消除反应,氧氢键断裂能发生酯化反应。由于羟基吸电子诱导效应的影响,增强了α-H和β-H的活性,易于发生α-H的氧化和β-H的消除反应。醇的主要化学性质可归纳如下:

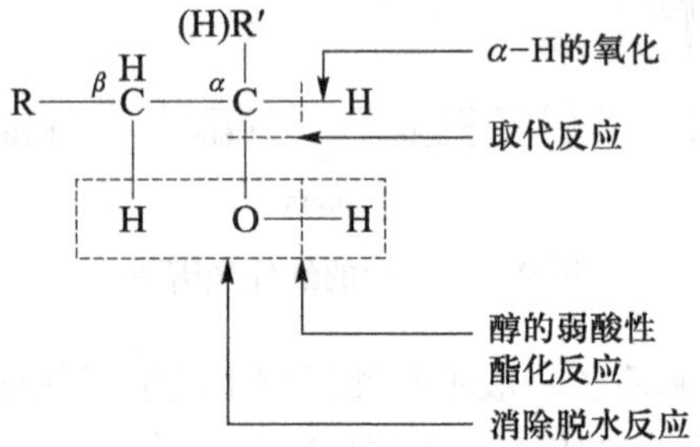

9.1.3.1 醇的酸碱反应

一元醇具有微弱的酸性,羟基氧原子上的孤电子对能接受质子,又具有一定的碱性。

1. 酸性

醇具有弱酸性,甲醇的酸性在醇中是最大的,$pK_a = 15.6$,其他的醇的 pK_a 在 16~19 之间。所以,醇与水相似,可与金属钠反应生成醇钠并放出氢气。

$$2RCH_2OH + 2Na \longrightarrow \underset{\text{醇钠}}{2RCH_2ONa} + H_2\uparrow$$

一般醇的酸性比水的小,所以醇与金属钠的反应不像与水的反应那样剧烈,反应较温和。因此,在销毁废钠时,可慢慢加入乙醇,使废钠缓和反应生成醇钠,不至于引起燃烧和爆炸。醇钠作为有机合成重要试剂,其碱性强于氢氧化钠。

根据酸碱反应的原理,醇钠遇水即水解为醇和NaOH:

$$\underset{\text{较强的碱}}{R—ONa} + \underset{\text{较强的酸}}{H_2O} \rightleftharpoons \underset{\text{较弱的酸}}{R—OH} + \underset{\text{较弱的碱}}{NaOH}$$

该酸碱平衡反应主要移向右方,即向生产醇和氢氧化钠的方向进行,平衡混合物中醇钠的含量很少。工业上,从醇和氢氧化钠的反应来制备醇钠。其方法是必须设法将反应中生成的水不断除去,使上述平衡不断向左移动。工业上一般是在体系中加苯,通过形成苯-乙醇-水三元低沸点恒沸混合物(bp 64.9℃,其中含乙醇18.5%,苯74%,水7.5%)将水不断带出。通过这种方法工业上可以制得乙醇钠。在实验室,醇钠是用醇和金属钠作用来制备的。

醇也可以与其他活泼金属(如钾、镁、铝等)发生反应。例如:

$$2(CH_3)_3COH + 2K \longrightarrow 2(CH_3)_3COK + H_2\uparrow$$

$$2C_2H_5OH + Mg \longrightarrow (C_2H_5O)_2Mg + H_2\uparrow$$

$$6(CH_3)_2CHOH + 2Al \xrightarrow{HgCl_2\text{ 或 }AlCl_3} 2[(CH_3)_2CHO]_3Al + 3H_2\uparrow$$

不同种类的醇,与金属反应的活性有差异,伯醇反应最快,仲醇次之,叔醇最慢。这表明它们的酸性的强弱顺序是

伯醇 > 仲醇 > 叔醇

由实验测得的 pK_a 数据与这种顺序一致：

$$\underset{\text{p}K_a\ 15.9}{CH_3CH_2OH} \qquad \underset{\approx 18}{CH_3CH(OH)CH_3} \qquad \underset{19.2}{(CH_3)_3C-OH}$$

醇羟基氢的活性与和氧原子相连的烃基的电子效应有关：烃基的吸电子能力越强，醇的酸性越强；烃基的给电子能力越强，醇的酸性越弱。烃基的空间位阻对醇的酸性也有影响。

2. 碱性和亲核性

醇分子中羟基氧原子上有孤电子对，能从强酸接受质子生成𬌗盐。醇的碱性与水相近。

$$C_2H_5-\ddot{\underset{..}{O}}H + HI \rightleftharpoons C_2H_5-\overset{+}{\ddot{O}}H_2\ \bar{I}$$

醇的碱性强弱与和氧原子相连的烃基的电子效应有关：烃基的给电子能力越强，醇的碱性越强；烃基的吸电子能力越强，醇的碱性越弱。烃基空间位阻对醇的碱性也有影响。醇的碱性强弱也可以通过它的共轭酸的酸性强弱来判断，其共轭酸的酸性越弱，醇的碱性越强。

醇还能与 Lewis 酸反应生成𬌗盐。例如：

$$C_2H_5-\ddot{\underset{..}{O}}H + BF_3 \rightleftharpoons C_2H_5-\underset{..}{\overset{BF_3 \uparrow}{O}}H$$

醇在亲核取代反应中可作为亲核试剂，但亲核能力较弱。

$$(CH_3)_3CBr + C_2H_5OH \xrightarrow{55℃} (CH_3)_3COC_2H_5 + (CH_3)_2C{=}CH_2 + HBr$$

问题 9-3 将化合物按照酸性强弱排序：

（1）$(CH_3)_2CH\overset{+}{O}H_2$　$C_2H_5\overset{+}{O}H_2$　$(CH_3)_3C\overset{+}{O}H_2$　$CH_3\overset{+}{O}H_2$

（2）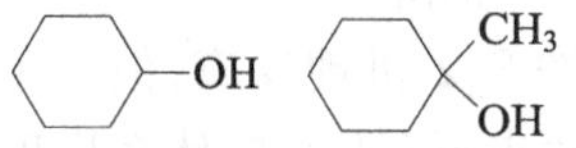
F_3CCH_2OH　$ClCH_2CH_2OH$

9.1.3.2 羟基被卤原子取代

醇可以与多种卤化试剂作用，醇分子中羟基被卤原子取代而生成卤代烃。

1. 与氢卤酸的反应

醇与氢卤酸 HX 反应，生成卤代烷和水：

$$R + OH + H X \longrightarrow R-X + H_2O$$

（1）反应机理

醇与氢卤酸反应涉及 C—O 键断裂，该反应属于亲核取代反应，不同结构的醇采取不同的反应机理（S_N1 或 S_N2）。

烯丙型醇、苄基型醇、叔醇、仲醇一般采取 S_N1 机理，以叔丁醇为例，其反应机理如下：

$$(CH_3)_3C-OH + H^+ \underset{快}{\overset{快}{\rightleftharpoons}} (CH_3)_3C-\overset{+}{O}H_2$$

$$(CH_3)_3C-\overset{+}{O}H_2 \underset{快}{\overset{慢}{\rightleftharpoons}} (CH_3)_3\overset{+}{C} + H_2O$$

$$(CH_3)_3\overset{+}{C} + X^- \xrightarrow{快} (CH_3)_3C-X$$

叔丁醇作为碱首先与氢卤酸的质子结合生成鎓盐(质子化的醇),接着水分子从中心碳原子离去,形成叔丁基正离子中间体(控制反应的慢步骤),最后叔丁基正离子迅速与卤素负离子结合得到产物卤代烃。

从上述过程可以看出,取代反应中真正的离去基团不是 HO^-,而是 H_2O。这也是反应能够顺利进行的关键。因为 HO^-是强碱,它不是一个好的离去基团,而 H_2O 为弱碱,是一个好的离去基团(离去基团的碱性越弱,越容易离去)。也就是说,一般醇分子中的 C—O 键很难断裂,而质子化醇的 $C—\overset{+}{O}H_2$ 键的极性进一步增强,断裂变得比较容易,所以酸(提供质子)对反应起了很重要的作用,这种反应称为酸催化。

伯醇与氢卤酸 HX 的反应按 S_N2 机理进行:

$$RCH_2—OH + H^+ \underset{}{\overset{快}{\rightleftharpoons}} RCH_2—\overset{+}{O}H_2$$

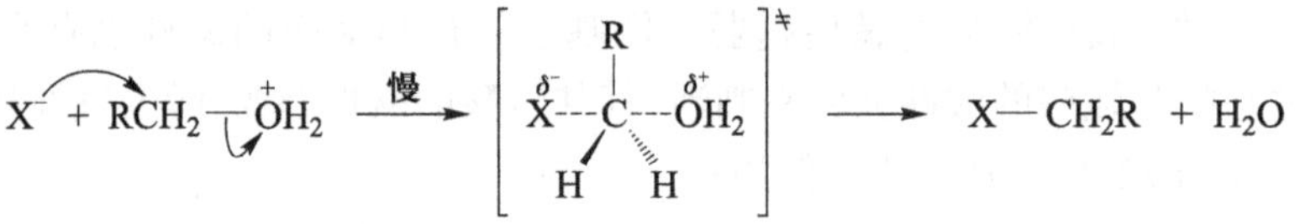

由于伯碳正离子的稳定性较低,质子化的醇也不容易解离,因此需要在亲核试剂(X^-)进攻中心碳原子的推动下,H_2O 才慢慢离去,即反应按 S_N2 机理进行。

(2) 相对反应活性

对氢卤酸来说,其反应活性顺序为 HI>HBr>HCl。因为 HI 的酸性最强,作为亲核试剂,I^-的亲核性最强,所以 HI 与醇的反应活性最高。

对不同结构的醇来说,总的反应活性顺序为

烯丙型醇、苄基型醇≈ 叔醇 > 仲醇 > 伯醇

伯醇由于不容易解离,所以一般按 S_N2 机理反应。甲醇也是按 S_N2 机理反应,但由于甲醇的空间位阻小于伯醇,所以其活性比伯醇高。所以从总的反应活性来说(不管按什么机理),伯醇都是活性最差的。

叔丁醇与氢卤酸的反应速率很快,即使盐酸在室温下振荡也很快生成叔丁基氯。而伯醇与浓盐酸反应时,除加热外,还需要加入催化剂 $ZnCl_2$,伯醇与氢溴酸反应,最好有硫酸存在。例如:

$$(CH_3)_3COH+HCl \xrightarrow{室温} (CH_3)_3CCl \quad 77\%\sim88\%$$

$$CH_3CH_2CH_2OH+HCl(浓) \xrightarrow[\triangle]{ZnCl_2} CH_3CH_2CH_2Cl$$

$$CH_3CH_2CH_2CH_2OH+NaBr \xrightarrow[\triangle]{H_2SO_4} CH_3CH_2CH_2CH_2Br \ 95\%$$

$$CH_3\underset{\displaystyle CH_3}{\underset{|}{C}}HCH_2OH + KI \xrightarrow[\triangle]{H_3PO_4} CH_3\underset{\displaystyle CH_3}{\underset{|}{C}}HCH_2I \quad 88\%$$

(3) Lucas(卢卡斯)试剂鉴别伯、仲、叔醇

浓盐酸和无水氯化锌的混合物称为卢卡斯(Lucas)试剂。它可用来鉴别含有六个及以下碳原子的伯、仲、叔醇。该试剂在室温下与叔醇作用很快,与仲醇在 10 min 内反应,而伯醇反应很慢。

含有六个碳原子及以下的低级醇在强酸中的溶解度较大(因为可形成𨥙盐),它们可以溶于卢卡斯试剂,而反应生成的氯代烃则不溶于 Lucas 试剂。当醇与 Lucas 试剂没有发生反应时应为一相,发生反应生成氯代烃后,则分成两相(或出现浑浊),所以有无分层(或浑浊)出现为醇和卢卡斯试剂是否发生反应的标志,这也是我们能够观察到的实验现象。据此可以鉴别六碳及以下的伯、仲、叔醇。

叔醇	$\xrightarrow{\text{Lucas 试剂}}$	很快反应　立即出现浑浊
仲醇	$\xrightarrow{\text{Lucas 试剂}}$	反应较快　几分钟浑浊
伯醇	$\xrightarrow{\text{Lucas 试剂}}$	反应很慢　长时间不出现浑浊

要注意的是,用 Lucas 试剂不能鉴别含六碳以上的伯、仲、叔醇,因为这些高级醇本身就不溶于 Lucas 试剂,所以将它们加到 Lucas 试剂中,不管是否发生反应,都会出现浑浊,即无法鉴别。

(4) 重排

醇与氢卤酸按 S_N1 机理进行时,经常有重排产物生成,特别是在 β-C 上连有支链的仲醇,重排的倾向比较突出。例如:

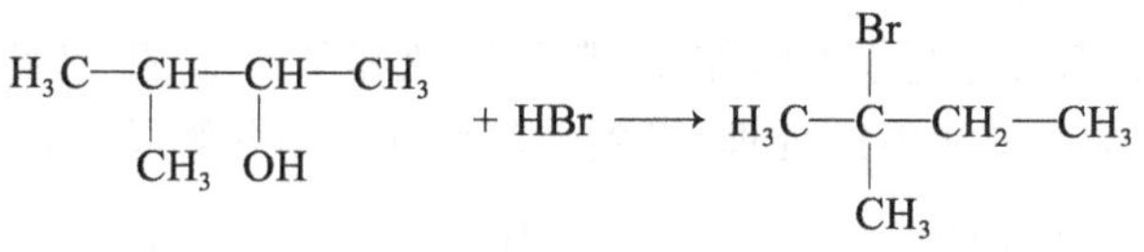

64%

其反应的机理为

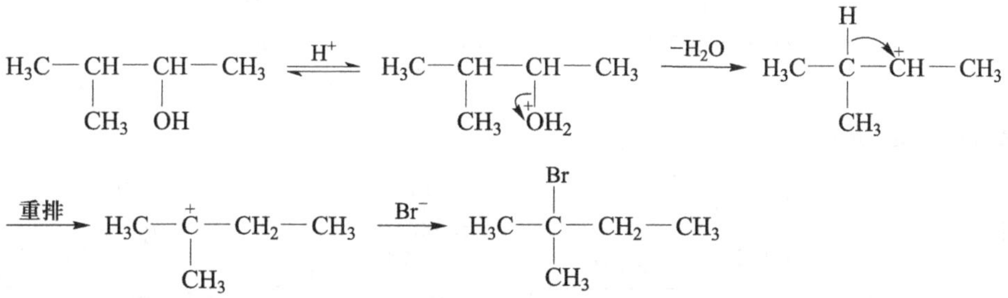

当羟基所在的碳原子上连有环烷基时,重排生成环扩大产物。例如:

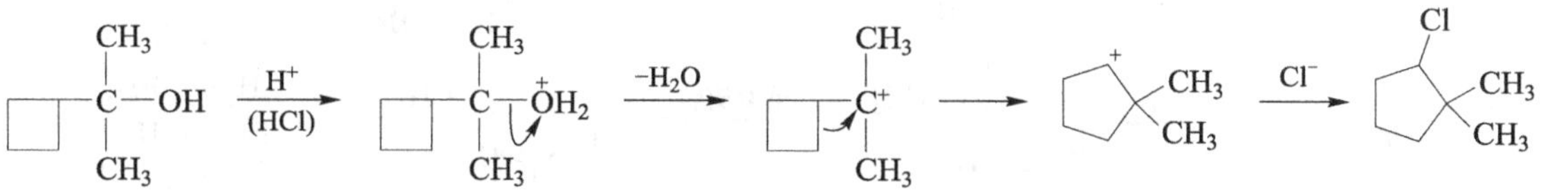

伯醇一般按 S_N2 机理反应,不发生重排。但也有例外。例如:

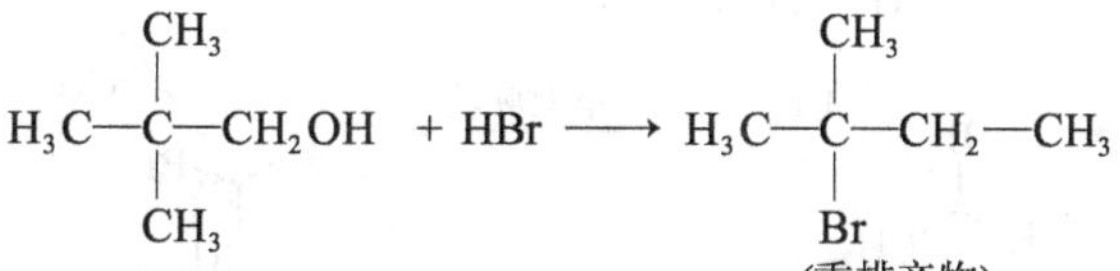

(重排产物)

100%

在这里,由于新戊醇的 β-C 上支链较多,烃基的空间阻碍大,不利于亲核试剂对中心碳的进攻,所以 S_N2 反应很慢。实际上,在这种情况下,反应是按 S_N1 机理进行的,所以发生重排。其重排过程如下：

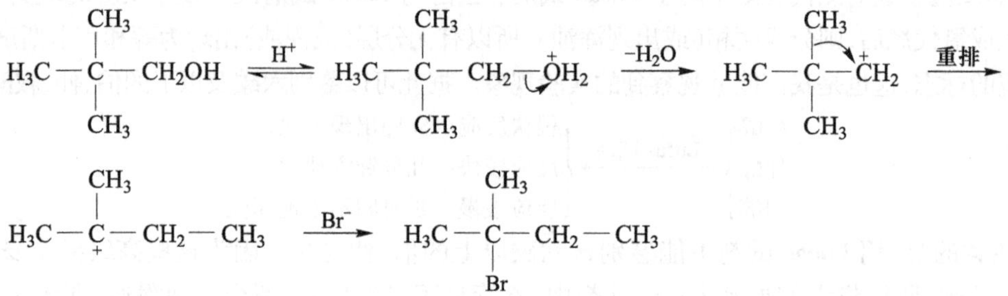

在由醇转化成卤代烃时，为了防止这种可能发生的重排，可以使用其他卤化试剂，如 PX_3、PX_5 或 $SOCl_2$。

(5) 涉及邻基参与的反应

某些具有一定构型的卤代醇与氢卤酸作用，常常涉及邻基参与，生成具有特定构型的产物。例如，(2*S*,3*S*)-3-溴-2-丁醇用浓氢溴酸处理，得到外消旋体二溴化物（i）和（ii）：

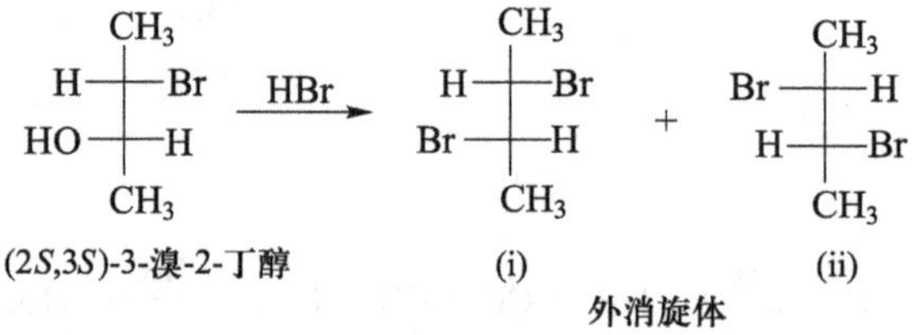

该反应的机理如下：

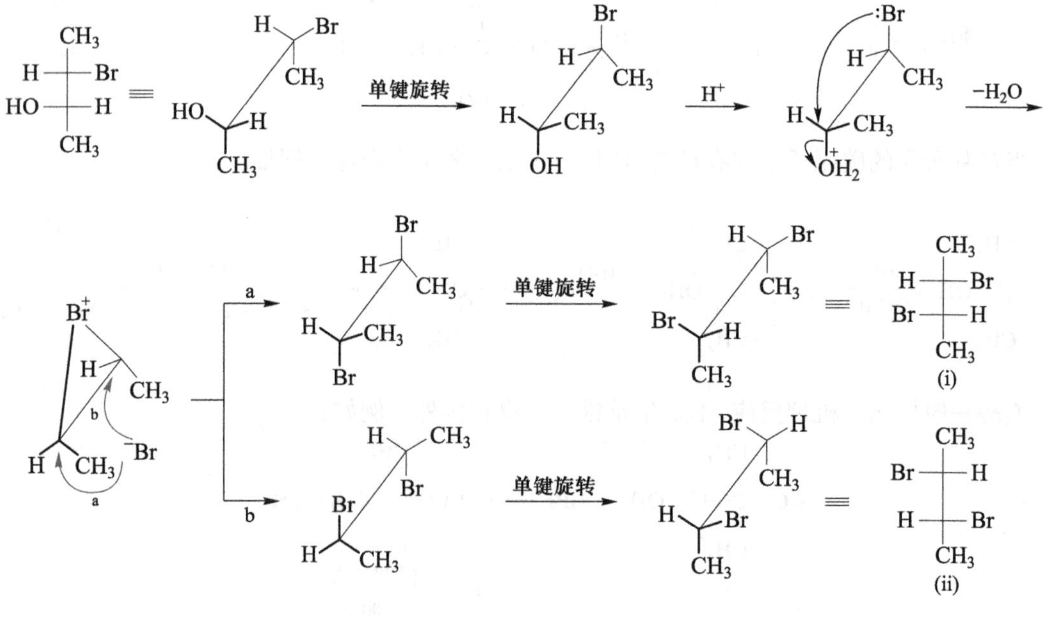

在该反应中，羟基首先质子化，在水作为离去基团离去的时候，相邻的基团（溴原子）作为内

部的亲核试剂向这个反应的中心碳原子进攻，经 S_N2 反应使离去基团离去，形成环正离子中间体（溴鎓离子），然后外部的亲核试剂 Br^- 进攻，生成产物。由于环正离子中间体有两个可被亲核试剂进攻的碳，分别生成产物（ⅰ）和（ⅱ），由于进攻两个碳的概率相等，生成产物（ⅰ）和（ⅱ）的量相等，所以反应最后得到的是外消旋体。

在反应中，产物的构型与反应过程中相邻基团的参与有关。这种在反应中，相邻基团在离去基团离去时所作的帮助（或协助）称为邻基参与效应（neighbouring group participation）。

在某些情况下还可能得到内消旋体。例如：

(2*R*,3*S*)-3-溴-2-丁醇　　　内消旋体

问题 9-4　完成下列反应，并写出反应机理。

（1）$(CH_3CH_2)_3CCH_2OH \xrightarrow[\triangle]{HBr,\ H_2SO_4}$

（2）

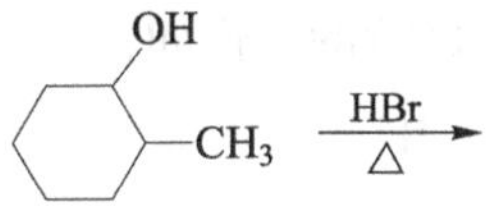

---

2. 与卤化磷的反应

醇与 PBr_3、PI_3 作用，生成卤代烃和亚磷酸：

$$3ROH + PX_3 \longrightarrow 3RX + P(OH)_3$$

$$X = Br, I$$

这是由醇制备溴代烃、碘代烃的好方法，产率较高。

一般认为伯醇、仲醇与 PBr_3 反应是通过亚磷酸酯中间体，按 S_N2 机理进行：

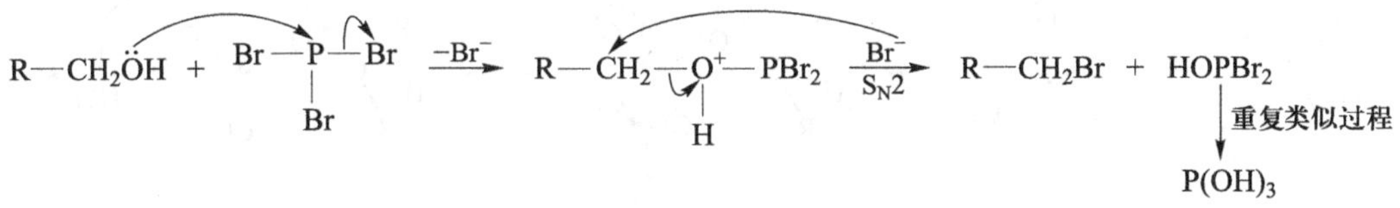

醇羟基不是好的离去基团，三溴化磷首先将羟基转变成一个好的离去基团，并提供亲核试剂 Br^-，然后经 S_N2 反应生成卤代烃。

叔醇与 PBr_3 作用是按 S_N1 机理进行的，首先，醇羟基转变为好的离去基团，然后异裂产生碳正离子，再与亲核试剂 Br^- 结合生成卤代烃。

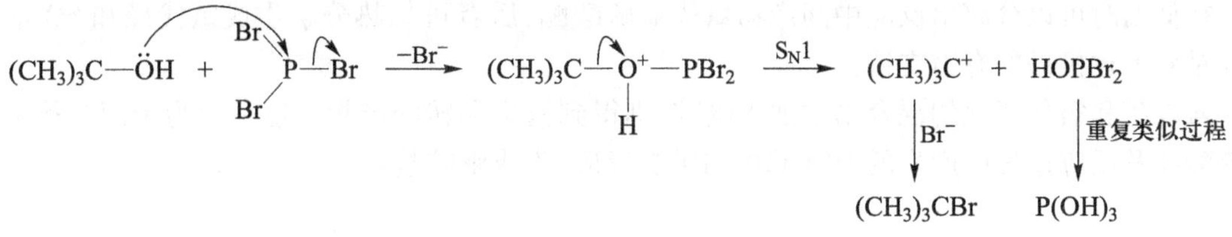

伯醇、仲醇与 PCl_3 反应，由于 Cl^- 的亲核性较差，主要产物不是氯代烃，而是亚磷酸酯，所以该反应不适于制备卤代烃。但是，叔醇与 PCl_3 的反应可用于制备氯代烃。

$$3RCH_2OH + PCl_3 \longrightarrow (RCH_2O)_3P + 3HCl$$

醇与 PX_5 可发生类似的反应，但与 PCl_5 反应时，也因副产物磷酸酯较多，不是制备氯代烃的好方法，一般也用于制备溴代烃。

$$ROH + PBr_5 \longrightarrow RBr + POBr_3 + HBr$$

$$ROH + PCl_5 \longrightarrow RCl + POCl_3 + HCl$$

(产率低)

$$ROH + POCl_3 \longrightarrow (RO)_3PO + 3HCl$$

目前由醇制备氯代烃的最常用方法是用氯化亚砜（$SOCl_2$）。

3. 与亚硫酰氯的反应

醇与亚硫酰氯（thionyl chloride，又称氯化亚砜）反应，生成氯代烃，同时生成的副产物 SO_2 和 HCl 均为气体，可直接离开反应体系，使得氯代烃的分离十分方便。

$$ROH + SOCl_2 \xrightarrow{\triangle} RCl + SO_2\uparrow + HCl\uparrow$$

醇与 $SOCl_2$ 反应具有很强的立体化学特征。当反应物中与羟基相连的碳原子有手性时，在所得氯代物中，氯原子处在羟基原来所占据的位置，即产物是构型保持的。例如：

该反应的机理是：首先醇与氯化亚砜反应生成氯代亚硫酸酯，然后碳氧键断裂，形成紧密离子对，Cl^- 作为离去基团（^-OSOCl）中的一部分向碳正离子正面进攻，即"内返"，得到构型保持的产物。由于取代犹如在分子内进行，所以称它为分子内亲核取代反应（intramolecular nucleophilic substitution），以 S_Ni 表示。

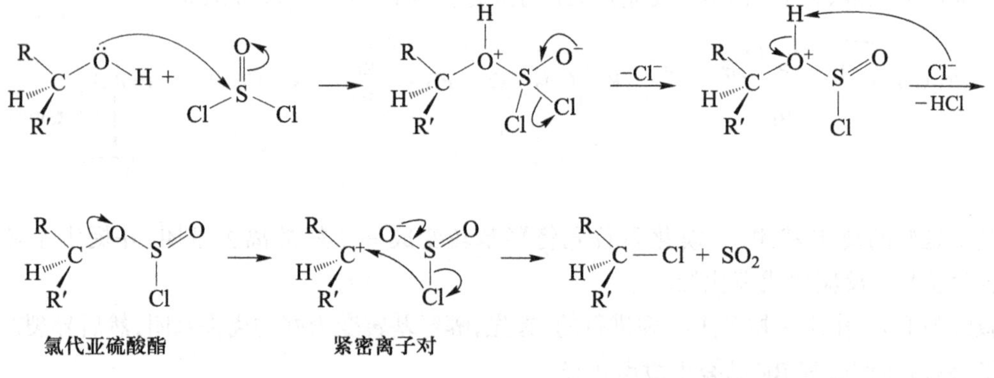

在低温时可以分离出反应中间产物氯代亚硫酸酯，后者可加热分解生成氯代烃和 SO_2。该实验是对上述机理的有力支持。

若在醇和氯化亚砜的混合物中加入吡啶，则得到构型翻转的产物。这是因为中间产物氯代亚硫酸酯及反应过程中产生的 HCl 都可与吡啶反应，生成吡啶盐：

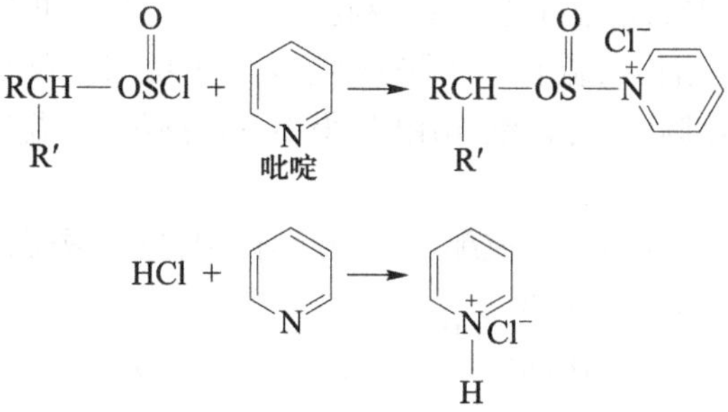

上述两种吡啶盐都含有“自由”的氯离子，它可以从碳氧键的背面向中心碳原子进攻（即发生 S_N2 反应），从而使该中心碳原子的构型发生翻转：

以上这些反应具有速率快，条件温和，不易发生重排，产率较高的特点，与亚硫酰氯的反应由于副产物为气体脱离反应体系，还具有易分离纯化的优点。

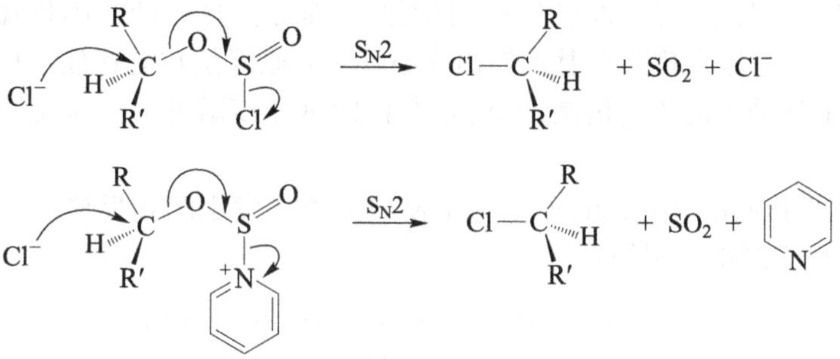

问题 9-5 写出下列反应的产物：

（1）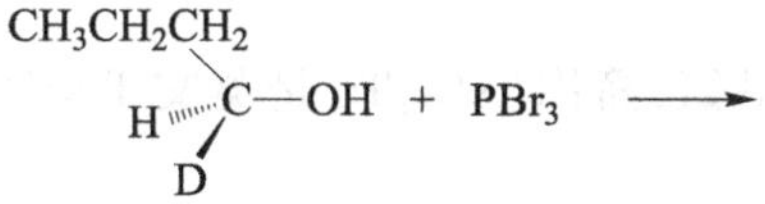

（2）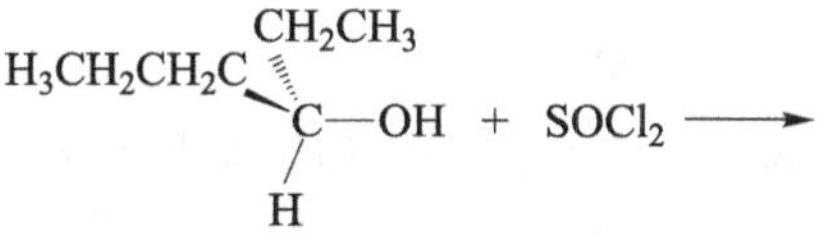

9.1.3.3 生成酯的反应

醇和无机酸或有机酸作用，都生成相应的酯，羧酸酯将在第 11 章详细讨论，在此主要简述某些无机酸酯、磺酸酯及有关特点。

1. 硫酸酯

醇与硫酸作用相当快，生成硫酸氢酯，硫酸氢酯在减压蒸馏时，则得到相应的中性硫酸酯。例如：

$$\underset{}{CH_3OH+HOSO_2OH} \xrightarrow{<100℃} \underset{\text{硫酸氢甲酯}}{CH_3OSO_2OH} \xrightarrow{\text{减压蒸馏}} \underset{\text{硫酸二甲酯}}{CH_3OSO_2OCH_3} \text{ 或}(CH_3)_2SO_4$$

常用的乳化剂十二烷基硫酸钠就是通过它的酸性硫酸酯制备的。

$$C_{12}H_{25}OH+H_2SO_4(\text{浓}) \xrightarrow{40\sim50℃} C_{12}H_{25}OSO_3H \xrightarrow{NaOH} \underset{\text{(乳化剂)}}{C_{12}H_{25}OSO_3Na}$$

硫酸二甲酯和硫酸二乙酯都是很好的甲基化和乙基化试剂，在有机合成中用于向有机分子中导入甲基或乙基。但在使用时要注意，硫酸二甲酯有剧毒，对于呼吸器官和皮肤有强烈的刺激作用。

叔醇由于有很强的消除倾向，与硫酸作用时，得不到硫酸酯，主要生成烯烃。

2. 硝酸酯

硝酸和硫酸一样，能与伯醇作用生成酯，而与叔醇作用，也生成烯烃。

$$\begin{array}{l} CH_2OH \\ | \\ CH_2OH \end{array} + 2HNO_3 \longrightarrow \begin{array}{l} CH_2ONO_2 \\ | \\ CH_2ONO_2 \end{array}$$

乙二醇二硝酸酯

$$\begin{array}{l} CH_2OH \\ | \\ CHOH \\ | \\ CH_2OH \end{array} + 3HNO_3 \longrightarrow \begin{array}{l} CH_2ONO_2 \\ | \\ CHONO_2 \\ | \\ CH_2ONO_2 \end{array}$$

甘油三硝酸酯

乙二醇二硝酸酯和甘油三硝酸酯（俗称硝化甘油）都是烈性炸药。硝化甘油还能用于血管舒张、治疗心绞痛。科学家发现硝化甘油能治疗心脏病的原因是它能释放出信使分子“NO”，并阐明了“NO”在生命活动中的作用机制，为此荣获了1998年度诺贝尔生理或医学奖。

3. 磷酸酯

由于磷酸的酸性比硫酸、硝酸弱，所以它不易与醇直接发生酯化反应。磷酸酯一般由醇和三氯氧磷（$POCl_3$）反应制得。例如：

$$3C_4H_9OH + POCl_3 \xrightarrow{碱} (C_4H_9O)_3PO + 3HCl$$

磷酸三丁酯

磷酸酯是一类重要的化合物，常用作萃取剂、增塑剂和杀虫剂。

4. 磺酸酯

在碱（如吡啶）催化下，醇与磺酰氯，如对甲苯磺酰氯，简称TsCl，Ts是英文Tosyl（对甲苯磺酰基）的缩写，反应生成磺酸酯。例如：

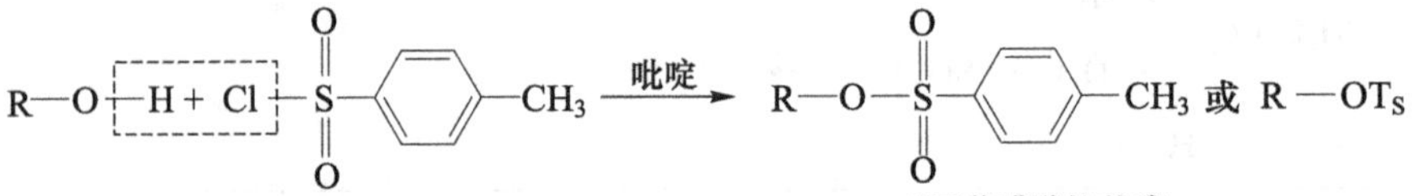

对甲苯磺酰氯(TsCl)　　　　对甲苯磺酸烷基酯

醇分子中的羟基不是好的离去基团，而通过磺酰化后，将其转变成对甲苯磺酸酯，由于对甲苯磺酸根负离子（TsO^-）为弱碱（因相应共轭酸为强酸），是一个很好的离去基团，所以对甲苯磺酸烷基酯与卤代烃一样，可以发生类似的亲核取代反应。

如醇羟基与手性碳原子相连，第一步磺酰化反应时，C—O键没有发生断裂，所以构型保持不变。而第二步亲核取代反应是通过S_N2机理进行的，所以构型发生翻转。例如：

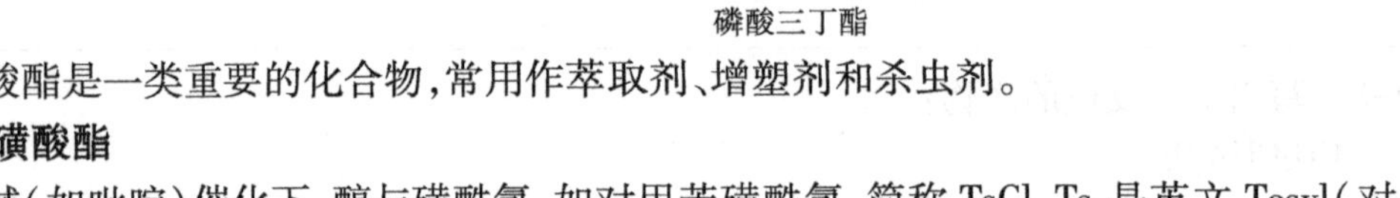

(*R*)-1-氘-1-丁醇　　　　构型保持　　　　(*S*)-1-氘-1-碘丁烷 构型翻转

除对甲苯磺酰氯外，苯磺酰氯（$C_6H_5SO_2Cl$）、甲磺酰氯（CH_3SO_2Cl）也经常用来生成磺酸酯，从而将醇羟基转变成易离去的基团。例如：

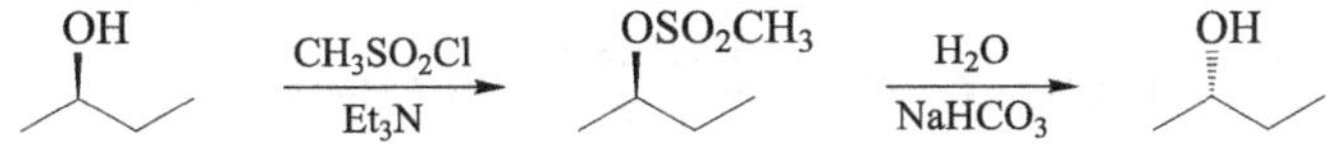

(*R*)-2-丁醇　　　　　　　　　　　　(*S*)-2-丁醇

问题 9-6　设计合适的路线，完成下列转化并写出反应机理。

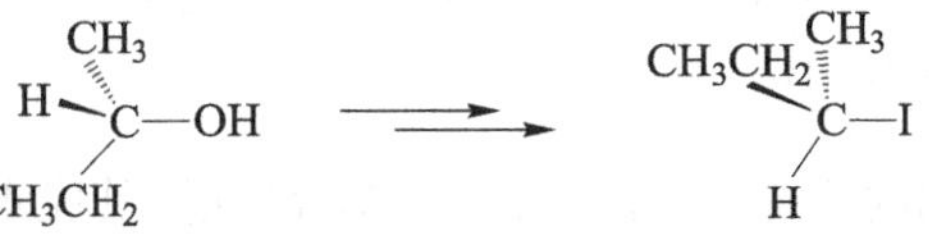

9.1.3.4　脱水反应

醇的脱水有两种方式：分子内脱水成烯和分子间脱水成醚。二者是同时存在互为竞争反应。以哪一种反应为主，主要取决于醇的结构和反应条件。

1. 分子内脱水成烯烃

醇在较高的温度（400~800℃）下直接加热脱水成烯烃。若有催化剂如 H_2SO_4、Al_2O_3 存在，则脱水可以在较低温度下进行。例如：

$$C_2H_5OH \xrightarrow[170℃]{H_2SO_4} CH_2{=}CH_2 \qquad C_2H_5OH \xrightarrow[360℃]{Al_2O_3} CH_2{=}CH_2$$

（1）反应机理　醇分子内脱水和卤代烷脱卤化氢一样，是一种消除（β-消除）反应。在酸催化下，按 E1 机理进行，反应过程如下：

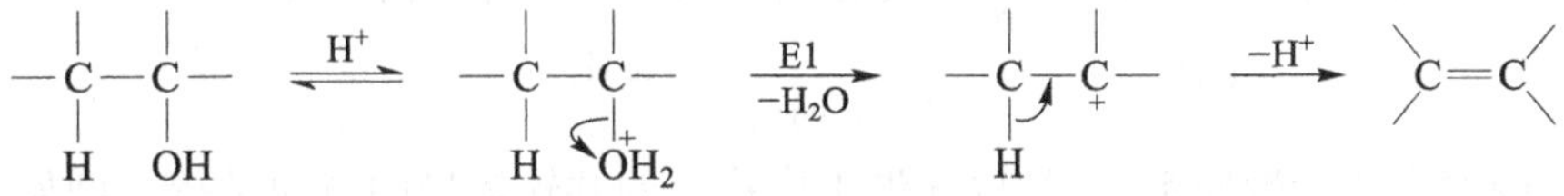

在该反应过程中，醇首先质子化，将羟基（OH）转变成易离去的基团（H_2O），然后脱去水形成碳正离子中间体，最后碳正离子中间体失去质子形成烯烃。

在卤代烃中我们已经介绍了卤代烃的消除有 E1 和 E2 两种机理，一般来说叔卤代烷按 E1 历程进行，伯卤代烷按 E2 历程进行，仲卤代烷二者兼有。而醇的情况不同，无论是叔醇、仲醇还是伯醇，大多倾向 E1 历程，因为夺 β-H 的碱碱性较弱。

（2）相对反应活性　按 E1 机理脱水的各种醇的相对反应活性主要取决于生成碳正离子中间体的稳定性，生成的碳正离子越稳定，其反应活性越高。所以，各种醇的相对反应活性顺序为

烯丙型醇、苄基型醇>叔醇>仲醇>伯醇

从下列几种醇的脱水反应条件（酸浓度和反应温度）就能说明这种相对反应活性：

$$CH_3CH_2OH \xrightarrow[170℃]{96\%\ H_2SO_4} CH_2{=}CH_2$$

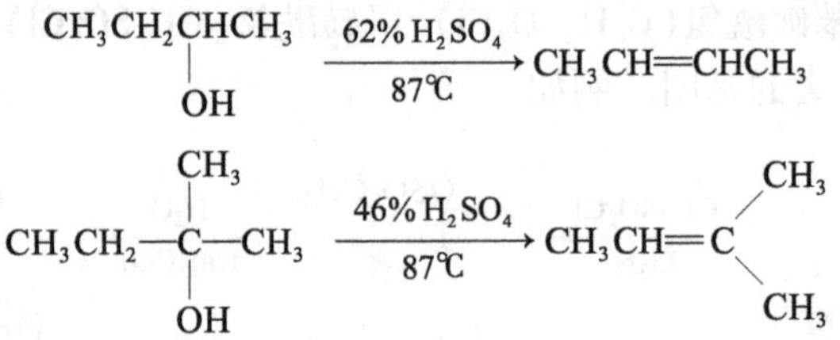

烯丙型和苄基型醇脱水往往生成共轭烯烃，所以它们的反应活性很高。例如：

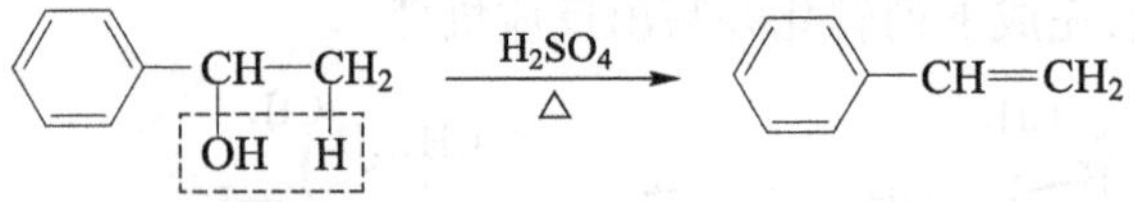

(速率很快)

在醇的级别或种类相同的情况下，能生成共轭烯烃的醇，其脱水活性都比较高。

问题 9-7　下列化合物在酸催化下进行脱水反应，按脱水活性顺序排列：

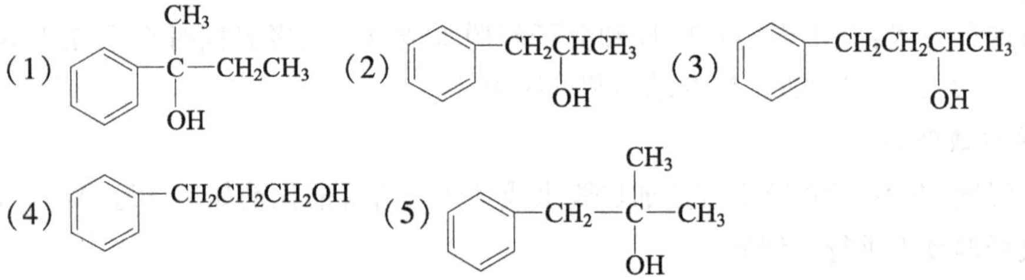

---

(3) 脱水反应的取向　醇脱水成烯烃的取向和卤代烃一样，遵循 Saytzeff(札依采夫)规则，即生成取代多的烯烃。例如：

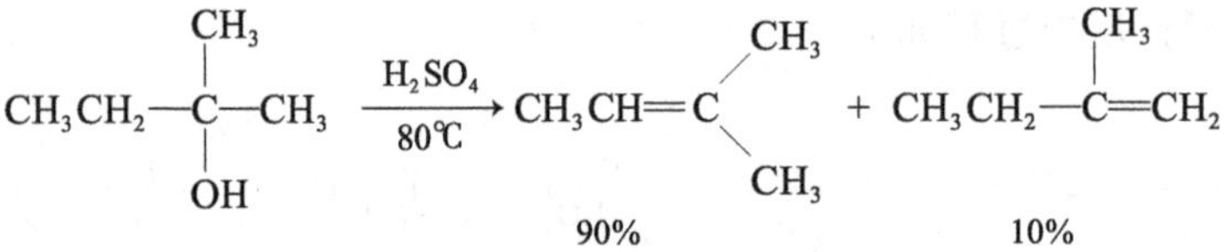

某些不饱和醇、二元醇脱水，总是按优先生成稳定的共轭烯烃的方向进行。例如：

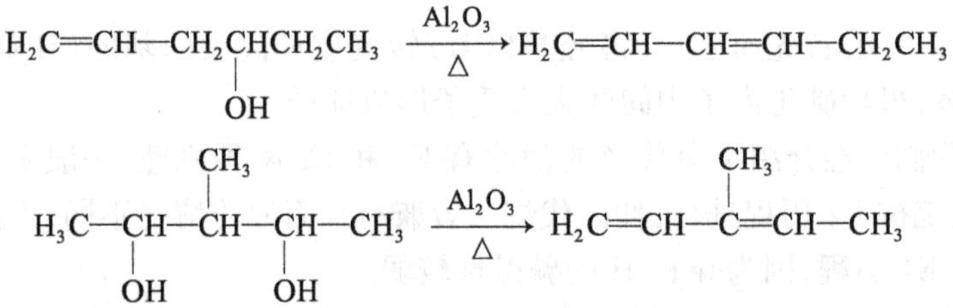

(4) 重排　由于醇的脱水反应大多数是按 E1 机理进行的，反应经过碳正离子中间体，所以经常有重排产物生成，有时甚至是以重排产物为主。例如：

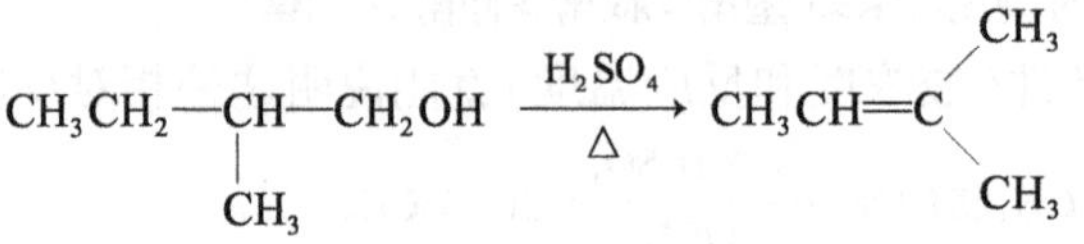

(重排产物为主)

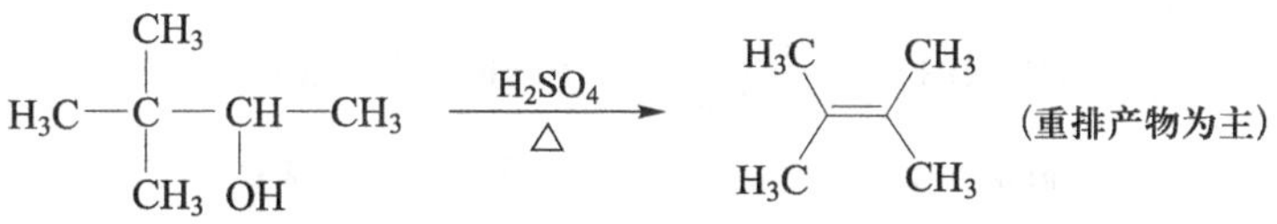

在有机反应中，重排往往是造成产物复杂的重要原因，有时因重排而根本得不到预期的正常产物，所以在选择合成路线时要设法避免可能发生重排副反应的步骤。例如，从醇直接脱水制备烯烃，容易发生重排，因此常常先将醇转化成卤代烃，然后由卤代烃脱卤化氢，在一定程度上可以避免重排。特别是对伯醇更有效，因为伯卤代烃脱卤化氢是 E2 机理，一般不发生重排。例如，由下列醇制备烯烃时，应先将醇转化成卤代烃，后者再脱卤化氢。

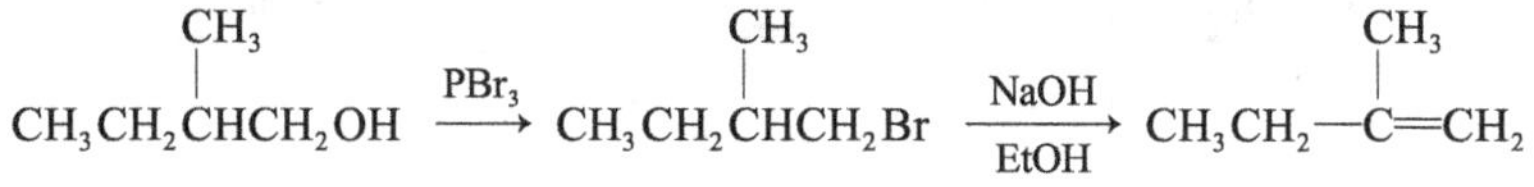

醇在高温下，在 Al_2O_3 催化下脱水不发生重排。例如：

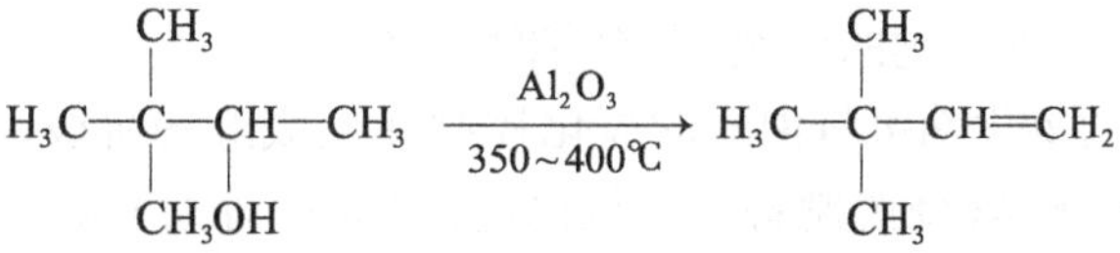

问题 9-8　写出反应的机理：

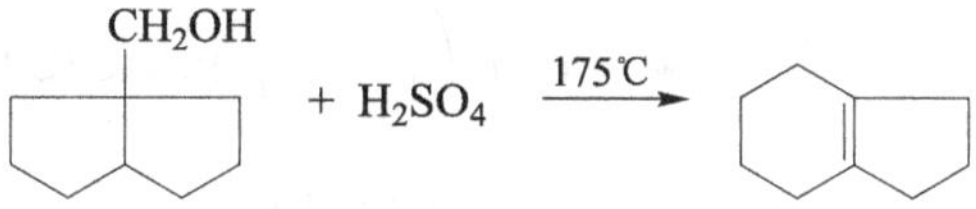

---

2. 分子间脱水成醚

两分子醇之间脱水生成醚。例如：

$$C_2H_5-OH + H-O-C_2H_5 \xrightarrow[140℃]{H_2SO_4} C_2H_5-O-C_2H_5$$

两分子醇之间脱水反应属于亲核取代反应(S_N2)，其过程可简单表示如下：

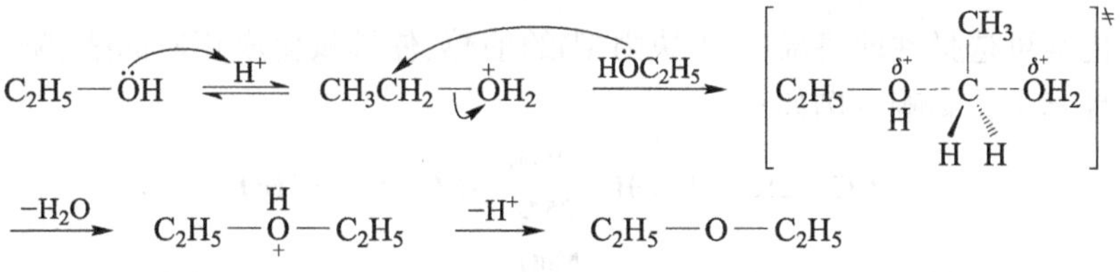

醇分子间脱水和分子内脱水是两种互相竞争的反应，一般说来，较低温度有利于生成醚；较高温度有利于生成烯烃。控制好反应条件，可以使其中一种产物为主。但要注意，对叔醇来说，其主要产物总是烯烃，而不会生成醚，因为叔醇消除倾向大。醇的分子间脱水和分子内脱水实际上是亲核取代反应和消除反应之间的竞争。

9.1.3.5　醇的氧化和脱氢反应

一级醇及二级醇与醇羟基相连的碳原子上有氢，可以被氧化成醛、酮或酸；三级醇与醇羟基相连的碳原子上没有氢，不易被氧化。常用的氧化剂有 $K_2Cr_2O_7-H_2SO_4$、CrO_3-HOAc 和酸性 $KMnO_4$ 等。

$$RCH_2OH \xrightarrow[\text{或 }KMnO_4]{K_2Cr_2O_7-H_2SO_4} RCHO \xrightarrow{[O]} RCO_2H$$

伯醇　　　　　　醛　　　　　　羧酸

$$R-\underset{\displaystyle\underset{OH}{|}}{CH}-R' \xrightarrow[\text{或 }CrO_3]{K_2Cr_2O_7} R-\underset{\displaystyle\underset{O}{\|}}{C}-R'$$

伯醇一般被氧化成酸，很难停留在醛的阶段。仲醇被氧化成酮，酮难以继续被氧化。但在强氧化剂酸性高锰酸钾中酮能继续被氧化并发生断键反应。例如：

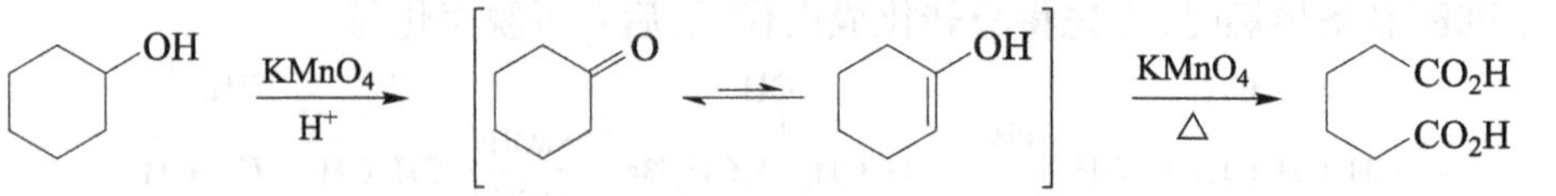

醇的氧化反应可能与 α-H 的存在有关。叔醇分子中不含 α-H 不易被氧化，但长时间或加热受强氧化剂作用，会发生碳碳键的断裂，产物有时较复杂。

如果用一些选择性的氧化剂可将伯醇的氧化控制在生成醛的阶段，常见的氧化剂有 Sarrett（沙瑞特）试剂、活性二氧化锰（新鲜制备的二氧化锰）、Jones（琼斯）试剂等。

用铬酸酐（CrO_3）与吡啶反应形成的铬酐-双吡啶配合物称为 Sarrett 试剂：

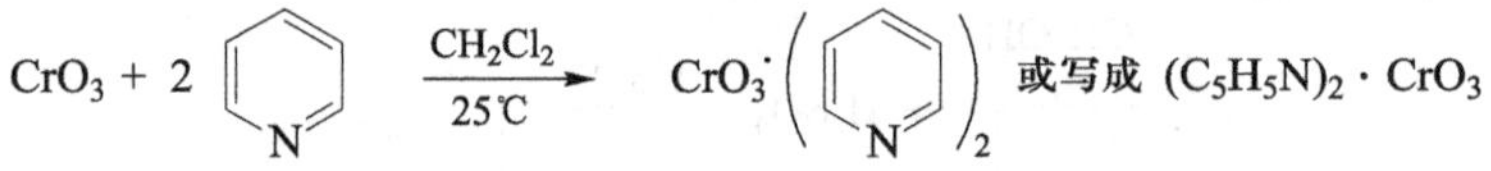

Sarrett试剂

Sarrett 试剂可将伯醇氧化成醛，仲醇氧化成酮，产率很高。由于吡啶是碱性的，可用于一些对酸敏感的醇的氧化。醇分子中存在的双键、三键，氧化时不受影响。例如：

$$CH_3(CH_2)_5CH_2OH \xrightarrow[CH_2Cl_2,25℃]{(C_5H_5N)_2\cdot CrO_3} CH_3(CH_2)_5CHO$$

$$CH_3(CH_2)_4-C\equiv C-CH_2OH \xrightarrow[CH_2Cl_2,25℃]{(C_5H_5N)_2\cdot CrO_3} CH_3(CH_2)_4-C\equiv C-CHO$$

活性二氧化锰可选择性地将烯丙型(炔丙型)的伯醇、仲醇氧化成相应的醛、酮。分子中的不饱和键或其他羟基不受影响。例如：

$$H_2C=CH-CH_2OH \xrightarrow[25℃]{MnO_2} H_2C=CH-CHO$$

$$HOCH_2CH_2CH=CHCH_2OH \xrightarrow{MnO_2} HOCH_2CH_2CH=CHCHO$$

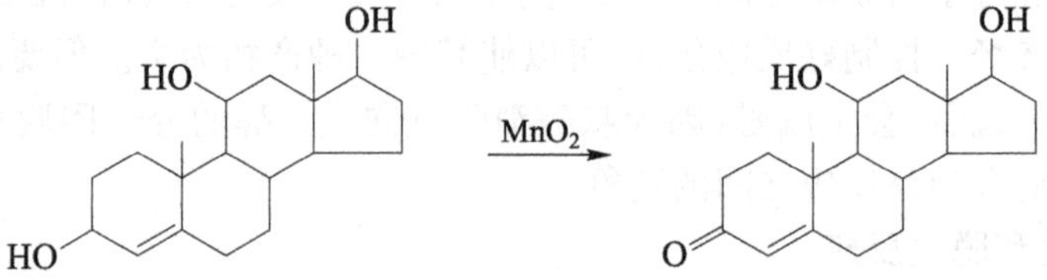

Jones 试剂是由三氧化铬、硫酸与水配成的水溶液。它能氧化仲醇成相应的酮，而不影响分子中存在的双键或三键；也可氧化烯丙醇（伯醇）成醛。一般把仲醇或烯丙醇溶于丙酮或二氯甲

烷中，然后滴入该试剂进行氧化反应，反应一般在低于室温下进行。例如：

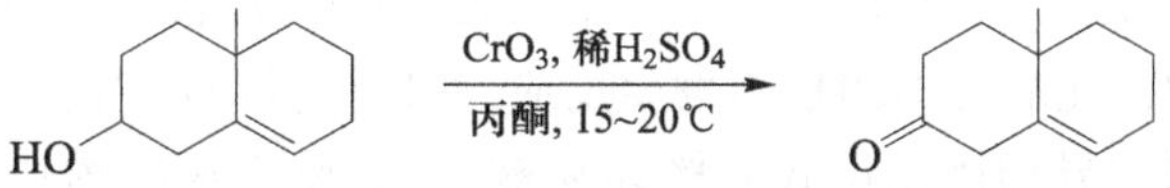

另一种有选择性的氧化醇的方法叫 Oppenauer(欧芬脑尔)氧化法，它是在碱如叔丁醇铝或异丙醇铝的存在下，仲醇和丙酮(或甲乙酮、环己酮)一起反应，醇将两个氢原子转移给丙酮，醇被氧化成酮，而丙酮被还原成异丙醇。该反应的特点是：只在醇和丙酮之间发生氢原子的转移，而不涉及分子的其他部分。所以，当在分子中含有碳碳双键或其他对酸敏感的基团时，利用此反应较为适宜。该反应是可逆反应，其逆反应称为 Meerwein-Ponndorf-Verley(麦尔外因-庞多夫-维尔莱)反应(见第 10 章醛酮)。

$$R-\underset{}{\overset{OH}{\overset{|}{C}H}}-R' + CH_3-\overset{O}{\overset{\|}{C}}-CH_3 \xrightleftharpoons{Al[OCH(CH_3)_2]_3} R-\overset{O}{\overset{\|}{C}}-R' + CH_3-\overset{OH}{\overset{|}{C}H}-CH_3$$

例如：

$$CH_3CH_2CH_2-CH=CH-\underset{OH}{\underset{|}{C}H}-CH_3 \xrightleftharpoons[CH_3COCH_3]{Al[OCH(CH_3)_2]_3} CH_3CH_2CH_2-CH=CH-\underset{O}{\underset{\|}{C}}-CH_3$$

醇的脱氢反应：将含 α-H 的伯醇、仲醇的蒸气在高温下通过活性催化剂铜(银或镍)进行脱氢反应，可分别生成醛或酮。

$$CH_3CH_2OH \xrightarrow[300℃]{Cu} CH_3CHO+H_2 \qquad CH_3\overset{OH}{\overset{|}{C}H}CH_3 \xrightarrow[300℃, 0.3\ MPa]{Cu} CH_3\overset{O}{\overset{\|}{C}}CH_3 + H_2$$

醇的催化脱氢反应大多用于工业生产方面。叔醇不含 α-H，不发生脱氢反应。

9.1.3.6 邻二醇的特殊反应

1. 邻二醇被高碘酸氧化

偏高碘酸钠($NaIO_4$)、偏高碘酸钾(KIO_4)和高碘酸(H_5IO_6)的水溶液都可氧化邻多元醇，使碳碳键断裂，生成相应的羰基化合物醛、酮。反应是定量的，可用于推测反应物邻二醇的结构。

$$R-\underset{OH}{\underset{|}{C}H}-\underset{OH}{\underset{|}{\overset{R'}{\overset{|}{C}}}}-R'' \xrightarrow[H_2O]{H_5IO_6} R-CHO + R'-\underset{O}{\underset{\|}{C}}-R''$$

反应是通过环状酯中间体进行的，其过程如下：

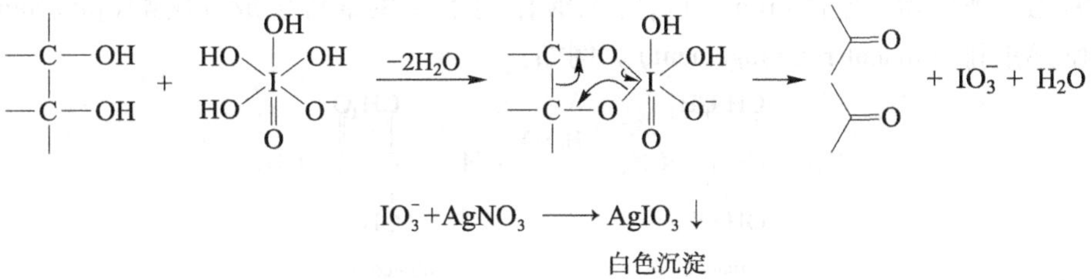

$$IO_3^- + AgNO_3 \longrightarrow \underset{\text{白色沉淀}}{AgIO_3\downarrow}$$

该反应能够定量地将醇羟基转化为相应的醛和酮，因此可以利用高碘酸的消耗量，来推算多元醇中所含有的邻位醇羟基。在反应混合物中加入 $AgNO_3$ 溶液，有白色沉淀生成。1,3-二醇或两个羟基相隔更远的二元醇与 H_5IO_6 不发生反应，所以该反应可用于邻二醇的鉴别。

1,2-环己二醇的顺式异构体比反式异构体易被氧化，反应速率约快 30 倍。一些刚性的环状 1,2-二醇反式异构体和高碘酸不反应。例如：

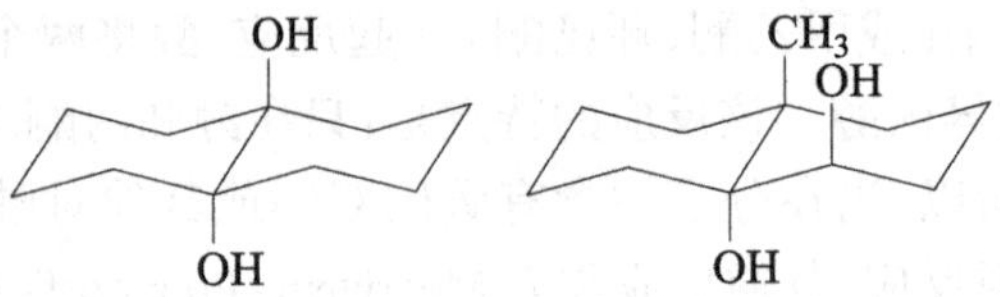

2. 邻二醇被四乙酸铅氧化

1,2-二醇也可以被四乙酸铅[$Pb(OAc)_4$]氧化，通常在醋酸或苯溶液中进行，反应是定量的，因此也用于1,2-二醇的定量分析。但此试剂能与其它含羟基的分子反应，因此不能用水或醇作溶剂，但少量水，特别是醋酸，对氧化反应并无大碍。

1,2-二醇被四乙酸铅氧化的过程与被高碘酸氧化的过程一样，其氧化过程也是经过了环状酯中间体。

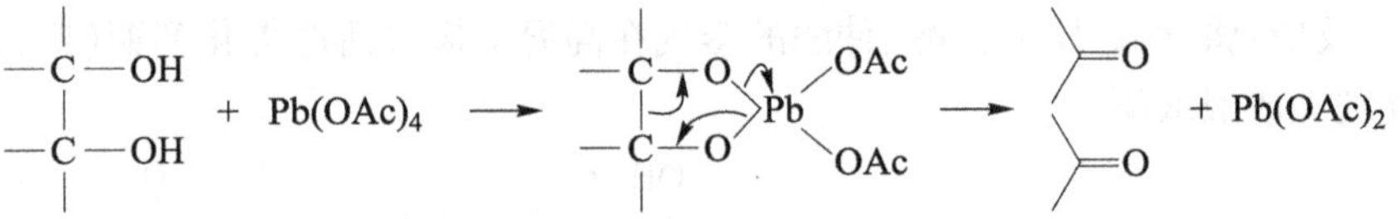

顺式的 1,2-二醇比反式异构体的相对反应速率大得多，这与形成环状酯中间体有关，反式的环状酯因五元环的扭曲而不易形成，但如果用吡啶作反应溶剂，会加快反-1,2-二醇的反应速率。

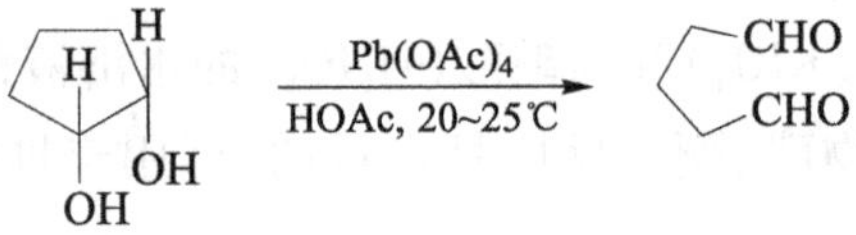

相对反应速率>3 000

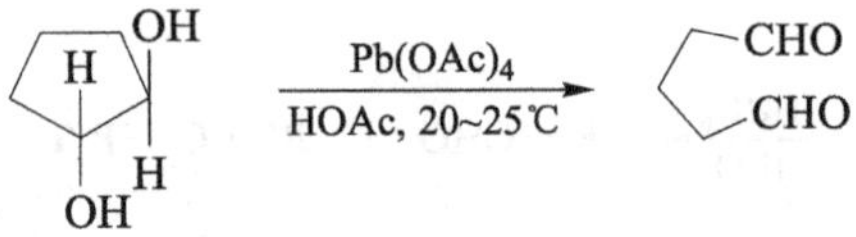

相对反应速率=1

3. 片呐醇重排

四甲基乙二醇叫做片呐醇(pinacol)，它在酸作用下发生重排生成片呐酮(pinacolone)的反应称为片呐醇重排(pinacol rearrangement)。例如：

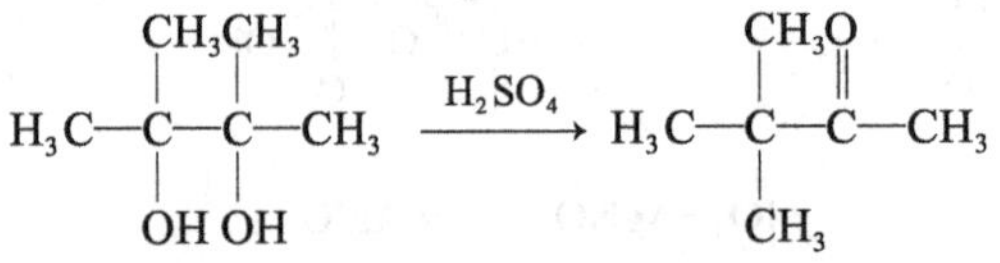

pinacol　　pinacolone

该反应的机理如下：

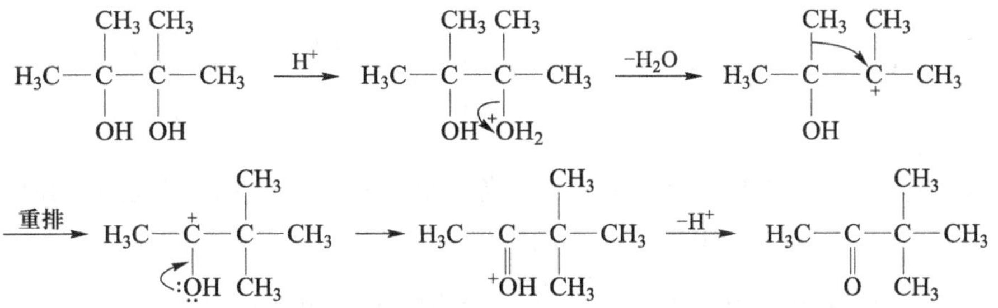

首先，邻二醇中的一个羟基质子化，失去水后形成缺电子中心的碳正离子中间体，然后发生甲基的迁移，缺电子中心转移到羟基碳原子上，羟基氧原子将自己的一对电子转向碳正离子而形成锌盐，最后失去质子而完成重排反应。具体的片呐醇重排将在第 16 章分子重排中详细介绍。

问题 9-9　写出下列化合物用高碘酸氧化生成的产物：

(1) 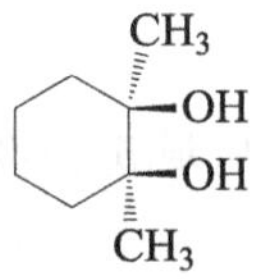 (2) 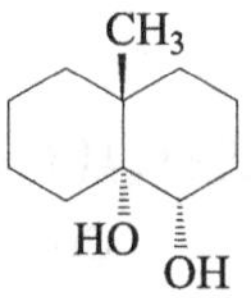 (3) 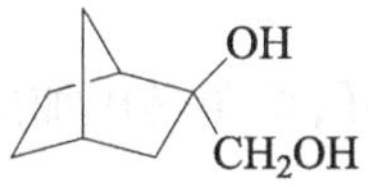 (4) 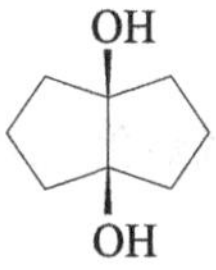

9.1.4　醇的制备

醇是非常重要的化工原料，可以用多种方法制备。

9.1.4.1　由烯烃制备

1. 烯烃水合法

烯烃用 98% 硫酸吸收，首先生成烃基硫酸氢酯，再经水解生成醇，这是间接水合法。例如：

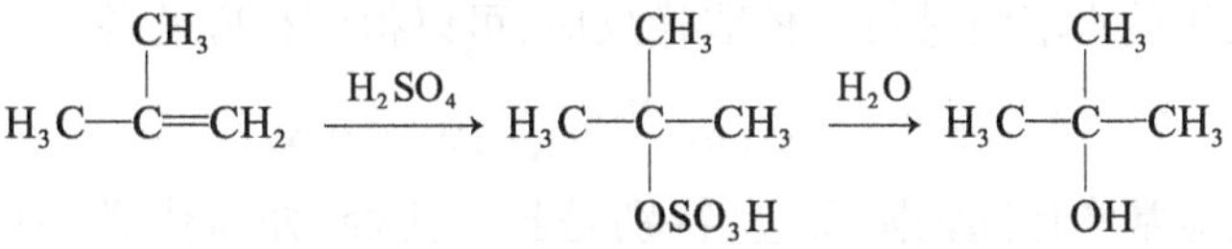

直接水合法则是在一定的催化剂、温度、压力条件下，烯烃与水蒸气加热直接生成醇。例如：

$$H_2C{=}CH_2 + H_2O \xrightarrow[280\sim300℃,\,8\ MPa]{H_3PO_4,\text{硅藻土}} CH_3CH_2OH$$

由于在酸性水合过程中有碳正离子生成，欲制备较复杂的醇时，往往有重排产物，所以无论工业还是实验室都不太合适。例如：

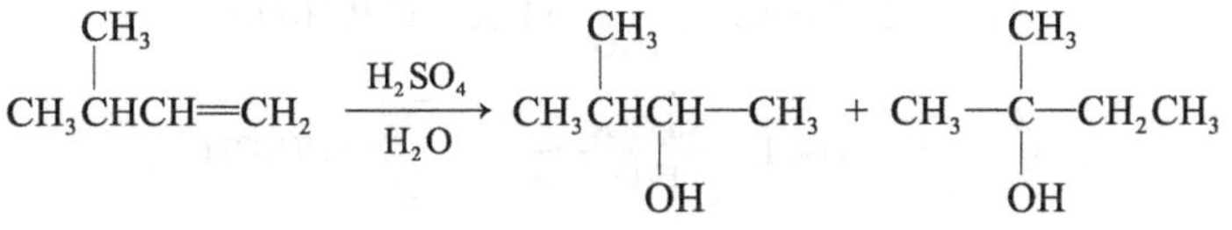

正常产物　　重排产物

2. 硼氢化-氧化法

烯烃通过与硼烷的加成生成烷基硼，接着用过氧化氢进行氧化，得到醇（参见 4.5.2.6）。

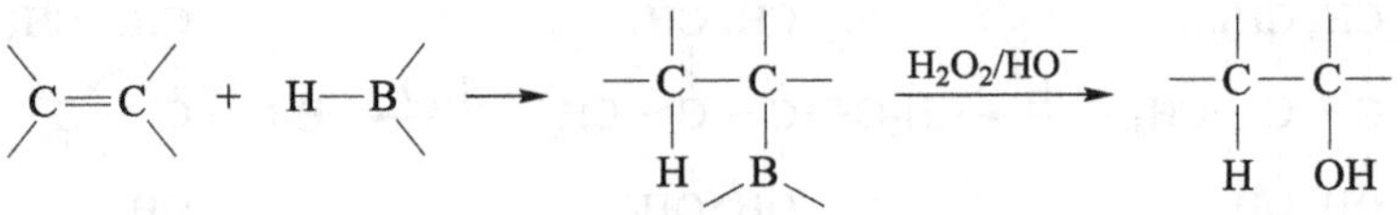

本反应的特点是步骤简单、副反应少、产率高。通过硼氢化方法所得到的醇在区域选择性上与烯烃酸催化与水加成所得的醇相反，相当于得到反马氏加成产物。例如：

$$CH_3(CH_2)_7CH{=}CH_2 \xrightarrow[(2)\ H_2O_2,\ HO^-]{(1)\ B_2H_6} CH_3(CH_2)_7CH_2CH_2OH \quad 93\%$$

3. 羟汞化－脱汞反应

将烯烃加到醋酸汞水溶液中，生成羟汞化合物，再用 $NaBH_4$ 还脱去汞即得到醇（参见4.5.2.7）。

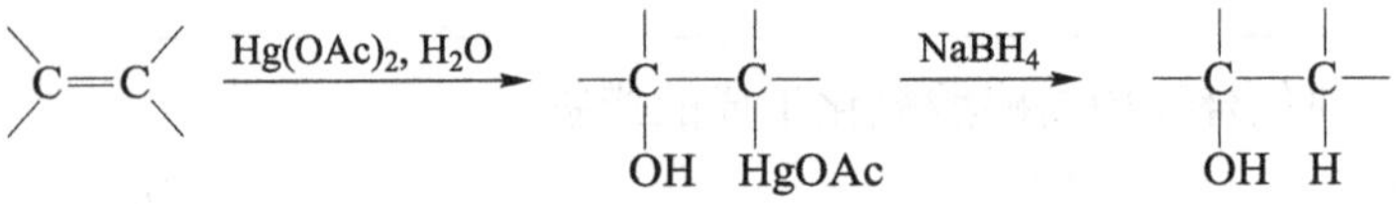

羟汞化反应与烯烃酸性水合一样，按照马氏加成规则进行，具有高度的区域选择性。例如：

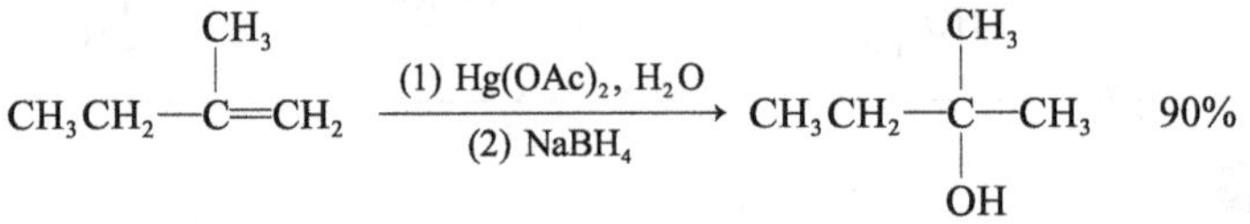

问题 9-10　写出烯烃 $(CH_3)_2CHCH{=}CH_2$ 和下列试剂作用所得产物的结构：

（1）稀硫酸；（2）B_2H_6，然后 H_2O_2/HO^-；（3）$Hg(OAc)_2$，H_2O，然后 $NaBH_4$。

9.1.4.2　由卤代烃制备

卤代烃和稀氢氧化钠水溶液进行亲核取代反应，可以得到相应的醇。

$$R{-}X + NaOH \xrightarrow{H_2O} R{-}OH + NaX$$

这种亲核取代反应常常伴随消除反应，特别是叔卤代烃、仲卤代烃，消除的倾向很大，所以不适合于制备相应的醇。对伯醇来说，为了减少消除反应，可以采用较温和的碱性试剂，如将 Na_2CO_3 悬浮在 Al_2O_3 上，或者用 $Ag_2O(H_2O)$。

在一般情况下，醇比相应的卤代烃容易得到，通常是由醇来制备卤代烃，所以卤代烃水解不是制备醇的普遍方法。只有在某种卤代烃比醇更容易得到的情况下，才有使用价值。例如，烯丙基氯或苄基氯很容易由烃氯化得到，因此可由它们水解制备烯丙醇和苄醇。

$$H_2C{=}CHCH_2Cl \xrightarrow[H_2O]{Na_2CO_3} H_2C{=}CHCH_2OH$$

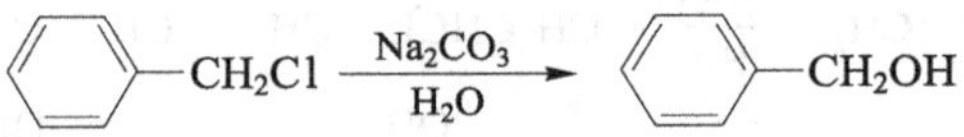

9.1.4.3　由 Grignard 试剂制备

用 Grignard 试剂制醇是基于它和醛、酮、酯、酰氯、环氧化合物等发生亲核加成反应，在此主要介绍 Grignard 试剂和醛、酮、环氧化合物反应合成醇的方法。

1. Grignard 试剂与醛、酮的反应

Grignard 试剂具有很强的亲核性，能与醛、酮发生亲核加成反应，加成时 Grignard 试剂的烃基进攻羰基碳，羰基上的一对 π 电子向氧原子转移，生成烃氧基卤化镁，后者酸性水解得醇。

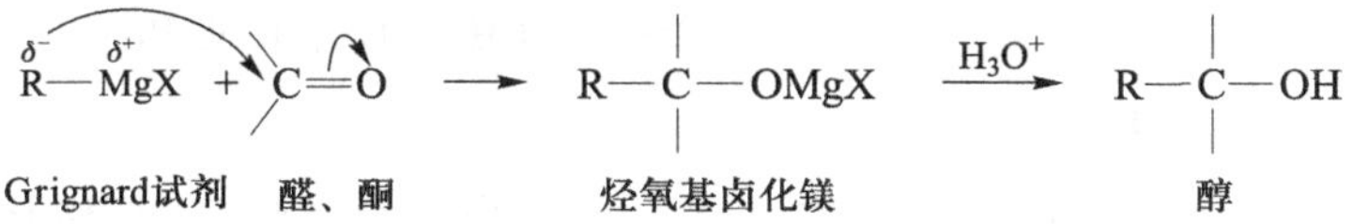

Grignard 试剂与甲醛反应，最终得到的是比 Grignard 试剂的烃基多一个碳原子的伯醇；与其他醛反应生成仲醇；与酮反应生成叔醇。

例如：

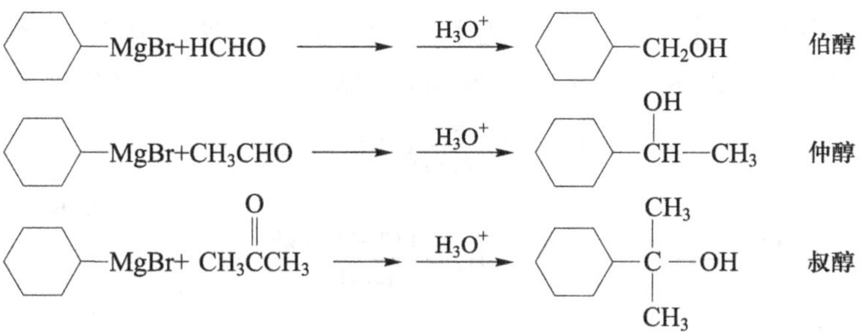

总的来说，通过 Grignard 试剂可以合成各种伯醇、仲醇和叔醇。这是实验室制备醇的最重要的方法。以下通过实例来说明这种合成方法的应用策略。

首先要明确目标醇分子的级数，如果是伯醇则选用 Grignard 试剂与甲醛反应；如果是仲醇，则选择 Grignard 试剂与醛反应；如果是叔醇，则选择 Grignard 试剂与酮反应。

例 1. 合成 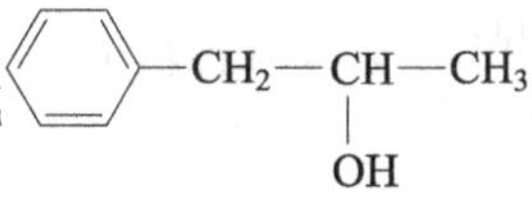。

首先，目标醇分子属于仲醇，所以要选择 Grignard 试剂与醛的反应来合成。然后以与羟基相连的碳原子为中心，分别在它周围划虚线 a 或 b，得到以下两种可能的组合：

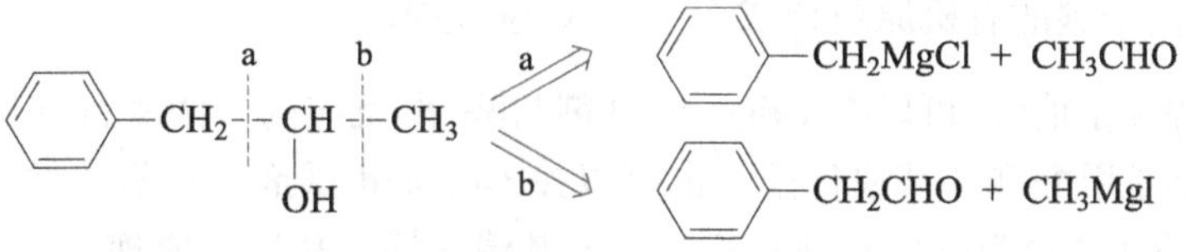

在第一种组合中，虚线 a 将醇分子分成两个部分，带有羟基的右边部分就是应该选择的醛（羟基碳即为醛基碳），显然是乙醛。虚线左边部分则是 Grignard 试剂中的烃基部分，即为苄基氯化镁。在第二种组合中，虚线 b 将醇分子分成两个部分，带有羟基的左边部分为原料醛，即苯乙醛；右边部分为 Grignard 试剂中的烃基部分，即为甲基碘化镁。原则上两种组合的路线都可用，根据具体情况，还可以选择其中一条较优的路线。选择的原则是原料是否容易得到，反应的产率是不是高。

例 2. 从苯及含有两个碳的有机原料合成 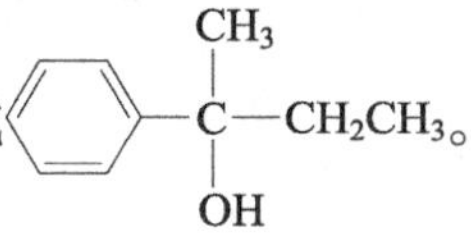。

该题目标醇分子属于叔醇，可以由 Grignard 试剂与酮的反应来合成，从叔醇中与羟基相连的碳原子为中心，分别在它周围划虚线 a、b、c，可以得到以下三种可能的组合：

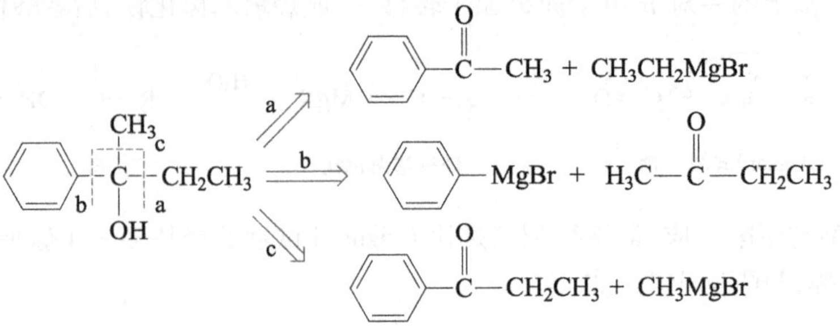

由这三种组合所推导出的三条合成路线中，选择 a 路线比较好，因为它所用的原料苯乙酮和溴乙烷都是易得的。当然，从反应角度看，b 和 c 路线也是可行的。该合成的路线如下：

$$CH_3CH_2Br \xrightarrow[Et_2O]{Mg} CH_3CH_2MgBr$$

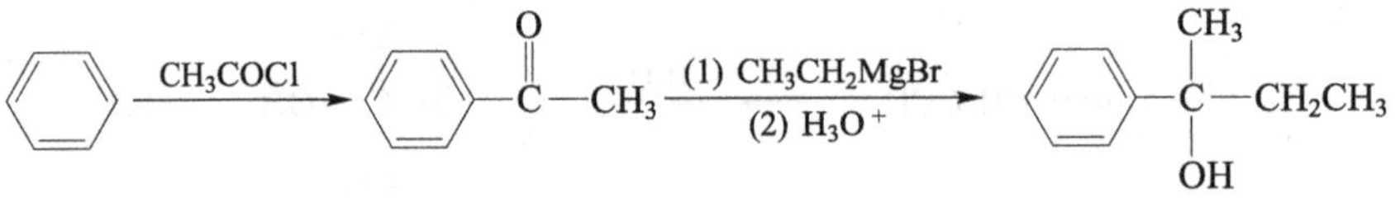

2. Grignard 试剂与环氧的反应

Grignard 试剂与环氧乙烷发生反应，环氧乙烷开环后，可以生成比 Grignard 试剂的烃基增长两个碳的伯醇。

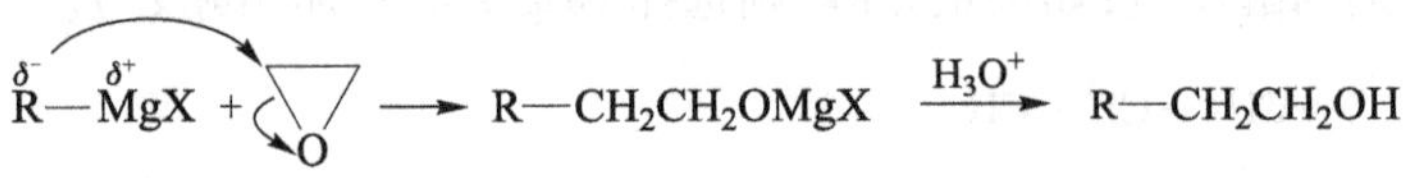

如果采用该方法合成醇，对欲合成的醇进行分析时，一般将醇的 β-碳原子和 γ-碳原子之间的键进行切断，含有羟基的部分来自于环氧乙烷，不含羟基的部分来自于 Grignard 试剂。

例 3. 从苯和两个碳的有机原料合成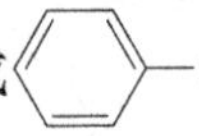CH_2CH_2OH。

该欲合成的醇属于伯醇，可以按 Grignard 试剂与醛、酮反应的方法进行分析，得路线 a，该路线的两个原料分别是甲醛和苄基溴化镁。也可以按 Grignard 试剂与环氧乙烷的反应进行分析，得路线 b，该路线的两个原料分别是环氧乙烷和苯基溴化镁。从反应原理上讲，两条路线都是合理的。但是在制备苄基溴化镁时，反应的收率只有 40%，主要是因为苄基 Grignard 试剂容易产生自由基发生偶联。所以，该合成应该选择路线 b。

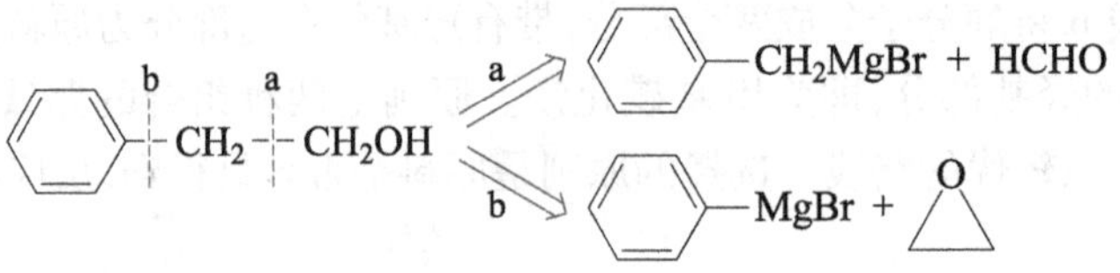

该化合物的合成路线如下：

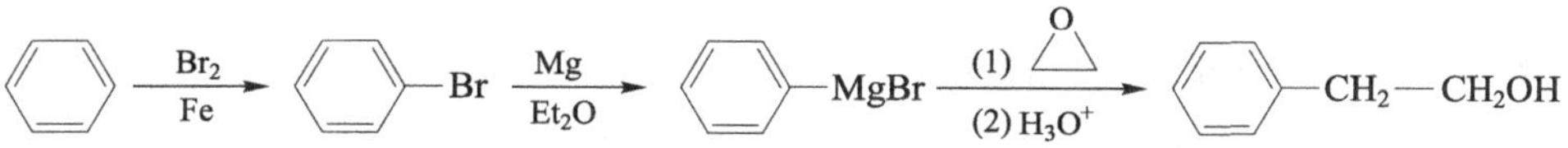

问题 9-11 写出三组可用来制备下列叔醇的 Grignard 试剂和羰基化合物：

$$C_6H_5CH_2-\underset{OH}{\overset{CH_3}{C}}-CH_2CH_3$$

9.1.4.4 由醛、酮还原

醛、酮经催化氢化，或在氢化锂铝、硼氢化钠、乙硼烷、异丙醇铝和活泼金属等还原剂的作用下可以生成醇。

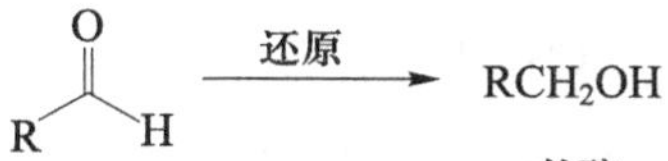

伯醇

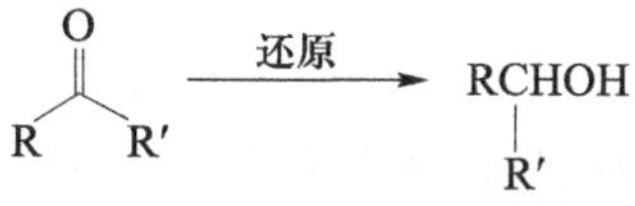

仲醇

9.1.4.5 邻二醇的合成

1. 高锰酸钾、四氧化锇氧化烯烃

烯烃可被冷的稀高锰酸钾碱性溶液氧化生成顺式邻二醇。例如：

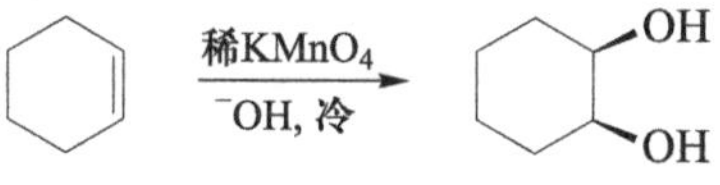

顺-1,2-环己二醇
38%

由于条件不易控制，反应一般难以停留在生成邻二醇这一步，而是会进一步氧化生成羟基酮或使碳碳键断裂。因此，这一反应用于合成邻二醇意义不大。用四氧化锇代替高锰酸钾，可定量获得顺式邻二醇产物，但是由于四氧化锇价格昂贵而且毒性很大，同样存在缺陷。四氧化锇先与烯烃生成环状锇酸酯，然后水解得到顺式产物。例如：

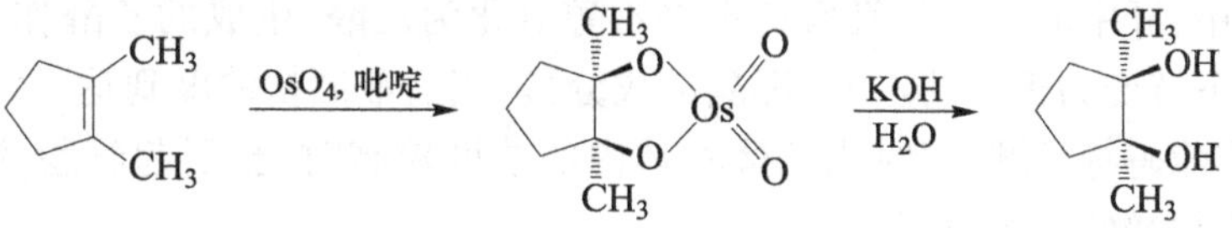

70%

2. 过氧酸氧化烯烃

烯烃还可以被过氧羧酸（又称过酸）氧化得到环氧化合物，在酸性条件下环氧化合物可水解生成反式邻二醇。例如：

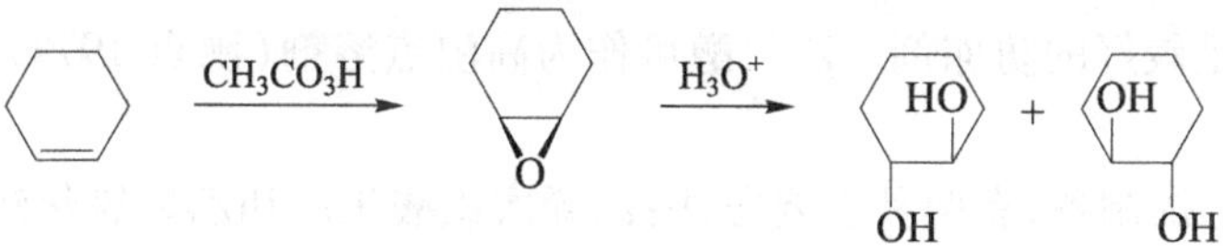

80%

问题 9-12　以环己醇为主要原料合成：

（1）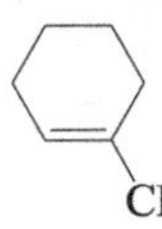　（2）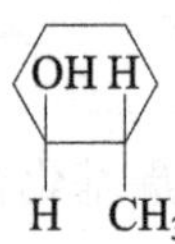 及其对映体　（3）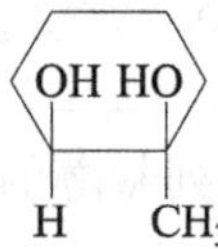 及其对映体　（4）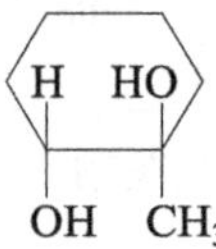 及其对映体

9.1.5　重要的醇

1. 甲醇

甲醇又称木精，是最简单的醇类。“木精”之名源自于甲醇的主要生产方式曾经是萃取自木材干馏的产物。现代甲醇是从一氧化碳和氢气在催化作用下合成制备的。

$$CO + H_2 \xrightarrow[300\sim410^\circ C,\ 20\sim32\ MPa]{CuO—ZnO—Cr_2O_3} CH_3OH$$

甲醇挥发度高（沸点为65℃），无色易燃，有一种独特的、非常类似于乙醇（饮用酒）的气味。但甲醇不可饮用，因为甲醇在人体新陈代谢中会氧化成毒性更强的甲醛和甲酸（蚁酸），因此饮用含有甲醇的酒可引致失明、肝病，甚至死亡。误饮 4 mL 以上就会出现中毒症状，超过 10 mL 即可因对视神经的永久破坏而导致失明，30 mL 能导致死亡。

甲醇最大的用途是制造其他化学品。大约 40% 的甲醇会被转化为甲醛，再用于生产塑料、胶合板、涂料、炸药和免烫纺织品。

2. 乙醇

乙醇是饮用酒的主要成分，所以也俗称酒精。人类很早就会用糖类发酵制造酒精，这也是最早的几项生物技术之一。史前时代人类就已开始喝酒，而其中会使人愉悦的主要成分就是酒精。

乙醇易燃，常用作燃料、溶剂和消毒剂，也用于有机合成。工业酒精含有少量有毒性的甲醇。医用酒精主要指体积分数为 75% 左右（或质量分数为 70%）的乙醇，也包括医学上广泛使用的其他浓度酒精。

在饮酒过程中，肝中的乙醇脱氢酶负责将乙醇氧化为乙醛，生成的乙醛作为底物进一步在乙醛脱氢酶催化下转变为无害的乙酸（即醋的成分）。当血液酒精浓度到达一定值时，会出现意识含糊、肢体动作障碍等问题；同时当乙醛在体内的浓度较高时，会引起红脸的症状，乙醛毒性高于乙醇，是造成宿醉的主要原因之一。

工业用的乙醇一般会用乙烯制备，常被用做一些人类可能接触或消耗物质的溶剂，像香水、颜料及医药等。

3. 乙二醇

乙二醇为具有甜味的黏稠液体，俗称甘醇。可与水混溶，不溶于乙醚。60% 乙二醇水溶液的凝固点为−49℃，是较好的防冻剂。乙二醇可作为高沸点溶剂（沸点 197℃）使用，也是合成涤纶的主要原料。

乙二醇一般由乙烯制备，有两种主要方法：乙烯次氯酸化法和乙烯氧化法。

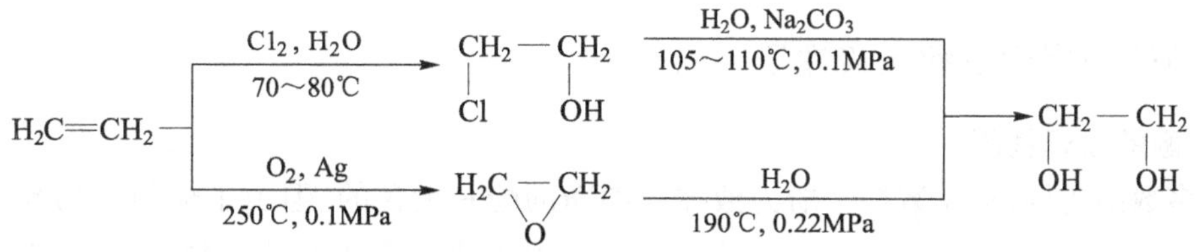

4. 丙三醇

丙三醇,俗称甘油,是具有甜味的黏稠液体,沸点 290℃,与水混溶,在空气中吸水性很强,不溶于乙醚、氯仿等有机溶剂。甘油在工业上主要用于制甘油三硝酸酯。在医药、烟草、化妆品工业中,甘油是很好的润湿剂。

甘油是制肥皂的副产物。现代工业上是以丙烯为原料采用氯丙烯法和丙烯氧化法直接合成甘油。其中氯丙烯法如下:

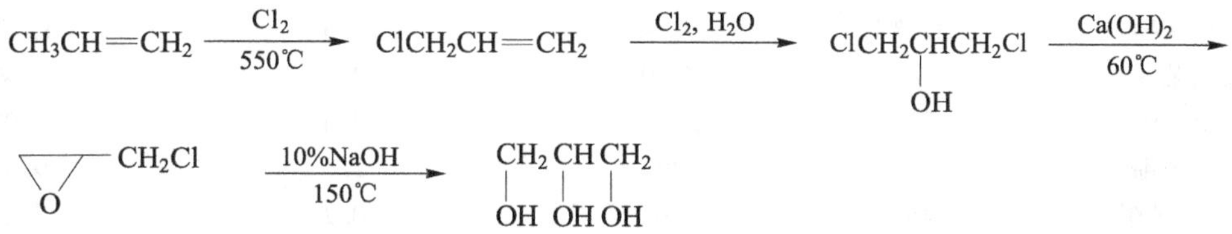

§9.2 酚

9.2.1 酚的命名

酚类化合物(phenol)是通式为 ArOH、结构为芳烃环上的氢被羟基(—OH)取代的一类芳香族化合物。酚类化合物中最简单的酚为苯酚(C_6H_5OH,亦称石炭酸)。

酚的命名一般是在"酚"字前面加上芳环的名称,以此作为母体,然后再加上其他取代基的名称和位置,这也是其他一元酚命名的母体。多元酚的名称常用俗名。

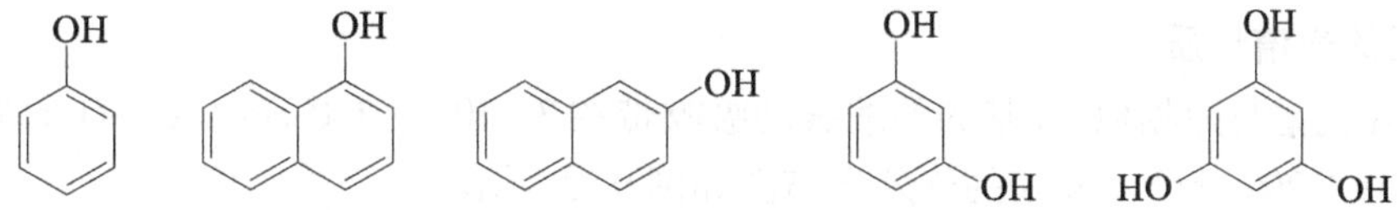

苯酚 phenol　　α-萘酚 α-naphthol　　β-萘酚 β-naphthol　　间苯二酚 resorcinol　　均苯三酚 phloroglucinol

问题 9-13 请将下列化合物命名:

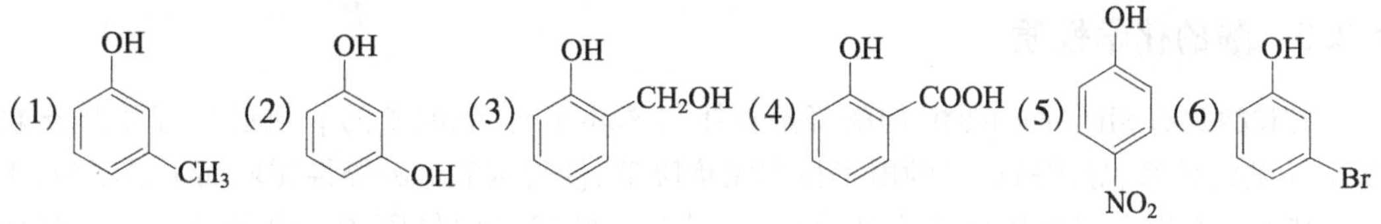

9.2.2 酚的物理性质和光谱性质

9.2.2.1 酚的物理性质

绝大多数酚为固体,少数烷基酚为液体。纯净的酚是无色的,但由于酚很容易被空气中的氧气所氧化,所以常带有黄色或红色。酚虽然含有羟基,但因羟基所占比例较小,故酚在水中的溶解度较小,微溶于水,易溶于有机溶剂如乙醇、乙醚、苯等。酚也能形成分子间氢键,因而具有较高的熔点和沸点。一些常见酚的物理性质见表9-2。

表9-2　常见酚的物理常数

化合物	熔点/℃	沸点/℃	溶解度/[g·(100g 水)$^{-1}$]	pK_a
苯酚	43	181.7	9.3	9.98
邻甲苯酚	30.9	191	2.5	10.2
间甲苯酚	11.5	202.2	2.6	10.01
对甲苯酚	34.8	201.9	2.3	10.14
邻氯苯酚	9	174.9	2.8	8.49
间氯苯酚	33	214	2.6	9.02
对氯苯酚	43	220	2.7	9.38
邻硝基苯酚	45	216	0.2	7.22
间硝基苯酚	97	197^{70}	1.4	8.39
对硝基苯酚	114	279(分解)	1.7	7.15
2,4-二硝基苯酚	115	升华	0.6	4.09
α-萘酚	96	288(升华)	不溶	9.34
β-萘酚	123	295	0.1	9.51
邻苯二酚	105	245	45.1	9.4
间苯二酚	110	281	111	9.4
对苯二酚	170	285.2	8	10.35
均苯三酚	218	升华	1	7.0

问题9-14　*o*-硝基苯酚与*o*-羟基苯甲醛与它们相应的*m*-或者*p*-异构体相比,具有较低的熔点和较差的水溶性。请解释其原因。

9.2.2.2 酚的光谱性质

酚的红外光谱与醇相似,羟基的伸缩振动吸收带在3 650~3 200 cm^{-1},C—O的伸缩振动吸收峰在1 250~1 200 cm^{-1}。苯酚的红外光谱图如图9-3所示。

酚的核磁共振氢谱中,酚羟基质子的化学位移一般为4~9之间。苯酚的核磁共振氢谱如图9-4所示。

酚的质谱图中有强的M峰,有时M-1峰的相对强度比M峰的大。

9.2.3 酚的化学性质

酚和醇具有相同的官能团,但酚羟基直接与苯环相连,氧原子的p轨道与芳环的π轨道形成p-π共轭体系,导致氧原子的电子概率密度降低,使得碳氧键的极性减弱而不易断裂,不能像醇羟基那样发生亲核取代反应或消除反应。同时,酚羟基中氧原子的电子概率密度降低致使

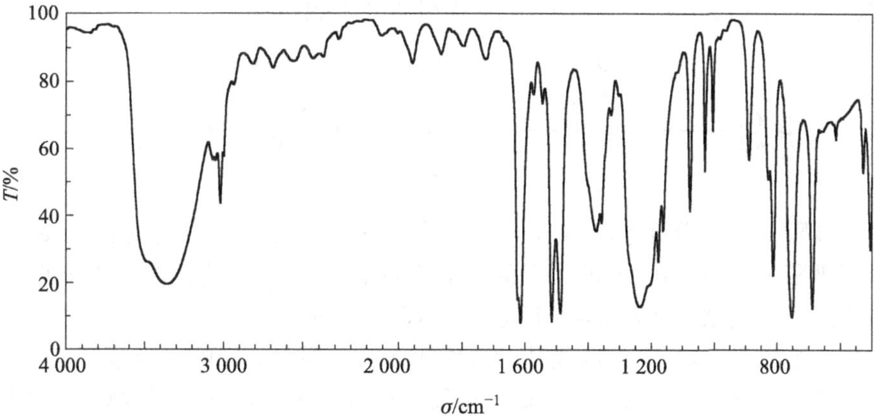

图 9-3 苯酚的红外光谱图

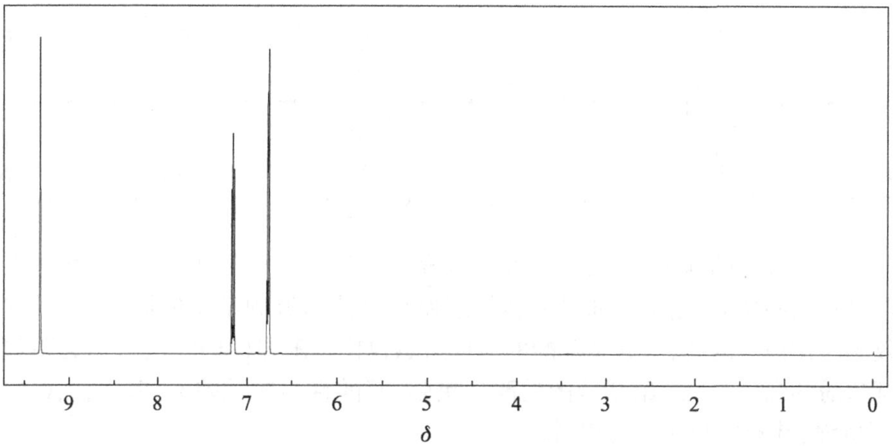

图 9-4 苯酚的核磁共振氢谱

O—H 键的极性增加。与醇相比，酚的酸性明显增强。另外，由于酚羟基的给电子效应，使苯环上的电子概率密度增加，芳环上的亲电取代反应更容易进行。

9.2.3.1 酚羟基的反应

1. 酚的酸性

酚类化合物呈酸性，大多数酚的 pK_a 都在 10 左右，酸性强于水和醇，能与强碱溶液作用生成盐。例如：

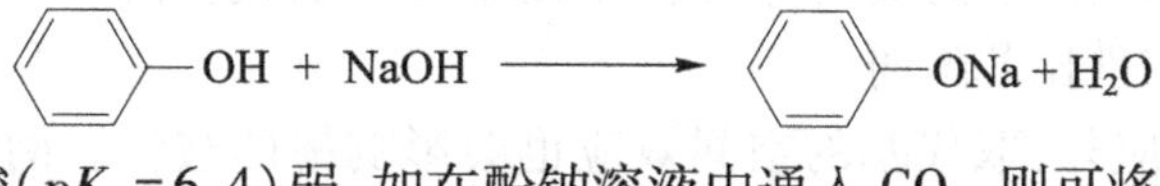

苯酚的酸性比碳酸（pK_a = 6.4）弱，如在酚钠溶液中通入 CO_2，则可将苯酚游离出来：

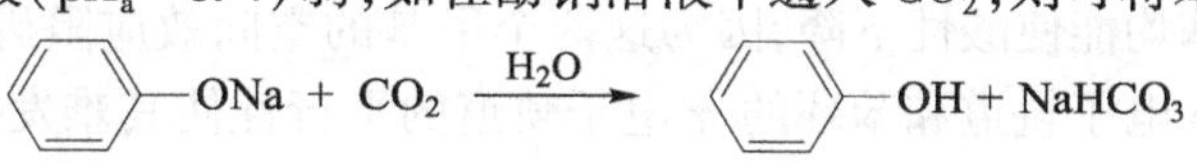

苯酚不溶于碳酸氢钠溶液，其原因就是由于苯酚的酸性比碳酸弱。

苯酚的酸性要比醇强得多的原因有两个：一方面是由于苯酚羟基氧原子上的孤对电子与苯环形成的 p-π 共轭体系增强了羟基氢原子的解离能力。另一方面，苯酚解离一个质子形成的酚氧负离子比较稳定，酚氧负离子可以用下列共振极限式来表示：

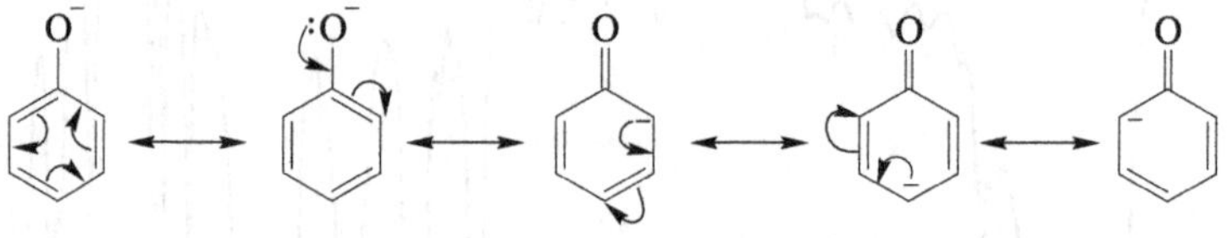

酚氧负离子的极限式都是带负电荷的离子，负电荷的离域对分散负电荷起着重要作用，从酚氧负离子的共振极限式可以看出，氧原子上的负电荷向苯环上转移，使其稳定性增加。一般来说，酸的共轭碱负离子比较稳定，酸解离出 H^+ 就比较容易，其酸性就强。

对于取代苯酚来说，苯环上的取代基对酚酸性强弱有很大的影响。当苯环上的取代基为吸电子基团时，使酚的酸性增强。例如，对硝基苯酚的酸性比苯酚的酸性强 600 倍，这是因为硝基具有吸电子的诱导效应和吸电子的共轭效应，并可使酚羟基负离子的负电荷离域到硝基的氧原子上，从而使对硝基苯酚负离子更加稳定：

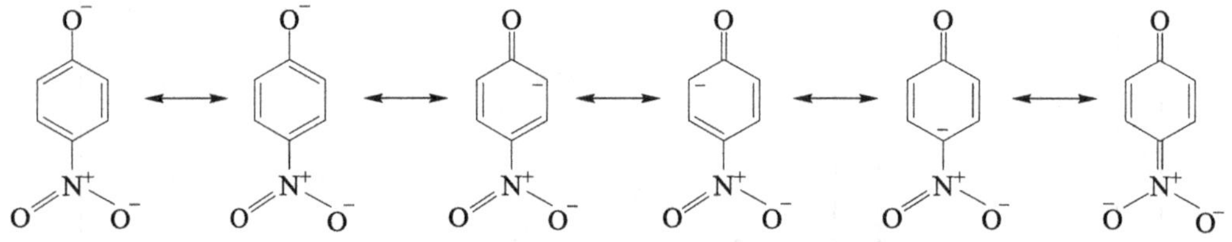

当硝基处于酚羟基的邻位时，负电荷也可以离域到硝基的氧原子上，使酸性增强；但是，当硝基处于酚羟基的间位时，则不能通过共轭效应使负电荷离域到硝基氧原子上，只有硝基的吸电子诱导效应起作用。因此，间硝基苯酚的酸性虽然也比苯酚强（强 40 倍），但远不如对硝基苯酚和邻硝基苯酚的强。2,4-二硝基苯酚的酸性更强，其酸性与羧酸差不多。2,4,6-三硝基苯酚（苦味酸）则更强，其酸性与无机酸相当。

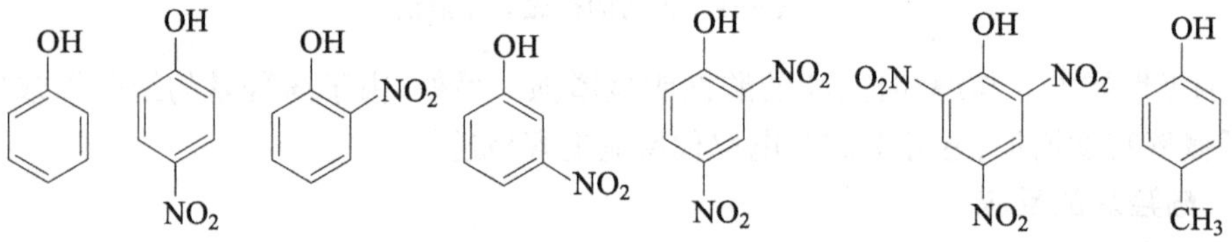

pK_a　9.98　　7.15　　7.22　　8.39　　4.09　　0.25　　10.26

当苯环上有给电子基团时，其酸性比苯酚弱。其原因是苯环上的给电子取代基增加了苯环上的电子概率密度，酚氧负离子的负电荷较难离域到苯环上，使得酚氧负离子不稳定，即酚羟基不易解离出质子，所以酸性比苯酚弱。

除取代基的电子效应外，取代基的空间效应也会影响酚的酸性。例如，在 4-硝基苯酚的 3 位和 5 位引入两个甲基均能使酸性下降，因为这两个甲基的空间效应阻碍了分子的平面排布而破坏了硝基氮原子的 p 电子轨道和苯环的 π 电子轨道的平行性使其难发生 p-π 共轭。而在 4-硝基苯酚的 2 位和 6 位引入甲基则对酸性的影响较小，因为此时它们并未干扰破坏硝基和苯环的共平面性，也就不会影响到硝基的吸电子共轭效应。

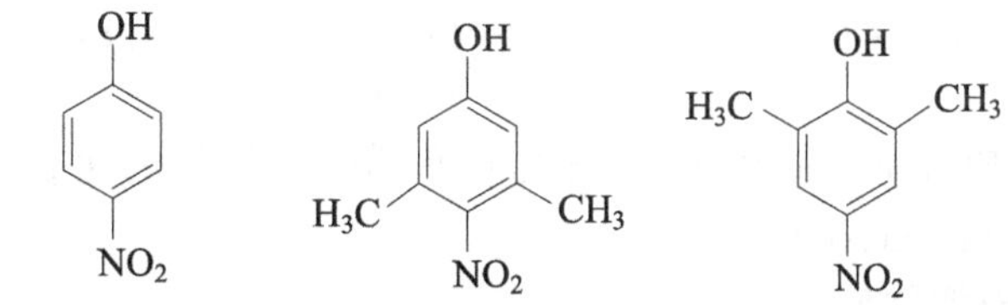

pK_a 7.15 8.24 7.16

此外，若酚羟基邻位的取代基能与其形成分子内氢键，也会使得酚羟基的酸性减弱。例如邻硝基苯酚（$pK_a=7.22$）的酸性要比对硝基苯酚（$pK_a=7.15$）的酸性弱。

问题 9-15 按酸性由强到弱的顺序排列：

（1）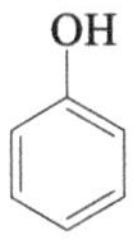 （2） （3） （4） （5）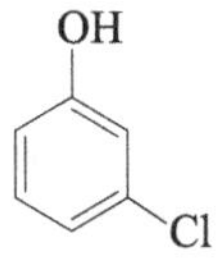

2. 酚醚的合成

由于 p-π 共轭作用的结果，酚的 C—O 键很难断裂。酚醚不能像醇一样通过分子间脱水得到，但酚钠可与卤代烃发生亲核取代反应生成芳醚，称为 Williamson 反应。例如：

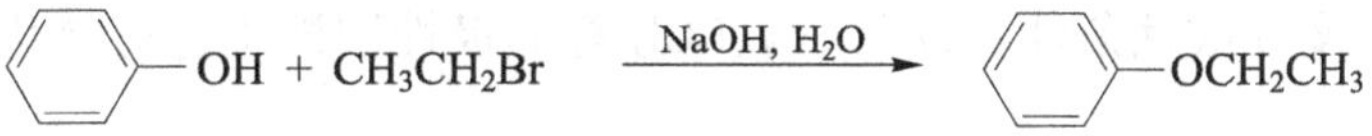

酚钠和硫酸二甲酯作用生成苯甲醚：

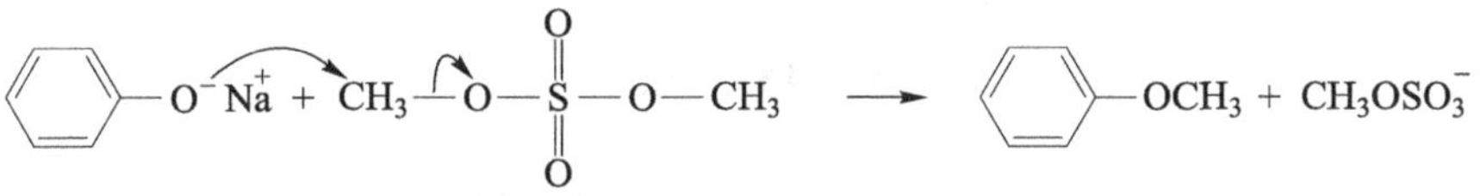

这也是一个亲核取代反应，酚氧负离子是亲核试剂，甲基碳为中心碳原子，$CH_3OSO_3^-$ 为离去基团。硫酸二甲酯是重要的甲基化试剂。

3. 酚酯的合成

酚的成酯反应也比较困难，例如，醇和羧酸在酸催化下可以直接成酯，而酚则不行。它必须在碱（碳酸钾、吡啶、三乙胺）或质子酸（硫酸、磷酸）催化下，与酰氯或酸酐反应才能形成酯。例如：

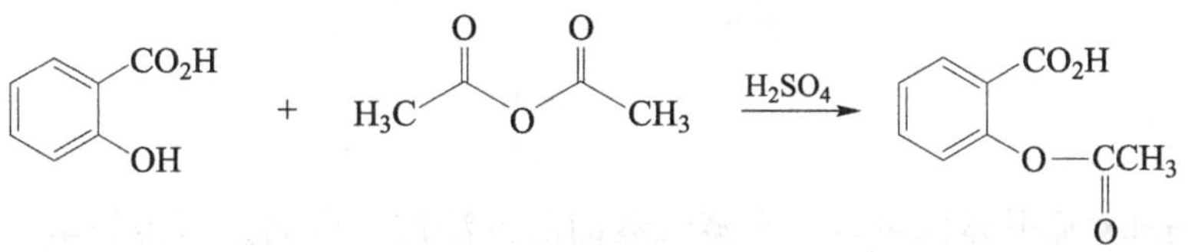

水杨酸 乙酸酐 乙酰水杨酸

乙酰水杨酸俗称阿司匹林，是非常著名的解热镇痛药物。

4. 与三氯化铁的显色反应

大多数的酚与 $FeCl_3$ 水溶液反应，生成蓝紫色的络离子，该反应可用于酚的鉴别。

$$6C_6H_5OH + FeCl_3 \longrightarrow [Fe(OC_6H_5)_6]^{3-} + 6H^+ + 3Cl^-$$

蓝紫色

与 $FeCl_3$ 的颜色反应并不只限于酚类，凡是具有烯醇式结构的化合物都可发生这种反应。实际上酚就具有类似的烯醇式结构。

9.2.3.2　芳环上的亲电取代反应

因为酚羟基是强的邻、对位致活基团，所以酚羟基对芳环有较大的致活作用，在酚的芳环上很容易发生各种亲电取代反应。

1. 卤化反应

一般苯的卤化反应必须在 Lewis 酸的催化下才能进行，而苯酚在室温下与溴水反应立即生成2,4,6-三溴苯酚白色沉淀。如溴水过量，则生成2,4,4,6-四溴环己二烯酮的黄色沉淀。

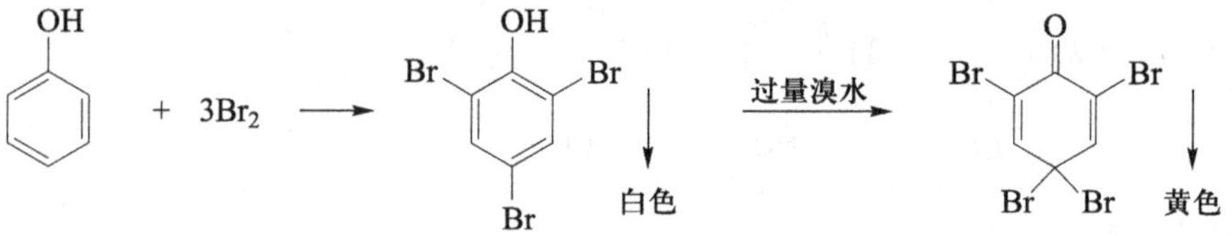

2,4,6-三溴苯酚的溶解度很小，很稀的苯酚溶液与溴水作用都可以得到沉淀，反应非常灵敏，可用于苯酚的定性检验。

在较低温度下，酚在酸性条件下或在 CS_2、CCl_4 等非极性溶液中进行氯化或溴化，可以得到一卤代产物。例如：

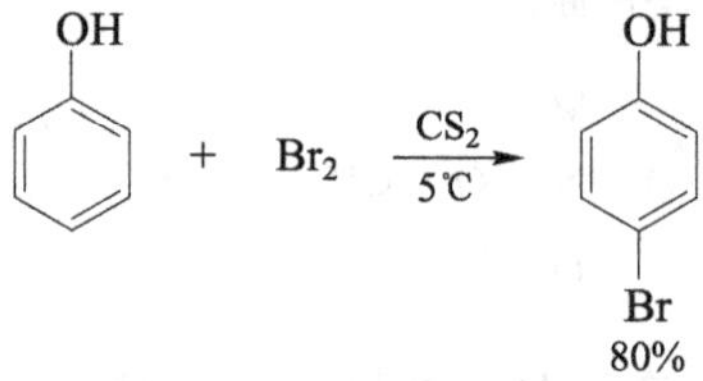

2. 硝化反应

苯酚与稀硝酸在室温下反应可生成邻位和对位硝基苯酚的混合物，由于苯酚易被氧化，苯酚硝化产物产率较低。

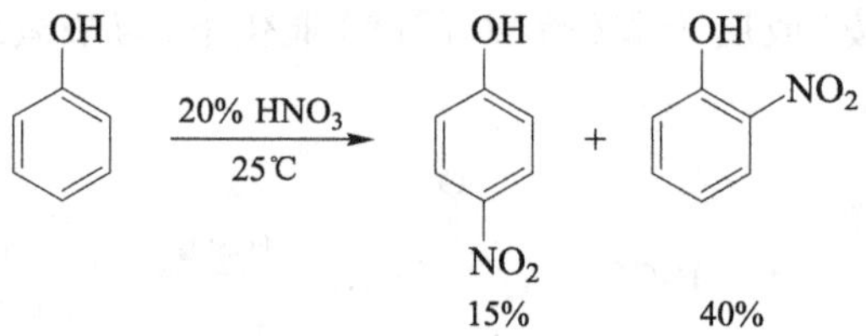

邻硝基苯酚和对硝基苯酚可以用水蒸气蒸馏的方法进行分离。邻硝基苯酚可形成分子内氢键，而对硝基苯酚只能形成分子间氢键。在水溶液中，前者不能和水分子形成氢键，而后者能与水分子形成氢键。这就决定了它们在沸点和水溶性方面的差别。显然，邻硝基苯酚的沸点（216℃）比对硝基苯酚的沸点（297℃）低，在水中的溶解度[0.2 g/(100 g 水)]比对硝基苯酚（1.7 g/100 g 水）小，所以邻硝基苯酚可以随着水蒸气蒸出（水溶性较小，挥发性较大），而对硝基苯酚不能随着水蒸气蒸出（水溶性较大，挥发性较小）。

苯酚和浓硝酸作用，虽然也能生成 2,4,6-三硝基苯酚，但因氧化比较剧烈，产率极低，所以一般采用以下方法制备：

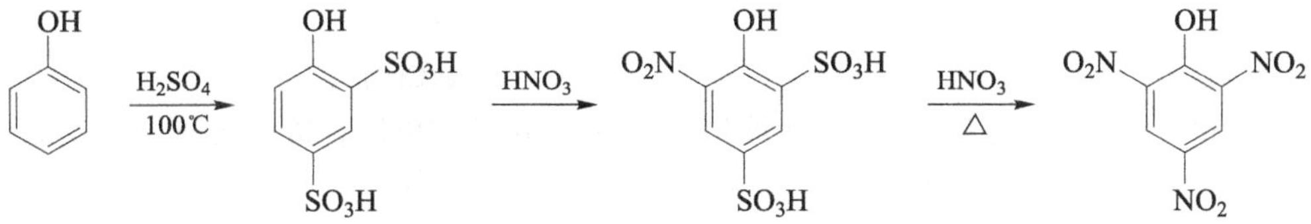

先用浓硫酸使苯酚磺化，当苯环上导入两个磺酸基后，抗氧化性增强（在苯环上导入吸电子基团，一般都会增强抗氧化能力）。再用硝酸硝化时，不发生氧化，最后加热，磺酸基被硝基取代（因为磺化反应是可逆的，高温时磺酸基可被取代），而生成苦味酸。

3. 亚硝化反应

由于酚羟基对苯环的活化作用，苯酚与亲电性较弱的亚硝基正离子发生亲电取代，主要得到对亚硝基苯酚，再经过氧化便可得到单一的对硝基苯酚。

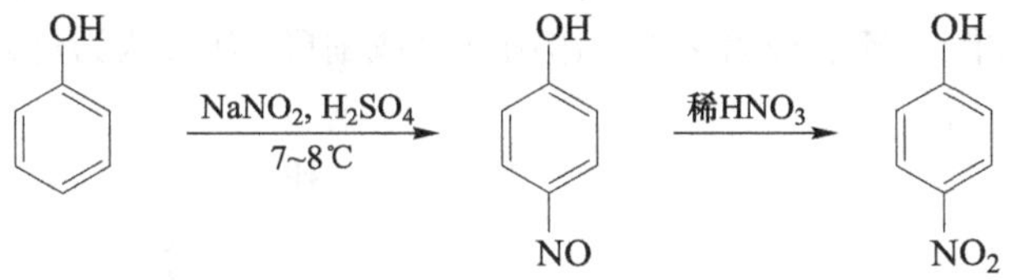

4. 磺化反应

苯酚磺化所生成的产物与温度有密切关系，室温下主要得邻位产物，100℃下则主要得对位磺化产物。

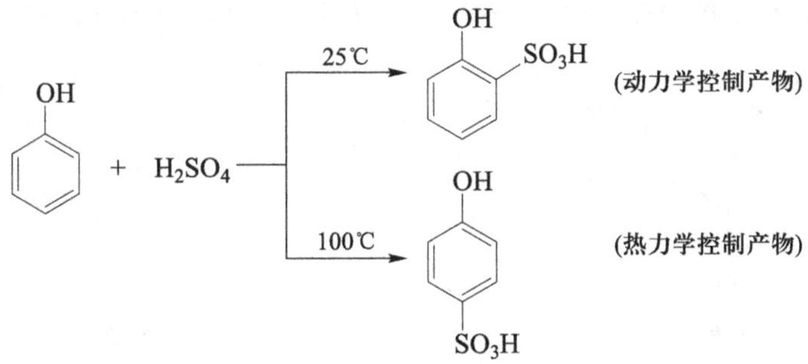

5. 傅-克反应

酚很容易发生傅-克反应，但一般不用 $AlCl_3$ 做催化剂，因为酚羟基可与 $AlCl_3$ 形成铝的络合物，从而使催化剂失去活性，影响产率。所以酚的傅-克反应一般用 H_3PO_4、HF、BF_3、多聚磷酸（PPA）等作催化剂。例如：

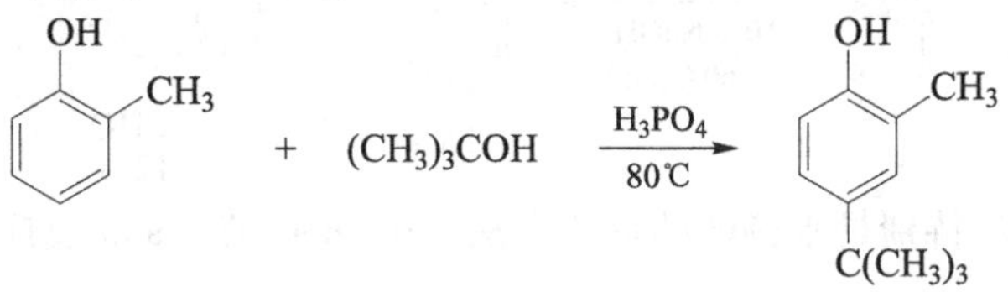

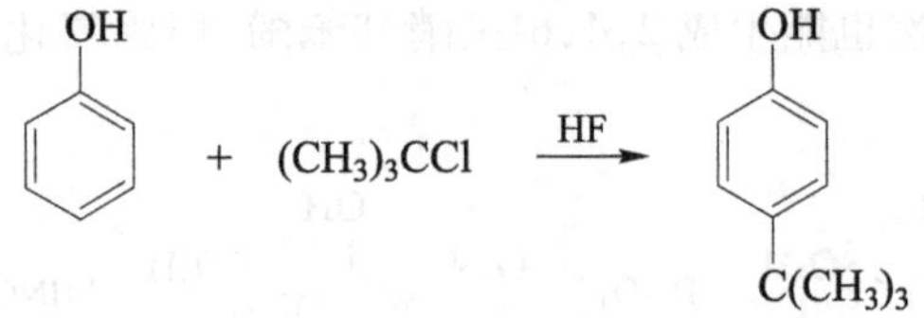

在酰基化反应中，当用 BF_3、$ZnCl_2$ 作催化剂时，酰基化试剂可以直接用羧酸，不必用酰氯。

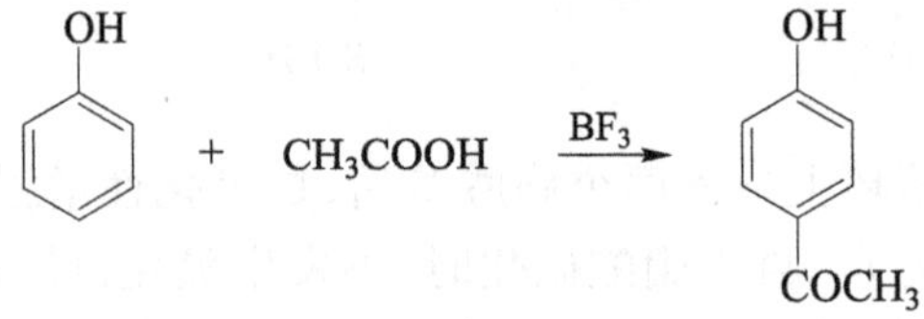

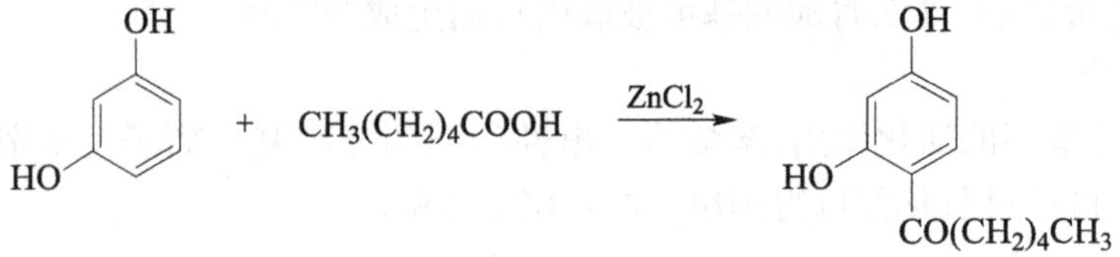

苯酚和邻苯二甲酸酐在硫酸或者 $ZnCl_2$ 作用下生成酚酞，有人认为这是一个特殊的傅-克酰基化反应。

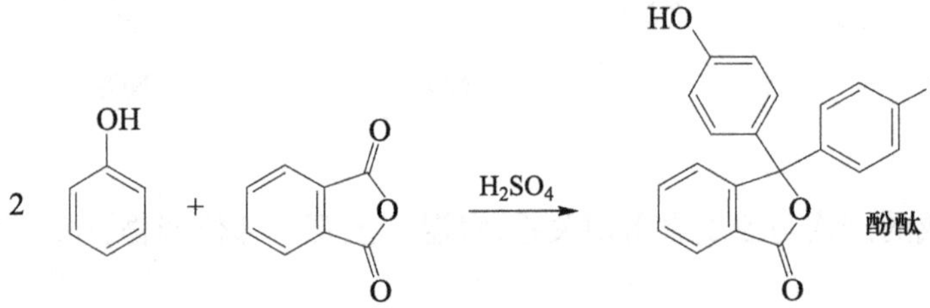

酚酞是一种最常用的酸碱指示剂，在 $pH<8.5$ 时显无色，$pH>9$ 时显红色。

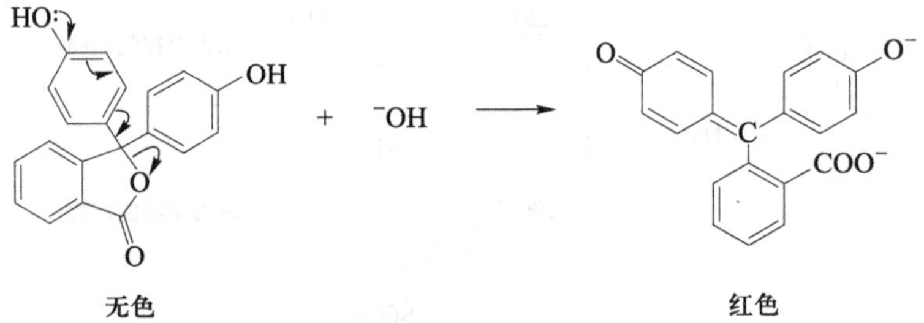

6. Reimer-Tiemann 反应

苯酚在10% NaOH溶液中与氯仿加热，会生成邻羟基苯甲醛（水杨醛）和对羟基苯甲醛，其中以邻羟基苯甲醛为主要产物，该反应称为瑞默-梯曼（Reimer-Tiemann）反应。

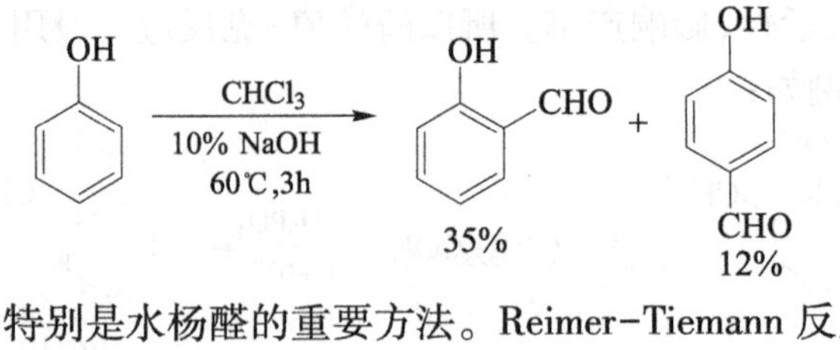

该反应是制备酚醛，特别是水杨醛的重要方法。Reimer-Tiemann 反应是通过二氯卡宾中间体进行的，其机理如下：

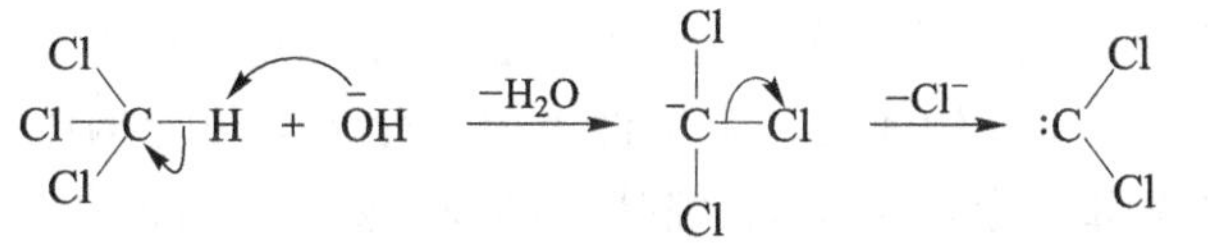

二氯卡宾

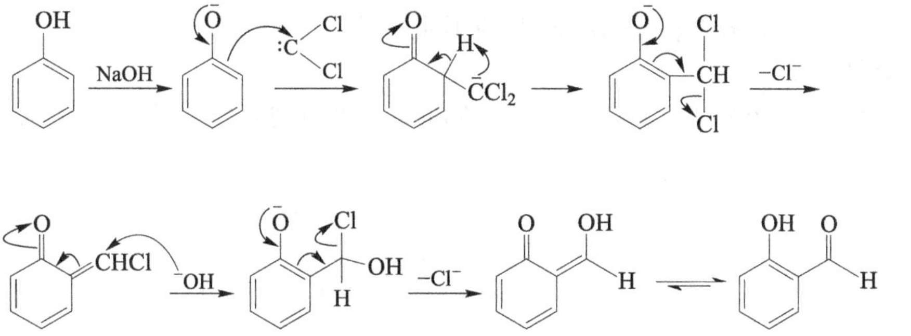

若用对甲苯酚反应，则生成 5-甲基-2-羟基苯甲醛。

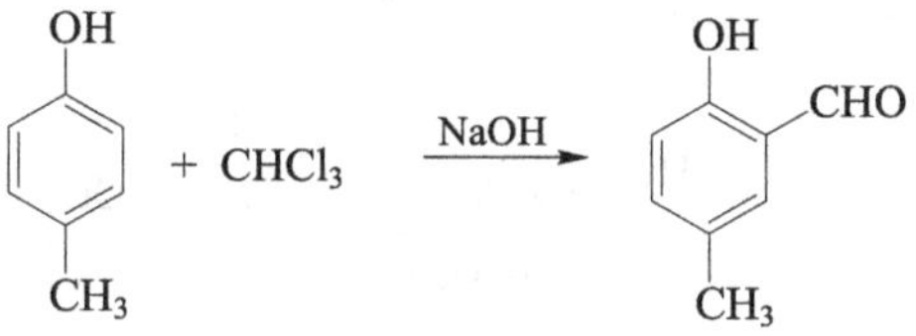

7. Kolbe-Schmitt 反应

酚盐与 CO_2 反应，生成羧酸盐，经酸化得羧酸，该反应称为柯尔柏-斯密特（Kolbe-Schmitt）反应，是制备酚酸，特别是水杨酸的重要方法。

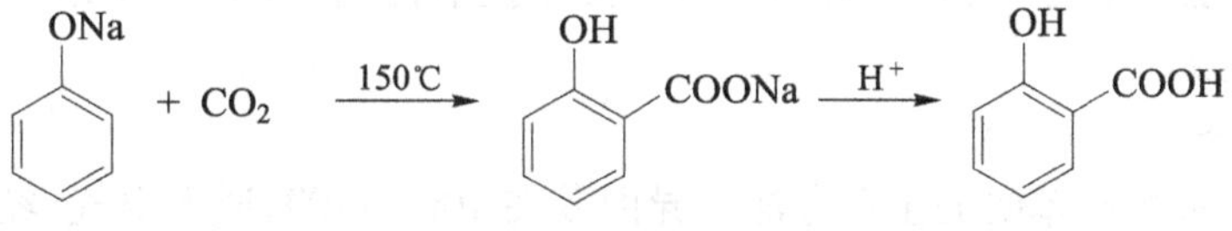

在这个反应中，羧基主要进入邻位，得到邻羟基苯甲酸（水杨酸）。虽然也有少量的对羟基苯甲酸生成，但很容易通过水蒸气蒸馏进行分离。

如以间苯二酚反应，则生成 2,4-二羟基苯甲酸。

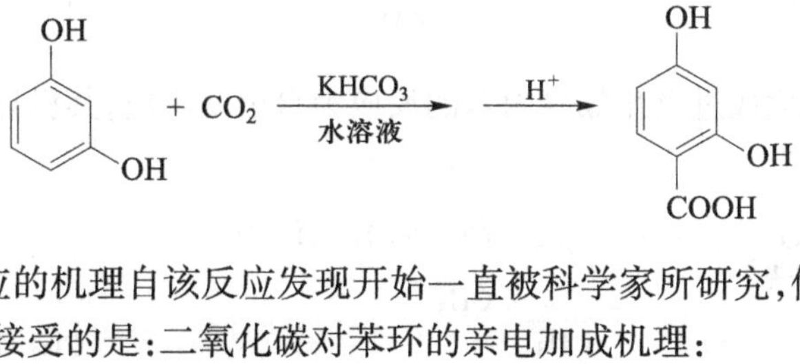

Kolbe-Schmitt 反应的机理自该反应发现开始一直被科学家所研究，但 100 多年来没有明确的说法，现在大家普遍接受的是：二氧化碳对苯环的亲电加成机理：

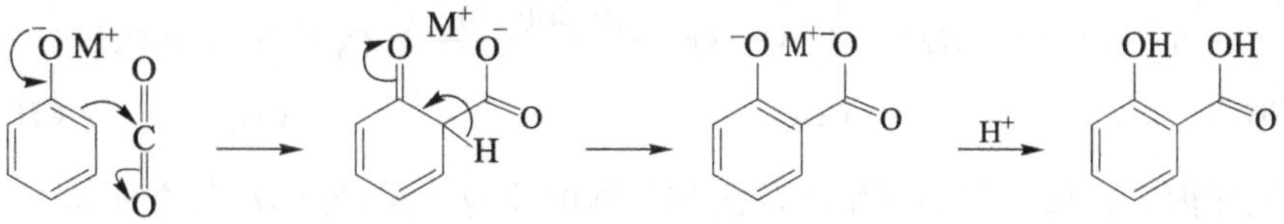

邻、对位的产物取决于碱金属离子的大小，当此金属离子较大时，如 K^+，邻位的空间位阻大，对位进攻成为主要产物。邻位异构体在一定条件下可转化为对位异构体。此外，反应物取代基的性质对反应速率和产率都有影响。通常，烷基、甲氧基、氨基和羟基等给电子基团使反应容易进行，所需温度和压力较低，产率高；吸电子的硝基、氰基和羧基会减慢反应速率，并需升高温度，增加压力，且产率也较低；而磺酸基使反应不能进行。

9.2.3.3　氧化反应

酚的氧化是一个很复杂的反应，可以用不同的氧化剂得到多种类型的氧化产物。苯酚用铬酸氧化，生成黄色的对苯醌：

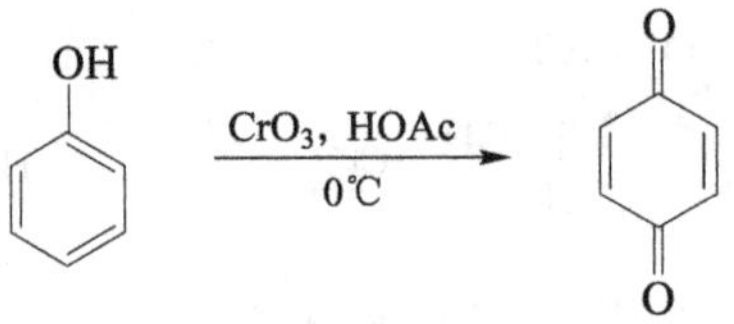

羟基对位的取代基可以在氧化反应中脱去。例如：

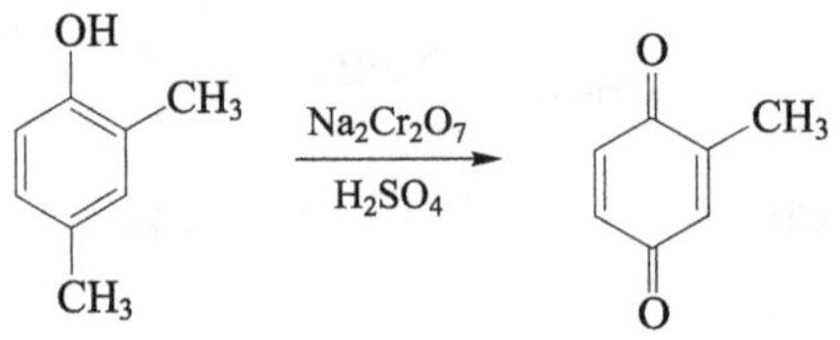

9.2.4　酚的制备

酚类化合物虽然存在于自然界，可以从煤焦油中提取得到，但由于需要量相当大，所以大多数酚还是靠人工合成。

9.2.4.1　异丙苯法

异丙苯法是工业生产苯酚的主要方法。异丙苯在 100～120℃ 通入空气，经催化氧化生成过氧化氢异丙苯，后者与稀硫酸作用，则分解为苯酚和丙酮。

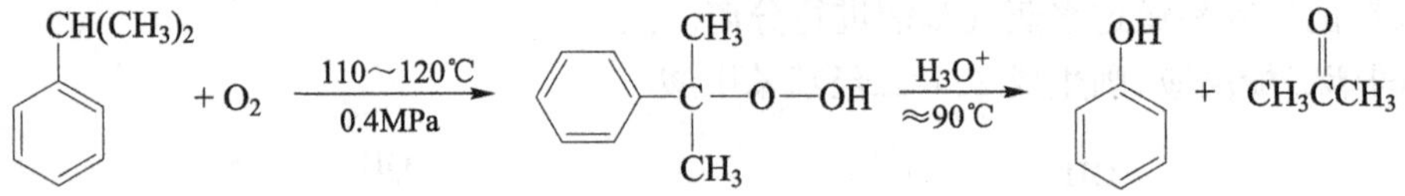

该合成中异丙苯氧化成过氧化氢异丙苯的反应为自由基反应，其机理如下：

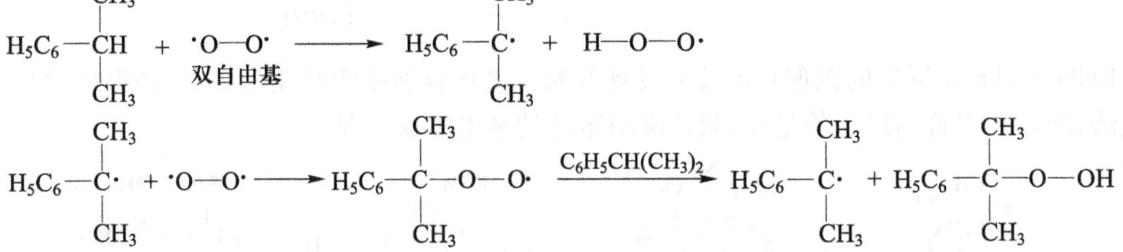

过氧化氢异丙苯在稀酸作用下生成苯酚和丙酮的反应为重排反应，其机理如下：

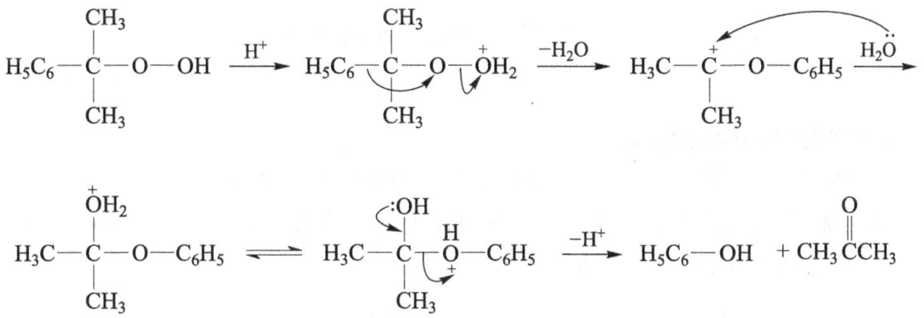

异丙苯法的优点是原料易得（从石油化工产品苯和丙烯制备），除苯酚外还可同时得到另外一种重要的化工原料——丙酮，所以它是工业上生产苯酚的最好方法。但由于反应涉及过氧化物，对操作技术和设备的安全性要求较高。

9.2.4.2　磺酸盐碱熔法

这是一种最古老的工业制酚方法，即磺酸基被羟基取代生成酚。该方法分为：中和、碱熔、酸化三步，苯磺酸制苯酚的具体过程如下：

（1）中和

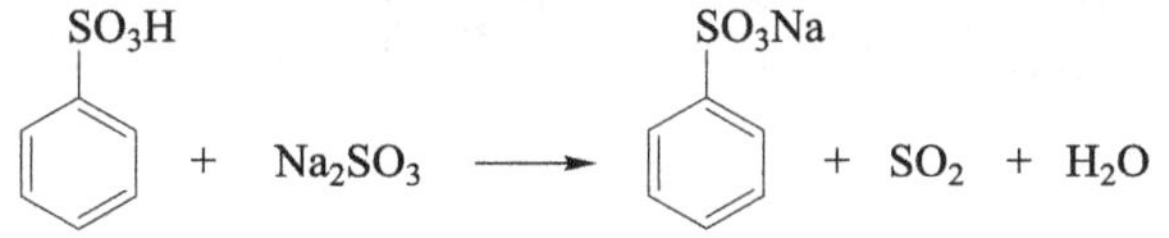

（2）碱熔

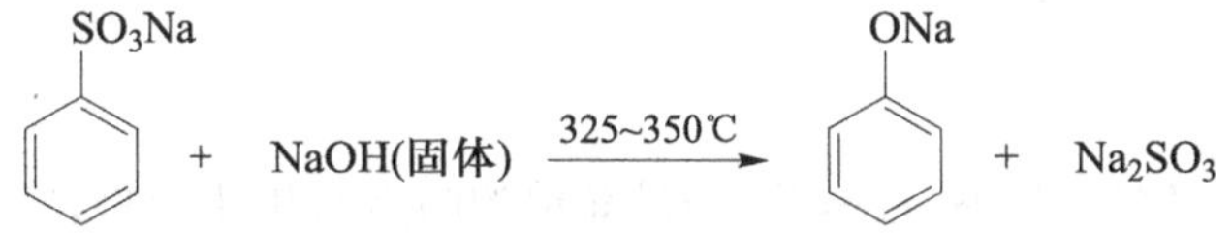

（3）酸化

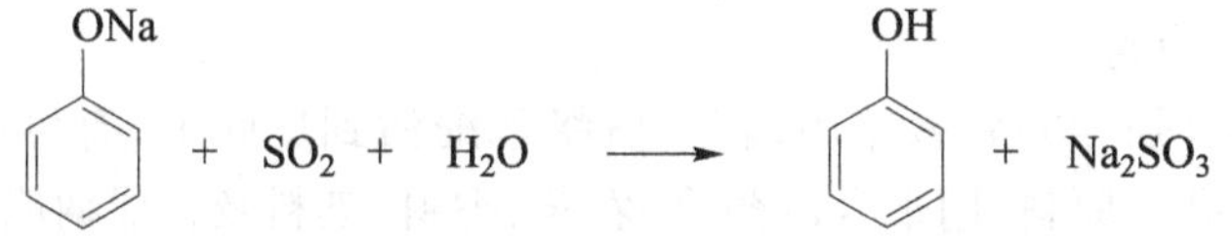

在工业上，中和、碱熔、酸化的副产物都可以利用。中和产生的 SO_2 可用来酸化苯酚钠；酸化、碱熔产生的 Na_2SO_3 又可以用来中和苯磺酸。

它是具有普遍意义的芳香亲核取代反应。反应需要在高温下进行，而只有少数含有其他取代基的磺酸能经受得起这样强的条件，因此限制了该反应的应用范围。碱熔法可以制备烷基酚、苯二酚、β-萘酚等。例如：

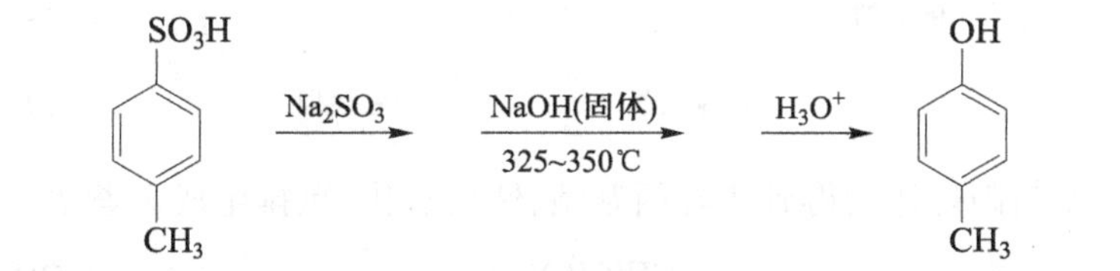

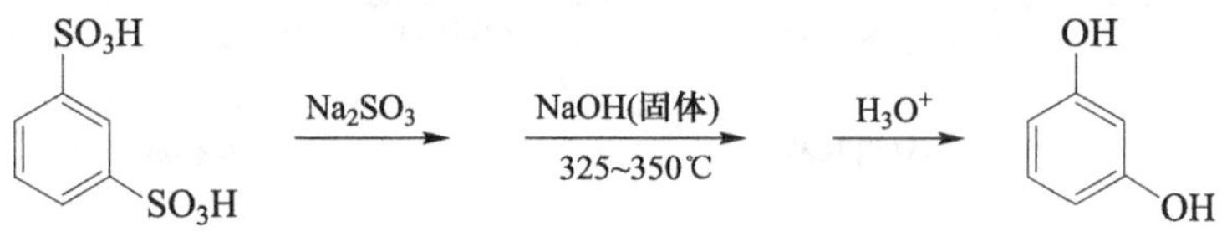

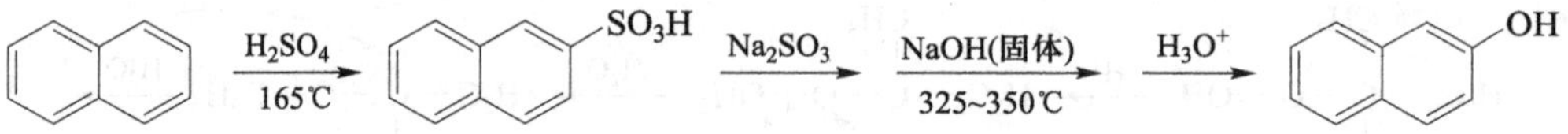

9.2.4.3　卤代芳烃及衍生物的水解

卤代苯中的卤原子直接与苯环相连,碳卤键比较牢固,因此其水解比卤代烷水解困难得多,需要在强烈条件和催化剂作用下才能发生。例如,氯苯在高温、高压及催化剂存在下才能与氢氧化钠水溶液或碳酸钠水溶液反应,生成酚。

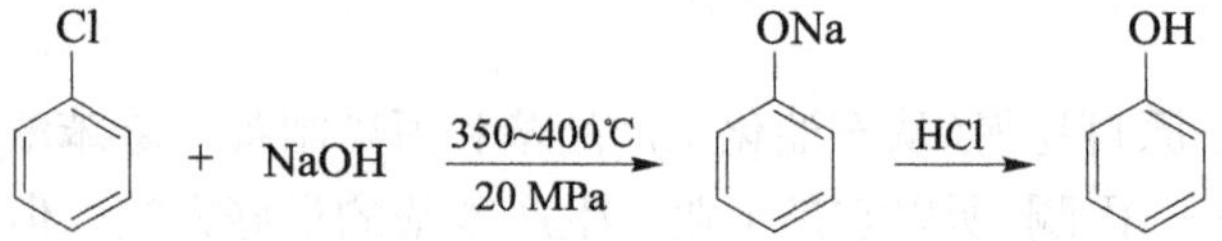

当卤原子的邻位或对位有吸电子取代基时,水解比较容易,不需要高压,甚至可用弱碱。例如:

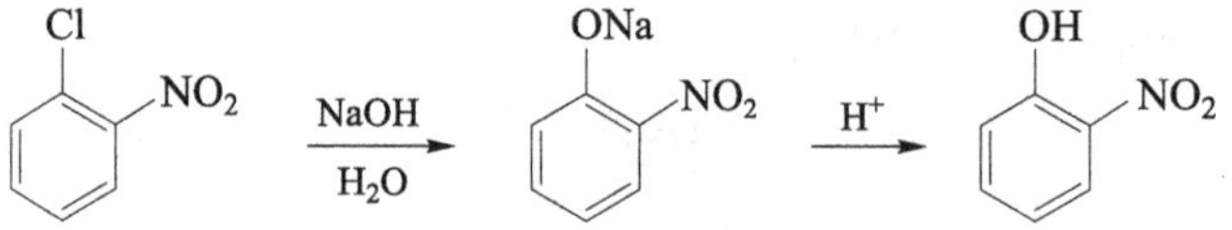

9.2.5　重要的酚

9.2.5.1　苯酚

苯酚(C_6H_5OH,PhOH),又名石炭酸、羟基苯,是最简单的酚类有机化合物,常温下为无色晶体,能溶于热水,有特殊气味,有毒性。

苯酚及其浓溶液对皮肤有强烈的刺激作用,若不慎将苯酚沾到皮肤上,有可能造成局部皮肤脱落。苯酚是多种化工产品的原料,用来合成药物、农药、香料、染料及合成树脂。

9.2.5.2　1-萘酚和2-萘酚

1-萘酚和2-萘酚也存在于煤焦油中,但含量很少。工业上1-萘酚是由萘加氢生成四氢化萘,再氧化生成四氢萘酮,后者去氢制得

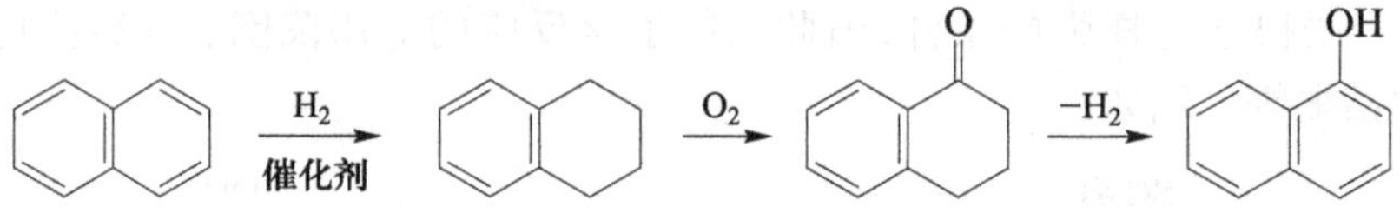

萘　　四氢化萘　　四氢萘酮　　1-萘酚

2-萘酚则先由萘与丙烯作用得到2-异丙基萘,然后氧化、重排生成2-萘酚:

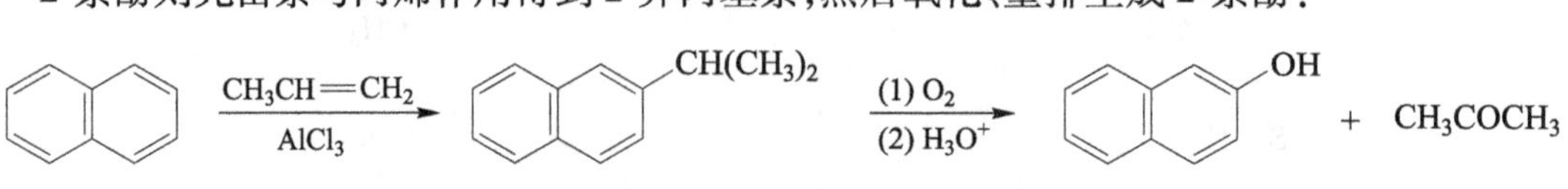

萘　　2-异丙基萘　　2-萘酚

1-萘酚和2-萘酚主要用作染料工业的原料，1-萘酚也用于杀虫剂的生产。

9.2.5.3 对苯二酚

对苯二酚工业上由1,4-二异丙基苯的氧化法生产的：

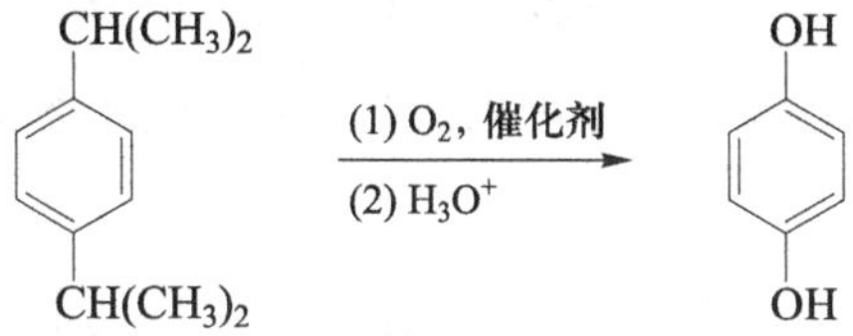

对苯二酚为结晶固体，容易被氧化成对苯醌：

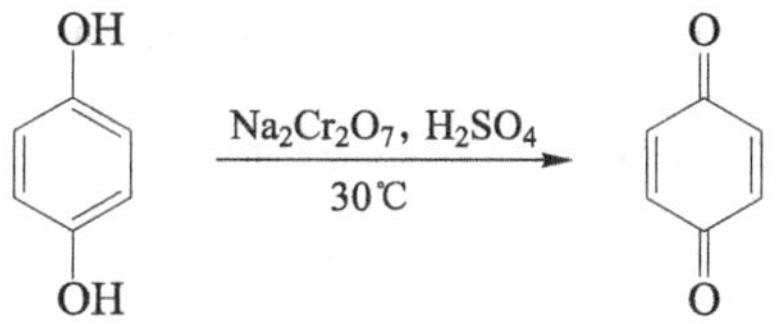

等物质的量的对苯二酚和对苯醌生成分子间络合物——醌氢醌。醌氢醌为暗绿色晶体，熔点171℃，能溶于热水，在水溶液中大部分醌氢醌解离为对苯二酚和对苯醌。

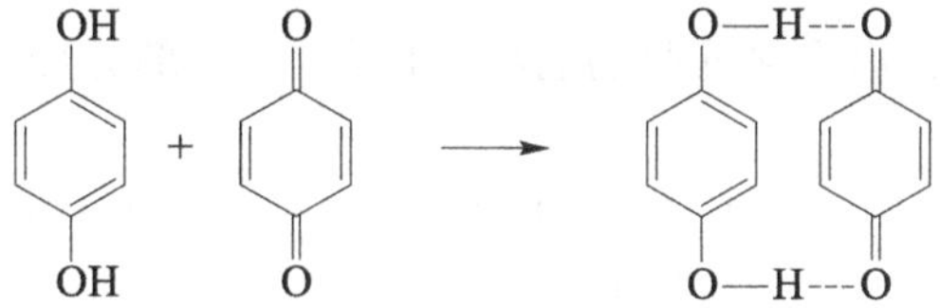

在醌氢醌晶体中一层对苯二酚分子和一层对苯醌分子之间平行排列，是一种传荷络合物（charge transfer complex），传荷络合物常有很深的颜色。

传荷络合物由一个富电子的给予体（如对苯二酚）和一个缺电子的接受体（如对苯醌）组成。苯环上有OH、OCH_3、$N(CH_3)_2$、CH_3 等取代基的化合物可作为给予体，而苯环上有几个硝基的化合物可作为接受体生成传荷络合物。苦味酸与多环芳烃也能生成传荷络合物。

§9.3 醚

9.3.1 醚的分类和命名

醚可以看作是醇分子中的羟基氢原子被烃基取代的衍生物。醚的通式可用R—O—R′或Ar—O—Ar或Ar—O—R表示。当两个烃基相同时，称为对称醚或简单醚；两烃基不同时，称为不对称醚或混合醚。根据两个烃基的类别，醚还可以分为脂肪醚和芳香醚。包含在环中的醚称为环醚。

醚的命名方法是先写出两个烃基的名称，再加上“醚”字。混合醚的名称是取代基按英文名称首字母顺序依次排列而形成的。醚的英文类名为“ether”，在“ether”前面加上基的名称。例如：

$CH_3CH_2OCH_2CH_3$

乙醚
diethyl ether

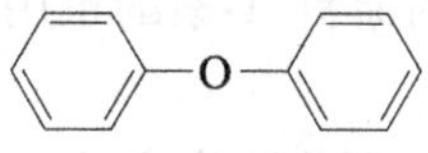

二苯醚
diphenyl ether

$H_3C—O—C(CH_3)_3$

甲基叔丁基醚
tert-butyl-methyl ether

结构比较复杂的醚可以当作烃的衍生物来命名，将较大的烃基作母体，剩下的 OR 部分（烷氧基）看作取代基。例如：

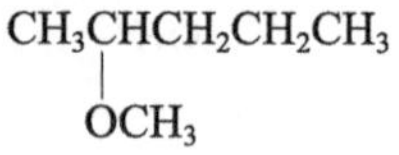

2-甲氧基戊烷
2-methoxypentane

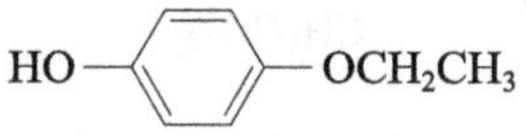

对乙氧基苯酚
p-ethoxyphenol

环醚的命名常采用俗名，没有俗名的称为氧杂环某烷。

四氢呋喃
tetrahydrofuran
(THF)

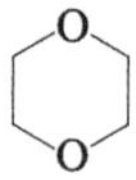

1,4-二氧六环
1,4-dioxane

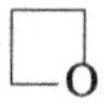

氧杂环丁烷
oxetane

多元醚命名时，首先写出潜含多元醇的名称，再写出另一部分烃基的数目和名称，最后加上“醚”字。例如：

$CH_3OCH_2CH_2OCH_3$
乙二醇二甲醚

$CH_3CH_2OCH_2CH_2OH$
乙二醇单乙醚

$CH_3OCH_2CH_2OCH_2CH_2OCH_3$
二乙二醇二甲醚

问题 9-16　命名下列化合物：

（1）$CH_3OCH_2CH_2CH_2CH_3$　（2）$(CH_3)_2CHOCH(CH_3)CH_2CH_3$

（3）$C_6H_5OCH_2CH_3$　（4）p-$NO_2C_6H_4OCH_3$

9.3.2　醚的物理性质和光谱性质

9.3.2.1　醚的物理性质

醚分子中不含有活泼氢，因此，醚分子间不能形成氢键，故醚的沸点比分子量相近的醇低得多。常温下除甲醚、甲乙醚、甲基乙烯基醚为气体外，其余的醚在常温下为无色液体。醚有特殊气味。

由于醚可以通过它的氧原子和水分子中的氢原子形成氢键，所以醚在水中的溶解度比烷烃大，与同碳原子数的醇相近。例如，甲醚和乙醇一样，可与水混溶；乙醚与正丁醇在水中的溶解度都为8 g/(100 g 水)左右。

环醚在水中的溶解度比较大，例如，四氢呋喃和 1,4-二氧六环都可以与水互溶。这可能是由于氧原子成环后，突出在外，更容易与水分子形成氢键的缘故。此外，多元醚，如乙二醇二甲醚、丙三醇三甲醚也能与水互溶，一般的高级醚则难溶于水。

醚是优良的有机溶剂，常用来提取有机物，或作为有机反应的溶剂。低级醚具有高度挥发性，容易着火，使用时要特别注意。

一些常见醚的物理常数见表 9-3。

表 9-3 常见酚的物理常数

醚化合物	熔点/℃	沸点/℃	密度
甲醚	-138.5	-23	—
乙醚	-116.6	34.5	0.713 7
正丙醚	12.2	90.1	0.736 0
异丙醚	85.9	68	0.724 1
正丁醚	95.3	142	0.768 9
苯甲醚	-37.5	155	0.996 1
二苯醚	26.8	257.9	1.074 8
四氢呋喃	-65	67	0.889 2
1,4-二氧六环	11.8	101	1.033 7

9.3.2.2 醚的光谱性质

在红外光谱中，醚分子中的 C—O 伸缩振动吸收峰出现在 1 200~1 050 cm^{-1} 区域，与醇的 C—O 吸收峰出现在同一区域内。乙醚的红外光谱图见图 9-5。

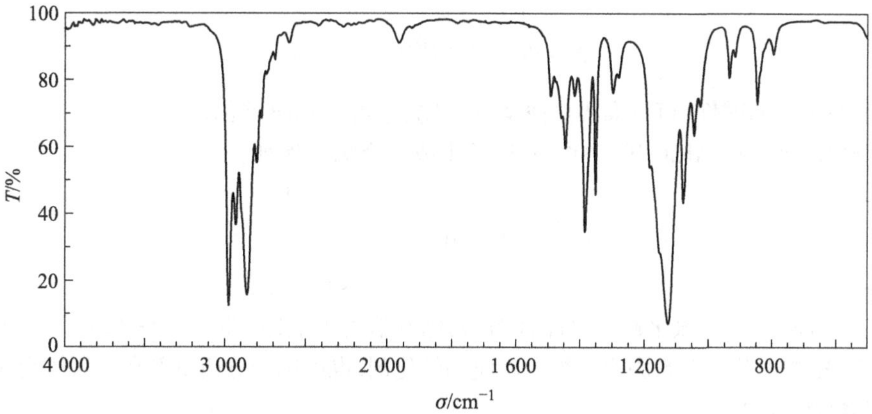

图 9-5 乙醚的红外光谱图

在核磁共振氢谱中，醚分子中与氧原子相连的碳原子上的质子由于受氧原子吸电子效应的影响，化学位移移向低场，δ=3.3~4.0。乙醚的核磁共振氢谱图见图 9-6。

醚的 M 峰相对强度较小，M+1 峰相对强度较大，其裂解规律见 §7.5.3.4。

9.3.3 醚的化学性质

醚是一类不活泼的化合物，它对碱、稀酸、还原剂、氧化剂等都是稳定的。但与强酸性物质可以发生某些化学反应。

9.3.3.1 鎓盐的生成

醚键中的氧上具有孤电子对，它作为一种路易斯(Lewis)碱，可与浓硫酸、浓氢卤酸等强无机酸作用形成鎓盐。例如：

$$CH_3CH_2—O—CH_2CH_3 + H_2SO_4 \longrightarrow CH_3CH_2—\overset{+}{\underset{H}{\underset{|}{O}}}—CH_2CH_3 \quad HSO_4^-$$

鎓盐可溶于冷的浓强酸中，用水稀释会分解析出原来的醚。所以不溶于水的醚能溶于强酸溶

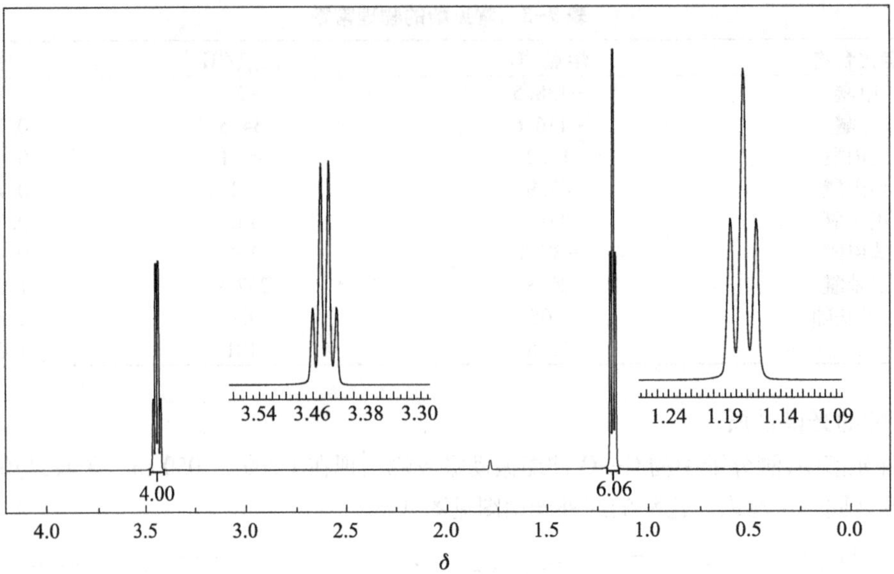

图 9-6　乙醚的核磁共振氢谱

液中，利用醚的这种弱碱性，可分离提纯醚类化合物，也可鉴别醚类化合物。

此外，醚也能和 BF_3、$AlCl_3$ 等一些 Lewis 酸生成络合物。例如：

$$CH_3CH_2—O—CH_2CH_3 + BF_3 \longrightarrow (CH_3CH_2)_2O\colon BF_3$$

三氟化硼乙醚，又名三氟化硼乙醚加合物，无色或暗褐色液体，沸点 125～126℃。在有机合成上主要用作乙酰化、烷基化、聚合、脱水和缩合反应的催化剂，也可用作分析试剂和环氧树脂固化剂。

9.3.3.2　醚键的断裂

醚虽然是很稳定的，但与氢卤酸一起加热，生成鎓盐后醚键（C—O）变弱，会发生断裂而生成卤代烃和醇。在过量氢卤酸存在下，醇也变成了卤代烃。

$$R—\ddot{O}—R + HX \longrightarrow R—\overset{+}{\underset{H}{O}}—R \xrightarrow[\triangle]{X^-} R—X + R—OH \xrightarrow{\text{过量}HX} R—X + H_2O$$

醚键的断裂反应属于亲核取代反应。醚首先与质子结合生成鎓盐，此时将较差的离去基团 RO^- 变成了较好的离去基团 ROH，然后 X^- 作为亲核试剂进攻鎓盐底物的中心碳原子，而促使醚键断裂。

由于 X^- 的亲核性大小顺序为 $I^- > Br^- > Cl^-$，所以断裂醚键的氢卤酸的反应活性顺序为

$$HI > HBr > HCl$$

HI 的活性最高，所以它是醚键断裂反应常用的试剂。也可以用 KI 和 H_3PO_4 代替 HI。例如：

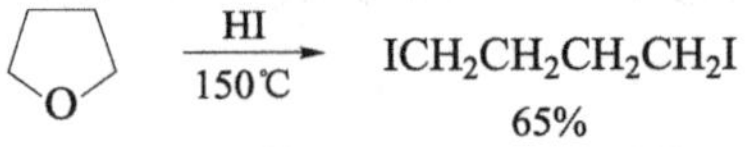

$$(CH_3)_2CH—O—CH(CH_3)_2 \xrightarrow{KI,\ H_3PO_4} 2(CH_3)_2CH—I$$

90%

醚键断裂反应的机理取决于醚分子中烃基的结构。一般情况是：当 R 为伯烃基时，按 S_N2 机理进行；R 为叔烃基时，则按 S_N1 机理进行；R 为仲烃基时，情况比较复杂，它可能按 S_N1 或 S_N2 机理进行。例如：

$$(CH_3)_2CH—O—CH_3+HI(1\ mol)\xrightarrow{S_N2}(CH_3)_2CH—OH+CH_3I$$

$$(CH_3)_3C—O—CH_3+HI(1\ mol)\xrightarrow{S_N1}(CH_3)_3CH—I+CH_3OH$$

由于芳醚的氧原子与芳环可以形成 p-π 共轭，此碳氧键很难断裂。因此在浓 HX 作用下，芳醚断裂总是生成酚和卤代烃。例如：

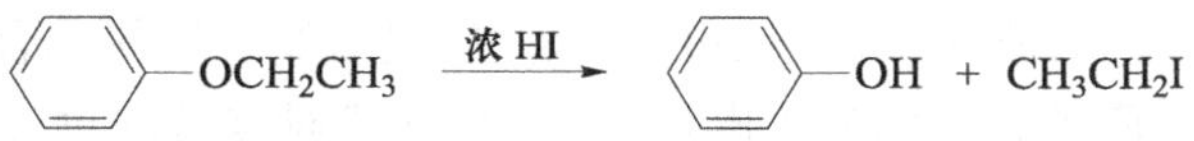

乙烯基醚在稀酸作用下，生成醛或酮：

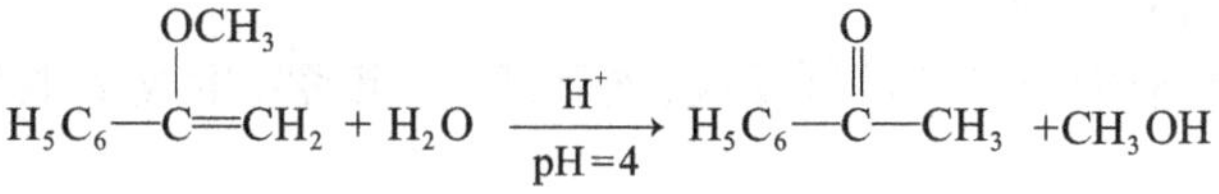

该反应的机理为

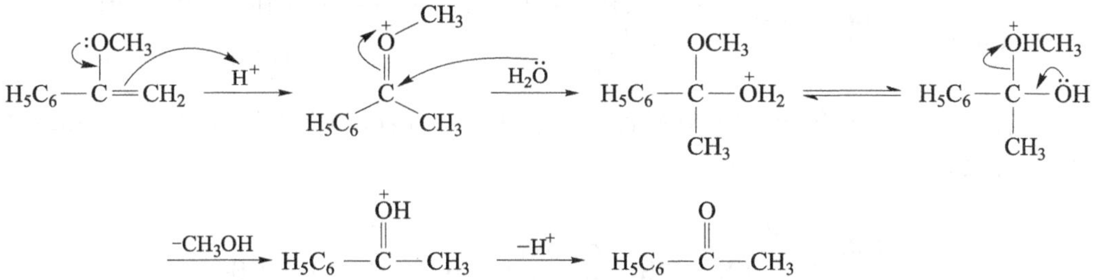

苄基醚在催化加氢条件下发生氢解（hydrogenolysis），生成甲苯和醇。其他醚一般不发生氢解。

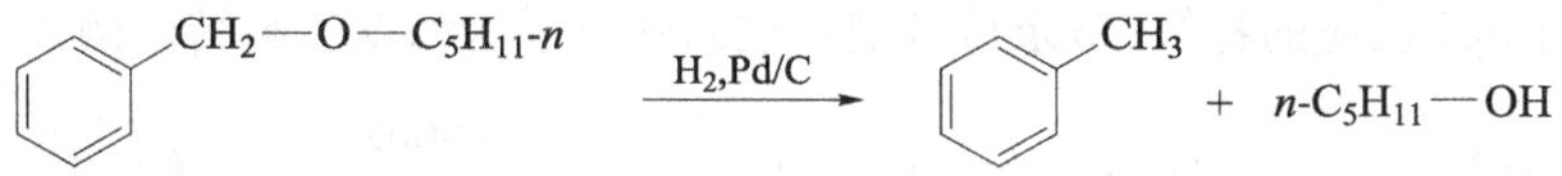

问题 9-17 写出下列反应的产物：

（1）$CH_3CH_2CH_2CH_2OCH_3$ + HI (1 mol) ⟶ （2）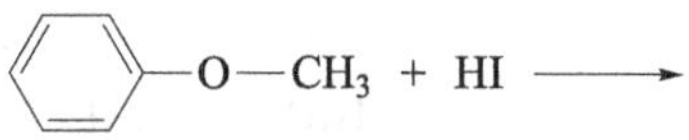

（3）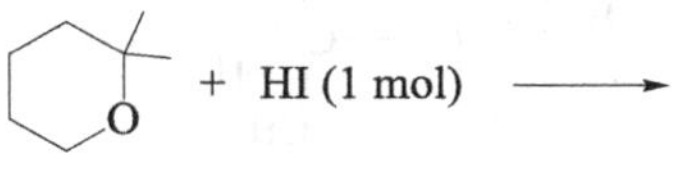 （4）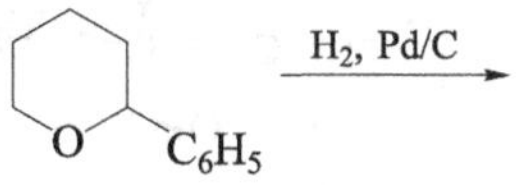

9.3.3.3 过氧化物的形成

醚对一般氧化剂是稳定的，但在空气中久置，会慢慢发生自动氧化，生成过氧化物。

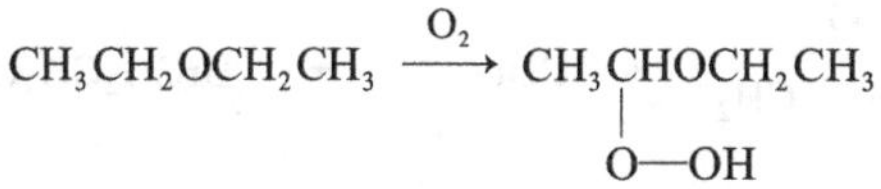

有机过氧化物不稳定，受热时容易分解爆炸，所以在蒸馏醚类溶剂（乙醚、四氢呋喃等）时，

切记不要把醚蒸得太干。醚类化合物应避免暴露在空气中，最好放在深色玻璃瓶内保存，也可以加入抗氧化剂如对苯二酚，防止过氧化物的生成。对于久置的醚必须检查是否有过氧化物存在，检查的方法是使用淀粉-碘化钾试纸。如果待检测的醚能使湿的淀粉-KI 试纸变蓝，则表明醚中含有过氧化物。

除去过氧化物的方法是将醚用硫酸亚铁溶液洗涤，过氧化物很容易被还原剂 $FeSO_4$ 破坏。

9.3.4　环醚

9.3.4.1　环氧化合物

由于三元环的张力较大，故环氧化合物的化学性质很活泼。环氧化合物中氧原子的电负性大，C—O 键发生极化，碳原子具有部分正电性，因此亲核试剂容易进攻碳原子而发生亲核取代反应，使三元环开环，形成稳定的链状化合物。

1. 碱性条件下的开环反应

环氧乙烷在碱性溶液中与亲核试剂反应，碳氧键发生断裂，生成2-取代乙醇，这是一个放热反应。例如：

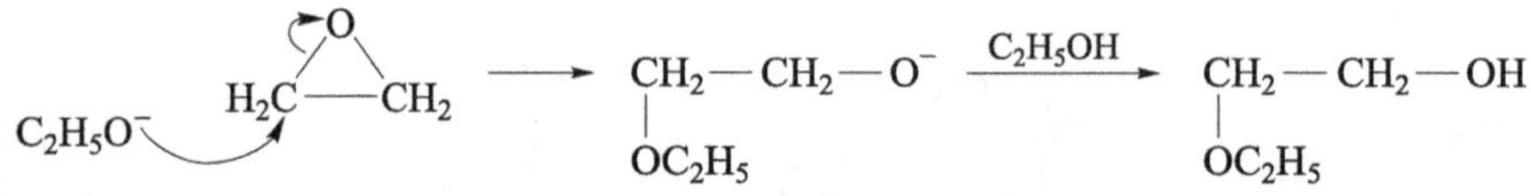

对于结构非对称的环氧化合物，在碱性条件下开环，亲核试剂进攻位阻较小的，即取代较少的碳原子。例如：

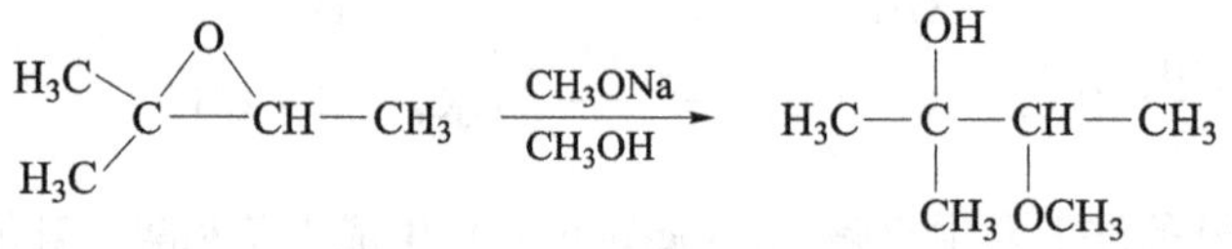

该反应具有 S_N2 反应的特征，被亲核试剂进攻的碳原子构型发生翻转。例如：

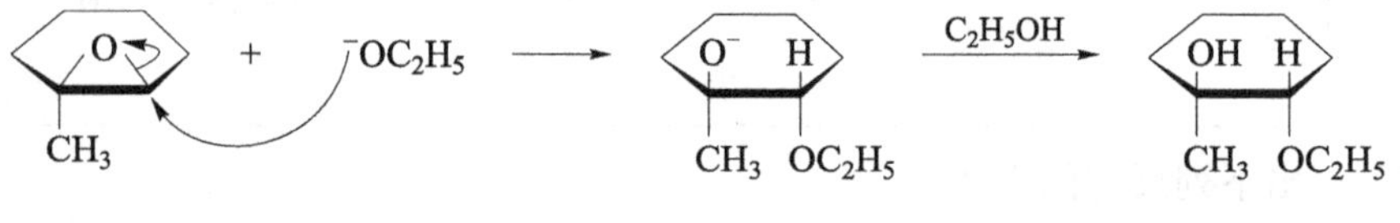

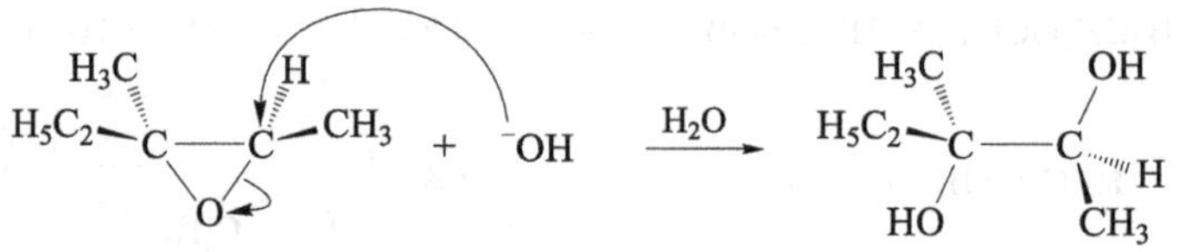

2. 酸性条件下的开环反应

环氧乙烷在酸性条件下非常容易开环。例如：

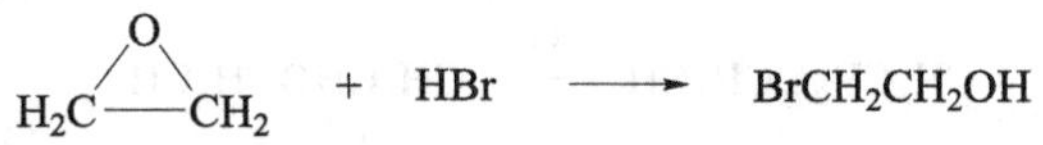

对于结构非对称的环氧化合物，在酸性条件下开环，亲核试剂进攻取代较多的碳原子。

例如：

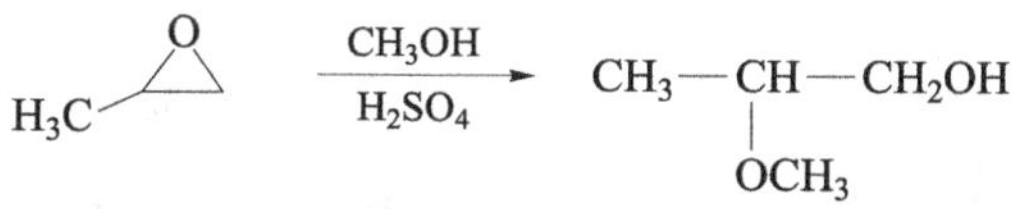

在酸性条件下，环氧化合物的开环反应也是按 S_N2 机理进行的。但由于质子化的环氧化合物的活性较高，离去基团的离去能力较强，而亲核试剂又比较弱，所以反应是从 C—O 键断裂开始的。在键断裂过程中，亲核试剂才逐渐与中心碳原子接近。因为键的断裂先于键的形成，所以中心碳原子显示部分正电性。开环反应的方向主要决定于电子因素，而与空间因素关系不大。在这里，C—O 键将优先从比较能容纳正电荷的那个环碳原子一边断裂，所呈现的正电荷主要集中在这个碳原子上，因此亲核试剂优先接近该碳原子(即取代较多的环碳原子)。下面以醇的反应为例说明酸性开环的方向。

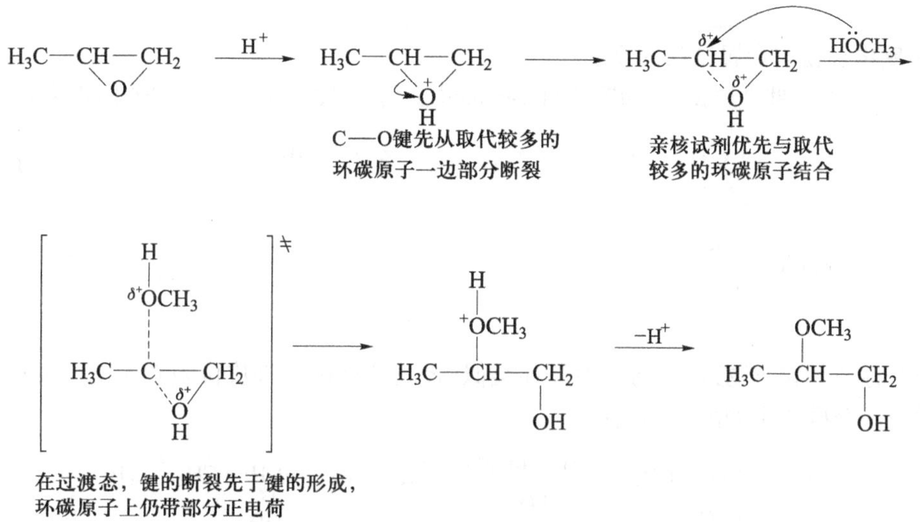

总而言之，非对称环氧化合物的酸性开环反应的方向是亲核试剂优先与取代较多的环碳原子结合，相应的开环产物是主要的。

在此还要特别指出，酸性开环方向的本质是，亲核试剂优先与比较能容纳正电荷的环碳原子结合，由此决定开环产物。例如，下列环氧化物中，两个环碳原子取代一样多，显然，亲核试剂应该优先与连有苯基的那个环碳原子结合，因为连有苯基的碳原子容纳正电荷的能力较强。

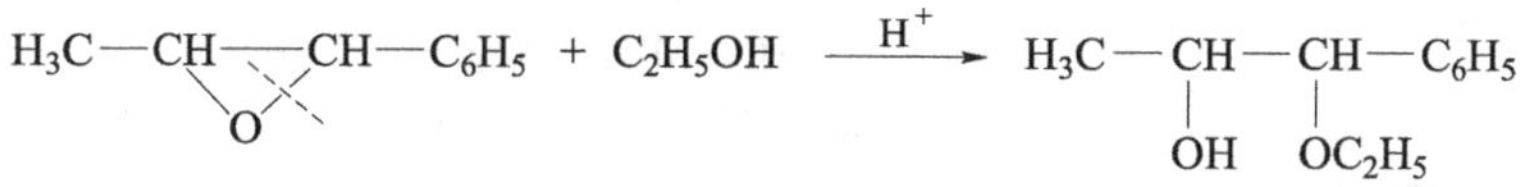

由于酸性开环也是按 S_N2 机理进行的，所以其立体化学也具有 S_N2 反应的特征，即被亲核试剂进攻的碳原子构型发生翻转。例如：

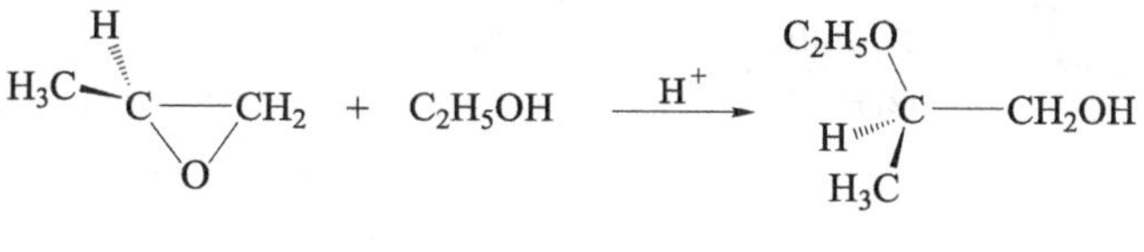

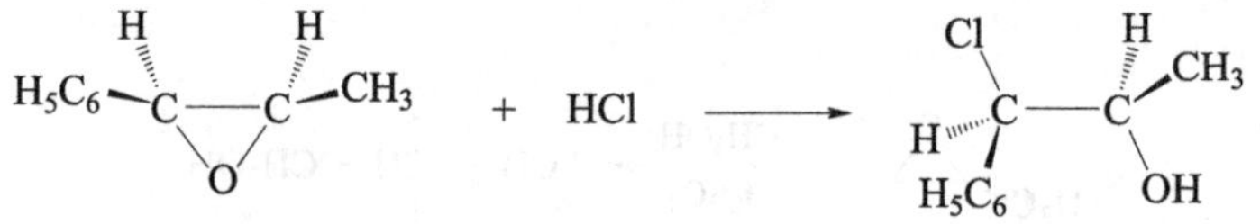

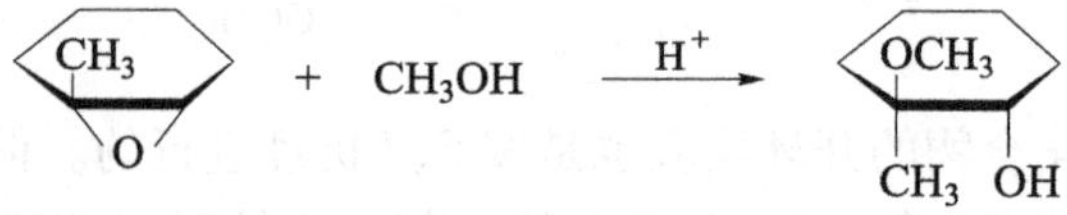

问题 9-18　写出下列反应的产物：

(1) 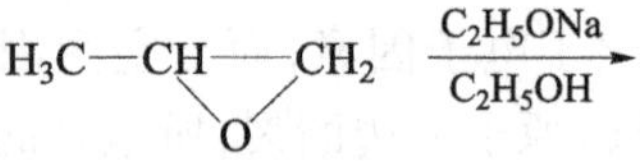　(2) 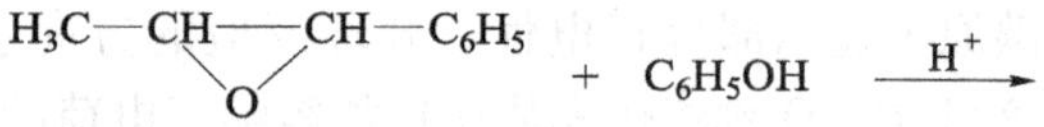

(3) 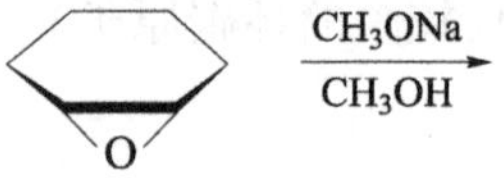　(4) 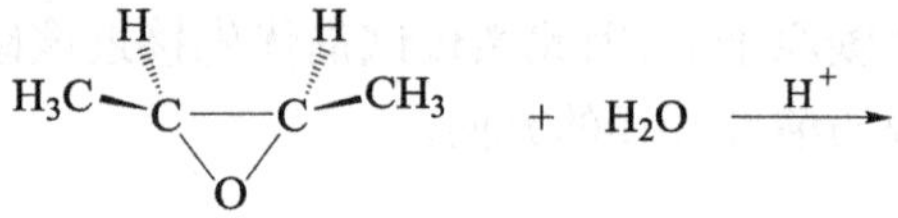

3. 环氧化合物与金属试剂的反应

环氧化合物与一些金属试剂（如锂试剂、Grignard 试剂）等发生开环反应，经水解得到醇。例如：

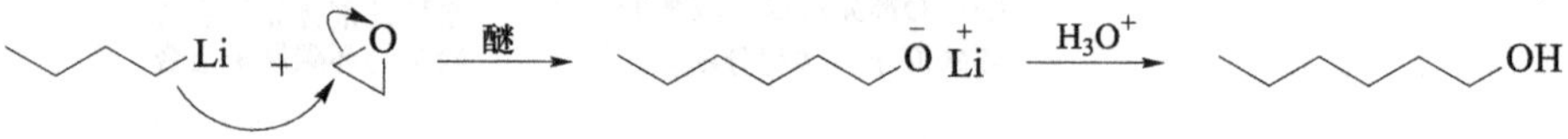

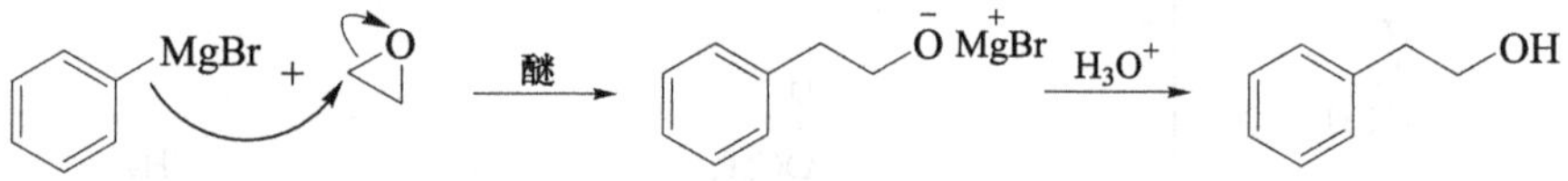

对非对称环氧化合物来说，与碱性开环类似，金属试剂优先进攻位阻较小的一侧碳原子，最终得到增长两个碳原子的醇。例如：

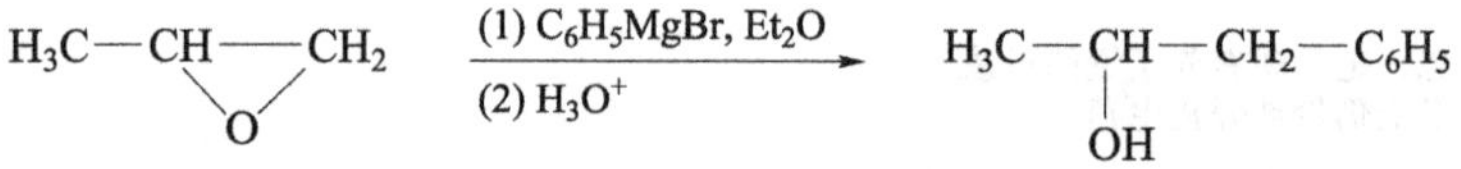

环氧化合物用 $LiAlH_4$ 还原得到醇，对于非对称环氧化合物，氢负离子从取代少的环碳原子一侧进攻。例如：

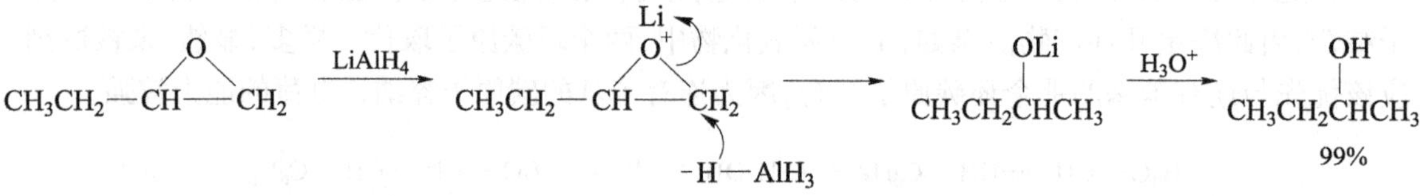

问题 9-19　完成下列反应：

(1) 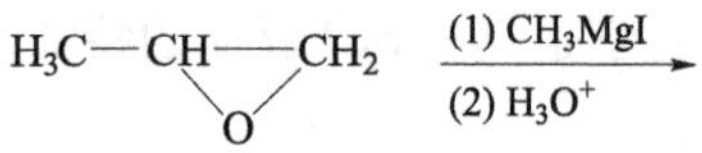

(2) 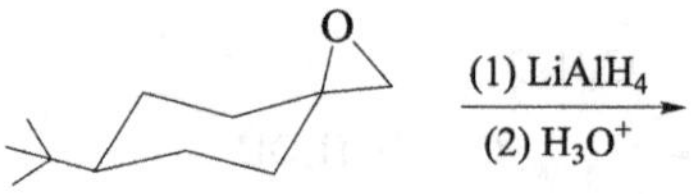

9.3.4.2 冠醚

冠醚是一种含氧的环状化合物，包含有多个醚基团，其中重复的单位是乙烯氧基（—CH_2CH_2O—）。因为形似皇冠，故称为冠醚（crown ether）。冠醚的系统命名比较复杂，一般采用简单命名法。即在“冠”字前后分别标出成环总原子数（X）和环中氧原子数（Y），称为 X-冠-Y。例如：

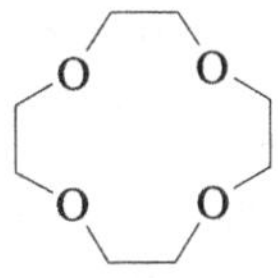

12-冠-4

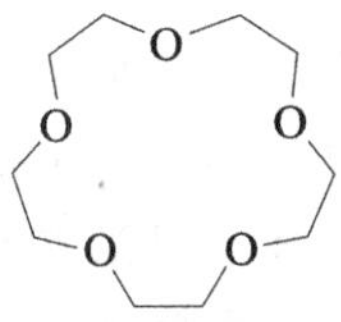

15-冠-5

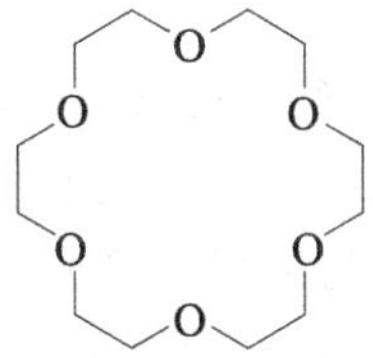

18-冠-6

有一些冠醚分子中含有并联的环己基或苯基，这时可在前面加上并联基团的名称。例如：

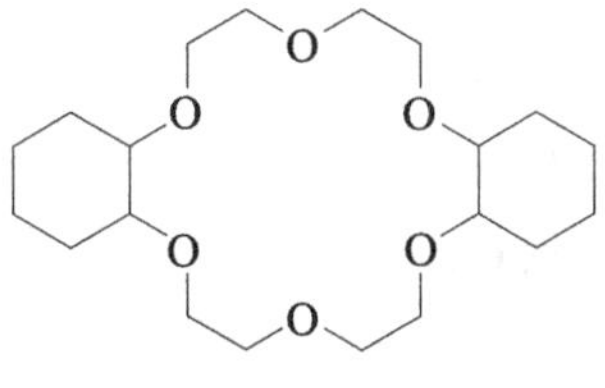

二环己基-18-冠-6

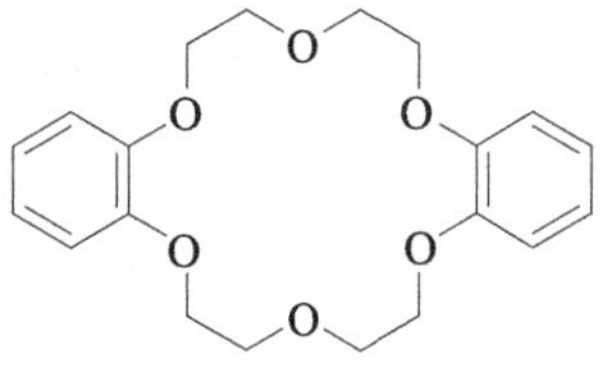

二苯并-18-冠-6

18-冠-6 是美国化学家 Pedersen C J（彼得森）于 1962 年合成的第一个冠醚。由于冠醚具有其特殊的性质和用途，冠醚化学有了很大的发展，并奠定了超分子化学的基础。在冠醚的合成及性质研究方面做出重大贡献的法国化学家 Lehn J M（莱恩）和美国化学家 Cram C J（克来姆）、Pedersen C J（彼得森）共同获得 1987 年诺贝尔化学奖。

冠醚主要采用 Williamson 合成法制备。例如，将三甘醇和相应的二氯化物与氢氧化钾一起加热，就可以制得 18-冠-6：

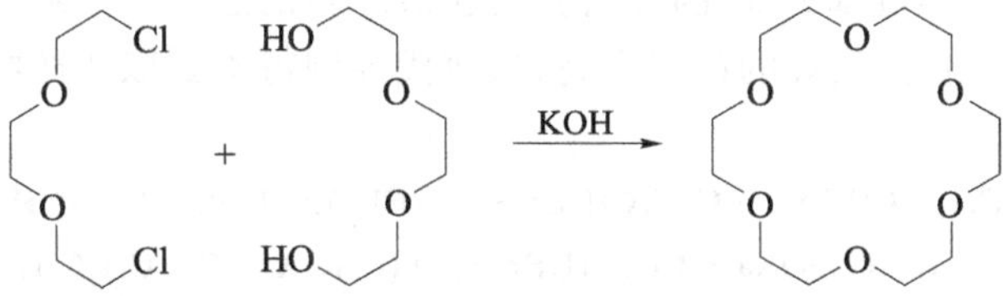

它是由三甘醇与二氯化物经两次 S_N2 反应生成的。第一次 S_N2 反应后，钾离子与产物中的 6 个氧原子络合，使长链两端的氯原子和羟基互相靠近，经过第二次 S_N2 反应生成大环化合物：

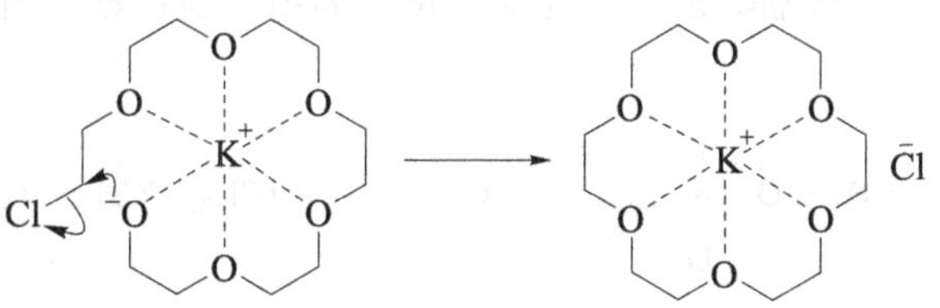

因此，K^+在反应中起模板作用。

冠醚最大的特点就是能与金属离子，尤其是与碱金属离子络合，并且随环的大小不同而与不同的金属离子络合。例如，18-冠-6 能与高锰酸钾生成络合物：

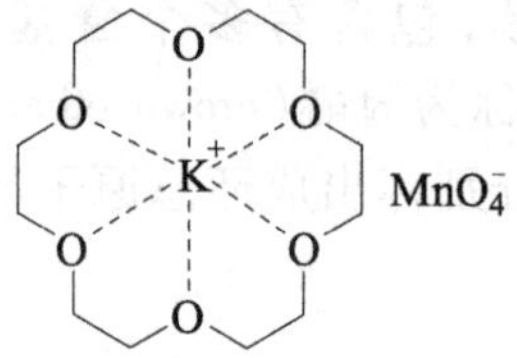

后者溶于苯而显紫红色，这样就可以把不溶于非极性溶剂的 $KMnO_4$ 带入有机溶剂中。

冠醚的这种性质在合成上极为有用，使许多在传统条件下难以反应甚至不发生的反应能顺利地进行。冠醚与试剂正离子络合，使该正离子可溶在有机溶剂中，而与它相对应的负离子也随同进入有机溶剂内，冠醚不与负离子络合，使游离或裸露的负离子反应活性很高，能迅速反应。在此过程中，冠醚把试剂带入有机溶剂中，称为相转移剂或相转移催化剂，这样发生的反应称为相转移催化反应。这类反应速率快、条件简单、操作方便、产率高。例如：

$$n\text{-}C_8H_{17}Br + KF \xrightarrow[\text{苯，室温}]{\text{18-冠-6}} n\text{-}C_8H_{17}F \quad 92\%$$

$$n\text{-}C_7H_{15}Br + KOAc \xrightarrow[\text{室温}]{\text{18-冠-6}} n\text{-}C_7H_{15}OAc \quad 96\%$$

9.3.5　醚的制备方法

9.3.5.1　Williamson 合成法

Williamson 合成法是制备混合醚的一种经典方法，是由卤代烃与醇钠或酚钠作用而得。

$$R{-}X + R'{-}ONa \longrightarrow R{-}O{-}R' + NaX$$

$$R{-}X + Ar{-}ONa \longrightarrow R{-}O{-}Ar + NaX$$

由于醇钠、酚钠都是强碱，与之作用的卤代烃往往会发生一定程度的消除而生成烯烃副产物。因此，在制备时为了尽量减少烯烃副产物，要注意原料的选择。一般采用伯卤代烃、烯丙型卤代烃和苄基型卤代烃，仲卤代烃的产率不高，叔卤代烃则得不到取代产物，只能得到消除产物（烯烃）。例如：

$$(CH_3)_2CHONa + C_6H_5CH_2Cl \longrightarrow (CH_3)_2CH{-}O{-}CH_2C_6H_5$$

$$(CH_3)_3C{-}ONa + CH_3CH_2Br \longrightarrow (CH_3)_3C{-}O{-}CH_2CH_3$$

$$(CH_3)_3C{-}O{-}CH_2CH_3 \;\not\longleftarrow\; (CH_3)_3C{-}Cl + CH_3CH_2ONa \longrightarrow CH_3{-}\underset{}{\overset{CH_3}{\overset{|}{C}}}{=}CH_2$$

除卤代烃外，磺酸酯、硫酸酯等都可作为烃基化试剂用于制备醚。例如：

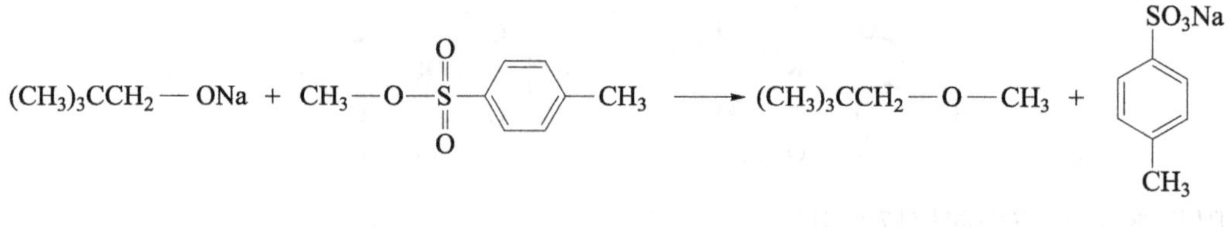

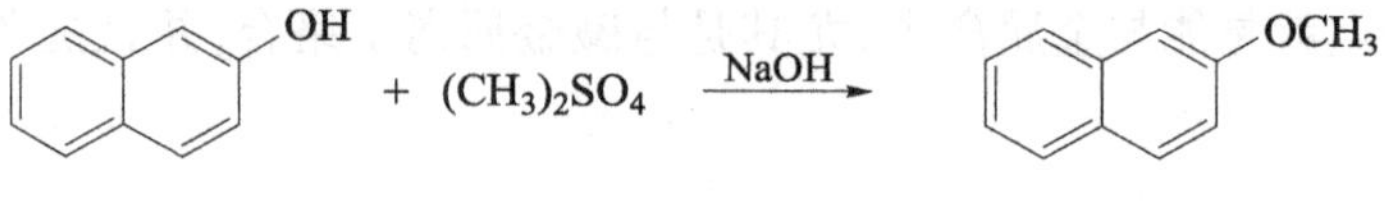

由于芳卤不活泼,在一般情况下不能用于制备醚。但当芳环上卤原子的邻或对位有强吸电子取代基时,它们可以和醇钠作用,生成混合醚。例如:

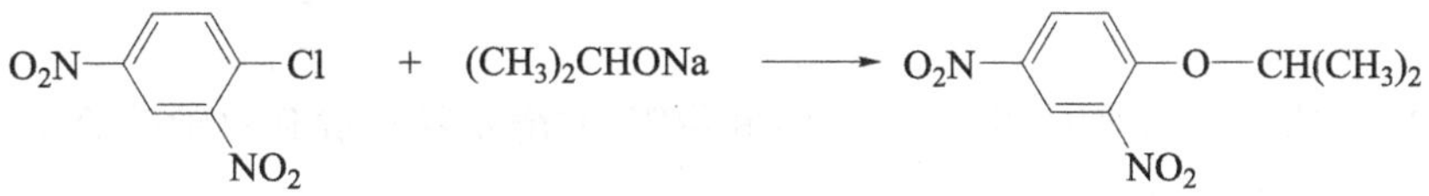

需要指出的是制备二苯醚时,通常采用 Ullmann 合成法,即用铜粉作催化剂,在较高的温度下进行,以使不活泼的芳卤参与反应。例如:

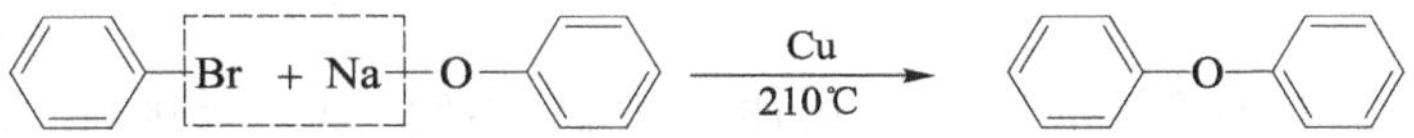

问题 9-20 采用 Williamson 反应合成下列醚化合物,并说明理由。

(1) $C_2H_5OC(CH_3)_3$　　(2) $(CH_3)_2CHOCH_2CH{=}CH_2$

9.3.5.2 醇分子间脱水法

在酸的催化下,两分子醇之间脱水生成醚,无论在工业上还是实验室制备中,都是制备简单的对称醚的一般方法。

第 9 章文中问题参考答案

$$R—O—H + H—O—R \xrightarrow[\triangle]{H_2SO_4} R—O—R$$

伯醇的分子间脱水通过 S_N2 反应机理进行,仲醇的分子间脱水按照 S_N1 反应机理进行。叔醇在酸性条件下很容易脱水得到烯烃,所以由醇脱水很难得到叔烷基醚。

1,4-二醇在酸的作用下,通过控制醇的浓度,可以实现分子内失水成环,得到四氢呋喃。

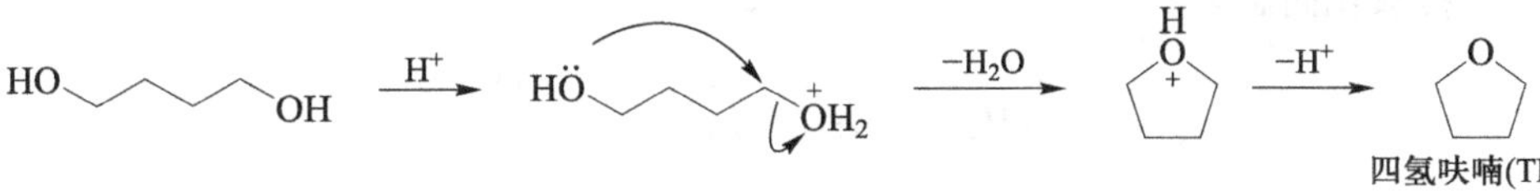

四氢呋喃(THF)

工业上用乙二醇与磷酸加热制备 1,4-二氧六环。

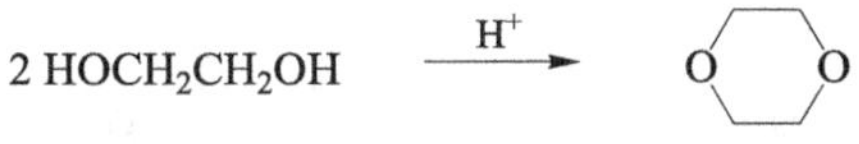

1,4-二氧六环

9.3.5.3 烯烃的烷氧汞化-脱汞反应

烯烃在醋酸汞作用下与醇反应得烷氧基汞化合物,后者用 $NaBH_4$ 脱汞得到醚,该反应称为烷氧汞化-脱汞反应。

$$R—CH{=}CH_2 \xrightarrow[R'OH]{Hg(OAc)_2} \xrightarrow{NaBH_4} R—\underset{\displaystyle OR'}{\underset{|}{C}H}—CH_3$$

这是一个相当于烯烃加醇的反应,反应遵循马氏规则。例如:

$$(CH_3)_3C—CH{=}CH_2+CH_3OH \xrightarrow[(2)\ NaBH_4]{(1)\ Hg(OAc)_2} (CH_3)_3C—\underset{\displaystyle OCH_3}{\underset{|}{CH}}—CH_3$$

83%

如果用叔醇和烯烃制备相应的醚，由于空间位阻，叔醇不易加成到双键碳原子上，而用三氟醋酸汞代替醋酸汞，效果较好。

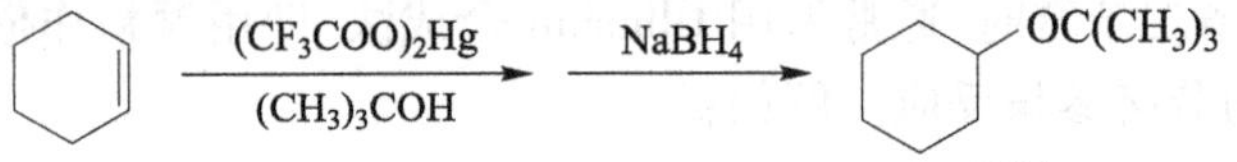

90%

烷氧汞化-脱汞反应具有反应快、操作方便、产率高、不发生重排等优点。该法和 Williamson 法比较还有一个突出的优点是没有竞争的消除反应，因此可以用来合成各种结构的醚。

9.3.6　重要的醚

9.3.6.1　乙醚

乙醚又称二乙醚，是一种无色、易燃、极易挥发的液体，其气味带有刺激性，曾经被当作吸入性全身麻醉剂。乙醚亦是一种用途非常广泛的极性有机溶剂，与空气隔绝时相当稳定。乙醚蒸气能与空气形成爆炸性混合物，当它遇到火花、高温、氧化剂时，就有发生燃烧爆炸的危险。乙醚略溶于水，能溶于乙醇、苯、氯仿、石油醚、其他极性溶液及许多油类。

乙醚在空气中长时间接触氧气容易生成过氧化物，在加热震动下有爆炸的危险。因此通常乙醚需要隔绝氧气，在棕色瓶中进行保存。

9.3.6.2　环氧乙烷

环氧乙烷是最简单和最重要的环醚。工业生产中，环氧乙烷主要是由乙烯在银催化下，用氧气或空气直接氧化而制得。

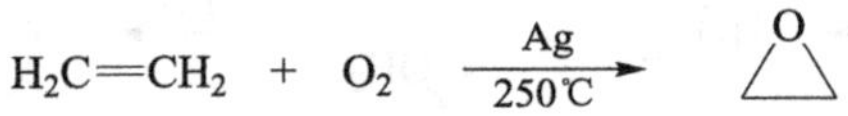

环氧乙烷可杀灭细菌(及其内孢子)、霉菌及真菌，因此可用于消毒一些不能耐受高温消毒的物品。大部分的环氧乙烷被用于制造其他化学品，主要是乙二醇、一缩二乙二醇、二缩三乙二醇、乙醇胺、三乙醇胺等。

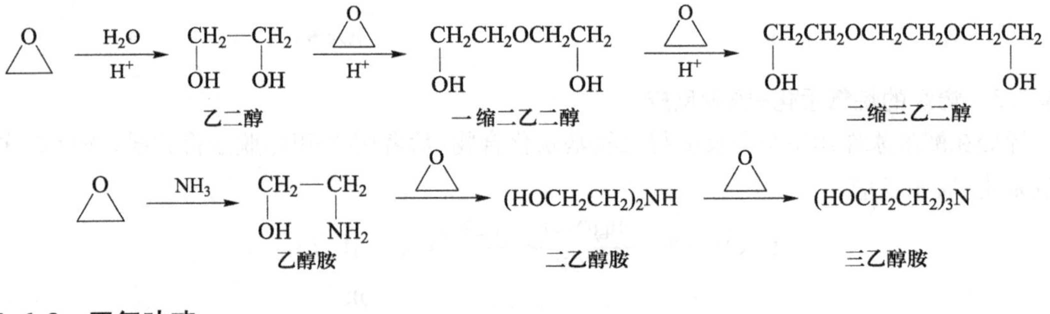

9.3.6.3　四氢呋喃

四氢呋喃是无色液体、可与水混溶，在常温常压下有较小黏稠度，是一种常用的中等极性非质子性溶剂。四氢呋喃主要由 1,4-丁二醇在酸催化条件下脱水制备得到。

四氢呋喃常作为实验室中沸点较高的醚类溶剂。它的氧原子可以与路易斯酸发生配位作用，包括 Li^+、Mg^{2+}等。因此，四氢呋喃和乙醚一样，可以作为有机锂化合物和 Grignard 试剂的制备和反应溶剂。

// 习　题 //

1. 写出下列结构式的系统命名：

(1) 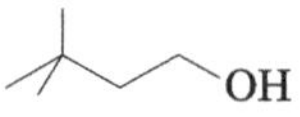

(2) 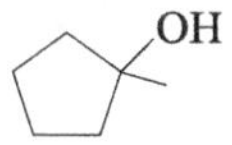

(3) 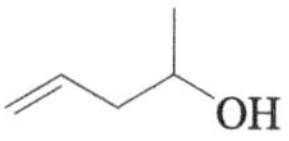

(4) 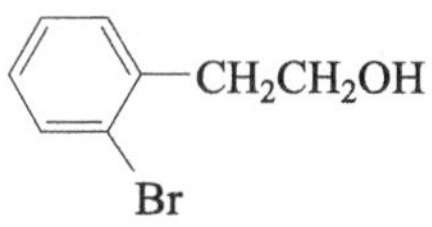

(5) 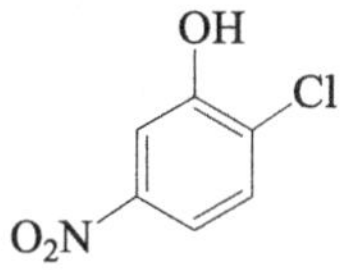

(6) 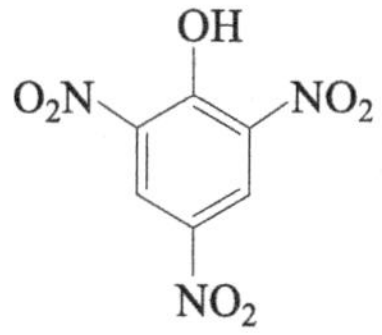

(7) $C_2H_5OCH(CH_3)_2$

(8) 

2. 写出下列化合物的构造式：

(1) (*E*)-2-戊烯-1-醇　(2) 烯丙基异丙基醚　(3) 甲基对硝基苄基醚

(4) 2,3-二甲氧基己烷　(5) 18-冠-6　(6) 三苯甲醇

(7) 异戊醇　(8) 苦味酸　(9) 四氢呋喃

(10) 季戊四醇　(11) β-氨基乙醇　(12) 三乙醇胺

3. 写出下列化合物的构造式：

(1) (*Z*)-2-buten-1-ol　(2) 2-chloro-4-methylphenol

(3) 2-ethoxyophenol　(4) 5-nitro-2-naphthol

(5) *tert*-butyl phenyl ether　(6) 1,2-dimethoxyethane

4. 写出异丙醇与下列试剂作用的反应式：

(1) Na　(2) HBr

(3) H_2SO_4, >160℃　(4) H_2SO_4, <140℃

(5) 红磷+碘　(6) $SOCl_2$

(7) $CH_3C_6H_4SO_2Cl$　(8) (1)的产物+C_2H_5Br

5. 在叔丁醇中加入金属钠，当钠被消耗后，在反应混合物中加入溴乙烷，这时可得到 $C_6H_{14}O$，如在乙醇与金属钠反应的混合物中加入 2-溴-2-甲基丙烷，则有气体产生，在留下的混合物中仅有乙醇一种有机化合物。试写出所有的反应式，并解释这两个实验为什么不同？

6. 完成下列各反应：

(1) 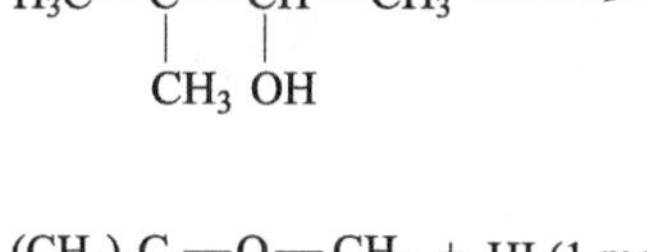

(2) 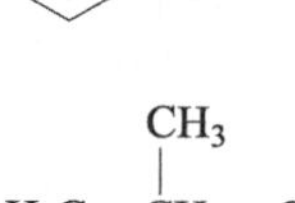 + HI (1 mol) ⟶

(3) $(CH_3)_3C—O—CH_3$ + HI (1 mol) ⟶

(4) 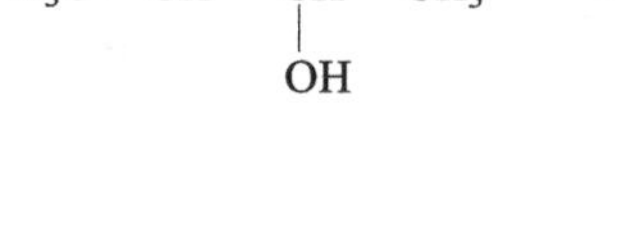

(5) 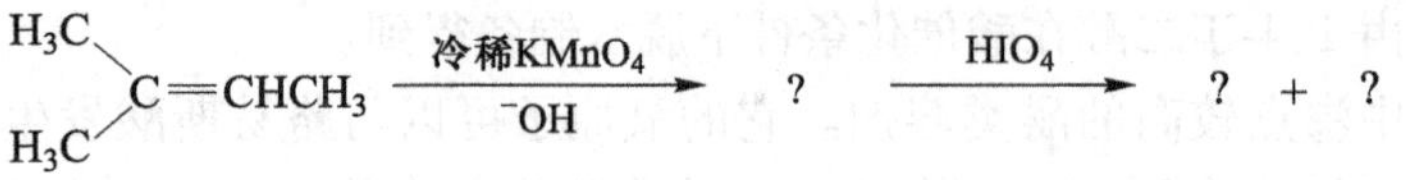

(6) 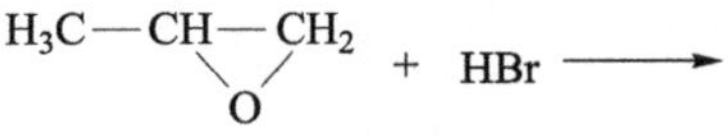

(7) 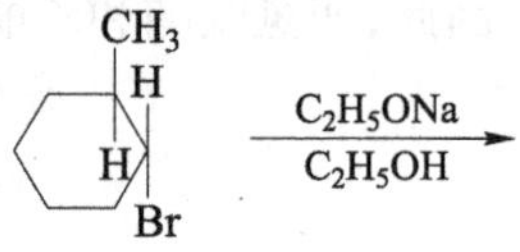

(8) 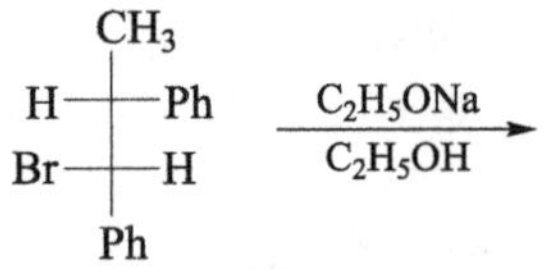

(9) 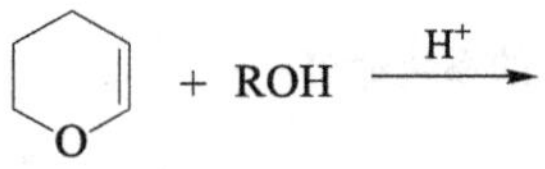

(10) 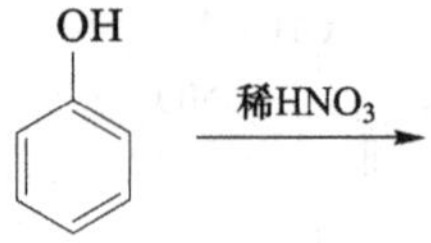

(11) 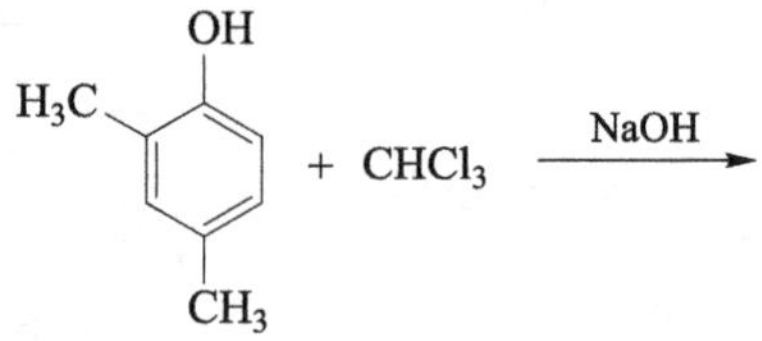

(12) 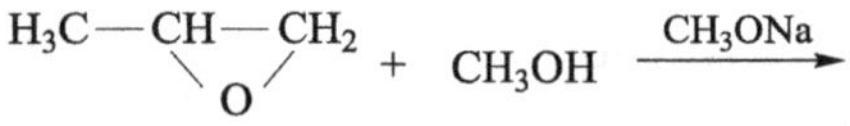

(13) 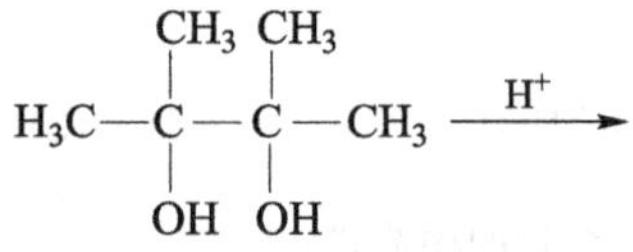

(14) 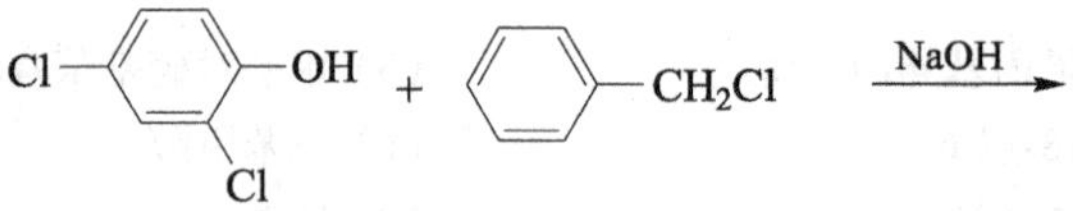

(15) 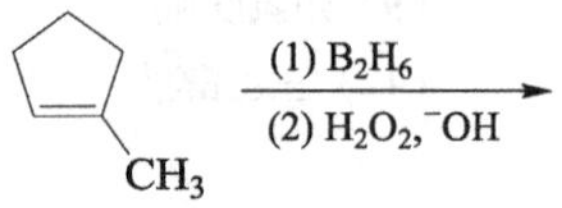

(16) 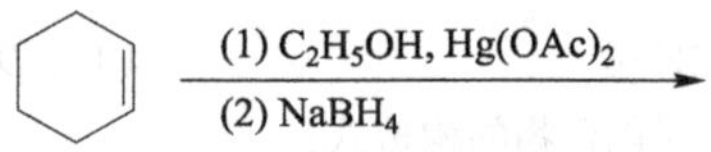

(17) 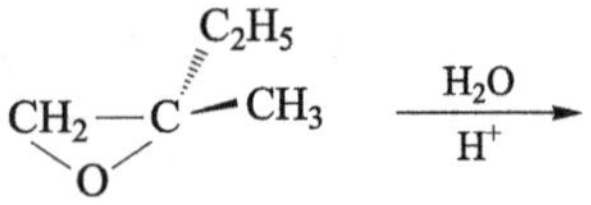

(18) 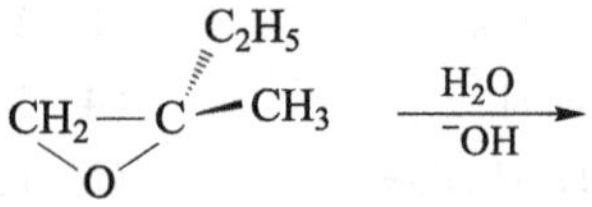

(19) 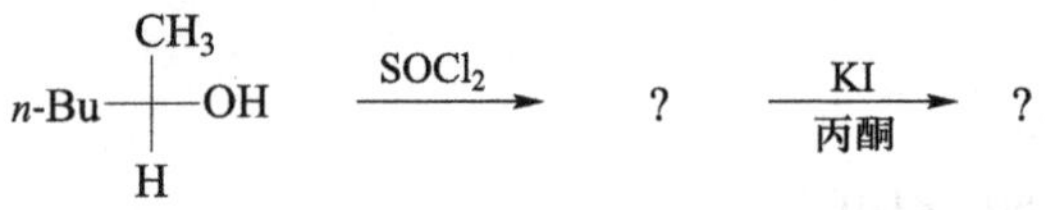

(20) 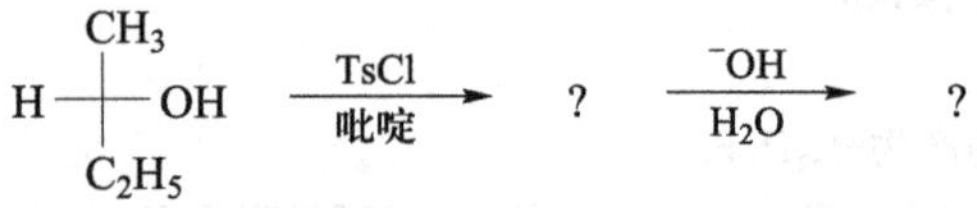

7. 用历程解释下列反应：

(1) 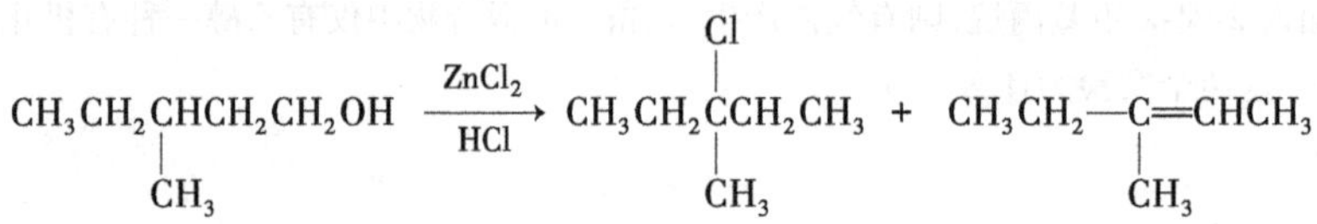

(2) 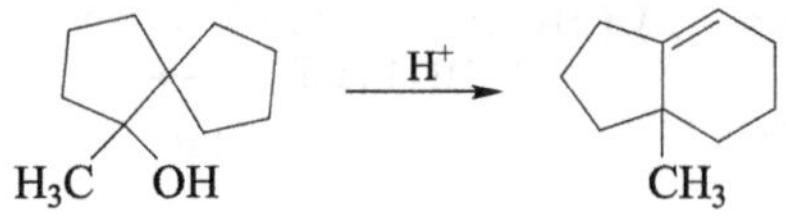

(3) 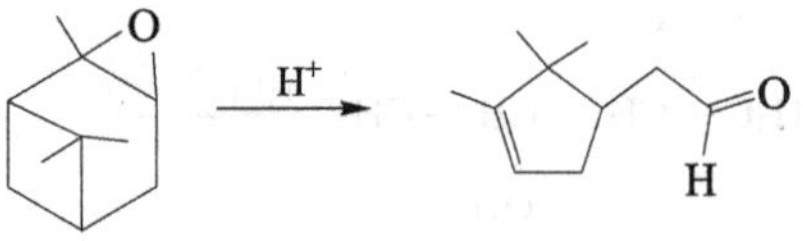

(4) 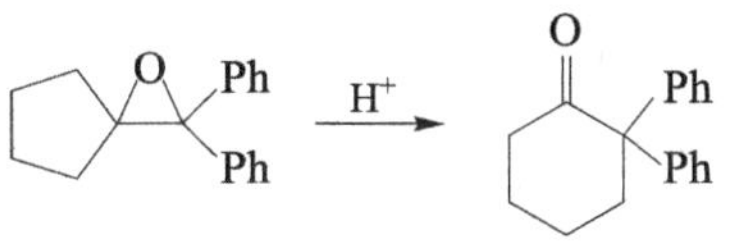

(5) 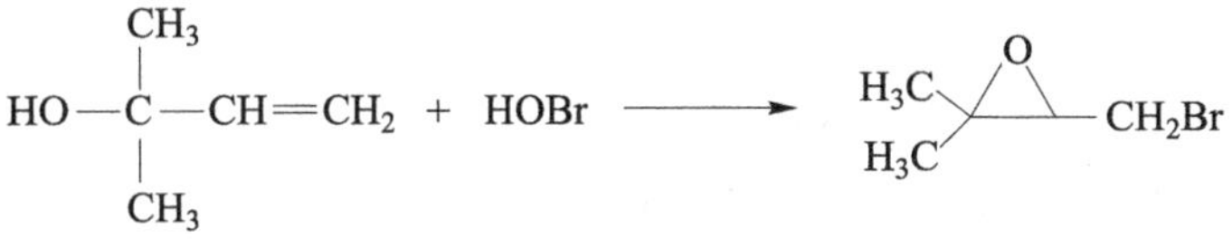

(6) 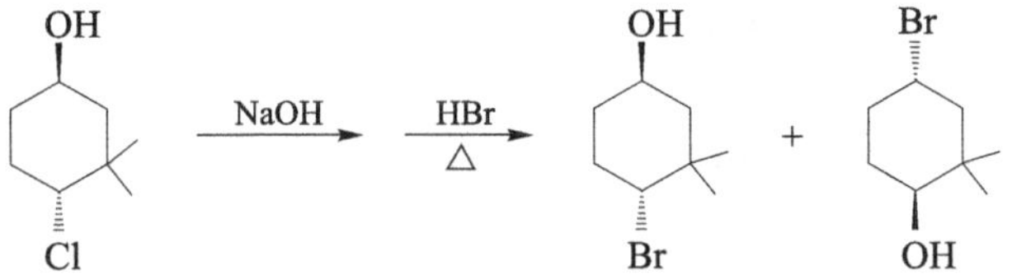

(7) 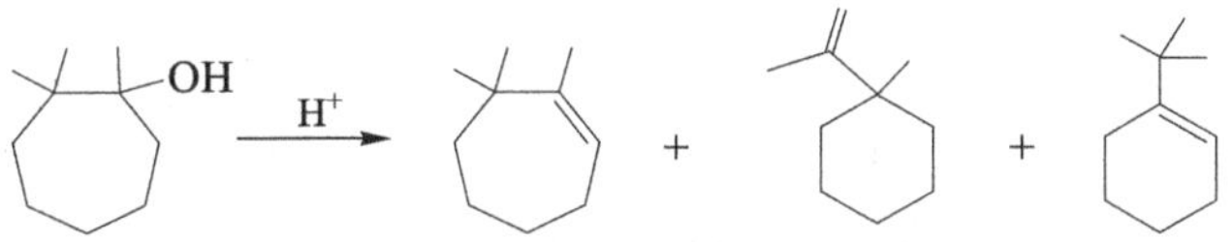

(8) 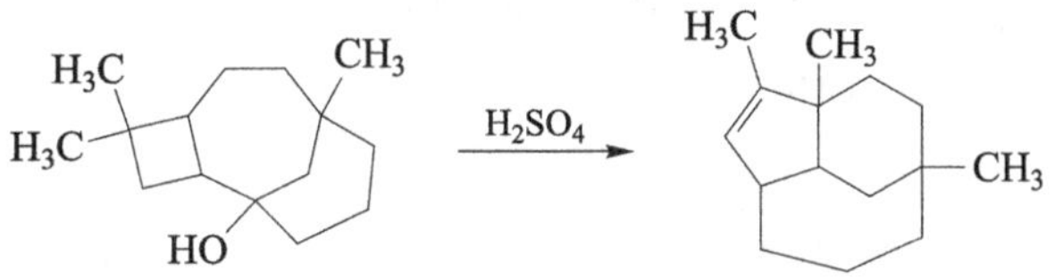

8. 写出邻甲苯酚与下列试剂反应的主要有机产物，如不反应请用“NR”表示：

(1) $(CH_3O)_2SO_2$，NaOH　　(2) $Na_2Cr_2O_7$，H_2SO_4　　(3) CH_3COOH，H_2SO_4，加热

(4) 98%H_2SO_4，25℃　　(5) 冷、稀 HNO_3　　(6) Br_2/H_2O

(7) $(CH_3CO)_2O$　　(8) $CHCl_3$，浓 NaOH，加热　　(9) HONO

(10) HNO_3(2mol)/HOAc　　(11) HBr，加热　　(12) CO_2，K_2CO_3，240℃

9. 写出下列各题括号中的构造式：

(1) (　　) +1 mol HIO_4 $\longrightarrow$ $H-\underset{\underset{O}{\|}}{C}-CH_2CH_2CH_2-\overset{H}{\underset{CH_3}{\overset{|}{\underset{|}{C}}}}-\overset{\overset{O}{\|}}{C}H$

(2) (　　) +2 mol HIO_4 $\longrightarrow$ CH_3CHO + $CH_3\overset{\overset{O}{\|}}{C}CH_3$ +HCOOH

10. 化合物 A 为反-2-甲基环己醇，将 A 与对甲苯磺酰氯反应的产物用叔丁醇钠处理所获得的唯一烯烃是 3-甲基环己烯。

(1) 写出以上各步反应式；

(2) 指出最后一步反应的立体化学；

(3) 若将 A 用硫酸脱水，能否得到上述烯烃？

11. 选择适当的醛、酮和格氏试剂合成下列化合物。

(1) 2-苯基-1-乙醇　　(2) 1-环己基环己醇

(3) 2-戊醇　　(4) 2-甲基-2-丁醇

(5) 1-甲基环己烯

12. 利用指定原料进行合成（无机试剂和 C_2 及以下的有机试剂可以任选）：

（1）用正丁醇合成：正丁酸，1，2-二溴丁烷，1-氯-2-丁醇，1-丁炔，2-丁酮

（2）用乙炔合成

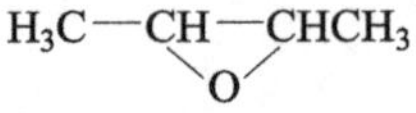

（3）用丙烯合成

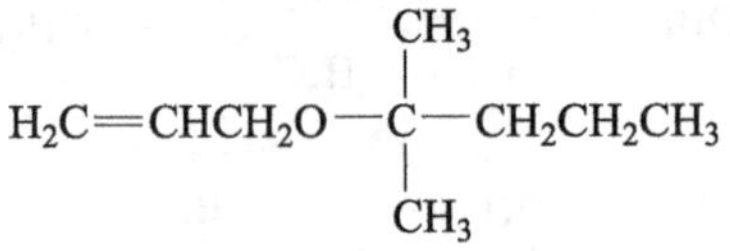

（4）用苯酚合成

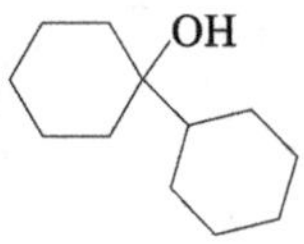

（5）用丙烯和苯合成

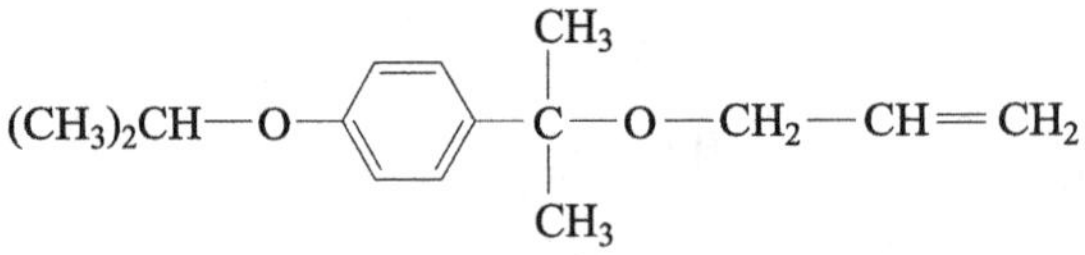

（6）以苯和环己醇合成

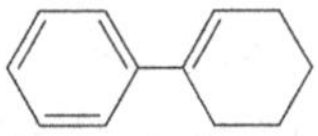

（7）以苯和环己醇为主要原料合成

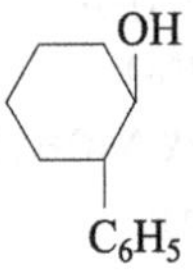

（8）由甲苯合成

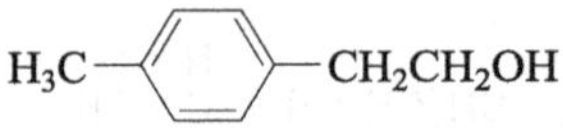

13. 试用适当的化学方法结合必要的物理方法将下列混合物中的少量杂质除去。

（1）乙醚中含有少量乙醇

（2）乙醇中含有少量水

（3）环己醇中含有少量苯酚

14. 用化学方法鉴别下列各组化合物：

（1）乙苯、苯乙醚、苯酚、1-苯基乙醇

（2）苯、环己烯、甲苯、苄氯、苯酚

（3）烯丙醇、正丁醇、1-溴丙烷、甲乙醚

15. 分子式为 $C_6H_{10}O$ 的化合物 A，能与卢卡斯试剂反应，亦可被 $KMnO_4$ 氧化，并能吸收 1 mol Br_2，A 经催化加氢得 B，将 B 氧化得 C（分子式为 $C_6H_{10}O$），将 B 在加热下与浓硫酸作用的产物还原可得到环己烷。试推测 A 可能的结构，写出各步反应式。

16. 化合物 A 分子式为 $C_6H_{14}O$，能与 Na 作用，在酸催化下可脱水生成 B，以冷 $KMnO_4$ 溶液氧化 B 可得到 C，其分子式为 $C_6H_{14}O_2$，C 与 HIO_4 作用只得到丙酮。试推测 A、B、C 的构造式，并写出有关反应式。

17. 分子式为 $C_5H_{12}O$ 的一般纯度的醇，具有下列 ^1H NMR 数据，试写出该醇的结构式。

δ值	质子数	信号类型
(a) 0.9	6	二重峰
(b) 1.6	1	多重峰
(c) 2.6	1	单峰
(d) 3.6	1	八重峰
(e) 1.1	3	二重峰

18. 某化合物分子式为 $C_8H_{16}O$ (A)，不与 Na、NaOH 及 $KMnO_4$ 反应，而能与浓氢碘酸作用生成化合物 $C_7H_{14}O$ (B)，B 与浓硫酸共热生成化合物 C_7H_{12}(C)，C 经臭氧化水解后得产物 $C_7H_{12}O_2$(D)，D 的 IR 图上在 1 750~1 700 cm^{-1}处有强吸收峰，而在^1H NMR 图中有两组峰具有如下特征：一组为(1H)的三重峰（δ10），另一组是(3H)的单峰(δ2)。C 在过氧化物存在下与 HBr 作用得 $C_7H_{13}Br$ (E)，E 经水解得化合物 B。请推测出化合物 A~E 的结构式，并用反应式表示上述变化过程。

19. (2*S*,3*R*)-3-溴-2-丁醇用 HBr 处理后旋光性消失。怎么解释这个实验现象？这个反应的立体化学过程是怎样的？所得的无旋光产物是什么？

20. 解释下列实验事实：

$$(CH_3)_3C—O—CH_3 \xrightarrow{\text{无水HI,乙醚}} (CH_3)_3COH + CH_3I$$

$$(CH_3)_3C—O—CH_3 \xrightarrow{\text{HI水溶液}} CH_3OH + (CH_3)_3CI$$

21. 某卤代烷 A，分子式为 $C_5H_{11}Br$，在干燥乙醚中与金属镁形成格氏试剂 B($C_5H_{11}MgBr$)。B 与甲醛加成得化合物 C，而 C 在酸性条件下水解得化合物 D($C_6H_{14}O$)。D 以 Al_2O_3 为催化剂，加热失水得 E(C_6H_{12})。化合物 E 的 IR 谱图：3 095~3 075 cm^{-1}有吸收，2 900 cm^{-1}有强吸收，1 650 cm^{-1}有中强吸收，890 cm^{-1}处也有吸收。^1H NMR 谱图中，δ 1.0（双峰，6H），δ 1.65（单峰，3H），δ 2.2（多重峰，1H），δ 4.6（单峰，2H）。试确定 A、B、C、D 的结构式。

第 10 章 醛和酮

碳原子用一个双键和氧相连，即 C═O 叫做羰基(carbonyl group)，含有羰基的化合物叫羰基化合物，醛、酮是典型的羰基化合物。

羰基与一个烃基和一个氢原子相连的化合物叫醛 (aldehydes)(甲醛的羰基与两个氢原子相连)，$-\overset{\overset{\displaystyle O}{\|}}{C}-H$ 称为甲酰基，简写为—CHO。羰基和两个烃基相连的化合物称为酮(ketones)，酮分子中的羰基称为酮基或氧亚基。

§10.1 醛和酮的结构、分类和命名

10.1.1 醛、酮的结构

在醛、酮分子中，羰基的碳原子和氧原子都采取 sp^2 杂化，碳原子的三个 sp^2 杂化轨道与相邻的三个原子形成三个 σ 键，其中的一个 σ 键是与氧原子形成的；另外碳原子垂直于 sp^2 杂化平面的 2p 轨道与氧原子的一个 2p 轨道侧面重叠形成 π 键；故羰基是由一个 σ 键和一个 π 键构成的。羰基的分子轨道示意图如图 10-1 所示。

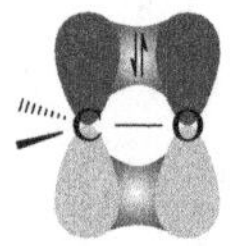

图 10-1　羰基的分子轨道示意图

与乙烯分子中的碳碳双键相比，醛、酮中羰基的电子结构有两个重要的差别：(1) 氧原子上带有两对电子，它们占据两个 sp^2 杂化轨道；(2) 由于羰基氧原子的电负性比碳原子大，π 电子云不可能对称地分布在碳和氧之间，而是更靠近氧的一端，故羰基是极化的，氧原子上带部分负电荷，而碳原子上带部分正电荷。因此，羰基的碳是亲电性的，而氧是亲核性和弱碱性的。羰基

的这种极化可以用它的极化共振式表示或用部分电荷表示：

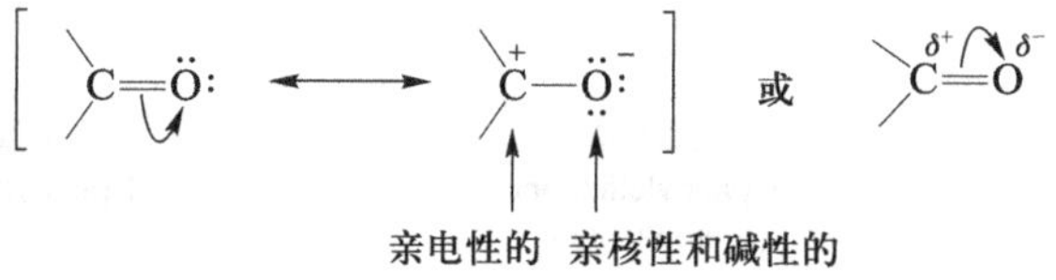

10.1.2　醛、酮的分类

醛、酮根据烃基是脂肪族的还是芳香族的，可以分为脂肪族醛、酮和芳香族醛、酮；根据烃基中是否含有不饱和键，又可分为饱和醛、酮和不饱和醛、酮；醛、酮还可以根据分子中所含羰基的数目，分为一元醛、酮和二元醛、酮等。本章主要讨论一元醛、酮。

10.1.3　醛、酮的命名

10.1.3.1　系统命名法

醛、酮用系统命名法命名时，首先选择含羰基的最长碳链为主链，主链编号从靠近羰基的一端开始。甲酰基一定在碳链的一端，总是占第一位，一般不用标明它的位次；而酮基不在链端，需将其位次标明。主链上如有其他的取代基或不饱和键时，要把侧链的名称及位次等写在某醛（酮）名称的前面。例如：

$CH_3CH_2CH_2CHO$

丁醛
butanal

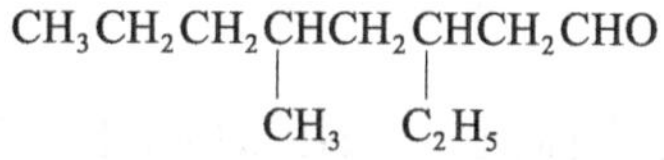

3-乙基-5-甲基辛醛
3-ethyl-5-methyloctanal

$CH_3—CH═CH—CHO$

2-丁烯醛
2-butenal

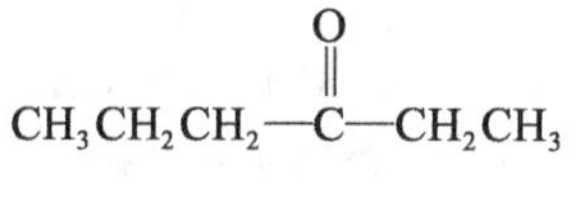

3-己酮
hexan-3-one

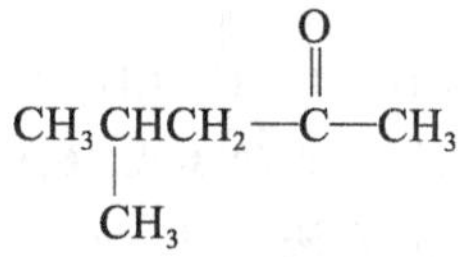

4-甲基-2-戊酮
4-methylpentan-2-one

脂环酮的命名规则：当羰基在环内时，称为环某酮，编号从羰基开始。如羰基在环外，一般将环作为取代基。例如：

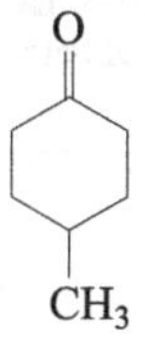

4-甲基环己酮
4-methylcyclohexan-1-one

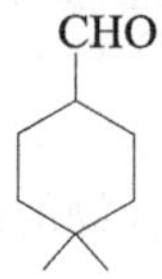

4,4-二甲基环己基甲醛
4,4-dimethylcyclohexane-1-carbaldehyde

芳香族醛、酮命名时，一般将芳基作为取代基。例如：

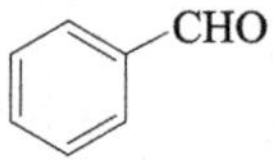

苯甲醛
benzaldehyde

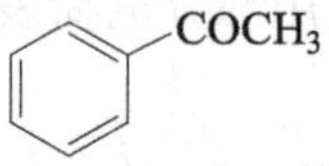

苯乙酮
1-phenylethanone
(acetophenone)

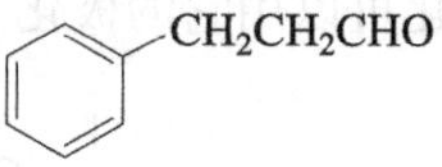

3-苯基丙醛
3-phenylpropanal

分子中同时含有甲酰基和酮基的化合物命名时,一般以醛为母体,酮基则以前缀“氧亚基(oxo)”表示。例如:

$$CH_3-\overset{\overset{\displaystyle O}{\|}}{C}-CH_2CH_2CHO$$

4-氧亚基戊醛
4-oxopentanal

在醛、酮的命名中,碳原子的位次有时也用希腊字母表示,与羰基直接相连的碳原子为 α-碳原子,其余依次为:β-碳原子、γ-碳原子、δ-碳原子等,酮分子中也可以有 α,α′,β,β′-碳原子等。例如:

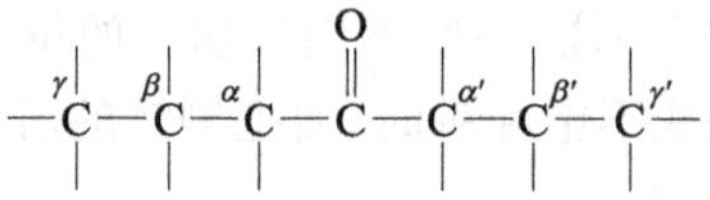

$$CH_3CH_2\underset{\underset{\displaystyle Br}{|}}{CH}-CHO$$

α-溴丁醛

二醛和二酮也经常用希腊字母来标记,一般用 α(相邻)、β(相隔一个碳)、γ(相隔两个碳)来表示两个羰基的相对位次。例如:

$$CH_3-\overset{\overset{\displaystyle O}{\|}}{C}-\overset{\overset{\displaystyle O}{\|}}{C}-CH_2CH_3$$

α-戊二酮(2,3-戊二酮)

$$CH_3-\overset{\overset{\displaystyle O}{\|}}{C}-CH_2-\overset{\overset{\displaystyle O}{\|}}{C}-CH_3$$

β-戊二酮(2,4-戊二酮)

10.1.3.2 习惯命名法

对于简单的酮可以用习惯命名法命名,一般以甲酮的衍生物来命名,命名时按取代基英文首字母依次排列,一般“基”字可以省略。例如:

$CH_3CH_2COCH_2CH_3$

二乙(基)酮
diethyl ketone

$CH_3COCH_2CH_3$

乙(基)甲(基)酮
ethyl methyl ketone

问题 10-1 命名或写下列化合物的结构:

(1) 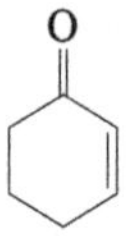 (2) 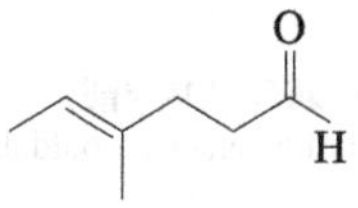 (3) 4-辛炔-3-酮 (4) β-羟基丁醛

(5) 4-溴环己酮

---

§ 10. 2 醛、酮的物理性质和光谱性质

10. 2. 1 物理性质

醛、酮分子中，由于羰基的极性，使得醛、酮的偶极矩较大，增加了分子间吸引力，所以醛、酮的沸点比相应的烷烃和醚都高。但因为醛、酮分子间不能形成氢键，故其沸点低于相应的醇。

羰基氧原子能和水分子形成氢键，故小分子的醛、酮可以与水混溶。但是，随着分子中疏水的烃基增多，其水溶性下降。六个碳原子以上的醛、酮几乎不溶于水。

低级醛具有强烈刺激味，中级醛具有香味，所以含九、十个碳原子的醛应用于香料工业中。低级酮是液体，具有令人愉快的气味，高级酮是固体。

脂肪族醛、酮的相对密度小于 1，芳香族醛、酮的密度约为 1。

部分一元醛、酮的物理常数见表 10-1。

表 10-1 部分一元醛、酮的物理常数

化合物名称	熔点/℃	沸点/℃	相对密度(d_4^{20})	溶解度/[g·(100 g 水)$^{-1}$]
甲醛	-92	-21	0.815(-20℃)	很大
乙醛	-123	20.2	0.795 1(10℃)	∞
丙烯醛	-87	52	0.841 0	∞
丁醛	-99	76	0.817 0	4
丙酮	-95	56	0.789 9	∞
丁酮	-86	80	0.804 5	37
环己酮	-45	155	0.947 8	—
苯甲醛	-26	178	1.046	0.3
苯乙酮	21	202	1.024	不溶

问题 10-2 将下列各组化合物按照沸点由高到低的顺序排列：

(1) $CH_3CH_2CH_2CH_3$ $CH_3OCH_2CH_3$ CH_3COCH_3 $CH_3CH_2CH_2OH$

(2) 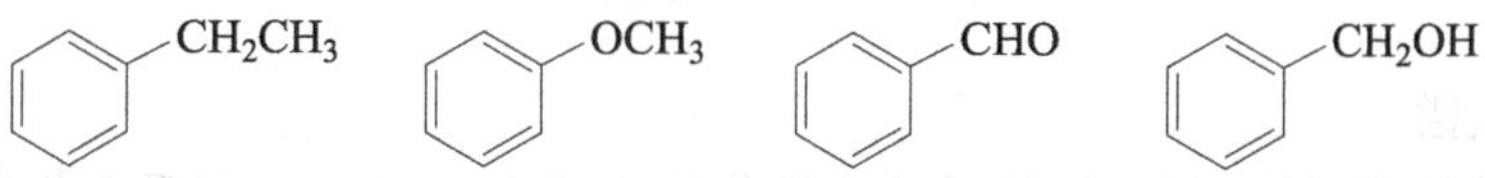

10. 2. 2 光谱性质

10. 2. 2. 1 红外光谱

醛、酮羰基的红外光谱在 1 750~1 680 cm^{-1}之间有一个非常强的伸缩振动吸收峰，这是鉴别

羰基最迅速的一个方法。甲酰基的吸收大约在 1 735 cm^{-1}；开链的烷酮和环烷酮的吸收大约在 1 715 cm^{-1}。如果羰基与双键或苯环等共轭，则羰基的振动频率会下降 40~30 cm^{-1}，如苯乙酮的羰基的吸收大约在 1 680 cm^{-1}。对于环烷酮羰基的吸收频率会随着环数目的减少而升高。例如：环戊酮的羰基吸收在 1 745 cm^{-1}，环丁酮的羰基的吸收在 1 780 cm^{-1}。

醛分子中甲酰基上的 C—H 伸缩振动在~2 720 cm^{-1}处有中等强度的特征吸收峰，可以用来区别醛与酮。

图 10-2 及图 10-3 分别为丁醛和苯乙酮的红外光谱图。

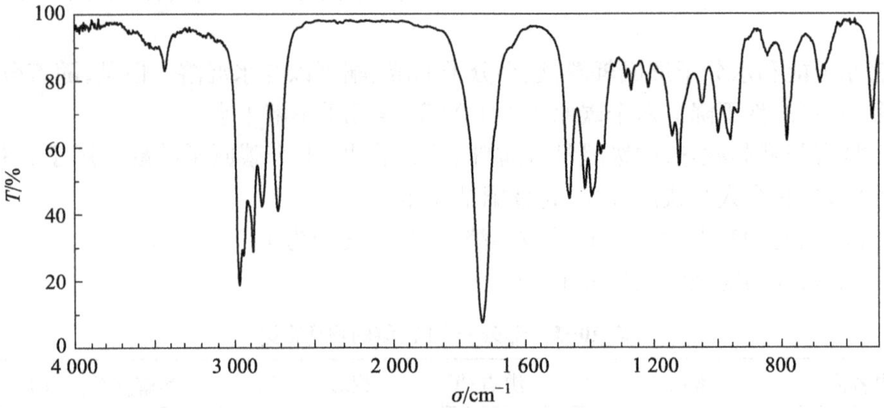

图 10-2　丁醛的红外光谱图

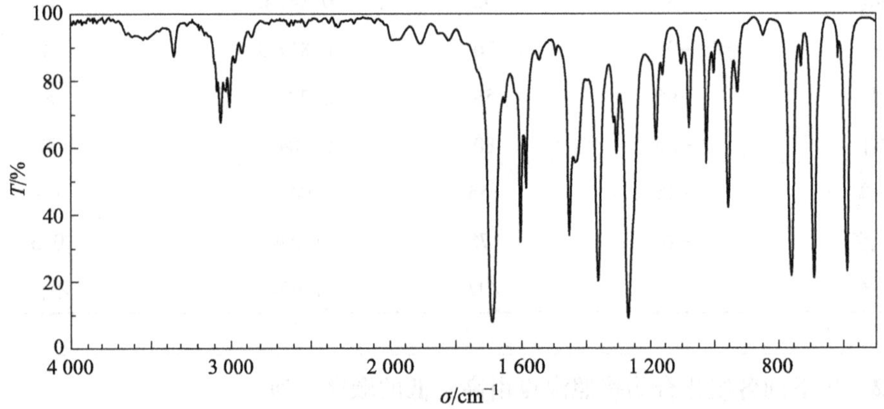

图 10-3　苯乙酮的红外光谱图

10.2.2.2　核磁共振氢谱

由于羰基的去屏蔽效应，甲酰基上的质子的化学位移出现在 9~10，而酮没有相应的质子，这提供了一种准确区别醛与酮的方法。由于羰基的吸电子作用，与羰基相连的甲基或甲叉基上的质子的化学位移出现在 2.0~2.5。对甲氧基苯甲醛和丁酮的核磁共振氢谱图见图 10-4 和图 10-5。

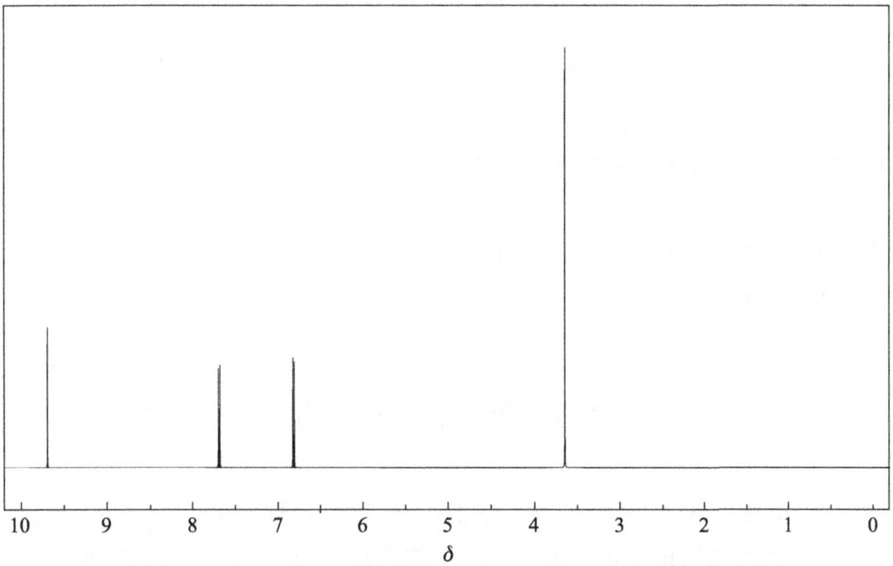

图 10-4　对甲氧基苯甲醛的核磁共振氢谱

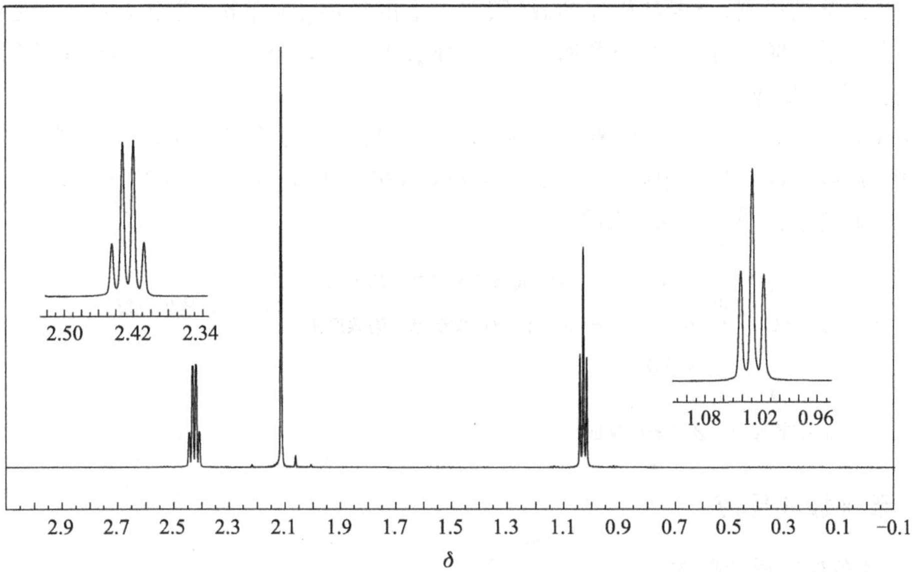

图 10-5　丁酮的核磁共振氢谱

10. 2. 2. 3　核磁共振碳谱

在^{13}C NMR 谱中，由于羰基碳原子和强电负性的氧原子相连，使羰基碳原子的信号出现在比烯基碳原子更低场处（≈200）。和距羰基较远的碳原子相比，与羰基相邻的碳原子也存在去屏蔽效应，其化学位移也较大。例如：

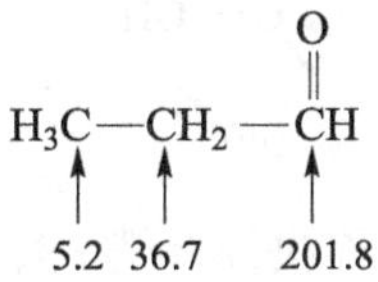

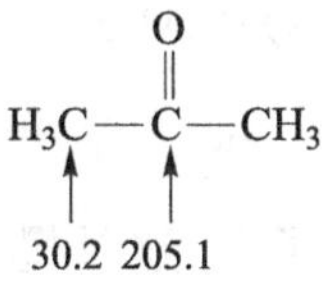

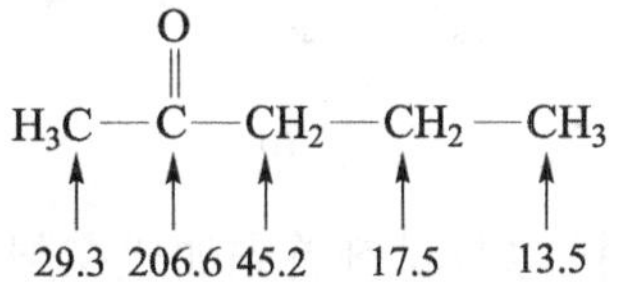

10.2.2.4　质谱(MS)

质谱中脂肪醛的 M 峰相对强度中等,芳香醛的 M 和 M-1 峰相对强度都很大。醛、酮的质谱裂解规律见§7.5.3.5。

问题 10-3　如何用光谱方法区别下列化合物?

(1) $CH_3CH_2CH_2CH_2OH$ 和 $CH_3CH_2CH_2CHO$

(2) $CH_3COCH_2CH_3$ 和 $CH_3CH_2CH_2CHO$

(3) 2-戊酮和 3-戊酮

§10.3　醛、酮的化学性质

由于羰基是一个极性基团,氧原子带部分负电荷,碳原子带部分正电荷。因此,带部分正电荷的碳原子很容易受到亲核试剂的进攻,而发生加成反应,称之为亲核加成反应(nucleophilic addition reaction)。

此外,受羰基的影响,与羰基相连的 α-碳原子上的氢原子(即 α-氢原子)较一般的氢原子活泼,有失去质子的倾向,能发生一系列反应。因此,羰基的亲核加成反应和 α-H 的反应是醛、酮的两类最重要的反应。

醛和酮的性质除了有相似之处外,由于甲酰基、酮基所连的基团不同,它们对羰基的电子效应及空间效应情况各异,加上甲酰基上的氢容易被氧化。所以,醛与酮在性质上也存在一定的差异。醛、酮的化学性质可以表示如下:

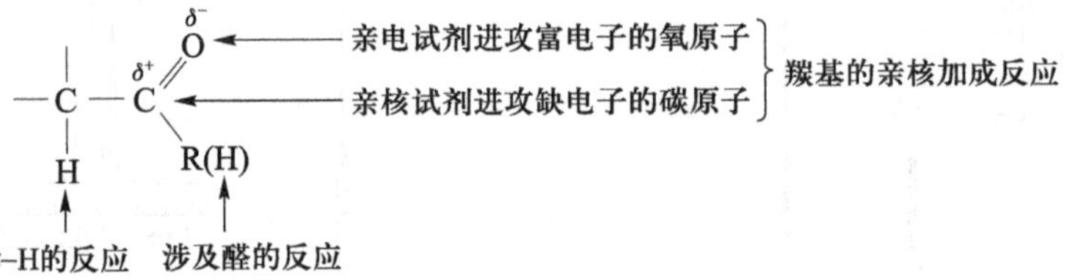

10.3.1　亲核加成反应

10.3.1.1　亲核加成反应概述

羰基中的碳原子带有部分正电荷,具有亲电性,易与亲核试剂反应;而羰基氧原子带有部分负电荷,具有亲核性,易与亲电试剂反应。带负电荷的氧原子比带正电荷的碳原子稳定,因而羰基中的碳原子具有更大的反应活性,易于发生亲核加成反应。羰基化合物与亲核试剂加成时,其反应机理可表示如下:

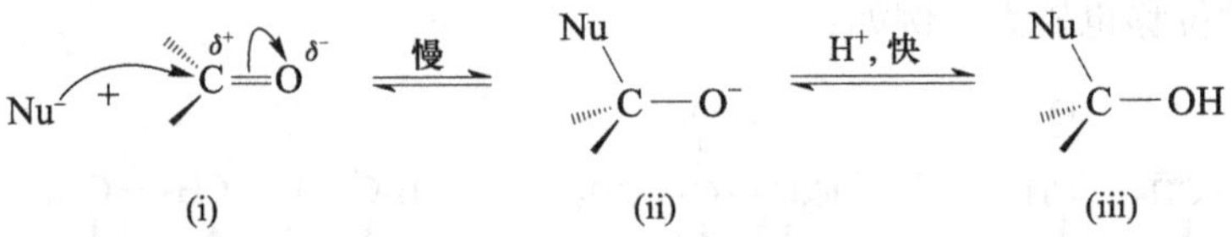

该反应中,亲核试剂首先加成在羰基碳原子上,这是慢步骤,也称决速步骤;然后亲电试剂

加到带负电荷的氧原子上，这是快的一步。

不同的羰基化合物进行亲核加成反应的活性不同，这种差异是由与羰基相连的取代基的电子效应和空间效应共同作用的结果。

电子效应的影响是当羰基碳原子上连有吸电子基时，羰基碳原子上的正电性增加，更容易进行亲核加成反应；相反，当羰基碳原子上连有给电子基时，亲核加成反应活性降低。

空间效应的影响是从羰基化合物的亲核加成反应机理可以看出，反应物（ⅰ）中羰基为 sp^2 杂化的平面型结构，而生成的产物（ⅱ）或（ⅲ）的中心碳原子为具有 sp^3 杂化的四面体结构。在上述转变过程中，从反应物到产物增加了空间的“拥挤”程度，因而，随着与羰基碳原子上连接的取代基的体积增大，反应的活性降低。

由于取代基电子效应和空间效应的共同作用，不同结构的醛、酮进行亲核加成反应时，反应活性从易到难的顺序大致如下：

$$HCHO>RCHO>ArCHO>CH_3COCH_3>RCOCH_3>RCOR>ArCOR>ArCOAr$$

一般情况下，脂肪醛比芳香醛易于进行亲核加成反应；同样脂肪酮的活性要高于芳香酮，但也有例外。例如：

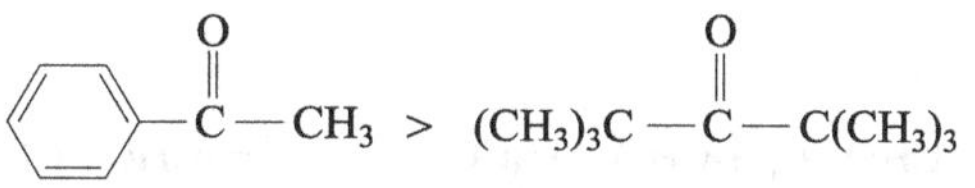

对于芳香族醛、酮而言，主要考虑芳环上取代基的电子效应。当芳环上所连原子或基团通过芳环对羰基的影响表现为吸电子效应时，有利于反应的进行；相反，取代基为给电子基时则不利于反应的进行。例如：

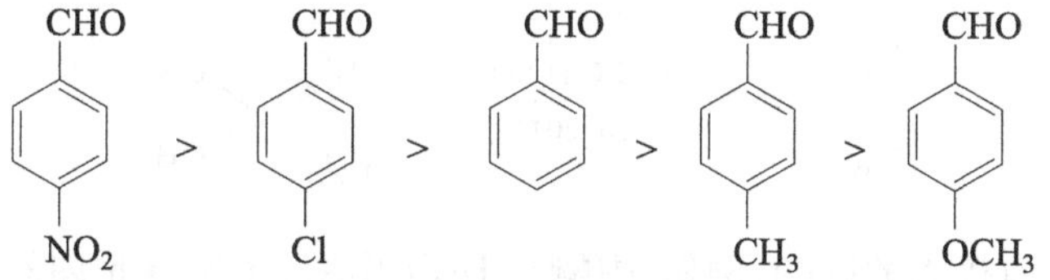

当亲核试剂为一些中性分子，例如：H_2O、ROH、NH_3 等时，由于这些亲核试剂的亲核性较弱，与羰基的亲核加成反应较难进行，一般可以通过碱或酸催化的方法，以促进反应的进行。

碱催化的机理如下：

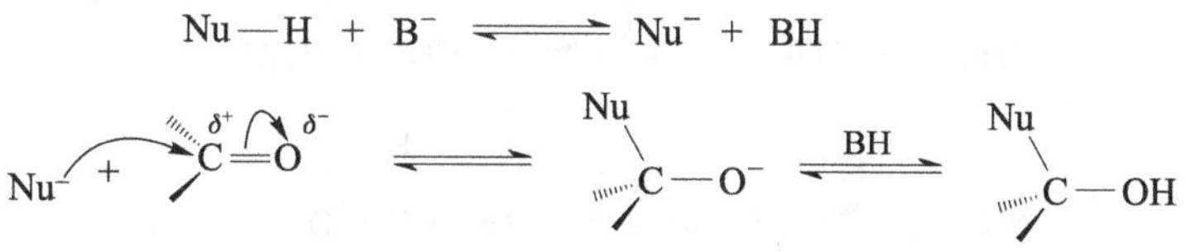

碱的催化作用主要是活化亲核试剂，将低活性的 Nu—H 试剂转变成高活性的亲核试剂 Nu^-。

酸的催化机理如下：

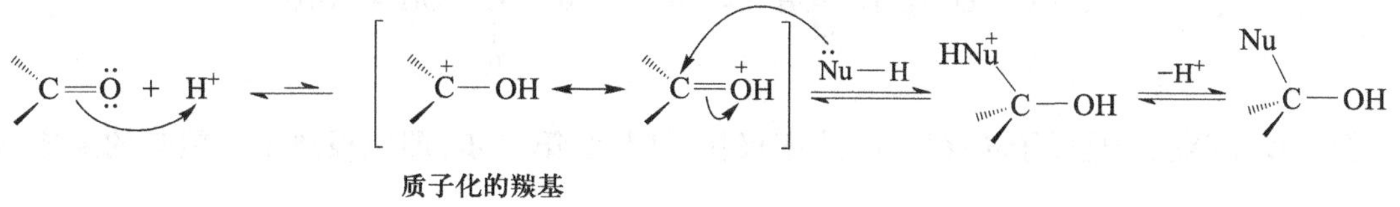

质子化的羰基

酸的催化是通过活化羰基进行的，羰基氧原子与质子结合形成质子化的羰基，使羰基碳原子上的正电性增加，有利于亲核加成反应的进行。

问题 10-4　将下列各组化合物按其羰基的亲核加成反应活性大小排列成序：

(1) CH_3CHO，CH_3COCHO，$CH_3COCH_2CH_3$，$(CH_3)_3CCOC(CH_3)_3$

(2) $CH_3CH_2COCH_3$，CH_3COCCl_3

10.3.1.2　与氢氰酸的加成反应

醛、酮与氢氰酸作用生成 α-羟基腈，也叫做 α-氰醇（α-cyanohydrin）。

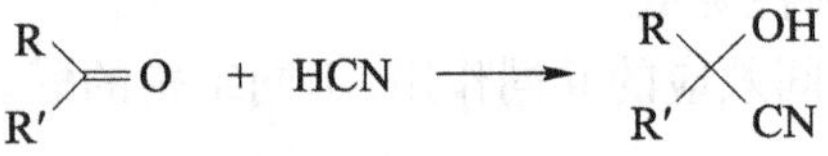

醛、脂肪族甲基酮和含八个碳原子以下的环酮都可以发生该反应。芳香族甲基酮的平衡常数小于 1，取代基的空间效应（大位阻）和给电子效应都不利于亲核试剂对羰基的加成，如二苯甲酮和二叔丁基酮基本上没有反应。下面是几个醛、酮与氢氰酸反应生成氰醇的平衡常数 K 值：

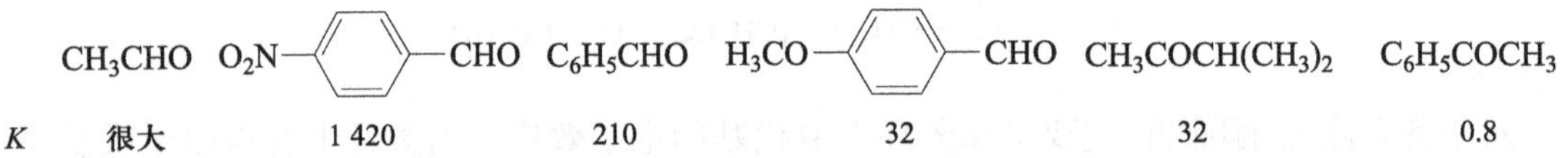

用无水的液体氢氰酸制备氰醇能得到满意的结果，但是氢氰酸的挥发性大，有剧毒，使用不方便。在实验室中，常将醛、酮与 KCN 或 NaCN 的溶液混合，再加入无机酸进行反应，例如：

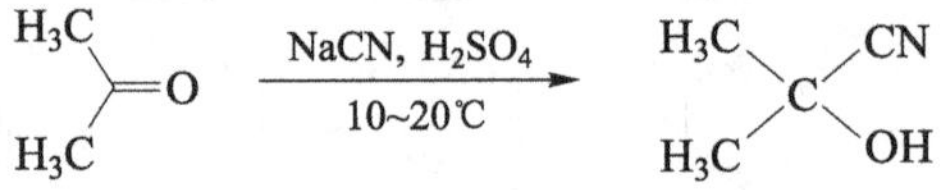

碱对该加成反应有极大的影响，例如，丙酮与 HCN 作用，在 3~4 h 内只有一半原料起反应。若加入一滴 KOH 溶液，反应可以在 2 min 内完成。如果加入酸，反而使反应速率减小，加入大量的酸，放置数天也不发生反应。这些事实说明，在氢氰酸与羰基化合物的加成反应中，起决定作用的是氰根离子。加碱能促进氰根离子的生成，增加了氰根离子的浓度。其机理如下：

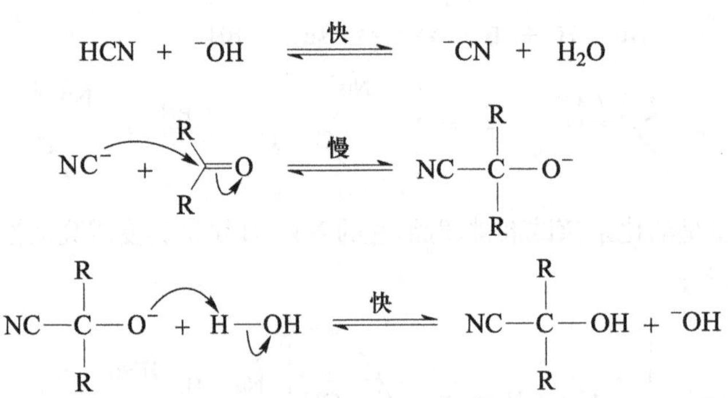

第一步和第三步是质子转移反应，速率极快。因此，第二步，即氰根离子与羰基的加成，是

决定反应速率的步骤。

醛、酮与氢氰酸的加成反应在有机合成上可以用来增长碳链，常用于制备 α-羟基腈或 α-羟基酸。例如：有机玻璃的单体——α-甲基丙烯酸甲酯工业上就是通过丙酮与氢氰酸的加成等反应制备得到的：

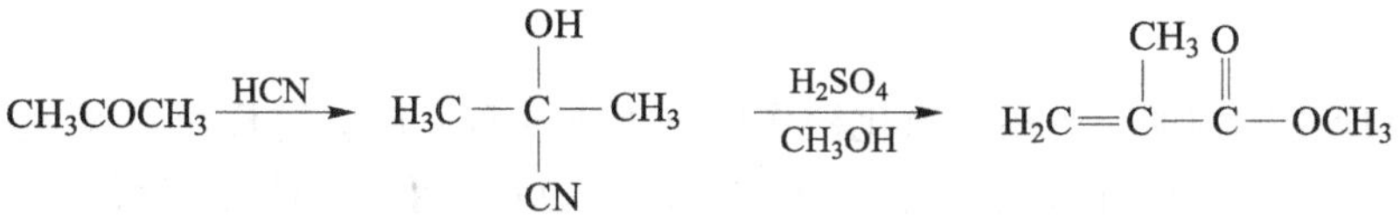

问题 10-5 写出下列反应的产物：

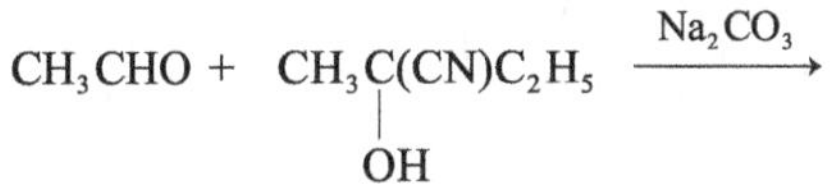

10.3.1.3 与亚硫酸氢钠的加成反应

醛、酮与过量的饱和亚硫酸氢钠（40%）水溶液发生亲核加成反应，得到 α-羟基磺酸钠：

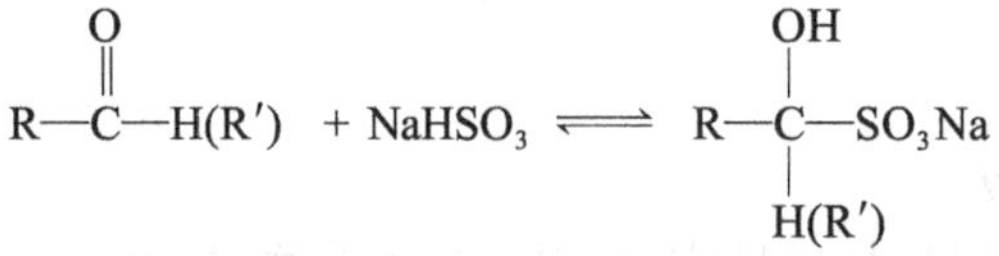

醛、酮类化合物中只有醛、脂肪族甲基酮及 C_8 以下的环酮才能发生该反应。其他酮不能进行此反应，其原因可能是由于与羰基相连取代基空间位阻的缘故。

醛、酮与亚硫酸氢钠的加成也属于亲核加成反应，亲核试剂是亚硫酸根负离子，它的浓度虽然很低，但亲核性极强，并能不断得到补充，反应过程中也不需要催化剂。由于硫原子的亲核性比氧原子强，产物中形成的是碳硫键。

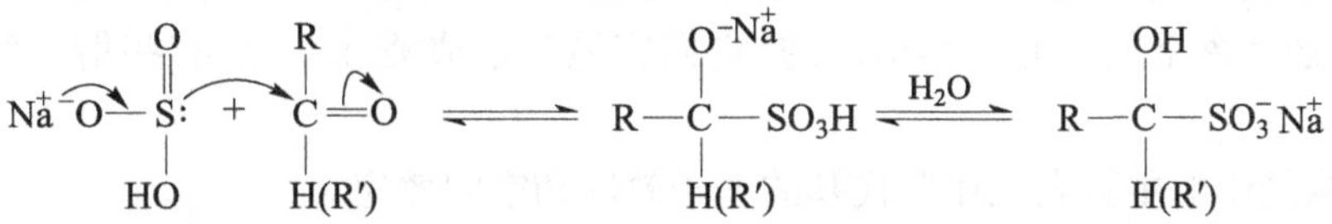

反应生成的 α-羟基磺酸钠不溶于醚，易溶于水，因不溶于饱和的亚硫酸氢钠溶液中而析出白色结晶。此法可用来鉴定醛、脂肪族甲基酮及 C_8 以下的环酮。

由于该反应是可逆反应，α-羟基磺酸钠中加入稀酸或稀碱后，可使体系中的微量亚硫酸氢钠分解而促使平衡向右移动。因此可利用这些性质来分离或提纯醛、脂肪族甲基酮及 C_8 以下的环酮等。

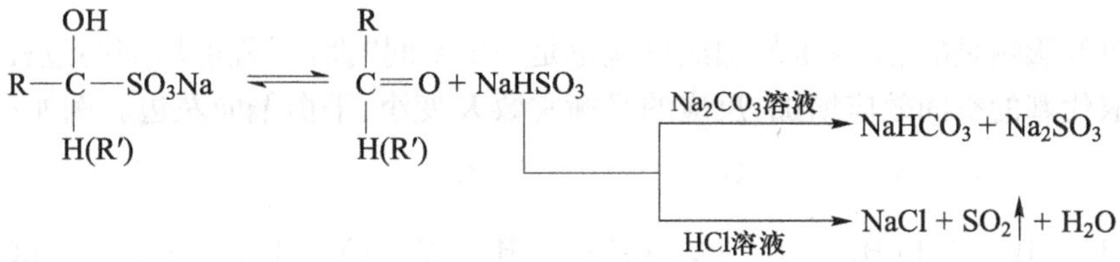

例如，利用胡椒醛与亚硫酸氢钠的反应，可以从低浓度的混合物中提纯胡椒醛(pipernal)。

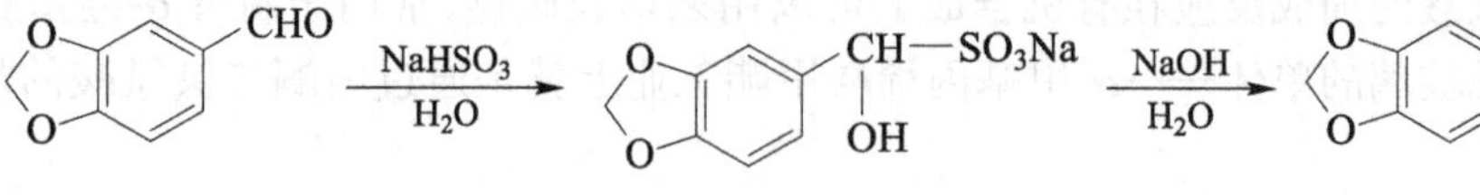

含量 < 10%　　　　　　　　含量 > 95%

另外，该反应生成的加成产物与氰化钠作用可生成 α-羟基腈。这样可以避免使用挥发性的剧毒物 HCN，是合成 α-羟基腈的好方法。例如，苯甲醛可利用该方法先制得 α-羟基苯乙腈，再经过水解得到苦杏仁酸：

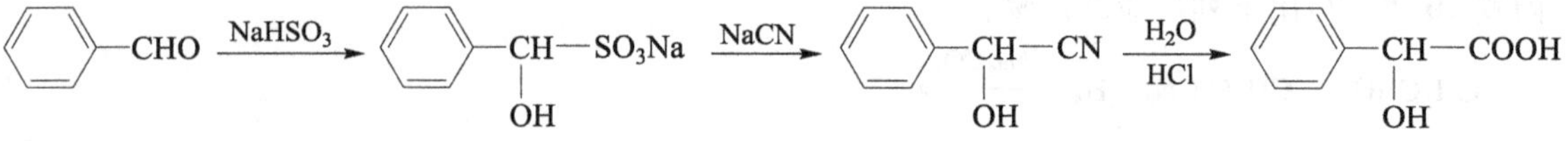

问题 10-6　如何提纯柠檬醛 a(结构如下)？

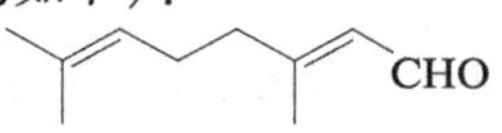

10.3.1.4　与水的加成反应

醛、酮在水溶液中与水发生加成反应，可以生成水合物(hydrates)或偕二醇(gem-diols)：

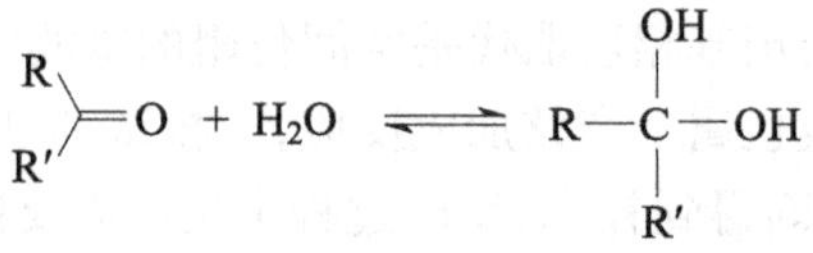

这是一个平衡反应，平衡位置取决于醛、酮的结构。对于大多数醛、酮而言，平衡偏向于左边，因此，在一般条件下偕二醇是不稳定的，它们容易脱水成醛、酮。但有些偕二醇是稳定的化合物。

醛、酮结构的影响主要表现在取代基的电子效应和空间效应。

电子效应的影响是与羰基相连的取代基的吸电子效应使平衡常数 K 值增大，有利于生成偕二醇；而给电子的取代基则不利于加成反应，使平衡常数值变小，例如：

K　2.8×10^{4}　　2×10^{3}　　1.3　　2×10^{-3}

空间效应的影响是醛、酮与水的加成反应也是一个空间“拥挤”程度增加的过程，所以，随着与羰基相连取代基的空间效应增加，反应的平衡常数 K 变小，平衡偏向左边。例如：

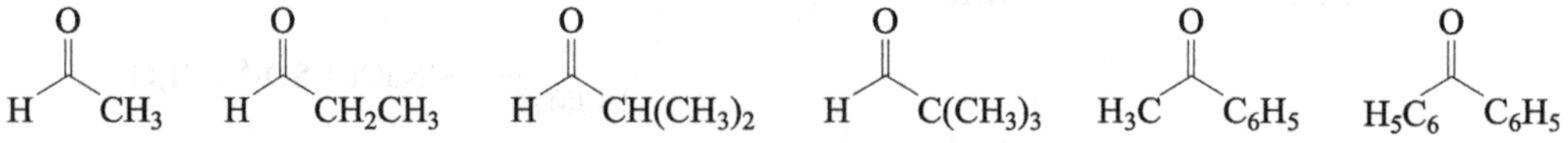

K　1.3　　0.71　　0.44　　0.24　　6.6×10^{-6}　　1.2×10^{-7}

一些与羰基相连的强吸电子基的羰基化合物，能够形成稳定的水合物。例如：

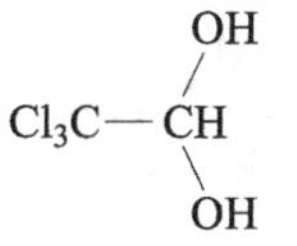
水合三氯乙醛

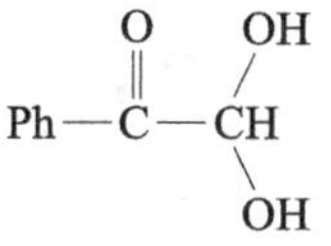
苯甲酰甲醛一水合物

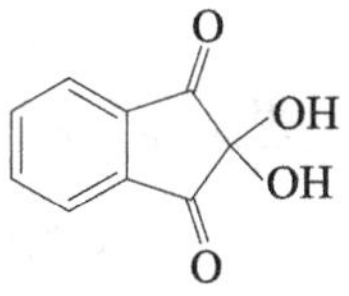
水合茚三酮

问题 10-7　（1）按水合反应的容易程度增大的顺序排列下列化合物：

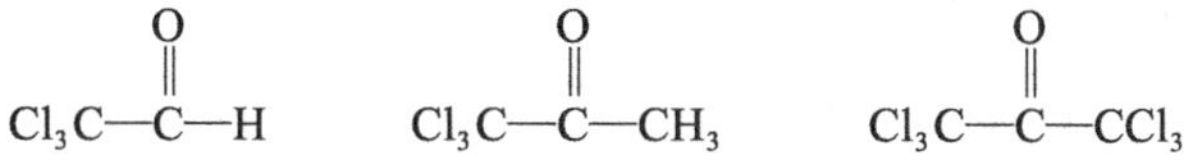

（2）丙酮用 $H_2{}^{18}O$ 处理后形成了标记的丙酮，$CH_3-\overset{^{18}O}{\overset{\|}{C}}-CH_3$，解释为什么？

10.3.1.5　与醇的加成反应

在干燥氯化氢或浓硫酸的作用下，一分子醛或酮与一分子醇发生加成反应，生成的化合物分别称为半缩醛（hemiacetals）或半缩酮（hemiketals）。

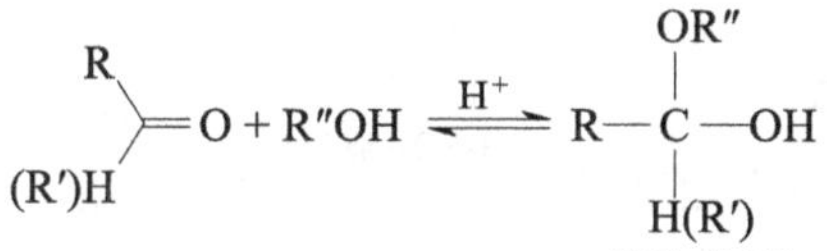
半缩醛(酮)

半缩醛(酮)一般是不稳定的，它易分解成原来的醛(酮)，因此不易分离出来。但 γ-和 δ-羟基醛(酮)生成的五元或六元环状的半缩醛较稳定，能够分离得到。例如：

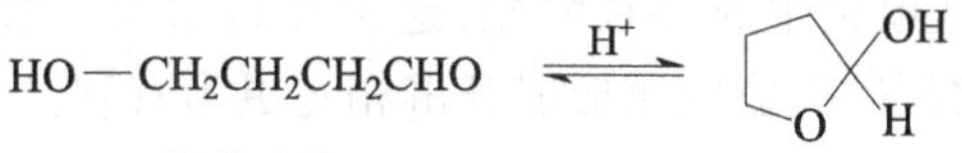
γ-羟基丁醛

半缩醛(酮)继续与另一分子的醇进行反应，失去一分子水，而生成稳定的化合物，称为缩醛（acetals）或缩酮（ketals），并能从过量的醇中分离出来。

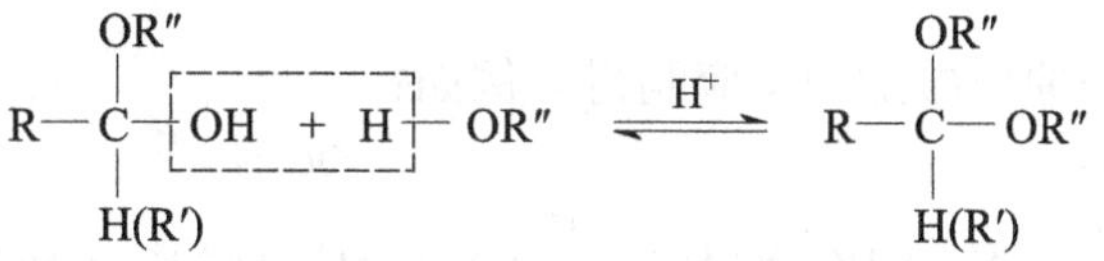
缩醛(酮)

缩醛(酮)形成也属于亲核加成反应，其机理可以表示如下：

步骤 1. 半缩醛的生成：

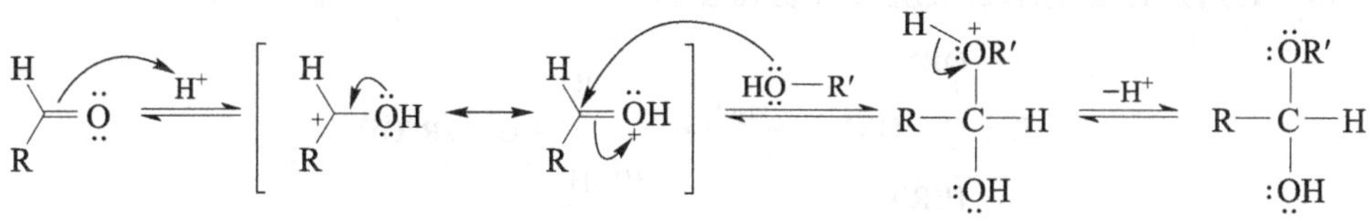
半缩醛

步骤2. 缩醛的生成：

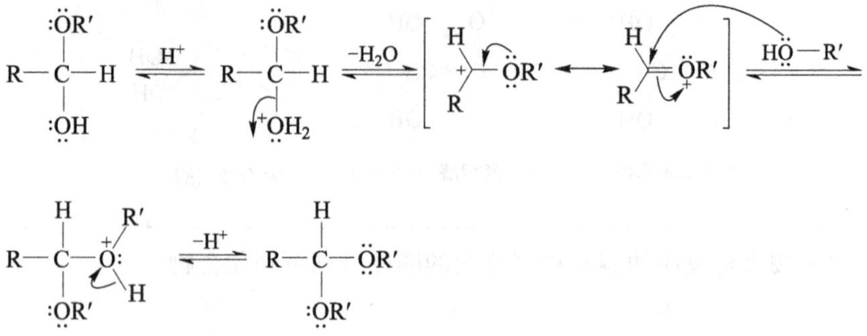

缩醛

这是一个酸催化的亲核加成反应，由于醇的亲核性很小，没有酸催化反应是很难进行的。酸催化的作用是活化醛、酮的羰基（形成比羰基活性更高的质子化的羰基正离子）。

简单的醛与过量的醇在酸催化剂存在下即可变成缩醛。相对分子质量较大的醛需加入苯将反应生成的水带离反应体系，使平衡向右移动。

$$CH_3CHO + 2C_2H_5OH \xrightleftharpoons[25℃,1\sim2\ d]{无水CaCl_2} CH_3CH(OC_2H_5)_2$$

76%～85%

酮与简单的醇不易得到缩酮，例如，丙酮与乙醇反应达到平衡后，只有2%的缩酮。但酮能与一些1,2-二醇（如乙二醇）顺利生成环状缩酮，这种环状缩酮一般比它们开链的类似物更稳定。部分原因是形成环状缩酮的生成熵比形成开链相对更为有利。

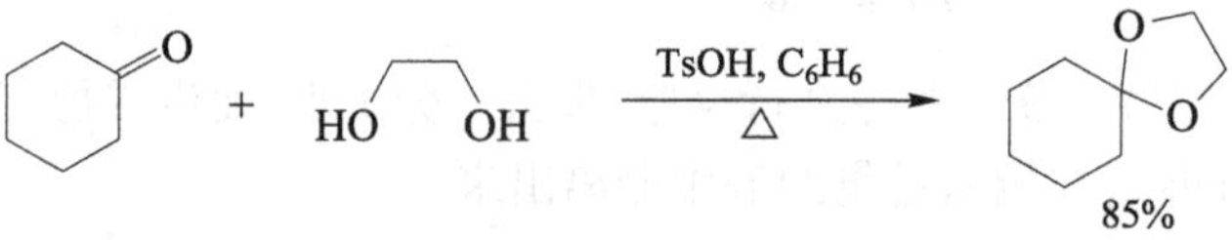

85%

缩酮还可以利用酮与原甲酸酯的反应制得。例如：

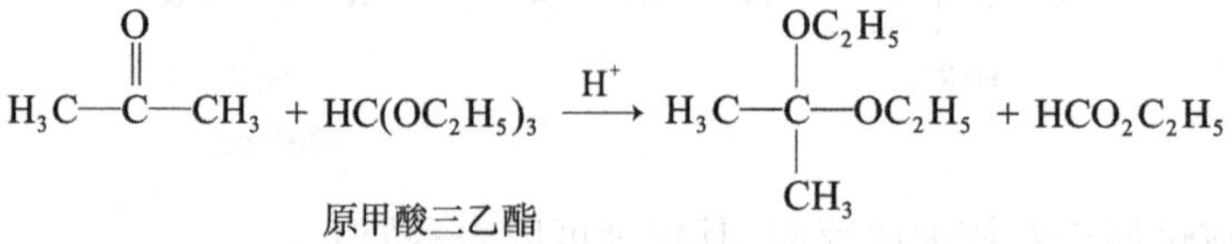

原甲酸三乙酯

缩醛（酮）具有醚的结构，在碱性条件下是稳定的。但是，在一般的酸性条件下可以被水解成原来的醛（酮），这比醚的水解反应要容易得多。

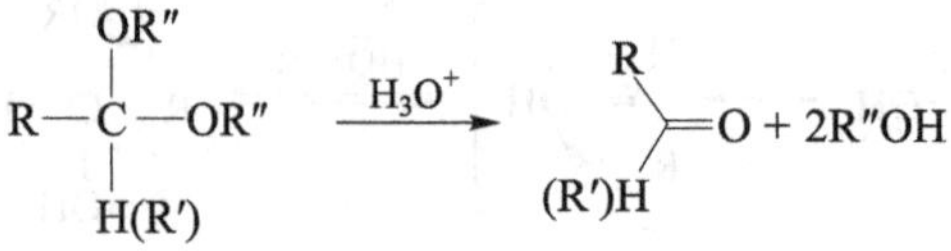

利用羰基与醇反应形成缩醛(酮),反应后再用稀酸水解成原来的醛(酮),在有机合成上常用来保护羰基。例如:

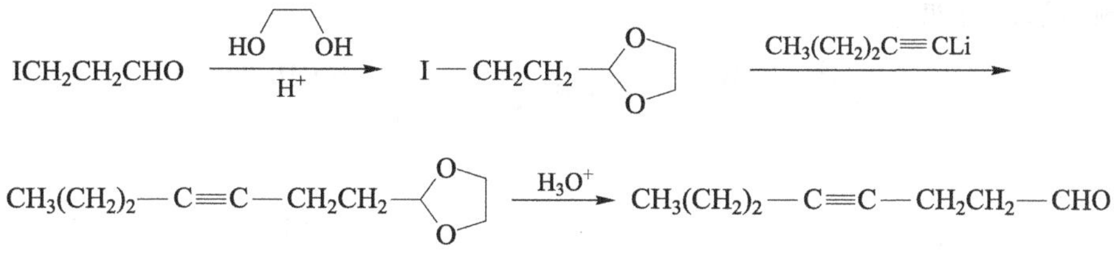

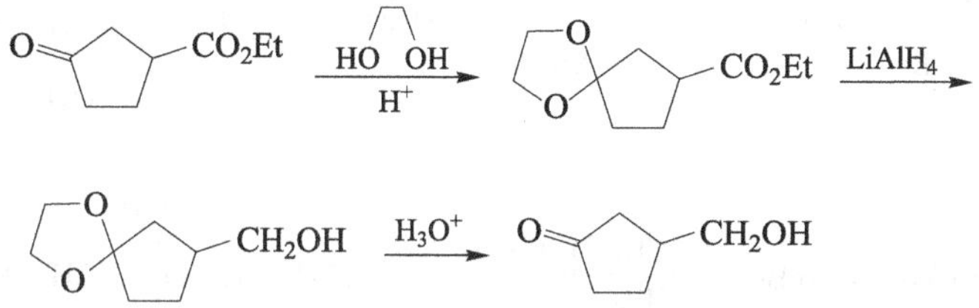

醛、酮和二醇形成缩醛(酮)的反应在工业上具有重要意义,例如,高分子产品聚乙烯醇的分子中包含许多亲水性的羟基,不能作为合成纤维使用。为了提高其耐水性,可在酸催化下用甲醛使部分羟基进行缩醛化,便得到了性能优良的合成纤维——维尼纶。

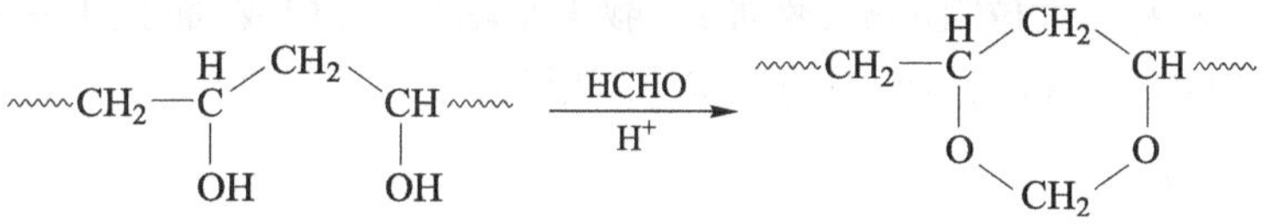

聚乙烯醇　　　　维尼纶

问题 10-8 完成下列转变:

(1) 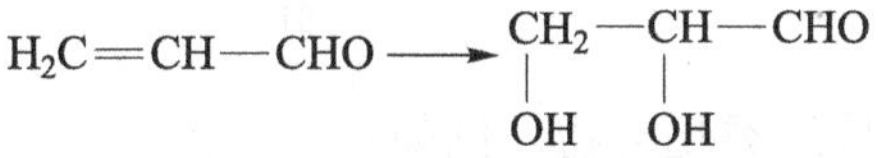

(2) 

10.3.1.6 与金属有机试剂的加成反应

醛、酮与 Grignard 试剂发生加成反应,加成产物不必分离出来,可直接用稀酸或氯化铵水溶液进行水解而生成醇:

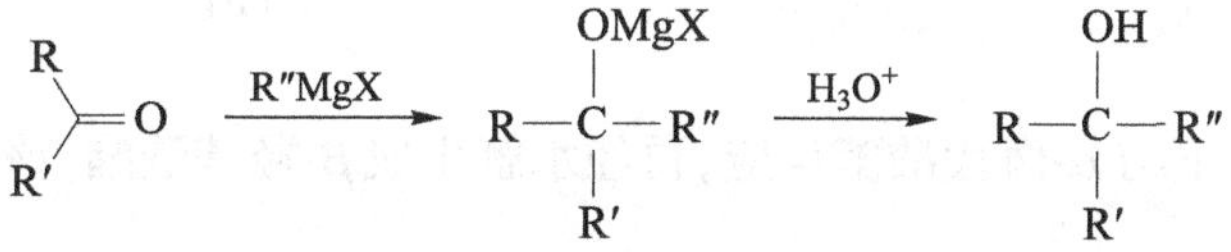

Grignard 试剂中的碳镁键是高度极化的,碳原子带部分负电荷,镁原子带部分正电荷,所以 Grignard 试剂是亲核试剂,它与醛、酮的加成反应属于亲核加成,加成时 Grignard 试剂中的烃基带着一对键合电子从镁转移到羰基碳原子上。

Grignard 试剂与醛、酮的反应是增长碳链的有效方法。Grignard 试剂与甲醛反应得到增加一个碳原子的伯醇；与其他醛反应，生成仲醇；而与酮反应，则产物为叔醇。该反应已经成为制备醇的经典方法。例如：

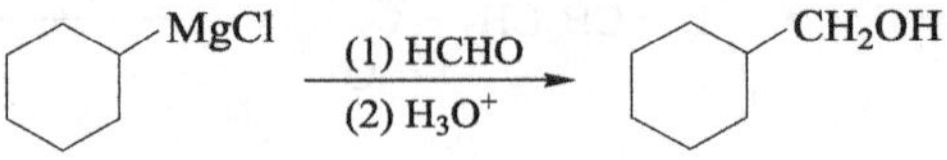

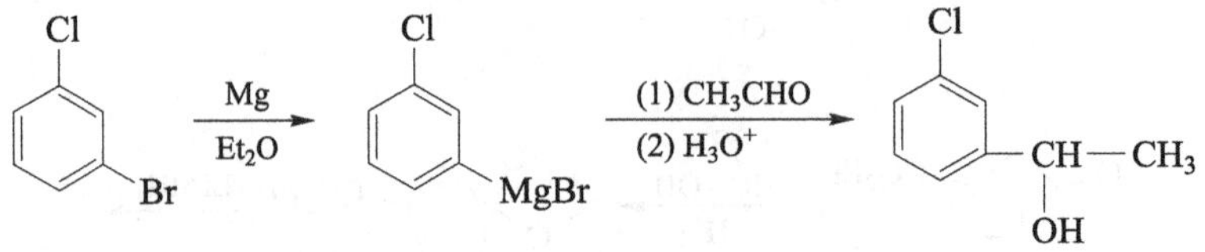

$$CH_3CH_2CH_2MgBr \xrightarrow[(2)\ H_3O^+]{(1)\ CH_3COCH_2CH_3} CH_3CH_2CH_2-\underset{CH_3}{\overset{OH}{C}}-CH_2CH_3$$

醛、酮除了能与 Grignard 试剂发生加成反应外，还能与有机锂试剂（RLi）进行加成，水解后得到醇。与 Grignard 试剂相比，有机锂试剂的活性更高、反应的产率高，而且后处理比较简单。此外，Grignard 试剂不易与大位阻的酮（例如：二叔丁基酮）进行加成，而叔丁基锂却在低温下就能与二叔丁基酮进行加成，得到高产率的三叔丁基甲醇：

$$(CH_3)_3C-\overset{O}{\overset{\|}{C}}-C(CH_3)_3 + (CH_3)_3CLi \xrightarrow[-60^\circ C]{Et_2O} \xrightarrow{H_3O^+} (CH_3)_3C-\underset{C(CH_3)_3}{\overset{OH}{C}}-C(CH_3)_3$$

三叔丁基甲醇
81%

醛、酮也能与炔钠、炔基卤化镁等反应，得到炔醇类化合物。例如：

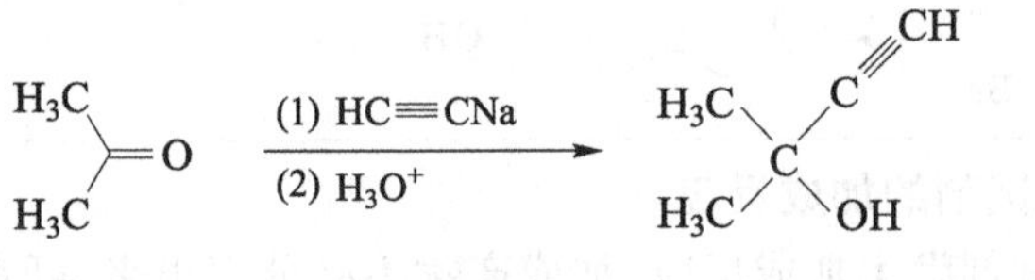

醛、酮在锌粉存在下与 α-卤代酸酯反应，再经水解生成 β-羟基酸酯，该反应称为 Reformatsky（瑞福马斯基）反应。

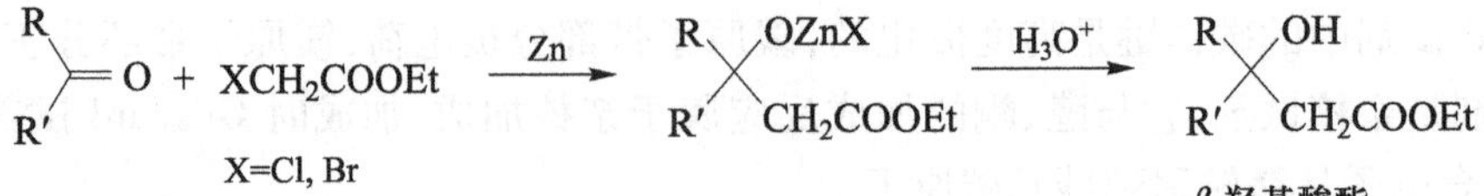

β-羟基酸酯

该反应中，锌粉首先与 α-卤代酸酯反应生成有机锌试剂（$XZnCH_2COOEt$），其亲核性比 Grignard 试剂差，只能与醛或酮的羰基加成，而不能与酯基发生加成。这是合成 β-羟基酸酯的重要方法。例如：

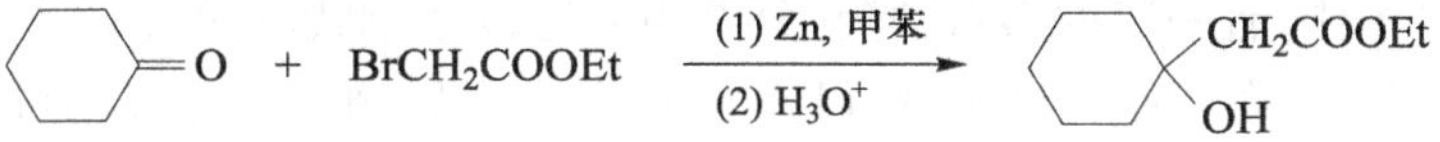

问题 10-9　写出下列反应的产物：

（1）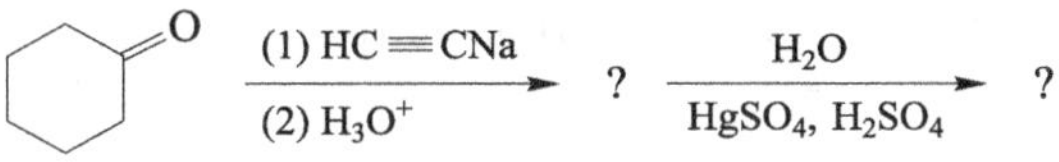

（2）$C_6H_5COCH_3 \xrightarrow[(2)\ H_3O^+]{(1)\ HC\equiv CMgBr}$?

（3）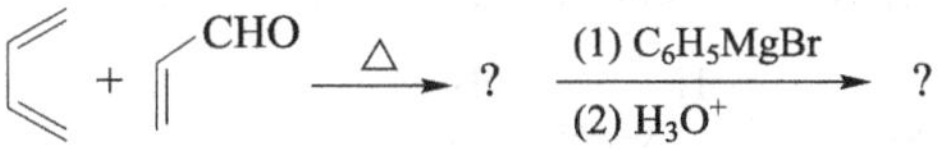

10.3.1.7　与氨及其衍生物的加成反应

醛、酮的羰基和氨的加成反应比较复杂，很难得到稳定的产物，个别的可以分离出来。如甲醛与氨的反应，先生成不稳定的羟基甲胺，后者失水并聚合成六亚甲基四胺，俗称乌洛托品（urotropine）。该化合物可被用作有机合成的氨化试剂，也可用作酚醛树脂的固化剂。

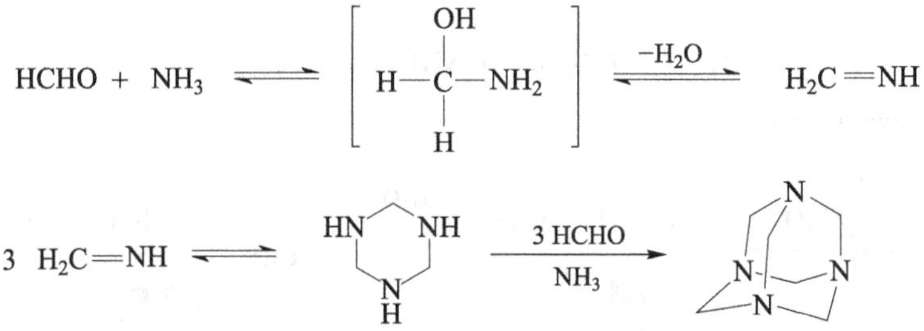

六亚甲基四胺

醛、酮与羟胺（NH_2OH）反应，先生成加成产物，后者在室温下慢慢脱水，变成含碳氮双键的化合物，称为肟（oximes）。

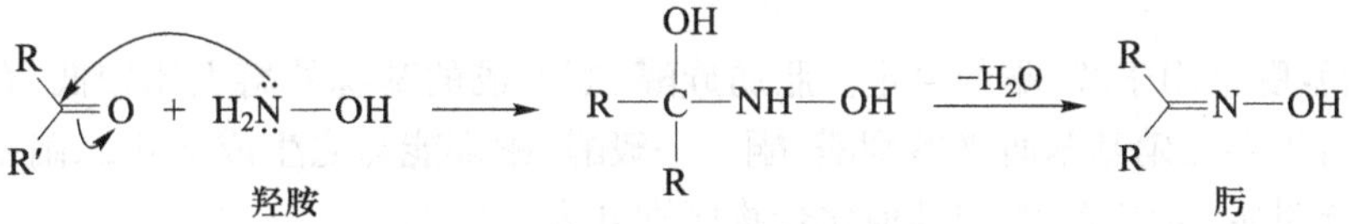

羟胺　　　　肟

由醛或酮生成的肟分别叫做醛肟（aldoximes）或酮肟（ketoximes），命名时一般在相应的醛或酮的名称后加上“肟”字即可。例如：

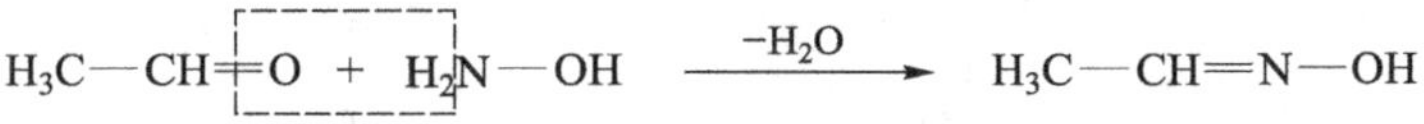

乙醛肟

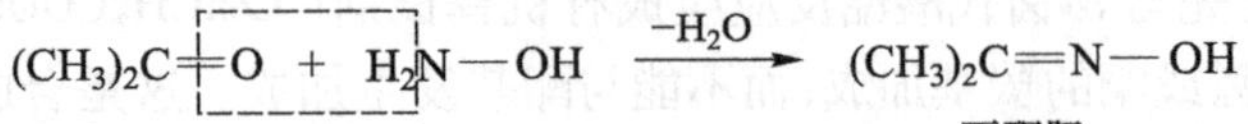

丙酮肟

肟一般为结晶固体,有一定的熔点,容易分离和纯化,常用来鉴定醛、酮(即判断化合物究竟是哪一个醛、酮)。肟与稀盐酸一起加热,可水解成原来的醛、酮。因此,也可以通过肟来提纯醛、酮。

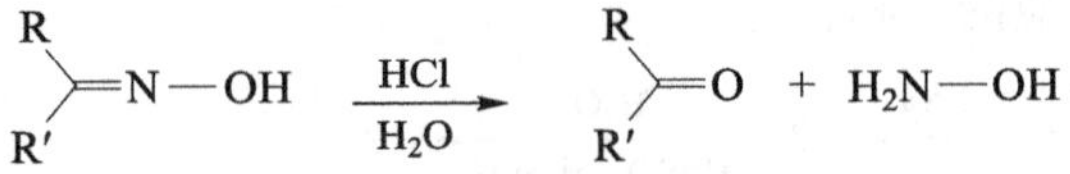

醛肟和非对称的酮肟存在顺反异构体,例如苯甲醛肟有 *Z* 型和 *E* 型两种异构体,它们的熔点是不相同的。其中 *Z* 构型一般不稳定,在醇溶液中遇酸即转变为稳定的 *E* 构型异构体:

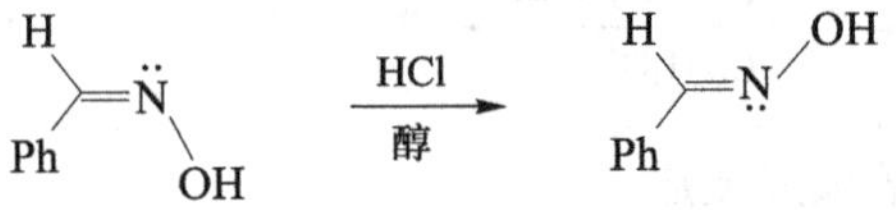

(*Z*)-苯甲醛肟　mp 35℃　　(*E*)-苯甲醛肟　mp 132℃

酮肟在酸催化下可以重排为酰胺,称为贝克曼(Beckmann)重排,将在第 16 章重排反应中详细讨论。

醛、酮与苯肼($C_6H_5NHNH_2$)或氨基脲($H_2NNHCONH_2$)反应分别生成苯腙(phenylhydrazones)或缩氨脲(semicarbazones):

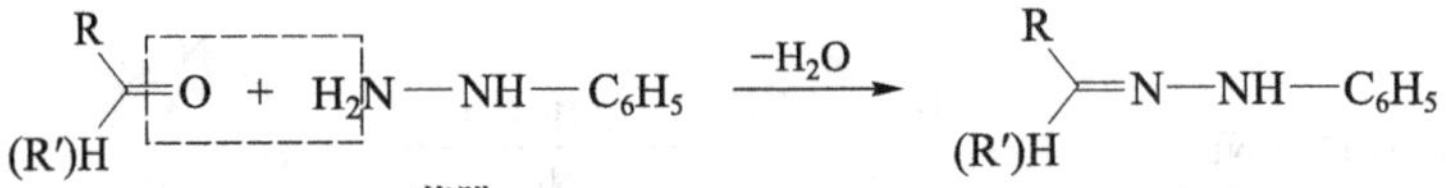

苯肼　　苯腙

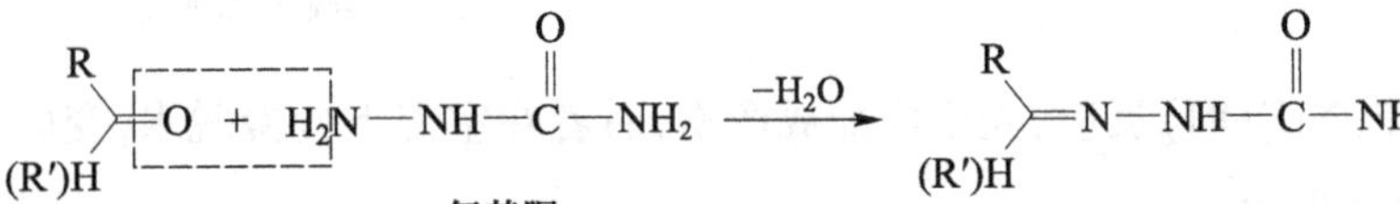

氨基脲　　缩氨脲

苯腙和缩氨脲也用于醛、酮的鉴定。脂肪族醛、酮形成的苯腙的熔点比较低,有的甚至是液体。因此,常用 2,4-二硝基苯肼来鉴别醛、酮。一般醛、酮都能与之生成 2,4-二硝基苯腙的黄色固体,现象十分明显,可将醛、酮与其他化合物区别开来。例如:

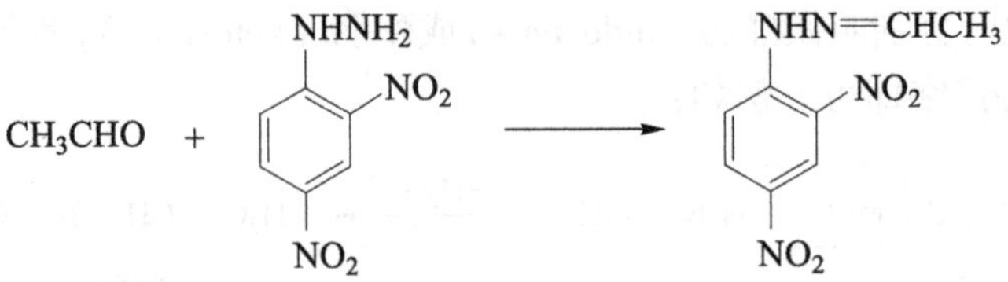

2,4-二硝基苯肼　　mp 168℃　93%

醛、酮与伯胺（R—NH_2）发生加成后脱水形成含碳氮双键的化合物，称为亚胺（imines），又称西佛碱（Schiff base）：

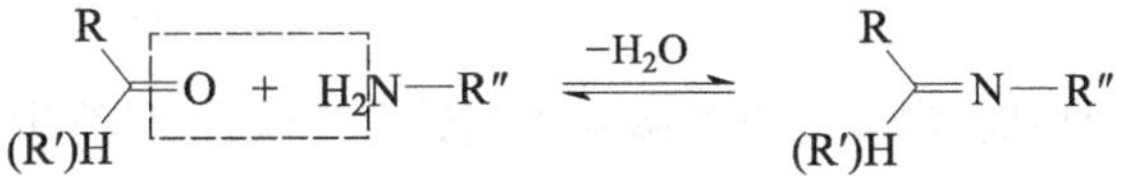

上式中 R 和 R′都是脂肪族烃基时，生成的亚胺不稳定；R 或 R′中至少有一个为芳基时，形成的亚胺较稳定，比较容易制备。例如：

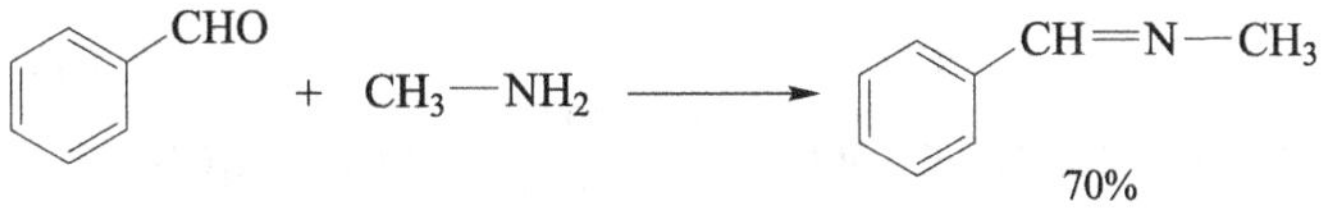

综上所述，我们可以将醛、酮与氨衍生物的反应用下列通式表示：

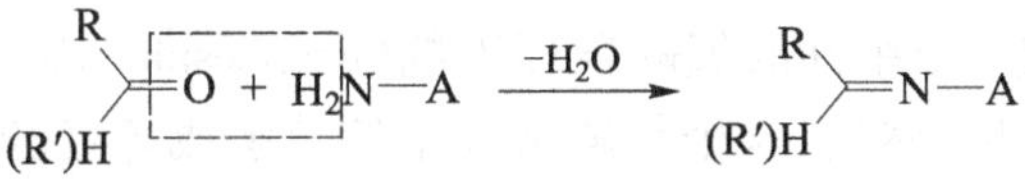

式中A＝OH, NHC_6H_5, $NHCONH_2$, Ar等

问题 10-10 写出下列反应的产物：

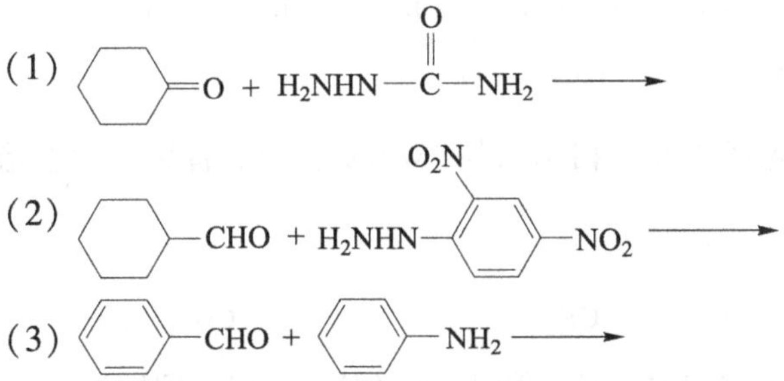

10.3.1.8 与磷叶立德的加成反应

在醛、酮的亲核加成反应中，有一个非常有用的亲核试剂是磷叶立德，它是含有一个被带正电荷的膦基稳定化了的碳负离子，它对醛、酮的亲核加成反应称为魏蒂希（Wittig）反应。Wittig 反应是从醛、酮出发选择性合成烯烃的非常有效的方法。

Wittig 试剂通常是由叔膦（如三苯基膦）与卤代烷制备。三苯基膦作为亲核试剂先与卤代烷发生亲核取代反应，生成季鏻盐。季鏻盐中带正电荷的磷原子具有强的吸电子能力，使得邻位碳上的质子具有酸性，用强碱（如：丁基锂、苯基锂、醇钠、氢化钠等）去除邻位质子，得到 Wittig 试剂生成的 Wittig 试剂主要以内鎓盐的形式存在，亦称磷叶立德（ylide）。磷叶立德可以分离得到，但通常是在溶液中形成后就让它与其他试剂反应。

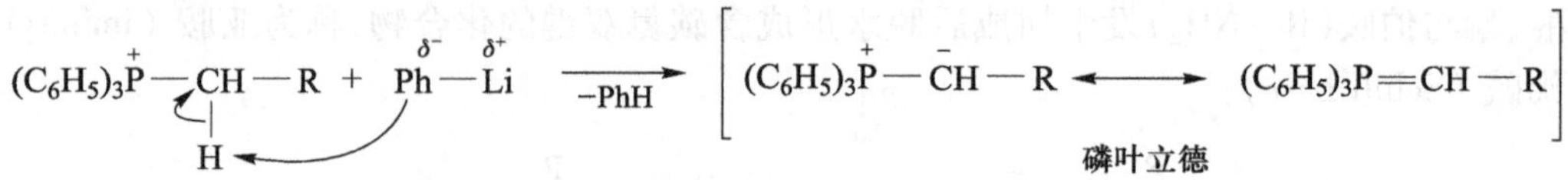

当磷叶立德与醛、酮反应时，磷叶立德的碳和羰基碳发生偶合，最终生成烯烃和三苯基氧膦：

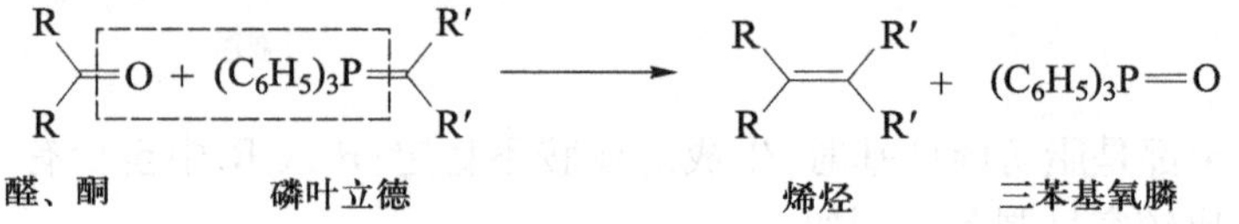

例如：

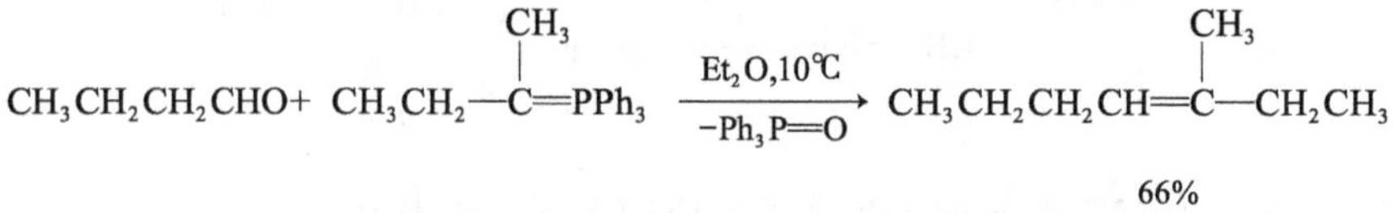

Wittig 试剂作为亲核试剂首先与醛、酮的羰基发生亲核加成反应，形成一个新的鏻内盐，这种鏻内盐不稳定，很快形成一个中性的氧磷杂环丁烷（oxaphosphetane），其结构特征是含有一个带氧原子和磷原子的四元环。然后，这个氧磷杂环丁烷分解成烯烃和三苯基氧膦，最后一步反应的推动力是形成一个很强的氧磷双键。Wittig 反应的机理如下：

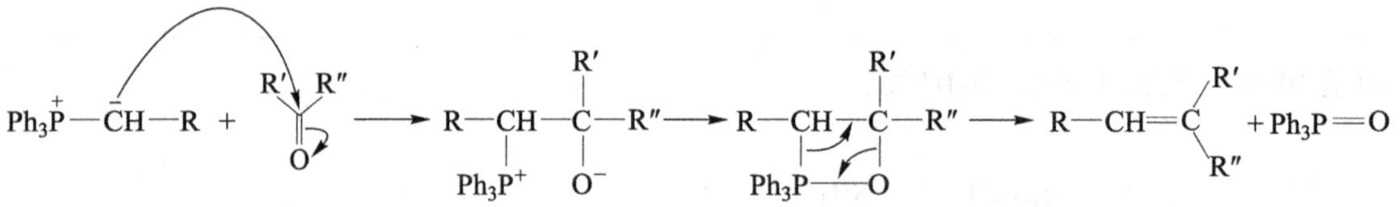

与通过卤代烷或醇的消除反应制备烯烃的方法相比，利用 Wittig 反应制备烯烃时新形成的碳碳双键的位置是确定的。例如：

用消除反应制备烯烃：

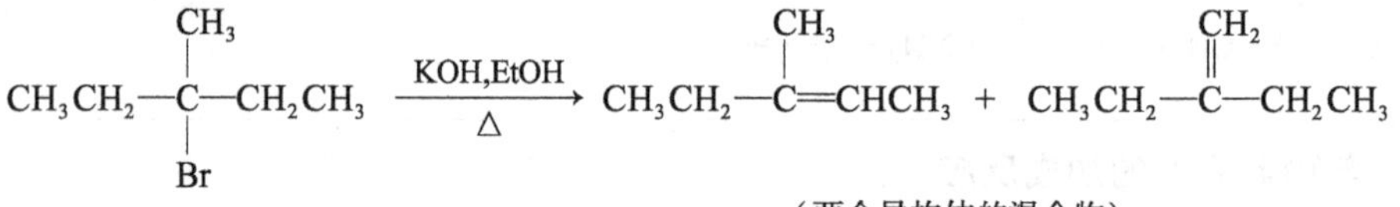

（两个异构体的混合物）

用 Wittig 反应制备烯烃：

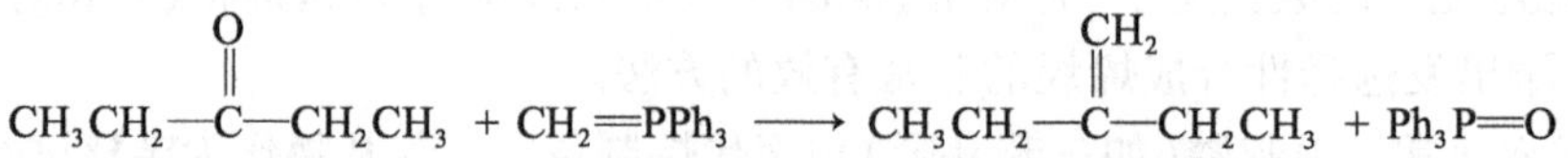

（仅此一个异构体）

在利用 Wittig 反应制备烯烃时，分子中含有的酯基、双键、氰基、卤素等均无影响。例如：

$$BrCH_2COOEt \xrightarrow[(2)\ NaH]{(1)\ PPh_3} Ph_3P{=}CHCOOEt \xrightarrow{PhCHO} PhCH{=}CHCOOEt$$

但是，Wittig 反应并非总是立体选择性的，有时生成 E 和 Z 的两种异构体的混合物。例如：

$$CH_3CH_2CH_2CH{=}PPh_3 + CH_3(CH_2)_4CHO \xrightarrow[-Ph_3P{=}O]{THF} CH_3(CH_2)_2CH{=}CH(CH_2)_4CH_3$$

（*cis* : *trans* = 6 : 1）

70%

Wittig 反应条件温和且收率高，除可用于合成烯烃外，还可合成一些用其他方法难以制备的烯烃、醛等。例如：

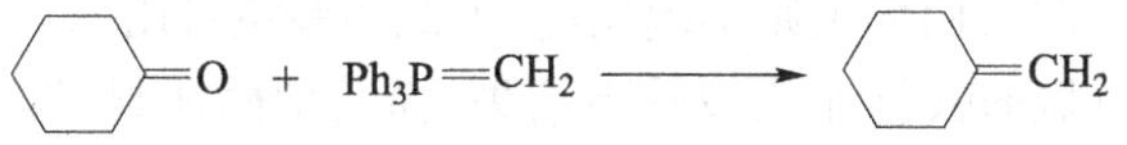

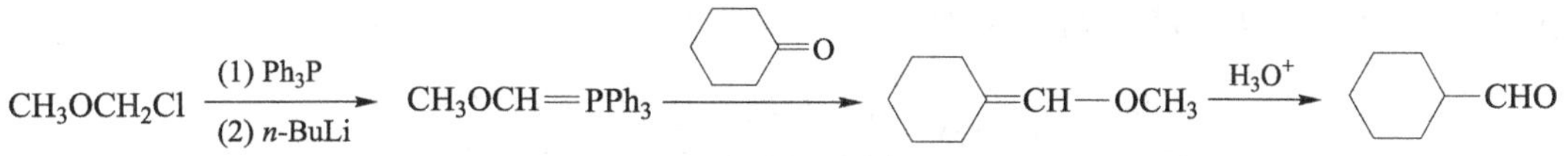

Wittig 反应在工业上也有广泛的应用，德国 BASF 公司合成维生素 A_1 时，关键的一步利用了 Wittig 反应。在这个例子中，反应是立体选择性的，只生成反式烯烃。

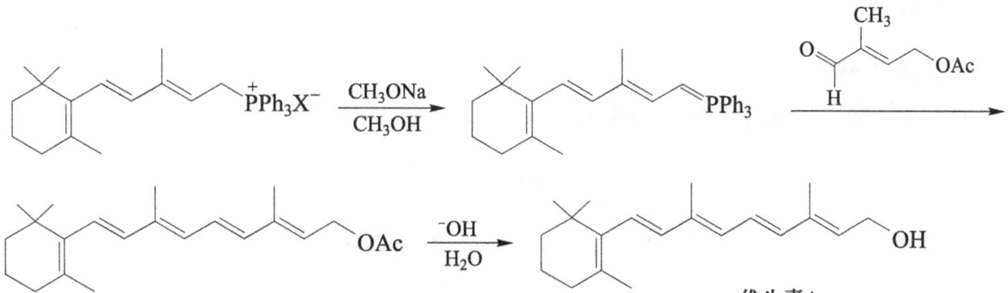

维生素A_1

维蒂希-霍纳（Wittig-Horner）反应是对 Wittig 反应的改进。改进后的反应，由于副产物磷酸盐溶于水，很容易除去，克服了 Wittig 反应中生成的三苯基氧膦很难除去的不足。

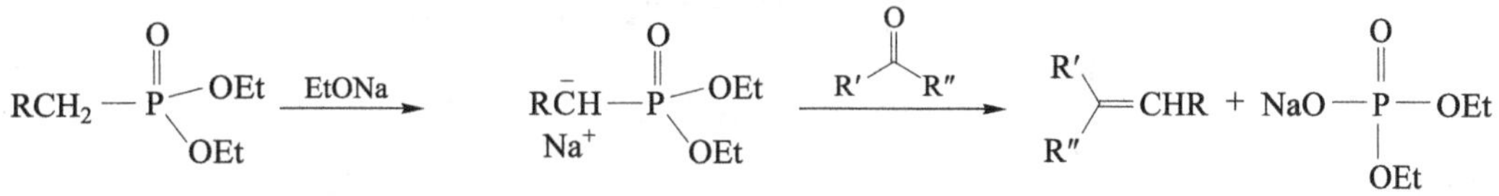

Wittig-Horner 反应还具有较好的立体选择性，反应产物以 *E* 构型为主。

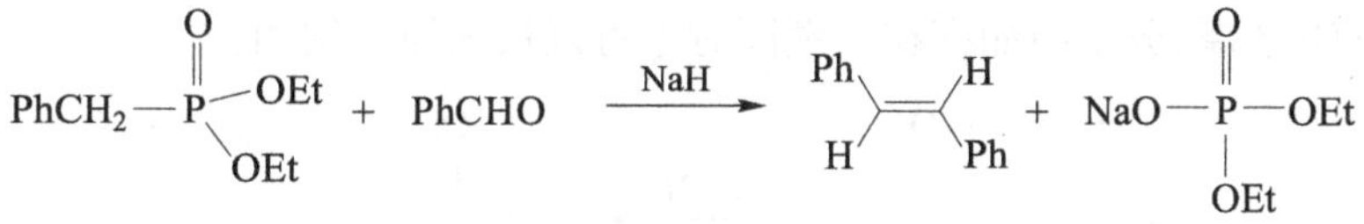

问题 10-11 写出下列反应的产物：

（1）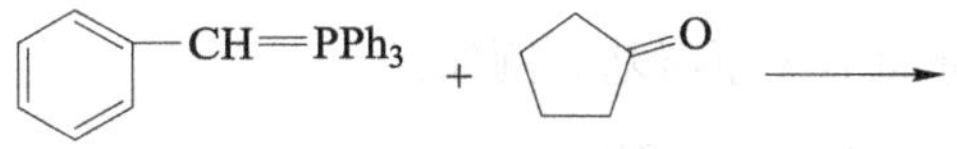

（2）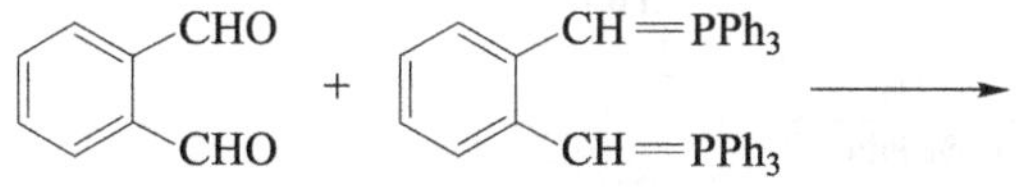

（3）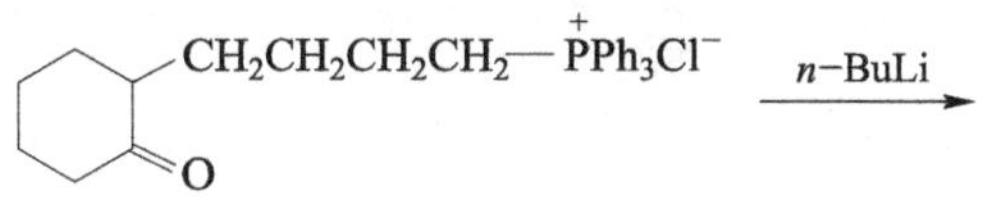

10.3.1.9　与品红醛试剂的反应

品红是一种红色染料，通二氧化硫于其溶液中则得到无色的品红醛试剂（也叫 Schiff 试剂）。它与醛类作用显紫红色，而酮类则不起反应，因此实验室可用 Schiff 试剂来区别醛与酮。

甲醛遇品红醛试剂所显的颜色加硫酸后不消失，而其他醛所显的颜色则褪去。因此，品红醛试剂可用于区别甲醛和其他醛。例如：

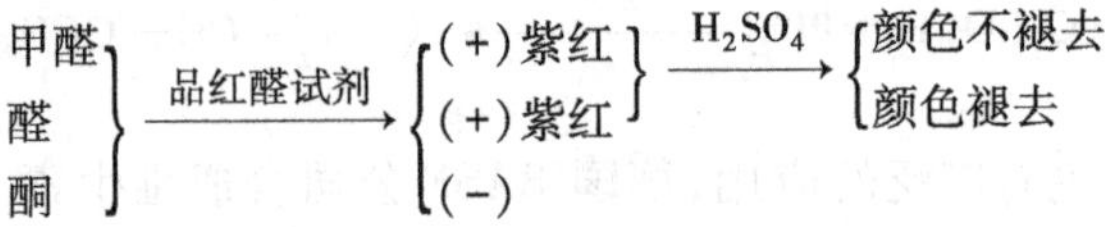

10.3.2　还原反应

10.3.2.1　还原成醇

醛、酮可以分别被还原生成伯醇和仲醇：

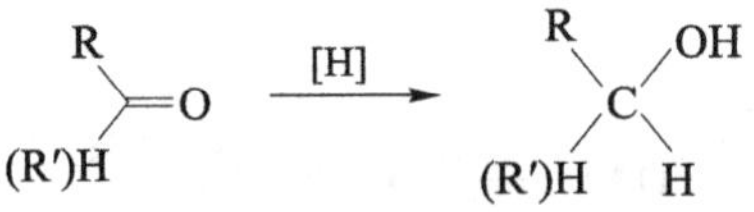

1. 催化加氢

醛、酮可以催化加氢，在加压和加热条件下分别生成伯醇和仲醇：

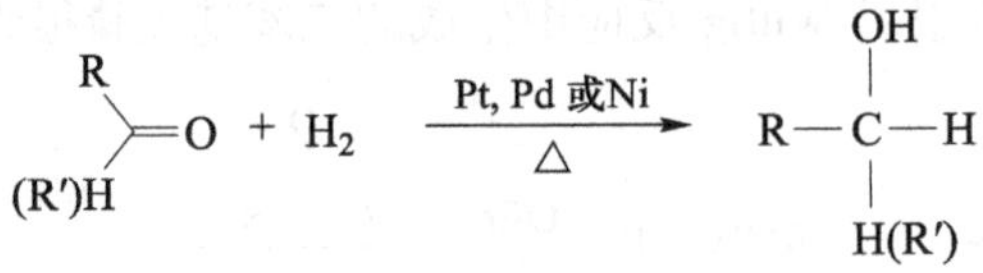

例如：

$$CH_3CH_2CH_2CHO \xrightarrow{H_2/Ni} CH_3CH_2CH_2CH_2OH$$

如选择 H_2/Ni 还原，分子中如存在双键同时也可以被还原。例如：

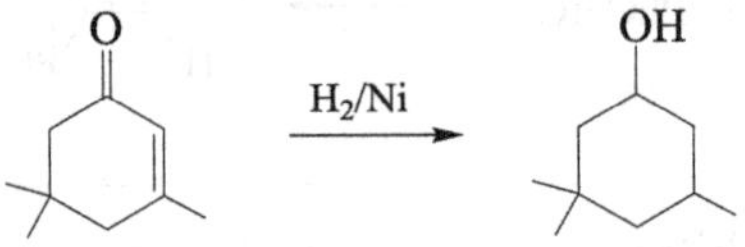

如选择 Pd/C、H_2 做还原剂，则只还原双键而不还原羰基。例如：

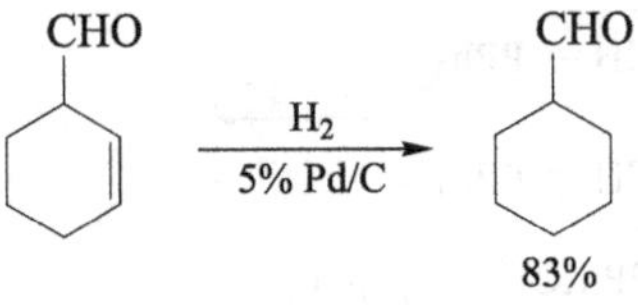

2. 用金属氢化物还原

常用的金属氢化物如硼氢化钠或氢化铝锂均能使醛、酮还原成醇：

$LiAlH_4$ 是强还原剂，不仅能使醛、酮的羰基还原，而且能使羧酸、酯中的羰基还原。它遇水反应剧烈，所以通常只能在无水乙醚或 THF 中使用。$NaBH_4$ 是中等强度的还原剂，只能使醛、酮、酰氯中的羰基还原，不影响共存的—NO_2、—COOR、—CN 等基团，对水也不敏感，可在水溶液或醇溶液中使用。例如：

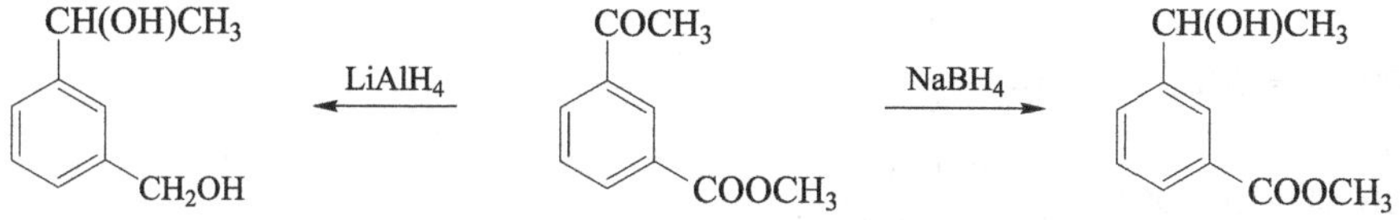

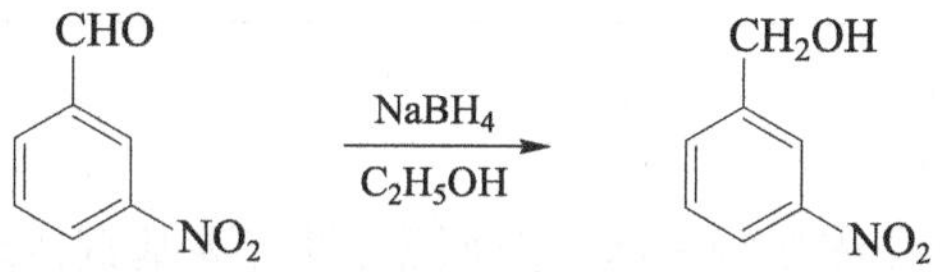

两者只还原羰基，而不还原碳碳双键：

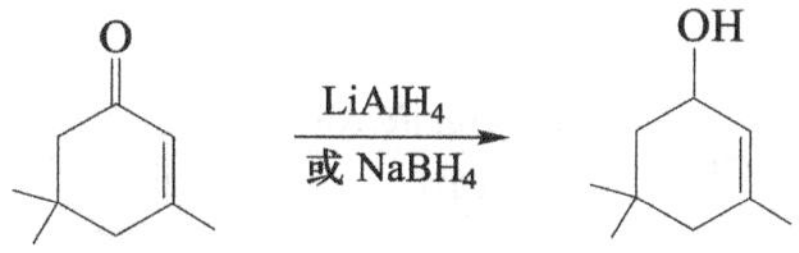

氢化铝锂或硼氢化钠等还原剂与羰基化合物反应也是亲核加成，此处亲核试剂是负氢离子，它带着一对电子转移到羰基的碳原子上，与 Grignard 试剂中的烃基加到羰基碳原子上相似。理论上，每一分子 $LiAlH_4$ 或 $NaBH_4$ 能还原四分子的醛或酮。其反应的机理可以表示如下：

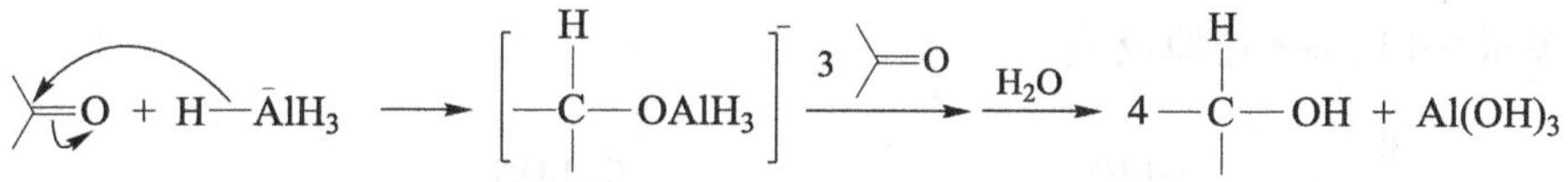

3. Meerwein-Ponndorf-Verley 还原反应

在异丙醇铝作用下，以异丙醇作溶剂，可以使醛、酮还原成醇，而异丙醇被氧化成丙酮，该反应称为 Meerwein-Ponndorf-Verley 还原反应。反应中异丙醇为大过量，既作反应物又作溶剂，反应过程中不断蒸馏出反应产生的丙酮，使反应向右进行。

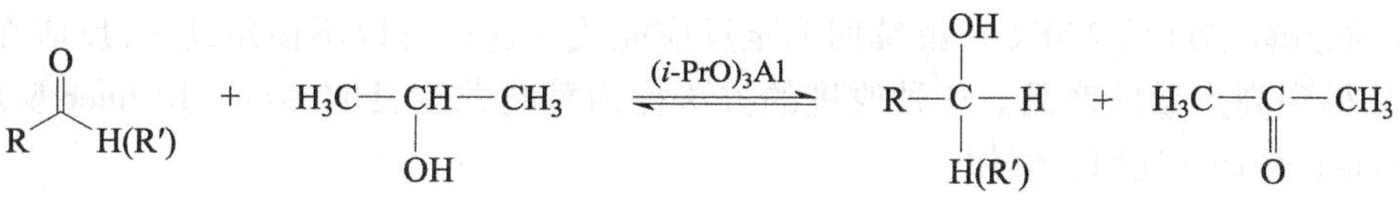

醛、酮　　异丙醇　　醇　　丙酮

Meerwein-Ponndorf-Verley 还原也是一个选择性很好的反应，分子中含有的碳碳双键、酯基、缩醛等都不能被还原。例如：

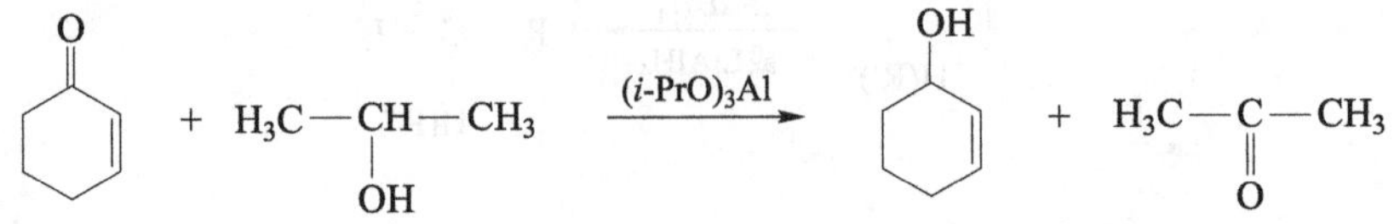

这是可逆反应，该反应的逆反应为 Oppenauer 氧化反应，它可用于从醇氧化制备醛、酮。

问题 10-12　写出下列反应的产物：

（1）$CH_3CH=CHCH_2CH_2CHO \xrightarrow{NaBH_4}$

（2）$CH_3CH=CHCH_2CH_2CHO \xrightarrow[Pd-C]{H_2}$

（3）$CH_3CH=CHCOCH_3 \xrightarrow[(CH_3)_2CHOH]{(i\text{-}PrO)_3Al}$

10.3.2.2　直接还原成烃

1. Clemmensen 还原

酮在锌汞齐 Zn(Hg) 和浓盐酸一起加热回流，可将羰基直接还原成亚甲基，该反应称为克莱门森(Clemmensen)还原。它是将羰基还原成亚甲基的一种较好的方法，在有机合成中常用于合成直链烷基苯。例如：

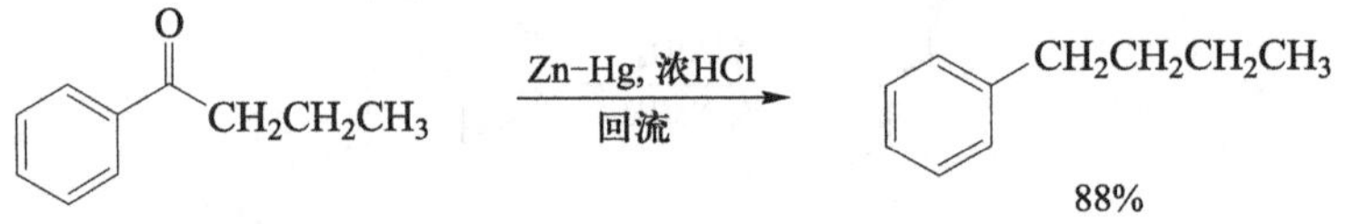

2. Wolff-Kishner-Huang 还原

将醛、酮中的羰基还原成亚甲基还有另外一种方法，先将醛或酮与纯肼作用变成腙，然后将腙和乙醇钠及无水乙醇在高压釜中加热到 180°C 左右就可以将羰基变成亚甲基，此法称为沃尔夫-凯西纳 Wolff-Kishner 还原反应：

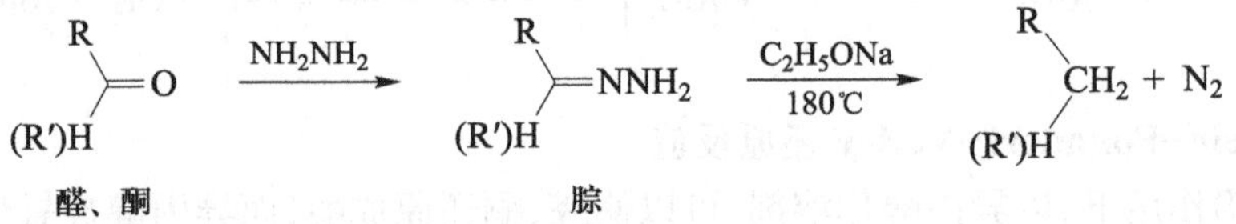

我国化学家黄鸣龙在 1946 年改进了这个方法，先将醛或酮、NaOH、水合肼和一个高沸点的水溶性溶剂（二甘醇或三甘醇）一起加热，使醛、酮变成腙，再蒸出过量的水和未反应的肼，待温度达到腙的分解温度（约 200°C），继续回流至反应完成。这样可以不使用纯肼，反应在常压下进行，并且得到高产量的产品。这种改进的方法称为黄鸣龙改良的 Wolff-Kishner 反应，亦称 Wolff-Kishner-Huang 还原。例如：

这种还原方法是在碱性条件下进行的，可用来还原对酸敏感的醛或酮，因此可以和 Clemmensen 还原互补。

3. 硫代缩醛脱硫加氢法

对酸和碱都敏感的醛或酮，可让其先与乙二硫醇反应形成缩硫醛（酮），再在 Raney Ni 催化下氢解，这样相应的羰基也可被还原成亚甲基：

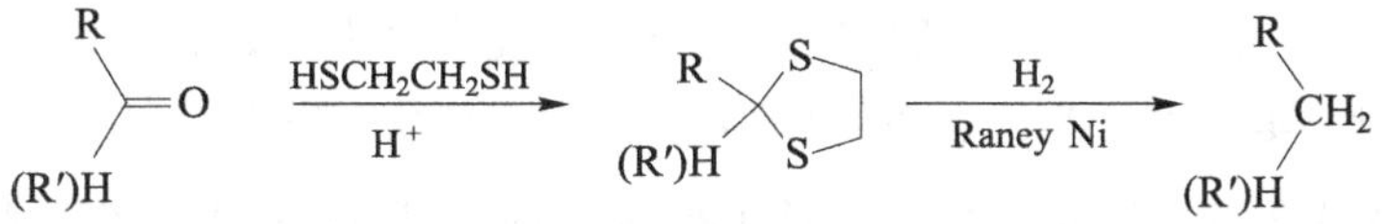

Wolff-Kishner 还原反应的机理

问题 10-13　写出下列反应的产物：

（1）

（2）

10.3.2.3　酮的双分子还原反应

在非质子性溶剂（如：苯、甲苯、二甲苯等）中，醛或酮与活泼金属（如：钠、镁）作用，发生双分子还原偶联，经水解生成频哪醇。例如：

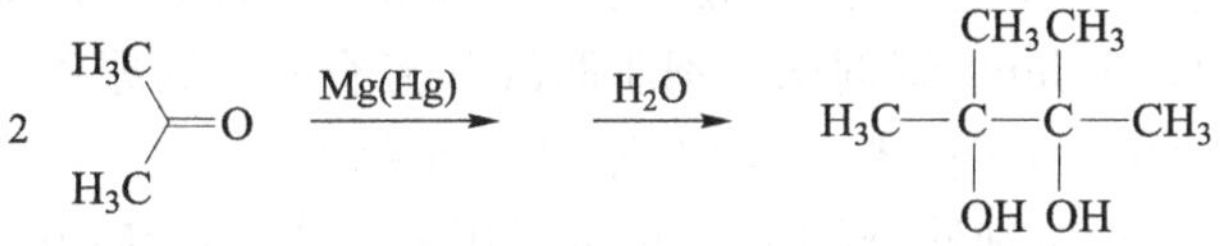

该反应的机理如下：

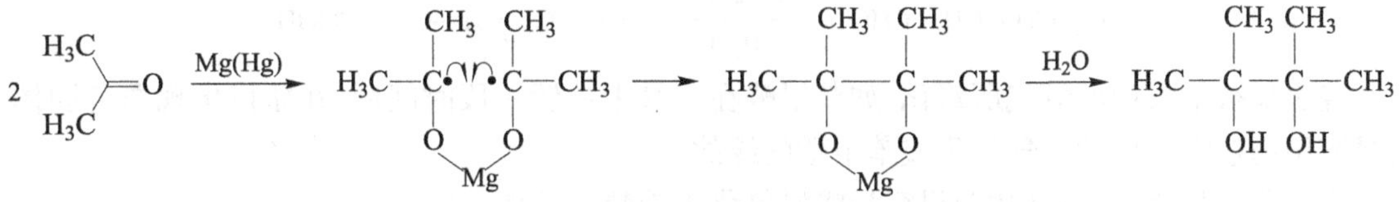

该反应是有机合成上制备对称邻二醇的主要方法。例如：

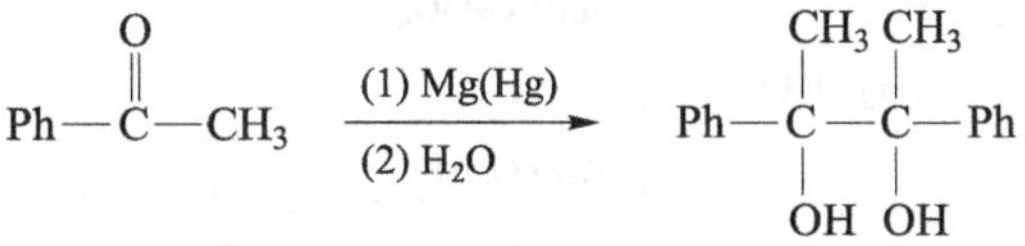

问题 10-14　写出下列反应的产物：

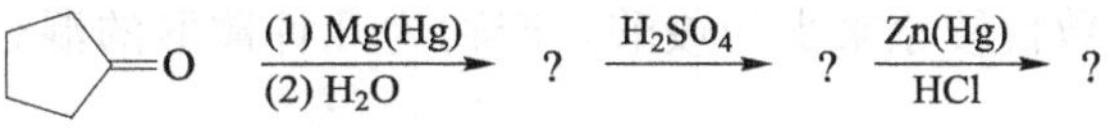

10.3.3 氧化反应

醛不同于酮，有一个氢原子直接连在羰基碳原子上，因此醛非常容易被氧化，弱氧化剂就能使醛氧化成含有相同碳原子数的羧酸，而弱氧化剂不能使酮氧化。因此可用此法来区别醛、酮。常用的弱氧化剂有 Tollens（托仑）试剂及 Fehling（费林）试剂。

Tollens 试剂是硝酸银的氨溶液（简称银氨溶液），它与醛的反应可表示如下：

$$RCHO + 2Ag(NH_3)_2OH \xrightarrow{\triangle} RCOONH_4 + 2Ag\downarrow + H_2O + 3NH_3$$

醛被 Tollens 试剂氧化成羧酸（以羧酸铵盐的形式存在），而 Tollens 试剂被还原成金属银。如果反应用的试管是洁净的，则在试管内壁形成银镜，所以该反应常称为银镜反应。所有的醛（包括脂肪醛、芳香醛）都能发生银镜反应，因此可以利用该反应来区别醛和酮。许多工业制镜和热水瓶镀银等过程就是利用这个反应。

Fehling 试剂是由硫酸铜溶液与酒石酸钾钠碱溶液混合而成，作为氧化剂的是二价铜离子。醛与 Fehling 试剂反应时，醛被氧化成羧酸（以羧酸盐的形式存在），而二价铜离子被还原成砖红色的氧化亚铜沉淀。

$$RCHO + 2Cu(OH)_2 \xrightarrow{NaOH} RCOONa + \underset{\text{砖红色}}{Cu_2O\downarrow} + 3H_2O$$

脂肪醛能与 Fehling 试剂反应，但芳香醛不能与 Fehling 试剂发生此反应（原因可能是空间位阻问题），所以也可以用 Fehling 试剂来区别脂肪醛和芳香醛。糖尿病人的尿中含有葡萄糖，葡萄糖是醛糖，所以可以用 Fehling 试剂来检验尿中的葡萄糖。

除了用这两种试剂进行鉴别外，氧化反应也可以用来合成特定结构的羧酸。尤其是当醛分子中有双键和三键时，可选择性地将醛氧化成酸，而双键或三键则不变。例如：

$$H_3C-CH=CH-CHO \xrightarrow[(2)\ H_3^+O]{(1)\ Ag(NH_3)_2OH} H_3C-CH=CH-COOH$$

醛也能被空气中的氧气所氧化，如苯甲醛在空气中放置一段时间后，在瓶口出现白色固体，这是苯甲醛被空气中的氧气氧化成苯甲酸的缘故。

强氧化剂如铬酸、高锰酸钾很容易将醛氧化为羧酸。例如：

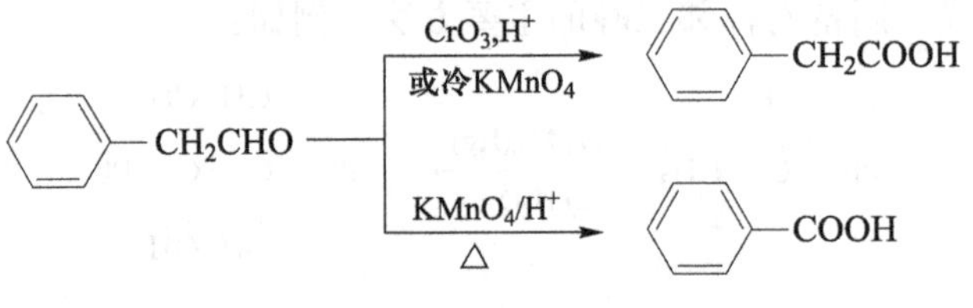

酮不为弱氧化剂所氧化，但遇强氧化剂如 $KMnO_4$、HNO_3 等则可将酮氧化，碳链可以从羰基的两边断裂，生成碳原子数目较原来少的羧酸。产物为几种羧酸的混合物，所以一般酮的氧化反应没有制备意义。

$$R-CH_2 \vdots \overset{\overset{\displaystyle O}{\|}}{C} \vdots CH_2-R' \xrightarrow{HNO_3} RCOOH + RCH_2COOH + R'COOH + R'CH_2COOH$$

环酮氧化生成二元羧酸，如果环酮的结构对称，则得到一种产物，因此可用于制备。例如环己酮在强氧化剂作用下生成己二酸，是工业上生产己二酸的方法，己二酸是重要的化工原料，用作尼龙-66的原料：

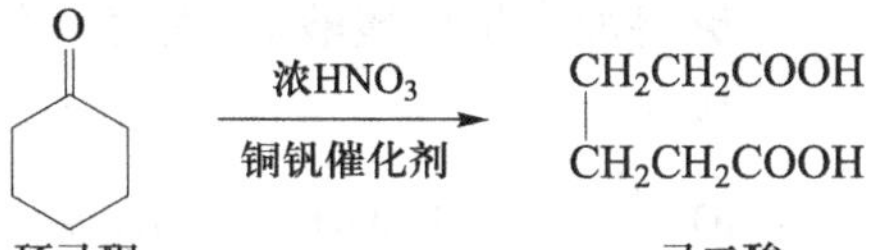

环己酮　　　　　　　　己二酸

酮在过氧酸作用下被氧化成酯的反应，称为Baeyer-Villiger（贝耶尔-维利格）反应。Baeyer-Villiger反应既是氧化反应，也是一个重排反应，具有合成价值。将在第16章重排反应中详细讨论。

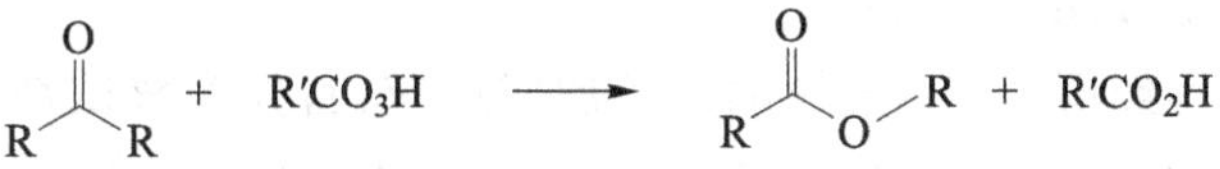

酮　　过氧酸　　　　酯

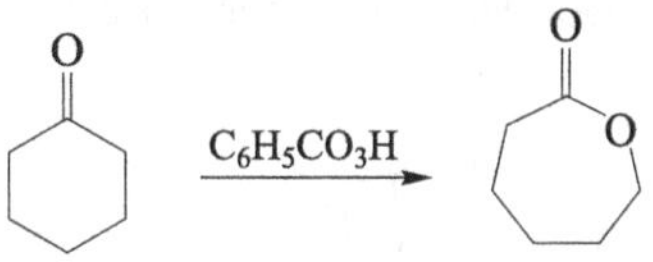

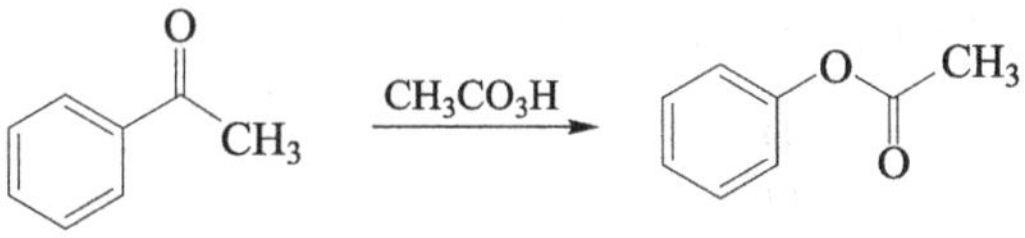

用二氧化硒（SeO_2）作氧化剂，可将醛、酮分子中与羰基相邻的亚甲基或甲基氧化成羰基，是合成1,2-二羰基化合物的常用方法。例如：

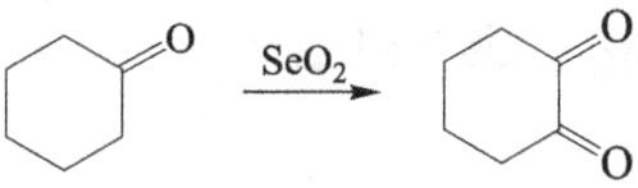

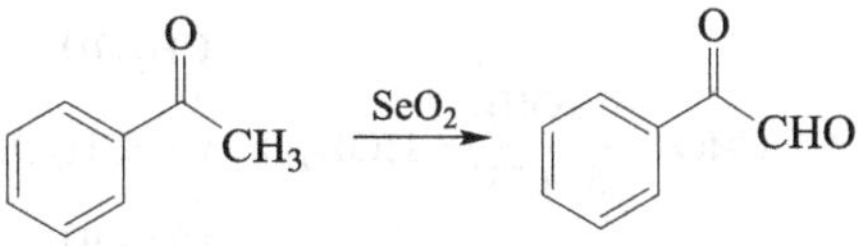

问题 10-15　（1）鉴别下列化合物：对甲基苯甲醛、苯乙醛、苯乙酮、对甲基苯酚、苯甲醇

（2）下列化合物中，哪些能发生银镜反应？

（A）$CH_3COCH_2CH_3$　（B）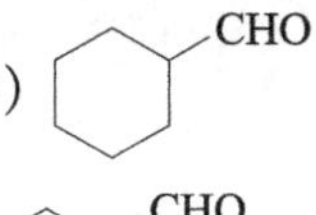　（C）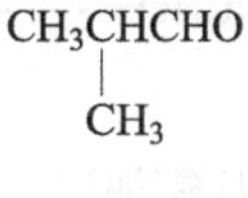　（D）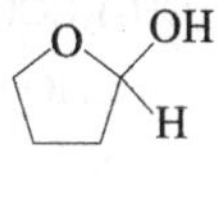

（E）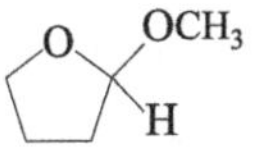　（F）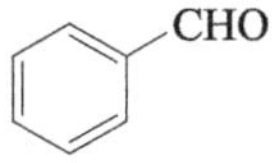

10.3.4 歧化反应

不含 α-H 的醛(如 HCHO,R_3C—CHO,芳香醛等)在浓碱作用下,能发生自身的氧化-还原反应,即一分子醛被氧化成羧酸,在碱溶液中生成羧酸盐,而另一分子醛被还原成醇。这种反应称为坎尼扎罗(Cannizzaro)反应。例如:

$$2HCHO \xrightarrow{浓\ NaOH} HCOONa + CH_3OH$$

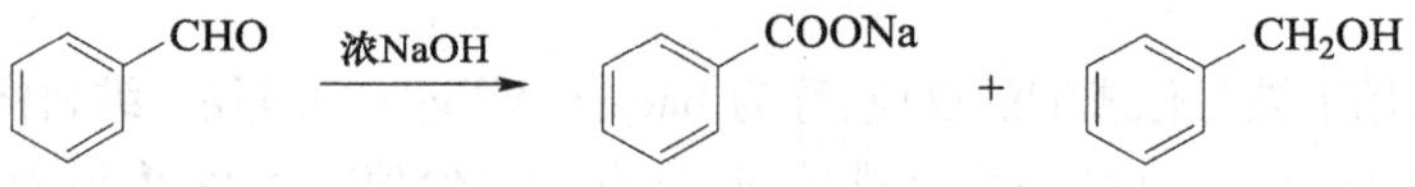

在不含 α-H 的醛分子间同时进行着两种性质相反的反应,如氧化反应与还原反应,通常称这种反应为歧化反应(disproportionation)。

Cannizzaro 反应历程经历了两次连续的亲核加成反应,首先亲核试剂$^-$OH 与一分子羰基发生亲核加成反应,生成中间体(ⅰ),中间体(ⅰ)在碱$^-$OH 作用下去质子形成双负离子中间体(ⅱ),接着该双负离子中间体(ⅱ)中氧负离子发生电子转移,原来醛中的氢原子以负离子形式离去,并作为亲核试剂进攻另一分子羰基碳原子,生成羧酸根离子和烃氧负离子,最后烃氧负离子从溶剂水中夺取质子转变成醇:

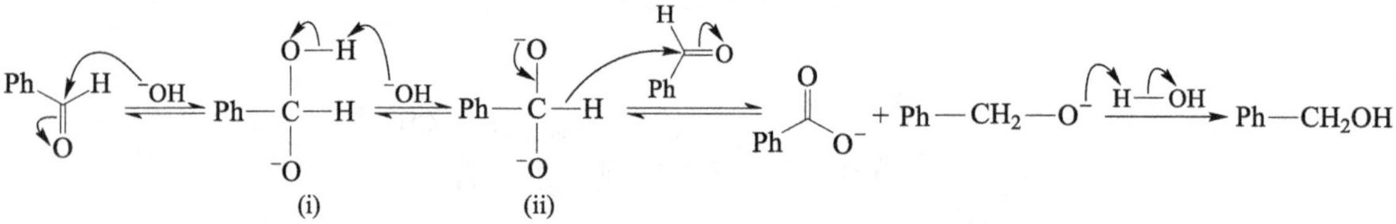

不同分子间进行的 Cannizzaro 反应称为交错的 Cannizzaro 反应。甲醛与其他不含 α-H 的醛反应时,总是甲醛被氧化(因为甲醛具有较强的还原性),而另一醛被还原。例如:

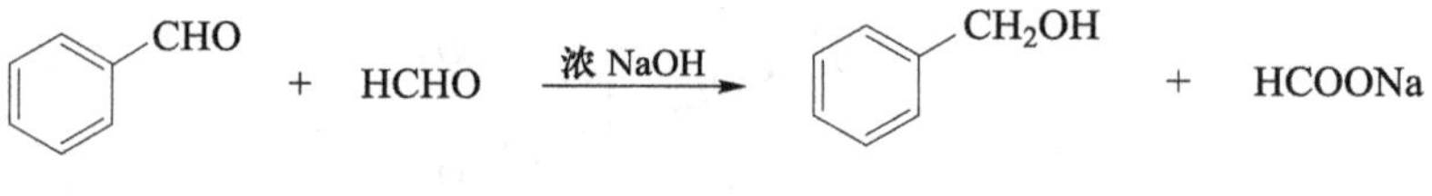

工业上利用交错 Cannizzaro 反应制备具有重要应用价值的季戊四醇:

$$HOH_2C-\underset{CH_2OH}{\overset{CH_2OH}{C}}-CHO + HCHO \xrightarrow[55\sim65℃]{Ca(OH)_2} HOH_2C-\underset{CH_2OH}{\overset{CH_2OH}{C}}-CH_2OH + \frac{1}{2}Ca(HCOO)_2$$

季戊四醇

问题 10-16　写出下列反应的产物:

(1) $(CH_3)_3CCHO + HCHO \xrightarrow{浓\ NaOH}$

(2) 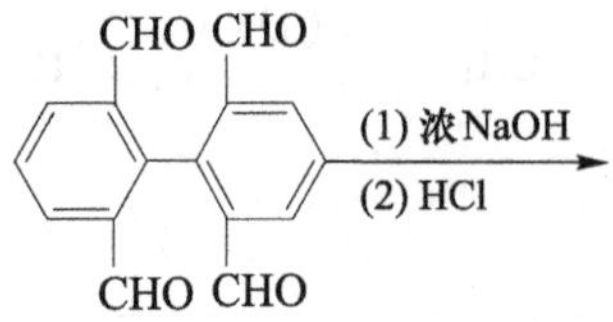

10.3.5　α-氢原子的反应

醛、酮分子中，与羰基直接相连的碳原子上的氢原子，称为 α-氢原子。由于受到羰基的影响，α-氢原子具有一定的酸性，并由此可产生一系列的化学反应。

10.3.5.1　酮-烯醇平衡

由于受到羰基吸电子诱导效应和 α-碳原子上 C—H 键与羰基双键之间存在超共轭效应的影响，醛、酮的 α-氢原子具有比较强的酸性。例如：

化合物	CH_3CHO	CH_3COCH_3	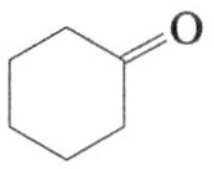	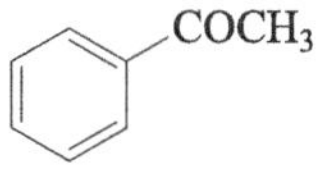
α-H的pK_a	17.0	20.0	17.0	16.0

具有酸性的 α-氢原子可以发生电离，例如丙酮电离后生成丙酮的共轭碱和质子：

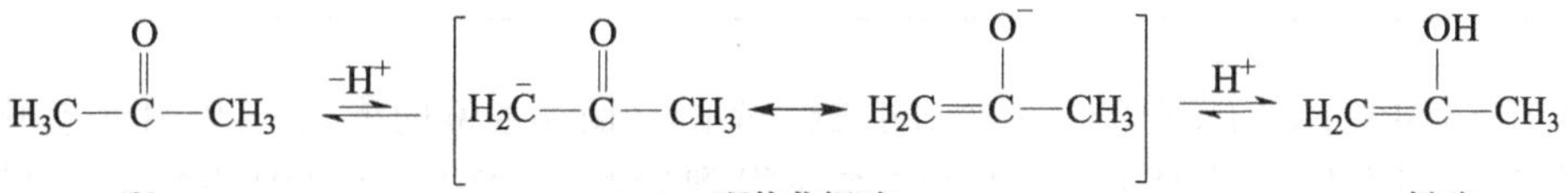

酮　　酮的共轭碱　　烯醇

在共轭碱中，负电荷可以分布在 α-碳原子和氧原子上，质子与共轭碱重新结合，如果加在 α-碳原子上就得到酮，如果加在氧原子上就得到烯醇，酮和烯醇互为同分异构体，它们可以通过共轭碱互变，这种现象称为互变异构(tautomerism)。

这两个互变异构体都是实际存在的，在一定条件下可以将它们分离出来。如在严格隔绝酸和碱的中性条件下，使乙二醇高温脱水，并将产物迅速冷却，可以得到乙烯醇：

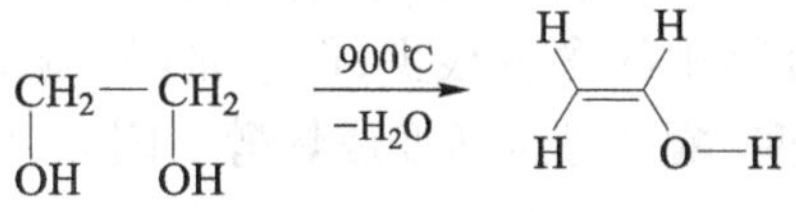

C—C　0.1332 nm

∠CCO 126°，∠HCO 137°

在酮—烯醇平衡中，常用平衡常数 K 来衡量何者占优，K 的定义为

$$K=\frac{[\text{烯醇}]}{[\text{醛或酮}]}$$

一些醛、酮的酮-烯醇平衡的平衡常数见表 10-2。

表 10-2　一些醛、酮的酮-烯醇平衡的平衡常数

酮式	烯醇式	K
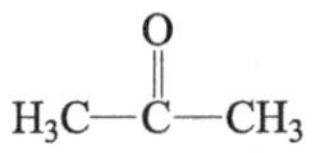	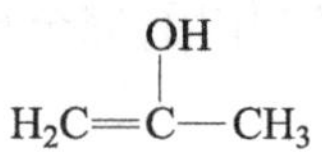	2.5×10^{-6}(水)

续表

酮式	烯醇式	K
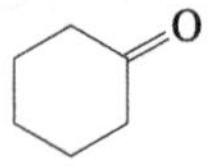	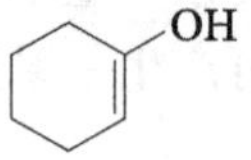	2×10^{-4}(水)
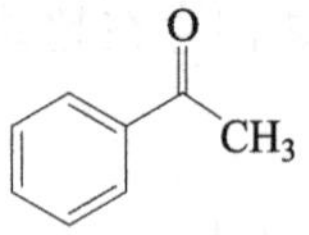	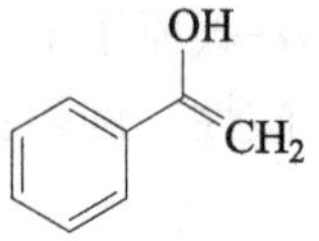	4×10^{-4}
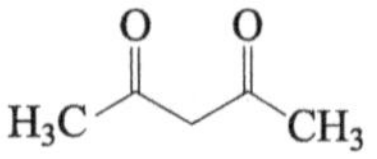	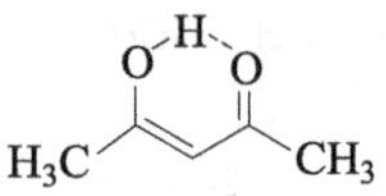	3.6(纯液体)
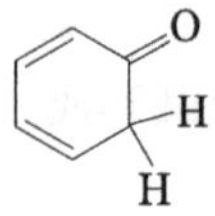	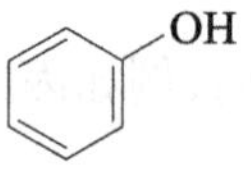	10^{14}

由表 10-2 可知:结构简单的一元醛、酮,酮—烯醇平衡远远偏向酮式一边,在平衡化合物中烯醇含量极少。因此,在合成反应中有时本应得到烯醇,而实际上得到的是它的互变异构体——醛或酮。例如:

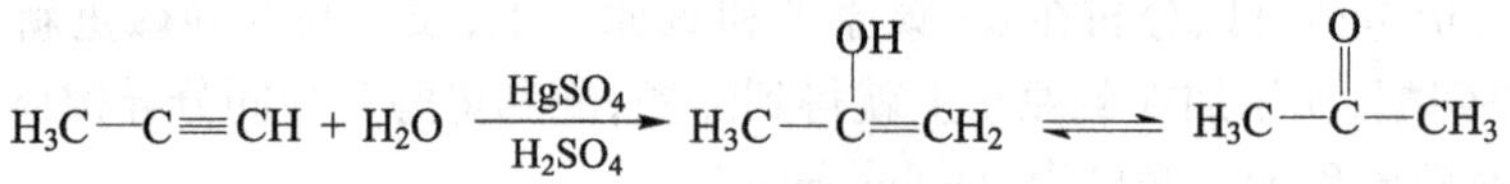

但对于一些结构特殊的醛或酮,由于它们形成的烯醇式结构比较稳定,在平衡体系中,烯醇式含量就会增多,有时甚至以烯醇式为主,例如 2,4-戊二酮在 25℃的纯液体中烯醇式约占 80%。又如,苯酚可以看作是环己二烯酮的烯醇式,由于苯环的稳定性极高,使平衡远远偏向烯醇一边。

对于一般的醛、酮而言,烯醇在平衡混合物中的含量很少,但它是醛、酮反应中的重要中间体,它与试剂作用后,平衡向右移动,一部分醛、酮又迅速转变成烯醇。因此,可以得到不断的补充,直至醛、酮完全反应为止。

烯醇分子中羟基上的氢原子被金属置换生成的盐称为烯醇盐(enolate),它可以通过含 α-H 的醛、酮与碱作用得到,反应中产生的烯醇盐的含量高低与碱的强弱有关。

在水溶液中,丙酮用 NaOH 处理,由于水的酸性比丙酮强,只有极少量的丙酮转变成烯醇盐:

醛、酮在非水溶液中与强碱作用,可以完全转变成烯醇盐。例如,丙酮在四氢呋喃中与二异丙基氨基锂[$(i\text{-Pr})_2N^-Li^+$](简称 LDA)作用,完全转变成烯醇盐:

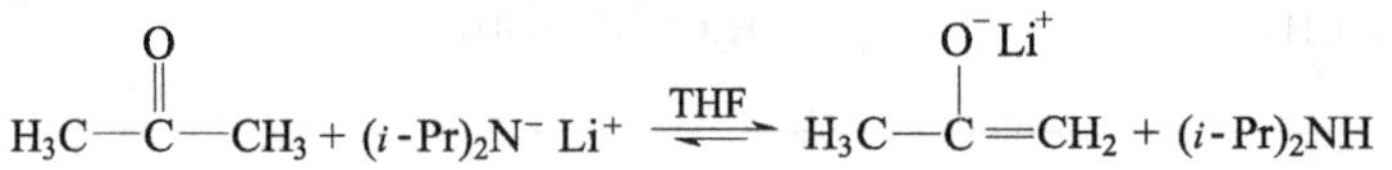

$pK_a=20$　　　LDA　　　$pK_a\approx40$

烯醇盐在有机合成中具有重要的用途，在烯醇盐中负电荷可以分布在 α-碳原子上，也可以分布在氧原子上，所以它是一种两可离子(ambident ion)，既可以在 α-碳原子上起反应，也可以在氧原子上起反应。通常它的 α-碳原子是发生反应的位置，可以发生 S_N2 反应例如：

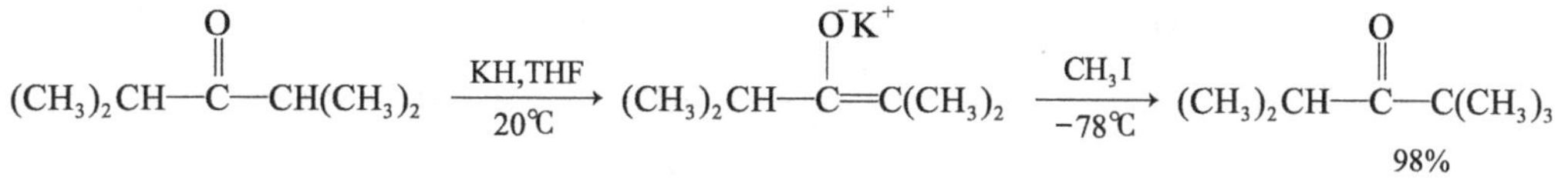

通过烯醇盐可以实现醛、酮 α-氢原子的同位素交换和 α-碳原子上立体构型的改变。例如 2-丁酮在 D_2O 中用痕量的 NaOD 处理，发现所有的 α-氢原子被氘代：

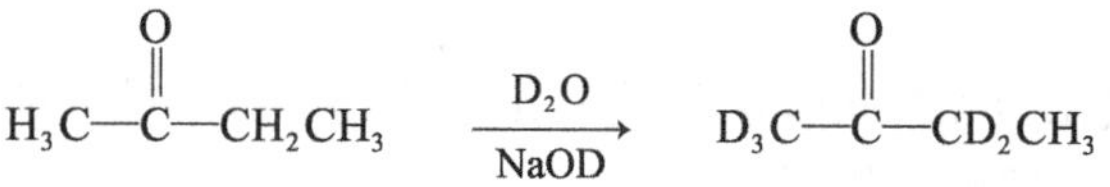

2-丁酮　　1,1,1,3,3-五氘-2-丁酮

用 ^1H NMR 能方便地跟踪这一反应过程，因为这些质子信号随着它们一个个地被氘取代而逐渐消失。利用这一方法，可以快速确定一个分子中所含 α-氢原子的数目。

在碱性条件下，具有 α-氢原子的醛、酮的 α-碳原子的立体构型会发生转化。例如：用碱处理顺-2-烯丙基-3-甲基环戊酮，生成相应的反式异构体。这是由于分子中空间位阻的原因，反式异构体更稳定。这种转化是通过烯醇负离子进行的。

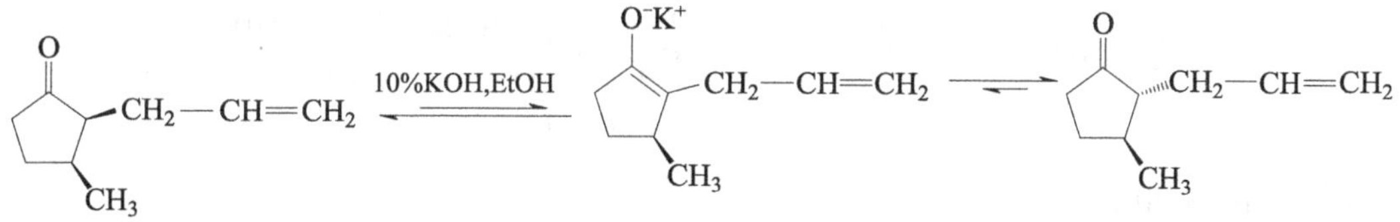

当一个化合物分子中唯一的手性在 α-碳原子上时，在碱性介质中它将发生外消旋化。例如：在碱性的乙醇溶液中，(*S*)-3-苯基-2-丁酮在半分钟内便发生外消旋化：

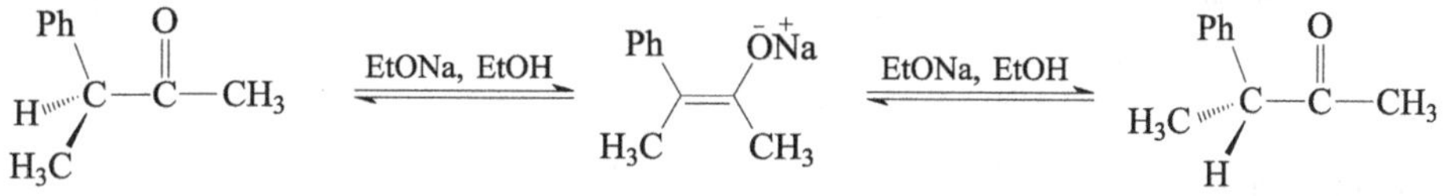

(*S*)-3-苯基-2-丁酮　　(*R*)-3-苯基-2-丁酮

问题 10-17　(1) 下列化合物哪些在碱性溶液中会发生外消旋化？

(A) (*R*)-2-甲基丁醛　(B) (*S*)-3-甲基-2-庚酮　(C) (*S*)-3-甲基环己酮

(D) (*R*)-1,2,3-三苯基-1-丙酮

(2) 写出下列化合物用 D_2O-NaOD 处理可能的产物(如果有的话)：

(A) 环庚酮　(B) 2,2-二甲基丙醛

(C) 3,3-二甲基丁酮　(D) 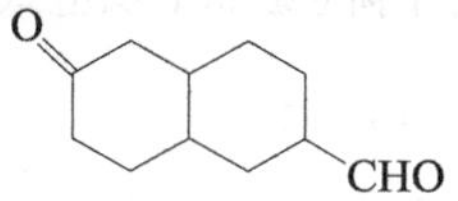

10.3.5.2　卤代反应

醛、酮分子中的 α-氢原子在酸或碱催化下，容易被卤素（氯、溴、碘）取代，生成 α-卤代醛、酮。例如：

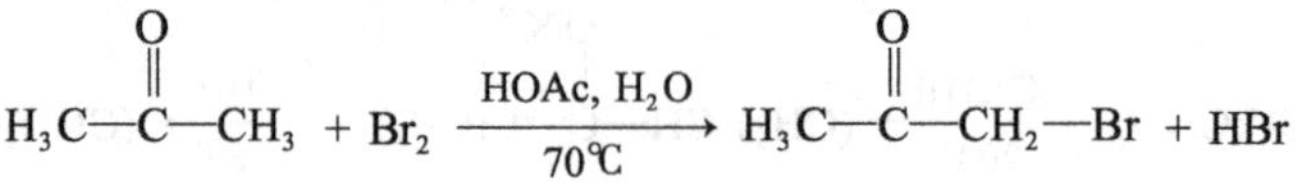

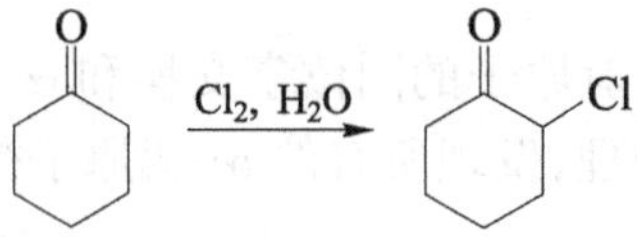

由于卤素是一个亲电试剂，因此卤素取代了 α-氢原子，而不是与羰基加成。这类反应随着反应条件的不同，其反应机理也不相同。

酸催化下，卤代反应速率只与酮的浓度和酸的浓度有关，而与卤素的浓度无关。并且，氯代、溴代和碘代的速率也相等。另外，醛、酮在酸催化下与 D_2O 同位素交换的速率与卤代反应速率也相等。这些说明两种反应都是通过烯醇进行的，生成烯醇是决定反应速率的步骤。酸催化下丙酮的溴代反应机理可表示如下：

步骤 1. 烯醇化（决速步骤）

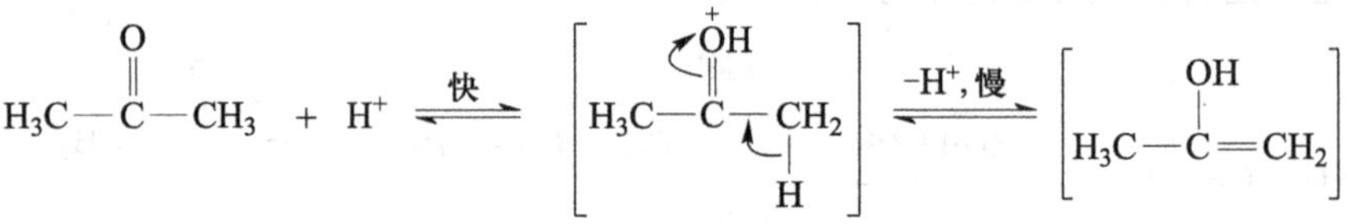

步骤 2. 卤素加成

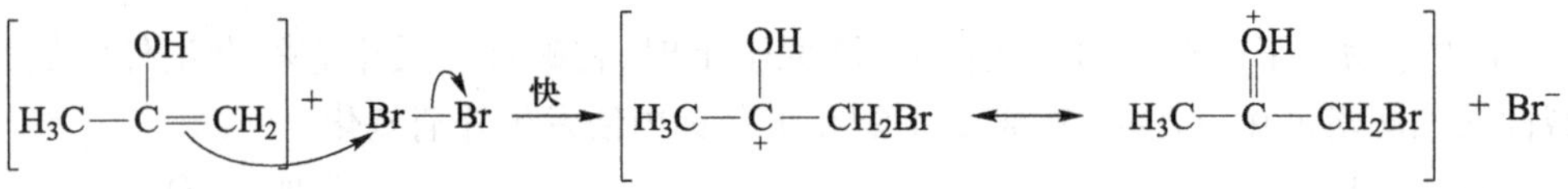

步骤 3. 脱去质子

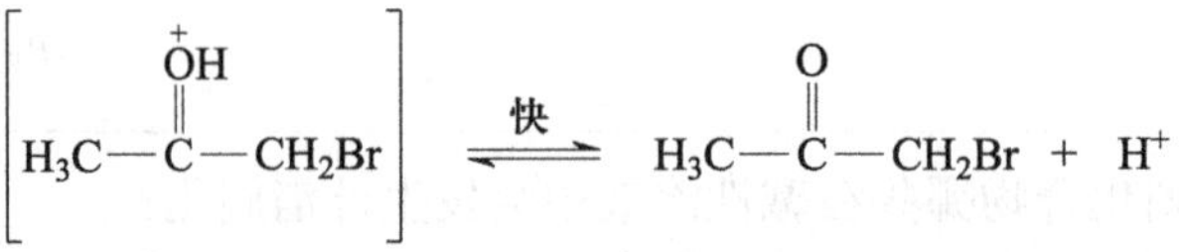

醛、酮的卤代实际上是卤素与碳碳双键的亲电加成。在酸催化下，卤代反应通常停留在一卤代阶段。其原因是：卤素是吸电子取代基，在醛、酮的 α 位引入卤原子后，使得碳氧双键的电子云向碳原子方向转移，氧原子上的电子概率密度相应降低，使得氧原子的碱性减弱接受质子的能力下降，不利于形成烯醇式，使其进一步卤代的能力下降（见如下反应式），反应可以停留在一卤代阶段。

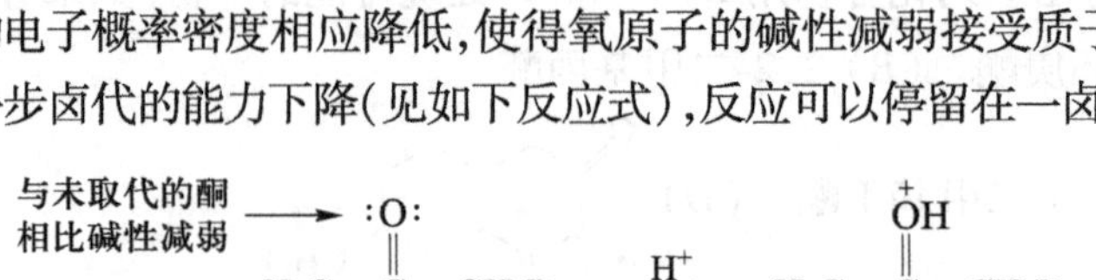

在酸催化条件下，除了可以使卤代停留在一卤代阶段外，对于非对称酮进行卤代时，反应具有区域选择性，一般卤代反应发生在取代多的 α-碳原子上，即生成取代多的卤代酮。其原因是反应中形成取代多的烯醇式比取代少的更稳定，烯醇含量也就愈高。例如：

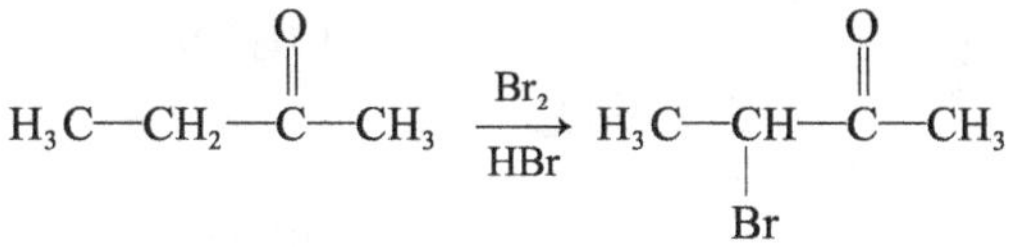

在中性条件下，醛、酮的卤代反应开始时进行得很慢，因为此时没有质子催化，烯醇含量很低。过了一段时间，反应迅速进行并很快完成。因为反应开始后生成的卤化氢可以催化烯醇的形成，使反应速率大大加快了。这种现象称为自动催化(autocatalysis)。自动催化反应一般都有一个诱导期(induction period)。

在碱催化下，酮先失去一个 α-氢原子生成烯醇负离子，该步是决定反应速率的步骤。然后烯醇负离子作为亲核试剂快速与亲电试剂卤素反应，生成 α-卤代酮和卤素负离子：

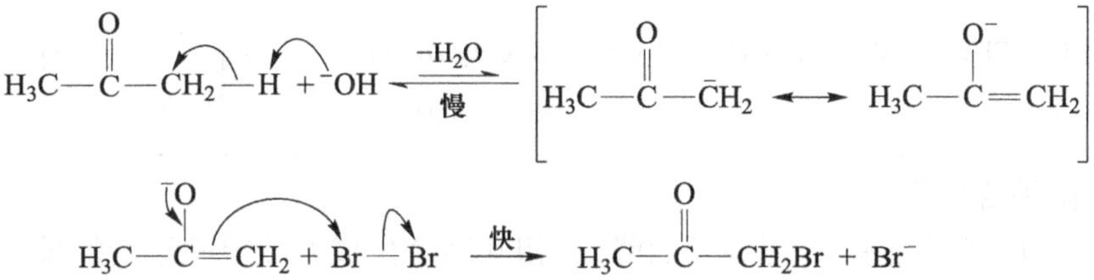

碱催化时，卤代反应速率很大，一般不易控制生成一卤或二卤代物。因为醛、酮的一个 α-氢原子被卤素取代后，由于卤原子是吸电子取代基，它所连的 α-碳上氢的酸性增强，在碱作用下更容易离去。因此，第二、第三个 α-氢原子就更容易被取代生成 α,α,α-三卤代物。这样，凡是具有乙酰基(CH_3CO—)结构的醛、酮(即乙醛和甲基酮)，与次卤酸钠(NaOX)溶液或卤素的碱溶液作用，甲基上的三个 α-氢原子都被卤素取代，得到多卤代醛、酮。例如：

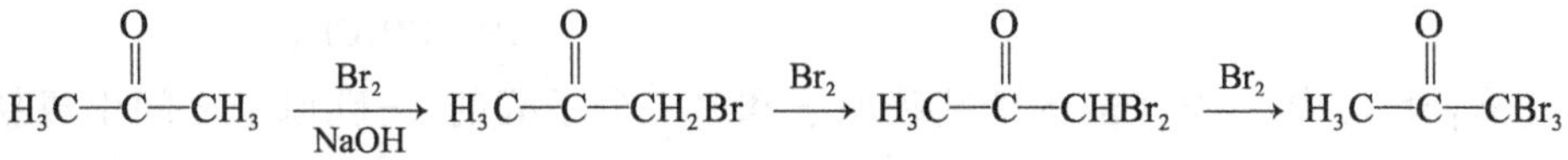

生成的 α,α,α-三卤代醛、酮在碱性溶液中不稳定，易分解成三卤甲烷(卤仿)和相应的羧酸盐，整个反应称为卤仿反应(haloform reaction)：

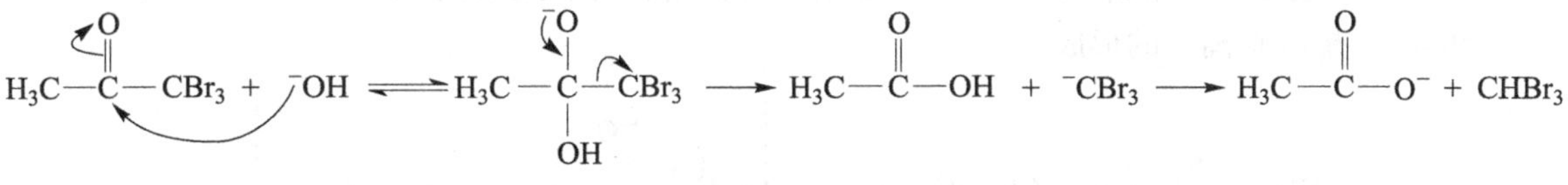

当用次碘酸钠(或碘的氢氧化钠)作试剂时，产生具有特殊气味的黄色沉淀碘仿(CHI_3)，这个反应称为碘仿反应。该反应可以用来鉴别具有 $H_3C-\overset{\overset{\displaystyle O}{\|}}{C}-$ 的醛、酮，以及具有 $H_3C-\overset{\overset{\displaystyle OH}{|}}{CH}-$ 结构的醇，因为次碘酸钠是一个氧化剂，能将 $H_3C-\overset{\overset{\displaystyle OH}{|}}{CH}-$ 结构的醇氧化成含 $H_3C-\overset{\overset{\displaystyle O}{\|}}{C}-$ 结构的醛、酮。例如：

$$CH_3CH_2OH \xrightarrow[NaOH]{I_2} CH_3CHO \xrightarrow[NaOH]{I_2} HCOONa + CHI_3\downarrow$$

黄色

卤仿反应的另外一个应用是合成用其他方法难以合成的羧酸。例如：

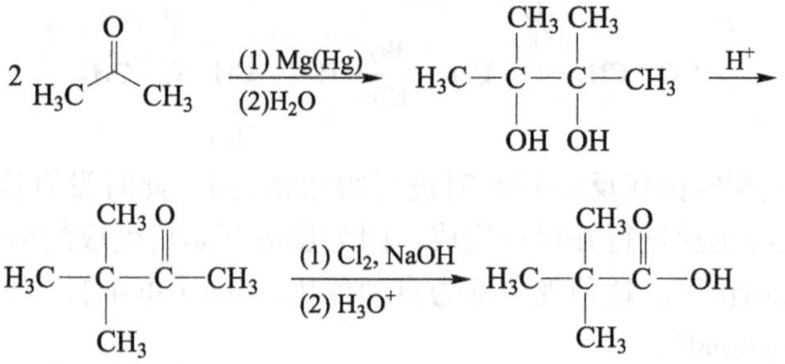

问题 10-18　下列化合物中哪些能发生碘仿反应?

(A) CH_3CH_2CHO　(B) ICH_2CHO　(C) $CH_3CH_2CH(OH)CH_3$　(D) 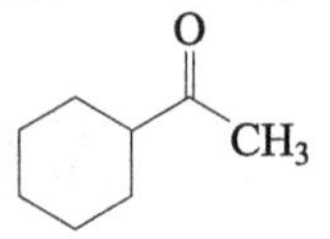

10.3.5.3　羟醛缩合反应

在稀碱溶液中，两分子有 α-氢原子的醛、酮相互结合生成 β-羟基醛、酮的反应称为羟醛缩合(aldol condensation)反应。例如：

$$2CH_3CHO \xrightarrow[5℃]{10\%\ NaOH} H_3C-\underset{OH}{\underset{|}{CH}}-CH_2CHO$$

3-羟基丁醛(β-羟基丁醛)

$$2CH_3CH_2CH_2CHO \xrightarrow[6\sim8℃]{KOH,\ H_2O} CH_3CH_2CH_2-\underset{OH}{\underset{|}{CH}}-\underset{CH_2CH_3}{\underset{|}{CH}}-CHO$$

在羟醛缩合反应中，一分子醛的羰基碳原子和另一分子醛的 α-碳原子之间生成新的碳碳单键。

在羟醛缩合中，一分子醛在碱作用下转变成烯醇负离子，烯醇负离子作为亲核试剂与另一分子醛的羰基进行亲核加成反应，生成 β-羟基醛，其反应历程可以表示如下：

步骤 1. 烯醇负离子的形成

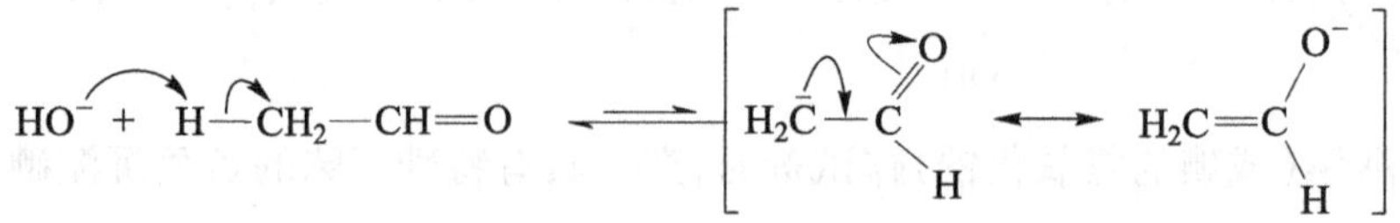

平衡浓度很小的烯醇负离子

步骤 2. 亲核加成

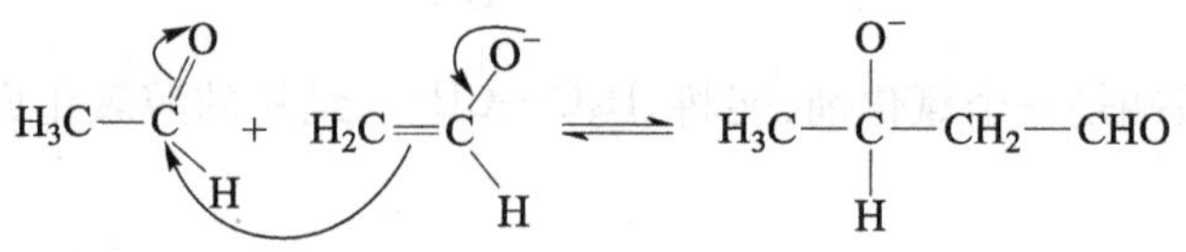

步骤 3. 质子化

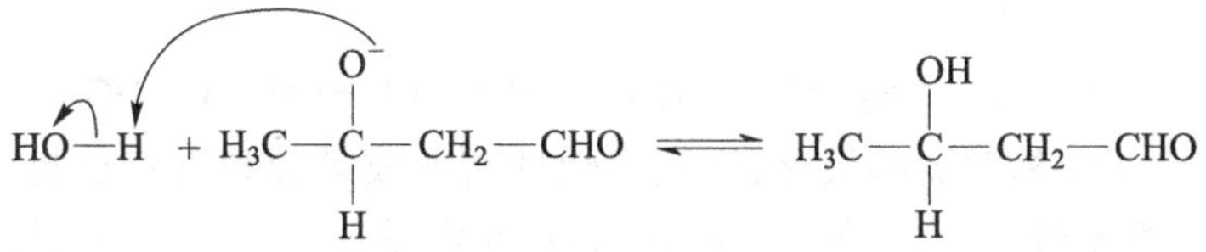

尽管氢氧化钠的碱性强度不足以将醛完全转化为烯醇负离子，但是它能使醛和生成的少量烯醇负离子形成平衡。因为烯醇负离子在大量醛存在下形成，其亲核性的 α-C 可以进攻尚未形成烯醇负离子的另一醛分子中的羰基。所形成的烷氧负离子在质子化后生成 β-羟基醛。要注意的是在这个反应中氢氧根离子是一个催化剂（作为碱）。后两步反应推动第一步本来不利的平衡反应向产物的方向移动。但是整个过程的放热并不是很多。

缩合生成的 β-羟基醛，稍微受热，即发生分子内的脱水而生成 α,β-不饱和醛：

$$H_3C-CH(OH)-CH_2-CHO \xrightarrow{\triangle} H_3C-CH=CH-CHO$$

随着醛的相对分子质量的增加，生成 β-羟基醛的速率越来越慢，需要通过提高反应温度或碱浓度，但这样会使生成的 β-羟基醛脱水，最后产物为 α,β-不饱和醛。因此，如果需要制备 α,β-不饱和醛，则可以在较高的温度下进行羟醛缩合。例如：

$$2CH_3CH_2CH_2CHO \xrightarrow[80\sim100℃]{NaOH,\ H_2O} CH_3CH_2CH_2-CH=C(CH_2CH_3)-CHO$$

升高温度时，β-羟基醛将转化成烯醇负离子，HO^- 是一个离去能力较差的离去基团，消除 HO^- 反应的推动力是形成热力学更稳定的共轭的 α,β-不饱和醛。整个过程是 HO^- 催化下的 β-羟基醛的脱水反应，其机理如下：

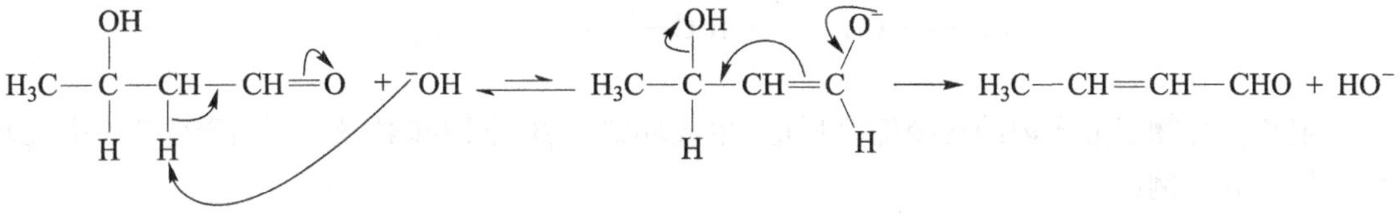

羟醛缩合反应也可以在酸催化下进行，此时的亲核试剂是烯醇。以乙醛的羟醛缩合反应为例，其酸催化的缩合反应机理可以表示如下：

步骤 1. 烯醇的形成

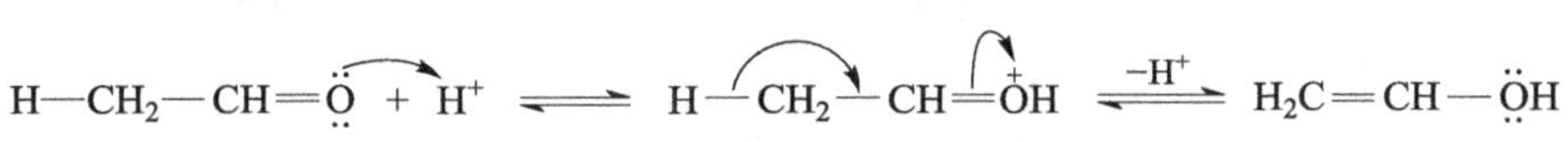

步骤 2. 亲核加成

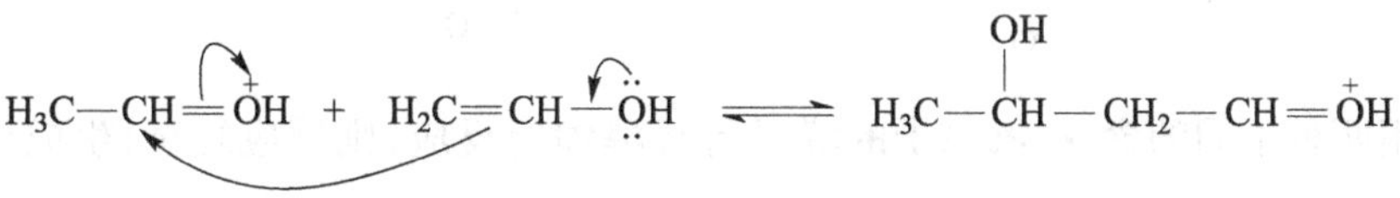

步骤3. 去质子

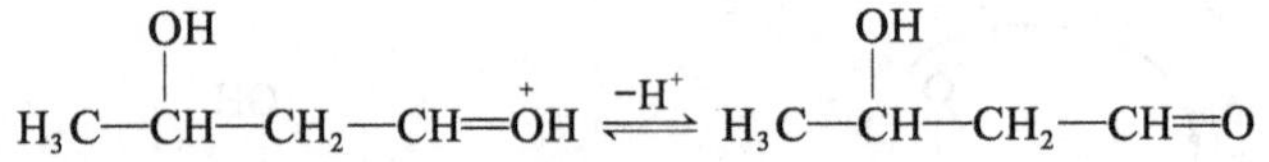

酸的作用是增强了碳氧双键的极化，使它更快地转变成烯醇和更容易起亲核加成反应（通过活化羰基）。在酸性条件下，生成的β-羟基醛容易脱水成α,β-不饱和醛，其机理如下：

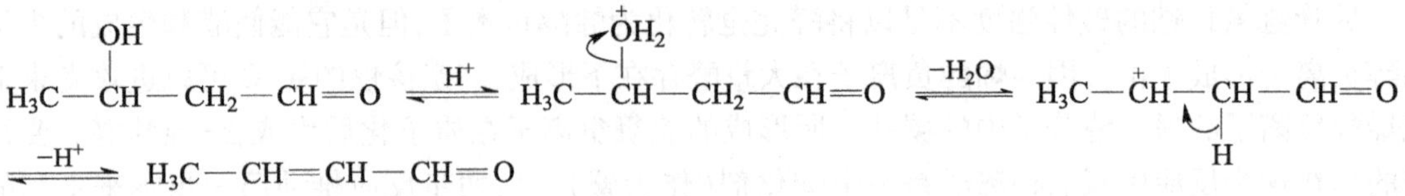

酮在碱性催化剂存在下，虽然也可以起羟醛缩合反应，但平衡偏向左边。例如丙酮在碱性条件下仅有6%转化成4-羟基-4-甲基-2-戊酮：

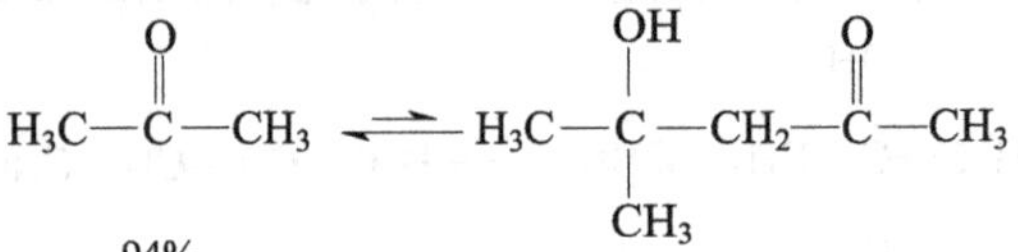

94%　　4-羟基-4-甲基-2-戊酮 6%

要推动反应向右进行，可以将生成的产物不断地从反应混合物中萃取出来。

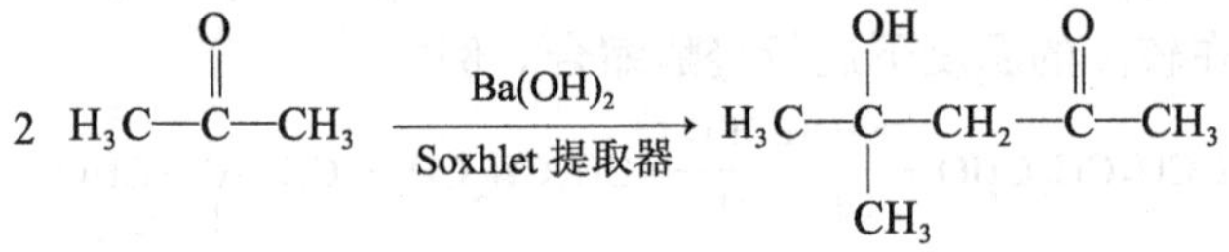

70%

在酸性催化剂（如酸性离子交换树脂）存在下，丙酮缩合生成的β-羟基酮迅速脱水生成α,β-不饱和酮，使平衡向右移动，缩合进行到底。

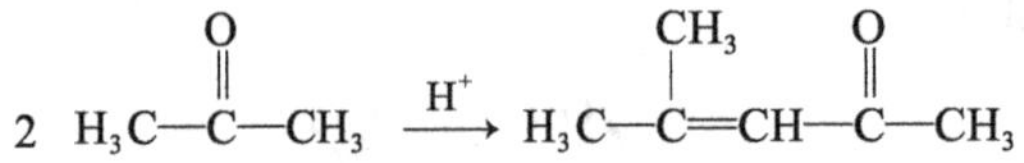

79%

二羰基化合物起分子内的羟醛缩合反应，生成环状α,β-不饱和醛、酮，可用于含五～七元环化合物的合成。例如：

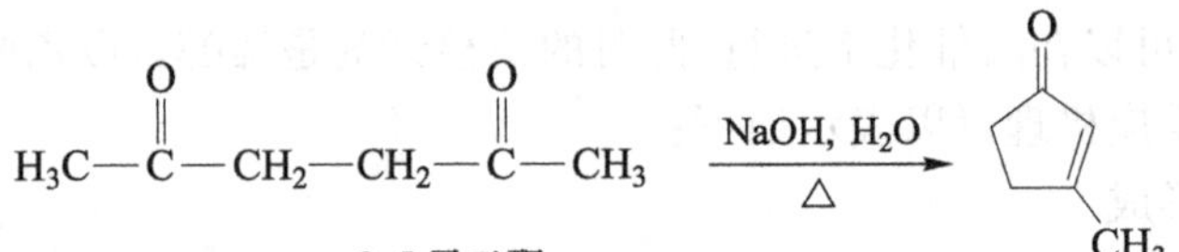

2,5-己二酮

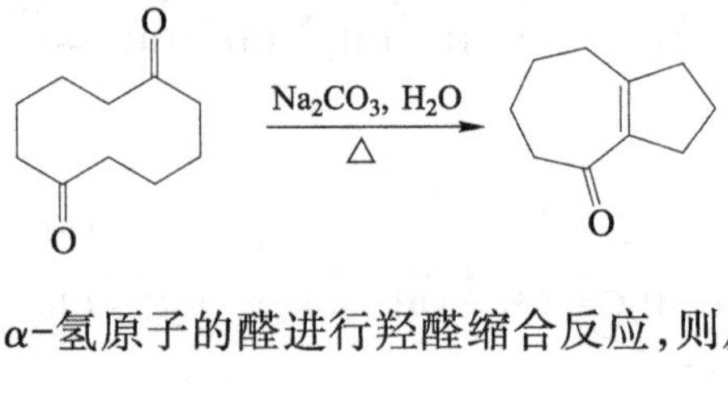

如果使用两种不同的含α-氢原子的醛进行羟醛缩合反应，则反应复杂，生成四种产物，无合成意义，例如：

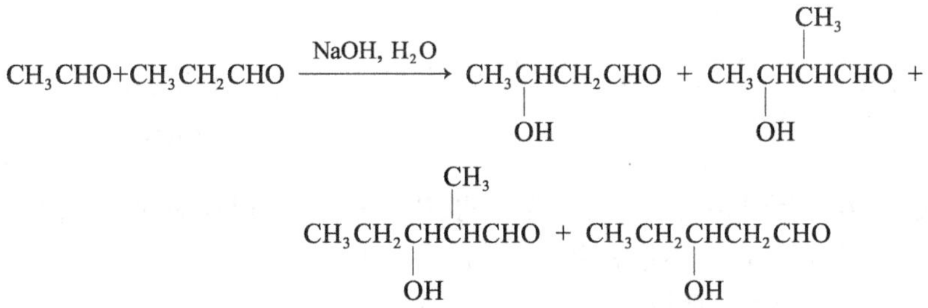

这种反应称为交错羟醛缩合(crossed aldol condensation)反应。

如果用有 α-氢原子的醛与无 α-氢原子的醛进行缩合，有 α-氢原子的醛产生烯醇负离子，而无 α-氢原子的醛提供羰基，则可得到许多有用的产物。例如：

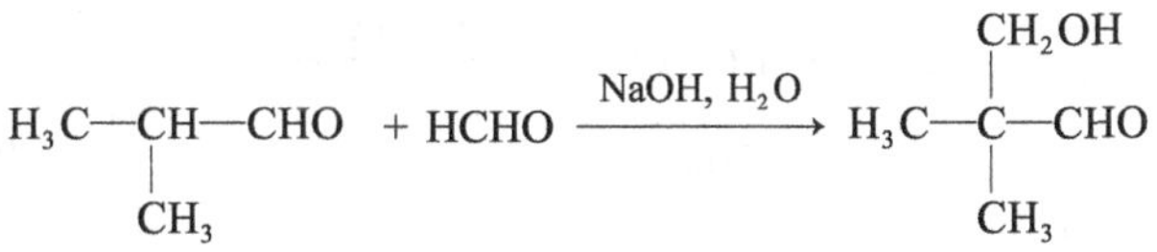

有 α-H 的醛　无 α-H 的醛

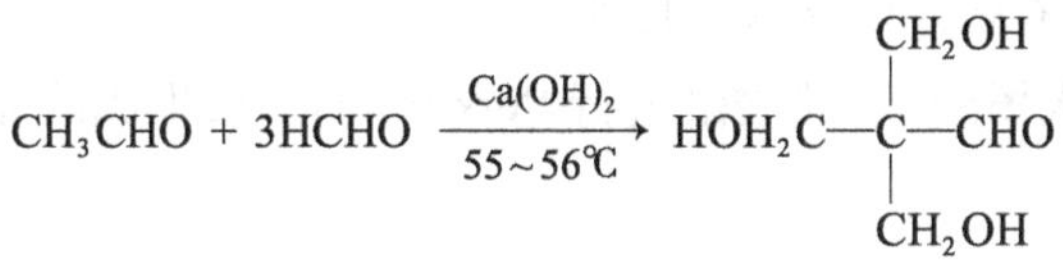

甲醛是具有很高反应活性的无 α-氢原子的醛，用它与有 α-氢原子的醛反应，可以在 α-碳原子上引入羟甲基($-CH_2OH$)。

问题 10-19 写出下列反应的产物：

(1) $CH_3CH_2CHO \xrightarrow{\text{稀 NaOH}}$

(2) 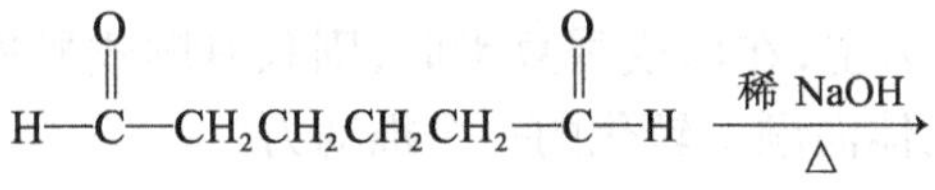

(3) 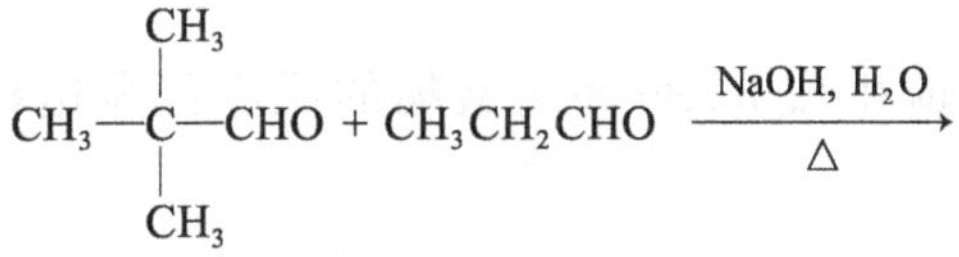

10.3.5.4 其他 α-氢原子的反应

1. Claisen-Schmidt 缩合反应

芳醛与另一分子含有 α-氢原子的醛、酮在碱性条件下发生交错羟醛缩合，失水后生成 α,β-不饱和醛、酮的反应称为克莱森-施密特(Claisen-Schmidt)缩合反应。例如：

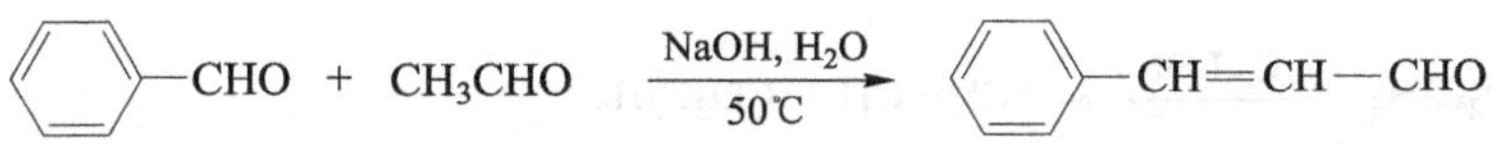

3-苯基丙烯醛(肉桂醛)
90%

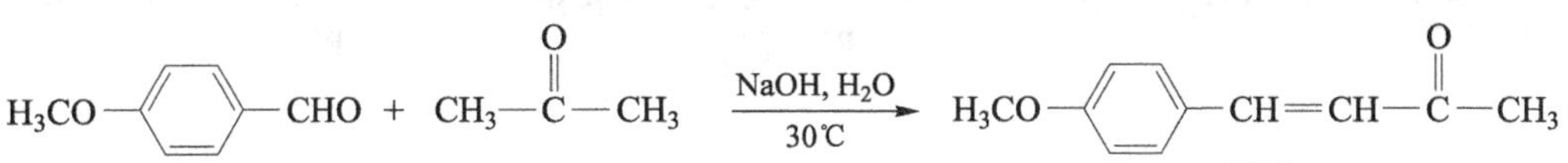

83%

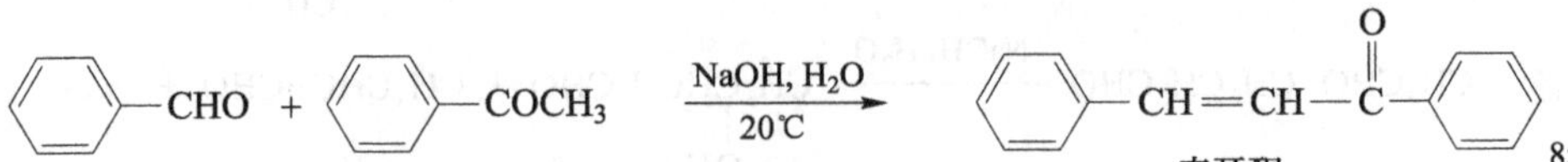

查耳酮 85%

由于形成的 α,β-不饱和醛、酮具有共轭结构，比较稳定，所以反应很难停留在 β-羟基醛、酮的阶段。同时反应得到的 α,β-不饱和醛、酮都是反式异构体。

Perkin 反应机理

2. Perkin 反应

芳香醛与脂肪族酸酐，在相应羧酸的碱金属盐存在下共热，发生缩合反应，生成 α,β-不饱和酸的反应称为珀金(Perkin)反应。例如：

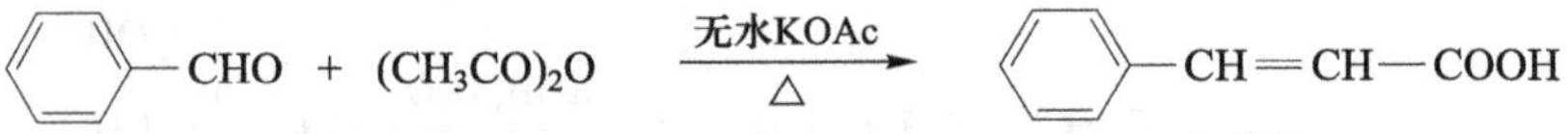

乙酸酐 肉桂酸

此反应是碱催化下的缩合反应，其中羧酸根离子是碱。在某些情况下，也可以使用三乙胺或碳酸钾作为碱。脂肪醛不易发生 Perkin 反应。

当用邻羟基苯甲醛(水杨醛)与醋酸酐进行 Perkin 反应时，生成的邻羟基苯丙烯酸很容易脱水，最后得到的是香豆素：

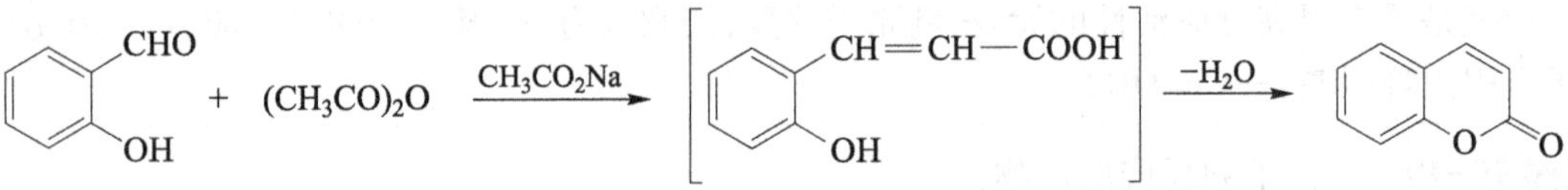

水杨醛 香豆素

Perkin 反应得到的苯丙烯酸以反式构型为主，在形成香豆素时，则只有顺式异构体才能形成内酯，环状内酯的形成可能是促进反式异构体向顺式转化的一个推动力。

3. Darzen 反应

醛、酮与 α-卤代酸酯在强碱存在下反应生成 α,β-环氧酸酯的反应称为达参(Darzen)反应。

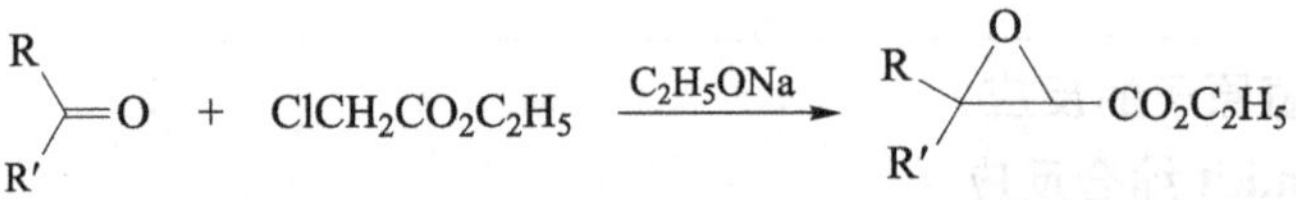

该反应的机理为：首先 α-卤代酸酯在强碱作用下失去质子，形成碳负离子，然后与羰基发生亲核加成生成氧负离子中间体，后者发生分子内的亲核取代反应生成环氧化合物：

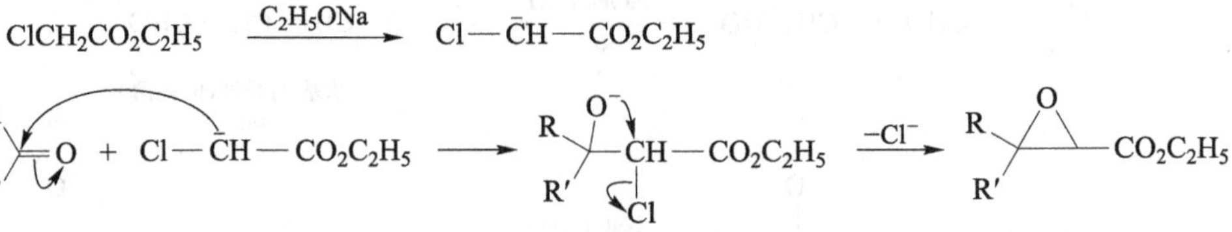

Darzen 反应是合成 α,β-环氧酸酯的好方法。例如：

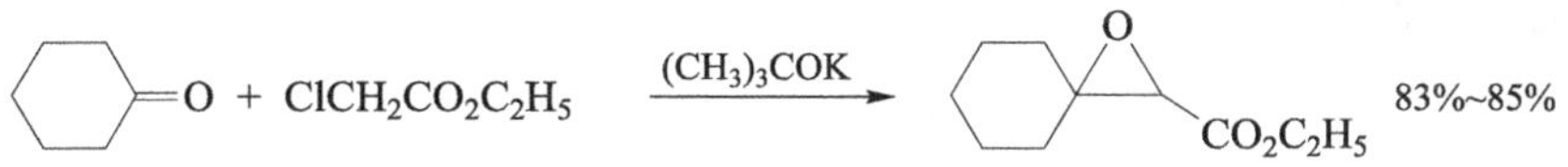

4. 苯偶姻缩合反应

芳香醛在 KCN 或 NaCN 催化下，可以发生双分子反应而生成 α-羟基芳酮（偶姻）。苯甲醛经此反应后得到二苯羟乙酮，后者又叫安息香，故该反应被称为安息香缩合或苯偶姻缩合（benzoin condensation）。

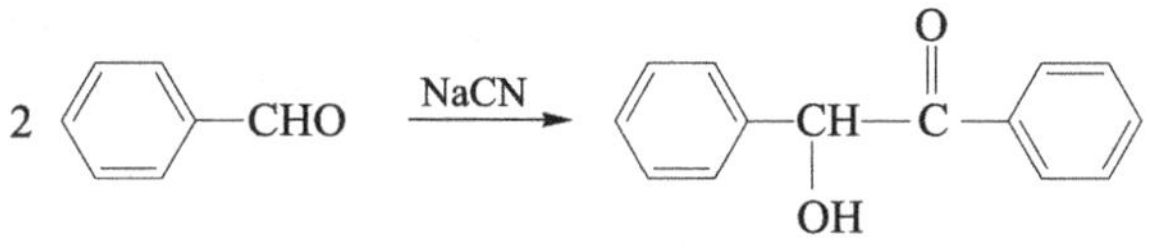

上述反应中，一分子芳醛在$^-$CN 作用下形成碳负离子中间体，它继而对另一分子芳醛进行亲核加成，再消除$^-$CN 得到产物。其反应的机理如下：

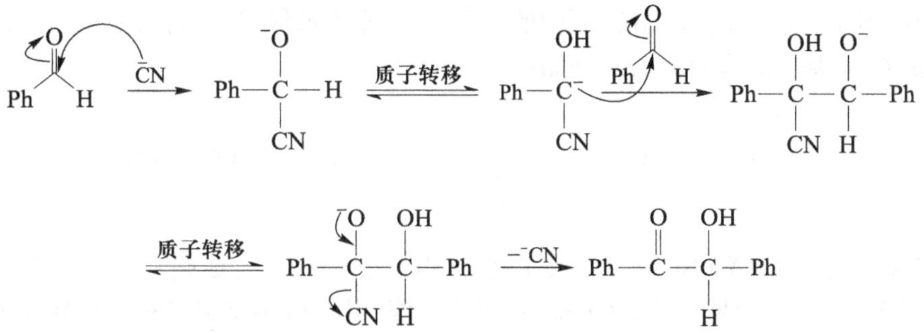

芳香醛上的芳基能够使生成的碳负离子稳定，因为该负电荷位于苄基碳上，能与苯环形成共轭而使负电荷得到分散。相应的脂肪醛在同样条件下不会发生这种类型的缩合反应，烃基起不到稳定相应碳负离子的作用。因此，它们只能与氰化物发生加成反应。由于氰化物剧毒，使用不方便。一些噻唑季铵盐（例如：维生素 B_1）可以作为该反应的催化剂，除芳香醛可以起反应外，脂肪醛也可以起类似的反应。例如：

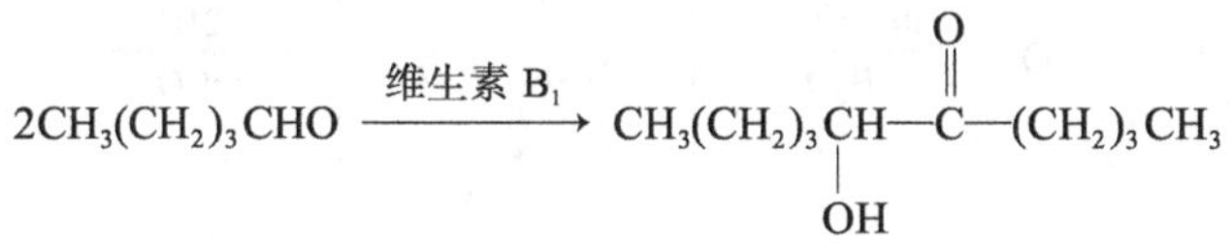

VB$_1$ 催化苯偶姻缩合反应机理

5. Mannich 反应

含有 α-氢原子的化合物（如醛、酮等）与醛和氨（或伯胺或仲胺）之间发生的缩合生成 β-氨基酮反应，称为曼尼希（Mannich）反应。例如：

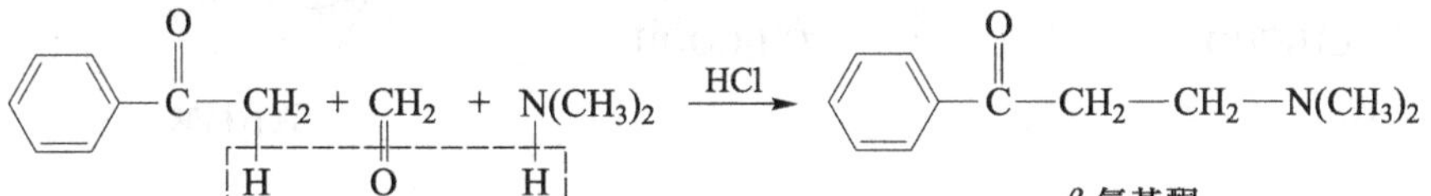

β-氨基酮

Mannich 反应的机理比较复杂,一般随着反应物及操作条件的不同,反应机理也不尽相同。上述反应的机理可能是

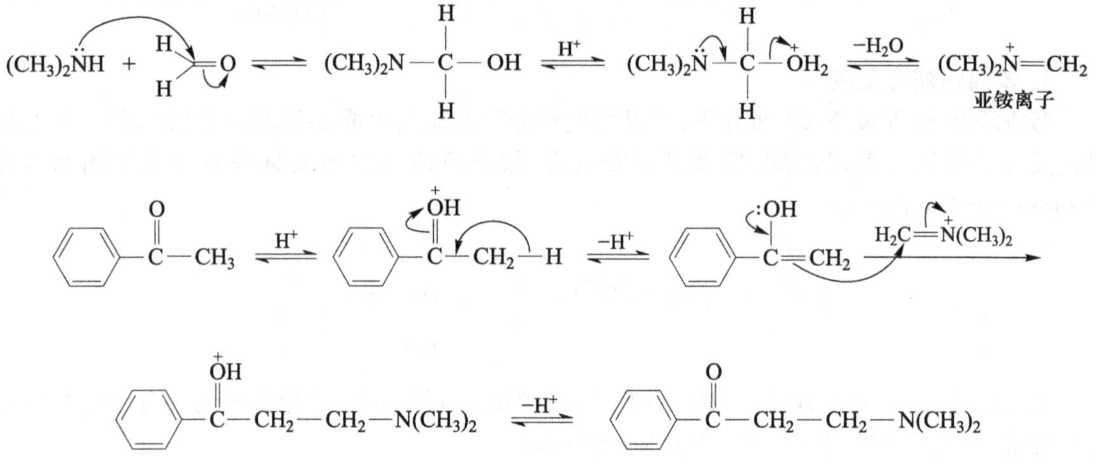

此反应相当于有 α-氢原子的醛、酮中的一个 α-氢原子被氨甲基取代,所以是一种氨甲基化反应,是合成 β-氨基酮的有效方法。例如:

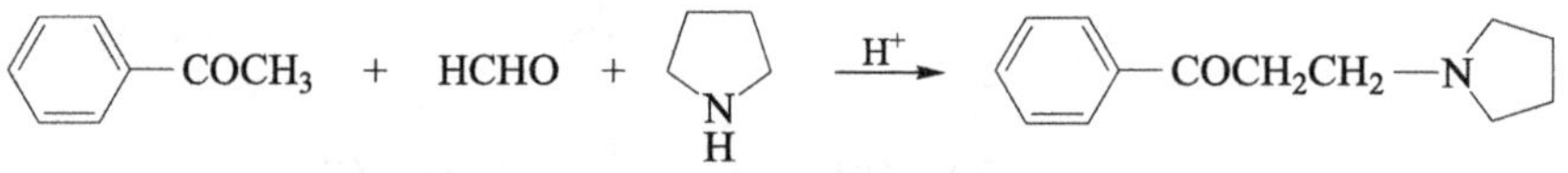

1903 年威尔施泰特(Willstatter)完成了托品酮的全合成,其合成路线包含有 21 步反应,总收率只有 0.75%。1917 年罗宾森(Robinson)将丁二醛、甲胺和 3-戊酮二酸钙的溶液在 pH=5~7 下放置几天,得到 40% 的托品酮(tropinone)。后来把 pH 调到 5,产率上升到 90%。Robinson 的工作,成功地模仿了在生理环境下(pH 及温度)实现生物合成反应,称为仿生合成。以后证明 Mannich 型反应在植物体内某些生物碱的生物合成中起着关键作用。用类似方法还合成了假石榴碱(psudopelletierine)。

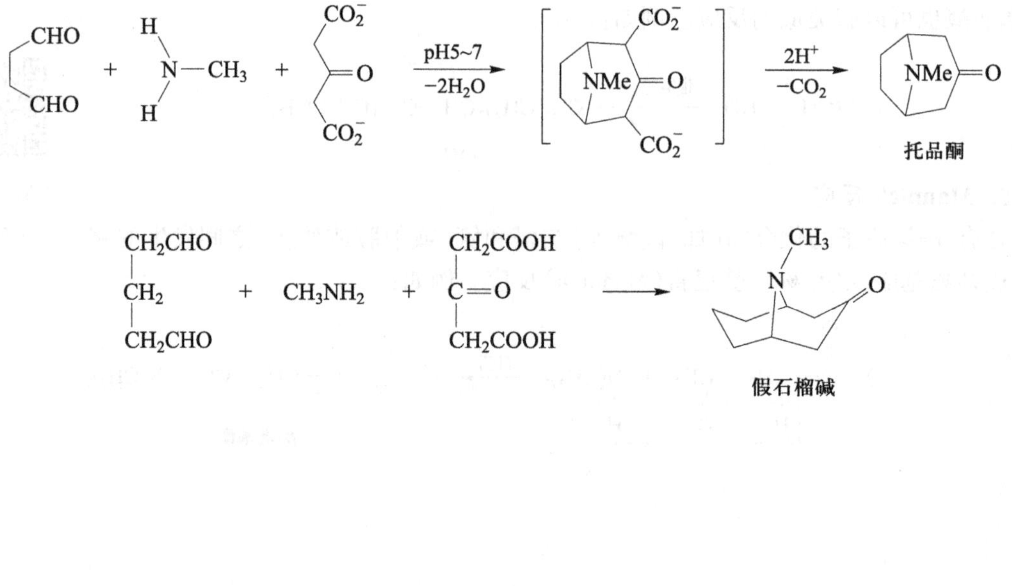

问题 10-20 写出下列反应的产物

（1）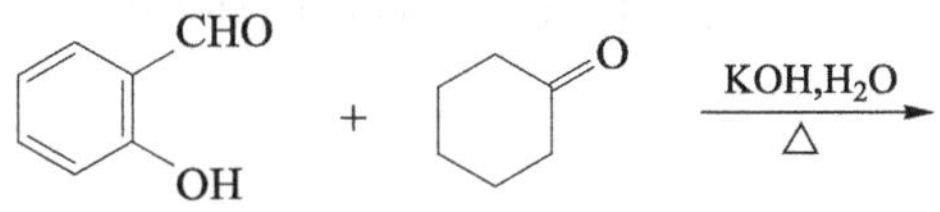

（2）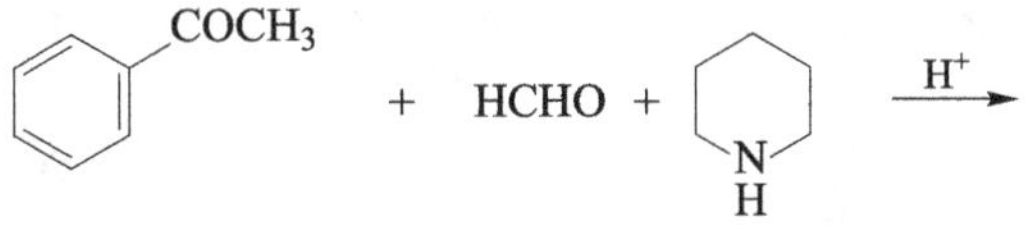

（3）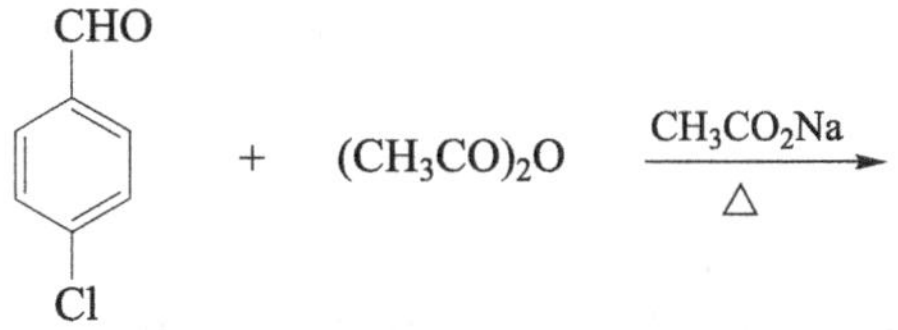

§ 10.4 羰基加成反应的立体化学

10.4.1 羰基平面两侧空间条件相同时的立体化学

由于羰基是 sp^2 杂化的平面型结构，若试剂从羰基平面的两侧进攻羰基碳原子的位阻相同，则两者的概率相等，若此时生成新的手性中心，则产物为外消旋体。

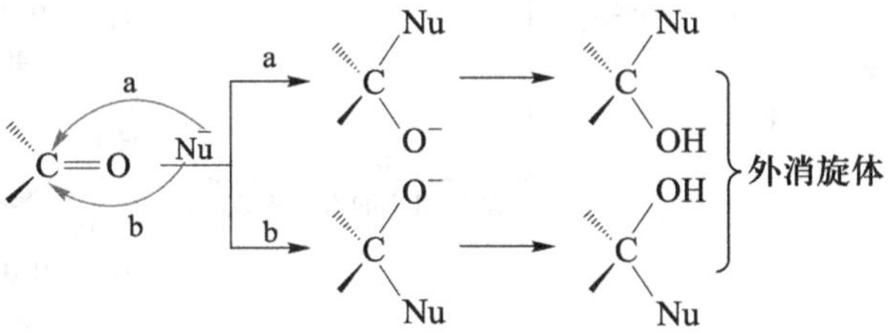

例如：

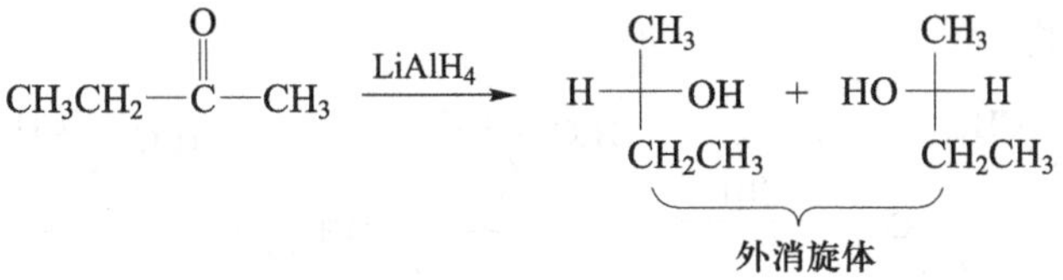

10.4.2 羰基平面两侧空间条件不同时的立体化学

若试剂从羰基平面的两侧进攻羰基碳原子的位阻不同，则会优先从位阻小的一侧进攻羰基，所得产物为主要产物。

10.4.2.1 手性脂肪酮的加成

试剂与含有手性 α-碳原子的羰基化合物发生加成时，遵循克拉姆(Cram)规则：试剂沿着底物优势构象位阻小的方向进攻羰基所得的产物为主要产物。具体来说，羰基化合物中手性 α-

碳原子上连有大基团(用 L 表示)、中等基团(用 M 表示)、小基团(用 S 表示)三个不同的基团时,其优势构象为羰基处于两个较小基团(S 和 M)之间,这时试剂沿着位阻较小的方向(从 S 一侧)进攻羰基碳原子所得的产物为主要产物。

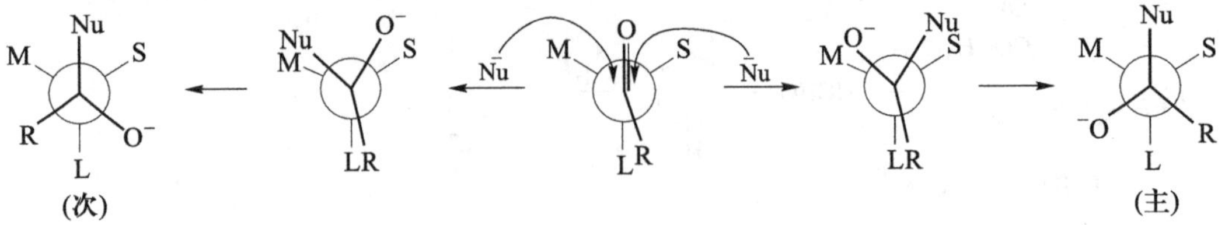

例如:

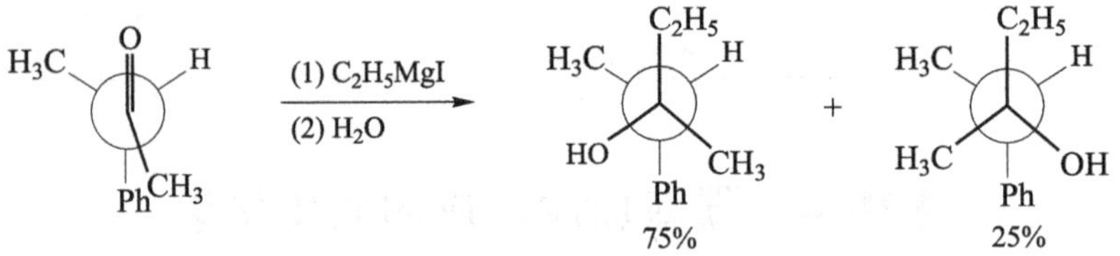

10.4.2.2 脂环酮的加成

脂环酮的羰基嵌在环内,环上所连基团空间位阻的大小对亲核试剂的进攻方向有明显的影响。例如:

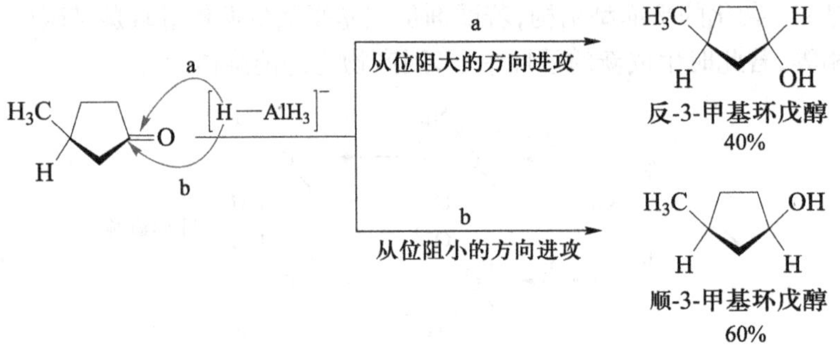

又如 7,7-二甲基双环[2.2.1]-2-庚酮由于两个甲基的空间阻碍,试剂优先从内侧进攻,主要生成羟基在外侧的产物:

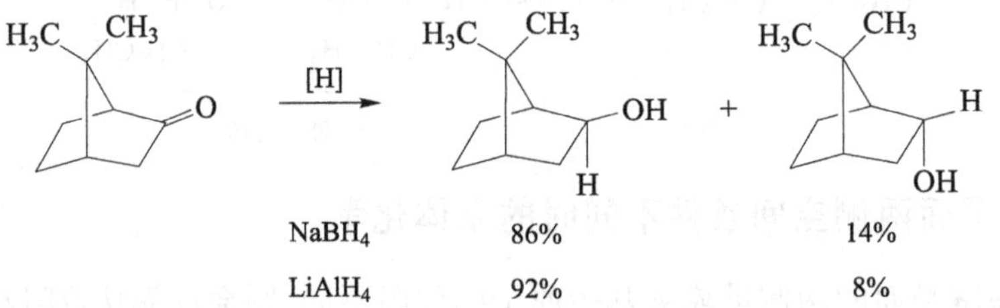

10.4.2.3 亲核试剂体积大小对加成方向的影响

对于同一反应物,所用亲核试剂的体积大小对其进攻羰基的方向有影响。例如,4-叔丁基环己酮用体积小的 $LiAlH_4$ 还原时,C-3 和 C-5 的 *a* 键氢原子的位阻对反应的影响不大,反应的主要产物受制于产物的稳定性,故得到羟基在 *e* 键的产物为主。而当用体积较大的 $LiBH(sec\text{-}Bu)_3$

作还原剂时，反应主要受制于反应物的空间位阻，只能从位阻小的方向进攻羰基，故生成羟基在 *a* 键的产物为主。

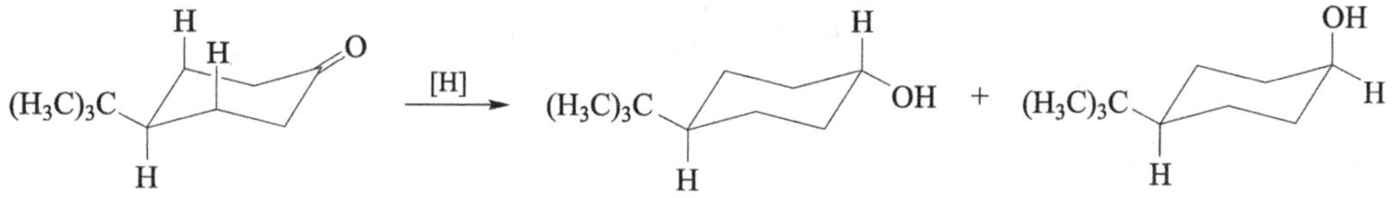

$LiAlH_4$	90%	10%
LiBH(*sec*-Bu)$_3$	12%	88%

问题 10-21 写出下列反应的产物

（1）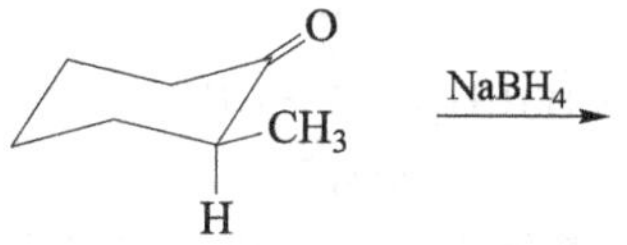

（2）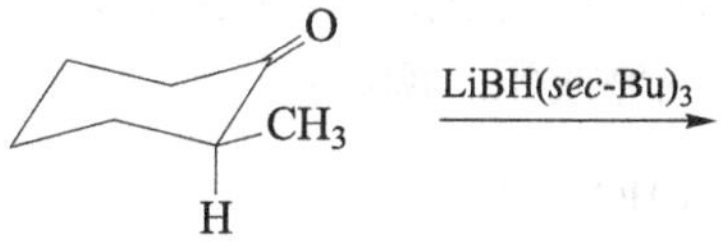

（3）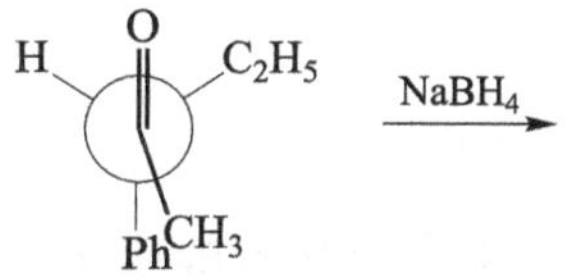

---

§ 10.5 醛和酮的制法

10.5.1 氧化或脱氢法

10.5.1.1 醇的氧化或脱氢

伯醇和仲醇用三氧化铬等氧化剂氧化生成醛或酮。

伯醇用铬酸氧化成醛时，醛容易继续被氧化成羧酸，对于低分子质量的醇可以利用醛沸点比醇低这一特点，将反应中生成的醛不断蒸馏出来，可以避免醛进一步被氧化成羧酸。例如：

$$CH_3CH_2CH_2CH_2OH \xrightarrow{Na_2Cr_2O_7,\ H_2SO_4,\ H_2O} \underset{52\%}{CH_3CH_2CH_2CHO}$$

由于这种方法仅适用于沸点在 100℃ 以下的醛，并且产率较低，在合成上的应用受到限制。

后来研究人员开发出了一些选择性高的氧化剂，其中用途较广的是氯铬酸吡啶盐（简称 PCC），它是将吡啶（C_5H_5N）加到三氧化铬的盐酸溶液中制得

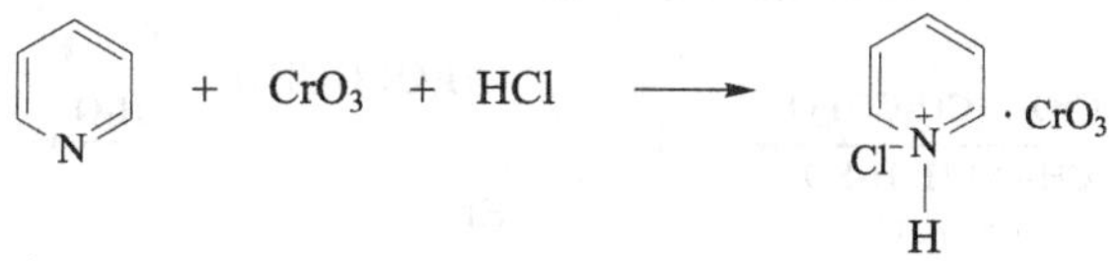

PCC

PCC 为橙色晶体，能溶于二氯甲烷和氯仿中，容易存储，使用安全，在室温下就可以将伯醇氧化成醛，而且产率高。例如：

$$CH_3(CH_2)_6CH_2OH \xrightarrow[CH_2Cl_2]{PCC} CH_3(CH_2)_6CHO$$

94%

仲醇用重铬酸氧化可以得到酮。例如：

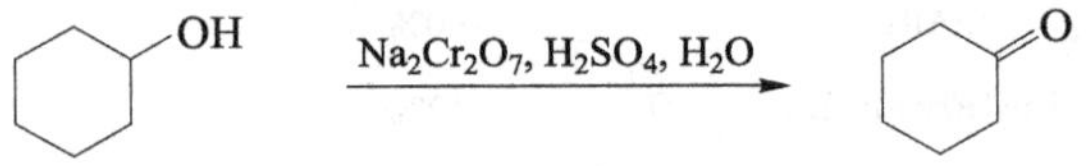

85%

$$CH_3(CH_2)_5-\overset{\displaystyle OH}{\overset{|}{C}H}-CH_3 \xrightarrow{Na_2Cr_2O_7,\ H_2SO_4,\ H_2O} CH_3(CH_2)_5-\overset{\displaystyle O}{\overset{\|}{C}}-CH_3$$

94%

工业上常用催化脱氢的方法将伯醇氧化成醛，或将仲醇氧化成酮。一般将醇蒸气通过加热的催化剂（如铜粉、银粉、亚铬酸铜等），可以使醇脱氢生成醛或酮。例如：

$$CH_3CH_2OH \underset{275\sim300℃}{\overset{Cu}{\rightleftharpoons}} CH_3CHO + H_2$$

$$H_3C-\overset{\displaystyle OH}{\overset{|}{C}H}-CH_3 \underset{300℃}{\overset{Cu}{\rightleftharpoons}} H_3C-\overset{\displaystyle O}{\overset{\|}{C}}-CH_3 + H_2$$

将醇的蒸气和空气混合后通过加热的催化剂（如铜、银等），醇即氧化成醛或酮。反应可能是先脱氢，生成的氢与氧化合而放出大量的热，足以使反应继续进行。例如：

$$CH_3OH + \frac{1}{2}O_2 \underset{250℃}{\overset{Ag}{\rightleftharpoons}} HCHO + H_2O$$

$$H_3C-\overset{\displaystyle OH}{\overset{|}{C}H}-CH_3 + \frac{1}{2}O_2 \underset{380℃}{\overset{ZnO}{\rightleftharpoons}} H_3C-\overset{\displaystyle O}{\overset{\|}{C}}-CH_3 + H_2O$$

10.5.1.2　芳烃的侧链氧化

与苯环直接相连的甲基上的氢原子受到芳环的影响，容易被氧化，控制反应条件可以使反应停留在生成芳醛的阶段。例如：

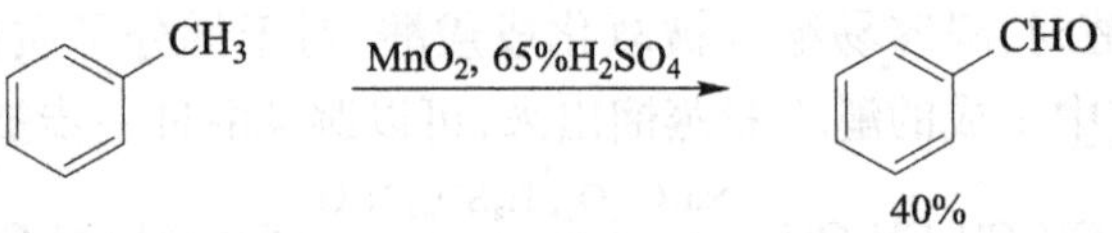

40%

由于醛比烃更容易被氧化，因此，氧化剂不能过量，要分批加入，而且要迅速搅拌并使用过量的硫酸。

为了避免醛进一步氧化，也可以使用三氧化铬及乙酸酐作氧化剂，氧化过程中生成的二乙酸酯不易被氧化，分离后水解即可得到醛。例如：

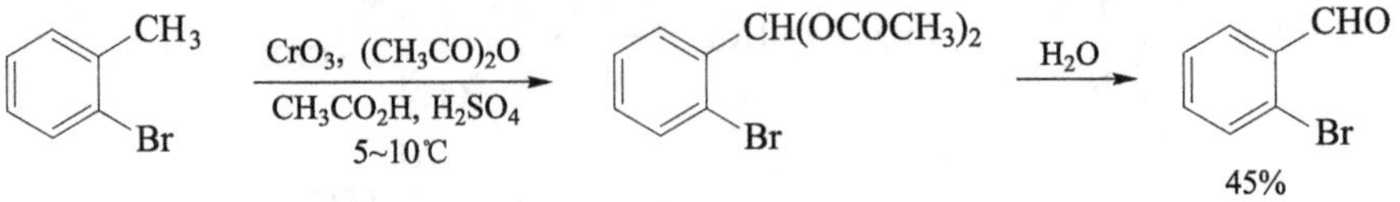

45%

乙苯用空气氧化可得苯乙酮：

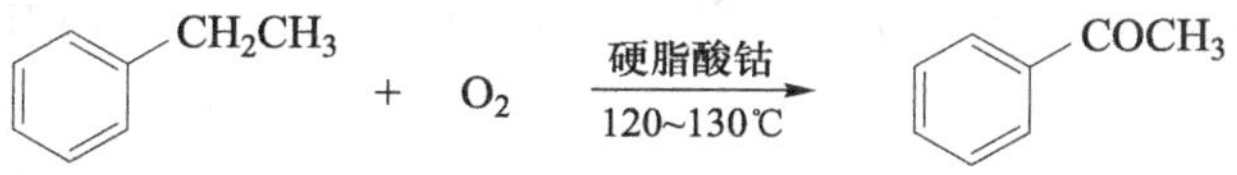

10.5.2　羧酸衍生物的还原

酰氯、酯、酰胺及腈等羧酸衍生物可以用一些特殊的试剂还原成醛。例如，用毒化过的钯催化剂可以将酰氯还原为醛，这个方法称为罗森蒙德（Rosenmund）还原法。

$$RCOCl \xrightarrow[\text{Pd-BaSO}_4\text{,硫}]{H_2} RCHO + HCl$$

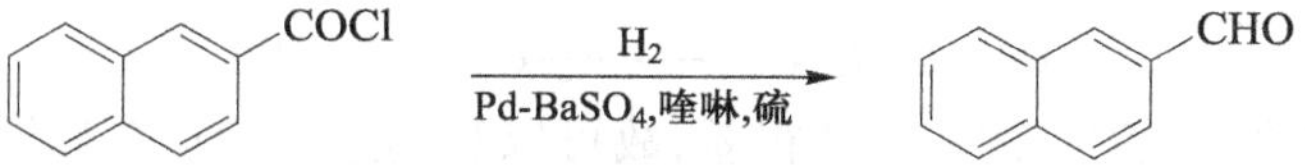

三叔丁氧基氢化铝锂也可以将酰氯还原到醛，分子中的一些基团（如硝基、酯基及氰基）不受影响。这个试剂是用氢化铝锂和叔丁醇反应制得。氢化铝锂是一个很强的还原剂，用各种结构大小不同的醇处理后，其分子中的氢原子被一个、两个或三个烷氧基取代，改变烷基的结构大小及其置换程度可以获得各种活性不同的氢化铝锂还原剂。

$$LiAlH_4 + 3(CH_3)_3COH \xrightarrow{-3H_2} LiAlH[OC(CH_3)_3]_3$$

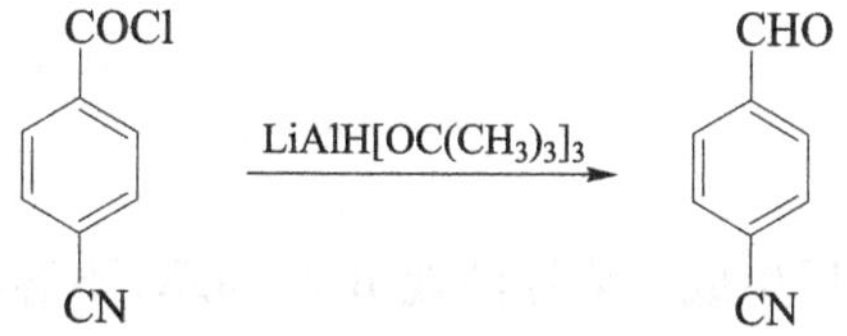

酰胺、腈经 $LiAlH(OEt)_3$ 还原后，再水解也可以得到醛：

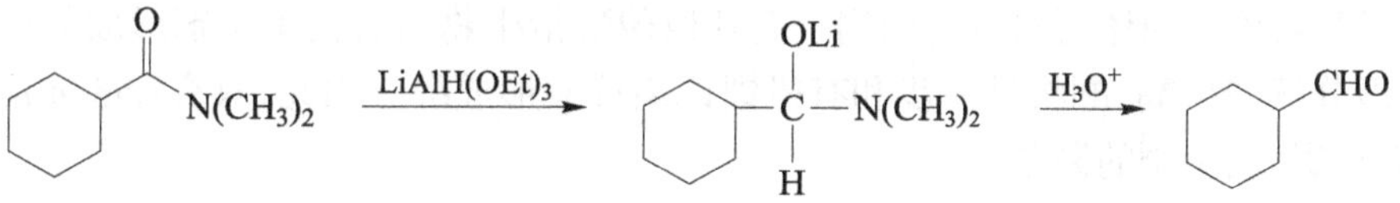

$$CH_3(CH_2)_4—CN \xrightarrow{LiAlH(OEt)_3} CH_3(CH_2)_4—CH{=}\overset{+}{N}(Li)\overset{-}{Al}(OEt)_3 \xrightarrow{H_3O^+} CH_3(CH_2)_4—CHO$$

10.5.3　羧酸衍生物与金属试剂的反应

有机铜锂试剂与酰氯反应可以得到酮：

$$RX \xrightarrow{Li} RLi \xrightarrow{CuX} \underset{\text{有机铜锂试剂}}{R_2CuLi} \xrightarrow{R'COCl} R'COR$$

由于有机铜锂试剂不与硝基、氰基、酯基、甲酰基、酮基等作用，所以分子中存在的这些基团对反应没有影响。例如：

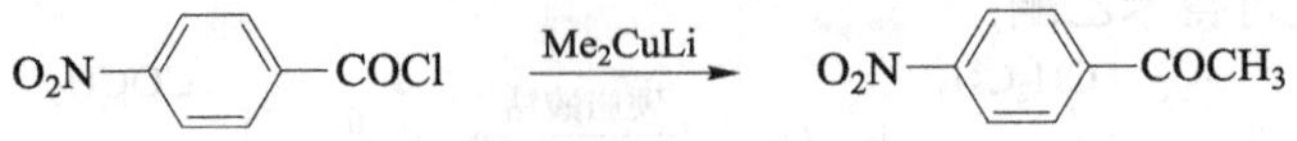

$$CH_3O-\overset{O}{\overset{\|}{C}}-CH_2CH_2COCl \xrightarrow{[(CH_3)_2CH]_2CuLi} CH_3O-\overset{O}{\overset{\|}{C}}-CH_2CH_2-\overset{O}{\overset{\|}{C}}-CH(CH_3)_2$$

Grignard 试剂与二氯化镉作用可得到活性较低的有机镉试剂，它与酮反应很慢，因此和酰氯的反应也只得到酮，该试剂对酯基也无作用。

$$2RMgX + CdCl_2 \longrightarrow \underset{\text{有机镉试剂}}{R_2Cd} + MgX_2 + MgCl_2$$

$$R_2Cd + 2R'COCl \longrightarrow R-\overset{O}{\overset{\|}{C}}-R' + CdCl_2$$

Grignard 试剂和酮在低温下的反应性很差，故可以利用这一特点在低温下将等物质的量的 Grignard 试剂分批加到酰氯中控制反应生成酮。对于有较大空间位阻的反应物，无论空间位阻是在酰氯还是在 Grignard 试剂上，都可以使反应控制在生成酮的阶段。

$$(CH_3)_2CH-\overset{O}{\overset{\|}{C}}-Cl + (CH_3)_3CMgCl \xrightarrow{\text{室温}} (CH_3)_2CH-\overset{O}{\overset{\|}{C}}-C(CH_3)_3$$

Grignard 试剂与腈反应生成的亚胺盐经水解后也生成酮。例如：

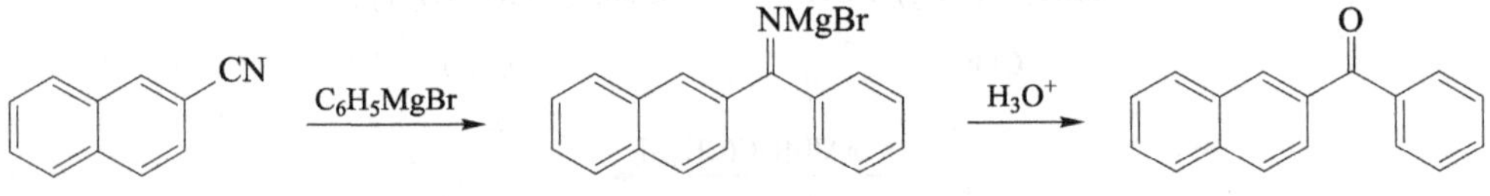

Grignard 试剂和羧酸反应后生成不溶性的盐 RCO_2MgX，不容易继续与 Grignard 试剂反应。所以，不能通过 Grignard 试剂与羧酸的反应来制备酮。但是，有机锂试剂与羧酸作用后生成的羧酸锂盐溶解性能很好，而解离性能较差，它可以再接受亲核试剂对羰基碳原子的进攻，生成一个稳定的中间体，该中间体再水解得到酮。而其他羧酸衍生物与有机锂试剂形成的中间体都不够稳定，立即分解产生酮，酮将进一步和有机锂试剂反应形成醇。因此，只有羧酸才能与有机锂试剂反应得到酮，用于酮的制备。

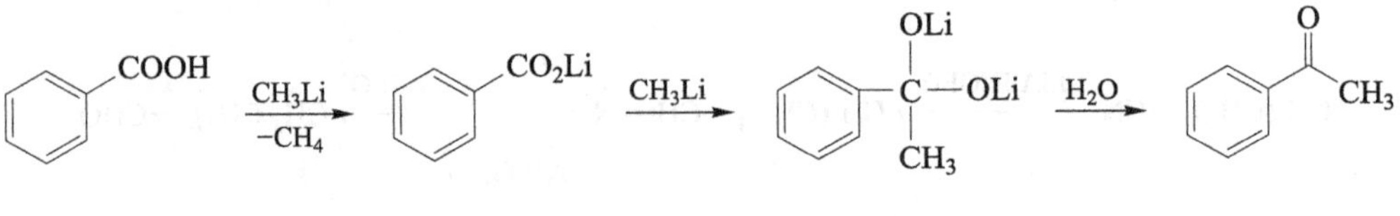

10.5.4　偕二卤代物水解法

与芳环相连的甲基或亚甲基上的氢容易被卤素取代生成偕二卤代物，偕二卤代物在酸或碱催化下进行水解，可得芳香族醛或酮，这是工业上制备醛、酮的常用方法。

$$R-\overset{X}{\underset{X}{\overset{|}{\underset{|}{C}}}}-H(R') \xrightarrow[\text{酸或碱}]{H_2O} R-\overset{O}{\overset{\|}{C}}-H(R')$$

例如：

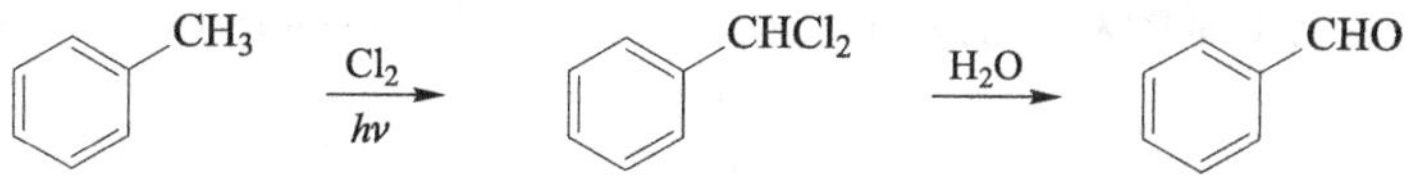

10.5.5 芳环的酰基化反应

在无水 $AlCl_3$ 等 Lewis 酸催化下，芳烃与酰氯或酸酐作用发生 Friedel–Crafts 酰基化反应得到芳酮，这是制备芳酮的经典方法：

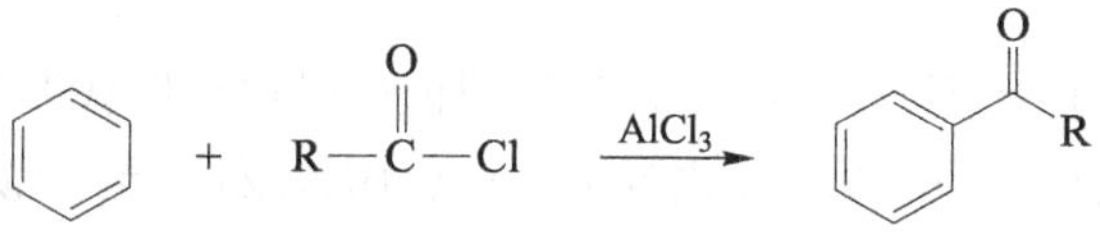

例如：

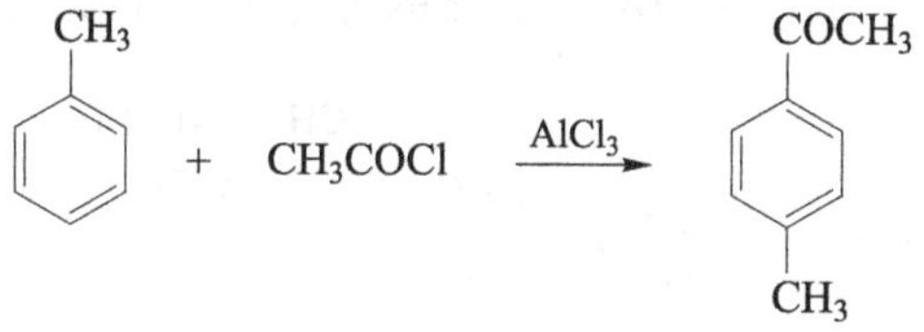

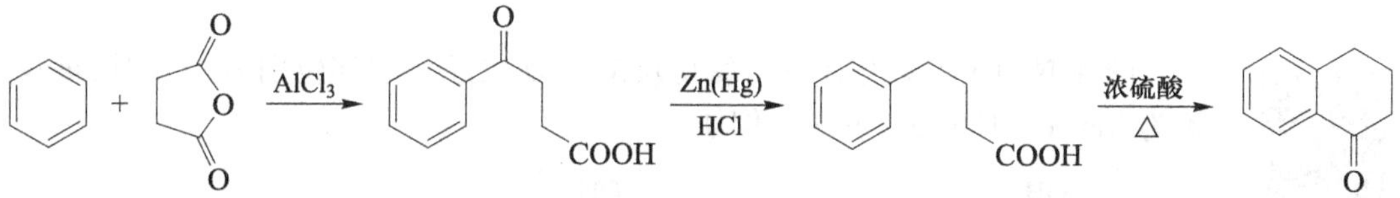

由于甲酰氯和甲酸酐非常不稳定，难以得到，因此不能用上述反应来制备芳醛。然而，可以利用下面的一些特殊的甲酰化反应来合成芳醛。

活泼的芳烃（苯或烷基苯）在 $AlCl_3$–CuCl 催化下与 CO 和干燥的 HCl 作用，可以在苯环上引入甲酰基，该反应称为 Gattermann–Koch（加特曼–科赫）反应：

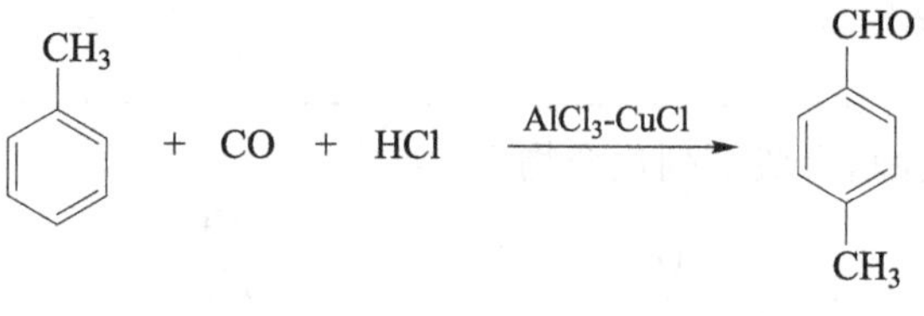

CO 和干燥的 HCl 可以由甲酸和氯磺酸作用产生。在 Gattermann–Koch 反应中，可能生成了甲酰氯中间体化合物，它迅速与芳烃发生酰基化反应。但是，有间位定位基团存在的芳环和酚（酚醚）不适用该反应。

$$HCO_2H + ClSO_3H \longrightarrow CO + HCl + H_2SO_4$$

$$CO + HCl \longrightarrow \left[\mathrm{H{-}\overset{\overset{\displaystyle O}{\|}}{C}{-}Cl}\right] \xrightarrow{AlCl_3} \mathrm{H{-}\overset{+}{C}{=}O}[AlCl_4]^- \xrightarrow{ArH} Ar{-}CHO$$

富电子的芳烃（如酚、酚醚或芳胺等）在 $POCl_3$、$SOCl_2$、$ZnCl_2$ 等催化下与 *N*-取代甲酰胺（如 DMF）作用，可以在给电子基的对位引入甲酰基，该反应称为 Vilsmeier（维尔斯迈尔）反应。

Vilsmeier 反应机理

$$ArH + H-\overset{O}{\overset{\|}{C}}-N(CH_3)_2 \xrightarrow{POCl_3} Ar-CHO$$

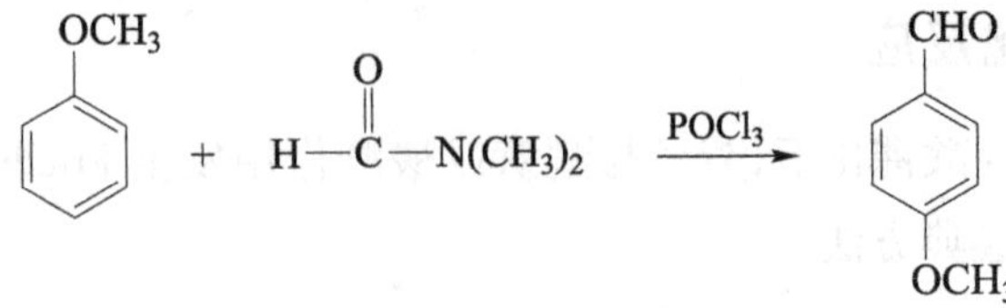

芳香化合物在 $ZnCl_2$ 存在下与 HCN 和 HCl 作用也可以得到取代苯甲醛，该反应称为 Gattermann 反应。酚、酚醚和吡咯、吲哚等杂环化合物均可适用该反应，但芳胺不适用。

$$ArH + HCN \xrightarrow[ZnCl_2]{HCl} Ar-CH=NH \cdot HCl \xrightarrow{H_2O} Ar-CHO$$

也可直接用氰化锌 $Zn(CN)_2$ 代替 HCN，活化的芳环可以在较温和的条件下进行：

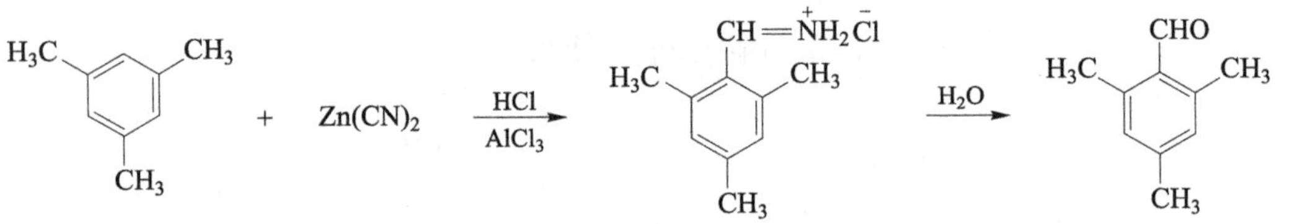

酚在 NaOH 等碱存在下与氯仿反应可以在羟基的邻位引入甲酰基，该反应称为 Reimer-Tiemann 反应。例如：

Reimer-Tiemann 反应机理

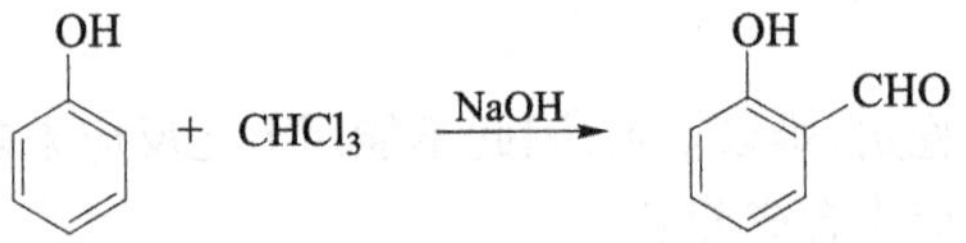

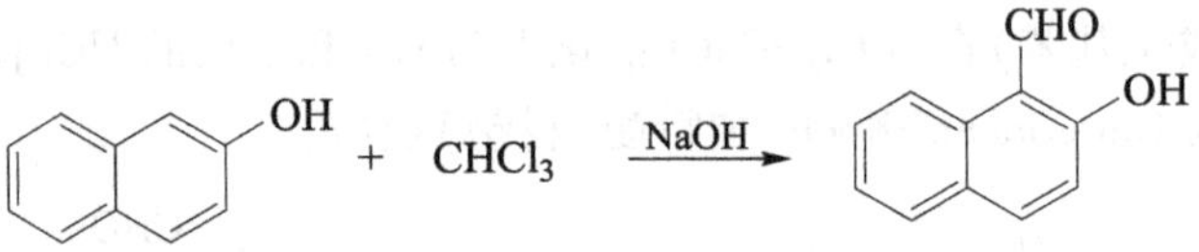

问题 10-22　选择适当原料合成下列化合物：

（1）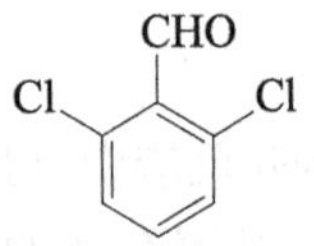　（2）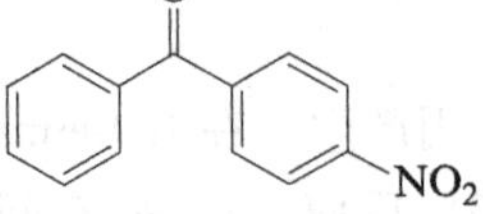　（3）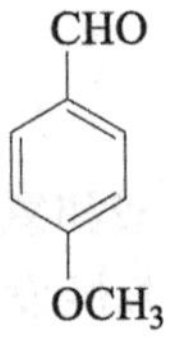

§10.6 醛、酮的个别化合物

醛、酮类化合物是重要的化工原料，具有广泛的应用价值。另外，醛、酮类化合物广泛存在于自然界中。

10.6.1 甲醛

甲醛(formaldehyde)是一种无色气体，有特殊的刺激气味，对人眼、鼻等有刺激作用。其沸点为-21℃，易溶于水。40%的甲醛水溶液(常杂有8%~10%的甲醇)称为“福尔马林(formalin)”，在医药和农业领域广泛用作消毒剂。

工业上一般通过甲醇的催化氧化来制备甲醛：

$$CH_3OH + O_2 \xrightarrow[250\sim300℃]{Cu} HCHO + H_2O$$

甲醛的毒性

甲醛非常容易聚合，在不同条件下生成不同的聚合物。在60%~65%的甲醛水溶液中加入少量酸(如硫酸、磺酸型离子交换树脂)蒸馏，馏出液用有机溶剂提取，可以得到甲醛的环状聚合物——三聚甲醛：

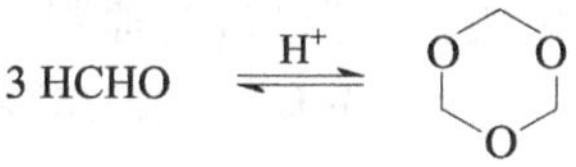

三聚甲醛为白色晶体，熔点为60℃，沸点为112℃，蒸馏时不分解也不解聚。它能溶于水及有机溶剂中，在强酸存在下可以解聚而生成甲醛。

将甲醛溶液蒸发时，还可以得到一种叫“多聚甲醛”的多聚体。多聚甲醛为白色固体，其中甲醛含量为91%~98%，聚合度(n)从8到100，多聚甲醛在加热时解聚成甲醛，在水、醇、酚等极性溶剂中，可以通过解聚而溶解。

甲醛是重要的化工原料，广泛用于合成高分子工业中。如合成酚醛树脂和脲醛树脂需要大量的甲醛。

10.6.2 丙酮

丙酮(acetone)是一种无色液体，沸点56℃，可与水、乙醇、乙醚等混溶，有特殊的气味。目前世界上丙酮的工业生产以异丙苯法为主。丙酮也可以由异丙醇脱氢、丙烯的催化氧化制得。

$$CH_3—CH═CH_2 + O_2 \xrightarrow[120℃]{PdCl_2,\ CuCl_2} \underset{92\%}{CH_3COCH_3} + \underset{2\%\sim4\%}{CH_3CH_2CHO}$$

双酚A介绍

丙酮是一种优良的溶剂，广泛用于无烟火药、人造纤维、油漆等工业中。丙酮也是重要的化工原料，可用于合成有机玻璃、双酚A、农药、抗生素等。

10.6.3 苯甲醛

苯甲醛(benzaldehyde)是一种无色液体，沸点179℃，有苦杏仁气味，俗称苦杏仁油，又称为安息香醛。苯甲醛广泛存在于植物中，特别是在蔷薇科植物中，主要以苷的形式存在于植物的茎皮、叶或种子中。

苯甲醛可以通过甲苯控制氧化、甲苯的卤代再水解制得，也可以由苯直接甲酰化得到：

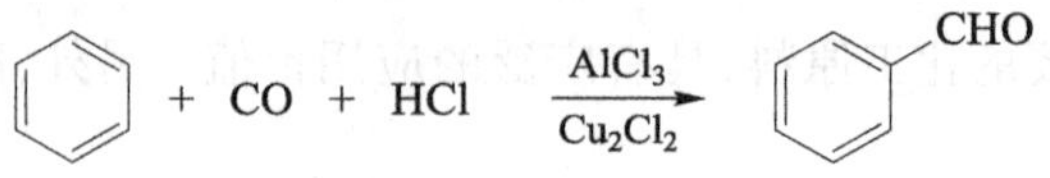

苯甲醛在空气中能自动氧化成苯甲酸，因此在使用苯甲醛前一定要先蒸馏。储存苯甲醛时，常加入很少量的对苯二酚或对叔丁基酚等抗氧剂以防止苯甲醛的自动氧化。

苯甲醛是一种重要的有机化工原料，主要用作生产肉桂醛、肉桂酸、苯乙醛、苯甲酸苄酯的原料，也是染料、香料及药品的重要中间体。

10.6.4　环己酮

环己酮(cyclohexanone)是一种无色透明液体，沸点 156℃，带有泥土气息，含有痕迹量的酚时，则带有薄荷味。不纯物为浅黄色，随着存放时间生成杂质而显色，呈水白色到灰黄色，具有强烈的刺鼻臭味。

环己酮的制备方法有：(1) 苯酚法：以镍作催化剂，由苯酚加氢得环己醇，然后以锌作催化剂，脱氢得环己酮；(2) 环己烷氧化法：以环己烷为原料，无催化下，用富氧空气氧化为环己基过氧化氢，再在铬酸叔丁酯催化剂存在下分解为环己醇和环己酮，经一系列蒸馏精制即得合格产品；(3) 苯加氢氧化法：苯与氢气在镍催化剂存在下，在 120～180℃下进行加氢反应生成环己烷，环己烷与空气在 150～160℃，0.908 MPa 下进行氧化反应生成环己醇和环己酮的混合物，经分离得环己酮产品。环己醇在 350～400℃，有锌钙催化剂存在下进行脱氢反应生成环己酮。

环己酮是重要化工原料，是制造尼龙、己内酰胺和己二酸的主要中间体。也是重要的工业溶剂，如用于油漆，特别是用于那些含有硝化纤维、氯乙烯聚合物及其共聚物或甲基丙烯酸酯聚合物油漆等。

§10.7　不饱和羰基化合物

不饱和羰基化合物一般指除含羰基之外，还含有不饱和键的化合物。如不饱和醛、酮等。最简单的不饱和醛、酮是乙烯酮 $CH_2{=}C{=}O$。碳碳双键位于 α-和 β-碳原子之间的称为 α,β-不饱和醛、酮；位于 β-和 γ-碳原子之间的称为 β,γ-不饱和醛、酮。α,β-不饱和醛、酮分子中的碳碳双键与羰基组成共轭体系，比 β,γ-不饱和醛、酮更稳定。例如，在酸或碱催化下，3-丁烯醛很容易转变成 2-丁烯醛，并发出热量 25 kJ · mol^{-1}。

$$\underset{\text{3-丁烯醛}}{H_2C{=}CH{-}CH_2{-}CHO} \xrightarrow{H^+\text{或}^-OH} \underset{\text{2-丁烯醛}}{H_3C{-}CH{=}CH{-}CHO}$$

在酸性溶液中 3-丁烯醛通过烯醇转变成 2-丁烯醛，其过程如下：

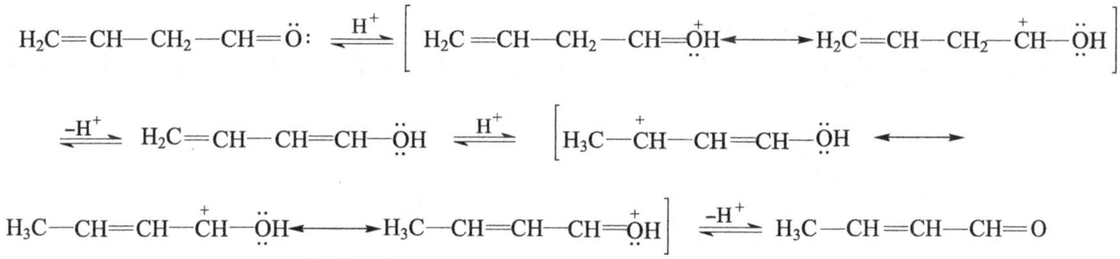

在碱溶液中,3-丁烯醛转变为它的共轭碱,在共轭碱中负电荷分布在氧原子、α-碳原子和γ-碳原子上。共轭碱从溶剂水中接受一个质子时,如果质子加在α-碳原子就生成3-丁烯醛;加在γ-碳原子上,生成2-丁烯醛;加在氧原子上生成烯醇。3-丁烯醛、烯醇和2-丁烯醛形成平衡混合物。由于2-丁烯醛最稳定,它在平衡混合物中占99.9%以上,3-丁烯醛差不多完全转变成2-丁烯醛。

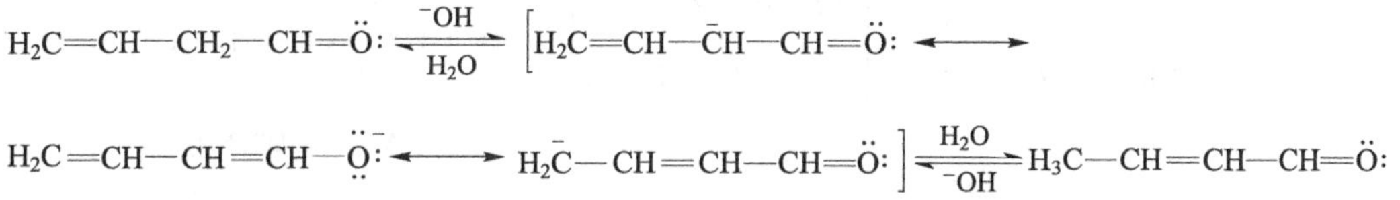

除乙烯酮和α,β-不饱和醛、酮外,其他的不饱和醛、酮兼有孤立烯烃和羰基的性质。

10.7.1 乙烯酮

乙烯酮(ketene)为有毒气体,沸点-48℃,溶于乙醚等有机溶剂。乙烯酮可由乙酸或丙酮高温裂解制得

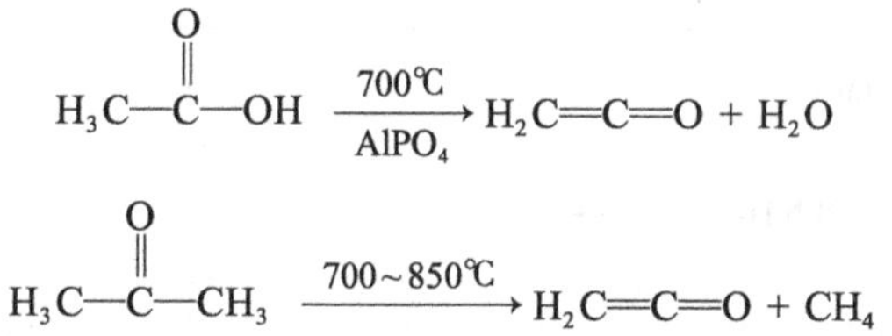

乙烯酮分子中两个累积双键相互垂直,并不共轭,表现出很活泼的加成性质。它能与具有活泼氢的化合物(如水、盐酸、乙醇、乙酸、氨等)进行加成反应,在这些化合物分子中引入乙酰基,生成乙酸及其衍生物。

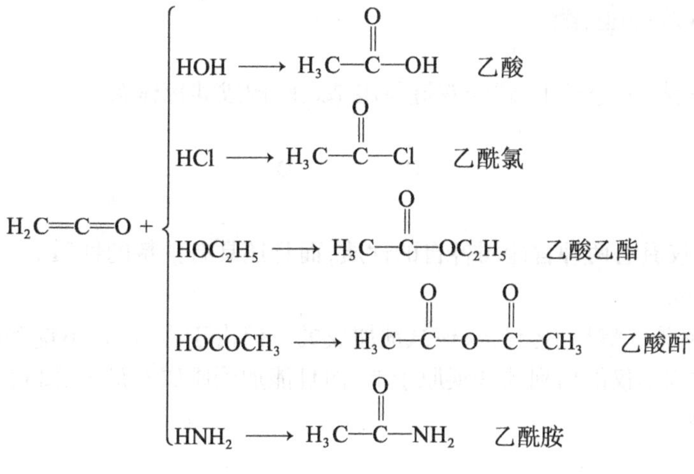

因此,乙烯酮是一种优良的乙酰化试剂。

乙烯酮非常不稳定,很容易发生聚合反应,在控制条件聚合时生成其二聚体,称为双乙烯酮:

双乙烯酮

双乙烯酮是液体,沸点 127℃。它具有四元环的不饱和内酯结构,其化学性质也十分活泼,同样可以和上述这些带活泼氢的化合物反应,结果是在底物分子中引入乙酰乙酰基。

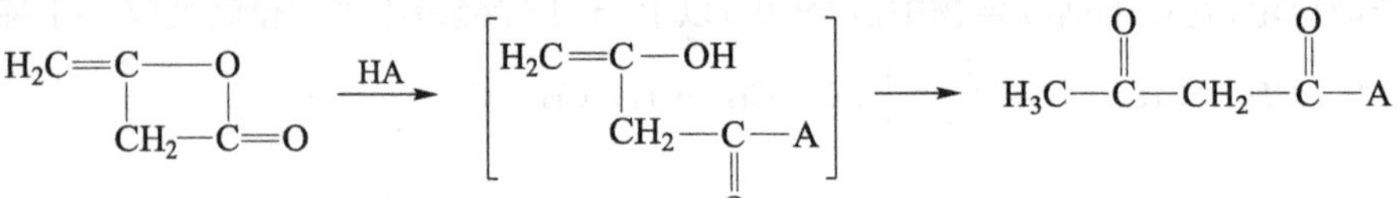

A＝OH, OR, NH_2

工业上利用双乙烯酮与乙醇的反应来制备重要的有机合成原料乙酰乙酸乙酯:

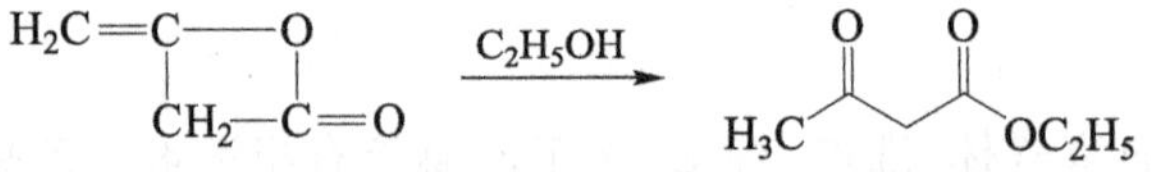

乙酰乙酸乙酯

问题 10-23　完成下列反应:

(1) 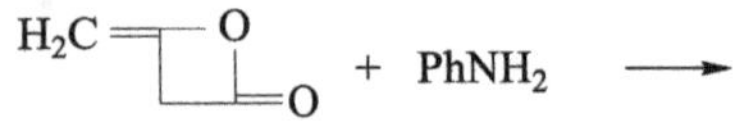

(2) 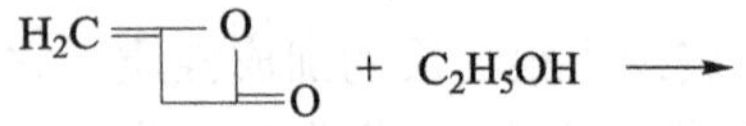

10.7.2　*α*,*β*-不饱和醛、酮

在 *α*,*β*-不饱和醛、酮分子中,碳碳双键与羰基之间构成共轭体系:

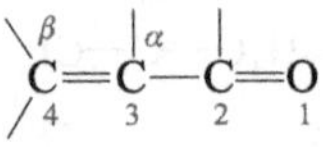

这类化合物不仅具有两种官能团各自的性质,而且还具有独特的性质。

10.7.2.1　亲核加成

通常情况下,碳碳双键是不会与亲核试剂加成的。但由于在 *α*,*β*-不饱和醛、酮中,C═C 与 C═O 共轭,亲核试剂不仅能加到羰基碳原子上,而且能加到碳碳双键上,既可以发生 1,2-加成,又能发生 1,4-加成。

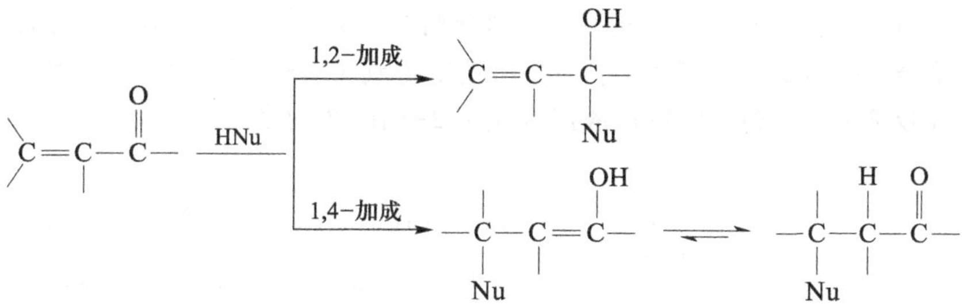

α,β-不饱和醛、酮发生亲核加成时，是以 1,2-加成还是以 1,4-加成为主，主要与亲核试剂的性质有关。我们具体讨论一下 α,β-不饱和醛、酮与一些常见的亲核试剂的加成反应。

1. 与氢氰酸的加成反应

α,β-不饱和醛、酮与氢氰酸加成时，一般只得到 1,4-加成产物。例如：

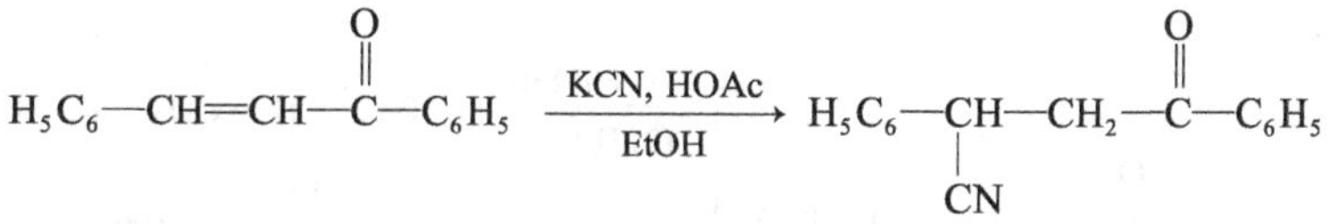

在反应中氰基负离子进攻 β-碳原子，生成的碳负离子由于羰基的影响，稳定性提高，使加成反应得以进行：

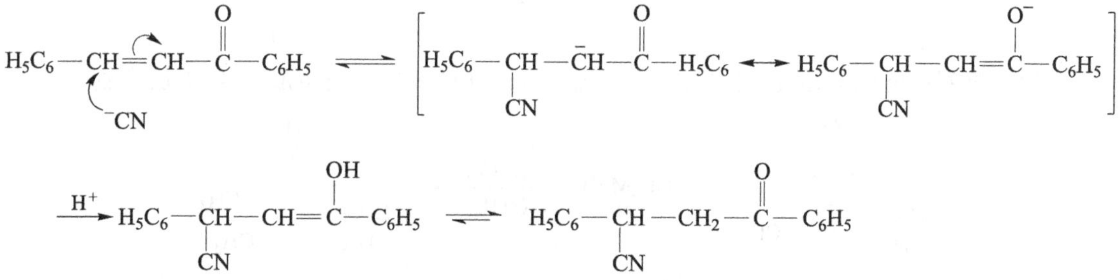

α,β-不饱和醛、酮与其他弱碱性的亲核试剂（如胺）的加成也是以 1,4-加成为主。例如：

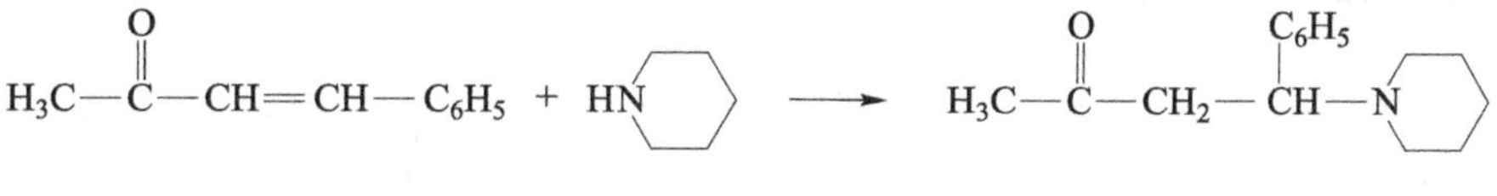

2. 与 Grignard 试剂的加成反应

α,β-不饱和醛、酮与 Grignard 试剂加成时，其加成方式（1,2-加成还是 1,4-加成）主要受空间位阻的影响。

α,β-不饱和醛分子中，甲酰基上氢原子的位阻很小，与 Grignard 试剂加成时一般生成 1,2-加成产物。例如：

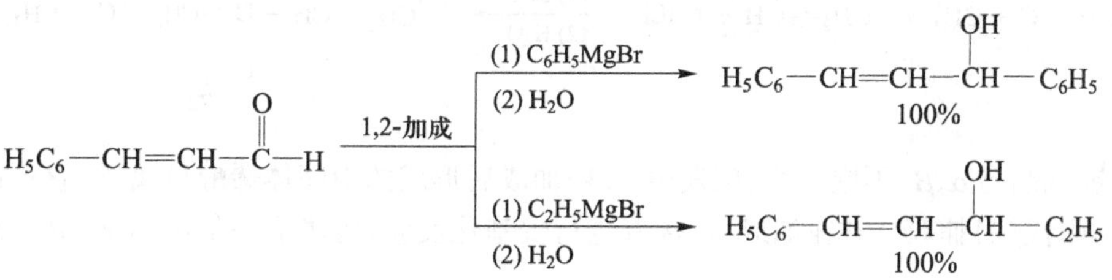

在下列反应中，由于4位上苯基的位阻的影响比2位上甲基的影响大，故其与体积大的PhMgBr反应时，亲核试剂应尽量避免进攻4位，主要得到1,2-加成产物；而当其与条件相对较小的C_2H_5MgBr反应时，生成的1,4-加成产物比1,2-加成产物多。

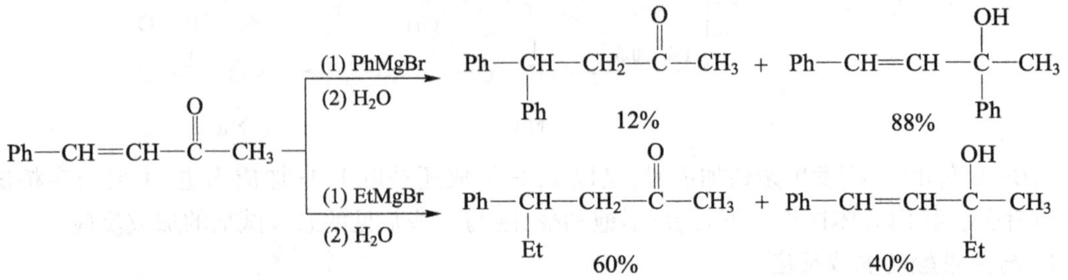

当与酮基相连的为大体积的基团（如叔丁基）时，则生成1,4-加成产物：

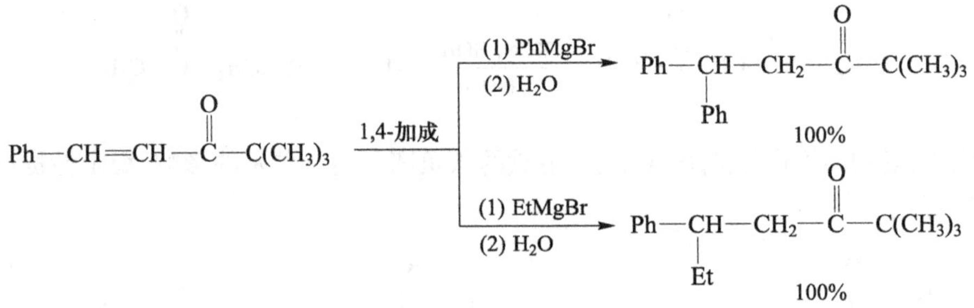

在少量亚铜盐催化下，α,β-不饱和醛、酮与Grignard试剂反应也生成1,4-加成产物。

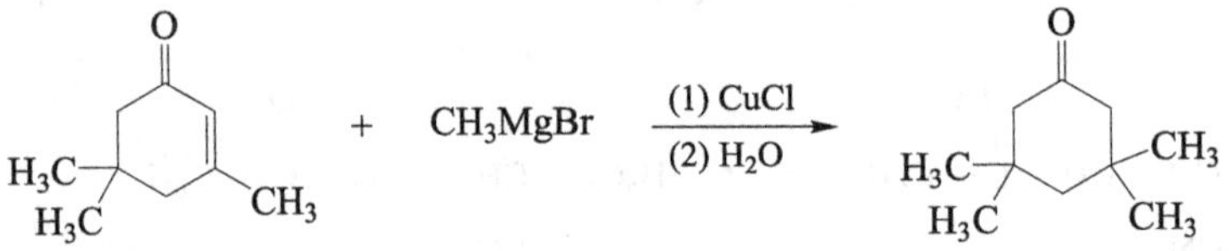

3. 与二烃基铜锂的加成反应

α,β-不饱和醛、酮与二烃基铜锂反应为1,4-加成，这是这类试剂的一个突出的特点。例如：

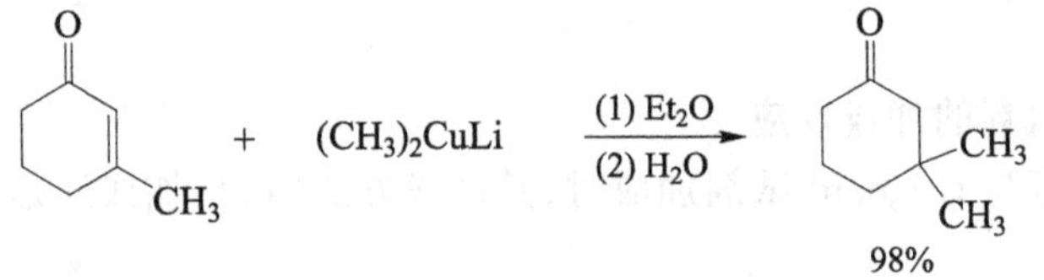

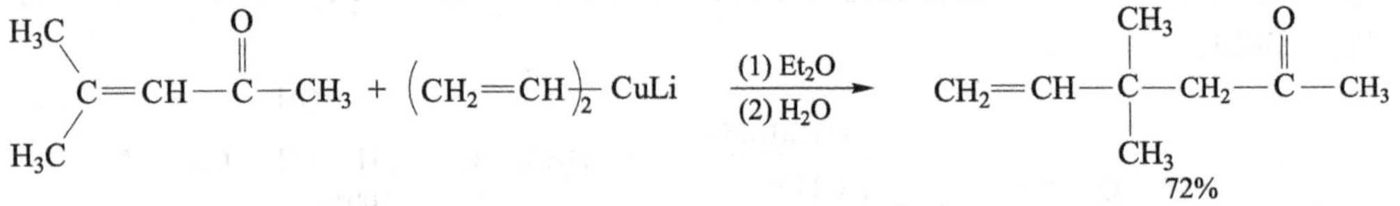

二烃基铜锂试剂与α,β-不饱和醛、酮发生1,4-加成后形成的中间体烯醇负离子，它可以用烷基化试剂（如卤代烷）捕获。共轭加成后，接着进行烷基化反应，构建了一条对不饱和醛、酮进

行 α,β-二烷基化的途径。

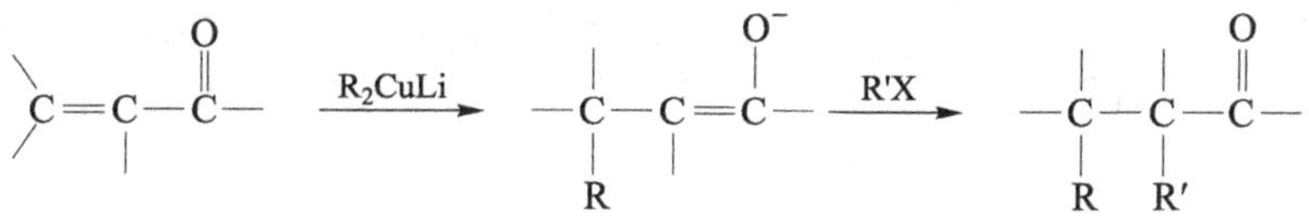

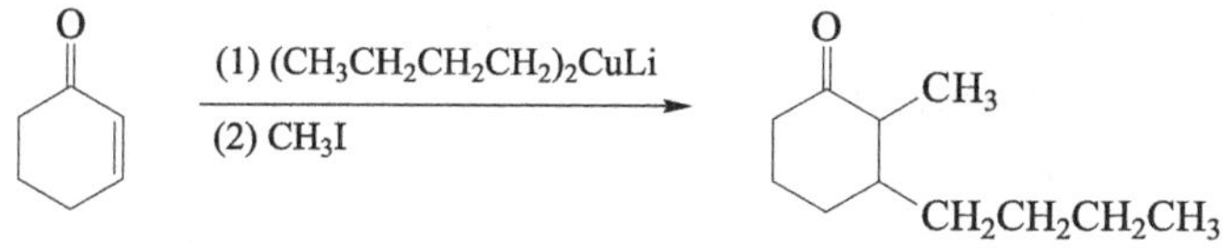

4. 与烃基锂的加成反应

α,β-不饱和醛、酮与烃基锂反应为 1,2-加成。例如：

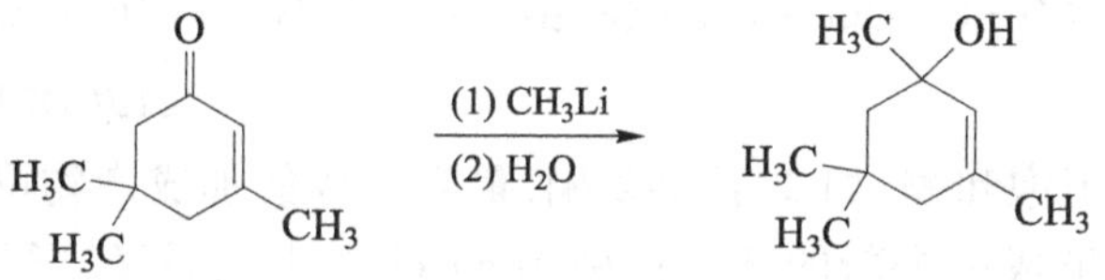

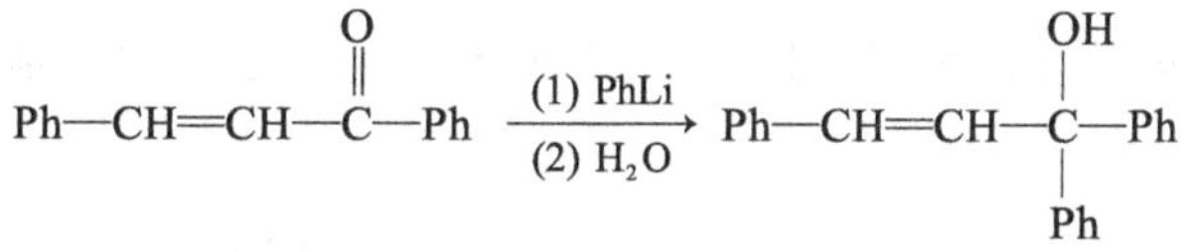

问题 10-24　完成下列反应：

(1) 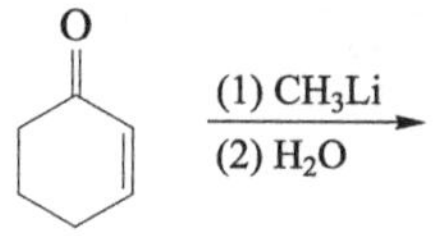

(2) 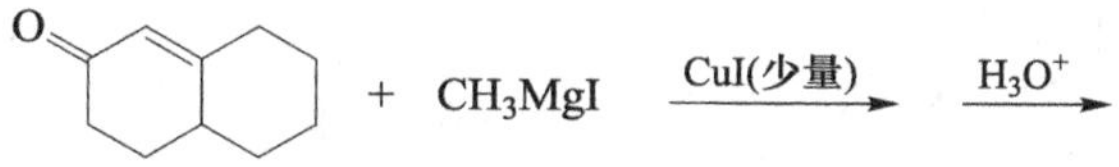

5. Michael(迈克尔)加成反应

烯醇负离子与 α,β-不饱和醛、酮的 1,4-加成反应称为 Michael 加成反应。例如：

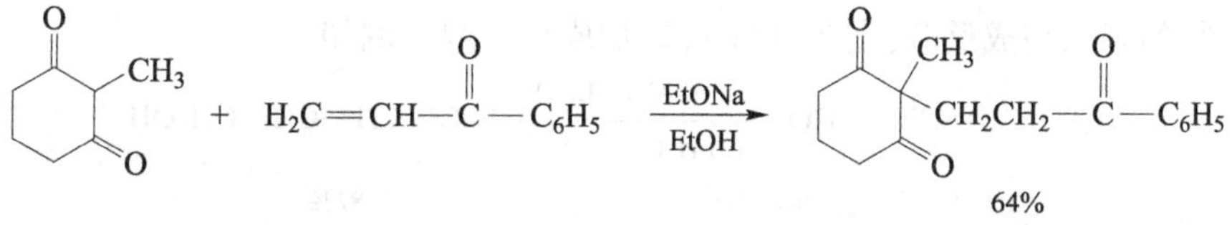

该反应中首先在碱作用下失去一个 α-氢原子，生成烯醇负离子，接着烯醇负离子作为亲核试剂对 α,β-不饱和醛、酮进行 1,4-加成反应，生成新的烯醇负离子，最后烯醇负离子从溶剂乙醇中夺取一个质子形成 Michael 加成产物。

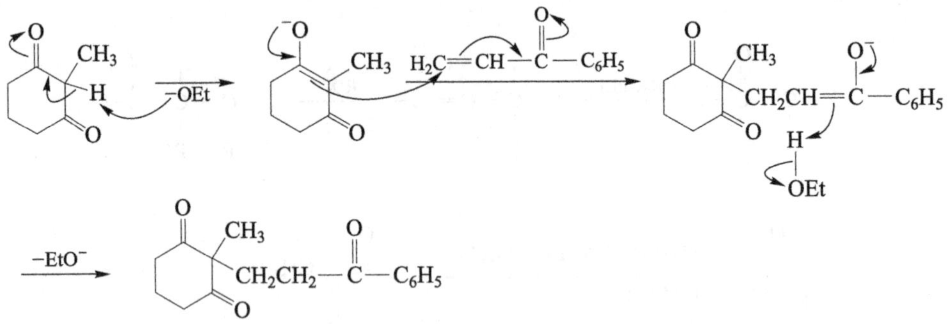

除 α,β-不饱和醛、酮外，其他的 α,β-不饱和酸酯、腈、硝基化合物等也能发生类似的 1,4-加成反应，即 Michael 加成反应。例如：

$$H_3C-CH=CH-\overset{O}{\overset{\|}{C}}-OEt + CH_2(COOEt)_2 \xrightarrow{EtONa} H_3C-\underset{CH(COOEt)_2}{\underset{|}{CH}}-CH_2-\overset{O}{\overset{\|}{C}}-OEt$$

对于有一些 α,β-不饱和酮，如 3-丁烯-2-酮，最先生成的加成产物可以进一步发生分子内的羟醛缩合反应，从而形成一个新的环。这种 Michael 加成之后又进行的分子内羟醛缩合反应称为 Robinson 成环反应。因为共轭加成反应中烯醇负离子的生产是受热力学控制的，非对称酮的 Robinson 环化反应具有区域选择性。例如，2-甲基环己酮的甲基出现在环化产物的连接处。

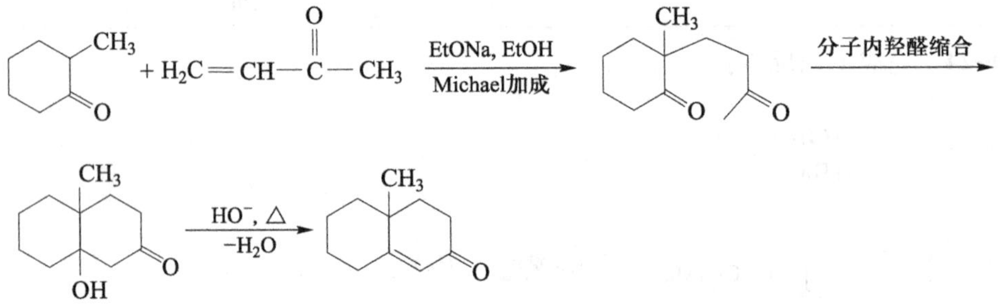

54%　　　　86%

10.7.2.2　还原反应

α,β-不饱和醛、酮用金属氢化物（如 $LiAlH_4$ 或 $NaBH_4$）还原时，相当于金属氢化物中的氢负离子（H^-）进行的亲核加成反应，主要进行 1,2-加成得到醇。例如：

$$H_3C-CH=CH-CHO \xrightarrow[(2)\ H_3O^+]{(1)\ LiAlH_4,\ Et_2O} H_3C-CH=CH-CH_2OH$$

82%

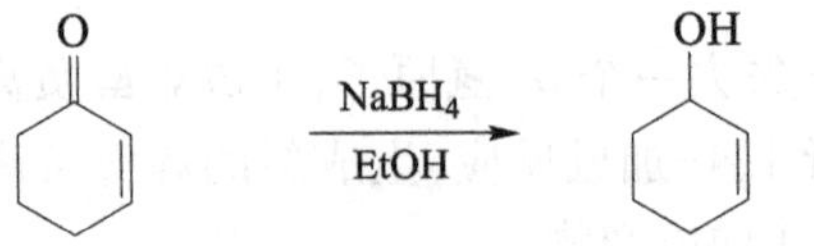

59%

用催化加氢的方法还原 α,β-不饱和醛、酮时，一般碳碳键先被还原。如果使用选择性好的 Pd−C 作催化剂，可得到饱和醛、酮。例如：

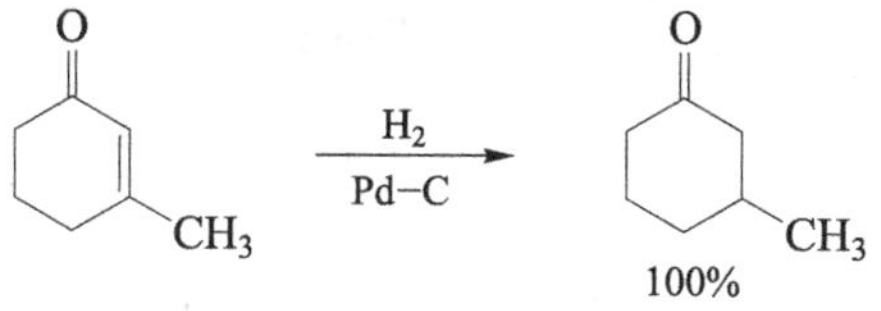

而当选用选择性较差的 Raney Ni 作催化剂时，反应难以留停在饱和酮阶段，而易得到饱和醇。例如：

$$H_3C—CH═CH—CHO \xrightarrow[\text{Raney Ni}]{H_2} CH_3CH_2CH_2CH_2OH$$

问题 10−25　写出下列反应的产物：

(1) 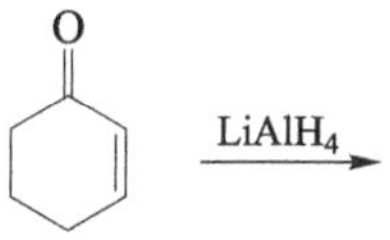

(2) 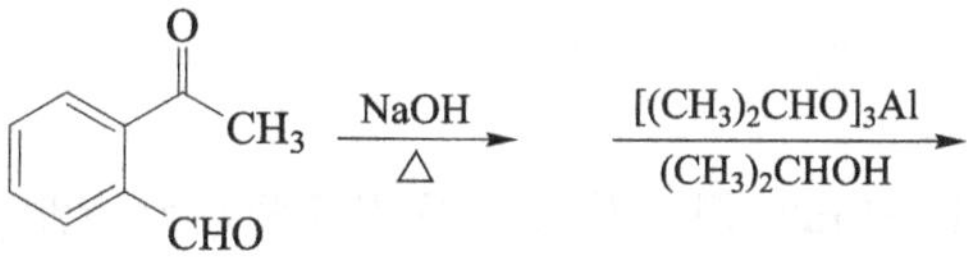

第 10 章文中
问题参考答案

10.7.3　醌

醌(quinones)是一类特殊的六元环状 α,β-不饱和二酮，它们可以由芳香族化合物制备得到，但醌环并没有芳香族化合物的特性。

10.7.3.1　醌的命名

醌是作为相应芳烃的衍生物来命名的。由苯得到的醌称为苯醌，由萘得到的称为萘醌，等等。例如：

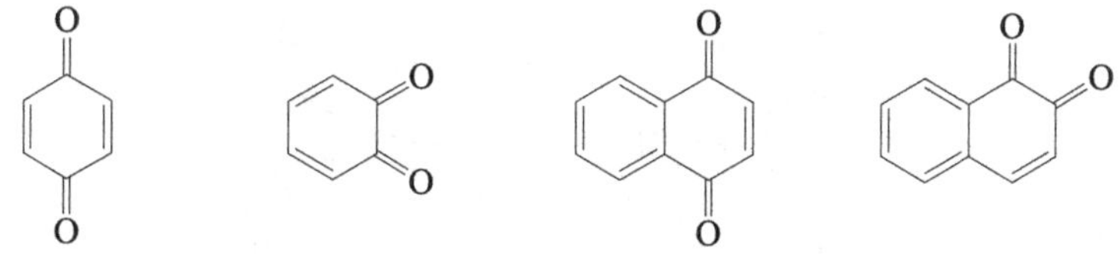

1,4-苯醌 1,4-benzoquinone　1,2-苯醌 1,2-benzoquinone　1,4-萘醌 1,4-naphthaquinone　1,2-萘醌 1,2-naphthaquinone

10.7.3.2　醌的制法

1. 由酚或芳胺氧化制备

酚或芳胺都易被氧化成醌，这是制备醌的一个方便的方法。其中 1,4-苯醌更容易得到。例如：

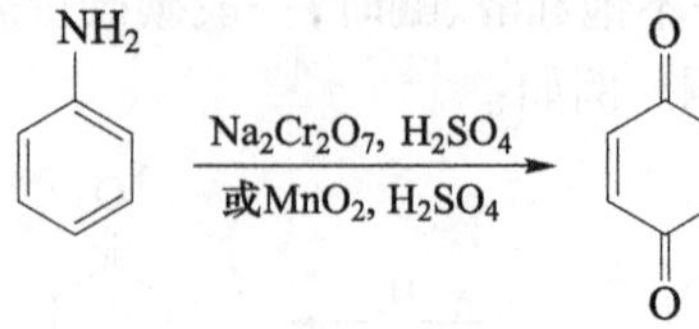

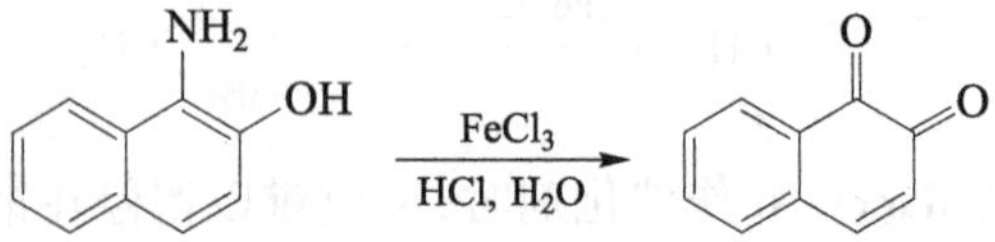

2. 由芳烃氧化制备

某些芳烃经氧化后可得到相应的醌。例如：

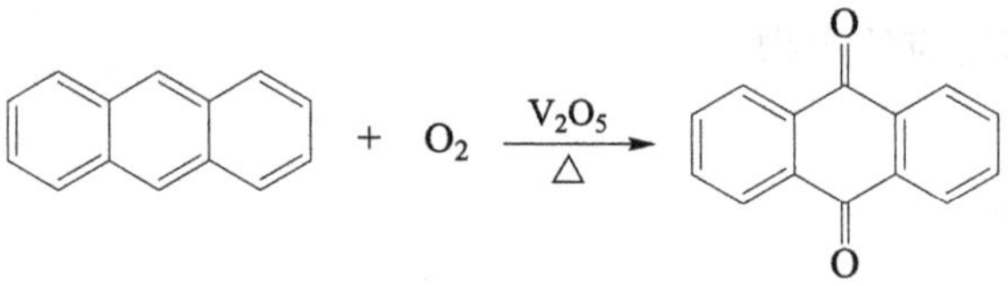

这是工业上制备蒽醌的方法之一。

3. 由其他方法制备

蒽醌也可以由苯和邻苯二甲酸酐经 Friedel–Crafts 酰基化反应及闭环脱水反应制备，这是目前工业上制备蒽醌及其衍生物的主要方法。

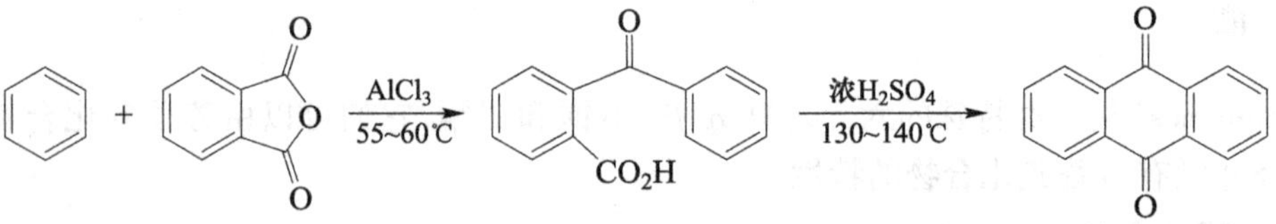

10.7.3.3　醌的化学性质

1. 还原反应

1,4-苯醌可被还原成对苯二酚（氢醌），这是一个可逆反应。

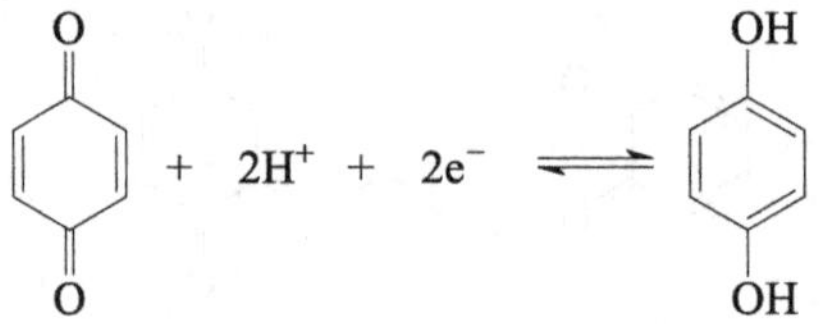

该反应是经历两步电子转移完成的，中间经过一个负离子自由基中间体（半醌），其反应机理为

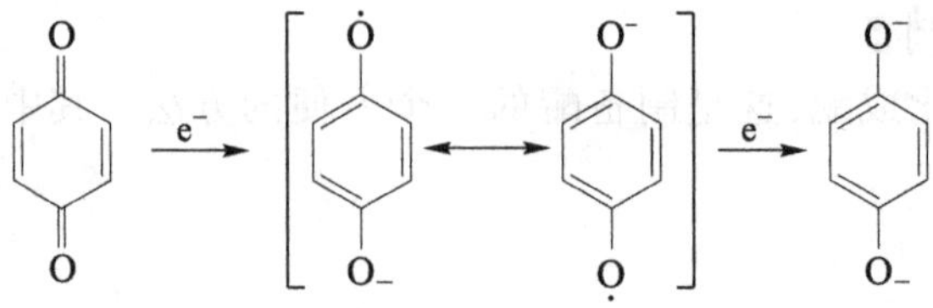